LES MERVEILLES DE LA NATURE

LES REPTILES ET LES BATRACIENS

LES MERVEILLES DE LA NATURE

L'HOMME ET LES ANIMAUX
Par A. E. BREHM
comprennent

LES RACES HUMAINES ET LES MAMMIFÈRES
ÉDITION FRANÇAISE PAR Z. GERBE

2 vol. grand in-8 à deux colonnes, formant ensemble 1,500 pages avec 770 figures et 39 planches hors texte sur papier teinté.

LES OISEAUX
ÉDITION FRANÇAISE PAR Z. GERBE

2 vol. grand in-8 à deux colonnes, formant ensemble 1,500 pages avec 418 figures et 40 planches hors texte sur papier teinté.

LES REPTILES ET LES BATRACIENS
ÉDITION FRANÇAISE PAR LE DOCTEUR E. SAUVAGE

1 vol. in-8 de 700 pages avec 600 figures et 20 planches hors texte sur papier teinté.

LES POISSONS ET LES CRUSTACÉS
ÉDITION FRANÇAISE PAR LE DOCTEUR E. SAUVAGE ET J. KÜNCKEL D'HERCULAIS

1 vol. in-8 de 700 pages avec 500 figures et 20 planches hors texte sur papier teinté.

LES INSECTES
LES MYRIOPODES, LES ARACHNIDES
ÉDITION FRANÇAISE PAR J. KÜNCKEL D'HERCULAIS

2 vol. grand in-8 à deux colonnes, formant ensemble 1,500 pages avec 2,060 figures et 36 planches hors texte sur papier teinté.

LES VERS, LES MOLLUSQUES
LES ÉCHINODERMES, LES ZOOPHYTES, LES PROTOZOAIRES
ET LES ANIMAUX DES GRANDES PROFONDEURS
ÉDITION FRANÇAISE PAR LE DOCTEUR A. T. DE ROCHEBRUNE

1 vol. grand in-8 de 780 pages à deux colonnes avec 1,502 figures et 20 planches hors texte sur papier teinté.

Prix de chaque volume : Broché, 11 fr. ; Relié, 16 fr.

Corbeil. — Typ. et Stér. Crété.

A. E. BREHM

MERVEILLES DE LA NATURE

LES REPTILES

ET LES BATRACIENS

ÉDITION FRANÇAISE

PAR

E. SAUVAGE

AIDE-NATURALISTE AU MUSÉUM D'HISTOIRE NATURELLE

PARIS

LIBRAIRIE J.-B. BAILLIÈRE et FILS

Rue Hautefeuille, 19, près du boulevard Saint-Germain

AVANT-PROPOS

Nous continuons la publication des *Merveilles de la Nature* de A.-E. Brehm par l'*Histoire des Reptiles et des Batraciens*.

On retrouve dans ce nouvel ouvrage les qualités qui distinguent les autres volumes, car Brehm est avant tout un observateur consciencieux qui, le plus souvent, au cours de ses nombreux voyages, a été à même de voir les animaux dont il fait connaître les mœurs et les habitudes.

Nous avons cru néanmoins que nous ne devions pas présenter une simple traduction de l'ouvrage allemand, aussi nous sommes-nous adressés à M. le docteur H.-E. Sauvage, que ses fonctions d'aide-naturaliste au Muséum d'histoire naturelle, chargé de la ménagerie des Reptiles, mettaient plus que personne à même de rendre le livre que nous publions plus digne du bienveillant accueil que lui fait le public français.

D'aspect souvent repoussant, parfois dangereux, les Reptiles et les Batraciens sont peu connus; leur histoire présente cependant des faits du plus haut intérêt et certains d'entre eux ont des mœurs des plus curieuses.

C'est à ceux qui veulent connaître des êtres méconnus que ce livre est dédié; il leur apprendra à mieux apprécier les services que rendent des animaux injustement calomniés.

La connaissance anatomique des êtres est aujourd'hui indispensable; elle est l'introduction nécessaire à leur étude zoologique; dans le livre que nous publions, la partie anatomique, peu étendue dans l'ouvrage allemand, a été mise au courant de la science, de manière à faire profiter les *Merveilles de la Nature* des travaux postérieurs à la publication de l'édition originale.

Le nombre des Reptiles et des Batraciens actuellement étudiés étant de beaucoup trop considérable pour qu'il soit possible d'indiquer, même sommairement, tous ces animaux, l'auteur s'est attaché à la description des formes les plus remarquables; il a tout particulièrement appelé l'attention de ses lecteurs sur les animaux de France; un tableau dichotomique placé à la fin du volume permet de reconnaître rapidement ces derniers à l'aide de caractères extérieurs (1).

L'ouvrage allemand ne traite que des Reptiles et Batraciens actuels (2). Croyant, et avec raison, que l'étude des êtres disparus est indispensable à la connaissance des animaux qui vivent aujourd'hui, M. Sauvage a fait une large part à la description des Reptiles fossiles, parfois si étranges, et dont rien dans la nature actuelle ne peut nous donner la moindre idée. Par ses recherches personnelles, M. Sauvage était du

(1) Voyez p. 715.
(2) La traduction de l'ouvrage allemand a été faite par M. le Dr Schlemmer et par M. le Dr Jumon.

reste parfaitement préparé, aussi les pages qu'il a consacrées aux animaux fossiles sont-elles du plus haut intérêt pour tous ceux qui veulent connaître les secrets de l'ancien monde.

Les additions dans le présent volume sont telles, qu'il peut être considéré comme une œuvre originale ; l'auteur a, en effet, complètement modifié le plan de l'ouvrage allemand.

Nous avons ajouté à l'illustration déjà si belle de Brehm plusieurs figures destinées à combler quelques lacunes.

M. Juillerat a fait pour nous un certain nombre de dessins d'après nature pour représenter des espèces indigènes et certains détails anatomiques qu'il est indispensable de connaître.

L'habile crayon de Jobin nous a permis de donner la restauration des animaux les plus curieux qui peuplaient les mers des anciens âges ou habitaient nos continents aux époques les plus reculées. Ces figures, absolument neuves, augmentent la valeur et le charme du volume que nous publions.

J.-B. Baillière et Fils.

Paris, le 15 mai 1885.

Le Triton alpestre (grandeur naturelle).

TABLE DES PLANCHES HORS TEXTE

Fig. 1. — Reptiles dans une forêt vierge du Brésil, page 20.

INTRODUCTION

CONSIDÉRATIONS GÉNÉRALES SUR LES ANIMAUX VERTÉBRÉS.

Dès la plus haute antiquité, quelques naturalistes avaient pressenti les affinités réelles qui relient les animaux les uns aux autres; ils avaient établi les rapports intimes que les animaux supérieurs offrent entre eux, et nettement défini les traits généraux de ressemblance qu'ils présentent dans leurs caractères les plus essentiels.

Alors que la zoologie ne consistait guère qu'en

une série de descriptions incomplètes et de traits de mœurs superficiellement observés, Aristote écrivait son immortelle *Histoire des animaux* et traçait les premiers linéaments des classifications ; suivant l'expression de Georges Cuvier, les grandes divisions et subdivisions du règne animal établies par l'illustre philosophe de l'antiquité « sont étonnantes de vérité, et presque toutes ont résisté aux acquisitions postérieures de la science. »

Sous le nom d'*Animaux sanguins*, Aristote distingue deux grands groupes, les *Ovipares* qui ont des œufs, et les *Vivipares* qui font leurs petits vivants et chez lesquels la respiration est pulmonaire, quel que soit le milieu qu'ils habitent ; ces derniers sont les Mammifères. Les Poissons, au corps couvert de squames, sont des Ovipares respirant par des branchies ; d'autres Ovipares ont une respiration aérienne, tels sont les Oiseaux, qui portent des plumes, et les Reptiles dont la peau est protégée par des productions écailleuses.

Le Précepteur de la zoologie, ainsi que l'avaient si justement nommé les Arabistes, avait écrit une sorte d'Anatomie générale, et il faut arriver jusqu'à Georges Cuvier, c'est-à-dire jusqu'au commence-

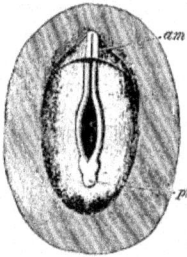

Fig. 2. — Jeune embryon de Lézard des murailles (*).

ment du dix-neuvième siècle, pour avoir un groupement plus exact des êtres que celui qui avait été proposé par l'illustre disciple de Platon. Cuvier, le grand naturaliste français, divise le règne animal en quatre embranchements, celui des Vertébrés, des Annelés, des Mollusques, et des Zoophytes ; lorsqu'on examine, en effet, l'ensemble du règne animal, on reconnaît quatre plans généraux de structure, quatre formes fondamentales, qui dominent, en quelque sorte, les variations innombrables que présentent les animaux. Bien que se ressemblant entre eux par les traits les plus importants de leur organisation, les êtres n'en diffèrent pas moins les uns des autres par des particularités d'importance secondaire, d'où la nécessité d'établir des subdivisions dans les groupes primaires, et cela d'après les prin-

(*) *am*, amnios ; *pr*, ligne primitive (d'après Balfour).

cipales modifications que l'on observe dans leur structure.

C'est ainsi, par exemple, qu'à l'exemple d'Aristote, Cuvier reconnaît quatre classes chez les Vertébrés : les Mammifères, les Oiseaux, les Reptiles et les Poissons. Avec les Reptiles sont encore réunis des animaux qui, sous le nom de Batraciens ou d'Amphibiens, semblent faire transition des Reptiles proprement dits aux Poissons. Il était réservé aux embryogénistes de montrer les affinités réelles de ces êtres ; ce sont les beaux travaux de M. Henry Milne-Edwards qui nous ont permis d'assigner la vraie place que les Batraciens doivent occuper dans la série.

A l'origine, l'œuf des Vertébrés est semblable à celui de tous les autres animaux.

L'œuf ou l'ovule se compose d'une enveloppe et d'un contenu ; l'enveloppe est la *membrane vitelline* ; le contenu est le *jaune* ou *vitellus*, constitué par un amas de granulations élémentaires, et formant une masse semi-liquide (fig. 2).

Dans l'intérieur du vitellus se trouve une vésicule arrondie, remplie d'un liquide transparent, dite *vésicule germinative* ou *vésicule de Purkinge*, du nom de l'anatomiste qui l'a découverte chez les Oiseaux. La vésicule germinative contient elle-même dans son intérieur un petit amas granuleux moins transparent, qui forme comme une tache sur la vésicule lorsqu'on examine l'œuf à un grossissement suffisant ; c'est à cet amas granuleux que Wagner a donné le nom de *tache germinative*.

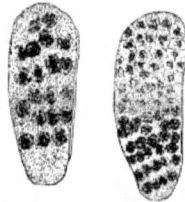

Fig. 3 et 4. — Formation du blastoderme d'un insecte (*).

Le premier phénomène qui se manifeste dans l'œuf fécondé est la segmentation du jaune ou vitellus (fig. 3 et 4). La vésicule germinative disparaît et l'on voit alors dans l'œuf un point un peu plus clair que la masse qui l'entoure ; ce premier noyau agit sur la masse entière du jaune comme par une sorte d'attraction ; bientôt le noyau central se partage en deux ; ceux-ci se segmentent à leur tour, de telle sorte que la masse du jaune est remplacée par une série de cellules formant une membrane intérieure de nouvelle formation, renfermée dans la membrane pri-

(*) Fig. 3. Apparition des noyaux dans la couche embryogène. — Fig. 4. Constitution des cellules du blastoderme autour de ces noyaux (d'après Balbiani).

mitive, et à laquelle on donne le nom de *vésicule blastodermique*, ou, par abréviation, de *blastoderme*.

A peine le blastoderme s'est-il constitué, qu'il s'épaissit en un point pour former la *tache embryonnaire* ou *aire germinative ;* ce point d'épaississement est le premier vestige de l'embryon. Les changements qui s'opèrent dans l'œuf s'accomplissent avec une grande rapidité, aussi le blastoderme se dédouble-t-il bientôt en deux feuillets, de telle sorte que cet œuf est composé de trois membranes emboîtées exactement l'une sur l'autre : une membrane externe, qui est la membrane vitelline ; une membrane moyenne, ou *feuillet externe* du *blastoderme ;* une membrane interne qui forme le *feuillet interne du blastoderme.* Le feuillet externe porte aussi le nom de *feuillet séreux,* le feuillet interne celui de *feuillet muqueux ;* ce dernier correspondra à l'intestin, l'autre à la peau ; entre ces deux feuillets se développeront tous les organes de l'embryon.

Chez les animaux vertébrés c'est le caractère vertébré qui commencera à apparaître, de telle sorte que les linéaments du système nerveux se forment les premiers.

Chez deux Poissons placés aux confins de l'embranchement des Vertébrés, chez l'Amphioxus et chez la Lamproie, le développement du tube digestif précède celui du système nerveux ; certains zoologistes, se basant sur la similitude apparente, nous disons similitude apparente, et non similitude réelle, sur la similitude apparente que présente le développement de l'Amphioxus avec celui de certains Vers, ont cherché dans les Ascidies les ancêtres des Vertébrés. Sans discuter ici cette opinion, ce qui nous entraînerait beaucoup trop en dehors des notions élémentaires d'embryogénie que nous nous contentons de rappeler, nous dirons que rien ne vient confirmer cette opinion. Dès les premières phases de son développement, l'embryon du Vertébré est bien un Vertébré, et rien qu'un Vertébré.

Quoi qu'il en soit, l'embryon se développant et s'incurvant, une portion du feuillet interne de la vésicule blastodermique est entraînée et forme la *vésicule ombilicale,* qui, chez les Vertébrés supérieurs, n'est qu'un organe transitoire et disparaissant rapidement.

Les phénomènes que nous venons de décrire sont communs à tous les Vertébrés, à quelque classe qu'ils appartiennent ; mais bientôt vont se manifester des différences essentielles qui déjà permettront de les séparer en deux grands groupes.

Chez les Mammifères, chez les Oiseaux, chez les Reptiles proprement dits, les replis du feuillet externe du blastoderme, qui se soulèvent tout autour du corps de l'embryon, marchent à la rencontre l'un de l'autre et se rejoignent ; il en résulte un repli formant un sac rempli d'un liquide aqueux, l'*amnios,* dans lequel baigne l'embryon, et qui l'entoure complètement, à l'exception toutefois de la vésicule ombilicale qui reste en dehors. Une troisième vésicule propre au fœtus, l'*allantoïde,* va apparaître ; c'est un renflement vésiculaire qui se développe dans la région caudale de l'embryon, vers un point qui correspond à la terminaison de l'intestin et aux dépens de la paroi interne de ce même intestin ; cette poche prend un développement rapide, fait saillie par l'ombilic, c'est-à-dire par l'ouverture qui subsiste lors du rapprochement et de la soudure des lames qui forment les parois du ventre, et vient s'étaler à la surface de l'amnios ; les parois de ce sac sont très riches en vaisseaux ; l'allantoïde représente un organe embryonnaire de respiration des plus importants. Ainsi que le dit Clauss, « la présence de cette vésicule est corrélative, non seulement de la disposition de la respiration branchiale, mais encore de l'absence de métamorphose chez le jeune animal, dont l'organisation est complète au sortir de l'œuf. » Le développement de l'allantoïde varie, du reste, beaucoup suivant les classes auxquelles appartient l'embryon ; elle peut devenir si grande qu'elle revêt l'embryon comme d'un manteau et lui apporte tous les matériaux dont il a besoin pour son accroissement.

Les Mammifères, les Oiseaux, les Reptiles proprement dits ont les trois vésicules dont nous venons de parler. Chez les Poissons et chez d'autres animaux, tels que la Grenouille, le Triton, le Protée, la Cécilie, il n'existe pas d'amnios et lorsque, ce qui est l'exception, l'allantoïde apparaît, elle reste toujours très rudimentaire et ne joue plus le rôle qu'elle remplit chez les Vertébrés supérieurs.

Ces différences sont primordiales, et l'on doit leur accorder la plus grande valeur dans la classification. Tous les Vertébrés qui, comme les trois groupes mentionnés plus haut, ont un amnios et une vésicule allantoïde , sont dits *Allantoïdiens* (Mammifères, Oiseaux, Reptiles) ; les autres sont des *Anallantoïdiens* (Poissons, Batraciens ou Amphibiens).

Il était nécessaire, croyons-nous, d'entrer dans quelques détails préliminaires, tout arides qu'ils puissent paraître, pour bien faire saisir à nos lecteurs que si, dans ce volume, nous écrivons l'histoire des Reptiles proprement dits et des animaux plus inférieurs auxquels on donne le nom de Batraciens ou d'Amphibiens, ce n'est pas que les Reptiles et les Batraciens aient des rapports entre eux, bien loin de là, mais pour nous conformer à l'usage général, les personnes étrangères à l'histoire naturelle confondant, nous dirions volontiers dans un même sentiment de répulsion, les êtres faisant partie des deux classes. Il n'en reste pas moins bien entendu que les Batraciens n'ont point de rapports avec les Reptiles, et que toutes leurs affinités sont avec les Poissons, auxquels ils font passage, de telle sorte que certains animaux fai-sant partie de cette dernière classe ont été pen-dant longtemps placés parmi les Batraciens.

En ayant égard à leurs véritables affinités, en étudiant surtout avec soin les animaux qui ont autrefois vécu à la surface du globe pendant les temps géologiques, on peut, avec plusieurs zoolo-gistes, avec M. Huxley en particulier, diviser les animaux vertébrés en trois grands groupes ou groupes primaires : les *Mammifères*, les *Sauropsi-dés*, les *Ichthyopsidés*.

Ces derniers renferment, ainsi que nous l'avons dit, les Poissons et les Batraciens ou Amphibiens ; les *Sauropsidés* comprennent les Oiseaux et les Reptiles proprement dits ; c'est de l'histoire géné-rale et particulière de ces derniers qu'il sera ques-tion dans la première partie de ce volume ; la seconde partie traitera des plus élevés des *Ichthyop-sidés*, nous voulons parler des Batraciens.

CONSIDÉRATIONS GÉNÉRALES SUR LES REPTILES. — ORGANISATION.

Caractères. — La classe des REPTILES comprend tous les Vertébrés à sang froid, dont la respiration est, dès la naissance, aérienne, et qui ne subis-sent de métamorphoses à aucune période de leur existence. Leur corps est protégé par des écailles ou des plaques osseuses. On dit que ce sont des animaux à sang froid en ce sens que la tempé-rature de ce liquide se maintient toujours, dans

Fig. 5. — Matamata (*Chelis fimbriata*).

les circonstances normales toutefois, en harmonie avec celle du milieu ambiant et ne s'élève que peu au-dessus d'elle ; il est, dès lors, plus exact de dire que les Reptiles sont des animaux à tempéra-ture variable.

Par leur forme générale, les Reptiles se rappro-chent des Mammifères normaux, en ce sens que les plus élevés d'entre eux en organisation sont pourvus de membres presque toujours au nombre de quatre, ce qui les a fait pendant longtemps dé-signer par les zoologistes sous le nom de *Quadru-pèdes ovipares*. Bien qu'au premier abord il n'y ait rien de plus dissemblable que la Tortue aux allures si lourdes, à la marche si lente, et l'Oiseau au vol rapide, aux mouvements si gracieux, toutes les affinités sont cependant avec les Oiseaux, de telle sorte que nous trouverons des animaux fossiles qui ont été alternativement placés dans les deux classes, et cela par des anatomistes et des paléontologistes des plus compétents.

Au point de vue de l'aspect extérieur, les Rep-tiles offrent les plus grandes variations, ainsi qu'on peut le voir en comparant entre eux une Tor-tue (fig. 5), un Crocodile ou un Lézard et un Ser-pent (fig. 6). Chez les uns, le corps est arrondi ou aplati en forme de disque ; chez d'autres, il est al-longé, étiré, vermiforme ; la plupart d'entre eux reposent sur des pattes, les autres n'ont pas de membres. Lorsque les pattes existent, elles sont généralement trop courtes et trop faibles pour sou-lever entièrement le corps et l'empêcher de traîner

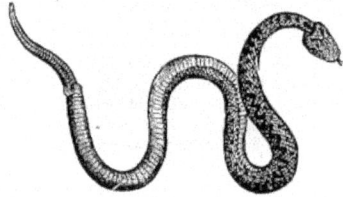

Fig. 6. — Vipère commune.

sur le sol ; au lieu d'être dirigés parallèlement à l'axe du tronc et de se mouvoir dans ce sens, les membres sont placés si latéralement qu'ils servent moins à soutenir le corps qu'à pousser l'animal en avant ; ils se portent de côté et se meuvent de dehors en dedans, perpendiculairement à l'axe du tronc, disposition des plus défavorables à la loco-motion, aussi la plupart des Reptiles, bien que par-fois fort agiles, ont-ils l'air de ramper sur le sol,

Fig. 7. — Patte de Gecko.
Fig. 8. — Patte de Caméléon.
Fig. 9. — Patte postérieure de Scinque officinal, (grandeur naturelle).

plutôt que de marcher, et c'est de cette particularité que vient leur nom.

Locomotion. — Le mode de locomotion des Reptiles est, du reste, très différent, suivant les animaux examinés. Tantôt, en effet, les membres sont comme tronqués à l'extrémité et ne servent qu'à pousser le corps en avant; c'est ce que l'on voit chez les Tortues de terre; tantôt ils sont terminés par des doigts déliés et garnis d'ongles acérés qui permettent à la bête de s'accrocher aux moindres aspérités des rochers ou de grimper le long des arbres (fig. 7 à 9); tels sont les agiles Lézards, les Anolis à la gorge étincelante des couleurs de l'éme-raude, les grands Iguanes qui habitent les forêts tropicales du Nouveau Monde. D'autres, comme les Caméléons (fig. 8), sont des animaux grimpeurs par excellence; les doigts, qui rappellent ceux des Pics et des Perroquets, sont réunis en deux paquets pouvant s'écarter et se rapprocher à la manière d'une pince, ce qui sert à ces Reptiles pour saisir les branches sur lesquelles ils se tiennent. Chez certains Sauriens très agiles, tels sont les Geckos ou Tarentes, les doigts (fig. 7), élargis à leur extrémité, sont garnis de ventouses qui permettent à l'animal de courir sur les corps les plus lisses, et remplissent le même rôle que les pelotes que l'on voit sous les tarses de certaines mouches.

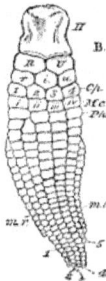

Fig. 10.
Fig. 11.
Fig. 12.
Fig. 13.

Fig. 10. — Ichthyosaure intermédiaire, membre antérieur (*).
Fig. 11. — Ichthyosaure intermédiaire, membre postérieur (**).
Fig. 12. — Plésiosaure, membre antérieur (*).
Fig. 13. — Plésiosaure, membre postérieur gauche (**).

De même que nous connaissons des Mammifères volants, de même nous avons des Reptiles ailés. Certains Sauriens, que l'on nomme des Dragons, peuvent se maintenir dans l'air pendant un certain temps, à l'aide de membranes formées par des replis de la peau soutenus par les premières côtes et situés le long des flancs; l'animal se sert de ces parachutes lorsqu'il s'élance de branche en branche. A l'époque secondaire, il existait des Reptiles volants plus singuliers encore que les Dragons; ces animaux avaient leurs pattes postérieures et tous les doigts de devant conformés comme chez les autres Reptiles, mais le second doigt de la patte antérieure, très long, supportait un repli de la peau qui remplissait les mêmes fonctions qu'une aile; on a donné à ces

(*) H, humérus; R, radius; U, cubitus; r, t, u, osselets radial, intercalaire, cubital; cp, carpien; 1, 2, 3, 4, 5, doigts; m, r, u, osselets du bord radial et cubital.
(**) F, fémur; T, tibia; Fb, péroné; t, i, f, osselets tibial, intercalaire, péronéen; Ts, tarsiens; Mt, métatarsiens; Ph, phalanges; m, t, b, osselets du bord tibial.

(*) H, humérus; R, radius; U, cubitus; r, i, a, osselets radial, intercalaire, cubital de la rangée antérieure des os du carpe; 1, 2, 3, os carpiens postérieurs; Mc, métacarpe; Ph, phalanges.
(**) F, Fémur; T, tibia; P, péroné; t, i, f, osselets tibial, intercalaire et péronéen de la rangée antérieure des os du tarse; 1, 2, 3, os tarsiens postérieurs; Mt, métatarse; Ph, phalanges.

animaux fossiles le nom de Ptérodactyliens ou de Ptérosauriens.

Chez d'autres Reptiles conformés pour une vie aquatique, les membres sont transformés en rames aplaties, impropres à la marche, mais des plus favorables à la natation. Les Tortues de mer sont les seuls qui nous offrent aujourd'hui ce mode de structure. Pendant les temps anciens, il existait cependant de grands animaux chez lesquels les membres étaient exclusivement disposés pour la vie aquatique; nous nommons les Plésiosauriens et les Ichthyosauriens (fig. 10 à 13).

Pendant l'époque secondaire, certains Reptiles de grande taille paraissent avoir joué à la surface du globe le même rôle que les lourds Pachydermes et que les féroces Carnassiers de nos jours; ils sont connus sous le nom de Dinosauriens ou d'Ornithoscélidiens; malgré leurs formes le plus souvent massives, ils présentent de nombreuses modifications ostéologiques entre les Reptiles et les Oiseaux; certains d'entre eux, tels sont les Iguanodons, devaient, par leur station, rappeler les Marsupiaux de la nature actuelle.

Squelette. — Le squelette des Reptiles présente dans sa structure des variations pour ainsi dire infinies, de telle sorte qu'on ne peut guère donner de généralités à son sujet; presque toutes les parties dont il se compose peuvent tour à tour manquer, si ce n'est la tête et la colonne vertébrale. Ce squelette ne présente jamais, en tous cas, de formes embryonnaires; la base du crâne est toujours ossifiée et la corde dorsale ne persiste pas pendant toute la vie, comme c'est le cas pour beaucoup d'Amphibiens; on retrouve toutefois des traces de la notocorde dans la colonne vertébrale des Geckos.

Le crâne est toujours petit et la face généralement allongée; l'appareil masticateur présente un développement prépondérant.

« L'os occipital, écrit Carl Vogt, est développé en forme de vertèbres et se décompose en plusieurs pièces bien distinctes, une écaille impaire et deux corps latéraux généralement très allongés dans le sens transversal; il porte toujours une tête articulaire, ou condyle, unique, comme chez les Oiseaux, ordinairement très proéminente, qui s'engage dans l'anneau de la première vertèbre; grâce à ce caractère qui est constant, le crâne du Reptile diffère essentiellement de celui du Batracien qui présente toujours un double condyle pour l'articulation avec la colonne vertébrale. » Les quatre éléments qui entrent dans la composition de la vertèbre occipitale

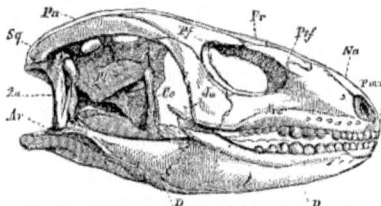

Fig. 14. — Crâne d'un Cyclode (*).

sont osseux; tantôt le basilaire, ainsi qu'on le voit chez les Tortues, tantôt l'occipital supérieur, comme chez les Crocodiles et les Serpents, n'entre pas dans la formation du pourtour du trou occipital. La base du crâne est, en avant, complétée par l'os sphénoïde qui porte des prolongements sur lesquels s'articulent les os ptérygoïdiens; la région sphénoïdale présente, du reste, un développement fort inégal suivant les animaux. D'après Clauss, « chez les Tortues et chez les Lézards la cloison interorbitaire est très considérable et peut présenter aussi des ossifications. Les os du crâne sont toujours grands, tantôt pairs, tantôt impairs; souvent frontal ne prend qu'une faible part au recouvrement de la cavité crânienne et ne repose que sur la cloison interorbitaire. En arrière des parties latérales du frontal, dans la région temporale, sont situés les os postfrontaux. La région ethmoïdale offre divers degrés d'ossification et des parties cartilagineuses, surtout dans sa partie médiane. Elle est recouverte, à la base, par le vomer, qui est pair chez les Serpents et les Lézards, et en dessous par les os nasaux. En dehors des ethmoïdes latéraux sont placés les os lacrymaux, qui circonscrivent la paroi antérieure de l'orbite chez les Lézards et chez les Crocodiles (fig. 14 et 15). »

L'appareil palato-maxillaire offre également de nombreuses variétés. Chez les Serpents toutes les parties sont mobiles, et l'appareil est relié au crâne par des liens articulaires lâches; chez les Crocodiles et chez les Tortues, au contraire, cet appareil n'est mobile qu'au point où il s'articule

(*) Dans les figures 14 et 15, les mêmes lettres indiquent les mêmes os : *Pmx*, prémaxillaire; *Mx*, maxillaire; *Na*, nasal; *Prf*, préfrontal; *Fr*, frontal; *Pf*, postfrontal; *Ju*, jugal; *Co*, columelle de Cuvier; *Pr*, rocher; *Pa*, pariétal; *Sq*, temporal; *Qu*, tympanique; *Ar*, articulaire; *D*, dentaire; *Vo*, vomer; *Pl*, palatin; *VII*, trou auditif (d'après Huxley).

avec la mâchoire inférieure. L'os intermaxillaire, tantôt simple, tantôt double, est réuni à l'os nasal et au vomer (fig. 16 et 17); chez certains Reptiles il est solidement enclavé entre ces os. Chez les Serpents les os palatins sont mobiles; ils ont la forme de plaques osseuses qui complètent le plancher de la cavité orbitaire et la voûte du palais; chez eux les deux branches de la mandibule ne sont réunies que par des ligaments, de telle sorte qu'elles peuvent s'écarter lors de la déglutition des aliments; chez les

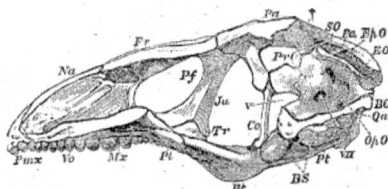

Fig. 15. — Crâne d'un Cyclode en coupe longitudinale.

Lézards, la réunion des deux branches se fait au moyen d'un cartilage fibreux et chez les Crocodiles à l'aide d'une suture; ces deux branches sont intimement soudées chez les Tortues (fig. 18), à une exception près, la Matamata. Chaque partie de la mandibule se compose d'au moins quatre pièces, souvent même de six pièces distinctes.

La colonne vertébrale qui, chez la plupart des

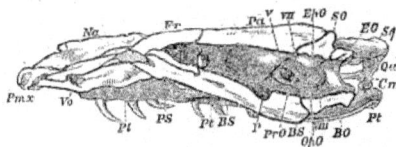

Fig. 16. — Crâne d'un Python vu dans une section longitudinale (*).

Reptiles, peut se subdiviser en portions cervicale, thoracique, lombaire, sacrée et caudale, est toujours ossifiée et nettement décomposable en vertèbres (fig. 19 et 20). Le nombre des vertèbres est extrêmement variable suivant les animaux examinés; chez les Tortues, il ne dépasse guère trente, tandis que beaucoup de Serpents ont un grand nombre de vertèbres; il est de trois cents, par exemple, et au

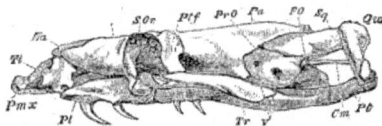

Fig. 17. — Crâne d'un Python vu du côté gauche.

delà, chez le Boa devin et presque constamment au-dessus de deux cents dans la plupart des espèces de cet ordre; les Vertèbres sont également fort nombreuses chez les Reptiles fossiles que l'on désigne sous le nom d'Ichthyosauriens. Chez ces

(*) Dans les figures 16 et 17, les mêmes lettres indiquent les mêmes parties : *Pmx*, prémaxillaire; *Na*, nasal; *Tl*, turbinal; *Fr*, frontal; *Ptf*, postfrontal; *Pa*, pariétal; *Vo*, vomer; *Pl*, palatin; *Pt*, ptérygoïdien; *Tr*, transverse; *Cm*, étrier; *Qu*, tympanique; *Sq*, mastoïdien (d'après Huxley).

derniers animaux les vertèbres sont bi-concaves, comme chez les Poissons; il en est de même chez les Geckos, qui sont des Sauriens, et chez un animal de la Nouvelle-Zélande, l'Hatterie ponctuée; les surfaces d'articulation des vertèbres entre elles sont planes ou un peu concaves chez les Téléosauriens, les représentants du groupe des Crocodiles à l'époque jurassique, et chez les Plésiosauriens; les vertèbres sont procœliennes, c'est-à-dire convexes-concaves chez tous les autres Reptiles; dans certaines

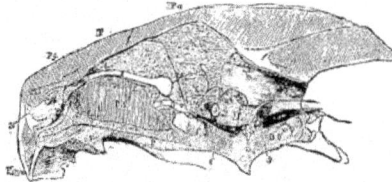

Fig. 18. — Section longitudinale du crâne d'une Tortue (*).

parties du tronc, on trouve cependant des vertèbres concaves-convexes; c'est ainsi que dans la région cervicale des Tortues on a des vertèbres biconvexes, biconcaves et convexes-concaves. Les arcs supérieurs des vertèbres sont intimement soudés au corps chez tous les Serpents et chez tous les Lézards; chez les Ichthyosauriens, les Crocodiliens et les Tortues, la réunion est moins solide et le plus souvent il persiste une suture. Le nombre des côtes est fort variable; chez les Serpents toutes les vertèbres du tronc, à la seule exception de l'atlas, portent les fausses côtes qui sont mobiles et qui dans l'acte de ramper remplacent les membres absents. Chez les Tortues les côtes cervicales font défaut; dans les régions dorsale et lombaire les côtes s'élargissent, se soudent et forment la plus grande partie de la carapace osseuse. Le développement des membres et des parties appendiculaires qui les supportent présente tous les degrés, depuis l'absence complète, ainsi qu'on le voit chez la plupart des Serpents, jusqu'aux membres très développés des Tortues, des Crocodiles et de presque tous les Sauriens.

Ainsi que le fait fort justement remarquer M. H. Milne-Edwards, « les mouvements des Reptiles sont, en général, moins vifs et moins soutenus que ceux des Mammifères et des Oiseaux, comme du reste on pouvait le prévoir d'après l'étendue plus

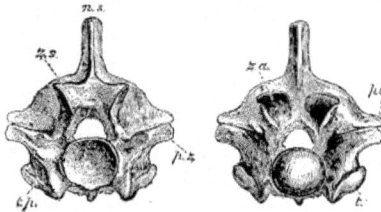

Fig. 19 et 20. — Vue antérieure et postérieure de la vertèbre dorsale d'un Python (**).

bornée de leur respiration; car il existe toujours un rapport intime entre l'énergie de ces deux fonctions. Les muscles reçoivent moins de sang et présentent une teinte blanchâtre; enfin, il est également à remarquer que ces organes conservent plus longtemps leur irritabilité après qu'on les a soustraits à l'influence du système nerveux. Chez les animaux à sang chaud, la destruction du cerveau et de la moelle épinière, ou la section d'un nerf, détermine immédiatement une paralysie complète, soit générale, soit locale, et peu de temps après que ce phénomène s'est déclaré, il devient impossible d'exciter des contractions musculaires en piquant ou en stimulant autrement les parties affectées. Chez les Reptiles, au contraire, la faculté d'exécuter des mouvements sous l'influence de ces stimulants se conserve dans des circonstances analogues pendant fort longtemps; ainsi la queue d'un lézard, détachée du corps, continue à se mouvoir pendant plusieurs heures, et il arrive souvent de voir une Tortue, morte en apparence depuis plusieurs jours, agiter ses membres lorsqu'on lui stimule les muscles par des piqûres. On peut en conclure que, chez ces animaux, la division du travail physiologique et la localisation des diverses fonctions du système nerveux sont portées moins loin que chez les Mammifères et les Oiseaux, d'où

(*) Le crâne en entier avec les tracés du cerveau in situ. Pmx, prémaxillaire; N, nasal; Pf, préfrontal; Pa, pariétal; v, maxillaire; P, palatin; Bo, tympanique; Eo, exoccipital; So, susoccipital; Ps vomer (d'après Huxley).

(**) zs, zygosphène; za, zygantrum; pz, pré-zygapophyses; pt, z, post-zygapophyses; t, p, apophyse transverse (d'après Huxley).

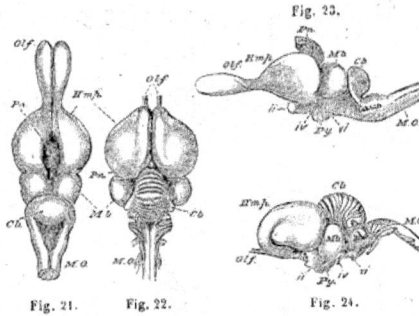

Fig. 23.

Fig. 21.   Fig. 22.   Fig. 24.

Fig. 21 à 24. — Cerveau d'un Reptile (Varan du Bengale) et d'un Oiseau (Dindon) (*).

résulte une dépendance mutuelle moins intime entre les différentes parties de l'économie. »

Centres nerveux. — L'encéphale des Reptiles est peu développé ; bien que la surface du cerveau soit lisse et sans circonvolutions, le système nerveux s'élève cependant, chez les animaux que nous étudions, quant à la structure de ces diverses parties, au-dessus de celui des Amphibiens. Les hémisphères, qui sont creusées intérieurement d'un ventricule, commencent déjà à recouvrir le cerveau moyen. De même que chez les Oiseaux, il n'existe pas de corps strié ; les lobes olfactifs sont assez gros, ainsi que les lobes optiques. Le cervelet offre un développement progressif depuis les Serpents jusqu'aux Crocodiles, chez lesquels il rappelle ce que l'on voit chez les Oiseaux (fig. 21 à 24). Les nerfs qui partent de la partie postérieure de l'encéphale sont plus différenciés que chez les anallantoïdiens. La moelle allongée est comparativement plus développée que chez les animaux plus élevés dans la série.

Grand sympathique. — On sait que chez les Vertébrés, à part chez ceux qui sont placés au bas de la série, outre le système nerveux cérébro-spinal, il existe dans la cavité ventrale une double chaîne de ganglions reliés entre eux, en connexion avec la moelle et avec l'encéphale, au moyen de quelques nerfs crâniens ; cet appareil, qui tient sous sa dépendance une grande partie des fonctions soustraites à l'influence de la volonté, est connu sous le nom de *grand sympathique* ; il est probable que ce système représente, en tout ou en partie, le système nerveux principal des Annelés et des Mollusques. Le système de ce sympathique existe chez tous les Reptiles. Les diverses parties qui le composent, disséminées chez les Serpents et chez les Sauriens,

commencent à se concentrer, en divers points chez les Crocodiliens et chez les Tortues, et rappellent en partie ce que l'on voit chez des animaux plus élevés en organisation.

On peut dire, en règle générale, qu'il existe une chaîne ganglionnaire de chaque côté de la colonne vertébrale, dans toute l'étendue des régions dorsale, lombaire et sacrée, les ganglions communiquant avec la moelle épinière et donnant un filet aux nerfs qui se rendent dans les muscles situés entre les côtes. A partir du cou, le sympathique monte vers le crâne, s'anastomose avec le pneumogastrique, ce nerf qui préside avec lui aux fonctions du cœur, des poumons, des divers viscères, donne un filet au glosso-pharyngien, nerf qui fournit des rameaux à la langue et au pharynx, et pénètre dans le crâne avec une branche du trijumeau ou nerf de la sensibilité de la face et d'une partie du cou. Dans sa partie centrale, le sympathique forme des plexus qui, accompagnant les vaisseaux, se jettent sur les intestins, le foie, l'estomac, les organes génito-urinaires, le cloaque.

Organes des sens. — Les organes des sens présentent un développement supérieur à ce que l'on voit chez les Amphibiens. Parmi les organes sensoriels, l'œil occupe le premier rang, bien qu'il soit ordinairement petit et qu'il puisse même être entièrement caché sous la peau, ainsi qu'on le voit chez certains Ophidiens, chez les Typhlopiens. Le plus ou moins grand développement des paupières fournit des caractères distinctifs pour certains groupes. « C'est chez les Serpents, écrit Carl Vogt, que ce développement présente le plus de simplicité ; chez eux toute paupière fait défaut. Les couches cutanées, en passant au devant du globe oculaire, deviennent transparentes et forment une capsule qui s'enchâsse, comme un verre de montre, dans un repli de la peau. Le liquide lacrymal remplit l'espace compris entre cette capsule

(*) Fig. 21 et 23. Cerveau d'un Reptile (le Varan du Bengale) et 22 et 24, d'un Oiseau (le Dindon). — *Olf*, lobes olfactifs ; *Pn*, glande pinéale ; *Hmp*, hémisphères cérébraux ; *Mb*, lobes optiques ; *Cb*, cervelet ; *Mo*, moelle allongé ; *ii, iv, vi, 1°, 3° et 6°* paires de nerfs cérébraux ; *Py*, corps pituitaire.

et le globe oculaire ; il s'écoule dans la cavité nasale à travers un large conduit placé dans l'angle interne de l'œil. Chez presque tous les autres Reptiles, tandis que la paupière supérieure, peu développée, consiste simplement en un repli cutané semi-cartilagineux, la paupière inférieure, bien plus grande et plus mobile, peut recouvrir tout le globe oculaire ; elle est souvent soutenue par une petite plaque osseuse ou semi-osseuse particulière ; elle peut être transparente en son milieu de manière à permettre aux rayons lumineux d'arriver, en partie, jusqu'à l'organe de la vision, la paupière étant close. Chez la plupart des Lézards, des Tortues et des Crocodiles, on trouve

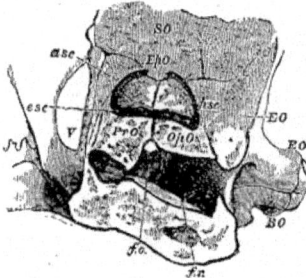

Fig. 25. — Vue externe d'une section de la région auditive du crâne chez une Tortue (*Chelona midas*) (*).

en outre une membrane clignotante qui renferme également dans son épaisseur une plaque cartilagineuse et qui peut recouvrir le globe de l'œil plus ou moins complètement à partir de l'angle interne. Chez les Caméléons, la paupière, étroitement appliquée contre l'œil très proéminent, ne laisse qu'une fente étroite et se ferme circulairement. » Chez la plupart des Reptiles, les yeux ne jouissent pas d'une grande mobilité ; chez les Caméléons cependant la mobilité est fort grande, l'animal ayant la faculté de mouvoir ses yeux dans tous les sens et indépendamment l'un de l'autre. La pupille, arrondie chez certains animaux, est allongée chez d'autres, comme celle des Chats et des Hiboux, et disposée pour une vie nocturne ; c'est ce que l'on voit chez la plupart des Geckotiens. La structure et le volume de l'œil varient beaucoup ; chez les Tortues, l'œil, de même que chez les Oiseaux, est soutenu par un anneau osseux contenu dans l'intérieur de la sclérotique ; cet anneau était très développé chez des animaux ayant vécu pendant les époques jurassique et crétacé et que nous ferons connaître plus bas sous le nom d'Ichthyo-sauriens. Dans l'œil des Lézards, on remarque des plis particuliers de la choroïde, qui répondent au ligament falciforme de l'œil des Poissons et forment chez les Oiseaux ce que l'on désigne sous le nom de peigne.

L'appareil auditif est bien moins complet que chez les Mammifères et même que chez les Oiseaux. Il n'existe jamais de conque auditive et l'oreille externe n'est représentée que chez les Crocodiles qui ont un faible repli cutané situé au-dessus de la membrane du tympan. Il existe un limaçon et une fenêtre correspondante, ou fenêtre ronde (fig. 25). L'oreille moyenne et la caisse du tympan présentent beaucoup de variétés. La caisse et la membrane du tympan manquent chez les Serpents et chez les plus inférieurs des Sauriens, chez ceux qui sont privés de membres. Lorsque la caisse du tympan existe, la columelle est reliée à la membrane du tympan par une extrémité cartilagineuse. Cette membrane peut être tendue dans un cadre cartilagineux à la surface de la peau ou être cachée sous la peau ou même dans les muscles ; une large trompe d'Eus-

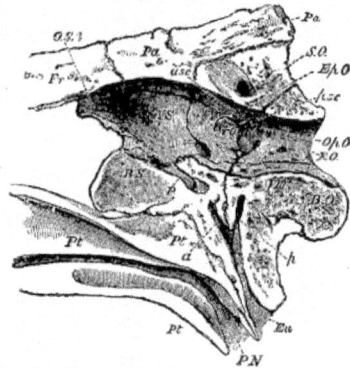

Fig. 26. — Section longitudinale et verticale de la partie postérieure du crâne d'un Crocodile (*).

tache fait communiquer la caisse avec l'arrière-gorge.

Les fosses nasales sont peu développées ; chez les Crocodiles et chez les Tortues la surface de la muqueuse, qui est soutenue par des cornets cartilagineux, est assez grande (fig. 26). Chez les Serpents qui vivent dans l'eau et chez les Crocodiliens, la partie externe des fosses nasales peut se fermer à l'aide de valvules mobiles. Chez les Serpents et chez les Sauriens il existe des glandes nasales, recevant un nerf de l'extrémité du lobe olfactif et placées entre les cornets et le vomer ; ces glandes ont reçu de Leydig le nom de glandes de Jacobson.

Le sens du goût paraît être fort obtus chez tous les Reptiles, la langue étant surtout un organe de

(*) *fo*, fenêtre ovale ; *fr*, fenêtre ronde ; *esc, asc, psc*, canaux semi-circulaires externe, antérieur et postérieur ; *BO*, tympanique ; *EO*, mastoïdien (d'après Huxley).

(*) *Eu*, trompe d'Eustache ; *PN*, ouverture postérieure des narines ; *P*, fosse pituitaire ; *BO*, bas-occipital ; *EO*, exoccipital ; *Pa*, pariétal ; *SO*, supraoccipital ; *BS*, basisphénoïde ; *Fr*, frontal (d'après Huxley).

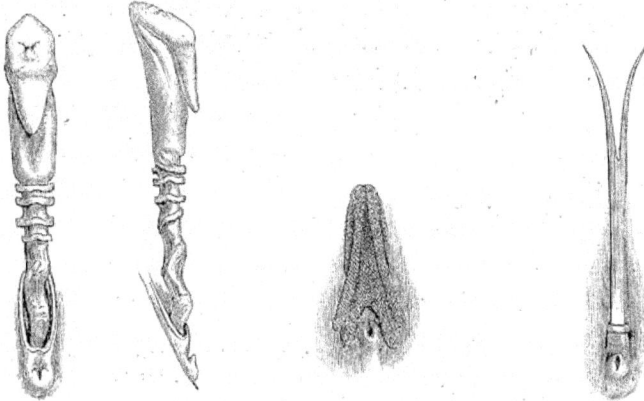

Fig. 27 et 28. — Langue de Caméléon.   Fig. 29. — Langue de Gerrhosaure.   Fig. 30. — Langue de Varan du Nil.

tact ou de préhension des aliments ; cette langue est le plus souvent mince, sèche, recouverte de squames (fig. 29) ; elle peut parfois rentrer dans un fourreau, ainsi qu'on le voit chez les Varans (fig. 30). Chez les Caméléons la langue se modifie de telle sorte qu'elle forme un instrument de préhension fort remarquable (fig. 27, 28). Leydig a récemment décrit chez les Serpents et chez les Sauriens de petits corps en forme de calices, placés dans la bouche, et qui pourraient être regardés comme des organes de gustation.

Le sens du toucher doit être très obtus, la peau étant recouverte par des lames plus ou moins dures de matière cornée ou même osseuse ; l'épiderme se renouvelle fréquemment et le phénomène de la mue est général chez tous les Reptiles ; cette mue peut être partielle, ainsi qu'on le voit chez les Sauriens, l'animal perdant son épiderme par lambeaux ; elle peut être, au contraire, totale, comme chez les Serpents, l'épiderme se détachant en entier et conservant la forme de la bête dont il provient. Le tégument cutané présente les aspects les plus divers. « Chez certain Saurien, écrit Vogt dans ses *Lettres zoologiques*, on trouve de véritables écailles, comme chez les Poissons : de minces plaquettes osseuses reposant sur une couche écailleuse se recouvrent les unes les autres à la manière des tuiles imbriquées et se trouvent enfermées dans des sacs qui représentent des produits cutanés très amincis. Chez d'autres Sauriens et chez les Serpents, on parle aussi d'écailles dans les descriptions, mais cette expression ne doit pas avoir la même signification, les produits de la peau n'étant pas les mêmes. Ici la peau se divise en deux couches, le derme, formé de fibrilles, et l'épiderme comparable à un vernis solidifié. La peau offre tan-

tôt de simples élévations granuleuses, tantôt des rugosités, tantôt des saillies disposées en forme d'écailles et libres à leur partie postérieure ; l'épiderme, appliquée sur ces accidents, se continue par des prolongements plus minces dans les replis qui correspondent aux verrucosités et aux saillies. Dans ces saillies se produisent, chez les Crocodiles, de véritables plaques osseuses qui s'enfoncent dans l'épaisseur même du derme et qui présentent des tractus pénétrant à travers les trous de ces plaques osseuses. Chez les Tortues, ces productions osseuses de la peau se confondent de très bonne heure avec le squelette pour former l'écus-

Fig. 31. — Sonnette caudale du Crotale.

son dorsal et l'écusson ventral, tandis que l'épiderme elle-même s'épaissit. » Parmi les productions de l'épiderme, il convient de mentionner les ongles, des appendices en forme de cornes, de crêtes, d'épines, de gros tubercules, de sonnettes (fig. 31).

Appareil digestif et sécrétions. — A part

chez les Tortues de terre et chez un petit nombre
de Sauriens, le régime est toujours carnivore ;
la plupart des Reptiles recherchent une proie
vivante qu'ils avalent, en général, sans la diviser, les dents n'étant que des organes rétensifs ;
quelques Sauriens herbivores coupent et broient

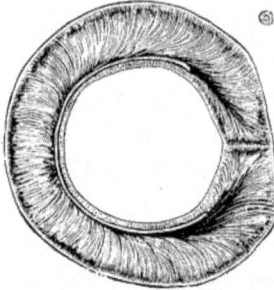

Fig. 32. — Coupe d'un crochet d'Ophidien solénoglyphe.

jusqu'à un certain point les feuilles, les bourgeons
ou les fruits pulpeux dont ils font leur nourriture.
Chez les Tortues, les mâchoires sont formées d'un
revêtement tranchant qui forme une sorte de bec
qui sert à l'animal à déchirer ses aliments on à arracher les herbes, soit terrestres, soit marines. Les
dents chez les autres Reptiles sont généralement

Fig. 33, 34. — Mâchoires supérieure et inférieure du Python.

nombreuses, surtout chez les Serpents, et peuvent
se trouver, non seulement aux deux mâchoires,
mais encore sur diverses pièces de la voûte palatine (fig. 33 à 37). Les dents sont tantôt massives,
tantôt creuses, tantôt percées dans leur longueur
(fig. 38 à 40) le canal s'ouvrant à leur extrémité,

comme dans l'instrument de chirurgie connu sous
le nom de trocart ; cette disposition s'observe chez
les Serpents venimeux dits Solénoglyphes, tels que
la Vipère, le Serpent à sonnettes (fig. 32 et 37). Les

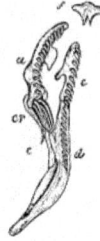

Fig. 35. — Mâchoire supérieure de la Couleuvre de
Montpellier (*).

aliments ne devant pas rester dans la bouche pour
y être broyés, le voile du palais n'existe presque
jamais. L'œsophage, généralement large, se continue directement avec l'estomac qui ne se distingue guère de l'intestin que par son diamètre plus

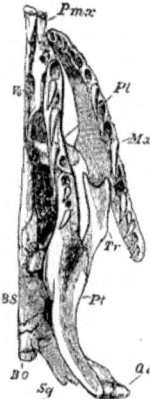

Fig. 36. — Vue inférieure de la moitié gauche du crâne
et des os de la face d'un Python (**).

considérable ; il est d'ailleurs séparé du canal intestinal par une valvule pylorique. L'intestin grêle
n'est un peu long que chez les Tortues herbivores ;
le gros intestin est très large et se termine dans un
cloaque où viennent également aboutir les canaux
urinaires et les organes destinés à assurer la per-

(*) a, maxillaire supérieur; cr, crochets ; c, os transverse : d, ptérygoïdien : e, os palatin : f, os intermaxillaire.
(**) Pmx, intermaxillaire ; Mx, maxillaire ; Vo, vomer ; Pl, palatin; Pt, ptérygoïdien ; Tr, transverse ; BS, basisphénoïde ;
BO, basioccipital ; Qu, tympanique (d'après Huxley).

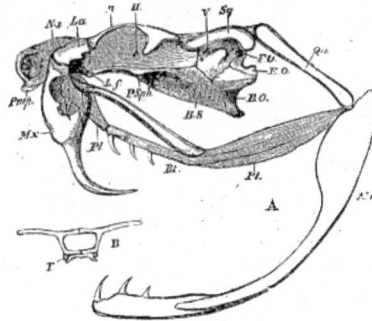

Fig. 37. — Crâne du Crotale (*).

pétuité de l'espèce. Le cloaque débouche à l'extérieur, au-dessous de la racine de la queue, par
une fente arrondie ou longitudinalement placée
chez les Tortues et les Crocodiles, par une fente
transversale chez les Lézards et les Serpents.

Il existe des glandes salivaires dans les lèvres
de ces derniers animaux et une glande sublin-
guale chez les Tortues, à part chez les Tortues
de mer ; chez certains Serpents on trouve en
outre une glande dans la région pariétale, laquelle

Fig. 38. — Coupe de la mâchoire d'un
Alligator.

Fig. 39. — Coupe de la mâchoire
d'un Iguane tuberculé.

Fig. 40. — Mâchoire d'un Agame,
vue en dessus et latéralement.

glande sécrète un venin souvent des plus actifs.

Les reins ne correspondent pas, comme chez les
Amphibiens, aux reins primitifs, mais, de même
que chez les animaux plus élevés, les Oiseaux et
les Mammifères, ce sont des organes spéciaux développés postérieurement. Les reins sont habituellement grands et multilobés ; les uretères qui en
sortent aboutissent derrière la paroi du cloaque
contre laquelle on trouve, chez les Tortues et chez
les Sauriens, une vessie urinaire. La sécrétion urinaire chez les Serpents forme une masse de consistance solide et renferme beaucoup d'acide urique.

Chez les Mammifères et les Oiseaux on trouve
entre les mailles du tissu cellulaire une matière
grasse ou huileuse, plus ou moins abondante, qui

est là comme une réserve de matière alimentaire
destinée à entretenir la chaleur ; ce sont surtout
les animaux devant subir de longs jeûnes, soit
qu'ils s'engourdissent pendant l'hiver, soit qu'ils
doivent accomplir de longs voyages d'émigration,
qui font plus ample provision de combustible destiné à être brûlé. Il en est de même chez les Reptiles ; beaucoup de ceux qui habitent nos climats hi-
bernent et présentent entre les replis du péritoine,
dans l'épaisseur du mésentère, des amas graisseux
souvent considérables. L'aspect de cette graisse
varie suivant les animaux ; elle est jaunâtre et solide chez les Serpents, verdâtre et presque fluide,
comme une huile à peine figée, chez les Tortues.

Beaucoup de Reptiles ont une odeur parfois fort

(*) Mx, maxillaire inférieur ; Mx, maxillaire supérieur ; Pmp,
prémaxillaire ; Na, nasal ; La, lacrymal ; Lf, fossette lacrymale ;
B, sus-orbitaire ; PSph, presphénoïde ; BS, basisphénoïde ; Bo, basioccipital ; EO, exoccipital ; Sq, squamosal ; Fo, fenêtre ovale ;

II, ouverture pour le passage du nerf optique ; V, ouverture pour le
passage du nerf de la cinquième paire ; Pl, palatin ; Pt, ptérygoïdien ; Bt, portion du ptérygoïdien qui est antérieure à l'articulation
de cet os avec le transverse et qui porte des dents ; Qu'os carré.

pénétrante. On trouve souvent, en effet, à l'entrée du cloaque, dans l'épaisseur de la base de la queue, des poches remplies d'une humeur particulière, que l'on connaît sous le nom de bourses anales. Lorsque l'on saisit certains animaux, tels que l'Orvet, la Couleuvre à collier, ils exhalent une odeur des plus repoussante et fort tenace qui leur sert évidemment de moyen de défense. Chez les Crocodiles on trouve sous la mandibule des glandes qui sécrètent une matière onctueuse dont l'odeur rappelle celle du musc. Certains Sauriens, des Geckotiens et plusieurs Iguaniens, ont, le long des cuisses, de petits pores, dits pores-fémoraux, qui laissent suinter un liquide particulier.

Respiration. — Chez les Reptiles, la respiration est toujours pulmonaire. Une sorte d'épiglotte membraneuse existe chez beaucoup de Tortues, de Serpents et de Lézards ; les Crocodiles seuls ont un rudiment de voile du palais mobile sur les arrière-narines ; chez tous les autres, en effet, la glotte s'ouvre dans la bouche et non dans l'arrière-gorge, ainsi qu'on le voit chez les Mammifères. Les Geckotiens et les Caméléoniens possèdent un appareil vocal ; presque tous les Reptiles sont privés de voix véritable et ne peuvent faire entendre que des sifflements ou des sons gutturaux ; on pourrait cependant assimiler à une voix les bruits parfois très forts qu'émettent les Crocodiles.

La trachée est souvent longue et entourée d'anneaux résistants ; au moment de la déglutition des aliments, la glotte peut se porter ne avant chez les Serpents et venir faire saillie en dehors.

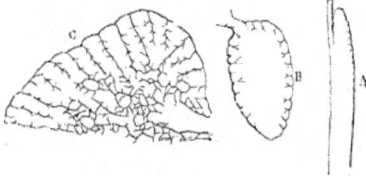

Fig. 41, 42, 43. — Diagramme de la structure du poumon chez le Serpent A, la Grenouille B et la Tortue C.

La circulation étant peu active chez les Reptiles, les poumons ne sont pas conformés pour recevoir la totalité de sang veineux qui doit être hématosé ; c'est ce qui fait que la respiration de ces animaux est pour ainsi dire incomplète et, jusqu'à un certain point, volontaire, qu'elle peut être ralentie ou accélérée suivant qu'ils ont besoin de plus ou de moins d'activité. Les poumons, souvent spacieux, s'étendent souvent loin dans la cavité viscérale, poumons qui peuvent être à parois alvéolaires, ou à larges cavités spongieuses, ainsi qu'on le voit chez les Tortues (fig. 41) et les Crocodiles. Chez les Caméléons et chez certains Iguaniens, tels que les Lophyres, les poumons sont fort développés et munis d'appendices frangés qui s'insinuent entre les viscères ; chez les Caméléons, les Anolis, il existe une sorte de poche sous la gorge, communiquant avec la trachée et servant de réservoir à air. Les Serpents et les derniers des Sauriens, les Sauriens serpentiformes, ont les sacs pulmonaires fort inégalement développés (fig. 43), le poumon d'un côté s'atrophiant plus ou moins, et même disparaissant totalement chez quelques espèces venimeuses, tandis que l'autre poumon, acquérant un volume d'autant plus considérable, occupe toute l'étendue de l'échine au-dessous de cette longue partie de la colonne vertébrale qui porte les côtes ; chez les Serpents une portion seule du poumon sert, du reste, à la respiration ; l'extrémité postérieure ne présente ni alvéoles, ni vaisseaux servant à l'hématose, et constitue un vaste réservoir d'air fonctionnant sans doute pendant l'acte si lent et si pénible de la déglutition qui empêche la respiration de s'accomplir librement. Comme chez tous les autres Vertébrés supérieurs, l'appel de l'air dans l'intérieur de la cavité thoracique se fait au moyen du jeu des côtes. Chez les Tortues, cependant, dont les côtes sont absolument immobiles, cet appel se fait suivant un mécanisme tout particulier que nous ferons connaître lorsque nous étudierons ces animaux.

Circulation. — On sait que chez les Vertébrés supérieurs, chez les Oiseaux, chez les Mammifères il existe en réalité deux cœurs accolés l'un à l'autre, l'un droit, ou veineux, l'autre gauche, ou artériel. Chez les Poissons, le cœur droit, c'est-à-dire cette partie du cœur qui reçoit le sang venant des veines et qui l'envoie aux organes de la respiration, est seul développé ; le sang se rend, en effet, directement dans l'organe central de la circulation avant d'avoir subi l'influence vivifiante de l'air ; en parcourant le cercle circulatoire, le sang ne traverse qu'une seule fois le cœur, et cela à l'état de sang veineux. Les Reptiles, qui occupent le milieu de la série bes Vertébrés, offrent une disposition intermédiaire entre ce qui existe chez les Poissons et ce que l'on voit chez les Oiseaux et chez les Mammifères.

Les organes de la circulation présentent chez les Reptiles les dispositions essentielles que l'on remarque chez les Amphibiens qui, avec deux oreillettes, n'ont qu'un seul ventricule, mais arrivent par des transitions graduelles, à un degré de développement bien supérieur ; il existe alors deux oreillettes parfaitement distinctes, même extérieurement, et le ventricule est partagé par une cloison en deux cavités, l'une droite, l'autre gauche. Chez les plus inférieurs des Reptiles, les Lézards et les Serpents (fig. 44), ainsi que chez les Tortues que l'on place cependant généralement en tête de la série, la cloison interventriculaire est percée d'un trou plus ou moins large qui, anatomiquement, fait communi-

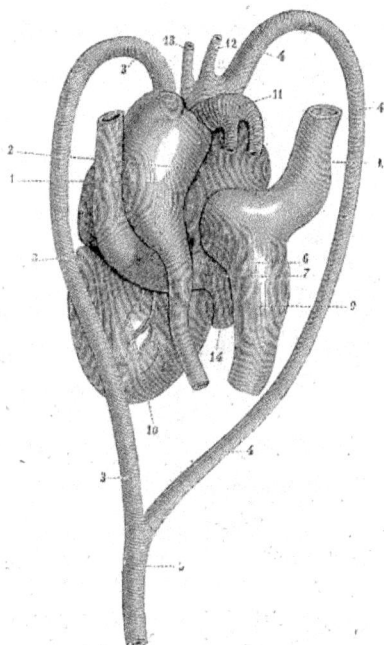

Fig. 44. — Cœur et gros troncs vasculaires du Python (*).

quer les chambres du cœur, de telle sorte que les deux sangs sont mélangés ; dans ce cas, c'est du ventricule droit, spacieux et à minces parois, que prennent naissance à la fois les artères pulmonaires qui charrient aux poumons le sang qui doit respirer, et les troncs aortiques qui portent le sang revivifié dans toutes les parties du corps ; ici le mélange des deux sangs s'opère déjà dans le cœur, mais ce mélange n'est pas aussi complet qu'on pourrait le supposer d'après les dispositions anatomiques des parties ; car, physiologiquement, la communication entre l'entrée des vaisseaux pulmonaires et les ouvertures des troncs artériels est empêchée en partie par une disposition spéciale des valvules, de telle manière que le sang artériel passe principalement dans ces derniers, et le sang veineux dans les autres. Chez les Crocodiles, la séparation du cœur est complète et il existe quatre cavités, deux oreillettes et deux ventricules, tout

comme chez les Vertébrés supérieurs ; les artères pulmonaires et les troncs aortiques ont une origine séparée, ces derniers prenant naissance, en partie, dans la chambre gauche du cœur ; cependant, ici encore, malgré la division parfaite du cœur, le mélange du sang n'est pas complètement évité, car il existe une communication entre l'arc aortique gauche et l'aorte ; de plus, les deux troncs artériels qui sortent du cœur, accolés l'un à l'autre, communiquent par une perforation connue sous le nom de *foramen de Panizza*, du nom de l'anatomiste qui l'a fait connaître.

On donne le nom de *système porte* à des parties de l'appareil circulatoire dans lesquelles le sang marche des capillaires d'un organe vers les capillaires d'un autre organe. Ces systèmes sont bien développés chez les Reptiles ; on trouve chez eux un système porte hépatique ou intestinal, comme chez les Vertébrés supérieurs, et, en outre, comme chez

(*) 1, oreillette gauche; 2, oreillette droite; 3, 3, 3, aorte gauche se continuant en arrière jusqu'à son point de réunion avec l'aorte droite 4, 4, 4, et formant avec elle un tronc commun; 5, 6, veine pulmonaire s'ouvrant dans l'oreille gauche; 7, veine jugulaire gauche s'ouvrant dans l'oreille droite, et logée dans une gouttière de l'oreillette gauche; 8, veine jugulaire droite; 9, veine cave postérieure; 10, face supérieure du ventricule; 11, artère pulmonaire; 12, artère carotide commune droite; 13, idem, gauche; 14, portion de l'oreillette droite (d'après Jacquart, *Annales des Sciences naturelles*, 4ᵉ série, t. IV, 1855).

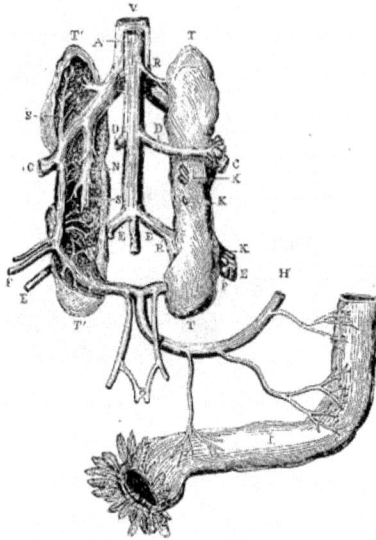

Fig. 45. — Appareil porte rénal ou système veineux de Jacobson chez le Coq (*).

les Amphibiens, un système de veine-porte rénal par lequel passe une grande partie du sang qui revient de la queue et des membres postérieurs; l'appareil porte rénal n'a des vaisseaux spéciaux que chez les Poissons, les Batraciens, les Reptiles et les Oiseaux (fig. 45), tandis que chez les Mammifères, la veine cave sert à porter le sang au cœur et à le reporter par reflux vers les reins; la circulation à travers les reins diminue de plus en plus d'importance chez les Reptiles supérieurs, de telle sorte que chez les Tortues et les Crocodiles une grande partie du sang des veines iliaques se rend au foie.

Le système lymphatique présente de nombreuses et vastes cavités comme chez les Amphibiens; il existe des cœurs lymphatiques contractiles, ou organes d'impulsion de la lymphe, dans la partie postérieure du corps, à l'union du tronc et de la queue; ces cœurs sont disposés par paires sur les apophyses transverses des côtes.

Les globules rouges du sang sont, par leurs dimensions, intermédiaires entre ceux des Amphi-

biens et des Vertébrés supérieurs; d'après M. Milne-Edwards, le grand diamètre est, comme maximum de 1/41e (chez l'Orvet), comme minimum de 1/62e (chez la Couleuvre Vipérine); le petit diamètre a comme maximum 1/71e (chez la Vipère berus), comme minimum 1/108e (chez le Lézard vert). Ces globules sont elliptiques et pourvus d'un noyau.

Développement. — Le développement des Reptiles, dont on doit surtout la connaissance aux remarquables travaux de Rathke, de Von Baer et d'Agassiz, s'éloigne beaucoup de celui des Amphibiens, ainsi qu'il était facile de le concevoir, pour se rapprocher dans ses traits essentiels de ce que l'on remarque chez les Oiseaux.

Tous les Reptiles émanent d'œufs; chez certains d'entre eux, chez les Vipères, chez quelques Lézards, tels que le Lézard vivipare (fig. 52), l'œuf subit son développement complet, non en dehors, mais dans l'oviducte maternel, et dans ce cas le petit naît vivant; on donne le nom d'*ovovivipares* aux animaux chez lesquels ce phénomène s'observe.

Le vitellus relativement considérable, entouré parfois encore, comme chez l'Oiseau, d'une couche d'albumine plus ou moins développée, est protégé par une coque fort résistante et calcaire chez les Tortues et chez les Crocodiles, comme membraneuse et parcheminée chez les Sauriens et les Serpents. Chez quelques-uns de ces derniers animaux,

(*) C représente les veines caudales, origines de la veine porte rénale recevant une grosse branche anastomotique (H) de la veine porte et se divisant en deux branches qui pénètrent dans les reins (T et T'); chemin faisant, elles reçoivent les veines crurales (C, F), mais envoient d'autre part, dans la substance du rein, des branches (S) qui s'y distribuent à la manière de la veine *porte hépatique* dans le foie, tandis que d'autres branches leur faisant suite par les capillaires ramènent le sang (N) dans la veine cave (V), à la manière des veines sus-hépatiques dans le foie. A est l'aorte; R, R', les artères rénales; D, D, artères du bassin; E, E, artères crurales.

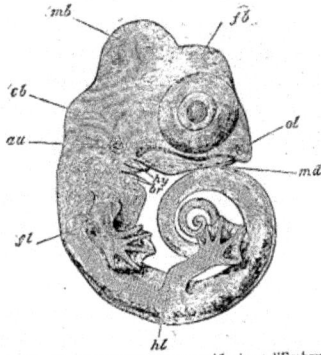

Fig. 46. — Embryon avancé de Lézard des murailles vu par réflexion ; l'Embryon enroulé était long de 7 millimètres (*).

la femelle couve les œufs et produit un développement considérable de chaleur, de telle sorte que le corps du Reptile est à une température bien supérieure à celle du milieu ambiant ; les Tortues de mer enterrent leurs œufs dans le sable du rivage où ils éclosent par l'action des rayons du soleil ; l'on peut dire, en général, que les Reptiles abandonnent l'éclosion tout à fait au hasard.

L'œuf fécondé présente à la surface du vitellus un espace arrondi, à contours effacés, qui offre une coloration blanchâtre et qui correspond à la partie qu'on désigne communément dans l'œuf de poule sous le nom de « chalaze ». Ce germe se compose de petites cellules presque incolores qui, en raison de leur teinte claire, contrastent avec le vitellus ; il forme le point de départ de l'évolution et représente le centre des productions qui permettent à l'embryon de se constituer. Dès que l'embryon commence à se développer, cette tache claire s'allonge en prenant la forme d'un disque elliptique plus transparent au centre que sur les bords. Dans la partie médiane transparente, appelée aréole germinative, on voit se soulever le bourrelet dorsal ; l'espace déprimé, que le bourrelet recouvre peu à peu en se voûtant, devient un canal tubulaire destiné à l'encéphale et à la moelle épinière. En dessous de la gouttière dorsale, la colonne vertébrale apparaît sous l'aspect d'une tige. A la région antérieure, où la gouttière dorsale s'élargit, on peut voir peu à peu se former les parties distinctes de l'encéphale à mesure que le bourrelet bombe davantage ; la masse cérébrale antérieure est la plus considérable dès l'origine ; dès que l'extrémité céphalique commence à se former

plus distinctement, on voit apparaître un caractère distinctif et qui sépare les Vertébrés inférieurs des Vertébrés supérieurs, et qu'on a désigné sous le nom de « flexion de la tête » (fig. 46, 47, 48, 49).

L'embryon aplati, couché suivant l'axe transversal de l'œuf, repose par sa face ventrale, modérément incurvée, sur la surface du vitellus ; à mesure qu'il se soulève et se limite latéralement, son extrémité céphalique s'isole rapidement, et s'incline en même temps en avant dans l'épaisseur du vitellus, comme si on pressait fortement la tête en l'abaissant vers le thorax. Le sommet de l'angle de cette inclinaison, à laquelle correspond une impression circulaire dans le vitellus, se trouve au niveau de l'extrémité de la notocorde et au niveau du point où apparaîtra plus tard l'appendice cérébral qui se forme immédiatement au devant de cette extrémité dans l'espace compris entre les deux masses osseuses destinées à supporter le crâne. Cette flexion céphalique est telle qu'on ne peut explorer la face ventrale de la tête et du cou sans redresser violemment la tête. Quand le bourrelet s'est fermé, quand la notocorde s'est montrée, et quand la flexion de la tête a eu lieu, on voit alors se former l'amnios qui constitue une autre particularité propre aux embryons des Vertébrés supérieurs. La couche externe des cellules de l'embryon, aux dépens de laquelle se forme peu à peu le tégument extérieur, se continue, il est vrai, par-dessus le vitellus entier en l'entourant ; mais elle forme en même temps en avant et en arrière un pli qui se rabat par dessus l'extrémité céphalique et par dessus l'extrémité caudale, et qui de toutes parts s'accroît vers le point central au-dessus du dos de l'embryon ; il enferme ainsi de tous côtés l'embryon et constitue un prolongement immédiat de sa couche cutanée. Les autres systèmes organiques se trou-

(*) fb, cerveau antérieur ; mb, cerveau moyen ; cb, cervelet ; au, vésicule auditive (fermée) ; ol, fossette olfactive ; md, mandibule : hy, arc hyoïdien ; br, arcs branchiaux ; fl, membre antérieur ; hl, membre postérieur (d'après Balfour).

BREHM. — V.

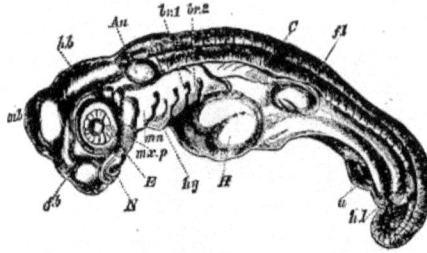

Fig. 47.

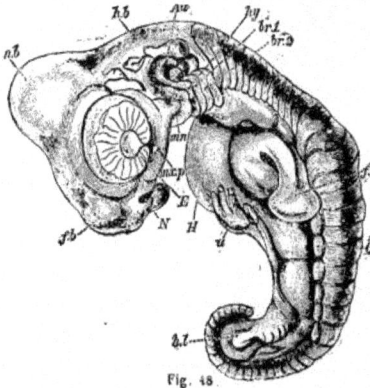

Fig. 48.

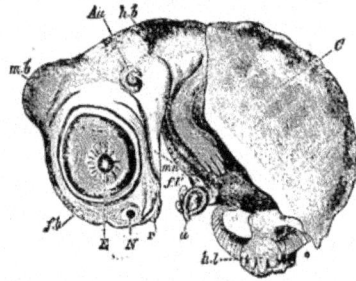

Fig. 49.

Fig. 47. — Embryon du *Chelone midas*, premier stade (*).
Fig. 48. — Embryon du *Chelone midas*, deuxième stade (**).

Fig. 49. — Embryon du *Chelone midas*, troisième stade (*).

vent déjà en place avant la formation et le développement complet de l'amnios. Dans la partie opaque de la membrane germinative, c'est-à-dire dans l'aréole vasculaire, se sont formés les espaces lacunaires des premiers vaisseaux, ainsi que les premiers globules sanguins; en même temps, il s'est produit, dans la région cervicale dissimulée par la flexion de la tête, un amas de cellules qui se creuse graduellement pour devenir un cœur canaliculaire. Derrière le cœur, le corps de l'embryon repose d'abord, très aplati, sur le vitellus, de sorte que la place de l'intestin est occupée par une longue gouttière superficielle en contact avec le vitellus; mais les parois ventrales arrivent peu à peu à se former, la gouttière se bombe de plus en plus et se transforme bientôt en un tube qui ne commu-

(*) *au*, capsule auditive; *br* 1 et *br* 2, arcs branchiaux; *C*, carapace; *E*, œil; *fb*, cerveau antérieur; *fl*, membre antérieur; *H*, cœur; *hb*, cerveau postérieur; *hl*, membre postérieur; *hy*, hyoïde; *mb*, cerveau moyen; *mn*, mandibule; *mxp*, système maxillo-palatin; *N*, narines; *v*, ombilic (d'après Balfour).

(**) Les lettres comme dans la figure 47.

nique plus avec le sac vitellin qu'en un point déterminé, par l'intermédiaire d'un conduit ouvert. « Vers la fin de l'évolution, écrit Carl Vogt, l'œuf présente l'embryon enveloppé dans l'amnios et offrant sur sa face ventrale l'orifice ombilical au travers duquel émergent, d'une part, le restant du vitellus sous l'aspect d'une vésicule pyriforme munie d'un pédicule plus ou moins long, et, d'autre part, la vaste membrane d'enveloppe qui constitue l'allantoïde. Le conduit vitellin se ferme bientôt complètement; il en est de même du pédicule allantoïdien dont il ne subsiste que les vaisseaux. L'embryon rompt alors son amnios et sa coquille; chez beaucoup d'espèces il se sert, à cet effet, d'une dent tranchante et impaire, insérée sur l'os intermaxillaire et disparaissant plus tard. Après la naissance, les vaisseaux allantoïdiens se fanent et les poumons commencent à entrer en action; l'ombilic se cicatrise bientôt tout à fait, sans laisser de trace » (fig. 47, 48, 49).

(*) Les lettres comme dans les fig. 47 et 48. — *r*, rostre.

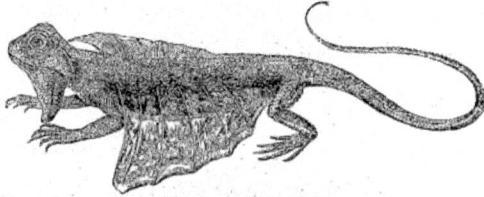

Fig. 50. — Dragon volant.

MOEURS ET HABITAT

On peut dire de la grande majorité des Reptiles que ce sont des animaux terrestres; les Tortues, qui se plaisent dans les cours d'eau, abordent fréquemment sur la rive; il en est de même des Crocodiles et des Varans aquatiques; bien qu'habitant les côtes, l'Amblyrrhynque des îles Galapagos passe une partie de son existence à terre; seuls les Serpents marins et les Tortues du groupe des Chélones habitent les eaux salées, et encore les Tortues viennent-elles effectuer leur ponte sur le rivage; les Serpents de mer et les Chélones sont les seuls Reptiles conformés en vue d'une existence exclusivement aquatique.

Les Reptiles étant des animaux à sang froid, ou plutôt à température variable, recherchent la chaleur; ils sont plus particulièrement abondants dans les régions tropicales et intertropicales. C'est dans les grandes forêts du Brésil et dans les savanes noyées des Guyanes que se trouve le géant des Serpents, l'Eunecte murin; c'est au milieu des inextricables fourrés qui bordent l'Orénoque et l'Amazone que chassent les grands Boas, les Bothrops au poison mortel, le Lachesis muet, le plus redoutable peut-être des Serpents venimeux, et les nombreuses Elaps, aux formes élégantes, au corps cerclé de noir et de rouge, d'autant plus dangereuses, malgré leur faible taille, qu'elles ressemblent à s'y méprendre à d'inoffensives couleuvres; sur les arbres élevés, aux bourgeons savoureux, aux troncs entrelacés de mille lianes, aux branches couvertes des étranges Orchidées, se tiennent dans les forêts vierges, les Iguanes, au dos dentelé en scie, et dont la couleur s'harmonise à merveille avec le milieu qui les entoure, et leur permet d'échapper à leurs nombreux et implacables ennemis; le Naja, au cou dilatable, les Bungares qui se cachent pendant le jour, le Trimeresure ophiophage, qui attaque tous les êtres, y compris l'homme, les étranges Dragons (fig. 50) qui peuvent voler d'une branche à l'autre, habitent les jungles de l'Inde; dans les îles de la Sonde, nous trouvons les Acrochordes, serpents aquatiques au corps recouvert d'écailles ressemblant à des tubercules enchâssés

dans la peau, les verts Bothrops guettant dans la mousse l'animal qu'ils frapperont de leur dent meurtrière; c'est dans les parties les plus chaudes de l'Australie, au milieu de ses déserts de cailloux que vivent les Acanthophis au rapide poison, les Alecto et les Furines, ressemblant à d'innocents Serpents, et l'étrange Moloch au corps tout hérissé de piquants; dans les mers intertropicales grouillent les Serpents marins, tous venimeux, les Aipysures, les Platures, les Pelamydes, les Hydrophis; au Gabon nous verrons les grandes Vipères dont la couleur se confond avec celle du sable dans lequel elles se tiennent à demi enterrées, les Pythons se balançant aux arbres, les Dendraspis, grands serpents venimeux enroulés autour des branches, les Crocodiles, toujours en quête d'une nouvelle proie; le terrible Fer de lance est particulier aux Antilles; dans les parties les plus chaudes des États-Unis et du Mexique sont les Crotales qui, par leur bruit de grelot, glacent d'effroi tous les animaux qui les entourent (fig. 51), les Trigonocéphales, dont le venin est tout aussi dangereux que celui des Serpents à sonnette, et ces mille Sauriens, les Scélopores, les Agames, les Tropidolépides, les Laimanctes, dont les brillantes couleurs ne le cèdent en rien à celles des Oiseaux les plus richement ornés.

A mesure que l'on s'éloigne des tropiques, les Reptiles diminuent en nombre et en grandeur; leurs teintes deviennent plus ternes et le terrible poison dont certains d'entre eux sont armés perd de sa puissance. La chaleur est une condition essentielle à la vie des Reptiles; on peut dire en principe que plus une contrée est chaude, plus le nombre de ces animaux est grand; que plus une contrée est froide, moins on y trouve de Reptiles. Le cercle polaire n'est franchi que par un très petit nombre d'espèces, la Couleuvre à collier, la Vipère berus, le Lézard vivipare (fig. 52). Dans les Alpes, quelques espèces, telles que la Couleuvre à collier et la Berus, peuvent s'élever jusqu'à l'altitude de 1800 mètres; dans les Andes, Castelnau a trouvé des Serpents à plus de 2000 mètres au-dessus du ni-

Fig. 51. — Serpent à sonnette

veau de la mer; Schlaginweight a recueilli des Reptiles à 4600 mètres de hauteur dans la chaîne de l'Himalaya. Cette dernière altitude paraît être, dans les pays chauds, la limite extrême à laquelle arrivent les Reptiles. Certaines espèces, dont l'aire d'habitation est assez étendue, présentent souvent, vers le sud, une taille plus considérable et une plus grande richesse de coloris, de telle sorte qu'il est parfois assez difficile de reconnaître les deux variétés comme appartenant à une seule et même espèce.

Les Reptiles prospèrent avant tout dans un climat chaud et humide, ce qui fait qu'ils sont particulièrement abondants dans les forêts vierges des parties tropicales et intertropicales du Nouveau Monde (fig. 1, p. 1), de l'Inde, de la presqu'île Indo-Chinoise et de la Malaisie ; là ils vivent entre les racines et les broussailles, le long des troncs, au milieu des branches des arbres. Dans un même groupe, dans celui des Geckotiens (fig. 53), par exemple, on peut avoir des animaux diurnes, et alors dans ce cas parés de brillantes couleurs, ou nocturnes, à la livrée terne et grisâtre. Certains Serpents, les Elaps par exemple (fig. 54), ne sortent qu'à la nuit tombante, d'autres chassent en plein soleil. Quelques espèces vivent exclusivement dans des régions sèches, sablonneuses ou rocheuses ; on trouve dans les déserts des Lézards et des Serpents en des localités qui semblent leur offrir à peine les moyens d'existence. Des reptiles fuient la très grande chaleur, d'autres

vivent, au contraire, tels que les Eryx, les Cérastes, enterrés dans le sable brûlant de l'Afrique, sous les rayons d'un soleil torride. L'habitat des Reptiles est en un mot, infini, comme les formes de ces animaux.

Tous les Reptiles sont attachés plus ou moins à la même localité, aucun d'eux n'émigrant à proprement parler. Les Tortues de mer font cependant exception ; elles sont voyageuses par excellence et se trouvent souvent répandues sur un espace considérable. La même espèce de Serpent de mer peut être recueillie aux îles Hawaï, à la Nouvelle-Calédonie, dans le nord de l'Australie, sur les côtes des Philippines. Les conditions de vie sont sensiblement identiques lorsque la latitude n'est pas trop différente ; les animaux marins ont, du reste, une extension géographique beaucoup plus considérable que les animaux terrestres ; la faune ichthyologique est uniforme dans l'Océan Indien et dans le Pacifique ; il en est de même, en grande partie, pour la faune des animaux inférieurs. Les plus voyageurs, peut-être, des Reptiles, malgré la lourdeur de leur allure, les Tortues, se répandent fréquemment dans une certaine région fluviale, d'où elles peuvent bien passer dans les eaux avoisinantes ; mais si, entre le fleuve qu'elles habitent et un autre cours d'eau même voisin, existe une bande de terre un peu large, leur propagation se trouve arrêtée par cet obstacle pour elles infranchissable. Pour les espèces qui vivent exclusivement à terre, le plus étroit bras de mer suffit pour empêcher

Fig. 52. — Lézard vivipare.

absolument leur extension. On peut cependant rencontrer les mêmes espèces dans des contrées assez éloignées les unes des autres et séparées de tous côtés, isolées par la mer ; il faut en ce cas admettre forcément la réunion de ces îles, soit entre elles, soit à une terre disparue, à une époque géologique relativement rapprochée de nous.

Vitalité. — Les mouvements indépendants de la volonté nous paraissent s'effectuer chez les Reptiles dans des conditions assez différentes de ce que nous voyons pour les Vertébrés plus élevés dans l'échelle des êtres. La respiration est plus que chez ces derniers sous l'influence de la volonté ; elle est moins parfaite, ce qui dépend certainement de l'état d'infériorité dans lequel se trouve toujours l'appareil central de la circulation. Tous les Reptiles respirent fort lentement et peuvent se passer d'air nouveau pendant un temps souvent fort long, de telle sorte qu'ils résistent longtemps à l'asphyxie. Ils aspirent souvent de manière à remplir complètement leurs vastes cavités respiratoires et à emmagasiner l'air dans la partie postérieure du poumon ; ils évacuent ensuite avec beaucoup de lenteur l'air inspiré.

Le cœur n'envoie, ainsi que nous l'avons dit, qu'une faible partie du sang aux poumons chargés de le vivifier ; le sang oxygéné se mêle abondamment à celui qui a déjà servi à la nutrition et qui est chargé d'acide carbonique, et dès lors, dans les circonstances normales, n'élève guère la chaleur du corps au-dessus de celle du milieu ambiant. Il en

résulte un défaut de sensibilité en rapport avec une vitalité extraordinairement tenace. On a beaucoup de peine à tuer les Tortues ; on en voit rester près d'un mois en vie après qu'on leur a hermétiquement fermé la bouche et les orifices respiratoires externes ; ; des Lézards plongés dans l'alcool ne meurent qu'au bout d'un temps souvent assez long. Boyle rapporte qu'ayant placé une Vipère sous la cloche pneumatique de la machine il fit le vide ; le corps et le cou de l'animal se dilatèrent, la bouche s'ouvrit largement, le larynx s'avança jusqu'au bord du maxillaire inférieur et la langue fut projetée en avant ; une demi-heure après le début de l'expérience la pauvre bête vivait encore, mais peu de temps après elle tomba dans un état de mort apparente ; au bout de 23 heures on laissa rentrer de l'air ; la Vipère ferma alors la bouche et fit quelques mouvements. Une Couleuvre est restée dans le vide pendant plus de onze heures. D'autres expériences ont fourni des résultats analogues. Des Tortues auxquelles on avait coupé la tête agitaient leurs membres plusieurs jours après cette mutilation, onze jours, dit-on. On raconte qu'une Tortue à laquelle on avait scié le plastron, enlevé le cœur et les intestins, se retourna d'elle-même et chercha à ramper quelque temps. La tête d'un Crotale ou d'une Vipère détachée complètement du tronc cherche à mordre ; la queue d'un Lézard brisée au ras des membres postérieurs frétille pendant longtemps, et c'est un fait connu de tous que les tronçons d'un Serpent coupé en plusieurs morceaux rampent et s'agitent. Duméril et Bibron ont vu des Serpents privés de leur tête et dépouillés de leur peau, depuis quelques jours, et maintenus humides, produire encore des mouvements pendant des semaines entières ; ils rapportent également qu'une Tortue terrestre du poids de 40 kilogrammes, morte depuis quelques jours, dont le cou était tombé dans cette sorte de flaccidité, suite de la raideur qui survient après la mort, dont les yeux en particulier avaient la cornée desséchée, manifestait des mouvements par la contraction et la rétraction des membres, toutes les fois qu'on stimulait, en les piquant, les muscles des pattes postérieures. Toutes ces expériences démontrent que les muscles des Reptiles conservent leur irritabilité propre plus longtemps encore que ceux des Poissons ; elles démontrent, en outre, que chez ceux dont il s'agit l'encéphale et la moelle épinière n'influent pas sur l'activité du corps dans la même mesure que chez les Vertébrés supérieurs.

A cette propriété se rattache l'étrange faculté de restauration des parties dont jouissent beaucoup de Reptiles. « L'observation a été faite de tout temps ; on a reconnu que chez les Lézards, les Scinques et les Orvets, qui sont sujets à perdre la queue, soit en totalité, soit en partie, cette portion du corps paraît renaître et se reformer peu à peu, de manière à ce que cette mutilation semble disparaître complètement. On trouve ce fait consigné chez les anciens auteurs ; mais ce n'est que dans ces derniers temps qu'on a suivi avec exactitude tous les détails de la reproduction, non seulement de la queue, mais encore des membres qui se sont complètement réintégrés sous les yeux des observateurs... Blumenbach a répété l'expérience du fait indiqué par Pline, en détruisant avec une pointe de fer les yeux du Lézard vert, et en plaçant cet animal dans un vase de terre qu'il a ensuite déposé dans la terre humide ; et, au bout de très peu de temps, les yeux ont été tout à fait reproduits. Des Lézards et des Scinques, dont la queue avait été cassée accidentellement et reproduite, comme il était facile de le reconnaître à la forme particulière et à la couleur de leurs plaques écailleuses, ont été disséquées, et l'anatomie a montré que dans le squelette les vertèbres avaient été remplacées par des substances cartilagineuses qui ne reprennent jamais complètement la nature ni la solidité des os. Quelques-uns de ces animaux offraient, au lieu de la queue primitive qu'ils avaient eue d'abord, une queue double dont les pointes semblaient se rapprocher comme les branches d'une pince... Dans toutes les expériences faites, on a observé que la régénération était favorisée par la chaleur et retardée au contraire par le froid (1). »

Facultés psychiques. — De tout ce que nous avons dit on peut, *a priori*, prévoir que les facultés

psychiques des Reptiles doivent être fort peu développées, aussi les manifestations intellectuelles présentées par ces animaux sont-elles à peu près nulles. Une bête douée d'un cerveau si peu développé, chez laquelle l'encéphale reçoit relativement si peu de sang vivifiant, ne saurait posséder à un très haut degré les facultés que nous désignons sous le nom d'intelligence ; leur instinct est même bien au-dessous de ce que nous voyons chez beaucoup d'animaux placés bien plus bas dans la série, chez les Insectes, par exemple. Les facultés psychiques, sans être directement proportionnelles au poids et au volume du cerveau, sont toutefois dans quelques rapports avec eux. Chez l'homme le poids de la masse encéphalique est d'environ la quarantième partie du poids total du corps ; chez la Tortue, qui est cependant un Reptile de rang élevé, le cerveau ne fait que la 1850e partie du poids du corps. Un certain sens des localités, une connaissance de l'utile et du nuisible, et enfin la passion sensorielle, toutes choses qui relèvent bien plutôt de l'instinct que de l'intelligence, existent seules chez les Reptiles ; ainsi que le faisait Buffon accordant aux animaux la conscience de leur existence actuelle, on pourrait presque refuser aux Reptiles la *pensée*, la *réflexion*, la *mémoire* ou *conscience de l'existence passée*, et les *facultés de comparer des sensations* ou *d'avoir des idées* (1) ; le grand Descartes aurait certainement fait des Reptiles rapaces d'inconscientes machines, « en leur ôtant tout sentiment et toute connaissance » ainsi que le remarque le P. Daniel (2).

Quoi qu'il en soit, c'est à peine si l'on perçoit des lueurs d'intelligence chez les Reptiles ; quelques animaux tenus en captivité deviennent craintifs ou méchants lorsqu'ils ont été frappés par les personnes chargées de les soigner, ce qui semblerait indiquer une certaine réflexion. Nous avons vu des Alligators et des Crocodiles arriver au bruit produit par le claquement de la langue sur le palais, bruit qu'ils étaient habitués à entendre lorsqu'on leur donnait à manger ; certains Sauriens, le Varan à deux bandes, entre autres, accourir d'un bout de la cage dans lequel il était enfermé, lorsque l'on faisait semblant d'introduire la clef dans la serrure ; certaines Couleuvres, après avoir sans doute reconnu à leurs dépens l'inutilité de leurs efforts, ne plus se jeter contre les vitres qui les séparaient du public. Sont-ce là des signes d'intelligence ? nous n'oserions l'affirmer. L'intelligence est si peu développée chez le Serpent, si elle existe même, que les Venimeux mordent la proie morte qu'on leur présente et se mettent immédiatement sur la défensive, absolument comme s'ils avaient affaire à un ennemi ; ceux qui ont l'habitude d'enrouler leur proie pour l'étouffer l'enroulent, qu'elle

(1) Duméril et Bibron, *Erpétologie générale*, t. I, p. 206.

(1) Buffon, *Discours sur la nature des animaux*, t. IV.

(2) P. Daniel, *Suite du voyage du monde de Descartes ; Lettres première touchant la connaissance des bêtes*, p. 3.

soit morte ou vivante, et attendent patiemment le temps voulu pour qu'elle ait cessé de vivre ; les grands Varans qui se nourrissent de petits mammifères ou d'oiseaux vivants les tuent en les traînant contre le sol, or ils répètent absolument la même manœuvre lorsqu'on leur donne un animal fraîchement tué. Le besoin de manger, en cela se résume toute l'existence du Reptile ; il n'épargne même pas au besoin ses frères, lorsque ceux-ci sont les plus faibles. Les animaux supérieurs modifient leur manière d'être suivant les besoins, suivant les circonstances, les Reptiles jamais ; l'Oiseau ou l'Insecte lui-même pourront changer la forme de leur nid et mettre leur progéniture à l'abri des attaques ; la Tortue de mer reviendra pondre exactement au même endroit où la veille on a détruit ses œufs. L'on dit qu'au moment du danger, certains Serpents reçoivent leurs petits dans leur bouche ou que ces petits s'enroulent autour du corps de la mère, et le fait a été rapporté par des voyageurs dignes de foi pour le Trigonocéphale de la Martinique ; cet attachement pour la progéniture paraît être tout à fait exceptionnel.

Certains Serpents passent pour éprouver du plaisir aux sons musicaux, et les charmeurs égyptiens font danser les Najas au son nasillard d'une flûte grossière.

L'un de nos savants les plus éminents, M. de Quatrefages, raconte qu'il a tenu longtemps en captivité, nous devrions dire en quasi-domesticité, un de nos plus jolis Lézards de France, le Lézard vert. L'ouïe, nous dit-il, est fort développée chez tous les Lacertiens ; ils entendront à plusieurs pieds de distance le bruit d'une feuille agitée par le vent, le bourdonnement d'une mouche. Bien plus, leur oreille, bien que dépourvue d'appareil propre à renforcer les sons, paraît susceptible de les distinguer. Les Iguanes, qui se rapprochent si fort des Lézards, y sont à ce point sensibles, que le chasseur n'a qu'à siffler un air gai et mélodieux pour pouvoir les approcher, sans crainte de les mettre en fuite. « Le fait que je connaissais me fit faire quelques expériences assez curieuses. Lorsque, ayant mon Lézard vert, j'entrais dans une salle où l'on jouait de quelque instrument, il s'agitait sur-le-champ, et venait montrer sa jolie tête au-dessus de ma cravate. Si je le posais par terre, il se dirigeait vers le point d'où venaient les sons. Parmi les divers instruments, la flûte et le flageolet paraissaient surtout lui plaire. Le bruissement des cymbales, le tintement du bonnet chinois, le faisaient tressaillir, tandis qu'il demeurait insensible au bruit de la grosse caisse. On voit que, si quelques voyageurs ont exagéré le dilettantissime des Reptiles, ils n'ont du moins pas tout inventé. »

Tout reptile enfin se laisse apprivoiser dans une certaine mesure, c'est-à-dire qu'il s'habitue plus ou moins à l'homme qui le soigne et lui présente sa nourriture ; à cela se borne le degré d'apprivoisement qu'il est susceptible d'atteindre. Cependant des Reptiles soi-disant apprivoisés et qui sont susceptibles de nuire, demeurent toujours dangereux ; car loin de pouvoir compter sur quelque attachement de leur part, on ne peut attendre d'eux que méchanceté et perfidie. Les Reptiles n'engagent de relations amicales ni avec les autres membres de leur classe ni surtout avec d'autres animaux ; c'est tout au plus si on peut les amener à ne plus avoir peur ou à demeurer indifférents ; jamais on n'observe chez eux une réelle sociabilité ; tant que la passion sensorielle n'est pas réveillée, chacun d'eux ne songe qu'à lui-même, n'agit que pour lui exclusivement, et ne s'inquiète nullement de l'animal voisin ; jamais collectivité ne vient en aide à l'individu.

Hibernation. — Vers l'hiver dans les régions tempérées, ou au début de la période de sécheresse, sous les climats arides des pays équatoriaux, les Reptiles s'enfouissent dans le sol, ou du moins se cachent dans des excavations plus ou moins profondes et tombent dans une léthargie qui ressemble à la mort et correspond au sommeil hivernal de certains mammifères. Dans tous les pays froids, les Reptiles se mettent à l'abri de l'influence nocive de la mauvaise saison ; dans la partie méridionale de la zone tempérée et sous les tropiques ce fait ne s'observe que pour les espèces qui ne peuvent se soustraire au changement de saison. Dans les régions humides du Brésil, les Tortues conservent leur activité vitale pendant toute l'année ; au contraire, d'après les observations de Humboldt, les Tortues de l'Orénoque se cachent sous les pierres ou bien dans des trous qu'elles creusent, pour s'abriter contre la trop grande ardeur du soleil et contre la sécheresse ; elles ne sortent de leur retraite que lorsqu'elles sentent la terre s'humecter autour d'elles. Les Crocodiles, qui habitent de larges cours d'eau, comme le Nil, l'Amazone, le Mississipi, ne sont pas soumis au sommeil d'hiver ; dans les régions où les marécages qu'ils habitent se dessèchent pendant une partie de l'année, ces mêmes animaux traversent toute la période de sécheresse en s'enfonçant dans la vase.

Dans la relation de son voyage avec Bompland aux régions équinoxiales du nouveau continent, Alexandre de Humboldt rapporte que dans la province de Caracas, à Calabozo, son hôte fut témoin de la scène la plus extraordinaire. « Couché avec un de ses amis sur un banc couvert de cuir, don Miguel Consin est éveillé de grand matin par de violentes secousses et par un bruit épouvantable. Des mottes de terre sont lancées au milieu de la cabane. Bientôt un jeune Crocodile de 2 à 3 pieds de long sort au-dessous du lit, se jette sur un chien qui couchait sur le seuil de la porte, le manque dans l'impétuosité de son élan, et se sauve vers la plage pour y gagner la rivière. En examinant l'endroit où

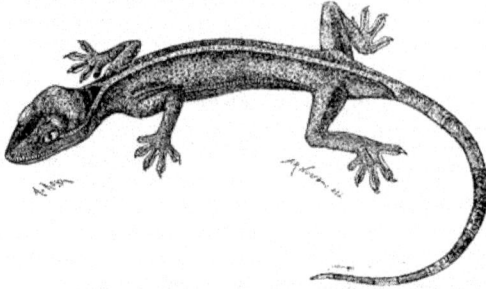

Fig. 53. — Gecko (*Platydactylus vittatus*, Cuv.)

la *barbacoa*, ou couchette, était placée, on reconnut facilement les causes d'une aventure si bizarre. On trouva la terre remuée à une grande profondeur. C'était de la boue desséchée, qui avait couvert le Crocodile dans cet état de léthargie ou de *sommeil d'été* qu'éprouvent, au milieu des *Llanos*, plusieurs individus de cette espèce pendant l'absence des pluies. Le bruit des hommes et des chevaux, peut-être même l'odeur du chien, l'avaient réveillé. La cabane étant placée au milieu d'une mare, et inondée pendant une partie de l'année, le Crocodile était entré sans doute, lors de l'inondation des savanes, par la même ouverture par laquelle on le vit sortir. Souvent les Indiens trouvent d'énormes Boas, qu'ils appellent *Uji*, ou *Serpents d'eau*, dans le même état d'engourdissement. Il faut, dit-on, les irriter ou les mouiller d'eau pour les ranimer.

« Nous venons de voir que, dans les *Llanos*, la sécheresse et la chaleur agissent sur les animaux comme le froid. Hors des tropiques, les arbres perdent leurs feuilles dans un air très sec.

« Les Reptiles, surtout les Crocodiles et les Boas, ayant des habitudes extrêmement paresseuses, quittent avec peine les bassins dans lesquels ils ont trouvé de l'eau à l'époque des grandes inondations. A mesure que les mares se dessèchent, ces animaux s'enfoncent dans la boue pour y chercher le degré d'humidité qui donne de la flexibilité à leur peau et à leurs téguments. C'est dans cet état de repos que l'engourdissement les prend; ils conservent peut-être une communication avec l'air extérieur; et, quelque petite que soit cette communication, elle peut suffire pour entretenir la respiration d'un Saurien qui, muni d'énormes sacs pulmonaires, ne fait pas de mouvements musculaires, et dans lequel presque toutes les fonctions vitales sont suspendues. Il est probable que la température moyenne de la vase desséchée et exposée aux rayons du soleil est de plus de 40 degrés. Lorsque le nord de l'Égypte, où le mois le moins chaud ne baisse pas au-dessous de 13°,4,

nourrissait encore des Crocodiles, ils s'y trouvaient souvent engourdis par le froid. Ils étaient sujets à un *sommeil d'hiver*, comme nos grenouilles, nos salamandres, nos hirondelles de rivage, et nos marmottes. Si l'*engourdissement hivernal* s'observe à la fois chez les animaux à sang chaud et à sang froid, on sera moins étonné d'apprendre que ces deux classes offrent également des exemples d'un *sommeil d'été*. De même que les Crocodiles de l'Amérique méridionale, les Tenrecs, ou Hérissons de Madagascar, passent, au milieu de la zone torride, trois mois en léthargie (1). »

Il semble que tous les Reptiles ne tombent pas dans une léthargie complète : certains d'entre eux sont à demi réveillés, car ils gardent une certaine mobilité ou se réveillent très rapidement; d'autres, en revanche, sont pendant leur sommeil absolument raides et immobiles, durs au toucher et paraissent être morts. Des Crotales, des Vipères trouvés dans cet état et emportés dans un sac s'éveillent très rapidement lorsqu'on les approche d'un foyer un peu vif, mais retombent de suite en léthargie lorsqu'on les expose de nouveau au froid. Ainsi que l'indique Schinz, il semble qu'une condition essentielle du sommeil hivernal est que l'animal ait fait auparavant une provision alimentaire suffisante. « On comprend très bien, dit-il, que des animaux qui, à l'état de veille, peuvent jeûner, sans en souffrir, pendant des mois entiers, soient en état de supporter un hiver sans nourriture ; mais on observe chez eux la même loi que chez les Mammifères qui subissent le sommeil d'hiver, c'est-à-dire que les sucs nutritifs sont encore utilisés, en proportion si minime que ce soit; les Reptiles meurent, en effet, assez rapidement lorsqu'ils ont manqué d'aliments en automne avant de s'endormir. Dans quelle mesure les fonctions physiologiques se reposent-elles pendant le sommeil hivernal, et quelles sont celles qui entrent

(1) Humboldt et Bompland, *Voyage aux régions équinoxiales du Nouveau continent*, t. IV.

Fig. 54. — Serpent corail (page 20).

alors dans un repos absolu? il est difficile de l'observer chez des animaux dont les fonctions peuvent être si souvent interrompues pendant l'état de veille sans que l'existence en souffre ; il est vraisemblable cependant qu'il n'y a qu'une circulation très lente et que la respiration s'effectue à peine, ce qui ne doit pas nous surprendre chez des animaux qui ont besoin de si peu d'oxygène. Néanmoins un froid trop grand ou trop prolongé peut tuer les Reptiles lorsqu'ils ne savent pas s'en préserver ; la mort survient probablement alors par suite de l'arrêt prolongé des mouvements du cœur. Pendant le sommeil hivernal, le poids du corps diminue, ce qui prouve que l'animal se nourrit de sa propre substance ; une Tortue qui, au commencement de l'hiver, pesait 4 livres et 4 onces en avait perdu au moment du réveil 1 livre et 5 drachmes. » A leur réveil, les Reptiles sont très actifs et se mettent de suite en chasse pour se procurer une nourriture abondante dont ils ont grand besoin. Les Reptiles, même en dehors du temps de l'hibernation, peuvent jeûner fort longtemps. Duméril et Bibron rapportent qu'ils ont vu une Emyde à long col rester plus d'une année sans prendre de nourriture ; nous avons vu un Serpent à sonnette ne

manger qu'après plus de vingt mois de captivité !

Accroissement et maladies. — Tous les Reptiles croissent avec une grande lenteur, mais peuvent atteindre, par contre, un âge fort avancé. Il est avéré que des Tortues maintenues en captivité ont vécu au delà de cent ans. De mémoire d'homme, des Crocodiles ont toujours été remarqués à la même place par des observateurs africains ; les grands Serpents doivent, pour la plupart, être fort âgés.

Brehm pense qu'on n'a pas vu de Reptiles mourir graduellement, par suite de l'affaiblissement par l'âge, suivant l'expression consacrée, mais qu'ils périssent de mort violente ou du moins sous l'action d'influences extérieures. Nous pouvons affirmer cependant que les Reptiles sont sujets à plusieurs maladies, parfois épidémiques. Il arrive trop fréquemment dans les ménageries, sans qu'on sache pourquoi, que chez des Serpents la gueule s'enflamme, que les gencives se boursouflent, deviennent saignantes et se couvrent de membranes d'un gris jaunâtre, véritables fausses membranes qui adhèrent à la muqueuse ; parfois le mal se limite, et l'animal se remet plus ou moins vite ; parfois, au contraire, on observe des phénomènes du côté des centres nerveux, comme s'il y avait un empoisonnement urique ou diphthéritique ; l'animal bâille fréquemment et avec efforts, la gueule se remplit d'un liquide à odeur souvent fétide, des convulsions se manifestent, la bête se tord avec douleurs et finit par mourir, emportée dans des spasmes. Cette maladie est à ce point contagieuse que si l'on vient à placer un Serpent sain dans la cage où est mort précédemment un animal attaqué de la maladie en question, il ne tarde pas à succomber à son tour ; il faut désinfecter la cage par l'aération, l'acide phénique, le thymol. L'on observe aussi une véritable tuberculose chez des Tortues ; les poumons sont farcis de petits foyers de suppuration. Les Reptiles sont également emportés par des affections purulentes, de telle sorte que l'on trouve des collections de pus dans les poumons, dans le foie, entre les feuillets du mésentère et même dans les parois du cœur ;

il arrive aussi que des endurcissements et des épaississements se voient vers la partie terminale de l'intestin ; parfois encore la gaine qui enveloppe les nerfs émergeant de la moelle est plus épaisse que dans l'état normal. Des Tortues d'eau douce, maintenues pendant un certain temps en captivité, ont leur plastron exfolié, il se forme des abcès qui peuvent faire périr l'animal.

Toutes ces altérations et beaucoup d'autres encore, certains phénomènes morbides que nous avons pu observer sur des animaux gardés dans les ménageries, prouvent que les Reptiles sont sujets à d'assez nombreuses maladies. Ils sont, du reste, fréquemment tourmentés par des parasites que l'on trouve dans diverses parties de leur corps, dans la gaine de la langue, dans tous les points du tube digestif et des voies respiratoires, dans le foie, entre les feuillets du mésentère.

UTILITÉ DES REPTILES.

« Les Reptiles sont les animaux qui inspirent d'ordinaire le plus de répulsion, je dirai même le plus d'effroi. Cette crainte, il est vrai, n'est que trop souvent justifiée par les dangers terribles auxquels expose le venin de plusieurs Serpents, heureusement beaucoup moins nombreux que ceux dont l'homme n'a rien à redouter.

« Il fau bien reconnaître aussi que la sensation de froid éprouvée par la main qui touche les animaux de ce groupe ajoute à cette sorte d'horreur instinctive née du contact des Crapauds, des Grenouilles, des Lézards ou des Couleuvres. Si cependant on parvient à triompher du dégoût qui, relativement à la plupart de ces Reptiles, n'est cependant pas motivé, et de la frayeur qu'on doit éprouver seulement en face des espèces redoutables soit par leur venin, soit par leur grande force ou leurs instincts carnassiers, comme les Crocodiles, on s'aperçoit bientôt qu'ils sont très dignes de l'attention et de l'intérêt du zoologiste. Lorsque, en effet, on cherche à connaître les particularités de leur organisation, la manière dont les fonctions s'accomplissent, leurs habitudes et leurs mœurs, on trouve qu'ils présentent des modifications considérables et tout à fait curieuses des types les plus élevés du règne animal, je veux dire les Mammifères et les Oiseaux. »

Ainsi s'exprime Auguste Duméril dans une série de très intéressants articles publiés en 1863 dans la *Revue nationale*.

Dans ces articles réunis plus tard en brochure sous le titre *les Reptiles utiles*, le savant professeur d'herpétologie du Muséum d'histoire naturelle a parlé des services que les Reptiles rendent à l'homme et des produits qu'ils fournissent à l'in-

dustrie ; c'est à la curieuse brochure d'A. Duméril que nous emprunterons presque tout ce que nous allons faire connaître à nos lecteurs.

« Pour passer en revue les divers genres d'utilité des Reptiles, la meilleure marche à suivre est celle qui a été adoptée par Isidore Geoffroy Saint-Hilaire, dans l'énumération des services que nous rendent les Mammifères et les Oiseaux. C'est une heureuse idée de ce savant naturaliste d'avoir formé cinq groupes où viennent nécessairement se ranger tous les animaux dont nous tirons parti. Ces groupes renferment :

« 1° Les animaux accessoires ou de simple ornement ;

« 2° Les animaux auxiliaires ;

« 3° Les animaux industriels ou fournissant des produits à l'industrie ;

« 4° Les animaux alimentaires ;

« 5° Les animaux médicinaux ou procurant des médicaments à la thérapeutique, c'est-à-dire à cette partie de la médecine qui a pour objet le traitement des maladies. »

Aucun Reptile ne peut être réellement considéré comme un animal d'ornement ou accessoire, bien que certains d'entre eux, tels que les Anolis des Antilles et du Mexique, les Ameivas des parties chaudes de l'Amérique méridionale, le disputent aux plus élégants Oiseaux par l'admirable éclat de leur corps aux reflets métalliques et chatoyants.

« Le nom d'animaux auxiliaires, comme le fait remarquer Isidore Geoffroy, convient à ceux qui sont élevés par l'homme pour les services directs qu'il en retire pendant leur vie. Si l'on s'en tient à la véritable acception du mot, on ne peut en faire usage pour les animaux dont il s'agit ici. Cependant, en laissant de côté l'idée de domestication, on est amené à se demander si, parmi tous ces Reptiles qui vivent autour de nous, on n'en trouve pas dont il serait avantageux d'utiliser les instincts carnassiers pour la destruction d'espèces nuisibles par leurs ravages dans nos habitations et dans nos cultures. Or, un certain nombre d'observations permet de faire à cette question une réponse affirmative.

« Au pied oriental du Jura, dit M. Nicolet, naturaliste suisse, dans une petite vallée assez humide, où les limaces et les chenilles avaient élu domicile, je cultivais jadis un jardin clos de murs, qui, vu l'innombrable quantité de ces animaux destructeurs, ne rapportait presque rien. J'eus l'idée d'en faire une sorte de ménagerie en y réunissant tous les animaux protecteurs que je rencontrai, et bientôt il fut difficile d'y faire un pas sans se trouver en présence soit d'une Couleuvre ou d'un Lézard, soit d'un Hérisson ou d'un Crapaud, tandis que de nombreux insectes coléoptères carnassiers, parcourant la surface du jardin, y trouvaient sur tous les points une abondante nourriture. Le résultat de cette expérience fut l'extinction complète des animaux nuisibles, limaces, vers blancs, chenilles, courtilières, tout disparut. Une magnifique verdure remplaça la chétive végétation qui existait auparavant; les arbres fruitiers restant couverts de feuilles purent donner de bons fruits, et le travail du jardinier fut diminué de toute la peine qu'il se donnait pour s'opposer à la destruction de ces produits (1). »

Ce fait et beaucoup d'autres encore témoignent de l'utilité de certains Reptiles qu'on tue sans pitié comme sans discernement; il en est d'eux comme des bêtes de mauvais augure qui cependant nous rendent de réels services; mort au Reptile! tel est le cri général.

Dans certains pays, on souffre volontiers dans les habitations de hideux Sauriens nocturnes dits Geckos; ils font, en effet, leur nourriture des blattes, des araignées et de tous les hôtes incommodes qui pullulent dans les pays chauds. D'après le docteur Guyon, une élégante couleuvre, le Fer à cheval, se trouve en plusieurs points du nord de l'Afrique jusque dans les maisons, car elle fait une guerre acharnée aux petits rongeurs. Plusieurs voyageurs, Catesby, Bartram, Palissot-Beauvois, entre autres, rapportent qu'on protège aux États-Unis le *Coryphodon constrictor* qui rend de réels services en éloignant des greniers les souris et autres animaux nuisibles. Dans certaines provinces du Brésil, le Boa détruirait les rats qui, sans eux, finiraient par tout dévorer. Dans notre pays, plusieurs couleuvres, absolument inoffensives, du reste, si elles prennent de temps en temps quelques oiseaux, se nourrissent presque exclusive-

ment de petits mammifères essentiellement nuisibles aux moissons.

A part les Chéloniens ou Tortues, on peut dire qu'aucun Reptile ne donne de produits à l'industrie. Les Tortues de mer fournissent la matière précieuse connue sous le nom d'écaille; les œufs de ces Tortues, ainsi que ceux de certaines espèces fluviatiles, sont recueillis avec soin en plusieurs points de l'Amérique du Sud. La graisse liquide des Tortues de mer dont la chair ne se mange pas et dont l'écaille a peu de valeur, c'est-à-dire des Couanes, sert pour l'éclairage et on en fait tout particulièrement usage dans différentes île des Antilles, où l'espèce est abondante. Depuis quelque temps on emploie la peau des crocodiles et celle des grands serpents, tels que les Pythons, pour servir de revêtement à de petits meubles de fantaisie et pour couvrir quelques objets tels que porte-cartes, étuis à cigarettes; préparée par le tannage et polie, cette peau est assez jolie. Le prince Maximilien Wied de Neuwied, qui a voyagé dans les deux Amériques, rapporte que dans la partie sud du Nouveau Monde la peau des Serpents sert à fabriquer des chaussures; on peut voir dans les collections du Muséum d'histoire naturelle de Paris une botte faite en cuir de Boa, très élégante par les jolis dessins diversement colorés dont elle est naturellement ornée. « Au rapport d'Audubon, on emploie, comme la peau des serpents. Boa de l'Amérique du Sud, celle des serpents à sonnettes dans différentes contrées des États-Unis. Du temps du Père Dutertre (1667), on se servait, à la Martinique, de la peau du serpent dit Fer-de-lance (*Bothrops lanceolatus*), pour confectionner des baudriers qui, suivant lui, étaient parfaitement beaux. A Calabazo, province de Caracas, dans la république de Vénezuela, on confectionne des cordes de guitare avec les parties tendineuses des muscles dorsaux des grands Boas, et particulièrement des Eunectes, qu'on maintient plongés dans l'eau jusqu'à ce que, par suite de la putréfaction, il soit facile de détacher les tendons; les cordes ainsi obtenues sont préférables à celles que donnent les intestins des singes Alouattes (1). »

Les Tortues sont presque les seuls Reptiles qui servent à l'alimentation; quelques peuplades mangent cependant divers serpents, et quelques tribus d'Indiens ne dédaignent même pas le serpent à sonnettes. Un grand Saurien, l'Iguane, est fréquemment apporté sur le marché de Bélize, dans l'Amérique centrale, la gueule fermée au moyen d'un lien solide, les membres ficelés au corps, afin qu'il ne puisse ni mordre, ni griffer; sa chair, qui est fort délicate, entre couramment dans l'alimentation.

Aucun Reptile ne fournit aujourd'hui de produits médicinaux; on peut voir cependant encore dans

(1) Nicolet, *Moniteur des comices* et *Science pour tous*, 1856, p. 12.

(1) Humboldt, *Voyage aux régions équinoxiales*, t. VI.

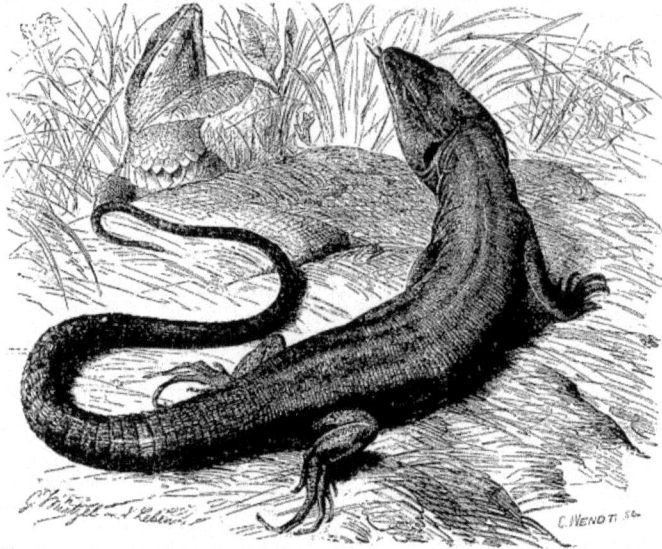

Fig. 55. — Genre Lézard, caractéristique de la faune européenne. — Lézard vert (2/3 de grand.).

quelque coin de certaines officines de la chair et des têtes desséchées des Vipères qui entraient autrefois dans la confection de plusieurs remèdes. Tombée aujourd'hui, et à juste titre, dans le plus complet oubli, la chair de Vipère est allée rejoindre les préparations dans lesquelles entraient des vers de terre, de la mousse recueillie sur le crâne d'un pendu et autres produits tout autant répugnants, sans aucune espèce d'action thérapeutique, point n'est besoin de le dire.

DISTRIBUTION GÉOGRAPHIQUE.

Lorsque l'on étudie la distribution géographique des Vertébrés on peut, à l'exemple de Richard Wallace, diviser le monde en six régions, les régions paléarctique, éthiopienne, orientale, australienne, néotropicale et néarctique, elles-mêmes subdivisées en une série de sous-régions (1).

La région paléarctique comprend l'Europe et la partie tempérée de l'Asie, depuis les Açores jusqu'au Japon, depuis l'Irlande jusqu'au détroit de Behring, avec les sous-régions européenne, circum-méditerranéenne, sibérienne et mantchourienne.

La sous-région européenne se compose de l'Europe centrale et de l'Europe boréale; elle est limitée, au sud, par la chaîne des Pyrénées, les Alpes maritimes et dinariques, les Balkans, la mer Noire et le

Caucase. Le sud de l'Europe, le nord de l'Asie jusqu'au Sahara, l'Asie Mineure, la Perse, Caboul jusqu'aux déserts de l'Indus, forment la sous-région circum-méditerranéenne, dans laquelle Wallace fait rentrer l'Egypte proprement dite jusqu'à la première ou la seconde cataracte.

Le grand plateau de Mongolie, à l'est, la chaîne de l'Himalaya, au sud, limitent la région sibérienne qui, outre la Sibérie, comprend l'Asie centrale, au nord d'Hérat. Le Japon, le nord de la Chine jusqu'au fleuve Bleu, avec la vallée inférieure du fleuve Amour, rentrent dans la sous-région mantchourienne.

La région éthiopienne comprend l'Afrique, au sud du Sahara; Madagascar se rattache à cette région.

La région orientale se subdivise elle-même en

(1) Wallace, *The geographical distribution of animal*; 2 vol. London, 1878.

Fig. 56. — Genre Cinixys caractéristique de la faune éthiopienne. — Cinixys de Home (1/3 de grand.).

quatre, les sous-régions indienne, ceylannaise, indo-chinoise, indo-malaise. La péninsule indienne, depuis l'Himalaya au nord, Goa et la rivière Kistna à l'est, font partie de la première sous-région. Le sud de l'Inde et Ceylan forment la sous-région ceylannaise; le sud de la Chine, l'Indo-Chine, Burmah, la sous-région indo-chinoise; la péninsule malaise, Bali, Bornéo, les Philippines, la sous-région indo-malaise.

La Nouvelle-Zélande, les îles de la Polynésie, l'Australie, toutes les îles situées au delà de Bali composent la région australienne.

Toute l'Amérique du Sud, l'Amérique centrale, une partie du Mexique, les Antilles rentrent dans la région néotropicale.

Par la Californie et les Montagnes rocheuses, la région néarctique fait passage à la région néotropicale, tandis qu'elle se rattache à la région paléarctique par le Canada et la partie est des États-Unis.

Il est, du reste, utile de faire remarquer qu'à la limite les diverses régions et sous-régions passent les unes aux autres.

Examinons rapidement la distribution des principaux groupes de Reptiles entre ces diverses régions et sous-régions.

On connaît actuellement environ 3000 espèces de Reptiles vivants, soit en chiffres ronds 236 espèces de Tortues, 98 de Crocodiles, 1000 de Serpents et 1600 de Sauriens.

La zone paléarctique est essentiellement caractérisée par l'absence de Crocodiliens et de quelques familles d'Ophidiens, peu nombreuses en espèces, du reste, telles que les Rouleaux, les Boas, les Pythons, les Calamaires, les Serpents d'eau. Parmi les Tortues de terre, le genre Tortue proprement dit est assez bien représenté; dans le groupe des Tortues de marais, les Pleurodères, c'est-à-dire les espèces qui rejettent le cou de côté font défaut, tandis que les Crypodères ou Tortues pouvant rentrer directement la tête sous la carapace sont peu nombreuses en espèces. On trouve quelques Tortues molles ou Tortues de fleuve, mais ces espèces appartiennent aux faunes plus chaudes et sont amenées dans la zone paléarctique par les grands cours d'eau qui descendent de l'intérieur; il en est de ces Tortues comme pour les Poissons; nous avons, en effet, établi que « le cachet que présente la faune ichthyologique d'un grand fleuve est le même dans toute l'étendue de son parcours; la faune revêt le caractère, non des contrées situées près de l'embouchure, mais des pays dans lesquels ce fleuve prend nais-

Fig. 57. — Genre Gavial caractéristique de la faune orientale. — Le Gavial du Gange (1/25ᵉ de grand.).

sance et reçoit ses principaux affluents (1). » Parmi les Sauriens, la famille des Caméléoniens n'est représentée que par une seule espèce, celle des Geckotiens que par trois ou quatre espèces, celle des Varaniens que par deux espèces ; la grande famille des Agamiens est pauvrement représentée ; on y trouve cependant, comme caractéristique, les genres Stellion, Phrynocéphale, Fouette-queue, Agame ; parmi les Lacertiens, nous pouvons citer le développement du genre Lézard proprement dit (fig. 55) et les genres Psammodrome, Eremias, Ophiops, Acanthodactyle, spéciaux à la zone. La famille des Amphisbéniens ne compte que très peu d'espèces ; il en est de même des familles des Scincoïdiens et des Cyclosauriens, avec les genres Scinque, Gongyle, Sphenops, Plestiodon, Pseudope. Certaines familles de Serpents, telle que celles des Typhopiens, des Elapidiens, de Crotali-

(1) H. E. Sauvage, *Étude sur la faune ichthyologique de l'O-goué* (*Nouv. arch. du Mus.*, 2ᵉ série, t. III ; 1880).

diens sont rares ; cette dernière famille n'est même représentée que par une seule espèce, le *Trigonocéphale halys*, de Mongolie. D'autres familles, telles que celles des Coronelliens, des Colubridiens, des Potamophidiens comptent d'assez nombreuses espèces.

Nous avons déjà dit que plus l'on s'avance vers le nord, plus la faune herpétologique est pauvre, et ce fait ne souffre pas d'exception ; les animaux sont plus petits, les espèces moins nombreuses, les types beaucoup moins variés. Presque toutes les familles dont nous venons de citer les noms se trouvent surtout dans la région circum-méditerranéenne, à la jonction, surtout de cette faune avec la faune éthiopienne. D'après Schreiber, en effet, l'Europe ne comprend que 67 espèces, dont 6 dans le nord de l'Europe, 29 dans l'Europe centrale, 62 dans le sud de l'Europe ; parmi ces espèces, nous comptons 24 Serpents, dont 4 venimeux, 35 Sauriens et 8 Tortues.

Fig. 58. — Genre Moloch, caractéristique de la faune australienne. — Moloch (grand. nat.).

Ce qui caractérise la faune éthiopienne c'est la présence du genre Crocodile, la présence des Tortues molles, le développement des Tortues terrestres (fig. 56), l'abondance, surtout à Madagascar, des Caméléoniens. La famille des Iguaniens manquerait, si elle n'était représentée à Madagascar par le genre Oplure; parmi les Agamiens et les Lacertiens, nous ne pouvons citer que les Agames, les Stellions, les Érémias, les Acanthodactyles qui ont été signalées dans la faune circum-méditerranéenne; les Zonures, Gerrhosaures, Gongyle, Acantias, Euprepes, appartenant aux familles des Chalcidiens et des Scincoïdiens, sont à leur maximum de développement. Parmi les Serpents, les Typhlopiens, Calamariens, sont assez bien représentés; les Dryophidiens, les Dipsadiens, les Potamophidiens sont à leur minimum, tandis que les Coronelliens et surtout les Lycodonthiens comptent de nombreuses espèces; un fait à signaler est l'absence des Colubriniens, qui existent cependant dans le nord de l'Égypte et en Algérie; les genres Python et Vipère comptent d'assez nombreuses espèces, ainsi que les Serpents voisins des Najas. Un fait curieux à signaler est la présence aux îles Mascareignes de Tortues vraiment gigantesques, aujourd'hui disparues. L'on peut dire, en somme, que la faune herpétologique de l'Afrique est fort pauvre en espèces.

Il n'en est pas de même pour la région orientale qui se caractérise si nettement par la présence du genre Gavial (fig. 57), l'abondance des Tortues molles, et l'absence des Tortues pleurodères. L'on n'y connaît qu'une espèce de Caméléon; les Geckotiens sont abondants, ainsi que les Agamiens, qui présentent plusieurs formes spéciales, telles que les Bronchocelles, les Galéotes, les Sitanes, les Dragons; les Lacertiens sont fort pauvrement représentés par deux ou trois genres; les Chalcidiens et les Amphisbéniens manquent complètement; les Scincoïdiens sont assez nombreux en espèces. Les Serpents abondent en espèces et en individus, ce que l'on devait prévoir, étant donné le climat chaud et humide de cette région; signalons les nombreuses espèces de Typhlopiens, de Calamariens, de Coronelliens, d'Hydrophidiens ou serpents de mer, et la rareté relative des Dipsadiens, des Drophidiens, des Potamophidiens, des Colubriniens: les Élapidiens et les Vipériens existent dans la région.

Il y a quelques années encore on pouvait poser en principe que le groupe des Caïmans était exclusivement propre au Nouveau Monde et qu'on ne trouvait dans l'ancien continent que des Crocodiles et des Gavials. M. A. Fauvel vient de faire connaître un véritable Caïman (*Alligator sinensis*) dans le

Fig. 59. — Genre Anolis, caractéristique de la faune néotropicale. — Anolis principalis (grand. nat.).

Yan-tse-Kiang ou Fleuve Bleu ; il en est de ce fait comme de la découverte également toute récente dans le Turkestan russe d'un groupe de poissons voisins des Esturgeons, les Scaphirynques, que l'on croyait exclusivement cantonnés dans les eaux douces de l'Amérique du Nord.

La région australienne se relie assez bien par sa faune herpétologique à la faune orientale ; nous devons cependant signaler en Australie l'absence des Tortues de terre, des Caméléons, des Crocodiles proprement dits ; ce groupe des Crocodiliens est cependant connu par deux espèces du nord de l'Australie. Dans la Nouvelle-Zélande qui, par toute sa faune et sa flore, présente des particularités si curieuses, se trouve le singulier genre Hattérie, qui, bien que ne comprenant qu'une seule espèce, est tellement différent anatomiquement des autres Sauriens qu'il forme pour beaucoup de zoologistes un ordre particulier. Les Agamidés, qui sont abondants, présentent quelques genres spéciaux, tels que les genres Chlamydosaure, Grammatophore et Moloch (fig. 58) ; les Scincoïdiens sont abondants, les Lacertiens et les Amphisbéniens font défaut, et l'on ne connaît dans cette région qu'une seule espèce de Chalcidien. Si nous étudions les Serpents, nous verrons que les familles des Calamariens, des Coronelliens, des Lycodontiens, des Dipsadiens manquent ou sont pauvrement représentées ; les Colubriens, les Potamophidiens, les Dryophidiens sont rares, tandis qu'abondent les Hydrophidiens et les Élapidiens ; l'Acanthophis re-

présente les Vipères et l'on trouve trois Boas dans la région.

Les parties les plus chaudes, et surtout les plus humides, de la région néotropicale, celles surtout qui avoisinent l'Amazone et l'Orénoque, sont extrêmement riches en reptiles ; c'est que là ces animaux se trouvent dans les conditions les plus favorables. Les Varaniens, les Caméléoniens, les Agamiens font toutefois défaut et les Scincoïdiens sont relativement peu abondants, mais tous les autres groupes sont largement représentés et par de nombreuses espèces et par de nombreux individus. Les Tortues existent par myriades : les Alligators, aussi bien que les Crocodiles, infestent les fleuves ; cette région est la véritable patrie des Amphisbéniens et des Iguaniens qui présentent de nombreux genres, parmi lesquels nous pouvons citer les Polychrous, les Anolis (fig. 59), les Basilics, les Iguanes, les Scélopores, les Cyclures ; les Lacertiens, avec les genres Sauvegarde, Ameiva, Cnémidophore, les Chalcidiens, avec les Chalcides, les Gerrhonotes, sont extrêmement nombreux ; on trouve le curieux genre Héloderme qui, seul parmi les Sauriens, présente un appareil venimeux. Les Serpents ne sont pas moins abondants, et nous nous contenterons de citer les Typhlopiens, les Boas, les Eunectes, géants des Ophidiens, les Calamariens, les Herpétrodyas, les Oxybèles, les Scytaliens, les Oxyrhopes, les Dipsadiens, les Élaps, les Crotales, les Bothrops.

Par sa partie méridionale, la région néoarctique

Fig. 60. — Genre Phrynosome, caractéristique de la faune néo-arctique. — Phrynosome orbiculaire (1/4 de grand.).

fait passage à la région néotropicale ; dans cette zone la faune herpétologique est également fort riche , tandis que les reptiles sont fort peu abondants, ou manquent même complètement dans la partie nord de la région. Dans la partie sud des États-Unis nous aurons à signaler l'abondance des Tortues, Tortues de terre, de fleuve et de marais, avec le genre spécial Emysaure et la prédominance des genres Émys, Cistude, Cinosterne; les Crocodiliens sont représentés par les Alligators; les Lacertiens par les Cnémidophores ; les Scincoïdiens par les Lygosomes; les Chalcidiens par les Gerrhonotes ; parmi les Iguaniens citons les Leiosaures, les Cyclures, les Cténosaures et surtout le curieux genre Phrynosome (fig. 60) qui représente au Texas le genre Moloch d'Australie, ce dernier appartenant à la famille des Agamiens. Parmi les Serpents, nous aurons surtout à noter l'abondance des Calamariens, des Coronelliens, des Colubriens, des Potamophidiens et des Crotaliens.

LES REPTILES AUX DIFFÉRENTES ÉPOQUES GÉOLOGIQUES.

On peut dire des Reptiles qu'ils appartiennent au passé ; ils ont pendant de longs siècles régné en maîtres à la surface du globe ; l'on trouve alors une longue série d'animaux appartenant à des formes absolument disparues, en comparaison desquels les Reptiles qui vivent aujourd'hui sont de véritables pygmées ; que sont, en effet, nos chétifs Lézards lorsqu'on les compare à l'Iguanodon de Bernissarts qui avait près de six mètres et demi de longueur et qui, lorsqu'il se dressait sur ses pattes de derrière, pouvait arriver à la hauteur de cinq mètres ! Que sont nos Monitors en présence des grands Mosasauriens de Maestricht ! Certains Reptiles de l'époque secondaire peuvent passer parmi les plus puissants des animaux terrestres connus et leur taille était certainement supérieure à celle des éléphants ; on connaît à cette époque des fémurs de

plus de deux mètres de haut, ce qui indique des bêtes d'une force si colossale qu'elle dépasse toute imagination ! Des groupes entiers, dont rien dans la nature actuelle ne peut nous donner une idée, ont parcouru les océans, ont habité la terre ferme ou les marécages ; ils ont à tout jamais disparu sans retour et sans laisser de descendants ; certains de ces groupes sont à ce point isolés qu'ils diffèrent plus de nos animaux actuels que le Serpent ne diffère du Crocodile ; c'est par centaines que l'on commence à connaître ces anciens Reptiles qui ont pendant longtemps joué à la surface du globe le rôle de nos Mammifères ; on en trouve de carnassiers, d'herbivores, d'insectivores, de frugivores ; ils sont partout, sur la terre ferme, au sein des eaux et voltigent dans les airs. On les trouve depuis l'époque du Carbonifère jusqu'à l'époque actuelle ; si l'époque primaire a pu, à juste titre, être appelée le règne des poissons, on peut dire de l'époque secondaire qu'elle a vu le summum du développement de la faune herpétologique ; c'est alors que les Reptiles sont dans tout leur épanouissement ; c'est alors qu'ils présentent le plus de formes diverses et de types étranges ; c'est vers la fin de cette grande période que commencent à se dessiner les premiers linéaments de la faune herpétologique actuelle.

Dès l'époque carbonifère, c'est-à-dire pendant les temps primaires, les Reptiles font leur apparition par le groupe des Sauriens, par les genres *Dendrerpeton*, *Telerpeton*, *Hylonomus* et d'autres types encore. Nous trouvons alors, pour la première fois, avec l'*Eosaurus acadianus* de la Nouvelle-Écosse (fig. 61), le curieux groupe des Enaliosauriens, que nous verrons

Fig. 61. — Vertèbre d'Eosaurus acadianus.

être si développé pendant les temps jurassiques. A la même époque se trouvent des animaux, tels que les Labyrinthodontes (fig. 62) qui semblent établir les transitions entre les Batraciens et les Reptiles proprement dits ; les Actinodons rattachent également

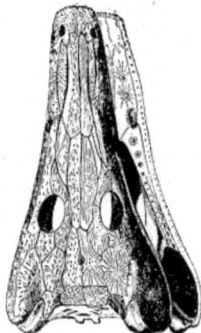

Fig. 62. — Tête d'Archégosaure.

ment les Batraciens aux Lézards, ainsi que le fait remarquer M. Contejean : « Si les Batraciens ont débuté avant les Reptiles, ils commencent par les Labyrinthodontes (fig. 63), qui sont de beaucoup supérieurs aux Batraciens ordinaires. Ici la prétendue loi

du perfectionnement continu se trouve en défaut (1). »

« Il faut, du reste, convenir que nous ne pouvons expliquer que très imparfaitement les causes de l'inégalité dans les évolutions des animaux, car nous voyons dans une même classe et dans une même époque des êtres qui sont à des états différents de

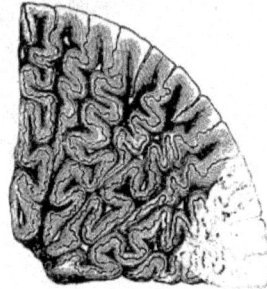

Fig. 63. — Fragment grossi d'une section transversale de dent de Labyrinthodonte.

développement ; par exemple, dans le terrain permien d'Igornay, près d'Autun, on rencontre à la fois l'*Actinodon*, dont les Vertèbres ont encore les pièces de leur centrum distinctes, et le *Stereorachis*, où les centrum sont en un seul morceau (2). »

Vers la fin des temps primaires, pendant l'époque permienne, les vrais Reptiles sont, du reste, représentés par des types nombreux, tant en Europe, dans le sud de l'Afrique que dans le Nouveau-Monde ; la faune des Vertébrés, découverte par Édouard Cope dans l'Illinois et dans le Texas, met en évidence le parallélisme, mais non encore l'identité générique sur les deux continents. Ainsi le *Chepsydrops* et le *Dimetrodon* américains se rapprochent des *Deuterosaurus* et des *Eurosaurus* d'Europe, et du *Lycosaurus* des montagnes de l'Afrique australe. Le genre Chepsydros présente, à la fois, des caractères que l'on trouve chez les Crocodiles, chez certains Iguaniens et chez l'Hattérie de la Nouvelle-Zélande ; les *Diadastes* herbivores ont certaines affinités avec les Dinosauriens, tandis que les *Ectocynodon* participent à la fois des Crocodiliens et de certains Labyrinthodontiens, c'est-à-dire de Reptiles et de Batraciens. De l'étude des vertébrés permiens il résulte, en thèse générale, que les plus anciens vertébrés marcheurs ont eu une notocorde persistante, ainsi que l'a montré M. Cope ; M. Gaudry a fait également cette remarque que, à la fin des temps primaires, l'on voit, pour ainsi dire, s'achever l'ossification des vertèbres, ébauchée chez les animaux des temps dévoniens.

(1) Contejean, *Éléments de géologie et de paléontologie*, p. 579.
(2) Gaudry, *Les enchaînements du monde animal dans les temps géologiques : fossiles primaires*, p. 299.

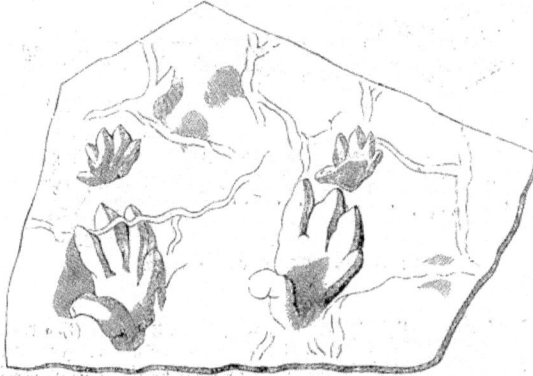

Fig. 64. — Empreintes de pas de Reptiles (Chirotherium).

Avec le terrain du Trias commence l'époque mésozoïque ; la faune indique une transition entre l'époque paléozoïque et l'époque secondaire proprement dite ; elle conserve, pour les animaux inférieurs, un certain nombre de types anciens, mais à ce moment apparaissent des animaux qui prédominent pendant les temps jurassiques et qui sont, pour ainsi dire, les précurseurs de ceux-ci (fig. 64). Nous voyons alors les Oiseaux et les Mammifères (fig. 65

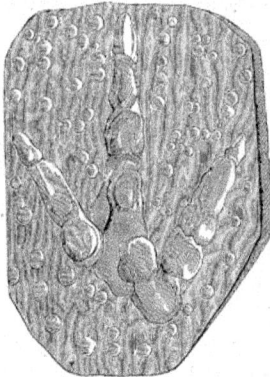

Fig. 65. — Empreintes de pas d'Oiseaux.

et 66). « Les Sauriens sont représentés par des types aussi nombreux que bizarres. Par exemple, les *Dicynodons* de l'Inde et du Cap de Bonne-Espérance avaient à la mâchoire supérieure deux longues défenses placées comme celles des Morses ; la mâchoire infé-

rieure était simplement munie d'un bec corné analogue à celui des Tortues ; ces animaux tenaient à la

Fig. 66. — Mâchoire de Dremotherium.

fois des Lézards, des Crocodiles et des Chéloniens. Le *Galeosaure* de l'Afrique australe avait des incisives, des canines et des molaires distinctes, comme celles des Mammifères. Avec un crâne de Lézard, le *Rhyn-*

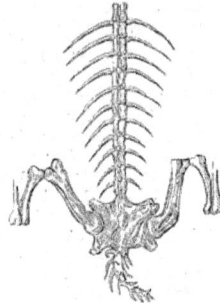

Fig. 67. — Squelette de Telerpeton elginense.

chosaurus réunissait plusieurs caractères des Tortues et des Oiseaux. Les Reptiles nageurs *Enaliosauriens*, qui donnent à la faune secondaire son principal caractère, sont encore peu nombreux ; ils appartien-

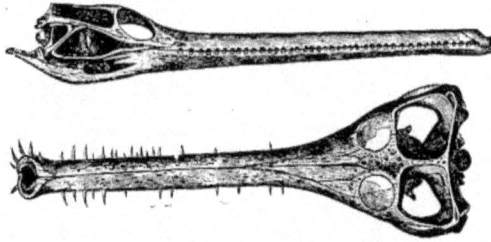

Fig. 68 et 69. — Crâne de Téléosaure de Caen.

nent à la famille des *Simosauriens*. Enfin les Reptiles volants ou *Ptérodactyles*, dont les destinées semblent liées à celles des Enaliosauriens, ont laissé quelques

vestiges aux États-Unis (1). » Parmi les Sauriens nous pouvons citer le Telerpeton (fig. 67).

De toutes les classes du règne animal, c'est in-

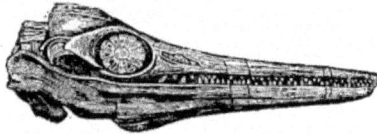

Fig. 70. — Crâne d'Ichthyosaure.

contestablement celle des Reptiles qui imprime à la faune jurassique son cachet particulier, de telle sorte que cette époque a été appelée, et avec raison, le règne des Reptiles.

Les étranges animaux qui font, pour ainsi dire, passage des Reptiles aux Batraciens, s'éteignent, et à tout jamais, dans les assises inférieures des formations jurassiques, les Reptiles proprement dits sont, par contre, à leur sommet d'épanouissement ; ils sont représentés par tous les grands groupes que nous avons à l'époque actuelle, à part le groupe des Serpents ; l'on trouve, en outre, des animaux de types absolument inconnus dans notre faune et disparus sans retour vers le milieu de l'époque crétacée, en Europe, dans la partie supérieure de cette grande formation, en Amérique.

Les Tortues font, dans le Jurassique, leur apparition certaine et ne tardent pas à présenter des types divers, Tortues de mer, Tortues de marais, Tortues de fleuves ; certains genres présentent des combinaisons de caractère que nous ne retrouvons plus chez nos espèces actuelles.

L'ordre des Crocodiliens est largement représenté pendant l'ère jurassique (fig. 68 et 69). Tandis que tous les Crocodiles de notre époque ont les vertèbres concavo-convexes, tous les Crocodiliens anciens avaient les deux faces articulaires des vertèbres planes ; ils étaient amphicœliens ; ces Crocodiles sont nombreux en genres et en espèces. L'on a décrit

sous le nom de *Streptospondylus* des Crocodiliens qui avaient la face articulaire convexe tournée en avant ; cette tribu des Procœliens, mal connue jusqu'à présent, est spéciale aux formations du Jura.

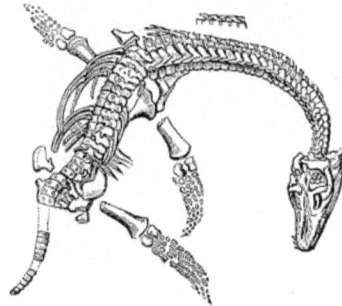

Fig. 71. — Squelette du Plésiosaure à grosse tête.

Les Sauriens ne sont pas moins bien représentés que les Crocodiles ; nous nous contenterons de citer les genres Sapheosaure, Anguinosaure, Atoposaure, Homeosaure, Dakosaure, Lariosaure, Pachypleure, Pliocorme ; ces Sauriens sont tout parti-

(1) Contejean, *Éléments de géologie et de paléontologie*, p. 614.

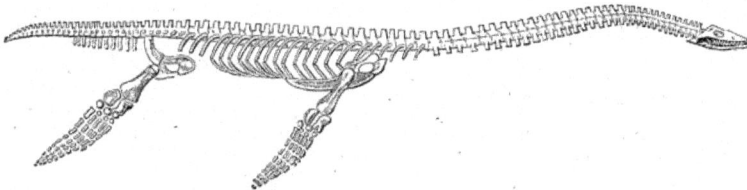

Fig. 72. — Squelette restauré de Plésiosaure.

culièrement abondants vers la partie supérieure des terrains jurassiques, dans les couches kimméridgiennes inférieures, à Solenhofen, en Bavière, et à Cerin dans le département de l'Ain.

Les trois ordres que nous venons de citer existent encore aujourd'hui ; il n'en est pas de même des Plésiosauriens, des Ichthyosauriens, des Ptérosauriens et des Ornithoscélidiens qui donnent à la faune jurassique son caractère si spécial.

Les Plésiosauriens et les Ichthyosauriens, que l'on a souvent réunis sous le nom commun d'Enaliosauriens, étaient des animaux gigantesques pour la plupart et dont rien, dans la nature actuelle, ne peut nous donner la moindre idée. Ils n'ont aucune affinité, même éloignée, avec nos Reptiles

Fig. 73. — Fémur de Mégalosaure.

et font partie de groupes à tout jamais disparus. Ils habitaient la haute mer ; leurs membres, au nombre de quatre, aplatis comme des rames, étaient essentiellement conformés pour une natation d'autant plus puissante qu'elle était favorisée par la forme de la queue, haute et comprimée, qui leur tenait lieu de gouvernail. Ces animaux étant fort probablement vivipares, ils se nourrissaient de proie vivante que pouvaient saisir leurs dents nombreuses et souvent acérées.

De forme lourde et ramassée, les Ichthyosauriens rappellent, par leur allure, nos Cétacés actuels. Leur tête énorme (fig. 70) se continuait presque sans interruption avec le tronc, le cou étant très court et enfoncé entre les épaules ; le tronc s'amincissait graduellement vers l'arrière, condition des plus favorables à une rapide natation ; il existait probablement une sorte de nageoire membraneuse sur la partie supérieure de la queue, ce qui devait encore accroître la vitesse de la marche. Les membres antérieurs étaient placés assez près de la tête et plus développés que les membres postérieurs. Les yeux étaient fort grands, la sclérotique étant renforcée de plaques osseuses, comme chez les

Oiseaux. Les dents, dont le nombre pouvait s'élever jusqu'à 180, étaient pleines et se remplaçaient comme celles des Crocodiles. Les Ichthyosauriens sont fort nombreux dans les terrains jurassiques ; chez certaines espèces la taille dépassait certainement douze mètres.

Plus étranges encore et souvent plus gigantesque que les Ichthyosauriens, les Plésiosauriens arrivent comme ceux-ci à leur maximum de développement pendant l'époque jurassique, mais plutôt dans les étages supérieurs. Leur forme est bizarre ; que l'on se figure une baleine, dont le tronc serait continué par un cou ressemblant au corps d'un Serpent, le tout terminé par une tête extrêmement petite comparativement à la grandeur de l'animal (fig. 71) ; tels sont les Plésiosauriens, qui, par certains points de leur organisation, participent, tout à la fois, des Crocodiles, des Sauriens, des Tortues, des Cétacés, tout en conservant des caractères qui leur sont absolument particuliers (fig. 72). Certains Plésiosauriens, tels que les Pliosaures, par leur cou court et ramassé, rappellent assez les Ichthyosauriens. La taille de ces Pliosaures devait être énorme ; leurs dents ont plus d'un pied de longueur et certains os de la cuisse sont plus grands qu'un homme de moyenne taille ! Des animaux que l'on connaît sous le nom de Cétiosaures étaient non moins redoutables ; leur fémur avait plus d'un mètre et demi de long, ce qui indiquerait peut-être des animaux de dix-huit mètres de grandeur. Que nos Reptiles actuels sont des pygmées en comparaison des animaux de ces anciens âges ; qu'ils sont petits si on les met en parallèle avec ces Enaliosauriens grands comme des Baleines !

Les Enaliosauriens, si gigantesques qu'ils soient, le cèdent cependant, peut-être, aux Ornithoscélidiens qui sont certainement les plus curieux de tous les animaux que nous aient légués les anciens âges ! par certains points de leur organisation, ils sont tout à la fois Mammifères, Oiseaux et Reptiles, Oiseaux surtout, malgré leurs formes lourdes et trapues (fig. 73 à 77). Ils sont si loin de nos Reptiles actuels que, de même que les Enaliosauriens, ils font peut-être partie d'une classe n'ayant plus de représentants actuels, reliant les Oiseaux aux Reptiles ; bien supérieurs à tous les Reptiles sous le rapport de la perfection organique, ils rappellent certainement

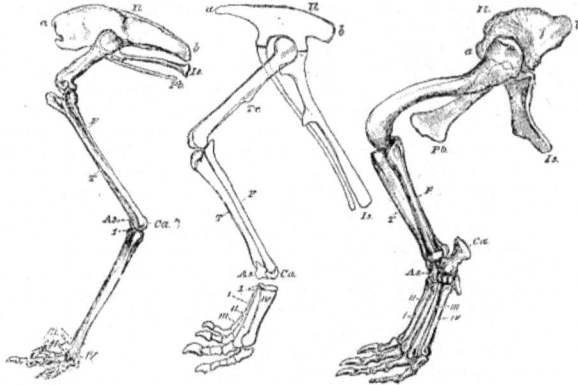

Fig. 74 à 76. — Membre pelvien postérieur de A, *Dromœs*; B, un *reptile ornithocélide*, tel que l'*Iguanodon* ou *Hypsilophodon*; et C, un *Crocodile* (*).

les Vertébrés à sang chaud, dont ils paraissent avoir rempli le rôle pendant les temps jurassiques, les Mammifères étant à cette époque fort peu développés et probablement réduits aux derniers de la classe, nous voulons dire aux Marsupiaux. Nés à l'époque du Trias, mais pauvrement représentés à cette époque, les Ornithoscélidiens se développent pen-

Fig. 77. — Dent d'Iguanodon.

dant toute l'époque jurassique, pour présenter le summum de vitalité à l'époque de transition entre l'ère jurassique et l'ère crétacée. Certains d'entre eux sont carnassiers, d'autres frugivores ou herbivores ; chez ces derniers il devait exister des mou-

vements horizontaux de trituration et il est probable qu'ils avaient des lèvres épaisses, comme les Mammifères ruminants de notre époque. Le sacrum était composé de plus de deux vertèbres, ce qui n'est pas un caractère reptilien ; les membres s'appuyaient à peu près verticalement sur le sol,

Fig. 78. — Queue d'Archæopteryx.

et non obliquement, de telle sorte qu'ils ne devaient pas ramper ; certains d'entre eux, tels que les Iguanodons, singuliers reptiles, pouvaient se tenir droit sur les membres de derrière, les mem-

(*) Le membre de l'Oiseau est dans sa position naturelle ainsi que celui de l'Ornithocélide, quoique les métatarses du dernier ne doivent pas, en nature, avoir été levés ainsi. Le membre du Crocodile est représenté à dessein dans une position hors nature. Naturellement, le fémur serait tourné à peu près à angle droit vers le plan médian vertical du corps, et le métatarse serait horizontal. Les lettres sont les mêmes partout : *il*, ilion ; *is*, ischion ; *Pb*, pubis ; *a*, apophyse antérieure ; *b*, apophyse postérieure de l'ilion ; *tr*, trochanter interne du fémur ; *t*, tibia ; *f*, péroné ; *as*, astragale ; *ca*, calcanéum ; I, II, III, IV, les doigts (d'après Huxley).

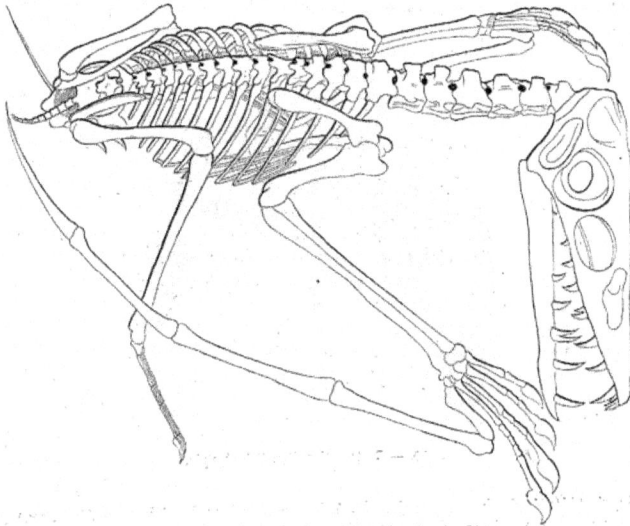

Fig. 79. — Squelette de Ptérodactyle, d'après Pictet.

bres de devant étant fort courts, comme chez les Kangourous actuels. Les Ornithoscélidiens herbivores usaient leurs dents, de même que nos herbivores ; d'autres avaient les mâchoires puissamment armées de fortes canines, longues et pointues, à l'instar de nos féroces félins, auxquels ils étaient de beaucoup supérieurs en grandeur et en puissance. Certains d'entre eux, tels que le Mégalosaure, l'Iguanodon, avaient la peau nue, tandis que d'autres, de plus faible taille, tels sont les Scelidosaures, les Acanthopholis, les Hylæosaures, étaient protégés par une puissante armure composée de longues épines. Les Ornithoscélidiens sont les plus gigantesques de tous les animaux terrestres ; à en juger par les débris qu'ils nous ont laissés, certains d'entre eux devaient atteindre plus de 25 mètres de longueur ! Que sont nos Éléphants actuels en comparaison !

Les Reptiles volants, les Ptérosauriens, rappellent, par certaines particularités de leur bassin, les animaux à sang chaud, les Oiseaux, tandis que, par d'autres points, ils ressemblent aux Tortues, et aux Sauriens. Ils avaient un bec d'Oiseau, mais pourvu de dents longues et acérées, sur un corps de véritable Reptile. « Impropres à la marche et à la nation, leurs extrémités antérieures se terminaient par un doigt d'une longueur démesurée, servant de support à une membrane analogue à celle des Chauves-Souris. Plusieurs étaient d'assez grande taille. Ce sont bien là les Dragons de la fable, et l'imagination la plus déréglée ne peut enfanter, dans ses plus grands écarts, une collection de monstres qui n'aient vécu à l'époque jurassique (1). » Les Ptérodactyles (fig. 79 et 80) qui sont, pendant cette époque, à leur maximum, ne s'éteignent que dans le terrain crétacé.

Disons que c'est dans la partie moyenne des terrains jurassiques, qu'a été trouvé cet étrange animal, l'Archéopteryx, qui a été tour à tour regardé comme un Oiseau et comme un Reptile (fig. 78).

Si, par la faune malacologique, l'époque crétacée se relie intimement à l'époque jurassique, il n'est pas de même pour ce qui concerne les vertébrés. Dès l'époque jurassique apparaissent les vrais poissons, les Téléostéens et, si quelques genres archaïques, tels que celui des Pycnodus, des Lépidotus, vivent encore pendant l'époque crétacée, ce sont à vrai dire des types dont on retrouve actuellement des représentants plus ou moins éloignés qui prédominent. C'est vers la partie moyenne de l'époque crétacée que la flore commence à revêtir ses caractères actuels. C'est à ce moment de la vie du globe que la faune herpétologique commence à se modifier. Les Ptérosauriens, les Ichthyosauriens, les Plésiosauriens sont rares et ne tarderont pas à disparaître ; les Dinosauriens, très abondants dans les couches d'eau douce qui établissent la transition entre les terrains jurassiques

(1) Contejean, *Éléments de géologie et de paléontologie*, p. 61.

Fig. 80. — Restauration d'un Ptérodactyle.

et crétacés, vont bientôt s'éteindre à tout jamais. A l'époque cénomanienne qui appartient, en réalité, à un tout autre monde que les âges plus anciens, ainsi que le démontre péremptoirement la flore, les vrais Crocodiles, c'est-à-dire les Crocodiles à vertèbres concavo-convexes, apparaissent ; les Serpents, qui sont le type reptilien par excellence, se montrent pour la première fois par un genre qui présente de réels caractères d'infériorité, si on le compare au type moyen de l'ordre. Les Sauriens sont, pour la plupart, représentés par un type tout spécial, celui des Pythonomorphiens, dont l'animal de Maestricht peut nous donner une idée (fig. 81).

Les types archaïques semblent avoir persisté plus longtemps dans le Nouveau Monde que dans l'ancien continent. C'est ainsi que dans les couches lacustres du sommet de la série crétacée des États-Unis, le type prédominant est celui des Dinosauriens, abondant, tant en espèces qu'en individus, avec des genres spéciaux, *Cionodon*, *Monoclonius*, *Dysganus*, etc., qui n'ont pas encore été trouvés dans aucune autre partie du monde ; avec eux vivaient des Crocodiles et des genres tels que le curieux Saurien *Simoedosaure* et les Tortues *Compsemys* qui, en France, sont de la base des terrains tertiaires ; l'examen de la flore conduisait, du reste, à considérer cette faune comme éocène, de telle sorte que ces couches, qui portent le nom de Laramien, sont réellement intermédiaires, par leurs caractères tant stratigraphiques que paléontologiques, entre la période crétacée d'un côté, et la période tertiaire de l'autre. Ainsi que le remarque Cope, les Reptiles et les Poissons du groupe de

Laramie, dans l'Amérique du Nord, sont associés en Amérique aux *Dinosauriens* et non aux *Mammifères*, tandis qu'en Europe ils sont asssociés aux *Mammifères* et non aux *Dinosauriens*.

Dans l'Amérique du Nord, suivant M. Ed. Cope, les Piratosaures, les Polycotyles, les Elasmosaures, les Ischyrosaures, et quelques espèces provisoirement rapportées au genre Plésiosaure, représentaient, mais pauvrement, dans la grande mer américaine, un ordre largement vivant à la même époque dans les baies et les golfes de l'Europe. La raison en serait peut-être, d'après M. Cope, qu'en Amérique les Pythonomorphes sont très abondants et semblent avoir joué dans les eaux crétacées du nouveau continent le rôle que remplissaient les Plésiosaures, les Pliosaures, les Polyptychodons, dans l'ancien continent. On ne connaît en Europe que peu de Pythonomorphes, tandis que ces animaux forment plus de la moitié des Reptiles trouvés dans les couches crétacées américaines.

Ce qui caractérise essentiellement, en effet, la craie d'Amérique, c'est la prédominance de ces Pythonomorphes et la présence d'étranges animaux à vertèbres concaves, comme les Poissons et quelques Reptiles, et à dents aux deux mâchoires ; nous parlons des singuliers Oiseaux, tout d'abord découverts par Seeley, en Angleterre, et si bien étudiés dans ces derniers temps par Marsh aux États-Unis. Ces Odontornithes, dont certaines espèces pouvaient avoir un mètre et demi de haut, appartiennent aux genres *Enaliornis*, *Hesperornis*, *Apatornis*, *Ichthyornis*; au même groupe doit être rapporté l'Archéoptéryx, ce fameux animal trouvé dans les schistes lithographiques de la Bavière, schistes qui appar-

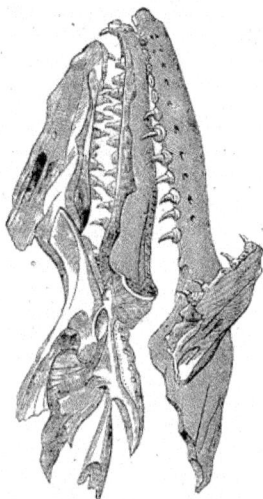

Fig. 81. — Tête de Mosasaure de Camper.

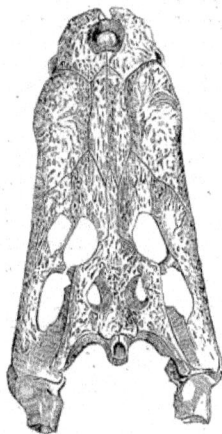

Fig. 82. — Tête de Crocodile de Hastings.

tiennent à la partie supérieure de la formation jurassique, aux couches kimméridgiennes inférieures.

A l'époque tertiaire, la faune herpétologique présente absolument les mêmes caractères que celle de l'époque actuelle ; on ne trouve plus ni Plésiosauriens, ni Ichthyosauriens, ni Ptérosauriens, ni Ornithoscélidiens ; de même qu'aujourd'hui, les Reptiles rentrent tous dans les ordres des Chéloniens, des Crocodiliens, des Sauriens, des Ophidiens et appartiennent tous à des familles qui vivent de nos jours. Les Tortues sont abondantes et représentées par des genres dont certains semblent réunir les caractères que l'on trouve dans plusieurs genres de la nature actuelle ; on connaît des Tortues de terre, de mer, de fleuve et de marais, et

plusieurs genres ne peuvent être séparés de ceux d'aujourd'hui. Les Crocodiles sont également abondants (fig. 82) ; citons les Diplocynodous et les vrais Crocodiles. Les Sauriens commencent à être connus soit par des genres actuels, tels que celui des Agames, des Plestiodons, des Iguanes, des Lézards, soit par des genres éteints, comme celui des *Nécrosaurus*, des *Palæovaranus*. Les Serpents appartiennent à des types fort distincts ; on trouve des Serpents venimeux voisins des Vipères et des Najas, des Serpents enrouleurs, analogues à nos Pythons, des Serpents habitant les arbres ou les buissons, des Serpents coureurs, et enfin des Serpents fouisseurs. La faune herpétologique s'est constituée telle qu'elle est aujourd'hui et telle que nous allons la faire connaître dans les pages qui vont suivre.

CLASSIFICATION DES REPTILES.

Ce n'est qu'à la fin du siècle dernier que parut une classification assez rationnelle des Reptiles ; elle est due à Alexandre Brongniart qui classa ces animaux sous quatre ordres, les Chéloniens, les Sauriens, les Ophidiens et les Batraciens ; les Crocodiles ne sont pas encore distingués des Sauriens dont ils diffèrent cependant sous de nombreux rapports.

Cette séparation est due à Latreille qui publia, en 1825, son essai de classification ; il distingue, le premier, les Amphibies des Reptiles, et partage ceux-ci en Cuirassés et en Ecailleux ; les Cuirassés

comprennent les deux ordres des Chéloniens ou Tortues, des Emydosauriens ou Crocodiles ; les Ecailleux sont divisés en Sauriens lacertiformes (Lacertiens, Iguaniens, Geckotiens, Caméléoniens), et les Anguiformes (Tétrapodes, Dipodes et Apodes) ; deux groupes sont admis dans les Ophidiens ou Serpents, les Idiophides et les Batrachophides ; ces derniers renferment les Cécilies, animaux qui, malgré leur apparence extérieure, sont, par leurs caractères anatomiques, incontestablement des Amphibiens.

BREHM. — V.

En 1829, G. Cuvier (1) comprend encore les Crocodiles avec les Sauriens et place parmi les Serpents les Orvets qui, bien que manquant extérieurement de membres, sont des Sauriens ; il sépare les Batraciens, qui ont un cœur à oreillette unique, des autres Reptiles qui ont les oreillettes doubles, et admet quatre ordres, les Chéloniens, les Sauriens, les Ophidiens, et les Batraciens.

C'est en 1826, dans la classification proposée par Fitzeiger que nous voyons pour la première fois intervenir les animaux fossiles dans la classification ; l'auteur admet en effet une famille des Ichthyosauroïdes pour les curieux Reptiles, les Ichthyosaures, que les travaux d'Everard Home, de Kœnig, de George Cuvier, de Buckland commençaient à faire connaître

En 1830, Jean Wagler partageait les Reptiles proprement dits en Chéloniens, en Crocodiliens, en Sauriens, en Ophidiens. C'est cette classification qui a été généralement adoptée jusque dans ces derniers temps, entre autres par C. Duméril et Bibron dans leur grand ouvrage fondamental sur l'histoire naturelle des Reptiles (2).

En combinant les données fournies, tant par l'étude des animaux actuels que par celle des êtres qui ont autrefois vécu, on peut, à l'exemple de M. Th. Huxley (3), partager les Reptiles en neuf groupes qui sont les suivants :

A. — Vertèbres dorsales non mobiles les unes sur les autres ; côtes immobiles sur les vertèbres (*Pleurospondylia*) ; un plastron :

I. — *Chéloniens* (4).

B. — Vertèbres dorsales mobiles les unes sur les autres ; côtes mobiles sur les vertèbres ; pas de plastron.

a. — Vertèbres dorsales pourvues de processus transverses qui sont entiers ou à peine divisés (*Erpetospondylia*).

a. — Processus transverses longs ; membres

(1) Cuvier, *Règne animal*, 2ᵉ édition.
(2) Duméril et Bibron, *Herpétologie générale*.
(3) Th. Huxley, *Eléments d'anatomie comparée des animaux vertébrés*, traduit en français. Paris, 1875.
(4) L'ordre dans lequel les animaux seront décrits est indiqué par les numéros placés en avant de chaque groupe.

bien développés ; les doigts réunis en forme de nageoire ; sternum et côtes sternales rudimentaires ou absents :

VIII. — *Plésiosauriens.*

b. — Processus transverses courts ou rudimentaires ; membres présents ou absents ; lorsque les membres sont développés, les doigts n'étant jamais réunis en une nageoire ; sternum et côtes sternales bien développés ;

α. — Un arc pectoral ; une vessie urinaire.

VI. — *Sauriens.*

β. — Pas d'arc pectoral ; pas de vessie urinaire :

VII. — *Ophidiens.*

b. — Vertèbres dorsales pourvues de deux tubercules, au lieu de processus transverses (*Perospondylia*). Membres disposés pour la natation :

IX. — *Ichthyosauriens.*

c. — Vertèbres dorsales antérieures pourvues de processus transverses allongés et divisés (*Suchospondylia*).

a. — Deux vertèbres seulement au sacrum :

II. — *Crocodiliens.*

b. — Plus de deux vertèbres au sacrum ;

². — Membre antérieur non disposé pour le vol ;

1. — Membre postérieur sauroïde :

III. — *Dicynodontiens.*

2. — Membre postérieur ornithoïde :

IV. — *Ornithoscélidiens.*

β. — Membre antérieur disposé pour le vol.

V. — *Ptérosauriens.*

FIN DE L'INTRODUCTION

REPTILES ET LES BATRACIENS

LES TORTUES — *CHELONIA*

Die Schildkröten.

Caractères. — On lit dans le vieil ouvrage de Gessner : « Les Tortues sont des créatures tout à fait étranges ; ces animaux sont si étroitement renfermés dans leur résistante demeure qu'ils ne laissent passer en dehors que la tête et les extrémités des pattes ; encore peuvent-ils retirer ces parties dans l'épaisse carapace qu'ils habitent et les cacher entièrement ; cette maison est tellement épaisse qu'une voiture chargée peut passer dessus sans la briser. Il y a trois sortes de Tortues ; les unes habitent la terre, d'autres les eaux douces, d'autres encore l'immensité des mers. »

Gessner, ainsi que tous les anciens naturalistes d'ailleurs, classait les Tortues parmi les animaux quadrupèdes ; pour lui les Tortues étaient caractérisées par une circulation sanguine et par la faculté qu'elles ont de pondre des œufs.

On place généralement les Tortues en tête de la classe des Reptiles ; ces animaux présentent, en effet, d'assez nombreuses analogies avec les Oiseaux, bien que de prime abord il n'y ait aucune ressemblance entre les êtres qui composent les deux classes ; il est assez difficile, cela est certain, de voir, lorsqu'on ne recourt pas à l'examen anatomique, les liens, bien que ceux-ci soient nombreux et très étroits, qui relient les gracieux et légers habitants de l'air aux êtres si pesants, si bornés, si disgracieux qui se traînent péniblement à la surface du sol ou nagent au sein des eaux.

Aucun groupe n'est aussi nettement délimité, aussi bien caractérisé par tout un ensemble de particularités dans la forme et dans l'organisation que celui des Tortues, de telle sorte qu'il n'est personne qui ne les reconnaisse de suite. La présence autour du corps d'une enveloppe solide dans laquelle est enfermé l'animal a une importance aussi considérable comme signe distinctif des Chéloniens que les ailes et les plumes pour la classe des Oiseaux.

Carapace et squelette. — La cuirasse dermique rigide, qui sert à protéger les parties molles du corps lourd et si peu agile des Tortues, porte le nom de *carapace*. Celle-ci est formée de deux parties : une portion supérieure ou dossière (fig. 83), une portion inférieure ou plastron (fig. 86) ; la jonction entre ces deux parties est constituée par une masse cartilagineuse qui tantôt reste molle pendant toute la vie, tantôt s'ossifie ; il en résulte que le bouclier et le plastron forment par leur union une sorte de capsule, ouverte seulement à l'avant et à l'arrière pour donner passage à la tête, aux pattes et à la queue, et dans laquelle le corps est presque complètement renfermé (fig. 83). La longueur du cou et de la queue varie beaucoup suivant les types examinés ; il en est de même de la forme et de la longueur des membres. qui peuvent avoir la forme de moignons tronqués ou être disposés en puissantes nageoires.

La carapace est, presque toujours, recouverte de plaques écailleuses ou d'écussons : chez une Tortue de mer toutefois, le Sphargis, la carapace et le plastron sont recouverts d'une peau épaisse et coriace, et il n'y a pas de plaques cornées. Sur la face externe de la carapace sont d'ordinaire appliquées des plaques produites par l'épaississement de l'épiderme, présentant parfois, comme chez les Tortues de mer, un développement considérable, constituant alors ce que l'on connaît sous le nom d'écaille.

Les plaques épidermiques qui ne correspondent nullement aux parties osseuses sous-jacentes sont disposées très régulièrement, de manière à former, sur la dossière (fig. 83, 84), une rangée médiane et deux rangées latérales; tandis qu'il n'y a que deux rangées sur le plastron. Ces plaques sont à peu près disposées de la même manière chez toutes les espèces; leur forme, leur grandeur, les rapports réciproques qu'elles affectent entre elles, varient beaucoup; aussi se sert-on avec grand avantage de ces particularités pour caractériser les espèces

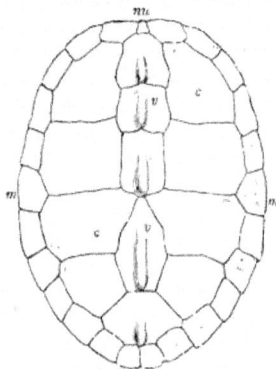

Fig. 83. — Dossière d'Emyde (*).

dans certains genres; nous entrerons, dès lors, dans quelques détails sur la nomenclature de ces plaques.

Chez les espèces qui ont la carapace couverte d'écailles, et ce sont de beaucoup les plus nombreuses, on distingue une portion centrale ou un disque composé presque constamment de treize plaques; ce sont les plaques centrales; la partie qui borde la carapace dans tout son pourtour est régulièrement formée à droite et à gauche de vingt-trois ou vingt-cinq plaques dites marginales ou du limbe.

Le plus ordinairement il y a cinq plaques impaires symétriques et régulières, situées sur la partie moyenne et longitudinale de la dos-

(*) nu, nuchale; v,v, vertébrales; c,c, costales; m,m, marginales; sc, supra-caudale.

sière; ces lames, qui sont dites *vertébrales* (fig. 83, v), varient beaucoup de forme et de grandeur; en avant et en arrière elles sont unies à celles du limbe ou de la circonférence, mais sur les parties latérales elles se joignent à

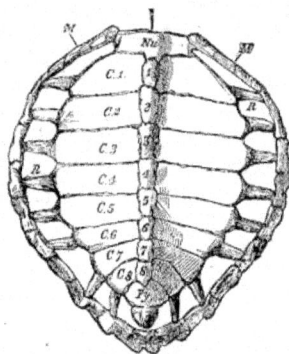

Fig. 84. — Dossière de *Chelone midas* (*).

d'autres grandes plaques au nombre de quatre, très rarement de cinq; ces plaques sont dites *costales*, c.

Parmi les plaques qui garnissent le pourtour de la carapace m on distingue par des noms spéciaux une plaque antérieure, toujours impaire, qui est dite *nuchale*, nu, parce qu'elle corres-

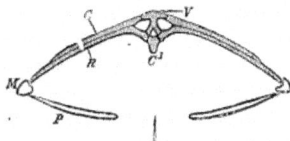

Fig. 85. — Section transversale de la carapace de *Chelone midas*, dans la région dorsale (**).

pond à la base du cou, et une plaque postérieure ou *suscaudale*, se, qui recouvre l'origine de la queue.

Lorsque le plastron s'unit largement à la carapace, il existe de chaque côté, dans l'échancrure laissée pour le passage du membre antérieur, une plaque *axillaire*, et en arrière,

(*) Nu, nuchale, M, marginales; R, côtes; 1-8, plaques neurales; C1, C8, plaques costales; Py, plaque pygale (d'après Huxley).

(**) C, centrum; V, plaque neurale élargie; C, plaque; R, côte; M, plaque marginale; P, partie latérale du plastron (d'après Huxley).

au niveau de la patte postérieure, une plaque *inguinale*.

Le plastron est également recouvert par des plaques qui sont presque constamment au

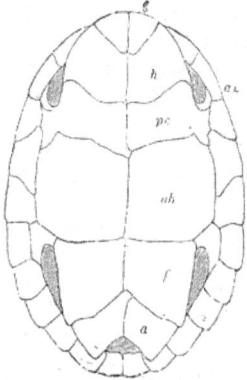

Fig. 86. — Plastron d'Emyde (*).

nombre de douze, rarement de onze ou de treize. La disposition de ces plaques est des plus variables et fournit de bons caractères spécifiques. On désigne sous le nom de plaques *gulaires* les écailles qui garnissent la partie moyenne et antérieure du plastron.

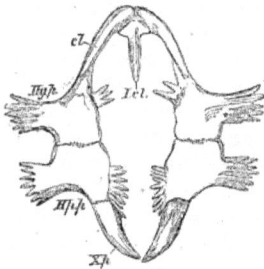

Fig. 87. — Plastron de *Chelone midas* (**).

Les premiers anatomistes qui ont étudié les Tortues ont pensé que la carapace de ces animaux étant dure, solide, ayant tous les attri-

buts de l'os, était exclusivement formée par des pièces du squelette, principalement par les côtes et les différentes parties de l'appareil sternal élargies et intimement soudées entre elles; les Tortues auraient eu, si l'on peut dire,

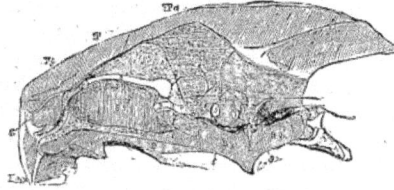

Fig. 88. — Section longitudinale du crâne d'une Tortue (*).

la plus grande partie de leur squelette à l'extérieur. Cette manière de voir est généralement vraie, mais il faut se hâter de faire remarquer qu'un certain nombre d'os accessoires, dépendant exclusivement de la peau,

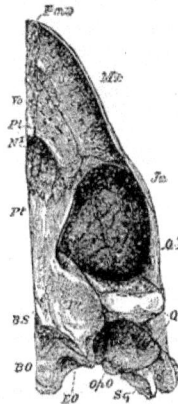

Fig. 89. — Crâne de Tortue, vu par la face inférieure (**).

s'unissent plus ou moins intimement aux véritables os provenant du squelette intime pour constituer la boîte solide et résistante dans laquelle

(*) *g*, gulaires ; *h*, humérales ; *pc*, pectorales ; *ab*, abdominales ; *f*, fémorales ; *ax*, axillaires ; *i*, inguinales ; *a*, anales.

(**) *Icl*, interclavicule ; *cl*, clavicules ; *Hyp*, hyoplastron ; *Hpp*, hypoplastron ; *Xi*, xiphiplastron (d'après Huxley).

(*) Le crâne est entier avec les tracés du cerveau *in situ*. *Pmx*, prémaxillaire ; *N*, nasal ; *Pf*, préfrontal ; *Pa*, pariétal ; *v*, maxillaire ; *P*, palatin ; *Bo*, tympanique ; *Eo*, exoccipital ; *So*, susoccipital ; *Ps*, vomer (d'après Huxley).

(**) *Pmx*, prémaxillaire ; *Mx*, maxillaire ; *Ju*, jugal ; *Vo*, vomer ; *Pl*, palatin ; *Ni*, ouverture postérieure des fosses nasales ; *Pt*, ptérygoïdien ; *Sc*, mastoïdien ; *Opo*, occipital externe ; *Bo*, occipital supérieur ; *Qu*, caisse ; *Bs*, rocher (d'après Huxley).

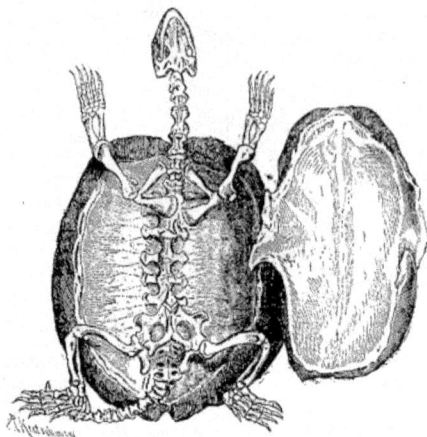

Fig. 90. — Squelette d'Emyde (le plastron est rabattu).

est enfermé le corps de la Tortue (fig. 90, 91).

Parmi ces os cutanés ou dermiques il est hors de doute qu'il faut comprendre la plaque nuchale, la plaque pygale et les marginales ; ce sont des os développés dans les téguments complètement indépendants des côtes, tandis que les plaques vertébrales et costales (nous parlons des plaques de la carapace osseuse et non de celles qui sont des écailles épidermiques), que ces plaques sont des expansions des cartilages, des épines supérieures des vertèbres et des côtes des vertèbres primitives, avant l'envahissement de ces parties par l'ossification. En un mot, les apophyses épineuses ou supérieures de sept vertèbres dorsales, de la deuxième à la huitième, constituent une série de plaques médianes ; les côtes de huit de ces vertèbres, de la deuxième à la neuvième, sont transformées en larges plaques transversales unies par des sutures dentelées, qui présentent cette particularité d'envoyer aux apophyses épineuses de larges prolongements recouvrant les muscles du dos. « Les côtes, dit Carl Vogt, se prolongent généralement jusqu'au bord de la carapace ; parfois cependant les lames ne sont développées qu'au voisinage de la colonne vertébrale : dans ce cas, les côtes se dessinent sur le squelette comme des rayons dirigés en dehors, tandis que chez l'animal vivant les espaces intermédiaires, laissés vides, sont com-

blés par d'épais écussons cutanés ou écailleux. Habituellement la carapace présente une bordure de plaques écailleuses spéciales dans laquelle les côtes s'engagent à leur terminaison, de sorte que, même dans le cas où les côtes se prolongent en forme de rayons, il existe un bord ininterrompu. »

Le bouclier inférieur plat ou plastron a été longtemps regardé comme un sternum modifié ; d'après Rathke il est, au contraire, exclusivement constitué par des os dépendant de la peau ; il comprend d'ordinaire sept pièces osseuses plus ou moins développées, une pièce antérieure impaire et quatre paires de pièces latérales, entre lesquelles il reste quelquefois un espace libre médian fermé par la peau ou du cartilage, ainsi qu'on le croit chez les Tortues de mer et chez les Tortues de fleuve ou Trionyx. Huxley n'est pas de l'avis de Rathke ; il nomme la pièce médiane *entoplastron* (fig. 87), la première latérale *épiplastron*, la seconde *hypoplastron*, la troisième *hyperplastron*, la quatrième *xiphiplastron*, et pense que l'*entoplastron* et les deux *épiplastrons* peuvent être assimilés à la clavicule et à l'interclavicule des autres animaux vertébrés.

Chez les Tortues, tous les os de la tête (fig. 88 et 89), excepté l'arc hyoïdien et les mandibules, sont solidement unis les uns aux autres et complètement immobiles. Cette tête, qui est

Fig. 91. — Squelette d'Emyde (la carapace est coupée longitudinalement).

remarquable par l'extrême brièveté de la face, se continue en arrière par une crête occipitale très développée; les fosses temporales, assez spacieuses, sont tantôt à découvert, comme chez les Tortues de fleuve, tantôt recouvertes d'une voûte osseuse, ainsi qu'on le voit chez les Tortues de mer ; cette voûte est formée par les *postfrontaux, jugaux, quadrato-jugaux* et *squamosals* ; les pariétaux et les frontaux antérieurs sont volumineux ; toutes les parties de l'appareil maxillo-palatin sont, ainsi que l'os carré, soudées aux os du crâne ; la voûte osseuse du palais est formée par le vomer impair soudé avec les palatins, derrière lesquels s'ouvrent les orifices des fosses nasales ; les ptérygoïdiens sont très larges et lamelleux.

Tous les os de la mâchoire inférieure sont confondus en un os unique, très solide, les deux branches de la mandibule sont toutefois distinctes chez les Matamata ; les dents font complètement défaut, mais le bord des deux mâchoires est formé de lames cornées, tranchantes, parfois dentelées, qui dans certains cas peuvent occasionner de cruelles blessures.

On peut distinguer trois parties dans la colonne vertébrale, deux qui sont mobiles, la partie cervicale et la portion caudale, et une partie entièrement soudée à la carapace, et dès lors complètement privée de mouvements.

Quelle que soit la longueur du cou, le nombre des vertèbres cervicales (fig. 92 et 93) est invariablement de huit, mais les longueurs et les dispositions que présentent les faces articulaires de ces vertèbres les unes par rapport aux autres varient beaucoup, ainsi que l'a bien montré le professeur Léon Vaillant; ainsi qu'il le fait justement remarquer, « ce fait peut s'expliquer théoriquement au point de vue biologique, si on réfléchit à la variété de conditions d'existence des Tortues et à leur conformation toute particulière. Nous trouvons dans ce groupe des animaux complètement terrestres comme les *Testudo ;* d'autres

qu'on peut regarder comme essentiellement aquatiques : tels sont les *Chélones* et en général les autres Tortues de mer, qui ne viennent sur le rivage exclusivement qu'au moment de la ponte; entre ces deux extrêmes, les Terrapene, les Cistudes, les Trionyx, etc., donnent, on peut dire, tous les intermédiaires. D'un autre côté, chez les Chéloniens, les membres, contournés pour sortir de la carapace au travers des ouvertures qui leur livrent passage, n'ont que des mouvements très peu variés, et leur rôle se trouve réduit à la progression, qu'il s'agisse de la natation ou de la marche. Le cou et la tête sont donc les seules parties qui, pouvant jouir d'une certaine mobilité,

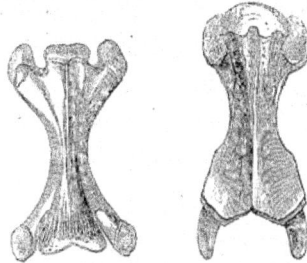

Fig. 92. — Vertèbre cervicale de Trionyx d'Égypte.

Fig. 93. — Vertèbre cervicale de Tortue éléphantine.

permettent à ces Reptiles de se mettre en rapport avec les objets qui les entourent par le toucher, et ce sens paraît devoir être fort obtus sur la plus grande partie du tégument, revêtu d'ordinaire d'écailles sèches, dures, doublées d'une enveloppe osseuse. C'est encore le cou mobile qui permet à ces êtres de saisir leur nourriture; or, le régime étant tantôt végétal, tantôt animal, et consistant, dans ce dernier cas, soit en proies vivantes, soit plus rarement en proies mortes, on comprend que pour répondre à ces différentes nécessités la nature ait dû modifier de façons multiples les parties osseuses, lesquelles formant la charpente de cette région en commandent les mouvements. »

Les vertèbres dorsales et lombaires, au nom-

Fig. 94. — Épaule de Tortue bordée (*).

bre de dix, sont suivies de deux vertèbres sacrées dont les prolongements latéraux sont libres ; on voit ensuite des vertèbres très mobiles entrant dans la constitution de la queue.

Les os des membres présentent une forme toute particulière, par suite de la singulière position des os de l'épaule et du bassin en dedans du tronc.

L'épaule (fig. 94) est constituée par deux os ; l'un d'eux, en forme de lame aplatie, se porte

Fig. 95. — Fémur de Tortue bordée.

en arrière ; c'est le coracoïdien ; l'autre os, qui se bifurque, est, en réalité, formé par la soudure de deux os dont l'un se dirige vers le bouclier osseux et doit être regardé comme l'omoplate, tandis que l'autre se fixe également au plastron et porte le nom d'*acromion* ou de *précoracoïde*. L'os du bras, ou humérus, et l'os de

(*) *a*, omoplate ; *b*, acromion ; *c*, coracoïdien.

la cuisse, ou fémur (fig. 95), sont fortement tordus sur eux-mêmes.

Motilité. — En général, les mouvements volontaires des Chéloniens sont lourds, lents et maladroits ; les Tortues qui vivent dans l'eau, les Tortues de mer surtout, nagent cependant avec une vitesse extrême. La force musculaire qu'on constate chez ces animaux est vraiment surprenante. Une Tortue terrestre de taille modérée peut porter un enfant à cheval sur son dos ; une Tortue de grande taille transportera facilement un homme, sans grands efforts apparents ; une Tortue marine, qui se traîne cependant péniblement sur le rivage, défie les forces d'un homme qui voudrait la retenir ; de petites Tortues marécageuses qui ont mordu à un bâton ou à une corde y restent suspendues des jours entiers, sans lâcher prise, alors même qu'on les soumet aux secousses les plus violentes.

Système nerveux et organes des sens. — Le crâne des Tortues, si petit qu'il soit, n'est cependant pas, à beaucoup près, rempli par le cerveau, de telle sorte que chez des animaux pesant jusqu'à 14 kilogrammes, le poids de cette partie des centres nerveux s'élève à peine à 4 grammes ; chez les Tortues, en effet, les fonctions végétatives sont très développées, tandis que l'activité psychique, au contraire, est extrêmement limitée et tout à fait rudimentaire.

A cause du revêtement osseux dont elles sont revêtues, le sens général du toucher doit être fort obtus chez les Tortues ; en plus, les parties libres du corps sont recouvertes d'une peau dure et coriace, le plus souvent garnie de plaques, de tubérosités, qui ne peuvent fournir que des sensations très limitées.

Les yeux sont situés dans des orbites fermées et possèdent deux paupières et une membrane clignotante ; ces yeux rappellent, par certains points, ceux des Oiseaux ; l'anneau qui entoure la cornée possède dans son intérieur de petites plaques osseuses ; chez les Tortues de terre, le cristallin est lenticulaire ; il est, au contraire, sphérique, chez les Tortues de mer, comme, d'ailleurs, chez tous les animaux qui ont une vie essentiellement aquatique.

L'oreille est constituée par un vestibule et des conduits semi-circulaires ; la paroi qui sépare le vestibule du crâne reste en partie cartilagineuse ; l'oreille externe faisant absolument défaut, la membrane du tympan est visible à l'extérieur ; il existe une large trompe d'Eustache, ainsi qu'une fenêtre ovale et une fenêtre ronde (fig. 96).

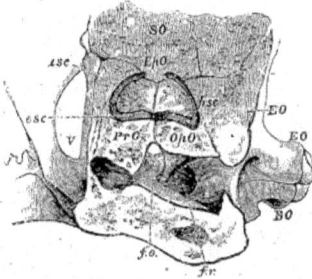

Fig. 96. — Vue externe d'une section de la région auditive du crâne chez une Tortue (*Chelona midas*) (*).

Fig. 97. — Œsophage de Tortue de mer.

Les orifices nasaux sont petits, et, chez quelques espèces, se prolongent en une sorte de
trompe; la muqueuse forme plusieurs replis.

La langue est charnue, fixée sur le plancher
de la bouche; chez les Tortues de terre et chez
quelques Tortues de marais elle est recouverte
de longues papilles.

Appareil digestif. — Il n'existe, chez les
Tortues, ni voile du palais ni épiglotte. L'œsophage a plus ou moins de longueur suivant
la longueur même du cou; chez les Tortues
de mer la paroi interne de l'œsophage est
hérissée de longues pointes cartilagineuses dont
les pointes sont dirigées du côté de l'estomac
(fig. 97); leurs parois, épaisses, se continuent
par un intestin remarquable par sa longueur et,
par suite, par le grand nombre de circonvolutions qu'il décrit. Le foie est généralement
volumineux. Il existe une vessie urinaire très
développée.

Les Chéloniens terrestres se nourrissent
principalement de matières végétales, d'herbes, de feuilles, de fruits; néanmoins ils mangent aussi des Insectes, des Vers et d'autres
animaux encore. Quelques Chéloniens marécageux et les Chéloniens marins mangent, au
moins de temps à autre, des matières végétales, en particulier des feuilles de plantes
marécageuses, des fruits flottants dans l'eau

(*) *fo*, fenêtre ovale; *fr*, fenêtre ronde; *esc*, *asc*, *psc*, canaux semi-circulaires externe, antérieur et postérieur;
BO, tympanique; *EO*, mastoïdien (d'après Huxley).

ou bien des varechs; mais le plus grand nombre d'entre eux est composé de carnassiers qui
poursuivent diverses espèces de Vertébrés, de
Mollusques, d'Articulés, de Vers, et peut-être
aussi de Rayonnés; certains d'entre eux sont
des animaux de proie très habiles. Ils ne
mangent, à proprement parler, que pendant
les chaudes journées de l'été, ou bien pendant
la saison des pluies qui représente le printemps
dans les pays équatoriaux; ils se repaissent
durant l'espace de quelques semaines, puis
cessent peu à peu de se nourrir, et tombent
dans l'engourdissement ou dans le sommeil
hivernal soit à l'entrée de l'hiver, soit au début
de la période de sécheresse. Nous ne savons
pas encore si les choses se passent différemment pour les espèces qui vivent toute l'année
dans les forêts humides.

Circulation et respiration. — Lorsque l'on
étudie l'appareil central de la circulation chez
les animaux Vertébrés, on peut reconnaître
trois types distincts. L'un de ces types, qui
appartient exclusivement à la classe des Poissons, est caractérisé par l'existence d'un cœur
composé de deux cavités seulement, ne recevant que du sang veineux, et correspondant
dès lors au cœur droit des Vertébrés supérieurs. Dans un second type, le cœur a deux
cavités, deux oreillettes et un ventricule où,
anatomiquement, peut se faire le mélange du
sang artériel et du sang veineux; cette disposition appartient aux Batraciens et aux Reptiles.

proprement dits. Un dernier type enfin est propre aux Mammifères et aux Oiseaux ; il existe dans ce cas quatre cavités bien distinctes, deux oreillettes et deux ventricules, formant deux cœurs, l'un droit ou veineux, l'autre gauche ou artériel, dans lequel tout mélange entre le sang noir et le sang rouge est impossible. Il résulte de ces faits que les différences qui caractérisent ces trois types peuvent s'exprimer de la manière suivante : 1° *Vertébrés à circulation simple*, Poissons ; 2° *Vertébrés à circulation double et incomplète*, Batraciens et Reptiles ; 3° *Vertébrés à circulation double et complète*, Oiseaux et Mammifères.

Bien que les Tortues soient des Reptiles relativement élevés en organisation, leur cœur est cependant bien reptilien, c'est-à-dire ne se compose que de trois cavités ; du ventricule unique partent les artères pulmonaires qui charrient le sang veineux aux poumons ; après avoir respiré, le sang est versé dans l'oreillette gauche par les veines pulmonaires, tombe dans le ventricule et est projeté dans toutes les parties du corps par deux vaisseaux se dirigeant l'un à droite, l'autre à gauche ; ces deux vaisseaux qui, après un certain trajet, se réunissent en un tronc commun, sont les aortes.

De la disposition que nous venons de brièvement indiquer, il semblerait résulter un mélange intime du sang noir et du sang rouge, ces deux sangs étant versés dans une cavité unique par les deux oreillettes. Il n'en est rien cependant. Il existe dans ce ventricule unique des brides fibreuses et musculaires, indépendamment d'une cloison qui s'élève de la paroi antérieure du cœur ; de plus la laxité des différents vaisseaux qui partent du cœur n'est pas la même ; du jeu des brides et de la cloison ventriculaire, de l'inégale pression qui s'exerce dans les vaisseaux, il résulte que le mélange des deux sangs n'a lieu que dans une faible proportion ; c'est presque exclusivement du sang noir qui est charrié aux poumons ; c'est presque exclusivement du sang rouge que reçoivent les aortes pour le porter dans toute les parties du corps.

Les Chéloniens étant renfermés dans une carapace solide et les côtes étant chez eux complètement immobiles, on a admis pendant longtemps que la respiration se faisait chez ces animaux, comme chez les Grenouilles, au moyen de la déglutition de l'air. Il n'en est rien cependant ; il existe une membrane sur laquelle viennent se jeter des fibres musculaires rayonnantes qui s'attachent à la carapace, et un autre muscle situé en arrière entre la carapace, le bouclier sternal et le membre postérieur, qui sont des muscles à l'aide desquels a lieu la respiration ; l'inspiration se fait par une dilatation véritable de la poitrine, et non par déglutition. Cette inspiration est aussi, au moins chez les Tortues de terre proprement dites et chez les Tortues cryptodères, facilitée par les mouvements des membres. Le rhythme respiratoire est singulier, ainsi que l'ont montré les expériences de Paul Bert (fig. 98).

Ponte. — Les Tortues pondent des œufs qui, par leur forme et leur apparence, ressemblent tout à fait à des œufs d'Oiseaux ; la coquille en est dure, résistante, toujours de couleur blanche ; elle n'est jamais membraneuse, flexible, comme on le voit chez les Lézards et chez les Serpents. La forme et le nombre de ces œufs varient suivant les groupes.

Chez les Tortues de terre proprement dites les œufs sont généralement sphériques, tandis qu'ils sont toujours plus allongés chez les Tortues de marais ou Tortues paludines de Duméril et Bibron ; les œufs de Tortues de fleuve, gymnopodes et cryptopodes, ont une forme sphérique et la coque en est plus fragile que celles des autres Tortues ; chez les Tortues de mer les œufs sont également sphériques, comme des balles, et ont parfois jusqu'à trois pouces de diamètre. Les œufs des Tortues diffèrent de ceux des Oiseaux en ce que le blanc ou albumen ne se coagule pas ; cet albumen a fréquemment une teinte légèrement verdâtre ; il est parfois inodore, parfois, au contraire, imprégné d'une odeur qui rappelle celle du musc, ainsi qu'on le remarque pour plusieurs Tortues de mer. L'éclosion des œufs est laissée au hasard, l'animal ne s'occupant pas de ses petits ; la ponte a parfois lieu en quelques endroits spécialement choisis par les femelles, ainsi que nous le dirons lorsque nous aurons à nous occuper des Tortues de terre.

Vitalité. — Les tortues sont, de tous les Reptiles proprement dits, peut-être ceux chez lesquels la division du travail physiologique et la localisation des diverses fonctions est portée au moindre degré. Certains Chéloniens peuvent rester un laps de temps réellement considérable sans respirer ; après les mutilations les plus effroyables, ils peuvent se mouvoir pendant des mois encore et exécuter ainsi certaines manœuvres semblables à celles des

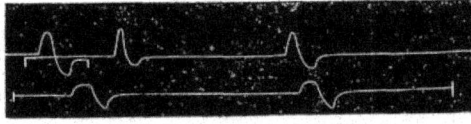

Fig. 98. — Graphique de la respiration d'une Tortue (*).

individus indemnes. Des Tortues décapitées se
meuvent pendant plusieurs semaines : lorsqu'on les touche, par exemple, elles retirent
leurs pattes sous leur carapace ; une Tortue à
laquelle Rédi avait enlevé le cerveau se traîna
encore pendant six mois; dans le Jardin des Plantes à Paris, une Tortue marécageuse vécut plusieurs années sans prendre aucune nourriture.

Kersten relate des faits qui confirment ce
que nous avons dit précédemment : « Nous nous
sommes donné beaucoup de peine, dit-il, pour
trouver une manière quelconque de tuer les
Tortues que nous voulions placer dans nos
collections, en les torturant le moins possible
et en évitant autant que faire se pouvait d'endommager la peau et la carapace ; mais leur
vitalité déjoua tous nos efforts. Il ne nous
resta finalement qu'à scier circulairement, sur
les côtés, la carapace résistante dans laquelle
se réfugiait l'animal en vie, puis à déterminer
la mort en lésant seulement alors les parties
nobles. J'entrepris plus tard des expériences
nombreuses dans le but de rechercher le procédé le plus propice pour tuer ces Chéloniens.
Je plaçai l'animal, la tête en bas, dans un seau
rempli d'eau, je serrai le cou dans un lacet
aussi solidement que possible : mais même
après avoir été privé d'air pendant des jours,
l'animal vécut encore aussi sain que précédemment; j'enfonçai une forte aiguille entre
la tête et la première vertèbre cervicale et je la
remuai de côté et d'autre afin de séparer l'encéphale de la moelle : vains efforts, la Tortue
demeura vivante. J'essayai de l'empoisonner :
à l'aide d'un tube de verre effilé, j'insufflai de
l'alcool dans la bouche et dans les cavités buccales et nasales, je répétai cette manœuvre
avec une solution empoisonnée de cyanure de
potassium, j'insufflai même cette redoutable
liqueur dans les cavités oculaires et dans des
points limités où la peau avait été dénudée : à
ma grande stupéfaction la Tortue resta en vie.
La décollation, elle-même, n'atteint pas le but

(*) 1, animal avec les pattes étendues au maximum ;
2, animal libre (d'après P. Bert).

proposé ; car, pendant des jours encore, la
tête décapitée mord aux alentours, et les
membres s'agitent avec le tronc pendant un
temps assez long. Le seul moyen qui paraît efficace pour tuer une Tortue sans l'ouvrir consiste à la plonger dans un mélange réfrigérant ;
car ces animaux, qui d'ailleurs ont la vie si
dure, sont absolument vulnérables au froid. »

Intelligence. — Il est évident que des animaux chez lesquels l'encéphale est si peu développé ne peuvent occuper un rang bien
élevé au point de vue des fonctions psychiques ;
néanmoins, les Tortues témoignent à cet égard
d'une capacité supérieure à celle qu'on serait
tenté de leur attribuer *a priori* si l'on voulait
juger de leurs facultés intellectuelles d'après
le volume exigu de leur cerveau. Leur intellect
est plus développé, leur excitabilité psychique
plus grande qu'il ne semblerait tout d'abord.
Certaines Tortues de terre reconnaissent les
personnes qui les soignent et arrivent lorsqu'elles sont appelées.

Captivité. — Depuis les temps les plus re-
culés, on garde des Tortues en captivité. Il
faut, du reste, pour les élever, plus de soins et
de précautions qu'on ne le suppose ordinairement. Malgré leur étonnante vitalité, les Tortues sont sujettes à maintes maladies qui dépendent principalement des soins insuffisants
donnés pendant la captivité. Fischer, auquel on
doit de nombreuses observations au sujet des
Tortues maintenues en captivité, écrit ceci :
« On fait beaucoup de tort à ces pauvres créatures en s'imaginant que leur surprenante vitalité répond à une santé très solide. Non, les
Chéloniens sont très sensibles à des influences
extérieures qui sembleraient insignifiantes. Ils
ne pâtissent que lentement. Et c'est là ce qui
conduit à croire qu'ils peuvent tout supporter. »

Ennemis. — Lacépède qui, à la fin du
siècle dernier, a publié des travaux sur les
Reptiles, considère la carapace des Tortues,
non seulement comme une demeure, mais
encore comme une retraite défensive, une

forteresse, dans laquelle l'animal peut se mettre à l'abri de ses nombreux ennemis. « La plupart des Tortues, écrit ce naturaliste, retirent quand elles veulent leur tête, leurs pattes et leur queue, sous l'enveloppe dure et osseuse, qui les revêt par dessus et par dessous, et dont les ouvertures sont assez étroites, pour que les serres des oiseaux voraces, ou les dents des quadrupèdes carnassiers n'y pénètrent que difficilement. Demeurant immobiles dans cette position de défense, elles peuvent quelquefois recevoir sans crainte, comme sans danger, les attaques des animaux qui cherchent à en faire leur proie. Ce ne sont plus des êtres sensibles qui opposent la force à la force, qui souffrent toujours par la résistance et qui sont plus ou moins blessés par leur victoire même; mais, ne présentant que leur épaisse enveloppe, c'est en quelque sorte contre une couverture insensible que sont dirigées les armes de leurs ennemis; les coups qui les menacent ne touchent, pour ainsi dire, que sur la pierre, et elles sont alors aussi à l'abri sous leur bouclier naturel qu'elles pourraient l'être dans le creux profond et inaccessible d'une roche dure. »

Ce sont là des descriptions élégantes et ingénieuses, mais qui sont loin de la vérité. Déjà Rechstein, qui a traduit en allemand les œuvres de Lacépède, fit observer que les Tortues terrestres trouvent dans le Jaguar, comme les Tortues marines dans le Requin, un ennemi qui peut devenir pour eux bien plus dangereux encore que l'homme; nous savons d'ailleurs que non seulement le Jaguar, mais encore le Tigre, détruisent même de grands Chéloniens, et que les Adjags, sorte de chiens sauvages des îles de la Sonde, massacrent les Tortues marines; les carnassiers de la race féline retournent les Chéloniens pour les manger à leur guise et en tirer les parties charnues à l'aide de leurs griffes; des Porcs engloutissent des Chéloniens, malgré leur carapace, alors qu'ils sont jeunes; les Chats ont été pour beaucoup dans la destruction des Tortues que l'on rencontrait autrefois en abondance dans certaines îles; nous savons aussi que de grands Oiseaux de proie, comme le Vautour barbu, saisissent les petites espèces et les emportent très haut dans les airs pour les laisser choir sur les rocs à plusieurs reprises jusqu'à ce que la carapace se brise; outre ce puissant oiseau de proie, des Buses et des Faucons, des Corbeaux et des Hérons, dévorent au moins les jeunes Tortues. On ne sait pas actuellement à quels ennemis encore les animaux revêtus de carapace peuvent être exposés; mais, sans aucun doute, leur nombre est plus grand que ne l'indiquent les données précédentes.

Tortues fossiles. — Dès la fin de l'époque jurassique, c'est-à-dire pendant les temps secondaires, les Tortues sont représentées par tous les groupes, à l'exception des Tortues de terre proprement dites. D'après Rütimeyer nous trouvons à cette lointaine époque des Emydidées cryptodères, telles que les *Thalassemys*, les *Tropidemys*, les *Platychelys* et des Pleurodères parmi lesquelles nous citerons les genres *Plesiochelys* et *Craspedochelys*; les *Hydropelta* rappellent les Chélydres, animaux de l'Amérique équinoxiale, qui, par leur carapace incomplète, méritent de former un groupe distinct parmi les Tortues. On trouve également des Tortues de marais et des Tortues de mer, *Eurysternum*.

À l'époque du Weald, c'est-à-dire pendant que se formaient les couches d'eau douce qui forment passage entre les terrains jurassiques et les terrains crétacés, vivaient des espèces qui rappellent les Emydes et les Trionyx de l'époque actuelle. Les *Pleurosternon* qui vivent à cette époque sont caractérisés par un bouclier déprimé, et par un sternum sans ouverture, composé de onze et non de neuf os, comme chez les espèces actuelles.

Pendant l'époque de la craie proprement dite nous retrouvons le type Chélydre avec le genre *Palæochelys* des terrains crétacés inférieurs du cap de la Hève; ce genre se caractérise essentiellement par la présence de huit côtes; le genre Pleuropholis, de la craie de Gosau, appartient au même type. On trouve également de vraies Chélones, des Emydes, des Trionychidées. Les *Adonis* de la craie des États-Unis représentent les Emydes; la Chélone d'Hoffmann caractérise la craie supérieure de Maestricht.

C'est à l'époque tertiaire inférieure ou éocène que semblent apparaître pour la première fois les vraies Tortues de terre; le genre Testudo proprement dit a été trouvé par Cope dans les terrains tertiaires de l'Amérique du Nord; les vraies Chélones sont de l'argile de Londres et du terrain bruxellien, c'est-à-dire de la base des terrains tertiaires; nous connaissons de l'époque tertiaire tous les types qui vivent actuellement.

Dans les contreforts inférieurs de l'Himalaya on trouve, dans des couches appartenant incontestablement aux terrains tertiaires, et mélangés à des mammifères d'espèces perdues, des débris de Tortues terrestres vraiment gigantesques; ces Tortues dont la carapace atteignait jusqu'à 4 mètres de long et 3 mètres de haut sont désignées sous le nom de *Colossochelys Atlas*; on a découvert en Amérique des sortes d'animaux qui indiquent des espèces de taille tout aussi gigantesque. On trouve enfin, à l'état subfossile, des Tortues bien plus grandes que celles qui existent aujourd'hui; ces Tortues ayant vécu à l'époque historique et n'étant détruites qu'à une époque relativement récente, nous en parlerons en faisant l'histoire particulière du genre et des espèces qui composent le groupe des Chéloniens. C'est à ce dernier groupe qu'il faut également rapporter le genre *Notochelys* trouvé dans les terrains tertiaires d'Australie.

Distribution géographique. — Strauch fournit des renseignements précis sur les espèces de Tortues actuellement vivantes. En 1865, ce naturaliste estimait à 194 le nombre des espèces de Chéloniens connues et suffisamment établies dans la science; il répartit ces animaux entre 7 domaines différents et bien délimités. Six espèces vivent dans la première région qu'il appelle méditerranéenne et qui embrasse l'Europe méridionale, une partie de l'Asie occidentale et tout le bord septentrional de l'Asie; trente-deux dans la seconde région, l'Africaine, qui comprend, à l'exception de la zone septentrionale, tout le continent de l'Afrique et les îles avoisinantes; cinquante-quatre dans la troisième, l'asiatique, à laquelle se rattachent aussi les îles correspondantes; huit dans la quatrième, celle de l'Australie; trente-deux dans la cinquième, celle de l'Amérique septentrionale, qui comprend aussi l'Inde occidentale et les îles de Galapagos; quarante-quatre dans la sixième, celle de l'Amérique septentrionale et centrale; enfin cinq dans la septième, celle de la mer. Entre les deux tropiques se trouvent soixante-six espèces; dans la région traversée par le tropique du Cancer, trente-cinq; dans celle que coupe le tropique du Capricorne, vingt-six; au nord du tropique du Cancer, quarante-deux; au sud du tropique du Capricorne, sept; dans l'hémisphère orientale habitent quatre-vingt-dix-huit espèces; dans l'hémisphère occidental soixante-dix-huit. Il y a treize espèces dont on ne connaît point la patrie. Deux espèces de Tortues marines ont été capturées dans toutes les mers, à l'exception de la mer Noire; les autres espèces de cette famille ont un domaine relativement limité.

Habitat. — Des données précédentes il résulte que les Chéloniens se trouvent soumis aux lois générales de la répartition des Reptiles. Dans les contrées chaudes et abondamment pourvues d'eau ils présentent la plus grande variété; pas une espèce ne pénètre jusqu'au cercle polaire. Ces animaux peuvent bien supporter la chaleur torride et la sécheresse, mais non le froid. Ils ont pour résidence les cours d'eau, les fondrières, les marécages, les forêts ombreuses et humides et même les steppes et les déserts, enfin la mer.

Légendes. — Les écrits anciens nous permettent non seulement de jeter un coup d'œil sur les connaissances qu'on possédait alors au sujet des Chéloniens, mais encore de fixer notre attention sur quelques détails historiques. Comme on peut s'en convaincre aisément, les animaux en question étaient bien connus des anciens : néanmoins leurs récits renferment des données que nous traitons aujourd'hui de fables : reste à savoir si c'est toujours à tort ou à raison. Cicéron se moque du poète Pacuvius parce qu'il remplace l'expression de tortue, qui est connue de tout le monde et qui ne prête à aucune équivoque, par la périphrase suivante : « Un être muni de quatre pattes, peu élevé, vivant sur terre, à marche lente, à tête courte, à cou de serpent, possédant des yeux mutins, dépourvu d'intestins et d'intelligence, et dont la voix offre un caractère d'animalité. » Aristote, qui décrit la ponte, rapporte que la mère couve les œufs qu'elle a pondus, retourne au nid au bout de trente jours exactement, déterre ses œufs, ouvre leur coque et conduit les petits à l'eau; il prétend aussi que les Tortues, après avoir mangé de la vipère, font immédiatement usage de l'origan pour se préserver de l'influence néfaste de leur précédent repas. Certains auteurs affirment que les yeux des Tortues rayonnent au loin, et que leurs cristallins clairs, blancs et brillants, servent, après avoir été enchâssés dans l'or, à fabriquer des colliers très appréciés.

Julius Capitolinus nous apprend qu'à Rome les princes de la famille impériale se sont baignés dans des carapaces de Tortues. « La mer des Indes, dit Pline, produit des Tortues d'une telle grandeur que l'écaille d'une seule suffit pour former le toit de cabanes habitables; la navigation des îles de la mer Rouge se fait particulièrement avec ces écailles, qui servent de barques. »

Diodore de Sicile, en parlant des peuples Chélonophages ou mangeurs de Tortues, qui habitent de petites îles de la Méditerranée, non loin du territoire africain, écrit que :

« Ces peuples se servent des écailles, qui ont à peu près la forme d'une barque, soit pour se transporter sur le continent où ils vont chercher de l'eau douce, soit pour se faire une sorte de hutte, et les plaçant dans une position inclinée sur les lieux élevés, et le côté plat tourné en dehors. Ainsi, la nature, par un seul bienfait, semble leur avoir donné les moyens de satisfaire à une foule de besoins, puisqu'ils trouvent à la fois dans un même objet un aliment, une maison, un vase et un navire (1) : »

Auguste Duméril (2) cite les vers suivants tirés du curieux ouvrage sur la *Septmanie ou Création du monde*, publié en 1582, par Guillaume de Salluste, seigneur du Bartas.

> À peine le marchand de Lisbonne ou de *Tyr*
> Peut une seule nef de maint arbre bastir.
> Mais l'Arabe pescheur bastit tout un navire
> D'une seule tortue, et, mesnager, retire
> D'elle tant de profits, que son couvercle fort
> Luy sert de nef sur l'eau et d'hostel sur le port.

On sait que la lyre, qui est regardée comme le plus ancien instrument à cordes, fut inventée, d'après Pausanias, par Mercure qui, ayant trouvé une Tortue sur le mont Chelydora, fit une lyre de la carapace. Pausanias raconte, en outre, que sur les hauteurs du Parthénon, il y a des Tortues dont la carapace permet de produire des sons très agréables, mais qu'on ne peut emporter ces animaux qui sont consacrés au dieu Pan. Le récit de Pausanias a généralement été regardé comme véridique par tous les poètes de l'antiquité qui ont fait souvent, par une licence poétique, Tortue synonyme de lyre ; Homère, Horace, Virgile, Properce attribuent tous l'invention de la lyre à Mercure :

> Mercuri...
> Te canam, magni Jovis et Deorum
> Nuntium, curvæque lyræ parentem (3),

s'écrie Horace.

(1) Diodore de Sicile, traduction Miot de Melito.
(2) Duméril, *les Reptiles utiles* (*Revue nationale*, 1860).
(3) « *Je te chante, Mercure, messager des Dieux et du grand Jupiter, inventeur de la lyre recourbée.* »

« Suivant Lucien, cependant, ce n'est pas à Mercure que l'invention de la lyre doit être attribuée, mais à Apollon, qui, ayant trouvé une Tortue morte, ajouta à la carapace, dit l'historien grec, des bras qu'il réunit par une traverse ; elle lui servit pour fixer à l'extrémité supérieure des cordes, qu'il attacha par l'autre bout à la carapace, et il obtint ainsi une puissante harmonie (1). »

Classification. — Dans leur important ouvrage sur les Reptiles, véritable monument élevé à l'Erpétologie, C. Duméril et Bibron divisent les Tortues en quatre familles.

Chez les espèces exclusivement terrestres, la carapace est toujours bombée ; les doigts sont réunis, empâtés en une sorte de moignon qui ne peut servir que pour la marche. Certaines Tortues, quoique pouvant vivre à la fois sur la terre et dans l'eau, recherchent cependant de préférence les endroits bas et humides, les marécages ; elles sont faites pour nager et pour plonger avec facilité ; leur carapace est, en effet, généralement moins bombée que chez les Tortues de terre ; les doigts sont distincts, mobiles, garnis d'ongles et réunis entre eux par une membrane plus ou moins lâche. D'autres espèces encore, qui habitent exclusivement les grands fleuves des pays chauds, sont conformées pour une natation rapide, et ce n'est qu'exceptionnellement qu'elles se traînent sur le rivage ; leurs pattes sont fort aplaties ; le corps, très déprimé, n'est plus revêtu par une carapace osseuse et solide, mais bien par une peau lisse, molle, coriace ; le sternum est joint à la carapace par un cartilage. Des Tortues enfin habitent la haute mer et ne viennent sur la rive qu'à des époques déterminées et pour effectuer leur ponte ; comme chez les Tortues de terre, les doigts sont presque immobiles ; les membres sont aplatis, déprimés, étalés comme des rames ; la disposition des pattes et la forme déprimée du corps, toujours rétréci à l'arrière, sont admirablement disposés pour une natation des plus rapides.

Partant de ces données, C. Duméril et Bibron admettent quatre familles dans les Tortues : les Tortues de terre ou Chersites ; les Tortues de marais, Tortues paludines ou Élodites ; les tortues de fleuves ou Potamites ; les Tortues de mer ou Thalassites. Suivant que la tête peut rentrer directement sous la carapace,

(1) A. Duméril, *Les Reptiles utiles* (*Revue nationale*, 1860).

ou qu'elle est rejetée de côté, les Elodites sont partagées en Cryptodères et en Pleurodères ; ces dernières sont plus exclusivement aquatiques que les premières dont certaines espèces rappellent, par leur forme, les Tortues terrestres.

Cette transition entre les Tortues de terre et les Tortues de marais qui composent la section des Cryptodères est à ce point insensible, par les *Manouria* principalement, que la plupart des naturalistes modernes réunissent ces deux groupes sous le nom commun de *Chersemydina ;* ils admettent comme une tribu bien distincte les Elodites pleurodères de C. Duméril

et Bibron, tribu à laquelle ils donnent le nom de *Chelydina ;* les deux tribus sont réunies sous le nom commun de *Testudinida.* La famille des Tortues de fleuve est conservée et prend le nom de *Trionychida.* Quant à la famille des Tortues de mer, on admet généralement une tribu distincte, celle des *Sphargidina,* pour une singulière espèce connue sous le nom de Luth ou de Tortue à cuir ; avec la tribu des *Chelonina,* cette tribu constitue la famille des *Cheloniida.*

C'est de l'histoire générale et particulière de ces trois familles qu'il va être question dans les pages qui suivront.

LES TESTUDINIDÉES — *TESTUDINIDÆ*

Caractères. — Les Testudinidées se caractérisent par le corps plus ou moins bombé, la carapace et le plastron étant toujours revêtus de plaques écailleuses. Les pattes, destinées à la marche ou à la natation sont armées d'ongles de forme variée ; les pattes antérieures ont généralement cinq ongles, jamais moins de quatre ; les pattes postérieures ont presque toujours quatre ongles, rarement cinq et tout à fait exceptionnellement trois.

LES TORTUES TERRESTRES — *CHER-SEMYDINA*

Landschildröten.

Caractères. — Chez les *Chersemydina,* c'est-à-dire chez les Tortues terrestres proprement dites, les pattes, en forme de moignon, sont faites exclusivement pour la progression à terre ; les membres sont courts, à doigts peu distincts, réunis par une masse tronquée, comme calleuse au pourtour. Le bassin est libre, n'étant pas soudé au plastron. La carapace est généralement bombée.

Distribution géographique. — A l'exception de la Nouvelle-Hollande, tous les pays chauds possèdent des Tortues terrestres, mais ces animaux sont particulièrement abondants dans les parties tropicales et sub-tropicales de l'Afrique ; on ne trouve en Europe que trois espèces appartenant au groupe que nous étudions.

Mœurs. — Parmi les Tortues, les Tortues de terre peuvent, à juste titre, passer pour les

plus lentes ; tous leurs mouvements sont gauches, lourds, maladroits ; leur lenteur est proverbiale. Leurs moyens de défense sont pour ainsi dire nuls ; ils ne peuvent fuir devant leur ennemi et se contentent de rentrer leurs pattes sous la carapace en faisant entendre à ce moment une sorte de soupir ronflant. Les Tortues de terre sont essentiellement herbivores ou frugivores, bien que dans certaines circonstances elles ne dédaignent pas des aliments de nature animale, tels que des mollusques, des vers, des limaces ; elles boivent peu et peuvent du reste rester fort longtemps sans absorber de liquide, aussi trouve-t-on des Tortues dans les endroits les plus désolés et les plus arides de l'Asie centrale. Comme toutes les autres Tortues, elles pondent des œufs, de forme généralement arrondie.

Usages. — C'est à peine si les Tortues de terre sont de quelque utilité pour l'homme, car ce n'est qu'exceptionnellement qu'on mange leur chair. On s'en empare plutôt pour les conserver en captivité dans des jardins ou dans les appartements, car elles peuvent supporter la captivité pendant de longues années et arriver à une sorte d'état de domesticité.

LES TORTUES — *TESTUDO*

Caractères. — Chez les espèces qui composent le genre Tortue proprement dit, la carapace, généralement très bombée, est formée d'une seule pièce ; le sternum n'est pas mobile dans sa partie antérieure. Les pattes ont cinq

Fig. 99. — Tortue bordée.

doigts, les pattes postérieures n'étant armées que de quatre ongles.

On divise le genre Tortue en deux groupes : certaines espèces ont le sternum mobile en arrière ; chez d'autres, ce sont les plus nombreuses, le sternum est immobile dans sa partie postérieure et garni de douze plaques.

LA TORTUE BORDÉE. — *TESTUDO CAMPANULATA.*

Caractères. — La Bordée (fig. 99) appartient au groupe qui comprend les espèces à sternum légèrement mobile en arrière. Ce qui distingue la Bordée de ses congénères, c'est la largeur proportionnellement plus grande de la portion postérieure du pourtour de la carapace, de telle sorte que ce bord est, chez l'adulte, très dilaté, presque horizontal. La carapace est bombée, de forme ovale-oblongue ; il n'existe qu'une seule plaque nuchale, la suscaudale est simple. Les mâchoires sont fortes, tranchantes, légèrement dentelées sur les côtés.

La tête, le dessus du cou et de la queue sont d'un noir foncé ; une bande de même couleur règne sur la face interne des bras ; le haut des cuisses, la peau du cou offrent une couleur orangé pâle, nuancée irrégulièrement de noir brun. La couleur noire est celle qui domine sur la carapace ; chacune des aréoles des plaques du disque est d'une belle couleur jaune tantôt pâle, tantôt brillante ; le plastron est jaune sale, les plaques étant ornées d'une large tache noire ayant, le plus souvent, la forme d'un triangle.

La Tortue bordée est la plus grande des espèces qui vivent en Europe ; elle peut atteindre près de 50 centimètres.

Chez les très jeunes individus, le limbe ne présente pas en arrière plus de largeur qu'en avant ; c'est à mesure que l'animal grandit que s'accentue l'élargissement de la partie postérieure de la carapace.

Distribution géographique. — La Bordée est cantonnée en Grèce, en Égypte et sur les côtes de Barbarie, où elle est, du reste, beaucoup moins commune que la Mauresque.

LA TORTUE MAURITANIQUE. — *TESTUDO PUSILLA.*

Caractères. — Cette espèce, type du genre *Testudo*, a la carapace de forme ovalaire, allongée ; chez les mâles le plastron est excavé, tandis qu'il est plan chez les femelles, de même que chez les autres Tortues terrestres ; les plaques marginales sont très inclinées ; il existe une plaque nuchale ; la plaque sus-caudale est simple ; le sternum est mobile en arrière ; la queue est courte, non onguiculée ; l'on voit un gros tubercule conique à chaque cuisse. Les étuis cornés qui revêtent les mâchoires ne sont pas dentelés, mais simplement tranchants, les extrémités n'étant pas en pointe. Chez cette espèce, le contour de la carapace des jeunes individus est presque circulaire et la plaque nuchale est plus large que chez les adultes. Le fond de la couleur est olivâtre ; tantôt les plaques du disque ont une teinte noirâtre, tantôt elles ont la même couleur que le reste de la carapace ; chacune des plaques du plastron

Fig. 100. — Tortue grecque (1/4 de grand. nat.).

porte une large tache noire ; un noir foncé colore les mâchoires et les ongles ; la face interne des bras, le dessus des membres postérieurs, le cou et la queue sont d'un gris brunâtre ; l'œil est brunâtre.

Cette espèce atteint 30 centimètres de long.

Distribution géographique, mœurs. — La Mauresque est commune dans la partie africaine de la zone circum-méditerranéenne, en Algérie, au Maroc ; on la trouve également en Asie Mineure, aux environs de la mer Caspienne, dans le Caucase, en Arménie. Cette espèce est fréquemment apportée des environs d'Alger sur le marché de Paris ; elle est, en effet, recherchée par certaines personnes comme objet de curiosité et conservée en captivité, soit dans les jardins, soit dans les appartements. On la nourrit de matières végétales et surtout de feuilles de salade, qu'elle semble affectionner tout particulièrement.

LA TORTUE GRECQUE. — *TESTUDO GRÆCA.*

Griechische Schildkröte.

Caractères. — La Tortue grecque (fig. 100), qui a été confondue par beaucoup d'auteurs avec la Tortue mauritanique, s'en distingue cependant facilement en ce que le sternum est absolument immobile en arrière ; la plaque sus-caudale est, en outre, fendue ; la queue est plus longue et revêtue, à son extrémité, d'un revêtement corné qui manque chez l'autre espèce.

Nous ajouterons que la carapace est fort bombée, de forme ovalaire, ovoïde dans son ensemble, un peu plus large en arrière qu'en avant ; le plastron, aplati chez la femelle, est

BREHM. — V.

assez fortement concave chez le mâle, comme chez les autres Tortues de terre. La forme de la carapace est assez variable, certains individus étant à peu près hémisphériques. Le nombre des plaques marginales est constamment de 25 ; il existe une seule plaque nuchale, la plaque sus-caudale est très inclinée, parfois même recourbée vers la queue. La tête, assez massive, est notablement plus épaisse que le cou ; elle est recouverte, en dessus, de petits écussons.

D'après Duméril et Bibron, qui ont observé l'espèce vivante, « une partie des ailes de la carapace, le dessous de son pourtour, la ligne médiane du sternum offrent une couleur d'un jaune vert ; quant au reste de la surface du plastron, c'est du noir qui le colore ; le même noir, aussi foncé, se représente en dessous sous la forme de taches triangulaires souvent fort larges sur les plaques marginales, et sous celle de taches oblongues sur le centre des vertébrales ; on le voit encore former un large ruban autour de ces mêmes plaques, puis il couvre une partie du bord supérieur et l'antérieur tout entier des costales ; enfin il forme sur chaque aréole de celle-ci une tache à laquelle vient souvent se réunir une bande de la même couleur. A l'exception d'un gris brun que l'on remarque sur le bout du museau, sur la face interne des bras, c'est une teinte verdâtre qui règne sur toute la tête, le cou, les membres et la queue, dont l'extrémité de l'enveloppe cornée cependant est noire. L'iris est brun, enveloppé d'un cercle très étroit, blanchâtre. » Chez les individus jeunes, la couleur de la partie supérieure du corps est d'un jaune beaucoup moins clair, et les taches noires qu'on y remarque ne sont pas disposées de la même manière.

La Tortue grecque atteint, en général, 0,30 de longueur ; le poids dépasse rarement deux kilogrammes.

Distribution géographique. — La patrie de la Tortue grecque paraît être circonscrite à une portion de l'Europe méridionale, c'est-à-dire à la Grèce, à la Turquie, à la Dalmatie, à l'Italie et aux principales îles de la Méditerranée ; on la trouve, en outre, dans l'Asie Mineure et, d'après Tristram, elle est abondante en Palestine. Elle a été importée du sud de l'Italie dans le midi de la France.

D'après Schreiber, l'espèce a dû être introduite depuis assez longtemps dans plusieurs pays comme animal domestique, par des religieux, puis rendue à l'état sauvage. Elle est commune dans l'Italie méridionale, et dans la Grèce, auprès de Méhadia et au pied de l'Allion.

Mœurs. — La Grecque paraît rechercher de préférence les terrains sablonneux et boisés ; elle aime à se réchauffer aux rayons de soleil. « Nous nous rappelons, dit Bibron, qu'en Sicile, où ces animaux sont très communs, c'était toujours au moment le plus chaud de la journée que, sur le bord des chemins, nous en rencontrions dont la carapace avait acquis un degré de chaleur tel, qu'à peine pouvions-nous endurer la main sur ce test. »

Vers l'hiver, les animaux s'enfouissent profondément dans le sol et s'endorment pour reparaître vers le commencement du mois d'avril ; ils s'engourdissent dans des trous qu'ils se creusent parfois à plus de deux pieds de profondeur.

La Tortue grecque se nourrit d'herbes, de racines ; elle ne dédaigne pas les vers de terre, les limaces, les insectes et même les matières excrémentitielles. En captivité, elle mange des fruits, des légumes, du pain trempé dans de l'eau ou du lait ; à condition de la protéger contre le froid et de la laisser hiverner on peut la conserver pendant fort longtemps.

Tschudi cite une Tortue qui aurait vécu environ 100 ans dans une campagne située au voisinage d'Adorf, dans le canton d'Uri. « Une *Testudo*, dit White, qui devint ma propriété après avoir été conservée par un de mes amis dans un espace clos pendant plus de 40 ans, s'enfouit chaque année au milieu de novembre et reparaît au milieu d'avril. Lorsqu'elle réapparaît au printemps, elle montre peu d'appé-

tit ; au milieu de l'été elle dévore beaucoup plus ; vers l'automne elle mange moins, et pendant plusieurs semaines avant de s'enfouir elle n'avale plus rien. Les plantes laiteuses constituent ses repas de prédilection. Pour creuser son trou en automne, elle gratte avec beaucoup de lenteur et de circonspection, à l'aide de ses pattes antérieures, la terre qu'elle rejette en arrière, puis elle la repousse plus loin à l'aide de ses pattes postérieures. Les pluies l'effrayent : par les temps humides, elle reste cachée toute la journée. Par le beau temps, elle va prendre son repos vers quatre heures de l'après-midi, en plein été, et elle ne reparaît qu'assez tard le lendemain matin. Par les très grandes chaleurs, elle recherche l'ombre, de temps à autre ; mais d'habitude elle se délecte voluptueusement à la chaleur solaire. » Reichenbach a observé que les *Testudo* qu'il conservait en captivité erraient au loin, et reprenaient toujours la même route ; quand il faisait plus froid ou quand le soleil ne paraissait pas, il les retrouvait toujours sous une plante déterminée dont les feuilles offraient un large abri.

D'après Cetti, en Sardaigne, où l'hiver bien qu'adouci est toujours assez rude pour obliger les Tortues à chercher un abri dans le sol, elles s'enfouissent en novembre pour reparaître en février. En juin, elles pondent leurs œufs, au nombre de quatre à cinq et de couleur blanche, dont les dimensions rappellent ceux des pigeons domestiques. Pour pondre, elles choisissent un endroit aussi ensoleillé que possible, et y creusent à l'aide de leurs pattes postérieures une fosse dans laquelle elles déposent leurs œufs ; elles s'en remettent au grand foyer lumineux qui éclaire le monde pour les soins ultérieurs de leur postérité. Au début des premières pluies de septembre on voit apparaître les petits dont les dimensions sont celles d'une demi-coque de noix et qui sont bien les petits êtres les plus paisibles de la création.

Lorsqu'on laisse ces animaux en pleine liberté, ils se comportent, même dans les pays les plus septentrionaux, absolument comme dans leur patrie. Dans une chambre à température élevée et constante, ils ne tombent pas dans le sommeil hivernal, mais, d'après Fischer, ne vivent pas aussi longtemps que quand on leur ménage le repos de chaque hiver. C'est ce qui arrive fréquemment dans les ménageries si la température est constante ;

les animaux les plus difficiles à conserver, dans ces conditions, sont toujours ceux des pays tempérés qui ont l'habitude de s'engourdir chaque année; en les tenant constamment éveillés, on les fait vivre plus rapidement, si l'on peut s'exprimer ainsi.

Usages. — En Italie et en Sicile, la Tortue grecque est fréquemment apportée sur les marchés; on estime tout particulièrement la soupe qui est préparée avec leur chair. Dans l'Asie Mineure, on dresse des chiens à rester devant ces Tortues et à aboyer jusqu'à ce qu'on vienne les capturer.

LA TORTUE GÉOMÉTRIQUE. — *TESTUDO GEOMETRICA.*

Caractères. — La carapace de cette espèce est fortement bombée; le test est ovalaire et se relève en autant de bosses que l'on compte de plaques; les aréoles non seulement du dessus de la carapace, mais encore du pourtour, présentent un léger enfoncement; ces aréoles sont, en outre, toujours striées, celles de la ligne du dos, sur le milieu de la plaque, celles des rangées latérales, tout près de leur bord antérieur; la plaque nuchale est linéaire, la sus-caudale simple. Les mâchoires sont fortement dentelées, surtout la mâchoire supérieure qui se termine en bec pointu, de chaque côté duquel on voit une autre dent presque aussi forte que celle du milieu. La queue est très courte, conique, épaisse.

La Géométrique a la partie supérieure de la carapace d'un noir d'ébène, et de chacune des aréoles qui sont ordinairement jaunes, partent des rayons divergents de même couleur; il en résulte des sortes de dessins réguliers, géométriques pour ainsi dire, d'où le nom que porte l'espèce. La tête et le dessus du cou sont bruns; on voit une tache d'un beau jaune au devant de l'œil et un peu en avant du tympan; la mâchoire inférieure est également jaune.

Chez les individus jeunes, le fond de la couleur est jaunâtre; sur ce fond se voient des taches oblongues de couleur noire; les deux couleurs se trouvent, du reste, à peu près également réparties de telle sorte qu'on ne peut vraiment pas dire quelle est celle qui l'emporte sur l'autre.

Cette espèce est une des plus petites du genre; elle ne dépasse pas 20 centimètres.

Distribution géographique. — La Tortue géométrique se trouve dans l'île de Madagascar et au cap de Bonne-Espérance.

LA TORTUE ÉTOILÉE. — *TESTUDO ACTINODES*
Sternschildkröte.

Caractères. — Fort voisine de la Géométrique avec laquelle elle a été souvent confondue, l'Étoilée (fig. 101) s'en distingue cependant par la carapace plus oblongue, la plaque occipitale plus dilatée, par une plaque tympanique très développée et par l'absence de nuchale; le test est échancré antérieurement; les plaques du disque sont bombées, de couleur noire, ornées de bandes jaunes formant des dessins réguliers, ainsi qu'on le voit chez la Tortue géométrique.

L'animal étendu mesure environ 0^m,30 de long, la carapace ayant 0^m,20.

Distribution géographique et mœurs. — Les Tortues étoilées habitent les forêts de l'Hindoustan, de la Birmanie, de Pégu et de Ceylan. Bien qu'elles soient abondantes en certains points, on les capture rarement cependant, ce qui tient, suivant Husson, à ce que leur couleur se confond facilement avec celle du milieu dans lequel elles se trouvent; elles sont, d'ailleurs, le plus souvent cachées dans les broussailles ou au milieu des grandes herbes. C'est pendant l'époque des pluies qu'elles sortent le plus volontiers; on les voit alors errer pendant toute la journée. Au commencement de la saison froide, elles cherchent une retraite dans laquelle elles restent immobiles; au moment des plus grandes chaleurs, elles se cachent également pour ne se montrer qu'à la tombée de la nuit ou de grand matin.

Husson conserva plusieurs fois des Tortues géométriques en captivité. Il leur fournit de l'eau, de l'herbe sèche, de la paille pour qu'il leur fût possible de se cacher et les étudia avec soin. Il remarqua que pendant la saison chaude, elles restaient cachées toute la journée et ne sortaient que peu d'instants avant le coucher du soleil pour chercher leur nourriture, et ne rentraient dans leur cachette qu'au point du jour; elles se baignaient fréquemment et buvaient beaucoup.

Les œufs sont déposés dans un trou creusé par la femelle. Celle-ci après avoir cherché un endroit convenable, à proximité d'un buisson ou de hautes herbes, se met à gratter la terre à l'aide de ses pattes de derrière, en se

Fig. 101. — Tortue étoilée (1/3 de grand. nat.).

servant tantôt d'une patte, tantôt de l'autre. Au bout de deux heures d'un semblable travail, la femelle avait creusé un trou de 15 centimètres de profondeur sur 10 centimètres de diamètre; elle y déposa quatre œufs et, après avoir rempli la fosse avec la terre rejetée, elle se mit à tasser cette terre à l'aide de ses pattes postérieures; puis une fois l'excavation remplie, elle nivela la terre en se levant toute droite sur ses pattes pour se laisser retomber de toute sa hauteur; le manège est répété jusqu'à ce que la place soit unie à ce point qu'il est impossible de deviner l'endroit où les œufs ont été déposés. La femelle ne s'occupe plus alors de sa ponte, dont l'éclosion est laissée au hasard et se fait par la chaleur solaire.

LA TORTUE POLYPHÈME. — TESTUDO POLYPHEMUS.

Caractères. — La polyphème est de toutes les Tortues de terre actuellement vivantes celle qui a la carapace la plus déprimée; cette carapace est ovalaire, très étroite antérieure-ment; il existe une plaque nuchale; la suscaudale est simple. La tête est courte, épaisse, formée de nombreuses petites plaques. La mâchoire inférieure est finement dentelée; les membres sont garnis de tubercules squameux. La coloration est d'un jaune uniforme, mêlé de quelques taches irrégulières brunâtres; le plastron est d'un jaune pâle.

Distribution géographique et mœurs. — D'après Duméril et Bibron, « cette espèce est la seule Chersite que produise l'Amérique septentrionale, qu'elle habite depuis la Floride jusqu'à la rivière Savannah, au nord de laquelle on ne la rencontre plus. Les Tortues polyphèmes ne se nourrissent que de végétaux. Les lieux qu'elles fréquentent de préférence sont les forêts de pins; pourtant elles les quittent quelquefois pour venir dans la campagne où elles causent de grands dégâts, particulièrement dans les champs de pommes de terre. Elles ne sortent que pendant la nuit, et le jour elles restent enfermées dans des trous très profonds qu'elles creusent elles-mêmes. Quoiqu'elles soient de petite taille (l'animal ne dépasse pas 0^m,45), leur force est

Fig. 102. — Tortue marquetée (1/4 de grand. nat.).

prodigieuse ; on assure qu'elles marchent aisément ayant un homme sur leur dos, et qu'elles peuvent même porter un poids de 600 livres. »

Usages. — Leur chair est, à ce qu'il paraît, d'un excellent goût.

LA TORTUE MARQUETÉE. — *TESTUDO TABULATA.*

Waldchildkröte.

Caractères. — La carapace de cette espèce (fig. 102) est particulièrement épaisse, allongée, ovalaire, un peu plus large en arrière qu'en avant ; il n'existe pas de plaque nuchale ; la plaque sus-caudale est simple, bombée. La tête est assez grosse ; les mâchoires sont fortes et dentées, l'inférieure étant recourbée en pointe anguleuse. La queue est très courte, conique. Le plastron est beaucoup plus étroit que la carapace, échancré en arrière en V très ouvert. La partie supérieure de la carapace est d'un brun clair uniforme ou d'un gris brunâtre ; le centre des plaques du disque et le bord inférieur de celles du limbe est de couleur jaune pâle ou orangé ; le vertex, d'un

jaune pâle, est orné de taches et de lignes noirâtres ; quelques taches jaunes se voient en différents points de la tête et du cou. Étendu, l'animal mesure 0^m,37, la carapace ayant 0^m,25. Chez les animaux jeunes, la carapace est plus bombée et la coloration plus vive.

Distribution géographique et mœurs. — Cette espèce, qui est connue au Brésil sous le nom de *Schabuti*, se trouve dans tout le Brésil, le Vénézuéla, la Guyane ; elle a été aussi apportée en Europe de la Trinidad et, d'après un exemplaire, qui appartient au Muséum de Paris, de la Guadeloupe. « J'ai recueilli, écrit le prince de Wied, les carapaces de ces Tortues dans les forêts de Tapebucu, à un degré au nord de Cabo-Fico ; on trouve l'espèce dans toutes les grandes forêts du Brésil oriental. Sur le Belmonte, elles ne sont point rares, et dans les carniers des Botokudos nous avons remarqué des carapaces entières de cette espèce, ainsi que la carapace dorsale de Tortues fluviales dans laquelle ces sauvages préparent leurs couleurs. Auprès du fleuve Ilhéos, enfin, pendant notre course ininterrompue à travers les forêts, nous avons observé l'espèce en question souvent au plus épais des bois. Ces Tortues ne vivent que sur la terre sèche, surtout dans les forêts; aussi ne les ai-je observées que là. On les voit errer lentement, se soulevant sur leurs pattes épaisses, qu'elles rétractent à la vue de tout ce qui leur est étranger. Cette espèce tire sa nourriture du règne végétal; elle mange de préférence les fruits mûrs qui tombent des arbres, dont les variétés sont ici très nombreuses.

« Pendant la saison chaude, ces Tortues accumulent des feuilles sèches et déposent dans ces amas une douzaine d'œufs ou même davantage. Au sortir de l'œuf les petits présentent une couleur jaunâtre et une carapace encore molle.

« Les animaux jeunes, et même les vieux, sont en butte à maint ennemi. La Tortue, déjà âgée, malgré sa carapace résistante, est souvent atteinte et dévorée par les grands carnassiers de la race féline. Les Indiens, au courant de ce qui se passe dans leurs forêts, assurent que l'Once, lorsqu'elle trouve une de ces Tortues, la fixe sur une de ses extrémités et à l'aide de ses griffes retire peu à peu sa chair de la carapace. De là proviennent les carapaces vides que nous avons trouvées éparses dans la forêt très fréquemment; cette explication nous a paru fort vraisemblable, attendu que ces carapaces vides étaient souvent ouvertes et mordillées à leur extrémité. Comme ces Tortues n'ont aucune odeur désagréable, elles sont mangées par les Portugais, les nègres et les Indiens; elles sont, à certaines époques, très grasses. Dans quelques régions, auprès du fleuve Ilhéos par exemple, on les garde enfermées dans des enclos formés au moyen de petites poutres arrondies et verticales, pour les utiliser à l'occasion. On peut les garder en vie à la maison pendant plusieurs années; installées dans des caisses, elles mangent des bananes, qui leur plaisent particulièrement, des feuilles et divers fruits. Lorsqu'on les touche, elles se retirent dans leur carapace et font entendre un souffle laryngien analogue à celui des oies : je n'ai jamais perçu chez elles une autre sorte de phonation.

« Bien qu'il soit inutile d'employer des engins spéciaux à l'égard de ces créatures inoffensives, qu'on peut recueillir dans la forêt sans aucune peine, il arrive parfois qu'elles se trouvent prises dans les lourds pièges installés en vue des animaux de vénerie; le piège se referme sur la Tortue sans pouvoir la tracasser et la maintient seulement immobile; les Indiens affirment que des tortues ont pu demeurer ainsi en vie pendant des années. »

La *Schabuti* est fréquemment apportée en Europe; elle supporte en effet très bien la captivité, à condition d'avoir une chaude retraite pour l'hiver.

« Chez moi, dit Fischer, la *Schabuti* et la *Testudo carbonaria*, qui lui est apparentée, errent librement dans les chambres. Ces Tortues s'éveillent au premier rayon de l'aurore et se mettent à marcher dans l'appartement. Toute la journée, elles sont en mouvement; elles flairent tout ce qui gît sur le sol, elles boivent l'eau et le lait dans la jatte qu'on leur a préparée, elles dévorent parfois beaucoup, puis tout à coup elles ne mangent plus rien, notamment quand les jours sont troubles et pluvieux. Lorsque, par exemple, une pomme intacte repose sur le sol, elles cherchent à la mordre et à la roulent de plus en plus loin, attendu qu'à chaque mouvement de leur tête leur museau lui donne une impulsion nouvelle. Ce jeu dure parfois très longtemps; les Tortues finissent par y renoncer, et s'éloignent. J'ai remarqué qu'ensuite elles laissaient de côté des pommes qui n'étaient pas entamées, comme si elles avaient reconnu l'inutilité de leurs efforts.

« Dès qu'il fait sombre, les *Schabuti* se traînent sous les lits, sous les sophas, sous les rideaux, etc.; elles en ressortent dès qu'on apporte une lampe ou une lumière quelconque dans leur voisinage, et elles se remettent à marcher sur leurs pattes élevées. Quand le poêle de ma chambre est chauffé, elles sortent de leurs cachettes, demeurent debout un certain temps, puis s'affaissent lentement du haut de leurs pattes pour se coucher autour du poêle. Elles se reposent là avec volupté, en étirant leur cou et leurs pattes postérieures de toute leur longueur.

« Leur nourriture, qu'elles prennent à peu près chaque jour, se compose de pain blanc trempé dans le lait ou dans l'eau, de citrons, qui paraissent fort de leur goût, de pommes, de poires, de salades, de choux, de citrouilles et de viande. Il est à remarquer que les mâles mangent presque exclusivement de la viande, tandis que les femelles ne se nourrissent que de substances végétales.

« Lorsque je les reçus, elles étaient très farouches, et se retiraient en sifflant, dans leur carapace, à toute approche. Maintenant elles ne se dérangent pas pendant leur repas, lorsqu'on touche légèrement leur tête avec les doigts ; elles mangent même dans la main. »

LA TORTUE CHARBONNIÈRE. — *TESTUDO CARBONARIA.*
Köhlerschildkröte.

Caractères. — Bien que fort voisine de la Tortue marquetée, la Charbonnière (fig. 103) s'en distingue cependant en ce que le dos, au lieu d'être déprimé, est un peu concave. On remarque que la carapace à l'endroit des flancs est constamment plus ou moins contractée ; les écailles qui garnissent la face postérieure des cuisses et la plaque de la partie postérieure de la tête ont une forme différente. Le système de coloration suffit également à séparer les deux espèces. « Effectivement, écrivent Duméril et Bibron, chez la Tortue marquetée la carapace est brune avec des taches d'un jaune pâle, couleur qui est aussi celle des téguments squameux qui revêtent la face externe des pattes de devant, au lieu que dans la Tortue charbonnière une grande partie de ces mêmes téguments, ceux des talons et de la queue, sont d'un beau carmin, ainsi que la plaque tympanale. Quant à la carapace, c'est un noir profond qui règne sur la plus grande partie de la carapace de ses lames cornées dont les aréoles sont petites, quadrangulaires et colorées en jaune vif. Du reste, les membres et le col offrent une teinte ardoisée ; les plaques sus-crâniennes, une couleur orangée jaune, ainsi que les bords du sternum, lequel porte une large tache noire polygonale, qui occupe quelquefois le centre, et d'autres fois au contraire presque toute l'étendue. »

Distribution géographique et mœurs. — Cette espèce, dont les mœurs sont les mêmes que celles de la Marquetée, habite également le Brésil, la Guyane, le Chili ; on la trouve aussi à la Jamaïque.

LA TORTUE RAYONNÉE. — *TESTUDO RADIATA.*

Caractères. — Cette espèce se distingue facilement de toutes les autres par sa carapace hémisphérique, presque globuleuse ; le plus souvent le pourtour de la carapace est crénelé, assez fortement même ; les mâchoires sont fortes et garnies de dentelures ; les membres sont revêtus de grosses écailles ; la queue, à son extrémité, est recouverte d'écailles plus grandes que les autres.

La coloration est très particulière dans cette espèce. D'un noir profond sur le crâne et le dessous du cou, portant, en outre, une large tache de même couleur sur la partie externe des pattes de derrière et une tache noire entourée d'autres petites taches sur le coude, la Rayonnée est ornée, sur les écailles de la carapace, d'aréoles d'un jaune très vif, desquelles partent des rayons divergents de même couleur, dont le nombre et la largeur varient suivant les individus. Le jaune et le noir sont aussi les seules couleurs qui se voient sur le plastron ; de chaque côté de ce plastron se trouvent quatre grandes taches triangulaires placées à la suite les unes des autres ; suivant la remarque de Duméril et Bibron, « il existe sur le milieu du sternum autant de figures triangulaires jaunes que les côtes en portent de noires ; mais si celles-ci sont unicolores, celles-là ne sont point uniformément jaunes, attendu que toutes sont plus ou moins marquées de raies divergentes étroites qui partent de leurs sommets. » Il est à noter que chez les femelles le dessous de la carapace est plat, tandis qu'il est fortement et largement concave chez les mâles.

L'espèce peut atteindre environ 0^m,50 de long et arriver au poids de huit kilogrammes.

Distribution géographique et mœurs. — La Rayonnée a les mêmes mœurs que les autres Tortues de terre. On remarque, dans les ménageries, qu'elle va volontiers à l'eau, bien qu'elle soit assez souvent embarrassée pour regagner la rive ; veut-elle revenir à terre, elle étend les deux membres d'un même côté, tandis que les deux pattes du côté opposé se rapprochent ; par ces mouvements alternatifs, l'animal avance lentement, présentant à l'eau le moignon de ses membres servant ainsi de rames. A terre, la Tortue se meut en élevant assez fortement sa carapace au-dessus du sol.

De même que les Tortues terrestres que l'on a l'occasion d'observer en captivité, la Rayonnée se nourrit de matières végétales, de courges, de potirons, de melons et surtout de salade. Elle déchire ses aliments, bien plutôt qu'elle ne les coupe, et cela grâce aux dentelures dont ses mâchoires sont pourvues ; retenant avec les pattes de devant la nourriture qu'elle fixe ainsi sur le sol, elle coupe les aliments en retirant brusquement la tête en arrière.

La Rayonnée habite exclusivement Mada-

Fig. 103. — Tortue charbonnière (1/4 de grand. nat.).

gascar, d'où on l'apporte fréquemment à Bourbon et au cap de Bonne-Espérance; elle est, en effet, comestible, et sa chair est très estimée.

LES TORTUES GÉANTES

LES TORTUES DE L'OCÉAN INDIEN

Presque tous les voyageurs des seizième et dix-septième siècles qui nous ont laissé des documents au sujet de leurs découvertes et de leurs aventures dans l'océan Indien et dans l'océan Pacifique font allusion à d'innombrables Tortues de terre, de taille vraiment gigantesque, rencontrées dans certaines petites îles, d'où ces Tortues ont absolument disparu aujourd'hui. Si quelques-unes de ces espèces, telles que la Tortue éléphantine, se trouvent encore, c'est qu'elles sont sous la protection de l'homme et gardées dans les habitations et en captivité. La plupart de ces espèces ont disparu sans retour et il n'en existe que quelques individus, dans les musées; il en est d'elles comme de ces gigantesques et curieux Oi-seaux, tels que le Dinornis, l'Epyornis, le Dronte, le Dodo, le Solitaire qui se sont éteints dans les temps historiques; plusieurs des espèces encore existantes sont en voie de dispa-rition rapide, aussi y a-t-il le plus grand intérêt à recueillir tous les documents sur des animaux qui dans peu d'années auront à tout jamais disparu.

Le docteur Albert Günther, dans un remar-quable mémoire publié en 1877, a entrepris cette tâche, et le savant naturaliste a groupé tous les renseignements que nous possédons sur les Tortues de terre géantes; c'est à lui que nous emprunterons ce que nous avons à dire de ces animaux.

« Les îles dans lesquelles vivaient les Tortues géantes, dit le Dr Günther, sont toutes situées entre l'Équateur et le Tropique du Capricorne; elles forment deux foyers zoologiques bien

Fig. 104. — Tortue d'Abington (page 70).

distincts. L'un comprend les Galapagos, l'autre renferme l'Aldabra, au nord-ouest de Madagascar, la Réunion, Maurice et Rodrigues, à l'est de Madagascar. Les caractères physiques de ces deux groupes d'îles sont très différents, mais présentent ce trait commun qu'à l'époque de leur découverte elles n'étaient habitées ni par l'homme, ni par aucun grand mammifère. Pas un des nombreux navigateurs qui parcouraient les mers dans lesquelles sont situées les îles en question ne mentionne de semblables Tortues géantes, ni dans d'autres îles, ni sur le continent Indien. Il n'est pas à croire que l'un ou l'autre de ces navigateurs ait négligé de mentionner un semblable fait ; tous les marins de cette époque ont noté avec grand soin, en effet, les points où se trouvaient les Tortues géantes, qui constituaient une importante partie de leur alimentation. A une époque où des voyages que nous accomplissons aujourd'hui en quelques semaines exigeaient de longs mois, alors que les vaisseaux étaient montés par le plus grand nombre d'hommes possible, les provisions de viande fraîche devaient être très recherchées ; or les Tortues étaient d'une précieuse ressource alimentaire ; il était facile de les amener à bord, de les conserver vivantes pendant longtemps

sans leur donner de nourriture, et l'on avait ainsi à volonté de la viande fraîche en quantité, chaque animal pesant de 80 à 300 livres ; il n'est donc pas étonnant que certains navires aient recueilli dans l'île Maurice ou aux Galapagos jusqu'à 400 Tortues et les aient emportées avec eux. La sécurité absolue dont jouissaient ces Tortues jusqu'à l'apparition de l'homme dans les îles qu'elles habitaient, le grand âge auquel elles peuvent arriver, explique parfaitement l'extrême abondance de ces animaux dans certains points délimités. »

Lorsqu'en 1691, François Leguat visita l'île Rodriguez, il n'y trouva « aucun animal à quatre pattes, que des Rats, des Lézards et des Tortues de terre, desquelles il y a trois espèces différentes. » Suivant notre voyageur, « il est de ces Tortues qui pèsent autour de cent livres et qui ont assez de chair pour donner à manger à bon nombre de personnes... Il y a dans l'île une si grande abondance de ces Tortues, que l'on en voit quelquefois des troupes de deux ou trois mille ; de sorte qu'on peut faire plus de cent pas sur leur dos, ou sur leur carapace, pour parler proprement, sans mettre le pied à terre. Elles se rassemblent sur le soir dans les lieux frais, et se mettent si près l'une de l'autre qu'il semble que la place en soit pavée. Elles

BREHM. — V.

font une chose qui est singulière, c'est qu'elles posent toujours de quatre côtés, à quelques pas de leur troupe, des sentinelles qui tournent le dos au camp et qui semblent avoir l'œil au guet; c'est ce que nous avons toujours remarqué; mais ce mystère me paraît d'autant plus difficile à comprendre, que ces animaux sont incapables de se défendre et de s'enfuir. »

Les premiers navigateurs qui abordèrent aux Mascareignes nous parlent également tous du nombre vraiment prodigieux de Tortues géantes qu'ils y trouvèrent; en 1633, Verhuff signale l'abondance de ces animaux. A la même époque François Cauche écrit que « l'île de Mascarhene est inhabitée, quoique les eaux y soient bonnes, abondante en gibier, poissons et fruits; on y voit grand nombre d'Oiseaux, de Tortues de terre, et les rivières y sont fort pisqueuses. » Le père Jacques tient le même langage en 1724: « Le meilleur de tous les animaux qu'on trouve à la Réunion, dit-il, soit pour le goût, soit pour la santé, c'est la Tortue de terre. La Tortue est de la même espèce que celle que l'on voit en France; mais elle est bien différente pour sa grandeur. On assure qu'elle vit un temps prodigieux, qu'il lui faut plusieurs siècles pour parvenir à la grosseur naturelle, et qu'elle peut passer plus de six mois sans manger. On en a gardé dans l'île de petites qui au bout de 20 ans n'avaient grossi que de quelques pouces. » Vers 1740, d'après Grant, les navires qui cinglaient vers les Indes accostaient tous à Rodriguez pour embarquer de grandes Tortues; « nous possédons, ajoute Grant, dans son histoire de Maurice, de grandes quantités de Tortues de terre et de Tortues de mer qui sont d'une précieuse ressource alimentaire. » Le même voyageur nous apprend que de nombreux petits bateaux sont sans cesse occupés à rapporter de ces Tortues, principalement pour le service de l'hôpital.

Le grand nombre de ces Tortues géantes peut sans doute s'expliquer par la longévité que l'on s'accorde généralement à donner à ces animaux. Les grandes Tortues ne semblent être complètement adultes que vers l'âge de 80 ans, et l'on prétend qu'elles peuvent atteindre l'âge de 200 et même 300 ans. Leur grande fécondité explique aussi leur extrême abondance. Leguat nous apprend que, comme les autres espèces terrestres, les grandes Tortues « posent leurs œufs sur le sable, et les recouvrent pour les faire éclore doucement au soleil; ces œufs sont ronds en tous sens, comme les billes de billard,

et de la grosseur des œufs de poule; l'écaillure ou plutôt la coque en est molle, et la substance du dedans est bonne à manger. »

Ainsi que nous l'avons dit plus haut, la chair de ces Tortues était fort estimée. Leguat nous apprend encore que « la chair est fort saine, et d'un goût qui approche de celui du mouton, mais plus délicat; la graisse en est extrêmement blanche, et ne se fige pas, ni ne cause jamais de rapports, quelque quantité qu'on en mange. S'oindre avec cette huile est un remède merveilleux contre les foulures, les froideurs et les engourdissements des nerfs, et contre plusieurs autres maux. Le foie est d'une délicatesse extrême, et fort gros à proportion de l'animal; il est si délicieux qu'on peut dire qu'il porte toujours sa sauce avec soi, de quelque manière qu'on le prépare. »

A partir du milieu du siècle dernier, le nombre des Tortues géantes des Mascareignes a été sans cesse en diminuant. Le fait de l'embarquement, souvent répété, d'un grand nombre de ces animaux, explique, en partie, leur diminution progressive, et il serait trop long d'énumérer ici les récits des voyageurs qui, abordant aux Mascareignes, signalent la disparition de plus en plus rapide des grandes Tortues. La capture de nombreux individus adultes n'a pas été la seule cause de l'extinction de ces Tortues; on peut encore, pour expliquer le fait, invoquer l'introduction dans les îles d'un grand nombre de porcs qui ont donné une chasse active aux individus nouveau-nés. D'un autre côté, la limitation de ces Tortues dans un espace fort restreint et l'impossibilité dans laquelle se sont trouvés dès lors les individus de pouvoir se procurer une nourriture suffisante, a dû s'opposer à leur multiplication.

Dès le commencement de ce siècle, les grandes Tortues avaient déjà à peu près disparu des îles de la mer des Indes situées dans les parages de Madagascar. A l'époque à laquelle Duméril et Bibron écrivaient le deuxième volume de leur *Histoire générale des Reptiles*, en 1833, on trouvait encore ces Tortues à Anjouan, à Aldabra, aux Comores d'où on les apportait à Maurice et à la Réunion. Depuis, les Tortues géantes ont été chaque jour en diminuant de nombre, de telle sorte qu'il n'en existe plus aujourd'hui un seul exemplaire ni à Maurice, ni à Rodriguez, ni à la Réunion; quelques spécimens sont encore gardés en captivité aux îles Seychelles, et encore ces spécimens appartiennent-ils tous à une seule espèce, la Tortue éléphantine.

LA TORTUE ÉLÉPHANTINE.

Cette dernière espèce était encore assez abondante il y a quelques années, dans le groupe des petites îles Aldabra. Les frères Rodatz ont trouvé ces Tortues dans les fourrés les plus épais ; des chasseurs qui venaient régulièrement dans l'île avaient entouré de murs des sortes d'entrepôts dans lesquels ils déposaient les animaux jusqu'au moment de leur embarquement pour Madagascar ou pour le continent africain ; dans ces enclos, les frères Rodatz ont vu jusqu'à 200 et même 300 Tortues de grande taille se nourrissant d'herbes et de feuillages. En 1847, une centaine d'hommes composant l'équipage de deux navires allemands purent capturer en peu de temps 200 Tortues géantes dont plusieurs ne pesaient pas moins de 400 livres. Aujourd'hui quelques Tortues éléphantines soutiennent seules la lutte pour l'existence, à Aldabra, dans les conditions les plus défavorables. Par suite de l'initiative de la Société royale et de la Société de géographie de Londres, des mesures ont été prises par le gouverneur de Maurice, dans le ressort duquel se trouve l'archipel d'Aldabra, pour protéger les derniers survivants de toute une faune qui va chaque jour en disparaissant.

LA TORTUE ÉLÉPHANTINE. — *TESTUDO ELEPHANTINA*.

Caractères. — La Tortue éléphantine dont nous venons de parler a été dans ces dernières années apportée en Europe. En 1875 on a pu en voir deux beaux individus dans le jardin zoologique de Londres. La carapace du mâle avait 5 pieds 5 pouces anglais de longueur, sur 5 pieds et 7 pouces de large ; la longueur de la tête et du cou atteignait un pied et 3 pouces ; aux Seychelles l'animal pesait 870 livres anglaises ; la femelle avait 3 pieds et 4 pouces de longueur, sur 3 pieds 10 pouces de large, les mesures étant prises le long de la courbure de la carapace. Depuis lors, le Muséum d'histoire naturelle de Paris a reçu de MM. Nageon de Létang et Humblot, cinq Tortues éléphantines adultes et deux individus très jeunes ; un des exemplaires actuellement vivants pèse 175 kilogrammes ; c'est un mâle ayant 1^m,36 de longueur, sur 2^m,05 de circonférence à la carapace ; le plastron est long de 0^m,80, large de 0^m,85 ; la patte antérieure a jusqu'à 0^m,54 de circonférence. Le jardin d'acclimatation de Paris possédé, il y a peu d'années, une Éléphantine du poids de 205 kilogrammes.

L'Éléphantine (Pl. I) est facile à reconnaître à sa grande taille et à sa carapace ovale, entière, convexe, de couleur brune uniforme ; la plaque nuchale existe.

Le mâle diffère beaucoup de la femelle, non seulement par la taille, qui est toujours plus forte, mais aussi par la forme et l'ornementation de la carapace ; chez lui, chaque écaille est fortement relevée en bosse ; chez la femelle, la carapace est lisse, polie, non bossuée.

Dans le jeune âge, l'ornementation de la carapace est différente ; elle est couverte de sillons concentriques assez profonds ; ces sillons disparaissent de bonne heure, chez les femelles surtout. Chez l'adulte, les membres sont extrêmement forts, en forme de pied d'éléphant, et les ongles qui les terminent sont courts, épais et obtus à leur extrémité ; la peau des avant-bras est revêtue d'écailles arrondies et plates ; la queue est d'ordinaire fort peu allongée.

Mœurs. — Cette espèce est exclusivement herbivore et frugivore ; on la nourrit dans les ménageries avec du pain, de la salade, du potiron, des courges ; lorsque pendant les beaux jours on la laisse errer à l'air libre, elle broute avec plaisir l'herbe des parcs, dans laquelle on la garde ; au moment où les rayons de soleil sont les plus brûlants, l'Éléphantine se cache volontiers et retire complètement sa tête sous son épaisse carapace. Nous avons remarqué que dans les ménageries, les animaux vont fréquemment à l'eau, dans laquelle ils passent des heures entières. L'animal s'apprivoise rapidement jusqu'au point de prendre la nourriture qu'on lui présente. Le seul moyen de défense qu'ait l'animal, malgré sa grande taille, est de rentrer sa tête sous la carapace en la protégeant avec ses bras ramenés au-devant ; l'animal fait entendre alors un soufflement assez fort et assez prolongé.

Outre l'Éléphantine, il existait encore dans l'archipel Aldabra la Tortue de Daudin, la Tortue lourde et la Tortue hololissa.

LA TORTUE DE DAUDIN. — *TESTUDO DAUDINI*.

La Tortue de Daudin paraît être complètement éteinte, car on ne la connaît que par l'exemplaire qui se trouve au Muséum de Paris et par deux exemplaires étudiés par le docteur Albert Günther.

Caractères. — On distingue facilement cette espèce à la forme allongée, oblongue, ovalaire de la carapace, dont les bords sont festonnés en avant et en arrière ; les deux écailles marginales antérieures se relèvent fortement, tandis que la partie postérieure de la carapace se recourbe vers la queue, après s'être d'abord relevée ; les écailles, chez le mâle, sont en bosses saillantes ; la plaque nuchale est très large ; la couleur est d'un brun uniforme ; la queue est très longue, inonguiculée. Chez les jeunes individus, la carapace a une forme régulièrement elliptique et la couleur est plus foncée que chez les adultes.

LA TORTUE LOURDE ET LA TORTUE HOLOLISSA. — *TESTUDO HOLOLISSA ET TESTUDO PONDEROSA.*

La Tortue lourde et la Tortue hololissa vivaient encore à Aldabra, d'après M. Günther.

Caractères. — Ainsi que l'indique son nom, la Tortue lourde a la carapace extrêmement épaisse, de 27 pouces de longueur, cette carapace n'ayant pas moins des trois quarts d'un pouce ; la carapace est régulièrement bombée, un peu plus large en arrière qu'en avant ; la partie postérieure s'abaisse fortement et rapidement, de manière à être fort recourbée et bouchée. Dans ces traits généraux, la Tortue hololissa ressemble à la Tortue lourde, mais en diffère par la forme du plastron et la minceur de la dossière.

TORTUES DE MAURICE.

Toutes les espèces qui vivaient à Maurice sont aujourd'hui éteintes ; ce sont les *Testudo triserrata, leptocnemis, inepta, indica.* Ces Tortues ne sont guère connues que par des ossements trouvés dans la « Mare aux songes » avec des débris des grands oiseaux disparus. En 1676, cependant, Perrault a pu disséquer une Tortue dont la carapace est conservée au Muséum de Paris ; cette carapace est d'un noir profond, ovale, oblongue, à bords antérieurs relevés et festonnés ; le dessus, à partir du bord antérieur et médian du pourtour, jusque vers le second tiers de la dernière plaque dorsale, est tout à fait plan, d'où il résulte que l'extrémité antérieure est légèrement relevée ; la plaque sus-caudale est simple, très élargie ; il n'existe pas de plaque nuchale ; la queue est longue, onguiculée ; la longueur de la carapace, prise en dessus, est de 0m,81.

La Tortue de Grey, qui est probablement de même espèce que la Tortue trisériée, est également connue par une carapace qui est déprimée,

à bords festonnés, à plaques légèrement convexes et striées ; cette carapace est fort allongée, ovalaire, d'un brun olivâtre ; il n'existe que onze plaques sternales ; la nuchale fait défaut.

LA TORTUE DE VOSMAER. — *TESTUDO VOSMAERI.*

La Tortue de Vosmaer était spéciale à l'île Rodriguez. Les premiers ossements de cette espèce ont été recueillis en 1786 dans une caverne avec des débris du Solitaire, cet étrange oiseau également disparu ; un squelette complet, avec la carapace, se trouve dans les galeries d'anatomie comparée du Muséum de Paris ; le Muséum possède également deux carapaces de jeunes individus, dont l'une a été décrite par Duméril et Bibron, sous le nom de Tortue Peltaste ; tout dernièrement enfin, les collections d'herpétologie de ce même établissement se sont enrichies d'un exemplaire de plus haut prix ; c'est un mâle adulte provenant de la collection des Genovéfains commencée sous le règne de Henri IV ; cette pièce, la seule que l'on connaisse, appartenait à la bibliothèque Sainte-Geneviève qui, comme on le sait, est installée sur l'emplacement qu'occupaient les bâtiments de la célèbre communauté religieuse.

La Tortue de Vosmaer, que le Muséum d'histoire naturelle de Paris est seul à posséder, arrivait à une grande taille ; l'exemplaire de la bibliothèque Sainte-Geneviève n'a pas moins, en effet, de 1m,65 de long, la carapace seule ayant une longueur de près de 1 mètre. Cette carapace, de couleur brune uniforme, protège fort incomplètement le corps de l'animal ; elle est peu bombée, absolument lisse, sans bosselures ni stries, fort allongée, comprimée, se recourbant brusquement et fortement sur les côtés ; la partie antérieure, fort étroite, est relevée au-dessus du cou ; la partie postérieure, plus large, descend d'abord brusquement, puis se relève au-dessus de la queue ; il n'existe pas d'écaille nuchale ; la sus-caudale est simple ; le plastron est très court, entier, formé de onze plaques. Le cou est long, surmonté d'une tête fort petite ; la queue est grosse et courte ; les pattes sont fortes, formées en dessus de grandes plaques ; les ongles sont robustes.

LES TORTUES DES GALAPAGOS

Il en sera très prochainement pour les Galapagos comme pour les Mascareignes. Les

Tortues géantes auront bientôt à tout jamais disparu de ces îles.

Lorsque les Espagnols découvrirent les Galapagos, les Tortues y étaient si abondantes, que ces îles purent être nommées Iles des Tortues. A la fin du dix-septième siècle, tous les navires qui sillonnaient ces parages relâchaient aux Galapagos pour s'approvisionner d'eau et de Tortues.

Dans le récit de ses voyages, publié en 1797, Dampier rapporte que les Tortues sont tellement abondantes dans ces îles qu'elles suffiraient pour nourrir cinq à six cents hommes pendant plusieurs mois. « Les Tortues, dit ce voyageur, sont de très grande taille, fort grasses, et d'une chair si savoureuse qu'elle ne le cède en rien à celle du poulet. L'une des Tortues capturées par nous pesait 200 livres, et avait deux pieds de hauteur. Leur cou est très long, la tête étant fort petite à proportion du corps. »

Jusque vers le commencement de ce siècle, les choses ne paraissent guère avoir changé aux Galapagos. Delano, qui a visité cet archipel à partir de l'année 1800, mentionne l'abondance des Tortues dans les îles Hood, Charles, James et Albemarle ; il décrit très exactement ces animaux et mentionne expressément ce fait qu'elles ont le cou très long, ressemblant au corps d'un serpent ; il rapporte qu'il a capturé 300 Tortues dont il a déposé la moitié dans l'île de Massa Fuero, après 60 jours de traversée ; une partie de ces animaux prospéra, mais fut ensuite détruite par l'homme. Il transporta aussi de ces Tortues à Canton, à deux reprises différentes.

En 1813, Porter vit un assez grand nombre de Tortues géantes aux Galapagos, principalement dans les îles Hood, Malborough, James, Charles et Porter. Quelques-uns de ces animaux pesaient jusqu'à 150 et 200 kilogrammes ; Porter estime à 500 environ le nombre des grandes Tortues qu'il rencontra, tous ces animaux devant peser au moins 14 tonnes.

En 1835, c'est-à-dire vingt-deux ans après Porter, Darwin visita les Galapagos. Dans l'intervalle de temps, cet archipel avait passé dans la possession de la république de l'Equateur, et avait été colonisé par deux ou trois cents déportés qui firent une guerre d'extermination aux Tortues ; ils les chassaient pour en saler la chair ; avec les déportés pénétrèrent dans les îles une grande quantité de porcs qui retournèrent, en partie, à l'état sauvage, et achevèrent de détruire les Tortues. Néanmoins Darwin en trouva encore un certain nombre dans toutes les îles qu'il visita. Onze ans plus tard, lorsque le *Hérald*, navire de guerre anglais, chargé, ainsi que le *Beagle*, d'une mission scientifique, fit escale à l'île Charles, le naturaliste de l'expédition aperçut dans cette île de nombreux troupeaux d'animaux domestiques, des chiens et des porcs retournés à l'état sauvage, mais il ne vit point de Tortues ; celles-ci avaient été, en ce point, complètement anéanties depuis le voyage de Darwin ; il en existait cependant encore quelques-unes dans l'île Chatham.

D'après Steindachner, les îles Galapagos ne comptaient plus, en 1872, en fait d'êtres humains, qu'un blanc et deux nègres qui menaient une existence misérable dans l'île Charles ; tous les autres colons avaient péri, ou avaient émigré ; suivant le récit des survivants les Tortues avaient complètement disparu de l'île qu'ils habitaient.

Récemment enfin, en 1875, le navire de guerre anglais le *Peterel* constata que les Tortues n'existaient plus à l'île Charles, mais qu'il en restait encore quelques individus dans l'île Chatham, dans les îles Hood, James et Indéfatigable, mais qu'elles étaient assez abondantes dans les îles Albemarle et Abington.

Lorsque Porter visita l'archipel des Galapagos, il insista sur la diversité des espèces qu'il rencontra. Les Tortues que l'on trouve à Indéfatigable, rapporte-t-il, sont généralement d'une taille énorme, et n'ont pas moins de cinq pieds et demi de longueur, sur quatre et demi de largeur, trois de hauteur ; les marins en ont trouvé de dimensions plus considérables encore. La carapace des Tortues de l'île James est remarquable par son peu d'épaisseur et par sa fragilité et diffère complètement de celle des Tortues des îles Hood et Charles. Celles qui vivent dans cette dernière île ont la carapace fort allongée, retroussée à la partie antérieure à la manière d'une selle espagnole, très épaisse et de couleur brune. Les Tortues de l'île James sont arrondies, épaisses et d'un noir d'ébène ; celles de l'île Hood aussi étaient petites et ressemblaient à celles de l'île Charles.

Les recherches faites par le docteur Albert Günther ont pleinement confirmé les renseignements donnés par Porter ; il mentionne, en effet, en 1877, cinq espèces encore vivantes aux Galapagos : la Tortue à pieds d'éléphant (*Testudo elephantopus*), la Tortue noire (*T. nigrita*), la Tortue voisine (*T. vicina*), la Tortue microphyes, la Tortue d'Abington; la Tortue selle (*Testudo ephippium*), qui habitait l'île Indéfatigable, est éteinte.

Sans entrer ici dans la description détaillée de ces espèces, nous ne ferons qu'en indiquer les caractères principaux.

La Tortue à pieds d'éléphant rappelle l'Éléphantine d'Alhabra. La carapace, qui est d'un noir foncé, est bombée, bossuée, épaisse, plus large en arrière qu'en avant. Cette espèce provient probablement de l'île James.

La Tortue noire (*Testudo nigrita*) arrive à la taille de 1ᵐ,35 ; la carapace, d'un noir uniforme, est ovalaire, relevée latéralement dans sa partie antérieure et dans sa partie postérieure, rabattue sur la queue dans sa portion moyenne. Chaque écaille, qui se relève fortement en bosse, est marquée de forts et profonds sillons concentriques; il n'existe pas de nuchale ; la sus-caudale, qui est large, n'est pas divisée ; chez le mâle le plastron est légèrement excavé dans sa partie médiane ; la queue est courte, dépourvue d'ongle à son extrémité.

C'est d'Albemarle que vient la *Testudo vicina*, décrite par Günther ; chez cette espèce, la carapace est un peu déprimée ; les écailles, qui se relèvent en bosse, sont fortement sillonnées; la carapace, de couleur noire, est à peine plus large en arrière qu'en avant.

La *Testudo microphyes* a également été trouvée à Albemarle; cette espèce arrive à une taille de 34 pouces anglais et à un poids de 240 livres. Chez le mâle, la carapace, de couleur foncée, presque noire, est bombée dans son ensemble, modérément déprimée cependant, la partie supérieure étant légèrement aplatie; elle est plus large en arrière qu'en avant, dentelée à ses extrémités; la tête est assez grosse. Chez la femelle, au contraire, la carapace est tout à fait lisse, plus déprimée que chez le mâle, de forme oblongue, sensiblement de même largeur en avant et en arrière.

La Tortue d'Abington (fig. 104), qui vit dans l'île de ce nom, rappelle la Tortue de Vosmaer, espèce éteinte de l'île Rodriguez. La carapace est très mince et a la consistance du carton ; elle est irrégulièrement bossuée et largement ouverte en avant, de telle sorte qu'elle ne protège que peu l'animal; le cou, très long, est surmonté par une tête relativement fort petite.

La carapace de la Tortue à selle (*Testudo ephippium*), espèce disparue, est mince et bossuée comme celle de l'espèce précédemment indiquée; elle est toutefois moins étroite en avant, plus recourbée à la partie postérieure; le cou de l'animal était plus gros, la tête moins petite.

Mœurs, habitudes. — Les documents fournis par Porter nous serviront pour combler quelques lacunes dans les descriptions qui nous ont été laissées sur les Tortues des Galapagos par l'illustre naturaliste du *Beagle*.

« J'ai rencontré sur ma route, écrit Darwin, deux grandes Tortues qui devaient peser chacune au moins 100 kilogrammes. L'une d'elles, qui dévorait un morceau de cactus, me regarda lorsque j'approchai et s'éloigna tranquillement ; l'autre fit entendre un sifflement profond et rentra sa tête. Ces énormes reptiles, entourés de laves noires, de buissons dépourvus de feuilles et de cactus gigantesques, me firent l'effet de créatures antédiluviennes.

« Ces animaux, qu'on trouve probablement dans toutes les îles du groupe, se rencontrent certainement dans le plus grand nombre d'entre elles. Ils vivent de préférence dans les endroits humides et élevés, mais ils visitent aussi les lieux bas et secs. Quelques-uns atteignent des dimensions énormes : l'Anglais Lawson, qui à l'époque de notre séjour avait des projets de colonisation, nous parla de quelques spécimens tellement grands qu'il fallait six ou huit hommes pour les soulever, et qu'on pouvait en retirer jusqu'à 100 kilogrammes de viande. Les mâles, qui diffèrent principalement des femelles par la plus grande largeur de leur queue, arrivent à une taille supérieure à celle qu'atteignent ces dernières.

« Les Tortues qui vivent sur les îles dépourvues d'eau ou qui habitent les pays bas et secs se nourrissent principalement du suc des cactus; celles qui résident dans les lieux élevés et humides mangent les feuilles de différents arbres, des baies acides et âcres appelées *guagarita* et des lichens d'un vert pâle qui pendent en festons aux branches des arbres. Toutes ces Tortues aiment l'eau, dont elles boivent de grandes quantités ; beaucoup d'entre elles se plaisent dans la vase. Les îles les plus grandes ont seules des sources, qui se trouvent toujours vers leur partie centrale et à une assez grande altitude; il en résulte que, pour boire, les Tortues qui habitent les endroits bas doivent parcourir d'assez longs trajets ; du passage incessant de ces Tortues à travers les broussailles, il résulte des sentiers larges et parfaitement battus qui s'étendent dans tous les sens, depuis les sources jusqu'au rivage ; c'est en suivant ces sentiers que les Espagnols ont découvert les sources. Lorsque je parcourais pour la première fois l'île Chatham, je ne pouvais m'expliquer tout d'abord par quel animal des chemins si bien entretenus avaient été tracés ; j'eus bientôt l'explication du fait en les suivant, car je trouvai près des sources un grand nombre de grandes Tortues ; les unes s'avançaient en hâte, leur long cou étendu ; les autres, après avoir bu avec avidité, s'en retournaient vers le rivage. Lorsque la bête arrive à la source, elle plonge sa tête dans l'eau jusqu'au-dessus des yeux, sans s'effrayer de la présence d'un étranger, et déglutit avec rapidité. Les habitants du pays racontent que ces animaux demeurent trois ou quatre jours dans le voisinage de l'eau et qu'ils ne retournent qu'alors dans les endroits où ils ont l'habitude de se tenir. Les époques auxquelles les Tortues viennent boire ne sont pas exactement connues ; il est probable que cela doit dépendre du mode d'alimentation de l'animal. Il est du reste constant que certaines Tortues vivant sur des îlots privés de sources ne boivent qu'à des intervalles très irréguliers et assez éloignés, alors seulement qu'il pleut assez pour que l'eau du ciel puisse s'accumuler dans quelque cavité.

« L'on sait que la vessie urinaire des Grenouilles leur sert surtout de réservoir à eau pour maintenir l'humidité dont ces animaux ont besoin ; il semble en être de même pour les Tortues. Les habitants des Galapagos connaissent cette particularité et la mettent à profit ; lorsqu'ils sont poussés par la soif, ils sacrifient quelques-uns de ces animaux et boivent le contenu de la vessie urinaire composé d'eau presque pure. Je vis tuer une de ces Tortues de grande taille ; le liquide était absolument clair et n'avait qu'un faible goût d'amertume ; les indigènes boivent aussi le liquide péricardique.

« Quand les grandes Tortues se mettent en marche pour se rendre vers les sources, elles marchent nuit et jour et se transportent beaucoup plus rapidement qu'on ne le supposerait vers le but qu'elles veulent atteindre. D'après des observations faites sur les lieux, les gens du pays affirment que ces Tortues peuvent parcourir environ 8 milles en deux ou trois jours. Une grande Tortue que j'ai été à même d'observer cheminait avec une vitesse de 60 yards en 10 minutes, soit 360 aunes à l'heure, ce qui ferait 4 milles anglais par jour. »

Porter a remarqué que les Tortues s'avancent d'un pas lourd et régulier, et qu'elles se tiennent à environ 30 centimètres au-dessus du sol.

« Pendant le jour, dit ce voyageur, les grandes Tortues des Galapagos sont particulièrement circonspectes ; au moindre bruit, à la vue de tout objet qui bouge, elles s'empressent de rentrer leur tête sous la carapace. Chose étrange, elles paraissent être sourdes et aveugles pendant la nuit ; les bruits les plus retentissants, les détonations même d'une arme à feu ne produisent en elles aucune impression. »

D'après les rapports des indigènes, Darwin rapporte la même observation. « On croit, dit ce naturaliste, que les Tortues sont absolument sourdes ; ce qui est certain, c'est qu'elles ne paraissent pas entendre une personne qui marche directement derrière elles. Lorsque je rencontrais quelqu'une de ces énormes bêtes en train de cheminer paisiblement, je prenais plaisir à la dépasser, pour la voir alors rentrer sa tête et ses pattes en poussant un long sifflement et tomber brusquement à terre. Souvent je m'amusais alors à me placer sur le dos de l'animal ; lorsque j'avais frappé quelques coups secs sur la partie postérieure de la carapace, la Tortue se relevait, se remettait en marche et j'avais peine alors à garder l'équilibre. »

A certaines époques de l'année les mâles font entendre des beuglements rauques ou des sortes de rugissements qui, dit-on, s'entendent à plus de cent mètres de distance. Les femelles pondent en octobre. Dans les endroits où le sol est sablonneux, elles creusent des trous dans lesquels elles déposent leurs œufs ; là où le sol est pierreux elles pondent dans quelque fente du sol. Les œufs sont arrondis, de couleur blanche ; certains d'entre eux mesurent jusqu'à 18 centimètres de circonférence.

Usage alimentaire. — Porter affirme qu'aucun animal ne fournit une chair plus savoureuse que les grandes Tortues des Galapagos ; nous avons déjà vu qu'il en était de même pour les espèces de Rodriguez et des Seychelles.

« La chair des Tortues, dit Darwin, est mangée fraîche ou salée. De la graisse on extrait une huile fort limpide et l'on chasse fréquemment ces animaux dans ce seul but; lorsque ceux qui se livrent à ce genre d'industrie trouvent une des grandes Tortues, ils incisent la peau de l'animal auprès de la queue pour voir s'il est suffisamment gras ; dans le cas contraire, l'animal est remis en liberté et guérit rapidement de la blessure qui lui est faite. »

LES PYXIDES — *PYXIS*

Caractères. — Par une exception unique dans la famille des Chersites, une espèce qui habite l'Inde, le *Pyxis arachnoides* a la partie antérieure du sternum mobile ; les mouvements sont, du reste, peu étendus. A part ce caractère, les Pyxis ressemblent entièrement, et par la forme de leurs pattes et par le bombement de la carapace, aux Tortues de terre proprement dites.

Le Pyxis arachnoïde est une espèce de petite taille, 15 centimètres seulement, à la carapace ovalaire, échancrée antérieurement, d'un jaune roussâtre relevé par des taches triangulaires, de couleur noire, disposées en rayons; une teinte brune règne sur la tête, le cou et la queue; on voit une bande noire sur les membres qui sont de couleur jaunâtre.

Les mœurs de cette espèce ne sont pas connues.

LES CINIXYS — *CINIXYS*

Caractères. — Seules de toutes les Tortues, les Cinixys ont la faculté de pouvoir à volonté faire mouvoir la partie postérieure de leur carapace pour l'abaisser et l'appliquer sur le sternum, afin de fermer complètement la boîte osseuse en arrière; les Pyxides, elles, closent la partie antérieure de cette boîte par un autre mécanisme, en relevant la partie mobile de leur plastron. Mais, ainsi que le remarquent Duméril et Bibron, chez les Pyxides « la mobilité de la partie antérieure du sternum est due à la présence d'un ligament élastique qui fait l'office d'une charnière, tandis que chez les Cinixyx la carapace n'offre réellement aucune articulation mobile; ce sont tout simplement les os, vertèbres et côtes, qui se fléchissent et se plient; par cette élasticité dont les os jouissent, et en raison de leur peu d'épaisseur, ils laissent ainsi la carapace se ployer pour qu'elle puisse se rapprocher du sternum. » Nous ajouterons que chez les Cinixys le sternum est composé d'une seule pièce et que les pattes

ont cinq doigts, ceux de derrière n'ayant que quatre ongles.

Distribution géographique. — On a décrit trois espèces de Cinixys : la Cinixys de Home, la Cinixys de Bell, la Cinixys rongée ; elles habitent les parties les plus chaudes de l'Afrique.

Caractères. — L'espèce la plus connue du genre est celle qui a été nommée *Cinixys homeana*, en l'honneur du naturaliste Home. On la reconnaît à sa carapace allongée, ovalaire, à dos plat, à flancs carénés; la partie antérieure du pourtour est large; la carapace est échancrée, aussi longue que le sternum; il n'existe pas de plaque nuchale; la queue est longue, inonguiculée. Le plastron est large, relevé et échancré du côté du cou ; en arrière son bord est arqué. La tête est déprimée. La carapace est d'une couleur marron clair ou d'un brun jaune uniforme. Les mâchoires, les écailles qui garnissent les membres, le dessus de la tête, sont colorés en jaune pâle. La taille est d'environ 30 centimètres.

Distribution géographique. — Le Cinixys de Home se trouve dans l'ouest de l'Afrique; l'espèce a été recueillie en Guinée, au Gabon, aux îles du Cap-Vert. Quelques spécimens qui existent dans les collections proviennent de la Guyane anglaise ; il est certain que ces exemplaires ont dû être importés d'Afrique.

Mœurs. — Ce n'est que tout récemment que l'on a quelques renseignements sur les mœurs et sur les habitudes des Cinixys. Ces données jettent un jour inattendu sur l'histoire de ces animaux et viennent confirmer l'opinion de Strauch qui considère les Tortues terrestres et les Tortues marécageuses comme constituant non seulement une seule et même famille, mais encore comme représentant des membres d'une sous-famille unique.

Monteiro a décrit comme exclusivement terrestre une espèce appartenant au genre Cinixys, la *Cinixys belliana* qui ne vivrait que sur le gneiss ou sur des terrains arides analogues et se cacherait, en s'enfouissant profondément pendant la saison froide, c'est-à-dire de mai à octobre. Des observations précises faites sur les autres espèces du genre infirment complètement les renseignements que l'on doit à Monteiro.

Fig. 105. — Cinixys de Home (1/4 de grand. nat.).

Usher décrit la *Cinixys homeana* comme une Tortue assez commune dans la région de Fanti, où elle sert de nourriture aux indigènes qui apprécient tout particulièrement sa chair et qui, pour ce motif, l'apportent rarement sur les marchés. « Cette espèce, ajoute Usher, paraît vivre très longtemps dans l'eau ; un individu que j'ai gardé en captivité est resté des mois entiers dans un bassin rempli d'eau. » La relation de Falkenstein coïncide parfaitement avec la précédente : « Relativement aux *Cinixys*, écrit-il, je n'ai pu apprendre grand'chose ni par des observations personnelles, ni par les récits des nègres. La seule chose que je sache c'est que l'espèce que j'ai rapportée vivante (*Cinixys erosa*), et qui ne se rencontre pas fréquemment, se trouve dans les cours d'eau ou dans leur voisinage jusqu'à la limite où se fait sentir l'influence de l'eau de mer. De là, elle se rend vers le rivage pour pondre ses œufs, et c'est alors qu'on la captive ; je ne sais pas exactement à quelle époque cette ponte a lieu. Bien qu'elle marche comme un véritable pied-bot, je suis persuadé que

BREHM. — V.

c'est une excellente nageuse ; celles que j'élevais en captivité, du moins, cherchaient leurs aliments à une assez grande profondeur dans le bassin et plongeaient pour cela jusqu'au fond. »

Fischer a laissé quelques observations sur les Cinixys maintenus en captivité. Toutes les espèces du genre ont les mêmes habitudes ; ce sont des animaux diurnes très indolents et fort lents ; ils sont, dit cet observateur, si maladroits pour prendre leur nourriture, que l'on ne comprend guère comment, à l'état de liberté, ils parviennent à se rassasier. Effeldt a élevé une Cinixys en captivité ; elle ne voulait manger que des cerises. Celle qui a été observée par Fischer ne touchait qu'aux pommes ; elle ne mangeait guère plus de deux ou trois fois par mois, et encore se passait-il souvent de longues semaines avant qu'elle ne se décidât à toucher à ces aliments. Effeld rapporte que la marche des Cinixys diffère de celle de toutes les autres tortues terrestres ; elles s'avancent comme si elles étaient montées sur des échasses, en s'élevant sur leurs ongles.

REPTILES. — 10

Sous l'influence de la peur, elles se laissent brusquement retomber sur le sol, et se retirent sous la carapace qui se clôt hermétiquement en arrière.

LES TORTUES DE MARAIS
Sümpf-Schildkröten.

Caractères. — La plupart des auteurs réunissent aux Tortues de terre proprement dites, dans une même famille, les Tortues de marais caractérisées par une carapace très peu bombée et par des pattes pouvant servir à la natation ; on ne saurait, en effet, établir d'une manière absolue la différenciation entre les Tortues dites de *marais* et les Tortues appartenant à la même famille et vivant exclusivement sur la terre ferme. Les Tortues *marécageuses* présentent, en revanche, dans leur mode d'existence, assez d'uniformité pour qu'il soit possible d'en donner une description générale pouvant exactement s'appliquer à elles toutes, et pour qu'on en forme une tribu distincte.

Mœurs, habitat. — « Si l'on veut, écrit Weinland, étudier les Tortues marécageuses dans leur pleine liberté, il convient d'explorer les parties chaudes et tempérées de l'Amérique septentrionale. Dans cette partie du monde, qui est la véritable patrie de ces animaux, on voit de nombreuses espèces vivre côte à côte dans les étangs, dans les fleuves, dans les bois et dans les vallons ; elles sont si nombreuses, que de longtemps le zoologiste n'aura pas à déplorer leur extinction.

« En se promenant par une chaude après-midi d'été dans la Nouvelle-Angleterre, dont l'aspect rappelle celui des campagnes de l'Europe centrale, le naturaliste guettera en vain quelque Lézard filant rapidement à travers les broussailles ; il retournera inutilement les pierres dans l'espoir de trouver de petits reptiles. Mais en revanche, si sa route l'amène au bord d'un petit lac ou d'un ruisseau coulant paisiblement au travers d'une verte prairie, il trouvera en cet endroit de quoi satisfaire amplement sa curiosité. Il se demandera certainement quel est cet animal, à la forme arrondie, à la couleur brune, grand comme une pièce de cinq francs, qui repose sur les feuilles des plantes d'eau. S'il s'approche, il verra une petite Tortue, car c'est de cet animal qu'il s'agit, il verra une petite Tortue qui, prompte comme l'éclair, s'élance du haut de la feuille sur laquelle elle était perchée, se jette à l'eau, et

filant avec rapidité, va se cacher dans la vase, entre les racines des herbes aquatiques. Une heure peut s'écouler avant que la petite bête reparaisse à la surface de l'eau ; comme le chasseur à l'affût, le naturaliste, s'il veut la revoir, doit se garder de faire aucun mouvement, de produire aucun bruit. Il verra alors émerger au-dessus de la surface de l'onde une gentille Tortue dont les yeux noirs brillent d'un vif éclat et dont il pourra s'emparer facilement ; comme tous les animaux qui ont l'intelligence peu développée, la Tortue ne craint l'homme, en effet, que lorsqu'il bouge ; une Tortue en liberté grimperait sur la main qu'on lui tendrait aussi bien que sur une pierre voisine, à la seule condition qu'on garde une immobilité absolue. C'est par milliers que ces petites Tortues se trouvent aux États-Unis. »

Toutes les Tortues de marais vivent, ainsi qu'on devait s'y attendre, dans des contrées humides ; la plupart habitent les rivières ou les cours peu rapides, les lacs, les étangs. Leur marche sur la terre ferme est lente et embarrassée, bien qu'elles s'avancent sur le sol, incontestablement moins lentement que les Tortues de terre proprement dite ; leur progression dans l'eau est le plus souvent très rapide. Lorsque tout est calme autour d'elles, elles prennent le plus ordinairement plaisir à se laisser flotter à la surface de l'onde, la tête hors de l'eau ; mais vient-il à se produire un bruit subit, elles plongent de suite avec la plus grande rapidité et vont se cacher parmi les herbes. « Ces bêtes semblent avoir appris à se rendre invisibles, dit C. Muller. J'ai parfois vu les bords des ruisseaux et des étangs, ainsi que les pierres qui en émergeaient, littéralement couverts de Tortues dans l'Amérique du Nord ; ces animaux se chauffaient tranquillement aux rayons du soleil ; mais venait-on à s'approcher d'elles, elles plongeaient rapidement ; ce n'est que sur un fond n'offrant pas de retraites, dans une eau limpide et peu profonde, qu'il était possible de les capturer ; le plus souvent, même dans ces circonstances, elles vous échappent encore, et s'enfoncent rapidement dans la vase molle. »

A l'inverse des Tortues de terre proprement dites, qui sont exclusivement herbivores ou frugivores, les Tortues de marais se nourrissent de préférence de matières animales, de petits mammifères, d'oiseaux, d'autres Reptiles morts ; elles s'attaquent aux poissons et recherchent les Vers, les Mollusques, les Insectes d'eau ; ce n'est que poussées par la faim, et faute de mieux, qu'elles se décident à se repaître de végétaux ; d'après une observation qui a été faite à la ménagerie des Reptiles du Muséum d'histoire naturelle de Paris, une Emyde de grande taille, l'Emyde batagur de l'Inde, est exclusivement herbivore ; mais ce fait est une exception dans le groupe.

Les Tortues de marais nagent pendant des heures entières, flottant à la surface de l'eau ; semblables à un Oiseau de proie en quête d'une victime, elles fouillent soigneusement du regard la surface qui s'étend au-dessous d'elles. Ont-elles aperçu une proie à leur convenance, elles laissent échapper quelques bulles d'air qui viennent bouillonner à la surface de l'eau, plongent obliquement et se jettent sur la victime la gueule ouverte ; le malheureux animal est happé, fortement tenu entre les mâchoires de la Tortue, comme entre les branches d'une puissante tenaille. Le morceau est généralement trop gros pour être avalé d'une seule bouchée ; la Tortue le déchire alors à l'aide des ongles acérés qui arment ses pattes de devant et le dévore peu à peu. La hardiesse des Tortues d'eau, même de celles qui ont une faible taille, est vraiment incroyable ; elles s'attaquent à des bêtes parfois aussi fortes qu'elles et ne craignent pas, d'un coup de mâchoire, d'enlever quelque morceau de chair aux poissons qui nagent dans leur voisinage. Certaines Tortues sont des animaux de proie qui ne cessent pas d'être dangereux et qui ne craignent pas de s'attaquer à des oiseaux de la taille du Canard ; lorsqu'on les excite ou qu'on veut s'en saisir, elles se jettent sur l'homme lui-même et ne laissent pas que de causer de cuisantes blessures. Tristran rapporte qu'il vit avec surprise les Tortues marécageuses d'Afrique entraîner au fond de l'eau des oiseaux aquatiques, tués ou blessés par lui ; elles ne lâchaient jamais le butin, une fois celui-ci capturé, et se laissaient plutôt entraîner avec la proie que de s'en dessaisir. C'est aux Tortues de marais et aux Poules purpurines que le naturaliste que nous venons de citer attribue le pillage des nids et la destruction des couvées qu'on constate très fréquemment le long des lacs et des marais de l'Algérie.

Les facultés physiques des Tortues marécageuses, bien que peu développées, semblent être cependant supérieures à celles des Tortues de terre ; quelques-unes, pour s'emparer de leur proie, emploient la ruse et la prudence ;

elles choisissent parfaitement leur retraite, et savent se mettre à l'abri des attaques. En captivité, il paraît qu'elles s'apprivoisent assez facilement et qu'elles savent qu'on va leur distribuer leur pâture.

À l'approche de l'hiver, les Tortues marécageuses s'enfouissent assez profondément et passent la mauvaise saison dans un état de mort apparente. Dans les pays équatoriaux elles s'enterrent, alors que par suite de la chaleur les endroits qu'elles habitent viennent à se dessécher. Müller rapporte que dans l'Amérique septentrionale elles creusent les rives des cours d'eau dans lesquelles elles se tiennent pour chercher un abri contre les intempéries ; elles sortent généralement de leurs cachettes vers le mois d'avril ou dans les premiers jours de mai.

Dès les premiers beaux jours, alors que le soleil recommence à verser sa douce chaleur, les femelles creusent dans la terre meuble ou dans le sable et y pondent de 6 à 20 œufs.

Usages. — Certaines Tortues de marais servent à l'alimentation. Bates raconte que le long de l'Amazone chaque propriétaire possède un petit étang dans lequel on tient de ces Tortues en captivité ; lorsque la provision est épuisée on envoie des Indiens, surtout alors que les eaux sont basses, pour s'emparer des Tortues à l'aide de filets. La chasse se fait aussi à l'aide de flèches dont la pointe mobile pénètre dans le corps ; la tige, fixée à la pointe par une corde assez longue, surnage, et l'on parvient ainsi à s'emparer des animaux. Les indigènes préparent les Tortues de différentes manières, car ces bêtes sont pour eux d'une précieuse ressource alimentaire ; la chair des Tortues de marais est, d'après eux, tendre, savoureuse et agréable au goût ; on prétend cependant qu'on s'en fatigue très rapidement. Bates rapporte qu'à Éga, sur les bords de l'Amazone, il a été contraint de se nourrir presque exclusivement de Tortues pendant près d'une année ; il était tellement écœuré de cette nourriture, toujours la même, qu'il lui est fréquemment arrivé de préférer souffrir de la faim, plutôt que d'y avoir recours.

Les Tortues de marais supportent bien la captivité, à la condition de leur donner pendant l'hiver une chaleur suffisante. Celles qui vivent à l'air libre ont soin, pendant la mauvaise saison, de s'enterrer et de se préserver ainsi de l'action funeste du froid ; pour celles qui sont en espace clos, il faut, si on veut les conserver,

Fig. 106 — Tarrapône carénée (1/2 de grand. nat).

leur donner une température constante. « Depuis quelques années, écrit Effeldt, j'ai reçu des Tortues marécageuses de l'Amérique septentrionale; elles mouraient toutes pendant l'hiver. J'eus l'idée de m'arranger de manière à ce que l'eau pût être maintenue à une température relativement assez élevée pendant l'hiver, car j'avais observé que, même pendant l'été, mes Tortues ne prenaient régulièrement leur nourriture que lorsque l'eau était tiède. Je fis établir un four sur lequel je pus placer mes animaux; j'obtins un tel succès que, non seulement toutes les Tortues, depuis les plus grandes jusqu'aux plus petites, mangèrent régulièrement, mais qu'elles étaient vivaces à ce point que je fus obligé de les séparer, car elles se battaient à chaque repas. Elles devinrent bientôt assez apprivoisées pour accourir lorsque je m'approchais de leur bassin, et pour prendre de mes mains leurs aliments. » La chaleur est une condition essentielle pour conserver des Tortues longtemps en captivité; il en est de ces animaux, du reste, comme de tous les Reptiles.

LES TORTUES A TABATIÈRE —
TERRAPENE

Caractères. — Duméril et Bibron ont désigné après Fleming, sous le nom de Cistude, des Tortues de marais ayant la carapace presque aussi bombée que chez les vraies Tortues de terre, le plastron large, ovale, attaché au bouclier par un cartilage, de telle sorte que ce plastron est mobile en avant et en arrière sur une même charnière transversale; les pattes antérieures ont cinq ongles, les postérieures quatre seulement.

Certaines espèces peuvent se clore complètement par le jeu des battants du plastron; ce sont les *Clausiles* de Duméril et Bibron; chez les autres, les pièces mobiles ne protègent qu'incomplètement l'animal; telles sont les *Bâillantes*. Les naturalistes modernes désignent les premières espèces sous le nom de *Terrapène*, réservant le nom de *Cistudes* aux secondes.

Deux espèces rentrent dans le genre Terra-

Fig. 107. — Cistude d'Europe (1/4 de grand. nat.).

pène : la Terrapène carénée ou Cistude de la Caroline, et la Terrapène ou Cistude d'Amboine ; la première habite l'Amérique du Nord, la seconde les eaux douces de Java, d'Amboine, de Sumatra, d'une partie des Philippines et de l'Indo-Chine.

LA TORTUE A TABATIÈRE. — *TERRAPENE CARINATA.*

Dosen-Schildkôte.

Caractères. — Chez la *Terrapene carinata*, la forme du corps et la coloration sont assez variables pour que cette espèce ait été désignée sous des noms différents, tels que *Cistudo carolinensis, C. ornata, C. virginia, C. nebulosa, Onychotria mexicana* par des auteurs qui ont pris ces variétés pour autant d'espèces distinctes.

La coloration de la partie supérieure de la carapace est habituellement d'un brun noirâ-tre, relevé de taches et de raies d'un jaune verdâtre assez régulièrement disposées en rayons ; parfois les taches se réunissent, de telle sorte que la carapace est presque entièrement jaunâtre ; d'autres fois les taches sont espacées et très distinctes les unes des autres ; on peut voir des individus presque entièrement jaunes, d'autres presque uniformément noirs ; on comprend, du reste, que suivant que l'une ou l'autre de ces deux couleurs prédomine, on aura à l'infini des variétés de coloration. Le plastron est presque toujours jaune, mêlé de brun, ou d'un brun foncé taché de jaune ; il peut être uniformément noir. La tête et le cou sont bruns, irrégulièrement tachés de jaune ou d'orangé.

Chez cette espèce, la carapace est courte, ovalaire, bombée, carénée ; le sternum, très régulièrement ovalaire, n'est échancré, ni à l'avant, ni à l'arrière. La tête est longue, le museau court et épais ; les mâchoires sont fortes et tranchantes ; les pattes sont à peine palmées ; la queue est ronde, épaisse à la base, pointue à l'extrémité.

Chez les individus jeunes, la carène qui parcourt la carapace est beaucoup plus marquée que chez les adultes. Cette carapace est brune, ornée de taches jaunes arrondies sur chacune des plaques du disque ; le sternum, dont la partie centrale est de couleur foncée, est largement bordé de jaune.

Distribution géographique. — La Cistude de la Caroline se trouve sur presque toute l'étendue des États-Unis, depuis le Maine jusqu'à la Floride, jusqu'à l'Iowa, au Texas, au Missouri ; une variété a été recueillie au Mexique.

Mœurs. — D'après Ord, qui a observé avec soin cette espèce, celle-ci se trouve beaucoup plus souvent dans les endroits secs et rocheux que dans les lieux humides ou marécageux ; dans les ménageries, elle ne va qu'accidentellement à l'eau. Lorsqu'on la rencontre dans les endroits marécageux, on peut être certain qu'elle n'y est venue que pour chercher de la nourriture, car elle est tout particulièrement friande des poissons à demi gâtés qui se trouvent toujours dans les nids des Butors qui pondent dans de semblables endroits. Beaucoup plus carnassière que les Tortues de terre proprement dites, la Tortue à boîte se nourrit d'insectes, de mollusques nus, tels que les limaces, de vers ; elle recherche également les fruits savoureux : « J'ai eu souvent l'occasion d'étudier cette espèce, écrit Müller, et jamais je ne l'ai vue aller à l'eau de son plein gré ; lorsqu'on la mettait à l'eau, elle résistait de toutes ses forces et s'empressait de se retirer sur la terre ferme. On la trouve dans les bois et dans les prairies, mais elle semble préférer les forêts ombreuses ; elle vit aussi sur des terrains très secs et même sur des collines tout à fait arides. » On la voit, d'après le même observateur, très souvent à demi enfouie dans la mousse, dans laquelle elle cherche des vers et des insectes. Elle recherche plus particulièrement la demi-obscurité. Des Terrapènes, observées en captivité par Fischer, se cachaient lorsque le soleil venait à paraître ; ce n'est qu'à la tombée de la nuit qu'elles se montraient actives et se mettaient à errer dans l'appartement. Ces animaux sont fort craintifs ; lorsqu'on s'approche d'eux un peu brusquement, ils s'empressent de retraiter leur tête et leurs membres et de fermer complètement leur ca-

rapace, dans laquelle ils sont absolument à l'abri ; cette fermeture est si hermétique qu'il n'est pas possible de vaincre avec les mains la résistance qu'oppose la bête.

Attaquée, cette Tortue mord et ne lâche pas prise aisément. Schlel, ayant trouvé un individu de cette espèce dans la prairie, lui présenta un morceau de bois de la grosseur du doigt jusqu'à ce qu'elle se décidât à le saisir ; voulant savoir au bout de combien de temps la bête lâcherait prise, il attacha la branche à sa voiture ; la voiture se mit en marche et la Tortue resta suspendue à la branche depuis le matin jusqu'au soir sans cesser de mordre, bien qu'elle fût soumise à de violents cahotements.

La Tortue à boîte pond de cinq à six œufs dans une fosse qu'elle creuse et qu'elle recouvre de terre ; le sol est soigneusement nivelé ensuite ; l'éclosion a lieu, suivant Ord, près de trois mois après la ponte.

Nous avons dit plus haut que la Terrapène carénée était très farouche ; au bout d'un certain temps cependant elle s'apprivoise au point de venir prendre à la main son alimentation, des champignons, de la salade, du pain, des fruits, de la viande, des insectes. D'après Reichenbach, elle paraît difficilement supporter le voisinage d'autres espèces : « Tandis que je travaillais, rapporte Reichenbach, j'entendais souvent des bruits comparables à de petits coups de marteau, dont je ne pus immédiatement découvrir la cause. Je remarquai enfin qu'une petite Terrapène attaquait une grande Tortue grecque, sa compagne, et se jetait sur elle avec courage. Arrivée auprès de son ennemie, elle se dressait de manière à frapper le milieu de la carapace de son adversaire ; puis, retirant sa tête, elle se soulevait sur les pattes de devant et laissait choir, d'une distance de deux centimètres environ, la partie antérieure de sa carapace sur le milieu de celle de la Tortue grecque ; elle répétait ses attaques dix à douze fois de suite. » Toutes les Terrapènes que nous avons été à même d'observer étaient d'humeur moins batailleuse ; elles se tenaient toute la journée paisiblement installées sur la plage chauffée de la ménagerie des Reptiles du Muséum de Paris, le cou fortement étendu et la tête dressée ; venait-on à s'approcher d'elles, on entendait un bruit sec ; c'était la bête qui venait de se claquemurer.

LES CISTUDES — *CISTUDO*

Ainsi que nous l'avons dit plus haut, les Cistudes proprement dites diffèrent des Terrapènes en ce que le plastron ferme incomplètement la carapace ; tous les autres caractères sont ceux qui ont été mentionnés.

Le genre Cistude ne comprend que deux espèces, la Cistude dentelée qui habite les Indes et les îles de la Sonde, et une espèce européenne, la Cistude commune.

LA CISTUDE D'EUROPE. — *CISTUDO LUTARIA.*

Teich-Schildröte.

Caractères. — Dans la Cistude d'Europe, la carapace est, chez le mâle, arrondie, déprimée, assez fortement carénée dans sa partie médiane ; le plastron est un peu creusé, peu ou point échancré à l'arrière. Chez les femelles, la carapace a une forme elliptique ; elle est un peu élevée, à peine carénée ; le plastron est plat, très échancré dans sa partie postérieure. Dans les deux sexes, la plaque de la nuque est petite, étroite ; il existe deux plaques au-dessus de la queue, qui est assez longue ; la tête et le cou sont forts ; les mâchoires sont robustes, tranchantes, non dentelées, la mâchoire supérieure présentant une large échancrure qui reçoit une pointe que forme la mandibule ; les ongles sont forts.

La carapace est d'un noir plus ou moins foncé ou encore d'un brun rougeâtre, presque toujours agréablement ornée d'une multitude de petits points ou de petits traits de couleur jaune formant comme des lignes rayonnantes ; la disposition de ces traits est, du reste, des plus variables, et ils peuvent même complètement faire défaut ; des taches orangées se voient également sur le cou et sur la tête ; le plastron est de couleur jaunâtre uniforme ou de teinte brun-marron. Certains individus ont la tête et le cou vermiculés de brun sur un fond jaune, la queue et les pattes étant presque entièrement de cette dernière couleur.

La longueur de l'animal est, en général, de 30 centimètres.

Distribution géographique. — On peut regarder comme la véritable patrie de la Cistude boueuse le sud-est de l'Europe ; l'espèce est commune en Grèce, en Dalmatie, en Turquie, en Italie et dans les îles avoisinantes, ainsi que dans le sud de la Suisse, dans le bassin du Danube, en Hongrie, en Algérie, dans la péninsule ibérique ; vers l'est, on la rencontre dans une grande partie du sud de la Russie ; elle se retrouve en Perse et a été recueillie en Asie, jusqu'à Syr-Daria. Elle existe dans le sud-ouest de la France ; elle remonte jusque dans l'Allier et le département de la Charente-Inférieure. En Allemagne, elle habite les eaux courantes aussi bien que les marais du Mecklembourg, de la Prusse Orientale et de la Prusse Occidentale, de la Saxe, de la Bavière ; elle est particulièrement abondante dans les cours d'eau qui dépendent des bassins de l'Elbe, de l'Oder, de Weichsel ; elle n'est pas rare dans le Havel et dans la Sprée, de même que dans les parties méridionales de l'Oder ; on ne la rencontre que rarement, et d'une manière accidentelle, dans le bassin du Rhin. De toutes les Tortues, la Cistude d'Europe est celle qui remonte le plus au Nord : c'est aussi une des espèces dont l'aire de distribution géographique est la plus étendue, car on la rencontre depuis le 35° jusqu'au 56° de latitude nord et entre les 9° et 32° de longitude est ; depuis l'Algérie jusqu'à la Courlande, depuis le Portugal jusqu'au Syr-Daria dans l'Asie centrale.

Mœurs, habitudes, régime. — La Cistude préfère aux cours d'eau, aux lacs limpides, les eaux peu profondes des étangs et des marais, au fond desquels elle aime à se tenir enfoncée sous la vase. Pendant le jour, elle ne quitte l'eau que dans les endroits absolument calmes et paisibles ; elle reste alors à la même place, souvent pendant des heures entières et complètement immobile. On la voit fréquemment flotter à la surface de l'eau sans faire un seul mouvement ; au moindre bruit elle plonge, du reste, avec une grande rapidité et va se cacher dans la vase. Pendant les mois d'hiver, cette espèce s'enterre au fond des lacs et des marécages pour ne reparaître que vers le milieu du mois d'avril ; elle fait alors entendre un sifflement assez aigu.

La *Cistudo lutaria* est carnassière, comme la majorité des Tortues d'eau ; elle se nourrit de lombrics, d'insectes, de petits mollusques, de différents vers aquatiques ; nageant avec une grande rapidité, elle poursuit aussi les petits poissons qu'elle commence par tuer et qu'elle dévore ensuite, s'attaquant même à des espèces assez grandes qu'elle mord au ventre jusqu'à ce que la victime tombe épuisée par les blessures réitérées qui lui sont faites. On con-

Fig. 108. — Emyde Caspienne.

serve facilement cette espèce en captivité en la nourrissant de poissons ou de morceaux de viande; elle s'apprivoise facilement, au point de venir prendre sa nourriture à la main ou à l'extrémité d'une pince.

C'est tout près du rivage, mais dans un endroit sec, que la femelle va pondre ses œufs; la ponte a toujours lieu le soir, pas avant le coucher du soleil. « La Cistude, écrit Fatio, cache dans un terrain sec de 6 à 10 œufs blancs (suivant quelques auteurs de 20 à 30), gros à peu près comme des pigeons ou des tourterelles. La femelle creuse le sol, à cet effet, d'abord avec sa queue, puis avec les pattes, et dépose son fardeau dans le trou qu'elle a ainsi fait; après cela elle recouvre l'ouverture avec le déblai qu'elle a soin d'aplanir consciencieusement à l'aide de son plastron. » Les œufs sont allongés, à peine atténués vers une extrémité, blancs, légèrement tachés de gris sale; leur longueur est, en moyenne, de 4 centimètres, leur largeur de 2 centimètres.

Le 28 mai 1849, après une chaude journée d'été qui succédait à une longue période de sécheresse, cinq Tortues d'Europe, rapporte Brehm, pondirent en même temps; elles se trouvèrent toutes à l'emplacement qui leur convenait dès sept heures du soir. Au lieu de se rassembler dans un étroit espace, elles se maintinrent fort éloignées l'une de l'autre. Après avoir choisi une place commode et dépourvue de végétaux, elles se débarrassèrent d'une assez grande quantité d'urine qui ramollit le terrain dans une certaine mesure, quoique assez superficiellement d'ailleurs; elles se mirent ensuite à creuser en terre une ouverture qu'elles pratiquaient à l'aide de leur queue dont les muscles étaient fortement contractés; l'extrémité de la queue était alors solidement appuyée contre le sol pendant que la partie moyenne décrivait des mouvements circulaires. Ce forage produisit une ouverture conique, étroite en bas et large en haut, dans laquelle les Tortues répandirent encore de petites quantités d'urine pour en amollir le fond. Lorsque cette ouverture fut creusée assez profondément pour admettre la queue presque tout entière, les Tortues se mirent à agrandir ce trou à l'aide de leurs pattes postérieures. Dans ce but elles sortaient, alternativement avec la patte postérieure droite et avec la patte postérieure gauche, des pelletées de terre qu'elles entassaient sous forme de rempart sur le bord de la fosse. Pendant cette besogne, leurs pattes

Fig. 109. — Emydo Sigris.

travaillaient comme des mains ; ces Tortues raclaient, alternativement de droite à gauche avec leur patte droite et de gauche à droite avec leur patte gauche, à chaque fois une pleine poignée de terre, qu'elles déposaient soigneusement en cercle à quelque distance du bord de la fosse ; elles continuèrent à travailler tant que leurs pattes purent encore attraper de la terre.

Pendant tout ce temps, le corps demeurait presque immobile, la tête émergeant à peine du plastron et de la carapace. Chaque Tortue produisit ainsi une excavation de 12 centimètres environ de diamètre, qui se trouva considérablement élargie intérieurement et acquit ainsi à peu près la forme d'un ellipsoïde. Par quelques vains essais pour extraire encore un peu de terre, l'animal parut se convaincre que son nid était prêt. Ces préparatifs avaient bien duré une heure et même davantage.

Sans modifier sa position, la Tortue commença la ponte et accomplit ainsi un second acte non moins remarquable que le précédent. A l'orifice anal on vit poindre un œuf qui fut recueilli avec beaucoup de soin dans la face plantaire d'une patte postérieure ; celle-ci le fit glisser sur le fond du nid en l'accompagnant dans l'excavation. La patte qui venait de fonctionner, se retira alors et l'autre patte vint

BREHM. — V.

enfouir de la même manière un second œuf émergeant de l'anus ; chacune des deux pattes postérieures recueillit ainsi à tour de rôle un œuf pour le descendre au fond du nid. La coque de l'œuf, au moment de sa sortie, était encore molle en partie, mais elle durcissait rapidement à l'air. Il y avait ordinairement 9 œufs, rarement moins ; une seule fois, Miram a vu une Tortue en déposer onze. Les œufs se succédaient très rapidement, souvent au bout d'une minute, rarement après une pose de 2 à 3 minutes ; aussi la ponte elle-même durait-elle environ un quart d'heure, rarement une demi-heure.

Après la ponte, l'animal semblait prendre un peu de repos ; il demeurait là sans faire aucun mouvement. Souvent la patte qui avait fonctionné en dernier lieu restait en suspens dans l'excavation à l'état de relâchement ; la queue, qui durant l'affouillement de la fosse et la ponte, s'était placée latéralement, pendait alors inerte aussi. Il se passait ainsi au moins une demi-heure avant que la Tortue entreprît ses derniers efforts, qui semblaient être aussi les plus violents et qui consistaient à combler la cavité et à niveler le terrain. Dans ce but, la femelle retirait son pied, tout en replaçant sa queue à côté de son corps ; avec l'autre patte, elle saisissait une pleine

REPTILES. — 11

poignée de terre qu'elle portait avec précaution dans la fosse et qu'elle semait avec soin sur les œufs. Elle recommençait ensuite la même opération, en changeant de patte, jusqu'à ce que la terre atteignît le niveau du rempart qui avait été fait précédemment. Les dernières poignées de terre n'étaient plus posées aussi prudemment que les premières : l'animal s'efforçait, au contraire, de comprimer cette terre avec le bord externe de son pied. Lorsqu'au bout d'une demi-heure environ la terre extraite du remblai préformé avait été utilisée, la Tortue se reposait pendant le même laps de temps. Puis elle se soulevait, protractait sa tête hors de sa carapace et promenait ses regards autour du nid, tout en s'assurant du succès de son œuvre. Ensuite elle se mettait à piler le tertre formé par la terre qu'elle avait rejetée, en la battant à l'aide de la partie postérieure de son plastron. Elle soulevait la partie postérieure de son corps, pour le laisser retomber ensuite avec une certaine précipitation. Le battage était exécuté circulairement et constituait un travail fort pénible ; tous ses mouvements s'accomplissaient avec une rapidité surprenante, qu'on n'aurait guère pu attendre de la part d'une Tortue ; elle prenait en même temps toutes les précautions possibles pour effacer les traces qui auraient pu conduire à la découverte du nid confectionné par elle à cette place. Elle y réussissait d'ailleurs si bien que Miram eût en vain cherché les œufs le lendemain, s'il n'avait fait une marque à l'endroit même.

Les œufs enfouis ainsi sous terre, à la profondeur d'environ 8 centimètres, y restent jusqu'au mois d'avril de l'année suivante ; l'éclosion n'a lieu qu'entre le quinzième et le vingtième mois ; à leur naissance, les petits ont de 15 à 18 millimètres de long. Une jeune Cistude élevée par Margrave avait atteint au bout de trois ans une taille de 2 centimètres et un poids de 16 grammes.

Emploi et usages. — Dans presque tous les pays où la Cistude d'Europe est commune, on en mange la chair, bien qu'elle ne soit pas un bien fin morceau.

LES ÉMYDES — *EMYS*

Caractères. — De même que chez les Terrapènes et chez les Cistudes, le plastron est composé de douze plaques chez les Émys ; mais tandis que dans les deux premiers genres cités, ce plastron peut clore la dossière, en tout ou en partie, il est complètement immobile et composé d'une seule pièce chez les Émys ; nous ajouterons à ce caractère qu'il existe cinq ongles aux pattes de devant, quatre aux pattes de derrière, que l'on voit deux écailles axillaires et deux écailles inguinales, et que la queue est longue.

Toutes les Émydes vivent dans l'eau et sont, dès lors, disposées pour la natation ; leur carapace est déprimée ; les membranes qui réunissent les doigts ne sont pas également développées chez toutes les espèces ; chez les unes, en effet, elles sont fort courtes, tandis que chez d'autres elles dépassent parfois les ongles ; on trouve, du reste, toutes les transitions entre ces deux dispositions.

Mœurs et habitat. — De même que les autres Tortues de marais, les Émydes sont essentiellement carnassières, à part l'Émyde Batagur, ainsi que nous l'avons dit plus haut ; elles sont plus essentiellement aquatiques que les Terrapènes et que les Cistudes, ce que montre, du reste, la forme généralement plus déprimée de leur carapace, qui leur permet de filer rapidement entre deux eaux.

Le genre Émyde, que l'on a démembré en assez bon nombre de genres et de sous-genres, comprend de nombreuses espèces. Une de ces espèces habite l'est de l'Europe ; on trouve l'Émyde sigris dans la partie africaine de la zone circumméditerranéenne ; il existe une espèce à Bourbon ; les espèces sont particulièrement nombreuses dans l'Amérique du Nord et dans les parties chaudes de l'Asie ; c'est dans cette dernière région que l'on trouve les espèces arrivant à la plus forte taille.

L'ÉMYDE CASPIENNE. — *EMYS CASPICA.*

Caractères. — Cette espèce, qui arrive à la taille de 40 centimètres, a la carapace peu élevée, ovalaire, dentelée, un peu plus étroite au niveau des bras qu'au-dessus des cuisses ; le limbe s'infléchit en pente douce de chaque côté de la plaque nuchale ; les écailles sont légèrement bossuées ; les costales portent quelques fortes stries irrégulièrement disposées. Chez les individus jeunes la carapace est tricarénée ; elle est presque unie chez les adultes chez lesquels on retrouve cependant encore une crête plus ou moins saillante dans la partie postérieure ; il existe deux sus-caudales. Le plastron est long, aplati, entier en avant, échancré en arrière ; ce plastron se rattache au bouclier par une partie qui occupe environ les deux cinquièmes de la longueur du plastron.

La tête est plate en dessus, le museau effilé ; la mâchoire supérieure est échancrée en avant, finement dentelée ; la peau du cou est hérissée de petits tubercules à sommet pointu ; les pattes sont robustes, les ongles forts et acérés ; la queue est épaisse à sa base, effilée à l'extrémité (fig. 108).

Une teinte olivâtre forme le fond de la couleur de la Caspienne ; sur ce fond se détachent des lignes flexueuses, souvent confluentes, d'un jaune souci, bordées de noir, qui dessinent une sorte de réseau à mailles irrégulières. La tête et le cou sont ornés de lignes longitudinales ondulées, d'un jaune parfois fort brillant ; les lignes du cou sont séparées par des lisérés d'un noir plus ou moins profond ; le menton est tacheté de jaune. Dans le jeune âge, le plastron est presque uniformément noir ; mais, à mesure que l'individu vieillit, on voit apparaître des taches jaunes généralement distribuées à la partie médiane et vers les bords ; à l'union de la carapace et du plastron sont des taches noires, plus ou moins nombreuses, se détachant sur un fond jaune rougeâtre. Le dessus et les côtés de la queue sont rayés de jaune ; des lignes de même couleur se remarquent sur les membres. L'œil est jaune, et tout près du bord antérieur de la pupille on observe un petit point noirâtre.

Distribution géographique. — L'Émyde caspienne, ainsi que l'indique son nom, habite les pays voisins de la mer Caspienne ; on la trouve dans le Caucase, l'Arménie, la Syrie, la Mésopotamie ; elle n'est pas rare dans le cours supérieur de l'Euphrate et dans certaines parties de la Perse ; elle vit aussi dans la Dalmatie et en Morée ; elle a été recueillie dans les cours d'eau peu profonds de la péninsule Hellénique.

L'ÉMYDE SIGRIS. — *EMYS LEPROSA.*

Caractères. — L'Émys sigris ou Émys lépreuse a la carapace peu bombée, ovale, entière, un peu plus élargie en arrière qu'en avant, à peu près unie chez l'animal adulte ; chez les jeunes individus on remarque une crête médiane et longitudinale sur la partie postérieure de cette carapace. Le dessus du corps est olivâtre, orné de taches orangées, cerclées de noir ; la tête est d'un vert olive uniforme ; le cou porte des lignes d'un beau jaune orangé, non liséré de noir ; le sternum est noir ou brun, avec une large bordure ondulée d'un jaune sale ; les membres et la queue sont d'un orangé assez vif. L'espèce arrive à la longueur de 20 à 25 centimètres (fig. 109).

Distribution géographique et mœurs. — C'est en Algérie et dans les parties avoisinantes, Maroc, Tunisie, que se trouve l'Émyde sigris ; cette espèce, qui habite les endroits marécageux, a les mêmes mœurs et les mêmes habitudes que les autres Émydes ; comme celles-ci elle est carnassière et fait de grands ravages en s'attaquant au poisson. Hardie et d'humeur belliqueuse, il lui arrive de se jeter sur les poissons de forte taille qui passent à sa portée et de leur enlever un morceau de chair d'un coup de ses mâchoires tranchantes ; le poisson, généralement blessé dans la région du ventre, va mourir dédaigné de la tortue qui recommence ses attaques sur d'autres animaux.

L'ÉMYDE GENTILLE. — *EMYS INSCULPTA*
Wald-Pfühl-Schildkröte.

Caractères. — Cette Émyde, qui arrive à la taille de 30 centimètres, a la carapace ovalaire, assez bombée ; la surface du disque est fort inégale, les plaques vertébrales ou plaques de la région médiane étant pourvues d'une large carène arrondie, plus saillante en arrière qu'en avant ; les écailles supérieures sont couvertes de stries concentriques, étroites, profondes et onduleuses, recoupées elles-mêmes par des sillons assez marqués ; le plastron est profondément échancré en arrière ; la tête est déprimée et plane en dessous, le museau court, obtus ; les mâchoires ne sont pas dentelées ; la queue est grosse, ronde, épaisse à sa base, grêle à l'extrémité (fig. 110).

La coloration, chez cette espèce, est fort élégante. La partie supérieure de la carapace est d'un brun olivâtre foncé ou d'un brun rougeâtre ornée de traits d'un beau jaune ; le plastron est d'un jaune de soufre ; le dessous des plaques marginales, de même couleur, porte de larges taches d'un noir d'ébène. C'est un noir profond qui colore le dessus et les côtés de la tête, ainsi que la partie supérieure du cou, qui est marquée de rouge vif ; le menton est taché de noir sur un fond rouge ; les mâchoires sont

Fig. 110. — Émyde gentille (1/2 grand. nat.).

de couleur brune et de chaque côté du menton part une raie alternativement jaune et rouge qui se continue jusqu'un peu en arrière de la tête ; l'iris est d'un brun foncé, la pupille, qui est noire, étant entourée d'un cercle jaune. Si nous ajoutons que les pattes portent des taches noires comme semées sur un fond rouge, que la queue est brune, tachée de rouge vers sa base, que les ongles sont bruns, leur extrémité étant blanchâtre, on verra que l'Émyde gentille mérite réellement son nom, grâce à la richesse de sa coloration.

Distribution géographique et mœurs. — L'Émyde gentille habite l'est des États-Unis, depuis le Maine jusqu'en Pennsylvanie. Elle vit indifféremment dans les rivières et dans les endroits marécageux, pouvant quitter les cours d'eau et passer, suivant Leconte, plusieurs mois à terre sans paraître en être nullement incommodée. D'après Müller, cette Tortue entreprend souvent d'assez longs voyages pour se rendre d'une rivière dans une autre, à travers les bois et les prairies ; ses mœurs paraissent être absolument celles des autres espèces faisant partie du même groupe.

LES CYNOSTERNES — *CYNOSTERNON*

Caractères et distribution géographique. — Sous le nom de Cynosterne, on désigne des Tortues de marais qui habitent le nord et le centre de l'Amérique et qui se reconnaissent aux caractères suivants : le plastron, composé de onze plaques, est mobile en avant et en arrière, de telle sorte que l'animal peut se

renfermer dans sa carapace ; ce plastron est large, ovale, réuni à la dossière par des ailes courtes et presque horizontalement disposées ; la partie postérieure du plastron est, du reste, moins mobile que l'antérieure. Les écailles du test sont légèrement imbriquées ; on compte vingt-trois écailles au limbe. Les mâchoires sont un peu crochues ; il existe des barbillons sous le menton ; un écusson mince et unique revêt le dessus de la tête. Les pattes de devant sont armées de cinq ongles, les pattes de derrière de quatre ; les doigts sont réunis par des membranes qui servent à une natation assez rapide. La queue, pourvue d'un ongle terminal, est longue chez les mâles, assez courte chez les femelles. On remarque une grande écaille axillaire et une écaille inguinale plus grande encore ; le cou est nu ou recouvert de petites verrucosités.

LA CYNOSTERNE DE PENNSYLVANIE. — *CINOS-TERNON PENNSYLVANICUM*

Schlaum-Schildkröte.

Caractères. — Cette Tortue n'arrive qu'à la taille de 15 à 16 centimètres. La carapace est entière, ovale, unie, régulièrement convexe ; il n'existe qu'une seule écaille nuchale ; le plastron est plus large en avant, où il se termine en pointe arrondie, qu'en arrière où il est faiblement échancré ; les mâchoires sont très fortes, tranchantes ; le menton est garni de deux petits barbillons ; les membranes qui s'étendent entre les doigts sont grandes et denticulées ; la queue, dont la longueur peut-être est

Fig. 111. — Cynosterne de Pennsylvanie (1/4 de grand. nat.).

environ le tiers de celle du plastron, est grosse, arrondie, effilée, terminée par un ongle fort et légèrement recourbé (fig. 111).

La boîte osseuse est, en dessus, d'un brun olivâtre ou d'une teinte rougeâtre uniforme plus ou moins foncée suivant les individus; le plastron est jaune roussâtre ou orangé; le point de réunion entre la dossière et le plastron est parfois coloré en noir; la tête, qui est brunâtre, et le cou, sont ornés de lignes de stries, de taches irrégulières, de couleur claire; les pieds et la queue sont d'un brun foncé.

Distribution géographique et mœurs. — La Tortue de Pennsylvanie se trouve, dans les États-Unis, depuis le Canada jusque près de la vallée du Mississipi; elle habite de préférence des eaux bourbeuses et se nourrit de petits animaux aquatiques, principalement de vers et d'insectes.

On rapporte qu'aux Etats-Unis, les Cynosternes font le désespoir des pêcheurs à la ligne; elles sont, en effet, si voraces qu'elles mordent facilement à l'hameçon et font croire alors à la capture de quelque gros poisson, tant leurs mouvements sont vifs; triste capture que fait alors le pêcheur, car la chair des Cynosternes

sent tellement le musc, qu'elle est absolument immangeable.

LES PLATYSTERNES — *PLATYS-TERNON*

LE PLATYSTERNE A GROSSE TÊTE. — *PLATYSTER-NON MEGACEPHALUM.*

Grosskopf-Shildkröte.

Caractères. — Parmi les Tortues les plus étranges qui rentrent dans le groupe des Tortues de marais, il convient de mentionner le Platysterne. Chez cet animal, la tête, qui est cuirassée et dont la voûte temporale est ossifiée, est trop grosse pour pouvoir rentrer sous la carapace, de telle sorte que cette tête est énorme comparativement au corps. La carapace est fort déprimée, légèrement relevée en toit dans sa partie médiane, arrondie en arrière, coupée en croissant dans sa partie antérieure. Le plastron, aplati, est large, immobile, solidement fixé à la carapace par une partie étroite, très échancré en arrière. Les mâchoires sont remarquables par leur force et par leur épaisseur; leurs bords ne sont point dentelés, mais très tranchants ; la mâchoire supérieure se recourbe en bec crochu en avant, ainsi que la mandibule. Les membres sont assez déprimés, les doigts légèrement palmés et garnis d'ongles crochus. La queue, démesurément grande, est de la longueur du corps et peut atteindre jusqu'à 20 centimètres ; elle est garnie de fortes écailles imbriquées ; de grandes écailles, carénées et élargies, protègent la partie externe des avant-bras, les membres postérieurs et les talons ; des écailles granuleuses revêtent le cou. La partie supérieure du corps est d'un brun olivâtre, traversée par des stries rougeâtres disposées en rayons ; le plastron est d'une teinte jaune mélangée de brun clair ; le dessous de la queue et des membres porte des taches rougeâtres de forme irrégulière ; on voit une bande noire en avant et en arrière de l'œil (fig. 112).

Habitat. — Le Platysterne est originaire de Chine ; les mœurs de cet animal sont totalement inconnues.

LES CHÉLYDRES — CHELYDRA

Caractères et distribution géographique. — Les Chélydres ou Émysaures (1), qui sont des animaux habitant les grands cours d'eau des États-Unis, se caractérisent par leur tête large, couverte de petites plaques, pouvant rentrer sous la carapace ; les mâchoires, fort robustes, sont crochues ; sous le menton se voient de petits barbillons. Le plastron est composé de dix plaques ; la suture qui réunit le sternum aux côtes est garnie de trois plaques. Le squelette est caractérisé par la partie moyenne du sternum très étroite et par les prolongements latéraux de ce sternum fort larges, fort courts, articulés horizontalement avec la carapace, ce qui donne au bouclier inférieur une forme en croix toute spéciale.

LA SERPENTINE. — *CHELYDRA SERPENTINA.*
Scharapp-Schildkröte.

Caractères. — Dans cette espèce, la carapace est oblongue, assez déprimée et porte trois carènes assez saillantes ; treize plaques forment la partie centrale de la dossière ; les plaques marginales sont au nombre de vingt-cinq. La tête est grosse, quoique assez déprimée, large et obtuse en avant ; la bouche est

(1) De ἐμύς, tortue, σαῦρος, lézard.

bien fendue, les mâchoires étant extrêmement puissantes, quoique non dentées ; la mâchoire supérieure se termine en un bec crochu, de chaque côté duquel on remarque une échancrure peu profonde ; la mandibule est également crochue ; deux barbillons se voient au menton. Le cou, qui paraît court lorsque l'animal est au repos, peut être projeté au loin lorsqu'il veut saisir sa nourriture ou se défendre. Les pattes sont robustes, et les doigts, garnis de membranes assez élargies, sont armés d'ongles puissants et acérés. La queue est longue, pointue et a près des deux tiers de la longueur de la carapace ; elle est épaisse, surtout à sa racine, comprimée latéralement et garnie en dessous de deux rangées de plaques, et en dessus d'un rang de tubercules squameux, triangulaires, à sommet tranchant, qui augmentent la surface de cette rame. Toutes les parties du corps non protégées par la carapace sont recouvertes d'une peau rugueuse, verruqueuse, ridée, recouverte de petites écailles (fig. 113).

La peau est d'une couleur difficile à définir ; elle présente, dans son ensemble, une teinte qui a été comparée à celle d'une huile verdâtre. La carapace est d'un brun foncé, noirâtre, à sa partie supérieure, d'un brun jaunâtre salé à sa partie inférieure ; elle est de couleur plus claire chez les animaux jeunes que chez les adultes.

La taille peut arriver à 1 mètre ou à 1ᵐ,30, le poids à 20 et même 25 kilogrammes.

Distribution géographique et mœurs. — La Serpentine vit dans les fleuves et dans les grands marécages des États-Unis. Dans certains endroits, cette espèce se trouve souvent dans les bourbiers les plus infects. D'après Holbrook, elle se tient généralement dans la vase et n'apparaît que de temps en temps pour respirer, ne laissant émerger que l'extrémité du museau. Kay a trouvé des individus assez loin des cours d'eau, soient qu'ils eussent émigré dans le but de pondre, soit qu'ils fussent en quête de nourriture.

C'est à bon droit que dans les régions qu'elles habitent, on craint les Tortues serpentines ; elles justifient pleinement, en effet, l'épithète de *happantes* qui leur a été donnée ; elles sont, d'humeur très batailleuse, mordant tout ce qu'elles rencontrent et ne lâchant pas prise aisément. « A peine a-t-on posé dans le canot une Chélydre capturée, écrit Weinland, que l'animal furieux s'arcboute sur ses membres de derrière, prend un formidable élan, fait un bond de plus d'un demi-mètre pour se jeter sur nous et mord furieusement la rame qu'on lui présente. » Lorsqu'on se baigne dans les cours d'eau qu'habite la Serpentine il arrive trop fréquemment qu'elle se jette sur vous et cause de cuisantes et profondes blessures, car sa force est extrême; Weinland affirme effectivement qu'elle peut, avec son bec crochu, percer une rame, comme le ferait une balle, et briser une canne assez forte.

« Tandis que l'œil de la plupart des Tortues, écrit Müller, dénote une sorte de bienveillance stupide, le regard de la Serpentine brille de méchanceté; bien des gens rencontrant cette bête pour la première fois, s'en méfient immédiatement et l'évitent; cet aspect méchant résulte de l'ensemble de l'animal, de sa forme comme de sa couleur. »

Si la Serpentine marche lentement et avec maladresse sur la terre ferme, en revanche elle est extrêmement agile dans l'eau; elle s'élance sur sa proie avec une rapidité vraiment surprenante. Sa nourriture se compose de poissons, de batraciens; l'animal ne craint pas, du reste, de s'attaquer à des bêtes de forte taille, telles que des oies ou des canards: Müller rapporte que les paysans des États-Unis se plaignent fréquemment de vols que commettent les Serpentines qui dévorent les poules et les canards qui s'aventurent dans leur dangereux voisinage; lorsqu'un de ces oiseaux se risque près d'une Serpentine, celle-ci se jette sur lui avec un élan tel qu'il ne peut guère échapper; la Tortue le saisit avec ses robustes mâchoires, l'entraîne sous l'eau malgré ses efforts désespérés, le noie et s'en repaît tout à son aise.

Les œufs de la Serpentine ont à peu près les dimensions des œufs de pigeon; la femelle les dépose, au nombre de vingt à trente, dans un trou qu'elle recouvre ensuite de feuillage et qu'elle creuse dans le voisinage de l'eau. « Pendant des mois entiers, j'ai vu aux environs de Cambridge, dans le Massachusetts, écrit Weinland, des Tortues éclore journellement et sortir des œufs enfouis dans le sable ou dans la mousse; le premier mouvement que faisait la bête en arrivant au jour était de chercher à mordre et à faire du mal. » Le prince de Wied rapporte le même fait.

Captivité. — Les Serpentines que l'on apporte âgées dans les ménageries refusent ordinairement de prendre de la nourriture pendant longtemps, tant leur caractère est irritable. Une Chélydre gardée par Müller en captivité ne voulut rien manger pendant près d'un an. « C'est en vain, écrit cet observateur, que je lui offris tous les mets; elle se jetait sur la proie qu'on lui donnait et la mordait avec rage. » Certains individus ne sont pas aussi farouches que ceux dont parle Müller, et on arrive assez rapidement à leur faire manger de la viande, des batraciens et surtout du poisson qu'ils semblent préférer à tout, poisson de mer aussi bien que poisson de rivière; leur voracité est alors extrême et ils mangent avec gloutonnerie.

« La vie de la Serpentine, écrit Fischer, est en réalité aussi sombre que son aspect est disgracieux. Elle fuit les rayons du soleil et recherche avant tout l'obscurité; elle n'a pour ainsi dire toute son énergie que durant l'obscurité. » D'après Fischer, cette Tortue doit entreprendre chaque nuit de longues expéditions à la recherche de sa nourriture; un individu que ce naturaliste tenait en captivité sortait chaque soir de sa retraite et se promenait à travers la chambre dans laquelle il était enfermé; il errait ainsi jusqu'au matin et se cachait alors dans quelque coin obscur. On peut faire les mêmes observations dans les ménageries; les Chélydres recherchent toujours l'endroit le moins éclairé des bassins dans lesquels on les tient, se tapissent au fond de l'eau et restent complètement immobiles pendant de longues heures.

Il serait facile d'acclimater chez nous la Serpentine si cette acclimatation ne présentait que toutes sortes d'inconvénients. Une observation que l'on doit à Müller démontre, en effet, que cet animal peut parfaitement supporter l'hiver dans nos pays. Müller rapporte, en effet, qu'une Chélydre serpentine expédiée en 1863 de l'Amérique septentrionale s'échappa, on ne sait comment, du jardin dans lequel on la tenait captive; en dépit des recherches les plus minutieuses qui furent faites, il fut impossible de la retrouver. Trois ans plus tard, des ouvriers occupés au nettoyage d'un canal découvrirent, à leur profonde surprise, une Tortue profondément enfoncée dans la vase dont la première action fut de se jeter sur eux et de chercher à les mordre; cette Tortue était la Serpentine évadée de sa prison. Qu'avait pu manger cette Tortue, ainsi enterrée dans la vase? Elle n'avait certes pas jeûné, car elle était, à ce qu'il paraît, fort grasse.

Fig. 112. — Platysterne à grosse tête (1/4 de grand. nat.).

Auguste Duméril rapporte qu'une Sepentine de forte taille, redoutable par sa méchanté, se tenait habituellement dans un des bassins de l'école de botanique du Muséum de Paris, et qu'elle y a passé vingt ans, sortant rarement de l'eau et venant chercher à la surface les morceaux de viande qu'on lui jetait. « Le bec solide et tranchant de cette espèce, et sa queue longue et robuste, qui lui sert pour nager et pour frapper sa proie, sont des armes dangereuses, surtout chez les grands individus. »

Usages. — En raison de son odeur fortement musquée, la Serpentine adulte n'est pas comestible ; il n'en serait pas de même pour les individus jeunes, dont la chair passe pour être savoureuse autant que nourrissante. Les œufs de cette espèce sont très recherchés ; on se les procure surtout pendant le mois de juin, en explorant à l'aide d'un bâton, les endroits dans lesquels elle pond ; on trouve parfois ainsi la ponte de plusieurs femelles consistant en soixante-dix ou quatre-vingts œufs.

LA TORTUE DE TEMMINCK. — *CHELYDRA TEMMINCKII.*

Geier-Schildkröte.

Caractères. — La Tortue de Temminck se distingue de la Serpentine, à laquelle elle ressemble beaucoup, par sa taille toujours beaucoup plus grande, les carènes de la partie supérieure de la carapace bien plus accentuées et ses doubles écailles marginales médianes.

Mœurs et habitat. — La Tortue de Temminck, vit aux États-Unis, dans les mêmes endroits que la Serpentine.

Le révérend Fontaine, qui habitait le Texas, communiqua à Louis Agassiz les observations suivantes relatives à des Tortues de Temminck qu'il a pu étudier pendant plusieurs années : « Je gardais ces animaux dans un étang où se trouvaient des Brêmes et de petits poissons. L'une de ces Tortues avait élu domicile sur un rocher qui se trouvait à environ un demi-mètre au-dessous de la surface de l'eau. Un essaim de poissons nageait dans le voisinage de

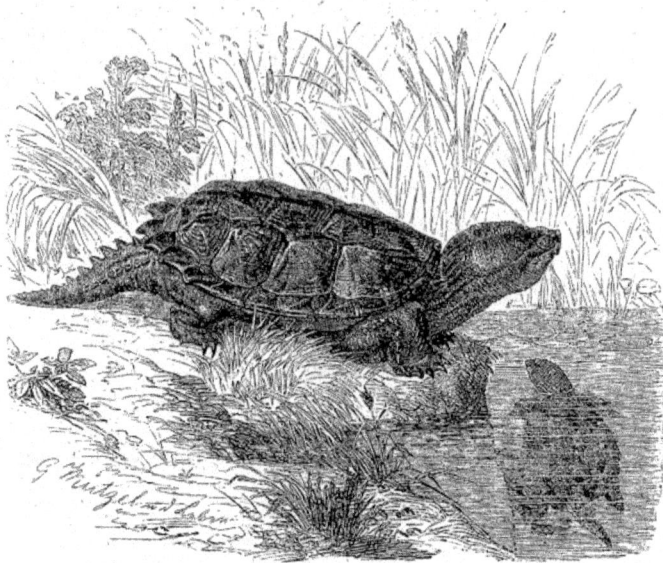

Fig. 113. — Tortue serpentine (1/12e de grand. nat.).

ma bête, happant çà et là les miettes de pain que je venais de distribuer ; la Tortue était absolument immobile, les pieds et la tête complètement rétractés sous la carapace, son dos recouvert d'herbes et de vase à ce point qu'elle se confondait presque complètement avec le rocher sur lequel elle reposait. A peine un des imprudents poissons, long d'environ 30 centimètres, se trouva-t-il à portée de ma Temminck, que celle-ci projeta simplement sa tête en avant, par un mouvement des plus rapides et empoigna le malheureux poisson, qui fut fixé contre le rocher à l'aide des membres antérieurs de la Tortue et lentement dévoré, déchiqueté morceau par morceau. Voulant me débarrasser à tout prix d'une bête qui ravageait ainsi mes étangs et tuait mes plus beaux poissons, je lui lançai un hameçon amorcé avec un petit Cyprin : la Tortue ayant saisi l'appât, je lui enfonçai l'hameçon dans la mâchoire, par une brusque secousse et cherchai à l'entraîner vers les bords de l'étang en un point où l'eau était moins profonde. Lorsque la Tortue put prendre pied, elle s'arcbouta sur ses pattes de devant et j'essayai

en vain de la tirer à bord. La bête se mit dans une extrême fureur et finit par couper la corde et se débarrasser de l'hameçon ; elle s'empressa de se réfugier alors dans la partie la plus profonde de mon étang et devint, à partir de ce jour, d'humeur de plus en plus farouche et batailleuse. »

Les Tortues de Temminck qui ont été observées dans la ménagerie des Reptiles du Muséum d'histoire naturelle de Paris avaient, on ne sait pourquoi, adopté un coin de leur bassin, ni plus sombre ni mieux éclairé que les autres, et n'en bougeaient presque jamais; enfoncées sous l'eau, elles restaient des heures et des heures entières sans venir respirer à la surface ; le besoin de respirer se faisait-il sentir, elles élevaient lentement la tête, ne faisant passer que la partie du museau dans laquelle s'ouvrent les orifices antérieurs des fosses nasales, puis replongeaient tout en laissant échapper quelques bulles d'air, qui venaient crever à la surface de l'eau. Elles vivaient en bonne intelligence avec des Chélydres serpentines, d'humeur beaucoup plus batailleuses qu'elles, et même avec des Tortues de terre qui se baignaient fréquemment dans le bassin dans lequel elles étaient maintenues en captivité. Leur nourriture se composait de viande et surtout de poisson ; une de ces Tortues engloutissait jusqu'à dix-huit et vingt harengs à la file.

LES CHÉLYDINÉES — *CHELYDINA*

Caractères généraux. — Cette tribu, qui comprend les Tortues de marais pleurodères de Duméril et Bibron, est nettement caractérisée par la soudure du bassin avec le plastron et la dossière, tandis que chez les Tortues de terre proprement dites et chez les Tortues de marais cryptodères le bassin n'est réuni à la carapace qu'à l'aide de ligaments. Une particularité qui jusqu'à présent ne souffre pas d'exception, et qui est précieuse en ce qu'elle permet de déterminer si un animal fossile appartient à tel ou tel groupe, est qu'il existe une écaille intergulaire. Au lieu de retirer directement leur cou sous la carapace, les Pleurodères la ramènent latéralement, de telle sorte que la rétraction se fait, non suivant un plan vertical, mais bien suivant un plan horizontal ; les yeux sont, le plus souvent, placés presque au-dessus de la tête et non latéralement, ainsi qu'on le voit chez les Cryptodères ; les mâchoires ne sont jamais dentelées, ainsi qu'on le remarque chez presque toutes les Cryptodères, mais les bords sont tranchants, à l'exception des Chélys, qui ont les bords des mâchoires mousses et arrondis ; le cou, dont le degré d'extension est plus ou moins prononcé, est enveloppé d'une peau molle et lâche, tantôt nue, ainsi que cela existe chez les Peltocéphales et les Podocnémydes, tantôt granuleuse, comme chez les Sternothères ; les narines peuvent être simplement percées à l'extrémité du museau, tantôt, comme chez les Matamata, placées à l'extrémité d'une trompe mobile. La voûte de la fosse temporale est ossifiée (Peltocéphale, Podocnémyde), ou fibreuse (Sternothère, Platémyde, Hydroméduse, Chélodine). Le lobe antérieur du plastron est mobile chez les Sternothères, fixe chez les Chélodines, les Hydroméduses, les Platémys, les Péloméduses ; la plaque nuchale est nulle ou distincte ; la queue est presque toujours courte et pointue ; chez les Peltocéphales elle est garnie d'une sorte d'ongle ou d'étui corné.

Les Chélydinées sont plus essentiellement aquatiques que les Chersémydinées ; leur véritable patrie est l'Amérique du Sud ; on les trouve également à la Nouvelle-Hollande et dans les partie tropicales de l'Afrique.

LES PODOCNÉMYDES — *PODOC-NEMYS* (1)

Caractères. — Chez les Podocnémydes la carapace est modérément bombée ; la plaque caudale est double ; la nuchale fait défaut ; le sternum est large, non mobile ; la tête est peu déprimée, couverte de plaques ; le front est creusé d'un large sillon longitudinal ; la voûte de la fosse temporale est ossifiée ; les mâchoires sont légèrement arquées, non dentelées ; il existe deux barbillons sous le menton ; les pattes sont largement palmées, les postérieures portent aux talons deux grandes écailles minces et arrondies.

La Podocnémyde élargie a la carapace déprimée, tandis que la carapace est bombée, carénée en avant chez la Podocnémyde de Duméril.

Distribution géographique. — Les espèces habitent toutes les parties les plus chaudes de l'Amérique du Sud.

Usages. — Les Podocnémydes donnent lieu, dans les parties tropicales de l'Amérique du Sud, à une industrie toute spéciale, nous voulons parler de la fabrication d'huile d'œufs de Tortues. Alexandre de Humboldt nous a laissé sur cette industrie, qui va chaque jour en périclitant par suite de la destruction incroyable de nombre d'animaux, nous a laissé, disons-nous, des détails pleins d'intérêt, et nous ne pouvons mieux faire que de transcrire ici le récit de l'illustre voyageur :

« Vers onze heures du matin, écrit de Humboldt, nous débarquâmes sur une île située au milieu du fleuve (l'Orénoque) que les Indiens considèrent comme leur propriété dans la mission de l'Uruana. Cette île est renommée pour la chasse qu'on y fait aux Tortues, ou, comme on dit, pour la récolte des œufs qu'on y fait chaque année. Nous y trouvâmes plus de

(1) D'après Duméril, le nom du genre est emprunté des tubercules solides qui se trouvent sur les talons ; de κνημίς, bottines, chaussures ; ποῦς, pied.

trois cents Indiens couchés sous des huttes en feuilles de palmier. Outre les Guanos, les Otomaques de l'Uruana qui passent pour un peuple sauvage et réfractaire à toute civilisation, nous vîmes des Caraïbes et d'autres Indiens du cours inférieur de l'Orénoque. Chaque peuplade s'installait à part et se reconnaissait à la couleur et à la forme des tatouages. Au milieu des groupes bruyants d'Indiens se trouvaient quelques blancs et notamment des commerçants d'Angostura qui avaient remonté le fleuve pour acheter aux indigènes l'huile d'œufs de Tortue. Nous rencontrâmes aussi le missionnaire de l'Uruana ; il nous raconta qu'il était venu pour se procurer l'huile nécessaire à la lampe de l'autel ; mais son principal but était de maintenir l'ordre au milieu de ce mélange d'Indiens et d'Espagnols.

« En compagnie de ce missionnaire et d'un marchand, qui se vantait d'assister à cette récolte depuis dix ans, nous parcourûmes cette île, qu'on visite ici comme les foires dans nos pays. Nous nous trouvions sur une étendue de sable bien aplanie. « Aussi loin que s'étend le « regard le long des bords, nous dit-on, la terre « recouvre des œufs de Tortues. » Le missionnaire portait à la main une longue perche; il nous montra comment on s'en servait pour rechercher jusqu'où s'étend la couche des œufs, et procéda à la façon des mineurs qui veulent délimiter un gisement de marne, de fer ou de charbon minéral. En enfonçant verticalement la perche dans le sol, on sent, lorsque la résistance fait défaut, qu'on atteint la cavité, ou la couche terrestre meuble dans laquelle gisent les œufs.

« Cette couche est si uniformément répandue que, dans un rayon de 10 toises autour d'un point donné, la perche exploratrice la rencontre sûrement. Aussi ne parle-t-on ici que de perches carrées d'œufs; on divise le sol en lots qu'on exploite comme on ferait d'un terrain riche en minerais. Il s'en faut cependant que cette couche d'œufs recouvre l'île dans son entier; elle cesse dans tous les points où le sol se relève brusquement, parce que les Tortues ne peuvent grimper sur ces petits plateaux. Je parlai à mes guides des descriptions hyperboliques du Père Gumilla, d'après lequel les rives de l'Orénoque contiendraient moins de grains de sable que le fleuve ne renferme de Tortues, à ce point que les bateaux se trouveraient arrêtés dans leurs courses si les hommes et les tigres n'en tuaient annuellement une

quantité suffisante. Mais ce ne sont là que des contes, ainsi que le fit remarquer en souriant le marchand d'Angostura. Les Indiens nous affirmèrent que, depuis l'embouchure de l'Orénoque jusqu'au confluent de l'Apure, on ne trouve ni une île ni un rivage où l'on puisse recueillir en quantité des œufs de Tortues. Les points sur lesquels presque toutes les Tortues de l'Orénoque semblent se rassembler chaque année s'étendent entre le confluent de l'Apure et de l'Orénoque et les grandes cataractes ; c'est là que se trouvent les points les plus renommés. L'une des espèces, la *Podocnemys expansa*, paraît ne point remonter au-dessus des cataractes; d'autre part, on nous a affirmé qu'au dessus de l'Apure et du Maypure on ne trouve que les Tortues dites *Terekay*.

« La Podocnémys est connue des indigènes sous le nom d'*Arraou*. L'époque à laquelle pond cette espèce coïncide avec celle du niveau le plus bas des eaux. Comme l'Orénoque commence à monter à partir de l'équinoxe du printemps, les rives les plus basses se trouvent à sec depuis le commencement de janvier jusqu'au 29 mars. Les Arraous se rassemblent en troupes nombreuses dès le mois de janvier; elles sortent de l'eau et se chauffent au soleil ; d'après les Indiens, une forte chaleur est nécessaire à l'éclosion des œufs. Pendant le mois de février on trouve les Arraous sur la rive pendant presque toute la journée. Au commencement de mars, les troupes disséminées se réunissent pour nager vers les îles sur lesquelles elles ont l'habitude de pondre ; il est probable que les Tortues reviennent chaque année exactement au même point. Peu de jours avant la ponte on voit ces animaux disposés en longues rangées sur les bords des îles Cucuruparu, Teruana et Pararuna ; elles tendent leur cou et tiennent leur tête hors de l'eau pour s'assurer qu'elles n'ont rien à craindre ni des tigres ni des hommes. Les Indiens, qui ont grand intérêt à ce que ces troupeaux rassemblés demeurent agglomérés, disposent le long de la rive des sentinelles dont le but est d'empêcher ces animaux de se disperser et de veiller à ce que leur ponte puisse s'effectuer paisiblement. On ordonne aux embarcations de se maintenir au milieu du fleuve et de ne pas effaroucher les Tortues par des cris.

« Les œufs sont toujours pondus pendant la nuit, mais cette ponte commence immédiatement après le coucher du soleil. A l'aide de ses pattes postérieures, munies de griffes très longues et recourbées, l'animal creuse un trou d'un mètre de large et de 60 centimètres de profondeur, dont il arrose les parois de son urine, afin de consolider le sable, ainsi que le disent les Indiens. Ces Tortues sont parfois tellement pressées de pondre que plusieurs d'entre elles déposent leurs œufs dans les trous que d'autres ont creusés sans avoir pu encore les recouvrir de terre ; elles forment ainsi une seconde couche d'œufs superposés à une première couche également fraîche. Dans leur précipitation elles cassent un tel nombre d'œufs que la perte qui en résulte équivaut, d'après ce que nous a montré le missionnaire, au tiers de toute la récolte. Nous trouvâmes du sable quartzeux et des débris de coquilles agglomérés au milieu du jaune répandu hors des œufs. Le nombre des animaux qui creusent la rive pendant la nuit est si grand que plusieurs d'entre eux sont surpris par le jour avant d'avoir pu terminer leur ponte. Ils se hâtent alors davantage de se débarrasser de leurs œufs et de recouvrir les trous, afin que les tigres ne puissent les voir. Ces Tortues retardataires ne songent alors aucunement au danger qui les menace elles-mêmes ; elles achèvent leur travail sous les yeux des Indiens qui arrivent de bonne heure et qui les appellent « les Tortues folles. » Malgré la brusquerie de leurs mouvements on s'en empare aisément à l'aide des mains.

« Les trois campements d'Indiens dans les endroits précités se forment dans les derniers jours de mars ou dans les premiers jours d'avril. La récolte des œufs se fait chaque fois de la même manière avec la régularité qui règne dans tout ce qui dépend des institutions monacales. Avant l'arrivée des missionnaires auprès de ce fleuve, les indigènes recueillaient en quantité moindre ce produit que la nature fournit ici en si grande abondance. Chaque peuplade fouillait la rive à sa guise ; un grand nombre d'œufs étaient brisés volontairement parce que les forages étaient exécutés sans précaution et qu'on découvrait plus d'œufs qu'on n'en pouvait emporter. On aurait dit d'une mine exploitée par des mains inhabiles. Les jésuites ont eu le mérite de régler cette exploitation. Ils s'opposèrent à ce qu'on fouillât la rive entière ; ils en firent respecter toujours une partie, craignant que les Tortues soient notablement réduites en nombre, sinon anéanties. Aujourd'hui on remue le rivage entier sans aucun égard pour cette considération ; et l'on pense que les récoltes diminuent d'année en année.

« Une fois le campement établi, le missionnaire nomme un représentant qui répartit en lots l'étendue de terrain où reposent les œufs suivant le nombre des tribus indiennes. Il commence son travail en explorant avec sa perche l'étendue de la couche d'œufs dans le sol. D'après nos mesures, cette couche s'étend jusqu'à 40 mètres du bord et présente une épaisseur moyenne d'un mètre. L'employé en question délimite le terrain dans lequel chaque tribu devra travailler. Ce n'est pas sans surprise qu'on entend parler ici du rapport de la récolte des œufs estimé comme celui d'une récolte de moisson. Une étendue sur 10 mètres de large fournit de l'huile pour une centaine de cruches, c'est-à-dire un millier de francs. Les Indiens creusent le sol avec leurs mains et entassent leurs œufs dans de petites corbeilles appelées « mappiri » ; ils les portent ainsi dans leurs camps et les jettent dans de grandes auges en bois remplies d'eau. Là-dedans ils broient ces œufs et les remuent à l'aide de pelles, puis ils les exposent au soleil jusqu'à ce que la partie huileuse, le jaune de l'œuf, qui surnage, soit devenue épaisse. Ils puisent cette huile et la cuisent sur un bon feu ; plus elle est cuite et mieux elle se conserve. Bien préparée, elle est claire, sans odeur, à peine jaunâtre. Les missionnaires l'apprécient autant que la meilleure huile végétale. On l'emploie non seulement pour l'éclairage, mais encore, et de préférence, pour la cuisson, car elle ne donne aucune espèce de saveur désagréable aux mets. Toutefois il est fort difficile d'obtenir une huile de tortue parfaitement pure ; le plus souvent elle conserve une odeur de pourriture ; cela tient à ce que parmi les œufs on en emploie parfois dans lesquels les tortues ont déjà atteint un degré de développement avancé.

« Les rives de l'Uruana fournissent annuellement mille cruches d'huile ; la cruche vaut à Angostura de 2 piastres à 3 piastres et demie. La quantité d'huile fabriquée s'élève annuellement à 5000 cruches ; comme il faut 200 œufs pour obtenir une bouteille d'huile, 500 œufs donnent une cruche d'huile ; en admettant que chaque Tortue pond de 100 à 116 œufs et qu'un tiers de ces œufs se trouve brisé pendant la ponte, surtout par les « Tortues folles », on peut conclure que pour remplir 3000 cruches d'huile, 30,300 Arraous ont dû pondre sur les trois îles où se fait la récolte, environ 33 millions d'œufs. Ce chiffre est certainement bien au-dessous du chiffre réel. Beaucoup de Tortues, en effet, ne pondent que de 60 à 70 œufs ; beaucoup d'entre elles sont dévorées par les Jaguars au moment où elles sortent de l'eau ; les Indiens emportent, en outre, un grand nombre d'œufs pour les faire sécher au soleil et les manger ; ils en brisent aussi involontairement un grand nombre au moment de la récolte. La quantité d'œufs qui éclosent avant l'arrivée de l'homme est si considérable que j'ai vu dans le gisement d'Uruana, sur toute la rive de l'Orénoque, grouiller de jeunes Tortues, d'un pouce de large, qui échappaient à grand'peine aux poursuites des enfants indigènes. Faisons remarquer encore que les Arraous ne pondent pas toutes sur les trois gisements désignés et qu'un très grand nombre d'entre elles pondent, isolément ou à une autre époque, entre l'embouchure de l'Orénoque et le confluent de l'Apure ; on arrive donc forcément à cette conclusion que le nombre des Tortues qui pondent chaque année sur les rives de l'Orénope inférieur est d'environ *un million*. Ce chiffre est exceptionnellement considérable pour un animal qui arrive à une grande taille, et qui a tant à souffrir des poursuites de l'homme ; en général la nature restreint davantage la reproduction chez les grandes espèces que chez les petites.

« Les jeunes Tortues brisent leur coquille pendant le jour ; mais on ne les voit émerger du sol que pendant la nuit. D'après les Indiens, elles craignent la chaleur du soleil. Les indigènes voulurent nous montrer comment les petites Tortues trouvent immédiatement le chemin le plus court vers la rivière, alors même qu'on les a transportées dans un sac loin du bord et qu'on les a posées à terre, tournant le dos à la rive. J'ai constaté que cette expérience, que le Père Gumilla a déjà rapportée, ne réussit pas toujours également bien ; néanmoins il m'a semblé qu'ordinairement ces jeunes animaux, alors même qu'ils se trouvaient très loin du bord ou dans une île, pouvaient flairer d'où soufflait l'air le plus humide. Quand on songe à quelle distance la couche d'œufs s'étend presque sans interruption sur la rive et à combien de milliers s'élève le chiffre des Tortues qui vont à l'eau aussitôt après leur éclosion, on ne peut guère admettre que toutes les mères qui ont creusé leurs nids dans le même lieu retrouvent leurs petits et puissent

les conduire dans les lacs de l'Orénoque comme font les Crocodiles. Ce qui est certain, c'est que la Tortue passe les premières années de sa vie dans les lacs les moins profonds, et qu'elle ne va dans le grand lit du fleuve qu'à sa maturité. Comment donc les petits trouvent-ils ces lacs ? Y sont-ils menés par les Tortues femelles qui accueilleraient les premiers qu'elles rencontrent ? L'Arraou reconnaît sûrement, aussi bien que le Crocodile, l'endroit où elle a fait son nid ; mais comme elle n'ose s'approcher du bord quand les Indiens commencent à exploiter ces gisements, comment pourrait-elle distinguer le sien de ceux des autres ? Les Otomaques prétendent avoir vu de petites Tortues femelles, à l'époque des hautes eaux, suivies d'un nombre assez considérable de petits ; c'étaient des Tortues qui avaient pondu seules sur une rive isolée et qui avaient pu y revenir. Les mâles sont rares maintenant parmi les Arraous : on en trouve à peine un parmi plusieurs centaines. On ne peut expliquer le fait ici, comme on le fait pour les Crocodiles qui se livrent à l'époque du rut des combats sanglants.

« La récolte des œufs et la préparation de l'huile durent trois semaines, et c'est pendant cette période seulement que les missionnaires sont en relation avec la côte et les pays civilisés dans le voisinage. Les franciscains, qui vivent au sud des cataractes, viennent assister à cette récolte, moins pour se procurer de l'huile que pour voir quelques visages blancs. Les marchands d'huile gagnent 60 à 70 p. 100 ; car les Indiens leur vendent la cruche 1 piastre, et les frais de transport ne s'élèvent qu'à un cinquième de piastre par cruche. Tous les Indiens qui prennent part à cette récolte rapportent aussi des masses d'œufs séchés au soleil ou légèrement cuits. Nos rameurs en avaient toujours dans leurs corbeilles ou dans leurs petits sacs en coton. Ces œufs, tant qu'ils sont bien conservés, n'ont pas une saveur désagréable. »

Les œufs d'Arraous sont encore estimés ailleurs, ainsi que l'indiquent les récits de Schomburgk. « La joie avec laquelle les matelots saluèrent certains bancs de sable de l'Essequibo, ne put s'expliquer pour moi que quand je vis plusieurs de ces Indiens sauter dans le fleuve impatiemment, avant que les canots aient atterri, et nager vers un des bancs pour se mettre soudain à fouiller le sable et à en extraire des quantités d'œufs. L'époque de la ponte des Tortues était commencée, et c'est là une époque que les Indiens attendent aussi avidement que nos gourmets guettent le passage des bécasses ou les premiers envois d'huîtres fraîches. Le désir s'éveillait chez ces Indiens d'une façon tellement vive, que, si l'abandon volontaire du canot leur eût fait encourir la peine de mort elle-même, ils n'auraient su s'abstenir, je crois, de nager vers ces bancs de sable qui recélaient dans leur sein ces œufs succulents. En goûtant cette friandise si bien fêtée, je compris la passion de ces Indiens. Que sont, en effet, auprès de ces œufs, les œufs de vanneau si prisés chez nous !

« Sur ces bancs, la Tortue s'éloigne jusqu'à 80 et 140 pas du bord, creuse une excavation dans le sable, y dépose ses œufs et les recouvre de sable avant de s'en retourner à l'eau. Un Européen inexpérimenté chercherait en vain ces œufs pendant longtemps ; l'enfant des bois, plus avisé, se trompe rarement et ne soulève presque jamais le sable en quelque endroit sans y trouver immédiatement les œufs. Un léger soulèvement, un peu ondulé, lui révèle la place du nid ; nous n'avons appris à reconnaître ce signe qu'après avoir vu quelques bancs de sable dont la surface entière avait un aspect onduleux. On laisse couler le blanc de l'œuf qui, loin de durcir à la coction demeure à l'état tout à fait liquide, et l'on ne mange que le jaune qui est savoureux et nutritif. Mêlés avec quelques gouttes de rhum et un peu de sucre, ces jaunes d'œufs produisent une friandise exquise qui offre avec les massepains une analogie frappante.

« D'après Martins, la ponte des Tortues a lieu au mois d'octobre ou de novembre ; suivant Humboldt, elle se fait en mars, le long de l'Orénoque ; à Essequibo, en revanche, elle commence en janvier et dure tout au plus jusqu'en février. Cette diversité dans l'époque assignée à la ponte paraît dépendre du début variable de la saison des pluies dans les limites des trois régions fluviales correspondantes.

« Les Tortues déposent leurs œufs pendant les beaux jours, à l'époque à laquelle le soleil peut encore mener l'éclosion à bonne fin, avant le début de la période des pluies. Pour les Indiens, l'éclosion des Tortues est le signe le plus certain de l'approche de cette saison des grandes pluies. »

Ennemis. — Outre l'homme, les Arraous ont encore à souffrir des animaux carnassiers.

« On nous montra, écrit Humboldt, de grandes carapaces de Tortues vidées par des Jaguars. Les Tigres viennent pourchasser les Tortues sur les rives où les Arraous ont l'habitude de pondre ; ils se jettent sur elles et les retournent sur le dos pour pouvoir les dévorer à leur aise. Les Tortues, dans cette position ne peuvent se relever et comme le Jaguar en renverse toujours plus qu'il n'en peut manger en une seule nuit, ce sont les Indiens qui profitent de sa rapacité et de sa ruse.

« Lorsqu'on sait quelle peine a le zoologiste pour extraire le corps d'une Tortue de sa carapace, on admire l'habileté du Jaguar qui vide cette carapace avec ses griffes, comme si le couteau d'un chirurgien avait coupé toutes les insertions musculaires. Le Jaguar poursuit l'Arraou jusque dans l'eau, lorsqu'elle n'est pas trop profonde ; il déterre également ses œufs et c'est, avec le Crocodile, le Héron et le Vautour, le plus redoutable ennemi des Tortués qui viennent d'éclore. »

LA PODOCNÉMYDE ÉLARGIE. — *PODOCNEMYS EXPANSA.*

Arrau-Schildkröte.

Caractères. — La Podocnémyde élargie, qui arrive à la taille de 0ᵐ,80, a la carapace ovale, entière, déprimée chez l'adulte, tectiforme dans le jeune âge ; la région fémorale du limbe est fort élargie et horizontale ; les écailles vertébrales sont lisses ; le dessous du corps présente une teinte brune mélangée de roussâtre ; le dessous est jaune, tacheté de noirâtre (fig. 114).

Distribution géographique et mœurs. — D'après Alexandre de Humboldt, la grande Tortue qu'on nomme *Arraou* est un animal farouche et sauvage qui plonge et se cache au moindre bruit ; elle fuit les rivages habités par l'homme et les eaux trop fréquemment sillonnées de bateaux. Les œufs, beaucoup plus gros que ceux des Pigeons, ont une coque calcaire si résistante que les enfants ottomaques se les jettent de main en main.

« On désigne dans les mêmes parages sous le nom de *Terekey*, une Tortue de plus petite taille, bien que très étroitement apparentée à l'*Arraou*. Les Terekey ne se réunissent pas en troupes aussi nombreuses que les Arraous au moment de la ponte en commun. Leur chair a une saveur très agréable, ce qui la fait rechercher par les habitants de la Guyane. L'Arraou ne remonte pas au-dessus des cataractes de l'Orénoque, tandis que le Terekey se rencontre aussi bien dans l'Orénoque supérieur qu'en dessous des chutes et se trouve, en outre, dans l'Apura, l'Uritaku, le Guatiko, et dans les petits cours d'eau qui parcourent les Uanos du Caracas. »

LES STERNOTHÈRES — *STERNO-THERUS* (1)

Caractères. — Bell a désigné sous ce nom des Tortues qui ont la carapace assez bombée, la tête déprimée, garnie de grandes plaques, la voûte de la fosse temporale fibreuse ; il n'existe pas de plaque nuchale ; le sternum est large, à prolongements latéraux fort étroits ; on voit cinq ongles à chaque patte.

Les Sternothères se caractérisent nettement dans le groupe des Pleurodères par la mobilité du lobe antérieur du plastron, qui peut s'abaisser ou se relever, de manière à laisser découvertes la tête et les pattes, ou à les cacher complètement ; en un mot, les Sternothères représentent parmi les Pleurodères les Cistudes et les Cinosternes, parmi les Cryptodées. Seules parmi les Tortues actuelles, les Sternothères ont onze pièces au sternum, toutes les autres ayant neuf pièces au plastron ; cette pièce supplémentaire porte le nom de *mesosternum*. On connaît une Tortue fossile, le *Pleurosternon*, du Weald, qui a même nombre de plaques ; mais cette Tortue paraît devoir rentrer dans le groupe des Cryptodères, c'est-à-dire dans la tribu des *Chersemydines*.

Chez les Sternothères, le cou est court, épais, et, de même que chez les autres espèces qui composent la tribu, peut s'abriter sous le rebord de la carapace. La queue est très courte et ne dépasse guère le bord de la carapace. La coloration est toujours sombre, noirâtre ou brunâtre.

Distribution géographique et mœurs. — Les espèces de Sternothères, au nombre de six, habitent Madagascar et les parties tropicales de l'Afrique. Ce sont des animaux qui, lorsqu'ils ne chassent pas, se tiennent sur les rives des petits cours d'eau ; leur faible taille, qui ne dépasse guère 30 centimètres, ne les rend guère redoutables. Beaucoup moins aquatiques que la plupart des Pleurodères, les Ster-

(1) De στέρνον, plastron ; θαιρός, gond ; plastron à fond ou à charnière.

nothères, dans certaines saisons du moins, ont des habitudes exclusivement terrestres, ainsi que M. Maurice Chaper a pu l'observer à Assinie, sur la côte occidentale d'Afrique. Lorsqu'ils ont saisi une proie trop volumineuse pour qu'elle puisse être avalée d'un coup, ils la fixent au fond de l'eau à l'aide d'une des pattes de devant, généralement la patte gauche, et la déchirent alors en petits morceaux, ainsi que nous l'avons observé à la ménagerie des Reptiles du Muséum de Paris.

LES PLATÉMYDES — *PLATEMYS* (1)

Caractères. — Le terme de Platémyde a été employé par Wagler pour désigner des Tortues qui ont la carapace très déprimée, la plaque intergulaire située entre les gulaires, cinq plaques vertébrales, la tête aplatie, couverte d'une seule écaille mince ou d'un grand nombre de petites plaques irrégulières, le sternum immobile, cinq ongles aux pattes de devant, quatre à celles de derrière ; il existe deux barbillons sous le menton. Ajoutons que le bord externe des bras est garni d'une membrane mince et flottante ; sur le devant du tarse se trouve une sorte de crête composée de deux ou trois grandes écailles. La queue est courte, dépourvue d'ongle. La plaque nuchale est distincte, ce qui les sépare des Péloméduses ou Pentonyx qui, en outre, ont cinq ongles à tous les pieds.

Distribution géographique et mœurs. — La forme de la carapace, très déprimée, les franges que l'on voit le long des bras et qui augmentent encore la surface de natation, font des Platémydes des Tortues essentiellement aquatiques, plus aquatiques même que les Hydroméduses. Elles sont presque toujours à l'eau, leur long cou étendu en avant, en quête de quelque proie ; lorsque celle-ci passe à leur portée, elles s'en emparent par une brusque extension de leur cou qu'elles tiennent d'habitude à demi-replié en forme d'S.

Les espèces, au nombre de seize, habitent les parties les plus chaudes de l'Amérique du Sud, le Brésil, les Guyanes ; une espèce, le Platémyde de Macquarie, se trouve toutefois dans le nord-ouest de la Nouvelle-Hollande.

(1) De πλατὺς, aplatie, plane ; ἐμὺς, tortue.

Fig. 114. — Podocnémyde élargie (1/6ᵉ de grand. nat.).

LES HYDROMÉDUSES — *HYDROME-DUSA* (1)

Caractères. — Wagler a désigné sous le nom d'*Hydromedusa* des Tortues pleurodères qui ont la carapace déprimée et six plaques vertébrales, ce qui est un caractère tout à fait exceptionnel; le plastron, immobile, très large, arrondi en avant, est fixé solidement à la carapace; la tête, très aplatie, est recouverte d'une peau molle; le cou est fort long; la bouche est largement fendue; les mâchoires sont faibles et il n'existe pas de barbillons au menton; la queue est très courte; il existe quatre ongles à chaque patte.

Les trois espèces qui composent le genre, *Hydromedusa Maximiliani*, Mik., *H. flavilabris*, D. B., *H. subdepressa*, Gray, habitent les parties tropicales de l'Amérique du Sud.

Ces espèces rentrent dans le genre Chélodine, tel que le comprenaient Duméril et Bibron; on réserve le nom de Chélodines aux

(1) De ὑδρομεδούση, *le tyran des eaux, le despote des eaux.*

Tortues qui ont la plaque intergulaire placée en arrière des gulaires, le nom d'Hydroméduses étant donné aux espèces chez lesquelles cette plaque est située entre les gulaires.

L'HYDROMÉDUSE DE MAXIMILIEN. — *HYDROMEDUSA MAXIMILIANI.*

Schlangenhals-Schildkröte.

Caractères. — Carapace courte, ovalaire, entière, arrondie en avant; les premières écailles costales et les deux dernières dorsales proéminentes; écaille nuchale aussi large que la première plaque vertébrale, placée derrière les margino-collaires; tels sont les principaux caractères assignés à l'espèce que nous étudions. Ajoutons que le plastron est ovale, large et arrondi en avant, rétréci et échancré en arrière, que la tête est très aplatie, le cou fort long, que la carapace est d'un jaune olivâtre relevé par de gros points de couleur brune, que les mâchoires et le dessous du cou sont jaunâtres, marbrés de brun. L'animal adulte peut arriver à la taille de 1 mètre, la longueur du cou étant de 40 centimètres (fig. 115).

Fig. 115. — Hydroméduse de Maximilien (1/12° de grand. nat.).

Distribution géographique et mœurs. — De même que les autres espèces du genre, la Maximilienne habite les parties les plus chaudes de l'Amérique du Sud; on la trouve au Brésil et dans les régions avoisinantes; Masserer l'a recueillie dans la capitainerie de Saôpolo; le Muséum de Paris en possède de beaux exemplaires qui lui ont été envoyés de Buenos-Ayres par d'Orbigny; Hensel en a reçu également de la Banda orientale.

D'Orbigny dit que cette espèce habite, aux environs de Buenos-Ayres, les petits lacs et les cours d'eau peu profonds.

Dans les ménageries, la Maximilienne se tient le plus souvent hors de l'eau; pendant la journée, et l'on ne voit absolument alors de la bête que sa carapace; le cou si long est replié à gauche, comme un épais bourrelet, dans l'espace assez profond qui sépare la carapace du plastron; la tête est alors si fortement pressée contre les téguments mous de la région scapulaire qu'on n'en voit qu'une partie; les pattes et la queue, du reste très courte, sont rentrées sous la carapace, les ongles forts et allongés restant seuls en dehors. Qu'un ennemi s'approche de

l'animal ainsi renfermé sous sa boîte osseuse, il projettera, par une détente brusque, sa tête en avant, et, bien que ses mâchoires ne soient pas dentelées et soient relativement faibles, elle n'en causera pas moins une cuisante morsure; on ne peut se faire une idée, si on ne l'a pas vue, de la rapidité avec laquelle l'Hydroméduse projette ainsi sa tête à une grande distance. Lorsque la Tortue est en chasse, elle explore le fond de l'eau et les moindres recoins à la recherche de sa nourriture. En liberté, la Maximilienne chasse probablement à la tombée de la nuit; sa carapace, de la couleur de la vase dans laquelle elle se tient, lui permet d'échapper facilement aux regards des Poissons dont elle fait principalement sa nourriture et qu'elle peut prendre par la brusque extension de son cou.

LES CHÉLYS — CHELYS

Fransen-Schildkröte.

Caractères. — Ce genre a été formé par Duméril pour une fort étrange Tortue dont les véritables affinités zoologiques ne sont pas en core parfaitement déterminées. On s'accorde généralement cependant à le placer à la fin des *Chelydina* ou Tortues pleurodères ; le Chélys, par certains caractères, forme, en effet, une sorte de passage aux Tortues que nous décrirons plus bas sous le nom de Trionychidées.

Le genre Chélys se reconnaît de suite à la largeur, à l'aplatissement considérable de la tête et à sa forme triangulaire ; les narines sont placées à l'extrémité d'une trompe mobile ; la bouche est largement fendue, garnie de mâchoires rudimentaires et sous forme de stylets osseux ; par une exception unique dans tout le groupe des Tortues actuelles, les deux branches de la mâchoire inférieure ne sont pas soudées en un os unique. Il existe une plaque nuchale. On voit cinq ongles aux pattes de devant, quatre à celles de derrière.

LA MATAMATA. — *CHELYS FIMBRIATA.*

Matamata.

Caractères. — « Sous le nom de *Raparara*, écrit Pierre Barrère, au siècle dernier, les Indiens des bords du Maroni désignent une Tortue assez singulière par la figure ; elle a le col long, fort ridé, d'où pendent de petites membranes déchiquetées à peu près comme de la frange ; la tête est aplatie, triangulaire, terminée par une sorte de trompe semblable à un petit tuyau de plume à écrire ; le dessus de l'écaille est comme sillonné et formé de grosses pointes. »

Bien que concise, cette description rend compte des traits principaux de la tortue dont nous parlons. La Raparara ou la Matamata est, en effet, un des êtres les plus étranges que l'on puisse concevoir. La carapace, qui est déprimée, à peine convexe, présente en dessus deux profondes et larges gouttières longitudinales séparées par trois rangées d'écailles en toit ; ces écailles sont elles-mêmes fortement striées, profondément sillonnées, de telle sorte que le dessus du corps est tout hérissé de grosses bosses irrégulières. Le plastron, beaucoup plus étroit en arrière qu'en avant, où il est arrondi, est formé d'une seule pièce fortement carénée sur les côtés. La tête, avons-nous dit, est fortement déprimée, triangulaire, garnie en dessus de petites écailles inégales. La bouche est largement fendue presque jusqu'aux oreilles. Le cou, assez long, est très large et comprimé. En différents points de la tête et du cou, au-dessus de l'oreille, le long du cou, sous la gorge, au menton, sous

chaque oreille, pendent des lambeaux de peau déchiquetés. Les pattes sont médiocrement palmées, armées d'ongles longs et forts. Le dessus du corps est d'un brun noirâtre ; le dessous est d'une teinte jaune plus ou moins foncée suivant les individus, rayonnée de brun sur le plastron ; le cou est marqué de raies longitudinales de couleur noire. La taille peut atteindre jusqu'à deux mètres (fig. 116).

Distribution géographique et mœurs. — La Matamata, originaire de l'Amérique méridionale, ne se trouve que dans les Guyanes et dans la partie nord-est du Brésil. Spix en a vu dans les eaux bourbeuses et stagnantes près de l'Amazone ; de Castelnau en a observé dans le lit même du fleuve ; Schomburgk a pu en capturer dans les cours d'eau d'Essequibo, de Rupumusii, de Takutu, ainsi que dans les lacs et les marais de la Savane. L'espèce paraît être fort commune dans tous ces points ; on la redoute généralement à cause de son aspect vraiment repoussant, et de l'odeur fort désagréable qu'elle exhale. « Il n'existe pas, écrit le voyageur Schomburgk, de créature plus affreuse que cette tortue qui effraye par son aspect horrible. Sa tête, d'où pendent une quantité de lambeaux déchiquetés, son cou pourvu de semblables appendices, ses pattes qu'elle peut rentrer en partie sous sa carapace, ont toujours éveillé en moi une profonde répulsion. Hollenbrueghel, dans ses conceptions les plus horribles et les plus fantastiques, n'a certes pas imaginé une créature aussi étrange et aussi monstrueuse. Le plus ordinairement la Matamata se cache dans le sable ou la vase des rivières profondes, de telle manière que le haut de sa carapace émerge au-dessus de l'eau, la bête semblant rester ainsi aux aguets dans une complète immobilité. Bien que cette tortue exhale une affreuse odeur, les Caraïbes en dévorent cependant la chair avec délices. »

D'anciens observateurs ont prétendu que la Matamata se nourrissait de plantes poussant le long des cours d'eau qu'elle habite, et ne se mettait que la nuit en quête d'aliments, sans beaucoup s'écarter des rives. Cette assertion est certainement inexacte. Pöpping écrit, en effet, que la Matamata « se nourrit de poissons et de Batraciens ; elle se place aux aguets parmi les plantes qui flottent à la surface de l'eau ; elle nage vite, elle peut même attraper les poissons et saisir, en plongeant soudain, de petits oiseaux aquatiques. » Nous avons été à même d'observer plusieurs Matamata

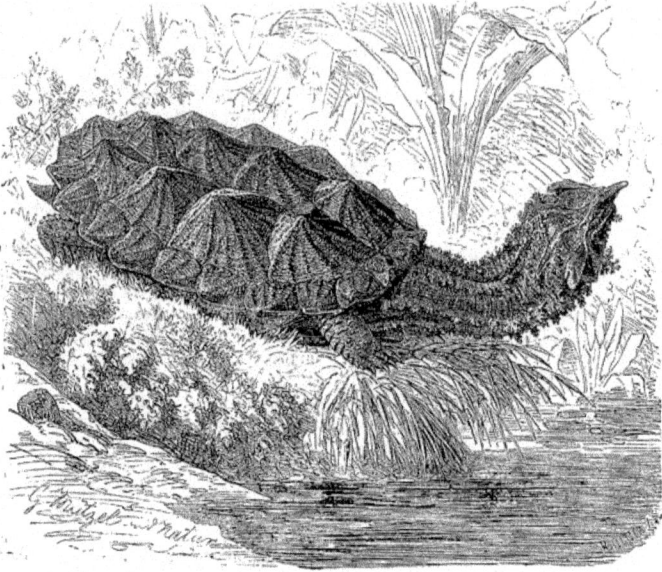

Fig 116. — La Matamata (1/16ᵉ de grand. nat.).

dans la ménagerie des Reptiles du Muséum d'histoire naturelle de Paris : c'étaient des animaux fuyant absolument la lumière du jour, et qui restaient tout le temps cachés dans l'obscurité: ils ne sortaient que la nuit pour aller en chasse. Leur nourriture se composait exclusivement de poissons qu'ils saisissaient avec beaucoup d'habileté par une brusque projection du cou en avant, et cela sans jamais manquer leur proie. On les nourrissait pendant le jour en présentant devant l'endroit où la tortue était cachée dans la plus complète immobilité, quelque poisson maintenu à l'extrémité d'une longue perche; on voyait alors sortir lentement la Matamata; elle ne se jetait sur sa proie que lorsque celle-ci n'était pas très éloignée de la retraite choisie par la tortue; elle se précipitait alors par un mouvement brusque et fort rapide pour se retirer de suite sous les pierres et les planches qui lui servaient d'abri.

Il est possible que les nombreux lambeaux dont la partie antérieure du corps est garnie, lambeaux qui flottent dans l'eau, agissent comme des appâts destinés à attirer les poissons trop confiants.

LES TORTUES MOLLES — *TRIONYCHIDA*

Weich Schildkröten.

Caractères. — La famille des *Trionychida* ou Tortues fluviales est des plus naturelles. Elle comprend des animaux essentiellement aquatiques et qui ont, dès lors, la carapace très élargie et presque plate en dessus. Au lieu d'être formé de plaques cornées, le bouclier est formé d'une peau continue, d'où le nom de Tortues molles qui a été donné à ces espèces ; cette carapace est couverte d'une peau flexible et comme cartilagineuse dans toute son étendue, soutenue par un disque osseux, à sa surface supérieure, accidentée de rides et de sinuosités rugueuses. La tête est allongée ; les narines se trouvent à l'extrémité d'une petite trompe mobile ; les mâchoires sont tranchantes, garnies de replis de la peau formant des lèvres ; les yeux sont saillants, dirigés en haut ; le cou, qui est long, est rétractile directement sous la carapace et peut être projeté au loin. Tantôt le plastron, qui est toujours peu développé en arrière, est immobile, ainsi qu'on le voit chez les Trionyx, tantôt il peut se rabattre de manière à protéger les membres postérieurs, comme chez les

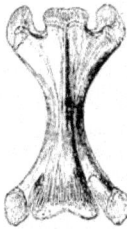

Fig. 117. — Sixième vertèbre cervicale de Trionyx d'Égypte.

Cyclodermes et les Emyda ; chez ces dernières le bord du bouclier est en partie soutenu par des pièces osseuses, tandis qu'il est entièrement cartilagineux chez les Cyclodermes. La queue est courte, épaisse. Les membres sont robustes, terminés par trois doigts garnis d'ongles forts, réunis par de larges membranes natatoires. Le tympan est caché sous la peau.

Le crâne des Tortues molles est déprimé, allongé à l'arrière ; les os intermaxillaires sont très petits ; les maxillaires s'unissent entre eux sur un assez long espace, de sorte que les arrière-narines se trouvent plus en arrière que chez les Tortues de terre. En dessus du crâne, les frontaux antérieurs s'avancent entre les maxillaires ; l'épine de l'occiput et les tubérosités maxillaires sont toutes trois en pointe et plus saillantes en arrière que le condyle articulaire.

La dernière vertèbre cervicale présente un fait unique chez les animaux : le corps de cette vertèbre est très aplati et beaucoup plus court que les apophyses articulaires postérieures, de telle sorte que cette vertèbre s'unit à la pre-

mière vertèbre dorsale, non par le corps, ainsi qu'on le voit chez toutes les autres Tortues, mais exclusivement par des apophyses ; il en résulte que, dans les mouvements de flexion du cou les corps vertébraux sont immédiatement appliqués l'un contre l'autre. Les 2e à 6e vertèbres s'unissent par une surface articulaire double (fig. 117).

Distribution géographique. — D'après le catalogue de Strauch publié en 1865, on connaîtrait dix-sept espèces de Trionyx, quatre de Cyclodermes, huit d'Emyda. Les découvertes faites principalement dans le sud de la Chine doivent probablement faire porter ce nombre à trente et une ou trente-deux espèces.

L'Inde, l'Indo-Chine et les îles qui géographiquement en dépendent sont la véritable patrie des Trionyx ; on compte huit espèces dans cette région. Les espèces seraient nombreuses dans le sud de la Chine, mais elles sont encore trop imparfaitement connues pour que nous puissions rien dire de certain à cet égard. On trouve une espèce dans le Tigre, une dans l'Asie centrale. On connaît deux espèces en Afrique ; une, le Trionyx d'Égypte, qui paraît être répandue dans la plus grande partie de ce continent, et une, le Trionyx aspilus, qui semble être cantonnée dans la partie tropicale de l'ouest. Quatre espèces ont été trouvées en Amérique, dans l'Ohio, dans le Mississipi.

Les Cyclodermes sont spéciaux aux parties tropicales et subtropicales de l'Afrique ; on les trouve dans le Zambèze, le Sénégal, la Gambie, le Congo.

On trouve deux espèces d'Emyda dans la péninsule indienne et une espèce dans l'est de l'Afrique.

On connaît environ vingt-cinq espèces de Tortues molles, qui habitent les fleuves et les grands lacs de l'Asie, d'Afrique et de l'Amérique. L'Asie est leur véritable patrie.

Mœurs. — Ce groupe comprend des espèces essentiellement aquatiques et ne sortant guère de l'eau que pour effectuer la ponte ; bien qu'elles ne soient pas maladroites sur la terre ferme et que, d'après Baker, elles puissent courir assez rapidement, elles n'entreprennent néanmoins jamais de grands voyages ; lorsque les cours d'eaux qu'elles habitent d'habitude viennent à assécher, elles ne passent que rarement dans les fleuves voisins, mais s'enterrent généralement dans la vase en attendant le retour des pluies. On a parfois pris des Trionyx en pleine mer, et à une certaine distance du rivage, ces animaux ayant été certainement entraînés hors de leur habitat habituel.

« Il paraît, nous apprennent Duméril et Bibron, que, pendant la nuit et lorsqu'elles se croient à l'abri des dangers, les Potamites ou Tortues molles viennent s'étendre et se reposer sur les petites îles, sur les rochers, sur les troncs d'arbres renversés sur les rives ou sur ceux que les eaux charrient, d'où elles se précipitent à la vue des hommes aux moindres bruits qui les alarment. »

Pendant le jour elles se tiennent le plus habituellement à demi enfoncées dans la vase, surtout dans les points où l'eau, peu profonde, laisse facilement pénétrer les rayons du soleil.

Toutes les Tortues molles sont fort voraces et très agiles; elles poursuivent à la nage les poissons et les batraciens. Lorsqu'elles veulent saisir leur proie, elles projettent leur tête et leur cou avec la rapidité d'une flèche. Indépendamment de l'alimentation animale, qui forme le fond de leur alimentation, on rapporte que les Trionyx ne dédaigneraient pas des aliments végétaux; Rüppell rapporte, en effet, qu'il n'a trouvé dans l'estomac du Trionyx d'Égypte, qui vit dans le Nil, que des débris de dattes, de pastèques, de courges et de végétaux analogues. Il ne faudrait pas conclure pourtant de cette observation de Rüppell que les Trionyx soient exclusivement herbivores ou frugétivores, car on ne les voit jamais se nourrir que de proies vivantes ou de viande dans les ménageries.

Ce qui vient encore à l'appui de ce que nous venons de dire pour le goût manifeste que les Tortues molles ont pour une nourriture animale, c'est le courage dont elles font preuve lorsqu'elles sont capturées, surtout lorsqu'elles ont été blessées. Tous les observateurs qui ont été à même d'observer ces Tortues s'accordent à dire qu'elles sont extrêmement dangereuses et qu'il faut les manier avec beaucoup de précautions. Elles mordent vivement avec leur bec tranchant et arrachent le morceau; elles ne lâchent la proie qu'en enlevant la partie saisie, de sorte qu'elles occasionnent de cruelles blessures.

D'après Duméril et Bibron, « les mâles semblent être en moindre nombre que les femelles, ou bien ils s'approchent moins des rivages que celles-ci, qui viennent pour y pondre les œufs, qu'elles déposent dans des trous creusés pour en contenir cinquante ou soixante. Le nombre varie suivant l'âge des femelles, qui sont d'autant plus fécondes qu'elles sont plus jeunes encore. Les œufs sont de forme sphérique, leur coque est solide, mais membraneuse ou peu calcaire. »

Nous avons été à même, à la ménagerie des Reptiles du Muséum de Paris, d'observer plusieurs fois des Trionyx de grande taille provenant de l'Indo-Chine. C'étaient des animaux très batailleurs, donnant la chasse aux nouveaux venus et molestant de toutes les manières des Serpentines, d'humeur cependant peu patiente, qui se trouvaient en leur compagnie. Elles se cachaient presque toujours pendant le jour, mais sortaient cependant assez souvent pour venir recevoir l'eau chaude à l'aide de laquelle on réchauffait l'eau des bassins; ce n'était qu'exceptionnellement qu'on les voyait se reposer sur la plage cependant chauffée. Leur nourriture se composait de poissons morts, soit de mer soit d'eau douce, et de viande coupée en morceaux; contrairement aux assertions de voyageurs qui rapportent que les Trionyx dédaignent absolument toute proie morte ou privée de mouvement, les animaux que nous avons pu observer mangeaient la proie qu'on leur jetait au fond de l'eau.

La plupart des Tortues soit terrestres, soit aquatiques, déchirent leur proie; les Trionyx, à l'aide de leurs mâchoires tranchantes, la coupent et la divisent.

Usages et légendes. — En raison de la taille considérable à laquelle elles peuvent parvenir (certains individus pèsent jusqu'à 100 kilogrammes et au-dessus), en raison de la délicatesse de leur chair très savoureuse on chasse les Trionychidées dans les endroits où ces animaux sont communs. On les pêche à la ligne avec des hameçons que l'on amorce avec des poissons ou d'autres animaux vivants que l'on agite dans l'eau; on les entoure de filets; on les tue au fusil ou on les transperce à l'aide de piques. « Pour s'emparer des Trionyx du Gange, écrit Théobald, on emploie une longue fourche en fer; on enfonce cet instrument le long du fleuve dans la vase molle ou dans les amas de feuilles à demi pourries. Le pêcheur qui a ainsi capturé une Tortue, attache, suivant la taille de l'animal, un nombre plus ou moins considérable de forts crochets dans la partie postérieure et comme cartilagineuse de la bête. Il tire alors fortement sur les crocs et extrait ainsi la Tortue qui se débat furieusement et cherche à mordre avec rage tout ce qui est à sa portée. Lorsqu'on a capturé une Tortue de forte taille qui se trouve dans une eau un peu profonde, on lui enfonce, en outre, à l'aide d'un lourd marteau, un épieu pointu dans le dos et on la tire alors sur le rivage. Mais malheur à l'imprudent qui se trouve à portée des mâchoires de l'animal capturé, car j'ai vu une Trionyx enlever d'un seul coup de son bec tous les orteils du pied d'un pêcheur. Il est prudent d'envoyer une balle dans la tête de la Tortue ou de lui trancher la tête d'un coup de hache. »

Les Mongols qui ont grand'peur des Trionyx, qui habitent leurs cours d'eau et qui savent, souvent par expérience personnelle, combien elles sont méchantes et dangereuses, ont agrémenté leurs récits de fables plus ou moins nombreuses. « Nos Cosaques, dit Przevalski, refusaient absolument de se baigner dans la rivière Tachylga. Ils attribuaient aux Trionyx divers pouvoirs magiques et invoquaient à l'appui de leur dire, les caractères thibétains que ces animaux portent sur la partie supérieure de leur carapace. Les habitants du pays avaient effrayé nos Cosaques en leur affirmant que les Tortues en question s'incorporent dans la chair de l'homme, et que les malheureux auxquels pareil accident arrive ne peuvent plus reconnaître la route qu'ils sont habitués à suivre. La seule chance d'échapper à un semblable sortilège est la suivante : si un chameau blanc et un chevreuil blanc viennent à passer dans le voisinage et se mettent à crier en apercevant la tortue, celle-ci lâche alors sa victime et le charme est rompu. Il n'existait pas autrefois de Trionyx dans la rivière Tachylga ; mais ces terribles animaux apparurent brusquement, et les habitants des environs, aussi surpris qu'effrayés, ne surent d'abord que faire. Ils s'adressèrent enfin, pour suivre ses conseils, à l'abbé du monastère voisin ; l'abbé leur apprit que la Tortue qui venait de faire ainsi son apparition devait désormais rester maîtresse du cours d'eau dans lequel elle s'était introduite et compter parmi les animaux sacrés ; depuis cette époque on vient faire tous les mois des prières commémoratives à la source de la rivière Tachylga. »

La chair des Tortues molles ne se mange pas partout, mais elle est fort appréciée de tous ceux qui en ont goûté. D'après Baker, cette viande donne une soupe exquise. Les œufs ne passent pas pour être savoureux.

LES TRIONYX — *TRIONYX*

Drei-Klauer.

Caractères. — Le genre Trionyx, Geoffroy, (*Aspidonectus*, Wagler ; *Gymnopus*, Duméril et Bibron), comprend des espèces chez lesquelles le plastron est étroit et ne peut pas se rabattre en arrière, de telle sorte que les pattes ne sont point protégées. La carapace est fort large, très déprimée ; le pourtour en est comme membraneux ; les bords du limbe sont complètement dépourvus de pièces osseuses. La tête, le cou, les membres, sont revêtus d'une peau molle et lisse ; la queue est généralement courte.

LE TRIONYX FÉROCE. — *TRIONYX FEROX.*

Beirz-Schildkröte.

Caractères. — Cette espèce, qui a été décrite par les zoologistes sous des noms très divers, tels que *Trionyx ferox*, *Trionyx spiniferus*, *carinatus*, *Gymnopus spiniferus*, *Aspidonectes Emoyi*, *asper*, *nuchalis*, arrive à plus d'un mètre de long et pèse jusqu'à 35 kilogrammes. La carapace est fort déprimée, ovalaire chez le jeune, circulaire chez l'adulte. Les deux dernières côtes sont si intimement unies par leur portion élargie qu'il n'y a que sept callosités costales. Le bord antérieur du limbe est garni d'une rangée d'épines ou plutôt de tubercules comprimés et pointus, mous chez l'animal vivant. La tête est allongée, de forme conique (Pl. II).

D'après Lesueur, la couleur générale du dos, de la tête, du cou, des membres, est d'une teinte de terre d'Ombre, tantôt claire, tantôt foncée, un peu jaunâtre, parsemée de taches ocellées, disposées irrégulièrement, entre lesquelles se voient de nombreuses mouchetures ; chez certains individus, entre ces taches, se trouvent des marbrures d'un blanc sale. Un jaune plus clair se remarque sur le bord du disque ; il est séparé de la teinte générale par une bande noire continue. Le dessus des membres et de la queue est d'une couleur jaune relevée de taches et de lignes noires ; le cou est également couvert de taches foncées. Sur les côtés de la tête on voit une bande jaune cernée de deux bandes noires. Le dessous du corps est d'un blanc brillant, le dessous des pattes d'un blanc azuré ; la membrane natatoire est jaune, lisérée de rose.

LE TRIONYX FÉROCE

Distribution géographique. — L'espèce, dont nous écrivons l'histoire est particulière à l'Amérique septentrionale et vit dans les rivières de la Géorgie et de la Floride; on la trouve dans les fleuves qui se déversent dans le golfe du Mexique, ainsi que dans les grands lacs situés soit au-dessus, soit au-dessous des cataractes du Niagara. Elle manque dans tous les cours d'eau qui se rendent dans l'Atlantique entre l'Hudson et la Savannah. Dans les lacs qui servent de frontière entre les États-Unis et le Canada elle arrive vraisemblablement, grâce aux inondations printanières qui mettent en communication le fleuve de l'Illinois avec le lac Michigan et la rivière de Peters avec la rivière Rouge septentrionale; elle n'a pu pénétrer dans l'État de New-York que par le canal avant le creusement duquel le Trionyx féroce était absolument inconnu dans la région. On trouve cette Tortue en abondance dans le Wabash, rivière qui coule entre le territoire de l'Indiana et l'Illinois, et se jette, un peu avant sa jonction avec le Mississipi, dans l'Ohio.

Mœurs. — Par un beau temps, on voit le Trionyx féroce se chauffant au soleil sur les rochers qui sont à fleur d'eau; le plus souvent, toutefois, il reste caché entre les racines des plantes aquatiques, en train de guetter sa proie, qui se compose de poissons, de batraciens et d'oiseaux aquatiques. Vient-il à apercevoir un animal qui lui convient, il nage vers lui avec lenteur et, arrivé au point voulu, il projette sa tête en avant avec une rapidité telle que fort rarement sa victime lui échappe. Aux États-Unis les paysans redoutent beaucoup cette espèce en raison de la chasse active qu'elle fait aux poissons, aux jeunes canards et aux jeunes oies.

C'est vers la fin d'avril et le plus souvent en mai que les femelles recherchent, le long des rives des cours d'eau, des endroits sablonneux, très exposés au soleil, pour y effectuer leur ponte. Les œufs sont sphériques et la coque en est fragile; les œufs sont au nombre de cinquante à soixante.

La chair de cette espèce est fort délicate. On tue la Tortue au fusil; on s'en empare à l'aide de filets ou on la prend à l'aide d'hameçons amorcés de poissons, car elle est extrêmement vorace. Les individus adultes doivent être maniés avec grande précaution, car la Tortue capturée lance sa tête comme un trait avec une sûreté telle qu'elle manque rarement le but qu'elle veut atteindre; à l'aide de sa puissante mâchoire elle peut infliger de cruelles blessures et mutiler même la personne qui la manie imprudemment; on ne peut se figurer, si on ne l'a pas vu, à quelle distance l'animal peut projeter sa tête retirée sous la carapace.

LES TORTUES DE MER — *CHELONIIDA*

Meer-Schildkröten.

Caractères. — La troisième famille des Chéloniens, qui comprend les Tortues de mer, *Cheloniïda*, ou Thalassites, se compose d'animaux essentiellement aquatiques. Chez eux les membres sont transformés en nageoires dont les antérieurs sont beaucoup plus longues que les postérieures; ces pattes, changées en palettes, sont déprimées et engagées à ce point dans la peau, que les doigts, quoique distincts et fort longs, ne peuvent exécuter aucun mouvement les uns sur les autres; les pattes rappellent dans le groupe des Tortues, ce que l'on voit chez les Phoques parmi les les Mammifères, chez les Pingouins parmi les Oiseaux : ce sont des organes qui se sont modifiés en vue de l'habitat de l'animal. La carapace est fort déprimée, cordiforme, plus élargie à l'avant qu'à l'arrière.

Ni la tête ni les membres ne peuvent rentrer sous la carapace; le cou est court, épais, ridé; les yeux sont grands, pourvus de plaques sclérotiques fort développées. La queue, courte et tronquée, est recouverte d'écailles. « Les narines ne sont pas prolongées comme celles des Potamites; cependant l'orifice externe de leur canal nasal est surmonté d'une masse charnue dans l'épaisseur de laquelle on distingue le jeu des soupapes que l'animal soulève à volonté lorsqu'il est dans l'air, ou qu'il peut fermer exactement quand il plonge dans la profondeur des eaux. Cet appareil remarquable, qu'on retrouve aussi chez les Crocodiles, est proportionnellement plus développé chez des jeunes individus que chez les adultes (1). »

La tête des Tortues de mer a une forme toute particulière; elle est presque carrée dans la partie moyenne correspondante aux orbites. Les bords des os frontaux, pariétaux, mastoïdiens, temporaux et jugaux s'unissent entre eux et avec la caisse, pour former une voûte osseuse qui recouvre toute la région de la tempe et sous laquelle se trouvent de puissants muscles mastoïdiens qui agissent sur la mâchoire inférieure. Le museau est très court, les orbites fort grandes.

Le mouvement de rétraction du cou chez les Tortues de mer est presque nul, aussi les vertèbres de ces animaux présentent-elles un type tout spécial.

La carapace est toujours fort imparfaite et rappelle ce que l'on voit chez les Émydes, par exemple, lorsque ces animaux sont très jeunes; les côtes, au nombre de huit paires, ne sont jamais élargies ni soudées entre elles dans toute leur longueur; elles laissent vers le limbe des espaces qui, chez l'animal à l'état vivant, ne sont remplis que par des lames cartilagineuses, flexibles, parfois même complètement membraneuses (fig. 118). Le plastron est également très incomplet (fig. 119).

« Les Thalassites se nourrissent principalement de plantes marines. Ce sont, en effet, ces substances alimentaires dont on trouve leur estomac rempli. Il paraît cependant que quelques-unes, surtout celles qui exhalent une odeur de musc, comme le Caret et la Caouanne, font entrer dans leur nourriture la chair des Crustacés et de plusieurs espèces de Mollusques, tels que celle de la Seiche en particulier. Leurs mâchoires sont, en effet, robustes, comme le bec des oiseaux de proie, très solidement articulées, et leurs muscles très développés. Ce bec de corne, crochu en haut et en bas, est coupant sur ses bords, dont la tranche est mince d'ailleurs, et le plus souvent dentelé en scie; la mâchoire inférieure est reçue dans une rainure de la mandibule, comme la gorge d'une tabatière dans le couvercle qui l'emboîte, et l'autre bord interne de la rainure, celui qui correspond au palais, est en outre saillant, dentelé, de sorte que par le simple mouvement de pression exercé avec beaucoup de force, par l'excessif développement et les

(1) Duméril et Bibron, *Erpétologie générale*, t. II, p. 314.

attaches étendues du muscle crotaphyte sous la voûte des os pariétaux et des frontaux postérieurs, la substance saisie se trouve coupée trois fois de l'un et de l'autre côté de l'ouverture de la bouche. La langue, large, très charnue et mobile, quoique courte, sert à recueillir, à reporter de nouveau sous ces coupoirs dentelés la matière alimentaire. Elle la ramasse pour la diriger au-dessus de la glotte dans la cavité du pharynx, quoiqu'il n'y ait là ni épiglotte ni voile du palais (1). » L'œsophage est garni de longues pointes cornées tournées vers l'estomac; l'usage de cette disposition nous est en réalité inconnue (fig. 120).

Chez les Tortues de mer, tantôt il existe des plaques véritables, ainsi qu'on le voit chez les espèces qui composent la tribu des *Chelonina*, tantôt les éléments de la carapace sont comme disséminés sous forme de grains noyés dans la peau, ainsi que cela existe chez les *Shargidina*; les plaques centrales du bouclier peuvent être au nombre de treize (*Chelone*) ou de quinze au moins (*Thalassochelys*).

Distribution géographique. — Toutes les Thalassites vivent exclusivement dans la mer, parfois à des centaines de milles des côtes; elles ne se rendent à terre que pour pondre. On les trouve dans toutes les mers des pays chauds, principalement dans la zone torride, dans l'océan équinoxial, aux Antilles, principalement à Cuba, à la Jamaïque, à Saint-Domingue, aux Bahamas; dans l'océan Atlantique, les îles du cap Vert et de l'Ascension, sont les points où on les trouve avec le plus d'abondance; dans l'océan Indien elles fréquentent surtout Maurice, la Réunion, Madagascar, les Seychelles, Rodrigues; elles ne sont pas rares dans les parages des îles Sandwich et des Galapagos, et se réunissent en grand nombre au moment de la ponte sur quelques îlots déserts, surtout dans la mer des Antilles. Les individus que l'on trouve dans la Méditerranée semblent être des animaux égarés; la capture en est du reste rare dans cette mer. Certaines espèces ont une large répartition géographique; telle est la Tortue vergetée qui a été trouvée dans les parages de New-York, aux Antilles, à Rio de Janeiro, au cap de Bonne-Espérance, dans la mer Rouge, dans l'océan Indien, sur les côtes de la Nouvelle-Guinée. Le Caret est connu de la Havane, de Maurice, de l'Inde, de la Nouvelle-Guinée;

(1) Duméril et Bibron, *Erpétologie générale*, t. II, p. 315.

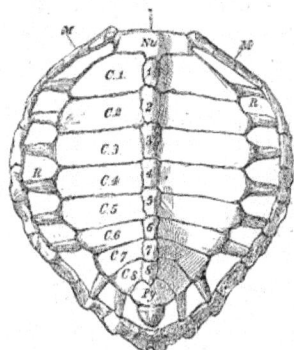

Fig. 118. — Dossière de *Chelone midas* (*).

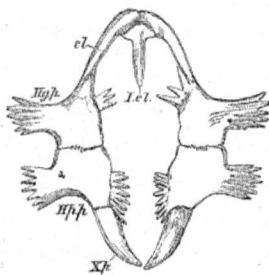

Fig. 119. — Plastron de *Chelone midas* (*).

d'autres espèces sont plus cantonnées, quoiqu'ayant cependant une aire de distribution
encore très grande; la Caouane se trouve
dans la Méditerranée et dans l'océan Atlantique, sur les côtes sud des États-Unis, sur les
côtes nord du Brésil; certaines espèces paraissent être spéciales à certains parages; c'est ainsi
que la Tortue de Dussumier ne se rencontre
que dans les mers de la Chine et sur les côtes
de la péninsule de l'Inde et de l'Indo-Chine;
la Tortue tachetée se prend dans les parages
de l'Inde, la Tortue marbrée principalement
près de l'île de l'Ascension.

Mœurs. — Les Tortues de mer se trouvent
souvent à de grandes distances de la terre
ferme; on les voit alors nager près de la surface de l'eau; parfois elles flottent et semblent
dormir; mais à la moindre alerte elles plongent et disparaissent avec une extrême rapidité. Elles nagent avec une vitesse telle, qu'elles semblent réellement voler. Dans les points
où on les rencontre habituellement, on en
voit parfois de véritables troupeaux, car elles
semblent être généralement très sociables.

Ces animaux sont doux et très timides.
« Plus prudente que courageuse, la Tortue de
mer se défend rarement; mais elle cherche à
se mettre à l'abri; et elle emploie toute sa
force à se cramponner, lorsque, ne pouvant
briser sa carapace, on cherche à l'enlever avec
cette couverture... La Tortue de terre a, de
tous les temps, passé pour le symbole de la

lenteur; les Tortues de mer devraient être
regardées comme l'emblème de la prudence.
Cette qualité qui, dans les animaux, est le fruit
de dangers qu'ils ont courus, ne doit pas
étonner dans ces Tortues, que l'on recherche

Fig. 120. — Œsophage retourné de Tortue de mer.

d'autant plus qu'il est peu dangereux de les
chasser et très utile de les prendre. Mais si
quelques traits de leur histoire paraissent
prouver qu'elles ont une sorte de supériorité
d'instinct, le plus grand nombre de ces mêmes
traits ne montrent, dans les grandes Tortues

(*) *Nu*, nuchale; *M*, marginales; *R*, côtes; 1-8, plaques
neurales; *C1*, *C8*, plaques costales; *Py*, plaque pygale
(d'après Huxley).

BREHM. — V.

(*) *Icl*, interclavicule; *cl*, clavicules; *Hyp*, hyoplastron;
Hpp, hypoplastron; *Xp*, xiphiplastron (d'après Huxley).

de mer, que des propriétés passives plutôt que des qualités actives. Rencontrant une nourriture abondante sur les côtes qu'elles fréquentent, se nourrissant de peu et se contentant de brouter l'herbe, elles ne disputent point aux animaux de leur espèce un aliment qu'ils trouvent toujours en assez grande quantité. Pouvant d'ailleurs, ainsi que les autres Tortues, passer plusieurs mois sans prendre aucune nourriture, elles forment un troupeau tranquille. Elles ne se recherchent point; mais elles se trouvent ensemble sans peine, et y demeurent sans contrainte. Elles ne se réunissent pas en troupe guerrière par un instinct carnassier pour s'emparer plus aisément d'une proie difficile à vaincre ; mais, conduites aux mêmes endroits par les mêmes goûts et par les mêmes habitudes, elles conservent une union paisible. Défendues par une carapace osseuse très forte, et si dure que des poids très lourds ne peuvent l'écraser, garanties par cette sorte de bouclier, mais n'ayant rien pour nuire, elles ne redoutent pas la société de leurs semblables, qu'elles ne peuvent à leur tour troubler par aucune offense. La douceur et la force pour résister sont donc ce qui distingue cette Tortue, et c'est peut-être à ces qualités que les Grecs firent allusion lorsqu'ils la donnèrent pour compagne à la beauté, lorsque Phidias la plaça comme un symbole aux pieds de sa Vénus (1). »

A certaines époques de l'année, les Tortues femelles abandonnent la haute mer et se dirigent vers des endroits déterminés, toujours les mêmes, où elles ont l'habitude d'aller pondre ; elles choisissent les endroits sablonneux de la rive d'îlots inhabités ; les mâles, d'après Dampierre, suivent les femelles dans ces voyages lointains, mais, au lieu de se rendre à terre avec elles, restent en mer, le long des côtes. Arrivée près de la rive, la Tortue s'en approche avec beaucoup de précautions, nageant à peu de distance de la rive et n'élevant que sa tête au-dessus de l'eau, tout en faisant entendre de forts sifflements, sans doute dans le but d'effrayer quelque ennemi caché. Lorsque tout est calme et silencieux et qu'elle ne soupçonne aucun danger, la Tortue s'approche enfin de la rive, après le coucher du soleil et se traîne sur le sable pour venir pondre souvent à une assez grande distance du littoral, car elle dépose toujours son précieux fardeau au-dessus de la

(1) De Lacépède, *Histoire naturelle des Quadrupèdes ovipares.*

ligne où s'élèvent les eaux dans les plus hautes marées. Autant la Tortue était méfiante et craintive avant d'aborder sur la terre ferme, autant elle perd toute prudence au moment de la ponte.

Le prince de Wied, qui a observé la ponte des Tortues franches, nous donne à ce sujet d'intéressants détails. « Notre présence, écrit-il, ne gênait nullement la Tortue dans l'accomplissement de son œuvre ; on pouvait la toucher et même la soulever, ce qui exigeait les efforts de quatre hommes réunis ; tandis que nous exprimions d'une manière bruyante notre surprise, la bête ne manifesta son impatience qu'en soufflant, à peu près comme font les oies quand on s'approche de leur nid. Elle poursuivit lentement le travail commencé à l'aide de ses pattes postérieures conformées en nageoires, et creusa ainsi dans le sable un trou cylindrique de 25 centimètres de large environ, en rejetant de part et d'autre, à côté d'elle, la terre affouillée, avec beaucoup d'adresse et de régularité, et presque en mesure. Ensuite, elle se mit immédiatement à pondre. Un de nos deux soldats s'étendit alors par terre et plongeant sa main jusqu'au fond du trou, il en rejeta tous les œufs au fur et à mesure qu'ils étaient pondus. Nous recueillîmes de la sorte cent œufs dans l'espace d'une dizaine de minutes. On agita alors la question de savoir s'il était opportun d'incorporer cette superbe bête dans notre collection ; mais le poids énorme de cette Tortue à laquelle il eût fallu consacrer exclusivement un de nos mulets, et la difficulté qu'on eût éprouvée à charger ce fardeau peu commode, nous déterminèrent à lui faire grâce de la vie et à nous contenter du tribut prélevé sur les œufs. Lorsque nous revînmes sur la rive, au bout de quelques heures, nous ne l'y retrouvâmes plus. Elle avait recouvert son trou, et les larges traces qu'elle avait laissées sur le sable nous prouvèrent qu'elle avait rampé de nouveau jusque dans son élément (1). »

Le prince de Wied écrit au sujet de ces Tortues : « Ce que l'expérience m'a appris c'est que, pendant la période d'été au Brésil, c'est-à-dire pendant les mois de décembre, de janvier et de février, ces animaux s'approchent des côtes en foules pour y enfouir leurs œufs dans le sable que chauffent les rayons brûlants du soleil. A ce point de vue toutes les Tortues

(1) *Contribution à l'histoire naturelle du Brésil.*

marines agissent de même, et ce qui a été dit au sujet du procédé usité dans l'accomplissement de cet acte, dont j'ai été témoin oculaire, s'applique à toutes ces créatures apparentées en raison de leur structure et de leur mode d'existence. Parmi les côtes inhabitées que j'ai parcourues, les plus propices à leur ponte sont : celle qui s'étend, sur une longueur de 18 milles entre l'embouchure de Rio-Doce et celle du Saint-Matthieu, celle qui est comprise entre ce dernier fleuve et le Mucuri, et plusieurs autres régions riveraines que ne rendent pas inaccessibles des bords élevés et abrupts contre lesquels se brisent les vagues. A l'époque de la ponte, le voyageur trouve souvent, dans le sable des côtes, des endroits marqués de deux gouttières parallèles indiquant le chemin qu'ont suivi les Tortues en montant sur la terre ferme. Ces sillons sont les traces laissées par les quatre pattes-nageoires ; entre eux on remarque une large empreinte due au plastron de leur corps si pesant. En remontant la plage sablonneuse jusqu'à une distance de trente ou quarante pas du bord, le long de ces traces, on peut trouver cette grande et lourde bête, immobile dans le creux lisse et peu approfondi qu'elle a formé en pivotant et dans lequel elle est à moitié cachée. Quand tous ses œufs ont été déposés ainsi qu'il a été décrit, la Tortue repousse le sable amassé de chaque côté, et, après l'avoir foulé fortement, elle retourne à son élément en parcourant, aussi lentement qu'à son arrivée, le chemin tracé précédemment. »

Contrairement à ce qu'indique la relation du prince de Wied, Tennent dit qu'on a constaté une certaine ruse chez les Tortues qui pondent sur la côte de Ceylan. Elles chercheraient à dissimuler leurs nids en compliquant leur route par de vastes détours et en retournant à la mer en des endroits tout différents. Les Cingalais seraient, par suite, obligés de rechercher leur trace tout entière et d'explorer le sol à l'aide d'un bâton, ne pouvant jamais prévoir le point où se trouve le nid.

La première ponte ne paraît pas épuiser la provision d'œufs de la femelle fécondée ; celle-ci revient au bout de quelque temps à la même place pour confier à la terre, qui les couvera maternellement, un nombre égal de nouveaux œufs, mûris dans l'intervalle ; ainsi le chiffre total des œufs pondus par une femelle adulte peut s'élever à trois ou quatre cents. Les écrivains anciens et modernes, qui ont eu l'occasion d'étudier la ponte des *Chelone viridis*, s'accordent à dire que cet animal pond en plusieurs fois, généralement à deux ou trois semaines d'intervalle, et qu'il dépose chaque fois des œufs en nombre plus ou moins constant. Le retour de certaines femelles déterminées a pu être établi, dans quelques lieux d'incubation, avec certitude. Dans les îles de Tortugas, qui constituent un des lieux d'incubation les plus recherchés de l'Amérique centrale, on avait, d'après Strobel, captivé diverses *Chelone viridis*, et on les avait marquées ; on les avait ensuite transportées à Key Ouest, et on les avait enfermées là dans un enclos. Un orage détruisit l'enclos et mit les captives en liberté. Peu de jours après on les captura de nouveau à la même place, c'est-à-dire dans les mêmes circonstances que la première fois.

L'époque à laquelle s'effectue la ponte varie suivant les régions. Dans le détroit de Malacca elle a lieu pendant les mêmes mois que sur les côtes du Brésil ; sur les îles Tortugas ce fait a lieu du mois d'avril au mois de septembre ; sur la côte d'Or elle s'effectue, suivant Loyer, entre septembre et janvier. Les œufs éclosent du quinzième au vingt et unième jour. La chaleur du soleil suffit pour amener l'éclosion. Trois semaines environ après la ponte on voit sortir du sable des myriades de petites Tortues qui ont au plus 2 ou 3 pouces de longueur ; elles sont blanches, comme ridées, et leur carapace n'est pas encore formée. Par un instinct naturel, elles se dirigent vers la mer ; c'est à ce moment que beaucoup d'entre elles sont la proie de Mouettes, de Hérons et d'une foule d'oiseaux carnassiers qui épient le moment où elles sortent du sable ; parviennent-elles à travers mille dangers à échapper au bec des oiseaux et à gagner la mer, que beaucoup d'entre elles sont dévorées par de voraces poissons ou des crocodiles qui se placent en embuscade pour les happer au passage.

Chasse aux Tortues. — Si les jeunes Tortues de mer sont chassées par de nombreux animaux, les adultes trouvent dans l'homme un véritable ennemi. Les Tortues marines sont, en effet, les Reptiles qui sont les plus utiles à l'homme ; aussi dans les régions où elles sont particulièrement abondantes leur capture devient-elle fort importante. On les recherche pour en avoir la viande, la graisse, les œufs, la carapace, les écailles.

On emploie divers procédés pour s'emparer

des Tortues de mer. « Sur les côtes de la Guyane, nous apprend de Lacépède, on les prend avec une sorte de filet nommé *folle*; il est large de 15 à 20 pieds, sur 40 ou 50 de long. Les mailles ont 1 pied d'ouverture en carré, et le fil a une ligne et demie de grosseur. On attache de deux en deux mailles deux *flots* d'un demi-pied de longueur faits d'une tige épineuse, que les Indiens nomment *moucou-moucou*, et qui tient lieu de liège. On attache aussi au bas du filet quatre ou cinq grosses pierres, du poids de 40 à 50 livres, pour le tenir bien tendu. Aux deux bouts qui sont à fleur d'eau, on met des bouées, c'est-à-dire de gros morceaux de *moucou-moucou*, qui servent à marquer l'endroit où est le filet. On place ordinairement les *folles* fort près des îlots, parce que les Tortues vont brouter des espèces de *fucus* qui croissent sur les rochers dont ces petites îles sont bordées.

« Les pêcheurs visitent de temps en temps les filets. Lorsque la *folle* commence à *caler*, suivant leur langage, c'est-à-dire lorsqu'elle s'enfonce d'un côté plus que de l'autre, on se hâte de la retirer. Les Tortues ne peuvent se dégager aisément de cette sorte de rets, parce que les lames d'eau, qui sont assez fortes près des îlots, donnent aux deux bouts du filet un mouvement continuel qui les étourdit ou les embarrasse. Si l'on diffère de visiter les filets, on trouve quelquefois les Tortues noyées. Lorsque les Requins et les Espadons rencontrent des Tortues prises dans la *folle*, et hors d'état de fuir et de se défendre, ils les dévorent et brisent le filet. Le temps de *foller* la Tortue franche est depuis janvier jusqu'en mai. »

On rencontre assez souvent à de grandes distances de la côte des Tortues dormant et se laissant aller au gré des flots. Dans les mers du Sud, des plongeurs habiles arrivent sous l'animal qu'ils parviennent ainsi à saisir en le renversant brusquement sur le dos. Il faut être très exercé pour s'emparer de cette manière des Tortues de mer, car elles ont l'ouïe fort fine et s'enfoncent sous l'eau avec une extrême rapidité au moindre bruit. Assez souvent, lorsque les Chélones viennent à la surface de l'eau pour respirer, on s'en empare en les harponnant à l'aide d'un javelot à pointe acérée portant un anneau auquel une corde est attachée. L'animal blessé plonge de suite en entraînant la corde à l'aide de laquelle on l'amarre à la hampe avec laquelle se fait cette pêche.

Dans certains parages on profite du moment où les femelles ont, de temps immémorial, l'habitude de se rendre sur certains îlots déserts pour y faire leur ponte, pour s'en emparer facilement. « Les Indiens, écrit le prince de Wied, sont les plus cruels ennemis des Tortues de mer; ils découvrent chaque jour plusieurs de ces animaux sur le point de déposer leurs œufs et les tuent alors facilement, car autant les Tortues sont agiles dans l'eau, autant elles sont lentes et maladroites à terre.

« Certaines côtes du Brésil qui n'offrent aux regards attristés que du sable et de sombres forêts, présentent à perte de vue l'image de la destruction et de la mort; des crânes, des carapaces, des squelettes entiers gisent en foule sur toute la rive, dépouillés par les Oiseaux de proie de la chair laissée par les Indiens. Les Tortues marines sont tuées à cause de l'huile contenue dans leur chair; les indigènes les font cuire, et recueillent dans des corbeilles tous les œufs qui viennent d'être pondus. Au moment de la ponte on rencontre, en ces parages déserts, de nombreuses troupes d'Indiens; ils construisent même des cabanes en feuilles de palmier pour s'installer pendant plusieurs jours, parfois même pendant plusieurs semaines et se livrer à leur récolte d'œufs et de viande. »

Sur tous les points où les Thalassites ont l'habitude d'aller pondre, les matelots qui se sont transportés dans ces parages, attendent, cachés et silencieux, que les Tortues aient abordé et se soient avancées assez avant dans l'intérieur des terres. Lorsque les chasseurs surgissent trop tôt, les Tortues se hâtent de regagner la mer et dans les endroits où le sol offre une certaine pente, elles parviennent souvent à échapper en se laissant glisser à la mer. Lorsque les chasseurs surprennent les Tortues en train de pondre ils se contentent, pour leur couper la retraite, de les renverser sur le dos à l'aide de leviers. Les malheureuses Tortues ont beau s'agiter en tous sens, elles ne rencontrent aucun point d'appui sur le sable et ne peuvent se retourner (Pl. III). « On les retrouve le lendemain à la place où on les avait renversées; on les transporte alors avec des civières sur les navires; on les laisse là sur le pont dans la même position pendant une vingtaine de jours, en ayant seulement le soin de les arroser d'eau de mer plusieurs fois dans la journée; on les dépose ensuite dans des

Paris, J. B. Baillière et Fils, édit.

CHASSE AUX TORTUES DE MER.

parcs pour les retrouver au besoin (1). »

Dans les bassins remplis d'eau de mer dans lesquels on les conserve, les Tortues de mer nagent avec lenteur. Les animaux en captivité refusent presque toujours la nourriture qui leur est offerte, aussi maigrissent-elles assez rapidement et dès lors diminuent de valeur commerciale.

Les Tortues qui arrivent sur les marchés européens viennent généralement de l'Inde occidentale et principalement de la Jamaïque. On les place sur le dos en quelque endroit convenable du pont du navire qui doit les transporter en Europe, on les assujettit à l'aide de cordes et on étend sur elles des linges qu'on a soin d'arroser d'eau de mer assez fréquemment pour qu'elles soient constamment mouillées ; on met dans la bouche des pauvres bêtes un morceau de pain trempé dans l'eau de mer, et pour le reste on s'en fie à l'extraordinaire vitalité de ces animaux. Arrivées en Europe, les Tortues sont mises dans de grandes cuves dont on change l'eau tous les deux ou trois jours. On les tue ensuite en leur coupant la tête ; on les suspend pendant un certain temps afin que le sang puisse s'écouler: c'est alors seulement que leur chair peut servir à la préparation de la soupe si estimée des amateurs.

Dans certaines régions on s'empare des Thalassites à l'aide d'un procédé fort singulier ; on emploie pour cette pêche des poissons vivants qu'on dresse pour ainsi dire comme on dresserait des chiens pour la chasse.

Ce poisson est connu sous le nom de Rémora, de Naucrate, de Sucet, d'Échénéis ; on le reconnaît facilement à une plaque ovalaire située à la partie supérieure de sa tête. Cette plaque se compose d'un appareil très compliqué de pièces osseuses disposées suivant deux rangées, comme les planchettes de ces sortes de jalousies que l'on nomme des persiennes. Toutes ces lamelles ont leurs bords libres munis de petits crochets et peuvent être mues sur leur axe au moyen de muscles particuliers. En raison de la disposition et de la mobilité dont jouissent ces lamelles, en raison de l'élasticité du bourrelet qui forme le pourtour du disque, celui-ci agit comme une véritable ventouse à l'aide de laquelle le poisson peut se fixer aux corps les plus polis. Nous

(1) Duméril et Bibron, Erpétologie générale, t. II, p. 523.

devons dire que le disque représente une nageoire dorsale déplacée et modifiée.

Ajoutons que les Échénéis sont des poissons au corps allongé, en forme de fuseau, couvert de petites écailles enduites d'un mucus fort épais, que la tête est large, aplatie en dessus, que la bouche est peu fendue, que la mâchoire inférieure est plus avancée que la supérieure, que la nageoire dorsale est reculée, opposée à l'anale, que la coloration est foncée, de teinte uniforme. Les Échénéis se trouvent dans toutes les mers chaudes et tempérées, et certaines espèces, telles que le Rémora, ont une large distribution géographique.

C'est à l'aide du poisson que nous venons de faire connaître que se fait la chasse de la Tortue de mer. Commerson nous a laissé à ce sujet de curieux détails :

« On attache à la queue d'un *Naucrates* vivant un anneau d'un diamètre assez long pour ne pas incommoder le poisson, et assez étroit pour être retenu par la nageoire caudale. Une corde très longue tient à cet anneau. Lorsque l'Échénéis est préparé, on le renferme dans un vase plein d'eau salée, qu'on renouvelle très souvent, et les pêcheurs mettent le vase dans leur barque. Ils voguent ensuite vers les parages fréquentés par les Tortues marines. Ces Tortues ont l'habitude de dormir souvent à la surface de l'eau, sur laquelle elles flottent ; et leur sommeil est alors si léger, que l'approche la moins bruyante d'un bateau pêcheur suffirait pour les réveiller et les faire fuir à de grandes distances ou plonger à de grandes profondeurs.

« Mais voici le piège qu'on tend de loin à la première Tortue que l'on aperçoit endormie. On remet dans la mer le Naucrates garni de sa longue corde ; l'animal, délivré en partie de sa captivité, cherche à s'échapper en nageant de tous les côtés. On lui lâche une longueur de corde égale à la distance qui sépare la Tortue marine de la barque des pêcheurs. Le Naucrate, retenu par ce lien, fait d'abord de nouveaux efforts pour se soustraire à la main qui le maîtrise ; sentant bientôt, cependant, qu'il s'agite en vain et qu'il ne peut se dégager, il parcourt tout le cercle dont la corde est en quelque sorte le rayon, pour rencontrer un point d'adhésion et, par conséquent, un peu de repos. Il trouve cette sorte d'asile sous le plastron de la Tortue flottante, s'y attache fortement par le moyen de son bouclier, et donne ainsi aux pêcheurs, auxquels il sert de crampon, le moyen de tirer à eux la Tortue en retirant la corde. » On détache alors l'Échéneis en poussant le poisson en avant, de manière à rabattre les lamelles du disque et à vaincre ainsi la force de son adhérence.

L'étrange procédé de pêche à l'aide du Rémora était connu de Christophe Colomb, ainsi que nous l'apprend Conrad Gesner dans son curieux ouvrage sur le *Reversus* ou *Guaicano*. Pierre Martyr, dans un écrit paru en 1532, Hernando de Oviedo, dans son *Histoire des Indes*, publiée en 1535, parlent de la pêche de la Tortue au moyen de poissons et disent que ce procédé était fort usité en Amérique.

Dans son *Nouveau système de géographie*, Midleton nous apprend que les indigènes de la côte de Natal et les habitants de Madagascar pêchent les Tortues de mer d'une manière analogue. « Ils prennent vivant un poisson nommé Rémora, dit ce voyageur, et fixent deux cordes, l'une à sa tête, l'autre à la queue; ensuite ils le plongent au fond de l'eau à l'endroit où ils jugent qu'il doit y avoir des Tortues, et lorsqu'ils sentent que l'animal s'est attaché à une Tortue, ce qu'il fait bientôt, ils tirent à eux le Rémora et avec lui la Tortue. »

Usages alimentaires. — Dans l'Inde et principalement à Ceylan on fait grand usage des Tortues de mer dans l'alimentation. Un spectacle des plus repoussants s'offre, d'après Tennent, sur les marchés publics de Ceylan, aux regards des visiteurs. On voit les Tortues capturées subir les plus effroyables supplices. La carapace est arrachée à l'animal vivant et on découpe sur la pauvre bête en vie le morceau que l'on désire acheter. Les Européens voient avec indignation ces malheureuses créatures, dont la résistance vitale est si grande, dépecées ainsi par lambeaux, pendant que le cœur, qui est, en général, acheté en dernier, continue à battre et que les yeux s'agitent convulsivement.

Ce sont les Tortues franches et principalement la Tortue verte (*Chelonia viridis*) dont on recherche la chair pour l'alimentation. La Caouane (*Chelone Caouana*) sent, en effet, tellement le musc, qu'elle est absolument immangeable; on prétend cependant que les nègres en salent parfois la viande; on retire de cette espèce une huile fort abondante qui ne peut être employée pour les aliments, car son odeur est des plus désagréables, mais qui sert dans l'industrie pour la préparation des cuirs.

La chair de la Tortue imbriquée (*Chelonia imbricata*) n'est guère mangeable; elle provoquerait, d'après les navigateurs, de la diarrhée, des vomissements et des ulcérations.

Il n'est pas jusqu'à la chair de la Tortue franche qui, dans certaines circonstances encore mal connues, ne puisse donner lieu à des accidents parfois très graves. On évite, à Ceylan et dans l'Inde, de manger la viande des Tortues marines à certaines époques de l'année. A Pentura, au sud de Columbo, en octobre 1840, vingt-huit personnes qui avaient fait usage de cette nourriture tombèrent malades peu d'heures après; quatorze d'entre elles succombèrent dans la nuit suivante; les autres se rétablirent lentement et affirmèrent que la viande qui avait occasionné d'aussi graves accidents ne paraissait différer de la viande saine que par une proportion plus considérable de matière grasse.

Les œufs de la plupart des Thalassites sont recherchés, car ils passent pour très savoureux, bien que le blanc ne se coagule pas par la cuisson et qu'il ait une teinte verdâtre; c'est le jaune qui est surtout très estimé, car il a un goût fort délicat.

La graisse des Tortues de mer, surtout celle de la Tortue franche, lorsqu'elle est fraîche, peut remplacer l'huile dans la préparation des aliments.

Usages industriels. — Pour terminer l'histoire des Tortues de mer, il nous reste à parler de la matière si estimée dans l'industrie et connue sous le nom d'*écaille*.

« Quoique la plupart des espèces de Tortues aient la carapace, le plastron et le dessus de la tête recouverte de plaques écailleuses, elles n'ont pas, en général, assez d'épaisseur, et l'on recherche presque uniquement les lames qui proviennent de l'espèce de Chélonée qu'on nomme vulgairement le *Caret*, mais que les naturalistes appellent la Tuilée (*Chelone imbricata*). Dans cette espèce, en effet, les treize plaques vertébrales et costales qui recouvrent la carapace, au lieu de se joindre par leurs bords en se pénétrant réciproquement, sont placées en recouvrement les unes sur les autres de sorte qu'elles se superposent et se dépassent réciproquement sur un grand tiers de leur étendue. Il arrive de là que leur bord libre est généralement plus mince que celui par lequel il a adhéré à la carapace (1). »

(1) Duméril et Bibron, *Erpétologie générale*, t. II, p. 526.

L'écaille ne se sépare de la carapace que sous l'influence d'une chaleur assez vive, aussi pour se procurer cette précieuse substance, suspend-on les Tortues au-dessus d'un feu ardent; aussitôt les écailles se redressent et se détachent alors avec la plus grande facilité. Les Chinois, qui estiment que la matière de l'écaille peut se détériorer sous l'action de la chaleur sèche, la détachent à l'aide de l'eau bouillante; après avoir fait subir cette cruelle opération à la Tortue vivante, ils la remettent dans la mer, persuadés qu'ils sont que l'écaille se reformera et qu'ils pourront reprendre l'animal plus tard; il est peu probable cependant que la matière de l'écaille se reforme dans ces conditions, quand bien même la Tortue ne succomberait pas aux barbares traitements auxquels elle a été soumise.

Les lames ainsi détachées se présentent sous la forme de plaquettes minces qui varient beaucoup pour la coloration. Il en est de translucides avec une série de marbrures d'un jaune de miel et d'un brun rougeâtre, fort irrégulièrement disposées; d'autres sont marquées de grandes taches brunâtres disposées en série, en bandes; d'autres encore sont presque opaques et de couleur brune ou noirâtre.

A l'état brut, la substance de l'écaille est très cassante; de plus, il est rare d'avoir des morceaux de la grandeur voulue; aussi met-on à profit la précieuse faculté qu'a cette substance de se souder à chaud à elle-même, de se fondre pour prendre toutes les formes désidérables, de recevoir, par incrustation, des matières diverses. L'écaille brute subit plusieurs préparations, et nous croyons ne pouvoir mieux faire que de transcrire ici les intéressants renseignements que Duméril et Bibron ont donnés sur ces procédés:

« D'abord les lames de l'écaille, écrivent ces savants auteurs, au moment où on les détache de la carapace, présentent différentes courbures; elles sont d'épaisseur inégale, et malheureusement elles sont souvent trop minces, au moins dans une grande partie de leur étendue. Pour les redresser, il suffit de les laisser plonger dans de l'eau très chaude; après quelques minutes de cette immersion, on peut les retirer et les placer entre des lames de métal ou entre des planchettes d'un bois compacte, solide et bien dressé, au milieu desquelles, au moyen d'une pression convenable, on les laisse refroidir; dans cette état elles conservent la forme plate que l'on désire.

Après les avoir ainsi étalées, on les gratte, on les aplanit avec soin, à l'aide de petits rabots, dont les lames dentelées sont disposées de manière à obtenir par leur action bien ménagée, des surfaces nettes avec la moindre perte de substance qu'il est possible d'obtenir.

« Quand ces plaques sont amenées à une épaisseur et à une étendue suffisantes, elles peuvent être employées chacune séparément, mais cependant le plus souvent on les soumet encore à une préparation que nous allons faire connaître. Par exemple, quand elles sont trop minces, ou quand elles n'ont pas la longueur et la largeur désirables, on emploie des procédés à l'aide desquels, tantôt, pour obtenir de plus grandes lames, on en soude deux entre elles, de manière que les parties minces de l'une correspondent aux plus épaisses de l'autre, et réciproquement; tantôt, en taillant les bords de deux ou trois pièces en biseaux réguliers de 2 ou 3 lignes de largeur, on place ces bords avivés les uns sur les autres. Dans cet état, on dispose les plaques entre les lames métalliques légèrement rapprochées à l'aide d'une petite presse, dont on augmente l'action quand le tout est plongé dans l'eau bouillante, et par ce procédé on les fait se confondre ou se joindre entre elles, de manière à ce qu'il devienne impossible de distinguer la trace de cette soudure.

« C'est presque constamment au moyen de la chaleur de l'eau, en état d'ébullition, qu'on obtient ces effets. La matière de l'écaille se ramollit tellement sous l'action du calorique, qu'on peut agir sur elle comme sur une pâte molle, sur une pâte flexible et ductile à laquelle on imprime par la pression dans des moules métalliques toutes les formes désirables; des goujons, ou repères, reçus dans des trous correspondants, maintiennent les pièces en rapport. Quand elles sont arrivées au point convenable, on retire l'appareil et on le plonge dans l'eau dont la température est très basse et où il reste assez longtemps pour que la matière conserve, par le refroidissement, la forme qu'elle a reçue.

« L'opération de la soudure s'obtient par un procédé qui dépend de la même propriété dont jouit l'écaille de se ramollir sous l'action de la chaleur. L'ouvrier taille en biseau régulier ou en chanfrein, les deux bords qui doivent se joindre. Il a soin de les tenir très vifs et très propres, en évitant d'y poser les mains et même de les exposer à l'action de l'haleine ou de la vapeur de sa respiration, car le moindre corps gras pourrait nuire à l'opération. Il affronte les surfaces, il les maintient à l'aide de papiers légèrement humectés et dont les feuillets, posés à plat, ne sont retenus que par des fils très déliés. Les choses ainsi disposées, il soumet le tout à l'action d'une sorte de pinces métalliques à mors plats, serrées par des leviers vers leur partie moyenne. Ces pinces sont chauffées à la manière des fers à presser les cheveux dans les papillottes ; leur température est assez élevée pour faire roussir légèrement le papier. Pendant cette action de la chaleur, l'écaille se ramollit, se fond et se soude sans intermédiaire.

« Enfin aucune portion de l'écaille ne reste perdue dans les arts ; les rognures et la poudre qui résulte de l'action de la lime, sont réunies avec des fragments plus ou moins étendus, et le tout est placé dans des moules en bronze, formés de deux pièces entrant l'une dans l'autre, comme les fractions qui constituent la masse d'un poids de marc. On remplit ces moules de la matière, de manière à ce qu'elle soit en excès ; on l'expose à l'action de l'eau bouillante, après l'avoir serré légèrement. Peu à peu et à mesure que l'écaille se ramollit, on agit sur la vis de pression qui rapproche les deux parties du moule jusqu'à ce que les points de repère indiquent que l'épaisseur de la pièce est telle qu'on la désire.

« Tels sont, d'une manière générale, les procédés de l'industrie qui s'exerce sur la matière de l'écaille dans laquelle on incruste des lamelles d'or alliées et diversement colorées, pour former de petites mosaïques que l'on polit ensuite à l'aide de moyens appropriés et pour tous les autres usages. »

LES CHÉLONÉES — *CHELONIA*

Caractères. — Les Chélonées se reconnaissent facilement, parmi les Tortues de mer, à leur carapace couverte de lames cornées ou écailleuses.

Bien que les Chélonées forment, en réalité, un groupe très naturel, certains zoologistes y ont admis deux genres. Chez les Chélonées proprement dites, les plaques centrales de la dossière sont au nombre de treize, tandis qu'on compte au moins quinze plaques chez les Thalassochélys. Nous pensons qu'à l'exemple de

Duméril et Bibron, il est préférable de n'admettre que trois sections, qui sont :

1° *Les Chélonées franches.* — Plaques du disque non imbriquées et au nombre de treize. Un ongle au premier doigt de chaque patte. Museau court, arrondi. Mâchoire supérieure offrant une légère échancrure en avant et de faibles dentelures sur les côtés ; l'étui corné de la mâchoire inférieure formé de trois pièces et ayant ses côtés profondément dentelés en scie.

2° *Les Chélonées imbriquées.* — Plaques du disque imbriquées et au nombre de treize. Museau long et comprimé. Mâchoires à bords droits sans dentelures, recourbées légèrement l'une vers l'autre à leur extrémité. Deux ongles à chaque nageoire.

3° *Les Chélonées caouanes.* — Plaques de la carapace non imbriquées, au nombre de quinze au moins. Mâchoires légèrement recourbées l'une vers l'autre à leur extrémité.

LA TORTUE FRANCHE. — *CHELONIA VIRIDIS.*

Suppen-Schildkröte.

Caractères. — La Tortue franche (*Chelonia viridis, midas, esculenta, Euchelys macropus*) est un animal qui peut atteindre 2 mètres de long et arriver au poids de plus de 500 kilogrammes. On la reconnaît aux caractères suivants : la carapace est subcordiforme, peu allongée, de couleur jaune avec des taches de couleur marron, glacé de verdâtre ; le sternum est jaune ; le dos est arrondi, les écailles vertébrales sont hexagonales, subéquilatérales.

Distribution géographique. — A l'exception de la Méditerranée, la Tortue franche se trouve dans toutes les mers des zones tempérées et tropicales. On l'a observée depuis les Açores jusqu'au cap de Bonne-Espérance, le long des côtes orientale et occidentale de l'Afrique, sur la côte atlantique de l'Amérique depuis le 34e degré de latitude nord, jusqu'à l'embouchure de la Plata, dans l'océan Pacifique depuis le Pérou jusqu'en Californie, enfin dans l'océan Indien, depuis les Mascareignes, le canal de Mozambique, la mer Rouge, jusqu'aux îles de la Sonde, les Philippines, le nord de l'Australie ; on a trouvé dans le nord-ouest de l'Amérique et sur les côtes d'Europe quelques individus égarés. Pour ne citer que quelques points où l'espèce a été indiquée, nous pouvons mentionner les Canaries, les Açores, l'Ascension, le cap Mozambique et

Fig. 121. — Le Caret (1/20e de grand. nat.).

Zanzibar, les îles de la Sonde, la Nouvelle-Guinée, le détroit de Torrès, les Fidji, les Carolines, le sud de la Californie, les Galapagos, le Pérou, le Chili, la république Argentine, le Brésil, la mer des Antilles.

Mœurs. — Cette espèce se nourrit principalement de matières végétales et particulièrement de fucus. Les endroits où les Tortues franches se tiennent habituellement sont remplis de débris de ces végétaux flottant à la surface de la mer. Audubon et Holbrock, qui ont pu observer l'espèce dans la partie sud des États-Unis, rapportent qu'elle préfère surtout le *Zostera marina* que l'on nomme communément l'*herbe aux Tortues*.

LE CARET. — *CHELONIA IMBRICATA.*

Karettschildkröte

Caractères. — Le Caret (*Chelonia imbricata, caretta, rostrata, Eretmochelys squamata*) n'arrive jamais à une aussi grande taille que la Tortue franche. Le principal caractère de l'espèce est tiré de l'imbrication des plaques du disque; la

BREHM. — V.

carapace est relevée en une carène plus ou moins saillante en son milieu; le bord postérieur du limbe est fortement dentelé (fig. 121). La partie supérieure du corps est généralement jaune, jaspée de brun; les plaques de la tête sont de même couleur. Les individus jeunes ont le bord postérieur des plaques du sternum noirâtre. On peut voir dans les collections du muséum d'histoire naturelle de Paris une Tortue caret dont les écailles sont jaunes, avec des raies de couleur marron clair, disposées en long sur les vertébrales et en rayons sur les costales.

Distribution géographique. — Cette espèce est aussi largement répandue que la Tortue franche dont nous avons précédemment écrit l'histoire; elle est toutefois particulièrement abondante dans la mer des Antilles, à Cuba, à la Jamaïque, à la Martinique, à la Trinidad; elle a été capturée dans le golfe du Mexique, dans la partie méridionale des États-Unis, aux Bahamas, au Brésil, à la république Argentine, au Pérou, au Chili, au Cap, à Mahé, à Madagascar, à Zanzibar, au Japon, sur les côtes de Chine, aux Philippines, aux Nicobar et Andaman, aux îles de la Sonde, à Timor, à la Nouvelle-Hollande, dans le détroit de Torrès, à la Nouvelle-Guinée, à Waigiou, à Oualan, à Taïti, à la Nouvelle-Calédonie, aux Carolines, et en de nombreux points encore.

Mœurs. — La Tortue franche est essentiellement herbivore ; le Caret passe pour presque exclusivement carnassier: Catesby rapporte, d'après les pêcheurs américains, qu'on trouve de grands coquillages à moitié dévorés par cette Tortue qui se nourrit certainement de Céphalopodes, tels que Poulpes et Calmars, qui paraissent communiquer à sa chair une odeur de musc toute particulière.

De même que les Tortues franches, les Carets reviennent pondre chaque année aux mêmes points. En 1826, rapporte Tennent, on captura aux environs de Hambangtotte un Caret qui portait à l'une des nageoires un anneau qui lui avait été attaché trente ans auparavant au moment de la ponte et au même endroit.

LA COUANE. — CHELONA CAOUANA.

Caractères. — La carapace de cette espèce est un peu allongée, unie chez l'adulte, tricarénée et à bord marginal dentelé chez le jeune ; les mâchoires sont légèrement recourbées l'une vers l'autre à leur extrémité. Les pattes sont pourvues de deux ongles. Le dessus du corps est d'un brun marron foncé ; les membres, qui ont même couleur, sont bordés de jaunâtre ; la tête est d'un brun marron parfois très clair ; le plastron est d'un jaune plus ou moins foncé suivant les individus. Chez les jeunes, la carapace est ordinairement rayée de brun. La taille arrive à près d'un mètre et demi.

Distribution géographique. — Cette espèce qui se trouve dans la Méditerranée est surtout commune dans l'océan Atlantique ; elle a été également capturée à Ceylan, sur les côtes de l'Inde et de l'Australie.

LES TORTUES LUTH — DERMATO-CHELYS

Lederschildkröte.

Caractères. — Parmi les Thalassites, les Dermatochelys se reconnaissent facilement à leur corps enveloppé d'une peau coriace et fort épaisse qui recouvre complètement les os de la carapace et ceux du sternum. Les doigts sont privés d'ongles.

Au lieu de se réunir en pièces distinctes, soudées au splanchno-squelette, le dermo-squelette est complètement indépendant ; les vertèbres, les côtes restent absolument distinctes, ce qui est une exception unique dans le groupe de Tortues. La carapace n'est plus représentée que par de petites pièces en forme de mosaïque, noyées dans la peau ; chez les individus jeunes la peau est revêtue d'écailles tuberculeuses, dont les unes sont convexes et circulaires, les autres aplaties et polygonales.

LE LUTH. — DERMATOCHELYS CORIACEA.

Luth.

Caractères. — La carapace de la Tortue Luth est en forme de cœur ; l'extrémité postérieure est fort pointue et l'antérieure présente trois bords très infléchis en dedans. On voit sur cette carapace sept carènes longitudinales un peu dentelées en scie, surtout chez les individus adultes, arrondies au contraire chez les jeunes. La face inférieure du corps est molle et flexible, mais chez les jeunes, elle présente cinq carènes longitudinales cartilagineuses, au-dessous desquelles se voit la trace d'un écusson osseux. Chez les jeunes, la tête, le cou et les membres sont recouverts d'écussons qui disparaissent peu à peu avec l'âge. La coloration est d'un brun sombre, tacheté de brun clair ou de jaunâtre ; la tête est brune ; les membres sont noirâtres, bordés de jaune, ce qui est aussi la couleur de la gorge et des mâchoires (fig. 122).

Le Luth est une des Tortues pouvant arriver à la plus grande taille ; elle dépasse souvent 2 mètres de longueur et peut peser jusqu'à 600 kilogrammes.

Distribution géographique. — Bien que cette espèce ait été observée en divers points de la mer Rouge et de l'océan Indien, elle paraît être plus particulièrement spéciale à l'océan Atlantique ; c'est, en tous cas, une espèce de haute mer que l'on ne capture que rarement. Il est curieux de noter qu'on ne la connaît guère dans les collections que par des individus très jeunes ou de très grande taille. Elle a été prise plusieurs fois sur les côtes d'Europe. Rondelet, qui écrivait en l'année 1558, parle d'une Tortue Luth, longue de 5 coudées, qui avait été capturée à Frontignan sur les côtes du Languedoc. Amoreux mentionne

Fig. 122. — Le Luth (1/20ᵉ de grand. nat.).

un individu pêché dans le port de Cette ; Delafont a décrit un exemplaire échoué en 1729, à l'embouchure de la Loire ; en 1756 enfin, un autre individu a été capturé sur les côtes de Cornouailles en Angleterre, d'après Borlase.

Mœurs. — Nous ne savons que fort peu de chose au sujet de la Tortue Luth. Sa nourriture paraît consister presque uniquement en poissons, mollusques et crustacés. D'après le prince de Wied, elle pond sur les côtes sablonneuses du Brésil ; chaque femelle se rend sur les lieux où la ponte doit s'effectuer quatre fois chaque année, à quinze jours d'intervalle, et y dépose chaque fois de dix-huit à vingt douzaines d'œufs. Cette assertion est confirmée, au moins indirectement, par Tickell. Le 1ᵉʳ février 1862, en effet, une *Dermatochelys coriacea*, guettée sur la côte du Tenasserim, auprès de l'embouchure du fleuve Yu, par des paysans Burnesiens, après avoir pondu une centaine d'œufs, fut capturée par eux ; on trouva dans l'ovaire de cet animal plus de mille œufs à tous les degrés de développement.

De la relation donnée par Tickell, il résulte

que les descriptions des anciens auteurs relativement à la force déployée par le Dermatochélys n'a rien d'exagéré. La lutte entre les Tortues et les paysans resta longtemps indécise ; six pêcheurs qui avaient voulu s'emparer de l'animal furent entraînés par lui et faillirent être précipités dans les flots ; ce n'est que grâce au renfort apporté par d'autres pêcheurs, accourus au secours des premiers, que l'on put capturer la Tortue et l'attacher, à l'aide de liens solides, à de fortes poutres ; l'animal était lourd à ce point qu'il n'a pas fallu moins de douze hommes pour le transporter jusqu'au village voisin.

Delafont rapporte qu'une Tortue Luth capturée auprès de Nantes, le 4 août 1729, fit entendre un cri effroyable qui fut entendu à plus d'un mille de distance lorsqu'on lui enfonça dans la tête un harpon de fer. Tous les anciens auteurs rapportent que cette espèce pousse des cris fort perçants et de là même vient le nom de *spargis* que Merrem a donné à cet animal.

Usages. — La chair de la Tortue Luth n'est pas utilisée ; elle passe, en effet, pour mauvaise.

Légendes. — D'après Rondelet, qui publia en 1558 un *Traité des Poissons* si remarquable pour l'époque, la Tortue Luth est dite « Tortue mercuriale, à raison que c'est cette espèce de Tortue de la semblance de laquelle Mercure a trouvé l'invention du Leut ou Lue ; après la retraite du Nil l'aient trouuée au riuage, la chaire toute consumée, restants les nerfs desechés é tordus faisant son au toucher, a la quelle nostre leut est si semblable que la teste é les pieds ostés, il n'a persone la voiant de loin qui ne die que soit un leut dans son estim, car come le leut, ainsi que cette Tortue d'une part est plate, de l'autre est voustée, faite de six pièces longues faisant angles aigus, toute à l'entour ronde fors à la queuë qui finist en pointe, au lieu de quoi le leut aussi par le col graisle, où sont attachées les chenilles pour tendre é détendre les chordes. »

LES CROCODILIENS — *CROCODILIA*

Caractères. — Par leurs formes générales les Crocodiliens, que beaucoup de zoologistes regardent comme les plus élevés des Reptiles actuels, ressemblent aux Sauriens avec leur longue queue et leurs quatre membres bien développés. Ils diffèrent toutefois des Sauriens par des particularités fort importantes de leur organisation. Chez les Sauriens et chez les Ophidiens ou Serpents, l'ouverture extérieure du cloaque est transversale, tandis qu'elle est fendue en longueur chez les Tortues et chez les Crocodiliens.

Chez ces derniers animaux, le tronc est allongé, beaucoup plus large qu'il n'est élevé ; le dos est protégé par des écussons osseux ; la bouche est largement fendue, armée de dents disposées suivant une seule rangée ; la tête est déprimée, allongée en un museau à l'extrémité duquel se voient les narines ; le cou est extrêmement court ; la queue, généralement plus longue que le corps et fortement comprimée latéralement, constitue une rame puissante ; les pattes postérieures sont sensiblement plus longues que les antérieures ; les doigts sont réunis par des membranes plus ou moins développées.

Squelette. — Le crâne des Crocodiliens est plus ou moins allongé suivant les types examinés ; il présente dans sa composition certaines particularités que l'on retrouve chez les Mammifères, et d'autres qui lui sont propres (fig. 123).

La mâchoire inférieure se compose de 6 os de chaque côté. Les dents sont supportées par un os dans lequel sont creusées les alvéoles et que l'on connaît sous le nom de *dentaire*. Un os couvre, sous forme de lamelle, presque toute la face interne de la mandibule, excepté en avant ; il est désigné sous le nom de *operculaire*. La partie postérieure de la mandibule est formée par l'*angulaire* et le *surangulaire* qui laissent en avant un espace vide comblé par le *complémentaire*. L'union avec le crâne, par l'os de la caisse, se fait au moyen de l'*articulaire*.

Chez les Crocodiliens la colonne vertébrale se divise en régions cervicale, dorsale, lombaire, sacrée et caudale. Le nombre des vertèbres présacrées est de 24 ; les vertèbres sacrées sont invariablement au nombre de 2 ; on compte généralement 34 caudales, ce qui, suivant Cuvier, « justifie le nombre de 60 vertèbres, ainsi qu'Ælien l'avait annoncé d'après les prêtres égyptiens ». Il existe ordinairement 7 cervicales, 12 dorsales et 5 lombaires, mais ce nombre est sujet à d'assez nombreuses variations, de telle sorte que la distinction entre ces trois régions n'est pas toujours des plus faciles.

Chez les Crocodiliens vivants aujourd'hui, toutes les vertèbres, à l'exception de l'atlas et de l'axis, des deux sacrées et de la première caudale, sont *procéliennes*, c'est-à-dire qu'elles sont concaves en avant et convexes en arrière (fig. 124). Chez tous les Crocodiliens qui ont vécu avant la fin de l'époque jurassique et chez ceux que l'on rencontre dans les formations crétacées inférieures les vertèbres sont *amphicéliennes*, les deux faces articulaires étant planes, parfois même un peu concaves (fig. 125). M. R. Owen a fait connaître, enfin, un troisième type qu'il nomme *opisthocélien* et chez lequel la concavité de la vertèbre est tournée en arrière, la convexité en avant (fig. 126). Nous devons faire remarquer que l'on ne connaît encore que quelques pièces osseuses indiquant des animaux de ce type, que ce sont des vertèbres cervicales et qu'elles sembleraient indiquer que les animaux dont elles proviennent pouvaient, sans doute, rentrer leur cou sous la carapace, en tout ou en partie, à la manière des Tortues cryptodères.

Remarquons avec Huxley que le centre des

vertèbres des Crocodiles est uni par des fibro-cartilages et que les sutures qui unissent le corps de la vertèbre au centrum, à l'arc neural ou arc de l'apophyse épineuse, persiste pendant fort longtemps, parfois pendant toute la vie de l'animal.

Les deux premières vertèbres cervicales, l'atlas et l'axis, portent de petites côtes en forme de lamelles; les cervicales suivantes sont pourvues de côtes de forme spéciale; les vraies côtes, ou côtes dorsales, se réunissent au sternum par l'intermédiaire de prolongements recourbés et pliés à angle aigu; ce sternum reste cartilagineux, à l'exception d'une seule pièce plate, allongée, dont la partie antérieure se porte sous le cou, en avant des os de l'épaule; c'est en arrière de cette pièce que se voient les cartilages ventraux, si particuliers aux Crocodiles, et qui se prolongent jusqu'au bassin (fig. 127).

L'épaule se compose de deux os seulement, unis presque à angle droit; le supérieur, qui est en rapport avec la colonne vertébrale, est l'omoplate; l'inférieur, qui va s'unir au sternum, est le coracoïdien; il manque donc la clavicule. L'humérus est légèrement courbé; il existe 4 os au carpe; les doigts sont au nombre de 5; le pouce a 2 phalanges, l'index 3, le médium et l'annulaire 4, le petit doigt 3; les deux derniers doigts ne possèdent pas d'ongle.

On trouve, comme d'habitude, trois os au bassin. Notons que les pubis se présentent sous forme de lames aplaties qui ne se réunissent pas sur la ligne médiane, mais sont continués par l'aponévrose qui réunit les fausses côtes abdominales. Le fémur, un peu plus long que l'humérus, est courbé en sens contraire. Quatre doigts seulement sont bien développés, le 5e n'étant représenté que par un petit osselet; en partant de la face interne, on compte respectivement aux doigts 2, 3, 4 phalanges.

Les Crocodiles ayant une vie en grande partie aquatique, la queue, si développée, leur sert d'organe actif pour la natation; les muscles de cette région acquièrent, dès lors, un grand développement.

Carapace. — Le corps des Crocodiliens est protégé par des plaques ou écussons qui, au moins dans la région du dos, sont fort résistantes et de consistance osseuse. Chez les Crocodiles proprement dits, chez certains Caïmans, les plaques qui revêtent le ventre n'ont que peu de solidité, et restent cartilagineuses, tandis que chez certaines espèces dont on a fait le genre *Jacare*, ces pièces sont dures, osseuses, solidement engrenées entre elles et constituent un moyen de protection très efficace. Les Crocodiliens des terrains secondaires, qui ont été désignés sous le nom de Téléosauriens, avaient aussi le corps renfermé dans une sorte de carapace formée de pièces solidement unies entre elles par des surfaces s'engrenant réciproquement.

Les écailles qui revêtent la partie supérieure du corps se relèvent en carènes plus ou moins saillantes; elles sont toutes marquées de fossettes et de vermiculations. On distingue différentes parties dans le bouclier supérieur, tel qu'un bouclier nuchal composé de quelques petites écailles, disposées transversalement, un bouclier cervical formé généralement de grosses écailles et enfin, à partir du niveau du membre antérieur, un bouclier dorsal proprement dit, sur lequel les séries d'écailles sont en nombre variable suivant les espèces. L'arrangement de ces plaques ou écussons, leur disposition réciproque fournissent d'utiles caractères dans la distinction des espèces.

Système nerveux et organes des sens. — De même que chez les Tortues la cavité crânienne, si petite qu'elle soit, n'est pas entièrement remplie par le cerveau, qui ressemble à celui des Tortues, dans ses traits généraux; le crâne étant toutefois allongé chez les Crocodiles, la partie antérieure ou lobe olfactif se prolonge chez ces animaux.

La partie cervicale du grand sympathique est logée dans le canal vertébral entre la tête et le tubercule de la côte; le tronc interganglionnaire est double, entouré d'un abondant pigment de couleur foncée.

La peau des Crocodiles est coriace, épaisse et si résistante que les anciens disaient qu'elle est comme couverte d'une écorce, φολίδωτος; nous avons vu qu'elle est recouverte d'écailles.

On trouve sous la mâchoire et près du cloaque des pores qui sont la terminaison de canaux par lesquels suinte une sorte d'humeur onctueuse, grasse, qui possède une forte odeur de musc.

Les yeux sont très petits, relativement au volume de l'animal; ils se présentent sous la forme d'une fente allongée dans la direction du museau. On trouve 3 paupières, une supérieure, une inférieure, qui sont cutanées, et une membrane clignotante ou nicticante, presque transparente, qui peut venir recouvrir le globe de l'œil et le protéger lorsque l'animal plonge et ouvre les yeux sous l'eau. La pupille est verticale, le cristallin convexe. Il existe une glande lacrymale très développée ; les larmes sont dirigées par un conduit vers la partie moyenne du canal des narines.

Par une exception unique dans tout le groupe des Vertébrés à sang froid, il existe un rudiment d'oreille externe. Elle se présente sous la forme de replis de la peau du crâne circonscrivant une étroite fente transversale, au fond de laquelle s'ouvre la membrane du tympan.

Il n'existe, dans la caisse, qu'un seul osselet allongé, évasé à l'une de ses extrémités, comme le pavillon d'un cor de chasse. L'ouverture de la trompe d'Eustache est unique, médiane, commune aux deux oreilles ; le canal se loge entre le basioccipital et le basisphénoïde (fig. 128).

Les narines sont situées à la partie tout à fait antérieure du museau ; elles sont portées sur un tubercule charnu percé de deux ouvertures qui peuvent se fermer à la volonté de l'animal. Chez le Gavial mâle et adulte, ce tubercule se renfle au point qu'il peut parfois acquérir un volume supérieur à celui du poing. L'ouverture postérieure des fosses nasales est très reculée et se trouve à la base du crâne, un peu en avant seulement de l'articulation de la tête avec la colonne vertébrale.

La langue est complètement attachée au plancher de la bouche ; elle est assez épaisse et paraît être privée de papilles à sa surface.

Appareil digestif. — On a pu dire avec raison de la tête du Crocodile qu'elle se compose de deux mâchoires, tant le crâne proprement dit est réduit comparativement à la face ; la bouche est dès lors très grande.

Les dents qui arment ces mâchoires sont en nombre très variable suivant les types examinés. C'est ainsi qu'on ne compte que 38 dents à la mandibule et en nombre égal à la mâchoire supérieure, soit 76 dents en tout, chez le Caïman à museau de brochet ; les Crocodiles proprement dits ont généralement 15 dents de chaque côté à la mâchoire inférieure, 19 de chaque côté à la mâchoire supérieure, soit 68 dents seulement ; chez le Gavial du Gange, au contraire, dont le museau est très allongé, il existe 25 à 27 dents de chaque côté en bas, 27 à 28 en haut, soit un total de 104 à 110 dents ; le nombre de ces dents peut aller à 120.

La forme, la force, l'arrangement réciproque de ces dents varient suivant les types examinés et fournissent de bons caractères pour les distinctions des espèces et des genres.

Chez le Gavial, ces dents ont même forme et sont toutes sensiblement égales, à l'exception des cinq ou six premières paires, en haut comme en bas, qui se dirigent en dehors et passent par des échancrures que l'on voit à la mâchoire supérieure. Les dents sont inégales chez les Crocodiles ; les premières de la mâchoire inférieure percent la mâchoire supérieure et, à un certain âge, font saillie en dehors ; les quatrièmes, qui sont les plus fortes de toutes, se dirigent un peu en dehors et passent par une échancrure qui se voit à la mâchoire inférieure ; les quatrième et dixième dents de la mâchoire supérieure sont plus fortes que les autres et viennent déborder largement sur les mandibules. Les Caïmans ont également les dents inégales, bien qu'elles le soient moins que chez les Crocodiles ; les quatrièmes dents de la mandibule, souvent les plus longues, viennent se loger dans des creux qui se voient à la mâchoire supérieure, où elles sont reçues lorsque la bouche est fermée ; elles ne passent jamais par des échancrures.

Les dents des Crocodiliens tombent avec une grande facilité, car elles ne sont adhérentes dans l'alvéole que par des replis de la gencive. La facilité avec laquelle se détachent ces dents est mise à profit, dans certaines circonstances, par certaines tribus de Madagascar, ainsi que nous l'a raconté notre savant ami, M. Alfred Grandidier.

Suivant ce voyageur, lorsque le souverain ou quelque haut et puissant seigneur de la grande île africaine vient à tomber malade, on conjure le sort à l'aide de certains ingrédients placés dans la cavité de la dent d'un Crocodile, mais il faut, pour que l'amulette ait toute son action, que la dent ait été prise sur un Crocodile vivant. Or, voici comment on opère.

Les Crocodiles, abondants dans certaines régions de l'île, sont attirés à l'aide d'un appât placé à l'extrémité d'une planchette. La bête vorace se jette sur la nourriture qui lui est présentée et fait du même coup entrer dans sa vaste gueule l'extrémité de la planchette ; on s'approche alors et à l'aide de liens solides on lui ficelle la mâchoire et les membres de manière à la mettre dans l'impossibilité absolue de nuire. On applique un corps chaud, généralement une patate bouillante, sur un des points de la mâchoire ; la chaleur fait bientôt tomber la dent correspondant à l'endroit brûlé.

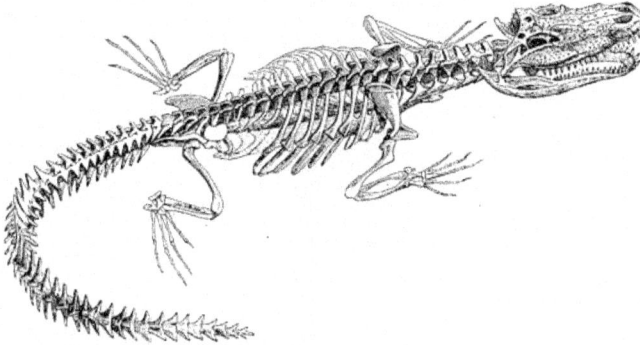

Fig. 123. — Squelette de Crocodile.

Les dents de Crocodiles sont creuses; elles présentent une série de cônes successifs, emboîtés les uns dans les autres comme des cornets de papier; ces cônes sont des dents en voie d'évolution qui remplaceront au moment opportun les dents tombées (fig. 129).

L'estomac est volumineux et fait suite à un œsophage dont les parois sont épaisses; parmi les Reptiles, ce n'est que chez les Crocodiliens que l'on voit la portion duodénale de l'intestin nettement distincte. Notons que l'on trouve souvent dans l'estomac des cailloux plus ou moins volumineux avalés par l'animal, évidemment pour servir à la trituration des aliments; ces cailloux doivent remplir le même rôle que les petites pierres et les graviers qui se rencontrent dans le gésier ou estomac membraneux des Oiseaux. L'intestin débouche dans une cavité ou cloaque qui reçoit également les conduits excréteurs de l'urine et l'extrémité des organes destinés à assurer la perpétuité de l'espèce.

Le foie est très grand, le pancréas assez développé. Les reins, d'un rouge foncé et lobés, sont appliqués contre les vertèbres lombaires; la vessie fait défaut.

Il existe des cœurs lymphatiques dans la région lombaire.

Circulation et respiration. — Lorsque l'on s'élève des Vertébrés les plus inférieurs aux plus élevés en organisation, le cœur présente pour la première fois, chez les Crocodiles, la réalisation d'une séparation complète, non pas des deux sangs, mais des deux cavités du ven-

tricule; tout en conservant encore des caractères essentiellement reptiliens, ce cœur n'en commence pas moins à représenter le type que l'on voit chez les Oiseaux et chez les Mammifères. Ainsi que l'indique si nettement Sabatier, « ce cœur sert de trait d'union entre l'organe central de la circulation des animaux à sang froid et celui des animaux à sang chaud, et, comme tel, il forme la clef de voûte d'une interprétation rationnelle de la constitution primitive du cœur, du mode de développement qu'il affecte et des modifications diverses qu'il présente, soit chez l'individu, soit chez l'espèce. »

Ce cœur présente une structure fort compliquée dans l'explication de laquelle nous ne pouvons entrer ici. Contentons-nous de dire que bien que les deux ventricules soient parfaitement distincts, il existe une perforation, dite *foramen de Panizza*, qui fait, à leur base, communiquer les deux aortes. Par le jeu de certaines valvules, l'aorte droite ne reçoit guère de sang artériel; l'aorte gauche, n'ayant reçu que peu de sang provenant du ventricule droit ou ventricule veineux, est presque entièrement rempli par le sang rouge que lui fournit le ventricule gauche ou ventricule artériel.

Nous avons vu que la langue est attachée presque complètement au plancher de la bouche; elle se relève en arrière en un pont contre lequel vient butter le voile du palais; un cartilage soutenu par deux cornes provenant de l'os hyoïde se relève et vient protéger la glotte. Il existe un véritable pharynx, c'est-à-dire un

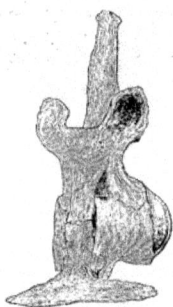 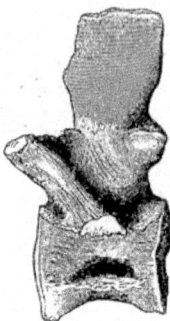 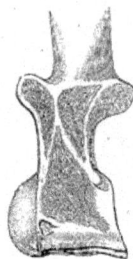

Fig. 124.   Fig. 125.   Fig. 126.

Fig. 124. — Vertèbre cervicale de Crocodile.
Fig. 125. — Vertèbre cervicale de Sténéosaure.

Fig. 126. — Vertèbre cervicale du Streptospondyle de Cuvier.

vestibule commun aux arrière-narines, à la bouche, au larynx et à l'œsophage.

La trachée artère est longue, entourée d'anneaux fort résistants, plus ou moins recourbée en S au moment de sa bifurcation ainsi qu'on le voit chez les Oiseaux ; les bronches pénètrent dans les poumons, en conservant pendant quelque temps leur apparence cartilagineuse, par une série de rameaux secondaires qui s'ouvrent dans des poches présentant des sortes de murailles, d'élévations, sur lesquelles

Fig. 127. — Sternum de Crocodile.

se ramifient les vaisseaux ; les poumons sont volumineux.

Lorsque l'on observe un Crocodile vivant, on lui voit exécuter de fréquents mouvements du plancher de la bouche, ce qui a fait croire pendant longtemps que ces animaux avalaient l'air par déglutition ; il n'en est rien cependant et ces mouvements paraissent avoir pour but de brasser en quelque sorte l'air contenu dans l'intérieur des poumons. La respiration se fait comme à l'ordinaire par appel direct du fluide aérien dans les cavités respiratoires, par le jeu

BREHM. — V.

d'ampliation et de resserrement de la poitrine. A une inspiration fait suite un long repos pendant lequel on observe précisément ces mouvements de la gorge ; les narines, fermées à ce temps de la respiration, s'ouvrent alors, l'expiration a lieu, puis l'inspiration recommence, et ainsi de suite. Les Crocodiles peuvent résister

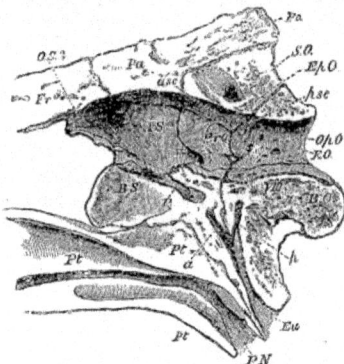

Fig. 128. — Section longitudinale et verticale de la partie postérieure du crâne d'un Crocodile (*).

longtemps à l'asphyxie et rester sous l'eau un temps considérable sans respirer.

Ponte. — Les Crocodiles pondent des œufs,

(*) *Eu*, trompe d'Eustache ; *PN*, ouverture postérieure des narines ; *P*, fosse pituitaire ; *BO*, basioccipital ; *EO*, exoccipital ; *Pa*, pariétal ; *SO*, supraoccipital ; *BS*, basisphénoïde ; *Fr*, frontal (d'après Huxley).

qui, par leur forme et leur résistance, ressemblent à des œufs d'Oiseaux. Ces œufs sont de couleur blanche ou légèrement jaunâtre ; leur surface est souvent comme chagrinée ; ils sont toujours allongés, et c'est ainsi que ces œufs de Crocodile vulgaire ont 80 millimètres de long sur 50 millimètres de petit diamètre.

La femelle seule s'occupe de la préparation du nid ou plutôt de la fosse qu'elle creuse dans le sable et qu'elle garnit de feuilles ; le nombre des œufs pondus varie de 20 à 100. A l'inverse des Tortues qui abandonnent complètement leur progéniture, la femelle du Crocodile reste près du nid et surveille le trésor qu'elle a confié à la terre. Au bout d'un temps assez long, sous l'influence de la chaleur du soleil et sans doute aussi de la chaleur dégagée par les matières en fermentation qui recouvrent le nid, les petits viennent au monde et se hâtent de gagner l'eau.

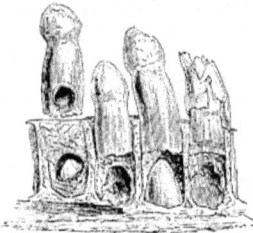

Fig. 120. — Coupe de la mâchoire d'un Alligator.

Intelligence. — Bien que la dose d'intelligence que l'on peut accorder aux Crocodiles soit bien faible, ces animaux sont cependant, sous le rapport de l'intellect, supérieurs aux autres Reptiles. On peut les appeler par un claquement de la langue et les habituer à venir prendre leur nourriture à l'extrémité d'une pince ou d'un bâton. Leurs manifestations psychiques peuvent aller plus loin et indiquer une sorte de réflexion. Un Caïman à museau de brochet, conservé à la ménagerie des reptiles du muséum de Paris, châtié une fois à cause de méfaits qu'il avait commis sur un de ses camarades, s'empressait de plonger au fond de l'eau lorsqu'il voyait un bâton qui lui rappelait certainement le châtiment mérité qui lui avait été infligé ; il existait chez cet animal la notion de la relation de cause à effet.

Distribution géographique. — Les Crocodiliens se rencontrent dans toutes les parties du monde, à l'exception de l'Europe ; on les trouve aussi bien dans les zones tempérées et même froides, que dans les zones torrides. C'est en Amérique qu'ils s'étendent le plus vers le nord ; c'est en Afrique et en Asie qu'ils s'étendent le plus vers le sud. Les limites de leur habitat sont, vers le nord, le 34e de longitude est et le 33e de longitude ouest, vers le sud le 34e de longitude est et le 36e de longitude ouest : on ne trouve en Afrique que des Crocodiles proprement dits ; le Gavial, une espèce de Caïman, des Crocodiles, se rencontrent en Asie ; les fleuves du nord de l'Australie nourrissent des Gavials et des Crocodiles ; les Caïmans vivent dans l'Amérique du Nord, les Caïmans et les Crocodiles dans l'Amérique centrale et dans l'Amérique du Sud.

Mœurs et habitats. — Tous les Crocodiliens sont des animaux essentiellement aquatiques, ainsi que le montrent tous les détails de leur organisation ; ils peuvent vivre, du reste, indifféremment sur la terre ferme et dans l'eau. Ils ne vont guère cependant sur la terre ferme que pour dormir, étendus aux rayons du soleil. Ils marchent généralement les membres soulevant le corps assez haut au-dessus du sol, la queue traînant à terre ; ce n'est guère que dans l'eau qu'ils ont toute leur force ; ils nagent avec une rapidité extrême, les pattes collées au corps, par des mouvements rapides de leur queue, qui forme une rame d'une grande puissance.

Lorsque les cours d'eau dans lesquels les Crocodiles ont l'habitude de vivre viennent à se dessécher, ils n'émigrent que lorsque la distance à parcourir est peu considérable ; en est-il autrement, ils s'enfouissent dans la vase et tombent alors dans le sommeil hivernal. C'est ce que l'on observe aussi bien dans l'Amérique du Nord, là où les lacs gèlent, que dans le Mexique, où les Crocodiles s'enterrent dans la boue. Le fait de l'hivernation du Crocodile était parfaitement connu d'Aristote et d'Hérodote, qui rapportent que ces animaux restent cachés pendant les quatre mois les plus froids sans rien manger.

Les Crocodiles, grâce à la disposition de leur pupille, qui est linéaire, sont des animaux plutôt nocturnes ou tout au moins crépusculaires que diurnes. Ils ne chassent guère, en effet, que la nuit ; pendant le jour on les voit dormir étendus sur les rives ou cachés au milieu des joncs et des roseaux, le corps immergé, ne laissant passer hors de l'eau que l'extrémité du museau où se trouve l'orifice des narines. Leurs poumons gonflés d'air, ils se laissent flotter au gré des courants.

Les Reptiles que nous étudions sont essentiellement carnassiers ; ils se nourrissent de poissons, de petits mammifères, d'oiseaux aquatiques ; tout leur est bon, proie morte ou proie vivante. Les dents, quoique puissantes, ne sont pas assez résistantes pour leur permettre de déchirer une proie un peu volumineuse, aussi emploient-ils souvent un procédé fort curieux pour la déchirer : que deux Crocodiles viennent à saisir une même proie, ils se mettent à tourner rapidement en sens inverse, de telle sorte que par des mouvements de torsion, la proie est déchirée en morceaux qui sont avalés entiers, sans subir de mastication.

« Il paraît que les Crocodiles ne sont pas si intrépides ni aussi courageux qu'on le dit en Europe, d'après les récits exagérés de certains voyageurs. Leur férocité et leur cruauté apparentes dépendent du besoin qu'ils ont de se procurer leurs aliments, car ils ne peuvent les atteindre que par la ruse et la patience. On a reconnu que les Crocodiles à museau effilé de Saint-Domingue sont émus par le moindre bruit, qu'il suffit d'imiter l'aboiement du chien pour les faire fuir, ou de produire tout autre son. Ælien rapporte à peu près les mêmes circonstances pour le Crocodile du Nil.

» Voici un passage extrait du manuscrit du père Plumier, qui nous donne quelques observations curieuses sur les mœurs des crocodiles d'Amérique. « Si le Crocodile n'est pas assez fort pour se rendre maître des gros animaux, il est d'autant plus adroit pour attraper le gibier, dont le lac de Miragoan est assez bien pourvu en certaines saisons de l'année, comme canards, sarcelles, vingeons et autres animaux aquatiques. Quand il veut en attraper quelqu'un, il se met un peu au loin, en se tenant de manière que le dessus du dos paraît presque tout entier et demeure comme immobile. En effet, on ne le voit pas du tout remuer ; on aperçoit bien qu'il a changé de place, mais d'une manière presque imperceptible, tant son mouvement est lent ; on le prendrait alors pour une pièce de bois flottante, comme cela m'est arrivé plusieurs fois. C'est ce qui fait que le gibier, ne se méfiant de rien, le laisse approcher de si près, et est gobé avant qu'il ait élevé ses ailes pour fuir. Le Crocodile, en s'approchant, tient toujours les yeux élevés sur l'eau vers son gibier ; il tient aussi la mâchoire inférieure tellement abaissée, qu'elle semble pendre de la supérieure, et, quand il est à portée, il l'élève en manière d'une bascule avec une vitesse surprenante (1). »

LES CROCODILIENS PROCÉLIENS OU CROCODILIENS PROPREMENT DITS

Caractères. — Tous les Crocodiliens actuels, ainsi que ceux que l'on trouve dans les terrains tertiaires et dans la partie supérieure de la formation crétacée, sont procéliens, c'est-à-dire que la face antérieure du corps de la vertèbre est concave, la face postérieure présentant une convexité ou tête assez développée ; ils paraissent être plus élevés en organisation que les Téléosauriens qui les ont précédés dans la série des âges (fig. 124).

Les Crocodiliens actuels ne forment réellement qu'une seule famille très naturelle que l'on peut diviser en trois genres : les Caïmans, les Crocodiles et les Gavials. Certains zoologistes, bien à tort, ont voulu élever ces trois genres au rang de familles et établir dans chacune d'elles un certain nombre de coupes génériques. On pourrait, sans doute, à l'exemple de M. Th. Huxley, reconnaître trois subdivisions, l'une comprenant les Alligators, les Jacares et les Caïmans proprement dits, la seconde les Crocodiles et les Mecistops, la dernière les Gavials et le Rhyncosuchus.

Distribution géologique. — Si les Crocodiliens procéliens sont à peine connus pendant l'époque crétacée, il n'en est pas de même pour ceux qui vivaient à l'époque tertiaire. Ces Crocodiliens peuvent être rapportés aux genres actuels Crocodile, Alligator et Gavial. Certaines espèces du terrain miocène de l'Allier, bien que voisines des Caïmans par la forme de la tête, s'en séparent cependant en ce que la troisième dent inférieure est aussi développée que la

(1) Duméril et Bibron, *Erpétologie générale ou Histoire naturelle des Reptiles*, t. III, p. 36.

quatrième ; ces reptiles sont connus sous le nom de *Diplocynodon*.

LES CROCODILES — *CROCODILUS*

Caractères. — On désigne sous le nom de Crocodiles proprement dits, *Crocodilus*, toutes les espèces chez lesquelles les quatrièmes dents inférieures passent dans les échancrures que présente la mandibule.

Distribution géographique. — On trouve en Afrique trois espèces appartenant à ce genre, trois dans les parties les plus chaudes de l'Asie. Dans l'île de Bornéo vit une espèce, le Crocodile de Schlegel, intermédiaire par certains de ses caractères entre les Crocodiles et les Gavials ; on en a formé le genre Tomistome. Dans les parties tropicales et subtropicales de l'Amérique, dans la partie sud du Mexique, dans l'Amérique centrale, aux Antilles, dans le nord du Brésil on a, jusqu'à présent, constaté la présence de six espèces.

LE CROCODILE DU NIL. — *CROCODILUS VULGARIS.*

Nilkrokodil.

Caractères. — Le Crocodile du Nil (*Crocodilus vulgaris, suchus, niloticus, champses*, etc.) peut atteindre une longueur de 7 mètres. C'est principalement par la disposition des écussons qu'il diffère du Crocodile de marais et du Crocodile de Siam, qui lui sont étroitement apparentés et qui ont été pendant longtemps confondus avec lui. Chez ces deux dernières espèces le dessus du cou est revêtu d'écussons carénés, tandis que chez le Crocodile du Nil cette partie est protégée par des écussons lisses. Sur la nuque se voient quatre petits écussons carénés disposés par paires ; le nombre de plaques de la région dorsale est le plus ordinairement de 15 ou de 16 ; on trouve sur la queue de 17 à 18 écussons disposés par paires et de 18 à 20 écussons impairs. La teinte générale est d'un vert bronzé assez sombre sur laquelle se détachent de petites taches noires, principalement sur le dos ; le ventre est d'un jaune sale. La couleur est, du reste, plus ou moins claire, plus ou moins foncée suivant les individus (pl. IV).

Distribution géographique. — Le Crocodile du Nil se trouve dans tous les cours d'eau des parties chaudes de l'Afrique ; il est abondant dans le Nil et ses affluents ; il habite le Gabon, le Niger, la Sénégambie, ainsi que les lacs du centre du continent africain ; une race particulière existe à Madagascar. Les Crocodiles sont extrêmement abondants, non seulement dans la région supérieure du Nil, mais encore dans le Tschoub, le Zaïre. On dit aussi les avoir observés en Palestine, notamment dans les rivières Gison et Zerka ; nos renseignements à ce sujet sont toutefois encore assez peu précis pour qu'il soit possible d'affirmer la présence du Crocodile dans cette partie de l'Asie.

En Égypte, le Crocodile, si commun autrefois, a presque entièrement disparu aujourd'hui, car il a peu à peu reculé devant l'homme qui, armé d'armes à feu, lui a fait une guerre sans merci. Il est, au contraire, abondant dans le Soudan oriental et dans l'intérieur de l'Afrique, là où l'homme blanc n'a pas encore accompli son œuvre de destruction ; on le trouve en quantité dans le fleuve Bleu, dans le fleuve Blanc, dans l'Assakh ; il y arrive fréquemment à la taille de 5 mètres et même plus ; il y vit, en effet, en paix, les habitants du pays, qui, à bon droit, le redoutent extrêmement, ne pouvant guère lui faire la chasse avec leurs armes primitives.

Historique. — Le plus connu de tous les Crocodiles est celui du Nil qui, dès la plus haute antiquité, a été l'objet de fables et de superstitions. On en trouve la figure sur les monuments égyptiens les plus anciens (fig. 130). Il est question dans le livre de Job du Léviathan, qui n'est autre que le Crocodile vulgaire.

Pendant son séjour en Égypte, Hérodote a pu recueillir de nombreux renseignements de la bouche des prêtres et voici ce qu'il dit du Crocodile :

« Cet animal habite la terre et l'eau ; sur le sol, il couve ses œufs après les avoir pondus ; la nuit il reste dans le fleuve, car l'eau est alors plus chaude que le sol couvert de rosée. Parmi tous les animaux c'est celui dont la taille prend le plus rapide accroissement. Tandis que ses œufs ne sont guère plus gros que ceux d'une oie, la taille de l'animal adulte atteint 17 aunes de longueur.

« La bête possède quatre pattes, des yeux de porc, des dents longues et proéminentes ; il n'a pas de langue ; il ne remue pas la mâchoire inférieure, mais fait mouvoir sa mâchoire supérieure, ce qui n'a lieu chez aucun autre animal. Ses griffes sont puissantes ; sa peau écailleuse ne peut être divisée sur le dos. Dans l'eau il est aveugle, mais à l'air il a une vue très perçante. Comme il vit dans l'eau, sa gueule est remplie de sangsues. Tous les ani-

Paris. J. B. Baillière et Fils, édit. Gérard frères, imp.

LE CROCODILE DU NIL.

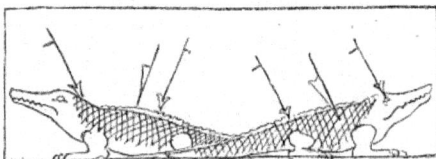

Fig. 130. — Le Crocodile du Nil, d'après un bas-relief égyptien (1).

maux le fuient et le redoutent, mais il vit en paix avec l'oiseau appelé Trochylus, en raison des services que celui-ci lui rend. Lorsque, sur la terre ferme, il repose la gueule ouverte et tournée contre le vent, le Trochylus se glisse à l'intérieur et y dévore les sangsues ; en récompense de ce service, le Crocodile ne lui fait aucun mal. Pendant quatre mois de l'année le Crocodile ne prend aucune nourriture. Les Égyptiens le nomment *Champsa* et non pas Crocodile ; ce dernier nom lui a été donné par les Ioniens, qui ont remarqué une ressemblance entre lui et les Lézards vivant sur les murs de leurs jardins. »

D'autres écrivains de l'antiquité ont écrit sur le Crocodile du Nil, et parmi ceux qui nous ont laissé quelques observations dignes d'être signalées, nous citerons Aristote, Diodore de Sicile, Sénèque, Strabon, Pline, Plutarque, Maximus Tyrius, Dion Cassius, Ælien, Flavius, Vopiscus, Ammianus Marcellinus. Ces auteurs se sont, le plus souvent, contentés de reproduire le récit d'Hérodote, en l'agrémentant de toutes sortes d'anecdotes.

« Les anciens Romains ont été, du reste, longtemps sans connaître les Crocodiles par eux-mêmes ; ce n'est que 58 ans avant l'ère chrétienne que l'édile Scaurus en montra cinq au peuple. Auguste lui en fit voir un grand nombre vivants, contre lesquels il fit combattre des hommes. Héliogabale en nourrissait. Les tyrans du monde faisaient venir, à grands frais, de l'Afrique, des Crocodiles, des Tigres, des Lions ; ils s'empressaient de réunir autour d'eux ce que la terre paraît nourrir de plus féroce (1). »

Dans sa *Zoologie* le vieil auteur Gesner a rassemblé la plupart des récits anciens se rapportant au Crocodile. « Cet animal, dit-il, est extrêmement grand, effrayant et terrible ; il appartient à la race des Sauriens ; il est aqua-

tique ; bien qu'il s'aventure sur la terre ferme, on peut cependant le regarder comme un habitant de l'eau et l'opposer au Crocodile terrestre (2). Il ne réside pas toujours dans les fleuves ; il trouve à se nourrir dans l'air, car il possède des poumons, et sa respiration est aérienne. Il ne peut se passer ni de l'air ni de l'eau ; pendant la nuit il reste ordinairement dans l'eau, pendant le jour il demeure sur la terre et repose au soleil immobile et silencieux, ressemblant alors à un animal mort. Les Crocodiles se nourrissent de tout ce qu'ils peuvent attraper : des hommes, vieux ou jeunes, des animaux de toutes sortes, des veaux, des chiens, toutes espèces de poissons, qu'ils déchirent à l'aide de leurs griffes avant de les manger. Toutefois ils les tuent préalablement en les frappant de leur queue qui possède une très grande force.

« Ces créatures sont très fécondes : elles portent leurs œufs soixante jours, au bout desquels elles pondent soixante œufs de la dimension des œufs d'oies. Pendant soixante jours elles en pondent un par jour. Elles les couvent soixante jours, et elles élèvent leurs petits pendant soixante jours. Elles déposent leurs œufs sur la terre sèche dans un endroit sablonneux et chaud. Elles couvent leurs œufs à deux, le mâle et la femelle, comme l'écrit Solimus, chacun à tour de rôle.

« Aucun autre animal ne présente à son début, à son origine, à sa naissance, des dimensions aussi petites pour acquérir ensuite une taille aussi gigantesque ; tandis que leurs œufs ne sont guère plus gros que ceux d'une oie, leur longueur peut arriver à 26 aunes. On a écrit que ces animaux croissaient pendant toute leur vie et qu'ils arrivent à un âge extrêmement avancé.

(1) D'après Mariette, *Temple de Denderah*
(2) Le Crocodile terrestre des anciens auteurs est un Varan, animal qui fait partie d'un tout autre groupe zoologique, et qui est un Saurien.

(1) Lacépède.

« Le Crocodile présente une particularité fort singulière : dès que les petits sont éclos, le mâle les observe attentivement. Si l'un d'eux ne se met pas immédiatement à mordre ou à griffer, s'il ne s'empresse pas d'attaquer quelque animal de faible taille, le mâle le tue sans pitié, le considérant comme un bâtard.

« Le Crocodile est un animal rusé, audacieux, rapace ; c'est un ennemi redoutable pour tous les êtres. Cependant le petit oiseau nommé Trochylus et le Crocodile ont une certaine sympathie l'un pour l'autre, et se témoignent de l'amitié. Le Crocodile, animal aquatique, a toujours dans sa gueule des sangsues ; tandis qu'il repose endormi au soleil, la gueule largement ouverte, le Trochylus s'introduit dans sa gorge et prend les sangsues attachées au palais, ainsi que la chair restée entre les dents ; le reptile, qui y trouve un certain plaisir, laisse sa gueule ouverte ; lorsqu'il désire que l'Oiseau s'en aille, il remue doucement la mâchoire supérieure et permet ainsi à l'oiseau de s'envoler. Les porcs paraissent vivre également en paix avec le Crocodile.

« L'Ichneumon est, au contraire, son ennemi ; il broie ses œufs partout où il les trouve. S'introduisant dans son ventre, il lui ronge les intestins et parvient à s'échapper. Ce fait est bien connu du Trochylus ; en raison de son amitié pour le Crocodile, il l'éveille dès qu'il se doute du danger. Certaines races de singes, appelées Cercopithèques, et les Autours sont également les ennemis du Crocodile. Les Dauphins qui viennent de la mer et qui remontent le Nil lui font également la guerre ; sachant bien qu'ils ont sur le dos une arme naturelle et que le ventre du Crocodile est mal protégé, ils plongent au-dessous du Reptile, et prennent leur élan pour lui percer le ventre, c'est ainsi que les Crocodiles succombent sous les coups de ces animaux. Le Crocodile et le Scorpion ont également l'un pour l'autre une hostilité naturelle, c'est pourquoi les anciens Égyptiens, lorsqu'ils ont voulu représenter deux ennemis, ont figuré un Crocodile et un Scorpion en face l'un de l'autre. »

Mœurs, habitudes, régime. — On trouve dans les récits des anciens auteurs un singulier mélange d'observations exactes et de grossières erreurs. Le Crocodile du Nil a été aujourd'hui assez bien étudié pour qu'il soit possible de tracer son histoire avec certitude. Comme tous les Crocodiles, du reste, celui du Nil se tient toujours aux environs immédiats des cours d'eau, dans lesquels il plonge à la moindre alerte. Autant il est lent et paresseux à terre, autant sa natation et sa progression dans l'eau sont rapides ; sa queue, si puissante, est son principal moyen de propulsion. Lorsque le Crocodile veut rester immobile dans l'eau, il se place le corps incliné, la tête appliquée suivant toute sa longueur à la surface de l'onde, l'extrémité du museau seule émergeant ; il se maintient dans cette même situation, en exécutant de temps en temps de légers mouvements de va-et-vient de la queue ; il peut également flotter à la surface, lorsqu'il a rempli ses poumons d'une plus grande quantité d'air que d'habitude. Veut-il plonger, le Crocodile lâche une partie de l'air contenu dans ses voies respiratoires, et se précipite la tête en bas.

Bien qu'il ne franchisse jamais de bien grandes distances, les mouvements du Crocodile à terre sont loin d'être maladroits. Lorsqu'il émerge le long d'un banc de sable, il procède généralement avec une excessive lenteur ; il promène pour ainsi dire chaque patte autour de la patte voisine, et son corps, qui est soulevé davantage à l'arrière qu'à l'avant, progresse si au ras du sol qu'il traîne véritablement par terre.

Lorsqu'il se trouve sur la terre ferme, et à une certaine distance d'un cours d'eau, le Crocodile se hâte, à la moindre alerte, de regagner la rive.

Dans un de ses voyages, Penney surprit un Crocodile qui s'était caché dans un torrent à demi rempli de feuilles et de branchages desséchés. A l'approche du cavalier, le reptile s'enfuit et se hâta de regagner, par le plus court chemin, le fleuve, bien qu'il s'en trouvât éloigné de près de 10 kilomètres ; sa fuite était si rapide qu'on ne put l'atteindre avec les chameaux de course les plus agiles.

L'opinion généralement admise que le Crocodile ne peut se mouvoir qu'en ligne droite n'est nullement fondée ; on n'a qu'à observer un de ces animaux pendant quelque temps, pour constater que lorsqu'il sort de l'eau, il lui arrive fréquemment de décrire un cercle dont le diamètre équivaut à environ la demi-longueur de son corps.

D'habitude le Crocodile sort de l'eau vers le milieu de la journée pour se chauffer au soleil et s'endormir profondément. Pour se livrer au sommeil de midi, l'animal rampe avec beaucoup de lenteur et de circonspection sur quelque banc de sable peu élevé au-dessus de la surface de l'eau, inspecte prudemment les alentours, puis, rassuré, s'étend pour s'endormir, en se laissant tomber lourdement, et d'un seul coup, sur le ventre ; le plus souvent il est légèrement recourbé sur lui-même, la queue tournée vers la rive, plongeant même dans l'eau. Après s'être étendu, il souffle, bâille bruyamment et ouvre aussi largement que possible sa vaste gueule. A partir de ce moment, il demeure immobile à la même place ; on ne peut pas dire cependant que son sommeil soit bien profond, car au moindre bruit l'animal s'éveille et plonge. Si rien ne le dérange, le Crocodile reste ainsi assoupi jusqu'au crépuscule.

A cet instant de la journée, les Crocodiles ont tous quitté les bancs de sable ; c'est à partir de ce moment qu'ils se mettent en chasse. Les poissons, si abondants dans le Nil, sont la base de leur nourriture et, bien qu'en apparence très lourds et peu agiles, les Crocodiles savent parfaitement s'en emparer. Le Crocodile ne dédaigne pas pour cela les mammifères et les oiseaux qui se trouvent à sa portée ; il s'approche d'eux avec la plus grande circonspection, nageant lentement et silencieusement et ne laissant hors de l'eau que l'extrémité du museau ; est-il à bonne portée de la proie qu'il convoite, il se jette sur elle avec la rapidité d'une flèche ; jamais le Crocodile ne poursuit à terre la proie qu'il a manquée. Quant aux oiseaux, il les trompe par une indifférence, une immobilité presque absolue, jusqu'à ce que, voyant le moment opportun, il se jette sur eux. « J'ai été témoin, rapporte Baker, de la manière dont le Crocodile attaque les troupes de petits oiseaux qui se réunissent dans les buissons au bord de l'eau. Le Crocodile reste tout d'abord immobile sur les flots, puis s'éloigne bientôt lentement, tout en ne perdant point les oiseaux de vue. Ceux-ci, qui s'étaient d'abord envolés à quelque distance, croyant tout danger passé, reviennent en masse le long de la rive. Pendant ce temps, le reptile a plongé et, filant entre deux eaux, s'est approché traîtreusement ; un clapotis subit, l'apparition subite d'une puissante paire de mâchoires, toutes hérissées de dents, apprennent alors aux imprudents que le Crocodile est là ; mais pour beaucoup d'entre eux il est déjà trop tard ; la terrible gueule se referme et parfois plusieurs douzaines d'oiseaux sont happés. » Des oiseaux ayant au plus la taille du pinson sont ainsi souvent la proie du Crocodile.

Ce n'est pas à dire pour cela que le reptile dédaigne les proies plus substantielles dont il peut s'emparer ; il s'attaque aux mammifères de grande taille, Anes, Chevaux, Veaux, qu'il entraîne dans le fleuve et qu'il noie. Chaque année les pasteurs qui gardent des troupeaux le long des deux principaux bras du Nil perdent quelque bête entraînée par « le descendant du maudit d'Allah ». Les pasteurs redoutent, du reste, les Crocodiles à ce point, qu'il n'est sorte de fables qu'ils ne racontent sur lui.

Peu de temps après son arrivée dans le Soudan oriental, on raconta, en effet, à Brehm qu'un soir un Chameau s'était approché du fleuve pour étancher sa soif ; sur le rivage, très incliné en cet endroit, se tenait un Lion prêt à fondre sur la proie ; dans l'eau un Crocodile guettait le malheureux Chameau. Le Lion et le Crocodile attaquèrent en même temps ; le reptile a saisi l'animal au cou, le Lion lui a enfoncé dans le dos ses griffes redoutables. Chacun des deux brigands veut s'approprier la proie ; ils se la disputent, aucun ne voulant céder, mais redoublant, au contraire, ses efforts. Le Chameau est enfin déchiré ; le Lion et le Crocodile en emportent chacun une moitié. Certainement ce récit n'est qu'un conte, mais il montre bien quelle puissance les Arabes attribuent au Crocodile. J'ai pu constater moi-même, ajoute Brehm, que le Crocodile se rend réellement maître du Chameau ; pendant mon séjour à Khartoum j'ai vu un Chameau, qui allait boire dans le fleuve Blanc, avoir la patte coupée par un Crocodile ; pendant mon voyage sur le fleuve Bleu et sur le fleuve Blanc j'ai vu que pour faire boire leurs Chameaux, les bergers du Soudan oriental avaient la précaution de faire entrer tout d'un coup le troupeau entier dans le fleuve en hurlant très fort, afin que tout ce bruit et le grouillement de cette multitude effarouchent le Crocodile. Quant aux petits troupeaux de bestiaux, de Veaux, de Chevaux, d'Anes, de Moutons et de Chèvres, dans les endroits où abondent des Crocodiles dangereux, on ne les fait jamais boire dans le fleuve, mais dans des bassins ou des étangs voisins et endigués, que les bergers doivent péniblement remplir d'eau au préalable ; ou bien, à l'aide d'épaisses barricades d'épines, on forme dans le fleuve des sortes d'abreuvoirs isolés du milieu du courant et à l'abri des carnassiers redoutés.

Le Crocodile est plus terrible encore en raison de ses attaques contre l'homme qu'à cause des ravages qu'il occasionne dans les troupeaux. Il n'est pas dans tout le Soudan un seul village dans lequel, de mémoire d'homme, un habitant n'ait été attaqué par le Crocodile. Il est fort rare, du reste, qu'une fois la victime saisie, elle puisse échapper à la dent du reptile, tant son attaque est prompte, subite, impétueuse. Ce dangereux carnassier rôde parfois même autour des points où l'on vient habituellement chercher de l'eau.

Tous les animaux intelligents connaissent le Crocodile ainsi que sa manière d'attaquer. Les nomades du désert qui s'approchent du fleuve avec les troupeaux ont souvent bien du mal à conserver leurs chiens, et perdent régulièrement quelques-uns de ces utiles compagnons que l'expérience n'a pas encore suffisamment instruits. En revanche les chiens qui ont grandi dans les villages voisins du fleuve deviennent rarement la proie du Crocodile. Lorsqu'ils veulent boire, ils s'approchent avec une extrême prudence de l'eau ; ils l'observent avec soin, boivent quelques gorgées, retournent en toute hâte sur la rive, s'y arrêtent longtemps, et regardent fixement les flots avant de s'en approcher de nouveau en prenant les mêmes précautions ; ils boivent encore et continuent ce manège jusqu'à ce qu'ils aient calmé leur soif. Leur haine à l'endroit du Crocodile se manifeste quand on leur montre un grand Lézard : ils reculent devant ce Saurien comme un singe devant un serpent et aboient avec fureur.

En dehors des animaux vivants, le Crocodile dévore tous les cadavres que le courant charrie. « Plus d'un m'a dérobé quelque précieux oiseau tombé dans le fleuve après mon coup de fusil, rapporte Brehm, et m'a rappelé le serment de vengeance que j'avais fait à l'occasion d'une rencontre qui avait failli m'être fatale et que j'ai tenu d'ailleurs autant qu'il a été en mon pouvoir. Chaque balle, dont j'ai percé la carapace d'un de ces monstres pendant mon deuxième voyage dans le Soudan, n'a été que l'instrument de ma vengeance. Après avoir établi ma tente en face de Khartoum et après avoir chassé déjà plusieurs jours, je tirai, un soir, un aigle de mer qui battit de l'aile encore jusqu'au-dessus du fleuve et qui tomba dans l'eau. L'oiseau, qui avait alors un grand prix à mes yeux, fut poussé par les flots tout près de la rive et s'approcha d'un courant qui se dirigeait vers le milieu du fleuve et qui m'aurait ravi ma proie. Un Arabe apparut ; je

le priai de me repêcher l'oiseau. « Le ciel m'en préserve, seigneur, répondit-il, je ne pénétrerais pas dans cette eau où grouillent les Crocodiles. Il y a quelques semaines seulement ils ont saisi et entraîné dans les flots deux moutons en train de boire ; ils ont mordu un chameau à la patte, un cheval ne leur a échappé qu'à grand'peine. » Je promis à l'homme une riche récompense, je l'accusai de poltronnerie, et l'engageai à des sentiments plus virils. Il me répondit tranquillement que j'aurais beau lui offrir tous les trésors du monde, qu'il ne tenterait pas de les gagner. Indigné, je me déshabillai moi-même, je sautai dans le fleuve et je me mis à nager à la poursuite de mon oiseau. L'Arabe se mit à crier de toutes ses forces : « Seigneur, au nom de la grâce, de la miséricorde d'Allah, revenez : voici un Crocodile ! » Effrayé, je regagnai la rive à la hâte. De l'autre côté du fleuve arrivait un Crocodile gigantesque, montrant à la surface des flots les saillies de sa carapace ; il nagea en ligne droite sur mon oiseau, plongea juste au-devant de lui et ouvrit une gueule qui me parut suffisamment grande pour que j'y pusse trouver ma place ; il m'enleva ma proie sous mes yeux et disparut avec elle sous les flots. Un deuxième Crocodile nagea directement vers un Courly dont mon serviteur cherchait à s'emparer sur l'autre rive ; au lieu de faire la chasse aux oiseaux, il aurait, sans aucun doute, fait la chasse à l'homme, si, grâce à une balle tirée au bon moment, je ne lui avais épargné cette attaque. » Certains Crocodiles toutefois ne se laissent pas détourner de la proie qu'ils convoitent, même par un coup de fusil. La gloutonnerie est si grande chez ces animaux qu'ils se jettent avec avidité sur tous les objets, quels qu'ils soient, qui passent à leur portée.

La hardiesse dont le Crocodile fait preuve dans l'eau contraste étrangement avec l'incroyable lâcheté qu'il montre sur la terre ferme. Il prend alors toujours la fuite à l'aspect seul de l'homme, et ne pense jamais à le poursuivre.

Dans les endroits où les Crocodiles abondent, il est plaisant de les déranger et de les voir alors se précipiter en toute hâte vers le fleuve, absolument comme des grenouilles qui sauteraient dans une mare. Le Crocodile témoigne la plus grande frayeur lorsqu'on lui coupe la retraite vers le fleuve ; il s'efforce alors d'atteindre la première cachette venue pour s'y mettre en sûreté.

Fig. 131. — Le Crocodile à double crête (1/30ᵉ de grandeur, p. 134).

Le Crocodile n'entreprend d'excursions à terre que pendant la nuit et peut-être dans le but de rechercher des eaux lui convenant mieux, pour une raison ou pour une autre ; car il ne semble jamais abandonner son élément favori dans le but de chasser. On le voit quitter les eaux qui commencent à baisser ; parfois, au contraire, comme s'il avait été surpris, il reste quand même dans les rivières ou dans les marécages où il se trouve encore un peu d'eau ; il n'est pas rare de voir dans des bourbiers infects et sous quelques pieds d'eau à peine, de véritables géants ; que le marécage vienne à assécher, l'animal s'enterre dans la vase. C'est ainsi que le docteur Penney traversa un jour avec ses gens un torrent éloigné de près de 20 kilomètres du fleuve Bleu. L'eau manquant absolument en cet endroit, on creusa un trou dans le lit desséché du torrent. Arrivés à la profondeur de 1ᵐ,50 environ, les travailleurs revinrent en toute hâte vers le voyageur en lui disant qu'un objet grisâtre remuait au fond de

l'excavation ; cet objet était l'extrémité de la queue d'un énorme Crocodile. Un autre trou creusé au niveau de la tête permit de le tuer à coups de lance. Ce Crocodile mesurait 5 mètres de long.

Le Crocodile est capable d'émettre un rugissement sourd et prolongé, mais ce n'est que dans certaines circonstances, encore mal définies, qu'il fait entendre sa voix. C'est surtout lorsqu'il est effrayé ou blessé qu'il rugit. Les petits, peu de temps après leur éclosion, poussent une sorte de glapissement qui rappelle assez le coassement des grenouilles.

A certaines époques de l'année les Crocodiles mâles répandent une si forte odeur de musc qu'on les sent souvent de très loin ; cette odeur persiste pendant longtemps, même après la mort de l'animal, et s'attache avec énergie à tous les corps.

Ponte. — Les œufs, dont le nombre varie de 20 à 90, rappellent par leur forme et leurs dimensions ceux des oies de nos pays ; la coque en est blanche, grossière, assez rugueuse au toucher. Ces œufs sont déposés sur des bancs de sable dans une fosse assez profonde creusée par la femelle et recouverts ensuite de sable. La femelle efface si complètement la trace de son travail, qu'il serait absolument impossible de savoir où la ponte a eu lieu, si, au-dessus de son nid, on ne trouvait le plus ordinairement des essaims de mouches. Les habitants du Soudan affirment que les femelles surveillent les œufs, qu'elles viennent en aide aux petits en train d'éclore, leur prêtent assistance et les conduisent à l'eau.

A leur naissance les jeunes ont 0^m,20 ; ils gagnent près de 10 centimètres pendant chacune des deux premières années qui suivent ; dans chacune des années suivantes, ils acquièrent de 15 à 20 centimètres en plus jusqu'à ce que leur longueur atteigne près de 3 mètres. A partir de cette taille, la croissance se fait beaucoup plus lentement et, d'après certains documents recueillis auprès des indigènes, on peut estimer à environ cent ans l'âge d'un Crocodile de 5 à 6 mètres de long, bien qu'évidemment des animaux de cette taille puissent être plus âgés. Nous n'avons aucune donnée nous permettant de savoir jusqu'à quel âge peut vivre un Crocodile, mais il est évident que si aucun accident ne survient, cet animal peut arriver à une longévité des plus respectables.

Facultés sensorielles. — Il est difficile de bien juger des facultés sensorielles du Crocodile. Hérodote était certainement mal renseigné quand il a écrit que le Crocodile est aveugle hors de l'eau, car l'acuité visuelle est certainement extrême dans l'eau, bien qu'un peu moins développée à terre. C'est cependant le sens de l'ouïe qui paraît être le plus parfait; en revanche le goût, le toucher, et même l'odorat, semblent être assez obtus.

Facultés psychiques. — On ne peut refuser un certain degré d'intelligence au Crocodile; il sait parfaitement mettre à profit l'expérience qu'il a acquise du danger, le plus souvent à ses propres dépens. Les rares Crocodiles qui vivent encore dans le Nil plongent à l'approche d'un bateau à vapeur et toujours juste à temps pour ne pas recevoir une balle de carabine qu'on ne manque pas de leur envoyer; les reptiles qui vivent dans les fleuves du Soudan, n'ayant pas les mêmes sujets de crainte, se laissent généralement approcher d'assez près par les embarcations. Les animaux qui

depuis de longues années étaient habitués à venir se chauffer en paix sur quelque banc de sable, le quittent lorsqu'ils ont été plusieurs fois gravement troublés dans leur repos, et choisissent une autre résidence où ils puissent dormir tout à leur aise. Ils savent parfaitement reconnaître les chemins qui descendent vers le fleuve et par lesquels les animaux arrivent pour étancher leur soif ; on peut être à peu près certain de les trouver en embuscade en de semblables endroits.

Les Crocodiles, et leurs propres parents les Caïmans, ont certainement de la mémoire et savent parfaitement associer les idées. Nous n'en voulons pour preuve que le fait suivant qui a été observé à la ménagerie des Reptiles du Muséum d'histoire naturelle de Paris. Un grand Crocodile de Siam, espèce du reste étroitement apparentée au Crocodile du Nil, cherchant un jour querelle à l'un des Caïmans à museau de brochet qui se trouvait dans le même bassin que lui, le saisit entre ses puissantes mâchoires; on dut lui administrer une volée de coups de bâton pour lui faire lâcher prise; depuis ce moment le Crocodile eut une telle peur du bâton, qu'à peine s'approchait-on de lui, même armé d'un manche à balai, il s'empressait de se cacher sous l'eau, comme pour esquiver les coups.

Captivité. — Hérodote nous apprend que, dans les temps anciens, les habitants de la Basse-Égypte ont gardé des Crocodiles en captivité.

« Quelques Égyptiens, écrit le Père de l'histoire, voient dans le Crocodile un animal sacré, d'autres y voient leur plus détestable ennemi; les premiers habitent autour du lac de Mœris, les seconds aux environs d'Éléphantine. Les premiers nourrissent le Crocodile et l'apprivoisent à ce point qu'il se laisse toucher. On s'efforce de lui organiser une vie luxueuse, on lui attache aux oreilles des anneaux en pierres taillées et en or; on orne ses pattes antérieures de bracelets dorés, et on le nourrit de gâteaux de farine et de chairs sacrifiées. Après sa mort on l'embaume et on le place dans une tombe consacrée. Des tombeaux de ce genre se trouvent dans les appartements souterrains du labyrinthe du lac Mœris, non loin de la ville des Crocodiles. »

Strabon complète ces renseignements en écrivant :

« La ville d'Arsinoë, en Egypte, fut appelée jadis la ville des Crocodiles, parce que dans cette contrée le Crocodile est en grand honneur. On garde là, dans un lac, un Crocodile unique, extrêmement apprivoisé à l'égard des prêtres. Il se nomme Suchos. Sa nourriture consiste en viande, en pain et en vin ; les étrangers qui veulent le voir emportent avec eux des aliments de ce genre. Mon hôte, qui était un homme très vénéré, et qui nous montrait les objets sacrés de la localité, nous accompagna au lac. Il avait emporté un petit gâteau, de la viande rôtie et un flacon d'hydromel. Nous trouvâmes l'animal en train de reposer sur la rive. Les prêtres vinrent à lui et ouvrirent ses mâchoires ; l'un d'eux lui introduisit le gâteau, puis la viande, et y versa ensuite le vin. L'animal sauta alors dans le lac et nagea vers l'autre bord. Sur les entrefaites arriva un autre étranger qui apportait les mêmes présents. Les prêtres prirent cette nouvelle nourriture, firent le tour du lac, et donnèrent ces aliments à l'animal comme auparavant. »

Comme l'a écrit Plutarque, non seulement les Crocodiles reconnaissent la voix qui les appelle d'habitude, mais ils se laissent aborder, et permettent qu'on leur nettoie les dents et qu'on les frotte avec un morceau de toile.

Diodore de Sicile parle des raisons pour lesquelles l'animal a été tenu pour sacré et a reçu les honneurs divins. « On a dit, écrit-il, que le nombre des Crocodiles qui abondent dans le Nil, aussi bien que la grandeur du fleuve, empêchait les voleurs Arabes et Lybiens de passer cette eau à la nage. Suivant d'autres récits, un des anciens rois, du nom de Ménas, poursuivi par son propre chien, se serait enfui dans le lac Möris où il aurait été recueilli merveilleusement par un Crocodile qui l'aurait transporté de l'autre côté. Pour accorder à cet animal la récompense de son salut, ce roi aurait construit, au voisinage du lac, une cité à laquelle il aurait donné le nom de « Ville des Crocodiles », et il aurait enjoint aux habitants de vénérer les Crocodiles comme des dieux. C'est le même roi qui aurait construit ici une pyramide et un labyrinthe. Il existe, du reste, bien des gens qui attribuent à de tout autres causes la divinisation de ces animaux. »

Une anecdote de Maxime de Tyr montre combien était profonde la vénération accordée à cet animal : « Une femme, dit-il, ayant élevé en Égypte un Crocodile, y devint elle-même très vénérée, à l'instar du dieu. Son fils, alors petit garçon, vivait et jouait avec le Crocodile ; mais ce dernier, devenu plus grand et plus fort, finit par manger son compagnon de jeu. L'infortunée mère se réjouit du bonheur arrivé à son fils qui avait eu la chance d'être dévoré par un dieu. »

Personne aujourd'hui ne songe plus à apprivoiser des Crocodiles, car ces animaux adultes sont généralement tout à fait intraitables. Les animaux pris jeunes s'apprivoisent, eux, fort rapidement, jusqu'à accourir à un appel déterminé et à prendre leur nourriture à la main. Il est très probable que les prêtres égyptiens agissaient ainsi et que les animaux adultes qu'ils montraient avaient été capturés tout jeunes.

Capture. — D'après Hérodote, les anciens Égyptiens s'emparaient des Crocodiles de différentes manières. Le chasseur jetait dans le fleuve un gros morceau de viande de porc dans lequel était caché un fort hameçon ; il se tenait caché sur la rive et forçait un animal qu'il avait traîné avec lui à crier sous ses coups. Les cris attiraient le Crocodile qui se jetait avidement sur la proie offerte et pouvait alors être traîné à terre. Là le chasseur lui barbouillait tout d'abord les yeux de vase pour pouvoir se mettre à l'abri de ses attaques ; puis on le tuait tout à son aise.

Les Tentyrites avaient, au dire de Pline, le courage de suivre le Crocodile à la nage, de lui jeter un lacet autour du cou, de s'installer sur son dos et de lui enfoncer une traverse de bois dans la gueule au moment où il relevait la tête pour mordre. Avec ce bâton ils dirigeaient leur capture, comme on mène un cheval en bride, et l'amenaient alors sur le sol. « Les Crocodiles redoutaient, dit Pline, l'odeur même des Tentyrites et ne se risquaient pas sur leurs îles. »

De nos jours cette chasse est remplacée par une autre qui n'exige guère moins de courage. La chasse commence quand les eaux du fleuve s'abaissent en laissant à nu les bancs de sable sur lesquels les Crocodiles s'endorment et s'ensoleillent. Le chasseur observe un de ces lieux de repos accoutumés, et, sous le vent régnant, c'est-à-dire ordinairement au sud, il creuse un trou dans le sable, pour s'y cacher et attendre que l'animal soit sorti de l'eau et soit endormi. Il a pour arme un javelot dont la pointe ferrée, triangulaire et garnie de crochets, est fixée au manche au moyen d'un anneau et de 20 à 30 cordes résistantes, distinctes et réunies seulement de distance en distance ; le manche, à son tour, se trouve relié à une petite bûche légère. « L'adresse du chasseur, dit Ruppel, consiste principalement à lancer le javelot avec assez de force pour que le fer traverse la carapace et pénètre à une profondeur de 10 centimètres environ dans le corps de l'animal. Dans son trajet la tige du javelot, dans laquelle la pointe de fer n'est que lâchement engagée, se sépare de cette extrémité et tombe isolément. Le Crocodile blessé agite sa queue avec rage et fait tous ses efforts pour mordre les cordages, mais les cordelettes séparées qui composent ceux-ci glissent entre les dents de l'animal, qui ne peut les entamer. Lorsque le reptile est à une faible profondeur, la tige du javelot qui nage à la surface de l'eau indique le chemin qu'il a suivi. On peut ainsi poursuivre l'animal dans un léger canot jusqu'à ce que l'on trouve un endroit propice pour le traîner sur la rive. On le tire alors avec des cordes et on lui donne le coup de grâce à l'aide d'une lance bien affilée. Si je ne l'avais vu de mes propres yeux, je n'aurais jamais pu croire que deux hommes pussent tirer hors de l'eau un Crocodile de près de 5 mètres de long, lui fermer la gueule à l'aide de liens, lui garrotter les pattes par dessus le dos, et enfin le tuer en lui coupant la moelle épinière à l'aide d'un instrument tranchant. »

C'est seulement par hasard qu'on capture des Crocodiles à l'aide de filets ; il est tout à fait exceptionnel qu'on puisse ainsi s'emparer d'un de ces animaux s'il est tant soit peu de grande taille, car, une fois pris, il s'agite avec tant de violence qu'il finit toujours par déchirer les filets même les plus solides.

Les Européens et les habitants de l'Égypte centrale ne chassent aujourd'hui le Crocodile qu'à la carabine, dont la balle, quoi qu'on en ait dit, perce toujours la cuirasse du monstre ; mais il est rare qu'une ou même deux balles tuent le Reptile instantanément, tant sa force de résistance vitale est grande. Un Crocodile tiré à terre, et même mortellement blessé, parvient presque toujours à gagner la rive, et se trouve alors perdu pour le chasseur.

Brehm raconte que sur un banc de sable émergeant du fleuve Bleu, il s'était installé un beau jour dans une hutte recouverte de gazon et de sable avec l'intention de tirer des grues. « Avant que les oiseaux n'aient paru en nombre, écrit-il, je vis à peine à quinze pas de moi un Crocodile de près de 5 mètres de longueur. Ne m'ayant pas aperçu, il sortit lentement de

l'eau et alla s'étendre, pour s'endormir, à environ 6 mètres de l'endroit où je me trouvais. Je me mis à l'observer, me réservant de lui envoyer la balle qui lui était destinée. Une grue ayant apparu à ce moment, je tirai l'oiseau. Le Crocodile, tout d'abord effrayé par le bruit de la détonation, avait rapidement plongé, puis bientôt était venu se placer à la place qu'il occupait primitivement. Je le visai tranquillement alors à la tempe, je fis feu et j'eus la satisfaction de voir le monstre tomber lourdement sur le sol, en même temps qu'une fort violente odeur de musc emplissait l'air. Mon fidèle serviteur Tombolde sortit alors précipitamment de sa cachette située près de la mienne et vint me supplier de lui laisser emporter les glandes à musc en souvenir de notre voyage. Cette faveur lui ayant été accordée, nous nous approchâmes de la bête dont tout le corps était agité de convulsions. « Prends garde à la queue, me cria Tombolde, et envoie une autre balle à la bête afin qu'elle ne puisse nous échapper. » Bien que pour moi l'animal fût dans l'impossibilité absolue de se traîner même l'espace de quelques pas, j'envoyai au Reptile, et presque à bout portant, un coup de feu dans l'oreille. Le monstre tressaillit alors, il se recourba violemment sur lui-même, nous lança à l'aide de sa queue du sable et du gravier, et courut soudain dans le fleuve, absolument comme s'il n'avait pas été mortellement blessé, déjouant ainsi toutes les espérances que mon nègre avait fondées sur la possession des fameuses poches à musc. »

Usages. — Ce sont les glandes en question qui, pour les habitants du Soudan, ont le plus de valeur dans le Crocodile ; leur prix est relativement élevé, puisqu'en échange de deux de ces glandes on donnait il y a quelques années une somme d'argent représentant, dans le pays, la valeur de deux veaux à demi adultes. C'est à l'aide de ces glandes que les femmes de la Nubie et du Soudan composent ces onguents parfumés qu'elles emploient pour leur chevelure et pour leur corps. Bien que fort pénétrant, ce parfum est, en tous cas, de beaucoup préférable à celui qu'exhalent les femmes des régions centrales du Nil, qui soignent leur chevelure crépue d'huile de ricin rance, dont l'horrible odeur tient à une distance d'au moins trente pas l'Européen le moins délicat.

Ces glandes musquées imprègnent à ce point le corps du Crocodile tout entier, que la chair des animaux tant soit peu âgés est absolument immangeable, au moins pour les Européens. Les indigènes en jugent sans doute tout autrement, car la chair et la graisse de Crocodile forment pour eux un friand régal. Les auteurs anciens nous apprennent que les habitants d'Apollonopolis mangeaient volontiers la chair des Crocodiles ; ils suspendaient tout d'abord les animaux qui devaient servir de pâture et les bâtonnaient jusqu'à ce qu'ils poussassent des cris perçants ; ce n'était qu'alors qu'on les tuait pour les manger. Les habitants actuels de la Nubie et du Soudan ne prennent pas tant de précautions ; ils font tout simplement cuire la chair du reptile dans l'eau, et se contentent tout au plus de la saler et de la poivrer.

. « Peu de temps après mon arrivée dans la petite ville de Wolled-Medineh, rapporte Brehm, j'avais tué un Crocodile et l'avais placé sur mon bateau. En revenant d'une chasse je constatai que ma bête avait été en partie dépecée et que le plus grand nombre des œufs avaient disparu. Les matelots, incapables de résister à la tentation, venaient d'improviser un déjeuner tout à fait de leur goût. Le lendemain on pouvait voir sur le marché de Wolled-Medineh deux quartiers du reptile abattu par moi ; la viande fut, en très peu de temps, soit vendue, soit échangée contre une sorte de bière connue des indigènes sous le nom de *merisa*. Le soir il y eut fête auprès du bateau. Sur l'assurance formelle que je fis d'abandonner généreusement la viande du Crocodile, un certain nombre de jeunes filles acceptèrent de prendre part à la fête. Sur trois grands feux étaient placées d'énormes marmites dans lesquelles cuisait le gibier si désiré ; autour de ces feux s'agitaient des silhouettes brunes. Le *tarabarka* ou tambourin du pays résonnait joyeusement ; les belles se parfumaient à l'aide d'une des glandes à musc que les galants matelots leur avaient donnée. Le tambourin résonna bien avant dans la nuit et les danses continuèrent jusqu'au jour ; le *merisa* arrosait largement la chair du reptile. »

On accordait autrefois au Crocodile toutes sortes de propriétés plus merveilleuses les unes que les autres. Son sang passait pour un antidote souverain contre la morsure des serpents et faisait rapidement disparaître les taies de l'œil ; la cendre provenant de la peau guérissait les blessures ; la graisse protégeait contre la fièvre, les maux de dents, les piqûres des moustiques ; une des dents portée autour du bras, en guise d'amulette, vous donnait la force et la puissance.

Momies. — Nous avons dit de quels respects avait été l'objet le Crocodile de la part de certains prêtres égyptiens. Ce culte était tel que très fréquemment l'animal sacré a été embaumé. On trouve en abondance ces momies dans les tombeaux de Thèbes.

Le caveau de Maabde, près de Montfalut, est célèbre par les Crocodiles qu'on y trouve. Le caveau en question se trouve sur la rive droite du Nil. Un puits de 3 à 4 mètres de profondeur, et dont l'orifice est entouré de fragments d'os, de morceaux de chair desséchée, de lambeaux de toile, ce puits donne accès dans une assez longue galerie ; en rampant à quatre pattes on arrive ensuite dans une cavité large et spacieuse dans laquelle des milliers et des milliers de chauves-souris ont élu domicile ; de cette chambre centrale rayonnent en tous sens des galeries, les unes courtes, les autres longues, les unes basses, les autres élevées. Une des galeries donne accès à un énorme caveau dans lequel les momies de Crocodiles gisent par milliers ; il y en a de toutes les tailles, depuis des animaux gigantesques jusqu'à des nouveau-nés ; on trouve même des œufs entourés de poix minérale et soigneusement entourés de bandelettes. Les Crocodiles de grande taille ont été déposés isolément ; les jeunes animaux sont souvent au nombre de 50 et même de 80 dans de longues corbeilles en branches de palmier effilées aux deux extrémités. Les œufs ont été empaquetés de la même manière.

En voyant la quantité de Crocodiles de tous âges ensevelis dans les grottes de Maabde, on peut supposer que les Égyptiens redoutaient tout particulièrement ces animaux et que leurs prêtres, sous prétexte d'embaumement, cherchaient à en détruire le plus grand nombre possible. Tous les animaux dont on voit les cadavres n'ont pas certainement pas succombé à une mort naturelle ; beaucoup d'entre eux ont certainement dû être tués et embaumés ensuite, comme si on avait voulu ainsi se faire pardonner le meurtre de l'animal sacré. On a trouvé dans la même grotte des momies humaines ; il serait à supposer que ce sont celles des gardiens de Crocodiles sacrés.

LE CROCODILE A DOUBLE CRÊTE. — *CROCODILUS BIPORCATUS.*

Leistenkrokodil.

Caractères. — Parmi les Crocodiles asiatiques les plus remarquables on doit citer le *Crocodilus biporcatus* ou *Crocodilus porosus*, qui se reconnaît facilement aux deux crêtes osseuses qui vont des yeux à l'extrémité du museau et qui se prolongent sur le crâne en formant une sorte de V. Les écussons nuquaux font généralement défaut ou sont représentés par une seule paire; les écussons dorsaux sont disposés suivant six ou huit rangées longitudinales. Le museau est allongé, un peu bombé à l'extrémité. La coloration est d'un vert jaunâtre, parsemé de taches plus sombres. L'animal adulte arrive à une grande taille (fig. 131).

Distribution géographique. — Le Crocodile à double crête habite tous les cours d'eau de l'Asie méridionale, dans la Péninsule indique, dans l'Indo-Chine et dans le sud de la Chine; on le rencontre également dans les îles de la Sonde et dans quelques îles de l'extrême Orient, telles que Ceylan; l'espèce a été trouvée dans le nord de la Nouvelle-Guinée.

Mœurs, habitudes, régime. — Plus que tous les autres Crocodiles, l'espèce dont nous parlons vit au bord de la mer; il n'est même pas rare de la voir à plusieurs milles de distance de la côte; souvent aussi on l'aperçoit sur les bancs de sable mis à sec par la marée. A Ceylan, elle se tient de préférence, d'après Tennent, dans les fleuves, les lacs et les marais des régions basses situées le long des côtes, tandis que le *Crocodilus palustris*, qui lui est apparenté, ne se rencontre que dans les eaux douces et semble éviter le voisinage de la mer.

Le Crocodile à double crête vit presque toujours en société. C'est principalement à Bornéo qu'il abonde. Salomon Müller rapporte qu'il a souvent vu dix et douze de ces animaux pendant moins d'une heure de marche.

Sommeil estival. — D'après Tennant, tandis que le *Crocodilus palustris* entreprend de grandes expéditions, surtout pendant les époques de sécheresse, le *Crocodilus biporcatus*, au contraire, s'enfouit alors dans la vase, et y demeure dans un engourdissement complet jusqu'à l'époque des pluies; c'est alors seulement qu'il se réveille:

Nocivité. — « D'après Müller, écrit Schlegel, le *Crocodilus biporcatus* peut passer pour un des carnassiers les plus dangereux ; c'est un des animaux les plus redoutables de la faune de l'Inde. Il est probable que dans ce pays il meurt autant d'hommes sous la dent du Crocodile que sous celle du Tigre. Pour le vorace Crocodile tout est bon, animal vivant ou aux trois quarts putréfié : il guette plus particulièrement les cerfs, les porcs, les chiens, les chèvres, les singes qui s'approchent de l'eau pour s'y désaltérer.

« Lorsque le Crocodile, étant dans l'eau, guette une proie, l'extrémité de son museau émerge seule du liquide. Dès qu'il entend le moindre bruit, il s'approche doucement du bord, tout prêt à fondre sur la bête qu'il convoite ; il ne se décide jamais, du reste, à attaquer avant que d'être sûr de la réussite ; il s'élance alors avec la rapidité d'une flèche, et, si sa victime est un homme, l'impétuosité de son attaque est telle, que l'on entend rarement un cri poussé par le malheureux qui est immédiatement entraîné sous l'eau; alors que la mort est arrivée, le Crocodile remonte à la surface avec sa proie. Si celle-ci est petite, elle est avalée pendant que le Crocodile nage ; il se contente alors d'élever la tête hors de l'eau ; lorsque l'animal capturé, homme ou grand mammifère, est de taille trop considérable pour être englouti d'un seul coup, le reptile le traîne en quelque endroit isolé de la rive, pour s'en repaître tout à loisir vers le soir ou pendant la nuit. C'est en secouant fortement sa victime, en la frappant contre le sol et en la lacérant à l'aide de ses pattes de devant, qu'il la met en pièces.

« Autant les Crocodiles sont robustes et hardis lorsqu'ils se trouvent à l'eau, autant ils se montrent farouches et peureux lorsqu'ils sont à terre. A l'aspect des hommes, ils s'empressent alors de fuir et de regagner le fleuve; leur démarche est alors lourde et embarrassée, bien qu'ils soient beaucoup plus agiles qu'on ne le supposerait. Ils n'entreprennent jamais de courses un peu lointaines que la nuit, car ce sont surtout des animaux nocturnes; c'est à la tombée de la nuit qu'ils sont tout particulièrement redoutables. »

Tous les animaux redoutent, et avec raison, l'espèce qui nous occupe. « Les chiens, dit Müller, lorsqu'une fois ils ont vu de près un de ces reptiles, en ont une telle frayeur qu'ils ne s'approchent désormais de l'eau qu'avec la plus extrême prudence. A Timor, nous avons plus d'une fois vu des chiens reculer soudain devant leur propre image et trembler pendant long-temps, les yeux involontairement fixés sur le point où leur image avait paru ; ils aboyaient furieusement, en faisant entendre des hurle-ments lugubres et prolongés. Lorsque les in-digènes ont à entreprendre, pendant la nuit, quelque voyage dans leurs petits canots, ils se tiennent de préférence au milieu de cours d'eau, les Crocodiles habitant surtout les bords. Malgré ces précautions, il arrive trop fréquem-ment que des hommes sont enlevés de leurs embarcations, et cela si rapidement que c'est à peine si les autres mariniers ont le temps de s'en apercevoir. Les Crocodiles adultes mettent parfois les embarcations en pièces, en les frap-pant de leur queue, et s'emparent alors de quelques-uns des malheureux bateliers.

« Un accident semblable arriva à Bornéo en octobre 1838. Un Malais, dont la femme et le fils avaient été dévorés par des Crocodiles, sur la rive du fleuve Duson, voulut peu de temps après s'emparer, à l'aide d'un piège, du reptile qui avait dévoré ses parents ; il avait choisi comme appât un jeune singe. Il se rendit en canot, avec quelques autres habitants de son village, à l'endroit qu'il avait choisi, et cela vers le soir. A peine les Malais étaient-ils arri-vés à l'endroit désigné, que leur canot reçut un formidable coup de queue et chavira ; les quatre malheureux furent précipités à l'eau. Trois d'entre eux réussirent à gagner la rive et furent sauvés ; mais le pauvre Malais fut la victime de la voracité du Crocodile, ainsi que l'avaient déjà été sa femme et son fils.

« Peu de temps avant notre arrivée à Bor-néo, un semblable accident avait eu lieu au-près de Karan, dans le Sungy ; ce fleuve est, à la ronde, redouté pour la grande quantité de Crocodiles qu'il nourrit. Un Malais, qui venait de se marier, voulut retourner chez lui en compagnie de sa femme, et cela à l'entrée de la nuit. Pendant qu'il était en train de ra-mer, il fut saisi par derrière par un gigantesque Crocodile, enlevé de l'embarcation et noyé ; tout cela fut fait si rapidement et avec si peu de bruit que la femme, assise à l'avant de l'embarcation, suivant la coutume du pays, ne se retourna qu'à la secousse qu'occasionna la chute du corps dans l'eau.

« Un cas non moins étrange mérite d'être cité ici. Quatre individus se rendaient une après-midi vers le lac Lampur pour y pêcher. L'un d'eux, occupé à lancer le filet et placé à l'a-vant du bateau, fut tout à coup saisi aux jambes par un gigantesque Crocodile qui l'en-traîna dans l'eau. On le considéra comme perdu ; mais, peu d'instants après, le monstre reparut, tout contre le canot, tenant entre ses mâchoires sa victime encore vivante et criant au secours de toutes ses forces. Le frère de ce malheureux, ému de pitié et d'indignation, n'hésita pas un instant à tenter tous les moyens de le délivrer de la gueule de l'animal ; il tira son sabre, sauta à l'eau, saisit son frère par le bras et porta en même temps au Cro-codile un coup si violent sur la nuque, que l'animal lâcha sa proie. Cet homme succomba, après deux jours de souffrances, aux graves blessures que lui avait causées le Crocodile. »

Des récits analogues sont faits par tous les voyageurs qui ont séjourné un certain temps dans l'Extrême-Orient, et surtout dans les grandes îles de l'Inde archipélagique. Epp, qui a passé près de dix ans à Banka, rapporte que pendant cet espace de temps trente hommes ont été la proie des Crocodiles.

Superstitions. — On s'explique aisément que des animaux aussi redoutables soient dans cer-tains pays regardés comme des êtres sacrés. Dans certaines régions on a pour eux une telle vénération qu'il n'est point possible de former de vœu plus élevé que d'être changé en Croco-dile après la mort. Loin de faire la chasse à ces animaux, on cherche, au contraire, à les rendre favorables. C'est ainsi qu'Anderson affirme avoir vu dans un fleuve de Sumatra un gigantesque Crocodile à double crête que l'on nourrissait de poissons et qui, à la suite des bons traitements qui lui étaient prodigués, était devenu apprivoisé à ce point qu'il se lais-sait toucher. Dans certaines îles de l'archipel Indien, on est persuadé que l'âme des ancêtres habite le corps des Crocodiles, et c'est pour-quoi on respecte l'animal.

Pendant le séjour de Schmidt Müller à Java on avait capturé un Crocodile qui avait récem-ment saisi un soldat. Des Bouginais, qui ser-vaient dans l'armée, demandèrent la grâce de l'animal qui pour eux était sacré ; cette faveur ayant été repoussée, ils empoisonnèrent secrè-tement le reptile, réclamèrent son cadavre qu'ils enveloppèrent avec le plus grand soin de linges blancs et qu'ils ensevelirent dans leur cimetière.

Chasse. — Dans beaucoup d'endroits la superstition a moins de prise et l'on cherche, au contraire, par tous les moyens possibles, à

Fig. 132. — Le Crocodile à front large.

se débarrasser d'aussi redoutables ennemis. On emploie, dans ce but, parfois des crocs garnis d'appâts, d'autres fois de grands filets; en d'autres endroits on se sert de nasses munies d'une trappe qui retombe derrière l'animal et le fait prisonnier. Dans les Philippines on installe, d'après Jagor, un léger radeau de bambous auquel on attache, à une certaine hauteur, un chien ou un chat, et à côté de cet appât on fixe un fort hameçon relié au radeau à l'aide de cordages en manille; on laisse l'appareil flotter au gré du courant. Une fois que le Crocodile s'est emparé de l'appât et a, en même temps, englouti le croc, il s'efforce en vain de s'échapper; comme d'une part le radeau n'est pas fixé et cède au moindre effort et que d'autre part la souplesse des cordes ne permet pas à l'animal de les couper d'un coup de dent, il est impossible à la bête capturée de s'échapper; on tire alors le Crocodile sur le rivage et on le tue.

Dans certains endroits, à Siam, par exemple, la chair des Crocodiles est fort appréciée, aussi porte-t-on ces animaux souvent sur les marchés. Les Crocodiles sont parfois maintenus dans des bassins dans une sorte de demi-domesticité et nourris jusqu'au moment où on les capture pour les manger.

LE CROCODILE A FRONT LARGE. — *CROCODILUS FRONTATUS.*

Stumpfkrokodil.

Caractères. — Cette espèce, qui fait transition aux Alligators, a la tête très élevée dans la région crânienne; le front est fortement tronqué; la gueule, qui est large, est peu allongée, obtuse et comme boursouflée à l'extrémité. Les paupières supérieures contiennent de larges plaques osseuses. Les membranes qui s'étendent entre les doigts sont remarquablement courtes. La nuque est recouverte de six écussons disposés suivant deux groupes, suivis de quatre plaques formant deux séries; sur le dos se voient des écussons, un bouclier composé de dix rangées longitudinales et de dix-huit rangées transversales (fig. 132).

La partie supérieure du corps est verdâtre ou

Fig. 133. — Le Crocodile à nuque cuirassée (1/20º de grandeur).

d'un brun verdâtre, à l'exception de la tête et de quelques parties de la queue qui, sur un fond d'un brun clair, montrent des points et des taches d'un noir plus ou moins intense; le ventre est d'un noir brunâtre.

Distribution géographique. — C'est au voyageur du Chaillu que nous devons la connaissance de cette espèce; elle avait été capturée par lui dans le fleuve Ogabei. Murray, qui a décrit le *Crocodilus frontatus*, l'a trouvé au Calabar. L'espèce a été prise depuis dans la rivière Cameron, au Gabon, à Majumba sur le territoire du Congo. Il est curieux que l'on ne connaisse, jusqu'à présent, que de jeunes exemplaires de ce Crocodile si remarquable à bien des égards.

LE CROCODILE A NUQUE CUIRASSÉE. — *CROCO-DILUS CATAPHRACTUS.*

Panzerkrokodil.

Caractères. — Cette espèce se reconnaît

facilement à ses mâchoires allongées, aplaties, à son museau très étroit, effilé; le front est bombé. Les écussons nuchaux sont nombreux, petits et disposés suivant deux ou trois rangées; les écussons cervicaux, au nombre de quatre à cinq séries transversales, sont continués par les six séries d'écussons dorsaux. Les cinq doigts des pattes de devant sont complètement libres; le bord postérieur du bras et celui de la jambe portent une crête dentelée. Le dessus de la tête est olivâtre, pointillé de brun; le tronc et la queue présentent de grandes taches noires disposées transversalement et tranchant sur le fond, qui est d'un brun verdâtre; le ventre est blanc jaunâtre, avec des taches noirâtres irrégulièrement disséminées. On prétend que l'espèce peut arriver à la taille de 8 mètres (fig. 133).

Distribution géographique, mœurs. — Adanson a été le premier voyageur qui ait nettement distingué le Crocodile, dont nous faisons l'histoire, du Crocodile vulgaire qui coexiste

BREHM. — V.

REPTILES. — 18

avec lui dans les fleuves de la Sénégambie. On a depuis trouvé cette espèce dans tous les cours d'eau de la côte occidentale d'Afrique, depuis le Sénégal jusqu'au Gabon, surtout dans la Gambie, le Galbar, le Niger, le Binne, la rivière Cameron et le Gabon.

Adanson et Savage ne consacrent que quelques lignes à la description de l'espèce qui nous occupe. « Le terme de *Klinh*, dit Savage, sous lequel les Nègres nomment ce Crocodile, est le même que celui qu'ils emploient pour désigner un chien. Les habitudes de ce Reptile ne diffèrent pas de celles des autres Crocodiles. Il habite les petits cours d'eau et les eaux marécageuses des régions basses et se nourrit de poissons et de reptiles vivant dans l'eau. Il choisit pour retraite des excavations creusées hors de l'eau; c'est de là qu'il se précipite sur sa proie qu'il surprend à l'improviste. Les œufs sont déposés sur le sol et recouverts de feuilles ou d'herbages. Cet animal est peureux et inoffensif, aussi est-il très fréquemment chassé par les indigènes à qui il fournit une nourriture fort estimée. »

C'est à ces quelques notions que se bornait tout ce que l'on savait du Crocodile à nuque cuirassée, lorsque Reichenow fit connaître des faits intéressants sur cette espèce. « Le *Crocodilus cataphractus*, écrit ce voyageur, vit aussi bien dans les lagunes qui, au voisinage des côtes, s'étendent près des embouchures des fleuves, que dans les larges deltas des grands cours d'eau et dans la partie supérieure des rivières. Dans le delta de la rivière Cameron, dans les étroits canaux qui sillonnent les alluvions marécageuses, j'ai vu de ces Crocodiles en train de se chauffer au soleil, couchés sur quelque banc de sable d'où ils se précipitaient en toute hâte dans l'eau à l'arrivée du canot qui me portait. Les Crocodiles étaient nombreux dans l'affluent du Cameron que l'on connaît sous le nom de Wari. J'ai pu plusieurs fois m'assurer que dans l'eau douce le Crocodile à nuque cuirassée n'attaque jamais ou presque jamais l'homme ou un animal de grande taille; c'est ainsi que dans une lagune située auprès d'Aura, dans la côte d'Or, les indigènes mettent à profit un gué, bien que les Crocodiles soient nombreux au voisinage, et cela sans aucune crainte, aucun accident n'ayant jamais lieu. Il m'est fréquemment arrivé de m'aventurer dans la lagune, dans l'eau jusqu'à mi-corps, pour tirer des hérons ou d'autres oiseaux. Pendant longtemps je ne vis trace de Crocodile, jusqu'à ce qu'un jour je fus tout surpris de voir émerger la tête d'un animal de grande taille, à huit pas de moi à peine; au premier moment nous fûmes également surpris, la bête et moi; la première impression de crainte passée, j'épaulai ma carabine de chasse et j'envoyai mon petit plomb sur le crâne du monstre qui redressa sa queue et plongea sous l'eau. J'avoue que je ne retournai plus dans la lagune, ne me fiant que tout juste au dire des indigènes. Les Nègres se baignent toujours dans le Wari, aux endroits peu profonds, sans s'inquiéter des nombreux Crocodiles qui se trouvent en cet endroit. Lorsqu'à l'époque des pluies, le fleuve subit une crue, il arrive trop souvent que des Crocodiles happent au passage quelque malheureux Nègre assis dans son canot à fond plat.

« La solidité de la cuirasse dont est revêtu le *Crocodilus cataphractus* n'est pas aussi grande qu'on pourrait le croire. Il m'est arrivé de tuer à vingt et trente pas de distance avec du petit plomb de jeunes Crocodiles ayant la longueur du bras.

« Les animaux dont nous parlons paraissent entreprendre des voyages assez longs à certaines époques de l'année; dans la lagune située auprès d'Aura je ne les ai jamais trouvés en aussi grand nombre qu'au commencement de la saison sèche; j'ai été conduit à admettre que, des cours d'eau à demi dessechés, ils avaient émigré vers cette lagune.

« La chair du Crocodile à nuque cuirassée est blanche; elle passe, aux yeux des Nègres, pour un aliment très savoureux. »

M. le docteur A. T. de Rochebrune a souvent observé au Sénégal le Crocodile à nuque cuirassée ou Crocodile leptorrhynque; on lira sans doute avec intérêt les renseignements qu'il a bien voulu nous communiquer et qui correspondent, en partie, à ceux que nous devons à Reichenow.

« On trouve dans la Sénégambie, nous écrit M. A. de Rochebrune, le Crocodile vulgaire ou *Diasique*, Crocodile vert des Ouoloffs, et le Crocodile leptorrhynque, le *N'Bama*, Crocodile noir des Ouoloffs. Ces deux espèces habitent les marigots de la Sénégambie, depuis le haut fleuve, Kita, Bakel, Podor, etc., jusqu'à, et y compris, le bas de la côte : Gambie, Casamance, Malacorée, mais ils sont plus communs dans le haut fleuve.

« Le Crocodile leptorrhynque est moins commun que le Crocodile vulgaire; il est extrêmement redouté des nègres qui le chassent rarement, tandis qu'ils apportent souvent aux Européens le Crocodile vert. Ce dernier, d'après les Ouoloffs, n'attaque jamais l'homme et se détourne des pirogues; il n'en est pas de même du Crocodile noir.

« Les deux espèces vivent habituellement mélangées sans s'attaquer; nous avons souvent vu de vingt à trente couples de Crocodiles couchés sur les berges du fleuve ou des marigots, dans une complète immobilité, se laissant glisser à l'eau au moindre bruit. Les Crocodiles se mettent en chasse le soir, cachés qu'ils sont par les herbes du rivage; le sommet de la tête seulement hors de l'eau, ils épient la venue des gazelles et d'autres mammifères de moyenne taille qui, pressés par la soif, viennent boire au fleuve; ils s'avancent alors sans bruit, en se laissant glisser dans l'eau, et happent aux jambes leur imprudente victime, qu'ils entraînent au fond du fleuve dans le but de la noyer; ils cachent alors leur proie et ne la mangent, en général, que quand elle est à moitié putréfiée.

« Le Crocodile noir et le Crocodile vert ont des mœurs semblables; ils se nourrissent de poissons et de varans du Nil, qui pullulent dans les fleuves, lorsqu'ils ne peuvent se procurer de mammifères.

« Ces deux Crocodiles poussent, le soir et surtout pendant la nuit, des cris rauques et prolongés, comparables au beuglement du veau, cris que l'on entend de très loin. Plusieurs couples de jeunes individus de l'une et l'autre espèce, de 30 centimètres de longueur seulement, que nous conservions dans un bassin dans la cour de notre habitation à Saint-Louis, faisaient entendre un tel bruit que nous dûmes nous priver de leurs mélodies en les plongeant dans un large bocal d'alcool. Ce fait peut donner une idée du tapage que peuvent produire des centaines de voix sortant d'animaux qui ont fréquemment 4 et même 5 mètres de longueur.

« C'est vers la fin du mois de juin que les femelles de nos Crocodiles viennent à terre pour pondre; elles déposent leurs œufs à 25 mètres environ du rivage, dans un trou de 10 à 12 centimètres de profondeur, creusé dans le sable et recouvert de branchages, de feuilles, d'herbes sèches. Aussitôt leur naissance, les petits se rendent à l'eau.

« Malgré la forte odeur de musc que pendant la vie exhale l'animal, la chair du Crocodile est d'un goût agréable; nous en avons mangé avec plaisir à plusieurs reprises; toute odeur musquée disparaît par la cuisson; la chair de la queue est la plus estimée; rôtie, elle ne diffère en rien de celle du porc et se digère plus facilement.

« Lorsque les nègres ont pris ou tué un Crocodile vulgaire ou *Diasique*, ils le dépouillent et recueillent précieusement la graisse qu'ils conservent pour s'en servir en friction contre les douleurs rhumatismales; ils recueillent dans le même but la graisse de l'Autruche. Les ongles et les dents servent à fabriquer des grigris qui doivent préserver de l'attaque du Crocodile leptorrhynque ou *M'Bama*.

« Le palais des deux Crocodiles est souvent couvert d'une petite espèce de sangsue, *Bdelle*, commune dans les eaux de Sénégambie; ce fait était connu d'Hérodote; est-ce lui qui a donné naissance à la fable de Trochilus?

« Le *Crocodilus Journeti* ou *Journei*, B. de Saint-Vincent, *Maimaido* des nègres du Bas-fleuve, est spécial aux marigots de la Casamance et de la Gambie où il est rare; nous l'avons cependant plusieurs fois observé. »

LE CROCODILE A MUSEAU AIGU. — CROCODILUS AMERICANUS.

Spizkrokodil.

Caractères. — L'espèce américaine la plus connue est le Crocodile à museau aigu ou *Crocodilus americanus*, de Plumier. Ainsi que l'indique le nom qu'il porte, ce Crocodile a le museau effilé, très allongé, la largeur du museau, prise au niveau des narines, étant contenue de six à sept fois dans la longueur de la tête; le chanfrein est bombé. La nuque porte quatre énormes écussons; il y en a six sur le cou disposés en deux rangées; les carènes dorsales des rangs externes sont disposées assez régulièrement et plus élevées que celles des deux rangs du milieu; ces carènes constituent seize bandes transversales formant quatre rangs longitudinaux.

Suivant M. F. Bocourt, qui a observé l'animal vivant, « deux teintes, l'une brune, l'autre jaunâtre, sont répandues sur le dessus du corps. Tantôt la première sert de fond à la seconde, qui s'y montre en forme de raies en zigzags; tantôt c'est la teinte jaunâtre qui paraît être semée de taches brunes, se confondant parfois entre elles. Les parties inférieures de l'animal sont jaunes; la tête offre à peu près la même couleur, mais elle est ponctuée de noir. »

Les individus adultes peuvent arriver à près de 6 mètres de long (fig. 134).

Distribution géographique. — Le Crocodile à museau aigu ne se trouve pas seulement à Saint-Domingue, ainsi qu'on l'a cru pendant longtemps; il habite aussi la Martinique, Cuba, la Jamaïque, l'île Marguerite, la partie septentrionale de l'Amérique du sud et l'Amérique centrale; il a été observé dans la république de l'Equateur, à la Nouvelle-Grenade, dans le Vénézuéla, le Yucatan, le Guatémala, le sud du Mexique, en un mot dans la région comprise entre le tropique du Cancer et le cinquième degré de latitude sud.

Mœurs, habitudes. — « A partir de Diamont, écrit le célèbre naturaliste de Humboldt, on foule une contrée qui n'est habitée que par des animaux et que l'on peut regarder comme le domaine des Jaguars et des Crocodiles... Les grands quadrupèdes qui habitent le pays, le Tapir, le Pécari, le Jaguar se sont frayé des passages dans les broussailles qu'ils traversent pour aller boire dans le fleuve. On se trouve là dans un monde nouveau, en présence d'une nature sauvage et inculte. Tantôt c'est le Jaguar qui se montre sur le rivage, tantôt c'est quelque singe qui se joue au milieu des buissons qui bordent la rive.

« Lorsque les rives ont une largeur considérable, la rangée des *Sanso* reste éloignée du fleuve. C'est dans ce terrain intermédiaire que l'on voit des Crocodiles, souvent au nombre de 8 à 10, étendus sur le sable. Immobiles, les mâchoires ouvertes à angle droit, ils reposent les uns sur les autres, sans se donner aucune de ces marques d'affection que l'on observe chez d'autres animaux qui vivent en société. La troupe se sépare dès qu'elle quitte le rivage. Il est probable cependant qu'elle est composée d'un seul mâle et de beaucoup de femelles; car, comme M. Descourtils, qui a tant étudié les Crocodiles de Saint-Domingue, l'a observé, les mâles sont assez rares, parce qu'ils se tuent en combattant entre eux... L'espèce qui est si abondante dans l'Apure, l'Orénoque et le Rio de la Magdalena (c'est l'*Arué* des Indiens Tamanaques, l'*Amana* des Indiens Maypures) n'est pas un Caïman, mais un véritable Crocodile.

« Le Crocodile de l'Apure a les mouvements brusques et rapides quand il attaque, tandis qu'il se traîne avec la lenteur d'une Salamandre terrestre lorsqu'il n'est pas excité par la colère ou la faim. L'animal en courant fait entendre un bruit sec, qui paraît provenir du frottement qu'exercent les plaques de la peau les unes sur les autres. Dans ce mouvement, il courbe le dos, et paraît plus haut sur ses jambes que lorsqu'il est au repos. Nous avons souvent entendu de très près sur les plages ce bruit des plaques, mais il n'est pas vrai, comme le disent les Indiens, que, semblables aux Pangolins, les vieux Crocodiles puissent redresser leurs écailles et toutes les parties de leur armure. Le mouvement de ces animaux est généralement en ligne droite, ou plutôt comme celui d'une flèche qui changerait de direction de distance en distance. Cependant, malgré le petit appareil de fausses côtes qui lie les vertèbres au col, et qui semble gêner le mouvement latéral, les Crocodiles tournent très bien s'ils le veulent. Les Crocodiles sont excellents nageurs ; ils remontent facilement contre le courant le plus rapide ; il m'a paru cependant qu'en descendant la rivière ils ont de la peine à tourner vite sur eux-mêmes. Un jour, qu'un grand chien, qui nous accompagnait dans le voyage de Caracas à Rio-Negro, fut poursuivi en nageant par un énorme Crocodile prêt à l'atteindre, le chien n'échappa à son ennemi qu'en virant de bord et en se dirigeant tout d'un coup contre le courant. Le Crocodile exécuta le même mouvement, mais avec beaucoup plus de lenteur que le chien qui gagna la rive.

« Les Crocodiles de l'Apure trouvent une nourriture abondante dans les *Chiguire* (les Cabiais des naturalistes) qui vivent par troupeaux de 50 à 60 individus sur les rives du fleuve. Ces malheureux animaux, grands comme nos cochons, n'ont aucune arme pour se défendre ; ils nagent un peu mieux qu'ils ne courent. Cependant sur l'eau ils deviennent la proie des Crocodiles, comme à terre ils sont mangés par les Tigres. On a de la peine à concevoir comment, persécutés par deux puissants ennemis, ils peuvent être si nombreux ; mais ils se propagent avec la même rapidité que les Cobayes ou petits cochons d'Inde, qui nous sont venus du Brésil. »

Ainsi que de Humboldt le fait remarquer dans plusieurs passages, les mœurs du Crocodile à museau effilé paraissent varier suivant les localités où il habite; très redouté au bord de certains fleuves, il est peu en d'autres points.

« Les mœurs d'une même espèce, écrit de Humboldt, présentent des différences qui dépendent d'influences locales et dont l'explication est parfois difficile. Vers le Rio Burituku, on nous avertit de ne pas laisser nos chiens boire

Fig. 134. — Le Crocodile à museau aigu (1/30ᵉ de grandeur).

dans le fleuve, parce que les Crocodiles qui y abondent sortent fréquemment de l'eau et poursuivent les animaux jusque sur la rive. Dans le Rio Tisanao, au contraire, les Crocodiles sont assez farouches et inoffensifs. Les mœurs de ces grands animaux varient suivant la densité plus ou moins grande des populations riveraines des cours d'eau qu'ils habitent ; sur la terre ferme les Crocodiles sont farouches et s'enfuient devant l'homme lorsqu'ils ne sont point pressés par la faim ou que l'attaque leur paraît dangereuse.

« Dans l'estomac d'un Crocodile qui mesurait 3ᵐ,60 de long, et que nous disséquâmes, Bompland et moi, nous trouvâmes des poissons à demi digérés et des morceaux de granite ayant jusqu'à 8 et 10 centimètres de diamètre. On ne saurait admettre que les Crocodiles avalent

d'aussi grosses pierres par hasard. Les Indiens prétendent, à tort, que ces animaux avalent des cailloux pour se rendre plus lourds et pouvoir plonger facilement ; il est plus probable qu'ils introduisent ainsi des pierres dans leur estomac pour provoquer une sécrétion plus abondante du suc gastrique. »

Ponte. — Nous devons à Ulloa quelques renseignements sur la ponte du Crocodile qui nous occupe. « Les femelles, écrit ce voyageur, pondent, en l'espace de deux jours, au moins cent œufs dans un trou creusé dans le sable ; l'opération terminée, le sol est tassé avec soin. La femelle s'éloigne alors pour revenir quelques jours plus tard en compagnie du mâle ; ils grattent le sable avec leurs pattes, déterrent les œufs et en brisent la coquille, de manière à faire sortir les petits ; la femelle place ceux-ci sur son dos et les transporte de la sorte à la rivière. Chemin faisant, les vautours enlèvent quelques jeunes animaux; le mâle de son côté en dévore le plus qu'il peut et la femelle elle-même ne se fait pas scrupule de dévorer ceux qui se laissent tomber, de telle sorte qu'il n'arrive guère à l'eau que cinq ou six jeunes. Les vautours sont extrêmement friands des œufs du Crocodile; en été, ils se tiennent cachés parmi les arbres, observent patiemment la femelle pendant la ponte et se jettent sur le nid aussitôt qu'elle est partie; ils grattent alors le sable, déterrent les œufs et s'en repaissent. »

Il n'est point nécessaire de faire remarquer que, dans ce récit, Ulloa a mélangé le vrai et le faux. Les observations dues à de Humboldt sont plus précises. « Les Crocodiles, dit-il, déposent leurs œufs dans des trous séparés, la femelle revient vers la fin de la période d'incubation; elle appelle les petits qui lui répondent et qu'elle aide généralement à sortir de terre.»

Les jeunes Crocodiles préfèrent les petits lacs et les fossés aux fleuves larges et profonds; on les trouve parfois en telle quantité dans certains cours d'eau encombrés de roseaux, qu'ils y grouillent en formant de véritables paquets.

Hibernation. — Humboldt qui, dans la relation de son voyage avec Bonpland, nous a laissé tant de renseignements précieux sur les animaux de la partie tropicale du Nouveau Monde, nous apprend que le *Crocodilus acutus* subit une sorte de sommeil hivernal. « Au-dessous de l'embouchure du Rio-Arauca, écrit l'illustre savant (1), nous vîmes beaucoup de Crocodiles, principalement auprès d'un grand lac en communication avec l'Orénoque. Les Indiens nous dirent que ces animaux venaient de la terre ferme et qu'ils étaient restés enfouis dans la vase de la savane. Après les premières pluies, dès qu'ils s'éveillent de la léthargie dans laquelle ils étaient plongés, ils se rassemblent en troupes et se dirigent vers le fleuve, pour se séparer alors. Sous les tropiques, les Crocodiles s'éveillent quand la terre devient humide; sous le climat tempéré de la Georgie et de la Floride, ils sont réveillés, au contraire, par le retour de la chaleur. Le temps des grandes sécheresses, improprement désigné sous le nom d'été des zones torrides, correspond à l'hiver des pays tempérés. Il est très remarquable de voir les Alligators s'engour-

(1) Humboldt et Bonpland, *Voyage aux régions équinoxiales du Nouveau continent.*

dir du sommeil hivernal dans l'Amérique du Nord, par l'action du froid, précisément à l'époque à laquelle, dans les Llanos, les Crocodiles s'endorment du sommeil estival. »

Dangers. — Dans les régions chaudes de l'Amérique, les Crocodiles sont beaucoup plus dangereux pour l'homme qu'on ne le croit généralement. « Les Indiens nous affirmèrent qu'à San Fernando, écrit de Humboldt, il se passe à peine une année sans que deux ou trois personnes adultes, surtout des femmes qui puisent de l'eau à la rivière, ne soient dévorées par ces animaux carnassiers.

« On nous a raconté l'histoire d'une jeune fille d'Uritucu qui, par une intrépidité et une présence d'esprit extraordinaire, s'était sauvée de la gueule d'un Crocodile. Dès qu'elle se sentit saisie, elle chercha les yeux de l'animal, et y enfonça les doigts avec une telle violence que la douleur força le Crocodile à la lâcher après lui avoir coupé l'avant-bras gauche. L'Indienne, malgré l'énorme quantité de sang qu'elle perdait, arriva heureusement au rivage, en nageant de la main qui lui restait. Longtemps après mon retour en Europe, j'ai appris que, dans l'intérieur de l'Afrique, les nègres connaissaient et employaient le même moyen. Qui ne se rappellerait pas, sans un vif intérêt, Isaaco, le guide de l'infortuné Mungo-Park, saisi deux fois, près de Boulinkombou, par un Crocodile et échappant deux fois de la gueule de ce monstre parce qu'il réussit, sous l'eau, à lui placer les doigts dans les deux yeux.

« Lors des grandes crues, l'Amazone inonde les quais de la ville de l'Angostura, et il arrive que, dans la ville même, des hommes imprudents deviennent la proie des Crocodiles. Un Indien Guaykéri, de l'île de la Marguerite, voulut amarrer sa pirogue dans une anse où il n'y avait pas trois pieds d'eau. Un Crocodile très féroce, qui rôdait habituellement dans ces lieux, le prit par la jambe, et s'éloigna du rivage en restant à la surface du fleuve. Les cris de l'Indien attirèrent une foule de spectateurs. On vit d'abord ce malheureux, avec un courage inouï, chercher un couteau dans la poche de son pantalon. Ne l'ayant pas trouvé, il saisit la tête du Crocodile et lui enfonça les doigts dans les yeux. Il n'y a pas un homme, dans les régions chaudes de l'Amérique, qui ne sache que ce reptile carnassier, couvert d'un bouclier d'écailles dures et sèches, est extrêmement sensible aux seules parties de son corps qui sont molles et non abritées, telles que les yeux, les aisselles, les narines et le dessous de la mâchoire inférieure où se trouvent deux glandes de musc. L'Indien Guaykéri eut recours au même moyen ; mais le Crocodile n'ouvrit point la gueule pour lâcher sa proie. Cédant à la douleur, l'animal plongea au fond de la rivière ; et, après avoir noyé l'Indien, il revint à la surface de l'eau et traîna le cadavre sur une île vis-à-vis du port... Le nombre d'individus qui périssent annuellement victimes de leur imprudence et de la férocité des reptiles est beaucoup plus grand qu'on ne le pense en Europe ; il l'est surtout dans les villages où les terrains d'alentour sont souvent inondés. Les mêmes Crocodiles se tiennent longtemps dans les mêmes endroits ; ils deviennent d'année en année plus audacieux, surtout, comme le prétendent les Indiens, si une fois ils ont goûté de la chair humaine. Telle est la ruse de ces animaux, qu'on parvient difficilement à les tuer.

« Dans les pays déserts, où l'homme est toujours en lutte avec la nature, on s'entretient journellement du moyen que l'on peut employer pour échapper à un Tigre, à un Boa, à un Crocodile ; chacun se prépare, pour ainsi dire, au danger qui l'attend. Les habitants de l'Orénoque ont observé les mœurs du Crocodile comme le Toréador connaît les habitudes du Taureau ; s'ils sont menacés ils recourent immédiatement à tous les moyens qui leur sont enseignés dès l'enfance. »

Ennemis. — Humboldt, à l'ouvrage duquel nous avons fait de si nombreux emprunts, rapporte que les jeunes Crocodiles sont fréquemment la proie des Vautours. « Les *Jamuros*, écrit-il, sont trop paresseux pour chasser après le coucher du soleil ; ils rôdent le jour autour des plages, se jettent au milieu des campements des Indiens pour voler des comestibles, et ne trouvent le plus souvent d'autres moyens d'assouvir leur voracité que d'attaquer, soit à terre, soit dans les eaux peu profondes, de jeunes Crocodiles de 7 à 8 pouces de long. C'est un spectacle fort curieux que de voir la ruse avec laquelle ces petits animaux se défendent pendant quelque temps contre les Vautours. Dès qu'ils en aperçoivent ils se redressent sur leurs pattes de devant, courbent le dos et élèvent la tête en ouvrant une large gueule. Ils se tournent continuellement, quoique avec lenteur, du côté de leur ennemi, pour lui montrer les dents qui, chez

les individus récemment sortis de l'œuf, sont déjà très longues et très pointues. On voit souvent que, tandis qu'un des *Jamuros* attire toute l'attention du jeune Crocodile, un autre profite d'une occasion si favorable pour une attaque imprévue ; il fond sur le Crocodile, le saisit par la nuque et l'emporte dans les hautes régions de l'air. »

LES CAIMANS OU ALLIGATORS
— *ALLIGATOR*

Alligatoren.

Caractères. — Les Caïmans ou Alligators ont toujours la tête moins oblongue et moins allongée que les Crocodiles. Les dents sont inégales ; les premières de la mâchoire inférieure percent à un certain âge la supérieure ; les quatrièmes, qui sont les plus longues, entrent dans des creux de la mâchoire supérieure où elles sont cachées quand la bouche est fermée, et ne passent point dans des échancrures. Les jambes et les pieds de derrière sont arrondis, et n'ont ni les crêtes ni les dentelures à leurs bords qu'on voit chez les Crocodiles proprement dits ; la membrane qui se trouve entre les doigts est également toujours plus courte. Les écailles cervicales sont nettement séparées des écailles du dos. Le ventre est parfois entièrement cuirassé, les scutelles se touchant toutes entre elles et étant en partie ossifiées.

Distribution géographique. — On croyait les Caïmans ou Alligators exclusivement cantonnés dans les deux Amériques, lorsque, dans ces dernières années, on a décrit une espèce étroitement apparentée au Caïman à museau de brochet de la partie méridionale des États-Unis, espèce provenant du Yang-Tse-Kiang. Les Alligators sont particulièrement abondants dans la partie nord de l'Amérique du Sud.

LE CAIMAN A MUSEAU DE BROCHET. — *ALLIGATOR MISSISSIPENSIS.*

Mechtkaiman.

Caractères. — Le plus connu de tous les Caïmans, on pourrait dire de tous les Crocodiliens, car c'est celui que l'on voit presque exclusivement dans les ménageries, est certainement le Caïman à museau de brochet, ou Alligator du Mississipi. »

Cette espèce se reconnaît facilement à sa tête très déprimée, à son museau large, aplati,

Fig. 135. — Le Caïman à museau de brochet (1/28e de grandeur).

parabolique, presque lisse ; une arête longitudinale se voit sur le front ; le nombre des dents est de 80, soit 40 à chaque mâchoire, les plus fortes étant les 4e, 5e, 8e, 9e et 10e pour la mâchoire supérieure. Il existe deux écussons nuchaux et derrière ceux-ci six écussons disposés par paires sur trois rangées successives. La longueur peut atteindre 5 mètres. La face supérieure est ordinairement d'un vert sale et huileux, moucheté de taches plus foncées ; chez les individus jeunes on voit, au travers du dos, des bandes jaunâtres qui s'effacent complètement avec l'âge. Le ventre est d'un jaune clair impur (fig. 135).

Distribution géographique. — Cette espèce appartient en propre à l'Amérique septentrionale, et remonte au nord jusque vers le 35e degré. Elle abonde dans les fleuves, les lacs et les marais de la Caroline du sud, de la Géorgie, de la Floride, de l'Alabama, du Mississipi et de la Louisiane ; elle devient de plus en plus rare à mesure que l'on s'étend vers le nord, et finit par disparaître entièrement.

Habitats. — D'après Audubon qui a si bien décrit les animaux de l'Amérique du Nord, le Caïman à museau de brochet se tient sur les rives vaseuses ou sur les grands troncs d'arbres flottants. Dans la Louisiane, tous les marais, tous les cours d'eau, tous les lacs sont remplis de ce Caïman. Avant le passage des bateaux à vapeur, ils abondaient à ce point dans le fleuve Rouge qu'on les rencontrait par centaines le long des rives ou sur les immenses radeaux de bois flottants; les petits étaient étendus sur le dos des plus grands, toute la bande faisant entendre des rugissements comparables à ceux d'un troupeau de taureaux furieux. Ces animaux étaient si peu farouches, qu'ils s'inquiétaient à peine de ce qui se passait sur le rivage et laissaient passer à quel-

Fig. 136. — Figure d'un Alligator trouvée sur une table de pierre dans l'île d'Argent, Chinkiang.

ques mètres d'eux, et sans y faire la moindre attention, les canots. Ils étaient plus rares dans les eaux saumâtres que dans les eaux douces.

Mœurs, habitudes, régime. — Comme tous les autres Crocodiliens, le Caïman à museau de brochet se meut à terre avec lenteur et avec peine ; il pousse alors péniblement une patte au-devant de l'autre, en laissant traîner sa longue queue dans la vase. C'est ainsi qu'il sort de l'eau ou qu'il chemine en quête d'un endroit convenable pour la ponte. L'observation suivante, due à Audubon, montre bien la lenteur de la marche du Reptile : l'habile naturaliste trouva un matin, à environ trente pas d'un étang, un Alligator de 4 mètres de long qui paraissait être en train de gagner un autre cours d'eau situé à portée de la vue ; vers le soir, l'animal n'avait fait qu'une distance d'environ six cents pas ; il n'avait pu aller plus loin.

C'est sans doute en raison de leur maladresse, que les Caïmans à museau de brochet se montrent si poltrons à terre. Lorsque dans leurs excursions d'un cours d'eau vers un autre, ils aperçoivent quelque ennemi, ils s'aplatissent de leur mieux, la gueule contre le sol et demeurent complètement immobiles, ne remuant absolument que les yeux. Lorsqu'on s'approche d'eux ils ne cherchent pas à fuir et ne songent pas davantage à attaquer, bien qu'ils soufflent alors avec force.

BREHM. — V.

Dans l'eau, au contraire, qui est son véritable élément, l'Alligator à museau de brochet se montre beaucoup plus vif et plus courageux ; il lui arrive parfois même de s'attaquer à l'homme lui-même, bien que le plus ordinairement il l'évite, surtout lorsque ce dernier vient hardiment au-devant de lui.

Aux Etats-Unis, quand les bergers pénètrent avec leurs bestiaux dans quelque cours d'eau infesté d'Alligators, ils sont armés de gourdins pour se frayer un passage ; lorsqu'ils s'avancent droit au Reptile, quelle que soit la taille de celui-ci, ils ne courent aucun danger et peuvent frapper à coups redoublés sur le Caïman jusqu'à ce qu'il s'éloigne. On voit parfois des hommes, des mulets, des Alligators confondus pêle-mêle à certains gués, les Alligators se tenant généralement à distance par crainte du gourdin qui les menace.

Les moutons, les chèvres, ainsi que les chiens, les chevaux qui s'approchent de la rive pour étancher leur soif ou qui traversent l'eau à la nage courent grand risque d'être entraînés par les Alligators, noyés, puis dévorés ; mais ce sont les poissons qui forment le fond de la nourriture des Caïmans. Pendant les inondations, les lacs et les marais se remplissent non seulement d'eau, mais encore de poissons auxquels les Caïmans font la chasse. Après le retrait des hautes eaux, toutes les communications entre les lacs se desséchant, les poissons se trouvent confinés dans les parties profondes

des cours d'eau ; c'est là qu'ils sont poursuivis par les Caïmans qui émigrent d'une de ces excavations, ou, pour employer l'expression américaine, de l'un de ces « trous d'Alligators » dans un autre. Après le coucher du soleil, on entend à une grande distance le bruit que ces animaux font avec leur queue; quand on s'approche, on voit les flots s'agiter et les poissons épouvantés sauter par centaines au-dessus de l'eau dans l'espérance d'échapper à la dent cruelle de leurs ennemis.

Ponte. — Les œufs sont blanchâtres, relativement petits, et revêtus d'une coque très résistante ; le nombre, dans une ponte, peut parfois dépasser la centaine.

D'après les observations d'Audubon, confirmées par celles de Lützelberger et de Lyell, la femelle construit des sortes de nids. Elle choisit à cet effet un endroit convenable, situé généralement à une distance de cinquante à soixante pas de la rive, dans un épais fourré de broussailles ou de roseaux ; elle y apporte, entre ses puissantes mâchoires, des feuilles, des branchages, et, après avoir pondu ses œufs, les en recouvre avec soin. Elle demeure ensuite étendue continuellement au voisinage du nid qu'elle surveille, et se précipite, menaçante, contre tous ceux qui s'approchent de son nid. La chaleur dégagée par les matières végétales en décomposition hâte l'éclosion ; les petits travaillent avec beaucoup d'adresse pour sortir de dessous les végétaux qui les recouvrent ; la mère les conduit de suite à l'eau, de préférence vers de petites mares isolées pour qu'ils y soient à l'abri des oiseaux carnassiers.

Chasse. — On capture le plus souvent le Caïman à museau de brochet à l'aide de grands filets, et on le pêche dans les mares ou dans les « trous d'Alligators » ; on tire sur la rive les animaux capturés et on les tue à coups de hache. Certains nègres sont très habiles pour s'emparer des Caïmans; lorsque ces animaux nagent auprès du bord, ils leur lancent une corde par dessus la tête et les tirent alors hors de l'eau. Les Caïmans sur lesquels on fait feu provoquent, parmi les autres habitants de leur trou, un tel émoi et une telle peur, qu'en général ceux-ci émigrent ou demeurent cachés pendant plusieurs jours.

Utilité. — On tuait autrefois des milliers de Caïmans dans le fleuve Rouge, parce que les souliers, les bottes et les selles en peau d'Alligator étaient alors à la mode. Des Indiens nomades s'occupèrent exclusivement, pendant un certain temps, de la chasse de ces animaux ; cette chasse a beaucoup diminué d'importance, depuis qu'on s'est aperçu que le cuir d'Alligator n'était pas aussi résistant et surtout aussi imperméable qu'on voulait bien le dire.

Depuis quelques années cependant on refait une chasse active au Caïman à museau de brochet, surtout dans la vallée du Mississipi. La peau, habilement préparée, sert à recouvrir des porte-feuilles, des porte-cartes, des porte-cigares et d'autres menus objets, d'un aspect souvent assez agréable. La graisse de l'animal sert à lubrifier des machines. Les dents sont employées pour fabriquer des sifflets, des boutons de manchettes et d'autres objets semblables. La fabrication de ces divers objets donne lieu actuellement à un chiffre d'affaires assez important.

Captivité. — Le Caïman à museau de brochet est le Crocodilien qu'on voit presque exclusivement dans les ménageries, car il a peu de valeur commerciale et supporte très bien la captivité. Plus de cent spécimens vivants de ces animaux arrivent chaque année sur les marchés en Europe et trouvent tous acquéreurs. Les petits qui viennent d'éclore sont achetés par des amateurs qui les installent dans des aquariums, et les apprivoisent assez pour les habituer à venir prendre sagement dans la main les aliments qu'on leur présente. Les grands sont achetés par les propriétaires de ménageries qui les emmènent avec eux de foire en foire jusqu'à ce qu'ils finissent par succomber de faim et de froid. Les individus très adultes refusent généralement toute nourriture ; ceux qui n'ont guère que 1 mètre à 1 mètre et demi se mettent, au contraire, bientôt à manger.

Nous avons pu, pendant plusieurs années, observer les Caïmans de la ménagerie des Reptiles du Muséum d'histoire naturelle de Paris, et voir qu'à quelque âge qu'arrivent ces animaux, ils sont toujours doués d'un fort robuste appétit. Leur nourriture se composait surtout de viande qu'ils venaient prendre à l'extrémité d'un bâton ou d'une paire de longues pinces ; ils arrivaient en foule au claquement de la langue sur le palais ; ils étaient à ce point friands de poissons, aussi bien poissons d'eau douce que de mer, que lorsqu'on distribuait cette nourriture dans les bassins voisins contenant de grandes tortues, on avait de la peine à les tenir et qu'ils se dressaient tous le long de leur bassin. Les jeunes chiens, les jeunes chats, les rats morts, n'étaient pas dédaignés par eux ; lorsque, ce qui arrivait souvent, deux Caïmans, convoitant la même proie, l'empoignaient chacun par une extrémité ils se mettaient alors à tourner rapidement en se faisant face de telle sorte que la proie se séparait bientôt en deux. Tous les animaux faisaient du reste bon ménage entre eux. Les Caïmans ne mangeaient jamais à terre ; lorsqu'on leur jetait une proie sur la plage, ils la prenaient dans leur gueule et allaient la dévorer à l'eau.

L'année se compose de deux saisons, une d'hiver, une d'été, pour les Caïmans du Muséum de Paris.

Ces animaux sont maintenus, pendant la saison d'hiver, c'est-à-dire du 15 septembre jusqu'au commencement de mai, dans la ménagerie. Leur bassin se compose de deux parties, une plage en pente douce, un bassin dont l'eau peut être chauffée à volonté. Il n'est rien de curieux comme de voir les animaux au moment où l'on lâche l'eau chaude ; ils s'entassent les uns sur les autres, se poussent, se bousculent pour recevoir les premiers l'eau aussi chaude que possible et semblent alors éprouver un bonheur tout particulier. Ils ferment les yeux et font entendre de petits bruits gutturaux. Il est, du reste, un moyen très simple de les faire *chanter ;* on n'a qu'à claquer violemment une porte qui se trouve près de leur bassin ; ce bruit les énerve visiblement ; si les Caïmans sont à terre, ils se lèvent lentement et vont à l'eau ; l'un d'eux alors, certainement plus agacé que les autres, se courbe en arc de cercle ; le dos se creuse profondément, la tête et la queue étant sur une même ligne ; gonflant et dégonflant rapidement ses vastes poumons, l'animal fait entendre un rugissement rauque et prolongé, tellement puissant que l'eau frissonne au-dessus de lui, mise en mouvement par le gonflement et le dégonflement alternatifs des flancs. Un deuxième, un troisième camarade imitent le premier, et c'est alors un concert étourdissant tant que dure le bruit de la porte.

Pendant la belle saison, les Caïmans prennent leurs quartiers d'été en plein air, dans un vaste parc contenant un large et profond bassin, dans lequel ils peuvent nager en toute liberté. On a remarqué qu'aussitôt que la nuit arrive, les Caïmans plongent jusqu'au fond de leur bassin et restent ainsi sans respirer pendant sept et huit heures ; ils ne remontent qu'au grand jour. Lorsqu'il pleut, les Caïmans s'empressent de se mettre à l'eau, l'extrémité de leur museau seule émergeant. Pendant les grandes chaleurs, les animaux se tiennent en plein soleil. Bien que faisant les méchants, bien que soufflant et ouvrant une large gueule, les Caïmans n'ont jamais cherché à attaquer à terre.

Le Caïman à museau de brochet vit longtemps en captivité, lorsqu'il est convenablement soigné.

L'ALLIGATOR DE CHINE. — *ALLIGATOR SINENSIS.*

Caractères. — Les Caïmans ou Alligators passaient tous pour cantonnés dans les deux Amériques, lorsqu'en 1879, Auguste Fauvel fit connaître, sous le nom d'Alligator de Chine, une espèce étroitement apparentée au Caïman à museau de brochet, de la partie méridionale des États-Unis, mais distincte de cette espèce cependant.

La tête et le museau sont aplatis, à côtés presque parallèles se réunissant en avant par une courbe parabolique ; le museau est plus court, plus ramassé, de même que toute la tête, du reste, que chez l'espèce américaine ; les os du crâne sont fortement et profondément vermiculés. Le nombre des dents est de 74, soit 18,18 en haut et 19,19 en bas. Sur la nuque se voient deux petites plaques isolées précédant six écussons formant un demi-cercle. Le nombre des écussons du dos est de 17 ; on compte 3 rangées composées de 4 plaques, 7 de 6 et 7 de 4.

La couleur de la partie supérieure du corps est d'un brun verdâtre avec des lignes et des points jaunâtres ; le ventre est de couleur grisâtre ; on voit sur la queue des bandes jaunâtres et verdâtres. La taille de l'animal adulte ne dépasse pas 6 pieds.

Distribution géographique. — L'Alligator de Chine n'a encore été trouvé que dans le Yang-tse-Kiang ou fleuve Bleu.

Depuis quelques années, on découvre de nombreuses affinités entre la faune du Céleste-Empire et celle de l'Amérique du Nord, comme si les deux régions avaient, à une époque géologique relativement récente, fait partie d'un même continent. Nous pouvons mentionner dans le Yang-tse-Kiang la présence de coquilles dont les analogues vivent dans les grands cours d'eau des États-Unis ; quelques poissons de la partie nord de la Chine appartiennent à des groupes qui ne se retrouvent que dans l'Amérique du Nord; l'expédition russe dans le Turkestan nous a fait connaître de curieux poissons, voisins des Esturgeons, dont on n'avait encore décrit qu'une espèce venant du Mississipi et de ses tributaires. La découverte d'un Alligator de Chine, ce genre que l'on croyait exclusivement propre à l'Amérique, est un nouveau lien qui rattache le Nouveau-Monde à la partie est de l'Asie.

Légendes. — Lorsque l'on consulte les plus anciens recueils chinois qui font l'énumération des productions naturelles du pays, on trouve mentionné, parmi les animaux sauvages qui vivent dans l'eau, le *T'O*, reptile aquatique ressemblant à un Lézard de près de 10 pieds de long. L'ouvrage *Li-Ki* rappelle expressément que le neuvième mois de son règne, l'empereur a tué un *Chiao* et a capturé un *T'O*. Dans la quatrième stance de l'ode de *Shih-King* il est également fait mention de cet animal : *T'O ku peng peng*, y lit-on, ce qui veut dire : le tambour en peau de *T'O* résonne joyeusement.

Le même animal est mentionné sous le nom de *Ngo-yu*, dans un recueil de l'époque des Wu (de 227 à 277 de notre ère). Il porte le même nom sous la dynastie des Tang (de 768 à 924), d'après les récits du célèbre poète Han-Yü qui civilisa le pays barbare des Chao-Chou, actuellement la province de Kuang-Tang, et purgea un lac de grands reptiles longs de près de 20 pieds qui dévoraient tous les bestiaux de la contrée.

Ce Reptile aquatique, auquel il est fréquemment fait allusion dans les anciens livres des Chinois, est nettement figuré sur une table de pierre placée dans le temple de l'Esprit de la Mer, à l'extrémité de l'île d'Argent. Cette représentation, que nous donnons d'après A. Fauvel, ne laisse aucun doute ; le *T'O* ou *Ngo-yu* est un Crocodilien (fig. 136).

Marco Polo, le célèbre voyageur du treizième siècle, semble avoir eu connaissance de ce Reptile; Martini, en 1656, et l'auteur de la relation de l'ambassade de la Compagnie orientale vers l'empereur de la Chine, 1665, mentionnent expressément des Crocodiles dans le Céleste-Empire.

Bien que depuis cette époque on ait signalé, à plusieurs reprises, la capture de Crocodiliens dans le fleuve Bleu, ces animaux n'étaient pas encore connus scientifiquement avant que A. Fauvel, attaché au service des douanes chi-

noises, eût publié à leur sujet un intéressant travail paru à Shangaï en 1879, travail auquel nous avons emprunté les renseignements que nous avons donnés.

LE CAÏMAN A LUNETTES. — *ALLIGATORS CLEROPS.*

Brillenkaiman.

Caractères. — Le Caïman à lunettes a été souvent confondu avec le Caïman à large museau, aussi est-il presque impossible de distinguer l'espèce à laquelle font allusion les récits des voyageurs. Les paupières supérieures, en partie ossifiées, en partie membraneuses, sont ridées et striées à leur partie supérieure. La tête est allongée, le museau aplati, médiocrement élargi ; les sourcils sont reliés par une crête transversale. Les écussons nuchaux, assez grands, sont disposés sur deux ou trois rangées transversales seulement ; les écussons cervicaux forment cinq séries ; l'armure du dos se compose de dix-neuf bandes transversales de plaques osseuses, à carènes tranchantes, ayant toutes la même hauteur, les écailles dorsales des deux rangées médio-longitudinales plus élevées que les autres (fig. 137).

Cette espèce, qui n'atteint guère que 3 mètres, a la partie supérieure du corps d'un noir profond, avec des taches jaunes ou grisâtres, formant des bandes transversales surtout marquées sur la queue ; la face inférieure est d'un blanc jaunâtre ou verdâtre.

Distribution géographique. — Ce Caïman vit dans la région septentrionale du Brésil, dans la partie orientale du Pérou septentrional, dans les Guyanes et à la Guadeloupe.

LE JACARE. — *ALLIGATOR LATIROSTRIS.*

Ishakare.

Caractères. — Cette espèce, fort voisine de celle précédemment décrite, s'en distingue par la présence au cou de trois ou quatre rangées transversales d'écussons ; le ventre est complètement cuirassé ; l'espèce atteint une longueur de 4 mètres.

Distribution géographique. — Le Jacare se trouve dans la province de Buenos-Ayres, le nord-est du Pérou, et une partie des Guyanes.

Mœurs, habitudes, régime. — C'est à Azara et au prince de Wied que nous devons la plupart des renseignements que nous avons sur le Jacare.

Fig. 137. — Le Caïman à lunettes.

Ce Caïman habite les affluents tranquilles des rivières ; préfère les eaux stagnantes aux rapides courants, il reste souvent pendant toute la journée immobile à la surface de l'eau ; parfois, vers midi, on le voit nager vers la rive ou vers quelque rocher pour se chauffer au soleil et s'endormir ; il s'empresse de plonger dès qu'un homme se montre dans son voisinage. « On navigue souvent, dit de Wied, à côté de ces Jacares dont la couleur brune se distingue à peine de celle des blocs de granit, sur lesquels ils reposent.

« Dans une petite rivière aux eaux calmes, se jetant dans Parahyba, ces Jacares étaient fort nombreux. Lorsqu'on se tenait sur la rive un peu abrupte, ombragée par de grands arbres, on voyait d'un coup d'œil une multitude de Crocodiles dont le museau et les yeux seuls émergeaient de la surface de l'eau. Dans les points où les larges feuilles de certaines plantes aquatiques couvraient la surface de l'eau, on était à peu près certain de trouver un Jacare ; si on venait à troubler la bête, elle plon-geait brusquement pour reparaître un peu plus loin, peu de temps après.

« Les Jacares se nourrissent de tous les êtres vivants qu'ils peuvent attraper. Un de ces animaux que je tuai avait dans son estomac des débris de poissons et d'oiseaux aquatiques, ainsi que du sable et des graviers. Les pêcheurs brésiliens affirment que, lorsqu'il est pressé par la faim, le Jacare n'hésite pas à s'attaquer à l'homme lui-même, et l'un des indigènes me fit voir les traces de cruelles morsures qu'il avait reçues en nageant dans le fleuve. On peut dire cependant que le Jacare est peu redoutable pour l'homme ; tous ceux que j'ai pu voir étaient extrêmement farouches et s'empressaient de plonger dès que l'on s'approchait d'eux, à une distance de trente et même quarante pas. Le Jacare ne dédaigne pas les résidus de toute sorte que l'on jette dans les cours d'eau ; un de ces animaux, qui avait établi sa résidence dans le voisinage de notre hutte, dévorait régulièrement tous les débris que jetaient nos gens. »

Azara raconte qu'au Brésil, le Jacare est peu redouté, et que l'on se baigne dans les fleuves qu'il habite ; il n'attaque jamais l'homme, en effet, à moins qu'on n'approche de ses œufs, qu'il défend avec le plus grand courage. La nourriture du reptile se compose surtout de poissons et de canards.

Hensel parle dans le même sens qu'Azara. « On assure bien, dit-il, que le Jacare est parfois dangereux pour l'homme, mais les faits sur lesquels on base cette opinion ne sont rien moins que certains, et auraient grand besoin d'être confirmés. Ce Caïman se nourrit de poissons qu'en dépit de sa lourdeur et de sa maladresse, il sait parfaitement prendre dans les anses peu profondes des grands cours d'eau. Il doit se nourrir aussi de coquilles, car on trouve constamment dans son estomac un grand nombre de coquilles d'Ampullaires. »

A certaines époques de l'année, le Jacare répand une odeur de musc des plus pénétrantes. « Souvent en août et en septembre, écrit de Wied, à l'ombre des forêts qui couvrent les rives du Belmonte, nous avons senti cette odeur sans pouvoir voir l'animal qui depuis longtemps avait plongé à notre approche ; les Botokudos qui nous accompagnaient s'écrièrent alors : Acha, nom sous lequel ils désignent le Jacare. Sur le fleuve Ilheos j'ai observé la même odeur pendant les mois de décembre et de janvier. »

Ponte. — Les œufs sont blancs, rudes au toucher et de la grosseur de ceux de l'oie ; la femelle, d'après Azara, en pond soixante environ, qu'elle dépose dans le sable ; elle les couvre de feuilles et les laisse éclore par le soleil. Spix rapporte que la ponte est de vingt œufs seulement, que la femelle cache dans les bois, sous des feuilles, et qu'elle surveille du bord du lac ou du fleuve dans lequel elle vit. Les petits, aussitôt leur éclosion, se rendent à l'eau ; ils trouvent dans les vautours, qui guettent leur naissance, de terribles ennemis, aussi un très grand nombre d'entre eux périt-il.

Capture. — Le Jacare n'a aucune utilité, aussi le chasse-t-on rarement, si ce n'est parfois pour en manger la chair. L'animal est, du reste, difficile à tirer lorsqu'il est à l'eau, car il plonge au moindre bruit, et du plus loin qu'il aperçoit un homme. Par contre, lorsqu'on le surprend à terre, en train d'émigrer d'un cours d'eau vers un autre, il est extrêmement facile de s'emparer de ce Caïman, qui ne cherche même pas à se défendre, et s'étend absolument immobile.

Les habitants du Paraguay chassent le Jacare avec plus d'ardeur que les Brésiliens. Les Indiens se servent de flèches spéciales, et les blancs d'armes à feu. La flèche est lancée dans le flanc de l'Alligator et disposée de telle sorte que la tige se détache, lorsque le fer de la pointe vient à pénétrer ; la tige, rattachée à la pointe par une corde, surnage et indique à l'Indien la place où se trouve l'animal blessé. Pour cette chasse, les Espagnols emploient un morceau de bois effilé aux deux extrémités ; ils le fixent à un cordeau, l'enveloppent dans un poumon de veau, et le jettent dans l'eau, en guise d'appât ; quand le Caïman a avalé le tout, il est très facile de le tirer à terre et de l'achever.

Keller-Leuzinger rapporte que les Indiens Canitchanas préfèrent la viande de Jacare rôtie à toute autre et qu'ils négligent rarement l'occasion de se procurer un aussi fin morceau. La chasse se fait de la manière suivante : « On fixe avec soin un fort lacet en peau de bœuf à l'extrémité d'une longue perche, puis un Indien se met à l'eau et, avançant lentement, pousse devant lui l'extrémité de la perche. L'Alligator qui a observé tout ce manège avec indifférence, et qui n'a guère donné signe de vie que par quelques mouvements de sa queue, regarde avec étonnement l'Indien qui s'approche de plus en plus ; déjà le lacet n'est plus qu'à une faible distance de sa tête qu'il semble ne pas s'en apercevoir ; comme fasciné, il ne détourne pas ses regards du hardi chasseur qui, en un instant, lui passe le lacet par-dessus la tête, et le serre dans une violente secousse. Les compagnons de l'Indien, qui attendaient cachés et silencieux sur la rive, se précipitent alors ; quatre ou cinq d'entre eux, aux membres vigoureux et à la peau luisante comme du bronze, cherchent à entraîner vers le rivage le Jacare qui tire en arrière de toutes ses forces. Si l'animal, au lieu de résister, s'avançait hardiment sur les Indiens, ceux-ci n'auraient qu'à abandonner la bête et à s'enfuir ; mais le monstre, qui s'entête dans sa résistance, ne paraît jamais songer à ce moyen, et sa mort termine fatalement la lutte. Amené à terre, l'animal a le crâne fendu d'un coup de hache. Sur une douzaine de chasses auxquelles j'ai eu l'occasion d'assister, une seule fois j'ai cru opportun de décharger un coup de carabine sur un Jacare, long de

LE CANYON NOIR

5 mètres, d'une force extraordinaire, qui se débattait avec rage ; je craignais qu'un des Canitchanas ne fit une connaissance trop intime avec le Jacare, et ne reçût quelque formidable coup de sa queue rude et dentelée. Avant que de dépecer leur proie, les chasseurs enlèvent avec le plus grand soin les quatre glandes musquées pour empêcher leur odeur pénétrante de se répandre dans la chair. Ces glandes se composent de petits sacs longs de trois à quatre centimètres, de l'épaisseur du doigt, remplis d'un liquide brun et onctueux. Les Boliviennes, dit-on, aiment à parfumer leur noire chevelure avec de l'eau de rose mélangée à cette matière, dont l'odeur n'est rien moins qu'agréable pour un Européen, et provoque la migraine. »

Captivité. — Le prince de Wied a possédé plusieurs jeunes Jacares en captivité ; ils se montrèrent sauvages et turbulents ; ils gonflaient leur ventre et leur gorge lorsqu'on les agaçait, ou même lorsqu'on faisait mine de les toucher, et soufflaient alors comme une oie lorsqu'on s'approche de son nid ; quand on les prenait par derrière, ils se retournaient avec une extrême rapidité pour chercher à mordre. L'odeur de musc existait même chez les individus jeunes.

LE CAIMAN NOIR. — *ALLIGATOR NIGER.*

Mohrenkaiman.

Caractères. — « Les Caïmans que nous avons rencontrés dans l'Essequibo supérieur et dans tous les cours d'eau de la savane, écrit Schomburgk, diffèrent des autres Crocodiles de la côte, non seulement par leur taille, mais encore par bien d'autres caractères. Ils atteignent une longueur de 4 à 6 mètres, et sont d'une teinte beaucoup plus noire sur laquelle tranchent, çà et là, des taches jaunes ; leur museau est plus court, plus ramassé et leurs pattes sont également plus robustes et plus puissantes. Ils sont tout à fait identiques aux Caïmans nègres trouvés par Martini dans le fleuve des Amazones. »

Le Caïman noir se distingue des autres espèces ayant une crête transversale entre les yeux, non seulement par ses dimensions toujours plus grandes, mais encore par le grand nombre d'écussons nuchaux ; en outre, la crête transversale entre les yeux forme vers son milieu un angle saillant en avant ; la paupière supérieure, à demi ossifiée, est striée, non ridée.

Les écussons cervicaux sont disposés suivant cinq rangées transversales successives ; le dessus du corps, d'un noir foncé, est marqué de taches jaunes réunies en bandes transversales ; le ventre est d'un blanc jaunâtre (pl. V).

Distribution géographique. — Les Guyanes, le Brésil septentrional, la Bolivie, l'Équateur et le Pérou sont la patrie du Caïman noir, qui habite tous les cours d'eau un peu étendus, et qui, partout où on le rencontre, vit en troupes nombreuses.

« Il est certes peu exagéré, écrit Bates, de dire que dans les eaux qui environnent le cours supérieur de l'Amazone, les Caïmans grouillent, de même que les Têtards dans les étangs d'Angleterre. Nous avons vu presque tout le long de la route, et ce pendant une navigation de cinq jours, de véritables troupeaux de Caïmans ; on s'amusait du matin au soir à leur tirer des balles. Les Caïmans étaient plus particulièrement abondants dans les anses, où l'eau était tranquille ; ils formaient des masses enchevêtrées qui, sur le passage du navire, s'éparpillaient en tous sens, avec un cliquetis sonore. »

Mœurs, habitudes, régime. — Le Caïman noir entreprend d'assez longues courses à certaines époques de l'année, de même que les Tortues fluviatiles des mêmes pays, du reste. Lorsque commence la période de sécheresse, il se rend dans les rivières non encore desséchées ou dans celles qui, grâce à leur profondeur, n'assèchent jamais. Lorsqu'il n'a pu émigrer à temps, il est forcé de s'enfouir dans la vase et il y reste engourdi jusqu'au retour de la saison des pluies.

Dans la région supérieure de l'Amazone, où la saison sèche est de courte durée, le Caïman noir ne s'engourdit pas, mais garde son activité pendant toute l'année.

Cette espèce est redoutée des indigènes, car elle attaque non seulement dans l'eau, mais ne craint même pas, à terre, de se jeter sur l'homme et sur les animaux qui le suivent. Le Caïman noir, d'humeur batailleuse, cherche fréquemment noise aux chiens qui errent au voisinage des feux de campement. Bates fut dérangé plusieurs nuits de suite par un de ces Caïmans égaré qui poussait l'audace jusqu'à venir visiter la hutte dans laquelle dormaient ce voyageur et ses compagnons ; on ne put s'en débarrasser qu'en lui lançant des tisons enflammés.

Schomburgk affirme également que les Caï-

mans noirs sont bien les animaux les plus rapaces et les plus voraces qu'on puisse imaginer.
Quelques-unes de ces bêtes, qu'il eut l'occasion
d'observer pendant longtemps, rôdaient continuellement dans les anses paisibles et y guettaient les chiens. Ceux-ci connaissent, du
reste, très bien le danger qui les menace, et
aboient de toutes leurs forces lorsqu'ils aperçoivent un de leurs ennemis en embuscade.

« Pour voir, dit Schomburgk, comment ces
Caïmans s'y prennent pour saisir leur proie,
j'attachai plus d'une fois un oiseau ou quelque
gros poisson à un morceau de bois que je lais-
sais flotter. A peine l'appât était-il à l'eau,
qu'un Caïman se mettait à nager doucement
vers lui, lentement, silencieusement, sans agiter la surface de l'eau ; quand il s'était suffisamment approché, il courbait son corps en
forme de demi-cercle et, à l'aide de sa queue,
dont il peut courber l'extrémité jusque vers la
gueule, il lançait entre ses mâchoires ouvertes
tous les objets qui se trouvaient compris dans
ce demi-cercle ; puis fermant la gueule, il dis-
paraissait sous l'eau avec son butin pour reparaître au bout de quelques minutes et venir
dévorer sa proie sur quelque banc de sable.
Lorsque la proie n'était pas par trop volumineuse, il se soulevait seulement jusqu'aux
épaules au-dessus de l'eau et mangeait dans
cette position. Le poisson constitue la nourriture habituelle du Caïman, qui le tue ou du
moins l'étourdit à coups de queue, et le lance
au-dessus de l'eau pour le rattraper pour ainsi
dire au vol. Le claquement que font les mâchoires en se refermant brusquement, ainsi
que les battements de la queue dans l'eau, produisent un bruit sonore qui peut s'entendre
de loin, surtout pendant le silence de la nuit.

« Nous fûmes témoins, une après-midi, d'un
combat extrêmement intéressant. Le fleuve
s'étendait, tout uni, au-dessous de nous, à
une certaine profondeur ; nous vîmes à une
petite distance un mouvement inaccoutumé
dans l'eau : un monstrueux Caïman avait saisi
par le milieu du corps un « Kaikoutschi » ou
petit Alligator, dont la tête et la queue émergeaient de part et d'autre hors de la terrible
mâchoire. La lutte fut rude ; mais tous les efforts du plus faible demeurèrent infructueux
en face de la voracité du plus fort. Tous deux
disparurent sous les flots, et seules les vagues,
soulevées sur la surface d'ailleurs lisse et paisible du fleuve, révélèrent le combat mortel
qui se livrait dans ses profondeurs ; au bout

de quelques minutes ils émergèrent de nou--
veau, fouettant avec leurs queues la surface
de l'eau dont les vagues s'éparpillaient dans
tous les sens. Au bout de peu de temps l'issue
de la lutte ne fut plus douteuse ; les efforts du
« Kaikoutchi » s'épuisèrent en même temps
que ses forces. Nous nous approchâmes en
ramant. Dès que le Caïman nous aperçut, il
plongea ; mais ne pouvant avaler sa proie sous
l'eau, il reparut pour nager vers un petit banc
de sable où il commença son repas immédiatement.

« J'ai constaté avec surprise que les femelles
témoignent pendant longtemps un amour très
vif à l'égard de leurs petits ; elles les surveillent
continuellement et leur font connaître avec
soin tout ce qu'elles ont appris par leur expérience propre. Comme je longeais un jour, en
compagnie d'un Indien, l'anse d'Arkarikuri,
comparable à un lac, pour y tuer des poissons,
à l'aide de la flèche et de l'arc, mon attention
fut éveillée par un cri particulier qui avait une
grande analogie avec le miaulement d'un jeune
chat ; je pensais déjà me trouver dans le voisinage de la résidence d'un chat-tigre, lorsque
mon compagnon s'écria, en montrant l'eau :
« de jeunes Caïmans ». Ces bruits sortaient
d'entre les branches d'un arbre qui se trouvait
incliné horizontalement au-dessus du fleuve et
dont les branches touchaient l'eau, le terrain
où il était poussé ayant été rongé par les flots.
Nous nous glissâmes prudemment le long du
tronc jusqu'à la cime d'où nous vîmes de
jeunes Caïmans, d'un demi-mètre de long,
rassemblés sous son ombre. Suspendu ainsi
seulement à un mètre environ au-dessus de
l'eau, il fut facile à l'Indien d'atteindre, à l'aide
d'une flèche, un de ces jeunes animaux qui se
mit à se débattre et à piailler lorsqu'on le
captura. Au même moment émergea un gros
Caïman : c'était la mère qui, nous ayant
observés depuis longtemps sans que nous
l'ayons aperçue, se soulevait à nos pieds entre
les branches, pour défendre ses petits en poussant un rugissement lugubre. Je ne saurais à
quoi comparer exactement sa voix effrayante :
ce n'était ni le mugissement du taureau ou du
jaguar, ni le rugissement d'aucun autre animal connu, mais plutôt un mélange de rugissement et de mugissement qui nous glaçait
jusqu'aux os. Bientôt ces cris firent venir
d'autres Caïmans qui se mirent également à
hurler. La mère éplorée se soulevait au-dessus
de l'eau jusqu'aux épaules dans le but de nous

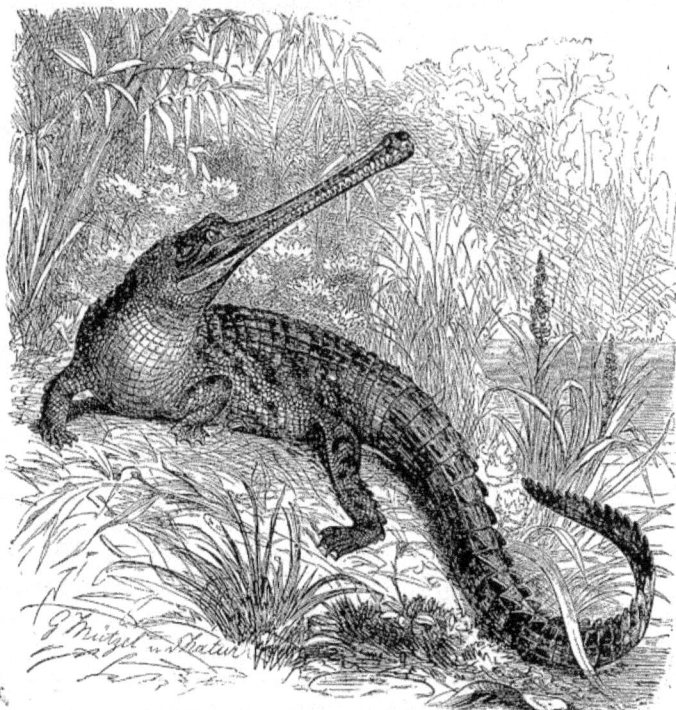

Fig. 138. — Le Gavial du Gange, 1/25ᵉ de grandeur naturelle.

arracher de notre retraite. En lui présentant son petit qui se trémoussait à l'extrémité de la flèche, mon compagnon excitait de plus en plus la colère de cette mère irritée. Blessée par un des nôtres, elle se retira un instant sous l'eau, mais ne tarda pas à émerger de nouveau pour renouveler ses attaques et redoubler ses efforts menaçants. L'eau était devenue écumante sous les coups incessants que frappait la queue puissante de l'Alligator. Je dois avouer qu'en présence de l'incroyable hardiesse de cet animal, je sentis s'accélérer les battements de mon cœur. Le moindre faux pas ou toute manœuvre imprudente nous eut immédiatement amenés dans la gueule ouverte du monstre : notre provision de flèches épuisée, le parti le plus sage à prendre me parut de nous retirer avec le plus de précautions possibles. Le cou

tendu, la mère nous suivit jusqu'à la rive sur laquelle elle s'arrêta néanmoins; le Caïman est trop craintif sur terre pour s'aventurer sur un sol qu'il sait être dangereux pour lui ; il semble avoir conscience de l'impuissance où il se trouve sur la terre ferme ; aussi s'enfuit-il toujours sur terre aussi rapidement que possible pour regagner son élément dans lequel il peut devenir une des créatures les plus dangereuses.

« Les écailles du petit Alligator que nous avions capturé étaient encore molles et flexibles ; il y avait donc peu de jours qu'il était éclos ; mais déjà il répandait une forte odeur de musc. Nous aperçûmes près de là un large sentier sur la rive, et nous le suivîmes jusqu'à une dizaine de mètres où nous trouvâmes l'endroit où avaient été déposés les œufs. C'était une petite excavation dans le sol, remplie de ronces, de feuillage et d'herbes; en examinant les coques vides, nous conclûmes qu'il y avait eu là 30 à 40 œufs superposés par couches, séparées les unes des autres par des amas de feuilles et de vase; la couche supérieure avait dû être recouverte elle-même d'un revêtement de vase analogue.

« La ponte des Caïmans a lieu en même temps que celle des Tortues, et les petits éclosent avant le début de l'époque des pluies. Pendant que ces petits gagnent l'eau, ils sont en butte non seulement aux gros oiseaux de proie et aux grandes cigognes, mais encore aux Caïmans mâles. Si la couvée n'était anéantie ainsi en majeure partie, la race se multiplierait d'une manière effrayante. Jamais les femelles n'enfouissent leurs œufs sur les bancs de sable.

« Le lendemain matin, en compagnie de plusieurs Indiens, je me dirigeai de nouveau sur le théâtre de notre aventure de la veille. La mère avait disparu avec ses petits. En dépit du nombre incalculable de têtes qui émergeaient hors de l'eau, en dépit des crocs que nous lançâmes, nous ne parvînmes pas à nous emparer d'un seul de ces monstres. Mais pendant que nous regagnions notre campement, l'Indien qui avait tué le Caïman la veille et qui avait pris l'habitude de la carabine me pria de lui confier mon arme, en m'assurant qu'avant la fin du jour il aurait occis quelque Crocodile. Il vint m'annoncer vers le soir qu'il avait tenu parole. Un Alligator, de 4ᵐ,50 de long, était encore étendu dans l'eau, attaché à un arbre au moyen d'une corde faite en plantes flexibles. Le Reptile portait une large cicatrice déjà ancienne; il lui manquait trois orteils et une de ses pattes de devant avait été fortement endommagée. Ces mutilations sont dues, au dire des Indiens, aux morsures des voraces *Pirais* (*Pygocentrus niger*); ce poisson est, paraît-il, le seul animal qui s'attaque au Caïman adulte. Notre tueur de Caïman n'avait mis la bête à terre qu'à la septième balle, qui avait pénétré dans le cerveau au travers de l'œil.

« Un autre Caïman noir, tué par les compagnons de Schomburgk, témoigna, par ses mouvements violents, que la vie n'était pas encore éteinte, longtemps après avoir reçu des balles. Après qu'on l'eut tiré sur le sable, les rayons de soleil parurent le ranimer. L'animal, qu'on croyait mort, commença à se débattre et se mit de lui-même sur l'offensive. Plusieurs Indiens se sauvèrent et rapportèrent des pieux; le plus hardi d'entre eux se précipita au devant de l'animal qui attendait la gueule ouverte, et il lui enfonça profondément dans la gorge l'extrémité d'un pieu. Le Caïman referma violemment ses mâchoires en faisant sur le pieu une profonde morsure. Deux autres Indiens s'approchèrent de l'animal par derrière, et firent pleuvoir sur lui une grêle de coups de massue. A chaque coup, l'animal se soulevait écumant; il ouvrait la gueule avec rage, et chaque fois on enfonçait au plus vite un nouveau pieu. L'extrémité caudale qui, d'après le dire des Indiens, est le siège de la vie chez les Caïmans, est une des régions les plus sensibles de l'animal, ainsi que le prouvent les efforts furieux qu'il faisait après chaque coup; les coups nombreux qu'il recevait sur la tête et sur le dos le laissaient complètement indifférent. Ce ne fut qu'après un combat long et acharné que le Caïman périt enfin. »

LES GAVIALS — *GAVIALIS*

Russelkrokodile.

Caractères. — Chez les Gavials les mâchoires sont très étroites, fort allongées, formant une sorte de bec subcylindrique; les dents ont sensiblement même forme et sont fort nombreuses; la suture qui réunit le maxillaire à l'inter-maxillaire est longue, formant une pointe aiguë en arrière; les os nasaux n'entrent pas dans la composition de l'ouverture antérieure des narines.

Chez le Gavial du Gange les dents latérales sont obliques, non reçues dans des fossettes; chez une espèce dont on a fait le genre *Tomistoma* ou *Rhynchosuchus*, les dents latérales sont dressées et reçues dans des fossettes qui existent entre les dents.

Distribution géographique. — Le genre Gavial ne comprend que deux espèces, le Gavial du Gange qui se trouve dans la Péninsule indienne et le Gavial de Schlegel, encore mal connu, qui a été recueilli à Bornéo et dans le nord de l'Australie.

LE GAVIAL DU GANGE. — *GAVIALIS GANGETICUS*.
Ganges Gavial.

Caractères. — Le Gavial du Gange ou *Mudela* des Indiens se reconnaît facilement à sa tête petite, aux yeux grands placés en dessus, à son bec très long, aplati, dilaté à l'extrémité, armée de nombreuses dents ayant toutes sensiblement même forme. On voit sur le squelette que les trous interceptés entre le pariétal, le frontal postérieur et le mastoïdien sont énormes, plus grands même que les orbites qui sont cependant fort développées.

La nuque est recouverte de deux forts écussons ovalaires et carénés ; les écussons du cou, au nombre de quatre, forment une bande longitudinale qui s'étend depuis le cou jusqu'au bouclier dorsal. Celui-ci forme ainsi dix-huit bandes de plaques osseuses, à carènes égales. La queue est entourée de trente-quatre à quarante cercles écailleux (fig. 138).

La partie supérieure du corps est d'un vert jaunâtre, ou vert-brunâtre sale, parsemé d'un grand nombre de taches oblongues, irrégulières, et irrégulièrement disposée d'un jaune verdâtre. Les individus jeunes ont le dos et les membres ornés de bandes noires disposées transversalement. Le ventre et le dessous du cou sont d'un jaune pâle ou d'un blanc sale ; les mâchoires sont piquetées de brun.

Le Gavial du Gange est un des plus grands reptiles que nous connaissions à l'état vivant, il peut, en effet, atteindre plus de 6 mètres de long.

Distribution géographique. — Cette espèce n'est pas limitée au Gange ainsi que semblerait l'indiquer son nom ; on la trouve au Bengale, au Népal, au Malabar ; elle vit dans le Gange, le Brahmapoutra, ainsi que dans les affluents de ces fleuves ; d'après Day elle se rencontre également dans l'Indus, et dans le Tschumma.

Mœurs, habitudes, légendes. — Ælien indique deux espèces de Crocodiles comme vivant dans le Gange ; les uns sont presque inoffensifs, tandis que les autres sont extrêmement voraces et poursuivent avec acharnement les hommes et les animaux. « Ces derniers, écrit l'auteur grec, portent au-dessus de leur museau une saillie analogue à une corne. On les utilise pour se débarrasser des malfaiteurs qu'on leur jette en pâture. » Paolino confirme le récit d'Ælien, en déclarant formellement que des hommes accusés de crimes ont été plongés dans le fleuve sacré en présence des Brahmanes, et qu'on leur a promis la liberté s'ils étaient respectés par les *Mudelas*.

Il est certain que le Gavial est aujourd'hui encore regardé par les Indous comme un animal sacré, et dédié à Vichnou. De nombreux voyageurs nous parlent du respect que l'on a

pour les Crocodiles, mais négligent malheureusement trop fréquemment de nous faire savoir s'ils parlent du Crocodile ou du Gavial ; ces deux reptiles coexistent, en effet, dans l'Inde.

Orlick visita, en 1842, l'étang sacré des Crocodiles auprès de la ville de Kuraschi, étang où est un lieu de pèlerinage fort renommé. Dans cet étang vivaient environ cinquante Crocodiles dont le voyageur n'a malheureusement pas indiqué l'espèce, et dont quelques-uns mesuraient jusqu'à 5 mètres de long. Le Brahmane commis à la garde des animaux consacrés à Vichnou les appela, en présence du voyageur, pour leur distribuer leur pâture. A la grande surprise d'Orlick les Crocodiles, à cet appel, sortirent de l'eau et se rangèrent en deux cercles autour du prêtre, la gueule largement ouverte et se laissant guider par le simple attouchement d'une baguette. On sacrifia un bouc qui fut dépecé en morceaux, et jeté aux animaux. Le repas terminé, le prêtre repoussa les Crocodiles dans le lac à l'aide de sa baguette. Trumpp rapporte que douze fakirs se consacrent à l'entretien de l'étang sacré, et donnent leurs soins aux animaux qui sont nourris aux frais des villages voisins, qui paient un tribut spécial.

Schlagintweit, le célèbre voyageur dans l'Himalaya, parle également de Crocodiles apprivoisés, mais il les désigne sous le terme d'Alligator, et ne les décrit pas assez exactement pour qu'on puisse savoir de quelle espèce il a voulu parler. « On peut se rendre compte, dit-il, de l'état d'apprivoisement de ces animaux, des Alligators conservés dans l'étang de Magar, en voyant le prêtre tracer sur la tête de quelques-uns de ces animaux, avec des couleurs à l'huile, des dessins et des maximes religieuses. C'est un spectacle vraiment étrange que de se voir entouré d'Alligators, obéissant au simple appel des personnes préposées à leur garde ; c'est sans doute à cause de la nouveauté et de l'étrangeté de ce spectacle, qu'il n'éveille chez personne le sentiment, d'ailleurs bien naturel, de la peur. »

Les Gavials doivent détruire beaucoup de poissons et s'emparer également des oiseaux et des mammifères de faible taille qui s'approchent des rives des lacs dans lesquels on les garde. Nous manquons cependant de renseignements précis sur les mœurs du Gavial.

La faiblesse relative de ses mâchoires, le peu de force de ses dents, nous font penser qu'il doit se nourrir surtout de poissons ou de proie morte et à demi putréfiée. Day, qui a fréquemment observé le Gavial, le décrit comme un animal essentiellement ichthyophage qui s'empare de sa proie tout en nageant. Il purge sans doute le fleuve sacré des nombreux cadavres d'Indous qu'on y jette.

D'après Anderson les œufs du Gavial sont à chaque ponte au nombre de quarante environ ; ils sont disposés dans le sable sur deux couches superposées. D'après ce voyageur, au moment de la naissance, la coloration du jeune est d'un brun jaunâtre, ou d'un brun grisâtre, et le dos est orné de bandes transversales irrégulièrement disposées. La forme et les proportions de certaines parties de la tête sont très différentes de ce que l'on voit chez l'adulte. Immédiatement après l'éclosion, les jeunes courent avec rapidité, et se rendent à l'eau.

LES CROCODILIENS AMPHICÉLIENS

Distribution géologique. — Aux terrains que l'on connaît sous le nom de terrains primaires et qui, ainsi que l'indique la dénomination qui leur a été imposée, représentent les termes les plus anciens des formations dans lesquelles des végétaux et des animaux ont été rencontrés, à ces terrains succèdent une série de couches, de plus de 6,000 mètres d'épaisseur, dont l'ensemble constitue, pour les géologues, l'époque mésozoïque ou secondaire ; cette série comprend trois termes, le terrain triasique, le terrain jurassique, le terrain crétacé.

L'ordre des Crocodiliens, si pauvrement représenté dans la nature actuelle, paraît naître dès le terme le plus inférieur de la série mésozoïque. Les animaux qui apparaissent alors sont certainement d'un type moins parfait que les Crocodiles qui vivent de nos jours ; ils sont amphicéliens, ainsi que ceux que l'on trouve dans les terrains jurassiques, et dans la partie inférieure des terrains crétacés ; chez eux les deux faces articulaires des vertèbres sont planes (fig. 139). Ce n'est que vers le haut des formations crétacées inférieures qu'apparaissent les vrais Crocodiliens, les Crocodiliens procéliens ou à vertèbres concaves en avant, convexes en arrière.

Caractères généraux. — Étudiant les Crocodiliens anciens, M. Huxley a reconnu trois stades dans l'évolution de ces animaux.

Les Crocodiliens antérieurs à l'époque jurassique, tels que les *Parasuchus*, des formations triasiques de l'Inde, les *Pristodon* de l'Afrique australe, avaient un crâne allongé et étaient imparfaitement cuirassés ; la cavité nasale communiquait avec la bouche par une ouverture située à la partie antérieure du crâne ; les narines s'ouvraient à l'extérieur, près des orbites.

Chez les Crocodiliens que l'on trouve depuis l'époque du Lias jusque dans les premières formations crétacées, les palatins se prolongent, de telle sorte que l'ouverture postérieure des fosses nasales s'ouvre vers le milieu de la lon-

Fig. 139. — Vertèbre cervicale de Sténéosaure.

gueur du crâne, entre le basi-occipital et le basi-sphénoïde.

Les Crocodiliens proprement dits apparaissent dès l'époque du Gault et vivent pendant les temps tertiaires ; ce sont ceux qui existent à l'époque actuelle. Chez eux l'ouverture des narines débouche à la partie tout à fait postérieure du crâne ; les vertèbres sont concavo-convexes.

Les Crocodiliens triasiques ont été désignés par Huxley sous le nom de *Parasuchia ;* les Crocodiliens jurassiques sous celui de *Mesosuchia*, les Crocodiliens du type actuel sont les *Eusachia*.

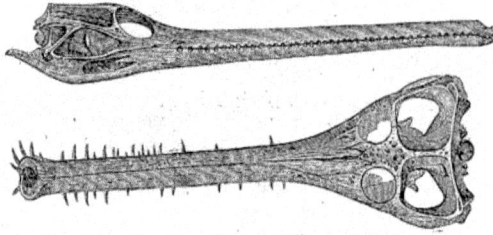

Fig. 140 et 141. — Crâne de Téléosaure de Caen.

Les animaux appartenant au premier groupe étant encore mal connus, nous ne parlerons que des *Mesosuchia* ou Téléosauriens, si bien étudiés par Eudes et Eugène Deslongchamps.

LES TÉLÉOSAURES

Les mieux connus de ces Crocodiliens des anciens âges sont les Téléosaures qui, par la forme générale de leur tête, rappellent nos Gavials. Chez eux le museau était allongé, parfois très frêle. Les os lacrymaux sont très développés, formant en grande partie le bord antérieur des orbites, dont les contours sont arrondis ; les frontaux antérieurs sont petits et ne se prolongent pas en dessus et sur les côtés de l'orbite ; les naseaux assez grands sont toujours séparés des intermaxillaires par un espace considérable (fig. 140, 141).

Le Téléosaure de Caen, que M. Eugène Deslongchamps a pu reconstituer dans son ensemble, était un animal beaucoup plus cuirassé que les Crocodiles de l'époque actuelle. Parmi les Crocodiliens vivants quelques espèces appartenant au genre Alligator sont seules pourvues d'un squelette dermique à la fois dorsal et ventral, les vrais Caïmans, les Crocodiles et les Gavials ne possèdent que le squelette dermique que sur le dos. Les Téléosauriens possédaient un squelette dermique encore plus robuste et plus développé que celui des plus cuirassés de nos Crocodiliens actuels ; la disposition des écailles osseuses, tant supérieures qu'inférieures, est, du reste, absolument différente dans les deux groupes. « Les écailles dorsales y forment une double rangée depuis le commencement de la région dorsale, presque vers la moitié de la région caudale ; elles sont très larges, surtout vers le milieu du dos, et toujours deux par deux, une de chaque côté de l'apophyse épi-

neuse, sur laquelle elles s'appuient par leur bord d'union, et jamais disposées en écussons nuchaux, puis en disque cervical, et enfin en quadruple ou quintuple série dorsale, pour se terminer en double série caudale, comme cela a lieu dans les Crocodiliens actuels. Quant aux écailles ventrales, elles constituent un large plastron disposé par séries transversales de quatre écailles, à la partie antérieure et de six à la partie postérieure, soudées entre elles par leurs bords (fig. 142).

« D'après l'arrangement et la position des écailles, on peut se rendre compte des mouvements de toutes les parties de l'animal. Le cou était dépourvu d'écailles, tant en dessus qu'au-dessous ; la tête pouvait se redresser et s'infléchir dans une proportion plus grande que chez les Crocodiles. Les mouvements de la tête pouvaient, du reste, devenir plus efficaces encore par le mouvement des vertèbres du dos, qui était peu borné, surtout en dessus. Au cou, les mouvements de côté étaient peu étendus, à cause de la présence des côtes cervicales ; mais les mouvements latéraux du tronc étaient facilités par la manière dont les écailles latérales du plastron et les bords externes des écailles dorsales étaient disposées, de sorte que la tête et les parties antérieures du corps devaient jouir de mouvements assez étendus.

« La mobilité de la queue devait être très grande, surtout dans les mouvements de latéralité. La longueur, la compression et la force extrême de la queue, étaient autant de circonstances des plus favorables à la natation, mais très défavorables pour soutenir le corps dans la marche sur un terrain solide. L'amincissement de la tête, l'allongement du cou, le peu de développement du membre antérieur, donnaient à ce corps une disposition fusiforme très avantageuse pour se lancer dans un milieu

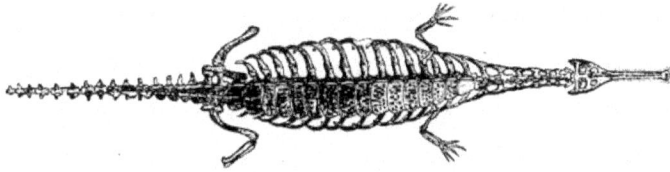

Fig. 142. — Restauration du Téléosaure de Caen, d'après E. Deslongchamps.

aquatique; il devait fendre les flots avec la rapidité de la flèche, poussé en avant par le mouvement de ses grandes pattes postérieures, admirablement dirigé dans sa course par la queue qui formait à la fois un gouvernail et une rame des plus puissantes; mais autant il était bon nageur, autant il devait être mauvais marcheur; le Téléosaure de Caen devait faire à terre une piteuse mine et en être plus embarrassé encore que nos Chélonées actuelles. Ses longues mâchoires devaient facilement fouiller la vase, et ses dents, si singulièrement disposées, tamiser la fange et arrêter au passage tous les animaux mous; il est à croire qu'il s'en servait très efficacement pour la chasse aux Céphalopodes mous : Belemnites, Geotheutis, Teudopsis, etc., qui pullulaient dans les mers de cette époque (1). »

La taille du Téléosaure de Caen ne devait pas dépasser 2^m,50.

LES MACHIMOSAURES

Par la forme générale du crâne, les Machimosaures ressemblent bien moins aux Téléosaures et aux Gavials, qu'à certains Crocodiles actuels à museau très aigu, tels que le Crocodile de Schlegel; c'étaient des animaux à formes lourdes et massives. La taille du Machimosaure de la Meuse était considérable et dépassait 8 mètres. Le museau court, fort et robuste, était déprimé et obtus, muni probablement à l'extrémité d'une sorte de tubercule cartilagineux analogue à ce que l'on voit chez les

(1) E. E. Deslongchamps, *Notes paléontologiques*, t. I.

Gavials. Le développement du membre postérieur, la longueur, la compression, la force extrême de la queue, étaient certainement des circonstances des plus favorables à une natation rapide. La forme trapue de la tête indique des habitudes semblables à celles de nos Caïmans; les dents très puissantes et mousses à leur extrémité, dont sont armées les mâchoires, étaient merveilleusement disposées pour broyer les nombreux Céphalopodes qui pullulaient dans les mers de la fin de l'époque jurassique.

LES MÉTRIORRHYNQUES

Les Métriorrhynques, qui apparaissent plus tard que les Téléosaures, atteignaient généralement une plus grande taille que ces derniers; certains d'entre eux, tels que le Métréorrhynque de Morel, des assises oxfordiennes du Calvados, étaient réellement des géants parmi les Crocodiliens de cette époque.

Chez les Métriorrhynques la forme du museau est toujours bien plus ramassée et plus dilatée que chez les autres Téléosauriens. Ainsi que l'a établi M. E. Deslongchamps, on voit chez ces animaux une tendance manifeste à se rapprocher de la forme écrasée et dilatée de nos Caïmans actuels. Bien qu'encore nettement Téléosauriens, les Métréorrhynques, plus récents que les Téléosaures proprement dits, se rapprochent davantage des Crocodiles qui vivent aujourd'hui; ils semblent former un nouveau type qui s'éloigne des reptiles précédemment étudiés et qui tend à se rapprocher peu à peu des êtres de la nature actuelle.

LES ORNITHOSCÉLIENS ou DINOSAURIENS
— *ORNITHOSCELIDA, DINOSAURIA*

Historique. — Les premiers zoologistes qui ont nommé *Reptiles*, c'est-à-dire rampants, les animaux dont nous écrivons l'histoire dans ce volume, auraient singulièrement modifié l'opinion qu'ils se faisaient de ces êtres s'ils avaient connu les étranges créatures dont nous avons à nous occuper.

Ces animaux, que l'on désigne sous le nom d'Ornithoscéliens ou de Dinosauriens (1), par certains traits de leur organisation tiennent à la fois des Mammifères, des Oiseaux et des Reptiles proprement dits, tout en présentant des caractères qui leur sont propres ; ils semblent combler l'hiatus qui, dans la nature actuelle, sépare les plus parfaits des Reptiles, les Crocodiles et les Tortues, des Mammifères inférieurs, nous voulons parler des Marsupiaux, et des *moins oiseaux* parmi les oiseaux, si l'on peut dire, tels que l'Autruche, l'Émeu, le Casoar. Ils sont si loin des Reptiles que l'on devrait former pour eux une sous-classe distincte, égale en valeur à celle que l'on admet pour les Reptiles actuels ; les différences qu'ils présentent avec nos Reptiles sont de beaucoup supérieures à celles que nous constatons entre les Tortues et les Serpents, par exemple, pour prendre les deux termes extrêmes de la série. Nous ne connaissons des Dinosauriens que le squelette ; il est probable que s'il nous était donné de savoir quelle était leur organisation, comment se faisait leur circulation, quel était leur mode de développement, nous n'hésiterions pas à en former une classe intermédiaire entre celle des Mammifères et des Oiseaux et celle des Reptiles proprement dits.

C'est vers 1820, que Gédéon Mantell trouva les premiers ossements de Dinosauriens au milieu de la forêt de Tilgate, dans l'île de Wight, dans

(1) De Δεινος, terrible, étrange, prodigieux; σαυρος, lézard, reptile.

des couches que l'on rapporte à la partie inférieure de la formation crétacée, couches terrestres et d'eau douce qui établissent un passage entre les formations jurassiques et crétacées. Ces ossements très incomplets, du reste, furent rapportés par Mantell à un animal de grande taille, qu'il nomma l'*Iguanodon*, les dents offrant certains rapports de forme avec celles d'un Lézard actuel que l'on connaît sous le nom d'*Iguane*. Depuis cette époque, mais surtout depuis quelques années, nos connaissances sur les Dinosauriens se sont singulièrement accrues et nous commençons à entrevoir parmi ces animaux des types très différents indiquant des ordres tout aussi distincts que le sont ceux des Pachydermes, des Ruminants, des Carnivores parmi les Mammifères.

Sur les flancs des montagnes Rocheuses, aux États-Unis, on trouve des couches qui peuvent se suivre sur plusieurs centaines de milles d'étendue ; ces couches ont fourni aux investigations des paléontologistes un petit Mammifère marsupial, des débris de poissons, des restes de Ptérodactyles, de Crocodiles, de Tortues et surtout une énorme quantité d'ossements de Dinosauriens gigantesques ; nous avons là un véritable ossuaire dans lequel sont ensevelis pêle-mêle les plus curieux et les plus étranges de tous les animaux que nous aient légués les anciens âges. C'est aux admirables recherches de Marsch et de Cope que nous devons la connaissance d'une faune à tout jamais disparue. Guidés par les deux grandes lois de la corrélation des formes et de la subordination des caractères, lois que nous devons à l'incomparable génie de Cuvier et qui nous permettent, comme le fil d'Ariane, de nous retrouver au milieu de l'inextricable labyrinthe que présentent les formes des animaux perdus, les deux savants paléontologistes américains ont évoqué tout

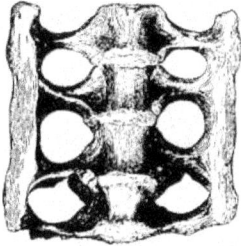

Fig. 143. — Sacrum de Morosaure.

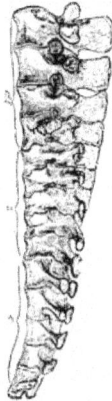

Fig. 146. — Sacrum d'oiseau (la Poule) (*).

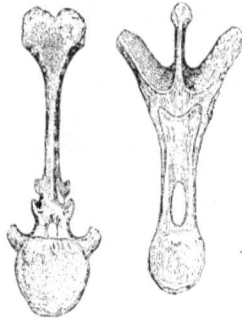

Fig. 144 et 145. — Vertèbres dorsale et caudale de Stégosaure.

un monde disparu et fait apparaître devant nous les témoins d'une faune dont rien, dans la nature actuelle, ne pouvait nous donner la moindre notion.

Pendant l'époque secondaire les Dinosauriens vivaient également en Europe et dans le

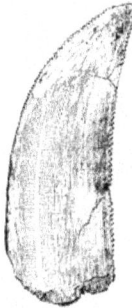

Fig. 147. — Dent de Mégalosaure.

sud de l'Afrique ; ils étaient représentés par des types très divers, ainsi que nous l'ont montré les savantes recherches de Mantell, d'Owen, de Phillips, d'Huxley, de Seeley, d'Hulke, de Dollo, de Matheron. Des recherches toutes récentes ont jeté un jour complètement nouveau sur l'organisation des Dino-

(*) dl, vertèbres dorso-lombaires ; s, vertèbres sacrées ; c, vertèbres caudales (d'après Huxley).

sauriens et permis d'étudier leur squelette aussi complètement qu'on pourrait le faire pour celui d'animaux vivant actuellement.

Caractères généraux. — Toutes ces découvertes ont permis de saisir les traits généraux qui relient les Dinosauriens aux autres Reptiles et les traits particuliers qui les distinguent les uns des autres.

Ce qui éloigne essentiellement les Dinosau-

Fig. 148. — Dent d'Iguanodon.

riens de tous les autres Reptiles, c'est que le sacrum est toujours composé de plus de deux vertèbres formant un os unique très solide comme celui des Mammifères ; chez les Laosaures et les Campsonotes des Montagnes Rocheuses les vertèbres sacrées ne seraient cependant pas soudées, d'après Marsch. Le

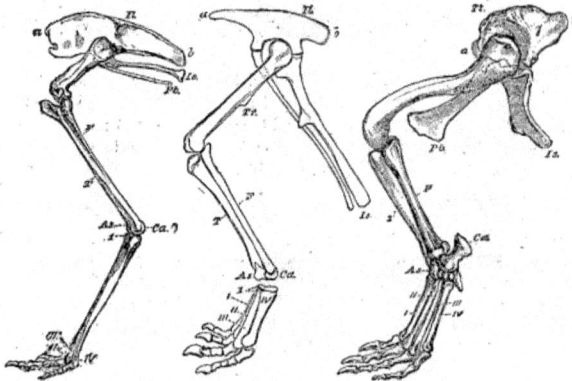

Fig. 149 à 151. — Membre pelvien postérieur de A, *Dromæus*, B, un *reptile ornithocélide*, tel que l'*Iguanodon* ou *Hypsilophodon*, et C, un *Crocodile* (*).

nombre des vertèbres du sacrum est au minimum de 3, ainsi qu'on le voit chez l'Apatosaure ; il est de 4 chez le Morosaure (fig. 143) ; il peut s'élever à 5 chez le Brontosaure, à 6 chez l'Anoplosaure, ainsi que cela se voit chez les Oiseaux (fig. 146). Ces vertèbres qui dépassent le chiffre normal de 2 sont des vertèbres de la queue qui se sont modifiées pour servir de support au bassin qui s'est considérablement élargi pour pouvoir supporter les membres postérieurs, généralement très robustes. Si l'on en juge par la largeur considérable que présente le canal médullaire, la moelle épinière devait se renfler beaucoup dans la région sacrée et fournir des nerfs très volumineux à un membre fort développé et mû par des muscles extrêmement puissants.

Les côtes sont très développées ; leur grandeur montre que la cage thoracique était très ample et que dès lors les poumons devaient être amples.

Les vertèbres cervicales sont nombreuses, les arcs neuraux des vertèbres sont unis au

centrum par une suture ; les côtes thoraciques s'attachent par deux têtes distinctes.

Les vertèbres sont généralement amphicéliennes, c'est-à-dire que leurs deux faces articulaires sont planes ; elles sont parfois nettement biconcaves, ainsi qu'on le voit chez les Amphisaures, les Mégalosaures, les Stégosaures, les Scélidosaures ; les vertèbres antérieures sont d'autres fois opisthocéliennes, c'est-à-dire que la face articulaire concave est tournée en arrière, la convexité étant dirigée en avant, ainsi qu'on le remarque chez tous les Dinosauriens rentrant dans le groupe des *Sauropoda*, chez les Compsognathes et chez les Hadrosaures ; les Cœlures ont les vertèbres cervicales opisthocéliennes, les vertèbres dorsales étant bi-concaves ; chez les Labosaures, les vertèbres antérieures sont creusées de larges cavités.

La queue est généralement longue et composée d'un grand nombre de vertèbres, ainsi qu'on le voit chez le Macrurosaure, le Mégalosaure, l'Iguanodon ; elle peut être parfois fort courte, comme chez le Lœlaps et ne compter qu'un petit nombre de vertèbres.

La forme des vertèbres est extrêmement différente suivant les régions sur un même animal, ce qui rend les déterminations extrêmement difficiles, lorsque les divers ossements n'ont pas été trouvés ensemble ; on en jugera en comparant la vertèbre dorsale du *Stegosaurus ungulatus*, dinosaurien des montagnes Rocheuses, à la vertèbre caudale antérieure du même animal (fig. 144 et 145).

(*) Le membre de l'Oiseau est dans sa position naturelle ainsi que celui de l'Ornithoscélide, quoique les métatarses du dernier ne doivent pas, en nature, avoir été levés ainsi. Le membre du Crocodile est représenté à dessein dans une position hors nature. Naturellement, le fémur serait tourné à peu près à angle droit vers le plan médian vertical du corps, et le métatarse serait horizontal. Les lettres sont les mêmes partout ; *il*, ilion ; *is*, ischion ; *Pb*, pubis ; *a*, apophyse antérieure ; *b*, apophyse postérieure de l'ilion ; *tr*, trochanter interne du fémur ; *t*, tibia ; *f*, péroné ; *as*, astragale ; *ca*, calcanéum ; I, II, III, IV, les doigts (d'après Huxley).

La grandeur et la forme du crâne sont très différents suivant les types examinés. Le crâne, d'abord allongé comme celui des Crocodiles chez les Dinosauriens triasiques, se raccourcit chez les animaux plus récents. Chez certains animaux, comme l'Hypsilophodon, les os orbitaires sont en connexion avec les frontaux, comme chez les Mammifères et chez beaucoup d'Oiseaux. Le cerveau est essentiellement reptilien et parfois extrêmement petit. Les os intermaxillaires sont séparés ; les branches de la mandibule ne sont unies que par du cartilage et non soudées. La composition du crâne ressemble par certains points à ce que l'on voit chez les Crocodiles et chez les Sauriens.

Le régime ayant été très varié chez les Dinosauriens, la forme des dents est, on le comprend, tout autre suivant les types examinés. Les carnassiers, tels que le Mégalosaure, avaient des dents fortes et tranchantes, crénelées sur les bords (fig. 147) ; les maxillaires aussi bien que les intermaxillaires étaient armés de ces dents qui devaient être redoutables. Les herbivores, tels que l'Iguanodon, le Vectisaure, le Laosaure, l'Hypsilophodon avaient leurs maxillaires garnis de dents admirablement disposées pour couper et broyer (fig. 148) ; ces dents s'usaient comme celles des mammifères herbivores actuels, et se remplaçaient indéfiniment, c'est-à-dire qu'aussitôt que l'une d'elles était usée, une autre lui succédait ; il existait, ce qu'on ne voit pas chez les Reptiles actuels, des mouvements de la mâchoire, comme chez les Ruminants de notre époque pour permettre aux dents de broyer les aliments : la grandeur des trous et des canaux par lesquels passaient les nerfs montre qu'il existait des lèvres molles et des joues sans lesquelles la mastication des aliments eût été, du reste, complètement impossible. Les Hadrosaures, qui sont des herbivores, avaient les dents disposées suivant plusieurs rangées formant, par l'usure, une surface broyante en forme de damier. Chez les herbivores qui ont été groupés sous le nom de Ornithopodes, les intermaxillaires ne portaient pas de dents ; il en est de même de l'extrémité de la mâchoire inférieure qui était vraisemblablement revêtue, pendant la vie, d'un bec corné à l'aide duquel l'animal coupait les bourgeons et les feuilles dont il faisait sa nourriture. Les *Sauropoda* avaient des dents aussi bien à l'intermaxillaire qu'aux mâchoires.

Le membre antérieur est toujours notablement plus court que le membre postérieur ; ce dernier est parfois à peine plus long que l'autre, ainsi qu'on le voit chez le Brontosaure (fig. 154) ; les membres sont d'autres fois très disproportionnés, ainsi qu'on le remarque chez l'Iguanodon (fig. 156) ; il existe tantôt une clavicule, comme chez l'Iguanodon, tantôt cet os fait défaut, comme chez l'Hypsilophodon et le Laosaure. Le sternum existe chez les Brontosaures, les Morosaures, les Atlantosaures.

Ainsi que l'a bien montré Huxley, les Ornithoscélidiens ou Dinosauriens présentent une large série de modifications de structure intermédiaire entre les Oiseaux et les Reptiles actuels ; ces caractères de transition sont surtout marqués pour le bassin et le membre postérieur.

Chez les Reptiles, l'ilium ne se prolonge pas en avant de la cavité cotyloïde, ou cavité de réception de la tête du fémur, ainsi qu'on le voit chez le Crocodile (fig. 151) ; chez l'Oiseau (fig. 149) et chez le Dinosaurien herbivore l'ilium se prolonge beaucoup en avant de cette cavité (fig. 150) ; la longueur de la pointe que cet os fait en arrière est, chez ces Dinosauriens, intermédiaire entre ce que l'on voit chez l'Oiseau et chez le Crocodile. L'ischium, *is*, chez le Crocodile, est un os modérément allongé, qui se dirige en bas, en dedans et un peu en arrière pour venir s'unir avec son congénère du côté opposé par une suture médiane ; chez les Oiseaux, cet os, qui est allongé, se porte directement en arrière ; la plupart des Dinosauriens ont l'ischium très allongé, placé dans une position intermédiaire entre ce que l'on voit chez les Oiseaux et chez les Reptiles ; cette disposition est très nette chez le Campsonotus, par exemple. Chez tous les Reptiles, le pubis, *pb*, se dirige directement en bas et en avant ; cet os se porte en arrière chez les Oiseaux et chez les Dinosauriens typiques.

La direction de l'ilium présente, du reste, de singulières modifications chez les Dinosauriens, modifications qui sont évidemment en rapport avec la direction et l'attache des muscles et, dès lors, avec la station. Chez certains d'entre eux, cet os est dirigé en arrière, ainsi qu'on le voit chez l'Autruche, chez le Casoar ; parfois, au contraire, il se porte en avant, comme chez les Crocodiles actuels. Huxley a vu chez certains Dinosauriens le pubis être parallèle à l'ischium. Il résulte de ces modifications qu'il existait des Dinosauriens ayant une station presque bipède, tels sont les animaux du groupe de l'Iguanodon ; d'autres, tels que les Zanclodon, par leur marche rappelaient les Crocodiles ; d'autres encore, tels que le Marosaure, avaient une station quadrupède, comme chez les Mammifères les plus lourds et les plus pesants.

Les Dinosauriens typiques, tels que l'Iguanodon, le Mégalosaure, ont un trochanter au fémur (fig. 152) ; les fortes crêtes, les saillies

Fig. 152. — Fémur de Mégalosaure.

proéminentes que présente cet os indiquent des attaches musculaires extraordinairement puissantes.

Beaucoup de Dinosauriens avaient la peau nue ; chez d'autres, que l'on désigne sous le nom de Stegosaures, le corps était protégé par des écussons osseux et par des épines (fig. 155).

L'on connaît des Dinosauriens de toute grandeur, depuis le gigantesque Atlantosaure, des Montagnes Rocheuses, qui atteignait jusqu'à 80 pieds de long, jusqu'au Nanosaure qui avait à peine la taille d'un chat.

Distribution géologique. — Les temps secondaires, pendant lesquels vivaient les singuliers et gigantesques Dinosauriens dont nous venons de tracer l'histoire à larges traits, ont pu, à juste titre, être nommés le règne des Reptiles. C'est alors que ce groupe arrive à son maximum de développement. Les Mammifères sont très chétifs à cette époque et représentés seulement par les plus inférieurs d'entre eux ; les Dinosauriens semblent avoir joué alors à la surface du globe le rôle que les grands Carnassiers et les grands Herbivores y jouent actuellement ; mais tandis que les Mammifères ont toujours été en se développant, de telle sorte qu'ils offraient déjà vers la fin des temps tertiaires le magnifique épanouissement que nous voyons aujourd'hui, les Reptiles ont été sans cesse en diminuant d'importance ; les animaux supérieurs l'ont peu à peu emporté sur les êtres d'une organisation moins parfaite.

Dès l'époque triasique, les Dinosauriens sont déjà représentés par des types si divers qu'il semble que ceux-ci soient les descendants d'animaux ayant vécu à une époque plus reculée ; nous ne connaissons alors que quelques Mammifères marsupiaux qui ont disparu, de nos pays, pendant l'époque miocène.

remplacés qu'ils étaient peu à peu par les Mammifères plus élevés ou placentaires. C'est à la fin de l'ère secondaire que les Dinosauriens disparaissent à tout jamais et sans laisser de descendance ; ils n'ont pu se plier aux nouvelles conditions d'existence qui leur étaient imposées, et ils sont morts, alors que les Mammifères, bien au contraire, marchaient chaque jour davantage vers les types les plus élevés.

Rien dans la nature actuelle ne peut nous donner une idée de ce qu'étaient la flore et la faune des temps pendant lesquels les Dinosauriens vivaient en maître. Ainsi qu'on peut le voir par la carte (fig. 153), que nous donnons d'après Contejean (1), la distribution des terres et des mers était tout autre qu'elle ne l'est aujourd'hui, en France et en Angleterre. A la fin de l'époque jurassique, le plateau central de la France était émergé d'Autun à Mende, de Lyon à Tulle ; les Vosges, la plus grande partie de la Belgique et de la Hollande formaient un continent ; le massif breton était une île à l'ouest ; l'emplacement d'Antibes, de Cannes, de Fréjus, de Toulon, émergeait vers le sud du bassin méditerranéen, qui était en communication, par le détroit vosgien, avec le vaste golfe que formait le bassin anglo-parisien.

La température était élevée à cette époque et uniforme sur toute la terre, ce que démontre l'existence dans le nord de l'Europe de récifs, de coraux comparables à ceux du golfe du Mexique ou de la mer du Sud.

Pendant l'époque du Jurassique supérieur nos contrées devaient être découpées de lagunes, de marécages, d'estuaires fréquemment inondés ; ces localités privilégiées avaient une végétation plus riche et plus variée que les parties montueuses ; là poussaient de grandes fougères, aux frondes coriaces, tandis que les pentes et les hauteurs étaient recouvertes de plantes se rapprochant des Pandanées, d'Araucaria, de Cycadées aux semences en forme d'amandes, nourriture des Dinosauriens herbivores de l'époque. Il en était de même au commencement de la période crétacée, alors que se formaient les terrains wealdiens.

Si, à l'aide des admirables découvertes faites dans ces dernières années, nous cherchons à faire revivre la faune de la partie supérieure des temps jurassiques aux États-Unis, nous

(1) Contejean, *Éléments de géologie et de paléontologie.* Paris, 1874.

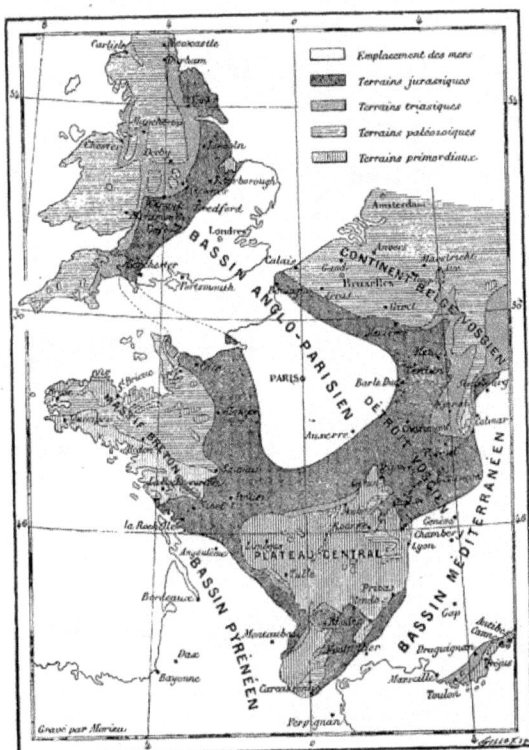

Fig. 153. — Carte de la France et de l'Angleterre à la fin de l'époque jurassique.

ne trouverons pas une faune reptilienne moins étrange et moins riche que dans l'ancien monde. Voici au milieu des Araucariées, des Cycadées, le gigantesque Stégosaure au corps revêtu de plaques osseuses et d'épines lui formant une puissante armure, aux membres antérieurs beaucoup plus courts que les membres de derrière, le Compsonote, aux pattes de devant également bien moins développées que les pattes postérieures et les étranges Reptiles volants, les Ptérodactyles (fig. 155).

Nous avons dit plus haut que les Dinosauriens avaient disparu avec la fin des temps crétacés ; cette disparition a eu pour cause les changements considérables qui se sont, à cette époque, opérés dans la température. « Jusqu'à présent, écrit Contejean, la distribution,

à la surface du globe, des animaux et des plantes, et, en même temps, la nature des genres et des familles qui composent les faunes et les flores, indiquent, à toutes les époques précédentes, une température uniforme et élevée, point excessive à l'équateur, et au moins tropicale jusque sous le 76e degré de latitude nord. En un mot, sur tout le globe régnait le climat de la zone torride actuelle. Durant cette longue suite de siècles, il ne semble pas que la chaleur ait subi les moindres fluctuations ; tout au plus a-t-on essayé d'indiquer, d'après l'aspect des sédiments, les périodes de sécheresse et d'humidité relatives. Vers le milieu de l'époque crétacée, les choses prennent une autre tournure, et l'on commence à apercevoir les premiers indices d'un refroidisse-

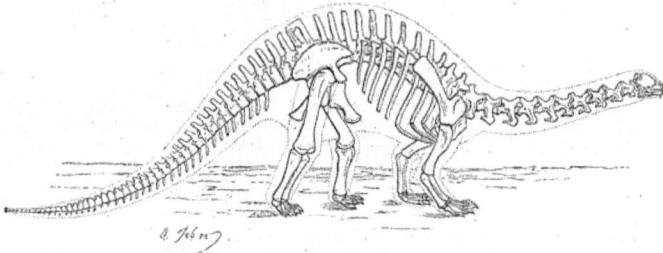

Fig. 154. — Squelette de Brontosaure (1/125e grand.).

ment dans le nord des continents. Ces indices sont : l'absence de récifs et la rareté des coraux sur l'emplacement de l'Europe, l'absence ou la rareté des rudistes au nord du 45e degré de latitude, enfin l'apparition, dans les mêmes parages, des familles végétales des Amentacées, des Acérinées et de quelques autres, qui ne pénètrent qu'exceptionnellement dans les régions tropicales. »

Classification. — Les Dinosauriens, qui ont à tout jamais disparu, à la fin de la période crétacée, sont si différents de tous les Reptiles actuels qu'ils forment certainement une sous-classe d'égale importance à celle des Reptiles tels que nous les comprenons généralement. Se basant sur le régime des animaux, sur certaines particularités anatomiques, Marsch a divisé les Dinosauriens en un certain nombre d'ordres qu'il nous reste à faire brièvement connaître.

LES SAUROPODES — *SAUROPODA*

Caractères généraux. — Les animaux qui rentrent dans cet ordre étaient plantigrades et ongulés, c'est-à-dire qu'ils s'appuyaient sur le sol par la plante des pieds tout entière, comme le font les Ours actuels. Il existe cinq doigts aux membres de devant et de derrière ; la seconde rangée des os du tarse et du carpe n'est pas ossifiée. Les pubis se dirigent en avant et s'unissent par un cartilage ; il n'existe pas de post-pubis ; l'ischium se dirige tantôt en bas, tantôt en arrière. Les vertèbres précaudales sont creuses ; les vertèbres antérieures ont leur face articulaire antérieure convexe, la postérieure concave, c'est-à-dire opisthocélienne ; les os des membres sont massifs.

Les Sauropodes étaient des animaux à la démarche lente et massive, les membres antérieurs n'étant qu'un peu plus courts que les postérieurs. Ils étaient herbivores, ce qu'indique leur système dentaire ; chez les Laosaures, par exemple, les dents qui rappellent celles des Iguanodon présentent une série de plis de l'émail, de telle sorte qu'elles devaient s'user comme celles de nos Ruminants actuels, les diverses parties de la dent présentant des surfaces d'inégale résistance.

C'est dans l'ordre des Sauropodes que se trouvent probablement les plus gigantesques de tous les animaux terrestres ; à en juger par les débris qu'on en connaît, certains d'entre eux devaient atteindre plus de 35 mètres de long.

LE BRONTOSAURE

Parmi les Sauropodes trouvés dans les montagnes Rocheuses, la bête la plus étrange est sans doute le Brontosaure dont nous donnons la restauration du squelette d'après le professeur Marsch (fig. 154).

Le Brontosaure atteignait une taille de près de 16 mètres ; vivant il devait peser au moins 30 tonnes, soit 30,000 kilogrammes ! La tête est remarquablement petite pour un animal de cette taille ; le cerveau, extrêmement réduit, indique une bête lente et stupide. Le cou est long, flexible, fort mobile, les membres massifs, les os solides. L'animal marchait à la façon des Ours actuels, et chaque empreinte de ses pas avait environ 90 centimètres carrés ! Le corps était entièrement nu. Les mœurs étaient plus ou moins aquatiques ; l'animal devait se tenir dans les marais bourbeux, un peu comme le font les Hippopotames actuels ; la nourriture se composait de plantes poussant dans l'eau ou près de la rive.

LE MOROSAURE

Un autre Herbivore vivait en compagnie du Brontosaure ; c'est le Morosaure, qui avait 40 pieds de long et dont la tête était également très petite comparée à la masse du corps. C'était sans doute un animal très lourd et très lent, au long cou, à la queue allongée, aux dents nombreuses, d'environ 16 centimètres de longueur. Chez cet animal un os du bassin, l'ilium, est dirigé comme chez les Mammifères marins.

L'APATOSAURE

L'Apatosaure, au cou court et massif, le Laosaure qui n'avait que 10 pieds de long, étaient aussi des Herbivores particuliers à l'Amérique du nord.

LE CÉTIOSAURE

Parmi les Sauropodes européens, Marsch cite le Cétiosaure trouvé d'abord à Oxford, en Angleterre, et depuis sur divers points du continent.

Le Cétiosaure ne le cédait guère en puissance à ses congénères américains ; on en jugera facilement quand on pense que l'os de la cuisse atteint jusqu'à 1^m,70 de haut, et que ce que l'on connaît de la tête et de la colonne vertébrale a 12 mètres, ce qui donne un animal d'environ 16 à 17 mètres de long! Les affinités du Cétiosaure sont multiples et si, par certains points, il est Dinosaurien, par d'autres il se rapproche franchement des Crocodiles, ainsi que l'a démontré Phillips qui a si bien étudié cet animal. Les Cétiosaures pouvaient vivre sur la terre ferme et se réfugier dans les marais ou à l'embouchure des grands fleuves ; il est probable qu'ils habitaient, d'après Phillips, « au milieu des marécages, parmi les fougères, les cycadées, les arbustes de conifères, les arbres grouillant d'insectes et de petits mammifères ; leur régime était herbivore, et ils ne se voyaient pas forcés de disputer leur nourriture au Mégalosaure qui vivait dans les mêmes contrées qu'eux. »

LES STÉGOSAURES — STEGOSAURIA

Caractères généraux. — A l'inverse des Sauropodes, les Stégosaures ont les membres an-térieurs très courts et progressaient surtout à l'aide de leurs pattes de derrière ; ils étaient plantigrades et ongulés ; il existait cinq doigts à chacune des pattes, le pouce était toutefois parfois si réduit qu'il entrait à peine dans la composition du membre.

Les Stégosaures américains, qui font partie de cet ordre, avaient 30 pieds de long ; c'étaient des animaux aquatiques, au corps revêtu de plaques osseuses et d'épines aiguës qui leur formaient une puissante armure. Leur tête, très petite, protégeait un encéphale étroit et allongé, relativement fort réduit. Les dents étaient nombreuses, de forme cylindrique, supportées par un long pédicule, transversale-ment comprimées et recouvertes d'un émail épais. Tous les os sont pleins ; le fémur n'a pas de troisième trochanter ; l'os de la cuisse est très long, remarquablement robuste. Les ver-tèbres (fig. 144 et 145, p. 160) sont biconcaves. Les nerfs qui se rendaient au membre posté-rieur devaient être très développés, si on en juge par la largeur des trous qui, au sacrum, leur donnaient passage.

Les Acanthopholis, des couches crétacées de Cambridge, les Scélidosaures, du Lias d'An-gleterre, les Hylœosaures, de la partie infé-rieure des terrains crétacés, sont des repré-sentants européens du groupe des Stégosaures. Chez les Scélidosaures les dents sont dentelées sur les bords et ressemblent beaucoup à celles de certains Lézards herbivores de l'époque ac-tuelle, tels que les Iguanes.

LES ORNITHOPODES — ORNITHO-PODA

Caractères généraux et distribution géo-logique. — L'ordre des Ornithopodes est carac-térisé par la petitesse des membres antérieurs comparés aux postérieurs, et la dentition indi-quant un régime herbivore ; ce sont les Dino-sauriens qui sont le plus manifestement le pas-sage entre les Oiseaux et les Reptiles.

Les Ornithopodes paraissent avoir apparu vers la fin des temps jurassiques ; on les re-trouve pendant l'époque crétacée ; l'Ortho-mère, des couches de Maestricht, qui vivait avec le Mosasaure, est le plus récent des Dinosau-riens connus.

L'IGUANODON

Non loin de la frontière française, entre

Mons et Tournay, se trouve, en Belgique, le charbonnage de Bernissart.

Pour atteindre les couches de houille il faut, dans ce pays plat, creuser le sol à une certaine profondeur et traverser des terrains qui se sont déposés postérieurement à la formation du précieux combustible. En faisant à Bernissart des recherches pour l'extraction de la houille, on était tombé sur des couches wealdiennes, sur une vallée datant du commencement de l'époque crétacée et remplie après coup par suite des mouvements du sol. Des poissons par centaines, des Crocodiles de types inconnus, de gigantesques Reptiles étaient restés enfouis, à près de 350 mètres de profondeur, presque à l'endroit où ils avaient autrefois vécu ; ils étaient ensevelis dans la boue, gisant pêle-mêle avec les plantes qui croissaient sur le sol qu'ils avaient foulé à une époque si reculée qu'elle dépasse toute imagination.

Les animaux géants, rendus ainsi à la lumière, grâce aux admirables et persévérantes recherches de de Paux et de Sohier, étaient des Dinosauriens appartenant au genre Iguanodon, dont Gédéon Mantell avait, dès 1822, trouvé les premiers ossements dans l'île de Whigt, en Angleterre.

C'est aux travaux de Boulenger, de Van Beneden et surtout à ceux de Dollo que nous devons la connaissance de l'un des êtres les plus étranges qui aient vécu dans les anciens temps. La découverte de l'Iguanodon de Bernissart, animal dont on connaît aujourd'hui le squelette complet, a jeté un jour absolument nouveau sur la constitution de tout un groupe de Dinosauriens herbivores.

Tout est étrange, en effet, chez l'Iguanodon ; sa taille, de même que ses allures, sont bien faites pour étonner le naturaliste qui ne connaîtrait que les Reptiles actuels, êtres bien chétifs si on les compare aux animaux qui ont vécu autrefois et qui semblent avoir joué le rôle qui est dévolu aux plus grands des Mammifères terrestres actuels.

L'Iguanodon de Bernissart mesurait près de 10 mètres du bout du museau à l'extrémité de la queue et debout sur ses membres de derrière, attitude qu'il avait en marchant, il s'élevait à plus de 4 mètres au-dessus du niveau du sol.

La tête est relativement petite, très comprimée ; les narines sont spacieuses et comme cloisonnées. La fosse temporale est limitée par une arcade osseuse, aussi bien en haut qu'en bas, ce qui est un caractère tout à fait exceptionnel chez les Reptiles actuels. L'extrémité des mâchoires devait être vraisemblablement pourvue d'un bec destiné à couper les grandes fougères et les cycadées qui poussaient sur les bords des lagunes et des marécages dont le sol était entrecoupé ; les dents, qui sont crénelées aux bords, indiquent un régime essentiellement herbivore et se remplaçaient aussitôt qu'elles venaient à être usées. Le cou devait être très mobile. Les côtes, qui sont fortes, indiquent de vastes poumons. Les membres antérieurs, bien plus courts que les postérieurs, se terminent par une main garnie de cinq doigts ; le pouce est terminé par un énorme éperon qui, revêtu de sa griffe, devait être une arme extrêmement redoutable. Le membre postérieur, qui est digitigrade, est muni de trois doigts seulement, probablement réunis par une palmure ; le bassin ressemble plus à celui des Oiseaux qu'à celui des Reptiles actuels. La queue, un peu plus longue que le reste du corps, a jusqu'à 5 mètres et se compose de près de 50 vertèbres : elle est très comprimée latéralement, comme celle des Crocodiles et devait servir de rapide et puissant moyen de propulsion (fig. 156).

« Les circonstances dans lesquelles les Iguanodons de Bernissart ont été trouvés montrent, ainsi que M. Dupont l'a fait voir, que ces animaux devaient vivre au milieu de marécages et sur les bords d'une rivière ; rien de surprenant, par conséquent, qu'ils aient eu des mœurs aquatiques.

« Étant donné que les Iguanodons passaient une partie de leur existence dans l'eau, nous pouvons nous figurer, à l'aide d'observations faites sur le Crocodile et sur l'Amblyrrhynque (grand Lézard marin des îles Galapagos), deux modes de progression très différents de notre Dinosaurien au sein de l'élément liquide.

« Quand il nageait lentement, il se servait des quatre membres et de la queue. Voulait-il, au contraire, avancer rapidement pour échapper à ses ennemis, il ramenait les membres antérieurs, les plus courts, le long du corps et se servait exclusivement des membres postérieurs et de son appendice caudal. Dans ce dernier mode de progression, il est clair que plus les pattes de devant sont petites, plus elles se dissimulent, et moins, par conséquent, elles causent de résistance au déplacement de l'animal dans l'eau. Comme confirmation de ceci, on observe que, parmi les formes ayant la ma-

Fig. 155. — Les Dinosauriens des Montagnes Rocheuses à l'époque jurassique.

mode de nage sus-indiquée, les membres antérieurs sont d'autant plus réduits que la bête
est plus aquatique.

« À terre, les Iguanodons marchaient à l'aide
des membres postérieurs seuls; en d'autres
termes, ils étaient *bipèdes* à la manière de
l'homme et d'un grand nombre d'oiseaux, et
non *sauteurs* comme les kangourous; de plus,
ils ne s'appuyaient point sur la queue, mais la
laissaient simplement traîner.

« Mais, dira-t-on, vous avez comparé tout à
l'heure, en parlant de la vie aquatique, les
Iguanodons aux Crocodiles; ceux-ci pourtant
ne sont pas adaptés à la station droite. Qu'a-
vaient donc besoin les Iguanodons d'une marche bipède, s'ils possédaient des mœurs ana-

logues? Il me paraît, au contraire, que se tenir
debout a dû être un grand progrès, et voici
pourquoi :

« Les Iguanodons étant herbivores devaient
servir de proie aux grands carnassiers de leur
époque; d'autre part ils séjournaient au milieu des marécages. Parmi les fougères qui les
entouraient, ils auraient vu difficilement, ou
pas du tout, arriver leurs ennemis; debout,
leur regard pouvait planer sur une étendue
considérable. Debout encore, ils étaient à
même de saisir leur agresseur entre leurs bras
courts, mais puissants, et de lui enfoncer dans
le corps les deux énormes éperons, vraisemblablement garnis d'une corne tranchante,
éperons dont leurs mains étaient armées.

Fig. 156. — L'Iguanodon.

« La progression difficile du Crocodile sur terre a été décrite par tous les voyageurs, et il ne peut y avoir de doute que la longue queue de cet animal ne contribue pas peu à sa démarche gauche ; transformer cet organe encombrant hors de l'eau en un balancier était, ce me semble, une modification heureuse.

« Enfin, la marche bipède devait certainement permettre aux Iguanodons de regagner plus rapidement le fleuve ou le lac dans lequel ils prenaient leurs ébats, qu'une marche quadrupède continuellement contrariée par les nombreuses plantes aquatiques jouant, en quelque sorte, le rôle de broussailles (1). »

LES COMPSOGNATHES — COMPSOGNATHA

Caractères généraux. — Bien que l'ordre des Compsognathes ne comprenne, jusqu'à présent, qu'une seule espèce, il présente cependant des caractères si particuliers que nous devons tout au moins le signaler.

Le Compsognathe a été trouvé dans les schistes lithographiques de Solenhofen, en Bavière, qui se déposaient un peu avant la fin des temps jurassiques ; ce sont ces schistes à grains fins, formés sous des eaux peu profondes et fort tranquilles, qui nous ont laissé des animaux d'une admirable conservation, des poissons, des insectes et jusqu'à des êtres complètement mous, tels que des Méduses.

L'animal de Solenhofen est de petite taille et se fait remarquer par la disproportion entre les membres de devant et ceux de derrière, ces derniers fort longs, les autres très

courts ; les vertèbres antérieures sont convexes en avant, concaves en arrière ; le cou, très long, est surmonté par une tête fort semblable à celle des Oiseaux ; les dents sont nombreuses ; les pattes de devant et celles de derrière ne portent que trois doigts ; un os du pied, l'astragale, est soudé avec le tibia, ainsi qu'on le voit chez les Oiseaux. Le Compsognathe, en un mot, bien qu'il soit reptile, est certainement un des Dinosauriens ayant le plus d'affinités avec les Oiseaux ; c'est un de ces êtres comme nous commençons à en connaître, qui, pendant les temps anciens, semblent avoir relié les divers groupes les uns aux autres, comme si ces derniers avaient eu une origine commune.

(1) L. Dollo, *Les Iguanodons de Bernissart* (*Bulletin scientifique et pédagogique de Bruxelles*, 1ᵉʳ avril 1880).

LES THÉROPODES — *THEROPODA*

Caractères. — Avec les Théropodes nous voyons apparaître les Dinosauriens carnassiers; leurs doigts sont armés d'ongles puissants; la marche était digitigrade.

Le mieux connu de ces carnassiers est le Mégalosaure dont les mâchoires étaient armées de dents grandes et robustes, un peu recourbées en lame de sabre vers le sommet, au bord antérieur caréné et muni, ainsi que le bord postérieur, de grosses dentelures (fig. 160, p. 147). La tête est courte et massive; la mâchoire inférieure devait être mue par des muscles extrêmement puissants. Le membre antérieur est armé de cinq doigts, le postérieur de quatre doigts seulement. Les vertèbres sont biconcaves et creusées de profondes cavités dans leur intérieur.

D'après Phillips, le Mégalosaure habitait la terre ferme; il avait sans doute une marche droite et bipède, comme son contemporain, l'Iguanodon, ce que démontre le développement des os du bassin, et principalement de l'ilium. Les débris du Mégalosaure ont été trouvés dans des dépôts d'estuaire ou de lagunes peu profondes; il est probable que les poissons qui abondaient dans les eaux de cette époque devaient entrer pour une large part dans l'alimentation du Reptile carnassier.

On peut se le figurer progressant à peu près droit à l'aide de ces robustes membres de derrière, nageant à l'aide des mouvements de sa longue queue, ou progressant le long des rivages à la manière des mammifères marsupiaux.

Distribution géologique. — On trouve, dans les couches triasiques, des ossements qui indiquent un carnassier, le Tératosaure, allié au Mégalosaure. Celui-ci apparaît dès les premiers temps de l'ère jurassique; on le trouve pendant toute cette époque; il vivait encore au moment où se déposaient les couches de Maestricht, c'est-à-dire vers la fin des temps crétacés. Le Mégalosaure de Bréda, trouvé à ce niveau, est, avec l'Orthomère de Dollo, un herbivore étroitement apparenté à l'Iguanodon, le plus récent des Dinosauriens connus; il coexistait avec le Lézard gigantesque qui a été décrit sous le nom de *Mosasaure de Camper*.

Les Mégalosaures d'Europe étaient représentés dans l'Amérique du nord, vers la fin de la période jurassique, par les Créosaures et les Allosaures qui avaient près de vingt pieds de long et progressaient presque exclusivement à l'aide de leurs membres de derrière bien plus développés que les pattes antérieures. Les Labrosaures, autres carnassiers, avaient les vertèbres du cou creusées de larges cavités et nettement opisthocéliennes, c'est-à-dire bombées antérieurement et concaves postérieurement.

LES DICYNODONTIENS — *DICYNODONTIA*

Historique. — Vers l'année 1840, furent découverts dans les terrains triasiques du sud de l'Afrique, c'est-à-dire à la base des formations mésozoïques, des ossements d'étranges reptiles indiquant des animaux de grande taille, dont certains caractères rappelaient ceux des Tortues, des Crocodiles et des Lézards. Ce n'était cependant à aucun de ces ordres que les animaux dont nous parlons devaient être rapportés. Bien que le crâne rappelât, par plus d'un caractère, celui des Lacertiens, bien que les mâchoires fussent, jusqu'à un certain point, celles des Chéloniens, bien que la colonne vertébrale indiquât des analogies avec celle des Crocodiliens des anciens âges, les animaux en question appartenaient à un groupe n'ayant plus de représentant dans la nature actuelle et formant, pour ainsi dire, passage entre les derniers des Mammifères et les plus élevés des Reptiles.

C'est en 1844 que M. Bain, géologue attaché à la construction des routes militaires de la colonie du Cap, indiqua les principaux résultats des observations qu'il avait pu faire dans le sud de l'Afrique et qu'il désigna sous le nom de *Bidentals* les singuliers Reptiles qui venaient d'être découverts par lui.

Ce qui avait tout d'abord frappé l'attention des paléontologistes qui étudiaient les étranges bêtes exhumées des formations triasiques du Cap, c'était l'absence de dents aux mâchoires, coïncidant avec la présence de deux longues défenses aiguës et recourbées, analogues à celles des Chevrotains et des Morses; de ce caractère a été tiré le nom de *Dicynodontiens*, donné aux Reptiles dont nous allons ici rapidement tracer l'histoire.

Caractères. — Par certains points de leur colonne vertébrale, les Dicynodontiens, de même que les Dinosauriens ou Ornithoscéliens, s'écartent absolument des Reptiles actuels; leur bassin se compose de quatre à six vertèbres soudées entre elles formant un sacrum très résistant, et de trois os bien développés; l'os pubis rappelle à la fois celui des Tortues et des Lézards; l'ilium est placé comme chez les Mammifères; les os iliaques sont réunis à l'ischion et aux pubis, comme chez les Mammifères et les Oiseaux; le bassin, en un mot, rappelle beaucoup plus celui des Mammifères que des Reptiles; chez les Platydosaures, par exemple, il ressemble à celui des Phoques.

Les vertèbres sont biconcaves ou amphicéliennes; les côtes antérieures s'articulent avec la colonne vertébrale par deux extrémités distinctes.

Par sa composition, le crâne rappelle, par certains points, celui des Sauriens et des Crocodiliens. Tous les os qui composent l'occiput sont bien ossifiés et l'os du tympan est soudé au crâne, ainsi que nous le voyons chez les Crocodiles et chez certains Sauriens qui font passage aux Serpents, tels que les Amphibéniens. Il existe un foramen ou trou pariétal, comme chez certains Lacertiens, tels que les Varans.

Les Crocodiles et les Tortues ont un orifice nasal antérieur, simple, placé sur la ligne médiane, vers l'extrémité du rostre; jamais chez ces animaux les narines ne sont séparées en cavités distinctes par l'intermaxillaire ou par les os du nez; or ce caractère existe chez les Dicynodontiens, ce qui les rapproche des Sauriens. Chez les Dicynodons, en effet, les orifices antérieurs des fosses nasales sont distincts, écartés, latéraux; l'extrémité antérieure du rostre est formée par un intermaxillaire unique, massif, s'unissant directement en arrière avec les os du nez.

L'arcade temporale est toujours très-robuste; la fosse temporale rappelle plutôt ce que l'on voit chez les Mammifères que chez les Reptiles; cette fosse donnait attache à des muscles très

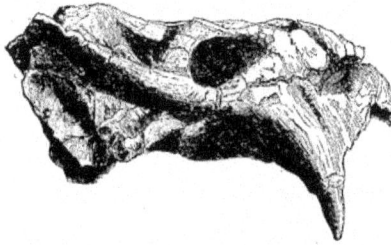

Fig. 157. — Crâne de Dicynodon pardiceps (1/5 de grandeur).

puissants. La cloison qui séparait les deux orbites est bien ossifiée. Le crâne proprement dit est peu développé, de telle sorte que le cerveau devait être fort petit. ce qui est un caractère essentiellement reptilien.

Le bord des mâchoires, qui est tranchant, était probablement recouvert d'une substance cornée, ainsi que cela existe chez les Tortues. La mandibule rappelle à la fois celle des Tortues par l'absence complète de dents et celle des Crocodiles par le trou qui existe à la réunion des os dentaire, angulaire et surangulaire.

Les animaux, décrits par Owen sous le nom de *Bidentalia,* avaient la mâchoire supérieure armée d'une paire de longues canines qui rappellent celles des Morses, qui sont des Mammifères marins ; ces canines, logées dans de profonds alvéoles, devaient croître d'une manière pour ainsi dire indéfinie, en se renouvelant de la base à la pointe. Ces défenses sont formées par une dentine compacte recouverte d'une lame très mince d'émail ; la cavité de la pulpe est conique ; la structure de la dent rappelle celle des canines des Mammifères. Il n'existe pas de germe dans le fond des alvéoles. L'extrémité des dents n'est pas usée comme les défenses du Dugong ou les incisives des Rongeurs, d'où l'on peut inférer que ces dents étaient employées par l'animal pour tuer sa proie ou pour se défendre contre ses ennemis.

Les *Cryptodontia* n'avaient qu'un renflement du maxillaire supérieur simulant des canines ; c'est dans ce groupe que rentrent les genres *Oudenodon, Kistécéphale, Endothiodon.* Ces derniers ont de petites dents au palais.

Les membres sont presque égaux, massifs ; les pieds sont courts et robustes.

Distribution géologique. — Tous les Dicynodontiens sont, jusqu'à présent, spéciaux aux formations triasiques ; ils caractérisent, ainsi que nous l'avons vu, ces formations dans le sud de l'Afrique ; ils ont également été trouvés dans l'Inde et dans les monts Ourals.

LES DICYNODONS

Caractères. — Les *Dicynodons,* les mieux connus des Dicynodontiens, ont les os fronto-pariétaux aplatis et se continuant avec les fronto-nasaux.

Distribution géologique. — On en a trouvé dix espèces dans les formations triasiques de l'Afrique australe.

LE DICYNODON PARDICEPS.

Parmi ces espèces, la plus remarquable est le *Dicynodon pardiceps.*

Le crâne que nous figurons d'après R. Owen (fig. 157) a 0^m,360 de long sur 0^m,160 de hauteur maximum, ce qui indique un animal de grande taille ; le crâne est fort surbaissé ; la crête temporale est très saillante ; les orbites sont grandes.

Avec ce crâne a été trouvé un humérus de 0^m,240 de long, large, trapu et épais, indiquant un animal aux membres lourds et trapus, très fortement musclés.

LE DICYNODON TIGRICEPS.

Le *Dicynodon tigriceps* a le crâne, de 0ᵐ,430 de long, aussi remarquable par ses grandes dimensions que par le développement des arcades zygomatiques et des fosses temporales.

LE DICYNODON RECURVIDENS.

Le *Dicynodon recurvidens* a les canines recourbées en arrière, au lieu d'être dirigées directement en bas.

Citons encore :

LE DICYNODON TESTUDICEPS.

Le *Dicynodon testudiceps* était une espèce de plus petite taille, au crâne très large et très court, aux orbites petites, aux narines grandes, à la région nasale peu développée, ce qui donne à la partie antérieure de la tête une grande ressemblance avec la face d'une Tortue de mer.

Le crâne du *Dicynodon leoniceps* a jusqu'à 0ᵐ,450 de long.

Le *Dicynodon Bainii* a le crâne très surbaissé.

LES PTYCHOGNATHES

Caractères. — Les *Ptychognathes* devaient être des animaux de moindre taille que les Dicynodons, si l'on en juge par leur crâne; certaines espèces avaient toutefois une tête longue de 0ᵐ,170; chez d'autres, au contraire, la tête n'a que 0ᵐ,100. Le crâne est presque toujours très élevé, très dilaté en arrière; les narines sont petites, éloignées du rostre; la sclérotique renfermait des pièces osseuses, ainsi qu'on le voit chez les Oiseaux et les Tortues de mer.

Le menton est convexe, épais en avant, redressé obliquement en haut, tandis que la mâchoire supérieure est obliquement tronquée; la bouche s'ouvrait donc obliquement en haut, ce qui donne à ces animaux une physionomie fort bizarre.

Distribution géologique. — Les formations triasiques du Cap ont fourni huit espèces.

LES OUDENODONS

On s'est demandé si les *Oudenodons*, qui manquent de canines, ne seraient pas les femelles des *Dicynodons;* on sait, en effet, que chez beaucoup d'animaux les mâles seuls portent des défenses; la grande différence que l'on constate entre les crânes rapportés aux deux genres cités n'autorise pas, jusqu'à présent, leur rapprochement.

LES KISTÉCÉPHALES

Nous avons dans les *Kistécéphales* les plus petits des Dicynodontiens connus : leur crâne n'a, en effet, que 5 à 8 centimètres de long.

LES PTÉROSAURIENS — *PTEROSAURIA*

Caractères généraux. — Pendant qu'à l'é-
poque jurassique, les mers étaient sillonnées
par de gigantesques Reptiles, Plésiosaures et
Ichthyosaures, dont rien, dans la nature actuelle, ne peut nous donner la moindre idée,
pendant que sur la terre ferme régnaient en
maîtres les Dinosauriens, les plus curieux
peut-être de tous les animaux que nous aient
légués les anciens âges, les airs étaient peuplés
d'êtres non moins étranges, ni Oiseaux, ni
Reptiles, présentant ce curieux caractère d'être
à la fois des Oiseaux dépourvus de plumes et
armés de dents, et des Reptiles à sang chaud,
ne pouvant ni nager ni marcher. « Ce sont bien
là les Dragons de la fable, et l'imagination la
plus déréglée ne peut enfanter, dans ses plus
grands écarts, une collection de monstres qui
n'aient vécu à l'époque jurassique (1). »

« Ce n'était pas seulement par la grandeur
que la classe des Reptiles annonçait sa prééminence dans les anciens temps; c'était encore
par des formes plus variées et plus singulières
que celles qu'elle revêt de nos jours. En voici
qui volaient, non pas par le moyen de leurs
côtes comme les Dragons, ni par une aile sans
doigts distincts comme celle des Oiseaux, ni
par une aile où le pouce seul aurait été libre,
comme celle des Chauves-Souris, mais par une
aile soutenue principalement sur un doigt très
prolongé, tandis que les autres avaient conservé leur brièveté ordinaire et leurs ongles.
En même temps, ces Reptiles volants, dénomination presque contradictoire, ont un long cou,
un bec d'oiseau, tout ce qui devait leur donner
un aspect hétéroclite (2). »

Ces animaux étranges sont les Ptérodactyles.
Lorsque l'on étudie le squelette des Ptéro-

(1) Contejean, *Eléments de géologie et de paléontologie*,
p. 630.
(2) G. Cuvier, *Recherches sur les ossements fossiles*,
t. V, 2ᵉ part.

sauriens ou Ptérodactyliens, il est nécessaire
de le comparer à chaque instant à celui de
l'Oiseau.

L'anatomie de la tête se suit trait pour trait
dans ses points essentiels, pour les deux groupes, bien que l'on trouve chez les Ptérodactyles
quelques particularités qui n'existent plus
aujourd'hui que chez un seul Reptile, le singulier Hattérie de la Nouvelle-Zélande, qui
semble un animal absolument isolé dans la
nature actuelle. La boîte crânienne est arrondie; ainsi que chez les Oiseaux, et à l'inverse de
ce que l'on voit chez les Reptiles, le condyle
par lequel la tête s'articule avec la colonne
vertébrale est situé à la base du crâne et non
à sa partie postérieure. Les orbites sont très
grandes et la sclérotique est supportée par un
anneau de pièces osseuses, ainsi qu'on le voit
chez certains Oiseaux et chez quelques Reptiles. L'ouverture externe des narines est située
très près des yeux. La ressemblance entre les
Ptérodactyles et les Oiseaux est encore affirmée
par la présence de fossettes lacrymo-nasales.
Le prémaxillaire est très développé; les pièces
dentaires de la mandibule sont soudées entre
elles.

Chez les Ptérodactyles proprement dits, les
mâchoires, qui sont courtes et robustes, sont
garnies de dents à leur extrémité antérieure,
tandis que la mâchoire se prolonge en une
sorte de bec, probablement revêtu de corne,
et dépourvu de dents chez les Rhampho-
rhynques et chez les Dimorphodons; chez ces
derniers les dents postérieures sont très courtes,
tandis que les dents antérieures sont fortes
et pointues. Par leur disposition, leur mode
d'implantation, les dents rappellent bien mieux
ce que l'on voit chez les singuliers Oiseaux à
dents des terrains crétacés des États-Unis,
tels que l'Hespérornis, qu'à ce qui existe chez
les Reptiles proprement dits.

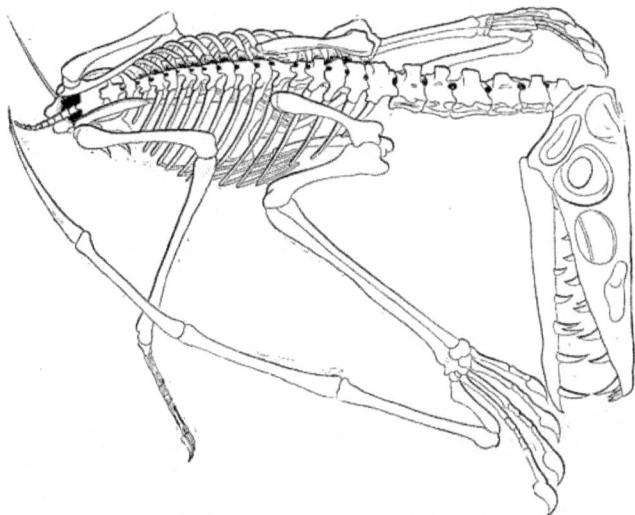

Fig. 158. — Squelette de Ptérodactyle, d'après Pictet.

Une découverte des plus intéressantes faite dans les grès verts de Cambridge en Angleterre, grès verts qui appartiennent à la partie supérieure des terrains crétacés inférieurs, a été celle du moulage naturel de la cavité crânienne d'un Ptérodactyle. Cette pièce si intéressante a été étudiée par Seeley, et lui a montré que le cerveau ressemblait beaucoup à celui des Oiseaux, du Hibou en particulier; les hémisphères cérébraux ont même développement; le cervelet et les nerfs optiques sont ceux de l'Oiseau, plutôt que ceux du Reptile.

Comme chez les Oiseaux, les vertèbres du cou sont les plus fortes de toutes; ces vertèbres sont tantôt courtes et massives, tantôt allongées; leur nombre est généralement de 7 à 8. Les deux premières vertèbres sont soudées ensemble, au moins chez les espèces de la craie. Les vertèbres sont procéliennes, c'est-à-dire que leur face articulaire antérieure est excavée pour recevoir la convexité que forme la face postérieure; l'existence des côtes cervicales est douteuse. Entre la région cervicale et la région sacrée se trouvent de 14 à 16 vertèbres, sur lesquelles une ou deux seulement sont lombaires, ou dépourvues de côtes. Les côtes s'articulent avec les vertèbres par deux

têtes ou extrémités distinctes. Tantôt les côtes ne s'attachent pas au sternum, ainsi qu'on le voit chez les Ptérodactyliens de l'époque jurassique, tantôt, comme chez les Ptérodactyliens des terrains crétacés de l'Amérique du Nord, le sternum est massif et porte des traces d'articulations costales. Le sternum est toujours complètement ossifié et pourvu d'une crête médiane qui rappelle le bréchet des Oiseaux et qui indique l'attache de muscles puissants (fig. 158).

Les Ptérodactyliens étaient des animaux au vol puissant et rapide; aussi chez eux le membre antérieur est complètement modifié et disposé en vue de cette fonction.

Nous venons d'indiquer la force du sternum; chez les grands Ptérodactyliens d'Amérique, tels que le Ptéranodon, pour aider à la puissance du vol, l'arc pectoral était fortifié par la soudure de plusieurs vertèbres, et par l'articulation robuste du scapulum avec la colonne vertébrale; c'est virtuellement la répétition pour l'arc scapulaire de ce qui existe normalement pour l'arc pelvien; dans ce cas l'épaule est absolument comparable au bassin. Le mode de renforcement de l'arc scapulaire est tout à fait particulier à ces animaux et n'a pas

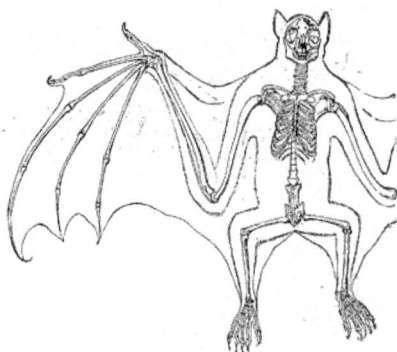

Fig. 159. — Squelette d'une Chauve-Souris (*Pteropus*).

encore été signalé chez d'autres vertébrés. Chez les Ptérodactyliens jurassiques l'arc scapulaire ressemble beaucoup à celui des Oiseaux; la clavicule fait défaut; le scapulum et le coracoïde ne sont pas soudés ensemble, au moins chez les espèces américaines.

Chez les Oiseaux, qui sont les animaux aériens par excellence, les ailes sont formées de plumes raides qui sont fixées par leur base à une sorte de moignon aplati et presque immobile; les deux os de l'avant-bras ne peuvent tourner l'un sur l'autre et le poignet ou carpe ne se compose que de deux petits os placés sur un même rang; la main n'est constituée que par un pouce rudimentaire, un petit stylet représentant le doigt externe et un doigt médian composé de deux phalanges.

L'organe du vol est tout autre chez les Mammifères aériens, tels que les Chauves-Souris. Chez ces dernières c'est un repli de la peau qui sert à frapper l'air, et pour le soutenir les doigts prennent une longueur extrême (fig. 159).

Chez les Ptérodactyliens la disposition de l'aile ne ressemble en rien à ce que nous voyons chez les Oiseaux, mais rappelle jusqu'à un certain point ce qui existe chez les Chauves-Souris; mais bien que tous les doigts prennent part à la formation de l'aile, le petit doigt seul s'allonge démesurément pour soutenir une large membrane qui va s'insérer tout le long du bras, dans toute l'étendue du tronc et se continue jusqu'à la queue.

Les Ptérodactyles proprement dits ont quatre doigts; le pouce porte deux phalanges, le doigt suivant est composé de trois phalanges; on compte quatre phalanges au troisième doigt, tandis que le doigt qui supporte l'aile a quatre phalanges très allongées. Ce grand doigt correspond au petit doigt de la main de l'homme chez les Rhamphorynques qui ont cinq doigts aux membres antérieurs.

On avait émis l'idée que la membrane du Ptérodactyle était un organe de natation, non de vol; nous savons positivement aujourd'hui que le Ptérodactyle volait et ne pouvait nullement nager.

Dans ces schistes lithographiques de la Bavière qui nous ont fourni tant d'animaux intéressants, tant de spécimens remarquables par leur admirable état de conservation, il a été trouvé, en 1873, un Rhamphorynque sur lequel l'aile est intacte. Cet échantillon, qui a été étudié par le professeur Marsch, montre que l'aile était une membrane semblable à celle des Chauves-Souris, lisse et finement réticulée. La membrane s'attachait, en dedans, dans toute l'étendue du bras; le cinquième doigt, très allongé, soutenait une fort longue membrane qui se prolongeait jusqu'à la base de la queue. Celle-ci était très longue et les vertèbres en étaient retenues par des tendons ossifiés; elle se terminait par une membrane de forme ovalaire soutenue par des tiges membraneuses s'appuyant sur les vertèbres; bien que flexibles, ces tiges étaient cependant assez rigides pour ne pas être fléchies; le singulier appareil que l'on voit à l'extrémité de la queue du Rhamphorynque remplissait évidemment

Fig. 160. — Restauration du Rhamphorhynque (d'après Marsch).

le rôle de gouvernail à l'animal et servait à prendre le vent (fig. 160).

Chez les Ptérodactyles proprement dits le gouvernail faisait défaut; la queue était très courte et toutes les vertèbres étaient mobiles les unes sur les autres (fig. 161).

On a fait cette remarque que les os de la main sont plus allongés chez les Ptérodactyliens qui ont la queue courte que chez ceux chez lesquels cet organe est très long.

La disposition des os du poignet ressemble beaucoup plus à ce que l'on voit chez certains Oiseaux, chez l'Autruche par exemple, que chez les Reptiles.

Le nombre des vertèbres soudées pour former le bassin varie de 3 à 6; ce bassin est remarquablement peu développé; l'os iliaque est prolongé en avant et en arrière, comme celui des Oiseaux, mais les autres parties rappellent plutôt ce que l'on voit chez les Reptiles. Chez certains Ptérodactyliens le fémur a des affinités avec l'os de la cuisse de certains Mammifères carnassiers, tandis que chez d'autres il rappelle le fémur des Oiseaux. Il existe au pied, tantôt quatre, tantôt cinq doigts.

Les caractères que nous venons d'indiquer sont tellement particuliers qu'il n'est pas surprenant que les Ptérodactyliens, qui ont aussi été désignés sous le nom de Ptérosauriens et d'Ornithoscélidiens, aient été considérés tantôt comme des Oiseaux, tantôt comme des Reptiles, tantôt comme des animaux intermédiaires entre ces deux dernières classes. Cuvier, Oken,

faisaient du Ptérodactyle un Reptile; Sœmmering voyait dans cet animal un Mammifère volant; Hunter et Blumenbach le regardaient comme un Oiseau; pour Goldfuss et de Blainville, le Ptérodactyle doit prendre place dans une classe intermédiaire entre celle des Oiseaux et des Reptiles.

La découverte des animaux fossiles a singulièrement modifié aujourd'hui la notion que nous nous faisions des divers groupes d'animaux; nous connaissons des Oiseaux ayant des dents comme les Mammifères, des Mammifères ayant un bec comme les Oiseaux; certains êtres sont si étranges qu'ils ont pu être alternativement regardés par les anatomistes les plus compétents comme des Reptiles ayant des plumes, ou comme des Oiseaux ressemblant à des Reptiles par une grande partie de leur squelette. C'est que les groupements en classes, en ordres, en familles telles que nous les admettons dans nos classifications n'existent en réalité pas dans la nature; il y a un enchaînement continu, sinon réel, du moins virtuel des êtres, les uns par rapport aux autres; chaînons d'une même chaîne, ils se relient entre eux.

Pour le professeur Huxley, doivent être considérés comme Oiseaux, les vertébrés à sang chaud, ayant une valvule musculaire dans le ventricule de droite, un seul arc aortique, et présentant des modifications particulières des organes de la respiration.

Le professeur Seeley admet qu'il est grandement probable que les Ptérodactyliens

Fig. 161. — Restauration d'un Ptérodactyle.

étaient fort voisins des Oiseaux. Ils avaient, comme ces derniers, ce fait est certain, de larges cavités dans les os longs et ces cavités communiquaient avec des trous pneumatiques. Pour voler et se soutenir longtemps dans l'air, ainsi que le faisait le Ptérodactyle, cet animal devait faire de violents efforts musculaires et dès lors produire de la chaleur ; les Ptérodactyles devaient, de même que les Dinosauriens, être des animaux à sang chaud, à température constante ; leur circulation pouvait donc être celle des Oiseaux. Si cependant, fait remarquer Huxley, on note que chez la Chauve-Souris, qui est cependant un animal qui vole, les organes de la circulation et ceux de la respiration ne sont pas ceux de l'Oiseau, mais bien d'un Mammifère, on accordera que le cœur et les gros vaisseaux ont pu ne pas être chez le Ptérodactyle ce qu'ils sont chez l'Oiseau, bien que le sang ait été chaud. On répond à cette objection que les Ptérodactyles ne sont pas des Reptiles modifiés au point de vue de la locomotion aérienne, puisqu'ils présentent un système pneumatique analogue à celui des Oiseaux, tandis que les Chauves-Souris, qui volent cependant, n'ont pas de système pneumatique, car ce ne sont pas des Oiseaux, mais bien des Mammifères organisés pour voler.

Pour Seeley les Ptérodactyliens sont des Oiseaux, ce mot étant pris dans sa plus large acception, mais des Oiseaux qui ont des caractères plus reptiliens qu'aucun des Oiseaux actuellement vivants. Les ressemblances entre les Ptérodactyliens et les Reptiles existent cependant, et elles sont assez nombreuses. Hermann de Meyer plaçait les Ptérodactyliens et les Dinosauriens dans une classe particulière, celle des Palæosaures, classe qui prenait rang entre celle des Oiseaux et celle des Reptiles. Si les Dinosauriens font, en quelque sorte, passage entre les Reptiles et les Oiseaux et les Mammifères, les Ptérodactyliens relient intimement les Reptiles aux Oiseaux et se placent plus près de ceux-ci que des Reptiles proprement dits.

De même que les Dinosauriens, les Ptérosauriens n'ont encore été trouvés que dans les formations secondaires, aussi bien en Europe que dans l'Amérique du Nord. De même que les Dinosauriens ils comprennent des types très divers ; ainsi que nous l'avons vu, chez les uns, la queue était très courte, chez les autres cet organe était fort allongé et terminé par une membrane servant de gouvernail. Les Ptérodactyles proprement dits avaient les mâchoires courtes et garnies de dents dans toute leur longueur ; chez d'autres, les mâchoires, très prolongées, se terminaient vraisemblablement par un bec corné ; chez certains il n'existait de dents que dans une partie de l'étendue des mâchoires ; les dents étaient parfois toutes semblables et d'égale force ; parfois, au contraire, les dents antérieures étaient beaucoup plus longues et plus acérées que les dents postérieures ; certains Ptérodactyliens trouvés aux États-Unis dans la craie du Kansas ne paraissent pas avoir eu de dents.

Certains Ptérodactyles jurassiques n'étaient guère plus gros qu'un Moineau ; Marsch a trouvé par contre dans les terrains crétacés du Kansas des ossements qu'il rapporte au genre Ptéranodon et qui indiquent des animaux dotn les ailes devaient avoir près de 20 pieds d'envergure ! Ces bêtes monstrueuses devaient être bien communes aux États-Unis pendant l'époque crétacée, car le professeur Marsch indique qu'il existe dans les collections de Yale-Collège, à New-Haven, dans le Connecticut, des ossements qui indiquent près de 600 Ptéranodons gigantesques !

LES SAURIENS — *SAURIA*

Die Schüppenechsen.

Caractères généraux. — Le gracieux Lézard que connaissent tous nos lecteurs représente assez bien le type moyen des Sauriens, bien que cette forme fondamentale, si on peut s'exprimer ainsi, subisse de nombreuses et importantes modifications; les membres peuvent s'atrophier et même disparaître complètement, l'animal revêtant alors l'aspect extérieur d'un Serpent; on peut cependant dire, qu'en général les Sauriens ont une forme assez semblable à celle des Crocodiles. Ils ressemblent, anatomiquement, plus aux Ophidiens qu'aux Crocodiles; ces derniers, ainsi que les Chéloniens ou Tortues, ont l'ouverture extérieure du cloaque sous forme d'une fente longitudinale; chez les Sauriens, de même que chez les Serpents, cette ouverture se présente sous forme d'une fente transversale.

Les transitions entre les plus parfaits des Sauriens, ceux qui, comme le Lézard, l'Iguane, le Varan, le Caméléon, ont quatre pattes bien conformées, et ceux qui, comme l'Amphisbène, l'Orvet, le Pseudope, n'ont pas de membres, est tout à fait insensible; la transition est telle entre ces animaux et les Serpents qu'on est, au premier abord, très embarrassé pour dire si certains animaux doivent être placés dans tel groupe ou dans tel autre. Il n'y a guère qu'un seul caractère distinctif entre les Sauriens et les Serpents; chez ces derniers les deux branches de la mâchoire inférieure sont unies lâchement au moyen d'un ligament; les deux branches de la mandibule sont soudées chez les Sauriens; on voit combien ce caractère distinctif est faible. Tous les autres caractères qu'on invoquerait peuvent tous, et tour à tour, venir à manquer.

Squelette. — Le crâne des Sauriens, à quelques exceptions près, se compose d'une série de pièces séparées par de larges espaces vides, semblant placées en échafaudage les unes sur les autres; aussi pour éviter l'écrasement de toutes ces parties, existe-t-il un os particulier, la *columelle de Cuvier* qui, comme un arc-boutant, comme un pilier étendu entre ces parties, leur donne de la solidité et les maintient dans leurs rapports réciproques. Cette columelle s'étend, de chaque côté, du pariétal au ptérygoïdien; elle semble être un os à part dont le but est de soutenir la voûte du crâne qui n'est plus appuyée en avant, parce que l'aile orbitaire, l'aile temporale et l'ethmoïde sont en partie membraneux (voy. fig. 162, *Co*). Ce fait est si vrai que les animaux qui, comme le Caméléon et l'Amphisbène, ont le crâne solide, ne possèdent pas de columelle.

Le crâne des Sauriens rappelle celui des Tortues par le développement d'une cloison interorbitaire, cartilagineuse, cloison qui est osseuse chez les Amphisbéniens. Les arcades temporales supérieure et inférieure ne sont pas ossifiées chez les Geckotiens, le préfrontal étant uni avec le squamosal et le maxillaire avec l'os carré au moyen d'un ligament. Chez les Sauriens, placés bas dans la série, tels que les Scincoïdiens et les Chalcidiens, ces arcades ont la tendance à devenir ligamenteuses.

Dans la grande majorité des Sauriens, de même que chez les Tortues, les côtés du crâne dans la région auriculaire se prolongent en deux longs et larges processus. Chez l'Hattérie, l'os carré est fixe, immobile, non seulement par ankylose, avec le squammosal, le quadratojugal et le ptérygoïdien, mais surtout par l'ossification d'une épaisse membrane, qui, chez les Lézards en général, s'étend entre ces os; chez tous les autres Sauriens, l'os carré est libre; cet os peut être très peu développé, ainsi qu'on

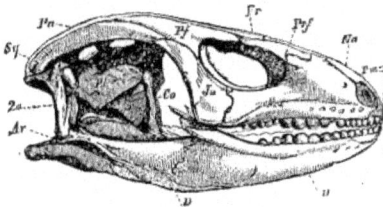

Fig. 162. — Crâne d'un Cyclode (*).

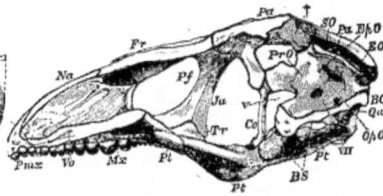

Fig. 163. — Crâne d'un Cyclode en coupe longitudinale.

le voit chez les Amphisbènes. Les intermaxillaires et les maxillaires sont intimement unis
au crâne ; les intermaxillaires ne sont pas soudés l'un à l'autre chez l'Hattérie, tandis que ces
os n'en forment qu'un seul chez les autres Sauriens, tels que le Varan, le Sauvegarde, le
Lézard.

Il existe généralement une large cavité ou
foramen pariétal à la voûte du crâne, entre le
pariétal et le frontal. Le pariétal est simple
chez le Varan, le Sauvegarde, double chez les
Geckotiens. La pièce pariétale n'est pas unie par
suture avec le segment occipital du crâne, mais
réunie à elle par un tissu fibreux. Le post-
frontal manque chez les Amphisbéniens. L'arc
quadrato-jugal est presque toujours représenté
par un ligament, chez l'Hattérie seulement le
jugal étant réuni à l'os carré par un os distinct.

De cette disposition, il résulte que la partie
postérieure du crâne des Lacertiens typiques présente un certain nombre de vides ou
de fosses. Une *fosse supratemporale* se voit
entre le pariétal, le post-frontal et le squamosal,
sur la face supérieure du crâne ; une *fosse
post-temporale* est limitée entre le pariétal, l'occipital et l'apophyse parotique, à la
postérieure ; c'est entre le squamosal et le
postfrontal en haut, le jugal et le carré en
avant et en arrière, et le ligament quadrato-
jugal en bas, que se trouve la *fosse temporale latérale* (fig. 162 et 163).

Malgré sa forme bizarre, la tête du Caméléon se laisse assez facilement ramener à la
composition des autres Lacertiens. Nous dirons

(*) Dans les figures 162 et 163, les mêmes lettres indiquent les mêmes os : *Pmx*, prémaxillaire ; *Mx*, maxillaire ; *Na*, nasal ; *Prf*, préfrontal ; *Fr*, frontal ; *Pf*, pots-
frontal ; *Ju*, jugal ; *Co*, columelle de Cuvier ; *Pr*, rocher ;
Pa, pariétal ; *Sq*, temporal ; *Qu*, tympanique ; *Ar*, articulaire ; *D*, dentaire ; *Vo*, vomer ; *Pl*, palatin ; *VII*, trou auditif (d'après Huxley).

seulement que le casque qui surmonte la tête
chez la plupart des espèces est soutenu par
trois arêtes, dont l'une appartient au pariétal,
les deux autres aux temporaux ; il n'y a qu'un
frontal principal ; le museau est formé par les
maxillaires supérieurs, entre lesquels se trouve
un intermaxillaire extrêmement petit. Par une
disposition singulière, c'est dans le maxillaire

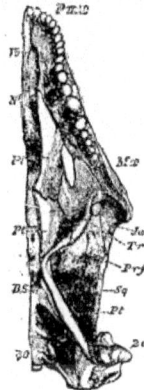

Fig. 164. — Crâne de Cyclode, vu par la face inférieure (*).

que sont percées les narines externes, une de
chaque côté. Les narines postérieures sont
situées très en avant. Nous avons déjà dit qu'il
n'existe pas de columelle.

Chez tous les Sauriens, les os palatins et
ptérygoïdiens sont solidement unis avec les os
de la face et avec la base du crâne. La partie
postérieure des ptérygoïdiens est habituelle-

(*) *Pmx*, prémaxillaire ; *Mx*, maxillaire ; *Vo*, vomer ;
N, ouverture postérieure des narines ; *Pl*, palatin ; *Pt*,
ptérygoïdien ; *Ju*, jugal ; *Tr*, transverse ; *Prf*, préfrontal ;
Sq, *Bs*, *Bo*, occipital (d'après Huxley).

ment réunie aux os carrés; leur extrémité antérieure s'unit fermement avec les os palatins et pour cette réunion un os transverse, bifurqué en avant, rattache le palatin, le ptérygoïdien avec le maxillaire (voyez fig. 163, *Tr*).

La colonne vertébrale se compose toujours d'un grand nombre de vertèbres; la queue est longue, excepté chez les Amphisbéniens et chez quelques Lacertiliens. Chez les animaux dépourvus de membres, il est difficile de nettement distinguer les diverses régions en lesquelles se partage la colonne vertébrale; on reconnaît chez les autres une portion cervicale, une dorsale, une sacrée, une caudale; les deux ou trois dernières vertèbres manquent assez souvent de côtes et sont alors dites lombaires.

La première vertèbre ou *atlas* se compose de trois pièces, une inférieure et de uxsupérieures unies l'une à l'autre. L'apophyse odontoïde est intimement soudée à l'axis.

Les vertèbres sont généralement procédiennes, c'est-à-dire que leur face articulaire antérieure est concave pour recevoir la convexité que présente la face postérieure de la vertèbre précédente. Les Geckotiens et l'Hattérie ponctuée ont les faces articulaires concaves, aussi bien en avant qu'en arrière; excepté au centre de la vertèbre, qui est ossifiée, la notocorde persiste tout le long de la colonne vertébrale.

Les Iguanes présentent une disposition qui ne se trouve que chez les serpents; indépendamment des apophyses articulaires que l'on trouve chez les vertébrés, il existe une sorte de tenon reçu dans une mortaise que présente la face postérieure de la vertèbre précédente; le tenon a reçu le nom de *zygosphène*, la cavité celui de *zygantrum;* cette disposition donne une grande solidité à la colonne vertébrale. Chez tous les autres Sauriens, les vertèbres s'articulent par les processus obliques ou *zygapophyses*.

Les apophyses transverses des vertèbres sont très courtes, parfois rudimentaires, divisées en deux facettes distinctes correspondant à des facettes de l'extrémité de la côte. Certains Sauriens fossiles connus sous le nom de Protérosaures n'ont pas l'extrémité de la côte divisée pour donner deux articulations à l'apophyse transverse de la vertèbre. Les côtes peuvent se trouver sur toutes les vertèbres cervicales, à l'exception de l'atlas; les côtes dorsales sont très développées chez l'Hattérie,

les côtes sternales et ventrales étant réunies par une articulation et formant un système tout particulier de côtes abdominales. La partie postérieure de certaines côtes dorsales présente un processus récurrent souvent fort développé; l'Hattérie a des processus récurrents comme les Oiseaux et les Crocodiles. Chez les Dragons, les côtes postérieures sont remarquablement longues et supportent une membrane qui sert de parachute à l'animal pour s'élancer de branche en branche.

Dans la partie antérieure de la queue se voient généralement des os en chevron bien développés qui sont attachés au corps des vertèbres. Chez beaucoup de Sauriens, tels que les Lacertiens, les Geckotiens, certaines vertèbres caudales présentent une singulière structure; le milieu de chaque vertèbre est traversé par une cloison épaisse, transversale, non ossifiée; il en résulte que la queue se brise avec la plus grande facilité à ce niveau (fig. 165).

Organes du mouvement. — La plupart des Sauriens sont pourvus de quatre membres, et ces membres sont souvent très développés; dans certains groupes les membres se dégradent peu à peu et finissent par disparaître. C'est ainsi que chez les Scincoïdiens saurophthalmes on a tantôt quatre pattes bien distinctes, comme chez les Cyclodes, les Scinques, les Gongyles, tantôt deux pattes seulement, ainsi qu'on le constate chez les Scélotes et les Ophiodes; tandis que chez les Orvets, les Acantias, les Ophiomores les membres font complètement défaut. Il en est de même chez les Scincoïdiens typhlophthalmes, chez lesquels les pattes sont tantôt nulles, Typhlines, tandis que l'on voit des pattes courtes et aplaties à l'arrière du corps chez les Dibames. Chez les Chalcidiens, toutes les transitions existent entre les animaux chez lesquels les quatre pattes sont bien développées (Zonure, Gerrhonote, Gerrhosaure) et ceux qui, comme les Ophisaures, sont totalement privés de membres; tantôt, en effet, les pattes sont fort courtes, ainsi qu'on le voit chez les Chalcides, les Chaméosaures, tantôt un petit tubercule représente seul le membre postérieur, comme chez le Pseudope de Pallas.

Chez les plus dégradés de ces animaux, chez ceux qui ont les yeux cachés sous la peau, les Typhlines, les pattes font complètement défaut; les membres n'existent plus qu'en arrière chez les Dibames et sont courts, rémifor-

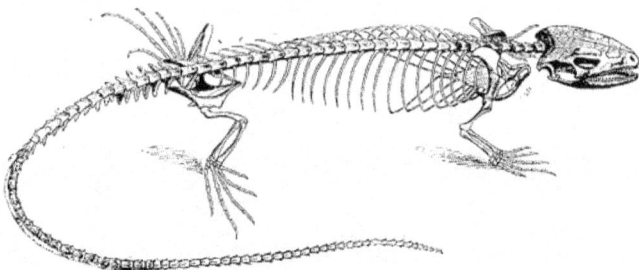

Fig. 165. — Squelette de Lézard.

mes, non divisés en doigts ; il en est de même chez les Hystéropes ; les Lialis n'ont également que deux membres postérieurs, ces pattes étant en forme de pointes.

Chez les plus élevés de la famille, il existe quatre membres, chaque patte portant cinq doigts, comme chez les Trachysaures, les Cyclodes, les Scinques, les Gongyles, les Abléphares ; on peut avoir quatre doigts aux pattes de devant et cinq aux pattes de derrière (Hétérope, Gymnophthalme) ou, au contraire, cinq doigts aux membres antérieurs et quatre aux pattes postérieures (Campsodactyle) ; les doigts sont au nombre de trois seulement à chaque membre (Seps, Hémiergis), ou de deux aux membres de devant et de trois à ceux de derrière (Hétéromèle). Toutes les combinaisons sont possibles ; c'est ainsi que nous avons deux doigts à chaque membre chez les Chélomèles, deux doigts en avant et un en arrière chez les Brachymèles, un doigt aux membres de devant et deux à ceux de derrière chez les Brachystopes, un doigt seulement à chaque membre chez les Evésies.

Certains Scincoïdiens n'ont que deux pattes postérieures, portant tantôt des doigts (Scélote), tantôt n'étant pas divisées en segments distincts (Prépédite, Ophiode).

Les Chalcidiens présentent des faits de même ordre. Chez les Ophisaures les membres manquent totalement et le corps est serpentiforme, tandis que les membres, qui sont bien développés, portent chacun cinq doigts chez les Tribolonotes, les Zonures, les Gerrhosaures, les Gerrhonotes. On voit quatre doigts en avant, cinq en arrière chez les Hétérodactyles, quatre doigts à chaque membre chez les Saurophides. Les membres sont terminés par trois

doigts peu distincts chez les Chalcides, tandis que les doigts sont très courts et en forme de stylets chez les Chamésaures.

Chez les Sauriens normaux, c'est-à-dire chez ceux qui ont cinq doigts à chaque membre, ces doigts peuvent être dentelés ou épineux, ainsi qu'on le voit chez les Erémias, les Psammodromes, des Acanthodactyles ; ces doigts sont comme frangés sur les bords chez les Basilics.

Certains Iguaniens, tels que les Anolis, ont l'avant-dernière phalange dilatée en une sorte de palette. Les Geckotiens ont l'extrémité des doigts dilatée en une ventouse qui leur permet d'adhérer aux surfaces les plus polies. Chez les Caméléons les doigts sont réunis en deux paquets qui, à la manière d'une paire de tenailles, permettent à l'animal de tenir solidement les branches sur lesquelles il se trouve.

Que l'on vienne à disséquer les animaux qui paraissent totalement privés de membres, et l'on trouvera chez eux un rudiment de membre caché dans les parties molles. L'Acantias, l'Orvet, le Pseudope de Pallas, par exemple, bien que totalement privés de membres, ont une épaule et un sternum rudimentaire dans lesquels se trouvent des parties osseuses et des parties membraneuses. Lorsque chez les serpents, tels sont le Python, le Boa, l'Eryx, le membre externe subsiste, il est toujours représenté par sa portion périphérique ; c'est le contraire chez les Sauriens : lorsque le membre disparaît, aussi bien le membre antérieur que le membre postérieur, il ne subsiste jamais que la portion centrale, la portion basilaire, épaule, sternum, bassin.

Lorsque l'arc pectoral est complet, ce qui est le plus fréquent, il se compose d'un sca-

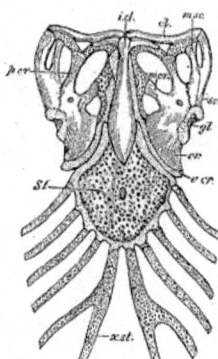

Fig. 166. — Sternum d'Iguane.

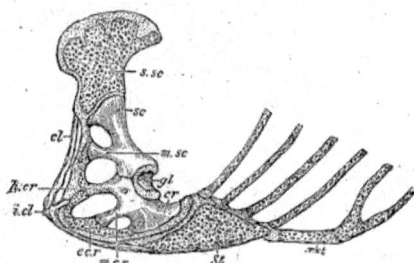

Fig. 167. — Epaule et sternum d'Iguane, vue latérale (*).

pulum, d'un sur-scapulum, d'un coracoïde, d'un précoracoïde, d'un mésocoracoïde, d'un épicoracoïde, d'une clavicule et d'une interclavicule ; les deux clavicules sont réunies par une interclavicule qui s'enfonce dans le sternum. Ce dernier, qui reste en grande partie cartilagineux, se compose du sternum proprement dit et du xiphisternum (fig. 166 et 167).

Les vertèbres sacrées des Sauriens de l'époque actuelle ne sont pas soudées les unes aux autres et n'ont pas leurs faces articulaires modifiées, les deux faces étant réunies l'une à l'autre par une articulation en forme de cupule et de sphère. Les mouvements des deux vertèbres sacrées l'une sur l'autre sont toutefois restreints par de puissants ligaments qui réunissent leurs apophyses épineuses et leurs arcs et par le fibro-cartilage qui couvre la partie libre des côtes dilatées.

Lorsque le membre postérieur fait défaut, il existe cependant un bassin, mais ce bassin est toujours rudimentaire et parfois incomplet. C'est ainsi que chez le Pseudope de Pallas on ne trouve que deux pièces, l'ischion manquant ; les deux pubis sont, du reste, largement séparés et ne se réunissent sur la ligne médiane que par un ligament peu résistant. Il existe chez le Pseudope un membre rudimentaire sous forme d'un ergot que l'on voit à l'extrémité du sillon qui partage le tronc en deux parties, l'une ventrale, l'autre dorsale ; ce membre rudimentaire est formé d'un petit stylet osseux mobile sur le bassin et représentant le fémur, et de l'ergot qui est le segment périphérique du membre.

BREHM. — V.

Chez la plupart des Sauriens le bassin se compose, comme à l'ordinaire, de trois os de chaque côté, le pubis, l'ischion et l'iléon ; la grandeur relative de ces pièces n'est nullement en rapport, du reste, avec la force et la longueur du membre qu'elles supportent. L'iléon est articulé d'une manière mobile avec le fibro-cartilage qui couvre l'extrémité des côtes sacrées. Les pubis et les ischions se réunissent par une suture médiane et la partie antérieure des pubis donne généralement un fort prolongement recourbé, ainsi qu'on le voit chez les Tortues. Chez beaucoup de Sauriens, une tige cartilagineuse ou en partie ossifiée se continue jusqu'à la symphyse des ischions et supporte la paroi antérieure du cloaque. Le Caméléon se distingue des autres Sauriens par un os des îles étroit, allant perpendiculairement s'attacher à l'épine dorsale.

Presque tous les Sauriens ont cinq doigts à la main ; il existe le plus ordinairement huit os au carpe. En règle générale, le pouce a deux phalanges, le second doigt trois, le troisième quatre, le quatrième cinq et le petit doigt trois, de telle sorte que le nombre des phalanges peut être représenté respectivement par les chiffres 2, 3, 4, 5, 3. On compte généralement aussi cinq doigts au pied, leur grandeur augmentant du premier au quatrième et le cinquième étant le plus souvent le plus court de

(*) sc, scapulum ; s.sc, surscapulaire ; cr, coracoïdien ; gl, cavité glénoïde ; St, sternum ; xst, xiphisternum ; msc, mésoscapulaire ; per, précoracoïde ; mcr, mésocoracoïde ; ecr, épicoracoïde ; cl, clavicule ; icl, interclavicule (d'après Huxley).

tous. Deux larges os, très étroitement unis, ou tout à fait soudés l'un à l'autre, représentent le calcanéum et l'astragale et s'articulent avec le tibia et le péroné, comme d'habitude. Le nombre des phalanges est généralement le même qu'à la main, à cette exception qu'il y a une phalange en plus pour le doigt externe, savoir 2, 3, 4, 5, 4.

Motilité. — La plupart des Sauriens peuvent passer pour les mieux doués de tous les Reptiles, tellement leurs mouvements sont rapides et gracieux ; ils semblent, en effet, voler à la surface du sol. Lorsqu'ils progressent à terre, leur ventre traîne en partie, mais ils n'en courent pas moins avec une très grande vitesse. Les rares espèces qui vivent dans l'eau nagent et plongent très habilement, bien que leurs pattes ne soient pas garnies de membranes natatoires. Ceux qui errent le long des parois de rocher, des murailles ou qui vivent sur les arbres grimpent d'une manière vraiment surprenante. La plupart des Sauriens qui vivent sur les arbres sont munis d'une longue queue dont ils se servent avec succès pour maintenir leur équilibre ; ils peuvent courir le long des branches ou sauter de l'une à l'autre avec la plus grande agilité. Quelques Sauriens, habitant les arbres, se servent de leur queue comme d'un organe de préhension et ils se meuvent lentement ; tels sont les Caméléons. Quelques-uns, comme les Geckotiens, ont le dessous des doigts garni de ventouses qui leur permettent d'adhérer aux corps les plus lisses et les plus polis et de courir dans toutes les positions. D'autres, grâce au parachute que forment leurs côtes allongées, peuvent se soutenir quelque temps dans l'air et se lancer d'un arbre à un autre. Chez les Sauriens absolument privés de membres, la progression se fait par une série de mouvements d'ondulation très rapides, les côtes, et surtout les écailles du ventre, ne prenant pas à ce mouvement une part aussi active que chez les Serpents.

Système nerveux. — De même que chez tous les Reptiles, le système nerveux central est peu développé chez les Sauriens ; par plus d'un point il rappelle celui des Oiseaux, ainsi qu'on peut s'en assurer en comparant, d'après Huxley, le cerveau d'un Saurien, le Varan du Bengale, et d'un Oiseau, le Dindon (fig. 167 à 170).

Le cervelet est bien développé ; le mésencéphale est divisé en deux lobes optiques ; les hémisphères prosencéphaliques sont relativement grands. Les lobes optiques sont creusés de ventricules ; chaque lobe prosencéphalique contient un ventricule latéral se continuant avec le troisième ventricule par le trou de Monro. Les lobes olfactifs sont généralement allongés et creusés de ventricules en communication avec les cavités des hémisphères prosencéphaliques (fig. 171).

Le système du grand sympathique est bien développé ; il consiste en une chaîne de ganglions étendue tout le long de la colonne vertébrale, chaque ganglion recevant une racine de la moelle ; le sympathique, qui présente deux ganglions au cou, forme un plexus avec plusieurs des nerfs crâniens, tels que le trijumeau, le pneumo-gastrique, le glosso-pharyngien, le spinal. Dans la cavité abdominale, ce système ne se fusionne pas, ainsi qu'on le voit chez les vertébrés supérieurs, mais reste à l'état de ganglions distincts et disséminés, réunis entre eux par de nombreux filets, de manière à former des plexus se jetant sur les principaux viscères.

Organes des sens. — Les yeux existent chez les Sauriens et sont visibles à l'extérieur, à part chez deux Scincoïdiens, les Dibames et les Typhlins, chez lesquels ces organes sont cachés sous la peau. Parfois il n'existe qu'une seule paupière ainsi que nous le voyons chez les Abléphares et les Gymnophthalmes ; chez tous les autres Sauriens les paupières sont doubles ; ces paupières sont tantôt transparentes, tantôt la partie centrale de la paupière inférieure est opaque, recouverte d'écailles. Les Ophiops manquent de paupières. Chez les Geckotiens la peau passe au devant des yeux en s'amincissant, de telle sorte qu'il n'existe pas de paupières proprement dites ; il en résulte une chambre limitée par la conjonctive et communiquant avec les narines par le canal lacrymal. Les Caméléons présentent cette particularité que la paupière unique peut se fermer circulairement, absolument comme une bourse dont on froncerait les cordons.

Quelques Lacertiens, de même que les Tortues, les Crocodiles et les Oiseaux, ont une troisième paupière ou membrane nictitante mue par des muscles spéciaux ; chez ceux-là on trouve une glande spéciale, dite de Harder.

Il n'existe plus de rudiment d'oreille externe. De même que les Serpents, les Amphisbéniens n'ont pas de cavité du tympan. Chez l'Hattérie, chez les Caméléons, de même que

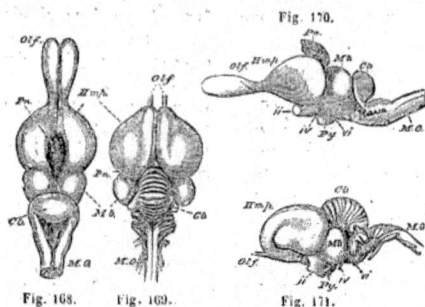

Fig. 170.

Fig. 168. Fig. 169. Fig. 171.

Fig. 168 à 171. — Cerveau d'un Reptile (Varan du Bengale) et d'un Oiseau (Dindon) (*).

chez les Tortues, la membrane tympanique est recouverte par les téguments, mais la cavité du tympan existe ; chez presque tous les Sauriens la membrane du tympan, tendue à fleur de tête, est largement visible ; chez quelques-uns cependant elle est absolument cachée. Chez les Sauriens la cavité du tympan com-munique par une large ouverture avec le pharynx ; il existe une fenêtre ronde et une fenêtre ovale, ainsi qu'un limaçon.

Le sens de l'olfaction est peu développé chez les Sauriens ; les fosses nasales sont, en effet, petites et n'ont ni sinus ni cornets ; les orifices externes des narines sont, en général, distincts

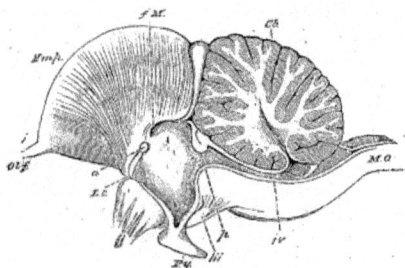

Fig. 172. — Coupe longitudinale du cerveau d'un Reptile (le Varan du Bengale) (**).

et séparés ; dans les Stellions, les Varans, les Caméléons, les orifices sont plus latéraux, et par conséquent plus écartés.

La langue diffère beaucoup suivant les types examinés. C'est ainsi que chez les Caméléons elle est très longue et projectile pour ainsi dire ; chez les Varans elle est très allongée, profondément bifurquée et engainante dans un four-reau ; elle est également engainante, divisée en deux longs filets chez certains Lacertiens, tels que les Ameiva ; elle peut être libre à sa pointe, épaisse, fongueuse ou revêtue d'écailles et à peine mobile. Chez les Geckos la langue est courte, large, à peine échancrée ; il en est de même chez les Chalcidiens et chez les Scincoïdiens ; les Lacertiens ont la langue li-

(*) Fig. 168, 169, 172. Cerveau d'un Reptile (le Varan du Bengale) et 170 et 171, d'un Oiseau (le Dindon). — Olf, lobes olfactifs ; Pn, glande pinéale ; Hmp, hémisphères cérébraux ; Mb, lobes optiques ; Cb, cervelet ; Mo, moelle allongée ; ii, iv, vi, 2º, 3º et 6º paires de nerfs cérébraux ; Py, corps pituitaire.

(**) Cb, cervelet ; Mo, moelle allongée ; fM, trou de Monro ; Hmp, hémisphères cérébraux ; i, première paire nerveuse ; Olf, lobe olfactif ; a, commissure antérieure ; Lt, lame antérieure du troisième ventricule ; Py, corps pituitaire ; ii, iii, iv, 2º, 3º, 4º paires nerveuses (d'après Huxley).

bre, charnue, plate, couverte de papilles comme écailleuses, écharcrée à la pointe ou divisée en deux parties.

Comme chez tous les Vertébrés, l'épiderme des Sauriens se compose de deux couches, l'une externe, cornée ; l'autre interne, muqueuse, dite couche de Malpighi. Le derme est formé de plusieurs parties absolument distinctes les unes des autres, sur la structure desquelles nous aurons l'occasion de revenir lorsque nous parlerons de la peau du Caméléon.

Un phénomène commun à tous les Sauriens, c'est la mue ; l'épiderme de ces reptiles se renouvelle plusieurs fois dans l'année, principalement au printemps. L'épiderme se détache souvent par lambeaux ou par lames, mais s'en va souvent tout d'une pièce, absolument comme un gant qu'on retournerait ; il conserve dans ce cas complètement la forme de l'animal dont provient la dépouille.

Téguments. — L'étude des téguments est très importante chez les Sauriens, car elle fournit non seulement des caractères spécifiques et génériques, mais encore des caractères d'un ordre plus élevé, tels que des caractères de famille.

Les écailles sont disposées, en effet, d'une manière très différente suivant les types examinés.

C'est ainsi que les écailles se présentent sous forme de tubercules granuleux comme enchâssés dans la peau chez les Varans ; la peau est recouverte de petits granules, tantôt tous égaux, tantôt mélangés de granules plus gros et parfois striés, ainsi qu'on le voit chez les Caméléons et chez les Geckotiens ; tous les tubercules sont sensiblement égaux et ne forment pas de grandes plaques, ainsi qu'on le voit chez les Agamiens et chez les Iguaniens, ou, au contraire, s'élargissent sous le ventre, de manière à donner de larges lamelles ainsi qu'on le remarque chez les Lacertiens ; les écailles, toutes de même grandeur, peuvent être disposées en quinconce, ainsi que cela existe chez les Scincoïdiens, ou en verticille, comme chez les Chalcidiens.

Chez certains Sauriens, tels que les Lacertiens, les Chalcidiens, les Scincoïdiens, les Trachydermiens, le dessus de la tête est recouvert d'écailles bien distinctes dont l'étude joue un grand rôle dans la séparation des genres et des espèces, et dont nous devons dès lors donner au moins la nomenclature.

Les plaques qui protègent le dessus du crâne forment, par leur réunion, le bouclier sus-crânien ; elles ont reçu différents noms tirés des os du crâne, bien qu'en réalité elles soient loin de correspondre à ces os. Ces plaques affectent des formes, des dispositions, des connexions particulières qui sont d'un grand usage pour la distinction des genres et des espèces.

En examinant ces plaques d'arrière en avant on a d'abord la plaque *occipitale ;* celle qui la précède, et qui est située entre les deux pièces latérales, a reçu le nom d'*interpariétale :* on voit ensuite et successivement la *frontale*, l'*internasale* et enfin la *rostrale*, qui termine le museau en avant.

Les plaques latérales, examinées d'arrière en avant, prennent successivement les noms de *pariétales*, de *fronto-pariétales*, de *fronto-nasales* et de *naso-rostrales ;* les plaques qui sont au-dessus de l'œil sont dites *palpébrales* ou *sus-oculaires*. Les plaques qui se trouvent immédiatement au-devant de l'œil sont dites *préoculaires ;* la narine est percée dans une ou entre deux plaques *nasales ;* entre ces plaques et la préoculaire se trouve la *frénale* ou la *naso-frénale*. Les plaques qui bordent la mâchoire supérieure portent le nom de *sus-labiales*, celles de la mâchoire inférieure de *sous-labiales ;* les plaques du dessous de la gorge sont dites *mentonnières* et *gulaires*. Les plaques qu'on nomme *rostrale* et *mentale* font partie des rangées labiales et en occupent la portion moyenne, l'une pour le museau, l'autre pour le menton (fig. 173, 174).

Les écailles du collier ou *collaires* caractérisent certains genres, chez les Lacertiens, par leur présence ou leur absence ; dans le premier cas, il existe un collier très distinct formé d'écailles arrondies ou acuminées sur le bord libre, tantôt lisses, tantôt carénées.

Le plus ordinairement le corps est recouvert de diverses saillies diversement distribuées et de forme différente. Tantôt ce sont des épines aiguës, au cou chez les Agames et chez les Phrynocéphales, à la queue chez les Cordyles, chez les Stellions, chez les Zonures, aux jambes chez les Fouette-Queue ; le dessus des cuisses est hérissé d'épines chez les Trachycycles ; la queue est garnie d'écailles armées d'une épine aiguë chez les Doryphores. Chez d'autres ce sont des lames cornées ayant l'apparence de crêtes, de carènes.

Chez quelques Sauriens, la peau offre des replis auxquels on a donné des noms particu-

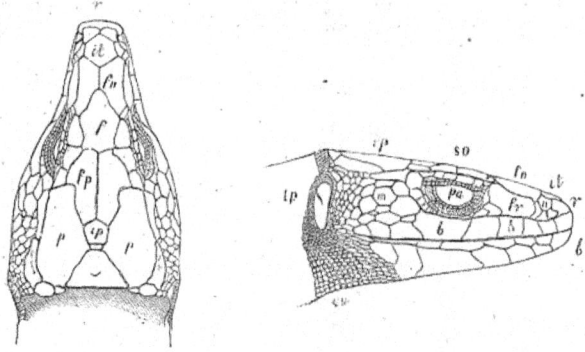

Fig. 173 et 174. — Tête de Lézard ocellé vue en dessus et latéralement pour montrer les plaques (*).

liers. Ainsi il en est qui ont sous la gorge une sorte de fanon dentelé, comme les Iguanes et les Polychrons, ou un sac dilatable soutenu par les branches osseuses de l'os hyoïde, formant une poche simple, ainsi qu'on le voit chez les Agames et les Sitanes mâles, ou double comme chez les Dragons; la gorge est parfois dilatable, sans qu'il y ait de fanon, ainsi qu'on le voit chez les Métapocéros. D'autres, tels que les Iguanes, les Lophyres, les Basilics, ont des crêtes verticales sur la nuque, sur le dos, sur la queue, parfois soutenues par des sortes d'épines osseuses. Il en est d'autres qui ont des replis particuliers au cou ou à la nuque, comme chez le Basilic à capuchon, chez plusieurs espèces de Caméléons et surtout chez le Chlamydosaure de King, ce reptile de la Nouvelle-Hollande, qui a une énorme collerette plissée, dentelée, étalée de chaque côté du cou et soutenue par des stylets osseux. D'autres fois, comme chez les Lézards, il n'existe qu'un simple pli en rapport avec le collier ou la série d'écailles particulières du cou.

Nous devons parler ici, bien que nous n'en connaissions nullement l'usage, des pores cutanés qui sont la terminaison de cryptes ou de glandes devant sécréter une humeur particulière. Ces pores se trouvent parfois sur l'écaille

qui recouvre le cloaque, ainsi qu'on le voit chez le Chirote, soit sur les parties latérales de cet orifice. Ce sont principalement les pores fémoraux, s'ouvrant sur les rangées longitudinales d'écailles, qu'on voit sur le bord interne des cuisses; c'est ce qu'on observe chez la plupart des Geckos et dans beaucoup d'Iguaniens et de Lacertiens. Ces pores ne se voient généralement que chez les mâles: ils peuvent être disposés suivant une rangée (Iguane, Cyclure, Phrynosome) ou plusieurs rangées (Aloponote, Métapocéros).

Appareil digestif. — Au fur et à mesure que nous descendons dans la série des Vertébrés, nous voyons que les dents peuvent se trouver sur toutes les parties de la bouche; chez les Crocodiliens, reptiles d'un ordre supérieur, les mâchoires seules sont garnies de dents; les Sauriens, moins élevés en organisation, peuvent avoir des dents non seulement aux deux mâchoires, mais encore au palais.

Ces dents palatines ne sont pas toujours solidement fixées sur les branches des os ptérygoïdiens; elles sont assez souvent simplement implantées dans la membrane et se détachent avec celle-ci lors de la macération. Elles ne servent jamais, en tous cas, à la mastication, mais semblent plutôt destinées à remplir l'office d'une herse qui retiendrait la proie, et qui l'empêcherait de rétrograder.

Chez beaucoup de Sauriens, les dents n'ont pas de véritable racine; elles semblent se coller, se souder sur le sommet du bord supérieur d'une rainure creusée dans les os maxillaires, absolument comme des pieux fichés le long d'une palissade; c'est ce que l'on voit chez les Iguaniens et chez les Lacertiens. D'autres fois, les dents se lient à la portion osseuse de la mâchoire, de sorte qu'elles paraissent être une portion denticulée du tranchant de l'os, ainsi qu'on le remarque chez les Caméléons et chez les Agamiens.

Les dents sont tantôt pleines; elles sont dites alors *pléodontes*, ainsi qu'on le voit chez les Sauvegardes, les Améiva, les Cnémidophores, les Acrantes; d'autres fois elles sont creuses, ou *cœlodontes*, comme chez les Lézards, les Tachydromes, les Acanthodactyles, les Psammodromes. Les dents sont tantôt pointues, tantôt déprimées en forme de cône surbaissés; d'autres fois tranchantes ou denticulées sur leurs bords.

Les glandes labiales et buccales sont très développées chez beaucoup de Sauriens; parmi ces animaux un seul, l'Héloderme, est pourvu d'une glande à venin.

La bouche est constamment privée de lèvres; chez l'Hattérie cependant, ces parties existent à l'état rudimentaire.

Il n'y a ni épiglotte, ni voile du palais, pas même de véritable pharynx. L'œsophage se continue presque toujours directement avec l'estomac; chez les Iguanes cependant, il existe une sorte de cardia, mais le plus généralement l'estomac est une simple dilatation du tube intestinal.

Dans les Dragons l'estomac consiste en une sorte de poire dont la partie conique est opposée à l'œsophage; cette partie est, chez les Caméléons, petite et recourbée sur elle-même. Dans le point de jonction de l'intestin grêle avec le gros intestin, il existe parfois une sorte de valvule, ainsi qu'on le voit chez les Iguanes. Le tube digestif débouche dans un cloaque qui reçoit également les conduits des organes destinés à la perpétuité de l'espèce et les conduits des organes urinaires. La vessie urinaire existe chez tous les Sauriens. Le foie n'offre qu'une seule masse allongée chez la plupart des Sauriens; il se compose cependant de deux lobes chez les Caméléons.

Circulation et respiration. — Le cœur est franchement du type reptilien, c'est-à-dire qu'il ne se compose que de trois cavités. Chez beaucoup de Sauriens il subsiste quatre arcs aortiques, répondant aux troisième et quatrième paires de l'embryon; deux arcs antérieurs, qui fournissent les carotides, émergent par un tronc commun de l'arc aortique droit normal.

Le système des vaisseaux veineux et lymphatiques est très développé chez les Sauriens; c'est ainsi que les veines des membres postérieurs et de la queue, excessivement nombreuses, se dirigent vers le foie et s'y terminent à la manière de la veine porte.

Les Sauriens ont un larynx: aussi la plupart d'entre eux peuvent-ils faire entendre des sifflements plus ou moins prolongés et plus ou moins forts; d'autres, comme les Geckotiens ou Tarentes, produisent des bruits souvent retentissants qui rappellent de loin le croassement des grenouilles. Les sons sont souvent renforcés par les sacs aériens que possèdent les Dragons, les Anolis, les Iguanes et quelques autres genres. Chez les Amphisbènes, de même que chez les Serpents, le squelette du larynx consiste en deux bandes longitudinales et latérales de cartilages, réunies par des bandelettes transversales.

Les poumons sont toujours au nombre de deux et par leur structure ressemblent beaucoup à ceux des Ophidiens, principalement chez les Sauriens serpentiformes. Chez les Sauriens normaux la trachée et les bronches sont courtes; chez les Caméléons et chez certains Geckotiens une partie des poumons présente des digitations qui se logent entre les viscères abdominaux et rappellent les sacs aériens des Oiseaux.

Ponte. — De même que la plupart des Reptiles, les Sauriens pondent des œufs; quelques-uns cependant sont ovo-vivipares, c'est-à-dire que les œufs éclosent dans l'intérieur de la femelle et que les petits arrivent au monde vivants. Le plus souvent la femelle prépare un endroit convenable pour déposer ses œufs, dont l'éclosion est toujours laissée au hasard. Ces œufs ne sont plus entourés d'une coque calcaire, dure et résistante comme ceux des Tortues et des Crocodiles; de même que ceux des Serpents, ils sont protégés par une coque plus molle et comme parcheminée.

Mœurs, habitudes, régime. — Quelques Sauriens sont exclusivement herbivores ou frugivores, mais la plupart sont carnassiers; plusieurs ont un régime mixte et se nourrissent indifféremment de matière animale ou de substances végétales. Les animaux auxquels s'attaquent les espèces carnassières varient évidemment beaucoup suivant la force et la grandeur de ces espèces; c'est ainsi que les grands Varans chassent les oiseaux et les petits mammifères, tandis que les Amphisbènes recherchent presque exclusivement les vers de terre, et que les Sauriens de faible taille se contentent d'insectes.

La digestion est active chez tous ces animaux, surtout pendant les temps chauds ; aussi peuvent-ils engloutir beaucoup d'aliments, absolument comme ils peuvent supporter de longs jeûnes.

L'habitat des Sauriens est extrêmement varié. Certains d'entre eux vivent exclusivement sur les arbres et ne descendent presque jamais à terre ; tels sont les Iguanes, les Dragons, les Sitanes ; d'autres vivent surtout le long des troncs d'arbres, sur lesquels ils se meuvent avec agilité grâce à leurs ongles aigus et acérés, à la recherche des insectes : certains d'entre eux, tels que les Varans à queue comprimée, sont aquatiques ; quelques-uns, comme l'Amblyrrhynque, se tiennent au bord de la mer ; il en est qui, comme les Stellions, les Fouette-Queue, le Varan du désert, habitent les endroits les plus arides, les plus dénudés et se cachent dans le sable brûlant avec lequel la couleur de leur peau s'harmonise à merveille ; d'autres, tels que beaucoup de Lézards, se tiennent à la lisière des bois, ou, de même que les Zonures, se tiennent au milieu des pierres et des rochers ; il en est qui, comme les Amphisbènes, vivent souterrainement et se creusent de longues et profondes galeries, à la manière des vers de terre. L'habitat de ces animaux est pour ainsi dire infini.

On peut remarquer que chaque Saurien se choisit une résidence déterminée et une cachette dans laquelle il se retire toujours en cas de danger. Les espèces qui vivent dans l'eau ou sur les arbres ne font pas exception à cette règle, qui est générale. Quiconque a observé avec soin des Varans aquatiques a pu remarquer qu'ils se rendent toujours à peu près à la même place pour se chauffer au soleil ; tous ceux qui ont étudié les grandes espèces arboricoles ont pu s'assurer qu'elles ne quittent pas volontiers l'arbre sur lequel elles ont établi leur résidence habituelle. Il semble que chaque Saurien choisisse une demeure en harmonie avec sa propre coloration. C'est ainsi qu'au Texas le Phrynosome s'enterre dans un sable gris et noir qui a absolument sa couleur ; il en est de même pour les espèces qui habitent les déserts.

Tous les Sauriens qui vivent dans les climats tempérés passent la mauvaise saison dans un état d'engourdissement plus ou moins complet. Les Lézards de l'Europe centrale se cachent en masse pendant l'automne dans des trous profonds sous terre et y attendent le retour du printemps. Les observations encore assez isolées, mais néanmoins concordantes, fournies par des voyageurs dignes de foi, établissent qu'il existe quelque chose d'analogue même dans les pays équatoriaux, et que certains Sauriens passent une partie de l'année dans un état d'engourdissement plus ou moins complet.

Intelligence. — Au point de vue des facultés psychiques, les Sauriens restent en arrière des Tortues et des Crocodiles, si mal doués que soient ceux-ci ; ils ne sont pas cependant absolument dépourvus d'intelligence. Beaucoup d'entre eux supportent facilement la captivité et semblent reconnaître les personnes qui les soignent. Ils peuvent, à la suite de l'expérience acquise, modifier leur manière d'être primitive ; ils sont, en général, vifs, alertes, fort gracieux de mouvements, prudents et doués d'un très grand courage eu égard à leur taille. On peut à propos d'eux, plus encore qu'à propos des autres reptiles, parler de sociabilité, car on les trouve fort souvent réunis en grand nombre et vivant dans la plus parfaite intelligence.

Ennemis. — Plus que tous les autres Reptiles, les Sauriens ont à redouter les attaques de nombreux et puissants ennemis. Beaucoup d'espèces deviennent la proie des mammifères et des oiseaux carnassiers ; beaucoup servent de nourriture aux Serpents ou à d'autres Sauriens plus puissamment armés.

Utilité, nocivité. — On peut dire, en général, que les Sauriens ne sont d'aucune utilité pour l'homme ; dans l'Amérique centrale cependant les grands Iguanes sont régulièrement apportés sur les marchés, et leur chair passe pour être très délicate ; quelques autres espèces herbivores sont également mangées, mais c'est tout à fait l'exception. Quelques espèces, telles que les Geckos ou Tarentes, peuvent être regardées comme des animaux d'utilité accessoire, en ce qu'ils détruisent en abondance les insectes qui pullulent dans les habitations.

Aucun Saurien n'arrive à une assez grande taille pour être redoutable pour l'homme, bien que les grands Varans aquatiques puissent occasionner de cuisantes blessures.

Classification. — Bien qu'au premier abord fort homogènes, les Sauriens peuvent être divisés en un certain nombre de familles bien distinctes. C'est ainsi que Duméril et Bibron, faisant, à tort, rentrer les Crocodiliens parmi les Sauriens, admirent d'abord huit, puis neuf familles, une de celles-ci étant nettement séparée en deux sous-familles distinctes. Des découvertes récentes, la connaissance plus exacte de l'organisation des animaux, permettent de reconnaître actuellement onze familles dans l'ordre des Sauriens ; ces familles ont été groupées, un peu artificiellement, il faut l'avouer, en un certain nombre de sous-ordres et de tribus.

Nous mettrons tout d'abord en tête, de la série, et faute de savoir où les placer, car ils constituent un groupe tout à fait aberrant, les Caméléoniens, qui se caractérisent essentiellement par leur langue projectile, cylindrique, vermiforme, terminée par un tubercule mousse et charnu, par leurs doigts réunis en deux paquets inégaux à chaque patte, par leur corps couvert d'une peau chagrinée, et par leur queue conique et prenante.

Il faut également mettre hors série les Geckotiens ou Ascalabotes qui ont la langue courte, charnue, peu mobile, la peau granuleuse, les dents comprimées, tranchantes, implantées au bord interne des mâchoires, les doigts le plus souvent aplatis en dessous, les vertèbres biconcaves ; ces animaux manquent de paupière.

Trois familles, celles des Hattériades, des Agamidées, des Iguanidées commencent la série de ce qu'on pourrait appeler les Sauriens typiques.

Bien qu'elle ne renferme qu'une seule espèce, la famille des Hattériadées n'en est pas moins nettement séparée des deux autres par des particularités anatomiques fort importantes, parmi lesquelles nous nous contenterons de mentionner les vertèbres biconcaves, l'ossification complète de l'arcade temporale inférieure, la soudure intime de l'os quadrato-jugal avec les pièces environnantes.

Les Agamidées et les Iguanidées que Duméril et Bibron confondaient sous le nom d'*Eunotes* sont des reptiles qui ont le corps couvert de lames ou écailles cornées, sans écussons osseux, ni tubercules enchâssés, sans grandes plaques carrées sous le ventre, dont le dessus de la tête n'est pas recouvert de grandes écailles polygones ; les yeux sont garnis de paupières mobiles, et les doigts sont libres, distincts, tous onguiculés. Les Agamidées sont acrodontes, c'est-à-dire que les dents sont soudées au bord de la mâchoire, qu'elles semblent continuer, tandis que chez les Igua-

niens les dents sont pleurodontes ou disposées latéralement au bord de la mâchoire, absolument comme des pieux fichés le long d'une palissade.

Les Varans forment un groupe bien distinct, celui des Varaniens ou Platynotes. Chez ces animaux la peau est couverte d'écailles enchâssées, tuberculeuses, saillantes, arrondies, tant sur la tête que sur le dos et sur les flancs. La langue est protractile, charnue, profondément bifurquée ; elle rentre dans un fourreau, de telle sorte qu'elle est dite engainante.

Chez les Lacertiens, ou Lézards proprement dits, ou Autosaures, la peau est écailleuse et le dessous du ventre est toujours protégé par des plaques constamment plus grandes que celles du dos ; le dessus de la tête est couvert de plaques cornées, polygones, symétriques, formant un bouclier régulier.

Chez les Chalcidiens, Chalcididées ou Cyclosauriens, qui, par certains points, ressemblent aux Lacertidées, les écailles du corps sont toujours verticillées ; il existe souvent, suivant la largeur du tronc, un sillon ou une plicature de la peau entre le ventre et les flancs ; la tête est couverte d'écussons ou de plaques polygonales ; les dents sont implantées contre le bord interne des os maxillaires.

On a formé la famille des Trachydermidées pour quelques reptiles de l'Amérique centrale et de la partie sud du Mexique chez lesquels le corps est couvert de tubercules coniques plus ou moins saillants, disposés par séries transversales, séparés les uns des autres par des scutelles granuleuses ; le ventre est protégé par des plaques quadrilatérales un peu plus grandes ; il existe des ossifications dermiques. Les dents sont appliquées sur le bord interne des mâchoires.

Les Scincoïdiens, Scincidées ou Lépisaures se distinguent facilement des autres Sauriens pleurodontes, en ce que le corps est couvert d'écailles entuilées, à plusieurs pans, disposées en quinconce.

Les Amphisbénidées, enfin, ont de tels caractères d'infériorité qu'ils doivent certainement être placés à la fin de la série. Seuls parmi les Sauriens actuels ils ont une cloison interorbitaire osseuse ; il n'y a pas de columelle pour soutenir les os du crâne, qui sont solidement et fermement unis entre eux. Le corps est allongé, serpentiforme ; il n'existe pas d'écailles proprement dites, mais la surface de la peau est divisée en une série de

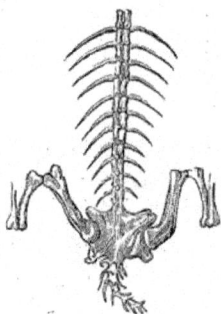

Fig. 175. — Telerpeton elginense.

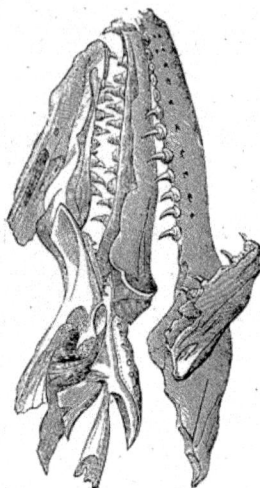

Fig. 176. — Tête de Mosasaure de Camper.

compartiments quadrangulaires, d'où le nom de Glyptodermes qui. avait été donné à ces animaux par Duméril et Bibron.

Sauriens fossiles. — Les Sauriens paraissent être les plus anciens de tous les Reptiles ; le Telerpeton que l'on a trouvé dans les terrains primaires appartient à cet ordre (fig. 175).

Nous avons parlé plus haut de l'Hattérie ponctué, cet étrange reptile de la Nouvelle-Zélande qui semble être un animal absolument isolé dans la nature actuelle. A l'époque triasique, c'est-à-dire la base des terrains secondaires, nous trouvons les Rhynchosaures et les Hyperodapedon qui paraissent être très étroitement apparentés à l'Hattérie.

On a trouvé dans les terrains tertiaires des reptiles appartenant aux groupes actuels, tels que des Iguaniens, des Agamiens, des Lacertiens, des Varaniens. Il existait dans les anciens âges des Sauriens qui ne peuvent rentrer dans aucun des groupes vivant aujourd'hui et qui appartiennent à des familles nettement définies.

Les Protérosaures forment une famille dont les représentants ont été trouvés dans des couches extrêmement anciennes, les couches permiennes de la Thuringe. Le Saurien de la Thuringe, ou Protérosaure, était un animal arrivant à la taille de 6 à 7 pieds, au cou remarquablement long, la région cervicale étant

aussi longue que le tronc ; malgré sa longueur, ce cou n'était composé que de huit à neuf vertèbres qui, dès lors, sont remarquablement allongées. La queue est longue, robuste ; les membres sont bien développés, comme chez les Monitors actuels ; les membres antérieurs sont plus courts que les postérieurs et, comme ces derniers, ont cinq doigts. Il existe des côtes abdominales, de même que chez les Crocodiles et que chez les Plésiosaures. Les dents sont coniques et pointues ; elles paraissent avoir été implantées dans des alvéoles distincts.

Un très singulier reptile trouvé dans la craie d'Angleterre a été décrit par Richard Owen sous le nom de Dolichosaure. Ce reptile a le corps fort grêle et très allongé ; les membres sont au nombre de quatre ; la tête est petite ; le cou est extrêmement long et ne se compose pas de moins de dix-sept vertèbres.

Les Sauriens les mieux connus, parmi les types disparus, sont ceux qui ont été trouvés dans les terrains crétacés de l'Europe et de l'Amérique du nord ; ils sont désignés sous le nom de Mosasauridés ou de Pythonomorphiens.

Le plus célèbre de ces animaux est le Saurien trouvé dans les terrains crétacés supérieurs de la montagne Saint-Pierre, à Maestricht ; les pièces les plus importantes se trouvent au Muséum d'histoire naturelle de Paris et ont été étudiées par Cuvier.

Le Mosasaure, tel est le nom de ce reptile, était un animal de taille vraiment gigantesque, voisin des Monitors. Les mâchoires et le palais étaient armés de fortes dents un peu arquées ; la face externe de ces dents est plane, séparée par deux arêtes aiguës de la face interne qui est ronde ou plutôt en demi-cône ; ces dents sont chacune implantées dans une alvéole distincte et se soudent à la mâchoire d'une manière très intime ; la dent de remplacement naît dans un alvéole particulier qui se forme en même temps qu'elle ; elle perce tantôt à côté, tantôt au travers du corps osseux qui porte la dent en place ; en se développant, la dent de remplacement fait tomber la dent ancienne et occupe sa place (fig. 176).

Les vertèbres, qui sont nombreuses, ont leur face antérieure concave en avant, fortement convexe en arrière, surtout pour les vertèbres de la partie postérieure du tronc. Les côtes sont très robustes. L'œil était entouré d'un anneau osseux, assez semblable à ce que nous voyons chez les Tortues de mer et chez certains Oiseaux, tels que l'Aigle.

Les Mosasauriens étaient abondants à l'époque crétacée dans l'Amérique du nord. Les découvertes faites dans cette région montrent que ces animaux étaient des reptiles marins de grande taille, présentant les caractères généraux des Sauriens, mais dont les membres étaient transformés en rames pour la natation. Les travaux de Cope et de Marsch nous ont montré que l'os carré s'attachait au crâne par une articulation permettant des mouvements libres, que les côtes s'articulaient par une seule tête avec la colonne vertébrale, qu'il n'y avait pas de sternum ; bien que faisant incontestablement partie de l'ordre des Sauriens, les Mosasauriens présentaient des caractères que nous ne voyons plus aujourd'hui que chez les Tortues, les Crocodiles, les Serpents : c'étaient des êtres ambigus, comme d'ailleurs tous les animaux des anciens âges.

Les Mosasauriens américains étaient des animaux de grande taille, au corps très allongé, à la queue longue et aplatie, à la tête généralement robuste, parfois aplatie en dessus, les yeux étant, dans ce cas, dirigés presque verticalement ; les membres étaient petits pour la taille de l'animal ; le corps était recouvert de grandes écailles osseuses.

Dans le genre Clidaste la colonne vertébrale était très longue et les vertèbres se réunissaient par des surfaces articulaires supplémentaires, comme chez les Iguanes et chez les Serpents. Les animaux appartenant à ce genre étaient les plus allongés de tous les Mosasauriens ; le corps était également fort allongé chez les Platécarpus.

Citons encore le genre Liodon, qui a été également trouvé dans les terrains crétacés d'Europe.

LES CAMÉLÉONIENS — *CHAMŒLEONIDÆ*

Caractères généraux. — La famille des Caméléonidées est si tranchée qu'elle a été acceptée sans modifications par tous les naturalistes. Le groupe des Caméléons est tellement distinct, il comprend des animaux dont l'organisation est si différente de celle de tous les autres Reptiles qu'on est vraiment fort embarrassé pour lui assigner une plaie dans l'ordre des Sauriens ; si on le décrit généralement en tête de la série, c'est qu'on ne sait réellement où le placer ; il présente, du reste, des caractères de supériorité évidents ; on ne peut nier toutefois que les liens de parenté qui relient les Caméléons aux autres Sauriens sont peu manifestes.

Chez les Caméléons le corps est comprimé latéralement, de manière à produire une crête saillante du côté du dos ; les régions du ventre et de la poitrine semblent se confondre ; à certains moments toutefois l'animal, en faisant entrer de l'air dans ses vastes poumons, peut se gonfler et devenir alors comme ballonné. La tête, très grosse, semble reposer directement sur les épaules, tant le cou est court et confondu avec le tronc. Les quatre pattes sont grêles, longues et maigres, proportionnellement beaucoup plus élancées que celles des autres Reptiles ; les pattes, conformées comme celles des oiseaux grimpeurs, font l'office de véritables pinces, d'où le nom de *Chélopodes* imposé aux Caméléons par Duméril et Bibron ; les doigts sont réunis entre eux en deux paquets inégaux, l'un de deux, l'autre de trois doigts (fig. 177). Il n'y a point d'écailles pro-

prement dites ; la peau est rugueuse, finement chagrinée par des grains saillants, tantôt
sensiblement égaux, tantôt parsemés de tubercules plus gros. La queue est longue, arrondie,
prenante et fait l'office d'un cinquième membre. La langue est projectile, d'où le nom de

Fig. 177. — Patte de Caméléon.

Rhiptoglosses qui a été parfois donné aux Caméléons.

Après avoir exposé les caractères généraux
que présentent les Caméléons, caractères qui
servent à les séparer de tous les autres Sauriens,
nous avons à faire rapidement connaître les
traits principaux de leur organisation si particulière.

Squelette. — En décrivant l'organisation générale des Sauriens nous avons déjà indiqué
les points principaux qui distinguent le crâne
des Caméléoniens ; nous n'y reviendrons pas ici ;
nous dirons seulement que l'os frontal antérieur paraît unique, que les deux frontaux
latéraux viennent constituer la partie supérieure du cadre de l'orbite, qu'il n'y a pas de
dents au palais et que les dents sont implantées sur le bord libre et tranchant des os de la
mâchoire. Les vertèbres sont concaves en avant,
convexes en arrière. Il n'existe que deux vertèbres au sacrum. Les côtes sont fort nombreuses, réunies entre elles sur la ligne médiane par une substance cartilagineuse qui
continue le sternum. Les pattes sont, pour
ainsi dire, dans un état forcé de torsion.

Organes des sens. — Les yeux sont enfermés dans des paupières résistantes en forme
de capsule qui ne laissent ouvert qu'un orifice
arrondi pour la pupille. Les deux yeux sont
absolument indépendants l'un de l'autre dans
leurs mouvements, de telle sorte que l'œil
droit, par exemple, peut regarder en avant et
en haut tandis que l'œil gauche se dirige en
arrière et en bas ou inversement. Cette mobilité qui ne s'observe chez aucun autre Reptile
permet aux Caméléons d'examiner tout l'espace qui les environne et d'y découvrir leur
proie, sans faire aucun mouvement.

Les narines et leurs cavités n'offrent rien de
bien particulier, si ce n'est qu'elles ont peu
d'étendue.

Le sens de l'ouïe est peu développé.

La langue est un véritable instrument de
préhension des aliments, bien plus qu'un organe du tact. A l'état de repos elle est ramenée
dans la bouche ; projetée, elle peut être lancée
à une distance de 15 et même de 20 centimètres. Lorsqu'elle est contenue dans la bouche,
cette langue forme une masse de chair blanchâtre, de consistance dure ; elle est soutenue
par un stylet osseux, qui est une dépendance
de l'appareil hyoïdien et se termine, à son extrémité libre, en une sorte de tubercule évasé
en entonnoir, recouvert d'une muqueuse
plissée et constamment lubréfiée par une masse

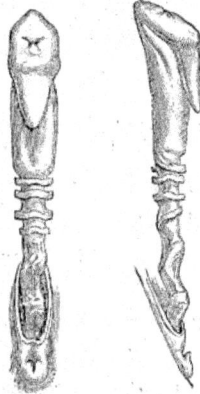

Fig. 178 et 179. — Langue de Caméléon.

visqueuse qui résulte de l'excrétion de plusieurs glandes (fig. 178, 179).

Il existe deux ordres de muscles : les uns
sont disposés longitudinalement, les autres
circulairement ; c'est par la contraction brusque, rapide, énergique de ces muscles que la
langue glisse sur le stylet osseux entouré d'une
membrane sans cesse humide et qu'elle est
projetée en avant, absolument par le même
mécanisme qui fait partir un noyau de cerise
que l'on presse entre les doigts, à cette réserve
près qu'ici ce seraient les doigts qui seraient
projetés ; le jeu des muscles puissants qui
s'attachent sur l'appareil hyoïdien ramène
la langue dans la bouche. La langue reçoit du
reste une grande quantité de sang.

« Immobile toute la journée à la même

place, écrit Wagler, le Caméléon attend avec patience la nourriture que le hasard viendra mettre à sa portée.

« La capture d'une proie n'impose pas elle-même un terme au repos tranquille du Reptile. Avec la rapidité de l'éclair, la langue se déroule au delà de la bouche et saisit au loin l'insecte sur lequel elle est projetée. Cette puissante projection n'est pas en état d'ébranler le corps de l'animal ou de le faire tomber, quelque frêle que soit la branche qui lui sert de support ; la queue prenante, qui est douée d'une grande puissance musculaire et qui sert à l'animal à le fixer solidement à l'objet sur lequel il repose, cette queue empêche le corps de tomber en avant. »

Changements de coloration. — L'attention des auteurs grecs avait déjà été attirée par la conformation singulière, l'apparence étrange, la démarche lente et pénible, l'extension brusque de la langue que l'on observe chez le Caméléon. Mais ce qui a le plus excité l'intérêt des naturalistes et du vulgaire, depuis l'antiquité la plus reculée, c'est le changement de coloration que présente le Caméléon.

Aristote et un grand nombre d'auteurs avaient avancé que ce changement de couleur n'avait lieu que lorsque le Caméléon se gonflait. D'autres auteurs de l'antiquité, Pline entre autres, supposaient que l'animal empruntait ses couleurs à celles des corps environnants, et cela pour se dérober à ses nombreux ennemis ; de là est venu qu'on a donné le nom de Caméléons aux hommes qui modifient leurs opinions suivant les circonstances et toujours suivant leurs intérêts. Le Caméléon est devenu le symbole de la complaisance servile des flatteurs et des courtisans ; Tertullien a écrit à ce propos des réflexions pleines de justesse sur l'hypocrisie et l'impudence des flatteurs et des menteurs.

« Wormius est un des premiers qui ait attribué les variations de couleur aux passions ou aux émotions de l'animal. Solin donne pour cause les réflexions des rayons lumineux ; Kircher, l'état volontaire ou les émotions ; Descartes, la disposition de la surface de la peau qui reflète diversement les rayons lumineux. Goddard adopte la même explication, mais il croit que ces couleurs proviennent des corps placés à distance. Hasselquists et Linneus (1) attribuent les couleurs au pigment,

comme dans la jaunisse. La plupart des auteurs qui ont écrit dans ces derniers temps, Cuvier, Vrolik, Houston, Spittal, Van der Hoeven, Milne Edwards, ont cherché à expliquer ces phénomènes, tantôt par les modifications de la respiration, tantôt par cette cause réunie avec l'état de la circulation pulmonaire, tantôt enfin par le transport véritable des différentes couches que l'on a cru reconnaître dans le pigmentum (1). »

On sait positivement aujourd'hui que le changement de coloration de la peau du Caméléon est dû à des couches de matières colorantes diverses. L'une de ces couches de pigment s'étend au-dessous de la partie superficielle de la peau proprement dite et se prolonge, en outre, dans le tissu conjonctif, entre les mailles duquel elle pénètre ; l'autre, répandue dans toute l'épaisseur de la peau, se trouve dans des cellules ramifiées placées plus profondément. La première couche a reçu le nom de couche d'iridocytes ; elle est d'un jaune plus ou moins vif ; la seconde couche est d'un noir brunâtre. Ce sont ces deux couches qui produisent les changements de coloration en passant l'une à côté ou l'une derrière l'autre, mais surtout en se pénétrant réciproquement. Lorsque le pigment clair prédomine, le tégument paraît blanchâtre ou jaunâtre ; quand cette couche est pénétrée par le pigment noir, la peau se colore en brun ou en noir ; les colorations intermédiaires se produisent alors que cette pénétration est plus ou moins complète.

On se fait généralement une idée absolument fausse des changements de coloration de la peau chez le Caméléon en se figurant que l'animal peut présenter tout à coup toutes les couleurs imaginables et qu'il peut prendre la coloration des objets qui l'entourent.

Le plus généralement, l'animal présente une coloration verdâtre, plus ou moins analogue au feuillage autour duquel il se trouve, mais il lui est impossible de se mettre toujours en harmonie avec les objets sur lesquels on le place. Parmi les teintes qu'il peut présenter, on a observé toutes les nuances comprises entre l'orange et le vert jaunâtre ou blanchâtre, toutes les nuances et toutes les transitions entre ces couleurs, en passant par le gris et le brun grisâtre jusqu'au noir, à la couleur chair jusqu'au brun de rouille, au bleu violacé et au

---

(1) Linné, *Aménités académiques.*

(1) Duméril et Bibron, *Erpétologie générale*, t. III, p. 172

gris bleuâtre ; on a noté, en outre, des teintes chatoyantes qui sont dues au jeu de la lumière sur les cellules hexagonales qui revêtent l'épiderme. Les changements de coloration ont lieu avec une certaine régularité ; ils sont absolument sous l'influence du système nerveux, soit inconscient, soit volontaire ; ils se produisent à la suite de causes extérieures, ou d'actes psychiques, ou de manifestations de la sensibilité générale, comme par exemple sous l'influence de la faim, de la soif, du besoin de repos, de la peur, de la colère ; ces changements ne se font pas d'une manière égale et uniforme sur toutes les parties de l'individu ; les diverses régions du corps ne sont pas toutes sujettes à ces modifications dans la coloration ; jamais on n'observe de changements sur une bande étendue depuis le menton jusqu'à l'origine de la queue, ni sur la face interne des pieds et des mains ; la face interne des bras et des cuisses n'est également sujette qu'à des modifications de couleur très faible.

Van der Hoeven a recueilli des observations fort précises sur ces changements de teinte, et il a fait peindre des Caméléons dans leurs diverses colorations. Sur les côtés du corps, on remarque deux larges bandes longitudinales claires sur lesquelles s'étendent, depuis la tête jusqu'à la queue et depuis le dos jusqu'au ventre, des mouchetures arrondies plus sujettes aux changements de coloration que tous les autres points du corps. Chez le Caméléon vulgaire, lorsque, le matin, l'animal se tient tranquille, sa coloration est généralement jaunâtre et les deux bandes dont nous venons de parler paraissent rougeâtres ; les mouchetures se voient à peine ou n'apparaissent même pas. Dans la journée, la peau s'est encore peu modifiée, mais les bandes sont devenues blanchâtres et les mouchetures ont pris une coloration d'un vert foncé ; en outre, apparaissent le long de l'arête du dos des parties plus foncées. Lorsque, le matin, on saisit l'animal on voit apparaître des taches verdâtres. Lorsque la bête est excitée d'une manière quelconque, sa peau est verdâtre ; le ventre prend une teinte bleuâtre ; les bandes sont blanchâtres et les mouchetures noires ou brunes. Parfois l'animal paraît d'un brun rougeâtre, les mouchetures étant presque entièrement effacées ; on le voit parfois presque gris, d'autres fois d'un rouge pâle ou d'un pourpre violacé ; on peut dire qu'en général les teintes sont d'autant plus

vives que le Caméléon est plus irrité et qu'il se trouve en meilleure santé.

L'influence de la lumière et de la chaleur sur les changements de coloration a été prouvée par des expériences directes. « Si l'on veut, dit Lenz, voir la couleur du Caméléon se modifier subitement, il suffit, lorsque l'animal se trouve dans un endroit frais, de l'échauffer rapidement. » La chaleur toutefois n'est pas indispensable pour atteindre ce but ; une lumière, même faible, suffit le plus souvent pour amener un changement de coloration. En s'approchant brusquement, pendant la nuit, avec une lumière d'un Caméléon endormi, dont la coloration est uniformément d'un gris jaunâtre, on voit apparaître des mouchetures d'un brun clair qui foncent graduellement et finissent par devenir presque noires ; ces taches disparaissent peu à peu lorsque l'on éloigne la lumière. Lorsque l'on sort un Caméléon pour l'amener en pleine lumière, la peau se fonce dans l'espace de quelques minutes. En éclairant ou en chauffant un seul des côtés de l'animal, on ne produit de changements dans la coloration que de ce seul côté.

Mœurs. — « La structure des pattes et de la queue des Caméléons exigeait leur genre de vie. Ils sont essentiellement grimpeurs, et obligés de s'accrocher aux branches des arbres, comme certains oiseaux, tels que les Perroquets. Leur queue leur sert, pour ainsi dire, de cinquième membre ; on conçoit qu'ils ne peuvent ni courir, ni nager ; que lorsqu'ils sont descendus sur le sol ou posés sur une surface plane, ils éprouvent la plus grande difficulté dans leur marche. Voici la manière toute bizarre dont un Caméléon posé sur ses quatre pattes commence à se mouvoir pour changer de place ; s'il veut élever le membre antérieur du côté droit, par exemple, il opère un élargissement dans les deux paquets de doigts qui fixaient la pince ; ils s'élèvent et s'écartent en travers ; en même temps l'avant-bras du coude se soulève et se porte lentement en avant. Cette patte reste suspendue comme si l'animal éprouvait une sorte d'incertitude sur le point où il la dirigera ; en effet, il la porte en tâtonnant à droite, à gauche, derrière et devant, pour rencontrer un nouveau point d'appui. Quand il semble l'avoir reconnu ou trouvé, il paraît chercher à en explorer la solidité et seulement alors les deux paquets de doigts le saisissent, l'enveloppent et se fixent. Bientôt la patte postérieure gauche exécute une semblable manœuvre, puis la pince antérieure du côté droit, et enfin la patte de derrière gauche, C'est alors seulement que la queue, souvent roulée en spirale sur quelqu'autre partie voisine pour assurer la solidité du tronc, vient à se détortiller pour se porter à la suite, et remplit de nouveau les fonctions de sûreté contre le péril de la chute, car l'animal l'emploie quelquefois pour se suspendre et chercher avec les pattes un autre point fixe.

« Nous savons que les Caméléons se nourrissent essentiellement de petits animaux vivants, surtout de larves, de chenilles et d'insectes parfaits ; qu'ils épient pendant des heures entières leurs mouvements, et que le moindre signe de vie paraît à peu près leur être nécessaire pour les déterminer à projeter leur langue avec une rapidité prodigieuse sur la proie, qui se trouve comme humée ou attirée dans la bouche, et avalée avec la vitesse de l'éclair, quoique tous les autres mouvements de l'animal soient comme compassés et qu'ils s'opèrent lentement, avec une sorte de négligence affectée.

« Vallisnieri et Cestoni ont suivi la ponte ainsi que le développement des œufs. Le premier de ces auteurs ayant aperçu une femelle de Caméléon extrêmement grosse, il la déposa séparément dans une petite serre faite en manière de volière, exposée au soleil dans son jardin. Il y avait là quelques plantes en végétation ; on y avait introduit des insectes vivants, destinés à la nourriture du Reptile ; un petit jet d'eau fournissait l'humidité convenable, et le fond de la volière, qui reposait sur la terre, était couvert d'un lit de sable et de quelques brins de paille courte.

« Ayant observé un jour que cette femelle paraissait inquiète et qu'elle se traînait en tournoyant sur le sable sans s'arrêter, il la suivit des yeux, et il s'aperçut qu'elle s'était arrêtée dans un coin de la cage où il n'y avait ni sable ni poussière. Arrivée là, elle commença à gratter avec ses jambes antérieures pour creuser en terre, et comme le terrain était dur, elle travailla deux jours sans relâche, de manière à donner à la fosse quatre pouces de diamètre sur six de profondeur, afin de s'y placer commodément pour y déposer ses œufs, qui furent pondus au nombre de trente. Après quoi, cette femelle les recouvrit soigneusement, d'abord avec les déblais de la terre, en se servant uniquement de la patte antérieure droite, comme pour les chats quand ils veulent cacher et recouvrir

leurs ordures ; non satisfaite de les avoir ainsi recouverts de terre, elle y amoncela des feuilles sèches, de la paille et de menus branchages secs pour former une sorte de toit sur cette hutte.

« Vallisnieri observa qu'après la ponte la femelle paraissait exténuée par ce grand travail. Il est vrai que, pendant qu'elle s'y était livrée, elle n'avait ni bu, ni mangé ; cependant son corps était devenu si flasque et si maigre, qu'on ne pouvait guère attribuer cet état décharné au peu de jours pendant lesquels elle n'avait pris aucune nourriture.

« Les œufs des Caméléons sont arrondis ; leur écaille est blanche, d'un gris terne, sans tache ; cette coque est calcaire, mais très poreuse.(1). »

Distribution géographique. — Les Caméléons sont particulièrement abondants en Afrique, et surtout à Madagascar, qui peut être regardée comme leur véritable patrie ; ils sont également nombreux en espèces dans la partie tropicale de l'ouest du continent africain. On trouve dans le sud de l'Égypte le Caméléon vulgaire qui se rencontre principalement dans le nord de l'Afrique. Les Caméléons vivent également en Arabie et dans la péninsule de l'Inde, où ils ne sont représentés que par un petit nombre d'espèces.

Espèces. — Les espèces de Caméléons, au nombre d'une trentaine environ, se distinguent principalement entre elles par la forme de la tête, qui est très variable. Le casque est tantôt relevé, ainsi qu'on le voit chez le Caméléon vulgaire, et surtout chez le Caméléon à cape (fig. 180) ; tantôt, au contraire, aplati en dessus. Le museau peut être surmonté d'un rebord saillant (Caméléon panthère), prolongé en un court lambeau de peau comprimé et dentelé, comme chez le Caméléon nason, ou se terminer par un long appendice fourchu, ainsi qu'on le remarque chez le Caméléon à nez fourchu, être prolongé en une fourche tuberculeuse redressée, comme chez le Caméléon de Parson. La peau de l'occiput présente deux lobes chez le Caméléon trilobé. Le nez se prolonge en une corne ronde, une corne se posant sur chaque orbite chez le Caméléon à trois cornes ; les sourcils présentent des pointes anguleuses chez le Caméléon de Brokes (fig. 181). La saillie du dos peut être ou n'être pas dentelée ; il en est de même pour le ventre ; la gorge est égale-

(1) Duméril et Bibron, *Erpétologie générale*, t. III.

Imp. J. B. Baillière et Fils, édit.   Corbeil, Crété, imp.

LE CAMÉLÉON VULGAIRE.

ment plus ou moins déchiquetée. Les granules de la peau peuvent être égaux ou entremêlés de tubercules disposés d'une manière plus ou moins irrégulière.

LE CAMÉLÉON VULGAIRE. — *CHAMÆLEO VULGARIS.*

Chamäleon.

Caractères. — Le Caméléon vulgaire se reconnaît à son occiput pointu et relevé en arrière, surmonté d'une carène curviligne ; le casque est un peu plus court et plus bas chez les femelles que chez les mâles. Le corps est couvert de petits granules serrés et égaux. Une crête dentelée s'étend sur la moitié de la longueur du dos ; une autre crête plus ou moins prononcée va du menton à la naissance de la queue. La dimension est généralement de 0m,25 à 0m,30 dont un peu plus de la moitié pour la largeur de la queue ; les femelles sont généralement plus fortes que les mâles (Pl. VI).

Distribution géographique. — Cette espèce, la seule qui vive en Europe, se trouve dans la partie sud de l'Espagne et dans tout le nord de l'Afrique, depuis le Maroc jusqu'en Égypte. Grohmann dit l'avoir trouvée en Sicile ; aucun naturaliste n'a depuis trouvé le Caméléon dans cette localité.

Mœurs, habitat, régime. — Les Caméléons vivent exclusivement, on peut le dire, dans les contrées où il pleut de temps en temps ou tout au moins dans lesquelles il tombe chaque nuit une rosée assez abondante pour leur permettre de boire fréquemment. Ils ne font pas absolument défaut dans les pays déserts, mais alors ils se trouvent exclusivement dans les oasis, car ce sont des animaux qui se tiennent toujours sur les arbres.

La présence d'arbres ou de buissons, ou tout au moins de broussailles, est une condition nécessaire à leur existence ; ce sont, en effet, des reptiles essentiellement arboricoles, qui ne descendent à terre que tout à fait exceptionnellement.

Là où ils sont plus particulièrement abondants, il n'est pas rare de voir des Caméléons par groupe de trois à six sur un même arbre ; ils s'y tiennent absolument immobiles, fixés qu'ils sont au moyen de leurs quatre pattes et de leur queue, cramponnés à un ou à plusieurs rameaux. Pendant des journées entières, ils bornent leurs mouvements à se gonfler et à se soulever de la branche sur laquelle ils ont établi leur domicile ; ce n'est qu'exceptionnellement qu'ils changent de place. Les yeux, par contre, sont sans cesse en mouvement et regardent de tous côtés. Aucun vertébré ne guette sa proie avec autant de patience, avec autant de persévérance que le Caméléon.

Lorsque cet animal n'est pas poussé par la faim, il attend dans la même position qu'un insecte vienne se poser à sa portée ; il se tourne lentement alors de son côté, et s'il croit que la proie se trouve à distance convenable, il darde sur elle sa langue avec la plus grande rapidité et ne la manque jamais ; l'insecte, collé à l'extrémité de la langue enduite d'une matière visqueuse, est ramené dans la bouche du Caméléon, broyé et promptement dégluti ; après quoi le reptile reste tout aussi immobile qu'auparavant. Lorsqu'au contraire le Caméléon souffre de la faim, il poursuit, bien que fort lentement, l'insecte qu'il convoite, mais sans jamais abandonner le buisson sur lequel il se trouve.

Ennemis. — « Un Caméléon qui a été vu, dit, avec raison, un dicton, est un Caméléon perdu. » En effet, la coloration de cet animal, qui s'harmonise si merveilleusement avec celle du milieu ambiant, constitue pour cet animal, on peut le dire, son unique moyen de défense. Non seulement tous les carnassiers quadrupèdes et la plupart des oiseaux de proie, mais encore les corbeaux, les hérons, les cigognes, les grues, tous les serpents font une guerre acharnée à l'inoffensif et lent animal qui ne peut nullement lutter contre ses nombreux ennemis.

Captivité. — Au début de leur captivité les Caméléons se montrent très irritables ; ils soufflent et cherchent même à mordre lorsqu'on approche d'eux la main pour les saisir ; mais ils s'adoucissent et s'apprivoisent promptement. Ils exigent avant tout une chaleur uniforme ; on les perd le plus souvent à l'arrière-saison, aussi est-ce dans les serres que l'on a le plus de chances de les conserver longtemps. On doit veiller à ce qu'ils aient une nourriture abondante ; il leur faut, en effet, une quantité considérable de mouches, de vers de farine, d'araignées, de petits insectes de toutes sortes ; la condition essentielle est que la proie soit bien vivante.

Dans le sud de l'Espagne on garde des Caméléons dans les chambres pour se débarrasser des mouches qui pullulent ; on installe à l'animal un gîte auprès duquel on suspend

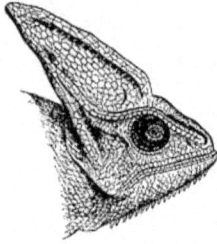

Fig. 180. — Tête de Caméléon à cape. | Fig. 181. — Tête du Caméléon de Brookes.

un vase rempli de miel. On prétend qu'on peut voir dans presque toutes les boutiques de Sé- | ville des Caméléons qui remplissent ce rôle de chasseurs d'insectes.

LES GECKOTIENS — *GECKOTIDÆ*

Haftzcher.

Caractères généraux. — Les Geckos, Ascalabotes, Tokais ou Tarentes sont des animaux qui n'arrivent jamais à une grande taille, dont le corps est déprimé, trapu, le cou très court, la tête large et aplatie, enfoncée entre les épaules, la queue très fragile, généralement épaisse, les partes courtes garnies de doigts presque égaux en longueur et le plus souvent aplatis en dessous, où ils sont garnis de lames régulières et entuilées.

Ils sont, en outre, remarquables par la brièveté et la grande largeur de leur langue charnue, à peine protractile, par la largeur de leur bouche, par la grandeur de leurs yeux, dont la pupille offre le plus souvent une fente linéaire, comme celle de tous les animaux nocturnes et dont les paupières, fort réduites, laissent entre elles une large ouverture par laquelle on voit se mouvoir une membrane clignotante.

Les vertèbres sont amphicéliennes, c'est-à-dire creuses à leurs faces articulaires. On remarque, au crâne, que l'os jugal est rudimentaire et que le squamosal est fort petit; l'arc temporal supérieur, pas plus que l'arc inférieur, n'est ossifié, le postfrontal étant uni au squamosal par un ligament, de même que le maxillaire à l'os carré.

Les dents sont petites, égales, comprimées, tranchantes au sommet, entières, implantées au bord interne des mâchoires; il n'y a jamais de dents au palais.

Le peau est garnie d'écailles granuleuses, le plus souvent parsemées de tubercules plus gros à pointes mousses et anguleuses; ces écailles peuvent parfois se réunir, de manière à former des sortes de plaques, ainsi qu'on le voit chez un Geckotien de la Nouvelle-Calédonie, l'Eucydactyle. Il existe le plus souvent des pores aux cuisses et au devant du cloaque.

Caractères spéciaux. — La conformation des doigts est si particulière chez les Geckotiens que cette conformation a servi de base pour la classification de ces animaux.

On peut, en effet, les partager en deux groupes assez naturels; chez les uns les pattes ont les doigts élargis sur toute ou presque toute leur longueur, et supportent des ongles rétractiles; chez les autres les doigts sont arrondis ou même légèrement comprimés et les ongles ne sont ni crochus, ni susceptibles de rentrer dans une sorte de gaine destinée à les recevoir.

Chez les Thécadactyles et les Platydactyles, qui font partie du premier groupe, les doigts sont élargis plus ou moins sur toute leur largeur et garnis en dessous de lamelles transversales, imbriquées, entières ou divisées par un sillon longitudinal et médian (fig. 182).

Parfois les ongles font défaut; d'autres fois le pouce est très court ou rudimentaire; il peut exister quatre ou cinq ongles; chez certaines espèces on ne voit que deux on-

Fig. 182.

Fig. 183.

Fig. 184.

Fig. 185.

Fig. 186.

Fig. 182. — Patte de Platydactyle.
Fig. 183. — Patte de Ptyodactyle frangé.
Fig. 184. — Patte de Phyllodactyle porphyré.

Fig. 185. — Patte de Gymnodactyle gentil.
Fig. 186. — Patte de Sténodactyle tacheté.

gles ; les doigts sont ou palmés et réunis par une membrane, ou complètement libres. Le sillon qui divise les lamelles sous-digitales peut être assez profond en avant pour que l'ongle puisse s'y loger, ainsi qu'on le voit chez les Théconyx.

Les Hémidactyles, qui sont voisins des Platydactyles, ont les doigts élargis à leur base en un disque du milieu duquel s'élèvent les deux dernières phalanges, qui sont grêles ; la face inférieure de ce disque est revêtue de feuillets entuilés, le plus souvent échancrés en chevron.

Le pouce peut être élargi en toute sa largeur et garni de lames sous-digitales ou être, au contraire, rétréci à la pointe ; dans ce dernier cas, le pouce est parfois allongé, parfois très court ; chez certaines espèces les doigts sont à demi palmés ; chez d'autres, ils sont absolument libres.

Chez les Hémidactyles c'est, venons-nous de le dire, la base du doigt qui est élargie ; la disposition inverse se voit chez les Ptyodactyles chez lesquels l'extrémité des doigts est dilatée en un disque offrant une échancrure en avant, et en dessous des lamelles imbriquées et disposées comme les lames d'un éventail ; tous les doigts sont garnis d'ongles, placés au fond d'une fissure qui sépare en deux la partie élargie (fig. 183).

La même disposition générale se trouve chez les Phyllodactyles ; chez ceux-ci toutefois le disque est garni de deux plaques seulement (fig. 184).

Les Sphériodactyles, qui sont des animaux de très petite taille, n'ont pas d'ongles ; les doigts sont presque arrondis ou cylindriques, excepté à leur extrémité libre qui présente de petites lames transversales à peine imbriquées et qui se terminent par une partie lisse et entière.

BREHM. — V.

Les doigts ne sont plus élargis chez les Gymnodactyles et chez les Sténodactyles. Chez les premiers la face inférieure des doigts est striée en travers (fig. 185) ; elle est granuleuse et dentelée sur les bords chez les seconds (fig. 186).

Les Geckotiens étant des animaux essentiellement nocturnes ont généralement des couleurs ternes et sombres ; leur apparence est peu agréable. Les ornements consistent le plus souvent en petites taches, en gouttelettes d'un blanc laiteux ou des ocelles d'un bleu céleste, ainsi qu'on voit, par exemple, chez le Platydactyle d'Égypte ; on voit d'autres fois des taches brunâtres, rouges.

La coloration est parfois plus agréable et relevée de bandes brunes se détachant en un fond violacé, ainsi qu'on peut le voir chez le Platydactyle à deux bandes de la Nouvelle-Guinée, ou d'une bande blanche se bifurquant en avant, comme chez le Platydactyle à bandes de la Polynésie (fig. 187).

Certains Geckotiens, plus particulièrement cantonnés dans la partie la plus chaude de l'ouest de l'Afrique, ont, contrairement aux autres membres de la même famille, des habitudes plus diurnes, aussi leur coloration est-elle plus brillante que chez les animaux nocturnes, dont la livrée est toujours plus ou moins terne.

Quelques Geckotiens présentent des sortes de franges, de plis sur certains points du corps. Un des animaux les plus curieux sous ce rapport est le Ptychozoon homacéphale que nous figurons (fig. 188).

Chez ce singulier reptile, plus particulièrement abondant à Java, bien qu'on le rencontre dans quelques îles voisines, les tempes, les flancs, les membres et la queue sont bordés d'une membrane ; le dessus du corps est de teinte vert-jaunâtre, les flancs étant rougeâtres ;

REPTILES. — 26

le dos est orné de bandes transversales de couleur brune ou noire qui forment, par leur ensemble, une série de zigzags; la peau plissée des joues offre une teinte claire avec des mouchetures d'un beau bleu foncé; les yeux sont bordés d'un cercle jaune doré; les bras portent un anneau blanchâtre. La taille de cet étrange animal est d'environ 0^m,20.

Distribution géographique. — La famille des Geckotidés, nombreuse en espèces, a des représentants dans tous les pays chauds. L'Europe est la partie du monde où on en a observé le moins d'espèces; on ne connaît, en effet, dans la partie la plus méridionale de ce continent, que trois espèces, le Platydactyle des murailles, l'Hémidactyle verruqueux, et le Phyllodactyle européen; ce dernier est une espèce de très petite taille qui paraît être cantonnée dans quelques îles de la Méditerranée. Les Geckotiens sont, par contre, abondants en Afrique, surtout dans l'ouest de ce continent, en Australie et dans quelques îles du Pacifique, principalement dans la partie la plus chaude de l'Asie et des îles qui géographiquement en dépendent.

Grâce à la facilité avec laquelle ces animaux, qui s'attachent à tous les objets, peuvent être transportés à bord des bateaux avec les marchandises, certaines espèces, telles que le Platydactyle des murailles, ont une très large distribution géographique et ont pénétré, avec l'homme, dans les localités les plus éloignées.

Habitat. — Là où ils se trouvent, les Geckos vivent, du reste, aussi bien dans les régions basses que sur les montagnes, dans les forêts comme dans les déserts, au milieu des villes les plus populeuses comme dans les solitudes les plus arides. Ils s'accommodent de tout, du moment qu'ils ont des insectes en quantité et que dès lors la température est chaude.

Tous ces Geckotiens ont à peu près les mêmes habitudes. Ils habitent les parois des rochers et les arbres, les pierres éboulées, les habitations. Certaines espèces semblent être plus particulièrement arboricoles, tandis que d'autres préfèrent les endroits rocheux ou les maisons. Là où ils se trouvent, ils trahissent leur présence par des cris souvent assez forts; ce sont les seuls Sauriens qui aient réellement une voix.

Mœurs, habitudes, régime. — Ainsi que nous l'avons dit plus haut, les Geckos sont des animaux essentiellement nocturnes; on ne connaît que quelques espèces qui soient réellement diurnes. Ils cherchent généralement dès le lever du soleil quelque coin obscur dans lequel ils se cachent; ils restent ainsi pendant tout le jour absolument immobiles, appliqués derrière quelque écorce d'arbre, derrière quelque pierre ou glissés dans la fente de quelque rocher. Là où ils ne sont pas troublés, on les trouve le plus souvent réunis en assez grand nombre, car ils paraissent être essentiellement sociables. Ce n'est guère qu'à l'entrée de la nuit qu'ils s'animent et qu'ils se mettent en chasse, à la poursuite des moucherons, des araignées, des chenilles, des insectes qu'ils poursuivent avec acharnement et dont ils savent s'emparer avec une adresse vraiment merveilleuse.

D'après Martens, les grandes espèces chassent même les espèces plus petites, car ce sont des animaux essentiellement carnassiers et fort voraces. C'est principalement lorsqu'ils se mettent en chasse qu'ils font entendre un cri bref et sonore que l'on peut à peu près traduire par les mots *gulk* et *toké*, d'où le nom qui leur a été imposé depuis fort longtemps par le vulgaire.

Ainsi que nous venons de le dire, les Geckos se nourrissent principalement d'insectes et d'animaux semblables « qu'ils trouvent le plus souvent en se mettant en embuscade ou en les chassant et les poursuivant dans les trous et les cavités obscures où ceux-ci cherchent leur refuge. Ils semblent avoir été, en effet, principalement construits dans ce but. Leurs pattes, munies en dessous de lamelles imbriquées qui s'appliquent exactement et adhèrent sur la surface des corps même les plus lisses, leur permettent de courir, avec la plus grande prestesse, sur tous les plans et dans toutes les directions, en se tenant même suspendus sous la face inférieure des feuilles. Le plus souvent des ongles crochus, acérés et rétractiles, comme ceux qui forment les griffes des chats, leur donnent la facilité de grimper sur les écorces des arbres, de pénétrer dans les fentes et les trous des rochers, de gravir les murailles à pic, d'en rechercher les moindres cavités pour s'y tapir et y rester immobiles pendant des heures entières, accrochés et comme soutenus en l'air par les pattes, contre leur propre poids. Leur tronc aplati, flexible dans tous les sens, semble se mouler dans les creux où ils n'offrent presque aucune saillie, et la teinte variable de leurs téguments semble se confondre et s'accorder avec les couleurs des surfaces sur lesquelles ils reposent. Cette faculté paraît leur avoir été concédée autant pour masquer leur présence à la proie qu'ils épient, que pour les soustraire à la vue de leurs ennemis et surtout à la recherche de quelques petits oiseaux de proie, les seuls ennemis qu'ils aient à craindre. Serait-ce dans les mêmes intentions providentielles que la plupart des espèces seraient douées de la faculté de distinguer nettement les corps dans l'obscurité des nuits, et de pourvoir alors à leur subsistance, lorsqu'ils poursuivent leur proie dans les lieux les moins éclairés? Leur pupille jouit d'une mobilité semblable à celle qu'on observe dans les yeux des oiseaux et des mammifères nocturnes qui peuvent dilater excessivement leur prunelle quand ils ont besoin de recueillir les effets d'une lumière peu abondante, et qui ont la faculté de la resserrer pour la réduire à une simple fente linéaire; c'est dans les climats chauds que les Geckotiens habitent; ils sont appelés à supporter le plus grand éclat d'un soleil ardent, et cependant comme leur proie cherche à éviter aussi l'excessive chaleur du jour, ils sont obligés d'attendre la nuit pour aller à la chasse ou à la poursuite des insectes qui profitent eux-mêmes de l'obscurité et de l'abaissement de la température, afin de pourvoir à leurs besoins particuliers (1). »

Les mouvements des Geckos sont extrêmement vifs; ils s'élancent soudain en se tortillant avec rapidité. D'après les observations de Cantor, le Ptychozoon homolocéphale, Gecko pourvu de replis cutanés, peut à l'aide de ces membranes, qui lui servent de parachute, exécuter des bonds assez considérables; les autres espèces, au contraire, lorsqu'elles veulent sauter, entraînées qu'elles sont par l'ardeur de la chasse, perdent généralement l'équilibre et tombent lourdement sur le sol.

C'est à l'aide des feuillets qui se trouvent aux doigts que, faisant le vide, le Gecko peut se tenir dans toutes les positions, et non pas en se collant aux corps à l'aide d'une substance visqueuse, comme on le croyait autrefois à tort. Ceux qui ont admis de confiance cette dernière explication ne réfléchissaient pas à cela que le Gecko ne tarderait pas à ne plus pouvoir se servir de ses pattes, attendu que la viscosité ferait adhérer aux pelotes lamelleuses

(1) Duméril et Bibron, *Erpétologie générale*, t. III, p 275.

toutes sortes de poussières et de corps étrangers.

D'après des observations de Brehm, faites sur le Gecko des murailles, espèce qui se trouve dans le sud de l'Europe, le Gecko peut diriger le premier et le cinquième doigt de telle sorte que ceux-ci forment avec le deuxième et le quatrième un angle très obtus; en outre, le deuxième doigt de chaque main est assez mobile pour pouvoir décrire un arc de cercle assez grand, tandis que le quatrième et le cinquième ne peuvent pas s'écarter beaucoup. On doit regarder les troisième et quatrième doigts comme servant à l'animal pour se cramponner lorsqu'il grimpe, tandis que les trois autres doigts peuvent être considérés comme des doigts adhésifs. Si l'amplitude des mouvements latéraux des doigts est d'une grande utilité, la flexion toute particulière des trois premiers doigts rend des services non moins appréciables. Les feuillets cutanés des disques des orteils se superposent en faisceaux pendant le repos; de telle sorte que leurs tranches ne sont plus visibles; on les distingue, au contraire, très nettement lorsque l'animal se dispose à grimper. Le contact de cette pelote adhésive produit la sensation du velours sur la main qui saisit le Reptile.

Les Geckos sont aussi courageux et aussi querelleurs que les Lézards. Ceux qui vivent en société, loin de demeurer en paix, se poursuivent et se mordent fréquemment. Les espèces les plus grandes se mettent même sur la défensive vis-à-vis de l'homme, ouvrent largement la gueule et se jettent avec courage sur la main qui veut les saisir.

Les Geckos qui vivent dans les habitations deviennent promptement très familiers, lorsqu'on ne les inquiète pas. « Dans la chambre où les personnes de ma famille passaient leurs soirées, écrit Tennent, un de ces petits sauriens apprivoisé s'était installé derrière le cadre d'un tableau. Sitôt que les lumières étaient apportées, le Gecko apparaissait le long du mur pour venir chercher sa nourriture accoutumée; lorsqu'on ne faisait pas attention à lui, il ne manquait jamais de rappeler sa présence par un appel clair et sonore qu'on pourrait exprimer par l'onomatopée *tschik*, *tschik*, *tschik*. Dans la forteresse de Colombo, on avait habitué un Gecko à venir chaque jour au repas du soir; il apparaissait ponctuellement chaque fois qu'on servait le dessert. La famille en question abandonna son habitation pendant

Fig. 187. — Le Platydactyle à bandes.

quelques mois et on profita de son absence pour tout remettre en état; on récrépit les parois, on blanchit les plafonds, on tapissa à nouveau. Chacun pensa naturellement que des modifications aussi considérables avaient dû faire fuir l'ami de la maison; il n'en était rien. Au retour de la famille, il reparut avec sa ponctualité habituelle la première fois que le couvert fut mis, et vint demander sa nourriture comme autrefois. »

Captivité. — Il est très difficile de conserver un peu longtemps des Geckos en captivité. Leur capture est, du reste, très difficile, car ils sont extrêmement agiles et, au moindre bruit, ils disparaissent rapidement dans les fentes des rochers. Ajoutons qu'on brise presque toujours la queue lorsqu'on veut saisir ces animaux, car elle se casse comme du verre; cet accident arrive avec la plus grande facilité, de telle sorte qu'il est presque impossible de prendre un Gecko sans le mutiler.

Il est rare que les Geckos, surtout ceux des pays chauds, passent l'hiver en ménagerie, même lorsqu'on leur donne une chaleur convenable, car, bien qu'ils puissent supporter un jeûne assez long, il leur faut des insectes en abondance.

Légendes, préjugés. — Il est peu d'animaux sur lesquels on ait écrit autant de fables que sur les Geckos.

La plupart des auteurs anciens, qui ont certainement connu une des espèces de ce groupe, paraissent les avoir désignées sous le nom d'*Ascalabote;* c'est la dénomination que leur donne Aristote. Presque tous les auteurs latins, depuis Pline, ont traduit ce nom sous celui de *Stellio;* Aristophane et Théophraste ont désigné les animaux dont nous écrivons l'histoire sous le nom d'Ascalabotes et de Galeotes.

Voici ce qu'Aristote dit du Gecko : « Cet animal séjourne sur les fenêtres, s'introduit dans les appartements, vit dans les fossés; il erre le long des murailles et tombe fréquemment sur la table et dans les mets; il s'introduit dans les narines des ânes qu'il empêche de manger; sa morsure est venimeuse; pendant les quatre mois les plus froids de l'année, il demeure caché et ne prend aucune nourriture; au printemps et à l'automne, il mue et mange sa dépouille.

« Cet animal, écrit Geszner, dévore la peau qu'il vient de quitter, ce qui prive l'homme d'un remède souverain contre l'épilepsie, c'est pourquoi les juristes ont désigné sous le nom de *stellionat* le vol qui consiste à priver quelqu'un d'un objet par ruse ou par fourberie. Le Stellion est en hostilité naturelle avec le Scorpion; sa vue lui inspire une frayeur extrême. On utilise le Stellion en le faisant macérer dans de l'huile, ce qui donne un remède efficace contre la piqûre du Scorpion. »

Pline affirme que l'Ascalabote donne un médicament fort dangereux, attendu que chez les gens qui se servent du vin dans lesquels un de ces animaux a été noyé ou d'onguent dans lequel il a été incorporé, on voit se produire des taches de rousseur. « Certaines personnes coupables, écrit-il, offrent des onguents de cette sorte à des jeunes filles, pour les enlaidir à tout jamais. » L'auteur romain indique comme antidote le jaune d'œuf, le miel, les sels alcalins. Au dire du même naturaliste, la morsure du Gecko serait presque toujours

Fig. 188. — Le Ptychozoon homacéphale (3/4 de grandeur).

mortelle en Grèce, mais inoffensive en Sicile.

Jusqu'à ces derniers temps on a raconté des histoires tout aussi fantaisistes sur le compte des Geckos. Bontins, auquel on doit certains renseignements fort exacts sur les animaux qu'il a été à même d'observer, écrit à propos d'un Gecko de Batavia : « que sa morsure est tellement venimeuse qu'elle est suivie de mort au bout de peu d'heures si on ne retranche ou si on ne brûle pas de suite la partie mordue. Le simple passage d'un de ces Sauriens courant sur la poitrine nue suffit à produire une vésicule semblable à celle que ferait paraître l'eau bouillante... Ce Reptile a les dents si aiguës qu'il les imprime dans l'acier; sa gueule est rouge comme une fournaise ardente. Au grand effroi des habitants, ce dangereux animal erre souvent dans les huttes, de telle sorte qu'on est obligé de les démolir pour forcer le Gecko à déguerpir. Les Javanais empoisonnent leurs armes avec son sang et sa bave; d'infâmes empoisonneurs, comme il y en a beaucoup dans le pays, suspendent le Gecko par la queue et reçoivent dans des vases de terre, pour la faire sécher au soleil, la bave visqueuse et jaunâtre qui s'écoule lorsque l'animal est irrité; on nourrit même des Geckos dans ce seul but. L'urine seule de cet animal produit des pustules. »

Hasselquist prétend que le Gecko qui vit en Égypte laisse suinter un redoutable poison entre les sillons de ses doigts. Il affirme avoir vu, au Caire, trois femmes en danger de mort pour avoir mangé d'un fromage sur lequel un Gecko avait déposé son poison. Un de ces Lézards ayant couru sur la main de quelqu'un qui voulait s'en emparer, toute la partie sur laquelle l'animal avait passé se couvrit de

Fig. 189. — Le Platydactyle des murailles (grandeur naturelle).

petites pustules, accompagnées de chaleur, de rougeur, et de douleur, comme celles qu'on éprouve quand on a touché des orties.

D'après Popping l'action du venin des Geckos du Pérou serait tout aussi terrible que celui des Serpents venimeux; le poison résiderait à la surface des doigts. Les Indiens, dit-il, le savent si bien qu'ils prennent sans aucune crainte l'animal après lui avoir coupé les pattes. Ayant constaté à l'aide d'une forte loupe que les écailles du Gecko étaient parfaitement sèches, Popping ne trouva à la dissection ni glandes, ni vésicules à venin; il ajoute qu'il s'est précautionné en faisant cette dissection qui présentait de sérieux dangers et qu'il pense que le poison peut s'écouler au gré de l'animal. Il est certain que le voyageur n'a jamais vu les terribles effets du venin dont il

parle, et qu'il s'est contenté de raconter les dires des indigènes.

On peut d'ailleurs recueillir en Afrique, dans les Indes et même dans le sud de l'Europe des contes plus ou moins lugubres, analogues à ceux que nous venons de relater. « Quand un Gecko, au dire des Indiens des Guyanes, interrogés par le voyageur Schomburgk, vient à tomber sur la peau, le venin contenu dans les orteils s'infiltre dans le sang, et il se produit instantanément une pustule qui amène la mort à bref délai; ce qui fait qu'on redoute ces animaux tout autant que les Serpents les plus dangereux. »

Lucien Bonaparte raconte également qu'en Italie « on ne reproche pas seulement aux Geckos ou Tarentes de gâter les mets sur lesquels ils se posent; on les accuse également de tuer un homme rien qu'en passant sur sa poitrine ; cette croyance est répandue dans tout le peuple. »

Nous ne savons vraiment ce qui a donné naissance à des fables aussi ridicules et aussi généralement répandues. Les Geckotiens sont des animaux absolument inoffensifs, qui cherchent tout au plus à mordre lorsqu'on veut les saisir, comme le font tous les autres Sauriens du reste. Il nous est arrivé maintes fois de saisir des Platydactyles d'Égypte vivants, cette espèce redoutable d'après Hasselquist, d'être mordu, bien légèrement il est vrai par ces animaux, de les manier, soit morts, soit vivants, d'en disséquer, sans avoir jamais rien ressenti de fâcheux, sans avoir constaté sur les doigts, même entamés par des écorchures, la moindre trace de rougeur ou d'ulcération. Non seulement les Geckos ne sont pas des animaux nuisibles ; ce sont des animaux essentiellement utiles, car ils détruisent un grand nombre de moustiques et d'autres insectes bien autrement désagréables qu'eux ; il en est de ces animaux comme d'une foule de bêtes déshéritées de la nature et sottement calomniées, telles que l'Orvet et le Crapaud que l'on tue sans pitié et sans discernement.

LE PLATYDACTYLE DES MURAILLES. — PLATYDACTYLUS FACETANUS.

Mauérgeko

Caractères. — Le Platydactyle des murailles ou Tarente est un petit animal qui arrive à la taille de 0^m,12 à 0^m,15. Le dessus du corps présente des bandes transversales de tubercules ovalaires, relevés d'une carène saillante, et entourés à la base de fortes écailles ou d'autres petits tubercules ; les bords du trou de l'oreille sont dentelés ; tous les doigts sont très aplatis, et il n'y a que le troisième et le quatrième doigt de chaque patte qui soient munis d'ongles. Les mâles ont la base de la queue hérissée d'un rang d'épines de chaque côté ; la queue, légèrement déprimée, présente en dessus des épines formant des demi-anneaux. Le dessus de la tête est revêtu de petites plaques polygones, convexes, disposées en pavé (fig. 189).

La coloration est variable ; tantôt le dessus du corps est d'un gris cendré comme poussiéreux, tandis que le ventre est blanchâtre ; parfois il est d'un brun presque noir, avec des taches grisâtres, formant des bandes en travers

du dos et de la queue ; cette dernière coloration se trouve principalement chez les individus jeunes.

Distribution géographique. — Cette espèce, dont les mœurs sont celles de tous les Geckotiens nocturnes, habite les îles de la Méditerranée, aussi bien que les régions qui forment le pourtour de cette mer. On la trouve dans la péninsule ibérique, dans le Midi de la France, en Italie, en Grèce, en Dalmatie et dans la partie nord-ouest du continent africain, ainsi que dans l'ouest de l'Asie, en Syrie, en Palestine et dans certains points de l'Arabie. La facilité avec laquelle ce Reptile est transporté dans les marchandises, à bord des navires, fait que son aire de distribution géographique est aujourd'hui plus étendue qu'elle ne l'était autrefois.

L'HÉMIDACTYLE VERRUCULEUX. — HEMIDACTYLUS VERRUCULATUS.

Scheibenfinger.

Caractères. — L'Hémidactyle verruculeux a la tête courte, le museau fort obtus. Les doigts sont médiocrement élargis ; les pouces sont allongés, rétrécis à la pointe. La queue est ronde et fait un peu plus de la moitié de la longueur totale du corps. Les écailles du dos sont entremêlées de tubercules nombreux et trièdres ; le crâne est couvert de petits tubercules arrondis. La taille maximum arrive à 0^m,12 (fig. 190).

La coloration est, le plus souvent, grisâtre ou rougeâtre avec des marbrures brunes ; on rencontre des individus chez lesquels ces couleurs sont très foncées, ce qui les fait paraître presque noirs ; le plus souvent les côtés du museau, entre l'œil et la narine, sont marqués d'une bande noire.

Distribution géographique. — De même que le Platydactyle des murailles, l'Hémidactyle verruculeux habite tout le pourtour de la Méditerranée, en Espagne, dans le sud de la France, en Italie, en Sicile, en Dalmatie, dans les îles Ioniennes, en Morée, en Grèce, en Turquie, dans les îles de l'Archipel, principalement dans les Cyclades. En Afrique, il a été trouvé au Sénégal, au Maroc, en Algérie, en Tunisie, en Égypte, au Sennâar et en Abyssinie ; on l'a recueilli en différents points de Syrie, de Palestine, de Perse, de l'Arabie Pétrée.

Fig. 190. — L'Hémidactyle verruqueux (grand. nat.).

LES RHYNCHOCÉPHALIENS — *RHYNCHOCEPHALIDÆ*

Caractères généraux. — Un curieux reptile de la Nouvelle-Zélande, l'Hattérie ponctuée, présente des caractères anatomiques si particuliers que les zoologistes sont tous d'accord pour en faire le type d'une famille distincte; quelques-uns même regardent cet animal comme devant former un ordre distinct.

L'Hattérie, qui semble être le seul représentant actuel de tout un groupe de reptiles ayant vécu à l'époque Triasique, présente un singulier mélange de caractères de supériorité et d'infériorité,

Au crâne, l'os carré est fixé d'une manière immobile par soudure avec les os voisins; la portion faciale du crâne se trouve reliée à la région temporale par deux ponts osseux qui s'étendent au delà des fosses temporales. Les dents sont fixées au bord de la mâchoire, mais elles s'usent de telle sorte que l'animal est forcé de mordre avec le bord même de ses mâchoires, à la façon des Tortues. Les deux branches de la mandibule ne sont pas étroitement soudées, mais réunies par un ligament, comme chez les serpents. Les vertèbres sont biconcaves, caractère qu'on ne retrouve que chez les Geckos, parmi les Reptiles actuels; les côtes ont des processus récurrents, ainsi qu'on le voit chez les oiseaux et chez les crocodiles. Il n'existe pas de caisse tympanique bien délimitée, et les osselets de l'ouïe sont remplacés par un stylet osseux, ainsi que cela existe chez les Serpents.

L'HATTÉRIE PONCTUÉE. — *HATTERIA PUNCTATA*.

Brückenechse.

Caractères. — L'Hattérie est un Saurien au corps relativement trapu, aux membres postérieurs plus longs que les antérieurs, armés de griffes fortes et crochues; il existe cinq doigts à chaque membre; la queue est comprimée et atteint une largeur égale à celle du tronc. La

Fig. 191. — L'Hattérie ponctuée (1/4 grand. nat.).

tête est forte; le museau est court, le front déprimé. L'œil est grand, arrondi, d'un noir profond, pailleté d'or, fort doux d'expression et rappelle assez l'œil des Batraciens, n'ayant rien de la mobilité de l'œil des Lézards. La bouche est largement fendue; le bord de la mandibule est tranchant, formé en arrière de quelques dents comprimées; la partie postérieure de la mâchoire inférieure présente une large rainure bordée, de chaque côté, d'une série de denticulations plutôt que de dents véritables; la mâchoire supérieure seule présente, à sa partie médiane, deux fortes dents qui sont reçues dans une large échancrure qui se voit à la mâchoire inférieure. La langue est large, peu mobile; des replis de la peau qui borde les mâchoires forment des sortes de lèvres. L'oreille est cachée par la peau. La partie postérieure de la tête, le cou, le dos, sont

surmontés par une crête peu élevée et profondément découpée, interrompue au niveau des bras. La peau des flancs est granuleuse, quelques tubercules plus gros que les autres se voyant sur la queue; la partie inférieure du corps est protégée par des écailles de forme irrégulièrement losangique, placées bout à bout; un pli de la peau forme au cou une large collerette; les écailles qui garnissent les membres sont plus petites que celles du ventre; une large plaque se voit à l'extrémité du museau.

La teinte générale est d'un vert olive assez sombre; les flancs et les membres sont mouchetés de petites taches blanches entre lesquelles se voient quelques taches jaunes plus grandes; la crête est d'un jaune brunâtre (fig. 191).

Distribution géographique. — L'Hattérie

est particulière à la Nouvelle-Zélande. Des renseignements recueillis par les voyageurs dans la première partie de ce siècle, il résulte que ce reptile était assez commun dans toutes les îles. L'introduction des porcs et la guerre qui a été faite à ce Saurien a largement contribué à la disparition d'une espèce intéressante à tous égards; il est aujourd'hui rare à ce point que beaucoup d'indigènes ne l'ont jamais vu.

Anderson, un des compagnons du capitaine Cook dans son troisième voyage, signala le premier à la Nouvelle-Zélande un reptile monstrueux, voisin des Lézards. Taweicharooa, Néo-Zélandais embarqué sur la *Découverte*, assura, en effet, au naturaliste anglais que l'on trouvait dans sa patrie « des Serpents et des Lézards d'une grandeur énorme ; d'après ce qu'on nous dit de ces derniers, ajoute Anderson, ils doivent être de huit pieds de long et aussi gros que la cuisse d'un homme; ils saisissent et dévorent parfois les naturels, se tapissent dans des trous creusés sous terre, et on les tue en faisant du feu à l'entrée des terriers. »

Dans la relation de son voyage à la Nouvelle-Zélande, publié en 1838, Palock signale également un Lézard gigantesque abondant surtout dans l'île de Victoria et à la baie de l'Abondance; les naturels ont grand'peur de ce reptile et racontent sur lui bien des histoires effrayantes.

Taylor rapporte qu'il a vu plusieurs fois un reptile ressemblant à un petit crocodile, se tenant au bord du cours d'eau, mais qu'il n'a pu s'emparer de l'animal, qui plonge à la moindre alerte; certains individus tués et que notre voyageur a été à même d'examiner avaient près de six pieds et pesaient jusqu'à vingt livres anglaises.

Hochstetter parle du même animal dans l'ouvrage qu'il a consacré à la Nouvelle-Zélande et dont la première édition allemande a paru en 1863.

D'après Dieffenbach, les Néo-Zélandais désignent sous le nom de *Tuatera* ou *Narara* un reptile qui vit dans les collines sablonneuses qui bordent les rivages de la mer.

Les premiers animaux arrivés en Europe ont été étudiés à Londres. Depuis, en 1877, la ménagerie des reptiles du Muséum d'histoire naturelle de Paris a reçu plusieurs de ces animaux capturés à Rurima Rock, dans la baie de l'Abondance.

Mœurs, habitudes, régime. — Nous avons dit que, d'après les dires des indigènes, l'Hattérie se tiendrait de préférence au voisinage de l'eau. Ceux que nous avons été à même d'observer à Paris se tenaient presque toujours dans l'eau, le corps à moitié immergé.

Les Hattéries de la ménagerie du Muséum se sont toujours montrées exclusivement carnivores ; elles n'ont jamais touché aux plantes, aux fleurs, aux fruits qu'on leur présentait, mais se sont, au contraire, avidement jetées sur des rats nouvellement nés, sur des oiseaux qui venaient d'éclore, sur de gros insectes ou sur des vers de farine.

Nous avons dit plus haut que les Néo-Zélandais avaient grand'peur de l'Hattérie et racontaient à son sujet les fables les plus effrayantes : le reptile est cependant fort doux et ne cherche nullement à mordre; il est très craintif et se sauve au moindre bruit; ses mouvements sont vifs et saccadés et ont lieu, pour ainsi dire, par secousses. L'animal mâchonne sa proie, et les replis qui garnissent le bord des mâchoires remplissent l'office de lèvres.

LES AGAMIENS — *AGAMIDÆ*

Caractères généraux. — Duméril et Bibron ont désigné sous le nom d'*Iguaniens* ou d'*Eunotes* des Sauriens chez lesquels le corps est couvert de lames cornées, sans écussons osseux, ni tubercules enchâssés, n'étant jamais disposées par anneaux verticillés ou circulairement entuilés ; ni le ventre ni la tête ne sont revêtus de grandes plaques cornées; la langue est libre à sa pointe, épaisse, non cylindrique et ne peut point rentrer dans un fourreau; les yeux possèdent des paupières mobiles; les doigts sont libres, distincts, tous onguiculés.

Les dents sont tantôt appliquées, comme des pieux, contre le rebord de la mâchoire formant parapet (fig. 192); elles sont d'autres fois soudées au bord libre de la mâchoire, qu'elles semblent continuer (fig. 193, 194); la première disposition est dite pleurodonte, la seconde acrodonte.

Se basant sur le mode particulier d'implantation des dents qui correspond à des faits intéressants de distribution géographique, on partage généralement les Iguaniens ou Eunotes de Duméril et Bibron en deux familles, les Iguaniens proprement dits et les Agamiens.

Les Agamiens sont des Sauriens dont certaines espèces arrivent à une assez grande

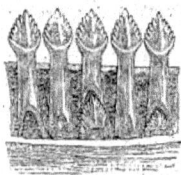

Fig. 192. — Coupe de la mâchoire d'un Iguane.

taille. Le corps est généralement comprimé latéralement, parfois très élancé ; il est déprimé chez les Fouette-queue et chez les Phrynocéphales. Les formes sont toujours élégantes et indiquent des animaux agiles. La queue peut être arrondie, formée d'écailles épineuses, disposées par anneaux, ainsi qu'on le voit chez les Stellions ; déprimée, armée d'épines ou formant des verticilles, comme chez les Fouette-

Fig. 193 et 194. — Mâchoire d'Agame vue en dessus et latéralement.

queue. Le dos est parfois orné d'une crête plus ou moins haute, irrégulièrement dentelée, s'étendant plus ou moins sur leur queue ; cette disposition s'observe chez les Istiures, les Lophyres ; elle est basse chez les Lyriocéphales, les Cératophores et n'est plus représentée que par un rudiment chez les Stellions. Chez les Chlamydosaures, une énorme collerette plissée, dentelée, formée par la peau couverte d'écailles et soutenue par des osselets osseux, s'étale de chaque côté du cou. La peau des flancs étendue et soutenue par les côtes forme une sorte d'aile ou de parachute chez les Dragons. Un énorme fanon se voit sous le cou chez les Sitanes mâles ; les Istiures ont également un fanon, mais plus petit. Les écailles peuvent former un pli au devant de la poitrine, ainsi qu'on l'observe chez les Istiures, les Lophyres. Chez les Lyriocéphales l'extrémité du museau est surmontée d'une protubérance molle recouverte d'écailles ; le museau se prolonge en une sorte de corne molle chez les Cératophores.

Les écailles du corps sont parfois disposées par bandes obliques (Galéote, Lophyres, etc.) ; d'autres fois, comme chez les Grammatophores, aux petites écailles imbriquées qui revêtent la partie supérieure du corps, se mêlent des tubercules épineux formant des bandes longitudinales sur le dos, transversales sur la queue. Des épines se voient en différents points du corps, principalement autour des oreilles et derrière la tête.

Les doigts sont au nombre de cinq à chaque membre, à l'exception des Sitanes et des genres démembrés de celui-ci, qui n'ont que quatre doigts aux membres postérieurs ; les bords des doigts sont dentelés chez les Phrynocéphales. Les pores fémoraux peuvent exister (Istiure, Grammatophore, Chlamydosaure), ou manquer (Galéote, Lophyre, Dragon, Sitane, Cératophore, etc.) ; il existe des pores anaux chez les Agames et des écailles crypteuses au devant de la fente anale chez les Stellions.

La langue est généralement épaisse, fongueuse ; elle peut être légèrement échancrée (Istiure, Galéote), ou entière (Dragon, Sitane) ; elle est écailleuse dans sa moitié antérieure, papilleuse dans sa partie postérieure chez les Leiolopis. La membrane du tympan est généralement grande, tendue à fleur de tête, parfois un peu enfoncée, ainsi qu'on le voit chez les Grammatophores, les Istiures, les Lophyres, les Chlamydosaures ; elle est parfois cachée, comme chez les Lyriocéphales, les Phrynocéphales, les Cératophores ; cachée chez certains Dragons, elle est visible chez d'autres ; le trou de l'oreille est vertical, en partie caché par des dentelures écailleuses de la peau chez les Fouette-queue.

Les dents sont implantées dans la substance même des os des mâchoires ; elles y adhèrent intimement par la base de leurs racines, de manière à faire corps avec elles ; les dents latérales sont comprimées, triangulaires, souvent échancrées, tandis que les antérieures sont généralement coniques et pointues ; il n'existe pas de dents sur la voûte palatine.

Distribution géographique. — Tous les Agamiens sont de l'Ancien monde et d'Australie ; c'est dans le sud de l'Asie que la famille atteint son plus grand développement, car on y trouve environ la moitié des espèces connues. Le Stellion commun est le seul représentant de la famille que nous ayons en Europe ; il habite la Grèce. Les Phrynocéphales se trouvent aux confins de l'Europe et de l'Asie ; ce sont les plus septentrionaux des Agamiens, car on les trouve dans les déserts de Tartarie et dans la partie sud de la Sibérie.

Mœurs, habitudes, régime. — Les mœurs et les habitudes des Agamiens sont indiquées par leur forme même. Ce sont, en général, des animaux très agiles. Quelques-uns sont exclusivement terrestres et habitent de préférence les endroits rocheux et déserts; d'autres ne vivent que sur les arbres; les Dragons peuvent s'élancer de branche en branche. Leurs ongles crochus leur permettent de grimper facilement soit aux arbres, soit le long des rochers et de poursuivre les insectes et les petits animaux dont ils font leur nourriture la plus habituelle; certaines espèces, comme les Fouette-queue, sont essentiellement herbivores et frugivores. Tous ces animaux pondent des œufs; aucun d'eux n'est vivipare.

LES DRAGONS — *DRACO*

Drachen.

Caractères. — On distingue de suite les Dragons de tous les autres reptiles actuels à un caractère des plus importants: la peau des flancs, soutenue par les six premières fausses-côtes, forme de chaque côté une sorte d'aile ou de parachute qu'à l'état de repos l'animal tient plié le long de son corps. La tête est courte, triangulaire, obtuse en avant; le cou est légèrement comprimé, souvent surmonté d'une crête écailleuse peu saillante; le tronc est fort déprimé, garni de petites écailles imbriquées, relevées de carènes; la queue est longue, grêle, anguleuse, un peu déprimée à sa base. Le cou présente trois fanons, un inférieur et deux latéraux, soutenus par un stylet osseux provenant de l'os hyoïde ; ces fanons sont souvent très développés, surtout celui qui pend sous la partie inférieure du cou.

Nous avons dit que le parachute que forme la peau des flancs est soutenu par les côtes de la région moyenne du thorax. Ce prolongement cutané est susceptible de se plier ou de se déplier à la volonté de l'animal.

LE DRAGON VOLANT. — *DRACO VOLANS.*

Flugdrache.

Caractères. — Ce qui distingue principalement le Dragon volant ou Dragon de Daudin des autres espèces, c'est que le tympan est visible, les ouvertures des narines dirigées latéralement; les écailles du dos sont assez larges, lisses pour la plupart; les ailes sont grandes, on voit une petite crête sur la nuque; une faible protubérance se trouve à la partie postérieure de l'arcade orbitaire (Pl. VII).

Comme chez toutes les espèces appartenant au même genre, la coloration est sujette à d'assez grandes variations. La richesse des couleurs, suivant Cantor, est au-dessus de toute description. La tête est d'un beau vert métallique, ornée d'une tache noire entre les yeux; le dos et la moitié interne du parachute présentent un mélange de brun sombre et de rose à reflets métalliques, disposés parfois en bandes alternées, avec des lignes et de petites taches noires; la partie externe du parachute est d'un jaune orangé et d'un rose vif avec des taches noires disposées régulièrement en séries transversales; le bord de l'aile est d'un gris d'argent. Les membres et la queue sont, chez quelques individus, rayés de bandes alternativement brunes et roses; les paupières sont ornées de petits traits noirs disposés en rayons. Les fanons sont colorés en jaune vif; le ventre est jaunâtre, avec des mouchetures noires. Certains individus sont presque uniformément verdâtres, d'autres sont de couleur plus foncée.

La taille ne dépasse guère 22 centimètres.

Mœurs, habitudes, distribution géographique. — En dehors des îles de la Sonde, le Dragon volant habite aussi Singapore et Pinang.

Comme toutes les autres espèces appartenant au même genre, il est essentiellement arboricole, et à moins de nécessité absolue, il ne descend jamais à terre.

Les Dragons se tiennent généralement sur les branches les plus élevées, tout à fait immobiles et aplatis, de telle sorte qu'ils sont presque invisibles; leurs couleurs, si riches qu'elles soient, s'harmonisent à merveille avec le milieu qui les entoure. Les yeux sont sans cesse en mouvement et épient les insectes qui passent dans le voisinage de l'animal. Un insecte vient-il à passer à portée du Dragon, celui-ci étend ses ailes brusquement, s'élance sur sa proie, qu'il manque rarement, et se laisse tomber sur quelque branche; les Dragons peuvent ainsi, à l'aide de leur parachute, franchir une distance qui n'est pas moindre de 7 et même 10 mètres.

LE DRAGON VOLANT

Fig. 195. — L'Istiure d'Amboine (1/5e grand. nat.).

LES GALÉOTES — *CALOTES*

Schonechsen.

Caractères et distribution géographique.
— Les Galéotes, qui habitent le sud de l'Asie,
sont des reptiles essentiellement arboricoles.
Ce sont des animaux aux formes élégantes, au
corps grêle, élancé, à la queue longue, au
corps latéralement comprimé, à la tête plus
ou moins allongée, couverte de petites plaques anguleuses, aux membres très grêles,
aux doigts longs et munis d'ongles acérés. Les
écailles des flancs sont homogènes, imbriquées, disposées par bandes obliques ; les
bords libres des écailles du tronc sont tournées
vers le dos chez les Galéotes proprement dits,
dirigés vers le ventre chez les Bronchocelles.
Il n'existe pas de pores fémoraux ; il règne une
crête basse depuis la nuque jusqu'à la queue.

LE GALÉOTE CHANGEANT. — *CALOTES VERSI-COLOR.*

Blutsauger.

Caractères. — L'espèce la plus anciennement connue du genre est le Galéote changeant que les Singalais désignent sous le nom
de « buveur de sang ». Cet animal, dont la
longueur est de 0m,90 à 0m,40, a la queue conique et fort longue ; il n'existe pas de plis
sur les côtés du cou ; une crête basse et dentelée s'étend sur le dessus du dos ; deux épines
se voient de chaque côté de la nuque, un peu
au-dessus du conduit de l'oreille.

Beaucoup d'animaux sont d'un jaune roussâtre, avec des bandes brunes plus ou moins
foncées ; l'épaule est généralement marquée
d'une tache noire ; plusieurs lignes de couleur
noirâtre sont disposées en rayons autour d

l'œil. Ce reptile peut, d'après Dussumier qui l'a observé vivant, changer de couleur aussi rapidement que le Caméléon. Lorsqu'il se trouve en plein soleil, l'animal présente sur la tête et sur le cou une teinte jaunâtre entre-mêlée de rouge ; le dos, les flancs, le ventre sont d'un rose rougeâtre ; les pattes et la queue sont noires ; certains animaux de-viennent tout à fait noirs. Jerdon et Blyth pensent que ses brillantes couleurs ne se trou-vent que chez les mâles et à certaines époques de l'année, généralement en mai et en juin.

Distribution géographique. — Cette es-pèce est très commune dans l'Inde ; on la trouve également à Ceylan et dans l'Indo-Chine.

Mœurs, habitudes, régime. — Pendant les plus grandes chaleurs, surtout après une pluie abondante, on voit les Galéotes en train de chasser les insectes le long des branches des arbres sur lesquels ils se tiennent.

La femelle pond de 5 à 15 œufs, de forme elliptique, de couleur blanche, dans des creux d'arbres ou dans des trous creusés dans un sol meuble ; les petits éclosent au bout de huit à neuf semaines.

Les mâles paraissent se livrer entre eux de violents combats, ainsi que semble l'indiquer la dénomination de « petits coqs » que leur donnent les colons hollandais dans l'Inde orientale ; peut-être aussi cette dénomination leur vient-elle de l'habitude qu'ont les ani-maux dont nous parlons de mordre forte-ment lorsqu'ils sont irrités et de ne jamais lâcher prise. En général, les Galéotes ne cher-chent pas à se défendre et fuient à l'approche de l'homme, pour lequel ils ne sont guère re-doutables, du reste, vu leur faible taille.

LES LOPHYRES — *LOPHYRUS*

Caractères. — Les Lophyres diffèrent prin-cipalement des Galéotes, auxquels ils sont étroitement apparentés, en ce que la peau du dessous de leur cou fait un grand pli en V, dont les branches montent devant chaque épaule. Nous pouvons ajouter que le cou, le tronc et la queue sont fortement comprimés et surmontés d'une crête dentelée, générale-ment plus élevée au-dessus de la nuque que dans le reste de son étendue. Les membres, surtout les postérieurs, sont fort grêles ; les doigts sont longs et minces, dentelés latérale-ment, carénés à leur face inférieure. Les pla-ques qui garnissent le dessus de la tête sont

fort petites et, dès lors, nombreuses ; les côtés du tronc sont revêtus d'écailles imbriquées, disposées par bandes transversales, entre-mêlées d'écailles plus grandes ; les écailles de la queue sont entuilées et carénées. Il n'existe pas de pores fémoraux ; la membrane du tym-pan est à fleur du trou auriculaire.

La queue est fortement comprimée, sur-montée d'une crête dentelée chez le Lophyre dilophe ; elle est arrondie chez le Lophyre de Bell et le Lophyre armé ; chez cette dernière espèce, la nuque est toute hérissée d'épines.

Le Lophyre de Bell se fait particulièrement remarquer par le grand fanon dentelé sem-blable à celui des Iguanes, qui pend sous la partie inférieure de la tête et du cou ; ce fa-non, qui est soutenu par un long stylet osseux, est plus haut que la tête.

Distribution géographique. — Les Lo-phyres habitent la partie sud de l'Asie, l'Inde, l'Indo-Chine, les îles de la Sonde ; ils vivent également à la Nouvelle-Guinée. Ce sont des animaux arboricoles, qui arrivent à près d'un mètre de long.

LES ISTIURES — *ISTIURUS*

Burzelechsen.

Caractères. — Les Istiures ont le corps comprimé, assez élevé, la queue longue, fai-sant plus de la moitié de la longueur de l'ani-mal ; les doigts sont forts, bordés d'écailles qui forment une sorte de membrane. Le cou et le dos sont surmontés d'une crête qui se relève fortement sur la partie antérieure de la queue ; le fanon est peu développé ; la mem-brane du tympan est à fleur de tête ; il existe des pores fémoraux. Les mâchoires sont ar-mées en avant de dents comprimées, tran-chantes, entières ; en arrière, de dents, les unes petites et coniques, les autres plus fortes et pointues.

L'écaillure du corps est parfois homogène, ainsi qu'on le voit chez l'Istiure physignathe ; elle est d'autres fois hétérogène, comme chez l'Istiure de Lesueur et chez l'Istiure d'Am-boine (fig. 195). Chez cette dernière espèce, le corps est d'un vert olivâtre, avec des vermi-culations noires.

Distribution géographique. — L'Istiure d'Amboine paraît être cantonné dans l'île de ce nom ; l'espèce vit au bord des cours d'eau et peut nager avec beaucoup de facilité. C'est dans l'Indo-Chine que l'on trouve l'Istiure physignathe au tronc d'un vert olivâtre, à la queue cerclée de brunâtre. L'Istiure de Péron, dont le dos est noirâtre, orné de bandes de couleur claire, est particulier à la Nouvelle-Hollande.

D'après les voyageurs, ces animaux sont essentiellement frugivores.

LES SITANES — *SITANA*

Caractères. — Les Sitanes offrent un caractère qui leur est particulier parmi les Agamiens, c'est de n'avoir que quatre doigts aux pieds de derrière. Chez eux la tête est courte, couverte, en dessus, de petites plaques presque égales et carénées ; les écailles du tronc sont imbriquées et carénées. Le dos est arrondi ; il existe un rudiment de crête sur le cou ; la queue est longue, conique.

Il existe chez les mâles un énorme fanon sous le cou, fanon qui s'étend depuis la gorge jusqu'au milieu du ventre et que l'animal peut replier à la façon d'un éventail, de manière à l'appliquer contre la partie inférieure de son corps.

Chez le Sitane de Pondichéry, qui se trouve aux Indes orientales, la couleur du dos est d'un brun fauve, relevé de grandes taches noires ; les mâles ont le dessous de la tête orné de lignes alternativement vertes et bleues ; chez les femelles les parties inférieures sont entièrement fauves ; le fanon est peint de trois couleurs, le bleu, le noir et le rouge.

LES CHLAMYDOSAURES — *CHLAMY-DOSAURUS*

Krausenechsen.

Caractères. — Le genre Chlamydosaure a été formé par Gray pour un fort curieux Reptile d'Australie chez lequel existe, de chaque côté du cou, une large membrane formant collerette, plissée, dentelée, constituée par la peau recouverte d'écailles et soutenue par des stylets osseux, dépendances des vertèbres cervicales. Un rudiment de crête se voit sur le dessus du cou. La tête est revêtue de petites écailles carénées ; la membrane du tympan est à découvert. Les écailles du tronc sont carénées et imbriquées, celles du dos étant plus grandes que celles du tronc ; il existe des pores fémoraux. La queue est très longue, de forme conique.

Le Chlamydosaure de King, la seule espèce du genre, arrive à près de un mètre de long. Le dessus de l'animal est de teinte fauve, traversé par des bandes plus claires et lisérées de brun ; des raies de cette dernière couleur forment une sorte de réseau sur la partie supérieure des cuisses et sur la racine de la queue, qui est annelée de brunâtre. La collerette, de couleur roussâtre, porte une large tache noire. Le ventre est de teinte moins foncée que le dos (fig. 196).

Mœurs, habitudes, régime. — Nous n'avons que peu de renseignements sur cet animal aux formes étranges. D'après Graz, il vit principalement sur les arbres. Lorsqu'on ne l'attaque pas, il se tient la collerette repliée le long du cou. Est-il effrayé ou attaqué, l'animal applique la partie postérieure de son corps contre quelque branche, relève la tête, redresse sa collerette toute hérissée d'épines, se défend énergiquement, et accepte hardiment la lutte, mordant avec fureur ceux qui cherchent à s'en emparer.

LES AGAMES — *AGAMA*

Agamen.

Caractères. — Les Agames ont tous la tête plus ou moins courte, épaisse, triangulaire, le plus souvent fort renflée de chaque côté, en arrière de la bouche ; le corps est un peu aplati. La queue est plus ou moins longue, conique ou comprimée, à écaillure non distinctement verticillée ; les pores fémoraux font défaut, mais il existe des pores anaux. La membrane du tympan, plus ou moins grande, est enfoncée dans l'oreille. Il existe un pli en long sous la gorge et un ou deux plis en travers du cou. La nuque et les régions voisines des oreilles sont le plus souvent hérissées d'épines isolées ou réunies en bouquets. Certaines espèces ont le dessus du corps complètement dépourvu de crête, tandis qu'une crête, généralement très basse, se voit chez d'autres espèces. L'écaillure des parties supérieures du corps est uniforme ou hérissée d'écailles épineuses ou de petits tubercules.

Distribution géographique. — Les Agames sont surtout africains ; on en connaît deux espèces dans la partie sud du continent indien ; l'Agame du Sinaï vit en Arabie, dans une partie de la Palestine et de la Syrie. L'Agame ensanglanté se trouve dans la partie sud-est de l'Europe, aux environs de la mer Caspienne.

Fig. 196. — Le Chlamydosaure de King (1/2 grand. nat.).

L'AGAME DES COLONS. — *AGAMA COLONORUM*.

Siedleragame.

Caractères. — « Un des spectacles les plus attrayants, écrit Reichenow, pour le voyageur qui débarque sur la Côte d'Or après une traversée fatigante de plus d'un mois, c'est la vue d'un Saurien extrêmement commun dans le pays. De même que les Pigeons aux sourds roucoulements installés dans les cocotiers autour des villages réjouissent les yeux et les oreilles du naturaliste qui foule la première fois le sol du mystérieux continent, de même l'Agame captive les regards. Cet animal, si magnifiquement paré, attire toujours l'attention.

« Le mâle adulte de l'Agame des colons présente, en effet, une richesse de coloration dont ne peuvent nous donner aucune idée, même approchée, les exemplaires que nous avons dans nos collections. La tête entière de l'animal en vie est d'un rouge feu, la gorge est mouchetée de jaune ; le dos et les pattes ont le brillant de l'acier et l'éclat de l'acier poli ; sur le dos s'étend une raie de couleur blanche, qui fait défaut chez quelques individus. Le dessous de la queue est, dans sa première moitié, d'une teinte jaune paille, dans le reste de son étendue d'un rouge de feu ; le dessus de la queue est vivement coloré en bleu d'acier. Certains individus ont la queue d'un beau bleu d'acier sur lequel se détache une bande rouge feu. La femelle, moins richement parée, est brunâtre ; le dos présente une ligne jaunâtre ou blanchâtre. Les jeunes mâles ont la livrée de la femelle ; ils ont des taches d'un jaune clair sur le dessus et sur les côtés de la tête. Dans les montagnes d'Agaupim, à l'intérieur de la Côte d'Or, j'ai trouvé une fort belle variété d'Agame des colons vivant principalement dans les fourrés sous bois. Chez cette variété, le mâle a la tête d'un blanc pur et la queue est ornée d'une bande jaune claire. »

D'après les renseignements qu'a bien voulu nous communiquer A.-T. de Rochebrune qui a fréquemment observé l'Agame des colons au Sénégal, cet animal a la tête d'un beau bleu

Fig. 197. — L'Agame des colons (1/2 grand. nat.).

de ciel à reflets métalliques des plus intenses ; le dos est d'un brun violet brillant avec de larges marbrures d'un bleu ciel et des bandes transversales formées de points jaune-paille ; la gorge est jaunâtre, ornée de petites bandes d'un beau bleu de ciel ; les flancs sont orangés, la couleur s'atténuant vers le ventre en un jaune clair brillant piqueté de blanc et de vermillon ; la partie supérieure de la queue est du plus bel orangé ; le dessous est jaune paille ; un large anneau bleu de ciel se voit vers le tiers postérieur. La femelle est moins grande, avec des couleurs moins vives que le mâle, le bleu, le jaune, l'orangé étant de couleur sale.

Nous devons ajouter que le museau est généralement allongé ; les écailles qui garnissent le bord sourcilier ne se relèvent pas en tubercules ; le trou auriculaire, qui est grand, est garni de petites pointes ; on voit des bouquets d'épines sur les côtés du cou, qui est surmonté d'une petite crête. Les écailles de la partie supérieure du tronc sont semblables entre elles ; les écailles de la queue sont toujours beaucoup plus grandes que celles du dos. La queue est

longue, forte, comprimée. L'animal adulte peut arriver à la taille de 0m,40, dont près de 0m,25 pour la queue (fig. 197).

Distribution géographique. — L'espèce que nous décrivons se trouve au Sénégal, sur la côte de Guinée, et surtout sur la Côte d'"Or ; elle devient de plus en plus rare vers le sud, mais remonte, au contraire, vers le nord, les voyageurs le signalant en Égypte et en Nubie.

Mœurs, habitudes, régime. — « De même que le Moineau domestique, écrit Reichenow, de même l'Agame des colons se tient toujours au voisinage des habitations. A l'exception de la variété dont nous avons parlé plus haut, on ne les trouve qu'accidentellement en forêt. Existe-t-il quelque hutte isolée, on est certain d'en voir au voisinage, sur des palmiers ou mieux encore dans les champs. Les cabanes des nègres, les moineaux et les Agames sont trois choses qui se tiennent étroitement unies et qui vont toujours ensemble. Dans les endroits habités, les Agames sont fort communs ; on les voit partout, sur les murs argileux des huttes, sur les toits faits en nattes, tantôt se chauffant, aux rayons d'un soleil de feu, tantôt courant avec agilité à la poursuite des insectes. Bien que vivant dans le voisinage de l'homme, les Agames se montrent farouches et s'enfuient à son approche. Ont-ils peur, ils agitent violemment leur tête de haut en bas, en soulevant en même temps et en baissant alternativement toute la partie antérieure de leur corps soutenue par leurs pattes de devant, de telle sorte qu'ils ont l'air de saluer profondément; lorsqu'on cherche à le saisir, l'animal disparaît avec une extrême rapidité dans quelque fente ou sous quelque pierre. Lorsque, vers midi, je traversais les rues d'Akra où je voyais de tous côtés des animaux aux brillantes couleurs me saluer ainsi au passage, je ne pouvais jamais m'empêcher de leur faire la chasse avec des filets à papillons; mais, grâce à l'extrême agilité des Agames, mes tentatives n'étaient que rarement couronnées de succès. J'étais plus heureux en leur faisant la chasse à l'aide d'une petite carabine; un seul grain de cendrée qui pénétrait dans le corps les tuait du coup; j'ai fait la même remarque lorsque je chassais des serpents et j'en ai toujours été surpris, connaissant la vitalité proverbiale de tous les reptiles. »

Schweinfurth nous donne également d'intéressants détails sur ces animaux. « Les Agames, écrit le célèbre voyageur, sont fort communs en Nubie. Ils excitent au plus haut degré la fureur des musulmans par leurs continuelles salutations. Les sectateurs fanatiques de Mahomet s'imaginent, en effet, que le diable se moque de leurs prières. L'Agame des colons est également abondant sur les rochers arides, le long des côtes de la mer Rouge; dans la région du Bongo, on le voit aussi bien dans le voisinage des huttes que sur les arbres de la forêt, mais il se tient de préférence sur les ouvrages en bois qui entourent les constructions établies à l'aide de pieux; il s'y trouve par milliers. Quand on s'approche de l'arbre sur lequel ils se tiennent, ils grimpent le long des branches avec beaucoup d'agilité et vous regardent à travers les feuilles avec leurs gros yeux tout brillants de malice. »

Il n'est pas douteux que c'est aux Agames que font allusion Belon et Hasselquist lorsqu'ils parlent d'un Lézard que les musulmans détestent à cause de ses salutations continuelles, et avec les excréments duquel on compose une sorte de fard.

Les Agames ont pour ennemis quelques oiseaux de proie, notamment les Éperviers.

LES PHRYNOCÉPHALES — *PHRYNO-CEPHALA*

Caractères. — Les Phrynocéphales, qui ont quelque ressemblance avec les Agames, se distinguent facilement de ceux-ci en ce qu'ils n'ont pas de pores sur le bord antérieur du cloaque, que chez eux le museau est excessivement court, et que les doigts sont dentelés à leurs bords. La tête est presque circulaire, aplatie; le tympan n'est pas visible à l'extérieur; le cou est étranglé, plissé transversalement en dessous; le tronc est déprimé, élargi, dépourvu de crête; la queue aplatie, tout au moins à sa base.

L'espèce la plus curieuse est le Lézard à oreille, qui habite la Tartarie, et chez lequel se trouve, de chaque côté de la bouche, une grande membrane dentelée à son bord et garnie de petites écailles.

Distribution géographique. — Les Phrynocéphales, qui sont des animaux de faible taille, habitent plus particulièrement les steppes de l'Asie centrale; les expéditions russes en Tartarie nous en ont fait connaître plusieurs espèces.

LES STELLIONS — *STELLIO*
Schleuderschwänge.

Caractères. — Ce qui caractérise plus particulièrement les Stellions, c'est la forme épineuse et la disposition nettement verticillée de leurs écailles caudales. Leur tête est aplatie, triangulaire dans son ensemble, légèrement renflée de chaque côté et en arrière. Les écailles du dos sont beaucoup plus grandes que celles des flancs; de petits groupes d'épines entourent les oreilles; on voit quelques plis irréguliers sur les côtés du cou; il existe également un pli transversal en avant de la poitrine, et un autre longitudinal, pendant en fanon sous la gorge.

Distribution géographique. — Les Stellions se trouvent dans la partie est de la zone circumméditerranéenne; ils vivent en Égypte, dans l'Arabie, en Asie Mineure, en Grèce, en Perse, dans le Caucase.

LE STELLION VULGAIRE. — *STELLIO VULGARIS.*
Dornechse.

Caractères. — Chez cette espèce, il n'existe

LE STELLION VULGAIRE

pas de crête cervicale, les écailles de la queue sont grandes et forment des verticilles disposés comme les degrés d'un escalier, suivant l'expression de Duméril et Bibron. Les membres sont longs et forts, les ongles courts et robustes. La queue, dont la longueur égale près des deux tiers de la longueur de l'animal entier, conique dans presque toute son étendue, offre un léger aplatissement vers sa racine (Pl. VIII).

La partie supérieure du corps présente une teinte jaune olivâtre, nuancée de noirâtre, qui peut se foncer jusqu'au gris noirâtre ou s'éclaircir jusqu'au jaune isabelle; une sorte de demi-collier noir, composé de grandes taches oblongues, s'étend sur le cou d'une épaule à l'autre; des taches d'un blanc jaunâtre se voient sur le dos, tandis que des taches noires se montrent de distance en distance sur la face supérieure de la queue; le dessous du corps est lavé de jaune olivâtre.

Le mâle diffère de la femelle notamment par les dimensions relativement plus fortes de la tête. L'animal adulte peut arriver à la taille de 0m,40.

Distribution géographique. — Le Stellion vulgaire est un des rares Agamiens vivant en Europe; on le trouve en Turquie, dans quelques îles de la mer Égée et dans le Caucase; il s'étend sur la plus grande partie de l'Asie Mineure et du nord-est de l'Afrique. D'après Erhard, il n'est pas rare dans les Cyclades; mais nulle part il n'est aussi abondant que sur l'île de Mykonos, où il a rendu impossible l'élevage des Abeilles. On l'a trouvé également à Céphalonie, dans les îles de Paros et de Mélos. De nos jours encore, comme du temps d'Hérodote, les habitants des Cyclades le désignent sous le nom de « Crocodile ».

Mœurs, habitudes, régime. — Le Stellion commun, désigné par les Arabes sous le nom de *Hardum*, se trouve en abondance dans le nord-est de l'Afrique; on le voit en quantité, se chauffant au soleil sur les rochers arides ou sur les murs des habitations. Malgré sa lourdeur apparente, cet animal est fort agile et court rapidement, en faisant une série de mouvements d'ondulation; lorsqu'il grimpe ou qu'il court, il porte la tête haute, fortement soulevée. L'alimentation se compose exclusivement d'insectes, auxquels le Stellion fait une chasse des plus actives.

Captivité. — En Égypte, le *Hardum* est fréquemment capturé par les charmeurs de Serpents qui le montrent dans les villes où cet animal est inconnu. L'animal arrive de temps en temps en Europe dans les établissements zoologiques. Au début de leur captivité, ils se montrent généralement très farouches, s'enfuient au moindre bruit et vont se cacher dans quelque coin de leur cage; ils courent avec la plus grande rapidité le long des parois de leur cage, en s'accrochant à l'aide de leurs ongles acérés.

Usages, légendes. — Les Stellions étaient connus des naturalistes anciens, qui les désignaient sous le nom de Lézards portant des taches en forme d'étoiles, *stellarum ad instar*, dit Pline. Cet écrivain nous apprend que le Stellion, commun dans le pays des Parthes et dans l'Orient, est muet comme le Caméléon, qu'il a des aiguillons disposés sur les côtés de la tête, du dos et de la queue, qu'il met en fuite les scorpions par sa seule présence, et qu'il ne peut vivre avec ce dernier animal.

Des propriétés merveilleuses sont attribuées au Stellion par les anciens. Contre beaucoup de maladies, écrit Pline, on emploie sa dépouille macérée dans de l'eau, mais ce remède n'a réellement d'efficacité que si l'épiderme a été récolté pendant l'été, la peau détachée pendant l'hiver n'ayant aucune vertu. Le corps de l'animal, privé de sa tête et de ses pattes, dépouillé de ses viscères, et réduit en cendre, possède une grande puissance contre l'hydropisie. Il est singulier que la cendre préparée de la main gauche puisse donner une nouvelle vigueur et ranimer les forces abattues, tandis que la même cendre préparée de la main droite est, au contraire, un souverain calmant. Les douleurs des reins sont efficacement combattues par une potion dans laquelle entrent de la cendre de Stellion, du vin et le suc de pavots noirs récoltés en Orient. Le foie des Stellions, trituré dans de l'eau, attire les Fouines.

Lacépède rapporte que « c'est surtout aux environs du Nil que les Stellions sont en grand nombre. On en trouve beaucoup autour des pyramides et des anciens tombeaux qui subsistent encore sous l'ancienne terre d'Égypte. Ils s'y logent dans les interstices que laissent les différents lits de pierre, et ils s'y nourrissent de mouches et d'insectes ailés.

« On dirait que ces pyramides, ces éternels monuments de la puissance et de la vanité humaine, ont été destinés à présenter des objets extraordinaires de plus d'un genre. C'est, en effet, dans ces vastes mausolées qu'on va recueillir avec soin les excréments du petit

Fig. 198. — Fouette-queue spinipède (1/2 grand. nat.).

Lézard dont nous traitons dans cet article. Les anciens, qui en faisaient usage ainsi que les Orientaux modernes, leur donnaient le nom de *crocodilea* , apparemment parce qu'ils venaient du Crocodile, et peut-être ces excréments n'auraient-ils pas été aussi recherchés, si l'on avait su que l'animal qui les produit n'était ni le plus grand ni le plus petit des Lézards ; tant il est vrai que les extrêmes en imposent presque toujours à ceux dont les regards ne peuvent pas embrasser la chaîne entière des objets.

« Les modernes, mieux instruits, ont rapporté ces excréments à un Stellion, à un Lézard qui n'a rien de très remarquable ; mais déjà le sort de cette matière abjecte était décidé, et sa valeur vraie ou fausse était établie. Les Turcs en ont fait une grande consommation ;

ils s'en fardaient le visage ; il faut que les Stellions aient été très nombreux en Égypte, puisque pendant longtemps on trouvait presque partout, et en très grande abondance, cette matière que l'on nommait *stercus lacerti* ainsi que *crocodilea.* »

LES FOUETTE-QUEUE — *UROMASTIX*

Dornschwang.

Caractères. — Cuvier a désigné sous le nom de Fouette-Queue des animaux qui sont les plus massifs de tous les Sauriens. Leur tête est triangulaire, aplatie, le museau court, arqué d'arrière en avant ; le trou de l'oreille est oblong, dentelé sur son bord antérieur et en partie couvert par les plissures de la peau du cou. Le tronc est allongé, déprimé, garni de

Fig. 199. — Le Moloch (grand. nat.).

petites écailles lisses, parfois entremêlées de squames un peu plus grosses. La queue, qui entre au plus pour la moitié dans la longueur de l'animal, est déprimée, très large dans sa première partie, se rétrécit en prenant une forme conique ; elle est armée d'épines disposées en verticilles. On voit sous chaque cuisse une ligne de pores.

Distribution géographique. — Les Fouette-Queue sont surtout des animaux africains ; trois espèces se trouvent dans le nord de ce continent, en Égypte, en Tripolitaine, en Algérie, au Maroc ; deux espèces, extrêmement remarquables par la forme de leur queue, très courte, mais très large à sa racine, ont été trouvées dans les pays des Somalis et sur la côte sud-est d'Afrique ; l'Uromastix de Hardwich vit dans l'Inde, l'Uromastix gris à la Nouvelle-Hollande.

LE FOUETTE-QUEUE D'ÉGYPTE. — *UROMASTIX SPINIPES.*

Dornechse.

Caractères. — Le Fouette-Queue d'Égypte

ou spinipède, que les Arabes désignent sous le nom de *Dabb*, atteint une longueur de $0^m,50$. La partie supérieure du corps est d'une teinte brun olivâtre ou brun verdâtre, parfois d'un gris fauve nuagé de brun ; la face inférieure est d'un jaune verdâtre ; certains individus sont d'un beau vert pré. Ajoutons qu'on voit un semis de petits tubercules coniques le long des reins et des flancs (fig. 198), ce qui permet de distinguer facilement cette espèce du Fouette-Queue acanthinure, qui en est très voisin.

Distribution géographique. — D'après Erhard, l'*Uromastix spinipes* se trouve en Crète et sur les îles Mélos et Santorin ; il doit être rare dans les Cyclades. On trouve, au contraire, abondamment cette espèce en Asie Mineure, en Syrie, en Palestine, dans l'Arabie Pétrée et dans le nord de l'Afrique, depuis la région du Nil jusqu'au Maroc ; on rencontre le Fouette-Queue aussi bien dans les plaines de la Basse-Égypte que dans les vallées rocheuses du Sahara et dans les contrées désolées qui avoisinent la partie septentrionale de la mer Rouge.

Mœurs, habitat, régime. — Tous les Fouette-

Queue ont une apparence lourde et maladroite, qui contraste avec l'aspect svelte et élégant de la plupart des autres Sauriens. Ces animaux se tiennent de préférence dans les endroits rocheux, là où la pluie permet une végétation, si pauvre et si chétive qu'elle soit. Ils se tiennent généralement cachés pendant le jour dans quelque fente de rocher; à défaut d'une semblable retraite, ils se creusent dans le sable des excavations qu'ils n'abandonnent que pendant peu d'heures durant la journée et dans lesquelles ils se mettent à l'abri des rayons les plus brûlants du soleil. Certaines espèces africaines, très sensibles aux influences atmosphériques, bouchent soigneusement avec du sable l'entrée de leur retraite lorsque le temps se met au froid.

Lorsqu'on rencontre un Uromastix, il se hâte de regagner son terrier, en imprimant à son corps et particulièrement à sa queue une série de mouvements d'ondulation très rapides. La fente de rocher dans laquelle il se blottit est généralement si étroite et si longue, qu'il est à peu près impossible d'en extraire le reptile. Vient-on à couper la retraite à l'animal, il se met bravement sur la défensive, fait face à son adversaire et souffle avec assez de force; son principal moyen de défense réside dans sa queue dont il donne des coups violents à droite et à gauche, coups qui occasionnent de cuisantes blessures, de fortes déchirures, grâce aux épines aiguës dont elle est de toute part hérissée. Le Fouette-queue se décide rarement à mordre, mais lorsqu'il le fait, il ne lâche que difficilement ce qu'il a saisi.

Les Fouette-Queue paraissent se nourrir exclusivement de végétaux et ne manger qu'exceptionnellement des matières animales. A la ménagerie des Reptiles du Muséum de Paris, nous les avons toujours vus se nourrir d'herbes et de fruits pulpeux, et refuser absolument les insectes et la viande qu'on leur présentait; dans les boîtes servant au transport de ces animaux vivants, on trouve fréquemment des excréments composés exclusivement de débris végétaux, surtout de plantes herbacées. Tristan a remarqué cependant qu'un Fouette-Queue qu'il élevait en captivité faisait la chasse aux insectes et qu'il se nourrissait aussi bien de ces animaux que de matières végétales. Le voyageur dont nous parlons déclare également que le *Dabb* s'attaque aux petits mammifères et aux jeunes oiseaux, mais nous ne saurions dire si ce renseignement est basé sur ses propres observations ou sur les dires des Arabes, qui prétendent que le *Dabb* ne boit jamais et même que l'eau peut le faire périr.

Captivité. — Un *Dabb* conservé en captivité par Tristram était, au bout d'un mois, devenu très doux et très familier; il se montrait lorsqu'on l'appelait et se laissait facilement prendre. Les Fouette-Queue vivent, du reste, très mal en captivité; au bout de peu de temps ils repoussent absolument toute nourriture, se tiennent presque immobiles et aplatis contre le plancher de leur cage, et ne tardent pas à succomber.

D'après Klunziger, on voit de temps en temps chez les Arabes un *Dabb* en captivité, parce que cet animal passe pour porter bonheur, car aux vingt et un anneaux qui forment sa queue se rattache quelque légende dans laquelle ce chiffre joue précisément un rôle mystérieux. Les Bédouins, au contraire, font la chasse au Fouette-Queue et le mangent, après l'avoir engraissé. Klunziger, qui a mangé de cet animal, dit que la chair lui a paru d'un goût très agréable, rappelant celui du poulet.

Ennemis. — En dehors de l'homme, qui lui fait la chasse dans certains pays, le Fouette-Queue ne doit pas avoir à redouter beaucoup d'ennemis. Les Bédouins ont dit à Tristram que la Vipère cornue choisit assez souvent comme retraite les excavations et les fentes de rochers dans lesquelles le *Dabb* a l'habitude de se retirer; le Saurien ne tarde pas cependant à se débarrasser de l'hôte importun qui vient ainsi s'introduire dans un domicile qu'il considère comme sien; à l'aide de sa robuste queue, il brise la colonne vertébrale du serpent et le tue.

LES MOLOCH — *MOLOCH*

Moloch.

Caractères. — Parmi les Reptiles, un des plus étranges, un des plus singuliers d'aspect, est le Moloch hérissé. Sa tête, très petite et étroite, est à peine plus large que le cou; le corps, élargi au milieu et aplati, rappelle celui du crapaud; la queue, à peu près de même longueur que le tronc, est arrondie et tronquée à l'extrémité; les pattes, qui sont longues, portent chacune cinq doigts. Sur le cou se voit une bosse armée d'épines. La tête, le cou, le corps sont recouverts d'écussons de forme irrégulière, armés chacun d'une forte épine qui a été comparée aux piquants du rosier. Deux grosses épines, insérées sur les côtés de la tête, simulent une paire de cornes ; la queue et les pattes sont également hérissées de piquants. Le ventre et le dessous de la queue sont rugueux (fig. 199).

Sur une teinte fondamentale d'un brun marron, s'étend, le long du dos, une bande de forme irrégulière et de couleur jaune d'ocre ou jaune de cuir ; une bande semblable orne les flancs et se prolonge jusque sur la queue. Le dessous du corps est de couleur jaune d'ocre claire avec de larges bandes bordées de noir.

La longueur de l'animal est de 0ᵐ,15 à 0ᵐ,18.

Distribution géographique. — Le Moloch est particulier à la Nouvelle-Hollande ; les colons le désignent sous le nom de « Saurien piquant » ou « Diable épineux ».

Mœurs, habitudes. — Cet animal habite les endroits sablonneux ; il s'enfonce fréquemment dans le sable à une faible profondeur et se chauffe ainsi au soleil. Quoique très lent et très indolent, le Moloch fuit cependant avec assez de rapidité en cas de danger et va se blottir dans quelque excavation, pourvu toutefois que celle-ci ne soit pas trop éloignée. Au repos, le Moloch porte la tête redressée et soulève la partie antérieure du corps, s'appuyant sur les pattes de devant. Cet animal se nourrit principalement de fourmis ; la ponte a lieu dans le sable.

Wilson a observé que le Moloch peut changer de couleur ; ce changement n'a jamais lieu du reste subitement, mais s'effectue progressivement. La coloration, d'abord vive, passe alors à une teinte plus sombre de couleur de suie et les taches jaunâtres disparaissent presque entièrement.

Malgré son aspect effrayant, le « Diable épineux » est un animal absolument inoffensif, tout à fait incapable de mordre, ainsi que l'indique la petitesse de sa bouche ; il ne cherche même pas à se défendre à l'aide des épines dont son corps est hérissé ; lorsqu'on veut le saisir, il s'aplatit contre le sol et se laisse prendre sans résistance.

LES IGUANIENS — *IGUANIDÆ*

Leguane.

Caractères généraux. — Les Iguaniens sont pour le nouveau monde ce que sont les Agamiens pour l'ancien monde et pour l'Australie ; les deux groupes se répètent très exactement par des formes représentatives.

Les caractères généraux que présentent les Iguaniens sont les suivants : la tête est recouverte d'un grand nombre de petits écussons ; les paupières sont bien développées ; la langue est plate, libre à sa pointe et il n'y a pas de fourreau dans lequel elle puisse rentrer.

Les dents sont appliquées contre le bord interne des sillons creusés dans les mâchoires et rapprochées les unes des autres ; elles diminuent graduellement de hauteur à mesure qu'elles se rapprochent de l'extrémité antérieure de la rangée ; aucune n'est réellement pointue et conique, contrairement à ce que l'on voit dans la famille des Agamiens ; dans la plupart des genres, ces dents ont leur sommet plus ou moins trilobé ; chez quelques autres elles portent des dentelures sur leurs bords ; il existe presque toujours des dents au palais.

Le corps est généralement svelte, élancé, la queue très longue ; chez le Phrynosome toutefois le corps est déprimé, les membres et la queue étant très courts. Le dos et la queue sont assez ordinairement pourvus d'une crête parfois haute et dentelée ; la queue peut être armée d'écailles épineuses disposées par anneaux, ainsi qu'on le voit chez les Trachycycles, les Oplures, les Doryphores, les Strobilures, les Sténocerques ; la queue est parfois préhensile, et cela chez des espèces arboricoles, telles que les Urostrophes. Certaines espèces ont un fanon sous la gorge, comme les Iguanes, les Norops, les Brachylophes ; d'autres peuvent gonfler leur gorge, tels que les Métopocéros. Certains animaux ont des pores fémoraux disposés suivant une ou deux rangées (Iguane, Polychre, Scélopore, Amblyrhinque), d'autres manquent de pores aux cuisses (Norops, Basilic, Anolis, Laimancte). Nous rappellerons enfin que c'est parmi les Iguaniens pleurodontes ou Iguaniens proprement dits que l'on trouve des espèces à doigts élargis à peu près de la même manière que ceux de certains Geckotiens.

Distribution géographique. — Les Iguaniens, dont on connaît environ 300 espèces, sont des animaux caractéristiques de l'Amérique du Sud et de l'Amérique centrale où ils présentent une grande variété de genres et d'espèces ; ils se répandent aussi jusque dans les parties chaudes de l'Amérique septentrionale ; on les trouve, vers l'ouest, dans la Californie, la Colombie britannique, vers l'est à peu près jusqu'aux limites septentrionales des États-Unis ; les îles de la mer des Antilles en nourrissent de nombreuses espèces ; ils se retrouvent également aux îles Galapagos. Le Brachylophe à bande est la seule espèce qui vive en dehors du nouveau monde ; elle a été recueillie à la Nouvelle-Guinée et dans les îles environnantes.

LES ANOLIS — *ANOLIS*

Saumfinger.

Caractères. — Les Anolis se distinguent facilement de tous les autres Iguaniens par ce caractère que les doigts, garnis d'ongles, sont élargis près de leur extrémité en un disque ovalaire garni de lamelles écailleuses, et imbriquées, qui rappellent ce que l'on voit chez certains Geckotiens, chez les Hémidactyles, par exemple. Ajoutons que la tête est quadrangulaire, que les membres postérieurs sont plus longs que les antérieurs, qu'il n'existe pas de pores fémoraux, et que le palais est armé de dents.

« Les Anolis ont, comme plusieurs autres espèces d'Iguaniens, un appendice cutané qui, prenant naissance sous le menton, se termine quelquefois très en arrière de la poitrine. Cet appendice n'a aucune ressemblance avec un goitre, mais représente un fanon souvent plissé sous la gorge, qui peut, selon la volonté de l'animal, se déployer à la façon d'un éventail ; alors il est très mince, et son contour, libre, semi-circulaire, est dentelé ; dans cet état, les écailles dont il est garni restent espacées les unes des autres ; les couleurs les plus vives, variables suivant les espèces, y apparaissent ; c'est le rouge, le bleu, l'orangé, le violet ou le jaune doré ; mais toujours une de ces teintes domine toutes les autres et se présente sous forme d'une tache circulaire, accompagnée de lignes plus claires, d'un ton rosé, dues à l'espacement des écailles.

« Les mâles ont toujours cet appendice gulaire mieux développé que les femelles ; de plus, ils sont reconnaissables en ce que leur

queue est plus épaisse à sa base, et souvent armée, à la partie postérieure de l'anus, de quelques écailles plus grandes que les autres. Certaines espèces ont la queue comprimée, avec une forte denteulre ou une crête plus ou moins développée qui, chez les adultes, est soutenue par les apophyses épineuses des vertèbres.

« Leur coloration, quoique souvent uniforme, est brillante, et quelquefois relevée par des reflets métalliques. Les femelles ont le dessus du corps d'une teinte plus foncée, avec des taches rhomboïdales ; ou bien elles portent seulement une bande claire parcourant la région médiane du dos ; la tête est assez souvent pointillée de brun en dessous (1). »

Distribution géographique. — Les Anolis, dont on connaît une quarantaine d'espèces, habitent toutes les parties les plus chaudes de l'Amérique et se retrouvent dans les îles de la mer des Antilles.

Mœurs, habitudes, régime. — Ainsi que nous l'apprend Bocourt, qui a fréquemment observé les Anolis dans l'Amérique centrale, « ces Sauriens si brillants, ordinairement si vifs, et entièrement diurnes, se plaisent au grand soleil ; toutes les espèces peuvent, sous certaines influences, non seulement changer de forme, mais encore de couleurs ; il est vrai que cette dernière faculté consiste seulement à faire varier celles qui leur sont propres. Sous l'empire de la peur, ils deviennent tout à coup méconnaissables ; des tons ternes et terreux remplacent les teintes plus ou moins éclatantes dont ils étaient parés. Poursuivis ou observés, ils font leur possible pour disparaître derrière la branche qui les soutient ; alors ils ont quelque ressemblance avec les Caméléons : leur corps s'allonge, leur marche devient lente et indécise, leur œil excessivement mobile, ce qui leur permet de voir à la fois en avant et en arrière. Pour échapper plus facilement à leur ennemi, ils se laissent volontiers tomber dans l'herbe ou sur la terre, pour reprendre aussitôt leur vivacité habituelle. Il est à noter que, lorsqu'ils courent, ils ne laissent jamais traîner leur queue, mais la relèvent en arc afin d'en préserver l'extrémité. On les trouve généralement dans les lieux cultivés, aux environs des habitations, sur les murs, les arbustes et souvent sur les buissons

---

(1) F. Bocourt, *Observations sur les Reptiles et les Batraciens de la région centrale de l'Amérique*, p. 53.

Fig. 200. — L'Anolis à gorge rouge (grandeur naturelle).

situés non loin des cours d'eau ou de la mer. L'*Anolis cristatella*, lorsqu'il est poursuivi, ne craint pas de se réfugier dans les eaux peu profondes de la plage, où il saute plus qu'il ne nage.

« Nous avons dit que quelques-uns de ces animaux portent une crête plus ou moins développée sur le cou, le tronc et la queue ; sous certaines influences, ils ont la faculté de soulever la peau de ces régions, qui est peu adhérente aux muscles, et de former ainsi une ou deux crêtes factices, minces, assez élevées et, en apparence, légèrement dentelées, à cause des écailles un peu plus grandes qui les surmontent. »

Extrêmement souples, très vifs, les Anolis font la chasse à tous les insectes et aux araignées, sur lesquels ils se précipitent avec la plus grande adresse.

Nicolson rapporte qu'à certaines époques de l'année les Anolis se livrent des combats acharnés. « Dès qu'un de ces animaux, écrit ce naturaliste, aperçoit un individu de son espèce, il court vivement sur son adversaire qui l'attend bravement. Avant le combat, les deux ennemis se tournent en face l'un de l'autre, à peu près à la manière des coqs, en agitant rapidement leur tête de haut en bas et de bas

BREHM. — V.

en haut, en gonflant leur gorge ; puis ils se jettent l'un sur l'autre avec fureur. Lorsqu'ils sont d'égale force, le combat, qui a lieu le plus souvent sur une branche d'arbre, ne se termine pas de sitôt. D'autres Anolis s'approchent des deux combattants, sans prendre nullement part à la lutte, à laquelle ils semblent prendre grand plaisir. Les deux champions se mordent de toutes leurs forces, avant que de quitter le champ de bataille ; puis bientôt, après quelques instants de répit, reprennent le combat qui dure jusqu'à ce que le plus faible soit tué ou qu'il ait la queue cassée. »

Avec ses pattes de devant, la femelle creuse, au pied d'un arbre ou au voisinage d'un mur, un trou peu profond dans lequel elle dépose des œufs d'un blanc sâle qu'elle recouvre ensuite de terre, en confiant l'éclosion au soleil.

L'ANOLIS A GORGE ROUGE. — *ANOLIS PRINCI-PALIS.*

Rothtehlanolis.

Caractères. — Chez cette espèce, la tête est allongée, triangulaire, déprimée, à face supérieure presque plane dans le jeune âge,

REPTILES. — 29

fortement bicarénée chez les adultes ; les plaques de dessus du tronc sont égales, non imbriquées et carénées ; la queue est forte à sa racine, recouverte en dessus d'écailles un peu grandes et plus carénées que les autres. L'animal adulte arrive à 0ᵐ, 25 de longueur (fig. 200).

La face supérieure du corps est d'un vert extrêmement brillant, le ventre d'un blanc pur, le gorge rougeâtre, la région temporale noire, la queue parsemée de point noirs. Chez certains animaux la teinte verte passe au brunâtre, au vert brun, au roussâtre. Les individus adultes ont le dos orné de séries longitudinales de petites taches blanches. D'après Schomburgk, lorsque l'animal est excité, il revêt toutes les nuances comprises entre le gris verdâtre, le gris foncé, le brun, jusqu'au vert métallique.

Mœurs, habitudes, distribution géographique. — L'Anolis à gorge rouge ou *Roquet*, abondant dans la Caroline du Sud et en Géorgie, se tient sur les arbres, les baies des jardins, les murs des maisons, et pénètre fréquemment même dans les habitations. C'est, d'après Holbrook, un animal aussi vif que peu craintif ; il ne paraît nullement avoir peur de l'homme, aussi le voit-on souvent dans les maisons en train de faire la chasse aux mouches et aux autres insectes.

Il court sur le sol avec une vitesse extraordinaire, en portant généralement la tête très relevée, ce qui lui donne une allure extrêmement gracieuse. Sur les arbres, il se meut avec une rapidité et une agilité merveilleuses ; il saute d'une branche à l'autre en franchissant plus de deux fois la longeur de son corps, et sait se tenir solidement, même lorsqu'il ne touche qu'une seule feuille ; de même que les Geckos, il adhère, en effet, aux objets même les plus lisses.

LES BASILICS — *BASILISCUS*

Basilisken.

Caractères. — Une tête de forme quadrangulaire, surmontée, chez les mâles adultes, d'un lambeau de peau mince et flexible, le plus souvent triangulaire, dont la pointe est assez prolongée en arrière, le bord externe des doigts garni d'une frange écailleuse dentelée, une crête dorsale soutenue dans son épaisseur par les apophyses épineuses des vertèbres, qui sont très élevées, sous le cou, un rudiment de fanon suivi d'un pli transversal bien marqué,

tels sont les principaux caractères qui permettent de reconnaître les étranges reptiles que les zoologistes actuels désignent sous le nom de Basilics.

Distribution géographique. — Ces animaux habitent les Guyanes, le Mexique, les deux versants de la Cordillère.

Mœurs, habitudes. — Ils se tiennent, d'après Bocourt, sur les arbrisseaux situés près des ruisseaux et des rivières. Cet habile naturaliste nous apprend « qu'ils nagent très bien et sont d'une agilité extraordinaire ; poursuivis, ils sautent de branche en branche, et il est à remarquer qu'étant ainsi en mouvement, ils portent toujours la queue relevée au-dessus du tronc. Les Basilics se nourrissent principalement d'insectes ; aussi les rencontre-t-on communément près des habitations indiennes, où ils trouvent plus facilement les coléoptères qu'ils recherchent. A la fin d'avril ou au commencement de mai, la femelle pond dans un trou, au pied d'une souche ou d'un tronc d'arbre, de 12 à 18 œufs, dont elle abandonne l'incubation au soleil. »

Sumichrast, qui a fréquemment observé le Basilic à bandes, s'exprime ainsi à propos de cette espèce : « Ce charmant animal, dont les mœurs ne rappellent en rien l'être fabuleux que les anciens avaient baptisé du nom de *Basilic*, est commun sur les bords de presque toutes les rivières des terres chaudes du Mexique : c'est au printemps qu'il est plus facile de l'observer, et c'est alors que le mâle se fait remarquer par l'élégance de ses formes, la vivacité des couleurs de sa robe et la gentillesse de ses mouvements. Dès que le soleil à réchauffé l'atmosphère, il quitte sa retraite de nuit et se met en quête de sa proie. Si au bord de l'eau s'élève un tronc d'arbre sec, on peut être certain d'y rencontrer, aux heures brûlantes du jour, un Basilic en sentinelle. Le corps voluptueusement étendu, comme pour absorber le plus possible de chaleur solaire, il demeure dans une quiétude parfaite ; mais si quelque bruit vient à éveiller son attention, il redresse la tête, enfle sa gorge et agite rapidement le cimier membraneux dont son occiput est couronné. Son œil perçant, à iris d'un jaune sombre, pailleté d'or, interroge les environs ; si le danger est imminent, son corps, tout à l'heure flasque et mou, se détend comme un ressort, et, d'un bond aussi rapide que l'éclair, il se jette à l'eau. En nageant, il hausse la tête et la poitrine ; ses pattes antérieures fouettent l'eau comme des avirons, tandis que sa longue queue la sillonne comme un gouvernail. De cette habitude lui est venu le nom de *Pasarios*, passe-ruisseaux. »

LE BASILIC A CAPUCHON. — *BASILISCUS AMERICANUS.*

Helmbasilisk.

Caractères. — L'espèce la plus anciennement connue de genre, le Basilic à capuchon, a les écailles ventrales lisses; le dos et la queue sont chez les mâles surmontés d'une haute crête; un lambeau de peau mince et triangulaire s'élève verticalement au-dessus de l'occiput (fig. 201).

Les parties supérieures du corps sont d'un brun verdâtre; une bande jaune part de l'œil et se perd sur le cou; une autre bande de même couleur va de l'extrémité du museau à l'épaule; le tronc est parcouru par des bandes noires disposées obliquement; la queue est annelée de noir; la face supérieure des membres est marbrée de noir; le dessous du corps est d'un jaune verdâtre, la gorge étant nuancée de gris plombé.

L'animal adulte arrive à la taille de 0ᵐ,70.

Habitats, distribution géographique. — D'après Salvin, le Basilic à capuchon est si commun dans le Guatémela, qu'on peut s'en procurer autant qu'on en veut, sans aucune difficulté. On voit cet animal reposer sur les branches inférieures des arbres, toujours au voisinage immédiat de l'eau, en train d'épier des insectes dont il fait presque exclusivement sa nourriture.

LES CORYTHOPHANES — *CORYTHOPHANES*

Kantenkopfe.

Caractères. — Les Corytophanes se distinguent des Basilics en ce que la partie postérieure de leur crâne est relevée en une sorte de casque anguleux; les doigts ne sont pas frangés le long des bords, La queue est longue, faiblement comprimée, dépourvue de crête; le dos et quelquefois aussi la nuque sont dentelés. Il existe des dents au palais; les dents des mâchoires sont coniques en avant, les autres ont leur couronne trilobée.

Distribution géographique. — Les trois espèces de Corytophanes que l'on connaît habitent le sud du Mexique, les deux côtés des Cordillères, le Guatémela.

Mœurs, habitudes, régime. — Suivant Sumichrast, « le Corytophanes n'est pas un animal riverain comme les Iguanes et les Basilics. Il ne vit guère que dans les bois; parmi les rochers, et se plaît surtout dans les forêts de chêne, où la couleur sombre de son corps, qui s'harmonise avec celle des feuilles sèches, lui permet de tendre avec succès des embuscades aux insectes dont il fait sa proie. Il est excessivement agile, et, quand la fuite lui est permise, il est fort difficile de s'en emparer autrement qu'à coups de fusil. Quand il court, il relève le haut du corps presque verticalement, tout en fouettant le sol avec sa queue, ce qui lui donne alors une allure fort singulière.

« La crédulité des Indiens n'a pas manqué d'attribuer à ce petit être si bizarrement joli des propriétés extraordinaires. Tout en redoutant fort la piqûre inoffensive de l'épine qu'on remarque sur chacun des côtés de la tête, ils préconisent la vertu de son corps desséché et porté en amulette, contre le mauvais œil, *el aire*, et cette foule de maux surnaturels, fils de leur sombre et superstitieuse imagination. »

LES IGUANES — *IGUANA*

Leguanen.

Caractères. — Les espèces qui rentrent dans le genre Iguane sont principalement remarquables par le prolongement cutané qui constitue, sur toute l'étendue du dessous de la tête et du cou, un très haut fanon fort mince, dont le bord libre décrit une ligne courbe et présente des dentelures à la partie voisine du menton. La queue est très longue, grêle, comprimée dès son origine; les membres sont longs. Une crête règne sur le dos, et se continue en s'abaissant sur la queue. Les dents qui garnissent les mâchoires sont finement dentelées sur les bords; il existe deux rangées de petites dents à la voûte palatine. La membrane du tympan est grande, tendue à fleur du trou de l'oreille; les pores fémoraux sont disposés suivant une rangée.

Distribution géographique. — On connaît trois espèces d'Iguanes. L'Iguane tuberculeux habite une grande partie de l'Amérique méridionale et se trouve aussi aux Antilles; l'Iguane rhinolophe est commun au Mexique et dans l'Amérique centrale; c'est dans le nord du Brésil, à la Martinique, à la Guadeloupe, que vit l'Iguane à cou nu.

Mœurs, habitudes, régime. —Les Iguanes,

Fig. 201. — Le Basilic à capuchon (1/3 grand. nat.).

qui sont des reptiles essentiellement arboricoles, se tiennent presque constamment sur les
arbres situés près des cours d'eau ; leur longue
queue comprimée est, en effet, admirablement
disposée pour la natation. Ce sont des animaux très agiles qui sautent rapidement de
branche en branche ; vers le soir, ils descendent souvent sur le sol pour y chercher leur
nourriture. Si on les surprend, ils s'empressent de grimper jusqu'à la cime des arbres et
se cachent dans le feuillage ou se précipitent
à l'eau ; ils nagent avec rapidité en appliquant
les membres contre le tronc et en se servant
de la queue, qui constitue une rame puissante.

Les Iguanes sont exclusivement herbivores
et frugivores ; ils se nourrissent de jeunes
bourgeons, de feuilles, de baies molles qu'ils

coupent à l'aide de leurs dents finement dentelées en scie sur les bords. Le sac intestinal acquiert parfois, grâce à la quantité de
feuilles qui y est entassée, un développement
extraordinaire, ainsi que l'a constaté Sumichrast. Les Indiens prétendent toutefois que
les Iguanes sont des animaux carnassiers,
qu'ils chassent non seulement les insectes,
mais encore de petits Lézards. Belcher dit
avoir vu sur l'île d'Isabelle de véritables troupeaux d'Iguanes qui dévoraient avec avidité
des œufs de reptiles, des insectes, des intestins d'oiseaux ; Schomburgk rapporte également qu'aux Guyanes il a vu les Iguanes donner la chasse aux sauterelles et à d'autres
insectes.

Le mâle se choisit ordinairement une femelle
qu'il ne quitte pas pendant un certain temps

Fig. 202. — Le Cyclure lophome (1/4 grand. nat.).

de l'année, et qu'il défend avec rage contre les individus de son espèce qui voudraient s'en approcher ; ils se battent alors avec fureur.

À Sainte-Lucie, la ponte a lieu pendant les mois de février, mars et avril. Les œufs ont à peu près la grosseur des œufs de pigeons ; ils sont d'un jaune paille clair ou d'un blanc sale ; la coque est molle. Les femelles déposent ces œufs dans un trou creusé dans le sable et les recouvre soigneusement. D'après les recherches de Tyler, les femelles âgées pondent beaucoup plus que les jeunes. Sumichrast a observé qu'il arrive assez souvent que plusieurs femelles pondent en commun, de telle sorte qu'on peut trouver jusqu'à deux douzaines d'œufs dans une même fosse.

Beaucoup d'œufs sont détruits, non seulement par les fourmis, mais encore par des rongeurs, principalement par le rongeur désigné à Sainte-Lucie sous le nom de Rat musqué.

Après l'éclosion, les petits semblent demeurer assez longtemps ensemble. Humboldt rapporte qu'il a vu de ces animaux peu de temps après leur sortie de l'œuf. « Ils ressemblent alors, dit-il, à des Lézards ; ni la crête dorsale,

ni le fanon qui donnent un aspect si particulier à l'adulte, n'existent alors. »

Chasse. — Schomburgk, qui a pu observer en liberté l'Iguane tuberculé, nous donne d'intéressants renseignements sur la manière de s'emparer de ce reptile. « Deux espèces d'Ingas en fleur, écrit-il, avait attiré une foule d'insectes dont la présence avaient alléché à leur tour une quantité inaccoutumée d'Iguanes. A chaque coup de rame qui nous poussait en avant, nous voyions trois ou quatre de ces grands animaux se jeter dans l'eau du haut des arbres, ou bien disparaître dans l'épais feuillage des cimes, en se glissant de branche en branche avec la rapidité de la pensée pour y chercher un refuge qui ne pouvait cependant les mettre à l'abri ni des regards scrutateurs ni des flèches sûres de nos Indiens. Autour de nous tout était vie et mouvement ; car pour nos hommes, il s'agissait de se procurer en vue du repas la plus grande quantité possible de cette précieuse friandise.

« Dans cette chasse, l'usage du fusil n'était pas aussi utile que l'usage des flèches, car les Iguanes tirées avec du plomb se précipitaient

immédiatement dans l'eau, lorsqu'elles n'é-
taient pas blessées à mort, et ne reparaissaient
plus, tandis que les flèches très longues les
empêchaient de disparaître ainsi. Parmi ce
butin se trouvèrent plusieurs spécimens longs
de 2 mètres sur 30 centimètres d'épaisseur.
En dépit de leur aspect effrayant, la chair de
ces animaux est une des plus tendre qu'on
puisse se procurer. Les œufs sont également
savoureux et très recherchés, ce qui concourt
à rendre ces animaux de plus en plus rares,
notamment sur les côtes où sont venus se
joindre aux indigènes des créoles et des
nègres. »

Quelques habitants s'occupent spécialement
de rechercher ce singulier gibier, et ils mettent en usage divers procédés pour s'en emparer. Plusieurs auteurs signalent un mode de
capture qui n'est pas du tout d'accord avec les
renseignements de Schomburgk. On s'approche des Iguanes en sifflant, et on doit les charmer ainsi jusqu'à ce qu'ils tendent le cou et
se laissent caresser avec une baguette, puis
on leur passe au cou un lacet fixé au bout de
celle-ci. A l'aide de cette corde, on les tire
vigoureusement en bas de l'arbre ; tout d'a-
bord, ils se comportent comme s'ils étaient
affolés ; ils cherchent à se délivrer, ouvrent la
gueule, soufflent et sifflent ; mais on les maîtrise facilement, et après les avoir mis hors
d'état de nuire en leur ficelant la gueule, on
les emporte sur le marché réduits ainsi à l'impuissance.

Habituellement on emploie pour la chasse
de l'Iguane des chiens particulièrement dressés, car sans leur aide il est très difficile,
et parfois presque impossible de distinguer
ces Sauriens dont les couleurs se confondent
avec celles des feuilles. D'après Liebmann,
sur la côte occidentale de l'Amérique centrale, on guette les Iguanes quand ils descendent des arbres le soir, et on les fait arrêter
par les chiens. Des chiens exercés découvrent facilement les Iguanes, grâce à leur flair
probablement ; quand ce gibier se trouve sur
un arbre, ils donnent de la voix, et, quand ils
le rencontrent sur le sol, ils l'arrêtent. Quelques-uns saisissent même sans plus de façons
l'Iguane par le dos et le font périr sous leurs
morsures. Mais peu de chiens se comportent
ainsi, parce que tous ceux qui ne sont pas très
inexpérimentés ou très forts redoutent aussi
bien les coups de queue puissants que les
griffes et les dents des Iguanes qui se défen-

dent avec fureur. Quand le Saurien peut encore
s'enfuir, il avise tout d'abord un arbre, ou, à
défaut, une excavation, mais dans les deux
cas il est généralement perdu ; on s'en empare
en effet assez aisément en secouant les branches ou en les coupant, et, quand cet animal
a trouvé une excavation, il s'y croit dissimulé
alors qu'il n'y peut cacher que sa tête. Quand
on a réussi à s'en emparer, pour l'empêcher
de mordre on lui passe une liane résistante à
travers la peau de la mâchoire inférieure, et à
travers les narines ; après lui avoir ainsi fermé
la gueule, on enlève les tendons de ses longs
orteils médians qu'on utilise pour attacher
ensemble ses deux paires de pattes au-dessus
de son dos ; le lendemain matin on porte au
au marché la pauvre bête ainsi torturée.

Usages. — Connaissant bien la vitalité extraordinaire des reptiles, les Mexicains ne craignent pas de garder ce gibier ficelé comme
nous venons de le dire pour le vendre à l'occasion ; pendant le carême on achète volontiers,
en effet, des Iguanes pour faire cuire leur chair
dans la pâte de maïs. La viande d'Iguane passe
pour être très savoureuse, aussi voit-on communément sur les marchés de Belize des Iguanes vivants ficelés ainsi que nous l'avons dit,
de manière à ce qu'ils ne puissent pas mordre.
D'après Sumichrast, dans la partie occidentale
de l'isthme de Téhuantépec on ne recherche
comme partie alimentaire de l'Iguane vert que
les œufs ; aussi les chasseurs ne prennent-ils
jamais les mâles de cette espèce, qu'ils désignent sous le nom de *Garabos*.

Sumichrast rapporte que pendant les voyages qu'il fit sur le Rio-Goazaacalcos il fut témoin d'une singulière opération pratiquée sur
un Iguane femelle. « Un des Indiens qui ma-
nœuvrait la pirogue, ayant réussi à s'emparer
de ce reptile, lui ouvrit le ventre, en retira soigneusement les œufs, objet de sa convoitise, et
après avoir recousu la plaie, lâcha l'animal,
dans l'espoir, disait-il, de le retrouver plus
tard. »

L'IGUANE TUBERCULÉ. — *IGUANA TUBERCU-LATA.*

Leguan.

Caractères. — Cette espèce peut arriver à
la taille de 1m,80, queue comprise. Sous le
tympan se voit une grande écaille circulaire ;
les côtés du cou sont semés de tubercules ; les
doigts sont fort allongés (pl. IX).

Paris. J.-B. Baillière et Fils, édit.　　　　　　　　Corbié, Coré. imp.

L'IGUANE TUBERCULÉ.

Le fond de la couleur est, en dessous, d'un jaune verdâtre, en dessus d'un vert plus ou moins foncé, devenant quelquefois bleuâtre, d'autres fois de teinte ardoisée, car cet Iguane a la propriété de changer de couleur. Certains individus sont piquetés de brun, d'autres ont les membres tachetés de jaune sur un fond noir. Les flancs sont, le plus ordinairement, rayés de bandes brunes, bordées de jaune. La queue est entourée de larges anneaux bruns alternant avec des anneaux de couleur verte ou jaunâtre.

LES CYCLURES — CYCLURA

Wirtelschwang.

Caractères. — Les Cyclures diffèrent des Iguanes par l'absence de véritable fanon, bien que la peau de la gorge soit lâche et plissée en travers; la queue est garnie d'écailles verticillées, alternant avec des anneaux d'épines; les dents sont tricuspides, et non dentelées sur les bords. Suivant les espèces, la queue peut être à peu près ronde ou comprimée.

Distribution géographique. — Les Cyclures se trouvent dans la Caroline du Sud, le Mexique, les Antilles, l'Amérique centrale; ils habitent la zone que l'on connaît sous le nom de *terres chaudes*.

LE CYCLURE LOPHOME. — *CYCLURUS LOPHOMA*.

Quirlischwanz.

Caractères. — Cette espèce se reconnaît à sa crête non interrompue, à sa queue comprimée, aux deux rangées de scutelles qui revêtent la mâchoire inférieure. Le corps et les membres ont une teinte générale d'un vert de feuille tirant sur le bleu ardoisé; trois bandes d'un noir olivâtre se voient sur les flancs; la queue est entourée de bandes d'un vert olivâtre, tantôt claires, tantôt foncées, régulièrement espacées (fig. 202).

Habitat. — D'après les renseignements que nous devons à Posse, l'espèce qui nous occupe est particulière à la Jamaïque et ne se voit même que dans certaines parties de cette île. On la trouve assez fréquemment sur les montagnes calcaires qui s'étendent du port de Kingstown vers l'île dite des Chèvres; l'espèce se trouve assez souvent dans les plaines situées entre les collines qui bordent le littoral et les hautes montagnes de l'intérieur.

Mœurs, habitudes, régime. — Un heureux hasard a permis de connaître avec assez de détails le mode d'existence du *Cyclura lophoma*. Deux de ces animaux demeurèrent pendant six mois sur un vieil acacia dans la propriété de Minot, qui eut ainsi l'occasion de les étudier, tout en les hébergeant. Ils avaient été découverts par hasard par un de ses amis qui avait donné sur ce Saurien un coup de cravache; pendant plus d'une semaine ils ne se montrèrent qu'à la dérobée par suite de la peur qu'ils avaient eue; ils se réfugiaient à l'intérieur de cet arbre creux chaque fois qu'un homme en approchait. Minot ayant strictement interdit de les inquiéter, ils oublièrent peu à peu la terreur qu'ils avaient éprouvée et s'apprivoisèrent assez pour permettre au propriétaire du terrain de les examiner. Quand la journée commençait à devenir chaude, l'un de ces animaux sortait de son creux d'arbre, et se suspendait à l'écorce ou grimpait sur un mince rameau desséché pour s'y ensoleiller. Il y demeurait toute la journée sans s'inquiéter de ce qui l'entourait. Jamais Minot ne le vit faire la chasse à des insectes; il ne parvint qu'une seule fois à le surprendre en train de manger. Ce fut après une longue pluie, alors que le soleil venait de percer les sombres nuages et que les plantes commençaient à peine à sécher. L'un de ces Sauriens quitta cette fois son arbre, et s'avança sur le sol à pas lents, en portant doucement une patte au devant de l'autre, jusqu'à une dizaine de mètres environ; il s'approcha du gazon qu'on désigne sous le nom d'herbe-aux-pintades, qu'il se mit à arracher, toujours à pleines bouchées, et qu'il avala sans plus de façons. Effarouché par la présence de l'observateur qu'il aperçut tout à coup, il se hâta de regagner son arbre, non pas en courant ou en marchant, mais en exécutant une série de bonds comparables aux sautillements des grenouilles; il grimpa jusqu'à son excavation et fut, au bout d'un instant hors de vue.

Un fait remarquable signalé par Minot, c'est que ce Saurien, même en cette occurrence, ne recherchait pas l'eau comme le font généralement ses apparentés dans les mêmes circonstances; il demeurait sans boire même pendant la plus forte sécheresse. Les deux Cyclures qui habitaient l'arbre en question, formaient évidemment un couple, car ils différaient aussi bien par leur taille que par leur coloration. Ils vivaient tous deux ensemble dans des rapports très affectueux, pourtant on ne les vit jamais tous deux en même temps hors de l'excavation; généralement on n'en voyait toujours qu'un seul au dehors, l'autre se trouvant à l'intérieur, à l'instar des figurines de l'hygromètre de Saussure. Un gamin inoccupé mit fin à ces observations en tuant l'un après l'autre ces inoffensives créatures.

Autant les Cyclures sont craintifs lorsqu'on ne les inquiète pas, autant ils se défendent avec énergie lorsque l'on cherche à s'en emparer. Ils se défendent alors à l'aide de leur queue dont ils portent des coups violents à droite et à gauche; les pointes dont cette queue est armée peuvent occasionner de douloureuses blessures.

LES AMBLYRHINQUES — AMBLY-RHINCHUS

Höctertöpfe.

Caractères. — Les îles Galapagos représentent un monde à part; leur faune et leur flore est, en effet, toute spéciale. Ce sont les Tortues géantes et les grands Lézards qui contribuent à donner à cette faune son cachet particulier. Parmi ces reptiles, les plus curieux et les plus caractéristiques sont, à coup sûr, les Amblyrhinques, dont on connaît deux espèces qui diffèrent des Iguanes proprements dits par plusieurs particularités de leur anatomie, par l'écaillure de la tête, par l'absence de fanon.

De ces deux espèces, l'une habite les parages de la mer; elle est le type du genre Ambly-rhinque proprement dit, caractérisé par une crête continue depuis la nuque jusqu'à l'extrémité de la queue, et la présence de dents au palais; pour la seconde espèce, essentiellement terrestre, on a admis le genre Conolophe; cette espèce manque, en effet, de dents à la voûte palatine.

L'AMBLYRHINQUE A CRÊTE. — AMBLYRHINCHUS CRISTATUS.

Meerechse.

Caractères. — Cette espèce, qui peut atteindre près de 1 mètre de long et qui pèse jusqu'à 12 kilogrammes, a le corps élancé, un peu arrondi, la queue longue, fortement comprimée, la tête courte, le museau large et tout à fait arrondi. La nuque, le dos et la queue sont surmontés d'une crête qui est plus basse au-dessus des épaules et des reins que dans aucune autre partie de sa longueur.

La face supérieure du crâne est protégée par des plaques tuberculeuses; les sourcils font une légère saillie en dehors; le trou de l'oreille à fleur duquel se trouve tendue la membrane du tympan, est assez petit; les dents sont nombreuses et distinctement trilobées. Les écailles qui garnissent les flancs sont plus petites que celles du dos; les unes et les autres ont une forme conique et un sommet assez aigu pour rendre la surface du tronc fort rude au toucher. Les membres sont proportionnellement plus trapus, plus courts que ceux des Iguanes; les ongles sont crochus (fig. 203).

La coloration varie avec l'âge. Chez les individus jeunes on remarque de nombreuses taches d'un gris clair se détachant sur un fond noir; sur le dos se voient des taches alternativement noires et d'un gris sale disposées en bandes ou en séries transversales plus ou moins régulières. Les adultes ont les parties supérieures du corps noirâtres, nuancées de teintes plus claires; quelques anneaux noirs brunâtres se voient sur la queue; le ventre est d'un brun jaune sale; la crête présente des bandes alternativement jaunes ou grises et noires. On rencontre parfois des individus complètement et uniformément noirs.

Distribution géographique. — L'Amblyrhinque à crête habite les îles Galapagos. Darwin a trouvé l'espèce dans toutes les îles de l'Archipel qu'il a visitées; Steindachner, en 1872, a constaté leur présence à Albermarle, et sur les îles Saint-Charles, Saint-James et Jervisy.

Mœurs, habitudes, régime. — C'est Darwin qui, le premier, nous a fait connaître les mœurs de l'étrange Saurien dont nous parlons ici, et nous ne pouvons mieux faire que de laisser la parole à l'illustre naturaliste du *Beagle* :

« L'Amblyrhinque, genre remarquable de Lézards, écrit Darwin, est particulier à l'Archipel des Galapagos; il y en a deux espèces qui se ressemblent beaucoup, mais l'une est terrestre et l'autre aquatique. Cette dernière (*Amblyrhinchus cristatus*) a été décrite pour la première fois par Bell qui, en voyant sa tête large et courte et ses fortes griffes d'égale longueur, a prédit que ses habitudes devaient être toutes particulières et devaient différer beaucoup de celles de son parent le plus rapproché, l'Iguane. Ce Lézard est extrêmement commun sur toutes les îles de l'Archipel. Il habite exclusivement les rochers de la côte; on ne le trouve jamais à plus de 10 mètres du bord

Fig. 203. — L'Amblyrhinque à crête (1/4 grand. nat.).

de la mer; c'est un animal hideux, de couleur noir sale; il semble stupide et ses mouvements sont très lents. La longueur ordinaire d'un individu ayant atteint toute sa croissance est d'environ un mètre; mais on en trouve qui ont jusqu'à quatre pieds de long; j'en ai vu un qui pesait 20 livres; il semble se développer plus particulièrement sur l'île Albemarle. Leur queue est aplatie des deux côtés, leurs pieds palmés en partie. On les rencontre quelquefois nageant à quelques centaines de mètres de la côte. Le capitaine Collnest dit dans la relation de son voyage : « Ces Lézards s'en vont par « troupes pêcher en mer, ou bien se reposent au « soleil sur les rochers; on peut, en somme, les « appeler des Alligators en miniature. » Il ne faut pas penser cependant qu'ils se nourrissent de poissons. Ce Lézard nage avec la plus grande facilité et avec beaucoup de rapidité; il s'avance en imprimant à son corps et à sa queue aplatie une espèce de mouvement ondulatoire; pendant qu'il nage, les pattes restent immobiles et étendues sur les côtés. Leurs membres et leurs fortes griffes sont admirable-

ment adaptées pour leur permettre de se traîner sur les masses de lave rugueuse et pleine de fissures qui forment toutes ces côtes. A chaque pas, on rencontre un groupe de six ou sept de ces hideux Reptiles, étendus au soleil sur les rochers noirs, à quelques pieds au-dessus de l'eau.

« J'ai ouvert plusieurs de ces Lézards; leur estomac est toujours considérablement distendu par une plante marine broyée, qui pousse sous forme de feuilles minces, vert brillant ou rouge sombre. Je ne me rappelle pas avoir vu cette plante marine en quantité quelque peu considérable sur les rocs alternativement découverts ou recouverts par la marée; j'ai quelques raisons de croire qu'elle pousse au fond de la mer à une certaine distance de la côte; s'il en est ainsi, on s'explique facilement que ces animaux aillent en mer. L'estomac ne contenait que cette plante marine. La nature des aliments de ce Lézard, la conformation de sa queue et de ses pattes, le fait qu'on l'a vu volontairement se mettre à l'eau, prouvent absolument ses habitudes aquatiques; il présente cependant sous ce rapport une curieuse anomalie : quand il est effrayé, il ne va pas se jeter à l'eau. Aussi est-il très facile de chasser ces Lézards jusque sur un endroit surplombant la mer, où ils se laissent prendre par la queue plutôt que de sauter dans la mer. Ils ne semblent pas même avoir l'idée de mordre; mais, quand ils sont très effrayés, ils lancent de chaque narine une goutte d'un liquide quelconque. J'en jetai un plusieurs fois de suite aussi loin que je le pus dans un étang profond qu'avait laissé la mer en se retirant; il revint invariablement en ligne droite à l'endroit où je me tenais. Il nageait près du fond, ses mouvements étaient gracieux et rapides; quelquefois il s'aidait de ses pattes sur le fond de l'étang. Dès qu'il arrivait près du bord, et pendant qu'il était encore sous l'eau, il essayait de se cacher sous les touffes de plantes marines ou en entrant dans quelque crevasse. Dès qu'il pensait que le danger était passé, il sortait de son trou pour venir s'étendre au soleil en se secouant aussi fort qu'il le pouvait. Je saisis plusieurs fois ce même Lézard en le pourchassant jusqu'à un endroit où il aurait pu entrer dans l'eau, mais rien ne pouvait le décider à le faire. On peut peut-être expliquer cette stupidité apparente par ce fait que ce Reptile n'a aucun ennemi à redouter sur la côte, alors que, quand il est en mer, il doit souvent devenir la proie des nombreux requins qui fréquentent ces parages. Aussi y a-t-il probablement chez lui un instinct fixe et héréditaire qui le pousse à regarder la côte comme un lieu de sûreté et à s'y réfugier dans quelque circonstance que ce soit. »

Steindachner, qui visita les Galapagos en 1872, y trouva les Amblyrhinques par milliers, comme au temps des voyages de Dampierre et de Darwin. « Lorsque, dit ce savant naturaliste, mon compagnon de voyage, le docteur Pitkins, vit un grand nombre de ces animaux, à l'aspect si étrange et si horrible, en train de se chauffer au soleil, étendus sur des blocs de lave, il tira sur leur troupe compacte. Lorsqu'une heure plus tard je visitai l'endroit où se trouvaient tous ces animaux, elle était absolument déserte. Tous les Amblyrhinques s'étaient enfuis vers la mer et avaient, sans nul doute, gagné à la nage quelque autre retraite.

« Lorsque la mer est calme, on voit assez souvent ces Sauriens nager assez rapidement et plonger à une assez grande distance des côtes. Dans l'eau, leurs mouvements ressemblent à ceux des Serpents; lorsqu'ils nagent, leur tête seule émerge, les membres sont repliés le long du corps, et la progression s'opère exclusivement par les rapides mouvements de leur longue queue.

« Sur l'île de Jervis j'ai vu de ces animaux au voisinage de la mer, sur des blocs de lave; ils étaient réunis sur un petit espace par troupes de 100 à 150 individus. Sur l'île Saint-James, je n'ai rencontré que de petits individus à une hauteur considérable au-dessus de la mer, sur le bord de falaises recouvertes d'herbes et de broussailles. Ainsi que Darwin l'a observé, leur estomac est toujours rempli de détritus d'algues rougeâtres à petites feuilles.

« Pendant qu'au mois d'octobre, je visitais les Galapagos, j'ai vu très peu de jeunes Amblyrhinques; je n'ai aperçu aucun animal ayant moins d'une année. Je demandai aux habitants s'ils savaient où ces Reptiles déposent leurs œufs; ils me répondirent tous qu'ils n'avaient aucun renseignement à cet égard; c'est là un fait étrange, si l'on songe à que point ces Sauriens sont abondants dans ces parages.»

L'AMBLYRHINQUE SUBCRÈTE. — CONOLOPHUS SUBCRISTATUS.

Drusenkopf.

Caractères. — Cette espèce, essentiellement terrestre, se distingue facilement de l'espèce marine par ses formes plus massives, plus lourdes, les pattes plus trapues, les doigts absolument libres, la queue plus courte, presque arrondie, dépourvue de crête. Les écussons de la face supérieure de la tête sont plus petits et beaucoup plus nombreux que pour l'autre espèce; parmi ces écussons, ceux qui occupent la région occipitale sont les plus gros et les plus pointus; les narines sont grandes. Le crâne est très fuyant. Les écailles du cou, du dos et des flancs sont petites et de forme conique; les écailles du ventre sont beaucoup plus grandes et lisses. Sur le cou se voit une crête assez élevée composée de tubercules coniques, allongés, éloignés les uns des autres; cette crête se continue sur une certaine longueur du dos où elle est formée d'écailles en dents de scie auxquelles se mêlent de distance en distance des tubercules coniques (fig. 204).

La tête a une teinte d'un jaune citron plus ou moins vif; le dos, au voisinage de la crête, est d'un rouge brique ou d'un rouge de rouille parfois orné de bandes jaunes ou rougeâtres ; vers les flancs la coloration passe au rouge foncé impur ; çà et là se voient quelques petites taches brunes irrégulières et mal limitées. Les pattes de devant sont rougeâtres à leur partie supérieure ; les membres postérieurs sont colorés en jaune brunâtre ; les ongles ont une teinte noire.

Distribution géographique. — L'Amblyrhinque de Demarle ou Amblyrhinque subcrète n'a été observé par Darwin que dans les parties centrales de l'archipel des Galapagos, c'est-à-dire les îles Abbemarle, James, Barrington et Indefatigable.

« Dans les îles Chales, Hood et Chatham, situées plus au sud, et dans les îles Towers, Bindlues et Abington, situées plus au nord, je n'en ai jamais vu ni entendu parler, rapporte Darwin. On dirait réellement que cet animal a été créé au centre de l'archipel, et qu'il ne s'est propagé de là que jusqu'à une certaine distance.

« On trouve quelques-uns de ces Lézards dans les parties élevées et humides des îles, mais ils sont beaucoup plus nombreux dans les régions basses et stériles auprès de la côte. Je ne puis donner une meilleure idée de leur nombre considérable qu'en disant que, lors de notre séjour à l'île James, nous eûmes la plus grande peine à trouver, pour y planter notre tente, un endroit où ils n'eussent pas creusé leurs trous. »

Mœurs, habitudes, régime. — Les renseignements que nous possédons sur l'Amblyrhinque terrestre sont dus à Darwin. « Comme leurs cousins de l'espèce marine, écrit l'illustre naturaliste, ce sont des animaux fort laids ; le dessous de leur ventre est jaune orangé, leur dos brun jaunâtre ; leur angle facial, extrêmement petit, leur donne un aspect particulièrement stupide. Leurs mouvements sont lents et ils semblent presque toujours plongés dans une demi-torpeur. Quand ils ne sont pas effrayés, ils rampent lentement, leur queue et leur ventre traînant sur le sol. Ils s'arrêtent souvent et semblent s'endormir pendant une minute ou deux, les yeux fermés et les pattes de derrière étendues sur le sol brûlant.

« Ils habitent des terriers qu'ils se creusent quelquefois entre des fragments de lave, mais le plus souvent sur les parties plates de tuf tendre qui ressemble à du grès. Leurs terriers ne paraissent pas très profonds ; ils pénètrent sous le sol en faisant un angle fort petit à la

surface, de telle sorte que, quand on marche sur un endroit habité par ces Lézards, on enfonce constamment. Quand il creuse son terrier, cet animal travaille avec les côtés opposés de son corps. Une de ses pattes de devant gratte le sol pendant quelque temps, en rejetant la terre qu'il extrait vers sa patte de derrière qu'il a placée de façon à rejeter la terre hors du trou. Quand ce côté du corps est fatigué, les pattes de l'autre côté reprennent le travail, et ainsi de suite alternativement. J'en ai examiné un pendant longtemps, jusqu'à ce que la moitié de son corps eût disparu dans le trou ; je m'approchai alors de lui et le tirai par la queue. Il sembla fort étonné de ce procédé et sortit de son trou pour voir ce qu'il y avait ; il me regarda alors bien en face, comme s'il voulait me dire : Pourquoi diable me tirez-vous la queue ?

« Ces animaux mangent pendant la journée et ne s'éloignent guère de leurs terriers ; s'ils sont effrayés, ils y courent de la façon la plus comique. Ils ne peuvent courir très vite, sauf quand ils descendent un terrain en pente ; cela tient évidemment à la position latérale de leurs pattes. Ils ne sont pas craintifs ; quand ils regardent quelqu'un attentivement, ils relèvent leur queue, et, se soulevant sur leurs pattes de devant, ils agitent continuellement leur tête verticalement et essayent de se donner un air aussi méchant que possible. Mais au fond, ils ne sont pas méchants ; si on frappe du pied, leur queue s'abaisse immédiatement et ils s'éloignent aussi vite que possible. J'ai fréquemment observé que les petits Lézards qui mangent les mouches impriment exactement à leur tête ce même mouvement de haut en bas quand ils observent quelque chose ; mais je ne saurais donner aucune explication de ce fait. Si l'on tourmente ce Lézard avec un bâton, il le saisit et le mord vigoureusement ; mais j'en ai pris beaucoup par la queue et aucun n'a jamais essayé de me mordre. Si on en met deux sur le sol et qu'on les tienne l'un près de l'autre, ils se mettent à se battre et se mordent jusqu'au sang.

« Les individus qui habitent les régions basses du pays, et c'est de beaucoup les plus nombreux, trouvent à peine une goutte d'eau pendant toute l'année. Mais ils mangent beaucoup de cactus, tout au moins les branches qui sont fréquemment brisées par le vent. Je m'amusais souvent, quand j'en voyais deux ou trois ensemble, à leur jeter un morceau de cac-

Fig. 204. — L'Amblyrhinque subcrète (1/5 grand. nat.).

tus ; rien n'était comique comme de voir l'un d'eux se saisir du morceau et essayer de l'emporter dans sa gueule, tout comme un chien affamé essaye de soustraire un os à ses camarades. Ils mangent très lentement ; cependant ils ne mâchent pas leurs aliments. Les petits oiseaux savent parfaitement que ces animaux sont inoffensifs ; j'ai vu des moineaux aller becqueter une extrémité d'un morceau de cactus, plantes qu'aiment beaucoup les animaux de la région inférieure, pendant qu'un Lézard mord l'autre extrémité ; il n'est pas rare de voir ensuite le petit oiseau aller se percher sur le dos du Reptile.

« J'ai ouvert plusieurs de ces animaux ; leur estomac est toujours plein de fibres végétales et de feuilles de différents arbres, surtout celles d'un acacia. Dans la région supérieure, ils mangent principalement les baies acides et astringentes du Guayarita ; j'ai vu ces Lézards et de grosses Tortues, les uns auprès des autres, sous ces arbres. Pour se procurer les feuilles d'acacia, ils grimpent sur les arbres rabougris ; il n'est pas rare d'en voir un couple

brouter tranquillement perchés, sur une branche à plusieurs pieds au-dessus du sol. Ces Lézards cuits ont la chair très blanche ; c'est un mets fort apprécié de ceux dont l'estomac plane au-dessus de tous les préjugés. Humboldt a fait remarquer que, dans toutes les régions intertropicales de l'Amérique méridionale, on estime comme chose fort délicate la chair de tous les Lézards qui habitent les régions sèches. Les habitants affirment que les Lézards qui habitent les régions humides de l'île boivent de l'eau, mais que les autres, à l'encontre des Tortues, ne font jamais le voyage pour se désaltérer. A l'époque de notre visite, les femelles portaient dans le corps de nombreux œufs gros et allongés ; elles pondent dans leurs terriers ; les habitants recherchent beaucoup ces œufs pour les manger. »

LES HYPSIBATES — *HYPSIBATUS*

Hochschreiter.

Caractères. — Le terme d'Hypsibate, qui signifie *haut monté sur jambes*, a été donné à

Fig. 205. — L'Hypsibate peint (grand. nat.).

des Iguaniens qui ont le tronc un peu déprimé, avec deux plis longitudinaux de chaque côté du dos, les membres, particulièrement ceux de derrière, très longs et fort maigres, la queue longue, recouverte de petites écailles imbriquées, tantôt arrondie, tantôt comprimée suivant les espèces. Ajoutons que la tête est déprimée, couverte, en dessus, de plaques inégales, qu'il existe des dents au palais, que le dos, au moins dans une partie de son étendue, est garni d'une crête, que les écailles du corps sont crénées et imbriquées, que les pores fémoraux font défaut.

Distribution géographique. — Les animaux qui rentrent dans ce genre habitent les Guyanes et le nord du Brésil.

L'HYPSIBATE PEINT. — *HYPSIBATUS PICTUS.*

Stelzenechse.

Caractères. — L'espèce que nous représentons (fig. 205) est un petit Saurien d'environ 0m,30, à la queue plus longue que le corps, à la tête courte, bombée au-dessus des yeux, au museau très court, à la gorge lâche pouvant, dans certains moments, se gonfler de manière à former un sac très distendu; les membres de derrière sont plus développés que ceux de devant; on voit cinq doigts à chaque

patte. De petites écailles fines recouvrent le corps; des écailles un peu plus grandes revêtent le dessus de la tête; des écailles quadrangulaires, plus développées que celles du corps, revêtent la queue. La crête dorsale, peu élevée, s'étend jusqu'à la racine de la queue.

En arrière de la tête et de la nuque, qui sont d'un gris brunâtre, se voit une large bande d'un noir de velours qui s'étend transversalement depuis le dos jusqu'aux pattes antérieures. Le tronc est orné de bandes d'un brun foncé bordées de noir et séparées entre elles par des intervalles colorés en gris blanc tirant sur le bleu. La partie postérieure du corps et de la queue offre une teinte rosée, tournant au jaunâtre, relevée par des bandes transversales noirâtres ou brunâtres, formant des anneaux plus ou moins complets. Les membres postérieurs sont ornés de bandes brunes, les pattes de devant, d'un brun grisâtre, de bandes et de petites taches irrégulières d'un blanc bleuâtre. Le sac guttural, lorsqu'il n'est pas gonflé, présente à son centre une large tache orangée; lorsqu'il est distendu, il a une fort belle couleur orangée. La gorge et toute la partie inférieure du corps sont colorées en gris cendré bleuâtre, avec des reflets rougeâtres. La pupille est entourée d'un cercle jaune, l'iris étant brunâtre. Les individus jeunes ont des bandes brunâtres sur lesquelles se détachent des marbrures d'un blanc de perle qui disparaissent avec l'âge.

Mœurs, habitudes, régime. — « J'ai vu ce beau Reptile, écrit le prince de Wied, dans les grandes forêts vierges qui s'étendent près du lago d'Arrara, vers le Muluri. Dans la contrée, on désigne cet animal sous le nom de Caméléon, parce que, dans les moments d'excitation, il peut changer de couleur et que ses flancs deviennent alors d'un beau rose ; c'est principalement sur les bandes claires qui ornent le corps que les changements de coloration sont les plus sensibles. Le Reptile dont nous parlons se tient constamment sur les arbres, sur lesquels il grimpe fort adroitement et fort rapidement ; il se tient habituellement haut sur pattes, le tête fortement relevée. Lorsqu'il est en colère, il ouvre largement la bouche, renfle son sac guttural, fait entendre un son sifflant et se précipite courageusement sur l'ennemi, en bondissant. »

LES TROPIDURES — *TROPIDURA*

Kielschwang.

Caractères. — Les Tropidures ou Ecphymotes sont des Sauriens de l'Amérique méridionale au tronc court et déprimé, à la tête triangulaire, recouverte de plaques d'inégale grandeur, au corps revêtu d'écailles petites et imbriquées, à la queue assez longue, forte, conique, protégée par des écailles verticillées, imbriquées et carénées. Il n'existe pas de crête ni sur le dos ni sur la queue ; les pores fémoraux font défaut ; le palais est garni de dents ; sous le cou se voit un seul pli transversal et deux plis latéraux très prononcés.

LE TROPIDURE A COLLIER. — *TROPIDURUS TORQUATUS.*

Kielschwang.

Caractères. — Le Tropidure à collier, que les Portugais désignent sous le nom de *Lagarda*, ce qui veut dire simplement Lézard, atteint une longueur de 0^m,30 à 0^m,40. La teinte fondamentale, qui est grisâtre, est relevée par des taches de couleur claire ; sur les côtés du cou, tout près de l'épaule, se voit une bande verticale noire ; au-dessus de l'œil sont des lignes d'un gris noirâtre. Les individus jeunes ont le corps orné de taches irrégulières noires, bordées de blanc en arrière, formant une dou-

ble série le long du dos ; sur le dessus des pattes se voient des taches d'un blanc pur.

Le tronc est un peu déprimé, le dos faiblement arqué en arrière ; la queue est forte, légèrement aplatie à sa racine, conique dans le reste de son étendue. Les doigts sont longs ; la tête est déprimée.

Distribution géographique. — Ce Reptile est un des Sauriens les plus communs de l'Amérique méridionale ; on le trouve abondamment dans les Guyanes et dans le nord du Brésil.

Mœurs, habitudes, régime. — D'après de Wied, le *Tropidurus torquatus* vit dans les régions sèches et sablonneuses ; il se tient de préférence dans les tas de pierres, les éboulis, les fentes de rochers, les vieilles murailles. Lorsqu'on s'approche de lui, il se précipite vers sa retraite avec la plus grande rapidité ; il peut descendre ou grimper le long des parois les plus abruptes, de telle sorte qu'il est fort difficile de s'en approcher et plus encore de le capturer.

LES SCÉLOPORES — *SCELOPORA*

Caractères. — Les Scélopores ont la tête courte et déprimée ; les écailles du dessus de la tête sont tantôt lisses, tantôt carénées. Le tronc est court, recouvert d'écailles imbriquées et carénées, dépourvu de crête ; la queue est grosse, peu allongée, déprimée à sa base ; il existe des pores fémoraux ; la voûte palatine ne porte pas de dents. Ces Reptiles sont toujours de faible taille ; ils ont généralement une coloration fort brillante, surtout les mâles qui sont, le plus souvent, d'un beau bleu. Tous les animaux appartenant au genre Scélopore ont, du reste, de grands rapports de ressemblance.

Distribution géographique. — Les espèces actuellement connues sont au nombre de 25 ; elles habitent le Mexique et les régions voisines, telles que la partie sud de la Californie, le Texas, le Yucatan, le Guatémala, la république de Salvador, les deux versants de la Cordillère.

Mœurs, habitudes, régime. — F. Bocourt, qui a souvent observé les Scélopores dans l'Amérique centrale, rapporte que certaines espèces habitent les broussailles ou les touffes d'herbes poussant au pied des roches ; d'autres se creusent des retraites peu profondes dans des terrains découverts et accidentés ;

d'autres encore ne paraissent pas beaucoup s'éloigner de leurs demeures habituelles, qui consistent en petites galeries souterraines situées sous les rochers, ou bien à fleur de terre au milieu des herbes. Ces animaux se nourrissent d'insectes, tels que des longicornes, des charançons, des papillons.

LES PHRYNOSOMES — *PHRYNOSOMA*

Caractères. — Les Phrynosomes ont une forme tellement étrange qu'il est impossible de ne pas les reconnaître alors qu'on a vu un seul d'entre eux. Ils ont, en effet, le tronc court, ovalaire, fort déprimé, les membres courts, les doigts peu développés, dentelés sur les bords, la queue très courte, large à sa base ; le dos hérissé de tubercules s'élevant au milieu de petites écailles imbriquées, la tête courte, à vertex incliné en avant, armée de forts piquants. Ajoutons que les dents des mâchoires sont petites et coniques, qu'il n'existe pas de dents à la voûte palatine, que le dos est dépourvu de crête et que chaque cuisse est garnie de pores.

Toutes les espèces offrent une preuve de la variété des modifications qui peuvent se rencontrer dans un même type, sans que l'uniformité de plan général soit modifiée ; un Phrynosome ressemble dans son ensemble à un autre Phrynosome et cependant ces animaux, si semblables entre eux, présentent une série de modifications qui ont permis de les classer en quatre genres distincts ; chez les uns, en effet, le tronc auriculaire est apparent, tandis que chez les autres il est caché ; certains ont les narines percées sur la ligne sourcilière, d'autres en dedans de cette ligne ; les écailles de la gorge sont égales ou d'inégale grandeur ; la queue est plus ou moins longue ; les épines de la tête plus ou moins développées.

La coloration est de couleur terre de Sienne, brunâtre ou gris roussâtre, souvent relevée de taches brunes ou noires liserées de jaune.

Distribution géographique. — Les Phrynosomes habitent la partie sud des États-Unis, le Texas, la basse Californie, le nouveau Mexique, le Nébraska, le Kansas, les déserts du Colorado, le Sonora, le Rio-Grande, l'Utah, le Mexique.

LE PHRYNOSOME ORBICULAIRE. — *PHRYNOSOMA ORBICULARE.*

Krötenechse.

Caractères. — Cette espèce, qu'en 1651 Hernandez désignait sous le nom de *Tapayaxin*, a la tête épaisse, aussi longue que large ; les épines de la nuque sont de moyenne grandeur ; le cou est court ; le corps, large et aplati, surtout chez les femelles, est d'une forme à peu près discoïdale ; la queue, courte et conique, est assez pointue. Les flancs sont garnis d'une rangée de petites pointes écailleuses de forme triangulaire ; les écailles du ventre sont lisses et carrées ; les écailles de la face supérieure du corps sont pour la plupart transformées en épines tronquées et d'inégale longueur ; le cou présente, à sa partie inférieure, un pli transversal (fig. 206).

Sur un fond couleur de Sienne naturelle se détachent, sur le cou et sur les flancs, de chaque côté du dos, quatre taches brunes ou noires, circonscrites en arrière par une étroite bande d'un beau jaune ; la queue et les membres sont ornés de bandes de couleur brune ; le ventre est d'un blanc jaunâtre, avec des taches d'un beau jaune ou des marbrures noires. Les femelles ont, assez souvent, le dos d'un jaune d'ocre foncé, avec des taches noires sur le cou et sur le tronc.

Distribution géographique. — L'espèce que nous décrivons a été trouvée aux environs de Puebla, sur le plateau de Mexico, dans diverses localités de la province de la Vera-Cruz et sur le versant du Pacifique de Colima.

Mœurs, habitudes, régime. — D'après Sumichrast, cité par F. Bocourt, « le Phrynosome orbiculaire, particulier aux régions froides et sèches du plateau mexicain, habite les endroits sablonneux et exposés au soleil, le bord des chemins et des collines arides, où la couleur terreuse de son corps le dérobe facilement aux regards. Mal bâti pour la course, il n'a rien de cette vivacité lacertienne, qui est devenue proverbiale ; sa démarche est lente et gauche. A le voir cheminer généralement sur le sable, on devine que le pauvre diable aura bien de la peine à se procurer le pain quotidien. Sa langue épaisse ne lui permet pas, comme au Caméléon, de la darder sur les insectes qui passent à sa portée ; son ventre large et traînant à terre l'empêchera d'attraper une proie à la course comme les sveltes Lézards, ou une mouche au vol comme les impétueux Anolis. Pour qu'il soupe, il faudra qu'un de ces lourds Coléoptères des sables, aussi mal organisés que lui pour la locomotion, vienne, pour ainsi dire chatouiller les dents de ce mélancolique chasseur. Cette sobriété forcée lui a valu, de la part des indigènes, la réputation de se nourrir d'air. »

En même temps que les Phrynosomes, plusieurs voyageurs ont adressé à la ménagerie des Reptiles du Muséum de Paris des échantillons de sable dans lequel s'enterrent ces animaux ; il est tout à fait curieux de remarquer que ce sable gris, blanc et noirâtre, a absolument la coloration du Reptile qui l'habite ; il y a certainement là un intéressant fait de mimicrie.

Dépourvus de tout moyen de défense, les Phrynosomes se laissent saisir sans opposer la moindre résistance ; ils ne cherchent ni à fuir, ni à mordre, ni à griffer ; ils se contentent de s'aplatir contre le sol.

Hernandez rapporte que, lorsqu'il est sur le point d'être saisi, le *Tapayaxin* fait sourdre de ses yeux des gouttelettes de sang qui peuvent jaillir jusqu'à une distance de quelques centimètres. D'après les observations récentes de Wallace, ce jet de sang paraît constituer pour l'animal un moyen de défense. « Dans certaines circonstances, écrit Wallace, dans le but évidemment de se défendre, le Phrynosome fait jaillir d'un de ses yeux un jet de liquide d'un rouge éclatant, qui ressemble à s'y méprendre à du sang. J'ai constaté trois fois cet étrange phénomène sur trois animaux différents, mais j'ai vu d'autres animaux qui ne se comportaient pas ainsi ; un de ces animaux fit jaillir le liquide sur moi même placé à près de quinze centimètres de distance de ses yeux ; un autre fit sourdre du sang lorsque je brandis devant lui et à peu de distance des yeux un couteau brillant. Ce liquide doit provenir des yeux, parce que je ne saurais imaginer aucun autre endroit d'où il puisse sortir. »

A. Dugès, qui depuis de longues années habite le Mexique, a écrit à F. Bocourt qu'il a observé le même phénomène. « Le Phrynosome orbiculaire, dit-il, pleure du sang quelquefois, cela est positif, sans qu'une violence extérieure l'y détermine. J'ai été deux fois témoin de ce fait, et même une fois le sang a jailli en touchant légèrement l'œil gauche ; en un instant, il en est sorti une demi-cuille-

rée à café ; en même temps, le Reptile se renversait et retroussait les lèvres. Le sang paraît provenir du cul-de-sac inférieur de la conjonctive et être fourni par l'angulaire, mais je n'ai pu en avoir la preuve par la dissection. Cela est fort curieux, mais très rare ; j'ai manié des centaines de ces Sauriens, même assez brutalement, et cela sans obtenir de sang ; il y a quelque circonstance qui m'échappe. »

Dugès a vu les Phrynosomes se mettre à courir aussitôt leur arrivée au monde ; ces animaux sont donc certainement vivipares ou sont au moins ovovivipares.

Captivité. — Sumichrast rapporte qu'il a plusieurs fois gardé en captivité des Phrynosomes. Ces animaux se tenaient d'habitude dans un coin de la chambre et, quand ils disparaissaient, on était certain de les trouver dans les souliers ou dans les poches des vêtements. Il put observer que le Phrynosome est vivipare et qu'il met au monde de dix à douze petits.

Des Phrynosomes sont apportés assez fréquemment dans nos ménageries, mais ces animaux arrivent généralement complètement épuisés par le long jeûne qu'ils ont subi, de telle sorte qu'ils sont affaiblis au point de ne pouvoir plus prendre spontanément des aliments. Stupides et absolument indifférents à ce qui se passe autour d'eux, ils restent aplatis contre le plancher de leur cage, presque complètement immobiles. Lorsqu'on les excite, qu'on les pousse, ils se décident parfois à faire quelques pas, puis retombent et restent à la même place jusqu'au jour où on s'aperçoit, à l'aspect trouble et vitreux de leurs yeux, qu'ils ont cessé de vivre.

Certains individus résistent parfois, ils se nourrissent alors de vers de farine et de petites larves d'insectes. Lorsqu'on les place en plein soleil, ils prennent l'attitude qui est représentée sur la figure 206, courbent le dos, relèvent toute la partie antérieure du corps, redressent la tête et cherchent à fuir. Ils commencent par exécuter une série de sauts courts, peu élevés, se succédant rapidement, absolument comme les Crapauds ; puis, après avoir ainsi franchi une petite distance, ils se mettent à courir, portant une patte devant l'autre, avançant en même temps la patte antérieure gauche et la patte postérieure droite, puis la patte antérieure droite et la patte postérieure gauche, et ainsi de suite.

Fig. 206. — Le Phrynosome orbiculaire (3/4 grand. nat.).

LES VARANIENS — *VARANIDÆ*

Caractères généraux. — Si les Varaniens rappellent les autres Sauriens normaux par la forme allongée de leur corps et le grand développement des membres, tant antérieurs que postérieurs, ils forment cependant un groupe nettement défini.

Chez eux, en effet, la peau est formée d'écailles tuberculeuses, saillantes, enchâssées dans la peau, arrondies, tant sur la tête que sur le dos et sur les flancs. La langue est longue, charnue, profondément divisée à son extrémité libre, protractile ; de même que chez les Serpents, elle peut rentrer dans un fourreau. Ajoutons que les dents, appliquées contre la face interne des mâchoires, sont assez espacées, comprimées latéralement, aiguës et tranchantes ; il n'existe pas de dents à la voûte palatine.

Le crâne du Varan est étroit, allongé, plat en dessous. Plus encore peut-être que chez les autres Sauriens, les os de la tête semblent être simplement suspendus les uns au-dessus des autres ; aussi existe-t-il une columelle servant d'arc-boutant. L'os intermaxillaire est unique ; le jugal n'est qu'un stylet qui n'atteint ni le frontal postérieur, ni le temporal, de telle sorte que l'orbite est incomplète, comme chez les Geckos. Le pariétal est impair. Le dessus de l'œil est protégé par une pièce spéciale, semblable à celle qui existe chez les Oiseaux, pièce qui a été désignée par Cuvier sous le nom de surcilier.

Le cou, bien que plus allongé que chez les autres Sauriens, n'est cependant composé que de sept vertèbres ; les quatre premières vertèbres dorsales envoient des prolongements au sternum, toutes les autres n'ayant que des côtes flottantes. Il n'existe que deux vertèbres au sacrum, vertèbres remarquables par la grosseur et la solidité de leurs apophyses transverses.

Le sternum est formé antérieurement d'une pièce allongée, unique et fort solide, se dilatant en avant en deux branches latérales se prolongeant beaucoup. L'épaule est forte et solide. L'os de la cuisse a les plus grands rapports avec celui du Crocodile, ce qui tient, suivant Cuvier, à la manière dont le membre se meut sur le sol et à la direction du pied.

Les doigts allongés et armés de griffes puissantes sont au nombre de cinq à chaque membre. Aux pattes de devant, c'est le pouce, ou doigt interne, qui est le plus court, le troisième doigt étant le plus long ; aux pattes de derrière les quatre doigts internes vont successivement en augmentant de longueur.

Organes des sens. — La couleur de la peau varie du noir au vert plus ou moins foncé, avec des taches qui forment souvent des dessins d'un fort agréable aspect.

Les narines sont toujours rapprochées du bout du museau; leur trajet est court; elles s'ouvrent dans la bouche par deux fentes longitudinales. Chez les espèces aquatiques, il existe à l'entrée des fosses nasales une sorte

Fig. 207. — Langue de varan.

de poche dont l'orifice peut se fermer à la volonté de l'animal.

Ainsi que nous l'avons déjà dit, la langue est charnue, très extensible; elle peut rentrer presque complètement dans un fourreau; sa partie antérieure, profondément divisée, est recouverte d'un épiderme mince et corné; l'extrémité de chaque pointe présente, à sa face inférieure, une lamelle dure, faisant l'office d'une sorte d'ongle; la langue est, en effet, bien plutôt un organe de tact que de gustation (fig. 207).

Les yeux sont grands, les paupières sont minces et recouvertes de fins granules; l'inférieure est plus mobile, plus développée que la supérieure.

Les conduits auditifs, qui sont très apparents, sont pour ainsi dire situés derrière le crâne; ils se présentent sous la forme d'une fente un peu oblique.

Mœurs, habitudes, régime. — « Les Varans sont ceux de tous les Sauriens qui, après les Crocodiles, atteignent les plus grandes di-

mensions, de sorte que les premiers historiens naturalistes, tels qu'Hérodote et Œlien, en les désignant par le même nom, les ont regardés comme des espèces terrestres. Il y a parmi ces Reptiles, qui ont tous la queue fort longue, deux races assez distinctes par leur conformation, nécessairement en rapport avec leurs mœurs. Les uns sont éminemment terrestres, et vivent loin des eaux, dans les lieux déserts et sablonneux; les autres sont aquatiques et habitent les bords des rivières et des lacs. Chez les premiers, la queue est tout à fait conique et presque arrondie, et semble devoir être entièrement inutile et même fort gênante, à moins qu'elle ne soit destinée à faire contre-poids au reste du tronc, comme le pense Wagler; tandis que chez les seconds qui ont un grand nombre de vertèbres caudales d'une forme particulière, on peut en concevoir facilement l'usage. En effet, les os qui forment la base de cette queue sont très développés, surtout dans le sens des apophyses transverses, et elles offrent là de très fortes attaches aux muscles; ensuite on voit que les apophyses ou épines dites supérieures et inférieures ont pris un fort grand accroissement, de manière à offrir la plus grande étendue dans le sens vertical, aux dépens de la ligne qui s'étend de droite à gauche. Comprimée dans tout le reste de sa longueur, cette queue devient un organe de mouvement très puissant lorsque l'animal est plongé dans l'eau, d'autant mieux qu'elle est le plus souvent surmontée d'une crête formée par une ou deux séries d'écailles aplaties; aussi le Varan aquatique s'en sert-il comme d'une véritable rame destinée, par des ondulations rapides et répétées, à faciliter ses mouvements à la surface de l'eau. Là, son tronc, rendu plus léger à l'aide de l'eau dont les poumons se sont remplis, reste émergé, et semble être dirigé comme par cet immense gouvernail, qui remplit en même temps l'office d'un aviron.

« Quant au mode de progression sur la terre, quoique les membres des Varaniens soient bien développés, que leurs pattes soient profondément divisées en doigts allongés et armés d'ongles crochus, il ne paraît pas, d'après ce qu'en ont rapporté les voyageurs qui ont observé ces Reptiles vivants, qu'ils s'en servent pour grimper sur les arbres ou sur les rochers. La plupart habitent les plaines désertes ou les rivages; ils courent avec vitesse; mais leur allure est toujours sinueuse, et se rapproche de celle des serpents, à cause de leur longue queue qui, en s'appuyant sur le terrain à droite et à gauche, pousse le corps en avant, et peut, dans certains cas, faciliter leurs sauts ou leur progression sur la proie qu'ils poursuivent, quand ils en sont assez rapprochés (1). »

Les Varans sont des animaux essentiellement carnassiers. Sans dédaigner absolument les animaux morts, ils recherchent de préférence les proies vivantes ; les jeunes animaux s'emparent de gros insectes, de batraciens, de petits sauriens ; les individus adultes font la chasse aux oiseaux, aux poissons, aux mammifères de faible taille ; ils s'emparent même parfois d'animaux de grande taille. C'est ainsi que Leschenault dit avoir vu des Varans de l'Inde finir par se rendre maîtres d'un paon après l'avoir longtemps poursuivi et l'avoir entraîné dans l'eau ; le même voyageur dit même avoir trouvé l'os de la cuisse d'un mouton dans l'estomac d'un Varan qu'il disséquait.

Les Varans terrestres font la chasse aux petits rongeurs, aux oiseaux, à des Lézards plus faibles qu'eux, à des serpents de faible taille ; ils ne dédaignent point pour cela des vers et des insectes. Les espèces aquatiques se nourrissent principalement de poissons et de petits mammifères habitant le bord de l'eau. Le Varan du Nil, bien connu des Égyptiens, a été plusieurs fois figuré sur leurs monuments : c'est ainsi que, sur les murs de l'une des cryptes du grand temple de Denderah, on peut voir le fils d'Horus perçant de sa lance un de ces animaux ; le cartouche placé à côté du guerrier explique la victoire remportée par lui sur ses ennemis, l'hippopotame, le crocodile, le Varan (fig. 208). En effet, le Varan passait pour un des plus dangereux ennemis du Crocodile, parce qu'on pensait qu'il recherchait les œufs de cet animal pour les détruire, et qu'il donnait la chasse aux petits nouvellement éclos ; il est difficile de savoir ce qu'il y a de vrai dans cette assertion, mais il est certain que le Varan peut parfaitement s'emparer d'un Crocodile de faible taille et s'en repaître. On constate dans les ménageries que tous les Varans aquatiques ont un goût très prononcé pour les œufs ; il est probable qu'il en est de même en liberté.

Lorsque l'on observe les Varans en captivité,

(1) Duméril et Bibron, Erpétologie générale, t. III, p. 459.

on peut vite se convaincre de leurs goûts essentiellement carnassiers. Que l'on vienne à jeter quelques grenouilles, quelques lézards, ou quelques souris en vie dans la cage occupée par un de ces animaux, on le verra immédiatement se tenir sur l'éveil et la plus grande activité succéder à une torpeur plutôt apparente que réelle. Les yeux du reptile brillent soudain ; la langue est projetée à chaque instant hors de la bouche ; la tête se tourne lentement en tous sens et semble suivre les mouvements des malheureuses victimes. Cependant les grenouilles sautent affolées, les lézards courent, grimpent dans tous les sens. Le Varan se met lentement en chasse, n'attendant que le moment propice ; tout à coup il avance sa tête brusquement et à coup sûr ; il happe un lézard ou une grenouille, l'étourdit en le traînant pendant quelques instants sur le sol, lui donne quelques coups de dent, élève la tête, fait quelques mouvements latéraux du cou comme pour bien mettre la proie en position, et la déglutit ; ceci fait, il se remet de suite en chasse, car sa voracité est extrême.

Si l'on donne des œufs à un Varan, il s'en approche en dardant sur eux sa langue, saisit doucement l'un d'eux, soulève la tête, le presse entre ses mâchoires et hume avec délice le contenu ; il lèche le jaune et le blanc qui découle de sa gueule au moyen de sa langue extrêmement flexible.

Ponte. — Nous ne savons presque rien sur la ponte des Varans. Théobald seul nous fournit quelques renseignements sur une espèce indienne qu'il désigne sous le nom de *Varanus flavescens*. « Ces Varans, dit-il, déposent leurs œufs dans la terre ; ils utilisent parfois à cet effet des nids de fourmis blanches. Les œufs, longs de cinq centimètres environ, sont cylindriques, arrondis aux deux bouts et d'une couleur blanc-sale ; ils offrent toujours un aspect malpropre. Chaque femelle paraît pondre un assez grand nombre d'œufs. »

Usages. — Si les Varans sont nuisibles en ce qu'ils s'emparent souvent des poulets et d'autres oiseaux de basse-cour, d'un autre côté ils fournissent une nourriture très estimée de certaines populations ; dans certaines régions, au contraire, on professe une véritable répulsion pour ces animaux et pour leurs œufs.

En Birmanie la chair des grands Varans aquatiques est tout particulièrement recher-

Fig. 208. — Horus perçant un Varan de sa lance, d'après une peinture du temple de Denderah (1).

chée ; les œufs de ces animaux se vendent sur les marchés plus cher que les œufs de poule.

Dans certains pays, on se sert de la peau de ces animaux pour orner divers objets. Suivant Duméril et Bibron, « on pourrait employer avec succès dans l'industrie la peau de ces Sauriens convenablement préparée, pour en recouvrir de petits ustensiles ou des bijoux, comme on le fait avec le galuchat. Elle est, en effet, composée d'un derme fibreux très solide, et les granulations de matière cornée, quelquefois même calcaire, qui s'y trouvent disséminées avec la plus grande symétrie, comme de petites pierres serties ou enchâs-

(1) Fac-simile d'après Mariette, *Le temple de Denderah.*

sées, permettraient d'en revêtir les étuis de certains meubles ou de bijoux qui résisteraient très bien aux frottements. »

Distribution géographique. — Les Varans, soit terrestres, soit aquatiques, sont surtout des animaux des pays chauds. Leur véritable patrie est le sud de l'Asie, les îles de la Sonde, la Nouvelle-Guinée et le nord de l'Australie ; on en connaît quatre espèces en Afrique ; ils ne se trouvent ni en Europe, ni en Amérique.

LE VARAN DU NIL. — *VARANUS NILOTICUS.*

Nilwaran.

Caractères. — Le Varan du Nil, que l'on peut prendre comme type des Varans aquatiques, a la queue fortement comprimée, sur-

Fig. 209. — Le Varan du Nil. (1/8 grand. nat.).

montée d'une haute carène ; une demi-fois plus longue que le restant du corps. Les narines sont ovales, situées entre l'œil et l'extrémité du museau. Les doigts sont longs, et les ongles crochus, comprimés et fort acérés. La couleur générale des parties supérieures du corps chez les individus adultes est d'un gris verdâtre, piqueté de noir ; sur la nuque on voit quatre ou cinq chevrons jaunes, emboîtés les uns derrière les autres, ayant leur sommet tourné en arrière ; à partir des épaules jusqu'à la naissance de la queue sont des ocelles d'un jaune-verdâtre disposées suivant sept ou huit rangées transversales ; la queue est ornée de bandes de même couleur que les ocelles. Le dessus des membres est semé de taches d'un jaune-verdâtre ; une bande noire existe au-devant de l'épaule ; on voit sur chaque tempe une étroite bandelette d'un vert-pâle. Le ven-

tre est d'un blanc-jaunâtre, avec des bandes brunâtres disposées transversalement. Les ongles sont noirs (fig. 209).

Les animaux jeunes ont une teinte beaucoup plus foncée que les adultes ; on voit au travers de la tête des lignes jaunes qui disparaissent avec l'âge.

La taille peut arriver à près de 2 mètres.

Distribution géographique. — Ce Varan paraît se trouver dans presque tous les cours d'eau du continent africain ; on l'a recueilli non seulement en Égypte et en Nubie, mais encore dans la Guinée, la Sénégambie et l'Afrique méridionale ; il se rencontre également dans la partie est du continent, à Zanzibar, à Bogamoyo.

Mœurs, habitudes, régime. — Dans le Soudan oriental, on trouve parfois ces animaux réunis en troupes plus ou moins nombreuses ;

ils vivent cependant généralement isolés. A l'inverse du Crocodile qui se tient de préférence sur les bancs de sable émergeant des cours d'eau, le Varan du Nil recherche quelque saillie de rocher voisin du fleuve dans lequel il se tient d'habitude; on le trouve parfois dans les buissons de la rive, mais il est rare qu'il s'éloigne beaucoup du rivage.

Comme toutes les espèces appartenant au même genre, le Varan du Nil est essentiellement carnassier ; sa nourriture de prédilection se compose de poissons, bien qu'il ne dédaigne pas de s'emparer des oiseaux et des petits mammifères, même des grenouilles qu'il peut atteindre ; pressé par la faim il fait la chasse aux gros insectes ; il s'introduit à l'occasion dans les basses-cours pour s'emparer des volailles et des œufs dont il se montre très friand.

Usages. — Bien que parfois des Varans se trouvent par hasard dans les filets des pêcheurs, ils ne sont l'objet d'aucune chasse régulière en Égypte. Il n'en est pas de même dans l'Afrique centrale et méridionale. Livingstone a trouvé délicieuse la chair de ce Varan. Schweinfurth rapporte qu'à Galahat on chasse ce reptile d'une manière suivie et qu'on le mange grillé sur des charbons, après qu'il a été dépouillé. D'après Kersten, on capture fréquemment cet animal à Zanzibar, et on l'apporte au marché après l'avoir solidement ficelé à un bâton, de manière à ce qu'il ne puisse ni mordre ni griffer ; les mahométans de la côte repoussent toutefois ce mets avec horreur.

LE VARAN A DEUX BANDES. — *VARANUS BIVITTATUS.*

Bindenwaran.

Caractères et distribution géographique. — Sur le continent indien et dans les grandes îles de la même région, telles que Sumatra, Amboine, Java, les Philippines, se trouve un Varan qui peut atteindre deux mètres de long et qui se reconnaît à sa tête fort allongée et à sa coloration toute particulière. Le dessus du corps est brun ou noirâtre ; un ruban de couleur jaune se voit sur les côtés du cou ; le dos est orné de séries transversales de petits anneaux jaunes très distincts les uns des autres ; une bande noire s'étend le long des flancs ; les pattes et le dessus du cou sont ponctués

de jaune ; le ventre est d'un blanc jaunâtre. Ajoutons qu'il existe une série curviligne de grandes écailles au-dessus de l'œil et que la narine est placée vers le tiers antérieur de la longueur du museau (pl. X).

Mœurs, habitudes, régime. — Le naturaliste Cantor, qui a trouvé abondamment cette espèce dans la presqu'île de Malacca, l'a observée aussi bien dans la plaine que sur les collines. Pendant le jour on l'aperçoit habituellement dans les broussailles qui poussent le long des cours d'eau, en train de guetter des oiseaux ou des reptiles de plus faible taille ; dès qu'on s'approche de l'animal, il se jette à l'eau, parfois d'une grande hauteur. Au détriment des basses-cours qu'il pille effrontément, ce Varan s'installe trop souvent au voisinage des habitations.

Si le Varan à deux bandes se montre entreprenant dans ses larcins, en revanche il fuit toujours à l'approche de l'homme. Lorsqu'on le surprend en terrain plat il se hâte de regagner la rive la plus prochaine ; sa vitesse, d'après Cantor, n'est cependant pas telle qu'un homme agile ne puisse l'atteindre à la course ; lorsqu'il est acculé il se défend avec courage au moyen de ses griffes acérées et donne de vigoureux coups de queue.

Certains animaux supportent parfaitement la captivité et deviennent alors si doux qu'on peut les caresser sans aucun danger, même lorsqu'ils sont de grande taille.

Usages et superstitions. — Dans les contrées où il est commun on s'empare du Varan à deux bandes en mettant à découvert les terriers dans lesquels il se cache ; on le captive pour en manger la chair.

Ce reptile, appelé par les indigènes *Kaboragoga*, joue un rôle autrement important dans la préparation des terribles poisons dont certaines peuplades, celle des Cingalais entre autres, font encore trop fréquemment usage. D'après des renseignements recueillis par Tennant on emploie pour composer des poisons du venin de serpents venimeux, tels que le Serpent à coiffe ou *Cobra di capello*, le *Tikpolonga* (*Vipera elegans*) et un Trigonocéphale appelé *Caraville* par les indigènes ; ces serpents vivants sont suspendus au-dessus d'un récipient et on leur fait des incisions sur la tête pour recueillir ainsi le sang et le venin. On mêle à ces liquides de l'arsenic en poudre et d'autres ingrédients ; puis on fait cuire le tout dans un crâne humain. Les Varans président à l'incantation et jouent alors un rôle analogue à celui que remplissent divers animaux dans la cuisine magique de Faust. On dispose les *Kaboragoga* en face du feu et on les frappe jusqu'à ce qu'ils se mettent à siffler ; toute la bave qu'ils perdent pendant le supplice qui leur est infligé est recueillie avec soin et ajoutée au liquide en ébullition. La préparation est prête à point lorsqu'une matière grasse et huileuse apparaît à la surface. Il va sans dire que l'arsenic, qui se trouve à forte dose dans la mixture, en constitue l'élément le plus actif, mais l'inoffensif *Kaboragoga* a une telle renommée qu'on le redoute dans toute la contrée à l'instar d'un animal des plus funestes.

Le Varan dont nous nous occupons se tient à Ceylan de préférence au voisinage des cours d'eau et il se hâte de plonger à la moindre alerte ; lors des grandes chaleurs, il arrive parfois que le cours d'eau venant à dessécher, le Varan est obligé de se mettre en quête d'un autre cours d'eau ; il se rapproche parfois alors des habitations et il lui arrive même de traverser une ferme. Un semblable événement est considéré comme un funeste présage et peut faire craindre la maladie, la mort ou quelque malheur ; aussi s'empresse-t-on de demander la protection des prêtres indous pour conjurer un semblable présage. Lorsque les croyants se sont soulagés de quelques-uns de leurs biens périssables au profit des temples, les brahmines viennent dans la hutte souillée par le passage du *Kaboragoga* et entonnent un chant dont voici les principales paroles :

« Kabara goyin wan dòsey
« Ada palayan e dòsey. »

Ce qui veut dire que le maléfice jeté par le *Kaboragoga* est désormais conjuré.

LE VARAN A GORGE BLANCHE. — *VARANUS ALBOGULARIS.*

Dickechse.

Caractères et distribution géographique. — Cette espèce, qui habite le sud de l'Afrique, se distingue des autres par ses formes plus ramassées, ses doigts plus courts et plus gros, son museau moins allongé ; la queue, comme chez tous les Varans aquatiques, présente une carène verticale essentiellement propre à la natation. Les narines, sous forme de fentes obliques, s'ouvrent près des yeux. Les écailles du dos sont petites, ovales, convexes, non carénées, entourées d'un large cercle granuleux. La taille atteint, au maximum, 1m,60. Le dos, de couleur d'un brun-foncé, est orné de bandes et de taches blanchâtres, la gorge est d'un blanc-jaunâtre ; on voit près de l'épaule une grande tache brune, deux lignes jaunâtres se trouvent sur les côtés du cou (fig. 210).

Mœurs, habitudes, régime. — A. Smith a fourni le premier quelques renseignements sur l'espèce dont nous nous occupons. D'après ce naturaliste, ce Varan se tient de préférence sur des rochers ou sur des tertres pierreux situés au voisinage de l'eau ; quand on veut s'emparer de lui, il se cramponne aux pierres avec une telle force qu'on ne peut l'en arracher qu'avec les plus grands efforts. « J'ai vu, écrit Smith, deux hommes être obligés d'associer leurs efforts pour arracher un de ces animaux adultes ; ils furent obligés de s'enfuir, l'animal se jetant sur eux pour les mordre. »

Les indigènes considèrent ce Varan comme sacré, sous prétexte que sa mort peut entraîner une disette d'eau.

LE VARAN DU DÉSERT. — *VARANUS ARENARIUS*

Müstenwaran.

Caractères. — Hérodote parle d'un « Crocodile terrestre » vivant dans la région parcourue par les pâtres nomades de la Libye, et semblable aux Lézards. Prosper Alpin a pris le même animal pour le Scinque des Anciens qui, d'après une croyance assez répandue, se nourrissait de plantes aromatiques, notamment d'absinthe, et devait acquérir ainsi une grande valeur thérapeutique ; nous désignons actuellement sous le nom de Scinque un tout autre animal. Le prétendu Crocodile terrestre n'est autre que le Varan du désert, animal exclusivement terrestre, caractérisé par la queue presque ronde, non carénée, des écailles ovalaires, entourées chacune d'un rang de petits grains squameux ; les narines s'ouvrent près des yeux. La taille n'arrive guère qu'à un mètre. La face supérieure du corps est d'un brun clair avec des taches carrées d'un jaune verdâtre et pâle ; il existe souvent des bandes transversales de la même teinte sur le dessus de la queue ; le ventre a une teinte uniforme d'un jaune grisâtre de sable (fig. 211).

Mœurs, habitudes, distribution géographique. — Cette espèce habite les parties les plus

Fig. 210. — Le Varan à gorge blanche (1/7 grand. nat.).

désertes de l'Afrique septentrionale, de l'Arabie Pétrée et de la Palestine. Loin de fréquenter les cours d'eau, il vit dans les endroits secs et arides, habitudes qui se trouvent être en rapport avec la conformation de sa queue, dont la forme n'est pas disposée pour la natation.

La nourriture se compose d'insectes, de petits mammifères et surtout de reptiles de faible taille.

Usages. — D'après Brehm, on voit assez souvent sur les marchés du Caire des Varans du désert entre les mains d'un « Hani » ou charmeur de Serpents, qui présente aux habitants de la ville sainte, avec une grande abondance de paroles et de gestes, cet animal inconnu des citadins et leur débite à son propos les contes les plus invraisemblables ; il va de soi que le prudent jongleur a pris soin auparavant de rouer de coups le pauvre animal, car le « Hani » ne se donne pas la peine de dompter le reptile. La cage ou plutôt le récipient dans lequel on le tient consiste simplement en un sac en cuir ou en une caisse remplie de son d'où on l'extrait lorsque commence la parade. Les « animaux de travail » ne reçoivent ni à manger, ni à boire, car le « Hani » considère comme plus pratique et plus profitable de captiver de nouveaux Varans que de les apprivoiser.

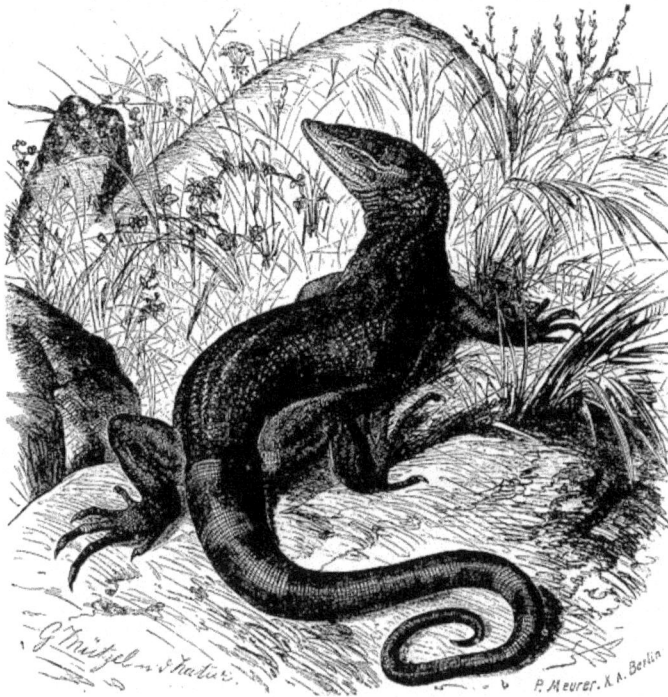

Fig. 211. — Le Varan du désert (1/6 grand nat.).

LES LACERTIENS — *LACERTIDÆ*

Caractères généraux. — La famille des Lacertiens, dont le type est le Lézard de nos pays, comprend des reptiles aux formes sveltes et élancées, au corps allongé, aux membres

Fig. 212. — Plaques du ventre chez le Lézard ocellé.

toujours bien développés, aux doigts armés d'ongles crochus, à la queue généralement conique et verticillée, au ventre protégé en dessous par de grandes écailles (fig. 212), au-

dessus de la tête revêtue de plaques cornées, nettement distinctes des écailles du corps. Nous devons ajouter que la langue est libre, charnue, mince, plate, plus ou moins extensible et plus ou moins échancrée à son extrémité ; les dents sont implantées dans un sillon commun creusé dans la portion saillante des os maxillaires ; les dents peuvent exister ou manquer au palais ; elles sont pleines ou creuses.

Organes des sens. — Les membres sont toujours au nombre de quatre chez les Lacertiens et munis de cinq doigts à chaque patte ; dans le genre Acrante seulement, de l'Amérique du sud, on ne voit que quatre doigts aux pattes de derrière.

Le revêtement de la peau peut se composer

BREHM — V.

REPTILES. — 32

sur le dos et sur les flancs d'écailles semblables entre elles; il peut être, au contraire, hétérogène. Il existe assez souvent, ainsi qu'on le remarque chez les Lézards proprement dits, un collier composé de grandes écailles. C'est le long du bord interne des cuisses qu'on voit les tubercules percés d'un pore dits pores fémoraux; ces tubercules existent dans tous les genres, à part chez les Aporomères et les Dragonnes; il ne s'en trouve que quelques-uns à la base de la cuisse chez les Tachydromes, ils sont bien développés dans tous les autres genres. Les écailles de la queue forment généralement des plaques disposées par anneaux ou par verticilles, écailles le plus souvent carénées.

La couleur de la peau varie beaucoup; elle est souvent extrêmement brillante; le fond général est assez généralement d'un vert plus ou moins foncé; le bleu, le jaune, le blanc, le rouge, le noir, le gris forment des taches, des ocelles, des lignes, des sinuosités qui tranchent fort agréablement sur le ton général.

Les narines sont peu développées et s'ouvrent en dehors par deux petits trous dont l'ouverture est protégée par une sorte de soupape membraneuse.

La membrane du tympan est visible chez tous les Lacertiens; elle est parfois assez profondément enfoncée.

Les yeux sont bien développés; les paupières sont au nombre de trois, une étant membraneuse et clignotante; chez des reptiles de l'Asie Mineure, les Ophiops, les paupières font cependant défaut. Il existe un canal lacrymal.

Les Sauvegardes, de l'Amérique du sud, et les Ameiva de l'Amérique centrale et de l'Amérique méridionale, ont la langue engainante, comme les Varans; elle ne rentre pas dans son fourreau chez les autres Lacertiens.

Mœurs, habitudes, régime. — Les Lacertiens peuvent, à juste titre, passer pour les plus vifs et les plus agiles parmi les Sauriens. La progression a surtout lieu par une série d'élans, par une série de sauts; le tronc est cependant, en général, trop lourd pour être complètement supporté par les pattes qui, du reste, s'attachent sur le tronc à angle droit et qui sont fort écartées l'une de l'autre; aussi, pendant le repos, le ventre repose-t-il constamment sur le sol; la queue, qui est toujours très longue, joue un grand rôle dans la progression.

Les animaux dont nous parlons sont essentiellement terrestres. Le Crocodilure lézard, qui se trouve au Brésil et aux Guyanes, est aquatique, ainsi que le fait voir la forme de sa queue qui est comprimée en rame; il en est de même chez le Thoricte dragonne, chez le Neusticure à deux bandes de l'Amérique méridionale. Ces trois espèces passent la plus grande partie de leur existence dans les savanes noyées. Les Lacertiens dont les doigts ne sont ni dentelés, ni carénés sur le bord, fréquentent de préférence les bois, les taillis, les sentiers herbeux; les espèces à doigts carénés ou dentelés se tiennent surtout dans les lieux arides, déserts ou sablonneux.

Distribution géographique. — On peut noter comme un fait curieux de distribution que tous les Lacertiens à dents pleines ou *Pléodontes* sont particuliers au Nouveau-Monde, tandis que les espèces à dents creuses, ou *Cœlodontes*, appartiennent à l'Ancien-Monde. Les Pléodontes abondent dans les parties les plus chaudes de l'Amérique; c'est surtout en Afrique et dans les îles qui géographiquement en dépendent que se trouvent les Cœlodontes. Nous avons d'assez nombreux Lacertiens, appartenant à divers genres, dans le sud de l'Europe; ces espèces se retrouvent presque toutes, du reste, dans l'étendue de la zone circumméditerranéenne.

LES LÉZARDS PROPREMENT DITS — *LACERTA*

Eidechsen.

Caractères. — Les Lézards proprement dits se distinguent facilement des autres Lacertiens chez lesquels les dents sont creuses, par leurs doigts ni carénés, ni dentelés aux bords, par la présence de pores fémoraux et par l'existence au-dessous du cou d'un collier composé de grandes écailles. Ajoutons que la langue ne peut rentrer dans un fourreau, qu'elle est médiocrement longue, échancrée à sa pointe, couverte de papilles squamiformes.

Les écailles du dos peuvent être grandes, imbriquées et carénées, ainsi qu'on le voit, entre autres, chez le Lézard maréotique et chez le Lézard de Fitzenger; elles ne sont pas, en général, imbriquées, mais granuleuses et juxtaposées. Les tempes sont parfois revêtues de squames de forme irrégulière ou d'écailles petites; le mode d'arrangement de ces squames fournit de bons caractères pour la distinction des espèces.

La paupière inférieure est opaque; elle est

cependant transparente chez le Lézard à lunettes d'Algérie.

Distribution géographique. — Les Lézards sont presque exclusivement propres à la partie méridionale de l'Europe; on en retrouve quelques espèces en Asie Mineure et dans la partie circumméditerranéenne d'Afrique; trois espèces sont connues du Cap de Bonne-Espérance; des représentants du genre vivent également dans l'archipel du Cap-Vert, à Ténériffe, aux Canaries, à Madère. Le genre se trouve dans toute l'Europe tempérée; le Lézard des souches et le Lézard vivipare remontent assez haut vers le nord, surtout cette dernière espèce qui, avec la Vipère bérus, se trouve jusque près du cercle polaire.

Mœurs, habitudes, régime. — Les Lézards choisissent pour résidence les tertres ensoleillés, les murs bien exposés au soleil, les tas de pierre, les racines des grands arbres, les haies, les buissons, les broussailles, les chemins herbeux situés à la lisière des bois. Ils se creusent un petit terrier ou utilisent quelque excavation; ils ne s'éloignent, du reste, jamais beaucoup de l'endroit qu'ils ont choisi pour leur résidence; il est certain qu'ils restent à peu près là où ils sont nés et qu'ils n'émigrent qu'en cas de nécessité absolue.

C'est en plein soleil que les Lézards ont toute leur activité; c'est alors seulement qu'ils chassent avec ardeur les mouches et autres insectes dont ils font surtout leur nourriture; ils se tiennent cachés dans leur trou pendant les journées froides et pluvieuses, c'est pourquoi les espèces de nos pays hivernent avant même que l'hiver ne fasse ressentir ses rigueurs. Certaines espèces sont, du reste, plus frileuses les unes que les autres. On a remarqué que, pour une même espèce, les mâles âgés se terrent plus tôt que les femelles et que les jeunes sont les derniers à hiverner; ces derniers apparaissent, du reste, dès les premiers jours du printemps. Dans leurs résidences d'hiver, qu'ils habitent généralement en commun, les Lézards demeurent immobiles, les yeux fermés, la bouche ouverte, dans un état de mort apparente; si on vient à les réchauffer artificiellement ils reviennent à la vie, respirent, ouvrent les yeux, s'agitent et deviennent de plus en plus gais.

On a remarqué que dans une même espèce les couleurs sont d'autant plus brillantes, que l'animal est d'autant plus richement paré qu'il est plus méridional, ce qui fait qu'il existe souvent des variétés de coloration assez considérables suivant les régions dans lesquelles l'animal a été capturé. Chez un même individu, la coloration peut devenir beaucoup plus vive qu'auparavant, sous l'influence de certaines émotions et dans quelques circonstances encore mal déterminées; la structure intime de la peau ressemble en beaucoup de points, en effet, à celle du Caméléon.

Les Lézards sont des animaux essentiellement carnassiers; ils font une guerre acharnée aux insectes, et surtout aux mouches; ils se nourrissent également de vers de terre, d'araignées, de mollusques; ceux qui ont une grande taille s'attaquent à de petits mammifères, à de jeunes oiseaux, à des Lézards plus faibles qu'eux. La proie doit toujours être vivante et jamais un Lézard ne touche à un animal mort; en captivité cependant on peut lui faire prendre cette nourriture, en agitant l'animal devant lui et en le trompant ainsi. Les Lézards saisissent leur proie subitement, en s'élançant sur elle, la broient entre les mâchoires et l'avalent lentement; ils secouent dans leur gueule les grands insectes, de manière à les étourdir, les relâchent alors, et après les avoir examinés les saisissent de nouveau pour les manger. Pendant les chaudes journées, ils boivent en plongeant leur langue dans le liquide. Les sucs des fruits savoureux leur plaisent beaucoup et il est probable que beaucoup d'espèces ne dédaignent point ces fruits.

Un mois environ après le réveil printanier, la femelle effectue sa ponte, généralement pendant la nuit. Les œufs sont un peu allongés, d'une teinte blanc-sale; ils sont déposés, au nombre de six à neuf, dans des endroits variables suivant les circonstances; on en trouve dans le sable, entre les pierres, dans la mousse; il faut qu'ils soient dans un endroit humide, car ils se dessèchent rapidement. Les petits éclosent en août ou en septembre et se mettent de suite en quête de leur nourriture, qui se compose d'insectes appropriés à leur taille; ils muent au commencement de la mauvaise saison, avant que de se terrer.

Les animaux adultes muent plusieurs fois dans le cours de l'été, et cela à des époques indéterminées. La vieille peau se détache d'abord partiellement, puis elle est complètement dépouillée par le frottement contre des pierres, des racines, des branchages.

Captivité. — A condition d'avoir du soleil et une nourriture suffisante, les Lézards suppor-

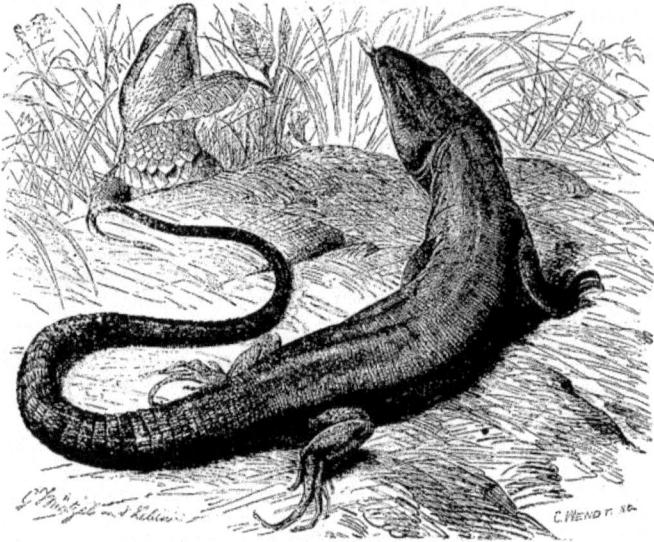

Fig. 213. — Le Lézard vert (2/3 grand, nat.).

tent bien la captivité ; on les perd cependant généralement à l'entrée de l'hiver. Au bout de peu de temps leur humeur farouche s'adoucit et ils deviennent familiers à ce point qu'ils viennent prendre leur nourriture dans la main, et qu'on peut les saisir, sans qu'ils cherchent nullement à fuir ; le Lézard vert est tout particulièrement sociable.

Tant que les Lézards en captivité demeurent vifs et animés, il est certain qu'ils se portent bien, mais lorsqu'ils restent immobiles, les paupières closes, dans quelque coin de leur cage, on peut être assuré qu'ils souffrent.

Usages. — On se contente aujourd'hui de reconnaître les services que nous rendent les Lézards en détruisant beaucoup d'insectes ; on leur attribuait autrefois toutes sortes de propriétés plus merveilleuses les unes que les autres.

« En enduisant un tronc d'arbre, avec le fiel du Lézard vert, écrit Gessner, on préserve ses fruits de la pourriture et on en éloigne les vers. Les Africains mangent la chair des grands Lézards ; cette nourriture convient surtout aux gens atteints de douleurs de hanche. Lorsqu'on ajoute de la chair rôtie de ces ani-

maux à la nourriture que l'on donne aux Faucons et aux Autours, on voit se modifier le plumage de ces oiseaux, au bout de peu de temps. En faisant bouillir dans du vin des Lézards auxquels on a coupé la tête et les pattes, on obtient un breuvage dont on fait prendre une pleine coupe chaque matin aux malades ; cette boisson ranime les agonisants et sauve parfois les phthisiques. Le sang desséché, la cendre obtenue par incinération de la chair guérit de certaines maladies des yeux. Pour se préserver de certaines maladies, on porte sur soi des anneaux faits en fils d'or ou d'argent qui ont été déposés dans des vases en verre renfermant des Lézards, qu'on a eu soin de relâcher le neuvième jour. On obtient un médicament excellent pour les plaies en jetant sept Lézards de nos pays dans une livre d'huile que l'on a soin d'exposer au soleil pendant trois jours pleins. En faisant bouillir ces animaux dans de l'huile, on a un liquide qui empêche la chute des cheveux ; le fiel du Lézard mélangé avec du vin blanc et concentré par la chaleur solaire jusqu'à consistance de bouillie épaisse jouit de la même propriété. »

Fig. 214. — Le Lézard vivipare (grand. nat.).

LE LÉZARD VERT. — *LACERTA VIRIDIS.*

Smaragdeidechse.

Caractères. — Le Lézard vert, un des plus svelte et des plus élégants du genre, peut atteindre 0ᵐ,35 de long. La tête, grosse chez le mâle, est plus efflée chez la femelle. La queue est près de deux fois aussi longue que le corps. Les écailles du dos sont plus ou moins oblongues, étroites, en dos d'âne, non imbriquées ; les plaques du ventre sont disposées suivant huit rangées ; les tempes sont recouvertes de plaques polygonales, parmi lesquelles se trouve une plaque centrale plus grande ; la plaque qui revêt l'occiput est petite. Ajoutons qu'il existe deux plaques naso-frénales superposées et que l'on trouve des dents au palais (fig. 213).

La coloration varie, et avec l'âge et avec le sexe. Chez les jeunes, la couleur est, en dessus, d'un vert foncé ou d'un vert brunâtre ; quatre ou cinq raies longitudinales blanchâtres, presque toujours liserées de noir, ornent le dos. Le mâle, qui se distingue de la femelle par son corps plus élevé, par sa plus grande taille, par sa queue plus large à la base, par ses pattes postérieures plus longues, offre une coloration d'un vert vif et souvent chatoyant, à reflets d'un beau vert-bleuâtre, ou vert émeraude, vert céladon, qui, à la face inférieure, passe au jaune-verdâtre. Des points noirs et des taches grises, parfois plus grandes au niveau de la tête, ornent la partie inférieure du corps. La femelle a généralement une livrée plus terne. La coloration varie, du reste, suivant les localités, les animaux provenant des pays chauds étant toujours plus richement parés. C'est ainsi qu'on trouve en Sicile et dans le sud de l'Italie une variété chez laquelle les côtés et le dessous de la tête sont d'un beau bleu, tandis que le corps est d'un vert uniforme ou semé de points noirâtres. Dugès a signalé une variété spéciale au midi de la France et dans laquelle toute l'étendue du dos est couverte d'un semis irrégulier et bigarré de points et de lignes vermiculées, les unes jaunes, les autres noirâtres ; quelquefois même cette bigarrure de teintes vives et tranchées s'étend jusque sur les flancs ; d'autres fois le dos seul est tapissé de cette manière, et deux lignes longitudinales encadrent, en quelque sorte, cette chamarrure, dont le coup d'œil est assez agréable.

Distribution géographique. — Les régions qui bordent la Méditerranée peuvent être regardées comme la véritable patrie du Lézard vert. Très répandue dans l'Europe méridionale, cette espèce se trouve sur les côtes méditerranéennes de l'Asie et de l'Afrique ; elle ne s'avance guère dans le nord. D'après Tschudi et Fatio, l'espèce n'habite que la partie sud de la Suisse, le Tessin, le Valais, le pays de Vaud ; dans la vallée du Danube on l'observe depuis Vienne jusqu'à Passa ; on la trouve aussi dans le Palatinat ; dans la vallée de l'Elster, elle a été recueillie auprès de Zeitz et d'Oderbergen. En France, elle remonte vers le nord jusque dans la forêt de Fontainebleau, sorte d'oasis où vivent plusieurs représentants de la faune et de la flore méridionales.

Mœurs, habitudes, régime. — L'espèce qui nous occupe a été observée depuis le voisinage de la mer jusqu'à l'altitude de près de 1,000 mètres. D'après Gredler, on la trouve, dans le Tyrol, sur les rochers, dans les endroits pierreux exposés au soleil, le long des routes, dans les buissons poussant dans les endroits écartés, plus rarement au milieu des vignes. En Italie, suivant Bedriaga, le Lézard vert habite principalement au milieu des brous- sailles poussant dans les terrains calcaires. Dans la forêt de Fontainebleau, nous avons maintes fois observé cette charmante espèce le long des chemins herbeux, à proximité des taillis, dans lesquels l'animal se sauve à la moindre alerte.

Le Lézard vert est aussi rapide que souple, aussi gracieux qu'agile dans ses mouvements. Dante, en parlant de ce reptile, dit que ces Lézards se croisent sur les routes comme les éclairs dans le ciel. Au moindre bruit, le Vert se sauve à travers les herbes touffues et va se cacher sous quelque branchage ou dans quel- que trou. Cette espèce est éminemment socia- ble, aussi voit-on toujours plusieurs animaux vivant ensemble.

La nourriture se compose d'insectes, de larves, de petits vers. La voracité de cet animal doit être grande si on s'en rapporte à Erber ; est observateur a noté, en effet, qu'un Lézard vert dévora, de février à fin novembre, plus de 3,000 insectes dont 2,000 vers de farine.

A. de Quatrefages nous a donné d'intéres- sants détails sur les mœurs d'un Lézard vert qu'il a tenu longtemps en captivité. « Mon Lézard, écrit l'éminent naturaliste, mangeait presque tout ce qu'on lui offrait, à moins que ce ne fût un mets salé ; il aimait particulière- ment le miel, les confitures et le lait qu'il la- pait avec beaucoup de rapidité. Les fruits bien mûrs étaient pour lui une véritable friandise. Lorsqu'on lui donnait une grosse cerise ou une prune, il commençait par l'examiner dans

tous les sens, la tâtant avec son museau, puis il la saisissait entre ses mâchoires ; alors, élevant fortement le cou, il pressait le fruit contre le sol, en même temps qu'il le serrait de manière à y faire une ouverture. C'était par là qu'il introduisait sa langue, et, en très peu de temps, le parenchyme avait disparu. Quand on lui donnait des morceaux petits et sans noyau, il les avalait, il en faisait de même des petits Lézards des murailles que je lui donnais ; je lui en ai vu avaler qui avaient près du tiers de sa longueur. Mais ce qu'il préférait à tout, c'était les mouches. En apercevait-il une à quelque distance de lui, il se mettait douce- ment en marche, élevant de temps en temps la tête, comme pour voir si elle ne s'était pas envolée ; arrivé à la distance d'un pied en- viron, il s'élançait comme un trait et manquait rarement son coup. Après le repas, que j'avais soin de rendre toujours abondant, il devenait lourd et paresseux, et buvait alors volontiers de l'eau pure, ou de la salive qu'il paraissait aimer beaucoup. »

Au sud des Alpes, le Lézard vert se retire vers novembre pour dormir du sommeil hiver- nal ; sous nos climats ce reptile n'apparaît guère qu'en avril, tandis que dans le sud du Tyrol il se réveille vers le mois de mars.

La femelle pond de 5 à 8 œufs d'un blanc sale, de forme presque sphérique et de la grosseur d'un pois ; un mois environ après la ponte, c'est-à-dire en août, les petits éclosent.

LE LÉZARD VIVIPARE. — *LACERTA VIVIPARA.*

Bergeidechse.

Caractères. — Cette espèce, dont quelques auteurs ont fait le type du jeune *Zootoca*, est d'une taille bien inférieure à celle du Lézard des souches et n'arrive guère qu'à 0m,12 ou 0m,15. La queue est grosse et ne diminue point graduellement à partir de sa racine, ainsi qu'on le voit chez les autres espèces ; elle est, du reste, plus longue et plus grosse chez le mâle que chez la femelle. La tête se busque assez forte- ment vers le museau ; on ne voit qu'une seule plaque entre l'œil et la narine ; les tempes sont revêtues de squames au milieu des- quelles se voit une plaque plus grande ; il n'existe pas de dents au palais. Les écailles du dos sont hexagones, non réellement imbri- quées ; les plaques du ventre forment huit séries, dont deux très courtes (fig. 214).

Tschudi, qui a fréquemment observé cet

animal en vie, en donne la description suivante : « Le mâle est, sur le dos, d'un brun de noix ou d'un brun de bois passant au brun-rougeâtre ; le long du milieu de cette partie supérieure du corps règne une raie noire, et de chaque côté une série de points noirs qui, quelquefois, se réunissent en une strie et qui ordinairement vont se joindre à une ligne grise. La gorge est bleuâtre, passant à une teinte rosée ; l'abdomen et le dessous des membres sont d'un brun-vert avec un grand nombre de points noirs.

« La femelle a le dos et le sommet de la tête d'un brun-rouge ; chez elle les points et les stries noires sont moins distinctes. Le dessus est plus foncé ; tout le dessous du corps est d'un brun-jaunâtre, souvent safran, et rougeâtre sur ses parties marginales. Une teinte lilas avec un reflet jaune et rose se voit sur la gorge. Tantôt ce sont les stries blanches qui sont le mieux marquées ; tantôt ce sont les brunes, ce qui produit un grand nombre de nuances dans le mode de coloration de ces animaux. Les jeunes ne se distinguent des adultes qu'en ce que leurs couleurs ne sont pas aussi prononcées. »

Distribution géographique. — Cette espèce, fort variable, et décrite sous des noms très différents, habite une grande partie de l'Europe moyenne et septentrionale ; elle paraît manquer dans la partie méridionale de l'Europe, mais s'élève par contre, dans le nord, jusqu'à la région des bouleaux ; d'après Barmann, elle vit même au voisinage d'Arkangel et a été observée dans les Alpes jusqu'à 1,000 mètres d'altitude ; à cette hauteur, de même que dans l'extrême nord, elle passe les trois quarts de l'année dans le sommeil hivernal ; l'espèce est également abondante dans toute la partie moyenne de la Sibérie.

Dans l'Europe centrale, le Lézard vivipare fait presque absolument défaut dans certains points, tandis qu'il est fort abondant dans d'autres. Dans les Alpes Souabes, dans les forêts de la Thuringe, dans le Harz, dans les montagnes de Glatzer, en Suisse, ce Lézard est aussi commun que dans les régions marécageuses du Brandebourg, dans les bruyères du Jutland et du Hanovre ; dans les steppes de la Russie, sur les dunes de la Hollande, de la Belgique, du nord de la France.

Mœurs, habitudes, régime. — On a remarqué que le Lézard vivipare vit de préférence au voisinage de l'eau ou dans les prairies humides ; Tschudi nous apprend cependant qu'en Suisse il fréquente de préférence les bois de sapin secs, où il se creuse des trous sous les feuilles tombées, pour s'y réfugier en cas de danger.

D'après Fatio, c'est vers la fin d'avril ou dès le commencement de mai que ce Lézard sort de sa cachette dans les Alpes suisses.

Tandis que les autres Lézards de nos pays pondent des œufs qui n'éclosent qu'au bout d'un certain temps, chez les Vivipares les petits éclosent de suite. D'après F. Lataste « les œufs sont oblongs, réguliers, d'un blanc porcelaine ; ils sont au nombre de 7 à 9 dans le corps de la femelle qui les garde jusqu'au mois d'août, fort grosse et fort embarrassée par leur poids, leur volume. Plusieurs femelles pondent ensemble sous la même pierre ou dans le même lieu. Quelques minutes après la ponte, les petits brisent leur enveloppe et s'échappent fort alertes ; ils mesurent alors 5 centimètres de long ; ils sont entièrement noirs, la face supérieure à peine plus claire que l'inférieure. L'année suivante, leur dos est encore à peu près uniforme, les dessins de la robe de l'adulte n'étant guère qu'indiqués par des lignes un peu plus claires ou plus foncées ; ce n'est qu'à la troisième année qu'ils ont les couleurs des adultes. »

Nous devons ajouter que pendant les premiers jours de mai qui suivent leur naissance les petits se tiennent généralement dans quelque fente de rocher ou dans des crevasses du sol, la queue enroulée et restent ainsi comme engourdis. La membrane de l'œuf peut se rompre dans le corps même de la femelle, et dans ce cas la parturition est réellement vivipare.

LE LÉZARD DES SOUCHES. — *LACERTA STIRPIUM.*

Zauneidechse.

Caractères. — Par sa taille, le Lézard des souches tient le milieu entre le Lézard vert et les petites espèces de nos pays ; il arrive, en effet, à 0^m,20 au plus. On le reconnaît facilement à ses formes peu sveltes, trapues, épaisses pour ainsi dire ; le museau est court, obtus ; les membres sont courts ; la queue fait environ la moitié de la longueur du corps. De petites plaques polygonales, parmi lesquelles se trouve une plaque plus développée que les autres, couvrent les tempes ; deux plaques superposées se voient entre l'œil et les narines ; les écailles

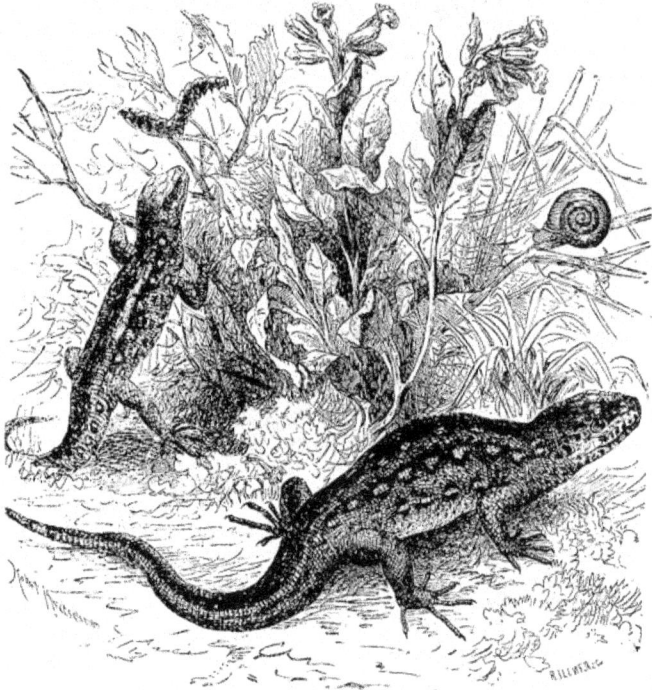

Fig. 215. — Le Lézard des souches (grand. nat.).

du dos ne sont pas carénées; les plaques du ventre forment huit rangées transversales (fig. 215).

La coloration n'est pas la même dans les deux sexes.

Chez les mâles, la partie supérieure du corps est d'un gris-brun plus ou moins foncé; une série de grandes taches d'un brun foncé ou noirâtres, marquées chacune d'un trait longitudinal blanchâtre, règne tout le long du dos et forme parfois une bande qui se prolonge jusque vers la moitié de la longueur de la queue; il arrive assez souvent que les petites lignes blanchâtres s'unissent les unes aux autres; les parties latérales de la tête, les côtés du cou et les flancs sont d'un beau vert mélangé de bleuâtre, à reflets dorés, avec de petites taches jaunâtres; de petites taches jaunes, entourées d'un cercle noirâtre, se voient sur les pattes;

un blanc grisâtre, d'une teinte cuivreuse, glacé de rougeâtre, règne sur le dessous des membres et de la queue; le ventre est coloré en vert clair et piqueté d'un grand nombre de petites taches noires.

Les femelles n'ont point les côtés du corps verts, mais d'un gris-brun ou jaune, et les taches blanchâtres sont généralement plus nettes, plus distinctement séparées les unes des autres. Le ventre est d'un gris blanchâtre, à reflets cuivreux ou d'un beau vert jaune. Certains individus sont d'une couleur rouge de brique semée de petits points bruns.

Distribution géographique. — Cette espèce se trouve dans toute l'Europe centrale et orientale; vers le nord, elle s'étend jusque vers le sud de la Suède; elle ne se trouve pas au sud des Alpes; dans le Tyrol septentrional, elle remonte, d'après Gredler, jusqu'à 1,200 mètres d'altitude.

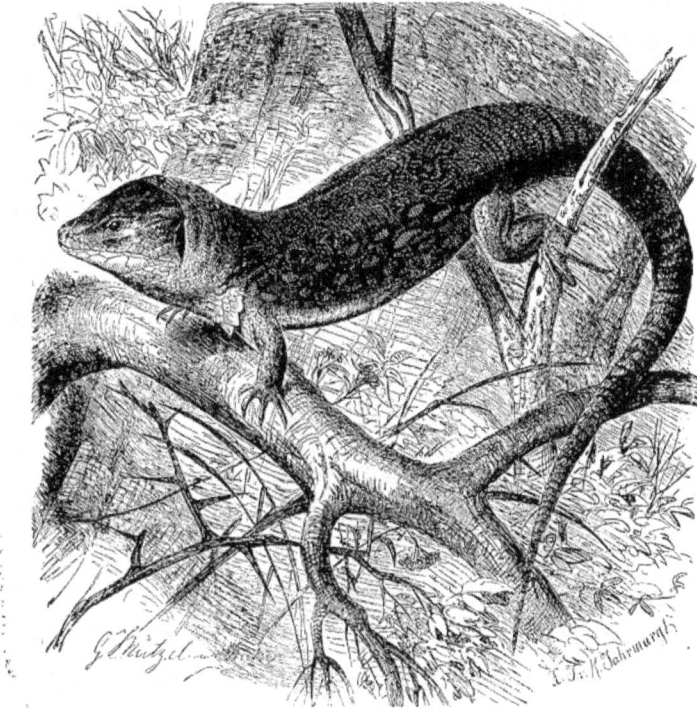

Fig. 216. — Le Lézard ocellé (1/2 grand. nat.).

Mœurs, habitudes, régime. — Le Lézard des souches habite les plaines et les coteaux, se tenant de préférence sur la lisière des bois, dans les baies, dans les grands jardins ou dans les vignes. Sa résidence de prédilection est la pente des coteaux pierreux exposés au soleil et recouverts de buissons rabougris, de bruyères. D'après Duméril et Bibron « sa demeure est un trou étroit, plus ou moins profond, creusé sous une touffe d'herbe ou entre les racines d'un arbre ; il s'y tient caché pendant l'hiver, après en avoir bouché l'entrée avec un peu de terre ou quelques feuilles sèches. Il n'en sort que dans la belle saison, ou lorsque le temps est favorable à la chasse des insectes dont il fait sa nourriture, tels que les mouches, de petits orthoptères, et quelquefois des chenilles. La femelle pond neuf à treize

BREHM. — V.

œufs qui sont cylindriques, tronqués aux deux bouts. »

Nous pouvons ajouter que le Lézard des souches ne court réellement avec rapidité que dans les endroits dégarnis ; il se glisse avec beaucoup d'habileté au travers des herbes touffues et branchages enchevêtrés ; il grimpe avec assez de facilité, mais seulement sur des buissons peu élevés ; en cas de danger, il peut nager, bien que ce soit avec une répulsion marquée.

Dans nos pays ce Lézard apparaît vers le mois d'avril ; d'après Leydig, les femelles âgées se montrent une semaine environ plus tard que les jeunes. Pendant le mois de juin a lieu la ponte dans le sable, au milieu des pierres, et même, suivant Schinz, dans les tertres des fourmis noires ; les petits éclosent vers la fin

REPTILES. — 33

de juillet ou au commencement d'août.

Les Vipères et les Couleuvres, principalement la Couleuvre lisse, donnent une chasse active au Lézard des souches; plusieurs mammifères et divers oiseaux, tels que la Belette, le Faucon, la Pie, le Corbeau, le Paon, la Cigogne, le Canard, peuvent également passer parmi les ennemis du Lézard dont nous écrivons l'histoire.

LE LÉZARD DES MURAILLES. — *LACERTA MURALIS.*

Mauereidechse.

Caractères. — Le Lézard des murailles ou Lézard gris ne représente nullement, suivant Philippe de Bédriaga, « une seule espèce et un nombre limité de variétés, la plupart peu différentes du type; c'est plutôt un nom collectif qui embrasse toute une série de races généralement bien caractérisées et géographiquement séparées les unes des autres. Quelques-unes sont continentales, d'autres appartiennent à la faune insulaire. Parmi ces dernières surtout, on rencontre des races qui, quoique descendant directement des formes continentales, en diffèrent cependant d'une manière si prononcée que parfois un examen très soigneux devient indispensable, afin de les faire reconnaître comme appartenant au Lézard des murailles. La plupart des îles et des îlots de la Méditerranée ont leurs races propres de Lézards de murailles, et ces îlots représentent, dans le vrai sens du mot, de véritables stations d'épreuve pour la formation de nouvelles races et même de nouvelles espèces. »

Nous ne pouvons décrire ici toutes ces variétés. Nous disons seulement, avec de Bédriaga, que l'on peut admettre quatre groupes dans le Lézard des murailles, chacun comprenant un assez grand nombre de variétés. Tantôt la bête est d'un beau vert, les flancs étant bariolés de brun, de bleu, de rouge, ou ornés de séries longitudinales de taches noires; une ocelle bleue se voit derrière l'épaule, le dessous du ventre étant bleuâtre, ainsi qu'on l'observe chez la race qui habite le royaume de Naples, la Dalmatie, l'Herzégovine. Tantôt, comme pour la race confinée sur le rocher de Farglioni, près de l'île de Capri, le corps est d'un bleu foncé à reflets métalliques, les parties inférieures étant d'un beau bleu de mer orné de taches indigo. D'autres fois, ainsi qu'on le remarque chez les individus prove-

nant de la Spezia, des ocelles d'un bleu clair apparaissent en grand nombre au milieu des lignes noires et ondulées qui se détachent sur le fond jaunâtre du dos. D'autres fois encore, et cette variété habite les îles Baléares, le dos est d'une belle teinte bleu-foncé, quatre bandes alternant avec des raies d'un vert métallique parsemé de points noirs, les flancs étant mouchetés de petites taches d'un bleu-verdâtre sur un fond brun-olivâtre, le ventre étant d'un vert saphir et d'un rouge grisâtre. Certains animaux sont d'un bleu si foncé qu'ils paraissent être presque noirs.

En France, la livrée est généralement grisâtre ou roussâtre, les flancs étant marqués d'une bande noire bordée de blanchâtre. D'après Dugès, on voit, chez les individus capturés aux environs de Montpellier, une série de petites taches d'un brun foncé se détachant sur un fond roussâtre; le long des flancs est une large bande brune, bordée d'une teinte brune; c'est la livrée du jeune âge, les individus adultes étant d'un vert presque uniforme ou ornés de taches brunes ou noirâtres réunies par des lignes de même couleur: La femelle, indépendamment de ses formes plus grêles, de sa tête plus effilée, a toujours une livrée plus modeste que le mâle.

Nous ajouterons que le Lézard des murailles, dont la taille moyenne est de 0^m,20, a les tempes revêtues d'écailles petites parmi lesquelles se trouve une plaque circulaire, que les écailles du dos sont petites, circulaires, convexes, qu'il existe au ventre six séries de plaques, que la plaque occipitale est très petite et que l'on voit très rarement des dents au palais (pl. XI).

Distribution géographique. — Le Lézard des murailles se trouve dans toutes les parties tempérées de l'Europe; il habite également la partie occidentale de l'Asie et se rencontre fort abondamment dans toutes les îles de la Méditerranée; l'espèce s'élève jusqu'à environ 1,500 mètres d'altitude.

Mœurs, habitudes, régime. — L'espèce dont nous parlons se rapproche volontiers des habitations, fréquentant surtout les vieilles murailles exposées au soleil, toutes tapissées de plantes, où elle trouve à la fois le vivre et le couvert, se nourrissant de petits insectes. On la rencontre aussi dans les vignes, sur les coteaux pierreux ou sur les talus qui bordent les chemins. Le Lézard des murailles s'accommode de tout, pourvu qu'il ait du soleil; il vit sur

Paris, J. B. Baillière et Fils, édit.

Verloat, Lachér. Imp.

LE LÉZARD DES MURAILLES.

des îles volcaniques de la Méditerranée, là où la végétation est pour ainsi dire absente.

Peu frileux, le Lézard gris ne se terre que fort tard en automne ; dès la fin de février, aux premiers rayons du soleil, il se hasarde timidement à l'entrée de son trou. Dans le midi de l'Europe le sommeil hivernal n'a pas lieu. Les œufs sont pondus en juin, les petits naissent vers la fin de juillet ; leurs couleurs sont assez vives, les mâles revêtant déjà la livrée qui les caractérise.

LE LÉZARD OCELLÉ. — *LACERTA OCELLATA.*

Perleidechse.

Caractères. — Le Lézard ocellé est le géant de nos Lézards d'Europe ; il peut atteindre plus d'un demi-mètre de long, et arriver à la taille de 0^m,80. Les couleurs sont de toute beauté ; sur le fond, d'un brun verdâtre, sont comme brodées des lignes d'un jaune citron ; des ocelles, d'un bleu cendré et entourées de brunâtre, ornent les flancs ; la tête est verdâtre, le dessous du corps d'un blanc jaunâtre ; toutes ces teintes s'entremêlent, et en plein soleil l'animal paraît tout chatoyant de vert, de bleu, de brun, s'harmonisant et se fondant de la plus agréable façon.

La couleur varie, du reste, non-seulement avec l'âge, mais encore suivant les localités. C'est ainsi que les Lézards ocellés venant d'Algérie sont le plus souvent d'un beau vert et n'ont pas les ocelles qui, chez les animaux typiques, ornent les flancs. Dugès, qui a étudié avec tant de soin nos Lézards de France, a reconnu que la robe du grand Lézard, d'abord tachetée, puis ocellée, et enfin réticulée, varie beaucoup avec l'âge.

Le Lézard ocellé se reconnaît non-seulement à sa coloration, mais encore à son écaillure. Les écailles qui revêtent le dos sont petites, granuleuses, juxtaposées, très serrées, disposées en dos d'âne ; les plaques du ventre sont en dix séries longitudinales ; la partie postérieure de la tête est recouverte d'une large plaque triangulaire ; les tempes sont revêtues d'un pavé de petites squames de forme polygonale, presque toutes égales ; deux plaques superposées se voient entre l'œil et la narine ; il existe des dents au palais (fig. 216).

Distribution géographique. — Le Lézard ocellé habite le midi de la France, l'Italie, l'Espagne et l'Algérie ; il est très commun aux environs de Nice et de Montpellier ; il s'é-

tend vers le nord aussi loin que l'olivier.

Mœurs, habitudes, régime. — D'après Dugès, lorsque le Lézard ocellé est jeune, il se creuse un terrier le long des fossés, dans une terre labourable, le plus souvent sablonneuse. Les adultes s'établissent de préférence dans un sable dur, sur une pente rapide et abrupte, exposée au midi ou au sud-est ; ils aiment aussi les racines des vieilles souches. Le dernier de nos Lézards à sortir au printemps, l'Ocellé devient paresseux au moindre abaissement de température ; même en plein été, sa journée est courte et il se hâte de regagner son gîte dès que le soleil baisse à l'horizon. A l'approche de l'homme, ce Lézard s'enfuit avec une grande rapidité vers le trou qu'il habite d'habitude ; lorsqu'on lui coupe la retraite, il grimpe à l'aide de ses griffes acérées sur l'arbre le plus proche et demeure aux aguets ; lorsqu'on veut le saisir, il se défend avec beaucoup de courage et mord souvent assez cruellement.

Sa nourriture se compose de vers et d'insectes ; grâce à sa force et à sa taille, l'Ocellé s'attaque souvent aux petits mammifères, aux jeunes oiseaux, et fait volontiers sa proie d'autres Lézards plus petits. « Lorsqu'il observe une proie, écrit Schinz, il l'épie avec des yeux brillants fixement dirigés sur elle, puis se jette dessus avec une extrême rapidité ; il la saisit entre ses mâchoires, puis l'avale après l'avoir plusieurs fois secouée. »

La femelle pond de **7 à 9** œufs oblongs et de couleur blanchâtre.

LES TROPIDOSAURES — *TROPIDO-SAURA*

Caractères et distribution géographique. — Très voisins des Lézards proprement dits, dont ils ne diffèrent que par l'absence de collier, les Tropidosaures sont représentés en Europe par une espèce qui habite le pourtour de la Méditerranée, et qui, assez commune en Espagne et en Algérie, a été trouvée dans les Pyrénées françaises ; les deux autres espèces que comprend le genre vivent au Cap et dans l'île de Java.

Le Tropidosaure algire est un petit lacertien de 0^m,25 à 0^m,30 de long, aux membres postérieurs allongés ; les squames ventrales forment des séries au nombre de six. La coloration est des plus éclatantes ; le dos, d'un jaune fauve ou d'un jaune de cuivre, est glacé d'or et de

Fig. 217. — Le Psammodrome hispanique (grand. nat.).

vert métallique ; quatre raies d'un jaune doré de teinte pâle s'étendent depuis la tête jusqu'à la queue, dont la base porte un semis de petites gouttelettes bleues entourées de noir ; les tempes sont ornées d'un jaune d'or, le ventre est blanchâtre à reflets dorés, irisés de vert.

Cette charmante espèce se tient de préférence le long des haies herbeuses.

LES PSAMMODROMES — *PSAMMO-DROMUS*

Caractères et distribution géographique. — Les Psammodromes se distinguent facilement des Lézards proprement dits par leurs doigts faiblement comprimés, carénés en dessous, sans dentelures latérales et par l'absence d'un véritable repli de la peau en travers du dessous du cou ; ils ont des paupières ; la plaque dans laquelle est percée la narine n'est pas renflée.

La seule espèce du genre, le Psammodrome d'Edwards ou Psammodrome hispanique, habite la Péninsule ibérique et le midi de la France.

LE PSAMMODROME HISPANIQUE. — *PSAMMODRO-MUS HISPANICUS.*

Caractères. — Ce reptile, merveilleusement conformé pour une course rapide, a le corps grêle et élancé, le museau effilé, les membres allongés, la queue longue et sensiblement aplatie ; la gorge présente de petites plaques lisses et élargies ; le ventre est protégé par six séries d'écailles ; il existe une douzaine de pores fémoraux ; les tempes sont garnies de plaques égales, non imbriquées ; on ne voit qu'une seule plaque entre l'œil et la narine ; il n'existe pas de dents au palais (fig. 217)

D'après Dugès « tout le dessous du corps est d'un blanc luisant avec des reflets irisés ; le dessus est d'un gris bleuâtre ou roussâtre, la tête saupoudrée de brun ; un point brun occupe la paupière supérieure. Le dos porte, de chaque côté, trois raies longitudinales et parallèles, de couleur jaunâtre ; de distance en distance, une petite tache blanche interrompt ces lignes ; chaque tache est flanquée de deux gros points de même forme et d'un brun noir. Pour l'ordinaire, ces groupes alternent d'une raie à l'autre, d'autres fois ils se touchent et se confondent. La queue est grise, le dessus

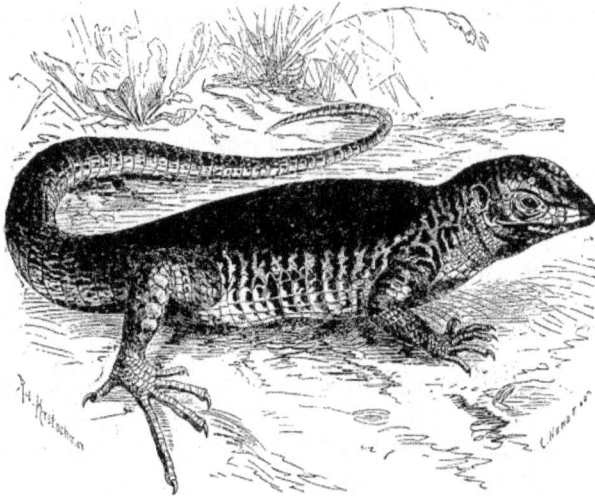

Fig. 218. — L'Ameiva vulgaire.

des membres porte des aréoles rondes, blanchâtres, rayées de brun. Sur des sujets vivement colorés, on trouve sur chaque tempe une tache blanche, et près de l'épaule une tache d'un beau bleu verdâtre ; une tache verdâtre règne aussi le long des flancs, au voisinage de la partie inférieure du corps. Les jeunes sont en général colorés d'un fond bleuâtre ; les vieux sont roussâtres. On pourrait distinguer deux variétés suivant que les lignes pâles et les taches qui les interrompent prédominent ; il est, en effet, des individus tout à fait rayés, et d'autres comme marquetés. »

Mœurs, habitudes, régime. — Le Psammodrome habite de préférence les dunes au bord de la mer ; il se creuse au pied de quelque touffe de jonc un trou peu profond dans lequel, au moindre danger, il s'élance avec la rapidité d'une flèche, volant, pour ainsi dire, à la surface du sable étincelant ; comme tous les animaux du même groupe, il se nourrit d'insectes.

LES ACANTHODACTYLES — *ACAN-THODACTYLUS*

Caractères et distribution géographique. — Les Acanthodactyles sont des Lézards chez lesquels les pattes sont terminées par cinq doigts faiblement comprimés, carénés en dessous et dentelés latéralement ; un collier d'écailles s'étend au travers du cou ; il existe des pores fémoraux ; le palais ne porte pas de dents ; la langue est en fer de flèche, échancrée à l'extrémité, couverte de grandes papilles imbriquées ; les narines s'ouvrent entre trois plaques.

Toutes les espèces du genre habitent la zone circumméditerranéenne ; elles sont plus particulièrement abondantes dans le nord de l'Afrique.

L'ACANTHODACTYLE VULGAIRE. — *ACANTHODAC-TYLUS VULGARIS*.

Caractères et distribution géographique. — L'Acanthodactyle vulgaire, qui habite le midi de la France, l'Espagne et l'Italie, peut atteindre 0^m,20. Il est généralement d'un brun plus ou moins foncé ; des gouttelettes blanches sont disséminées sur les pattes ; quatre lignes blanchâtres se voient de chaque côté de la tête et du cou ; toutes les parties inférieures sont blanches ; la queue est colorée en rose tirant sur le rouge ; parfois les raies blanches des flancs sont interrompues de telle sorte que des séries de taches semblent les avoir remplacées, l'intervalle qui sépare ces taches étant orné de petites taches noires alternant avec des taches blanchâtres.

Nous ajouterons que les écailles du dos sont lisses, égales entre elles, que le bord antérieur de l'oreille est granuleux, que la paupière inférieure est écailleuse, que le ventre est revêtu de dix séries de lamelles et que le palais est dépourvu de dents.

Mœurs, habitudes, régime. — Cette espèce vit de préférence dans les endroits pierreux exposés en plein soleil ; l'animal, très agile et fuyant au moindre bruit, va se cacher dans quelque crevasse du sol, sous une pierre, entre les racines des cistes ou des chênes verts. Sa nourriture se compose de petits insectes ; grâce à leur agilité, à leur adresse, ces Lézards s'emparent facilement des moucherons qui se posent à leur portée ; ils les attrapent pour ainsi dire au vol.

LES AMÉIVAS — *AMEIVA*

Caractères, mœurs, distribution géographique. — Les Lacertiens connus sous le nom d'Aveiva et de Cnémidophores représentent en Amérique les Lézards de nos pays. « Très répandus sur les deux versants de la Cordillière, ils vivent dans les endroits chauds, secs et sablonneux, sur la lisière des forêts ou dans le voisinage des plantations. Lorsqu'ils sont effrayés, ils fuient avec une vitesse extrême ; aussi est-il très difficile de s'en procurer vivants, même par le moyen que l'on emploie pour d'autres Sauriens non moins agiles, tels que les Anolis, qu'on attrape, avec un peu d'adresse, à l'aide d'un nœud coulant adapté à l'extrémité d'une baguette.

« La coloration de ces animaux offre des nuances les plus brillantes et les plus pures ; les uns sont en dessus d'un beau vert olivâtre, souvent relevé dans le premier âge par des lignes longitudinales d'un jaune doré ; les autres, d'une teinte bronzée, ont les côtés du tronc parcourus par des bandes d'un noir velouté ; ou bien ces mêmes parties sont ornées de marbrures foncées, entremêlées de taches verticales d'un vert tendre ; quelques-uns ont les flancs semés de gouttelettes blanches et noires, souvent parcourues longitudinalement par un ou deux traits de couleur claire. Les régions inférieures sont jaunes ou légèrement teintées de noir bleuâtre. Les mâles, chez certaines espèces, sont remarquables dans leur livrée d'amour par la gorge et la poitrine, colorées en rouge de saturne vermillonnée.

« Ces Sauriens ont des formes élégantes ; la tête est légèrement arquée, forte vers l'articulation des mâchoires, fine à l'extrémité et protégée en dessus et sur les côtés du museau par de grandes plaques cornées. Le tronc est recouvert supérieurement de grains squameux et inférieurement d'écussons quadrilatéraux, lisses. La queue est longue, verticillée et terminée en pointe fine. Les membres sont bien proportionnés et en grande partie garnis de grandes lames écailleuses, lisses et polygonales. Ils offrent entre eux, par l'ensemble de toutes leurs parties et par les détails tirés de l'écaillure, une si grande ressemblance, qu'il est difficile de dire *à priori* si une espèce appartient à l'un ou à l'autre de ces genres, sans avoir recours à la forme de la langue, qui est étroite et rétractile chez les Ameivas, tandis que chez les Cnémidophores elle est relativement plus large en arrière et non engainante (1). »

Cope qui a observé le Cnémidophore à six bandes rapporte que « ce Lacertien, très commun aux environs de Fort-Philippe, Nouveau-Mexique, est silencieux et excessivement timide, quoique se plaisant près des habitations ; il s'élance au moindre bruit hors de la vue ; lorsqu'il court sur un terrain où l'œil peut le suivre facilement, il ne laisse à celui qui l'observe que l'impression d'un long trait noir et jaune. »

On connaît actuellement 35 espèces d'Ameivas de l'Amérique centrale, des Antilles, du Mexique, de la partie nord de l'Amérique du sud.

L'AMEIVA VULGAIRE. — *AMEIVA UNDULATA*

Ameive.

Caractères. — Cette espèce atteint environ 0m,45 de long ; elle a la tête forte, les narines percées entre deux plaques, huit séries de lames ventrales (fig. 218).

Chez les mâles le dos est d'un brun marron, avec des traits noirâtres à l'orifice de la queue ; sur les membres se voient des taches de même couleur entremêlées de marbrures plus claires.

(1) F. Bocourt, *Recherches zoologiques pour servir à l'histoire de la faune de l'Amérique centrale et du Mexique. Études sur les Reptiles*, p. 242.

Les flancs sont ornés de bandes verticales, les unes vertes, les autres noirâtres. D'après Bocourt, la face inférieure de la tête et du cou est d'un rouge de Saturne vermillonné ; le ventre, les membres et la queue sont légèrement teintés de cendre bleue ; la poitrine, le dessous des pattes et la partie postérieure des cuisses offrent des tons jaunâtres. Chez les femelles la partie supérieure des flancs porte deux bandes jaunes. Les jeunes individus ressemblent beaucoup aux femelles ; l'espace compris entre les bandes est teinté de brun ; le dos est piqueté de noir.

Il existe quelques variétés de coloration. Parfois les mâles ont le dessus du corps olivâtre, les flancs étant d'un brun carminé, parcouru par des bandes d'un vert clair, le dessous du cou étant orangé. Chez d'autres individus le dos est d'une teinte terreuse légèrement carminée ; une série de petites taches brunes orne les côtés de la queue jusqu'à son extrémité ; en dessous, la tête et le cou, au printemps, se colorent en rouge ; les autres régions sont d'un vert tendre.

Mœurs et distribution géographique. — L'Ameiva vulgaire est très commun dans la Guyane et dans le nord du Brésil ; on le trouve abondamment au Guatémala, dans la république de Salvador, dans le Honduras, sur le versant oriental du Mexique.

Cette espèce établit sa demeure sous les buissons, au milieu des feuilles sèches, parmi les pierres, dans les crevasses des rochers, de préférence sur un terrain sablonneux ou argileux très sec ; elle recherche les endroits bien exposés au soleil. La femelle dépose ses œufs sur le sol, au milieu des herbes, en juin et août, saison la plus chaude et la plus humide.

LES SAUVEGARDES — *SALVATOR*

Teju.

Caractères. — Le nom de Sauvegardes a été donné par Cuvier à des Lacertiens chez lesquels la langue est engainante, fort longue, très extensible, divisée à son extrémité en deux minces languettes. La queue est arrondie ; il existe des pores fémoraux ; la peau de la région inférieure du cou forme deux ou trois plis transversaux, le dos est revêtu de petites écailles anguleuses, lisses, non imbriquées, disposées par bandes transversales. Les dents de l'intermaxillaire sont légèrement aplaties et échancrées à leur sommet ; les pre-

mières dents qui ornent le maxillaire sont en forme de crocs ; les suivantes sont droites, comprimées, à trois pointes chez les individus jeunes, tuberculeuses chez les animaux âgés.

Mœurs, régime, distribution géographique. — « Les Sauvegardes appartiennent aux contrées chaudes du Nouveau-Monde ; ce sont ceux des Lacertiens qui atteignent la plus grande taille, c'est-à-dire de 4 à 5 pieds de longueur. Les lieux qu'ils habitent ordinairement sont les champs et la lisière des bois, quoique pourtant ils ne grimpent jamais sur les arbres ; mais ils fréquentent aussi, à ce qu'il paraît, les endroits sablonneux et par conséquent arides, où ces Lacertiens, dit-on, se creusent des terriers dans lesquels ils se retirent pendant l'hiver. Suivant d'Agara, observateur habile et véridique, les Sauvegardes, quand ils sont poursuivis, et qu'ils rencontrent soit un étang ou une rivière, s'y jettent pour échapper au danger qui les menace, et n'en sortent que lorsque tout motif de crainte leur semble avoir disparu. Les espèces n'ont cependant pas, il est vrai, les pattes palmées ; mais leur longue queue, un tant soit peu comprimée, devient sans doute, dans cette circonstance, une sorte de rame dont elles se servent avec avantage. Le même savant voyageur, que nous venons de citer, rapporte que ces Lacertiens se nourrissent de fruits et d'insectes, qu'ils mangent aussi des serpents, des crapauds, des poussins et des œufs. Il prétend même qu'ils recherchent le miel, et que pour s'en procurer, sans avoir rien à redouter de la part des abeilles, ils exécutent un certain manège, qui consiste à venir à plusieurs reprises, en s'enfuyant chaque fois, donner un coup de queue contre la ruche, jusqu'à ce qu'ils soient parvenus à chasser les laborieuses habitantes de ce petit domaine (1). »

LE SAUVEGARDE DE MÉRIAN. — *SALVATOR MERIANA.*

Salompenter.

Caractères. — Le Sauvegarde de Mérian, ou Lézard Teguixin de Linné, arrive à la taille de plus de 1ᵐ,50. Il se distingue du Sauvegarde à points noirs, qui vit avec lui, par la présence de deux scutelles derrière la plaque naso-frénale (fig. 219).

(1) Duméril et Bibron, *Erpétologie générale ou histoire des Reptiles*, t. V, p. 82.

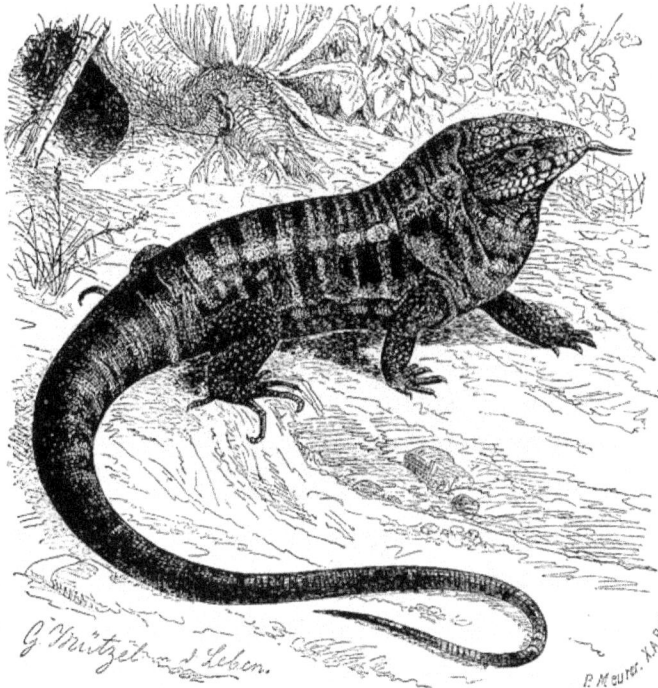

Fig. 219. — Le Sauvegarde (1/6 grand. nat.).

Le dessus du corps est d'un noir plus ou moins foncé, orné de taches plus ou moins grandes et plus ou moins régulièrement distribuées de couleur jaune ; ces taches se réunissent parfois de manière à former des bandes transversales. Le dessus de la tête, la partie supérieure des membres sont semés de gouttelettes jaunes ; on en voit également sur la queue qui est annelée de jaune et de noir dans les deux tiers environ de sa longueur. La région inférieure de l'animal est jaunâtre, marquée en travers de bandes noires, plus ou moins larges, parfois interrompues. Chez les individus très jeunes on voit sur le cou et sur le dos des bandes noires se détachant sur le fond qui est d'un brun uniforme.

Mœurs, habitudes, distribution géographique. — Les Sauvegardes, appelés *Téjus* par les Indiens et *Légardo* par les Brésiliens, se trouvent dans la plus grande partie de l'Amérique méridionale, depuis les Guyanes, jusque vers le Paraguay ; ils semblent être plus communs vers les côtes que dans l'intérieur des terres. Ils recherchent, d'après Schomburgk, principalement les plantations de cannes à sucre et les bois qui les entourent ; au Brésil, suivant de Wied, ils habitent les régions sèches, sablonneuses et se tiennent sur la lisière des grands bois.

D'anciens auteurs ont écrit que le Téjus allait volontiers à l'eau ; cette assertion est démentie par de Wied.

« Bien que j'aie souvent vu et chassé cet animal, dit-il, dans le voisinage de l'eau, jamais je n'ai constaté un fait semblable ; les Indiens et les Botokudes m'ont affirmé que le

Fig. 220. — Le Zonure cordyle (1/2 grand. nat.).

Téjus vit exclusivement sur la terre sèche et ne va jamais à l'eau. » Chaque individu se creuse, au pied d'un arbre, un terrier dans lequel il se réfugie au moindre danger.

Le Sauvegarde est un animal agile, très craintif et extrêmement farouche ; il se laisse rarement approcher par l'homme, mais, acculé, il se met bravement sur la défensive et ne se laisse point capturer sans essayer de mordre, de griffer et de frapper à l'aide de sa queue si puissante ; il s'apprivoise cependant assez rapidement dans les ménageries. Au repos, il porte la tête haute et toute la partie antérieure du col élevée au-dessus du sol, ce que représente très bien la figure que nous donnons de cet animal (fig. 219); sa langue est sans cesse en mouvement ; il la darde constamment.

La nourriture se compose de petits rongeurs, d'oiseaux, de grenouilles, de vers, d'insectes; il recherche avidement les œufs, aussi le craint-on au voisinage des fermes.

Les Indiens du Brésil disent que le Téjus se retire pendant la saison froide dans des galeries creusées par lui et qu'il s'y nourrit de provisions de fruits. Hensel a constaté que dans le Rio Grande del Sal, le Sauvegarde se

cache pendant la mauvaise saison et ne réapparaît que lorsque le temps est définitivement fixé au beau. On a remarqué que chez cet animal la queue est très souvent mutilée, qu'elle a été cassée accidentellement et qu'elle a repoussé ; sur ce fait est basée cette fable d'après laquelle le Téjus se dévorerait la queue pendant le sommeil d'hiver, lorsque sa provision de fruit vient à être épuisée.

Schomburgk a recueilli des œufs de Sauvegarde dans les grands tertres coniques édifiés par les termites. Le Téjus fouille ses nids dont il dévore les habitants et y dépose de 50 à 60 œufs blanchâtres, pourvus d'une coque résistante.

Chasse. — Le Téjus compte dans l'Amérique du Sud parmi les animaux nuisibles, attendu qu'en raison de son caractère audacieux il s'approche souvent des habitations pour piller les basses-cours.

On chasse le Sauvegarde à l'aide de chiens spécialement dressés qui découvrent le gîte dans lequel se tapit le reptile. La chair de cet animal ressemble à celle de la poule; elle est blanche et savoureuse.

BREHM. — V.

LES CHALCIDIENS — *CHALCIDIDÆ*

Seitenjalter.

Caractères généraux. — Duméril et Bibron désignent sous le nom de Chalcidiens ou de Cyclosauriens, « des animaux qui ont le corps ordinairement cylindrique, très allongé ou serpentiforme, à pattes quelquefois nulles ou généralement peu développées ; à tronc presque toujours confondu avec la tête et la queue, portant circulairement des traces d'an-

Fig. 221. — Écaillure du ventre d'un Gerrhosaure.

neaux ou de verticilles, et le plus souvent, sur la longueur, un sillon ou une plicature de la peau entre le ventre et les flancs (fig. 221) ; la tête est couverte d'écussons ou de plaques polygonales ; les dents ne sont pas implantées dans les os maxillaires, mais appliquées contre leur bord interne ; la langue est libre, peu extensible, large, garnie de papilles filiformes ou squamiformes, échancrée à sa pointe ou

Fig. 222. — Langue de Gerrhosaure.

entière, non engainée dans un fourreau (fig. 222). »

Le corps ressemble tantôt à celui des Lézards, tantôt, par sa forme allongée et l'atrophie complète des membres, rappelle celui des Serpents ; c'est ce que l'on voit chez les Ophisaures ; les espèces qui ont le corps serpentiforme ont le crâne de vrais Lacertiens ; de plus les deux branches de la mandibule sont fermement unies entre elles et il existe des pau-

pières. Les quatre pattes peuvent être distinctes, les antérieures ayant cinq doigts, ainsi qu'on le voit chez les Zonures, le Tribolonote, les Gerrhosaures, les Gerrhonotes, les Ecpléopes ; les Hétérodactyles ont quatre doigts aux pattes de devant, cinq aux pattes de derrière. Bien qu'au nombre de quatre, les membres sont parfois très courts et en forme de stylets (Chamésaure) ou terminés par des doigts peu distincts (Chalcides). Les Pseudopes n'ont pour représenter les membres qu'un petit stylet placé près du sillon cloacal.

Il peut exister des pores fémoraux, ainsi qu'on le voit chez les Zonures, les Gerrhosames.

Le sillon des corps existe généralement ; il manque cependant chez les Tribolonotes, les Pantodactyles, les Ecpléopes. La queue et le dos peuvent être hérissés de fortes épines ou être simplement écailleux.

Le palais est le plus généralement dépourvu de dents (Zonure, Ecpléope, Chalcide, Chamésaure, Saurophide) ; il porte parfois des dents (Gerrhosaure, Gerrhonote, Pseudope), qui peuvent être disposées suivant plusieurs rangées (Ophisaure).

Les deux poumons sont généralement très développés ; chez le Pseudope cependant un des poumons est trois ou quatre fois plus petit que l'autre.

Distribution géographique. — Les Cyclosauriens habitent deux régions principales, la pointe sud de l'Afrique et de Madagascar, où on trouve les Zonures, les Gerrhosaures, et la partie nord de l'Amérique du Sud, l'Amérique centrale et le sud du Mexique où vivent les Gerrhonotes, les Ophisaures, les Pentadactyles, les Ecpléopes, les Chalcides, les Hétéradactyles ; en dehors de ces deux centres, les Tribolonotes vivent à la Nouvelle-Guinée, les Pseudopes dans le sud-est de l'Europe.

Mœurs, habitudes, régime. — Les animaux qui ont les membres bien développés ont les habitudes des Lézards ; ceux qui sont totalement privés de membres rappellent plus ou moins les Serpents par leurs mœurs. Le corps est toujours trop lourd, les pattes trop massives pour que les animaux, même les mieux doués puissent grimper sur les arbres ; ils se tiennent généralement en terrain plat, soit au milieu des herbes, comme les Pseudopes, soit dans les endroits rocheux les plus escarpés et les plus arides, comme les Zonures.

Sumichrast, à qui on doit de si excellentes observations sur les reptiles du Mexique, s'exprime ainsi sur l'habitation de certains de ces animaux.

« La région alpine du Mexique est caractérisée par la possession d'un groupe de Sauriens qui, sans lui-être exclusivement propre, y a son foyer de propagation ; je veux parler des Gerrhonotes, seuls représentants au Mexique des Chalcidiens ptychopleures. C'est au milieu des forêts de pins et de chênes de cette région que vivent la plupart des espèces connues, soit sous les écorces de troncs abattus, soit au milieu des épaisses touffes chevelues de la plante parasite connue sous le nom de pasle. Hors de la région montagneuse on ne trouve plus qu'une ou deux espèces de ce groupe, assez rares et aberrantes de type. »

LES ZONURES — ZONURUS

Caractères. — Les Zonures ont une physionomie qui rappelle assez celle des Stellions et de certains Agames. Leur corps, un peu déprimé, est hérissé d'épines plus ou moins développées suivant les espèces. La tête est triangulaire, aplatie, plus large que le cou ; les membres sont robustes, garnis d'écailles épineuses ; la queue est forte, généralement de même longueur que le tronc et la tête réunis, entourée de verticilles de grandes écailles rhomboïdales, le plus souvent fort épineuses. Le ventre est défendu par une sorte de plastron formé d'un grand nombre de plaques de forme quadrilatère, plates, disposées suivant des bandes longitudinales et des rangées transversales. La face inférieure des cuisses est percée de grands pores disposés suivant un, deux ou trois rangs. Parfois le dessus du cou et du dos est recouvert d'écailles faiblement imbriquées, disposées par bandes transversales, serrées les unes contre les autres ; d'autres fois ces écailles sont, sur les flancs, remplacées par des granules ; chez d'autres espèces les parties supérieures et latérales du tronc sont garnies de petites écailles relevées en dos d'âne, laissant entre elles des intervalles comblés par de fins granules. Nous ajouterons que les dents qui arment les mâchoires sont coniques, mousses, serrées les unes contre les autres, il n'existe pas de dents au palais.

Distribution géographique. — Tous les Zonures sont de l'Afrique australe ; les espèces connues sont au nombre de 6 ou 7.

LE CORDYLE. — ZONURUS CORDYLUS.

Gürtelschweif.

Caractères. — Le Cordyle ou Zonure gris a les écailles du dos grandes, carénées, celles des flancs prolongées en épines ; les écailles de la queue sont ornées d'une très forte épine, prolongement d'une large carène. La queue entre pour un peu plus de la moitié dans la longueur totale du corps. Les côtés du cou sont hérissés d'épines de moyenne grandeur (fig. 220).

Chez cette espèce, dont la taille varie entre $0^m,20$ et $0^m,25$, la coloration est sujette à de nombreuses variations. Le plus généralement le dos et la queue sont d'un beau jaune orangé ; la tête et les pattes d'un jaune plus clair, le ventre de couleur blanche ; chez d'autres individus la face supérieure du corps est d'un brun noir luisant ; chez d'autres elle présente des stries sur un fond brunâtre ; parfois encore il règne tout le long du dos une raie jaune bordée de chaque côté de petites taches noires.

Mœurs, habitudes, régime. — D'après Smith, le Cordyle, qui est très commun dans la colonie du Cap, habite les régions rocailleuses, recherchant de préférence les endroits les plus abruptes et les moins accessibles ; il se nourrit d'insectes.

LES PSEUDOPES — PSEUDOPUS

Scheltopusick.

Caractères. — Le genre Pseudope, qui ne renferme qu'une seule espèce, le Pseudope de Pallas, Scheltopusick ou Pseudopus apus, se reconnaît à la forme cylindrique et allongée du corps, qui rappelle d'autant plus ce que l'on voit chez les Serpents que les membres ne sont représentés que par deux petits appendices écailleux situés de chaque côté de l'anus. La tête, qui se confond avec le corps, est garnie de nombreuses plaques ; les paupières sont épaisses et recouvertes d'écailles ; les ouvertures externes des narines sont deux petits trous circulaires au fond desquels se trouve tendue la membrane du tympan ; la

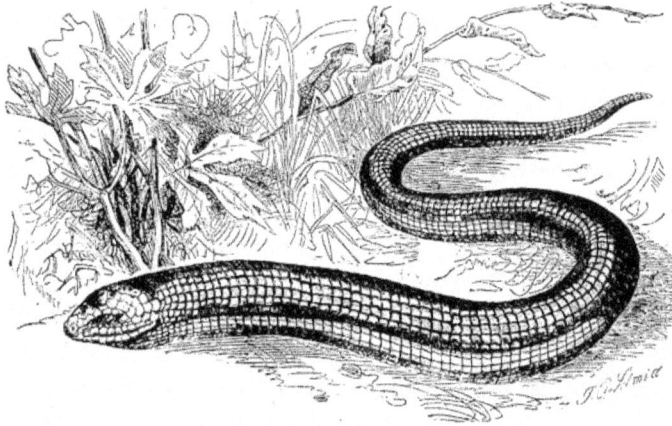

Fig. 223. — Le Pseudope de Pallas (1/4 grand. nat.).

langue, en fer de flèche, est libre dans son tiers antérieur, échancrée en avant; il existe des dents au palais; les dents qui ornent les mâchoires sont simples et coniques. Les sillons des flancs sont profonds; ils commencent à peu de distance du trou de l'oreille et finissent au niveau de la fente du cloaque. Les écailles qui revêtent le corps sont disposées en verticilles et entuilées (fig. 223).

Le Scheltopusick arrive à un mètre de longueur. La coloration la plus habituelle est, chez les adultes, un brun rougeâtre impur, la couleur du dos, en descendant sur les flancs, passant graduellement à une teinte cendrée; la tête est d'un rouge verdâtre ou d'un cendré verdâtre, couleur qui s'étend sur la partie antérieure du cou.

Les individus jeunes ont une coloration tout à fait différente de celle des adultes. Ils sont d'un brun grisâtre en dessus et d'un gris blanchâtre en dessous, avec des taches et des bandes brunâtres; il existe plusieurs bandes brunes sur les côtés de la tête, bandes qui descendent sous la gorge.

Distribution géographique. — C'est dans les vallées ombrées des steppes de Kuman, près du Volga, que Pallas a découvert le Scheltopusick. On a retrouvé depuis cette espèce dans la Dalmatie, l'Istrie, la Hongrie, la Morée, l'Asie Mineure, la Syrie, la Palestine, la Sibérie méridionale; elle a été signalée le long des côtes méditerranéennes de l'est du continent africain.

Mœurs, habitudes, régime. — C'est dans les vallées rocheuses et ombragées que se tient de préférence le Pseudope; il y trouve facilement des retraites dans lesquelles il se cache à la moindre alerte; c'est, en effet, un animal lourd, qui ne progresse que par des ondulations du corps courtes et raides, et non par des mouvements onduleux et gracieux comme les Serpents; le Scheltopusick est effectivement emprisonné dans une sorte de cotte de mailles.

Les œufs sont pondus sous quelque épais buisson, dans un endroit herbeux et abrité, près du domicile habituel de l'animal; les jeunes paraissent mettre longtemps avant que d'avoir atteint leur entier développement; d'après Erber, l'animal n'est, en effet, complètement adulte que vers l'âge de quatorze à seize ans, ce qui est un temps relativement considérable pour un reptile de la taille du Pseudope.

La nourriture se compose de limaces, de limaçons, de petits vers; d'après Erber, le Scheltopusick fait une guerre acharnée aux Vipères qu'il dévore, après les avoir coupées en deux.

Captivité. — Le Pseudope vit bien en captivité. C'est un animal très doux qui ne cherche jamais à mordre, bien qu'il ait des mâchoires assez puissamment armées; lorsqu'on le saisit il se tord avec force sur lui-même, de sorte qu'il est presque impossible de le tenir long-temps dans la main ; il se tient généralement caché ou sous une souche ou sous la couver-ture que l'on met dans sa cage, à demi enroulé sur lui-même et ne laissant passer que la tête. La nourriture de cet animal se compose prin-cipalement de limaçons dont on a enlevé la coquille, de jeunes oiseaux et de petites souris. Le Scheltopusick est généralement vorace, de telle sorte que lorsqu'un d'eux a saisi une sou-ris, il arrive presque toujours qu'un camarade prend la proie par l'autre côté ; aucun ne vou-lant céder, ils tirent à qui mieux mieux, jusqu'à ce que la proie soit déchirée. La manière de manger de ce reptile est tout à fait celle des Lé-zards, nullement celle des Serpents ; veulent-ils prendre, par exemple, un limaçon dépouillé de sa coquille, ils inclinent légèrement la tête et prennent alors la nourriture, qu'ils mâchon-nent jusqu'à ce qu'elle puisse être avalée.

LES SERPENTS DE VERRE — *OPHI-SAURUS*

Glasschleiche.

Caractères. — Par son aspect extérieur, l'Ophisaure ventral, la seule espèce du genre Ophisaure, ressemble à un Ophidien ; man-quant absolument de membres, il a, avec une tête de Lézard, un corps absolument semblable à celui des Serpents ; le squelette présente toutefois des vestiges des ceintures scapulaires et pelviennes. La présence des pau-pières, la soudure des deux branches de la mâ-choire inférieure, la membrane du tympan nettement visible, sont encore des caractères qui ne permettent pas de méconnaître un Sau-rien dans l'Ophisaure.

Chez cet animal la queue fait les deux tiers de la longueur totale du corps ; elle est cylin-drique ; la tête, revêtue de plaques nombreu-ses, se confond avec le cou, qui, lui-même, est tout d'une venue avec le tronc ; les sillons la-téraux sont bien marqués. Les dents de la voûte palatine sont disposées suivant plusieurs rangées ; les mâchoires sont armées de dents cylindro-coniques recourbées en arrière.

Le mode de coloration de l'Ophisaure est très variable ; certains individus ont le dessus du corps orné de bandes longitudinales bru-nes alternant avec des lignes jaunâtres et le ventre est blanchâtre ; chez d'autres, le cou et les flancs sont noirs, le dos et la queue sont bruns, les écailles étant marquées d'une petite tache jaune ; certains individus ont le corps gris fauve relevé par des bandes noires alter-nant avec des lignes blanches ; d'autres encore sont colorés en marron, avec des taches blan-ches entourées d'un liseré noir, les écailles des flancs étant tachetées de roussâtre et le ventre étant d'une teinte orangé-pâle. La longueur de l'animal adulte est d'environ un mètre.

Mœurs, habitat, distribution géographi-que. — L'Ophisaure habite les parties sud des États-Unis ; il est, paraît-il, assez commun dans les Carolines. Ce reptile se tient de préférence dans les endroits secs ; il se nourrit d'insectes, de petits reptiles, de jeunes rongeurs. Il est très difficile de s'emparer de cet animal dont l'extrême fragilité justifie bien le nom de *Ser-pent de verre* qui lui a été donné par les plus anciens observateurs.

LES TRACHYDERMIENS — *TRACHYDERMIDÆ*

Caractères. — Duméril et Bibron avaient placé à côté des Varans un singulier reptile américain au corps couvert de gros tubercules, figurant, pour ainsi dire, une série de clous. Cet animal, l'Héloderme, présente des particu-larités anatomiques telles que les zoologistes actuels l'ont à juste titre retiré de la famille des Varanidées et en ont formé le type d'un groupe distinct.

Chez les Trachydermiens le corps est cou-vert de tubercules coniques plus ou moins saillants, disposés par séries transversales, presque toujours séparées les unes des autres par des scutelles granuleuses ; le revêtement dermique de la tête et celui des parties supé-rieures du corps contiennent des corpuscules caractéristiques du tissu osseux. Le ventre est protégé par des plaques un peu plus grandes que les tubercules des flancs. Les membres sont assez courts, massifs et n'ont pas cette longueur que l'on voit chez les Varans. La lan-gue est assez large, non échancrée, non pro-tractile. Les dents, qui sont coniques, sont ap-pliquées sur le bord interne des mâchoires.

Cette famille des Trachydermiens doit être divisée en deux sections ; la première, qui ne comprend que le genre Héloderme, est caractérisée par des dents creusées d'une rainure longitudinale assez profonde ; dans les genres Xénosaure, Lépidophyme, Cricosaure, qui rentrent dans la seconde division, les dents ne sont pas sillonnées.

Mœurs et distribution géographique. — Tous les Trachydermiens sont des animaux essentiellement nocturnes, habitant l'Amérique centrale et la partie méridionale du Mexique.

L'HÉLODERME. — *HELODERMA HORRIDUM.*

Brustenechse.

Caractères. — La forme générale de l'Héloderme le rapproche un peu des Varans ; il est cependant beaucoup plus lourd, plus massif. La tête, large et tronquée en avant, est recouverte de tubercules plus grands que ceux qui protègent les autres parties du corps ; le museau est épais ; les dents présentent au bord interne de leur face antérieure un sillon très net, semblable à ce que l'on voit chez certains Serpents venimeux. Les parties supérieures de l'animal sont teintées d'un brun marron relevé de petites taches d'un beau jaune ; des anneaux d'un jaune d'or se voient sur les membres et sur la queue ; la face inférieure présente des taches jaunâtres se détachant sur le fond qui est d'un brun de corne (fig. 224).

Mœurs, habitudes, distribution géographique. — D'après Sumichrast, qui a eu l'occasion d'observer vivant le singulier reptile dont nous nous occupons, « ce Saurien, dont la taille dépasse un mètre chez quelques individus, habite exclusivement la zone chaude qui s'étend du revers occidental de la Cordillère jusqu'aux rivages de l'océan Pacifique ; il n'a jamais été rencontré sur la côte du golfe mexicain. Ses conditions d'existence le confinent dans les localités sèches et chaudes, telles que les contours de Jamiltepec, Juchitan, Tehuantepec, etc. Il est d'autant plus difficile d'observer les mœurs de l'Héloderme que cet animal, grâce à la vie sédentaire que lui imposent ses habitudes semi-nocturnes, échappe à une investigation suivie. Ajoutons que la frayeur extrême qu'il inspire aux indigènes n'a pas peu contribué à laisser son histoire dans l'obscurité. La démarche de ce reptile est excessivement lente et embarrassée, ce qu'expliquent, du reste, le peu de longueur et l'épaisseur relative des membres, aussi bien que le manque de flexibilité des articulations. Chez les individus très vieux ou chez les femelles avant la ponte, le ventre acquiert un grand développement et traîne sur le sol, difformité qui ne laisse pas d'ajouter encore à l'aspect repoussant de cet être bizarre.

« L'Héloderme est un animal terrestre dans toute l'acception du mot, et son organisation est en rapport avec son genre de vie. Sa queue ronde et pesante ne pourrait en aucune manière lui servir d'instrument de natation, et ses doigts trop courts et trop épais ne sauraient lui permettre de grimper aux arbres. Aussi n'est-ce point dans le voisinage immédiat des rivières ou dans l'épaisseur des forêts qu'il faut chercher ce reptile, mais plutôt dans les endroits secs, à la lisière des bois ou dans les anciens défrichements, dont le sol est couvert de débris végétaux, de troncs pourris et de graminées. Pendant la saison sèche, de novembre à mai, on rencontre très rarement ce reptile, qui ne se laisse voir avec quelque fréquence que dans les temps de pluies.

« Le corps de l'Héloderme exhale une odeur forte et nauséabonde. Quand l'animal est irrité, il s'échappe de sa gueule une bave gluante et blanchâtre, sécrétée par des glandes salivaires très développées. Si on le frappe dans ce moment de colère, il finit par se renverser sur le dos, ce qui fait dire aux Indiens, comme un précepte à suivre en pareille circonstance : qu'il faut toujours attaquer le *Escorpion* en face, parce qu'il pique en arrière. Cette manœuvre singulière, que l'Héloderme répète chaque fois qu'il est menacé, est accompagnée de sifflements profonds, aspirés avec force du gosier, et qui donnent une sécrétion abondante de la salive gluante dont nous avons parlé. »

L'Héloderme est un animal nocturne ; pendant la journée il se cache dans quelque trou qu'il s'est de préférence creusé au pied d'un arbre et y demeure immobile, enroulé sur lui-même. Il ne sort que le soir pour se mettre en chasse ; sa nourriture se compose d'insectes, de lombrics, de myriopodes, de petits batraciens ; il ne dédaigne pas les matières à demi corrompues.

Nocivité. — D'après Bocourt, Hernandez « est le premier qui, en 1561, ait donné une description de l'Héloderme, dont voici les particularités les plus intéressantes : il est connu au Mexique sous le nom d'*Acastelopon* ;

sa longueur totale est de deux empans ; les pattes sont courtes ; la langue est rouge et bifide ; le dessus de la tête est recouvert de granulations dures et de couleur jaune. La femelle a les membres postérieurs et le bout de la queue annelés de brun ; le corps présente des bandes transversales de la même couleur. Ce Saurien, appelé *Escorpion* par les créoles espagnols, habite les terres de Quanhnahuac (Cuernavaca ?) ; est craint des indigènes autant que les gens d'origine européenne et, quoique très redouté, on ne peut cependant affirmer que sa morsure donne la mort. »

Dans une intéressante communication faite à l'Académie des sciences de Paris en 1875, Sumichrast note que « les indigènes considèrent la morsure de l'Héloderme comme excessivement dangereuse et la redoutent à l'égal de celle des serpents les plus venimeux. On m'a cité, ajoute Sumichrast, à l'appui de cette prétendue propriété malfaisante, un grand nombre d'accidents survenus à la suite de morsures. Sans donner, du reste, le moindre crédit aux récits que j'ai recueillis des indigènes, je ne suis pas absolument éloigné de croire que la bave visqueuse qui s'écoule de la gueule de l'animal dans les moments d'excitation ne soit douée d'une âcreté telle qu'elle ait pu, introduite dans l'économie, y occasionner les désordres dont la gravité aura été sans doute fort exagérée. »

Börsch pendant son séjour au Mexique a pu se procurer un Héloderme vivant. Pour savoir si, selon l'opinion généralement répandue, la morsure de cet animal est dangereuse, il chercha à l'irriter en lui présentant un Lézard vivant. L'Héloderme mordit au doigt Börosh et l'un des expérimentateurs ; la blessure, qui saigna, fut très douloureuse, mais guérit avec assez de rapidité.

Sumichrast a fait également des expériences qui démontrent péremptoirement que la morsure de l'Héloderme n'est pas aussi inoffensive qu'on le croit généralement et nous ne pouvons mieux faire que de citer ici, d'après F. Bocourt, une note concernant ces expériences :

« Je suis maintenant porté à croire, écrivait le regretté Sumichrast, que la croyance populaire qui attribue à l'Héloderme des propriétés vénéneuses n'est point sans fondement. Je fis mordre une poule sous l'aile par un individu encore jeune et qui, depuis longtemps, n'avait pris aucune nourriture. Au bout de quelques minutes, les parties voisines de la blessure avaient pris une teinte violette ; les plumes de l'oiseau étaient hérissées ; tout son corps éprouvait un tremblement convulsif ; il ne tarda pas à s'affaisser sur lui-même ; au bout d'une demi-heure environ, il était étendu comme mort, et de son bec entr'ouvert s'échappait une bave sanguinolente. Aucun mouvement ne semblait indiquer l'existence, si ce n'est une légère secousse qui agitait de temps en temps l'arrière de son corps. Au bout de deux heures, la vie sembla renaître peu à peu, l'oiseau se releva sur le ventre, sans toutefois se tenir debout et ayant toujours les yeux fermés. Il demeura ainsi près de douze heures, au bout desquelles il finit par s'affaisser de nouveau sur lui-même et expira.

« Un gros chat, que je fis mordre à l'une des pattes de derrière, ne mourut point ; mais, immédiatement après avoir été mordu, la patte enfla considérablement, et pendant plusieurs heures le chat ne cessa de pousser des miaulements qui indiquaient une vive douleur ; il ne pouvait se tenir debout et resta pendant toute une journée étendu à la même place sans pouvoir se relever et complètement hébété.

« Quoique ces expériences soient insuffisantes pour prouver que la morsure de l'Héloderme est véritablement venimeuse, elles me paraissent assez concluantes pour faire admettre qu'elle ne laisse pas de causer de très rapides et profonds désordres dans l'économie des animaux qui en sont l'objet. La cannelure que l'on observe aux dents de ce reptile n'offre-t-elle pas une analogie réelle avec le système dentaire des Ophidiens venimeux, dont l'Héloderme se rapproche encore par la mollesse de mouvement qui caractérise les Serpents, organisés pour saisir leur proie à l'affût et non à la course ?

« Je ne doute pas que des expériences, faites avec des individus adultes et nouvellement pris, ne produisent des effets beaucoup plus terribles que ceux qu'a pu occasionner la morsure d'un individu jeune et affaibli par une captivité de près de trois semaines. »

Des expériences récentes faites au jardin de la Société zoologique de Londres ont pleinement confirmé les observations de Sumichrast ; l'Héloderme est jusqu'à présent le seul reptile connu qui soit venimeux, en dehors des Serpents.

Fig. 224. — L'Héloderme (1/7 grand. nat.).

LES SCINCOIDIENS — *SCINCOIDÆ*

Œuhlechsen.

Caractères généraux. — Les Scincoïdiens ou Lépidosaures semblent établir une sorte de transition entre les Sauriens normaux et les Ophidiens ; c'est chez eux que la dégradation des membres est le plus manifeste ; on trouve toutes les combinaisons possibles dans le nombre et dans la disposition des doigts.

Certains de ces animaux, tels que les Trachysaures, les Gongyles, les Scinques, les Cyclodes, les Abléphares, ont quatre membres et

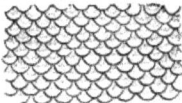

Fig. 225. — Écailles ventrales de Scincoïdien.

cinq doigts à chaque membre. Chez d'autres, les membres sont encore au nombre de quatre, mais il peut exister quatre doigts aux pattes de devant et cinq à celles de derrière (Hétérope, Gymnophthalme), quatre doigts aux pattes de derrière et cinq aux membres de devant (Campsodactyle), quatre doigts à chaque patte (Tétradactyle), trois doigts en arrière, deux en avant (Lériste) ; les Seps et les Hémiergis ont trois doigts à chaque patte, les Hétéromèles trois doigts derrière, deux devant. Chez les Chélomèles il existe deux doigts à chaque membre, chez les Brachymèles un seul doigt derrière, chez les Brachystopes un devant et deux derrière, chez les Évésies un seul au membre postérieur.

Lorsque les membres viennent à manquer, ce sont toujours les antérieurs qui disparaissent. Dans ce cas, chez les Scélotes, les membres postérieurs sont divisés en deux doigts ; les membres ne sont pas divisés chez les Prépédites, les Ophiodes, les Hystéropes, les Lialis. Les membres font totalement défaut chez les Orvets, les Acontias, les Ophiomores, les Typhlines.

Même lorsque les membres existent, ils sont généralement peu développés, de telle sorte que les Scincoïdiens sont des animaux lourds, mal organisés pour la course ; chez eux, le corps est

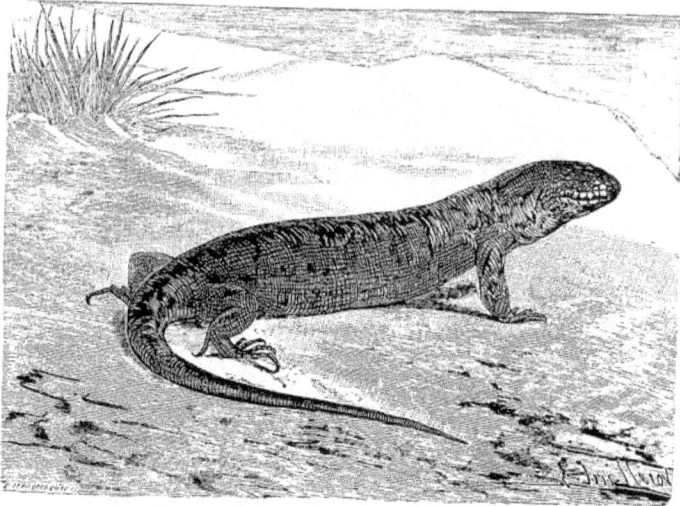

Fig. 226. — Le Macroscinque de Cocteau (1/4 grand. nat.).

ordinairement arrondi et tout d'une venue, de telle sorte que le cou ne se distingue du tronc que par la position des membres; la queue continue directement le tronc. Le corps est recouvert d'écailles entuilées, à plusieurs pans, disposées en quinconce (fig. 226); le dos est arrondi et ne porte ni crêtes, ni épines. Les yeux peuvent manquer, ainsi que cela existe chez les Dibames et les Typhlines; le plus souvent il existe deux paupières, la paupière inférieure pouvant être transparente ou recouverte d'étête est recouverte en dessus de plaques cornées, disposées d'une manière régulière. La langue est libre, plate, non engainante, légèrement échancrée en avant, le plus souvent recouverte de papilles écailleuses; chez ceux que l'on désigne sous le nom d'Ophiophthalmes, la paupière est unique; d'autres ont les paupières si courtes que l'œil est presque complètement à découvert, et tels sont les Gymnophthalmes et les Abléphares. Les trous auditifs se trouvent presque toujours sous forme d'une fente, plus ou moins recouverte par les écailles. Les narines s'ouvrent extérieurement au milieu d'une plaque, de deux, de trois plaques, l'ouverture interne se faisant presque directement en devant du palais.

BREHM. — V.

On comprend que les organes doivent se mouler suivant la forme du corps et qu'ils s'étirent chez les espèces qui ont le corps serpentiforme; chez les Dibames et les Typhlines, qui manquent de membres ou dont les membres sont rudimentaires et qui ont les yeux cachés sous la peau, un des poumons est beaucoup plus développé que l'autre.

D'après Duméril et Bibron, « la couleur des écailles est le plus souvent d'un gris terreux, analogue à la teinte des sables sur lesquels habitent les Scincoïdiens; leur partie inférieure est généralement plus pâle. Quelquefois il y a des bandes transversales ou longitudinales qui sont dues à la couleur particulière des écailles; celles-ci sont noires, jaunes, rouges ou aurore. Il est rare que le fond de la couleur soit vert; les teintes sont ternes et par cela même elles protègent ces faibles animaux en les soustrayant à la vue et à la rapacité des oiseaux de proie qui ne les distinguent pas du sol sur lequel ils rampent habituellement. »

Ainsi que le fait remarquer F. Bocourt, ceux de ces animaux qui habitent les sables « offrent ordinairement des teintes ternes, mais ceux que l'on rencontre au milieu d'une végétation tropicale sont parés des couleurs les plus brillantes; ainsi le bleu, le jaune, le vert et le rouge orangé colorent l'une ou l'autre de leurs parties. Les flancs sont généralement teintés de brun et souvent des bandes longitudinales ou transversales de même couleur ornent le dessus du cou, du tronc et de la queue; parfois cette ornementation manque et se trouve remplacée par des teintes métalliques dont l'intensité varie suivant la manière dont ces parties sont éclairées. »

Distribution géographique. — Les Scincoïdiens sont répandus sur toute la surface du globe, car on en rencontre depuis les pays les plus chauds jusque dans les contrées les plus froides, l'Orvet se trouvant jusqu'au niveau du cercle polaire; de même que les autres reptiles, ils sont, du reste, plus particulièrement abondants dans les pays dont la température est élevée.

Mœurs, habitudes, régime. — Tous les Scincoïdiens sont des animaux lourds qui ne grimpent qu'exceptionnellement aux arbres; ils restent généralement fixés sur le sol; leur peau étant presque toujours lisse et polie, beaucoup de ces reptiles peuvent se glisser et s'insinuer dans leur cachette par les plus petites ouvertures; ceux qui sont privés de membres, ou dont les membres sont peu développés, rampent en imprimant latéralement des sinuosités à leur tronc; beaucoup d'entre eux sont des animaux fouisseurs et s'enterrent rapidement dans le sable, en cas de danger. La plupart d'entre eux se nourrissent d'insectes; pour ceux, tels que les Trachysaures, les Cyclodes, qui arrivent à une assez grande taille, la nourriture peut également se composer de jeunes oiseaux et de petits mammifères; plusieurs Scincoïdiens sont exclusivement herbivores et frugivores.

La plupart des Scincoïdiens sont ovovivipares.

Tous ces animaux sont doux, absolument inoffensifs et ne cherchent que rarement à mordre.

LES MACROSCINQUES — *MACROS-CINCUS*

Caractères. — Sous le nom d'*Euprepes de Cocteau*, Duméril et Bibron décrivent un Scincoïdien de grande taille, représenté au Muséum de Paris par un seul exemplaire en peau et dont la provenance était inconnue.

Barboza du Bocage ayant, en 1873, eu à sa disposition plusieurs exemplaires de ce Scincoïdien, reconnut qu'il ne pouvait être maintenu dans le genre Euprepes et en fit le type du genre Macroscinque. Il n'y a pas, en effet, de dents au palais; de plus, particularité unique jusqu'à présent chez les Scincoïdiens, les dents qui arment les mâchoires ont la couronne très comprimée, légèrement arrondie et très distinctement dentelée sur les bords; cette disposition rappelle ce que l'on voit chez les Iguanes.

Le Macroscinque de Cocteau est un animal dont la taille peut arriver à 0m,70; il est lourd, trapu, comme tous les Scincoïdiens. La tête, qui est courte, se renfle en arrière des mâchoires; le tronc est large, fort déprimé dans sa moitié postérieure; les membres, courts et forts, se terminent par des ongles légèrement comprimés; la queue, conique et pointue à son extrémité, a une longueur très variable à cause de sa grande fragilité (fig. 226).

Le dessus de la tête est couvert de plaques rugueuses chez les animaux adultes. Le tronc est revêtu d'écailles hexagonales, petites et bicarénées sur les flancs, plus grandes et lisses sur les régions inférieures. Une série de six à huit squames assez grandes couvre le bord du cloaque. La paupière inférieure est transparente dans sa partie centrale.

La partie supérieure du corps est d'un gris olivâtre, largement marbré de rose et relevé de taches brunâtres irrégulières et irrégulièrement distribuées; ces taches sont principalement confluentes sur la face supérieure de la tête, sur le milieu du dos et de la queue; certains individus présentent des marbrures d'un rouge sale et d'un gris de perle assez brillant. Lorsque l'animal est irrité, il apparaît de petits traits noirs de chaque côté de la gorge. Les pattes sont marbrées de noir; une belle tache orangée entoure l'ouverture de l'oreille. Le dessous du corps est d'un blanc jaunâtre, avec de petites taches arrondies d'un brun foncé.

Distribution géographique. — Pendant longtemps la patrie de cette espèce a été inconnue. Ce n'est que depuis quelques années que l'on sait qu'elle est cantonnée sur l'Ilheo Branco, petite île de l'archipel du Cap-Vert, située près de l'île Santa-Luzia.

Ainsi que le fait à juste titre remarquer Barboza du Bocage, « à une époque antérieure, le Macroscinque a dû avoir un habitat beaucoup plus étendu, il a dû successivement disparaître, comme tant d'autres espèces, partout où l'homme s'est établi à demeure; maintenant, il se trouve relégué dans son dernier refuge, mais là même il lui sera impossible de résister longtemps à la persécution qu'il doit aux qualités qui le font rechercher comme aliment. Ce sera, dans un temps plus ou moins long, une espèce éteinte ; car, sans moyens de défense, sans agilité, sans inspirer aucune crainte superstitieuse qui puisse le protéger, il est condamné d'avance à partager le sort de l'*Alca impennis*, du *Strigops*, de l'*Apteryx* et de plusieurs autres représentants de la faune actuelle. »

Mœurs, habitudes, régime. — Le Macroscinque de Cocteau était resté extrêmement rare dans les collections, lorsque l'amiral Perrier d'Hauterive et le lieutenant de vaisseau Delaunay et, plus tard, en 1883, les membres de la Commission scientifique embarquée à bord du *Talisman* rapportèrent de nombreux exemplaires vivants de cette curieuse espèce.

Ce reptile vit dans un îlot volcanique, absolument désert, qui ne renferme comme végétation que quelques graminées ; il se terre sous les grosses pierres. Ainsi que nous avons pu l'observer à la ménagerie des reptiles du Muséum, c'est un animal très doux et fort lourd dans ses allures ; il aime à grimper pour se chauffer au soleil ; sa nourriture est exclusivement végétale et se compose de salades, d'herbes, de fruits pulpeux de toute sorte.

LES SCINQUES — *SCINCUS*

Caractères. — Les Scinques ont les membres très développés, terminés par cinq doigts presque égaux, aplatis, à bords dentelés en scie, des dents coniques, obtuses, mousses, des dents à la voûte palatine, le museau cunéiforme, tranchant, tronqué ; la queue est conique et pointue.

LE SCINQUE DES BOUTIQUES. — *SCINCUS OFFICINALIS.*

Skinke.

Caractères. — Le Scinque des boutiques, la seule espèce du genre, est un reptile dont la longueur ne dépasse guère 0ᵐ,15. Le corps est gros, fusiforme, les membres courts, épais ; la queue est très massive à son origine et s'effile vers son extrémité ; la tête s'amincit en forme de coin vers le museau, qui est arrondi, la mâchoire supérieure étant un peu

plus longue que l'inférieure ; la paupière inférieure est écailleuse (fig. 227).

Le dos et la queue sont d'un jaune ou d'un gris mêlé de brun ou de noirâtre formant des taches disposées suivant des bandes transversales, ou orné de petites taches blanchâtres ; la partie inférieure du corps est d'un blanc argenté plus ou moins impur. Le mâle diffère de la femelle par sa taille un peu plus forte et par les mouchetures noires des flancs.

Distribution géographique. — Le Scinque des boutiques paraît propre à l'Afrique, dont il habite, en quantité innombrable, la partie occidentale et surtout septentrionale. Bruce a observé l'espèce en Syrie et en Abyssinie ; on la trouve abondamment dans certaines parties de l'Algérie, dans la haute et la moyenne Égypte.

Mœurs, habitudes, régime. — D'après Alexandre Lefebvre qui a recueilli de nombreux Scinques aux oasis de Barhrieh, cette espèce se rencontre sur les monticules de sable fin et léger que le vent du midi accumule aux pieds des haies qui bordent les terres cultivées et des tamarisques qui végètent sur les confins du désert. On voit l'animal se chauffer paisiblement aux rayons de soleil le plus ardent et se livrer à la chasse des Coléoptères qui passent à sa portée ; il court avec une grande rapidité et s'enfonce dans le sable avec une étonnante vitesse, se creusant en quelques instants un terrier de plusieurs pieds de profondeur. Lorsque le Scinque est pris, il fait des efforts pour s'échapper, mais il ne cherche jamais à mordre ou à se défendre avec ses ongles.

Tristan, qui a observé le Scinque dans le Sahara occidental, confirme complètement les observations de Lefebvre ; jamais il n'a vu dans un endroit pierreux le Scinque que les Arabes désignent sous les noms de *Sararut* et de *Salgaya*. Pendant la saison froide, ce reptile se retire dans des excavations dans lesquelles il se livre au sommeil hivernal.

Usages. — Le Scinque des boutiques a été pendant fort longtemps employé comme médicament et on faisait venir en grande quantité d'Égypte ces animaux desséchés ; on ne sait pourquoi cet animal jouissait, en effet, de propriétés merveilleuses.

« La chair de ces animaux, écrit Geszner, est employée comme contre-poison ; on la prescrit, mélangée à d'autres médicaments, contre les sueurs froides des tabescents ; sa cendre, mêlée à de l'huile ou à du vinaigre, enlève la sensi-

Fig. 227. — Le Scinque des boutiques (2/3 grand. nat.).

bilité aux membres que l'on doit amputer ; le fiel, mélangé avec du miel, s'emploie contre les taches des yeux. L'urine solide, connue dans les pharmacies sous le nom de *crocodylea*, est de couleur blanche ; on l'emploie contre les taches de rousseur. »

Il est à peine utile de faire remarquer que la chair des Scinques n'a aucune des merveilleuses propriétés que lui attribuaient les anciens ; cette préparation est tombée dans un juste oubli.

LES SPHÉNOPS — *SPHENOPS*

Caractères. — Voisins des Scinques, les Sphénops se distinguent de ceux-ci en ce que les doigts sont presque ronds, non dentelés sur les bords ; les dents font défaut à la voûte palatine ; le museau est arrondi en coin.

La seule espèce du genre, le Sphénops bridé (*Sphenops capistratus*), est un animal de 0m,25 à 0m,20 de long, de couleur gris jaunâtre ou brunâtre relevée par des raies longitudinales composées de petits points noirs placés sur les bords des écailles ; sur les côtés de la tête se voit une bandelette noire qui va se perdre sur le cou ; les parties inférieures de l'animal sont blanches. La tête est courte, déprimée ; le cou est de même grosseur que le tronc et la queue elle-même semble être la continuation de celui-ci.

Mœurs et distribution géographique. — Le Sphénops bridé est très commun en Égypte. A. Lefebvre l'a capturé sur les crêtes des rizières, au pied des haies qui bordent les habitations et sur les bords des ornières des chemins fangeux des villages ; les mouvements de l'animal sont très vifs ; il se terre peu profondément. Les Égyptiens ont assez souvent embaumé ce reptile, et l'on peut voir, au Musée du Louvre, plusieurs petits sarcophages ayant contenu des Sphénops.

LES GONGYLES — *GONGYLUS*

Caractères. — Les Gongyles sont des Sauriens normaux en ce sens qu'ils ont quatre membres avec cinq doigts ; la queue est conique ; le museau est conique ; les écailles sont lisses, il n'existe pas de dents au palais.

L'espèce la plus connue du genre est le Gongyle ocellé (*Gongylus ocellatus*), animal de forme lourde, trapue, assez ramassé ; les pattes de devant peuvent se replier dans une sorte d'enfoncement que présentent les flancs ; la queue n'est pas tout à fait aussi longue que le reste du corps ; la tête est courte, légèrement déprimée ; le museau est obtus, arrondi ; les yeux sont petits, protégés par une paupière supérieure très courte et une paupière inférieure très développée présentant un disque transparent.

Fig. 228. — Le Trachysaure rugueux (1/3 grand. nat.).

La coloration varie beaucoup. Le plus ordinairement, la partie supérieure du corps est d'une couleur fauve bronzée, avec de petites taches noires souvent relevées, à leur partie moyenne, d'un trait jaune ou blanchâtre ; ces taches, en s'unissant entre elles, forment des bandelettes noires tiquetées de blanc. D'autres fois, il existe plusieurs séries longitudinales d'ocelles sur le dos et l'on voit une bande fauve de chaque côté du corps. Certains individus sont d'une teinte bronzée uniforme ; les flancs sont ornés d'une large bande noire bordée de blanc. On trouve des animaux presque uniformément noirs.

La taille atteint environ 0^m,30.

Distribution géographique. — Les Gongyles habitent la Réunion et une partie du nord du continent africain. Le Gongyle ocellé est répandu sur tout le littoral de la partie est de la Méditerranée ; mais c'est surtout en Sicile, en Sardaigne, à Malte, dans l'île de Chypre, en Syrie, en Égypte, dans les pays barbaresques, en Algérie qu'on le trouve ; on le connaît également des Canaries, de l'ouest de la Perse et des pays de Somalis.

Mœurs. — Le Gongyle ocellé vit dans les endroits secs et un peu élevés ; il se cache dans le sable ou au milieu des pierres ; il se nourrit de petits insectes.

LES PLESTIODONS — *PLESTIODON*

Caractères. — Les Plestiodons sont des Gongyles ayant des dents sur les os ptérygoïdiens et la narine s'ouvrant au milieu d'une seule plaque, la nasale.

Le Plestiodon d'Aldrovande (*Plestiodon pavimentatum*), qui arrive à la taille de 0^m,50, est un reptile aux formes lourdes, à la tête épaisse, au museau court et obtus, à la queue près de deux fois aussi longue que le reste du corps. Un brun plus ou moins clair, tirant sur le fauve, règne sur la partie supérieure du corps, colorée par places en un orangé ou en un jaunâtre plus ou moins vif ; les flancs présentent souvent une raie pâle qui s'étend jusqu'à la base de la queue ; le dessous du corps est blanchâtre.

Mœurs, distribution géographique. — Les Plestiodons habitent le Japon, la Chine, l'Indo-Chine, l'Afrique orientale, une partie des États-Unis, tels que l'État de New-York, les Carolines, la Pensylvanie, la Californie ; on les

trouve au Mexique. Le Plestiodon d'Aldrovande se trouve abondamment en Égypte et
en Algérie. Les mœurs de cette espèce sont
absolument celles du Gongyle ocellé.

LES TRACHYSAURES — *TRACHY-SAURUS*

Stutzechsen.

Caractères. — Les Trachysaures sont d'é-
tranges Scincoïdiens aux formes très lourdes,
aux membres si courts et si trapus qu'ils ne
peuvent pas soutenir le corps, dont le ventre
traîne constamment à terre, aux flancs arrondis, à la queue forte, déprimée, courte, comme
tronquée. Les dents sont coniques : il n'existe
pas de dents au palais.

Le Trachysaure rugueux, que nous figurons
(fig. 228), est la plus connue des deux espèces que comprend le genre. C'est un animal de 0m,30 de long, à la tête grosse et aplatie, en forme de triangle isocèle, au cou très
comprimé, bien moins large que la tête ; le
dos s'abaisse en toit de chaque côté de la ligne
médiane dans presque toute son étendue. La
queue, de moitié moins longue que le tronc,
est grosse, distinctement déprimée, un peu
arrondie cependant en dessus, absolument
plane en dessous ; sa brièveté, jointe à sa
grande largeur, fait qu'elle a réellement l'air
d'être tronquée, de telle sorte qu'au premier
abord l'animal paraît avoir deux têtes. Les
doigts sont fort courts, pourvus de cinq doigts.
La paupière inférieure est opaque ; la langue
est plate, en fer de flèche, échancrée à sa
pointe, recouverte d'écailles. Toute la face
supérieure du corps est recouverte d'écailles
très épaisses, rugueuses, saillantes ; le bouclier
céphalique est rugueux ; les écailles du ventre
sont plus minces et plus lisses que celles du
dos.

Une teinte fauve ou brunâtre est répandue
sur la partie supérieure du corps, qui offre en
travers, depuis la nuque jusqu'à l'extrémité
de la queue, de grands chevrons jaunâtres
piquetés de noir ; quelques bandes noirâtres
se voient sur la queue ; le dessous du corps
est lavé de jaunâtre sur un fond blanc sale.

Mœurs et distribution géographique. —
Les Trachysaures habitent l'Australie. Ce sont
des animaux lents et paresseux, demeurant
immobiles la plus grande partie du temps, aux
mouvements lourds, laissant traîner leur

ventre à terre et rampant plutôt que marchant. Ils se nourrissent en captivité de larves
d'insectes, de vers, de viande crue, de jeunes
moineaux, de souris venant de naître ; ils
paraissent être très friands de fruits, tels que
raisins, prunes, cerises, fraises, pommes, dont
ils lèchent le jus avec grand plaisir. Ce sont
des animaux très doux, apathiques, absolument inoffensifs.

LES SEPS — *SEPS*

Erzchleichen.

Caractères. — Le Seps chalcide, la seule
espèce connue du genre Seps, est un reptile
d'environ 0m,40 de long, au corps grêle et allongé, à la tête très courte, confondue avec le
tronc, à la queue de forme cylindrique,
longue, effilée à son extrémité, terminée par
une pointe cornée, flexible. Les pattes, au
nombre de quatre, sont rudimentaires et se
terminent par trois doigts ; implantées vers le
bas des flancs, elles se logent dans un repli de
la peau, qui est revêtu d'écailles lisses. Les
dents sont coniques ; la paupière inférieure
est transparente ; l'oreille est en forme de
fente longitudinale, à bords non dentelés
(fig. 229).

Le ventre est d'un blanc grisâtre, la tête
d'un brun olivâtre ou roussâtre. La coloration
des flancs varie suivant les individus : une
teinte d'un gris cuivreux ou bronzé règne sur les
parties supérieures du corps, agréablement
coupée par quatre bandes longitudinales blanchâtres et piquetées de noir ; ou bien ces
lignes sont noires et séparées par des bandes
fauves ; d'autres fois, six ou huit raies noires,
alternant avec autant de raies jaunâtres, ornent le dos ; parfois encore, le corps paraît être
uniformément coloré en brun olivâtre, tant
sont pâles les lignes grisâtres qui le parcourent.

Mœurs et distribution géographique. — Le
Seps chalcide habite le pourtour de la Méditerranée, l'Espagne, l'Italie, les îles de la Méditerranée, le Nord de l'Afrique ; assez commune dans les départements méridionaux de
la France, cette espèce a été trouvée dans la
Charente-Inférieure d'après F. Lataste. Elle
habite les prairies, les endroits chauds et herbeux, hivernant dès le commencement de
la saison froide ; la nourriture se compose
d'insectes, d'araignées, de vers, de petits mollusques terrestres. Dans la marche tranquille,
l'animal se soulève sur ses quatre pieds tout

Fig. 229. — Le Seps chalcide (2/3 grand. nat.).

rudimentaires qu'ils soient ; lorsqu'il s'arrête, il prend appui sur ses membres de devant, la tête légèrement soulevée ; veut-il fuir, les pattes qui pourraient le gêner dans sa course sont couchées le long des flancs et la bête avance rapidement à l'aide des ondulations du tronc et de la queue, glissant avec une telle rapidité au milieu des herbes qu'on a grand'peine à s'en emparer. Le Seps est vivipare ; le nombre des petits est de quinze environ.

Ennemis, préjugés. — Bien que le Seps soit un animal absolument inoffensif, il passe, en Sardaigne, pour faire mourir les bœufs qui l'avalent en paissant.

Certains naturalistes anciens ont également prétendu que le Seps était un être très dangereux, et que sa morsure était suivie de gangrène et très souvent de mort.

Certains Mammifères, tels que la Martre, et en général les petits carnassiers, les Faucons, les Corbeaux, les Cigognes, et parfois même les Poules font une guerre active aux Seps et les détruisent en grand nombre.

LES ORVETS — ANGUIS

Blindschleiche.

Caractères. — Que, par la pensée, on supprime les pattes si rudimentaires des Seps, et

l'on aura l'Orvet ou *Anguis fragilis* (fig. 230), dont le corps, de forme cylindrique, ne diminue que graduellement de grosseur. La tête est courte, se terminant par un museau arrondi, la bouche petite, la langue bifide, à surface en partie granuleuse, en partie veloutée ; les mâchoires sont armées de dents aiguës, couchées en arrière ; le palais ne porte pas de dents ; l'œil, très petit, est peu saillant ; l'ouverture de l'oreille est si peu distincte, tellement cachée sous les écailles, qu'elle a été longtemps méconnue. La queue se termine brusquement par une pointe conique de consistance cornée. Le corps est recouvert d'écailles lisses, très brillantes. La longueur de l'animal, assez variable du reste, est au maximum de 0ᵐ,30 à 0ᵐ,40. Le mâle est plus grand que la femelle.

Au moment de la naissance, le dos est gris, blanchâtre, avec une étroite ligne noire au milieu ; le ventre est de couleur marron, noirâtre vers les flancs. Plus tard, le dos est gris roussâtre et la ligne médiane disparaît ; le dessous du corps est piqueté de noir brunâtre. Quelques individus sont d'un gris cendré presque uniforme. Les parties supérieures ont une teinte cuivreuse ou bronzée, une teinte fauve, une teinte grisâtre, d'autres fois une coloration d'un marron plus ou moins clair ; les côtés du corps sont lavés de noirâtre et les régions in-

Fig. 230. — L'Orvet (3/5 grand. nat.).

férieures présentent une couleur plombée ; d'autres fois, l'animal est uniformément grisâtre en dessus et de chaque côté, tandis qu'en dessous il est d'un blanc sale ou lavé de gris, la face inférieure étant mouchetée de brun. La coloration est, du reste, tellement variable que Lenz affirme avoir capturé une fois, dans l'espace d'une demi-heure, trente-trois de ces animaux dans un périmètre d'une soixantaine de pas, sans avoir trouvé deux Orvets colorés absolument de la même manière.

Distribution géographique. — L'Orvet fragile se trouve dans toute l'Europe, depuis le cercle polaire jusqu'aux parties méridionales ; on le rencontre également dans une grande partie de l'Asie occidentale, en Sibérie et sur toute la côte méditerranéenne de l'Afrique. Il vit dans les Alpes de la Suisse jusqu'à 2,000 mètres au-dessus de la mer. En France, toutes les faunes locales en font mention.

Très commun en France, l'Orvet porte, suivant les localités, les noms de *Anvin, Anvan, Anvoie, Anvais, Anvronais, Borgne, Nielle*. D'après Viaud Grand-Marais, « Littré, dans son dictionnaire, écrit *Envoye* et donne pour synonyme le mot *aveugle*, mais les mots *anvin, anvais*, etc., employés pour Orvet, dérivent du latin *anguis*, avec changement du *gu* en *v*, transformation de lettres beaucoup plus rare du latin au français que la transformation inverse. Cependant, un exemple de la même

métamorphose se présente pour un autre dérivé d'*Anguis*, Anguille, qui, en picard, se dit *Anwile* et en wallon *Anveie*. Orvet dérive du latin *orbatus*, sous-entendu *lumine*, d'où *orbat, orvat, orvet. Borgne* n'a pas besoin d'explication. *Nielle* vient de *nigellus*, noirâtre. »

Mœurs, habitudes, régime. — « Quoique dépourvu de pattes, écrit Fatio, l'Orvet se creuse des galeries souterraines assez profondes, tantôt forant avec la tête, tantôt avec la queue, toutes deux également coniques. La femelle met au monde, sous terre, en août ou seulement même en septembre, de huit à quatorze petits qui déchirent leur enveloppe au moment même où ils viennent d'être pondus. En arrière-automne, à l'approche des froids, les Orvets se retirent dans leurs quartiers d'hiver et ferment l'ouverture de leur retraite avec de la terre et de la mousse ; c'est alors que l'on peut trouver de vingt à trente individus réunis dans une galerie de 0ᵐ,70 à plus de 1 mètre de profondeur, les plus jeunes étant souvent les plus voisins de l'orifice. » Nous pouvons ajouter que l'Orvet, s'évitant la peine de creuser un terrier, s'empare le plus souvent d'un trou abandonné ou hiverne sous des branchages, sous des amas de feuilles mortes, au milieu de tas de grosses pierres.

Dès que le soleil commence à avoir quelque force, on rencontre des Orvets ayant déjà secoué la torpeur de l'hiver et en quête de leur nourriture, qui se compose de petites limaces,

Fig. 231. — L'Abléphare pannonique (grand. nat.).

de vers de terre, parfois aussi de chenilles. L'Orvet boit assez souvent, et de la même manière que le Lézard.

L'animal habite un peu partout, aussi bien les prairies argileuses ou sablonneuses que les coteaux calcaires, bien qu'il semble préférer les endroits humides et recouverts de grandes herbes ; on le trouve dans la mousse des bois, parmi les décombres, dans les prairies, partout, en un mot, où il lui est possible de se dérober aux regards de ses nombreux ennemis.

D'après Viaud Grand-Marais, « au moment de la fenaison, on le trouve quelquefois se chauffant au soleil sur des tas de foin, quand il s'y croit en sûreté ; mais c'est surtout le soir, à la tombée de la nuit, qu'il prend plus librement ses ébats ; on l'aperçoit alors rampant dans l'ombre. S'il craint quelque agression, ou si le temps est mauvais, il se retire sous terre dans son trou. Il fuit timidement lorsqu'on l'attaque. Toutefois, quand il est fortement irrité, il se redresse et se donne un air de serpent dangereux, mais il cherche peu à se défendre de ses dents ; elles sont trop faibles, et sa bouche est trop petite pour qu'il puisse blesser. »

Par les jours de grande chaleur, l'Orvet est, en général, caché ; il se montre généralement, au contraire, lorsque le temps va se mettre à la pluie, car c'est alors surtout que sortent les vers de terre et que se promènent les limaces.

BREHM. — V.

« Lorsqu'on voit errer cet animal de bon matin, écrit Leydig, on peut être certain d'un changement atmosphérique, le temps allant se mettre à la pluie. »

Les mouvements de l'Orvet ne ressemblent ni à ceux des Lézards, ni à ceux des Serpents. La progression lui est difficile sur un sol uni, à cause du peu de relief de ses écailles ; très musculeux, il se sert avec avantage des moindres reliefs du sol, s'accroche à eux et se tire en avant avec la tête ou se pousse en appuyant sur eux l'extrémité conique de sa queue. Il ne va pas à l'eau de son plein gré, mais lorsque, par hasard, il tombe dans ce liquide, il nage avec agilité à l'aide d'ondulations latérales, en tenant la tête soulevée.

L'Orvet mérite bien l'épithète de *fragile* qui lui a été donnée par Linné ; car sa queue se rompt au moindre choc, mais repousse facilement ; cette propriété lui a fait également donner le surnom de *Serpent de verre*.

D'après Viaud Grand-Marais, « l'Anvin a un singulier moyen de défense. Ses muscles se raidissent au point qu'il se brise, abandonnant une partie de lui-même pour se sauver. La queue brisée se reproduit en quelques mois, mais se distingue longtemps de la queue primitive par une moindre longueur et une difformité au niveau de la cassure. »

Facultés sensorielles. — Parmi les facultés sensorielles, la vision occupe le premier rang, en dépit de l'épithète d'aveugle sous laquelle l'Orvet est désigné dans beaucoup de contrées. Les yeux sont d'un jaune doré et la pupille de couleur foncée, la paupière inférieure est couverte d'écailles. La vision ne paraît pas être aussi active en plein soleil qu'à l'ombre ou dans une demi-obscurité.

Les expériences qui ont été faites sur des Orvets tenus en captivité permettent d'affirmer que ces animaux ont une ouïe assez bien développée.

La langue paraît posséder une sensibilité générale assez délicate, ainsi que l'indique sa structure.

Préjugés. — Un vieux dicton fort accrédité dit :

> Si Bœuf voulait,
> Si Anvin voyait,
> Et si Sourd entendait,
> Personne ne vivrait.

On ne sait trop pourquoi, car il est absolument inoffensif, l'Orvet a de tout temps passé pour fort dangereux. «Lorsque, écrit Gessner, les bestiaux se couchent dans les prairies où se trouvent des Orvets, il arrive trop fréquemment que ces animaux mordent les bœufs et que la blessure devienne le siège d'une inflammation et d'une tuméfaction de la plus mauvaise nature ; en pareil cas, il faut ouvrir la région mordue à l'aide d'une lancette et appliquer sur la plaie de la craie imbibée de vinaigre. »

Il va sans dire que l'Orvet n'est pas plus aveugle que la Salamandre terrestre n'est sourde.

Se nourrissant exclusivement de limaces, de vers de terre, l'Orvet mériterait l'intérêt et la pitié du cultivateur, qui l'écrase sottement.

LES ABLÉPHARES — *ABLEPHARUS*

Natterangen.

Caractères. — Ainsi que l'indique leur nom, les Abléphares n'ont qu'un rudiment de paupière. Seuls, parmi les Scincoïdiens n'ayant qu'une paupière, ils ont quatre membres avec cinq doigts, aussi bien en avant qu'en arrière ; il est vrai de dire que ces membres sont très réduits. Les écailles qui revêtent le corps sont lisses. La langue est squameuse, échancrée à la pointe ; les dents sont simples, de forme conique ; le palais n'est pas denté ; les oreilles sont visibles.

Distribution géographique. — Les Abléphares vivent à la Nouvelle-Hollande, à Taïti, aux îles Sandwich ; on en connaît une espèce de Perse et une du Turkestan.

L'ABLÉPHARE PANNONIQUE. — *ABLEPHARUS PANNONICUS.*

Johannisechse.

Caractères. — L'espèce que nous décrivons est de petite taille et ne dépasse guère 8 à 9 centimètres. Le corps est anguiforme, les membres sont très courts, les antérieurs étant moins développés que les postérieurs ; les membres sont fort écartés l'un de l'autre. Les ouvertures des oreilles sont deux petits trous arrondis. Les écailles du corps sont parfaitement lisses, très élargies ; les écailles de la nuque sont beaucoup plus dilatées en travers que celles du cou et du dos (fig. 231).

La partie supérieure du corps est d'un brun clair ou d'un vert cuivreux ; une bande marron s'étend de chaque côté du dos, depuis la narine jusqu'en arrière de la cuisse ; les bords de cette bande sont lisérés de blanc. La gorge et l'abdomen sont d'un blanc rougeâtre ; le dessous de la queue est d'un gris bleuâtre

Mœurs, habitudes, régime. — L'Abléphare pannonique se trouve surtout en Hongrie ; on le rencontre aussi dans le sud-est de l'Europe, en Grèce et dans la Russie méridionale ; cette espèce n'est point rare dans les bois de l'État de Pesth et sur les flancs de la montagne où est bâtie la forteresse d'Ofen.

Distribution géographique. — Les mœurs de cette espèce sont à peine connues ; on sait seulement qu'elle se tient de préférence sur les tertres gazonnés et qu'elle se nourrit principalement de petits vers de terre.

LES PYGOPES — *PYGOPUS*

Schuppenfüsze.

Caractères. — Les Pygopes ou Hystéropes sont des Scincoïdiens au corps de Serpent, mince et effilé, qui n'ont, en fait de membres, que des appendices en forme de nageoires à la partie postérieure du corps. Nous ajouterons qu'il n'existe qu'un rudiment de paupière formant un cercle immobile autour du globe de l'œil, que les dents sont simples et coniques, que la langue est aplatie, squameuse en avant, veloutée en arrière, que les écailles sont carénées.

Fig. 232. — Le Pygope (2/3 grand. nat.)

LE PYGOPE LÉPIDOPODE OU HYSTÉROPE DE LA NOUVELLE-HOLLANDE.

La seule espèce qui rentre dans ce genre est le Pygope lépidopode, Hystérope de la Nouvelle-Hollande, ou Bipède.

Caractères. — C'est un animal de 0^m,70 de long, dont la forme générale est celle d'une Couleuvre ; le tronc est grêle, cylindrique ; la queue, qui entre pour près de deux tiers dans la longueur totale du corps, est très amincie à son extrémité. La tête, à peine distincte du corps, est revêtue de grands écussons sur sa partie supérieure.

Les appendices qui tiennent lieu de membres ressemblent à deux petites nageoires oblongues, arrondies à leur bord libre, revêtues, en dessus de grandes, en dessous de petites écailles rhomboïdales, lisses et imbriquées (fig. 232).

La face supérieure du corps est d'un brun cuivreux tournant au grisâtre ; la plupart des individus portent, depuis la tête jusqu'à l'extrémité de la queue, trois séries de taches noires oblongues, lisérées de blanc ; certains exemplaires sont d'une teinte plombée uniforme. Le dessous du corps a une teinte grise nuancée de noirâtre ; la gorge et la face inférieure de la queue sont blanchâtres.

Distribution géographique. — Cette espèce habite la Nouvelle-Hollande.

Mœurs, habitudes, régime. — Tout ce que nous savons de ses mœurs, c'est qu'elle vit dans la vase.

LES AMPHISBÉNIENS — *AMPHISBÆNIDÆ*

Ringelechsen oder Waihlen.

Caractères généraux. — On a pendant longtemps classé avec les Serpents des Reptiles au corps allongé, généralement dépourvus de membres, qui paraissent être divisés en anneaux transverses et réguliers, mais dont la peau est dépourvue d'écailles proprement dites. Ces animaux sont aujourd'hui, et à juste titre, placés parmi les Sauriens ; on ne saurait nier, du reste, qu'ils font passage aux Ophidiens.

Les Amphisbénidés sont des Sauriens fouisseurs, au corps cylindrique et allongé, tout d'une venue; la queue est généralement très courte. La peau est coriace, plus ou moins transparente chez les animaux vivants; elle est revêtue d'une série de verticilles circulaires à peu près égaux entre eux, et chacun de ces anneaux est subdivisé en petits compartiments quadrilatères, un peu saillants comme des tubercules réguliers, généralement symétriques, semblables aux petites pièces qui composent une mosaïque; en un mot, la peau semble être guillochée, d'où le nom de *Glyptodermes* qui a été donné à ces animaux (fig. 233).

Les vertèbres, qui sont nombreuses, ont leur face articulaire antérieure concave, la postérieure étant convexe; toutes les vertèbres

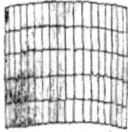

Fig. 233. — Écailles du ventre d'Amphisbène.

précaudales, à l'exception de deux ou de trois, sont pourvues de côtes; il n'existe pas de sacrum. On ne trouve de sternum que chez les *Chirotes*, mais ce sternum n'est pas réuni aux côtes.

Les os de la face sont intimement réunis entre eux et avec les pièces du crâne, de telle sorte qu'il n'existe pas de columelle; les préfrontaux font défaut et le squamosal, ainsi que l'os carré, sont fort réduits; les deux branches de la mandibule sont solidement soudées entre elles; la cloison interorbitaire est osseuse.

Fig. 234, 235. — Crâne d'Amphisbène.

Le crâne est, dans son ensemble, fortement bombé en avant; il rappelle le crâne de certains Mammifères carnivores et présente le long de la ligne médiane une forte saillie osseuse et sur l'occiput une crête large et tranchante. La mâchoire inférieure est massive, très relevée en arrière (fig. 234, 235).

Les membres font toujours défaut, à part chez les Chirotes, qui ont des pattes antérieures réduites.

Les yeux, dépourvus de paupières, sont très peu développés; ils apparaissent comme de petits points noirs presque entièrement cachés sous la peau.

La membrane du tympan n'est pas visible.

La langue est plate, échancrée en arrière, couverte de grandes papilles.

Dans un seul genre, les Trogonophides, les dents sont solidement fixées sur le bord des mâchoires; dans tous les autres genres, elles sont appliquées contre le bord interne des mâchoires.

Mœurs, habitudes, régime. — Nous ne savons encore que très peu de choses sur les mœurs des Amphisbéniens.

Il est probable que toutes les espèces, au moins celles qui sont absolument privées de membres, vivent sous terre et se creusent des galeries dans lesquelles elles se tiennent, n'apparaissant que rarement à la surface du sol. Les espèces apodes peuvent progresser aussi bien à reculons qu'en avant, et c'est de cette particularité qu'est venu le nom d'Amphisbène (1);

« C'est là une propriété, écrit Wagler, que possèdent aussi dans une certaine mesure les Taupes, dont les Amphisbénidées tiennent la place parmi les Reptiles; on peut, en outre, les comparer aux Vers qui vivent sous terre et fouissent le sol, qui ont un corps allongé et cylindrique, et dont le tégument est également quadrillé par des lignes transversales et longitudinales. »

« C'est un fait bien remarquable dans l'économie domestique des Fourmis migratrices, écrit Tschudi, que de voir ces animaux supporter sans aucun trouble un Reptile de la taille de l'Amphisbène au milieu de leurs habitations souterraines. Ce fait est d'autant plus surprenant qu'en général ces Fourmis témoignent de l'hostilité la plus acharnée à l'égard de tous les êtres vivants, qu'elles se jettent avec fureur sur tous les animaux qui s'approchent imprudemment de leurs colonies, et, qu'en raison de leur nombre, de leur force et

(1) Ἀμφίσβαινα, double marcheur, progression dans les deux sens.

Fig. 236. — L'Amphisbène blanche (2/5 grand. nat.).

de leur courage, elles parviennent à tuer des Serpents de plus d'un mètre de long et des Mammifères de la taille de l'Écureuil. Le motif sur lequel est basée la vie en commun de l'Amphisbène et des Fourmis n'est pas encore connu ; certainement l'hôte et les maîtres de la demeure retirent de leur vie en commun un avantage d'une égale valeur, sans quoi on n'observerait pas cette association paisible. D'ailleurs toute fourmilière ne contient pas nécessairement une Amphisbène, tout comme cet animal ne vit pas forcément dans un nid de Fourmis. J'ai retiré à plusieurs reprises des Amphisbènes de trous peu profonds, qu'ils semblaient avoir creusés eux-mêmes. Lorsqu'on enfume une colonie de Fourmis, ainsi qu'on a coutume de le faire pour défendre les cultures contre ces redoutables ennemis (1), les Amphisbènes se hâtent de fuir. »

Les mouvements des Amphisbènes sont assez particuliers et l'on s'imagine, dans toute l'Amérique du Sud, qu'ils peuvent ramper à reculons, aussi bien qu'en avant. « Ceux que j'ai trouvés, écrit le Prince de Wied, se remuaient à peine tant qu'on ne les touchait pas ; ils se mouvaient alors à la manière des Vers de terre. Autant ils montrent de lenteur lorsqu'ils rampent, autant ils sont adroits lorsqu'ils fouissent. »

LES AMPHISBÈNES — *AMPHISBÆNA*

Doppelschleichen.

Caractères. — On désigne actuellement sous le nom d'Amphisbènes des reptiles fouis-

(1) Voyez Brehm, *les Insectes*, édition française par J. Kunckel d'Herculais, tome II, p. 108.

seurs, qui se reconnaissent aux caractères suivants :

Leur corps est vermiforme, leur tête petite, leur queue courte, épaisse et cylindrique ; les membres font absolument défaut. Les dents sont coniques, un peu courbées, appliquées contre le bord interne des mâchoires, c'est-à-dire pleurodontes. La partie antérieure de la tête jusqu'au vertex est formée de grandes plaques ; celles-ci forment au-dessus du museau un écusson plus grand que les autres. Sur les côtés latéraux du corps s'étend, depuis le cou jusqu'à l'anus, un sillon plus ou moins marqué suivant les espèces. On voit des pores au-devant du cloaque. Le museau est tantôt large, tantôt étroit ; il peut être aigu ou obtus.

Distribution géographique. — Les Amphisbènes vivent dans l'Amérique du Sud.

Mœurs, habitudes, régime. — Les Amphisbènes vivent sous la terre et ne viennent probablement qu'exceptionnellement à la surface du sol ; elles se tiennent principalement dans les tertres des Termites et dans les fourmilières. Dans le Surinam, on leur a donné le nom de « rois des Fourmis » ; dans la région de l'Amazone on les appelle « mères des Fourmis » ; dans plusieurs régions on les nomme « serpents à double tête ». Les habitants des rives de l'Amazone, pensent, ainsi que les colons d'autres parties de l'Amérique du Sud, que les Amphisbènes sont soignées et nourries par les Fourmis et traitées par elles avec les plus grands égards. D'après les dires des indigènes, lorsqu'une Amphisbène quitte une fourmilière, les Fourmis émigrent en même temps et se dispersent en tous sens.

Légendes. — Aux yeux des Américains du

Sud, les Amphisbènes, qui sont des animaux tout à fait inoffensifs, passent pour extrêmement venimeux et doués de propriétés thérapeutiques tout à fait extraordinaires.

« On a cru, écrit Lacépède, que ces animaux avaient deux têtes non placées à côté l'une de l'autre, comme dans certains Serpents monstrueux, mais la première à une extrémité du corps et la seconde à l'autre.

On ne s'est pas même contenté d'admettre cette conformation extraordinaire; on a imaginé des fables absurdes que nous n'avons pas besoin de répéter.

« On a cru et écrit très sérieusement que lorsqu'on coupe une Amphisbène en deux par le milieu du corps, les deux têtes se cherchent mutuellement; que lorsqu'elles se sont rencontrées, elles se rejoignent par les extrémités qui ont été coupées, le sang servant de glu pour les réunir; que si on les coupe en trois morceaux, chaque tête cherche le côté qui lui appartient, et que lorsqu'elle s'y est attachée, le Serpent se trouve dans le même état qu'avant d'avoir été divisé; que le moyen de tuer une Amphisbène est de couper les deux têtes avec une petite partie du corps, et de les suspendre à un arbre avec un cordeau; que même cette manière n'est pas très sûre; que lorsque les oiseaux de proie ne les mangent pas, et que le cordeau se pourrit, l'Amphisbène, desséchée par le soleil, tombe à terre, qu'à la première pluie qui survient, elle renaît par le secours de l'humidité qui la pénètre; que, par une suite de cette propriété, ce Serpent réduit en poudre est le meilleur spécifique pour réunir et souder les os cassés, etc.

Combien d'idées ridicules, le défaut de lumières et le besoin du merveilleux n'ont-ils pas fait adopter ! »

L'AMPHISBÈNE BLANCHE. — *AMPHISBÆNA ALBA.*

Ibizara.

Caractères. — Une des espèces les plus connues du genre est l'Amphisbène blanche. La tête est déprimée, le museau court, large et arrondi; les yeux sont bien distincts; la région postérieure du crâne et les tempes sont revêtues de petits compartiments carrés; il existe trois plaques labiales supérieures, la première touchant à l'écusson qui termine le museau. On compte 222 annéaux pour le tronc, et 14 pour la queue. Les parties supérieures du corps sont d'une teinte jaunâtre luisante, les parties latérales d'un jaune clair, le ventre d'un blanc bleuâtre; la tête a une coloration plus claire que le dos. La taille arrive à 0m,50 (fig. 236).

Distribution géographique. — L'Amphisbène blanche habite les parties méridionales de l'Amérique, telles que le Brésil et les Guyanes.

LES CHIROTES — *CHIROTE*

Handwühle

Caractères. — Les Chirotes se séparent des autres Amphisbénidés par la présence de membres antérieurs terminés par cinq doigts, dont un sans ongle; il existe un sternum et des pores pré-anaux. Les dents sont coniques, un peu courbées, simples, pointues, inégales, appliquées contre le bord interne des mâchoires.

LE CHIROTE CANALICULÉ OU BIMANE ANNELÉ.

Caractères. — La seule espèce qui rentre dans le genre, le Chirote canaliculé ou Bimane cannelé (fig. 237).

C'est un animal d'environ 0m,25 de long, au corps cylindrique, légèrement aplati à la face inférieure, présentant la même longueur dans toute son étendue; les parties supérieures du corps sont tachetées de marron sur un fond fauve, les parties inférieures étant blanchâtres. La tête est courte, légèrement déprimée; c'est à peine si on distingue l'œil à travers la plaque qui le recouvre. La queue fait environ la septième partie de la longueur du corps. Les membres antérieurs sont situés à une très petite distance en arrière de la tête; ils sont courts, assez forts, aplatis. Le long du corps on remarque, de chaque côté, une sorte de raphé qui s'étend depuis l'épaule jusqu'à l'origine de la queue. Le nombre des petits verticilles qui forment les petits compartiments de la queue est de 6 sur la tête, de 4 autour du cou, de 250 au tronc et de 37 autour de la queue; tous ces compartiments sont petits, à peu près égaux entre eux et quadrilatères.

Distribution géographique. — Le Chirote annelé vit au Mexique.

Fig. 237. — Le Chirote canaliculé (grand. nat.).

LE BLANUS CENDRÉ. — *BLANUS CINEREUS.*

Netzwühle.

Caractères. — C'est un animal vermiforme, de 0ᵐ,25 à 0ᵐ,30 de long, d'une couleur brun-grisâtre ou rougeâtre ; il est essentiellement caractérisé par la disposition des écussons de la tête et la longueur relativement grande de la queue, qui est pointue. Le devant de la tête est recouvert par une grande plaque ; plusieurs écussons de forme quadrilatère se trouvent sur l'occiput. Les yeux sont très petits. L'os intermaxillaire porte 7 dents ; le maxillaire supérieur est armé de 16 dents, la mandibule de 14 dents. Sur chaque côté du corps s'étend un sillon assez marqué. On compte 125 anneaux sur le corps, de 18 à 23 sur la queue.

Distribution géographique. — Le Blanus cendré est la seule espèce d'Amphisbénidés qui vive en Europe que l'on trouve dans la partie sud de la péninsule ibérique, et dans les îles de la Grèce.

Mœurs, habitudes, régime. — De même que pour les autres espèces appartenant au même groupe, on ne sait que peu de chose sur le Blanus cendré. C'est un animal vivant sous les pierres ou dans des galeries souter-

raines, surtout dans des fourmilières. Au premier abord, on le prendrait pour un ver de terre, si ce n'était son mode de progression ; il se meut, en effet, à l'aide de tortillements latéraux. Sa nourriture se compose de petits insectes.

LES TROGONOPHIDES — *TROGO-NOPHIS*

Caractères. — Kaup a établi le genre Trogonophides pour des Amphisbènes qui présentent cette particularité importante d'être acrodontes, c'est-à-dire que leurs dents, au lieu d'être appliquées contre le bord interne des mâchoires, comme chez toutes les autres espèces, sont fixées sur le bord des maxillaires si intimement qu'elles semblent faire corps avec eux.

Un autre caractère distinctif est que les narines viennent s'ouvrir sur les côtés du museau au lieu d'être situées sous l'extrémité antérieure de la tête.

LE TROGONOPHIDE DE WIEGMANN. — *TROGO-NOPHIS WIEGMANNI.*

Caractères. — Cette espèce a le corps de couleur d'un vert clair, tirant sur le rougeâtre, plus pâle en dessous qu'en dessus, semé de petites taches à peu près toutes de même grandeur, les unes noires, les autres brunes ou roussâtres, les autres grisâtres ou jaunâtres ·formant, par leur ensemble, une sorte de damier ou d'échiquier ; la tête est roussâtre avec une bande oblique jaunâtre en travers de la tempe. La longueur est de 0ᵐ,25 à 0ᵐ,30. La tête est courte, conique, le museau très obtus ; la plaque naso-rostrale emboîte l'extrémité de la tête. Les yeux sont distincts. La queue est extrêmement courte.

Distribution géographique. — Cette espèce habite l'Algérie, le Maroc et la Tunisie.

LES SERPENTS — *OPHIDIA*

Die Schlangen.

Caractères généraux. — Jusque dans les premières années de ce siècle, « les naturalistes avaient considéré les Serpents comme les seuls et véritables Reptiles ; ils en formaient même une classe tout à fait séparée de celle qu'ils désignaient sous la dénomination de Quadrupèdes ovipares. Alors tous les animaux vertébrés ovipares à poumons, de forme allongée, arrondie et sans pattes, qui rampent sur le ventre, étaient regardés comme des Serpents. Cette classification, si naturelle en apparence, était cependant arbitraire ; elle rapprochait et faisait confondre sous un même nom des animaux analogues, il est vrai, par la conformation apparente, mais dont les habitudes, les mœurs, et surtout l'organisation, sont tout à fait distinctes. Il devenait pour lors impossible de faire connaître la structure des Ophidiens d'une manière générale ; d'indiquer les vrais rapports qu'ils ont réellement et constamment entre eux, et d'établir en quoi ils diffèrent de tous les êtres animés (1). »

On classait, en effet, parmi les Serpents, des animaux qui, comme les Cécilies, sont des Batraciens dégradés, et d'autres, tels que l'Orvet, qui doivent prendre place parmi les Sauriens. C'est qu'en effet les passages sont nombreux entre les Sauriens et les Ophidiens ; ces derniers ne se séparent des premiers que par l'absence de ceinture scapulaire et de vessie urinaire.

On peut dire, d'une manière générale, des Serpents que ce sont des Reptiles au corps très allongé, arrondi, étroit, dépourvu de membres proprement dits, n'ayant ni paupières ni tympan distincts ; toutes les régions de la face sont ordinairement mobiles les unes sur les autres ; les branches de la mâchoire inférieure ne sont pas réunies par une symphyse médiane, de telle sorte que la bouche peut se dilater énormément.

Tels sont les principaux caractères extérieurs ; les particularités tirées de l'anatomie ne sont pas moins importantes.

Squelette. — Le Serpent est le type reptilien par excellence, de telle sorte que son corps consiste en un tronc allongé, sans distinction notable de régions, ayant pour support une nombreuse série de vertèbres protégeant la moelle et donnant attache à de nombreux faisceaux musculaires devant déterminer la progression de l'animal. Chez le Serpent, le squelette, réduit à sa partie centrale, se compose du crâne, de la colonne vertébrale, des côtes (fig. 238) ; ce n'est que dans quelques cas très rares que l'on voit des rudiments de membres appendiculaires.

Le crâne s'articule avec le rachis par un seul condyle, comme chez tous les Reptiles du reste.

Chez les Serpents le crâne est toujours très allongé, les parties latérales antérieures et moyennes étant formées par le prolongement des frontaux et des pariétaux. La conformation des maxillaires et des palatins offre des particularités sur lesquelles nous devons appeler l'attention, les os de la face étant tous mobiles les uns sur les autres, et sur le crâne. « L'os intermaxillaire, dit Carl Vogt, est étroitement attaché à l'os nasal ; par contre le maxillaire supérieur, le ptérygoïdien et les palatins sont complètement mobiles et peuvent être poussés aussi bien sur les parties latérales qu'en avant et qu'en arrière. La même mobilité existe dans les os qui composent le maxillaire inférieur. L'os mastoïdien,

(1) Duméril et Bibron, *Erpétologie générale*, t. VII, p. 1.

BREHM — V.

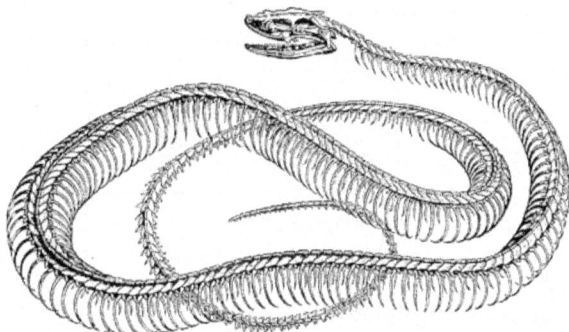

Fig. 238. — Squelette de Couleuvre.

long et en forme d'écaille, est attaché au crâne seulement par des muscles et des ligaments; il porte à son extrémité libre l'os carré, également long, en forme de baguette, le plus souvent fortement dirigé en arrière et s'articulant avec la mandibule (fig. 239). Celle-ci se

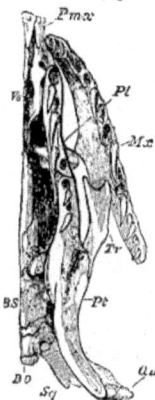

Fig. 239. — Vue inférieure de la moitié gauche du crâne et des os de la face d'un Python.

compose de deux parties allongées, complètement séparées, qui ne sont reliées sur la partie médiane que par des faisceaux ligamenteux très lâches ; leur séparation s'accuse à l'extérieur par la présence d'un sillon dit mentonnier. » Ces deux branches de la mandibule peuvent, dans certains cas, présenter un écartement considérable. Ainsi que nous le ver-

rons plus loin, les Serpents venimeux proprement dits ont les os maxillaires très réduits.

La colonne vertébrale qui fait suite au crâne est toujours composée d'un grand nombre de vertèbres. Ce nombre peut ne pas dépasser 140 chez les Typhlopiens ; il peut s'élever jusqu'à 435 chez le Python Molure, chez lequel nous comptons 68 vertèbres thoraciques, 296 pelviennes, 8 sacrées et 61 coccygiennes.

Bien qu'en apparence très semblables les unes aux autres, ces vertèbres diffèrent cependant entre elles, non seulement d'un groupe à un autre, mais encore dans une même espèce elles présentent des différences assez grandes pour qu'il soit possible de les diviser en régions distinctes, ainsi que l'a montré de Rochebrune.

Toutes ces vertèbres présentent en arrière une tête convexe, régulièrement arrondie, supportée par une sorte de petit étranglement, tête qui est reçue dans une cavité creusée à la face antérieure de la vertèbre qui suit. Le moyen d'union entre les vertèbres est encore assuré par la présence de deux sortes de tenons, dits *zygosphènes,* entrant dans deux espèces de cavités ou de mortaises qui portent le nom de *zygantrum* (fig. 240, 241). La colonne vertébrale est, en un mot, composée d'une série de chaînons ou de maillons tous solidement réunis entre eux ; cette distribution est en rapport avec le mode de locomotion si particulier des Serpents, qui sont des animaux privés de membres et cependant doués de rapides mouvements.

Bien que toutes ces vertèbres se ressemblent beaucoup entre elles, il est possible cependant d'établir plusieurs divisions dans la colonne vertébrale, certaines vertèbres présentant des particularités tout à fait caractéristiques.

Nous rappellerons que chez un Serpent, le Rachiodon, la partie inférieure des vertèbres

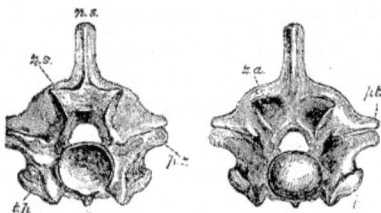

Fig. 240, 241. — Vue antérieure et postérieure d'une vertèbre d'un Python (*).

de la région cervicale porte de petits prolongements qui font saillie dans l'œsophage et qui servent vraisemblablement à l'animal pour briser les œufs dont il fait principalement sa nourriture.

Toutes les vertèbres sont pourvues de côtes. Ces côtes, n'étant pas réunies entre elles par un sternum, peuvent s'écarter en travers. L'extrémité qui s'attache à la colonne vertébrale est fourchue ; l'extrémité libre reçoit un prolongement cartilagineux qui en est la continuation et, se trouvant enveloppée par les fibres aponévrotiques qui adhèrent à la peau, est, par cela même, en rapport avec les grandes plaques écailleuses qui protègent le ventre ; nous verrons plus tard le rôle considérable que cette disposition joue dans la reptation.

Chez quelques Serpents, tels que les Najas ou Serpents à coiffe, les premières côtes se prolongent latéralement pour soutenir les téguments du cou qui peuvent se distendre à la volonté de l'animal.

Plusieurs Serpents présentent des rudiments de membres postérieurs ; ces Serpents sont désignés sous le nom de *Ptéropodes*. On trouve chez eux, à la base de la queue, un osselet de forme allongée, sur lequel s'articulent deux pièces divergentes ; entre celles-ci se voit

(*) zs, zygosphène ; zr, zygantrum ; pz, pré-zygapophyses ; pt, z, post-zygapophyses ; t, p, apophyse transverse (d'après Huxley).

un os recourbé qui porte une griffe ou onglet faisant saillie à l'extérieur (fig. 242) ; chez les *Typhlops*, toutefois, cette pièce externe fait défaut.

Mouvements. — Bien que totalement privés de membres, car les appendices qui se voient chez certaines espèces ne sont d'aucun secours dans la locomotion, les Serpents n'en jouissent pas moins cependant de mouvements très variés ; ils peuvent non seulement ramper sur le sol, mais encore nager et grimper sur les arbres.

Le *ramper* est le mode de locomotion le plus général chez les Ophidiens. Les nombreuses côtes qui ne sont articulées qu'avec les vertèbres, et qui sont libres à leur extrémité, jouent un grand rôle dans cet acte de ramper. Chaque côte, en effet, fait l'office d'un pied, d'un appui et d'un levier qui ne porte

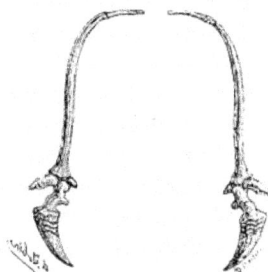

Fig. 242. — Membre postérieur de Python de Séba.

pas seulement le corps, mais le fait encore progresser en avant. Le mouvement de déplacement de l'animal a lieu, non pas par une série de flexions faites dans un plan vertical, mais par des ondulations latérales. Lorsque le Serpent veut se mouvoir en avant, il contracte certains muscles intercostaux de manière à décrire une courbe plus ou moins prononcée, tire en avant les côtes et dès lors les plaques du ventre auxquelles elles sont intimement liées, de manière à leur faire prendre une direction presque verticale ; l'animal semble courir sur la pointe de ses côtes fixées à des plaques cutanées ; lorsqu'on laisse filer un Serpent entre les mains, on sent parfaitement le redressement successif des écailles du ventre. Une grande partie des côtes travaille énergiquement, tandis que les autres agissent au même moment où les autres se reposent. La colonne vertébrale est susceptible de mouvements latéraux très étendus, tandis que les mouvements en haut et en bas sont presque impossibles.

Lorsqu'un Serpent rampe à travers un trou qui empêche les mouvements latéraux du corps, il s'avance exclusivement à l'aide de ces sortes d'échasses que lui offrent les côtes et grâce à l'appui que lui donnent les écailles. Quand il grimpe, il ne fait rien autre chose que ramper sur une surface verticale. Un tronc d'arbre qui est assez gros pour que le Serpent puisse s'entortiller autour de lui n'est pas un obstacle à la reptation, si l'écorce n'est pas trop lisse; le Serpent glisse sur lui par un continuel mouvement de reptation, en décrivant des spirales semblables à celles d'une vis; le bord postérieur des écailles abdominales garantit l'animal contre les glissades en arrière.

Certains Serpents peuvent relever une partie plus ou moins considérable de leur corps; ils se redressent en portant tout l'effort musculaire sur le point demeuré fixe.

« Le *saut* actif est produit, comme on le sait, par un élancement total de la masse de l'être vivant qui abandonne tout à coup complètement et volontairement les surfaces sur lesquelles il était en repos, pour franchir librement dans l'espace une distance plus ou moins considérable. Les Serpents, quoique privés de membres articulés, jouissent cependant de cette faculté, mais par des procédés assez particuliers qu'on peut facilement concevoir. Ainsi, tantôt le Reptile, ayant le corps roulé en cercle sur lui-même, le maintient tendu comme un ressort élastique qui resterait contourné en spirale par la force contractile des muscles de la région latérale interne, concave ou concentrique de l'échine; mais tout à coup il se débande par le raccourcissement instantané du bord convexe ou externe de la circonférence qui, venant à s'allonger ou à s'étendre subitement, se déploie avec une force et une rapidité extrêmes. Tantôt, pour opérer la course ou un transport plus rapide, tantôt pour fuir ou avancer avec plus de célérité, le Serpent exécute ainsi une série de bonds successifs ou de soubresauts partiels qui se produisent dans le sens de la longueur au moyen d'ondulations sur les flancs, en avant ou de haut en bas, et réciproquement, avec de légères sinuosités qui se corrigent alternativement (1). »

Le *nager* est un mode de progression semblable à celui qui s'exécute sur terre; c'est surtout en se servant de la partie postérieure de son corps, qui frappe l'eau, que le Serpent avance. Les espèces exclusivement aquatiques ont la queue comprimée, de telle sorte qu'elle fait l'office de rame.

Centres nerveux et organes des sens. — Le cerveau est extrêmement petit; la moelle, au contraire, logée dans toute la longueur de la colonne vertébrale, est relativement considérable.

L'œil, dont la pupille peut être verticale ou circulaire, a une fixité tout à fait particulière; il n'existe pas, en effet, de paupières; l'œil est simplement recouvert par la peau qui s'amincit au-devant de lui, au point de devenir transparente; cette membrane est insérée absolument comme un verre de montre dans une rainure et forme une capsule qui communique avec la cavité nasale au moyen d'un large canal lacrymal. Cette membrane transparente tombe au moment de la mue, aussi les Serpents sur le point de muer ont-ils l'œil complètement opaque et blanchâtre. L'iris brille souvent de vives couleurs dorées, argentées, verdâtres.

Les Serpents ont l'organe de l'odorat très imparfait; les narines sont placées tout à fait à l'extrémité ou sur le bord externe du museau; elles sont courtes, enduites d'une membrane vasculaire sur laquelle viennent s'épanouir de maigres filets nerveux.

L'organe de l'audition n'est pas apparent au dehors; on ne trouve ni conduit auditif externe, ni caisse, ni membrane du tympan; le limaçon existe et ressemble, dans ses parties essentielles, à celui des Oiseaux.

La langue est très longue, mince, fendue en avant en deux parties effilées et recouvertes d'une substance cornée; cette langue fait fonction d'organe du tact, jamais du goût, aussi voit-on à chaque instant le Serpent la darder pour explorer les corps environnants; elle est enveloppée d'un fourreau d'où elle peut être projetée au loin, lorsque la bouche est fermée, à travers une échancrure qui se trouve à l'extrémité du museau.

La peau est fort extensible et élastique; elle est recouverte d'écailles petites sur le dos,

(1) Duméril et Bibron, *Erpétologie générale*, t. VI, p. 94.

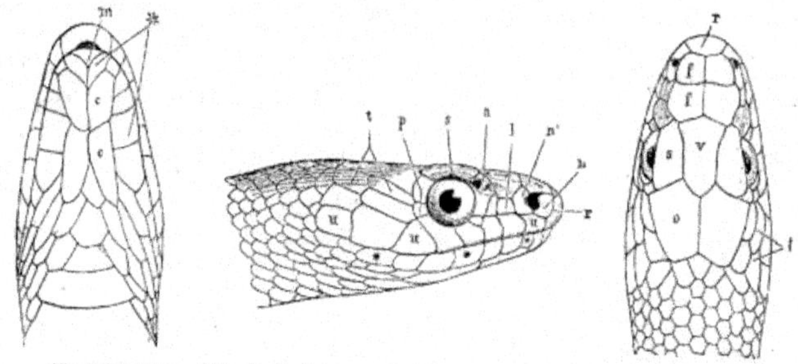

Fig. 243 à 245. — Tête de Couleuvre vue en dessus, en dessous et latéralement (*).

généralement grandes et en forme de lames transversales sous la partie inférieure du corps ; les écailles du ventre portent le nom de *gastrostèges*, celles du dessous de la queue celui d'*urostèges*.

La tête est protégée par des plaques semblables à celles des Sauriens et dans la nomenclature desquelles nous devons entrer ; la forme et la disposition de ces plaques fournissant de bons caractères pour la détermination des espèces.

L'extrémité du museau est recouverte par une plaque dite *rostrale* (fig. 243, *r*) ; en arrière sont généralement deux plaques qui touchent aux écailles dans lesquelles se trouve percée la narine, plaque que l'on désigne à cause de cela sous le nom d'*internasale*, *f*; puis se voient les plaques *préfrontales*, *f*, la plaque *frontale*, *v*, et tout à fait en arrière les *pariétales o*.

Si nous regardons la tête latéralement (fig. 244), nous verrons d'abord que les mâchoires sont bordées de plaques dites *sous-labiales*, et *sus-labiales u ;* le plus ordinairement une ou plusieurs de celles-ci sont en contact avec l'œil. En arrière de la plaque rostrale se trouve la ou les plaques nasales, *nn' ;* une ou plusieurs plaques se trouvent en avant, *a*, et en arrière de l'œil, *p ;* ce sont les *préoculaires*, *a*, et les *postoculaires*, *p ;* le plus souvent une plaque va de la plaque nasale à la plaque préoculaire, plaque qui est désignée sous le nom de *frénale* , *l*. Des plaques temporales, plus ou moins nombreuses, existent entre les

labiales supérieures et les écailles du dessus de la tête ; elles sont dites *temporales*, *t*. Le dessus de l'œil est protégé par une plaque sus-oculaire *s*.

En dessous de la tête, à la gorge, on voit les plaques labiales inférieures ; la pointe de la mandibule est garnie par une plaque tout à fait particulière aux Ophidiens, la *mentonnière*, *m*, suivie des *inter-sous-maxillaires*, *c;* c'est derrière celles-ci que se voient le plus souvent des plaques *gulaires ;* viennent ensuite les *gastrostèges* (fig. 243).

Coloration. — Ainsi que le font justement remarquer Duméril et Bibron, « la nature semble avoir fait varier les teintes et les couleurs générales des Serpents, suivant les mœurs et les habitudes de ces Reptiles. En général, elles sont grisâtres ou ternes chez les espèces qui restent habituellement sur les sables, ou qui s'enfouissent dans les terrains mobiles, comme chez celles qui se mettent en embuscade sur les troncs ou les grosses branches des arbres ; tandis que ces couleurs sont d'un beau vert, analogue à la teinte des feuilles et des jeunes pousses des herbes, chez les Serpents qui grimpent dans les buissons ou qui se balancent à l'extrémité des rameaux. Il serait difficile d'exprimer toutes les modifications que fournit l'étude générale des couleurs de leur peau. Qu'on suppose tous les effets de la décomposition de la lumière en commençant par le blanc et le noir le plus pur, puis par le bleu, le jaune et le rouge en les associant, les mélangeant, les dégradant pour trouver toutes les nuances comme celles du vert, du violet avec des teintes ternes ou brillantes plus ou moins foncées, des reflets irisés ou métalliques modifiés par des taches, des raies, des

(*) r, rostrale ; *n'n'*, nasales ; *l*, frénale ; *a*, préoculaire ; *s*, susoculaire ; *p*, postoculaire ; *t*, temporale ; *u*, labiales supérieures ; *labiales inférieures ; *f*, internasale ; *f*, préfrontales ; *v*, frontale ; *o*, pariétales ; *m*, mentonnière ; *c*, inter-sous-maxillaires.

lignes droites, obliques, ondulées, transverses. Voilà ce que nous offre la peau des Serpents. »

On peut dire qu'en général la coloration est appropriée au milieu dans lequel vit l'animal. Il convient cependant de faire remarquer que certains Serpents fouisseurs, qui devraient avoir une teinte terne, possèdent une coloration vive ou, tout au moins, un éclat comparable à celui de l'acier poli. Bien que la coloration soit presque toujours la même chez une espèce donnée, certains animaux présentent cependant des variations de coloration assez considérables pour qu'on leur ait donné des noms spécifiques différents. Les cas de mélanisme et surtout ceux d'albinisme sont rares.

Mue. — Chez les Ophidiens, la mue est totale, c'est-à-dire que, chez les animaux en bonne santé, l'épiderme se détache en bloc et d'une seule pièce; le Serpent quitte sa peau comme on se dépouillerait d'un vêtement.

La mue commence par les lèvres; il se forme alors deux déchirures, l'une à la partie supérieure de la tête, l'autre à la mâchoire inférieure. En liberté, les animaux utilisent la mousse, les herbes rugueuses, les pierres pour se frotter et se débarrasser de leur vêtement inutile; en captivité, il est rare que la dépouille ne soit pas plus ou moins déchirée.

D'après les observations de Lenz, chez les Serpents de nos pays, la première mue a lieu à la fin d'avril ou au commencement de mai, la deuxième à la fin de mai ou dans les premiers jours de juin, la troisième dans la première semaine de juillet; une quatrième mue s'effectue au commencement d'août; beaucoup d'animaux muent encore vers septembre.

En captivité la mue est accompagnée d'un véritable état de souffrance pendant lequel l'animal ne mange pas.

Appareil digestif. — Les Serpents sont des animaux carnassiers; chez eux, les dents sont toujours rétentives et ont pour but unique de saisir et de maintenir la victime.

Les petits Serpents non venimeux qui font, pour ainsi dire, passage aux Sauriens, les Scolécophiles, n'ont de dents qu'à l'une ou à l'autre des mâchoires; ces dents sont, en outre, en petit nombre, 5 à 10 au plus de chaque côté, mais ces dents sont fortes, coniques et pointues. Les Uropeltis et les genres voisins manquent de dents à la voûte palatine. Tous les autres Serpents ont des dents, non seulement aux mâchoires, mais encore aux palatins et aux ptérygoïdiens (fig. 246, 247). Jamais

les dents ne sont enchâssées à leur base dans l'épaisseur des os; elles sont soudées à leur surface et percent les gencives.

Les Serpents non venimeux ont les dents nombreuses. C'est ainsi que, chez le Python, nous comptons 34 dents à la mandibule, 4 dents à l'intermaxillaire, 34 dents aux maxillaires supérieurs, 12 sur les palatins et 16 sur les ptérygoïdiens, soit 100 dents en tout.

Chez les Serpents venimeux proprement dits tels que les Vipères, les Lachésis, les Crotales, les dents de la mâchoire supérieure sont disposées non pour saisir la proie, mais pour la

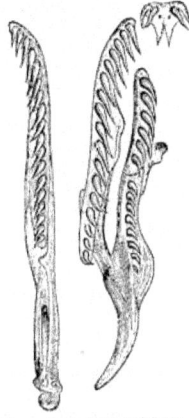

Fig. 246, 247. — Mâchoires supérieure et inférieure du Python.

frapper mortellement, en inoculant un poison subtil dans les chairs de la victime. Chez ces Serpents, l'intermaxillaire est très réduit et ne porte pas de dents. Les maxillaires supérieurs se présentent sous la forme d'un os court et massif dont la destination est de supporter la dent venimeuse en action et les dents de remplacement placées derrière celle-ci. Le maxillaire s'articule avec le lacrymal sur lequel il peut librement se mouvoir, de telle sorte que l'os et par suite la dent supportée peut basculer très facilement. Les palatins et les ptérygoïdiens portent beaucoup moins de dents que chez les Serpents non venimeux; c'est ainsi que, chez le Lachésis muet, nous ne voyons que 4 dents aux deux palatins et 18 aux ptérygoïdiens, soit 22 en tout; certaines espèces ont toutefois un nombre de dents un peu plus considérable, un Crotalien d'espèce indéterminée que nous avons sous les yeux ayant 8 dents aux palatins et 30 dents sur les ptérygoïdiens, soit 38 dents à l'appareil ptérygo-palatin (fig. 248).

Ces Serpents venimeux ont la dent percée de part en part par un canal qui sert à conduire le poison; ces Serpents sont connus sous le nom de *Solénoglyphes*. Il en est d'autres, d'autant plus dangereux qu'ils ressemblent souvent extérieurement à d'inoffensives couleuvres et que l'on connaît sous le nom de *Protérogly-phes*; chez eux, la dent venimeuse est simplement sillonnée à sa face antérieure et c'est dans cette rainure que glisse le poison.

Les Protéroglyphes présentent une disposition intermédiaire entre ce que nous voyons

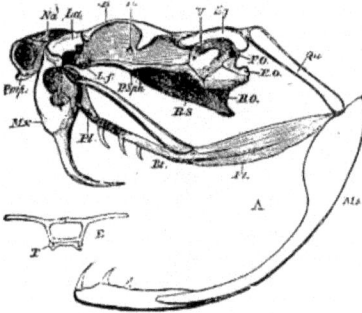

Fig. 248. — Crâne de Crotale (*).

chez les Solénoglyphes et les Aglyphodontes ou Serpents non venimeux. Bien que plus court que chez les derniers, le maxillaire supérieur est encore assez allongé. Chez les Bungares, par exemple, il porte en avant la dent venimeuse, puis, après un espace vide, 4 ou 5 dents simples; l'appareil ptérygo-palatin est formé de chaque côté de 17 à 18 dents. Nous voyons la même disposition chez les Serpents de mer.

Il est certains Ophidiens qui ont à la partie

(*) *Mr*, maxillaire inférieur; *Mx*, maxillaire supérieur; *Pmp*, prémaxillaire; *Na*, nasal; *La*, lacrymal; *Lf*, fossette lacrymale; *B*, sus-orbitaire; *PSph*, présphénoïde; *BS*, basisphénoïde; *Bo*, basioccipital; *EO*, exoccipital; *Sq*, squamosal; *Fo*, fenêtre ovale; *II*, ouverture pour le passage du nerf optique; *V*, ouverture pour le passage du nerf de la cinquième paire; *Pl*, palatin; *Pt*, ptérygoïdien; *Bt*, portion du ptérygoïdien qui est antérieure à l'articulation pale cet os avec le transverse et qui porte des dents; *Qu*, os carré.

postérieure de la bouche, derrière les dents simples, une ou plusieurs dents venimeuses. Ces Ophidiens sont dits *Opisthoglyphes* (fig. 249).

Les *glandes salivaires* sont bien développées

Fig. 249. — Mâchoire supérieure de la Couleuvre de Montpellier.

chez les Serpents. Meckel a trouvé, en effet, chez eux cinq paires de glandes, savoir les glandes linguales, les glandes lacrymales, les glandes sous-maxillaires et sus-maxillaires, enfin, chez quelques-uns, les glandes à venin. Les autres glandes, dont la sécrétion est abondante, servent à engluer la proie d'un mucus très épais qui favorise singulièrement la déglutition.

Le *pharynx* ou arrière-gorge des Serpents est à peine distinct de la bouche, de telle sorte que l'*œsophage* est la continuation de la bouche; les parois de ce conduit, susceptible de se dilater énormément au moment de la déglutition, sont, dans l'état de vacuité, fortement plissées, surtout dans le sens de la longueur. Cet œsophage se confond lui-même avec l'*estomac*, sorte de prolongement en forme de sac; par suite de la forme du corps, tous les organes s'étirent chez le Serpent et semblent avoir été passés à la filière. L'*intestin* est court, comme chez tous les animaux qui se nourrissent de proies vivantes; il n'existe pas de cœcum, de telle sorte que la distinction n'est pas facile à établir entre l'intestin grêle et le gros intestin. L'intestin, élargi à son extrémité, s'ouvre dans le cloaque dans lequel viennent également déboucher les conduits excréteurs des organes urinaires et des appareils destinés à assurer la perpétuité de l'espèce. Nous rappellerons que la fente du cloaque est transversale, comme chez les Sauriens.

Le *pancréas* se présente sous forme d'une glande allongée de couleur jaune rougeâtre, liée à la rate et placée au point où l'estomac: présente une sorte de rétrécissement.

Le *foie* est allongé, le plus souvent formé d'un seul lobe ; il longe l'œsophage et s'étend depuis le cœur jusqu'au pylore. La vésicule du fiel est séparée du foie et son canal est généralement long.

Glandes à venin. — La glande à venin se trouve placée sous l'œil, au-dessus du maxillaire supérieur, si réduit, nous l'avons vu, chez les Solénoglyphes (voir fig. 248). Cette glande est grosse, de forme allongée ; elle a une texture feuilletée et une cavité interne bien apparente ; tous les petits lobules dont elle est formée versent le produit de leur sécrétion dans des canalicules qui se déversent à leur tour dans un conduit excréteur commun qui longe la face externe du maxillaire supérieur et va s'ouvrir en avant et au-dessus de la dent à venin, dans la gaine membraneuse qui enveloppe celle-ci, de manière à ce que le produit de la sécrétion s'écoule dans le canal de cette dent. Un muscle puissant entoure la glande et concourt avec le masséter à la comprimer. Chez quelques Serpents venimeux, la glande est si développée qu'elle se prolonge jusque sur les premières côtes. Chez les Protéroglyphes, dont la dent est simplement sillonnée, la glande est plus molle, à tissu plus lâche ; elle n'est pas entourée d'une épaisse couche musculaire servant à la comprimer. Les espèces qui ont la dent venimeuse placée à la partie postérieure de la bouche ont une glande peu développée.

Le venin est fluide, généralement transparent et analogue à de la salive, d'autres fois visqueux comme du mucus et d'une teinte légèrement jaunâtre ou verdâtre ; il se dessèche rapidement et dans cet état peut conserver pendant fort longtemps ses propriétés pernicieuses. Sa composition chimique et histologique le fait beaucoup ressembler à la salive ; on y a cependant trouvé une matière albuminoïde particulière à laquelle a été donné le nom de *vipérine* et d'*échidnine* ; Mitchell, qui a beaucoup étudié le venin du Serpent à sonnettes, a isolé une matière non coagulable à la température de 212 degrés Fahrenheit qu'il a nommée *crotaline*.

Lorsque le venin est introduit dans le sang, son action est des plus rapides et, lorsque l'on voit un animal mordu par un Serpent tel que le Crotale, le Fer de lance, la Vipère du Gabon, on est réellement épouvanté de la promptitude avec laquelle agit ce venin ; pour certains animaux, cette action est vraiment foudroyante.

On a fait beaucoup d'expériences sur l'action du venin des Serpents ; nous pouvons citer les expériences restées classiques de Charras, de Rédi, de Fontana. Fontana a reconnu qu'un milligramme de venin de Vipère commune, introduit sous la peau d'un moineau, suffit à le tuer, mais qu'il fallait six fois davantage pour faire périr un pigeon ; d'après son calcul, 15 centigrammes de venin seraient nécessaires pour tuer un homme. Parmi les recherches faites plus récemment, il convient de citer celles de Weir Mitchell sur le Serpent à sonnettes.

D'après Duméril et Bibron, Pihorel a eu l'occasion d'observer les effets de la morsure du Crotale en Europe. « Un Anglais arrive à Rouen le 8 février 1827 ; il rapportait de Londres une ménagerie d'animaux vivants parmi lesquels se trouvaient trois Serpents à sonnettes ; il faisait très froid. Ces Reptiles étaient engourdis ; il reconnut que l'un était mort ; mais en voulant réchauffer les autres, il fut piqué à la main par l'un d'eux. Les accidents se développèrent avec une excessive rapidité. Une douleur vive et déchirante se fit sentir dans le lieu même de la blessure qui devint le siège d'un gonflement inflammatoire si intense, qu'on y reconnut la tendance à la gangrène, puisqu'il s'y éleva des phlyctènes et des taches livides. Le blessé éprouva des nausées, de la faiblesse, des vertiges, des syncopes répétées, la plus grande gêne de la respiration, des éblouissements, des troubles intellectuels, puis survinrent des vomissements jaunes, bilieux, des convulsions, des crampes, puis la mort. »

Préhension des aliments. — Les Serpents s'emparent de leur proie d'une manière très différente, suivant qu'ils sont ou non venimeux.

Les Solénoglyphes, dès qu'ils aperçoivent une proie ou un ennemi, redressent la tête, ouvrent la gueule de manière à abaisser la mâchoire inférieure ; la mâchoire supérieure se relève alors, de telle sorte que les crochets sont merveilleusement disposés pour frapper. Avec la promptitude d'un ressort qui se détend, le reptile se lance en avant et frappe sa victime. La blessure faite, le Serpent se retire en arrière, replie sa tête et reste tout prêt à frapper de nouveau. L'animal blessé tombe sur le sol, tellement rapide est l'action du venin, et

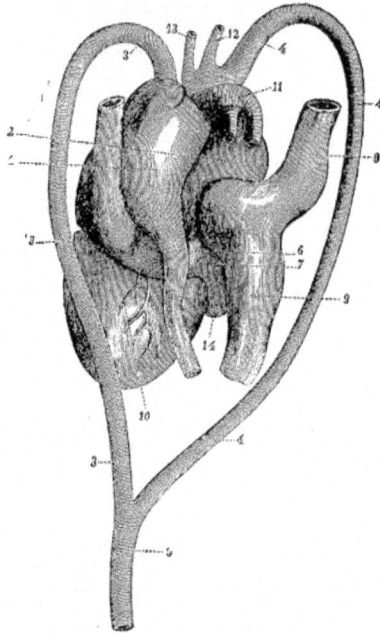

Fig. 250. — Cœur et gros troncs vasculaires du Python (*).

meurt après un temps généralement très court ; il est, en tout cas, immédiatement frappé de paralysie, de telle sorte qu'il ne peut fuir ; la proie morte, le Serpent s'en empare et la déglutit. Certaines espèces venimeuses, après avoir frappé leur victime, ne la lâchent pas, mais la conservent, au contraire, entre leurs dents jusqu'à ce qu'elle soit morte ; ils l'avalent seulement alors.

Beaucoup de Serpents non venimeux, tels que la Couleuvre à collier, par exemple, avalent leur proie absolument vivante ; par

quelque partie, qu'à l'aide de leurs dents recourbées, ils aient saisi une Grenouille ou un Crapaud, le Batracien est dégluti. D'autres, tels que le Boa, le Python, étouffent préalablement leur victime entre les puissants anneaux que leur corps peut former et n'avalent l'animal que lorsqu'il est mort. Les Opisthoglyphes saisissent toujours la proie vivante à l'aide des crochets qui arment la partie antérieure de leur mâchoire, mais la proie arrivée au niveau des crochets postérieurs est empoisonnée, ou tout au moins assez engourdie pour cesser de faire des mouvements ; à ce moment de la déglutition on peut la considérer comme une proie morte.

Presque toujours les Serpents saisissent une proie au premier abord tout à fait hors de proportion avec le volume de leur corps ; grâce à l'extensibilité énorme de leur bouche et de leur œsophage, ils peuvent engloutir des animaux dont la grosseur excède de plusieurs fois leur propre diamètre.

(*) 1, oreillette gauche ; 2, oreillette droite ; 3, 3, 3, aorte gauche se continuant en arrière jusqu'à son point de réunion avec l'aorte droite ; 4, 4, 4, et formant avec elle un tronc commun ; 5, 6, veine pulmonaire s'ouvrant dans l'oreille gauche ; 7, veine jugulaire gauche s'ouvrant dans l'oreille droite, et logée dans une gouttière de l'oreillette gauche ; 8, veine jugulaire droite ; 9, veine cave postérieure ; 10, face supérieure du ventricule ; 11, artère pulmonaire ; 12, artère carotide commune droite ; 13, idem gauche ; 14, portion de l'oreillette droite (d'après Jacquart, *Annales des Sciences naturelles*, 4º série, t. IV, 1855).

BREHM. — V.

Aussitôt que l'animal a été saisi, une des branches de la mâchoire inférieure, la gauche par exemple, avance en avant et prend prise sur la proie ; le reptile avance alors la branche droite de cette même mâchoire, puis alternativement les deux branches de sa mâchoire supérieure, de telle sorte que ce n'est réellement pas la proie qui entre dans la gueule du Serpent, mais le reptile qui marche sur sa proie. Ce premier temps de la déglutition est le plus long et le plus pénible ; il est accompagné d'une abondante sécrétion de salive ; les dents, toutes dirigées en arrière, permettent à la proie d'aller vers l'estomac, mais s'opposent absolument à ce qu'elle se dirige en avant. Lorsque la tête de la victime, s'il s'agit d'un mammifère, commence à s'engager dans l'œsophage, alors arrive le second temps de la déglutition. Les fibres circulaires et longitudinales si puissantes que contient cet œsophage entrent en action et, prenant un point d'appui sur la proie, la font entrer de plus en plus, absolument comme un ruban de fil que l'on fronce et que l'on défronce au moyen d'une coulisse. La proie chemine alors rapidement et arrive dans l'estomac.

Pendant la déglutition d'une grosse proie, la tête paraît distordue d'une façon informe et les os des mâchoires semblent être disloqués ; sitôt cependant que l'animal est avalé, les os reprennent rapidement leur position première.

Les Serpents venimeux ne font pas usage, pendant la déglutition, de leurs dents venimeuses ; ils les couchent en arrière, au contraire, aussi loin que possible.

La déglutition est lente et pénible ; il faut de trente à quarante minutes à un Python pour déglutir un Lapin de moyenne grosseur. L'action des sucs gastriques et intestinaux est si active que tout est digéré et que le reptile ne rend comme excréments qu'un feutrage composé des plumes, du bec, des poils, des ongles, des dents et de quelques fragments d'os durs, tels que le rocher. Peu de temps après son repas, le Serpent tombe généralement dans un état de torpeur, dans une sorte de prostration.

Beaucoup de naturalistes ont affirmé que les Serpents ne boivent jamais ; cette assertion est tout à fait inexacte. Tous les Serpents que l'on peut observer dans les ménageries plongent la tête dans l'eau et boivent par de véritables mouvements de déglutition.

Nourriture. — Tous les Serpents sont essentiellement carnassiers et se nourrissent exclusivement d'animaux ; ce sont des mammifères, des oiseaux, d'autres reptiles, des batraciens, des poissons qu'ils saisissent vivants ou qu'ils tuent immédiatement en les étouffant entre les replis de leur corps, ou parfois en les empoisonnant à l'aide de leurs dents venimeuses.

Certaines espèces se contentent probablement de vers de terre et peut-être d'insectes.

L'on peut affirmer que chaque espèce de Serpents s'attaque de préférence à une espèce déterminée d'animal. « Toutes les couleuvres aquatiques, écrit Effeldt, d'après le résumé de ses longues observations, que ce soient la Couleuvre à collier, la Couleuvre d'eau, la Couleuvre vipérine et américaine, ne mangent que des poissons et des grenouilles, et parmi les grenouilles exclusivement la Grenouille rousse ; mais elles reculent d'effroi quand on leur donne la Grenouille d'eau verte et bien qu'elles y portent la dent, elles la laissent aussitôt échapper même quand elles sont très affamées. La Couleuvre lisse ne mange que des lézards gris ; la Couleuvre jaune et verte ainsi que la Lacertine ne mangent que des lézards verts ; la Couleuvre d'Esculape, la Couleuvre à quatre raies, la Couleuvre à fer à cheval, les Couleuvres rayées et algériennes ne prennent que des animaux à sang chaud, comme les souris et les oiseaux ; la Couleuvre-léopard ne dévore que des souris. Celles-ci sont poursuivies par tous les Serpents venimeux que j'ai observés, comme les Vipères peliade, ammodyte, ceraste, les serpents aspis ; la Vipère aquatique, qui fait des poissons sa nourriture habituelle, fait exception ; elle mange aussi des grenouilles et même des Serpents, sans en excepter les venimeux, et ne dédaigne pas les animaux à sang chaud, comme les souris et les oiseaux. » Il est extrêmement probable qu'on arriverait aux mêmes résultats si l'on étudiait les Ophidiens exotiques avec autant de soin qu'on a pu le faire pour les Ophidiens européens. Pline savait déjà que quelques Serpents mangent des œufs d'oiseaux et nous le raconte en ces termes : « Les Serpents se gorgent d'œufs, et en cela on doit réellement admirer leur adresse ; ils les dévorent soit en les avalant tout entiers et les brisant une fois dans le ventre par les inflexions de leur corps, soit en enlaçant de leur corps l'œuf s'il n'est pas trop jeune ni trop petit et en le comprimant peu à peu avec tant de force qu'ils le coupent comme avec un couteau et, tandis qu'ils tiennent ce qu'il en reste, ils en boivent tout le contenu. Dans le premier cas, ils vomissent les coquilles tout comme ils régurgitent avec effort les plumes des oiseaux qu'ils avalent en entier. »

Abstraction faite de la section des œufs et du rejet des coquilles, toutes les données du naturaliste ont été confirmées par les observations modernes. Ces dernières établissent d'une manière indubitable que les Serpents dérobent réellement des œufs, qu'ils les emportent, les avalent, les écrasent dans l'intérieur du corps et les digèrent.

Fascination. — La croyance au merveilleux et au surnaturel a été le point de départ d'une opinion étrange qui est encore généralement acceptée aujourd'hui. Tous les voyageurs ont parlé, en effet, de la *fascination* que les Serpents exercent sur leurs malheureuses victimes qui viendraient se jeter d'elles-mêmes dans la gueule du reptile. « On voit constamment, écrivent Duméril et Bibron, la plupart des animaux de toutes les classes, parmi les vertébrés, être saisis tout à coup de crainte, de tremblement, de spasmes, de convulsions, de syncopes ou de faiblesses à la seule vue d'un serpent et surtout par celle d'une espèce venimeuse. La plupart, s'ils ne peuvent s'enfuir rapidement, éprouvent subitement une terreur panique qui paralyse leurs organes et qui semble suspendre et annuler même chez eux toutes les facultés de la vie de relation.

« Tantôt ils restent immobiles et tellement troublés, impassibles et impotents qu'ils se laissent saisir, envelopper et briser sans opposer la moindre résistance. On a vu des écureuils et des oiseaux très vifs et généralement fort alertes dans leurs mouvements, après s'être vivement agités et avoir jeté quelques cris de désespoir, perdre leur équilibre, se laisser choir de branche en branche et venir tomber au pied des arbres, près du Serpent qui les attendait immobile. Celui-ci les tient aussitôt, pour ainsi dire, en arrêt; il les saisit comme s'ils s'étaient présentés d'eux-mêmes au-devant de la bouche béante qui, en se fermant, les accroche entre ses dents aiguës pour commencer de suite à les avaler. Les rats, les musaraignes, les grenouilles, arrêtés brusquement sur leur passage par la rencontre fortuite du reptile, sont à l'instant même agités de mouvements involontaires; ils sautillent, ils se troublent, ils n'ont plus l'escient de rétro-

grader, de s'esquiver par la fuite; ils restent stupéfiés, comme anéantis dans toutes leurs facultés intellectuelles et physiques, et presque au même instant, ils sont engloutis (1). »

Nous ne savons si la fascination existe chez les Serpents en liberté; ce que nous pouvons assurer, c'est que nous ne l'avons jamais vue chez les nombreux Serpents que nous avons été à même d'observer à la ménagerie des reptiles du Muséum de Paris. Un lapin que l'on met dans la cage d'un Boa ou d'un Python n'éprouve aucune frayeur et ne semble nullement se douter du triste sort qui l'attend; il y a mieux, si le Serpent n'a pas faim il évite généralement la proie qui lui est offerte et va se rouler dans quelque coin; on voit très souvent alors le lapin grimper sur le reptile et de ce poste élevé explorer tous les environs et faire sa toilette. Nous avons vu une fois un chevreau mis en présence d'un Python molure de très forte taille; chaque fois que le Reptile s'approchait par trop du chevreau et le flairait à l'aide de sa langue, celui-ci donnait un coup de tête, et le Serpent s'empressait de se retirer, pour revenir bientôt après; au bout d'un certain temps de ce manège, le Python alla se réfugier sous sa couverture, de telle sorte que la victoire resta en réalité au chevreau à qui il fut fait grâce de la vie, à cause de sa courageuse conduite.

Lorsque l'on donne comme nourriture à des Vipères des mulots ou des campagnols en bonne santé, il arrive trop fréquemment que ces rongeurs, loin d'être fascinés, tuent les Serpents. Le fait est si connu dans les ménageries qu'on évite de donner aux Serpents des rats qui ne seraient pas étourdis, car ils pourraient infliger de cuisantes blessures à leur ennemi.

Pour ce qui est des oiseaux dont les couvées sont souvent attaquées par des Serpents d'arbres, ils ne sont pas le moins du monde fascinés. Les oiseaux de faible taille ont généralement recours à la ruse pour détourner l'attention des Reptiles; ils poussent des cris plaintifs, s'approchent du Serpent comme s'ils voulaient se faire prendre, voltigent et sautillent sur le sol comme si leurs pattes et leurs ailes étaient paralysées, se laissent tomber de la branche sur laquelle ils reposaient, puis à un moment donné, lorsque le Serpent n'est plus à craindre pour la couvée, donnent

(1) Duméril et Bibron, *Erpétologie générale*, t. VI.

un vigoureux coup d'aile et se sauvent; le courageux oiseau n'est que trop souvent victime de son dévouement, car, si l'oiseau est ingénieux et téméraire, le reptile est habile.

La rapidité extrême avec laquelle le Serpent se précipite sur sa proie est telle que celle-ci semble venir se précipiter d'elle-même au-devant de sa perte.

Circulation et respiration. — Le cœur, chez les Serpents, est bien reptilien; il est placé très en avant et enfermé dans un péricarde résistant et fibreux. L'oreillette droite est la plus développée; le ventricule a une forme conique (fig. 250).

L'absence de membres entraîne des modifications dans la disposition des vaisseaux qui partent du cœur. On voit deux grosses artères qui sortent du ventricule presque par un seul tronc et qui, après avoir embrassé la trachée artère dans un anneau, fournissent les deux arotides; le tronc de l'aorte descend le long de l'échine jusqu'à l'extrémité de la queue.

Il n'existe pas de véritable pharynx chez les Serpents, la *glotte* se trouvant située un peu en dessus et en arrière du fourreau dans lequel se retire la langue. Au moment de la déglutition des aliments, et pour permettre à la respiration de continuer, malgré la compression énorme que subissent les organes, la glotte se porte en avant, et vient faire saillie en dehors.

La *trachée*, souvent très longue, est entourée d'anneaux cartilagineux résistants.

Le poumon gauche est, en général, tout à fait rudimentaire, ou peut même disparaître presque complètement, tandis que le poumon droit, d'autant plus développé, s'étend dans presque toute l'étendue de la cavité abdominale; sa forme est très allongée, comme tous les autres organes, du reste. Chez certains Ophidiens, tels que les Pythons, les Boas, les deux poumons ont sensiblement le même développement.

Le poumon est un sac membraneux, à parois fibreuses, dont l'intérieur est divisé en cellules formant des compartiments saillants dans l'intérieur desquels rampent les vaisseaux artériels et veineux, qui y constituent un assez riche réseau cellulaire. Parfois, comme chez les Serpents de mer principalement, la partie antérieure du poumon, seule, est respiratoire; la partie postérieure ne sert plus que de sac devant conserver une provision d'air.

Les Serpents n'ont pas de voix; ils peuvent tous faire entendre des sifflements plus ou moins prolongés et plus ou moins forts. D'après une relation de Livingstone, un Serpent qui vit en Afrique interrompt si souvent son sifflement, que ce dernier ressemble au chevrotement d'une chèvre. On entend souvent un bruit comparable à celui qui résulterait du passage rapide et continu de l'air dans un tuyau sec et étroit; ce soufflement est dû à l'air sortant avec plus ou moins de rapidité de l'intérieur du poumon et frottant contre les parois de la trachée et de la glotte.

Ponte. — La plupart des Serpents pondent des œufs; quelques-uns, tels que la Vipère, sont ovovivipares, c'est-à-dire que les petits éclosent dans l'intérieur de la mère. Les œufs, comme ceux des Lézards, sont revêtus d'une coque parcheminée et n'ont jamais la consistance des œufs de Tortues et de Crocodiles.

On a observé, à la ménagerie des reptiles du Muséum de Paris, que le Python molure, espèce qui peut arriver à une forte taille, couve ses œufs et qu'à ce moment sa température s'élève de beaucoup au-dessus de celle du milieu ambiant. L'animal dispose ses œufs en une sorte de masse conique autour de laquelle il s'enroule, la tête occupant le centre. « Ces œufs et leur mère, disent Duméril et Bibron, d'après les observations de Valenciennes, étaient entretenus à une température assez élevée, variable entre 25 à 30° centigrades, à laquelle ils restèrent exposés à peu près l'espace de 60 jours, pendant lesquels la mère ne prit aucune nourriture, quoiqu'on lui en eût offert. Sur 14 de ces œufs, qui étaient presque tous égaux en poids et en grosseur, 8 seulement donnèrent issue, le 3 juillet (la ponte avait eu lieu le 5 mai), à de petits Serpents dont la longueur totale était pour chacun d'un demi-mètre environ, mais 16 jours après, quelques-uns, sans avoir pris de nourriture, avaient atteint la taille de 0m,80. On examina le contenu des 7 autres œufs, et l'on trouva dans leur coque des embryons bien formés, et dont le développement, plus ou moins avancé, démontrait qu'ils avaient dû périr à des époques diverses. »

En 1862, un Python de Séba a pondu au jardin de la Société zoologique de Londres; la durée de l'incubation a été de 82 jours; la femelle avait 12 degrés Fahrenheit de plus que le mâle à la surface du corps, et 20 degrés entre les replis. Forbes a observé le même fait, en 1881, sur un Python molure.

Monstruosités. — Les œufs de Serpents renferment parfois deux germes sous une même coque; les embryons, dans la suite du développement, venant à se souder, présentent alors des anomalies, et l'on a des animaux à deux têtes; les animaux à deux queues sont plus rares. Des monstruosités semblables ont été observées de tout temps; Pline et Aristote en rapportent plusieurs cas.

Habitat. — L'habitat des Serpents est des plus variés. Les uns, tels que les Eryx, les Cérastes, s'enfoncent dans les sables les plus brûlants des déserts; d'autres, tels que les Boas, les Pythons, s'enroulent autour des grands arbres à proximité de quelque source; les Serpents d'arbres ne quittent jamais les branches desquelles ils se laissent pendre comme une liane flexible: c'est au pied des broussailles, au milieu des touffes d'herbes desséchées que se tapissent les grandes Vipères, les Trigonocéphales aux brillantes couleurs; c'est parmi les grandes herbes que se tiennent la plupart des Couleuvres; c'est dans l'eau que vivent l'Achrocorde et certaines Couleuvres.

Les Serpents recherchent, en général, les endroits situés loin des habitations, bien qu'ils ne redoutent nullement le voisinage de l'homme. Il arrive trop souvent que, dans les pays chauds, ils s'introduisent dans les maisons, ainsi que le rapportent tous les voyageurs qui ont habité les pays équatoriaux. « Ce qui inquiète le plus l'étranger à Dinka, écrit Schweinfurth, c'est le bruit de chaîne que font entendre les Serpents qui se promènent sur le chaume des habitations. » Aux Indes, les Serpents venimeux s'introduisent si fréquemment dans les cases des Indiens, qu'il ne meurt pas moins de vingt mille personnes chaque année par le fait des Serpents. De nos jours, les choses ne se passent pas autrement qu'il y a des siècles, et les paroles de Néarque, conservées par Strabon, sont exactes aujourd'hui encore; il arrive trop fréquemment que des Serpents gagnent des îles à la nage, et s'introduisant dans les huttes, forcent les habitants à s'enfuir.

La plupart des Couleuvres sont diurnes; par contre, presque tous les Serpents venimeux sont essentiellement nocturnes. Les premiers, à la tombée de la nuit, se retirent dans leurs retraites et ne se montrent qu'assez longtemps après le coucher du soleil; les autres n'ont réellement toute leur activité qu'au crépuscule. Tous ceux qui ont été dans le désert savent combien la lueur des feux attire les Cérastes et les autres Vipères, et quelles précautions il faut prendre contre ces dangereux reptiles. Les grands Serpents, tels que les Boas, les Pythons, semblent être plutôt des animaux crépusculaires que nocturnes; dans les ménageries, ils sont toujours cachés sous leur couverture pendant le jour, tandis qu'ils s'agitent dans leur cage à la tombée de la nuit.

Hivernation. — Dans les pays où pendant une partie de l'année la température s'abaisse, les Serpents sont obligés de se garantir contre les influences fâcheuses du froid et d'hiverner; toutes les espèces qui habitent la partie septentrionale de la zone tempérée se retirent, au commencement de la mauvaise saison, dans de profondes retraites et y restent dans un état de complet engourdissement. Quelques Serpents se réunissent pour passer l'hiver; c'est ce que l'on a observé pour les Serpents à sonnette qu'on trouve enroulés par paquets; quelque chose d'analogue a lieu pour les Vipères de nos pays.

Utilité, nocivité. — Le rôle des Serpents est si faible, qu'on peut affirmer que, s'ils disparaissaient, « l'équilibre de la nature » ne serait nullement troublé. Quelques espèces, telles que certaines Couleuvres, les Vipères de nos pays, rendent des services en détruisant les rongeurs malfaisants, tels que mulots et campagnols. Le terrible Fer-de-lance de la Martinique détruit en quantité les rats qui, sans lui, dévoreraient les plantations des cannes à sucre, de telle sorte qu'un auteur du siècle dernier les appelait plaisamment la maréchaussée de ses domaines. Au Brésil, on souffre volontiers des Serpents dans les habitations; ils font une chasse active aux rongeurs qui sont le fléau de ce pays.

Les usages des Serpents sont à peu près nuls. Certaines peuplades mangent avec plaisir la chair de ces animaux, et le Serpent à sonnette, entre autres, passe pour très savoureux. Dans ces dernières années, on a revêtu avec de la peau de grands Serpents des coffrets, des étuis à cigarettes, des porte-cartes et d'autres menus objets; on obtient ainsi de petits meubles d'un aspect agréable.

Ce sont les Romains qui nous ont légué la thériaque qui a été si largement employée dans la pharmacopée du moyen âge. Antonius Murax, le médecin de l'empereur Auguste, employait déjà la chair des Vipères comme médicament. Le médecin ordinaire de l'empereur Néron, Andromaque, découvrit la thériaque en Crète. Pendant longtemps des milliers de Vipères furent employées pour la préparation de ce remède qui devait surtout sa vertu à l'opium qu'il renfermait. Rome et Venise furent renommées pour la préparation du célèbre médicament. La thériaque était employée pour purifier le sang, pour guérir la gale, les dartres, la lèpre, le goitre, les scrofules et comme antidote dans les empoisonnements. Outre la thériaque, on prescrivait la chair de l'animal bouillie ou rôtie, des gelées, des sirops, de la poudre du cœur et du foie, des parties de l'animal macérées dans l'eau-de-vie, contre les fièvres, les pustules, l'épilepsie, l'apoplexie, la paralysie, la carie des dents. La graisse passait pour souveraine contre les foulures et les contusions; les vieilles coquettes s'en frottaient le visage pour « effacer des ans l'irréparable outrage ». De nos jours il est très rare de trouver des préparations de Vipère même dans quelque coin obscur d'une pharmacie; ce remède est allé rejoindre dans un juste oubli les préparations dans lesquelles entraient des cloportes, des vers de terre pilés, de la mousse recueillie sur le crâne d'un pendu et tant d'autres médicaments aussi inactifs que dégoûtants.

Si quelques Serpents ne sont pas nuisibles, il en est d'autres, au contraire, qui sont extrêmement dangereux. Il meurt chaque année aux Indes anglaises plus de personnes par la morsure des Serpents venimeux que par la dent du Tigre; aussi est-ce avec raison que l'on a mis à prix la tête de ces animaux.

Ennemis des Serpents. — Pour la consolation de tous ceux qui redoutent les Serpents, les ennemis de ces reptiles sont nombreux. Dans nos pays, les Serpents sont poursuivis par les Chats, les Renards, les Martres, les Putois, les Belettes, les Hérissons, les Porcs. Dans les contrées méridionales, les Civettes, les Aigles, les Hases, les Corbeaux, les Pies, les Cigognes et beaucoup d'oiseaux de marais leur livrent une chasse acharnée; le Secrétaire, l'Autour noble, l'Autour chanteur, le Gerfaut, le Moine (*Sarcorhamphus papa*), beaucoup d'Échassiers détruisent également les Serpents; la plupart de ces oiseaux doivent être protégés avec d'autant plus de soin qu'ils remplissent en partie le rôle des Serpents, en faisant la chasse aux petits rongeurs.

Captivité. — Dès la plus haute antiquité, on a gardé des Serpents en captivité. Nous savons par Ælien que les jongleurs égyptiens se servaient de Najas comme le font les jongleurs de nos jours. Les femmes de Rome, nous apprend Martial, avaient l'habitude de placer des couleuvres autour de leurs bras ou sur leur poitrine pour se procurer des sensations de froid. L'empereur Tibère, écrit Suétone, possédait un Serpent qu'il avait habitué à venir prendre sa nourriture dans la main. L'empereur Héliogabale, d'après Ælius Lampridius, fit plusieurs fois réunir de grandes quantités de Serpents et les fit jeter au milieu de la foule assemblée pour les jeux du cirque, de manière à se repaître du cruel spectacle d'individus terrifiés par la peur. Si nous en croyons les anciens, les princes de l'Inde possédaient des Serpents à peu près complètement apprivoisés.

La plupart des Serpents s'habituent facilement à la captivité et peuvent vivre en cage pendant des années, à la condition de leur donner une chaleur convenable; un Serpent surpris par le froid en pleine mue ou en pleine digestion est, en effet, en captivité, presque toujours un serpent mort. Il est généralement plus difficile de conserver pendant un certain temps les animaux de nos pays que les espèces exotiques; cela se comprend parfaitement, nos espèces indigènes ayant l'habitude d'hiverner, au moment même où l'on chauffe le plus pour donner de la chaleur aux animaux des pays tropicaux. Les Najas, les Sepedons, ne vivent généralement pas en captivité; ces Serpents, très irritables, se jettent continuellement contre les parois de leur cage, aussitôt qu'ils aperçoivent quelqu'un et finissent par se blesser mortellement; ils sont, du reste, le plus souvent envoyés privés de leurs crochets venimeux, ce qui est pour eux une cause de mort plus ou moins prochaine.

On peut, en général, mettre ensemble un certain nombre d'animaux de même espèce ou d'espèces voisines; tous ces animaux font alors bon ménage et vivent en parfaite intelligence. Si ce sont des Boas ou des Pythons, ils s'enroulent ensemble sur une même branche d'arbre ou se réfugient frileusement sous une même couverture; les Couleuvres se mettent en masse et s'entortillent en un paquet inextricable; certains Serpents venimeux, tels que les Crotales, font de même. Certaines espèces, au contraire, vivent en état d'hostilité perpétuelle; il faut aussi s'abstenir de mettre ensemble des Serpents venimeux et d'inoffensives couleuvres, de même que des espèces de taille très différente, car le plus faible est presque fatalement avalé. En général, lorsqu'un Serpent est seul depuis longtemps dans une cage, il supporte mal l'introduction d'un nouveau venu. Les Serpents venimeux mordent fréquemment les Serpents d'espèce différente qu'on place avec eux et les tuent presque toujours.

Des Serpents captifs en arrivent parfois et peu à peu à être assez familiers pour pouvoir être pris et maniés sans chercher à mordre ; ils viennent chercher leur nourriture à la main ou à l'extrémité d'une pince. D'autres animaux, au contraire, ne s'apprivoisent jamais ou du moins très rarement. Tels sont surtout le Python molure et le Python réticulé ; on a remarqué que, dans certaines espèces, tel est le Boa constrictor, les individus qui ont une certaine livrée sont toujours plus doux que d'autres ; quant aux venimeux, ils restent constamment farouches et, lorsque l'homme s'approche de leur cage, se mettent toujours sur l'offensive.

Préjugés, superstitions. — De tout temps et chez tous les peuples, les Serpents ont joué un rôle important dans la légende et dans les croyances religieuses. Dès l'antiquité la plus reculée, ces animaux ont été adorés; pour les uns, ils étaient le symbole de la prudence et de la sagesse, pour les autres, de la perfidie et de la séduction. D'après les remarquables recherches de James Fergusson, le culte de l'arbre et du Serpent est la plus ancienne forme de religion connue et on le retrouve chez les peuples les plus barbares.

« Le plus ancien vestige écrit du culte de l'arbre et du Serpent se trouve aux chapitres II et III de la Genèse. Les lumières que nous possédons actuellement nous permettent de supposer que la malédiction prononcée par Dieu contre le Serpent ne s'adresse pas seulement au reptile, mais qu'elle exprime l'horreur d'une race sémitique pour une superstition dégradante. Il était nécessaire de l'anathématiser et de la détruire pour faire place au culte plus pur et plus élevé de Jéhovah que les législateurs du Pentateuque voulaient introduire. Ils semblent avoir réussi en ce qui concerne les Juifs ; ce culte fut aboli chez eux ; cependant, quand ils se retrouvaient en contact avec les Chananéens, l'ancienne superstition reparaît. Ainsi, quand le Seigneur apparut à Moïse au milieu d'un buisson en flammes, il est dit que la baguette du prophète fut changée en Serpent. Un exemple plus remarquable encore est celui de ce Serpent d'airain élevé par Moïse dans le désert pour guérir les Israélites des morsures dont ils souffraient. Bien que nous le perdions de vue pour un temps, il semble encore certain que les Juifs brûlèrent l'encens et firent des offrandes au Serpent jusqu'à l'époque d'Ezéchias, et qu'il fut, pendant cet espace de temps, conservé dans le temple avec les autres symboles du culte. Il réapparut, après le Christ, dans la secte des Ophites, et, autant que nous pouvons nous en rapporter aux monnaies, il prévalut dans la plupart des villes de l'Asie Mineure.

« En Grèce, nous trouvons une histoire et une mythologie absolument analogues à celles de l'Inde. Une ancienne race touranienne de Pélasges, vouée au culte héréditaire de l'arbre et du Serpent, s'efface devant l'invasion d'une race aryenne, symbolisée par le retour des Héraclides. Tous les mythes concordent à établir la prédominance du culte de l'arbre et du Serpent, ainsi que les efforts de la race aryenne pour le détruire. Cependant, quand les Hellènes eurent obtenu la suprématie politique, ils se montrèrent plus tolérants.

« L'oracle de la pythonisse, à Delphes, fut considéré, avec l'oracle druidique de Dodone, comme le principal sanctuaire du pays. Le vieux temple de l'Acropole d'Athènes fut construit pour abriter l'arbre de Minerve confié à la garde du Serpent Érechthonios. Mais un fait remarquable encore fut le culte d'Esculape sous la forme d'un Serpent dans les bosquets d'Epidaure, culte qui prévalut jusqu'après l'ère chrétienne. Le Serpent est aussi souvent associé aux héros et aux demi-dieux qu'aux grandes divinités, comme on le voit par les légendes de Cécrops, de Jason, de Thésée, d'Hercule, d'Agamemnon et les récits homériques (1). »

Le culte du Serpent existait également en Italie, à Lanuvium ; il passa ensuite à Rome. « Les dieux, dit Valérius Maximus, ont souvent donné à la ville de Rome des preuves éclatantes de leur faveur toute spéciale. Une épidémie désolait la ville depuis trois ans, lorsque les prêtres interrogèrent les livres sacrés des sibylles et virent que l'épidémie ne cesserait que si l'on amenait d'Épidaure le Serpent con-

(1) J. Fergusson, *Le culte de l'arbre et des serpents* (*Revue des cours littéraires*; 28 août 1869 ; traduction H. Le Foyer).

sacré a Esculape. Les Épidauriens reçurent l'ambassade romaine avec de grands égards et la conduisirent dans le temple d'Esculape. Le dieu lui-même révéla par des signes sensibles sa faveur divine. On avait parfois vu dans Épidaure un Serpent de grande taille dont l'apparition était l'annonce d'une grâce toute particulière. Pendant le séjour des Romains à Épidaure, le Serpent sacré se montra de nouveau ; il parcourut la ville pendant trois jours, puis se dirigea vers la galère romaine, entra dans la chambre de l'ambassadeur Ogulnius et s'y enroula. Les envoyés comprirent qu'ils étaient en possession du dieu ; ils rendirent grâce à Esculape et firent voile sur l'Italie. Après une traversée heureuse, le navire arriva à Antium. Alors le serpent qui, pendant tout le voyage, était resté dans la chambre de l'ambassadeur, sortit du vaisseau et se rendit sur le portique du temple d'Esculape où se trouvait un palmier élevé, autour duquel il s'enroula. Il y resta trois jours pendant lesquels on lui donna sa nourriture accoutumée. Les ambassadeurs craignaient que le Serpent ne voulût plus retourner avec le vaisseau ; mais il quitta l'arbre et l'on put aborder à l'embouchure du Tibre. A ce moment, le Serpent se dirigea vers une île sur laquelle on construisit un temple. Rome fut alors délivrée du fléau qui la dévastait. »

Le Serpent est figuré sur les monuments égyptiens les plus anciens ; on le voit souvent associé au Scarabée sacré et aux fleurs de lotus, symboles de l'immortalité (fig. 251).

Les sculptures des monuments bouddhiques prouvent que le culte du Naja aux sept têtes ou du dieu Serpent était, dans l'Inde et dans l'Indo-Chine, tout aussi florissant que celui de Bouddha lui-même ; le culte de l'arbre était également très répandu. Les recherches de Fergusson nous ont appris qu'avant les prédications de Gautama-Bouddah, ou Sakya-Muni, qui mourut en l'an 543 avant notre ère, le culte de l'arbre et du Serpent était le culte dominant des tribus aborigènes de l'Inde ; que le premier de ces cultes fut toléré, le second aboli par Bouddha, mais que, plus tard, les deux cultes redevinrent prospères.

Chez les peuples du nord de l'Europe, les Finlandais et les autres tribus touraniennes conservèrent pendant très longtemps le culte de l'arbre et du Serpent. Il est certain que ce culte a également été en honneur chez les tribus primitives qui, lors de leurs émigrations

dans le nord de l'Afrique, ont élevé des dolmens ; ceux-ci affectent fréquemment la forme de Serpents gigantesques ; il en est de même pour les tertres qui ont été trouvés dans le nouveau monde.

Le mystérieux continent africain est aujourd'hui le centre du culte du Serpent. Ce culte est surtout florissant dans le royaume de Dahomey, où il s'accompagne de sacrifices humains.

D'après Kraff, les Gallas considèrent le Serpent comme l'ancêtre du genre humain et l'ont en haute vénération. Heuglin abattit un jour un grand Serpent au voisinage d'une ferme appartenant à des nègres de Dinka ; ceux-ci furent indignés et se plaignirent de ce que la mort de l'animal qui, depuis si longtemps, vivait en paix avec eux, leur porterait malheur. Les Serpents, ainsi que l'a constaté Schweinfurth, sont les seuls animaux auxquels les nègres de Dinka et de Schilluk, sur le fleuve Blanc, rendent une sorte d'hommage divin. Dans les régions du lac Nianza, d'après Livingstone, on regarde comme un crime de tuer un Serpent, même si celui-ci commet des ravages ; les marchands arabes qui traversent ces contrées racontèrent à Livingstone que, dans les îles du Grand Lac, se trouvaient des Serpents ayant le don de la parole.

Sans aller aussi loin que le centre de l'Afrique, on trouve dans certaines parties de l'Europe mainte croyance superstitieuse se rapportant aux Serpents. « En Sardaigne, raconte Cetti, on rapporte des choses merveilleuses sur les Serpents, qui passaient autrefois pour devins et qui pouvaient prédire l'avenir. Je veux bien croire que les personnes instruites rapportent de telles fables uniquement par plaisanterie, mais beaucoup de paysans voient dans le Serpent un objet de vénération et de respect. Lorsqu'il entre un Serpent dans la cabane d'un pasteur, ce fait est généralement considéré comme un présage de bonheur, aussi se garde-t-on bien de faire mal au reptile. Dans ce pays, toutes les femmes qui ont découvert la retraite d'un Serpent dans le voisinage de leur habitation vont lui porter leur nourriture. Je connais une femme, ajoute Cetti, qui s'est acquittée de ce soin pendant près de deux ans. » Les paysans de la Russie, de la Thuringe et du sud de l'Allemagne, ne pensent pas autrement que les Sardes ; tout Serpent qui entre dans une demeure est un présage de bonheur et de prospérité.

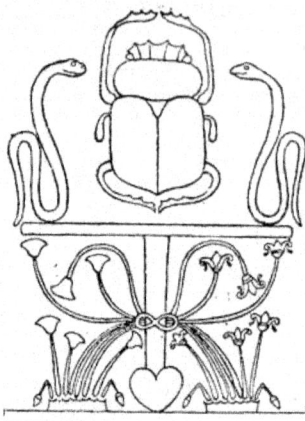

Fig. 251. — Peinture du temple de Denderah représentant des Serpents, le Scarabée sacré, des fleurs de Lotus (d'après Mariette).

Serpents fossiles. — On croyait, il y a encore quelques années, qu'il n'existait pas de Serpents plus anciens que les terrains tertiaires ; E. Sauvage a montré que le groupe des Ophidiens vivait dans la partie moyenne des temps crétacés par un genre *Simoliophis* qui, tout en présentant des caractères qui lui sont particuliers, se rapprochait cependant des Typhlopiens. Fischer, Owen, et surtout T. de Rochebrune, ont beaucoup augmenté nos connaissances relatives aux Serpents fossiles ; ce dernier naturaliste a prouvé qu'il existait en France, pendant l'époque tertiaire, des Ophidiens appartenant à des groupes très divers ; à cette époque vivaient des Typhlopiens, des Pythons, des Rouleaux, des Couleuvres, des Najas, des Vipères.

Distribution géographique. — On trouve des Serpents dans toutes les parties du monde ; mais ces animaux sont soumis à la loi générale de distribution des Reptiles, de telle sorte qu'ils diminuent rapidement en nombre et en espèces à mesure que la latitude devient plus élevée ; à latitude égale, du reste, les diverses parties du monde ne possèdent pas un nombre égal d'Ophidiens.

Si nous divisons nos continents, d'après les données zoologiques récentes, en régions septentrionales de l'ancien monde, en régions éthiopienne, indienne, australienne, septen-

trionale et méridionale du nouveau monde, nous verrons, d'après le Dr A. Gunther, que les Ophidiens se distribuent à peu près de la manière suivante :

Dans la région septentrionale de l'ancien monde, qui comprend l'Europe, le nord de l'Afrique jusqu'à l'Atlas, l'Asie Mineure, la Perse, l'Asie septentrionale et centrale jusqu'à l'Himalaya, la Chine jusqu'au Yant-tze-Kiang, la plus grande partie du Japon, les îles Aléoutiennes, on ne trouve qu'un petit nombre relatif de Serpents. Les Couleuvres l'emportent de beaucoup et sont quatre fois plus nombreuses que les Vipères, vingt fois plus abondantes que les grands Serpents, les Ptéropodes, par exemple. On ne trouve plus d'Ophidiens au-delà du 67e degré de latitude nord.

Dans la région éthiopienne, qui renferme l'Afrique au sud de l'Atlas, Madagascar, la Réunion, Maurice, et probablement le sud de l'Arabie jusqu'au golfe Persique, l'influence des terres équatoriales devient considérable. On y rencontre des espèces de taille gigantesque, des animaux brillamment colorés, et d'autres ternes et de couleur de sable ; les espèces arboricoles sont mélangées aux espèces essentiellement attachées au sol. Madagascar possède tant d'animaux qui lui sont propres, qu'on pourrait regarder cette grande île comme une sous-région indépendante. Les Couleuvres l'emportent encore; les Pythons prédominent, et en nombre et en espèces; les Vipères atteignent le maximum de leur développement, ainsi que les Serpents d'arbres venimeux. Les Ophidiens propres à la région sont les Échis et les Psammophidées.

La région indienne, qui comprend, outre l'Asie orientale, le sud de la Chine, les îles de la Sonde, les Philippines, ainsi que les petites îles voisines, est des plus riches en Ophidiens. « Le nombre des Serpents qui habitent l'Inde est infini, » écrivait Ælien. On rencontre dans cette région vingt fois plus de Serpents que dans les régions nord de l'Asie; on trouve six Serpents non venimeux sur un Serpent dangereux. La famille des Achrocordiens est caractéristique. L'île de Ceylan est à l'Asie orientale ce que Madagascar est à l'Afrique proprement dite; dans cette île se trouvent, en effet, plus d'Ophidiens spéciaux que dans toute autre île de l'Asie orientale.

A la région australienne se rattachent, outre le continent de la Nouvelle-Hollande et la Tasmanie, la Nouvelle-Guinée et les îles environnantes, les Fidji, la Nouvelle-Calédonie et les innombrables îles qui parsèment le vaste océan Pacifique. Cette région est la véritable patrie des Serpents de mer; en Australie abondent les Élapidées, qui sont des Protéroglyphes; les Vipères sont représentées par l'Acanthophis, les Pythoniens par deux genres spéciaux aux îles qui avoisinent la Nouvelle-Guinée, le Chondropython et l'Érebophis.

La région nord de l'Amérique se caractérise par l'abondance des Crotalidés, Serpents venimeux qui remplacent les Vipéridées absentes; on trouve également beaucoup de Couleuvres et de Calamariens.

Ainsi qu'on devait s'y attendre, eu égard aux conditions toutes particulières de chaleur et d'humidité qui s'y rencontrent, la région sud du nouveau monde, qui comprend le sud du Mexique, l'Amérique centrale et méridionale, les Galapagos, les Indes occidentales, est fort riche en Ophidiens de toutes sortes. Les Élaps et les Bothrops remplacent, au moins dans la partie la plus chaude de la région, les Crotaliens qui prédominaient dans la partie tempérée de la région nord du nouveau continent; les Scytaliens, quelques Typhlopiens et quelques grands Serpents, tels que les Boas, sont en nombre.

Nous pouvons ajouter que sur 635 espèces de Serpents que comptait Günther en 1858, il y en a 40 vivant dans la région septentrionale de l'ancien monde, 80 dans la région éthiopienne, 240 dans la région indienne, 50 dans la région australienne, 75 dans la région septentrionale de l'ancien monde, et 150 dans la partie méridionale du même continent.

D'après les travaux publiés par Jan (1), en 1863, le nombre des espèces d'Ophidiens serait de près de 800 espèces, sur lesquelles 648 non venimeuses; les espèces venimeuses seraient de 152, parmi lesquelles 39 Serpents de mer, 64 Élapiens et Najas, 2 Dendraspidiens, 17 Vipériens, 34 Crotaliens. On peut porter le nombre des Ophidiens connus actuellement à près de 1000.

Classification. — En présence d'un nombre aussi considérable d'espèces, on conçoit que les zoologistes aient tenté de grouper les Ophidiens en un certain nombre de familles distinctes. Eu égard à l'uniformité de formes que présentent ces Reptiles, une classification rationnelle est des plus difficiles.

Cuvier divisait les Ophidiens en faux Serpents, tels que l'Orvet, le Pseudope, l'Ophisaure, qui, nous l'avons vu, sont des Sauriens dégradés, et en vrais Serpents. Ceux-ci sont subdivisés en doubles marcheurs, tels que les Typhlops et les Rouleaux, en Boas, en Couleuvres, en Serpents venimeux, tels que le Crotale, les Vipères, les Élaps, les Najas, les Serpents de mer; les Cécilies qui, nous le dirons plus loin, sont des Batraciens anormaux, sont placés avec les Ophidiens sous le nom de Serpents nus.

La classification de Duméril et Bibron, classification des plus remarquables, malgré quelques imperfections, est basée presque exclusivement sur la connaissance de la dentition. Les illustres auteurs de l'*Erpétologie générale*, ouvrage de longue haleine publié de 1834 à 1854, divisent les Serpents en quatre grandes sections. Les *Scolécophides* (2) ou *Serpents vermiformes non venimeux* n'ont de dents qu'à l'une ou à l'autre mâchoire et jamais ces dents ne sont ni sillonnées, ni canaliculées. Chez les *Azémiophides* (3) ou *Serpents non venimeux sécuriformes* (4), les dents existent aux

---

(1) Jan et Sordelli, *Iconographie des Ophidiens.* Paris, 1860-1883, in-fol. avec 300 pl. — *Elenco sistematico degli Ofidi descritti e designati per l'Iconografia generale.* Milano, 1863.

(2) De σκώληξ, ver, lombric, et ὄφις, serpent.

(3) De ἀζήμιος, innocent, qui ne fait pas de mal.

(4) De securis, hache.

deux mâchoires, aucune de ces dents n'étant venimeuse. Les *Aphobérophides* (1) ou *Fidentiformes*, désignés encore sous le nom d'*Opisthoglyphes*, ont les mâchoires supérieures garnies, en avant, de crochets lisses ou sans sillons, mais ont, en arrière, une ou plusieurs rangées de dents plus longues et cannelées. Viennent ensuite les Serpents venimeux, et d'abord les *Apistophides* (2) ou *Fallaciformes*, qui, quoique par l'aspect extérieur ressemblant à d'inoffensives Couleuvres, n'en sont pas moins dangereux; chez eux les crochets antérieurs sont cannelés et non perforés dans leur base. Les *Thanatophides* (3) ou *Solénoglyphes* ne portent que des dents venimeuses aux os sus-maxillaires, et ces dents sont sillonnées et perforées par un canal dans la longueur de leur base.

Si l'on supprime le groupe des Opisthoglyphes et qu'on en place les espèces à côté des Serpents non venimeux desquels ils ne peuvent réellement pas être séparés, la classification de Duméril et Bibron doit encore être suivie, au moins dans ses traits généraux.

En 1827, Schlegel faisait paraître son *Essai sur la physionomie des Serpents* (4). Ainsi que l'indique le titre même de l'ouvrage, ces Reptiles sont essentiellement classés d'après leur aspect extérieur. C'est ainsi que le naturaliste hollandais divise les Serpents en *Rouleaux*, en *Serpents lombrics*, en *Calamariens*, en *Serpents terrestres* (Coronelles, Couleuvres, Psammophis, etc.), en Serpents d'arbres (Dipsas, Dendrophis), en Serpents d'eau douce (Tropidonote, Stomalopsis, etc.), en Boas (Boas proprement dits, Pythons, Acrochordes). Les Serpents venimeux sont subdivisés en *Colubriformes* (Elaps, Najas, Bungares), en Serpents de mer (Hydrophis), en Venimeux proprement dits (Trigonocéphale, Crotale, Vipère).

La classification proposée par Jan est une fusion des classifications de Duméril et Bibron et de celle de Schlegel; elle tient compte à la fois des caractères anatomiques et de l'aspect extérieur de l'animal, de son *facies*. La classification proposée par Cope est exclusivement basée sur les considérations tirées des os du crâne et de la face.

Sans discuter ici toutes les classifications proposées dans ces derniers temps, ce qui nous entraînerait beaucoup trop en dehors de notre sujet, nous dirons qu'à l'exemple de Clauss, nous admettrons quatre sous-ordres dans les Ophidiens. Les *Opotérodontes*, les *Protéroglyphes*, les *Solénoglyphes*, répondent exactement aux groupes portant le même nom tels qu'ils ont été établis par Duméril et Bibron; les *Colubriformes* comprennent à la fois les *Azémiophides* et les *Aphobérophides* ou *Opisthoglyphes* de ces auteurs; ces Colubriformes comprennent un certain nombre de familles.

LES OPOTÉRODONTES OU SCOLÉCOPHIDES — *OPOTERODONTA*

Caractères généraux. — Les Scolécophides, qui relient les Sauriens aux Ophidiens, sont des Serpents toujours de faible taille, à la bouche étroite, non dilatable; ils manquent de sillon gulaire et n'ont de dents qu'à l'une ou à l'autre des mâchoires; le palais est dépourvu de dents. Les os inter-maxillaires, les nasaux, les vomers et les frontaux antérieurs sont solidement unis entre eux; les os palatins sont étendus en travers et, au lieu d'être longitudinalement placés, ainsi qu'on le voit chez les autres Serpents; les ptérygoïdiens externes font défaut. Les yeux sont très petits, le plus souvent cachés sous des lamelles cornées, d'où le nom de *Typhlops* qui avait été donné par Schneider à ces animaux (1).

Le corps est protégé par de petites écailles

Fig. 252. — Tête de Typhlops.

lisses, unies; la tête est revêtue d'écailles imbriquées ayant une forme et une disposition différentes, suivant les espèces (fig. 252). La queue est toujours très courte.

Mœurs et distribution géographique. — Les

(1) De ἀφοβερός, qui ne doit pas être craint, dont on ne doit pas se méfier.
(2) De ἄπιστος, fatal, suspect.
(3) De θάνατος, perfide, mortel.
(4) Schlegel, *Essai sur la physionomie des serpents*. Amsterdam, 1837, 3 vol. in-8, avec 1 atlas de 5 tableaux et 21 pl. in-fol.

(1) De τυφλώψ, aveugle.

Scolécophides se trouvent surtout dans les parties les plus chaudes du globe et sont plus particulièrement abondants en Australie et aux Indes orientales; ils manquent complètement dans l'Amérique du Nord et ne sont représentés que par une seule espèce dans le sud de l'Europe.

Les Opotérodontes vivent dans des galeries qu'ils se creusent, ou sous les pierres; ils se nourrissent d'insectes et ne sortent qu'accidentellement pendant le jour; leurs mouvements sont assez vifs; lorsqu'on cherche à les saisir, ils se défendent en appuyant la pointe cornée dont leur queue est revêtue contre la main qui les tient.

Classification. — On a divisé les Opotérodontes en deux familles. Chez les *Catodontes* ou *Catodontiens*, la mâchoire inférieure seule est pourvue de dents; les palatins et les ptérygoïdiens sont soudés; les deux genres Catodonte et Sténostome rentrent dans cette famille dont les représentants se trouvent principalement dans l'Amérique du Sud.

Les *Typhlopiens* ou *Epanodontiens* n'ont de dents qu'à la mâchoire supérieure, qui est courte; le préfrontal manque; la tête peut être revêtue d'écailles semblables à celles du corps ou de plaques distinctes; les narines sont tantôt latérales, tantôt inférieures; l'extrémité du museau peut être arrondie ou tranchante.

LES TYPHLOPS — *TYPHLOPS*

Caractères. — Les Typhlops se reconnaissent à leur tête déprimée, garnie de plaques, à leur museau arrondi, à la position des narines, qui sont latérales; les yeux sont généralement bien distincts. D'après la forme et la disposition des plaques de la tête, le genre Typhlops a été récemment divisé en un certain nombre de groupes distincts.

LE TYPHLOPS VERMICULAIRE. — *TYPHLOPS VERMICULARIS.*

Caractères. — Cette espèce, souvent désignée par les auteurs anciens sous le nom de *Lombric*, se reconnaît à sa queue conique, obtuse, très courte, plus large que la tête, armée d'un petit aiguillon légèrement recourbé en dessous. La portion antérieure du museau est fortement convexe; la portion supérieure de la plaque rostrale est ovalaire; les yeux sont bien distincts au travers des écailles qui les recouvrent; le nombre des écailles du tronc varie entre vingt et une et vingt-trois; les écailles de la queue forment une douzaine de séries transversales. La coloration est d'un jaune brun plus ou moins vif, sombre vers la partie supérieure du corps, claire vers le ventre. Cette espèce, une des plus grêles parmi les Typhlopiens, peut arriver à la taille de 0m,30.

Distribution géographique. — Le Typhlops vermiculaire a d'abord été découvert dans l'île de Chypre; on l'a retrouvé depuis en Grèce et dans plusieurs îles de l'Archipel, en Syrie, dans l'Arabie Pétrée, en Géorgie et sur les bords de la Caspienne.

Sous le nom d'Amphisbène les anciens désignaient non le Saurien que nous connaissons aujourd'hui sous ce nom, mais le Serpent vermiforme, qui est certainement le Typhlops vermiculaire.

« Ce Serpent, écrit Gessner, est inconnu dans les pays d'Allemagne, mais a été trouvé en Grèce, principalement dans l'île de Lemnos, ce qui fait que, chez les autres nations, il a conservé le nom grec qu'il tire de son genre de locomotion.

« La plupart des anciens écrivains avaient attribué deux têtes à cet animal : l'une à l'avant, l'autre à l'arrière, à la place de la queue, de telle sorte que le reptile pourrait glisser tantôt en avant, tantôt en arrière; mais l'érudit Mathiole contredit et combat cette assertion, qu'il regarde comme tout à fait erronée. Les anciens auteurs ont cependant accepté cette manière de voir, car l'Amphisbène a partout même grosseur, comme le ver de terre. Hésichius et Œtius rapportent que ce Serpent paraît également épais tout le long du corps, de telle sorte qu'il rampe dans les deux sens; il est petit et ne dépasse guère la taille d'un ver de terre; ses deux yeux sont très brillants; sa coloration est noirâtre, parsemée de taches et de points nombreux, mais cette couleur tire plutôt sur le noir que sur le brun.

« L'Amphisbène reste exposé au froid plus que tous les autres Serpents; aussi peut-on admettre qu'il est, de sa nature, plus chaud que les autres. Comme une erreur donne toujours naissance à une autre erreur qui en découle, on a admis que les petits viennent au monde par la bouche.

« Par son contact, l'Amphisbène fait périr la vigne. La peau de ce Serpent, d'après les anciens, enroulée sur une petite baguette d'olivier sauvage, peut ramener la chaleur dans les parties gelées et ranime la circulation ; l'Amphisbène mort a les mêmes propriétés que sa peau. Dioscoride et quelques autres auteurs pensent que cet animal est venimeux et qu'il faut employer contre sa morsure une médication spéciale. »

Œtius rapporte que « la morsure de l'Amphisbène ne peut être comparée qu'à la piqûre des Moustiques et qu'elle ne peut occasionner la mort du blessé, mais seulement de l'engourdissement et de l'inflammation du membre. »

Il n'est point nécessaire de faire remarquer que la bouche des Typhlops est si petite qu'il est absolument impossible ces animaux de mordre.

LES COLUBRIFORMES

Caractères généraux. — Sous le nom de *Colubriformes*, nous comprendrons non seulement les *Azémiophides* ou *Serpents non venimeux sécuriformes*, de Duméril et Bibron, mais encore les *Aphobérophides* ou *Serpents fidentiformes* des mêmes auteurs. Les Serpents opisthoglyphes sont, en effet, si voisins des Aglyphodontes, dépourvus de dents à venin, qu'il est absolument impossible de les en séparer et que certains genres doivent être placés dans une seule et même famille ; tel est le cas, par exemple, pour les Calamaires et les Homalocranes.

Les Colubriformes n'ont jamais les dents antérieures sillonnées ; ce sont les Serpents non venimeux pour l'homme. Ils ont été divisés en un assez grand nombre de familles dont nous allons indiquer tout au moins les principales.

LES UROPELTISSIENS — *UROPELTIDÆ*

Schildschwänze.

Caractères généraux. — Duméril et Biberon ont désigné sous ce nom des Serpents qui manquent de dents au palais ; cette particularité les sépare nettement des Rouleaux qui, nous le verrons, ont à peu près la même forme. Le corps est court, arrondi, cylindrique, tout d'une venue, un peu plus épais cependant vers la queue ; la tête est confondue en arrière avec le tronc ; le museau dépasse la mâchoire inférieure ; la queue est très courte, un peu renflée, le plus souvent tronquée et protégée à son extrémité par une sorte de bouclier recouvert soit d'épines, ainsi qu'on le voit chez les Uropeltis et les Rhinophis, soit couverte de grandes écailles bi ou tricarénées, comme chez les Colobures et les Plectrures. Les membres postérieurs font absolument défaut. Les plaques qui recouvrent le ventre sont à peine distinctes des autres écailles du tronc.

Mœurs et distribution géographique. — Les espèces que comprend cette famille habitent l'Inde, Ceylan et les Philippines ; elles vivent essentiellement sous terre.

LES UROPELTIS — *UROPELTIS*

Rauhschweissschlange.

Caractères. — La seule espèce qui rentre dans le genre Uropeltis, l'Uropeltis des Philippines, est un Serpent de 0m,30 de long, au dos

Fig. 253. — Queue d'Uropeltis.

de couleur roussâtre avec des parties blanchâtres, au ventre blanchâtre orné de roussâtre. Le dessus de la tête est aplati ; le corps est revêtu de 19 séries d'écailles. La queue, comme tronquée, plate, est terminée par une écaille toute hérissée d'épines (fig. 253).

Mœurs, habitudes, légendes. — L'Uropeltis

qui, comme son nom l'indique, habite les Philippines, est un animal fouisseur, qui vit à un mètre et plus au-dessous de la surface du sol ; il se nourrit d'insectes, de vers. Les femelles portent les œufs assez longtemps pour que les petits viennent au monde vivants.

L'Uropeltis a donné lieu, parmi les indigènes de Ceylan, à une légende singulière : ils soutiennent que ce Reptile et le Serpent ou *Cobra di Capello* sont un seul et même animal ; à chaque mue, ce dernier perdrait une partie de sa queue, de telle sorte qu'il ne lui en resterait plus qu'un moignon.

LES ROULEAUX — *TORTRICIDÆ*

Caractères généraux. — Les Tortricides ou Rouleaux sont des Serpents généralement de faible taille, au corps cylindrique, tout d'une venue, à la tête petite, à peine distincte du tronc, à la queue courte et conique ; il existe un bassin rudimentaire soutenant des éperons cornés qui se voient près de l'anus ; ces appendices manquent cependant chez les Xenopeltis ; le corps est revêtu d'écailles lisses.

Les dents sont coniques, pointues, un peu comprimées, comme tranchantes à leur face postérieure ; ces dents garnissent aussi bien les deux mâchoires que les os palatins et une partie des ptérygoïdiens internes.

Le crâne présente quelques particularités qu'il importe de signaler. C'est ainsi que les frontaux proprement dits sont petits, horizontalement situés, que les frontaux postérieurs font défaut, que les ptérygoïdiens sont très longs ; les branches de la mâchoire supérieure, au lieu d'être, comme chez les autres Serpents, suspendues aux pièces antérieures du crâne par des ligaments permettant une grande mobilité, sont disposées de telle sorte qu'elles ne jouissent que de très faibles mouvements latéraux.

Mœurs, habitudes, régime. — « Les Tortricides, écrivent Duméril et Bibron, n'habitent, même momentanément, ni sur les arbres, ni dans l'eau ; ils passent toute leur vie à terre, dans les lieux où celle-ci est riche en plantes herbacées. Très lents, ou du moins fort peu agiles, ils ne s'éloignent jamais beaucoup de dessous des vieux troncs d'arbres, du milieu des touffes d'herbes ou bien des petites cavités souterraines qui leur servent habituellement de retraites. Ne pouvant que faiblement dilater leur bouche, vu le peu de mobilité de leur mâchoire supérieure et l'extrême brièveté de leurs mastoïdiens, ainsi que de leurs os intra-articulaires, ils sont nécessairement tenus de ne faire leur proie que d'animaux d'une grosseur proportionnée à l'étroitesse de leur cavité buccale ; aussi semblent-ils plus particulièrement se nourrir de Typhlops, de Céciliens et d'autres petits Reptiles apodes plus ou moins effilés. » Ce sont, en un mot, surtout des Serpents fouisseurs.

Distribution géographique. — La famille des Tortriciens ne comprend que trois genres. Les Tortrix se trouvent à la Guyane et dans le nord du Brésil ; les Cylindrophis et les Xénopeltis vivent dans l'Indo-Chine et dans les îles de la Sonde.

LES TORTRIX — *TORTRIX*

Roller.

Caractères. — Les Tortrix ou Rouleaux ont les os intermaxillaires armés de deux dents, une petite et une de moyenne grandeur, à chacune de leurs extrémités. Les yeux, peu développés, sont recouverts par une plaque transparente ; la narine est percée dans une seule plaque qui présente une petite fente.

LE ROULEAU SCYTALE. — *TORTRIX SCYTALE.*

Korallenrollschlange.

Caractères. — Le Scytale, la seule espèce qui rentre dans le genre Tortrix, est un Serpent de près d'un mètre de long, dont la coloration est des plus agréables. Le corps est, en effet, d'un noir luisant annelé de rouge vif, d'où le nom de *Rouleau à rubans* qui lui a été donné par Cuvier ; le museau et l'extrémité de la queue sont rouges, réticulés de noir. Ajoutons que les plaques fronto-nasales sont excessivement développées, que le museau est tout à fait arrondi en avant, que les écailles du tronc forment vingt et une rangées longitudinales (fig. 254).

Mœurs et distribution géographique. — Cette espèce, fort commune aux Guyanes, aurait été trouvée dans la province de Buenos-

Fig. 254. — Le Rouleau scytale (2/5e grand. nat.).

Ayres. Tout ce que nous savons de ses mœurs, c'est qu'elle fait ses petits vivants, qu'elle se nourrit principalement de Batraciens vermiformes, tels que des Cécilies, qu'elle est lente dans ses mouvements et ne s'écarte guère de son habitation qui se trouve entre les racines des vieux arbres.

LES CYLINDROPHIS — *CYLINDRO-PHIS*

Walzenschlangen.

Caractères. — Chez les Cylindrophis, les os inter-maxillaires sont privés de dents; de plus, les yeux sont tout à fait à découvert.

L'espèce la plus commune, le Cylindrophis roussâtre (*Cylindrophis rufa*), a la queue conique, non tronquée, plus courte que la tête : le museau est large. Le corps est d'un beau bleu d'acier ou d'un vert de bronze légèrement doré, relevé de bandes irrégulières d'un blanc pur; la tête et la queue sont rouges, l'extrémité étant d'un noir profond; une tache blanche se voit au devant de l'œil. La longueur arrive à 0m,50 (fig. 255).

Mœurs et distribution géographique. — Tous les Cylindrophis sont de l'Indo-Chine et des îles de la Sonde. Tout ce que nous savons de ces animaux, c'est qu'ils se nourrissent de vers, d'insectes, de petits mammifères, et qu'ils vivent sous terre.

LES PÉROPODES — *PEROPODÆ*

Caractères généraux. — « Cette famille, quoique comprenant des animaux de dimensions très différentes, est pourtant considérée comme l'une des plus naturelles de l'ordre. Les espèces, en effet, se rattachent les unes aux autres par les traits généraux de leur physionomie et par un certain nombre de caractères communs, qui sont les suivants : tête ditincte du tronc, plus large et plus haute en arrière qu'en avant; museau obtus, quelquefois déprimé et presque toujours coupé obliquement; narines latérales; lèvres épaisses, garnies de plaques nombreuses, marquées assez souvent de fossettes; yeux de grandeur médiocre, à pupille verticale; pli gulaire bordé par une ou par plusieurs scutelles un peu plus grandes que celles qui les avoisinent; tronc gros au milieu, arrondi chez les uns, comprimé chez les autres, et revêtu de petites écailles; squammules abdominales relativement étroites; queue plus ou moins courte et souvent préhensile; des vestiges de membres postérieurs sous forme d'ergots, bien visibles chez les adultes, mais cachés pendant le jeune âge.

« Les pièces osseuses qui entrent dans la composition de la tête sont généralement robustes; les os mastoïdiens et intra-articulaires sont bien développés, et la mobilité de ces derniers explique la grande extension que peut prendre l'ouverture de la bouche pour donner passage à des proies relativement très volumineuses par rapport à la grandeur de la tête; les dents, en forme de crochet, sont fortes, subconiques, plus longues en avant qu'en arrière; elles sont implantées sur les deux mâchoires, les palatins, les ptérygoïdiens externes, et quelquefois sur l'intermaxillaire. Les vertèbres, plus ou moins fortes, présentent dans leur forme des différences assez notables, selon les genres.

« Les caractères généraux que nous venons de passer en revue permettent de diviser, ainsi que l'a fait Jan, les Pythoniens en trois groupes ou sous-familles, sous le nom de *Erycides, Bœcides* et *Pythonides.*

« Les *Erycides*, dont le genre typique appartient à l'ancien monde, vivent toujours à terre ou enterrés dans le sable et sont reconnaissables aux traits suivants : le museau, plus ou moins aplati, présente chez quelques-uns la forme d'une sorte de boutoir taillé en biseau. Le corps est arrondi. La queue est courte, quelquefois tronquée et ne paraît pas être enroulable. Tous sont de médiocres dimensions et tous portent une livrée peu brillante.

« Les *Bœcides* et les *Pythonides* sont, au premier aspect, assez difficiles à distinguer entre eux, à cause de la ressemblance que présentent leurs formes élancées. La tête est bien distincte du tronc. Celui-ci, assez long et souvent comprimé, est terminé par une queue préhensile. Quelques-uns parviennent à de grandes dimensions et sont doués d'une grande force musculaire. La plupart présentent dans leur *facies* des traits rappelant à des degrés plus ou moins prononcés la physionomie de certaines races canines. Tous portent une belle livrée avec des teintes richement colorées, qui prennent, sous l'influence de la lumière, de magnifiques reflets métalliques. Enfin ces Ophidiens habitent le voisinage des eaux. Ils se tiennent dans les broussailles ou

bien sur les arbres, sur lesquels ils grimpent en s'entortillant autour du tronc. A l'aide de leur queue préhensile, ils se suspendent aux branches pour s'élancer de là, dit-on, sur leur proie.

« Deux caractères ostéologiques permettent de distinguer les animaux appartenant à l'une ou à l'autre de ces sous-familles. Chez les *Bœcides*, la voûte supérieure de l'orbite est formée par l'os frontal principal, et l'os intermaxillaire est dépourvu de dents; tandis que chez les *Pythonides*, le contour supérieur de l'orbite est formé par la présence d'un os supplémentaire, désigné par Cuvier sous le nom de surorbitaire, et l'os intermaxillaire est armé de quelques dents. Un caractère extérieur permet encore de les distinguer; chez les *Bœcides*, la queue est garnie d'une seule rangée d'urostèges, tandis que ces squames sont doubles chez les Pythonides (1). »

Le caractère tiré de la présence d'une ou de deux rangées d'écailles sous la queue n'a plus de valeur depuis les découvertes faites dans ces dernières années. C'est ainsi qu'à côté des Boas, qui ont les urostèges simples, il faut placer les Chondropythons, chez lesquels ces plaques sont en double série.

Mœurs, habitudes, régime. — A l'exception des Érycidées, que nous laisserons provisoirement de côté, les Pythoniens sont les plus grands et les plus redoutables, par leur force, de tous les Serpents; il suffit de citer l'Eunecte marin, qui peut atteindre une taille réellement gigantesque.

Les Péropodes ou Pythoniens habitent les contrées les plus chaudes et se tiennent de préférence dans les grandes forêts traversées de larges cours d'eau. Plusieurs espèces sont même vraiment aquatiques et ne quittent jamais, ou presque jamais, le bord des rivières; d'autres, au contraire, semblent rechercher de préférence les endroits plus desséchés. Généralement peu actifs pendant le jour, ces animaux chassent principalement à la tombée de la nuit; c'est dans l'obscurité qu'ils ont toute leur audace, comme l'indiquent, du reste, la direction et la forme de leur pupille. Quelques-uns recherchent les retraites les plus sombres et les plus inaccessibles des forêts vierges et demeurent de longues heures pelotonnés, enroulés sur eux-mêmes à la bifurcation de quelque maîtresse branche, immobiles et en

(1) F. Bocourt, *Recherches sur les Reptiles du Mexique et de l'Amérique centrale*, p. 508.

Fig. 255. — Le Cylindrophis roussâtre (1/4 grand. nat.).

apparence indifférents à tout ce qui les entoure ; d'autres, semblables à de gigantesques lianes, se tiennent suspendus par la queue à quelque arbre situé dans le voisinage d'une source, tout prêts à étouffer dans leurs robustes replis les imprudents animaux qui viennent se désaltérer. Il en est, surtout parmi les espèces africaines, qui ne craignent pas d'affronter un soleil de feu et qui s'enroulent paresseusement sur quelque roche, sur quelque corniche couverte d'une maigre végétation. L'animal n'est pas aussi indifférent qu'il paraît l'être, car, s'il est poussé par la faim, il se précipite sur sa victime avec la rapidité de l'éclair ; les nœuds formés par le serpent se déroulent alors soudainement, le Reptile saisit sa proie à l'aide de ses dents puissantes et, l'enroulant soudain, l'étouffe pour la déglutir ensuite.

Dans les pages qui vont suivre, l'artiste a eu l'excellente idée de représenter les grands Serpents dans la position exacte qu'ils prennent. Sitôt qu'un de ces animaux a aperçu une proie qui s'approche étourdiment de lui, il élève la tête au-dessus du cône surbaissé qu'il formait jusqu'à ce moment lorsque, enroulé sur lui-même, il se livrait au repos ; la langue est fréquemment dardée et l'œil s'anime. C'est le moment que l'artiste a choisi pour représenter le Boa constrictor (fig. 257). En attendant que la proie se trouve à sa portée, le Serpent se déroule lentement et replie son

BREHM. — V.

cou et la partie antérieure de son corps, de manière à ce que la détente soit plus grande, ainsi qu'on le voit sur la planche qui représente l'Eunecte marin (Pl. XII). Lorsqu'il est arrivé à bonne portée, car la malheureuse victime, ne se doutant pas du sort qui l'attend, cherche rarement à fuir, — lorsqu'il est arrivé à bonne portée, le Serpent se précipite soudain, saisit le pauvre animal, ainsi qu'on le voit pour le Xiphosome (fig. 258), et l'enroule de manière à l'étouffer. La victime est alors perdue, tant l'attaque a été subite, tant la constriction exercée est puissante. Une seconde s'est à peine écoulée entre le moment où le Serpent s'est déroulé et celui où il entoure sa proie. Celle-ci est enlacée de telle sorte que l'asphyxie commence de suite ; c'est à peine si l'on a entendu un cri de douleur, et déjà les yeux s'injectent, ils sortent de leurs orbites, les ailes du nez s'agitent convulsivement, la langue pend hors de la bouche ; des mouvements convulsifs ont lieu dans les pattes de derrière ; l'animal est mort (voir fig. 259 représentant le Molure).

Tous ceux qui ont observé de grands Serpents, soit en liberté, soit en captivité, ont pu se convaincre de ce fait que le Reptile n'abandonne jamais sa proie qu'elle ne soit morte ; aussi la serre-t-il dans ses plis puissants plus ou moins longtemps. Les Mammifères et les Oiseaux résistent toujours beaucoup moins à l'asphyxie que les Reptiles, dont la vitalité est généralement si grande; le Serpent semble le savoir, aussi s'enroule-t-il beaucoup plus longtemps autour des derniers que des premiers.

Hutton rapporte qu'il sacrifia un jour un fort et vigoureux Varan à un Python qu'il tenait en captivité. Le Saurien n'eut rien de plus pressé que de sauter sur le dos de son ennemi. Bien que désagréablement impressionné par les griffes si aiguës du Varan, le Serpent demeura tranquille. Quelque temps après, le Varan quitta la place qu'il avait choisie et s'enfuit dans un coin de la cage. Le Serpent dénoua lentement alors ses anneaux et se dirigea vers son ennemi qui l'attendait tout prêt pour l'attaque; le Serpent se lança alors avec une telle rapidité et plaça un lacet avec une précision telle, que le pauvre Saurien n'eut pas le temps de se défendre, tant l'attaque avait été prompte, soudaine, imprévue. Étonné de voir, après une heure entière, le Python encore enroulé autour de sa victime, notre observateur reconnut que le Varan vivait et remuait les pattes; il ne mourut qu'au bout de trois heures et demie, et alors seulement le Serpent dénoua ses replis.

Après que le Serpent s'est assuré de la mort de sa victime, il se déroule avec prudence et tâte sa proie en tous sens par des coups de langue répétés; il ne quitte cependant pas complètement sa proie, et laisse sur elle tout au moins un anneau, comme le représente très bien la figure du Python de Natal (fig. 261). Les anciens et quelques écrivains modernes ont prétendu que le Serpent jouait, pour ainsi dire, alors avec sa victime; le Serpent cherche évidemment l'endroit le plus convenable pour déglutir sa proie. Après avoir longtemps dardé sa langue dans tous les sens, le Serpent embrasse sa victime dans un pli, généralement au niveau des épaules, si c'est un Mammifère; puis, après avoir dilaté ses mâchoires, déglutit sa proie, suivant le mécanisme que nous avons indiqué plus haut; nous ajouterons seulement que la mâchoire inférieure et les téguments du cou se dilatent en un vaste sac ressemblant à celui des Pélicans, comme le montre bien la figure 260, qui représente le Python de Séba en train d'avaler un oiseau.

Malgré la faculté vraiment extraordinaire qu'ont les Serpents de dilater leurs mâchoires, cette dilatation a cependant une limite. Les histoires, toutes plus effrayantes les unes que les autres, que l'on raconte sur la prise d'un buffle, d'un cheval, d'un cerf adulte, sont absolument mensongères; déjà la déglutition d'un animal de la taille du chevreuil cause des difficultés presque insurmontables aux Serpents de la plus grande taille. Il est tout aussi absurde de croire que les grands Serpents, ne pouvant avaler qu'une partie d'un animal, attendent que le reste tombe en putréfaction pour le déglutir; nous en dirons de même de cette assertion que la bave des Ophidiens amène rapidement la décomposition putride du corps de la victime.

Attaques contre l'homme. — Les plus grands Serpents s'enfuient généralement devant l'homme; cela n'arrive cependant pas toujours et le Serpent, surtout lorsqu'il est acculé ou attaqué, devient l'agresseur.

Heuglin rapporte que, par une nuit d'orage, il traversait avec ses compagnons les steppes de l'Abyssinie; un grand Serpent lui barrait le passage, et, par son attitude menaçante, l'obligea, lui et ses gens, à se détourner. « Un homme de Baru, qui habitait dans mon voisinage, rapporte Wallace, me montra sur la cuisse les cicatrices qui provenaient de morsures faites par un grand Serpent. L'animal avait été assez fort pour prendre dans sa gueule la cuisse de l'homme qu'il aurait infailliblement étouffé, si, à ses cris, on n'était accouru et si on n'avait tué le monstre à coups de hache. » Nous devons à Moritz de Nassau, à Schomburgk, à l'évêque Pallegoix, le récit de semblables aventures, qui présentent toutes les garanties d'authenticité désirables. Il arrive, du reste, assez fréquemment dans nos ménageries que de gros Serpents se jettent sur leurs gardiens pour les mordre et les enlaceraient certainement pour les étouffer, s'ils ne prenaient pas de précautions; les Pythons de grande taille, tels que le Python de Séba, le Python molure, le Python réticulé, sont tout particulièrement irascibles.

Capture des Serpents. — Dans beaucoup de régions, les indigènes ne craignent nullement les Serpents, même ceux de grande taille, et les chassent pour se nourrir de leur chair, ou s'emparer de la graisse ou de la peau.

On capture les grands Serpents le plus souvent en plaçant un lacet devant leur repaire; ce lacet est disposé de telle sorte qu'il ne peut laisser passer que la tête du Reptile et qu'il se serre d'autant plus que l'animal fait des efforts plus violents pour se dégager.

La description de la capture de grands Serpents nous a été conservée par Diodore de Sicile et nous ne croyons pouvoir mieux faire que de rapporter ici ce que dit cet historien : « Le second des Ptolémées, fort passionné pour la chasse des Éléphants, encourageait également, par de riches dons, les hommes qui s'adonnaient à celle des animaux remarquables par leur force et leur singularité. Après avoir dépensé beaucoup d'argent pour satisfaire cette passion, il était parvenu à se procurer un grand nombre d'Éléphants propres à la guerre, et avait, en outre, fait connaître aux Grecs plusieurs animaux extraordinaires par leur conformation et qui, jusque-là, n'avaient pas été vus. Quelques chasseurs, instruits de la magnificence avec laquelle le roi récompensait ceux qui secondaient ses goûts, se réunirent en nombre suffisant, et résolurent de risquer, s'il le fallait, leur vie, pour prendre un des plus gros Serpents, le conduire vivant à Alexandrie, et le présenter à Ptolémée. L'entreprise était difficile, hors des idées ordinaires; mais la fortune favorisa ce dessein et le conduisit à une heureuse issue. Des chasseurs épièrent un de ces Serpents, de 30 coudées de long (40 pieds environ), qui avait coutume de fréquenter le bord des eaux, où il se tenait habituellement, le corps roulé en cercle sur lui-même; au moment où quelque bête sauvage, excitée par la soif, venait sur le lieu, le Serpent se redressait subitement, saisissait avec sa gueule l'animal, et l'enveloppait en entier des nombreux replis de son corps, avec une telle force que sa proie ne pouvait jamais lui échapper. Néanmoins, les chasseurs, ayant observé que cet immense Reptile était d'un naturel paresseux, conçurent l'espérance de s'en rendre maîtres, en employant, pour l'enlacer, des cordes et des chaînes. Après avoir préparé tout ce qui leur était nécessaire, ils se présentent résolument au-devant du Serpent; mais à mesure qu'ils s'en approchent, la peur les saisit; ils aperçoivent ses yeux étincelants, sa langue qu'il dardait de tous côtés, et les rudes écailles qui le couvraient; ils entendent le bruit affreux qu'il faisait en écrasant les buissons à travers lesquels il passait; enfin, ils peuvent juger de la grandeur surnaturelle de ses dents, de l'aspect hideux de sa gueule, de l'élévation prodigieuse des replis qu'il forme pour s'avancer. Effrayés, et le visage pâle de terreur, les chasseurs lui jettent en tremblant leurs lacs sur la queue; mais, au moment où le monstre se sent touché par la corde, il se retourne

avec un épouvantable sifflement, s'élance au-dessus de la tête du premier homme qui se présente à lui, le prend dans sa gueule et le dévore vivant. En même temps, d'un des replis de son corps, il en saisit de loin un second qui se mettait à fuir, le tient et l'étouffe en le serrant par le milieu du ventre; les autres, épouvantés, cherchent leur salut dans la fuite.

« Ils ne renoncèrent pas cependant à leur chasse ; l'espoir des faveurs et des récompenses qu'ils attendaient du roi l'emporte sur les dangers bien connus par l'expérience qu'ils venaient de faire. Ils essayèrent seulement de venir à bout, par la ruse ou l'adresse, d'un ennemi qu'on ne pouvait combattre à force ouverte, et inventèrent un autre moyen. Ils fabriquèrent avec des joncs une espèce de cage, à laquelle ils donnèrent à peu près la forme d'une nasse et qui avait assez de longueur et de solidité pour contenir la totalité du corps du Serpent. Ils observèrent ensuite avec soin le site où il se retirait, l'heure à laquelle il sortait pour se repaître, et celle à laquelle il rentrait. Lors donc que le Serpent s'élança pour aller, comme de coutume, à la quête des divers animaux dont il se nourrissait, les chasseurs s'empressèrent, en toute hâte, de murer avec de la terre et de grosses pierres l'ouverture de son gîte ordinaire ; puis, dans le voisinage du même taillis, ils creusèrent une galerie souterraine et y déposèrent leur nasse, dont ils placèrent la bouche en avant, afin que l'animal pût facilement y entrer. Après ces préparatifs, à l'heure où le Reptile retournait à sa retraite, ils disposèrent aux environs des archers, des frondeurs, des hommes à cheval, d'autres sonnant de la trompette, enfin tout ce qui pouvait servir à leur projet. Au moment où cette troupe se mit en mouvement, le monstre, qui l'aperçut, éleva sa tête au-dessus de la hauteur d'un homme à cheval; mais les chasseurs, avertis par les premiers malheurs qu'ils avaient éprouvés, ne se hasardèrent pas à s'approcher de trop près. Cependant les traits et les pierres lancés de loin et à la fois par tant de mains, comme sur un but unique qui offrait une si grande prise, l'aspect étrange des chevaux, des chiens, et le bruit des trompettes finirent par épouvanter le Serpent, qui commença à se retirer vers le taillis où était situé son gîte ordinaire. Les chasseurs le suivirent d'assez loin et avec précaution, pour ne pas l'irriter davantage, et lorsqu'il fut près de sa retraite dont ils avaient muré l'ouverture ils, se mirent soudain à frapper avec leurs armes, en poussant de grands cris pour effrayer l'animal par l'aspect de tant d'armes rassemblées, et le retentissement continuel du son des trompettes. Enfin le Reptile n'ayant pas trouvé de chemin pour rentrer dans son gîte, et de plus en plus épouvanté par les mouvements de ceux qui le suivaient, se réfugia dans l'ouverture qu'on lui avait préparée, et remplit toute la capacité de la nasse de ses replis développés. Aussitôt qu'il fut entré, quelques chasseurs accoururent à cheval, et, avant que le Serpent eût le temps de se retourner pour sortir, ils parvinrent à coudre avec des liens de roseaux l'ouverture de la nasse qui, bien que très grande, avait été disposée de manière à pouvoir se fermer avec la plus grande célérité. Ils firent ensuite passer des leviers sous la cage et l'élevèrent de terre pour l'emporter : mais l'animal enfermé dans cette étroite prison, après avoir poussé un sifflement épouvantable, déchira de ses dents les joncs qui l'enlaçaient, et, en s'agitant sans cesse de côté et d'autre, fit craindre à ceux qui le portaient de le voir s'élancer hors de la machine où on l'avait enveloppé. Ils la posèrent donc à terre tout effrayés, et se mirent à piquer l'animal, dans le voisinage de la queue, de manière à assoupir par une convulsion contraire la fureur de ses dents, en le ramenant au sentiment des douleurs qu'il ressentait dans les parties blessées. Enfin, ils parvinrent à le transporter à Alexandrie, en firent présent au roi, et, chose merveilleuse, que ne veulent pas croire ceux qui n'ont fait qu'en entendre parler, on parvint, par le défaut de nourriture, à dompter la force de ce monstre et à l'apprivoiser en peu de temps de manière à faire admirer sa douceur. Ptolémée récompensa avec générosité les chasseurs, fit nourrir le Serpent apprivoisé, et le spectacle de ce Reptile était ce qu'on pouvait présenter de plus extraordinaire aux étrangers qui venaient visiter le palais (1). »

Captivité. — Dans le sud de l'Asie, comme dans l'Amérique méridionale, on garde de grands Serpents en captivité et on leur laisse une liberté plus ou moins grande dans la maison ou dans la ferme, car on les regarde comme d'excellents chasseurs de rats. Lentz tient ce qui suit de quelques-uns de ses élèves dont les pères habitaient le Brésil comme négociants : « Lors de la récolte du caoutchouc,

(1) *Bibliothèque historique de Diodore de Sicile;* traduction Miot, t. II, p. 60.

les nègres prennent parfois un Boa qu'ils apportent à l'habitation. On le place dans une caisse qui est fermée pendant le jour, mais on lui donne la liberté pendant la nuit, pour qu'il puisse débarrasser les magasins des rats et des souris qui pullulent. Aussitôt que le magasin est fermé, un nègre s'y rend, ouvre la caisse, enlève le Serpent, et, après avoir joué un certain temps avec lui, lui donne la liberté, puis nettoie la caisse, renouvelle l'eau du bassin, puis referme derrière lui la porte. Lorsqu'un Serpent a purgé les magasins des rongeurs qui l'infectaient, les nègres, qui aiment beaucoup les Boas, leur fournissent des rats et des souris morts, ou, à leur défaut, de la viande. »

Les grands Serpents gardés quelque temps en captivité dans le pays même où ils ont été capturés, conviennent beaucoup mieux pour les ménageries que les autres.

Autant les grands Serpents supportent parfois mal la captivité, autant ils semblent bien se trouver de la liberté complète, même sous notre climat rigoureux. A ce propos, nous devons citer un fait curieux rapporté par Lenz. Dans les premières années de ce siècle, une ménagerie ambulante arriva dans la ville de Schlitz, en Hesse. Un grand Serpent était malade ; le propriétaire de la ménagerie étant absent, un des gardiens, pensant que le Serpent était mort, écarta les barreaux de la cage dans laquelle était enfermé le Reptile et jeta celui-ci dans la rivière qui traverse la ville ; le gardien prétendit que le Serpent s'était échappé. Après avoir fait chercher dans tous les environs le Serpent, le propriétaire de la ménagerie dut partir. Le Serpent, cependant, n'était pas mort ; il s'était installé dans quelque trou de la berge et chassait toutes les nuits dans un parc voisin, ainsi que le prouvaient des traces incontestables de son passage ; toutes les tentatives pour le capturer furent vaines d'ailleurs. La saison froide arriva et le Serpent disparut ; il reparut aussitôt que la température devint plus clémente ; on ne le retrouva plus l'hiver suivant.

Maladies. — Il arrive trop fréquemment que, dans les ménageries, les grands Serpents sont sujets à de nombreuses maladies. Ils succombent surtout à la stomatite ulcéreuse, maladie que l'on peut comparer au scorbut ; les gencives deviennent saignantes et l'animal cesse de manger, sans doute parce que l'extension de la bouche lui cause de violentes douleurs ; le Serpent maigrit rapidement et périt trop souvent. Une autre maladie peut, jusqu'à un certain point, être comparée à la lèpre et attaque la peau qui est ulcérée. Les Serpents sont, en outre, fréquemment tourmentés par des vers intestinaux.

Légendes, préjugés. — Il n'y a pas de doute que les anciens désignaient sous le nom de *Dragons*, animaux absolument fantastiques, les grands Serpents appartenant au groupe des *Péropodes*. La taille que peuvent acquérir ces animaux, leur force considérable, la terreur qu'ils inspirent font comprendre les exagérations des anciens écrivains. Les ergots qui se voient à la marge de l'anus devinrent bientôt des pattes et des ailes créées par l'imagination des poètes.

Gessner, à la fin du seizième siècle, bien que naturaliste, a consciencieusement relaté tous les faits connus relatifs aux Dragons, et nous ne pouvons mieux faire que de laisser la parole à ce vieil auteur : « Le nom de *Dragons*, dit-il, signifie chez les Grecs une vue perçante et s'entend généralement des Serpents ; mais on doit appeler plus particulièrement *Dragons* les Serpents qui dépassent tous les autres en grandeur ; on peut vraiment dire qu'ils sont aux Serpents ce que les Baleines sont aux autres poissons. Augustin dit que l'on ne trouve sur terre aucun autre animal dont la grandeur soit comparable à celle du *Dragon*. Ælien parle de Dragon habitant la Mauritanie et ayant 30 pas de long. Ceux-ci, qui parviennent à un âge avancé, sont nommés *Tueurs d'Eléphants*. Du temps d'Alexandre le Grand, un Indien possédait deux Dragons qu'il avait élevés et nourris ; l'un avait 24 coudées, l'autre 80 coudées. On raconte en Égypte, dit Ælien, que, sous le règne du roi Philadelphe, on amena d'Éthiopie à Alexandrie deux Dragons vivants, ayant l'un 13, l'autre 14 coudées de longueur. Du temps d'Euergète, on en apporta trois qui furent placés dans le temple d'Esculape ; ils avaient 6 et 9 coudées. Ælien rapporte encore qu'Alexandre vit beaucoup d'animaux extraordinaires parmi lesquels se trouva un Dragon qu'il épargna à la prière des Indiens, qui tenaient cet animal pour sacré ; il avait, dit-on, 70 coudées de long ; lorsque le conquérant s'approcha de lui, il poussa un sifflement si terrible que tout le monde fut épouvanté.

« On trouve beaucoup de Dragons en Éthiopie, ce qui doit être attribué à la chaleur qui règne dans ce pays ; il s'en rencontre également dans l'Inde et dans la Libye, contrées où ils atteignent 15 pas de long et une grosseur comparable à un tronc d'arbre ; ils sont cependant généralement plus grands dans l'Inde que dans toute autre contrée. On connaît deux sortes de Dragons : ceux qui vivent dans les pays montagneux sont grands, alertes, rapides et possèdent une crête ; ceux qui habitent les endroits marécageux n'ont pas de crête ; ils sont lents et paresseux ; les uns ont des ailes, les autres n'en ont pas. Augustin dit : « Le Dragon repose souvent dans son repaire ; mais, sitôt qu'il sent l'humidité de l'air, il peut s'élever à l'aide de ses ailes et voler avec une grande impétuosité. » Quelques-uns ont des pattes et se meuvent rapidement sur le sol. Plusieurs ont une bouche très petite, tandis que, chez d'autres, la bouche est très large ; la langue est bifide ; les dents sont grandes et fortes, acérées, disposées comme les dents d'une scie. La vue est perçante, l'ouïe très fine ; ils dorment rarement et c'est pour cela que les poètes en font les gardiens des trésors dont l'homme ne peut s'emparer. Au voisinage de leur demeure, l'air est empesté de leur haleine et résonne de leurs sifflements. L'animal se nourrit d'œufs, de crapauds, d'oiseaux et de toutes sortes d'animaux ; il peut, du reste, vivre longtemps sans manger, surtout lorsqu'il est devenu vieux et qu'il a atteint sa taille normale ; mais, lorsqu'il commence à manger, il n'est pas de sitôt rassasié. En Phrygie existent des Dragons dont les dents ont jusqu'à un pied de long ; ils se tiennent surtout dans le fleuve Rhindaco ; ils agitent leur queue et restent la gueule largement ouverte, attendant que des oiseaux passent à leur portée pour les attirer au moyen de leur souffle et les dévorer ; telle est leur manière de vivre, jusqu'à ce que le soleil se couche ; ils se cachent alors et font la chasse aux bestiaux, dévorant parfois même le pâtre. L'aigle a voué une inimitié innée aux Dragons, car il dévore ses petits. Les Dragons sont aussi en luttes continuelles avec les Éléphants.

« L'Éthiopie produit des Dragons de 30 pieds de long, qui sont dits *Tueurs d'Eléphants*. Lorsqu'un Dragon sait qu'un de ces grands animaux doit brouter les feuilles d'un arbre, le Dragon grimpe sur cet arbre, cache sa queue sous le feuillage et laisse pendre la partie antérieure de son corps. Lorsque l'Éléphant se dirige de ce côté pour manger les pousses les plus élevées de l'arbre, le Dragon se jette à l'improviste sur son ennemi, lui arrache les yeux et l'enlace dans ses replis. Souvent le Dragon se porte le long des chemins que l'Éléphant a l'habitude de suivre, puis, lorsqu'il passe, l'attaque par derrière, de manière à ce qu'il ne puisse se défendre, lui lie les membres et l'étrangle. Pline rapporte qu'il y a des Dragons si gros qu'ils peuvent enlacer un Éléphant dans leurs replis et le faire tomber sur le sol. Le Dragon n'est pas toujours vainqueur ; lorsque l'Éléphant se sent enlacé, il lui arrive souvent de se frotter contre les rochers, de façon à écraser son ennemi ; celui-ci se méfie de cette ruse, aussi attrape-t-il le plus souvent l'Éléphant aux membres, de manière à l'empêcher de bouger.

« Les Dragons ne sont heureusement pas venimeux, ou le sont à peine ; aussi tuent-ils par leurs morsures ou leurs enlacements ; il existe cependant des Dragons qui sont venimeux. Comme pour les autres Serpents, ils sont beaucoup plus à craindre dans les contrées torrides que dans les pays froids. Lucain dit à ce propos : « Parmi les Dragons les plus dangereux, ceux qui habitent l'Afrique sont surtout à craindre. »

Diodore de Sicile, parlant de l'Éthiopie, nous apprend que « l'on raconte que, dans une contrée à laquelle on a donné le nom de *région sauvage*, il naît une quantité de Serpents d'une grandeur étonnante. Ces Reptiles attaquent l'Éléphant près des eaux, s'élancent sur lui avec force, enlacent de leurs replis ses jambes, les retiennent si fortement et les serrent de nœuds si étroits, qu'à la fin, épuisé et couvert d'écume, l'animal tombe à terre de tout son poids. Après cette victoire, les Serpents se rassemblent autour de l'Éléphant qu'ils ont fait succomber, et viennent aisément à bout de dévorer leur proie, qui ne peut plus se mouvoir que difficilement. Lorsque leurs efforts n'ont pas réussi, ils ne suivent pas les Éléphants sur les bords du fleuve, et se contentent de chercher leur nourriture habituelle ; l'on en donne pour raison qu'en général ces immenses reptiles s'éloignent du pays plat et se retirent communément au bas des montagnes, dans des crevasses qui s'étendent au loin, ou dans des cavernes très profondes ; ils quittent rarement ces retraites, la nature instruisant tous les animaux de ce qui leur est le plus convenable. »

Si l'on veut bien se rappeler les exagérations dont se rendent journellement coupables les voyageurs, on excusera sans doute le récit fantastique du vieux Gessner. Actuellement, on parle de Serpents de 50 et 60 pieds de long, se nourrissant de grands Cerfs, de Buffles, broyant ces animaux contre un arbre et dans leurs puissants replis. Il est certain qu'il est très difficile d'estimer exactement la longueur d'un Serpent, qui inspire toujours de la crainte et de la répulsion. Il est possible qu'aujourd'hui les Serpents n'arrivent plus à la même taille qu'autrefois, mais il est positif que les gigantesques animaux, tels que les décrivent les anciens auteurs, n'ont pas existé.

Les anciens font eux-mêmes, du reste, la part de l'exagération qui s'est produite dans les récits des voyageurs de leur temps.

« Les habitants des contrées qui touchent au désert et à la région occupée par les bêtes féroces assurent, écrit Diodore de Sicile, que l'on rencontre chez eux diverses espèces de Serpents d'une grandeur incroyable. Quelques-uns même disent en avoir vu qui avaient jusqu'à cent coudées de long (48 mètres environ), mais c'est justice que de tels récits soient traités de mensonge par nous et par tout le monde. Du reste, les mêmes auteurs ajoutent à cette première fable, déjà si peu digne de foi, d'autres faits bien plus étranges. Ils disent que, lorsque ces immenses Serpents se roulent sur eux-mêmes, ils forment une suite de spires circulaires, reposant l'une sur l'autre, et qui atteignent une telle hauteur, que ces élévations paraissent de véritables collines ; mais qui pourra jamais se convaincre de l'existence de reptiles d'un si prodigieux volume ? »

LES JAVELOTS — *ÉRYX*

Sandschlange.

Caractères. — Les Éryx ou Javelots ont la tête à peine distincte du corps, la bouche étroite, l'extrémité seule du museau recouverte de plaques, les yeux latéraux, la queue très courte, protégée par des écailles disposées suivant une seule rangée. Il existe des dents aux deux mâchoires et au palais, mais elles manquent à l'intermaxillaire.

Mœurs, habitudes, régime. — Tandis que les autres Ptéropodes, ainsi que les grands Serpents proprement dits, habitent de préférence les contrées à la luxuriante végétation, les Javelots vivent surtout dans les terrains arides et sablonneux, dans les steppes, les déserts et se tiennent rarement à la surface du sol.

Distribution géographique. — Jan distingue cinq genres dans la sous-famille des *Ery-cidæ*. Les *Plostoseryx* ne sont connus que par une seule espèce de l'Amérique du Sud; les *Preudæryx* et les *Wenona* habitent les États-Unis : les *Eryx* proprement dits sont de l'Inde et de l'Afrique.

LE JAVELOT. — *ERYX JACULUS.*
Sandschlange.

Caractères. — Linné a désigné sous le nom de Javelot (*Jaculus*) un Serpent qui peut arriver à la taille de un mètre. La couleur fondamentale de la face supérieure du corps est un gris jaunâtre moins vif, qui, chez certains individus, peut passer à une teinte de rouille ou à un jaune paille. La tête, à l'exception d'une bande noirâtre qui s'étend obliquement du bord postérieur de l'œil à l'angle de la bouche, est de couleur uniforme; deux bandes noirâtres ou brunâtres se voient sur l'occiput. La face supérieure du tronc et de la queue est ornée de taches d'un brun plus ou moins foncé, ordinairement anguleuses, très variables par leur forme, leur grandeur et la manière dont elles sont distribuées. Ainsi que le font remarquer Duméril et Bibron, « parfois ces taches étant toutes assez petites et espacées, la couleur du fond est, par conséquent, celle qui domine à la face supérieure du corps; d'autres fois, étant au contraire plus ou moins dilatées et diversement anastomosées entre elles, il en résulte que la teinte blanchâtre ou jaunâtre n'apparaît que très faiblement entre elles. Dans certains sujets, ces taches s'élargissent de façon à simuler des barres transversales, plus ou moins courtes, plus ou moins longues, plus ou moins serrées; chez d'autres, leur ensemble représente une sorte de réseau à mailles très inégales et très irrégulières; enfin il en est où elles se montrent sous la figure de lignes et de raies en zigzag. En dessous, ce Serpent présente une couleur d'un blanc jaunâtre, tantôt clairsemé de taches ou de points noirs, particulièrement sur les côtés du ventre et le long du bas des flancs. »

Ajoutons que l'extrémité du museau est en forme de coin, que le sillon gulaire est distinct, que les yeux sont petits; la queue est revêtue d'une grande plaque (fig. 256).

Distribution géographique. — L'Éryx javelot, le seul représentant du groupe des Ptéropodes en Europe, se trouve dans le midi de l'Europe, en Grèce, en Turquie; on le si-gnale dans les steppes du pourtour de la mer Caspienne; il est particulièrement fréquent aux environs de la mer d'Aral; il vit également en Syrie, en Palestine, dans l'Asie Mineure, l'Arabie et la Perse, et en Égypte.

Mœurs, habitudes, régime. — De même que tous les autres Éryx, l'espèce que nous étudions vit dans le sable mouvant, enterrée à quelques centimètres de profondeur. La nourriture se compose de petits Mammifères et de Sauriens; le Serpent fond sur sa proie et l'enroule, comme tous les autres Ptéropodes. Le Javelot est ovovivipare.

« Dans les villes d'Égypte, rapportent Duméril et Bibron, on rencontre souvent des charlatans exposant à la curiosité publique des Éryx javelots vivants auxquels, afin de les faire passer pour des Cérastes, ils ont eu soin d'implanter, en manière de corne, au-dessus de chaque œil, un ongle d'oiseau ou de petit mammifère, par le même procédé que celui qu'on emploie, dans nos fermes, pour fixer deux ergots sur la crête de certains coqs quand on les chaponne.

« C'est d'après des individus ayant la tête ainsi armée de deux fausses cornes, qu'Hessel-qui a fait son *Anguis cerastes*. Nous avons dans les collections du Muséum des individus dont la tête porte ainsi des ongles recourbés d'oiseau, avec leur cheville osseuse, dont l'adhérence à la peau est parfaite. »

LES BOAS — *BOA*
Boaschlangen.

Caractères. — Les Boas proprement dits sont des Serpents chez lesquels la tête est bien distincte du tronc, revêtue en dessus d'écailles de plus en plus petites d'avant en arrière; les plaques labiales sont dépourvues de fossettes; les yeux sont latéraux et la pupille est verticale; les narines s'ouvrent latéralement entre deux plaques; les yeux sont entourés d'un cercle de scutelles dont les inférieures, chez plusieurs espèces, sont en rapport avec les sus-labiales. Le tronc, un peu comprimé, est revêtu de petites écailles lisses et plates, formant, au milieu de sa longueur, de 35 à 91 séries longitudinales. La queue, de médiocre longueur, est préhensile. Il n'existe pas de dents à l'intermaxillaire.

Distribution géographique. — Les zoologistes admettent cinq espèces de Boas; ces espèces, très difficiles à distinguer les unes des

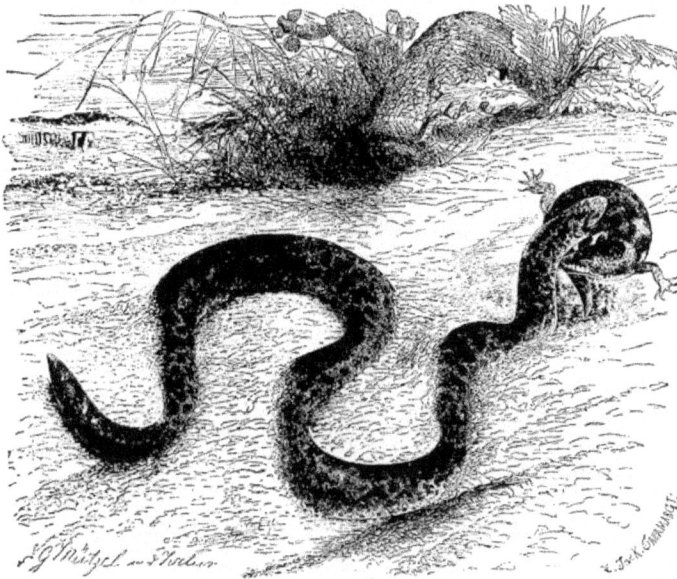

Fig. 250. — Le Javelot (1/2 grand. nat.).

autres, ne sont probablement que des races locales devant se rapporter tout au plus à deux types; elles habitent la partie Nord de l'Amérique du sud, l'Amérique intertropicale et les Antilles.

LE BOA EMPEREUR. — *BOA IMPERATOR*.

Caractères. — Daudin a désigné, sous le nom de Boa empereur, une espèce aux formes lourdes et trapues, au corps faiblement comprimé, au tronc garni, au milieu, de 65 à 69 séries longitudinales d'écailles. Le cercle squameux de l'œil est en contact avec les plaques sus-labiales. L'animal adulte arrive à la taille de 3 mètres.

Le corps est orné, en dessus, de taches noires, de forme rhomboïdale, généralement grandes, qui, vers la queue, finissent par se confondre entre elles; le fond du corps est jaune fauve; la queue est ornée, en dessus, de cinq à six anneaux ovalaires noirs, dont le milieu est parfois teinté de jaune rosé. Les flancs, qui sont d'un brun fauve, sont mou-

chetés de noirâtre et portent des taches noires, de forme losangique, encadrées de fauve. Le dessus de la tête est parcouru par une raie brunâtre, traversée au niveau des yeux par une autre raie de même couleur. Le dessus du corps est d'un blanc jaunâtre, tantôt marqué de grandes taches noires isolées, tantôt incolore, tantôt presque entièrement noir. Sous l'influence de la lumière, toutes les teintes, fortement colorées, prennent des reflets métalliques.

Distribution géographique. — Cette espèce habite le Mexique, surtout dans la partie sud, et se trouve au Guatémala.

Mœurs, habitudes, régime. — Sumichrast dit en parlant de cette espèce : « Commune partout, au Mexique, elle habite des terriers au pied des arbres et sur le bord des ravines. Je ne l'ai jamais vue grimper aux arbres, habitude que l'on a généralement attribuée à son congénère, le *Boa constrictor;* mais je l'ai trouvée une fois entièrement submergée au fond d'une mare, d'où je la retirai, la prenant pour une grosse anguille. Elle se nourrit de petits mam-

Fig. 257. — Le Boa constricteur (1/8e grand. nat.).

mifères, lièvres, rats et écureuils. On la nomme *Mazacoatl* en langue aztèque, ou *Gubisegopé* en langue zapotèque. »

Dans une lettre que le même naturaliste a adressée à F. Bocourt se trouvent les détails suivants : « Le *Boa imperator* est commun dans toutes les régions chaudes des deux versants de la Cordillère et se trouve même dans les localités les plus tempérées du plateau; aux environs d'Orizaba, il se montre jusqu'à une hauteur de 1,300 mètres. Il recherche surtout les endroits chauds et abrités. Les adultes sont d'un caractère très doux, tandis que les jeunes m'ont paru au contraire fort irritables. C'est un animal essentiellement nocturne, que l'on voit rarement le jour près de son gite, mais que l'on rencontre souvent la nuit dans les endroits où la solitude le met à l'abri des persécutions de l'homme, son seul ennemi. Ce Boa

arrive à une grande taille; à Tuxpango, près d'Orizaba, j'en ai mesuré un que les Indiens venaient de tuer; il n'avait pas moins de 3 mètres de longueur et son corps, au milieu, avait la grosseur de la cuisse d'un enfant de quinze ans; le ventre était considérablement distendu par le cadavre d'une Mouffette (*Mephitis mesolena*) dont les émanations puantes infectèrent pendant plus de trois semaines l'endroit où ce Serpent avait été tué. Je n'ai jamais eu l'occasion de voir le Boa empereur se suspendre aux branches des arbres pour guetter une proie; la faculté préhensile de sa queue est probablement employée à d'autres usages.

« Les Boas, comme les Spilotes, sont des animaux utiles pour chasser les rats des maisons et des champs; j'en ai conservé plusieurs vivants et tout à fait en liberté dans la cour de mon habitation; ils ne se mettaient guère en mouvement que la nuit et ne sortaient de jour que pour se soleiller sur la toiture, au grand émoi des Janates (*Quiscabus macrourus*), qui, pendant toute la durée de la sieste de leur ennemi naturel, l'assaillaient de leurs piailleries, sans qu'il parût s'en inquiéter beaucoup. Ces Boas étaient si bien faits à notre société, que mes petites filles, âgées l'une de sept ans et l'autre de neuf ans à peine, jouaient avec eux, les tiraillaient, sans que jamais ils cherchassent à châtier d'un coup de dent ces libertés d'un âge sans pitié. »

Lacépède parle du culte qui était rendu à ce Serpent :

« Ce Boa était probablement vénéré chez les anciens Mexicains, car on retrouve son image, bien reconnaissable à la forme toute particulière de la tête, sur un grand nombre de statues et de vases en terre cuite ou en pierre. »

« Sa grande puissance, écrit-il, sa force redoutable, sa longueur gigantesque, l'éclat de ses écailles, la beauté de ses couleurs, ont inspiré une sorte d'admiration mêlée d'effroi à plusieurs peuples encore peu éloignés de l'état sauvage ; et, comme tout ce qui produit la terreur et l'admiration, tout ce qui paraît avoir une grande supériorité sur les autres êtres est bien près de faire naître dans des têtes peu éclairées l'idée d'un agent surnaturel, ce n'est qu'une crainte religieuse que les anciens habitants du Mexique ont vu le Serpent devin. Soit qu'ils aient pensé qu'une masse aussi considérable, exécutant des mouvements aussi rapides, ne pouvait être mue que par un souffle divin, et qu'ils n'aient regardé ce Serpent que comme un ministre de la toute-puissance céleste, il est devenu l'objet de leur culte. Ils l'ont surnommé *empereur*, pour désigner la prééminence de ses qualités. Objet de leur adoration, il a dû être celui de leur attention particulière ; aucun de ses mouvements ne leur a, pour ainsi dire, échappé ; aucune de ses actions ne pouvait leur être indifférente ; ils n'ont écouté qu'avec un frémissement religieux les sifflements longs et aigus qu'il fait entendre ; ils ont cru que ces sifflements, que ces signes des diverses affections d'un être qu'ils ne voyaient que comme merveilleux et divin, devaient être liés avec leur destinée. Le hasard a fait que ces sifflements ont été souvent plus forts ou plus fréquents dans les temps qui ont précédé les grandes tempêtes, les maladies pestilentielles, les guerres cruelles ou les autres calamités publiques. D'ailleurs les grands maux physiques sont souvent précédés par une chaleur violente, une sécheresse extrême, un état particulier de l'atmosphère, une électricité abondante de l'air, qui doivent agiter les Serpents et leur faire pousser des sifflements plus forts qu'à l'ordinaire ; aussi les Mexicains n'ont regardé ceux du Devin que comme l'annonce des plus grands malheurs, et ce n'est qu'avec consternation qu'ils les ont entendus.

« Mais ce n'est pas seulement un culte doux et pacifique qu'il a obtenu chez les plus anciens habitants du nouveau monde ; son image y a été vénérée, non seulement au milieu des nuages d'encens, mais même de flots de sang humain, versé pour honorer le dieu auquel ils l'avaient consacré et qu'ils avaient fait cruel. Nous ne rappellerons qu'en frémissant le nombre immense de victimes humaines que la hache sanglante d'un fanatisme aveugle et barbare a immolées sur les autels de la divinité qu'il avait inventée ; nous ne pensons qu'avec horreur aux monceaux de têtes et de tristes ossements trouvés par les Européens autour des temples où le Serpent semblait partager les horreurs de la crainte. »

LE BOA CONSTRICTEUR. — *BOA CONSTRICTOR.*

Königschlange.

Caractères. — Le Constricteur est un des plus beaux de tous les Serpents. La couleur fondamentale est soit un fauve clair, soit un rose pourpré, ou un gris violacé du plus agréable effet. Le dos, un peu en arrière de la nuque, est orné d'une quinzaine de grandes taches tantôt noires, tantôt d'un brun marron, tantôt d'un bleu d'acier, ayant généralement la forme d'un carré ; l'ensemble de ces taches produit une sorte de chaînes à mailles oblongues.

Sur la partie postérieure du corps se voient des taches de forme losangique, de couleur rouge brique plus ou moins vif, que relève un encadrement d'un beau noir d'ébène ; la présence de ces taches est tout à fait caractéristique de l'espèce ; des barres de couleur blanche se voient en travers de la région lombaire, barres entre lesquelles se trouve un grand disque rougeâtre, environné de noir et de blanc. Les flancs offrent chacun une suite de fort grandes taches brunes ou noires, en forme de losange et maculées de blanc à leur centre. Toute la partie inférieure du tronc est marquée de mouchetures noires qui augmentent en grandeur et en nombre à mesure qu'elles se rapprochent de la région anale.

La partie supérieure de la tête est divisée en deux par une raie d'un noir foncé. A droite et à gauche du museau se voit une tache noire ; l'extrémité du museau est noire, bordée de blanc ; une bande brune s'étend sur la tempe. L'iris a sa moitié inférieure d'un brun sombre et la supérieure grise, veinulée de brunâtre.

Nous ajouterons que les formes sont massives, que la tête est de moitié plus étroite en avant qu'en arrière, que le cercle squameux de l'œil est séparé des labiales par une ou deux séries de scutelles, que le museau est tronqué verticalement et revêtu en dessus de petites squames semblables à celles qu'elles précèdent et que les écailles du tronc sont au nombre de 89 à 95 (fig. 257).

Dimensions. — La longueur de l'animal adulte peut atteindre 6 mètres et même dépasser cette dimension.

« Ce Serpent, écrit le prince de Wied, atteignait autrefois et atteint même encore aujourd'hui (1825) une longueur de 20 à 30 pieds et même davantage dans les régions incultes et inhabitées : on trouve des individus de la grosseur de la cuisse d'un homme ; ils sont capables d'écraser un Chevreuil.

« Dans le Sertong de Bahia et le Riacho de Ressaque, on me raconta que l'on avait tué un animal de cette taille peu de temps avant mon voyage. Dans les endroits incultes, on trouve parfois des animaux de très forte taille lorsque l'on défriche. »

Schomburgk affirme également qu'il existe aux Guyanes des Constricteurs de 6 et même 10 mètres de long, mais ce voyageur, pas plus que de Wied, ne semble avoir vu les animaux géants dont il parle ; il ne les mentionne probablement que d'après les récits des indigènes, récits dont il faut toujours se méfier.

Encore au commencement de ce siècle, les naturalistes parlent de Boas vraiment monstrueux.

Lacépède, qui, dans son récit, confond cette espèce avec les Pythons, rapporte que le « Devin est parmi les Serpents comme l'Éléphant ou le Lion parmi les quadrupèdes ; il surpasse les animaux de son ordre par sa grandeur comme le premier, et par sa force comme le second. Il parvient communément à la longueur de plus de 20 pieds ; et, en réunissant les témoignages des voyageurs, il paraît que c'est à cette espèce qu'il faut rapporter les in-

dividus de 40 à 50 pieds de long qui habitent, suivant ces mêmes voyageurs, les déserts brûlants où l'homme ne pénètre qu'avec peine... Ce Serpent est connu sous le nom de *Grande Couleuvre* sur les rivages noyés de la Guyane ; il y parvient communément à la grandeur de 30 pieds, et même, dans certains endroits, de 40. Il paraît bien constaté qu'il y a d'une force assez grande pour qu'un seul coup de sa queue renverse un animal assez gros, et même l'homme le plus vigoureux ; il y attaque le gibier le plus difficile à vaincre ; on l'y a vu avaler des chèvres et étouffer des Couguars, ces représentants du Tigre dans le nouveau monde.

« Il paraît que, dans certains pays, particulièrement aux environs de l'Isthme de Panama, en Amérique, des voyageurs, rencontrant le Devin à demi caché sous l'herbe épaisse des forêts qu'ils traversaient, ont plusieurs fois marché sur lui dans le temps où sa digestion le tenait dans une espèce de torpeur. Ils se sont même reposés, a-t-on écrit, sur son corps gisant à terre, et qu'ils prenaient, à cause des feuillages dont il était couvert, pour un tronc d'arbre renversé, sans faire faire aucun mouvement au Serpent assoupi par les aliments qu'il avait avalés ou peut-être engourdi par la fraîcheur de la saison. Ce n'est que lorsque, allumant du feu trop près de l'énorme animal, ils lui ont redonné par cette chaleur assez d'activité pour qu'il recommençât à se mouvoir, qu'ils se sont aperçus de la présence du grand reptile, qui les a glacés d'effroi, et loin duquel ils se sont précipités. »

Pour raconter ces histoires, Lacépède s'est évidemment appuyé sur un récit du Père Simon qui rapporte que dix-huit Espagnols voyageant dans une forêt du Vénézuéla et se trouvant très fatigués, se reposèrent sur un tronc d'arbre abattu par la tempête ; à leur très grande surprise et à leur extrême frayeur, l'arbre ne tarda pas à bouger et se changea en un énorme Boa. Le récit du Père Simon est presque excusable lorsque l'on voit les exagérations dans lesquelles tombent les voyageurs modernes.

Distribution géographique. — L'aire de distribution du Boa constricteur est moins étendue qu'on ne le croit généralement ; il n'habite pas, en effet, toute l'Amérique intertropicale, ainsi qu'on l'a pensé à tort. D'après Duméril et Bibron, sa patrie semble être, au contraire, limitée aux contrées septentrionales et orientales de l'Amérique du Sud, dans les régions occidentales de laquelle il est remplacé par le Boa chevalier, comme il l'est par le Boa empereur dans la partie australe de l'Amérique du Nord, et par le Boa diviniloque dans les Antilles. Il se trouve abondamment aux Guyanes, au Brésil ; on le rencontre aussi dans les provinces de Rio de la Plata et de Buenos-Ayres.

Mœurs, habitudes, régime. — D'après le prince de Wied, le Boa constricteur, dont le nom vulgaire est *Giboya*, se tient de préférence dans les localités les plus sèches des forêts, au milieu des broussailles ; il habite le dessous des vieux arbres, les cavités du sol, les anfractuosités des rochers ; il ne se rend jamais à l'eau, comme le font plusieurs espèces apparentées ; on trouve souvent plusieurs individus réunis dans une même demeure.

Tous les voyageurs qui ont parcouru les immenses forêts qui couvrent une grande partie du Brésil s'accordent à dire que le Boa constricteur reste paresseusement étendu sur le sol et qu'il ne prend la fuite que lorsqu'il est attaqué ; le plus souvent il ne se dérange même pas lorsque l'on passe à côté de lui.

Schomburgk rapporte qu'il rencontra dans une de ses excursions un gros Boa devin, qui ne prit pas la fuite et resta à la même place.

« Si l'objet m'était tombé plus tôt sous les yeux, écrit le voyageur, je l'aurais certainement pris pour l'extrémité d'une branche proéminente. Malgré les observations qui me furent faites par mon compagnon, malgré la crainte que manifestait le chien qui m'accompagnait, je pris la résolution d'essayer de tuer l'animal. Un solide bâton comme arme défensive fut bientôt trouvé. Le Serpent étendait à ce moment la tête au-dessus d'une haie ; je m'approchai de lui avec précaution pour l'atteindre avec mon arme et pour pouvoir lui en asséner sur la tête un coup capable de l'étourdir ; le Serpent disparut tout à coup sous le feuillage, et les mouvements précipités de sa queue me démontrèrent qu'il avait pris la fuite. La haie, fort épaisse, m'empêchait de m'approcher du reptile, mais je pouvais en suivre facilement la trace. Il se rapprocha bientôt de la lisière du bois, le long de laquelle je me tenais tout prêt à l'attaque. Soudain le mouvement de reptation qui agitait le feuillage s'arrêta et la tête du Serpent perça la ramée ; un heureux coup porté à ce moment étourdit l'animal et je lui en portai successivement plu-

sieurs autres avant qu'il ait pu reprendre ses sens. M'approchant alors, je serrai fortement le Serpent au cou à l'aide de mes deux mains. L'Indien qui m'accompagnait, voyant qu'il n'y avait plus de danger, accourut à mon appel et, détachant une de mes bretelles, en fit un lacs qu'il passa autour du cou du reptile. La haie, très épaisse, empêchait les mouvements convulsifs de l'animal, de telle sorte que nous pûmes facilement nous rendre maîtres de lui. »

Le prince de Wied rapporte qu'au Brésil on tue le *Giboya* avec un gourdin et qu'un coup de feu suffit pour en avoir raison. Les chasseurs rient lorsqu'on leur parle des dangers que fait courir la chasse au Boa, qui n'attaque jamais l'homme et ne songe même pas à se défendre.

Le Devin se nourrit de petits mammifères de moyenne taille, tels que rats, agoutis, pacas, capybarras ou cabias, qu'il guette ordinairement suspendu à une branche par l'extrémité de son corps ; les individus très adultes s'attaquent parfois à des animaux de la taille d'un chien ou d'un chevreuil. De Wied rapporte qu'un chasseur brésilien lui raconta qu'il entendit un jour un chien crier dans la forêt et que quand il accourut il trouva la pauvre bête mordue à la cuisse par un énorme Boa qui commençait à enlacer sa victime. Des récits racontant que les Boas constricteurs dévorent des hommes et des chevaux, appartiennent au domaine de la fable et ont certainement été inventés par des voyageurs désireux de mettre quelque pittoresque dans leurs descriptions.

Les Serpents en liberté ne mangent certainement jamais que les animaux tués par eux ; il n'en est pas de même des Serpents tenus en captivité ; on les amène peu à peu à accepter des proies récemment tuées, telles que des rats.

Il paraît que le Boa constricteur est ovovivipare. Le prince Waldemar de Prusse tua un jour une femelle de Boa et trouva dans le corps du Reptile des petits qui avaient atteint de 30 à 50 centimètres de long ; Westermann vit une femelle mettre au monde plusieurs petits vivants en même temps que plusieurs œufs.

Utilité. — Le Boa constricteur rend au Brésil de réels services en purgeant les habitations et les magasins des rongeurs qui pullulent ; aussi, loin d'être redouté, est-il généralement supporté, au point que l'on ne craint point de coucher dans les chambres où il se trouve

Captivité. — Le Serpent dont nous nous occupons en ce moment supporte très bien la captivité ; aussi est-il fréquemment apporté en Europe pour le compte des bateleurs ; il n'est pour ainsi dire aucun bateleur qui ne possède un ou plusieurs de ces animaux.

Le Boa est habituellement capturé au moyen de lacs que l'on place devant son repaire ; il est facile, du reste, de reconnaître l'endroit où se tient l'animal. L'animal capturé lutte et fait de grands efforts pour se débarrasser, mais il est rare qu'il s'étrangle.

Le Boa que Schomburgk avait capturé et dont, plus haut, nous avons raconté la prise, fut solidement attaché à un poteau, bien que laissé pour mort, et la suite apprit que cette précaution était loin d'être superflue. « De grands éclats de rire et des sifflements retentissants, écrit le voyageur, me réveillèrent une nuit. Je sautai précipitamment de mon hamac et vis que le Serpent, s'étant rétabli des coups qui lui avaient été portés, cherchait à se débarrasser des liens qui l'entouraient. Il s'était formé autour de lui un cercle d'Indiens qui, par leurs agaceries, excitaient sa colère et sa fureur. La gueule ouverte, dardant continuellement la langue, les yeux brillants et comme sortis de leurs orbites, le reptile poussait des sifflements aigus et exhalait une forte odeur de musc. De crainte que l'animal ne s'échappât, je le tuai d'un coup à la tête. »

La faculté qu'ont les grands Serpents de supporter un jeûne même assez prolongé rend leur transport très facile. On se contente de les placer dans une caisse appropriée à leur taille, caisse percée de quelques trous. A l'arrivée, et après qu'il a été progressivement réchauffé, le reptile se montre assez généralement hargneux, agressif, et refuse pendant quelque temps toute espèce de nourriture. L'animal s'apprivoise très rapidement et devient, en général, fort doux, de telle sorte qu'on peut aisément le manier.

Si l'on veut que le Boa vive bien en captivité, il est indispensable de lui donner une cage spacieuse, bien aérée et bien chauffée, contenant un bassin pour qu'il puisse se baigner et un arbre sur lequel il aime à s'enrouler. Il se tient généralement pelotonné sur lui-même à la bifurcation d'une grosse branche et y reste longtemps immobile ; d'autres fois il demeure des semaines entières caché sous sa couverture.

On a vu plusieurs fois des Boas, peut-être poussés par la faim, avaler la couverture que l'on met généralement dans leur cage, dans le but de leur procurer un abri et de la chaleur. Un Boa constricteur, conservé à Berlin, garda pendant cinq semaines une couverture de laine qu'il avait avalée ; une nuit, entre onze heures et deux heures, il commença à vomir cette masse indigeste et, avec l'aide du gardien, s'en débarrassa heureusement. Le même fait s'est passé au jardin de la Société zoologique de Londres, et plus tard à la ménagerie des reptiles du Muséum d'histoire naturelle de Paris. La couverture qu'un Boa de près de 3 mètres avala avait environ 2 mètres de long et 1^m, 60 de large ; elle resta dans l'estomac du reptile depuis le 22 août jusqu'au 20 septembre ; ce jour, le Serpent ouvrit la gueule et l'extrémité de la couverture apparut ; le gardien saisit cette extrémité ; le Boa enroula sa queue autour d'un arbre qui se trouvait dans la cage, comme pour prendre un point d'appui et vomit peu à peu la couverture ; celle-ci avait pris la forme d'un rouleau de près de 0^m, 12 de diamètre. Le Serpent resta comme mort pendant une dizaine de jours, puis se rétablit complètement, de telle sorte qu'il vécut longtemps encore après ce tragique événement.

LE DIVINILOQUE. — *BOA DIVINILOQUA.*

Caractères. — Bien que voisin du Boa constricteur, le Diviniloque s'en distingue par ses formes plus sveltes, plus grêles, la tête plus effilée, la queue plus allongée. Les écailles du tronc sont plus grandes et par conséquent moins nombreuses, au nombre de 65 à 75 dans une rangée. Le museau est tronqué obliquement ; les internasales sont un peu plus grandes que les autres écailles qui revêtent le dessus de la tête.

La coloration rappelle beaucoup celle du Constricteur ; de même que chez cette dernière espèce, la tête, dont le dessus et les côtés sont rosés, présente une bande noirâtre, en forme de clou, allant de l'œil à l'angle de la bouche et une bande sur le front. De grandes taches foncées se voient sur le tronc ; ces taches sont d'un noir bleuâtre, ornées d'une bordure jaunâtre et séparées les unes des autres par une teinte brunâtre semée de jaunâtre. Le ventre, le long duquel, à droite et à gauche, se voient des taches noires, présente, sur un fond blanchâtre, des piquetures noires dans sa partie antérieure, et de larges mouchetures de même couleur dans sa partie postérieure. Le dessous de la queue est jaune avec quelques grandes taches ovales d'un noir bleu.

Mœurs, distribution géographique. — Le Diviniloque, désigné aussi sous le nom de Boa de Sainte-Lucie, habite les Antilles ; l'espèce y est connue sous les désignations de *Crocs de chien*, *Tête de chien*. D'après les voyageurs, ce Serpent y attaque fréquemment les poules, aussi est-il très redouté des colons, à cause des dommages qu'il occasionne dans les basses-cours.

LES EUNECTES — *EUNECTES*

Wasserschlinger.

Caractères. — Le nom d'Eunecte a été donné par Wagler à un Boa aquatique chez lequel les narines, qui s'ouvrent à l'extrémité du museau, peuvent se clore hermétiquement ; le dessus de la tête est revêtu de plaques dans sa moitié antérieure et d'écailles dans sa partie postérieure ; il n'existe pas de fossettes aux lèvres ; les écailles du corps sont lisses ; le dessous de la queue porte une seule rangée de scutelles.

La seule espèce du genre est l'Eunecte murin (*Eunectes murinus*), désigné sous le nom de *Rativore*, de *Mangeur de rats*, d'*Anaconda*. Cette espèce que nous figurons (Pl. XII) a la tête très petite relativement à la longueur du corps, à peine distincte du tronc, conique, aplatie à la face inférieure, tronquée et arrondie en avant. Le tronc, qui est relativement grêle, est très faiblement comprimé, plus gros cependant au milieu ; la queue, assez effilée, est peu préhensile.

La coloration est très caractéristique. La partie supérieure du corps est d'un vert noirâtre chez les adultes, d'un brun olivâtre plus ou moins clair chez les individus jeunes ; le dos et la queue sont ornés de grandes taches ovalaires de couleur noire, disposées en deux séries de telle sorte que celles d'un côté alternent avec celles du côté opposé ; il existe de chaque coté du corps une ou deux rangées d'anneaux noirs qui se détachent nettement sur le fond général. La partie latérale de la tête est gris olivâtre, le bord de la mâchoire jaunâtre. De l'œil court vers l'occiput une large bande d'un gris rouge sale bordée en haut de noir sombre ; au-dessous de celle-ci se voit une bande d'un brun noirâtre, d'une coloration plus vive en avant.

De tous les Serpents du nouveau monde, l'Anaconda est le plus grand ; c'est ainsi qu'on parle d'individus de 10 mètres de long, ce qui est tout au moins douteux. Bates eut l'occasion d'examiner un individu appartenant à cette espèce qui avait plus de 6 mètres de long et 0^m,60 de circonférence au milieu du corps. Schomburgk et de Neuwied rapportent qu'ils ont tué plusieurs Eunectes de 5 mètres.

Distribution géographique. — Les Guyanes et le Brésil sont la patrie de l'Eunecte ; il ne paraît pas se trouver en dehors de ces régions.

Mœurs, habitudes, régime. — Fermin, dans son *Histoire naturelle de Surinam*, paraît être le premier qui ait donné quelques détails sur le Serpent dont nous nous occupons. « Un Serpent de 23 pieds de long, dit ce voyageur, appartenant à l'espèce de ceux nommés *Boiguacu*, *Ikourou*, ou *Aboma*, avait dans son estomac, au moment où j'en fis l'ouverture, un grand Paresseux, un Légouane long de 3 pieds et trois quarts et un mangeur de fourmis de 2 pieds 8 pouces, tous trois dans le même état que s'ils venaient d'être tués à coups de fusils. »

Le prince de Neuwied, qui a fréquemment observé l'Anaconda, nous donne les renseignements suivants : « Au Brésil, l'Eunecte murin est appelé *Cucuriubu* ou *Cucurui* ; les Botocudos le nomment *Ketameniop*. Les eaux sont la demeure habituelle de ce Serpent ; il s'y repose couché sur un haut fond, la tête seule émergée ; plongeur habile, il peut s'y enfoncer pour ne reparaître à leur surface qu'assez longtemps après ; tantôt c'est avec rapidité qu'il les parcourt en tous sens en nageant à la manière des poissons anguilliformes, tantôt au contraire il abandonne son corps, raide et immobile, au courant plus ou moins rapide d'un fleuve ou d'une rivière. Parfois il se tient étendu près du rivage sur le sable et sur les rochers, ou bien sur un tronc d'arbre renversé, attendant patiemment que quelque Mammifère amené par le besoin de se désaltérer, passe assez près de lui pour pouvoir être saisi. Ceux de ces animaux dont il fait le plus ordinairement sa proie sont des Agoutis, des Pacas et des Cabyaras ou Cabriais ; on dit aussi qu'il mange des poissons.

« C'est en été, depuis novembre jusqu'en février, que s'accouple l'Eunecte murin, époque à laquelle on le rencontre plus souvent

Paris, J.-B. Baillière et Fils, édit.

L'EUNECTE.

qu'à toute autre et où, assure-t-on, il fait entendre un rugissement sourd. Au Brésil, il ne s'engourdit pas en hiver. L'arc et le fusil sont les armes dont les indigènes se servent pour le tuer, à moins qu'ils ne le rencontrent à terre, où il ne se meut que fort lentement; dans ce cas ils l'assomment à coups de bâtons. On fait avec sa peau des chaussures et des sacs de voyage; sa graisse est aussi employée à différents usages, et les Botocudos en mangent la chair.

« Dans la rivière de Belmont, mes chasseurs avaient vu paraître les quatre pattes d'un Mammifère qu'ils prirent pour un porc mort; lorsqu'ils s'approchèrent, ils découvrirent un énorme Serpent qui avait enlacé et tué un Tapir. Ils déchargèrent à l'instant deux coups de fusil sur le monstre, et le Botocudo qui nous accompagnait lui lança une flèche. L'Anaconda lâcha alors sa proie et, malgré ses blessures, se sauva rapidement, comme s'il ne lui était rien arrivé. Je voulais m'emparer du Reptile et dépêchai mes hommes à sa recherche; tous nos efforts pour le tuer restèrent infructueux; les grains de plomb perdirent toute force dans l'eau et le Serpent s'était débarrassé de la flèche qui lui avait été décochée. »

L'Eunecte cause de grands ravages dans les propriétés situées près des cours d'eau, car il lui arrive trop souvent de braconner dans les basses-cours; Schomburgk affirme que ce Serpent s'attaque même à des animaux de la taille du cochon.

« Pendant que nous étions à l'ancre dans le port d'Antonios Malagucita, rapporte Bates, nous reçûmes une visite très inopportune. Un coup violent contre notre embarcation, suivi du bruit d'un corps pesant tombant à l'eau, m'éveilla au milieu de la nuit. Je me levai en toute hâte pour voir ce qui se passait; cependant tout était redevenu tranquille; seules les poules qui se trouvaient dans un panier attaché à l'un des flancs de la barque, à 2 pieds environ au-dessus de l'eau, étaient inquiètes et caquetaient à qui mieux mieux. Mes gens étaient sur le rivage; je rentrai dans ma cabine et ne tardai pas à me rendormir. A mon réveil, je trouvai toutes les poules errant dans l'embarcation et ne tardai pas à constater qu'une large entaille avait été faite au panier à poules; deux de ces volatiles manquaient.

« Senhor Antonio, mon compagnon, soup-

çonna immédiatement de ce larcin un Anaconda qui s'était livré à la chasse, disait-il, quelques mois auparavant dans cette partie de la rivière, et qui avait volé quantité de poules et de canards. Je doutai tout d'abord de la réalité de ce fait et accusai quelque Alligator de ce larcin, bien qu'aucun Crocodile ne se fût montré jusqu'alors. Quelques jours plus tard je fus pleinement convaincu de la véracité du récit d'Antonio. Les jeunes gens des localités voisines se réunirent pour donner la chasse à l'animal pillard et se mirent à explorer les petites îles situées dans la rivière; ils finirent par découvrir le Reptile à l'embouchure d'un petit cours d'eau vaseux. Après que l'animal eut été tué d'un coup de javelot, je constatai qu'il avait 6 mètres de longueur et seulement 0^m,40 de circonférence. »

On rapporte que l'Anaconda s'attaque à l'homme et voici, à ce propos, ce que dit expressément Schomburgk : « Dans Morokko, une des missions de la Guyane hollandaise, tout le monde était consterné à cause de l'attaque d'un grand Serpent sur deux habitants de la mission. Quelques jours auparavant un Indien et sa femme avaient remonté la rivière dans le but de se livrer à la chasse. Un coup de feu avait abattu un oiseau qui était tombé sur la rive. Lorsque le chasseur accourut pour s'emparer du produit de sa chasse, il fut soudain attaqué par un Comati ou Anaconda. L'Indienne, armée d'un couteau, accourut au secours de son mari, mais à peine fut-elle à côté du monstre, que celui-ci, abandonnant l'Indien, saisit et étouffa la malheureuse. Frappé de plusieurs coups de couteau, l'Anaconda prit la fuite. Je ne connais que ce cas d'une personne attaquée par l'Anaconda, ajoute le naturaliste voyageur. »

Il est, du reste, possible que le Serpent voulait s'emparer du canard et que, dans son aveugle voracité, c'est l'homme qui a été attaqué.

Il peut cependant arriver des cas qui dénotent le contraire. « A Ega, raconte Bates, un gros Anaconda aurait presque dévoré un garçon de dix ans, le fils d'un de mes voisins. Le père et le fils voulant ramasser des fruits sauvages abordèrent sur un rivage sablonneux. Le garçon resta en arrière pour garder la barque; l'homme pénétra dans la forêt. Tandis que le premier jouait dans l'eau à l'ombre des arbres, il fut enlacé par un grand Anaconda qui s'était tellement approché en restant inaperçu qu'il fut impossible au garçon de prendre la fuite. Par bonheur le père accourut à ses cris, saisit l'Anaconda à la tête, lui ouvrit les mâchoires et délivra ainsi son garçon. » De même Humboldt mentionne expressément que les grands Serpents aquatiques sont dangereux pour les Indiens qui se baignent. Malgré cela, ces exceptions ne peuvent pas détruire la règle générale établie par le prince de Neuwied que l'Anaconda n'est pas dangereux pour l'homme même, que personne ne le craint et qu'on le tue aussi très facilement.

Après un repas plantureux, l'Anaconda, de même que tous les autres Serpents, devient paresseux. Schomburgk a fait remarquer que le Reptile dégage, à ce moment, une odeur pestilentielle et que cette odeur est telle qu'elle peut sûrement guider vers le repaire qu'occupe l'animal.

Hibernation. — Humboldt est le premier naturaliste qui ait dit que l'Eunecte s'enfouit dans la vase et y demeure immobile et engourdi lorsque les eaux dans lesquelles il vit d'habitude viennent à tarir. « Souvent, dit le savant naturaliste, les Indiens trouvent d'énormes Serpents dans cet état de mort apparente ; on peut les réveiller en les arrosant d'eau largement. »

L'hibernation n'a lieu du reste que dans certaines parties du Brésil, là où le froid se fait sentir ou, au contraire, dans les endroits qui dessèchent par une chaleur torride. Dans les vallées boisées et arrosées de grands cours d'eau, l'Anaconda vit, non dans les marais, mais dans les lacs, les rivières qui n'assèchent jamais ; dans les grandes forêts, à la luxuriante végétation, l'Eunecte n'hiberne pas. Toutefois, d'après le dire des habitants, le Serpent est plus actif pendant les mois de décembre, janvier et février, qu'à toute autre époque de l'année.

Ponte. — Cuvier a constaté que l'Eunecte est ovovivipare, c'est-à-dire que les œufs éclosent dans l'intérieur de la femelle. Schomburgk rapporte qu'il a compté près de cent œufs dans le corps d'un seul animal et que les petits peuvent arriver au monde vivants.

Schlegel a trouvé dans le corps d'un Anaconda qui lui avait été envoyé de Surinam, non pas cent œufs, mais seulement une vingtaine ; ces œufs renfermaient chacun un petit presque entièrement développé, ayant d'un pied à 18 pouces de longueur. Il semble cependant que, dans certaines circonstances tout au moins, les petits puissent venir au monde avant terme, car un Anaconda de la ménagerie de Dinter pondit le 26 mai 36 œufs, qui furent placés dans un endroit dont la température constante était de 26 degrés centigrades ; le 18 juin un des œufs laissa s'échapper un petit gros comme le doigt.

En liberté, les petits, à peine éclos, semblent se rendre de suite à l'eau, mais ils restent assez longtemps en société et s'établissent sur les arbustes voisins du rivage. « Les Eunectes, écrit Schomburgk, font leurs petits près du rivage ; on voit souvent une grande quantité de ces animaux établis sur les arbres qui dominent les rivières. Quand la hache frappait le tronc de quelques-uns de ces arbres et l'ébranlait, plusieurs jeunes serpents tombaient dans l'embarcation. »

Légendes, chasse. — Lorsqu'on lit les récits des anciens voyageurs, on ne s'étonne pas que de nos jours on ajoute foi à des histoires terribles de combats entre l'homme et l'Anaconda. Le père Mantoya raconte qu'il a vu de quelle manière l'Anaconda se livrait à la pêche. Ce Serpent rejette, dit-il, une écume blanche et abondante qui attire les Poissons ; il plonge alors dans l'eau et lorsque l'écume a fait venir les Poissons, il les dévore facilement. Le père rapporte aussi qu'il a été le témoin de la mort d'un Indien surpris par un Eunecte, dévoré et rendu intact un jour après.

Stedmann ne raconte pas avec moins de complaisance des faits analogues. Le voyageur avait la fièvre et était couché dans son hamac lorsque l'homme de garde l'avertit qu'on avait vu quelque chose de noir se mouvoir dans les broussailles et que cela paraissait être un homme. On jeta l'ancre et avec un canot on se dirigea vers l'endroit désigné. Un esclave reconnut que ce quelque chose était un Serpent de grande taille, et Stedmann ordonna de rebrousser chemin, mais l'esclave ayant déclaré qu'il irait à la bête, le voyageur, quoique malade, se mit en campagne armé d'un fusil, tandis qu'un soldat apprêtait d'autres armes. A peine avait-on fait cinquante pas en avant, à travers les broussailles, que l'esclave cria qu'il avait vu le Reptile ; le monstrueux animal n'était pas à plus de cinq mètres, caché à moitié sous les feuilles ; il dardait continuellement sa langue et ses yeux étincelaient. Stedmann appuya son fusil sur une branche, visa, tira, mais frappa non la tête mais le corps. Le

Fig. 258. — Le Xiphosome canin (1/6e grand. nat.).

Serpent se retourna avec fureur contre ses ennemis, avec une force telle que les buissons en furent courbés, plongea sa queue dans l'eau et fit jaillir la vase avec une telle furie que les voyageurs ne songèrent qu'à fuir. Lorsqu'ils furent revenus à eux, l'esclave proposa une nouvelle attaque. Stedmann blessa le Serpent une seconde fois, mais légèrement et fut de nouveau, lui et ses compagnons, éclaboussé de boue. Tout le monde se sauva de nouveau, mais l'esclave tint bon et tira sur le Serpent, ainsi que Stedmann. La bête fut atteinte à la tête. Le nègre ne se possédait pas de joie ; il prit une forte corde, la lança au cou du Reptile qu'il amarra à la barque et le traîna ainsi. Le Serpent vivait encore et nageait à la manière d'une anguille ; il mesurait 5 mètres et sa grosseur était telle qu'il remplissait la veste d'un nègre de douze ans. »

Après un tel récit, il n'y a pas lieu de s'étonner que Schomburgk ait hésité à attaquer un Anaconda découvert par ses Indiens. « Le monstre, raconte ce voyageur, reposait sur une grosse branche surplombant la rivière ; il était enroulé comme un câble et se chauffait au soleil. J'avais plusieurs fois vu de grands Anacondas, mais je n'avais jamais rencontré un pareil géant. Pendant assez longtemps je restai indécis ; je ne savais si je devais combattre le monstre ou me sauver. Tous les récits plus terrifiants les uns que les autres, tout ce que l'on m'avait raconté de la force vraiment prodigieuse de ces animaux, tout cela me revenait en foule à la mémoire, de telle sorte que vraiment j'avais peur ; que l'on ajoute que mon serviteur Stæckle me suppliait au nom de mes parents et des siens de ne pas tenter l'aventure, et l'on comprendra aisément que le sentiment de terreur l'emporta d'abord. Mais à peine avions-nous tourné le dos, que j'eus honte de mon hésitation et que je forçai les hommes qui montaient notre frêle embarcation à revenir en arrière. Je chargeai les deux canons de mon fusil de gros plomb et de chevrotines; l'individu le plus courageux de mon escorte en fit autant. Nous revînmes lentement vers l'arbre; le Serpent était à la même place. Au signal donné, nous tirâmes tous deux; atteint au bon endroit, le reptile tomba et, après quelques convulsions, fut emporté par le courant. Ce fut au milieu des cris de joie de tout l'équipage, que nous nous dirigeâmes vers le Reptile, qui fut tiré dans la barque. Bien que la bête parût être bien morte, Stœkle et Lorenz, mes deux serviteurs allemands, n'étaient rien moins que rassurés de son voisinage; les deux héros se tenaient au fond de la barque, se lamentaient et pleurnichaient chaque fois que quelque convulsion agitait le Serpent long de 5 mètres. Une de nos chevrotines avait fracassé la colonne vertébrale, l'autre brisé le crâne; c'est ce qui explique comment nous fûmes si facilement maîtres du monstre. Une blessure à la tête rend de suite les plus grands Serpents immobiles, comme depuis j'ai eu maintes fois l'occasion de le voir. Un de mes compagnons de voyage, qui montait un autre canot, King, nous raconta qu'il avait vu un Anaconda de 5 mètres de long n'être tué qu'après avoir reçu cinq balles. »

Le prince de Neuwied, dont les récits sont tous dignes de foi, rapporte « qu'habituellement l'Anaconda peut être tué avec un fusil chargé à plomb; les Botocudos en ont souvent raison avec une seule flèche tirée dans la tête; une flèche dans le corps ne tue pas l'animal, qui se sauve et se guérit de sa blessure. Les habitants de Belmonte avaient tué ainsi un Anaconda; la vie chez cet animal est si tenace qu'il remuait encore bien que tous les viscères aient été enlevés et que la tête ait été totalement détachée du corps.

« On tue l'Anaconda, sans grâce ni pitié, chaque fois qu'on le rencontre. Sa peau, si épaisse, sert, après qu'elle a été convenablement préparée, à recouvrir des valises, à faire des bottes. Les Botocudos mangent la chair de ce Reptile et font usage de la graisse, si abondante à certains moments de l'année. »

En dehors de l'homme, c'est à peine si l'Anaconda a des ennemis, car il faut tenir pour absolument fabuleux les soi-disant combats entre ce Serpent et les Alligators. Par contre, lorsqu'ils sont jeunes, les Anacondas sont attaqués par tous les animaux qui font la chasse aux Serpents sans défense.

LES PÉLOPHILES — *PELOPHILUS*

Caractères. — Le genre Pélophile, qui ne comprend qu'une seule espèce, le Pélophile de Madagascar, est intermédiaire entre les Boas et les Eunectes; il diffère des premiers en ce que le dessus de la tête est recouvert mi-partie de plaques, mi-partie d'écailles; il se distingue des seconds en ce que les narines s'ouvrent latéralement entre deux plaques; il n'existe pas de fossettes aux lèvres; les écailles du dessous de la queue sont simples.

Le Pélophile de Madagascar est un grand et beau Serpent, qui arrive généralement à 3 mètres de long, et qui a beaucoup de la physionomie des vrais Boas; il est cependant plus comprimé. La coloration est des plus brillantes. La couleur du fond, qui varie suivant les individus, est fauve, roussâtre, d'un gris blanc tirant sur le jaunâtre. Suivant Duméril et Bibron, « un noir profond s'étend en une belle bande oblique depuis l'œil jusqu'à l'angle de la bouche, et il forme un carré long sur la lèvre supérieure au-dessous de l'orbite; cette même couleur est disposée par grandes taches subarrondies, tantôt bien séparées, tantôt très rapprochées les unes des autres, sur les bords du sillon gulaire, à l'extrémité du museau et autour de la mâchoire inférieure. Les jeunes sujets offrent sur le sommet du dos une série de losanges bruns, à bords bruns et, de chaque côté, une suite de taches oblongues, anguleuses, entièrement noires et environnées de fauve et de blanchâtre; au-dessous de ces taches, c'est-à-dire le long des flancs, est une rangée de grands disques noirâtres, irrégulièrement dentelés ou comme déchiquetés à leur pourtour, et à travers lesquels la teinte claire du fond apparaît sous la figure de plusieurs taches subcirculaires. Avec l'âge, les losanges noirs de la région médiodorsale s'effacent et celle-ci reste uniformément d'un brun fauve ou roussâtre; les taches oblongues des parties latérales du dos s'allongent, se soudent ensemble, de manière à ne plus constituer qu'un seul et même ruban noir, inégalement élargi de distance en distance; enfin les disques noirâtres des côtés du tronc

se divisent en taches et en raies qui, s'anasto-
mosant diversement entre elles, produisent
une sorte de dessin réticulaire ou géographique ; quant aux parties inférieures du corps,
elles sont à toutes les époques de la vie d'un
blanc jaunâtre, plus ou moins maculé de brun
sombre. »

Mœurs, habitudes, régime. —Le Pélophile à,
que nous avons pu plusieurs fois observer à la
ménagerie des reptiles du Muséum de Paris,
est un animal qui ne va que rarement sur les
arbres ; il est presque toujours ou dans l'eau,
ou enroulé sous sa couverture. Il se nourrit
de rats ou de lapins et ne refuse pas une proie
morte ; il n'attaque pas l'homme et ne cherche
que rarement à mordre.

LES XIPHOSOMES — *XIPHOSOMA*

Windeschlange.

Caractères. — Les Xiphosomes ont le corps
très comprimé, recouvert d'écailles lisses et
plates ; la tête est déprimée, large en arrière,
revêtue de plaques sur le bout du museau et
d'écailles sur le reste de sa surface ; les narines
s'ouvrent latéralement entre deux plaques ; la
pupille est verticale, les lèvres sont garnies
de fossettes assez profondes ; la queue est relativement longue, revêtue de plaques en une
seule rangée.

Distribution géographique. — On connaît
cinq espèces de Xiphosomes ; deux espèces
habitent l'Amérique centrale, Panama, Costa-
Rica ; deux espèces se trouvent dans le nord de
l'Amérique du sud, aux Guyanes, au Brésil ; le
Xiphosoma de Madagascar est, ainsi que l'indique son nom, particulier à la grande île
africaine.

LE XIPHOSOME CANIN. — *XIPHOSOMA CANINUM.*

Hundstopsschlange

Caractères. — Le Serpent cynocéphale,
Bojobi ou *Hypnale*, atteint une longueur de
3 à 4 mètres, bien qu'il arrive rarement à
cette taille. C'est un animal dont la tête est
très fortement déprimée, dont les plaques qui
bordent la bouche sont marquées de profondes
fossettes, et chez lequel l'œil est entouré d'un
cercle complet d'écailles ; la queue, qui est
fort effilée, est très préhensile. Le ventre, le
dessous de la tête et celui de la queue, sont
d'un jaune verdâtre uniforme ; la partie su-

périeure du corps est d'un beau vert feuillage ;
en travers du dos se voient des taches d'un
blanc pur, irrégulièrement espacées (fig. 258).

Distribution géographique. — Cette espèce se trouve aux Guyanes et dans une grande
partie du Brésil ; on la retrouve, en effet, depuis Cayenne jusqu'à Rio de Janeiro ; elle
semble être plus particulièrement abondante
dans le bassin de l'Amazone.

Mœurs, habitudes, régime. — D'après Duméril et Bibron, les Xiphosomes, « qui sont très
favorablement conformés soit pour nager, soit
pour s'enrouler autour des branches, par suite
du grand aplatissement latéral de leur corps,
ne peuvent, pour la même raison, exécuter
qu'une reptation pénible sur le sol, si surtout
celui-ci n'est pas accidenté. Aussi se tiennent-
ils rarement à terre, mais presque toujours au
milieu des eaux ou sur les arbres et les arbustes qui croissent sur leurs bords. »

Le Canin est, à ce qu'il paraît, un très habile
nageur, non seulement en eau douce, mais encore dans la mer. Spix, étant sur le Rio Negro,
prit un de ces Serpents qui traversait ce fleuve ;
de Fréminville assure avoir vu un individu de
cette espèce passer le long d'une barque à bord
de laquelle il se trouvait, au milieu de la rade
de Rio de Janeiro.

Ainsi que nous l'apprend Schomburgk, le
Canin est ordinairement enroulé en peloton
sur les branches basses, près de l'eau : c'est là
son séjour de prédilection ; il se nourrit principalement d'Oiseaux et de petits Mammifères ;
aussi, à cause des dommages qu'il occasionne,
est-il redouté des nègres, dans les habitations
desquelles il s'introduit pour s'emparer de la
volaille. Il n'est pas dangereux pour l'homme,
bien qu'il morde fortement, ses dents étant
longues et très acérées.

LES HOMALOCHILES — *HOMALO-CHILUS*

Schlantboa.

Caractères. — Le Boa svelte ou *Homalochilus
striatus*, connu depuis peu d'années seulement,
est un animal de 3 mètres de long, aux formes
remarquablement élancées, à la tête très distincte du tronc, à la queue longue et fortement préhensile. Nous ajouterons que le museau est tronqué, que la narine est percée
latéralement entre trois plaques, qu'il n'existe
de plaques régulières que sur la partie antérieure

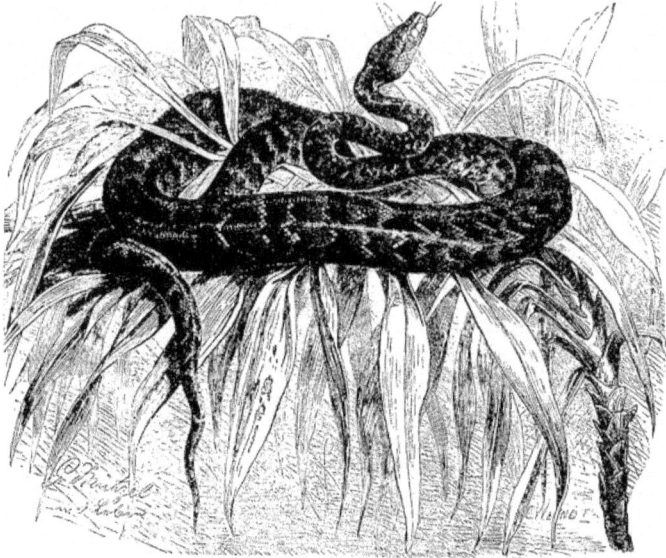

Fig. 259. — L'Homalochilus strié (1/6ᵉ grand. nat.)

de la tête, et que les plaques labiales ne sont pas creusées d'une fossette ; les plaques du dessous de la queue sont disposées suivant une seule rangée ; on compte de 57 à 63 écailles dans une rangée transversale au milieu de la longueur du tronc. La couleur fondamentale est un beau rouge cuivré tournant au brunâtre ; la tête est tachetée de jaune ; on voit une bande noirâtre allant de l'œil vers le cou ; le dos est orné de nombreuses bandes transversales serrées les unes contre les autres, le plus souvent brisées en zigzag.

Mœurs, habitudes, distribution géographique. — Cette belle espèce est spéciale aux Antilles ; elle paraît être plus particulièrement abondante au cap d'Haïti. D'après Gebhardt, ce Serpent se tient de préférence dans les plantations de cannes à sucre ; on le trouve assez fréquemment dans les huttes des indigènes et sur les toits des édifices en ruine, où il se livre à la chasse des Oiseaux, des Souris et des Rats. Il est comme engourdi pendant le jour et ne retrouve toute son activité qu'à la nuit ; c'est alors qu'il chasse.

Captivité. — Des sujets récemment capturés

se montrent toujours méchants et hargneux, mais ils ne tardent pas à s'apprivoiser ; ils n'acceptent pas de suite la nourriture qui leur est offerte et ne mangent généralement qu'après un certain temps de captivité ; ils se comportent absolument comme les Boas dans la manière de saisir, d'étouffer, de manger leur proie ; ils se tiennent presque toujours dans la position qui a été représentée à la figure 259.

LES PYTHONS — *PYTHON*

Pythonschlangen.

Étymologie. — Les auteurs anciens appelaient Boas tous les grands Serpents d'Afrique et de la partie nord-ouest de l'Asie ; « les Boas, écrit Métrodore, lorsqu'ils sont jeunes, se nourrissent de lait de vache, d'où leur est venu leur nom (de *Bos*, vache, bœuf). » Le même auteur ajoute que « même en Italie, les Serpents dits Boas deviennent si grands que, du temps de l'empereur Claude, on tua l'un d'eux sur le Vatican ; sa grosseur était telle qu'il avait pu avaler un enfant. » Le naturaliste Pline n'est pas moins explicite et désigne toujours sous le nom de Boas les grands Serpents africains. « La première notion que nous ayons eue d'Ophidiens de grande taille, écrit Humbold, vint d'abord de l'Inde, puis des côtes de Guinée. » C'est un Boa qui a étouffé le Laocoon dont le supplice a été chanté par Virgile dans des vers immortels. Daudin a donc fait une confusion regrettable lorsqu'il a transporté le nom de *Boas* aux Serpents du nouveau-monde, ce nom ayant toujours été employé par les anciens pour désigner les grands Serpents de l'ancien monde. Le nom de Python, qui a été donné à ceux-ci par le naturaliste français, est celui du Serpent fabuleux, Πύθων, qui fut tué par les flèches d'Apollon. C'est en souvenir de cette victoire que furent établis les jeux Pythiens ou Pythiques qui, on le sait, étaient célébrés à Delphes tous les quatre ans.

Caractères. — Les Pythons, tels que les naturalistes comprennent ce groupe, comprennent des *Ptéropodes* qui se distinguent essentiellement des Boas par la présence de dents aux os intermaxillaires et par un os sus-orbitaire distinct. Ce groupe renferme actuellement les genres Morélie, Liasis, Nardoa et Python proprement dit.

Ce dernier genre se caractérise par la présence de fossettes aux deux lèvres, des plaques régulières et symétriques sur le dessus de la tête, les plaques du dessous de la queue disposées suivant deux rangées.

Ainsi que le font remarquer Duméril et Bibron, « les Pythons sont de ceux des Ophidiens de leur famille qui acquièrent la plus grande taille. Plusieurs musées d'Europe en renferment des squelettes ou des dépouilles n'ayant pas moins de 8 à 10 mètres de longueur.

« Les formes des Pythons, sans être absolument trapues, ramassées, ne sont cependant pas aussi sveltes, aussi élancées que celles des Morélies et de la plupart des Liasis. Leur tête représente une pyramide quadrangulaire, peu ou point déprimée et plus ou moins tronquée et arrondie à son sommet. Leur tronc est beaucoup plus fort au milieu qu'en arrière, et surtout qu'en avant... La queue n'est que médiocrement allongée, à proportion du tronc, et faiblement préhensile ; mais elle est robuste et obtusément pointue. Les deux sexes, dans toutes les espèces, offrent des vestiges de membres postérieurs sous forme d'ergots coniques, de chaque côté de l'orifice anal ; mais les femelles les ont toujours un peu moins développés que les mâles.

« Les Pythons diffèrent tellement peu entre eux, sous le rapport du système de coloration, qu'ils semblent tous porter à peu près la même livrée. Pour le corps, c'est toujours une sorte de grande chaîne brune ou noire à larges ou longues mailles subquadrangulaires, qui s'étend depuis la nuque jusqu'à l'extrémité de la queue ; la région sus-céphalique est en partie couverte par une énorme tache brunâtre ou noirâtre ; sur chaque côté de la tête est peinte une bande noire qui, souvent, s'étend depuis la narine, en passant par l'œil, jusqu'au-dessus de la commissure des lèvres. »

Distribution géographique. — On connaît quatre ou cinq espèces de Pythons ; le Python molure et le Python réticulé habitent le sud de l'Asie : les autres espèces sont spéciales au continent africain.

LE MOLURE. — *PYTHON MOLURUS.*

Tigerschlange.

Caractères. — Le Molure, qui peut arriver à la taille de 6 et même 8 mètres, a les côtés et le dessus de la tête de couleur blanc fauve glacé de rose, de jaune ou de vert ; la nuque porte une tache brunâtre, ayant la forme d'un fer de lance ; une tache de même couleur se trouve sous l'œil ; une bande noire va des narines à la tempe, en passant au travers de l'œil. La partie supérieure du corps est d'une teinte jaunâtre, celle des parties latérales d'un blanc grisâtre ; le dessus du tronc et de la queue sont ornés d'une série de grandes taches brunes ou noires, irrégulièrement quadrangulaires, bordées de sombre et généralement dentelées sur les bords ; le centre de ces taches est assez souvent d'un jaune clair. Le dessous de la tête et le ventre sont blanchâtres, le premier uniformément, le second avec une tache noire sur chaque écaille ; la face inférieure de la queue est le plus souvent irrégulièrement tachetée de noirâtre (fig. 260).

Pour achever la caractéristique de l'espèce, nous pouvons dire que les narines sont percées perpendiculairement au museau, d'où il résulte que leur orifice externe se trouve dirigé en haut, que l'œil est entouré par un anneau d'écailles, que deux fossettes seulement se voient à la lèvre supérieure, que la scutelle sus-oculaire est entière et que l'on compte de 67 à 72 séries d'écailles au milieu de la longueur du tronc.

Distribution géographique. — Le Molure habite les grandes Indes; on le rencontre depuis le sud de la péninsule de l'Inde jusqu'aux pieds de l'Himalaya; on le trouve aussi à Java, à Sumatra, dans l'Indo-Chine et même, d'après Schlegel, jusque dans le sud de la Chine.

Mœurs, habitudes, régime. — D'après Boié, le Molure attaque les cochons et la petite espèce de cerf de l'Inde appelée *Muntjac*. A Java, suivant Reinwaldt, l'espèce est connue sous le nom de *Oular sawa* ou *Oular savor;* elle se tient de préférence dans les lieux bas, ombragés, marécageux ou inondés, souvent également dans les champs de riz.

Ponte, accroissement. — C'est sur le Python molure qu'ont été faites les intéressantes observations de Valenciennes et de Duméril, relatives à l'accroissement que prennent les grands Serpents. A partir du 2 février, une femelle de Molure qui, ce jour-là, avait dévoré un lapin et quatre kilogrammes de viande rouge, ne mangea plus et cependant grossissait rapidement. Le 16 mai, elle pondit, dans l'espace de trois heures et demie, quinze œufs les uns après les autres, les réunit en un tas et s'enroula autour d'eux, de manière à former avec ses anneaux une sorte de pyramide dont la tête occupait le sommet. Le Serpent resta dans cette position pendant deux mois, du 5 mai jusqu'au 3 juillet, époque à laquelle les petits vinrent au monde. Des quinze œufs, il sortit, à la date relatée, huit jeunes Serpents qui avaient à peu près 0ᵐ,50 de long; seize jours après l'éclosion, quelques-uns de ces animaux, bien que n'ayant encore pris aucune nourriture, atteignaient 0ᵐ,80. On examina le contenu des sept autres œufs, et l'on trouva dans la coque des embryons bien formés, et dont le développement, plus ou moins avancé, dénotait qu'ils avaient dû périr à des époques diverses.

Les jeunes Serpents muèrent pour la première fois entre le 13 et le 14 juillet et commencèrent seulement alors à manger; on leur donnait de jeunes oiseaux qu'ils étouffaient absolument comme le font les adultes, plus de très jeunes lapins. Grâce aux soins qui leur furent donnés par Vallée, le gardien en chef de la ménagerie de Paris, les reptiles prospérèrent si bien qu'à la fin de décembre ils avaient atteint une longueur de 1ᵐ,50, 1ᵐ,60, quelques-uns même 2 mètres. Vingt mois après, le 5 mars 1843, la plupart d'entre eux étaient quatre fois plus longs qu'au moment de leur naissance, et l'un d'eux avait jusqu'à 2ᵐ,34. Ce dernier avait pris, dans les six premiers mois de sa vie, un peu plus de 13 kilogrammes de nourriture. Günther conclut de ces observations qu'un Python de 3 mètres de long a au moins quatre ans. Il est, du reste, évident que la croissance doit être relativement beaucoup plus rapide dans les premiers temps de la vie et qu'ensuite elle ne croît plus proportionnellement.

Captivité. — Le Molure supporte bien la captivité et vit pendant plusieurs années en ménagerie. La Ménagerie des reptiles du Muséum de Paris a souvent possédé de ces animaux.

Lorsqu'on parle de serpents de 8 à 10 mètres on doit certainement exagérer. Le Muséum possède vivant, en effet, un Molure qui, dans sa cage, semble être réellement un géant; or il n'a que 5 mètres environ de longueur.

Le Molure provenant de Tomasy, au sud-ouest de Java, a été donné par le docteur Ploëm. Il est arrivé au Muséum le 10 mai 1878; son poids à cette époque était de 36 kilogrammes; une année après, le 18 mai 1879, il pesait 44 kilog. Dans cet espace d'un an, le serpent avait fait huit repas, mangé sept lapins, deux chevreaux et deux jeunes chats; on peut évaluer le poids de ces animaux à environ 30 kilog.

D'après les renseignements dus à Desguez, commis à la ménagerie des reptiles, ce serpent avait fait un repas durant le voyage de Java à Paris. Parmi des débris de plumes trouvés dans le résidu de ce repas se trouvaient des écailles du dos et les plaques du ventre d'un compagnon de captivité envoyé en même temps. Il est probable que ce serpent, plus petit, et d'environ 2 mètres, aura saisi une proie au moment même où le gros s'en emparait de son côté. Ce dernier a tout avalé, la proie et le serpent, ce qui arrive trop fréquemment en captivité.

LE PYTHON RÉTICULÉ. — *PYTHON RETICULATUS.*

Ularsawa.

Caractères. — De même que l'espèce décrite précédemment, le Python réticulé ou Python de Schneider a les narines verticales; la plaque frontale n'est pas divisée; de plus, quatre des labiales supérieures sont creusées d'une fossette et la septième labiale est en contact avec l'œil. Ajoutons que la tête du Python réticulé est un peu moins effilée, moins déprimée que celle du Molure, et que les écailles qui revêtent le corps sont plus petites, et, dès lors, plus nombreuses.

La coloration du Python réticulé est très caractéristique. La couleur fondamentale varie du brun jaunâtre au brun noisette ou olivâtre. Il règne sur la tête trois lignes noires qui se détachent nettement sur la teinte claire du fond ; une ligne étroite, de couleur noire, s'étend de la plaque frontale à la nuque ; une seconde ligne noire, du bord postérieur de l'œil, descend obliquement au-dessus de la lèvre supérieure et se continue jusqu'au milieu du cou. Il règne d'un bout à l'autre du dos une sorte de chaîne noire à losanges plus ou moins réguliers ; de chaque côté de ces losanges partent des taches réticulées plus petites, irrégulières, blanchâtres ou bleuâtres, bordées de noir ou de brunâtre. Une teinte d'un blanc jaunâtre est répandue sur le dessous du tronc et de la queue, les côtés du ventre étant mouchetés de noir.

Le Python réticulé, qui a le corps relativement moins fort que le Python molure, ce qui fait qu'il est plus svelte, plus élancé que ce dernier, peut arriver à la taille de 7 mètres.

Distribution géographique. — Cette espèce habite le continent de l'Inde et les îles de l'archipel Malais ; elle est particulièrement abondante à Java, à Sumatra ; elle porte à Amboine le nom de *Oular petola*, ce qui veut dire *Serpent peint* ; on la trouve dans quelques îles faisant partie de l'empire chinois.

Mœurs, habitudes, régime. — Le Python réticulé a été souvent confondu par les voyageurs avec le Python molure, de telle sorte que l'on ne sait pas toujours, dans leurs descriptions ; ce qui doit se rapporter à l'une ou à l'autre de ces deux espèces ; cette confusion, pour l'objet qui nous occupe, n'a pas grand inconvénient, les deux animaux ayant mêmes mœurs et même régime.

Le Python réticulé se tient de préférence dans les endroits marécageux, dans les rizières submergées et, en général, au voisinage de l'eau ; on le trouve plus rarement dans les localités arides. Il se livre à la chasse des petits Mammifères et des Oiseaux ; les individus de forte taille se risquent parfois à attaquer le Munjac, le Sanglier des Indes, de petites Chèvres musquées.

De même que pour les grands Serpents de l'Amérique du Sud, il existe une série de relations, toutes plus ou moins authentiques, sur les dangers que le Python réticulé fait courir à l'homme, qu'il attaquerait trop souvent. On trouve même dans les récits des voyageurs des représentations plus ou moins pathétiques représentant d'après nature, dit presque toujours le texte, le terrible combat de l'homme et du Serpent. Tout cela fait évidemment très bon effet au point de vue du pittoresque, mais il faut heureusement bien en rabattre de toutes ces exagérations et n'accepter, la plupart du temps, ces récits et ces représentations que pour ce qu'elles valent réellement.

Lorsque l'on parle de grands Serpents, on est, involontairement sans doute, tellement tenté d'exagérer que nous trouvons dans un ouvrage, du reste remarquable à tous les points de vue, le *Voyage de la Novara*, la relation de ce fait que des colons autrichiens ont vu à Manille un Serpent de 48 pieds, c'est-à-dire de plus de 15 mètres de long et de 18 centimètres de diamètre, et que ce serpent était un Boa constrictor. On peut tout d'abord se dire que, outre que l'espèce citée n'est pas asiatique, il est probable que la relation du récit dont nous parlons n'a pas été soumise à l'examen des naturalistes si consciencieux et si érudits de l'expédition de la *Novara* et que son intercalation dans le texte a été faite par erreur.

Schlegel qui, par sa position, était plus à même que quiconque d'avoir des renseignements sur les animaux de l'Inde néerlandaise, dit formellement que les Pythons de plus de 6 mètres de long sont une grande rareté ; Boje, qui a passé plusieurs années à étudier les Reptiles dans les îles de la Sonde, n'a jamais pu se procurer un Serpent ayant la taille que nous venons d'indiquer. Les indigènes eux-mêmes, lorsqu'ils parlent sérieusement, assurent, du reste, que jamais les Pythons n'attaquent l'homme et qu'ils ne se jettent même pas sur les enfants, du moins tant qu'on ne cherche pas à s'en emparer.

On peut, par ce que nous venons de dire, voir ce qu'il y a de vrai dans le récit de Cleyer : « Dans le royaume d'Anacom, rapporte l'écrivain hollandais, on vit un Serpent d'une grosseur monstrueuse se jeter sur un buffle qui allait boire à une rivière. Le combat fut terrible ; à la portée d'un coup de canon, on entendait craquer les os du buffle, écrasé par la force de son redoutable ennemi. J'achetai un gros Serpent à un chasseur du pays et je trouvai un cerf tout entier dans son estomac ; il avait encore tous ses poils ; dans l'estomac d'un autre Serpent était un bouc sauvage,

Fig. 260. — Le Molure (1/10ᵉ grand. nat,).

enfin dans l'estomac d'un troisième un porc-épic avec tous ses piquants. Dans l'île d'Amboine on raconta qu'une femme fut dévorée par un de ces Reptiles. »

Hâtons-nous d'ajouter que le Python réticulé, que nous avons été plusieurs fois à même d'observer à la ménagerie des Reptiles du Muséum de Paris, nous a toujours paru d'humeur peu facile et que, lorsqu'on ouvrait sa cage sans précautions, il se jetait facilement sur vous, et cherchait à mordre, puis à s'enrouler. Une attaque de ce genre, qui aurait pu se terminer tragiquement, a même eu lieu il y a plusieurs années à la ménagerie du Jardin zoologique de Londres. Le gardien en chef présentait à un Python réticulé une poule vivante, ainsi qu'il avait l'habitude de le faire ; le Serpent, qui allait muer et dont les yeux étaient dès lors voilés, manqua la poule qui lui était offerte, mais saisit le pouce gauche du gardien et s'enroula immédiatement autour de son bras et de son cou. Cop, c'était le nom du gardien, était seul ; il ne perdit pas sa présence d'esprit et chercha avec sa main droite à saisir le cou du Reptile pour se débarrasser de lui ; malheureusement, le Serpent s'était enroulé de telle sorte que le gardien ne put le saisir et qu'il fut obligé de se coucher sur le sol, dans l'espérance de pouvoir lutter avec plus d'avantage contre son ennemi qui cherchait à l'étouffer. Par bonheur, on vint au secours de Cop ; il fut délivré à temps, car il est grandement probable que, nouveau Laocoon, il aurait été étranglé.

D'après Martens, les habitants du sud de la Chine considèrent comme un présage heureux

Fig. 261. — Le Python de Séba (1/8ᵉ grand. nat.).

la présence d'un Python réticulé ou d'un Python molure dans leurs jonques. Dans les habitations, comme à bord des bâtiments, ces Serpents se livrent avec ardeur à la chasse des rongeurs ; c'est pourquoi, en reconnaissance des services qu'ils rendent, les laisse-t-on errer librement dans les maisons et dans leurs dépendances.

Attiré sans nul doute par la présence des rats qui pullulent à bord de tous les navires, le Python réticulé s'introduit fréquemment dans ceux-ci, ainsi que dans les maisons. Le naturaliste Wallace raconte qu'un beau soir il fut très effrayé par un grand Python réticulé qui, à Amboine, avait pénétré dans son habitation. « Un soir, écrit le savant anglais, j'étais, comme d'habitude, assis sous ma vérandah, prêt à faire la chasse aux insectes qu'attirait la lumière ; vers neuf heures, j'entendis tout à

coup un bruit étrange au-dessus de moi, comme si un animal assez lourd rampait sur la toiture. Comme le bruit cessa au bout de peu de temps, je n'y pris pas garde davantage et me couchai. Le lendemain après midi, peu de temps avant mon repas, j'étais étendu sur mon lit et je lisais ; je vis tout à coup au-dessus de moi une masse jaune et noire que je pris tout d'abord pour la carapace d'une grande Tortue que l'on avait suspendue au plafond. L'objet en question se mit à remuer et je ne tardai pas à voir briller deux yeux au milieu des replis ; j'avais affaire à un grand Serpent. Je m'expliquai alors le bruit que j'avais entendu la veille. Un Python s'était enroulé autour d'un des piliers de la vérandah, avait gagné la toiture et était venu se poster juste au-dessus de ma tête. J'appelai mes deux garçons qui préparaient mes animaux et je leur dis qu'il y avait un Serpent au-dessus de mon lit. Avec la plus grande bravoure, ils se précipitèrent alors hors de la maison et me supplièrent de faire comme eux. Voyant qu'il n'y avait rien à tirer de ces gens, je fis appel à quelques hommes de la colonie et j'eus bientôt réuni une douzaine de personnes. Une d'elles, native de Bourou, pays où les Serpents pullulent, nous dit qu'il se chargeait volontiers de s'emparer de l'importun. Avec du rotang, il confectionna sur-le-champ un lacet, le saisit d'une main, pendant que de l'autre, à l'aide d'une longue perche, il frappa sur le Serpent jusqu'à ce que celui-ci commençât à se dérouler. L'indigène de Bourou amena alors le lacs au-dessus de la tête du Reptile, saisit le cou et tira fortement à lui. Le Serpent s'enroula alors autour d'un des piliers de la chambre, dans le but d'opposer une plus grande résistance à son ennemi. L'homme finit par saisir le Serpent par la queue et courut de toutes ses forces, sans abandonner toutefois le lacs qui entoure le cou. Le Serpent se dégagea, mais il fut ressaisi et tué à coups de hache. L'animal avait près de 4 mètres de long et était proportionnellement très fort et de taille à avaler un chien ou un enfant. »

Nous ne savons pourquoi Wallace accuse un Serpent d'une taille relativement peu élevée d'un méfait aussi grave, d'autant plus que, dans tout le cours de son remarquable ouvrage, il ne cite pas un seul fait qui puisse l'autoriser à formuler un pareil jugement. Ce passage montre bien jusqu'à quel point les grands Serpents sont redoutés ; ce fait ressort plus nettement encore du récit de la capture d'un Serpent réticulé, fait par Dobson.

Un Python appartenant à cette espèce s'était introduit dans un jardin d'un des faubourgs de Calcutta, dans le voisinage immédiat de la ville. On chercha à le faire déguerpir et un homme monta sur l'arbre sur lequel il s'était enroulé. Le Serpent lâcha prise alors et tomba dans un petit étang situé au pied de l'arbre ; l'homme, qui craignait d'être enroulé, sauta prestement sur le sol et faillit se rompre le cou. Le Reptile disparut dans l'eau et on ne le vit plus de tout un mois; il se posta alors sur un arbre situé près du même bassin et s'enroula sur une branche fourchue, à une hauteur considérable. Le soir étant venu, Dobson, par la promesse d'une bonne récompense, détermina un jardinier indigène à rester au pied de l'arbre pour tenir l'animal en observation. Dobson

ayant essayé en vain de décider des gens des environs à s'emparer du Serpent, on alla chercher un charmeur et quelques coolies qui arrivèrent avec des filets. Le charmeur grimpa sur l'arbre et chercha à persuader au Serpent qu'il fallait quitter la place ; mais le Reptile ne l'entendit pas ainsi ; il se jeta sur l'homme, le mordit cruellement à la main et chercha à l'enrouler. Il prit heureusement mal ses dispositions et tomba lourdement sur le sol. Les coolies s'emparèrent alors du reptile et, l'entortillant dans leurs filets, le portèrent en triomphe jusqu'à l'habitation du naturaliste anglais. Celui-ci dut garder l'animal pendant plus d'un mois, car il ne trouvait aucun capitaine assez hardi pour transporter en Angleterre le Reptile emballé dans une caisse solidement clouée.

LE PYTHON DE SÉBA. — *PYTHON SEBÆ*.

Assala.

Caractères. — Le Python de Séba ou Boa des hiéroglyphes a la tête tronquée et légèrement arrondie au sommet ; deux des plaques supérolabiales seules sont creusées d'une fossette et l'œil est entouré d'un anneau d'écailles ; les narines sont latérales ; la plaque susoculaire est divisée ; on compte, au milieu de la longueur du tronc, de 81 à 89 écailles.

Le dessus de la tête est, en grande partie, occupé par une tache noire de laquelle part une large bande de même couleur se prolongeant sur le cou. Le dessus du corps, d'une teinte gris jaunâtre, présente des taches brunâtres de forme très irrégulière et très variable suivant les individus ; ces taches, par leur ensemble, forment une sorte de chaîne à grands anneaux généralement liserés de gris blanchâtre ; les taches sont reliées les unes aux autres par une bande qui parcourt chaque côté du tronc et qui est de largeur inégale suivant les points du corps. Les deux bandes brunes et noires, qui courent ainsi, à droite et à gauche, tout le long de la région dorsale, se continuent sur la région caudale, mais sans qu'il y ait entre elles aucune espèce de tache, de telle sorte que, suivant la remarque de Duméril et Bibron, « la couleur du fond apparaît comme un beau ruban jaune à la face supérieure de la queue ; les mêmes auteurs notent également qu'une teinte grise glacée de fauve règne sur les côtés du corps, où se montrent à des intervalles inégaux des raies d'un brun noirâtre à bordures blanches, raies qui, au delà du milieu de la longueur du tronc, sont perpendiculaires, plus ou moins courtes, plus ou moins flexueuses et parfois anastomosées entre elles ; au lieu qu'en deçà du même point, ou en se rapprochant de la tête, elles se courbent sur elles-mêmes, et quelques-unes assez fortement pour prendre l'apparence de croissants ou de taches annulaires noires, mélangées de gris et de blanc. » Cette apparence se voit bien sur la figure 261.

De même que les autres grands Serpents, le Serpent de Séba est loin d'atteindre la taille qui lui a été assez souvent assignée ; les individus de 6 mètres de long sont des raretés ; Schweinfurth parle, comme d'un animal exceptionnel, d'un Python de Séba de 5 mètres de long ; Barth mentionne un de ces animaux tué aux environs du lac Tschad et qui avait près de 6 mètres ; Adanson dit avoir vu, au Sénégal, un individu de 22 pieds.

Distribution géographique. — L'espèce que nous décrivons est propre à l'Afrique ; elle semble plus particulièrement habiter les contrées situées entre l'équateur et le 17° ou le 18° degré de latitude boréale ; elle est surtout abondante dans la partie occidentale du continent ; on la connaît également d'Abyssinie. Il est probable que ce Serpent s'étendait autrefois plus au nord qu'aujourd'hui, ainsi qu'il résulte des récits carthaginois et romains.

Mœurs, habitudes, régime. — La position des narines, qui sont latérales et non placées verticalement, indique que le Python de Séba doit être moins aquatique que les deux espèces dont nous venons de parler ; cet animal vit, en effet, de préférence dans les forêts, dans les épais taillis. Ce n'est guère que le soir qu'il se met en chasse.

Lacépède, qui a fait des descriptions si pittoresques, non d'après ce qu'il a vu, mais d'après des récits plus ou moins apocryphes de voyageurs, n'a pas manqué de consacrer quelques pages fort émouvantes au grand Serpent africain. « On frémit, écrit-il, lorsqu'on lit, dans les relations des voyageurs qui ont pénétré dans l'intérieur du continent africain, la manière dont l'énorme Serpent devin s'avance au milieu des herbes hautes et des broussailles, ayant quelquefois plus de 18 pouces de diamètre, et semblable à une longue et grosse poutre qu'on remuerait avec vitesse. On aperçoit de loin, par le mouvement des plantes qui s'inclinent sous son passage, l'espèce de sillon que tracent cent diverses ondulations de son corps ; on

voit fuir devant lui les troupeaux de gazelles et d'autres animaux dont il fait sa proie ; et le seul parti à prendre dans ces solitudes immenses, pour se garantir de sa dent meurtrière et de sa force funeste, est de mettre le feu aux herbes déjà à demi brûlées par l'ardeur du soleil. Le fer ne suffit pas contre ce dangereux Serpent, lorsqu'il est parvenu à toute sa longueur, et surtout lorsqu'il est irrité par la faim. L'on ne peut éviter le monstre qu'en couvrant un pays immense de flammes qui se propagent avec vitesse au milieu de végétaux presque entièrement desséchés, en excitant un vaste incendie, et en élevant, pour ainsi dire, un rempart de feu contre la poursuite de cet énorme animal. Il ne peut être, en effet, arrêté, ni par le fleuve qu'il rencontre, ni par le bras de mer dont il fréquente souvent les bords ; car il nage avec facilité, même au milieu des ondes agitées ; et c'est en vain, d'un autre côté, qu'on voudrait chercher un abri sur les grands arbres ; il se roule avec promptitude jusqu'à l'extrémité des cimes les plus hautes, aussi vit-il souvent dans les forêts. Enveloppant les tiges dans les divers replis de son corps, il se fixe sur les arbres à différentes hauteurs, y demeure souvent longtemps en embuscade, attendant patiemment le passage de sa proie. Lorsque, pour l'atteindre et pour sauter sur un arbre voisin, il y a une trop grande distance à franchir, il entortille sa queue autour d'une branche, et suspendant son corps allongé à cette espèce d'anneau, se balançant, et tout d'un coup s'élançant avec force, il se jette comme un trait sur sa victime, ou contre l'arbre auquel il veut s'attacher. Il se retire aussi quelquefois dans les cavernes des montagnes et dans d'autres antres profonds où il a moins à craindre les attaques des ennemis, et où il cherche un asile contre les températures froides, les pluies trop abondantes et les autres accidents de l'atmosphère qui lui sont contraires. »

Nous avons tenu à transcrire ce récit tout au long, car on ne saurait trop s'élever contre les exagérations sur les Serpents. En vérité, il n'y a pas de grand Serpent africain qui se livre à la chasse d'animaux plus grands qu'un jeune bouc d'un an ou un chien de moyenne taille ; peu de relations véritablement dignes de foi mentionnent des animaux de cette taille.

Pendant un séjour de cinq années au voisinage de la montagne des Palmiers, dans l'ouest de l'Afrique, Savage apprit que des Serpents, d'environ 5 mètres de long, avaient enlacé de jeunes chiens et une fois une antilope. Une de ces attaques avait eu lieu pendant le jour, les autres, comme c'est l'habitude, pendant la nuit ; un grand Reptile s'était introduit dans la case d'une négresse pour s'emparer d'une poule et s'était jeté sur un chien qui l'avait attaqué.

Schweinfurth décrit une semblable aventure d'une façon vraiment pleine d'intérêt. « Dans un pli de terrain, au milieu de l'herbe haute, écrit le voyageur, j'avais blessé un petit bouc de buisson. Je le vis se précipiter à travers le gazon et je m'attendais à le voir tomber, mais je l'entendis pousser un cri bref et il disparut à mes yeux. Alors, à travers l'herbe haute, je pénétrai à l'endroit où je l'avais vu en dernier lieu, mais je ne pus rien découvrir. Mes mouvements étaient rendus très difficiles par les armes que je portais, mais, comme je savais que l'animal devait se trouver sur une pente escarpée située entre les deux plis de terrain, je ne craignis pas de me mettre à sa recherche. Je le vis non loin de moi, mais comme cloué au sol par un objet que je ne pus d'abord bien distinguer. Après avoir fait quelques pas, je vis un gros Serpent qui tenait enlacé de trois tours le corps du bouc. »

Le Python de Séba, ou *Assala*, n'attaque certainement que tout à fait exceptionnellement des animaux aussi grands ; il se contente généralement de gibier beaucoup plus petit, tel que lièvre, écureuil et autres rongeurs ; plusieurs oiseaux, au vol pesant, sont également exposés à ses attaques. Dans l'estomac de ces animaux on trouve assez fréquemment des Poules de Nubie ; cela concorde avec la relation de Drayson. Ce dernier voyageur raconte qu'à Natal il a vu plusieurs fois voler des Outardes, poursuivies qu'elles étaient par un Python de Séba.

Ponte. — Ce que nous savons de la ponte du Python de Séba concorde absolument avec ce qui a été observé chez son congénère d'Asie, le Python molure. Au mois de juin 1861, deux Pythons de Séba étaient au jardin de la Société zoologique de Londres. L'un de ces animaux, d'environ 2m,50 de long, bien que n'ayant pas mangé depuis plusieurs semaines, se mit à grossir en un point de sa longueur. Le 13 janvier suivant, et pendant la nuit, la femelle pondit près d'une centaine d'œufs qui furent réunis en une masse conique, autour de laquelle la mère s'enroula. La femelle n'abandonna sa place que rarement et à de courts intervalles, jusqu'au 4 avril ; le 4 mars elle mua ; la mue, qui chez un animal en bonne santé demande au plus de trois à quatre heures, dura dix heures et eut lieu par lambeaux, ce qui, chez un Serpent, est toujours un signe de souffrance. Connaissant les observations faites par Valenciennes à la ménagerie des Reptiles du Muséum de Paris, on mesura, à l'aide d'appareils très sensibles, la température développée entre les replis de la mère. Le résultat de l'observation fut que le corps de la femelle avait une température plus élevée que celui du mâle et que cette température était plus haute entre les anneaux qu'à la surface extérieure. Le thermomètre placé à l'extérieur accusant 58°,6 Fahrenheit, la température observée à la surface du mâle fut de 70°,2, à la surface de la femelle de 78°,73 ; entre les replis formés par le corps du mâle on observa 74°,8, entre ceux de la femelle 81°,6 ; le 2 mars, la température ambiante étant de 60 degrés Fahrenheit, le thermomètre marquait 71°,6 et 76 pour le mâle, 84 et 96 pour la femelle, ce qui fait une différence de 12°,4 et même de 20 degrés Fahrenheit, soit 11°,1 centigrades à l'avantage de la femelle. Le 4 avril, la plupart des œufs étaient manifestement putréfiés ; comme, d'autre part, la femelle n'avait pris aucune nourriture pendant près de trente-trois semaines, on enleva les œufs. En examinant attentivement ceux-ci, on en trouva six dont l'embryon était en partie développé ; l'un des jeunes Serpents avait même près de 0m,30 de longueur ; il était à ce point formé que le moment de l'éclosion était certainement très proche. Un mois plus tard, le Serpent, qui manifestait la plus vive inquiétude depuis l'enlèvement de ses œufs, mua, puis mangea et depuis fut en bonne santé.

Chasse, usages. — Pour la chasse de l'*Assala*, les nègres du Soudan, qui savent parfaitement que cet animal n'est nullement dangereux, se servent d'un simple gourdin, car un seul coup frappé sur la tête du Reptile suffit pour le tuer. On vient aussi facilement à bout de l'animal avec du plomb de moyenne grosseur ; lorsque le Reptile est blessé, il arrive très fréquemment qu'il se défend. Schweinfurth, dont nous avons plus haut raconté l'aventure, rapporte qu'après avoir vu le bouc aux prises avec le Python, il fit feu sur le Serpent et qu'il vit, au

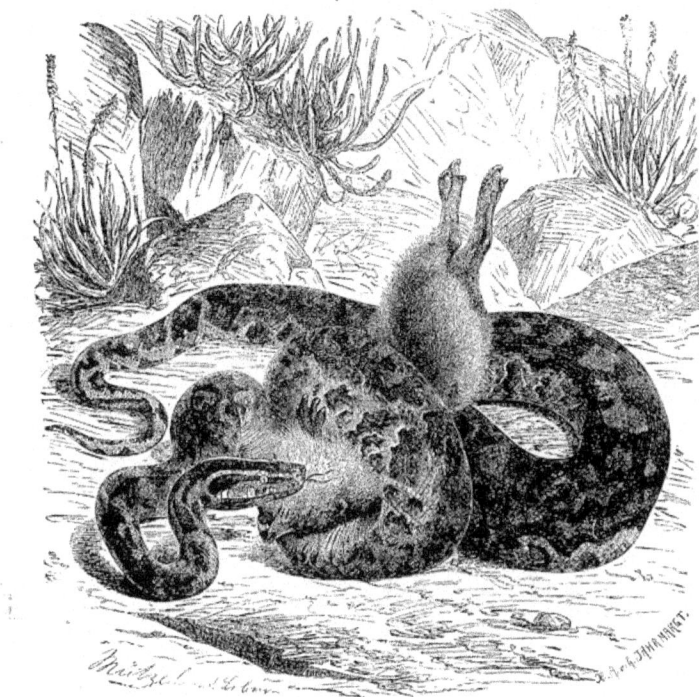

Fig. 262. — Le Python de Natal (1/8ᵉ grand. nat.)

même instant, celui-ci se redresser à plus d'un mètre de hauteur. « L'animal sauta alors, raconte notre voyageur, et s'élança sur moi avec une rapidité extrême. Fort heureusement la moitié antérieure de son corps paraissait être mobile ; l'autre était paralysée et traînait sur le sol, car la colonne vertébrale était brisée. Je saisis de nouveau ma carabine ; je fis feu plusieurs fois, jusqu'à ce que le monstre fût absolument immobile ; je tirai du reste un peu au hasard, car je ne pouvais suivre les mouvements de l'animal. »

Dans l'est du Soudan, la chair de l'Assala est mangée avec plaisir ; on la fait bouillir avec du sel et du poivre rouge. « Comme on m'avait dit grand bien de ce mets, raconte Brehm, je fis un soir préparer pour moi un morceau de Python suivant la recette ordinaire des nègres. Le mets avait la plus belle apparence ; la viande était blanche et rappelait la chair de poulet ; elle était toutefois si dure et si coriace, que nous pouvions à peine la mâcher. » Suivant Heuglin, les nègres de Dor sur le fleuve Blanc mangent la chair de Python, tandis que les nègres de Dinka, qui habitent près du même fleuve, regardent, d'après Schweinfurth, l'animal comme sacré. Les nègres de l'Afrique occidentale estiment la chair du Python comme un mets excellent et en font, suivant Savage, une soupe fort estimée. Livingstone nous apprend que le Python de Séba est volontiers mangé par les Hottentots et les Bakalaharis ; Smith prétend, au contraire, que les indigènes de l'Afrique du sud s'aventurent rarement à poursuivre ce Reptile, car ils le redoutent à l'égal d'un sorcier, et sont persuadés qu'un jour ou l'autre ils payeront leur témérité.

Les nègres du Soudan, les populations qui

vivent sur les bords du fleuve Bleu emploient la peau du Python de Séba, peau dont l'aspect est réellement fort agréable, pour en former des manches de poignard, des fourreaux d'épée, des amulettes. La graisse de l'*Assala* a la réputation d'avoir des vertus vraiment merveilleuses, aussi s'en sert-on, avec pleine confiance, dans une foule de maladies, tant externes qu'internes.

Nous rappellerons que, depuis quelques années, il se fait un commerce relativement assez considérable de peaux de Pythons, venant principalement du Sénégal. Cette peau sert de revêtement à des porte-cigares, à des étuis à cigarettes, à de petits meubles de fantaisie dont l'aspect est réellement très joli.

Superstitions. — Lorsque, plus haut, nous avons parlé du culte rendu au Serpent, nous aurions pu mentionner la vénération dont le Python de Séba est l'objet chez certaines peuplades africaines ; suivant un ancien auteur, Bosmann, le Python serait adoré par certaines peuplades de la côte de Guinée.

D'après Marchais, un jour que l'armée du roi de Wida était prête à livrer bataille, un grand Serpent sortit des rangs ennemis et se dirigea vers les troupes du roi ; le grand prêtre le prit alors dans les mains, puis, l'élevant au-dessus de la foule, donna l'ordre de combattre. L'ennemi fut promptement mis en déroute, ce qu'on ne manqua pas d'attribuer au Serpent-dieu qui venait de manifester hautement sa toute-puissance. Jusqu'à ce jour, on avait rendu hommage au nombre trois et adoré le fétiche de la pêche, le dieu de la santé, l'idole de sage conseil. Le culte du Serpent fut bientôt plus prospère que tous les autres ; on fit du Reptile le dieu de l'agriculture et de la guerre ; on lui érigea un vaste temple et on institua un corps de prêtres et de prêtresses pour le servir. Chaque année, quelques-unes des plus belles jeunes filles du pays étaient consacrées au nouveau dieu. Tout d'abord, il se présenta des prêtresses de bonne volonté ; on fut plus tard obligé de recourir à la violence pour recruter le collège sacré. Les prêtresses parcouraient le pays et, de gré ou de force, emmenaient vers le temple les filles choisies par elles. On apprenait à celles-ci à chanter des hymnes et à exécuter des danses sacrées ; on leur coupait ensuite les cheveux et on leur imprimait sur le corps des signes sacrés. Après avoir été ainsi dignement préparées, les néophytes étaient conduites, au son de la musique, dans une galerie

souterraine, sombre et mystérieuse, où devaient se célébrer leurs noces avec le dieu. Les jeunes filles, au sortir de la demeure sainte, recevaient le titre d'*épouses du Serpent ;* elles pouvaient cependant se marier et l'heureux mortel choisi par elles devait leur témoigner le plus profond respect et leur obéir en tous points. Les mystères du culte devaient être gardés dans le secret le plus absolu, sous peine de mort violente, car les prêtres ne manquaient jamais d'assassiner les malheureuses qu'ils soupçonnaient capables de pouvoir trahir le secret.

Légendes. — Tite Live, le grand historien romain, nous a laissé le récit d'un épouvantable combat que Régulus eut à livrer à un Serpent de taille gigantesque qui ne peut être que le Python de Séba. La narration de Tite Live, bien qu'elle soit connue de beaucoup de nos lecteurs, est si palpitante, que nous ne pouvons mieux faire que de la transcrire en son entier, d'après la traduction de Victor Verger :

« Néanmoins M. Régulus, dit Tite Live, à force de conquérir du pays de proche en proche, était parvenu jusqu'aux lieux qu'arrose le fleuve Bagrada. Tandis que les Romains étaient campés sur ses bords, un fléau auquel ils étaient loin de s'attendre leur fit beaucoup de mal, et leur causa encore plus de frayeur. Les soldats qui allaient à l'eau furent assaillis par un Serpent d'une grandeur prodigieuse, dont l'aspect les remplit d'épouvante. Le monstre, malgré tous leurs efforts, en engloutit plusieurs dans l'abîme de son énorme gosier, étouffa les autres dans les nombreux replis de son vaste corps, ou les écrasa par les coups de sa queue, ou bien les fit périr par le souffle de sa gueule empestée. Enfin il donna tant d'embarras à M. Régulus, que ce général se trouva dans la nécessité d'employer toutes ses forces pour lui disputer la possession du fleuve.

« Mais, comme il perdait beaucoup de soldats, sans pouvoir vaincre ou blesser le dragon, dont l'impénétrable cuirasse, formée par des écailles, repoussait aisément tous les traits qu'on lui lançait, il eut recours aux machines de guerre, et, ayant fait approcher ses balistes et ses catapultes, il le fit attaquer comme une forteresse. Déjà plusieurs projectiles avaient été lancés en vain contre cet ennemi, lorsqu'un énorme rocher lui rompit l'épine du dos, et ôta au monstre formidable toute sa force et toute sa vigueur. Après qu'il eut été

ainsi blessé, on eut encore bien de la peine à
l'achever.

« L'horreur qu'il inspirait aux légions et aux
cohortes était telle, que les soldats avouaient
qu'ils aimeraient mieux donner l'assaut à Car-
thage même que d'attaquer une autre bête
aussi redoutable. Les troupes romaines ne purent camper plus longtemps en cet endroit ;
elles furent contraintes de fuir un lieu où elles
ne trouvaient que des eaux corrompues et un
air empoisonné par la puanteur pestifère que
répandait dans tous les environs le corps du
monstre. Il ressort de là quelque chose d'hu-
miliant pour l'orgueil humain, qui a souvent
la folie de croire qu'il n'est rien dont ses forces ne puissent triompher, puisqu'il demeure
constant qu'une armée romaine, commandée
par M. Régulus, victorieuse sur terre et sur
mer, un Serpent seul la tint en échec pendant
sa vie, et la contraignit à s'éloigner après sa
mort. Aussi le proconsul ne rougit-il pas d'envoyer à Rome les dépouilles de cet ennemi,
pour que ce monument public y fût un aveu,
et de la grandeur de sa crainte, et de la joie de
sa victoire ; car il y fit porter la peau de cet
animal, qu'il en avait fait dépouiller. On rapporte que cette peau était longue de 120 pieds,
et qu'elle demeura suspendue dans un des
temples de la ville, jusqu'au temps de la guerre
de Numance. »

LE PYTHON DE NATAL. — *PYTHON NATALENSIS.*

Felsenschlange.

Caractères. — Cette espèce, que beaucoup
de zoologistes ne regardent que comme une
variété du Python de Séba, se distingue de ce
dernier en ce que les plaques internasales sont
plus longues que les plaques fronto-nasales ; de
plus, il existe trois, au lieu de deux, plaques
au-dessus de l'œil.

La coloration, ainsi que le montre la figure 262,
est un peu différente dans les deux espèces.
D'après Smith, chez le Python de Natal, « les
principales teintes répandues sur le corps de
cet Ophidien sont un brun olive foncé, un brun
jaunâtre sombre et un blanc pourpré. Les deux
premières couleurs règnent sur les parties supérieures et les latérales, la troisième se montre sur les régions inférieures des côtés de
l'animal et sous le ventre. Le brun jaunâtre
paraît dominer sur le premier tiers du corps,
tandis que c'est le brun olive sur les deux autres tiers. Le dessus de la tête présente une

tache d'un brun olive, en forme de flèche, qui
s'étend depuis le museau jusqu'à l'occiput. En
arrière de cette tache commence une bande de
la même couleur, qui se continue tout le long
du dos en s'élargissant graduellement jusqu'à
la pointe de la queue ; cette bande a ses bords
festonnés et irrégulièrement découpés. Le
brun jaunâtre forme des barres en travers du
premier tiers du dos et des taches ondulées,
des bandelettes irrégulières sur les deux tiers
postérieurs, excepté près de la queue, où,
comme sur celui-ci, on le voit s'étaler sur le
brun olive du fond en deux bandes latérales.
Les côtés de la tête sont d'un brun jaunâtre et
offrent chacun une tache et une raie d'un brun
olive. Le bas des régions latérales du corps
est marqué de taches irrégulières d'un brun
olive. Un blanc jaunâtre est répandu sur les
lèvres. Les yeux sont d'un rouge brunâtre et
les éperons d'un blanc livide. »

Mœurs, distribution géographique. — Le
Python de Natal, dont les mœurs sont absolument celles du Python de Séba, habite le sud de
l'Afrique et surtout le pays de Natal.

LE PYTHON ROYAL. — *PYTHON REGIUS.*

Caractères. — Le Python royal se distingue
nettement des deux autres espèces africaines
par son corps plus court, plus trapu. La coloration est également très caractéristique.

La couleur générale du tronc est un noir
généralement foncé, sur lequel apparaissent
des taches ovalaires de couleur jaune bois.
Sur le dos s'étendent deux bandes noires, ondulées, réunies de distance en distance, et
irrégulièrement, par de larges barres de même
couleur, échancrées plus ou moins irrégulièrement. Deux sortes de taches noires, très distinctes, sont visibles les unes à la suite des
autres le long des parties latérales du corps.
Le ventre et la queue sont d'un blanc grisâtre. Sur la tête se voient trois raies noires
qui servent de bordure à une large tache de
jaune triangulaire ; il part de chaque narine,
pour se rendre à l'arrière de la région temporale, en passant par la moitié supérieure de
l'œil, une bande blanchâtre, d'abord étroite,
qui s'élargit bientôt en forme de palette. Les
lèvres sont blanches ; au-dessous de l'orbite, se
voit une petite raie noirâtre.

Nous ajouterons que les narines sont latéralement placées, que quatre plaques portent des fossettes à la lèvre supérieure, que

Fig. 263. — L'Argus (1/8e grand. nat.).

l'œil est en contact avec les supérolabiales.

Mœurs, distribution géographique. — Le Python royal, que nous avons pu étudier plusieurs fois à la ménagerie des Reptiles du Muséum de Paris, a les mêmes mœurs que le Python de Séba ; il est toutefois toujours d'humeur plus pacifique. Les individus étudiés avaient 1^m,50 environ ; lorsqu'on les prenait, ils se pelotonnaient et s'enroulaient fortement autour du bras, sans chercher nullement à mordre.

Cette espèce est de l'Afrique occidentale; on la connaît du Sénégal et de la Côte d'Or.

LES MORÉLIES — MORELIA

Caractères. — Sous le nom de *Couleuvre argus*, Linné a signalé un Pythonien de grande taille, dont Gray a fait le type du genre Morélie, caractérisé par la présence de plaques irrégulières sur la partie antérieure de la tête ; la seule espèce du genre est l'Argus ou *Morelia argus*, que nous représentons (fig. 263).

Chez cet animal, la tête est courte, comme renflée à sa base, fortement tronquée dans sa partie terminale ; les deux premières plaques suslabiales sont marquées d'une fossette ; les narines sont latérales, ouvertes chacune dans une seule plaque. La partie supérieure du corps est généralement d'un noir bleuâtre, irrégulièrement mouchetée de jaune ; les lèvres sont d'un blanc jaunâtre ; une ou deux lignes jaunes parcourent longitudinalement les côtés de la nuque. Une teinte jaunâtre uniforme est répandue sur la face inférieure de la tête et sur le tiers antérieur du ventre, dont les deux autres tiers, ainsi que le dessous de la queue, sont mouchetés de jaune et de noir. Chez certains individus, une teinte d'un

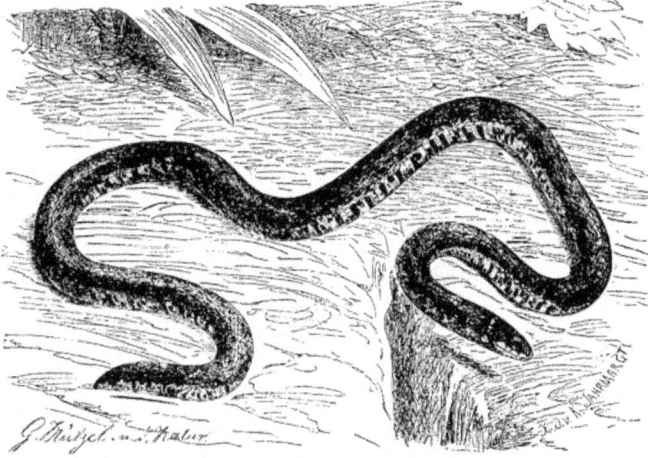

Fig. 264. — Le Calamaire de Linné (grand. nat.).

gris-jaunâtre ou olivâtre forme une bande étroite de chaque côté du dos. D'après Bennet, l'espèce atteint une longueur de 4 à 5 mètres.

Distribution géographique. — Le Morélie argus habite l'Australie et la Tasmanie, où les colons le connaissent sous le nom de *Diamant-snake* ou *Serpent-diamant.*

Mœurs, habitudes, régime. — D'après les observations de Lesson, ce Serpent est aquatique et se trouve souvent dans les mares d'eau douce aux environs de la rivière Georges. Sa nourriture se compose de petits didelphes et d'oiseaux; Duméril et Bibron out trouvé les débris d'un jeune phalanger dans l'estomac de l'un de ces animaux.

Bennet raconte qu'il vit une fois un de ces Serpents en train de fasciner une troupe de petits oiseaux. Il était étendu sous un arbre renversé, sur les branches mortes duquel s'agitaient des oiseaux qui sautillaient et gazouillaient à qui mieux mieux. Le Serpent avait la partie postérieure de son corps redressée; il agitait la tête dans tous les sens et dardait constamment la langue; il allait sans doute s'emparer de quelque oiseau, lorsque, ayant aperçu notre voyageur, il déguerpit.

L'Argus supporte assez facilement la captivité. Bennet conserva en cage un individu de 2m,50 de long et le maniait assez souvent. L'animal s'enroulait autour du bras, qu'il serrait avec tant de force que le membre était comme paralysé pendant plusieurs heures.

LES CALAMARIENS — *CALAMARIDÆ*

Swergschlangen.

Caractères généraux. — Telle qu'elle doit être comprise, la famille des Calamariens comprend des Serpents de petite taille, au corps grêle, cylindrique, sensiblement de la même grosseur depuis la tête jusqu'à la base de la queue; celle-ci est généralement courte et se termine par une scutelle conique et pointue.

La tête est généralement courte, arrondie en avant, à peine élargie en arrière; le nombre des plaques est moindre que chez les Serpents normaux; la plaque rostrale est parfois un peu prolongée en pointe, ainsi qu'on le voit chez les Stenorrhines, les Oxyrhines. Les plaques du dessous de la queue sont tantôt simples, tantôt doubles ; les écailles du corps peuvent être lisses ou carénées, et sont généralement au nombre de 13 à 19, rarement de 21. Dans certains genres, la dent postérieure de la mâchoire supérieure est sillonnée; on a placé à juste titre, en effet, avec les Calamariens, une partie des Opisthoglyphes de Duméril et Bibron; tels sont les Homalocranes, les Élapomorphes, les Stenorrhines.

Mœurs, habitudes, régime.—D'après F. Bocourt, qui a eu fréquemment l'occasion d'observer ces animaux au Mexique et dans l'Amérique centrale, « tous les petits Serpents qui rentrent dans la famille des Calamaridées sont terrestres et s'abritent pendant la nuit sous des pierres, dans les débris de végétaux, dans les excavations naturelles situées auprès des arbres ou même quelquefois dans les galeries souterraines creusées par d'autres petits animaux. Leur bouche est petite, armée de dents grêles plus ou moins nombreuses; aussi ne peuvent-ils se nourrir que de proies peu volumineuses, telles que insectes, lombrics ou petits mollusques. La coloration est terne chez certaines espèces et assez vive chez d'autres, mais chez presque toutes elle est irisée de fines nuances métalliques. Ils sont généralement timides et cherchent à fuir dès qu'on veut s'en emparer. Pourtant, les Streptophores, gracieux petits Ophidiens inoffensifs, dont la livrée est souvent relevée de brillantes couleurs, semblent d'un caractère plus belliqueux. Quand, vers le milieu du jour, nous avons eu l'occasion d'en pourchasser quelques-uns, nous avons pu remarquer que le danger leur donnait une apparence de courage très intéressante à observer ; ils se mettent sur la défensive à la manière des Najas, c'est-à-dire en maintenant redressée et aplatie la portion antérieure de leur corps ; dans cette posture, ils suivent tous les mouvements de leur ennemi, se tenant prêts à se jeter sur la main qui voudrait les saisir. »

Distribution géographique. — Les Calamariens sont particulièrement abondants dans les îles de la Sonde, dans l'Inde, dans l'Amérique centrale et dans le nord de l'Amérique du Sud; ils se trouvent également en abondance au Mexique et dans la partie sud des États-Unis; les Calamariens opisthoglyphes vivent principalement dans la partie tropicale du continent africain, dans l'Amérique centrale et dans les régions avoisinantes. Un Calamarien, l'Homalosome coronelloïde, se trouve en Morée et dans la partie nord-ouest du continent africain.

LES CALAMAIRES — *CALAMARIA*

Swergschlangen.

Caractères. — Les Calamaires ont le corps grêle, tout d'une venue, recouvert d'écailles lisses, au nombre de 13 dans une série ; la plaque nasale est entière ; ils manquent d'écailles temporales ; les plaques caudales sont doubles ; la plaque frénale fait défaut, sa place étant occupée par une portion descendante de la plaque pré-frontale ; la pupille est arrondie.

La coloration est généralement peu brillante, le dessus du corps étant ordinairement olivâtre, noirâtre ou d'un noir bleuâtre, tandis que le ventre est blanchâtre ou jaunâtre ; certaines espèces ont des bandes noires se détachant sur un fond rouge, tandis que d'autres sont ornées de lignes longitudinales souvent interrompues.

Mœurs, distribution géographique. — Les Calamaires habitent Java et Bornéo. Ce sont des animaux de petite taille, tout à fait inoffensifs, qui se meuvent lentement, qui vivent à la surface du sol et se nourrissent principalement d'insectes et d'autres invertébrés. Leurs mœurs sont à peine connues, car ils ne peuvent nullement supporter la captivité.

LE CALAMAIRE DE LINNÉ. — *CALAMARIA MACULOSA.*

Caractères. — Le Calamaire de Linné a le corps relativement peu allongé et dès lors assez robuste, si on le compare à la plupart des autres espèces du genre.

Les plaques supéro-labiales sont au nombre de quatre, les deuxième et troisième touchant l'œil ; les sous-labiales de la première paire ne se rejoignent pas derrière la mentonnière ; le sommet de la rostrale est rabattu sur le museau (fig. 264).

Duméril et Bibron distinguent sept variétés de coloration. Le plus souvent l'animal est d'un beau rouge, la tête étant noirâtre ou semée de gouttelettes d'un brun foncé ; le dos et la partie supérieure de la queue présentent une série de petites bandes transversales noirâtres ; le ventre est comme marqueté de taches noires de forme carrée ou rectangulaire.

LES RHABDOSOMES — *RHABDOSOMA*

Caractères. — Les Rhabdosomes diffèrent des Calamaires par le nombre des écailles, qui est de 15 à 17, par la plaque nasale divisée, par la queue beaucoup plus allongée, par 9 paires de plaques sus-céphaliques au lieu de 7.

Distribution géographique. — Les Rhabdosomes représentent les Calamaries dans l'Amérique du Sud et aux Antilles.

L'espèce la plus connue du genre est le Rhabdosome bai (*Rhabdosoma badium*), qui vit à Cayenne et aux Guyanes.

Chez ce Serpent, le corps est roussâtre, avec de larges bandes noires, jaunâtres ou blanchâtres ; les parties inférieures sont d'un blanc sale, avec ou sans un semis de petits points bruns.

LES HOMALOCRANES — *HOMALO-CRANIOS*

Caractères et distribution géographique. — Comme exemple de Calamaries opisthoglyphes, nous indiquerons les Homalocranes qui habitent l'Amérique du Nord, le Mexique, l'Amérique centrale. Ce sont des Serpents de faible taille, à la tête plate, au museau arrondi, plus ou moins saillant, aux écailles du corps lisses, aux plaques de la queue en double série.

La coloration est parfois assez brillante ; le corps peut être d'un jaune uniforme ou relevé de lignes longitudinales brunes ; d'autres fois, le dos est rougeâtre ; on voit parfois un large collier jaunâtre.

LES COULEUVRES — *COLUBRIDÆ*

Nattern.

Caractères généraux. — Linné réunissait tous les Ophidiens en trois familles : les Crotalidées, les Pythonidées et les Colubridées.

Beaucoup de zoologistes désignent aujourd'hui sous ce dernier nom l'ensemble des Serpents non venimeux appartenant au sous-ordre des Colubriformes, qui se rapprochent des Couleuvres de nos pays ; l'absence de bassin et de rudiments de membres les distinguent des Rouleaux et des Ptéropodes ; la présence de dents au palais ne permet pas de les confondre avec les Uropelticiens.

On peut dire, en général, que les Couleuvres se reconnaissent à leur corps svelte, à leur tête nettement distincte du tronc, revêtue de plaques régulièrement disposées. La queue, qui est ordinairement longue, est revêtue, en dessous, de deux rangées de plaques.

Distribution géographique, habitat. — Les Colubridées, dont on connaît aujourd'hui plus de 450 espèces, ont été divisées en un certain nombre de groupes plus ou moins naturels, que certains zoologistes désignent sous le nom de sous-familles, tandis que d'autres en font des familles distinctes.

Les représentants de ce grand groupe sont répandus sur toute la surface du globe ; on en trouve aussi bien sous le cercle polaire que sous l'équateur. Leur habitat, on le comprend facilement, est extrêmement varié ; beaucoup d'espèces affectionnent les endroits humides et sont même presque exclusivement aquatiques, tandis que d'autres ne se trouvent que dans les endroits les plus arides. Ce sont principalement des animaux diurnes, ainsi que l'indique la forme de la pupille, qui est presque toujours arrondie ; plusieurs d'entre eux sont cependant nocturnes ou sont au moins crépusculaires. Tandis que quelques rares espèces semblent être attachées au sol, le plus grand nombre, au contraire, grimpe aux arbres ; un certain nombre d'entre elles est même exclusivement arboricole.

Mœurs, habitudes, régime. — La nourriture consiste souvent en petits vertébrés, tels que batraciens et sauriens de faible taille. Les Couleuvres sont elles-mêmes très souvent la proie de Couleuvres plus fortes ou plus audacieuses ; ces animaux s'attaquent fréquemment aussi aux oiseaux et aux petits mammifères, tels que souris, campagnols, mulots, jeunes lapins. Il est à remarquer que les espèces qui se nourrissent de batraciens anoures ou de poissons n'étouffent jamais leur proie ni ne la tuent, mais qu'elles la dévorent vivante, par quelque point du corps qu'elle ait été saisie ;

les espèces qui, au contraire, s'attaquent aux oiseaux, aux mammifères, aux sauriens, commencent toujours par les tuer.

Les Couleuvres de grande taille sont d'habiles et de hardis chasseurs. Une espèce qui vit dans le nord de l'Amérique, la Couleuvre des monts Alleghanis (*Elaphis alleghaniensis*), se nourrit, d'après Matthes, de souris, de rats, de jeunes écureuils, de jeunes lièvres, d'oiseaux, de sauriens, de grenouilles et même d'Ophidiens de faible taille. Pour atteindre les nids et les écureuils, elle grimpe sur les arbres les plus élevés. Cette espèce passe pour avoir une prédilection toute particulière pour les œufs et s'introduit, pour se les procurer, au milieu des poulaillers qu'elle ravage ; sans se soucier des coups de bec que lui donnent les poules, elle s'empare des œufs, qu'elle avale, puis, cela fait, se roule tranquillement dans le nid. Matthes rapporte avoir vu une de ces Couleuvres qui, sans se préoccuper le moins du monde de sa présence, avala dans la cuisine une telle quantité d'œufs qu'elle resta tranquillement à la même place sans chercher à fuir. « Je coupai, dit Matthes, la tête du Serpent, je lui ouvris le ventre et trouvai dans son estomac tous les œufs brisés ; ces œufs avaient été avalés en entier, puis brisés par la pression du corps contre les dalles du plancher. » Lorsque les poules conduisent leurs poussins, il arrive trop fréquemment que cette Couleuvre s'attaque aux petits, sans se jeter sur les parents.

Hibernation. — Dans nos contrées du nord, les Couleuvres retournent, vers la fin de l'automne, dans leurs quartiers d'hiver et s'engourdissent. Elles sortent plus ou moins tardivement suivant les espèces, puis après la mue a lieu la ponte. Les œufs, en nombre très variable suivant les animaux, sont généralement déposés dans un endroit chaud et humide, puis absolument abandonnés à eux-mêmes ; c'est la chaleur solaire qui les fait éclore ; chez certaines espèces, les petits arrivent au monde vivants, les œufs éclosant dans l'intérieur du corps de la femelle.

LES CORONELLIENS — *CORONELLIDÆ*

Caractères. — Sous le nom de Coronelliens, nous décrivons, à l'exemple de Jan, les Couleuvres à la queue courte, se continuant directement avec le tronc. La tête est couverte en dessus de plaques régulières ; le museau est court, arrondi ; le corps est revêtu d'écailles lisses ; les écailles qui protègent le dessous de la queue sont en général doubles ; elles sont simples cependant chez les *Rhinocéphales*, en partie doubles, en partie simples chez les *Homalocéphales*. Quelques espèces, appartenant aux genres *Tomodon*, *Mesotes*, *Psammophylax*, *Erythrolampe*, ont les dents postérieures sillonnées ; toutes les autres ont les dents lisses.

Distribution géographique. — La véritable patrie des Coronelliens est l'Amérique du Sud et l'Amérique centrale. Sur 130 espèces environ, la moitié, soit 65, est de cette région ; une trentaine d'espèces se trouvent dans l'Amérique du Nord. Les autres espèces habitent le sud de l'Asie et les îles de la Sonde, les parties chaudes de l'Afrique, la zone circumméditerranéenne, aussi bien en Afrique qu'en Europe et en Asie ; on trouve plusieurs espèces en Chine, au Japon, à Madagascar. •

LES CORONELLES — *CORONELLA*

Fachschlangen.

Caractères. — Les Coronelles sont des Serpents au tronc allongé, à la queue de longueur médiocre, au museau arrondi et à peine allongé, aux plaques caudales doubles, aux écailles au nombre de 19 à 29, disposées non obliquement ; l'œil est toujours en contact avec les plaques labiales ; il n'existe qu'une seule plaque préoculaire ; les dents sus-maxillaires sont plus longues que les autres et non séparées de celles-ci par un intervalle.

LA COULEUVRE LISSE. — *CORONELLA AUSTRIACA.*

Schlingnatter.

Caractères. — La Lisse a le dessus du corps coloré généralement en roux légèrement olivâtre, à surface très brillante, avec des marbrures noirâtres formant deux séries longitudinales et parallèles ; une ligne de couleur foncée part de la narine, passe au-dessous de l'œil et va rejoindre les points noirs qui se trouvent le long des flancs. Le dessus de la tête est orné

Fig. 265. — La Couleuvre lisse (grand. nat.).

de points noirs, très rapprochés les uns des autres; deux larges taches brunes se voient sur les pariétales. Le ventre est jaune, lavé de gris avec des taches et des points bruns plus ou moins apparents et toujours mal définis; le ventre est parfois presque noir.

La coloration est assez différente suivant les individus. On trouve, en effet, dans nos pays, des animaux qui varient depuis le gris jusqu'au rouge brun, avec tous les intermédiaires. Erhard signale dans les Cyclades une variété ornée de deux lignes d'un rouge corail vif s'étendant depuis la tête jusqu'à l'orifice de la queue.

Nous ajouterons que la taille peut arriver à 0m,80, ce qui est tout à fait exceptionnel. La tête est peu distincte du tronc, relativement longue; les joues sont étroites; le museau, téroit, est arrondi à son extrémité. Les yeux

sont petits, enfoncés; l'iris est jaune dans sa partie supérieure, brunâtre dans sa moitié inférieure. La queue, qui est assez courte, est arrondie, conique, très forte à sa base (fig. 265).

Distribution géographique, habitat. — Cette espèce habite l'Europe centrale et méridionale; elle paraît être rare en Suède et en Norvège. En Angleterre, d'après Wood, on la trouve surtout sur les montagnes calcaires où abondent les Lézards; en Allemagne, elle est abondante dans les forêts du Harz et de la Thuringe; on la rencontre en Autriche, principalement dans les régions alpestres, dans la Styrie, le Tyrol, la Carinthie, la Carniole, la Dalmatie; l'espèce se trouve fréquemment en France, en Italie, en Grèce, dans la péninsule Ibérique; en Russie, elle habite presque toutes les provinces du centre et du sud, depuis la

Courlande, la Livonie, la Pologne, jusqu'à la mer Caspienne ; elle a été trouvée enfin dans le nord de l'Afrique. Dans les Alpes, la Couleuvre lisse monte jusqu'à l'altitude de 1,200 mètres ; on la trouve encore dans le Caucase à 2,000 mètres.

Mœurs, habitudes, régime. — La Couleuvre lisse choisit ordinairement les terrains secs et arides, les broussailles ; on la rencontre accidentellement dans les bas-fonds humides et ombreux ; elle ne va pas volontiers à l'eau, bien qu'elle nage parfaitement. D'après Fatio, on la trouve souvent dans la poussière du chemin, où elle se livre à la chasse des Lézards et des Orvets qui sont sa principale nourriture ; elle fait parfois une chasse active aux jeunes Serpents et ne dédaigne point les gros insectes.

Lorsque, rapporte Darsy, on jette plusieurs Lézards vivants dans une cage dans laquelle se trouvent des Coronelles, c'est à qui cherchera à se sauver, aussi bien Lézards que Couleuvres. « Après ce préambule tumultueux, rapporte notre observateur, la lutte va s'engager. Dardant leur langue de tous côtés, les Serpents méditent un plan d'attaque ; pendant ce temps les malheureux Lézards, comme paralysés par la frayeur, cherchent à se défendre énergiquement et s'apprêtent à mordre. Tout à coup une des Couleuvres fond sur sa proie, s'empare du Lézard et l'enroule de suite, malgré les efforts désespérés de celui-ci. Le Lézard doit être avalé la tête en avant, ce qui ne laisse point d'être difficile et fort pénible ; aussi le Serpent ne se presse-t-il pas. Lorsque le Lézard est hors d'état de résister, le Serpent déroule peu à peu ses nœuds, cherche la tête du Lézard ; celle-ci disparaît lentement, le corps suit à son tour et bientôt on ne voit plus que la queue qui frétille. Les choses ne se passent pas toujours aussi simplement, car le Lézard, même serré au cou, a la vie dure et cherche à se défendre. Si la Couleuvre ne l'a pas bien saisi, il saisit la mâchoire de son ennemi à l'aide de ses dents aiguës et ne lâche plus prise, quoi que fasse le Serpent ; c'est en vain que celui-ci cherche à se délivrer. Lorsqu'il a ainsi épuisé les forces de son ennemi, le Lézard se dégage brusquement et se sauve au plus vite, laissant le Serpent tout ensanglanté. »

Nous pouvons ajouter à cette description que généralement la Couleuvre lisse pose trois anneaux autour du corps de sa vic-

time qu'elle enlace si étroitement que, sans léser la peau, elle sectionne les parties jusqu'aux os et rend ainsi toute fuite impossible. Pour les Orvets, la proie que la Lisse affectionne plus particulièrement après les Lézards, la Couleuvre place ses anneaux loin les uns des autres, en laissant la tête de la victime dirigée vers le haut.

Une Couleuvre lisse, tenue en captivité par Günther, ne voulait manger que des Lézards et ne touchait ni aux Souris ni aux Grenouilles, bien qu'elle les mordît avec rage lorsqu'elles passaient à sa portée. On donna un jour à cet animal un Lézard des haies exceptionnellement gros et fort ; la Lisse se jeta de suite sur lui ; le Lézard se défendit énergiquement et mordit cruellement la Couleuvre qui l'enlaçait ; la victoire resta au Saurien, qui eut cependant la queue brisée.

Schlegel a trouvé plusieurs fois des Souris dans le corps de Couleuvres lisses et Erber a vu cette Couleuvre se nourrir de ces petits rongeurs. Ce fait doit être regardé comme exceptionnel, aussi doit-on donner complètement raison à Lenz qui déclare que la Lisse est un animal nuisible ; elle détruit en effet beaucoup de Lézards et d'Orvets, Reptiles essentiellement utiles, car ils se nourrissent presque exclusivement d'insectes.

Link affirme que la Couleuvre lisse a l'eau tout à fait en horreur, et que lorsqu'on la jette dans une mare, elle s'empresse de regagner les bords ; cette aversion serait telle, que le Serpent ne boirait jamais. D'autres observateurs sont d'un avis absolument contraire, et Dursy dit que cette espèce, lorsqu'elle est maintenue en captivité, plonge souvent la tête entière dans l'eau et boit avec avidité.

D'après les observations de Lenz, la Lisse se cache souvent sous les pierres, ne laissant passer que la tête ; elle est très agile.

Les différents zoologistes ne sont pas absolument d'accord sur le caractère de la Couleuvre lisse. Cette espèce, fort douce, d'après Millet, mordrait avec rage, suivant Fatio. « La Lisse, dit Lenz, est un Serpent irritable et méchant, qui mord avec fureur à tort et à travers, non seulement quand il vient d'être capturé, mais encore lorsqu'il se trouve en captivité depuis un certain temps. Lorsqu'on présente à cet animal un gant ou le pan de son vêtement, il s'attache avec les dents. Ce Serpent entre si facilement en fureur, qu'il se mord lui-même ; lorsqu'il est bien en colère, il se pose comme la Vipère, enfle son cou et écarte autant qu'il le peut la mâchoire pour mordre. » Nous pouvons absolument confirmer les observations de Lenz, car nous avons toujours vu la Lisse être très irritable et se jeter avec beaucoup d'audace lorsqu'on lui présente la main ; il va sans dire que la morsure est tout à fait insignifiante et que la bête est plus méchante que dangereuse. C'est probablement ce caractère hargneux, joint à la ressemblance que l'animal offre de loin avec la Vipère, qui le fait craindre presque partout.

La Couleuvre lisse est ovovivipare et fait annuellement de dix à douze petits, qui, généralement, brisent la coque de l'œuf aussitôt qu'ils sont pondus, mais qui, assez souvent, sortent vivants du corps de leur mère. Wyder est le premier naturaliste qui ait observé ce fait intéressant. Lenz, plus tard, a trouvé qu'au milieu du mois de mai les œufs avaient 15 millimètres de long sur 6 millimètres d'épaisseur ; vers la fin de juin ces œufs avaient 25 millimètres de long et 12 de large ; les petits, à cette époque, étaient de couleur blanche ; la tête était grosse et les yeux bien apparents. Dès les premiers jours de septembre, les œufs furent pondus ; la coque se rompit aussitôt et les petits, gros comme une plume à écrire et longs de 15 centimètres, se mirent de suite à ramper et à chercher de suite leur nourriture. « Dès leur naissance, écrit Lenz, ces petites Couleuvres sont charmantes. Les taches du dos s'étendent jusque vers l'extrémité de la queue, qui est fine comme une aiguille ; le dessus de la tête est fort agréablement coloré ; l'animal est des plus souples et glisse avec grâce à travers les broussailles. »

Usages. — « Pendant un certain temps, raconte Lenz, on a, sur le conseil d'un médecin hongrois, essayé la bile de la Coronelle lisse contre l'épilepsie. Pour satisfaire aux désirs exprimés par le médecin, je tuai quantité de Lisses. Pour cela, j'essayai de les faire mourir dans l'eau, mais elles s'y débattaient pendant des heures entières. J'eus recours au suc de tabac qui les étourdissait et, finalement, les faisait périr. » Il est inutile, croyons-nous, d'ajouter que le fiel de ce Serpent était absolument dénué de tout effet curatif.

LA BORDELAISE. — *CORONELLE GIRUNDICA.*

Caractères. — Bien que fort voisine de la Couleuvre lisse, la Couleuvre bordelaise, qui, dès 1804, en a été séparée par Daudin, en diffère par vingt et une au lieu de dix-neuf rangées d'écailles, par huit plaques supéro-labiales au lieu de sept.

D'après F. Lataste, « la tête est d'un gris roux, pâle, tout semé de très petits points très rapprochés, et présente, vue obliquement, des reflets irisés bleuâtres ; le bout du museau est taché de noir. Une ligne assez nette, noire, forme un arc à concavité postérieure, en passant d'un œil à l'autre ; cet arc se continue en arrière de l'œil par un trait oblique ; il se poursuit tout le long des flancs par une série de taches brunes, effacées, peu perceptibles. Deux autres traits se voient encore sur les côtés de la nuque et le haut du cou et se continuent sur le haut du corps par deux séries parallèles et juxtaposées de taches quadrilatères, très visibles chez les jeunes, un peu moins chez les adultes ; ces taches, tantôt, arrivant au même niveau, forment des bandes transversales, tantôt alternent entre elles ; quelquefois ces taches alternes figurent la ligne sinueuse du dos de la Vipère. Chaque écaille du dos, sur un fond gris pâle, présente un semis de petits points noirs et de points rouges brillants et comme saillants. Si les points rouges dominent, ce qui arrive fréquemment, la teinte générale est rougeâtre ; si les points sont noirs, la teinte générale est grisâtre. Les gastrostèges présentent des taches quadrangulaires noires sur un fond jaune sale. »

Distribution géographique. — La Bordelaise est une espèce plus méridionale que la Lisse. On la trouve en Italie, en Grèce, en Algérie. En France, elle ne remonte guère plus haut que la Charente-Inférieure.

Mœurs, habitudes, régime. — Gachet rapporte que la Bordelaise est une espèce tout à fait douce et qu'elle ne se décide jamais à mordre. Lataste dit que cette espèce répand, paraît-il, une odeur de poisson très désagréable, surtout lorsqu'on l'irrite, ou qu'elle est exposée aux ardeurs du soleil ; cet observateur rapporte, du reste, que jamais il n'a trouvé une semblable odeur sur les individus qu'on lui portait soit vivants, soit récemment morts. Il ajoute que cette innocente et jolie espèce est impitoyablement massacrée par les gens de la campagne, qui la confondent avec la variété rouge de la vipère.

Bien que de mœurs assez douces, la Bordelaise s'attaque parfois cependant aux animaux de sa propre espèce. C'est ainsi que nous avons

Fig. 266. — La Chaine (1/3 grand. nat.).

vu une Couleuvre de 0ᵐ,78 de long en train d'en avaler une autre de 0ᵐ,55. Nous retirâmes la Couleuvre ; il était trop tard, elle se mourait. L'avalée et l'avalante moururent, du reste, toutes deux.

LA CHAINE. — CORONELLA GETULUS.

Rettennatter.

Caractères. — Une des plus belles Coronelles est l'espèce qui a été décrite par Catesby, en 1743, sous le nom de Couleuvre chaine. D'après Holbrock, qui a fréquemment observé ce Serpent vivant, « le corps est, sur toutes les régions supérieures, brillant et du plus beau noir de corbeau. La plaque rostrale est blanche à son centre, et sur chaque plaque du vertex on voit une ou plusieurs petites taches d'un blanc de lait ; celles de la plaque frontale moyenne forment une petite barre transversale. Le tronc est orné de bandes transverses ou anneaux blancs, à peu près à égale distance, au nombre de vingt-deux environ. Ces anneaux sont étroits et formés de petites taches. Chacune de ces bandes, en arrivant sur les flancs, se bifurque ; de là résulte une ligne sinueuse latérale, continue, qui, avec les portions transversales, constitue la série des an-

neaux. Elle se renfle de distance en distance à sa partie inférieure et forme, sous le ventre, une série de taches blanches, alternes avec les bandes transversales du dos. Dans tout le reste de leur étendue, les régions inférieures sont à peu près de la même teinte, si ce n'est qu'elles sont plus brillantes encore et nuancées de violet. »

Nous dirons que ce Serpent peut arriver à la taille de 1ᵐ,50, que la tête est petite, le museau court et arrondi, la queue courte, robuste à sa base et terminée en une pointe aiguë (fig. 266).

Distribution géographique. — La Chaîne, qui est aussi connue aux États-Unis sous les noms vulgaires de *Serpent-Roi*, de *Serpent-Tonnerre*, de *Serpent-Coureur*, est particulièrement abondante dans la partie sud de l'Union ; d'après Holbrook, elle ne dépasse pas, comme limite septentrionale, l'état de New-York ; on la trouve dans la Floride, la Caroline, le Texas, la Virginie.

Mœurs, habitudes, régime. — Cette espèce passe aux États-Unis pour être l'ennemie du Serpent à sonnette ; Holbrook et Binney l'ont vue, en effet, avaler des Crotales avec lesquels elle était en captivité. La Chaîne est un animal très vif et fort agile, qui supporte bien la

Fig. 267. — La Couleuvre léopard (1/2 grand. nat.).

captivité ; elle paraît se nourrir surtout de lézards et de petits rongeurs.

L'ANNELÉE. — *CORONELLA DOLIATA*

Caractères. — L'Annelée qui, par sa coloration, rappelle certains Serpents venimeux, tels que les Élaps, a le corps fort agéablement orné. Suivant Holbrook, « la moitié antérieure de la tête est d'un rouge clair, l'autre moitié est d'une teinte noire qui, le plus souvent, se confond avec le premier anneau. Le tronc est écarlate, cerclé par 22 anneaux géminés, d'un noir de jais et séparés l'un de l'autre, dans chaque paire, par un espace étroit, de couleur blanche. Ces anneaux n'entourent pas toujours complètement le tronc, mais le plus souvent ils se réunissent l'un à l'autre sur la ligne médiane à la région inférieure qui, partout ailleurs, est blanche. » La taille arrive à 1m,25.

Mœurs, distribution géographique. — Cette espèce est plus méridionale que la Chaîne. Elle vit dans le sud de l'Illinois, l'Arkansas, le Mexique, le Guatemala, le nord du Brésil. Ces mœurs sont celles de la Chaîne.

LES ABLABES — *ABLABES*

Caractères. — Les Ablabes sont des Ser-

pents colubriformes, à tête généralement assez distincte du tronc, qui est cylindrique, au museau court, mousse et arrondi, à la queue peu longue, assez effilée ; les dents sont semblables les unes aux autres, également espacées.

Distribution géographique. — Sur les 6 espèces que comprend le genre, une habite la Chine, 4 se trouvent dans la partie nord-est de l'Amérique du Sud ; l'espèce que nous décrivons est du sud de l'Europe.

LA COULEUVRE LÉOPARD. — *ABLABES QUADRILINEATUS.*

Leopardennatter.

Caractères. — La Couleuvre léopard, ou Couleuvre à quatre lignes, se fait remarquer par le peu de longueur de la tête et la forme à peu près cylindrique du tronc.

La coloration est assez différente, suivant les individus examinés ; on peut reconnaître deux variétés principales.

La variété à laquelle s'applique plus exactement le nom de Couleuvre léopard, qui lui a été appliqué par Fitzinger, est celle que nous figurons (fig. 267). Le corps est de couleur brun acajou clair ; la partie supérieure du tronc et de la queue est ornée de taches rouges de sang, bordées de noir, disposées suivant deux séries longitudinales souvent confondues, de manière à former de larges espaces rouges dirigés transversalement. Au-dessous et sur chaque flanc se voit une série de maculatures noires, beaucoup plus étendues que les taches dont nous venons de parler, se détachant vigoureusement sur le fond qui est d'un gris brunâtre. Le ventre est parsemé de taches d'un bleu noirâtre. La tête est ornée de lignes noires; la plus marquée, qui va d'un œil à l'autre, a la forme d'un croissant à concavité postérieure; deux autres lignes se dirigent obliquement de la plaque frontale à l'angle de la bouche; le dessus de la tête porte également deux taches de même couleur.

La seconde variété porte plus particulièrement le nom de quatre-lignes. Sur un fond gris brunâtre se détachent quatre bandes longitudinales d'un rouge de sang ou d'un rouge sombre, le plus souvent bordées de noir; sur la ligne moyenne du dos se voit une bande blanche se prolongeant jusqu'à l'extrémité de la queue et offrant, de distance en distance, des rétrécissements irréguliers. Les parties latérales du tronc sont marquées de petites bandes obliques, noires, dirigées d'avant en arrière. Le dessous de la tête est blanc jaunâtre ou jaune très-clair; le reste du ventre est blanchâtre, avec de petites taches brunes et bleues; peu de temps après la mue, cette partie brille, suivant Nordmann, des plus belles couleurs métalliques bleues et violettes, avec des reflets roses. La tête est ornée ainsi que nous l'avons dit pour la première variété.

La longueur de l'espèce que nous décrivons est d'environ un mètre.

Distribution géographique. — La Couleuvre léopard habite le sud-est de l'Europe et une partie de l'Asie-Mineure. En Grèce et en Dalmatie, on trouve plus particulièrement la variété léopard. Pallas a recueilli cette espèce dans les provinces méridionales de la Russie d'Europe et dans le nord de l'Asie-Mineure; Nordmann l'a rencontrée dans la côte méridionale de la Péninsule, et autour de la mer Caspienne; Erber l'a trouvée dans toute la Dalmatie et l'Herzégovine, mais toujours isolément; Erhardt ne l'a observée qu'une seule fois au voisinage de la montagne de Pyrgoo, à Sywa, à la hauteur de 500 mètres; on l'a recueillie en Morée, dans l'île de Crète; Métaxa l'a décrite d'après un individu venant de la Terre d'Otrante; en Sicile, aux environs de Catane, l'espèce a été vue par Cantraine.

Mœurs, habitudes, régime. — D'après le voyageur que nous venons de citer, la Couleuvre qui nous occupe se tient principalement dans les maisons et surtout dans les caves, tandis qu'elle est rare dans la campagne; en Dalmatie toutefois elle se trouve sur les collines.

D'après Erber, la couleuvre léopard se nourrit principalement de Lézards, mais s'attaque aussi aux petits rongeurs et aux Serpents de plus faible taille; cette espèce est d'humeur très farouche; elle se tient, en captivité, habituellement sur les arbustes dont on garnit sa cage.

LES HÉTÉRODONS — *HETERODON*

Caractères. — Les Hétérodons ont le museau relevé, en forme de coin, obtus et anguleux; la tête est assez distincte du tronc, qui est anguleux; les deux dernières dents de la mâchoire supérieure sont plus longues que les autres et séparées de celles-ci par un espace vide. Les écailles sont tantôt carénées, tantôt lisses.

Distribution géographique. — Le genre Hétérodon se compose de 9 espèces; une habite l'Algérie, une est de Madagascar; les autres espèces se trouvent dans les deux Amériques.

L'HÉTÉRODON DIADÈME. — *HETERODON DIADEMA.*

Caractères. — Chez cette espèce, les écailles sont lisses, peu allongées, disposées suivant 19 rangées longitudinales; les écailles du ventre sont très larges, repliées sur les flancs, de telle sorte que la partie inférieure du corps est bordée, de chaque côté, par une ligne saillante. La queue est fort courte et conique; les narines sont situées latéralement.

Le dos est orné de taches transversalement placées, de couleur noire, alternant avec des taches plus petites, situées dans leur intervalle; le dessous du corps est blanchâtre, de couleur uniforme. Derrière l'œil se voit une tache noire qui se dirige vers l'angle de la bouche.

Distribution géographique. — Cette espèce habite l'Algérie et se trouve principalement dans les déserts de la partie ouest.

LES LYCOGNATHES — *LYCOGNATHUS*

Caractères. — Les Lycognathes sont des Serpents opisthoglyphes qui ont les os susmaxillaires courts, pourvus d'une dent plus longue que les autres, suivie d'un espace vide, puis de quatre ou cinq crochets dont les postérieurs sont cannelés. Le museau est obtus ; les yeux sont latéralement situés.

LA COULEUVRE A CAPUCHON. — *LYCOGNATUS CUCULLATUS.*

Caractères. — Cette espèce, par son port et même par sa coloration, rappelle assez la Couleuvre lisse. Le tronc et les flancs sont roussâtres, glacés de rose sur les parties inférieures ; le ventre est d'un jaune verdâtre. Aux angles de la bouche et derrière la tempe, se voit une large raie noire qui, se réunissant à celle du côté opposé, forme un chevron. Sur le milieu de la nuque se trouve une autre tache noire à laquelle se joignent souvent deux bandes verticales sur les côtés du cou ; ces bandes forment ainsi une sorte de coiffe noire sur l'occiput. Le dos est orné de bandes plus ou moins distinctes, ou par des taches d'un noir foncé.

Mœurs, distribution géographique. — La Couleuvre à capuchon est un des Serpents les plus communs de l'Algérie ; on la trouve aussi dans le nord de l'Égypte.

D'après Guichenot, cette espèce se nourrit de petits rongeurs et de lézards ; elle se tient sous les pierres, dans les buissons et dans les endroits secs et arides.

LES COLUBRIDÉES — *COLUBRIDÆ*

Landnattern.

Caractères. — Les Colubridées ont le corps de longueur médiocre, la tête nettement distincte du tronc, l'ouverture buccale large, les écailles lisses ou généralement peu carénées ; il existe toujours une plaque frénale ; les dents maxillaires postérieures sont, tantôt toutes semblables, tantôt un peu plus grandes que celles qui les précèdent et séparées des antérieures par un intervalle.

Distribution géographique. — Les espèces qui rentrent dans cette famille sont du pourtour de la Méditerranée, du sud de l'Asie, des deux Amériques ; une espèce vit dans la partie ouest tropicale de l'Afrique.

LES ELAPHES — *ELAPHIS*

Kletternattern.

Caractères. — Sous le nom d'Élaphes, Duméril et Bibron ont groupé des Couleuvres chez lesquelles le corps est le plus souvent cylindrique, parfois un peu comprimé ; la tête est généralement assez peu distincte du tronc ; les espèces arboricoles ont la queue plus longue que les espèces plus essentiellement terrestres ; les dents sont toutes d'égale longueur.

Distribution géographique. — Le genre Elaphe se compose de 15 espèces suivant certains zoologistes, de 22 ou 23 suivant d'autres. Ces espèces habitent le Japon, le sud de la Chine, Java, les Philippines, les Célèbes, Timore, le sud des États-Unis ; 4 espèces se trouvent sur le pourtour de la Méditerranée.

LE SERPENT D'ESCULAPE. — *ELAPHIS ÆSCULAPIS.*

Æsculapschlange.

Caractères. — Cette espèce a le corps allongé, peu volumineux, la tête à peine distincte du tronc, la queue longue et déliée. Les écailles de la partie antérieure du corps sont lisses ; celles de la partie postérieure portent une légère carène (fig. 268).

La teinte générale est un brun olivâtre uniforme en dessus, un blanc jaune verdâtre en dessous. On aperçoit, sur le dos et sur les côtés, de petites taches blanches qui, par leur réunion, constituent un piqueté irrégulier, peu marqué, plus apparent sur les parties antérieures que sur les postérieures où il disparaît graduellement. Sur les côtés de la nuque, derrière la lèvre, se voit une tache d'un jaune assez vif ; derrière l'œil existe une tache d'un gris noirâtre.

Les individus jeunes, au lieu d'être d'une teinte uniforme, sont d'un brun grisâtre, avec des taches brunes tirant sur le vert et disposées en séries, de manière à former des lignes longitudinales ; le ventre est, en avant, d'un blanc jaunâtre avec des mouchetures noires, en arrière d'un gris d'acier.

Il existe, chez les adultes, des variétés de coloration ; certains individus sont d'une teinte très claire, d'autres sont presque noirs. Charles Bonaparte indique, comme trouvée dans les Apennins, une variété jaunâtre et, dans la Sicile, une jolie variété avec une ligne rouge noirâtre sur les flancs.

Le Serpent d'Esculape arrive fréquemment à la taille de 1m,60.

Distribution géographique. — La véritable patrie de cette espèce est le sud de l'Europe, depuis la péninsule ibérique jusqu'aux côtes occidentales de la mer Caspienne. On la trouve dans tout le midi de la France et l'espèce remonte dans la forêt de Fontainebleau, cette sorte d'oasis où l'on rencontre tant de formes méridionales. L'Esculape existe dans le Valais, dans le pays de Vaud ; elle habite toute l'Italie, à l'exception des plaines de la Lombardie, la campagne romaine, les Calabres, la Sicile et la Sardaigne ; elle n'est point rare dans le Tyrol méridional où on la rencontre jusqu'à 1,030 mètres au-dessus du niveau de la mer ; l'espèce a été signalée en Carinthie, dans la haute Autriche, dans l'Autriche orientale, en Silésie ; elle est abondante dans le sud de la Hongrie, en Galicie, en Croatie, dans la presqu'île des Balkans et dans plusieurs provinces méridionales de la Russie.

On sait qu'Asclépias, le dieu de la médecine, porte à la main, comme emblème de sa puissance, un bâton autour duquel est enroulé un Serpent. Il est évidemment fort difficile de savoir quelle est exactement l'espèce dont les anciens ont fait le symbole de l'art de guérir, mais il est très probable que c'était l'espèce que nous nommons le Serpent d'Esculape. Un fait qui semble donner grande raison à cette opinion, c'est la présence de cette espèce auprès des thermes les plus célèbres, alors que le Serpent ne se trouve pas autre part dans la contrée. La Couleuvre d'Esculape a été certainement introduite sous la domination romaine dans divers points de France, de Suisse et d'Allemagne, et gardée sans doute dans les temples élevés à proximité des thermes. C'est ce qui s'est certainement passé, par exemple, aux environs d'Ems et de Schlangenhad, de Baden et dans divers points du bas Tessin et du Valais, où la Couleuvre d'Esculape ne se rencontre exclusivement que dans les décombres provenant d'anciens thermes, comme si le Serpent n'avait pas voulu abandonner les temples qui lui avaient autrefois été élevés.

Fatio croit que les individus que l'on rencontre çà et là en divers points de Suisse, et toujours à proximité des stations romaines, y ont été introduits par les maîtres du monde.

Nous avons, du reste, la preuve que sous un climat modérément tempéré, la Couleuvre d'Esculape s'acclimate facilement. Le comte Görtz, ainsi que le raconte Lenz, fit venir de Schlangenhad, en 1853 et 1854, quarante de ces Serpents et les mit en liberté aux environs de son habitation, non loin de Schlitz, dans le grand-duché de Hesse.

Les Couleuvres trouvèrent là tout ce qu'il leur fallait : des endroits bien exposés au soleil, de vieux arbres tout crevassés offrant de faciles retraites, des buissons, des coteaux aux pentes rocheuses et escarpées, de vieilles murailles lézardées et moussues ; il n'est, dès lors, pas surprenant que les Couleuvres prospérèrent à souhait en un endroit si propice. On remarqua à plusieurs reprises que des Couleuvres émigraient en bande, car on en trouva un certain nombre à plus d'une heure de distance de là, au delà même de la rivière Fulda qu'elles avaient dû traverser à la nage.

Mœurs, habitudes, régime. — Dans le sud de l'Europe, la Couleuvre d'Esculape se tient de préférence dans les endroits rocheux et couverts de broussailles. A Fontainebleau nous avons plus particulièrement trouvé l'espèce au milieu des buissons poussant dans les terrains les plus pierreux et les plus arides. A Schlangenhad, elle vit volontiers dans les murs en ruine des vieux châteaux. Dans la propriété du comte Görtz, cette espèce fréquente les murs lézardés et surtout le toit d'une maison en ruine, toute couverte de lierre et de plantes grimpantes ; plusieurs individus habitent en paix, en compagnie de frelons, dans un vieux chêne tout pourri jusqu'au cœur.

La Couleuvre d'Esculape ne va pas volontiers à l'eau et, lorsqu'on la met de force dans une mare, elle s'empresse de regagner la rive. Sur un sol plat, les mouvements ne sont pas très rapides et, sous ce rapport, la Couleuvre d'Esculape est inférieure à beaucoup de Couleuvres d'Europe ; il n'en est pas de même lorsqu'il s'agit de grimper aux arbres ou sur les buissons. « Lorsque je posais verticalement sur ma poitrine, dit Lenz, une Couleuvre d'Esculape apprivoisée, après avoir bien boutonné mon vêtement, elle savait se maintenir en s'appuyant à l'endroit où se trouvait un bouton, de telle sorte que son corps faisait une

Fig. 268. — La Couleuvre d'Esculape (1/3 grand. nat.).

arête qu'elle pressait si fermement sous le bouton qu'elle restait ainsi suspendue, bien qu'elle fût très pesante. Lorsqu'elle voulait grimper plus haut, elle s'appuyait contre le bouton suivant, et ainsi de suite. La Couleuvre d'Esculape peut, en opérant de la même manière, monter sur les grosses branches de pin. »

Habituellement, le Serpent d'Esculape recherche les troncs d'arbres et les branches autour desquelles il peut s'enrouler et s'entortiller. Dans une épaisse forêt, il passe facilement d'un arbre sur un autre et parcourt souvent ainsi de grandes distances, en cheminant de branche en branche. Le long d'un mur, ce Serpent grimpe avec une agilité vraiment surprenante, car il sait profiter de la moindre saillie, de la plus légère aspérité avec une adresse remarquable.

La nourriture se compose principalement de petits rongeurs, bien qu'à l'occasion la Couleuvre d'Esculape ne dédaigne pas les oiseaux et qu'il lui arrive trop fréquemment de piller les nids.

« De toutes les Couleuvres d'Allemagne, écrit Linck, la Couleuvre d'Esculape est celle qui a la plus faible postérité. Cette espèce est extrêmement sensible au froid, de telle sorte qu'elle quitte rarement ses quartiers d'hiver avant la fin de mai ou le commencement de juin, c'est-à-dire près de deux mois après les autres Couleuvres. C'est le seul Serpent allemand, avec la Coronelle lisse, dont les œufs aient à subir une maturation de trois semaines avant que le petit soit prêt à éclore. Habituellement, la ponte n'est que de cinq œufs ; ceux-ci sont déposés au milieu de gravois ou dans la mousse sèche et épaisse ; les œufs sont allongés, moins fortement bombés que les œufs de pigeon, et ressemblent un peu aux nymphes de fourmis. »

Captivité. — Il n'y a pas, en Allemagne, de Serpents que l'on ait aussi souvent capturé que les Couleuvres d'Esculape. A Schlangenbad leur chasse constitue un revenu pour les gens pauvres. On les recherche à leur réveil du sommeil hivernal, on les apprivoise et on les montre ou on les vend aux baigneurs. Les Serpents sont généralement remis en liberté à la fin de la saison, car ils passent très mal l'hiver en cage, ne mangent pas et périssent rapidement. « Je n'ai jamais pu, dit Lenz, faire manger une Couleuvre d'Esculape tenue en captivité et cependant je l'ai gardée près d'une année en vie. » Link assure également que les prisonnières ne prennent pas de nourriture. Erber a, de son côté, remarqué que certaines Couleuvres d'Esculape mangent parfaitement en captivité ; deux de ces animaux dévorèrent dans le courant d'un été deux Lézards et cent huit souris.

Effeldt, après avoir fait jeûner pendant des mois entiers des Couleuvres d'Esculape, leur donna des lézards, des orvets, des crapauds, des grenouilles, des insectes ; les Couleuvres ne s'attaquèrent pas à ces proies, mais s'emparèrent d'oiseaux et de souris que plus tard on plaça dans leur cage. « Aussitôt que l'on met un oiseau ou une souris dans la cage des Couleuvres d'Esculape, écrit cet habile observateur, tout aussitôt, aussi bien le jour que la nuit, on voit la tête du Serpent sortir du trou dans lequel le Reptile était caché, puis l'animal se mettre rapidement en chasse ; la proie, saisie par une partie quelconque du corps, est de suite enroulée de tours si rapprochés que la victime n'est plus visible. Si la proie ne meurt pas rapidement, le Serpent se roule furieusement avec elle sur le plancher de la cage jusqu'à ce qu'elle ait cessé de vivre. La Couleuvre ne lâche pas-pour cela sa victime ; elle relâche un peu ses replis, cherche la tête de sa proie, la saisit avec les dents et commence à l'avaler. Il arrive fréquemment que deux Couleuvres saisissent la même proie au même moment et s'enroulent l'une autour de l'autre avec une extrême rapidité. »

Effeldt est arrivé à faire manger à des Serpents d'Esculape de petits mammifères et des oiseaux morts, même de la viande de cheval coupée en morceaux.

Dans les premiers temps qui suivent sa cap-

ture, le Serpent d'Esculape est fort hargneux et se jette avec rage sur la main qui cherche à s'en emparer. « Lorsque l'animal est en colère, dit Lenz, sa tête s'élargit considérablement, de telle sorte qu'elle prend une forme triangulaire ; le cou s'allonge, et l'animal se précipite avec une extrême rapidité pour mordre. Même lorsque ses yeux sont obscurcis par la mue, elle manque rarement sa proie. Lorsque plusieurs de ces animaux sont nouvellement capturés, il arrive qu'ils se mordent entre eux ; généralement, cependant, en captivité, ils s'accordent très bien avec leurs compagnons de prison. Le caractère méchant persiste assez longtemps ; on arrive cependant, à force de soins, à dompter le Serpent à ce point qu'il ne mord plus, même quand on l'agace, qu'il se laisse manier, et qu'il ne cherche plus à fuir lorsque la porte de sa cage est laissée ouverte. »

Une observation, due à Erber, montre avec quelle rapidité la Couleuvre d'Esculape peut s'attacher à l'homme. « Une Couleuvre, dit-il, que je pris dans les environs d'une carrière, était si apprivoisée, que je présumai qu'elle avait déjà dû être tenue en captivité. Les carriers m'affirmèrent cependant qu'ils connaissaient cet animal depuis longtemps, et qu'ils ne l'avaient pas tué parce qu'ils avaient remarqué qu'il mangeait beaucoup de petits rongeurs. Le Serpent était tellement habitué aux carriers, qu'il ne craignait nullement le voisinage de l'homme. » Plus tard, Erber donna la liberté à l'animal capturé, qui ne mangeait pas en captivité. « Ma bête, dit cet observateur, parut médiocrement se réjouir de la liberté conquise, car elle s'enroula et resta tranquillement couchée dans mon voisinage en plein soleil. Je m'éloignai et ne revins que longtemps après ; mon Serpent était toujours à la même place, et je le caressai ; il s'enroula alors autour de mon bras et vint reposer sur mon épaule. Je l'inquiétai de toutes les manières ; il ne songeait pas à fuir, mais cherchait à se cacher sous mes vêtements. Je renonçai à donner la liberté à l'animal, et le remportai chez moi. »

Une Couleuvre d'Esculape, que Lenz avait eue en sa possession, était tellement apprivoisée qu'elle ne le mordait jamais que « lorsque, amenée dans un petit bois de cerisiers voisin de sa demeure, elle se sentait en liberté et grimpait de branche en branche jusqu'à la cime des arbres ; elle se sentait alors en liberté et ne voulait pas lâcher prise. Je n'avais d'autre ressource, ajoute Lenz, que de couper la branche sur laquelle la bête s'était enroulée, et de plonger le tout dans l'eau. Ma Couleuvre s'empressait de regagner la rive, et je la reprenais alors facilement. »

Linck, qui a observé avec tant de soins la Couleuvre d'Esculape, raconte qu'ayant reçu de ces animaux, provenant de Schlangenhad, il les abandonna pendant quelque temps dans une grande chambre. A son retour, les Couleuvres avaient disparu, et il dut les chercher. Il découvrit enfin le mâle à une hauteur de trois mètres sur le support d'un rideau dans les replis duquel il était parvenu à grimper. Quant à la femelle, elle avait élu domicile au milieu des ressorts d'un siège, et, par la vigueur avec laquelle elle se défendit, elle fit bien sentir qu'elle était énergiquement déterminée à défendre la place conquise par elle. On assigna au couple une demeure mieux close, et on le confina dans une caisse recouverte d'une grille métallique à mailles fines. Un jour que le couvercle n'avait sans doute pas été bien fermé, les Couleuvres réussirent à s'échapper par une fente si petite, qu'il était réellement étonnant que leur corps eût pu passer par une ouverture aussi étroite. Tous les meubles furent remués, les tiroirs furent ouverts; il ne resta pas un coin qui ne fût exploré; mais en vain, les Serpents étaient introuvables. « Trois semaines environ après, raconte en propres termes notre naturaliste, j'étais dans ma chambre, sur le point de m'abandonner au sommeil, lorsque je vis la femelle qui s'efforçait de se glisser dans la pièce voisine par la fente de la porte. Troublée sans doute par le bruit que je fis en m'approchant, la bête s'arrêta et resta comme morte, la partie antérieure sur le seuil, le reste du corps dans la chambre à coucher, aplatie sous la porte. Comme la porte ne pouvait être ouverte sans danger pour l'animal, j'essayai de la retirer, mais ce fut en vain; j'abandonnai alors le Reptile à lui-même, et il se sauva au plus vite. J'admirai en cette occasion l'habileté que montra le Serpent pour se glisser par cette étroite fente, s'aplatissant tantôt dans le sens horizontal, tantôt dans le sens vertical. Huit jours après, on trouva le mâle mollement étendu sur un tas de fagots, se chauffant tranquillement au soleil. A en juger par le volume de son corps, il n'avait pas dû jeûner depuis sa fuite. »

LA COULEUVRE QUATRE-RAIES. — *ELAPHIS QUADRIRADIATUS.*

Streisennatter.

Caractères. — La Couleuvre Quatre-Raies est un des plus grands Serpents de l'Europe, car il atteint fréquemment une longueur de deux mètres. La tête est légèrement élargie au niveau de la région temporale, de telle sorte qu'elle est nettement détachée du tronc; la queue est très effilée. Les écailles des flancs sont lisses, tandis que celles du dos portent une carène très saillante, moins apparente toutefois sur la queue; il existe une plaque préoculaire, et les écailles du corps sont au nombre de 23 à 25 dans une rangée longitudinale (fig. 269).

La teinte générale est un brun jaunâtre plus ou moins foncé, suivant les individus; le ventre est de couleur uniforme. Ce qu'il y a de plus caractéristique dans la coloration de cette espèce, ce sont les quatre raies brunes ou noires, deux sur chaque flanc, parallèles entre elles et s'étendant sur toute la longueur du corps. La tête est brune, avec deux lignes noires allant obliquement de l'œil à l'angle de la bouche.

La coloration est assez variable chez les adultes; c'est ainsi que Erber signale des individus tout à fait noirs, et d'autres de teinte très claire.

La livrée diffère beaucoup suivant l'âge, ainsi que Métaxa l'a fait observer. Chez les individus très jeunes, le dos est marqué de taches, ainsi que le dessus de la tête; peu à peu ces dernières taches disparaissent; de noir qu'il était, le vertex devient jaune blanchâtre; les taches du dos sont graduellement remplacées par les lignes qui caractérisent l'espèce.

Distribution géographique. — La Couleuvre Quatre-Raies habite toute l'Europe méridionale, depuis le sud de la Hongrie jusqu'à la péninsule Ibérique, mais ce Serpent n'est nulle part abondant. C'est dans l'Italie moyenne et inférieure, principalement aux environs de Rome, que l'espèce est le plus répandue. On la rencontre rarement dans le midi de la France et en Espagne, surtout dans la Catalogne et l'Aragon; elle se trouve également en Grèce et en Dalmatie.

Mœurs, habitudes, régime. — D'après tous les observateurs, la Couleuvre que nous dé-

Fig. 269. — L'Elaphe quatre-raies (1/4 grand. nat.).

crivons est absolument inoffensive; Métaxa dit expressément que c'est le plus familier, le plus doux, le plus sociable, et le plus intelligent de tous les Serpents d'Europe; Cantraine a noté les mêmes particularités.

La nourriture consiste en taupes, rats et souris, oiseaux et lézards.

« Je pris un jour, écrit Erber, une Couleuvre Quatre-Raies dans des circonstances toutes particulières. J'étais en Albanie, en train de récolter des insectes au voisinage d'un cloître, lorsque j'entendis un bruit inexplicable partant d'une des gouttières du bâtiment. Je me tins tranquille, pensant que j'avais affaire à un mammifère quelconque, mais je ne fus pas peu surpris de voir tout d'abord un œuf de poule et ensuite une Couleuvre rayée longue de près de 5 pieds. Le Reptile rampa vers un buisson et avala l'œuf, sans le briser, avec des peines infinies, puis, se frappant à plusieurs reprises contre un arbre, rompit la coquille. J'avoue que je dus me retenir pour ne pas m'emparer de suite du beau Serpent que j'avais devant les yeux, mais je désirais l'observer encore. La bête reprit son chemin à travers la gouttière sur le toit, et de là passa par une lucarne dans l'intérieur du cloître. Il est probable qu'il s'y trouvait un poulailler, car peu de temps après notre Serpent reparut par le même chemin,

tenant encore un œuf dans la gueule; il redescendit comme auparavant par la gouttière, se faufila dans le buisson et fit son repas. Ce ne fut pas tout; la Couleuvre renouvela sept fois de suite ses larcins; c'est alors que je m'en emparai. Comme je n'avais pas de sac, je me contentai de la mettre dans une poche de mon vêtement, poche très ample, et fermant à l'aide de plusieurs boutons. Je ne sais si le Serpent avait trop mangé, mais il vomit en route tous les œufs dérobés. »

Légendes. — Pline rapporte que « les Serpents appelés Boas en Italie atteignent de grandes dimensions; sous l'empereur Claude, on trouva un enfant entier dans les entrailles de l'un de ces animaux tué dans le Vatican. » Métaxa suppose qu'il s'agit dans ce cas de l'Elaphe Quatre-Raies, désigné sous le nom de Boa par le naturaliste romain. « Les plus grands Serpents d'Italie, dit Cuvier, dans ses annotations à Pline, sont la Couleuvre d'Esculape et la Couleuvre Quatre-Raies, qui ne dépassent pas 2 mètres. Il faut donc supposer que le Serpent tué dans le Vatican était véritablement un Boa ou un Python. Mais, ajoute Cuvier, comment un semblable Ophidien se trouvait-il là? » Il est probable que le récit de Pline est apocryphe, comme beaucoup des récits de cet auteur, du reste.

Fig. 270. — Le Coryphodon panthérin (1/4 grand. nat.).

LA COULEUVRE DE SARMATIE. — *ELAPHIS SAUROMATES.*

Caractères. — La Couleuvre de Sarmatie, dont la taille est d'environ 1ᵐ,60, a le corps mince, allongé, fusiforme ; la tête, un peu distincte du cou, est oblongue, de forme ovalaire ; la plaque rostrale est grande.

La coloration, qui est agréable, est assez variable. Généralement, chaque écaille du dos présente, sur la ligne médiane, une coloration brune, ce qui produit par places l'apparence de rayures brunes ; des taches transversales de même couleur, disposées irrégulièrement à la partie supérieure du corps, sont entremêlées à d'autres taches jaunes.

Chez d'autres individus, sur un fond jaunâtre, se détachent des bandes transversales brunes, d'abord assez régulièrement espacées, puis s'espaçant régulièrement vers la queue, où elles sont séparées par une étroite bande jaune. Les flancs sont plus clairs. En regardant à distance, les taches du dos et des côtés sont assez régulièrement espacées pour que l'intervalle qui les sépare forme comme une série de bandes sur toute la longueur du corps. Ces bandes sont plus marquées chez certains individus que chez d'autres.

BREHM. — V.

REPTILES. — 46

Le ventre est d'un jaune uniforme clair, avec deux séries de taches moyennement grandes, les unes triangulaires, les autres arrondies, situées à la jonction des flancs.

Le corps est recouvert d'écailles qui, d'abord étroites, s'élargissent vers la queue; elles sont toutes carénées.

Distribution géographique. — Cette espèce habite la Dalmatie, le Montenegro, la Valachie, le sud de la Russie.

Mœurs, habitudes, régime. — La Couleuvre de Sarmatie, que nous avons pu observer pendant plusieurs années à la Ménagerie du Muséum de Paris, est très douce et ne cherche jamais à mordre; aussi peut-on la manier avec la plus grande facilité. Ce n'est que lorsqu'elle a faim et qu'on lui présente une proie, qu'il lui arrive de se jeter sur les doigts; mais si l'on a la précaution de l'avertir, ainsi que l'a observé Desguez, elle ne mord même pas alors. Elle se nourrit indistinctement de lézards, de souris, d'oiseaux, de jeunes rats.

LES SPILOTES — *SPILOTES*

Flectennattern.

Caractères. — Le genre Spilote, établi par Wagler, comprend des Serpents dont le corps est svelte, fortement comprimé latéralement, et dès lors plus haut que large, relevé sur le dos en forme de carène; les plaques du ventre sont très relevées sur les flancs; la tête est épaisse, généralement bien distincte du tronc, le plus souvent courte, arrondie à l'extrémité; l'œil est grand, les narines sont allongées et tout à fait latérales. Les écailles qui revêtent le tronc sont grandes, de forme rhomboïdale, à peine entuilées, lisses ou carénées, suivant les epèces.

Distribution géographique. — Quatre espèces rentrent dans ce genre; elles habitent toutes la partie nord de l'Amérique du Sud.

LE SPILOTE TACHETÉ. — *SPILOTES POECILOS- TOMA.*

Caninanha.

Caractères. — La *Caninanha* des Brésiliens est un Serpent qui peut atteindre 3 mètres et dont le tronc est garni de très grandes écailles, fortement carénées. La couleur est gris jaunâtre, avec des bandes anguleuses d'un gris bleuâtre ou noirâtre, dont les angles sont dirigés en avant; une bande noire va de l'œil

aux parties latérales du cou; les deux mâchoires sont colorées en brun. Nous ajouterons que la tête est fort grosse, ramassée, élargie, que la queue est effilée et de couleur jaune tirant sur le verdâtre.

Mœurs, habitudes, régime. — Cette espèce est un des Serpents les plus communs des Guyanes et du nord du Brésil. Il habite les forêts, les broussailles et surtout les marais et les palétuviers à demi noyés. L'animal nage avec facilité et grimpe sur les arbres; il est moins agile sur le sol. La nourriture se compose de petits rongeurs, d'oiseaux; le prince de Neuwied rapporte que les mâchoires, longues et fort dilatables, permettent à la Couleuvre d'avaler de très gros crapauds et même des œufs d'oiseaux.

D'après certains voyageurs, le Spilote tacheté est un animal timide et tout à fait inoffensif; d'après d'autres, au contraire, il est hargneux et fort audacieux. Ce Serpent est, en tout cas, très redouté des femmes nègres, qui racontent sur son compte des histoires toutes plus merveilleuses les unes que les autres.

Captivité. — Schomburgk nous donne des renseignements sur le Spilote. « J'ai possédé, raconte-t-il, pendant plusieurs mois, une *Caninanha* longue de 2 mètres, et j'ai eu l'occasion de l'observer de près. Ce qui me frappa le plus était le fréquent désir de l'animal d'avoir de l'eau. Il buvait fréquemment et fort avidement. La nourriture se composait d'oiseaux et de souris qu'il attaquait aussitôt qu'ils étaient jetés dans sa cage. Après le repas, le Serpent demeurait tranquille et restait immobile pendant de longues heures; il exhalait alors une odeur extrêmement désagréable. Les poils ou les plumes de la victime étaient généralement rendus vers le troisième jour après le repas. Ma Couleuvre ne touchait pas aux animaux morts, même lorsqu'elle avait très faim. Le Serpent avait fini par s'apprivoiser. »

LES CORYPHODONS — *CORYPHODON*

Rennattern.

Caractères. — Duméril et Bibron ont désigné sous le nom de *Coryphodontiens* des « Serpents à crochets lisses, inégaux, les antérieurs étant beaucoup plus courts que ceux qui les suivent et qui croissent successivement de longueur de devant en arrière ».

Cette famille n'est plus acceptée par la majorité des naturalistes et le genre *Coryphodon* est généralement placé avec les Colubridées, parmi lesquelles il forme une section bien distincte.

Nous ajouterons, comme caractères génériques, que la tête est conique, plus large que le cou, le museau mousse ; les jambes sont élancées, le tronc est un peu comprimé, mince derrière la tête ; la queue est le plus souvent mince et comme effilée, diminuant insensiblement de grosseur vers l'extrémité.

Distribution géographique. — Le genre Coryphodon comprend 10 espèces suivant certains auteurs, 12 d'après d'autres. Sur ce nombre, 2 habitent la partie nord de l'Amérique du Sud, 3 les États-Unis ; les autres espèces sont du Japon et de l'Inde, des îles de la Sonde.

LE CORYPHODON PANTHÉRIN. — *CORYPHODON PANTHERINUS.*

Panthernatter.

Caractères. — Cette espèce, qui arrive à la taille de 2 mètres, a le dos d'un brun jaunâtre, avec de grandes taches irrégulières, d'un gris brun, bordées de sombre, disposées deux à deux. Chez les individus jeunes, les taches sont plus serrées, aussi la coloration générale est-elle plus sombre. Le cou et le dessus de la tête présentent des lignes plus foncées que les parties avoisinantes (fig. 270).

Distribution géographique. — Le Panthérin habite les Guyanes et le nord du Brésil. Le prince de Neuwied l'a observé aux environs de Rio-de-Janeiro, sur un monticule couvert de broussailles, derrière Saõ Christavaõ ; l'espèce a été trouvée plus au nord, depuis Parahyba jusqu'à Espirito Santo ; Wucherer l'a capturée à Bahia, Hensel à Rio-Grande del Sul. A Espirito Santo, le Panthérin n'est pas rare ; à Bahia, c'est la plus commune des Couleuvres.

Mœurs, habitudes, régime. — D'après de Neuwied, l'espèce dont nous parlons habite surtout au bord des rivières et fréquente les endroits boisés ; on la trouve aussi dans les marais et les fonds sablonneux, au milieu des plantes aquatiques ; elle se tient également dans les eaux stagnantes, où elle s'expose aux rayons brûlants du soleil, dans une sorte de sommeil et roulée en spirale sur elle-même, de telle sorte qu'on peut s'approcher d'elle sans qu'elle cherche à prendre la fuite.

La nourriture se compose de grenouilles, de crapauds, de poissons ; le genre de vie est, en

un mot, celui de notre Couleuvre à collier.

A Rio Grande del Sul, d'après Hensel, cette espèce est confondue avec le *Schararaka* ou Bothrops, et dès lors extrêmement redoutée.

LE CORYPHODON CONSTRICTOR. — *CORYPHODON CONSTRICTOR.*

Schwarznatter.

Caractères. — La Couleuvre constrictor ou *Lien* est un Serpent de 2 mètres de long, au corps mince et très élancé, revêtu, sur le milieu de la longueur du tronc, de 17 séries d'écailles. La couleur est un noir bleuâtre, passant au gris cendré vers le ventre et au blanc grisâtre sous la gorge ; on voit chez certains individus des taches plus foncées que le fond sur lequel elles se détachent peu nettement.

Distribution géographique. — De tous les Ophidiens de l'Amérique du Nord, le *Lien* est le plus commun ; on le connaît de Massachusetts, des Carolines, de l'État de New-York, de la Géorgie, de la Virginie, du Tennessee, de la Floride, du Texas, de la Nouvelle-Orléans ; d'après Plée, elle se trouve également à la Martinique.

Mœurs, habitudes, régime. — La Couleuvre constrictor semble plus particulièrement rechercher les endroits marécageux ; elle se tient volontiers au bord des rivières, des étangs, des lacs, surtout dans les points où les broussailles plongent dans l'eau. De même que diverses autres Couleuvres, elle entreprend parfois des voyages sur la terre sèche et elle avance rapidement ; elle nage et plonge avec beaucoup d'agilité.

D'après Duméril et Bibron, « cette espèce rampe, grimpe sur les arbres et pénètre partout dans les maisons, même sur les toits, pour y faire la chasse aux rats, aux écureuils et aux oiseaux. On ne la craint pas, et même, dans quelques habitations de la campagne, on ne cherche pas à la détruire, parce qu'elle est, en effet, fort utile pour protéger les grains et les fruits, en éloignant les souris et les autres animaux nuisibles.

« On dit que le nom de *Constricteur*, que Daubenton et Lacépède ont traduit par le nom de *Lien*, provient de la manière dont ce Reptile enlace et saisit sa proie, en s'entortillant autour du corps, comme la plupart des gros Serpents, pour étouffer leur victime en l'empêchant de respirer.

« Bertram raconte que, voyageant à cheval

dans la Floride, il vit sur la terre et à une distance assez éloignée une grande espèce d'é-
pervier se débattre avec force sans pouvoir
s'envoler, et que, lorsqu'il s'en fut approché,
il reconnut que ce gros oiseau était entortillé
par plusieurs cercles que le corps d'un serpent faisait autour de son tronc et de l'une de
ses ailes. Il présuma que l'oiseau avait voulu
s'emparer du serpent, mais que celui-ci, plus
alerte, avait adroitement garrotté son ennemi
par de nombreux circuits. Bientôt ces animaux
se séparèrent, car l'oiseau s'envola et le serpent
s'enfuit également, sans avoir reçu de fortes
blessures. »

Le Coryphodon constrictor se nourrit de poissons, de batraciens, d'oiseaux et de petits mammifères; il détruit malheureusement beaucoup
d'oiseaux utiles.

Geyer raconte qu'on prétend aux États-Unis
que la Couleuvre dont nous racontons l'histoire
peut passer pour un des ennemis les plus redoutables des jeunes Serpents à sonnettes; par
contre, les Serpents adultes poursuivent avec
acharnement la Couleuvre noire. La chasse
se termine toujours par la fuite de la Couleuvre,
qui n'échappe à son redoutable ennemi qu'en
grimpant à un arbre ou en se réfugiant sur les
branches d'un arbuste.

Le même auteur rapporte également que, à
certaines époques de l'année, la Couleuvre
constrictor se jette sur l'homme et s'enroule
autour de ses jambes avec une telle violence
qu'elle le fait tomber; la morsure n'est, du
reste, pas plus dangereuse qu'une faible cou-
pure faite avec un couteau. En courant à travers les feuilles tombées, le Serpent fait entendre
un bruit tout à fait semblable à celui du Serpent
à sonnettes, c'est pourquoi il est extrêmement
redouté. Nous n'avons pas besoin de dire que
le récit de Geyer est tout à fait apocryphe.

Captivité. — La Couleuvre constrictor supporte aussi bien la captivité que d'autres serpents. Elle est généralement d'humeur batailleuse et se jette avec rage sur les individus de
son espèce plus faibles qu'elle et les dévore
fréquemment.

LES ZAMENIS — *ZAMENIS*

Zornschlangen.

Caractères. — Sous le nom de *Diacrantériens*, Duméril et Bibron ont désigné des Couleuvres chez lesquelles « tous les crochets
sont lisses, les deux derniers étant plus longs

et séparés de ceux qui les précèdent par un
espace sans crochets ». Ce caractère a paru à
plusieurs zoologistes assez important pour que
les Serpents présentant cette particularité
aient été rangés dans une famille distincte;
tels sont les *Zaménis*, les *Dromiques*, les *Hétérodons*, les *Amphiesmes*, les *Hélicops*, les *Uro-
macers*, les *Xénodon*, les *Stégonotes*, les *Périops*,
les *Liophis*.

Les *Zamenis*, dont nous nous occupons en
ce moment, ont le corps allongé, cylindrique,
la queue longue, les écailles oblongues, lan-
céolées, lisses, toutes semblables et nombreuses. La tête est oblongue, carrée, avec des
plaques sourcilières saillantes au-dessus de
l'orbite; l'écusson central est étroit.

Distribution géographique. — Le genre
Zamenis comprend sept espèces, habitant toutes
la zone circumméditerranéenne.

LA VERTE ET JAUNE. — *ZAMENIS VIRIDIFLAVUS.*

Pfeilnatter.

Caractères. — La Couleuvre verte et jaune,
dont la taille atteint 1^m,20, est une des plus
belles espèces d'Europe. Le dos et les flancs
sont d'un vert foncé avec le centre des écailles, en général, moucheté de jaune; on voit,
en avant, quatre séries parallèles de grosses
taches d'un brun foncé, disposées de telle
façon que les taches brunes d'une série correspondent transversalement aux parties claires des deux séries voisines. Les taches jaunes
des écailles se disposent fréquemment en lignes longitudinales qui sont d'autant plus
nettes et plus nombreuses qu'elles se rapprochent davantage de la queue. Le ventre est
d'un blanc porcelaine, à reflets légèrement
bleuâtres ou verdâtres; les gastrostèges sont
marquées à chacune de leurs extrémités d'une
tache brune. Le dessus de la tête est d'un noir
bleuâtre, agréablement orné de lignes et de
points jaunes.

D'après F. Lataste, les jeunes ont la tête
proportionnellement plus grosse et marquée,
à peu près de la même manière que les adultes.
Le corps, d'une teinte générale gris de lin,
présente en quelque sorte les deux couleurs de
l'adulte, fondues ensemble et affaiblies; le
centre des écailles est plus clair que leur pourtour.

Il existe une variété noire qui a été souvent
décrite comme espèce distincte.

Nous ajouterons qu'il existe huit plaque

Fig. 271. — La Verte et Jaune (1/6e grand. nat.).

suslabiales, et que le nombre des écailles du tronc est de 19 dans une série. L'œil est grand, saillant, la pupille arrondie; un cercle d'or vif se voit autour de la papille, qui est brune, comme sablée de jaune.

Le corps est très allongé; la queue est très effilée; le cou est un peu plus étroit que la tête, qui a une forme ovoïde (fig. 271).

Distribution géographique. — La Verte et Jaune habite exclusivement la partie méridionale de l'Europe et l'Algérie; on la trouve en Espagne, en Sardaigne, en Lombardie, aux environs de Rome, en Morée, en Syrie.

En France, elle est commune dans la Gironde et dans la Charente-Inférieure, d'après Lataste et Beltrémieux. Millet nous apprend que l'espèce est rare dans le Maine-et-Loire. Dans le Jura, d'après Ogérien, et en Suisse, d'après Fatio, on ne rencontre l'espèce que dans quelques vallées bien exposées au soleil, encore Fatio croit-il qu'en Suisse ce Serpent a été autrefois importé par les Romains, comme la Couleuvre d'Esculape.

Mœurs, habitudes, régime. — D'après F. Lataste, qui a bien étudié l'espèce qui nous occupe, « c'est dans les lieux secs et rocailleux, couverts de broussailles ou sur les lisières des bois très exposés au soleil que ce Serpent se tient de préférence. Il ne fréquente pas les eaux, quoique nageant avec facilité. Il grimpe sur les buissons et même sur les arbres, où il recherche les nids d'oiseaux pour en manger les petits. Il se nourrit aussi de petits mammifères; mais, quoiqu'il ait la bouche largement fendue, il paraît préférer les animaux d'un plus petit calibre, comme Lézards et Serpents.

« Jamais, parmi les nombreux individus de cette espèce que j'ai eus sous les yeux, je n'en ai rencontré un seul ayant le corps renflé par une proie volumineuse, comme il arrive si souvent à la Couleuvre à collier, qui avale d'énormes crapauds. Par contre, j'en ai vu un, que je venais de prendre, dégorger un Lézard gris, un autre avait un Orvet dans le corps; au musée de Poitiers, on en voit un autre en train d'avaler un Serpent de sa propre espèce.

« Cette espèce paraît assez sédentaire, du moins la femelle. Depuis plus de deux ans je connais un buisson, entre un bois et une prairie, qu'habite l'une d'elles. Elle ne s'en écarte jamais généralement à plus de 20 mètres, et je suis sûr de la rencontrer, quand je veux la voir, durant la belle saison. Elle est du reste habituée à mes visites, et je n'ai jamais pu la surprendre; elle m'aperçoit toujours la première, et part comme un éclair; en un clin d'œil elle a regagné son fourré. Mais j'en ai pris bien d'autres, moins éveillées et moins sur leurs gardes, en allant les chercher le matin, avant la disparition de la rosée, dans les lieux où je les avais aperçues plusieurs fois de suite. Elles sont alors étendues de tout leur long, encore à moitié engourdies et cherchant à se ranimer aux premiers rayons du soleil. Rien n'est plus aisé que de s'en emparer dans cet état, sans les blesser et sans se faire mordre, en procédant comme pour la Vipère.

« Le Zaménis est assurément la plus grande, la plus belle et la plus vigoureuse de nos Couleuvres. A moins qu'il ne soit très jeune, je ne m'en empare jamais qu'après lui avoir désarticulé les reins à l'aide d'un coup de badine, car il se défend énergiquement et mord avec rage; sa morsure, il est vrai, n'est pas dangereuse. Il conserve en captivité son naturel farouche. J'en ai gardé un vivant pendant plusieurs mois, et, au dernier jour, il était aussi sauvage qu'au début. Je ne le touchais qu'avec des gants dont la peau était assez épaisse pour que ses crochets trop courts ne pussent les traverser. Je ne conçois pas comment Mauduit a pu dire que cet animal a des mœurs douces. « Quelques personnes ont « réussi à apprivoiser le Zaménis, dit Fatio; « toutefois un individu de cette espèce, que « j'ai conservé plusieurs mois vivant, n'a ja- « mais pu me pardonner la perte de sa li- « berté. Retenu dans un grand vase en verre, « il saluait toujours mon entrée dans la « chambre par des sifflements stridents, et se « projetait inutilement en avant chaque fois « que j'approchais. Sa haine était même si « incurable que plusieurs fois, quand je lui « rendais un instant de liberté dans la cam- « pagne, il se dirigeait directement sur moi « pour me menacer et chercher à me mor- « dre. »

« Fatio dit que le jeune va beaucoup à l'eau, et lui a même paru s'y établir durant le premier mois de son existence; pour moi, je ne l'y ai jamais trouvé, tandis que j'y ai abondamment rencontré nos Tropidonotes, jeunes et vieux; mais je l'ai prise souvent dans les prairies, au bord des chemins, et même auprès des maisons, sous des souches ou des tas de pierre.

« La ponte a lieu, d'après Fatio, à la fin de juin ou en juillet, et se compose de huit à quinze œufs, cachés dans un trou chaud et bien abrité.

« Cet auteur croit avoir remarqué que cette espèce disparaît avant les autres, en automne.

« Sa grande taille, sa vigueur et son naturel irascible font beaucoup redouter ce Serpent des habitants de la campagne, qui prétendent souvent l'avoir vu s'élancer et bondir sur eux. Je dois dire cependant que ceux que j'ai rencontrés n'ont jamais fait mine de résistance quand ils pouvaient fuir devant moi; et ils échappaient avec une telle rapidité que, sur un terrain accidenté, il me fallait courir fort vite pour les atteindre (1).

D'après Erber, la nourriture de la Verte et Jaune se compose principalement de Lézards, de Souris et de divers Ophidiens. Metaxa a mis ensemble des Couleuvres vertes et jaunes, et a constaté qu'une d'entre elles avait dévoré ses deux compagnes de captivité. Erber a constaté que cette espèce n'a pas peur des espèces venimeuses et s'attaque courageusement à la Vipère ammodyte.

De tous les Serpents non venimeux d'Europe, la Verte et Jaune et la Couleuvre à rubans sont à coup sûr les plus hardis et les plus forts; aussi sont-elles, en certains pays, extrêmement redoutées, à cause de leur propension à se jeter sur l'homme et à mordre furieusement.

Légendes. — Dans les Cyclades, comme dans les îles Ioniennes et la Sicile, on raconte d'épouvantables histoires sur des Couleuvres d'une grosseur extraordinaire. C'est ainsi qu'on raconte à Céphalonie, une île que l'on peut appeler avec Ehrardt un vrai nid de Serpents, que deux personnes avaient dû tuer à coups de hache une Couleuvre qui habitait depuis longtemps le sommet d'une montagne, que l'on ne pouvait approcher à cause de la présence de l'animal qui attaquait hommes et bêtes; en récompense de cet exploit, la famille des deux braves reçut sur la montagne une propriété dégrevée de toute charge et de tout impôt.

On raconte également que dans la contrée de Gallipoli, sur le Bosphore, un Serpent, qui est probablement la Couleuvre verte et jaune, était si puissant qu'il déracinait les ceps de vigne et que, tuée d'un coup de fusil à la tête, trois hommes eurent de la peine à enlever son cadavre. Nous citons ces faits pour

(1) F. Lataste, *Essai d'une faune herpétologique de la Gironde*, 1876.

montrer jusqu'à quel point peut aller l'exagération populaire.

LA COULEUVRE A RUBANS. — *ZAMENIS TRABALIS.*

Pfeilnatter.

Caractères. — Très voisine de l'espèce précédemment décrite, avec laquelle elle a été assez souvent confondue, la Couleuvre à rubans en diffère par l'absence de lignes sur le dessus de la tête ; la plaque rostrale est saillante sur le devant du front. Le dessus de la tête est d'un gris cendré, plus ou moins foncé ; sur le cou et sur la nuque sont des taches de même couleur. Le dos est d'un gris cendré. Le plus souvent, on voit, le long des écailles, une petite ligne d'un jaune pâle, ce qui lui donne une apparence striée. Le ventre a une coloration jaune pâle, plus ou moins foncée, souvent relevée par des lignes brunâtres ou des points noirâtres.

Distribution géographique. — D'après Pallas, cette espèce se trouve dans tout le désert de la Tartarie, depuis le Borysthène jusqu'à la mer Caspienne, et même dans la Chersonèse taurique. Elle se rencontre dans la Russie méridionale, depuis le Dniéper jusqu'à la Caspienne, dans le Caucase, dans les environs du Volga, du Téreck et du fleuve Oural ; elle habite également une partie de l'Asie Mineure, surtout l'Arménie russe.

Mœurs, habitudes, régime. — Dans les steppes de la Russie, la Couleuvre à rubans habite les endroits les plus secs et les plus arides ; d'après Pallas, elle paraît se plaire davantage dans les déserts les plus chauds et choisit, pour se retirer, les galeries creusées dans les lieux escarpés, rocailleux, fréquentés par les rats. Le Serpent sort de sa tanière de temps à autre, mais il s'y réfugie à l'approche de l'homme ; il ne craint pas le cheval et alors il se retire plus lentement dans son trou. Si le danger est trop menaçant, il se contourne en cercle, et ainsi disposé, il lance en avant comme un trait la partie antérieure de son corps. On l'a même vu se jeter sur les lèvres des chevaux et les mordre. D'ailleurs il ne fait pas de mal quand on ne l'irrite pas.

LA COULEUVRE A BOUQUETS. — *ZAMENIS FLORULENTUS.*

Caractères. — Geoffroy Saint-Hilaire a désigné sous ce nom une Couleuvre dont la coloration générale est d'un gris jaunâtre où brun verdâtre relevé de nombreuses taches arrondies ou de petites raies transversales, noirâtres, fort rapprochées les unes des autres ; sur toute la longueur des flancs se voient des taches noires, plus petites que celles du dos. Le dessous du corps est d'un blanc jaunâtre. La tête est d'un brun uniforme. Nous ajouterons que les écailles du tronc sont au nombre de 21 dans une série.

Distribution géographique. — Cette Couleuvre, qui est fort commune en Égypte, se trouve également dans les pays barbaresques.

Mœurs, habitudes, régime. — Elle habite les endroits les plus arides et principalement les régions dans lesquelles l'alfa pousse abondamment

D'après l'examen de nombreux individus ayant vécu à la ménagerie des reptiles du Muséum de Paris, cette espèce se nourrit de Lézards et de Souris ; elle aime à se pelotonner en masses ; comme toutes ses congénères, elle est fort hargneuse, souffle et se lance hardiment lorsque l'on veut la saisir.

LES PERIOPS — *PERIOPS*

Schildaugenschlangen.

Caractères. — Sous ce nom, Wagler a séparé des Zaménis des Couleuvres chez lesquelles l'œil est entouré de scutelles. Le corps est arrondi, allongé. La tête est assez large en arrière, quoique allongée ; elle est, du reste, bien distincte du cou, qui est étroit et aminci. Les écailles qui recouvrent les flancs sont lisses ; toutefois celles de la partie postérieure du corps sont légèrement carénées ou plutôt comme pliées suivant leur longueur.

Distribution géographique. — Les 4 espèces que renferme le genre sont de la péninsule Ibérique, du sud de l'Italie, de Chypre, de Perse, d'Égypte, des pays barbaresques, d'Algérie, en un mot de la zone circumméditerranéenne.

LA COULEUVRE A RAIES PARALLÈLES. — *PERIOPS PARALLELUS.*

Caractères. — Cette espèce a la plaque anale simple, 11 ou 12 plaques sus-labiales. Les écailles de la partie moyenne du dos sont pourvues de carènes peu saillantes, mais d'autant plus distinctes qu'elles sont plus postérieures. La tête est longue ; le museau est très mani-

festement incliné en bas ; la bouche est largement fendue.

Le fond de la couleur est d'un gris verdâtre
ou jaunâtre, relevé de taches brunes, bien
marquée, formant trois séries longitudinales,
taches parcourues par de petites lignes noires,
courtes et parallèles. Le ventre est blanchâtre,
La taille arrive à environ 1^m, 50.

Distribution géographique. — La Cou-
leuvre à raies parallèles est commune en
Égypte ; elle a été également capturée en
Tunisie ; une variété se trouve en Perse.

LE FER A CHEVAL. — PERIOPS HIPPOCREPIS

Hufeifennatter.

Caractères. — La longueur de cette Couleuvre est de 1^m,70. La tête est longue, large.
Les écailles sont oblongues, fort obliquement
disposées, lisses et entuilées. La queue est
assez forte, peu longue, plate en dessous, ainsi
que le ventre.

La coloration de la partie supérieure du
corps varie du jaune verdâtre au jaune grisâtre,
en passant par l'orangé et le brun rougeâtre ;
sur ce fond se voient des taches de couleur
sombre, arrondies ou irrégulièrement quadrilatérales ; ces taches sont presque carrées sur
les flancs. Les taches du milieu du corps sont,
pour la plupart, fort grandes, la couleur du
fond formant seulement un anneau étroit
autour de celles-ci ; il en résulte un dessin
fort agréable et très régulier, figurant une
chaîne, ainsi qu'on peut le voir sur l'animal qui
est représenté au premier plan de la figure 272.
Le ventre, d'un blanc jaunâtre, est tacheté de
noir.

Le dessus de la tête porte, entre les yeux,
une bande courbe d'où est venue le nom de
l'espèce ; cette bande est surtout constante
chez les jeunes individus ; elle est bien visible
sur l'individu représenté au premier plan de
la figure 272.

Distribution géographique. — L'espèce que
nous décrivons se trouve communément en
Espagne, dans le sud de l'Italie, en Sardaigne ;
elle est abondante dans le nord de l'Afrique,
au Maroc en Algérie, dans la régence de Tunis,
en Égypte ; elle se trouve également dans l'A-
rabie Pétrée.

Mœurs, habitudes, régime. — D'après Cantraine, le Fer-à-cheval se tient principalement
dans les terrains secs et pierreux ; cette espèce
est beaucoup moins irascible que la Couleuvre

à bouquet et supporte assez facilement la captivité.

LES RHINECHIS — *RHINECHIS*

Treppennatter.

Caractères. — Le genre Rhinechis, établi
par Michachelles, ne comprend qu'une seule
espèce, la Couleuvre à échelons ou *Rhinechis
scalaris.*

Cette espèce, qui peut arriver à près de
2 mètres de long, a le corps cylindrique, la
queue écourte et conique. La tête, qui n'est pas
très distincte du tronc, est courte, large à la
base, de forme conique ; le museau est pointu,
terminé par la saillie que forme la plaque
rostrale, de telle sorte que la mâchoire supérieure dépasse l'inférieure. Les scutelles
abdominales se redressent contre les flancs ;
les côtés du ventre sont anguleux. Toutes les
dents ont la même longueur.

La Couleuvre à échelons a généralement le
corps de couleur roussâtre. Ainsi qu'on le voit
bien sur l'animal qui est représenté au second
plan de la figure 273, sur toute la longueur du
dos et de la queue s'étendent deux lignes noires,
étroites, réunies, de distance en distance, par
de larges bandes transversales qui forment
comme les barreaux d'une échelle. Ces bandes
ne se trouvent pas chez tous les individus,
chez les mâles en particulier, d'après Dugès.
Les flancs ont de petites taches noires qui, par
leur réunion, forment de petites barres obliques
alternant souvent avec les bandes du dos. Le
dessous du corps est blanc jaunâtre avec des
taches d'un gris noirâtre.

Dans le jeune âge la coloration est différente.
La couleur du corps est alors gris clair ; le dos
est parcouru par une série de taches noires
non reliées entre elles ; c'est à la partie antérieure du tronc que les lignes latérales apparaissent d'abord ; les lignes obliques des flancs
sont apparentes, ainsi que les taches du ventre
où le noir l'emporte de beaucoup sur le blanc.

Distribution géographique. — La Couleuvre
à échelons est commune dans certaines parties
de l'Espagne, principalement aux environs de
Madrid, où d'après Graels elle arrive à une
grande taille. En France, elle n'est pas rare aux
environs de Montpellier, de Toulon et de Nice ;
on la trouve abondamment en Italie et dans
les îles avoisinantes. En Italie, d'après Charles
Bonaparte, on la rencontre dans le voisinage
de la mer, et non dans l'intérieur des terres.

Fig. 272 et 273. — Le Fer à cheval et la Couleuvre à échelons (1/4 grand. nat.).

Mœurs, habitudes, régime. — Si elle se nourrit de rongeurs, la Couleuvre à échelons n'en est pas moins une espèce nuisible, car elle fait une chasse acharnée aux oiseaux utiles; en Espagne, elle passe pour détruire les nichées de perdreaux; elle arrive souvent à une taille telle qu'elle s'attaque aux levrauts, aussi est-elle redoutée des paysans des environs de l'Escurial, où cette Couleuvre cause de grands dégâts. L'animal est, du reste, d'humeur très irascible et se jette sur la main qui veut le saisir; il mord avec rage et se replie immédiatement après avoir mordu, de manière à se mettre de nouveau sur la défensive.

LES COULEUVRES D'EAU — *POTAMOPHILIDÆ*

Les Colubridées sont des Couleuvres presque exclusivement terrestres; les Potamophilidées, par contre, sont essentiellement aquatiques.

La famille comprend des Serpents au corps aplati, à la queue assez distincte et de grandeur médiocre; la tête est bien distincte du tronc, qui est recouvert d'écailles généralement fortement carénées; les écailles sont lisses cependant chez les Hémiodontes, les Leionotes, les Campylodons. Les dents postérieures sont sillonnées chez les Hypsirrhines, les Herpetons, les Homalopsis qui font partie de la famille des Opisthoglyphes de Duméril et Bibron.

BREHM — V.

Ces derniers genres mis à part, les autres rentrent dans quatre des familles admises par les auteurs que nous venons de citer. Les Tropidonotes, en effet, sont des *Syncrantériens*, c'est-à-dire que chez eux les dernières dents sont plus longues que les autres, desquelles elles ne sont pas séparées par un intervalle libre; cette dernière particularité les distingue des *Diacrantériens*, dont font partie les genres Amphiesmes et Hélicops. Les Tétranorhines et les Calopismes sont des *Isodontiens*, c'est-à-dire que chez eux toutes les dents sont semblables les unes aux autres et également espacées. Sous le nom de *Leptognathiens*, Duméril et Bibron désignent des Serpents chez les-

REPTILES — 47

quels les mâchoires, qui sont faibles, sont étalées en lames minces et étroites.

Malgré les différences dans la dentition que nous venons de mentionner, les genres énumérés plus haut ont de tels rapports qu'il faut les réunir dans une famille vraiment naturelle.

Mœurs, habitudes, régime. — Tous ces animaux vivent, en effet, de préférence au voisinage de l'eau ; ils chassent aussi bien dans l'eau que sur la terre ferme et se nourrissent surtout de Poissons et de Batraciens, ils n'étranglent et n'entourent pas leur proie avant de l'avaler, mais la déglutissent vivante.

LES TROPIDONOTES — *TROPIDONOTUS*

Kiebrudennattern.

Caractères. — Les Tropidonotes ont la queue assez longue, la tête nettement séparée du cou, la bouche large, le corps revêtu d'écailles fortement carénées. Les dents de la mâchoire supérieure forment une série non interrompue.

Distribution géographique. — La véritable patrie de ces Couleuvres est la partie sud des États-Unis et le nord du Mexique, où, sur 35 espèces admises par Jan, nous en comptons 19 ; 5 espèces sont des Philippines, de Java, des Célèbes, 3 de Chine et du Japon ; 4 espèces se trouvent en Europe ; une est des Seychelles, une de la Nouvelle-Guinée.

LA COULEUVRE A COLLIER. — *TROPIDONOTUS NATRIX.*

Ringelnatter.

Caractères. — La Couleuvre à collier est si nettement caractérisée par les deux taches triangulaires, d'un noir profond, généralement placées derrière un collier de couleur claire sur la nuque, qu'elle a été reconnue par tous les observateurs. Nous devons dire que ces taches sont généralement blanches chez les femelles, jaunes chez les mâles ; le collier est entier chez les jeunes, effacé au milieu chez les adultes. Ajoutons que parfois le collier est jaune citron, jaune pâle, orangé, rougeâtre.

Sur le dos et le haut des flancs, qui sont d'un vert roussâtre, plus ou moins vert, plus ou moins roux suivant les individus, se voient des séries longitudinales de taches brunes à forme irrégulière ; les taches d'une série sont toujours en face de l'intervalle vide de la série voisine ; il est à noter que les taches des flancs sont plus grosses que celles du dos.

Le dessous du corps est généralement orné, au moins dans sa partie antérieure, de taches quadrilatères noires alternant avec des taches jaunes ou grisâtres de même forme ; cette disposition en damier est assez constante. La moitié postérieure du ventre et le dessous de la queue sont noirs.

Il existe quelques variétés de coloration. C'est ainsi que nous avons vu des individus provenant des environs de Turin et entièrement noirs, à l'exception des deux taches jaunes du cou. D'après Tschudi, il existe en Suisse deux ou trois variétés très distinctes ; l'une est tachée de gris-olive, l'autre de gris-rougeâtre ; la troisième a une coloration intermédiaire. Les individus qui viennent des environs du Volga sont assez généralement d'un noir intense. D'autres sont ornés de deux bandes longitudinales d'un jaune blanchâtre allant parallèlement de la nuque à la queue. Nous avons vu des exemplaires chez lesquels les bandes étaient plus nombreuses et régulièrement distribuées.

Nous devons ajouter que la tête est distincte du tronc, large en arrière, surtout chez les individus âgés ; les narines, percées entre deux plaques, sont grandes et un peu dirigées en haut ; les scutelles temporales sont disposées suivant une seule file ; les écailles sus-labiales sont au nombre de 7 ; on compte 19 rangées longitudinales d'écailles au milieu de la longueur du tronc (fig. 274).

La taille peut arriver à 1^m,70. Notons que les mâles sont plus petits, plus vivement colorés que les femelles ; chez eux la queue est un peu plus large à sa base.

Distribution géographique. — La zone de distribution de la Couleuvre à collier s'étend, à l'exception des régions septentrionales extrêmes et de l'Irlande, sur l'Europe entière, sur une portion considérable de l'Asie antérieure et sur le nord-ouest de l'Afrique. Toutes les faunes locales la mentionnent. Elle remonte jusque sous le cercle polaire et s'élève dans les Alpes à la hauteur de 1650 mètres. Elle est commune dans toute l'Allemagne, la Hollande, la Belgique, la France, l'Angleterre, l'Espagne et l'Italie. est très abondante dans les terres basses du Danube et dans la presqu'île des Balkans, où elle est généralement représentée par la variété rayée, s'étend, vers le nord, jusqu'au milieu de la Suède et de la

Norwège, se trouve en Russie et en Finlande, franchit le Caucase et l'Oural, vit en Syrie, dans le Kurdistan, l'Arménie, n'est point rare dans les steppes des Khirghiz et les déserts transcaucasiens, puis atteint en Perse et dans les contreforts septentrionaux de l'Atlas sa limite méridionale.

Mœurs, habitudes, régime. — La Couleuvre à collier recherche généralement les lieux humides, les rives des étangs, les bords des ruisseaux au cours lent, les forêts ombragées et un peu marécageuses, le rebord des fossés remplis d'eau ou boueux. Certains individus vivent dans les forêts ou dans les bois; d'autres se trouvent loin des eaux, au milieu des pierres exposées au soleil, ou au sommet des montagnes, dans des endroits arides.

Cette Couleuvre se rapproche assez fréquemment des habitations, surtout pendant la mauvaise saison ; elle s'établit alors dans les tas de fumier ou dans les tas de paille et s'y creuse des galeries dans lesquelles elle hiverne.

Struck rapporte que les poulaillers sont la demeure préférée de la Couleuvre à collier et que cette espèce aime avant tout une litière chaude et humide ; elle vit en fort bonne intelligence avec les animaux de basse-cour et pond volontiers dans les nids abandonnés ; par contre, le même observateur rapporte que l'espèce en question ne niche jamais dans les étables à bœufs ou à moutons.

On rencontre parfois la Couleuvre à collier dans les habitations. Lenz raconte qu'étant enfant, il habitait une maison dont le rez-de-chaussée était la demeure de deux grosses Couleuvres et de leurs petits. « Il était défendu, ajoute-t-il, de faire du mal aux Couleuvres; nous autres, enfants, nous avions grand plaisir à voir ces animaux quand, avec un bruit de cliquetis, ils rampaient sur des débris de verre jetés dans un coin. Une grande Couleuvre à collier s'était établie sous le plancher de la chambre d'un de mes proches parents et ce voisinage ne cessait pas que d'être fort désagréable. Lorsqu'on marchait un peu fort sur le plancher, il se dégageait l'odeur insupportable et si caractéristique de la Couleuvre, aussi fut-on forcé de faire déguerpir celle-ci. »

Lorsque l'on saisit une Couleuvre à collier, il est extrêmement rare qu'elle cherche à mordre ; elle se contente presque toujours de donner un ou deux coups de tête et de siffler plus ou moins fort. Par contre, l'animal rejette par l'anus un mélange d'urine et d'une liqueur à odeur repoussante qui s'attache après les doigts ; cette odeur est telle, qu'elle est la principale défense du Serpent, car peu d'animaux parviennent à vaincre la répugnance qu'elle leur inspire. Duméril et Bibron disent expressément que ces émanations sont probablement destinées à protéger cette Couleuvre, en dégoûtant les oiseaux de proie et les animaux carnassiers, qui répugnent alors à en faire leur nourriture.

La Couleuvre à collier est une des espèces européennes dont l'hibernation dure le moins longtemps. Au mois de novembre, lorsque le temps n'est pas par trop inclément, on la voit encore se chauffer aux pâles rayons du soleil : dès les premiers jours de mars, plus tôt ou plus tard, suivant les lieux et les années, cette espèce renaît à la vie.

Les œufs, au nombre de 9 à 15, d'après Duméril et Bibron, de 20 à 30, suivant Fatio, sont le plus souvent pondus dans les tas de fumier, près des maisons, ou dans les étables. Les petits ont, en naissant, près de 20 centimètres de long. La ponte a généralement lieu vers le mois de septembre. On trouve, du reste, les œufs fraîchement pondus à des époques assez différentes, les premiers, dès les premiers jours de juillet, les derniers au commencement d'octobre. Chez des individus tenus en captivité les pontes peuvent être retardées à ce point que l'on voit les petits se mettre à ramper aussitôt la ponte.

Par leur forme et leur grosseur, les œufs ressemblent assez à des œufs de pigeon, mais s'en distinguent facilement, comme tous les œufs des Ophidiens, du reste, par leur coque molle et comme parcheminée ; l'intérieur contient une faible quantité d'albumine qui forme une couche mince autour du jaune. Ces œufs se dessèchent et se ratatinent rapidement à l'air ; ils ne se développent pas lorsqu'ils se trouvent dans un endroit par trop humide.

La femelle, au moment de la ponte, choisit la place la plus favorable, les amas de feuilles, la terre meuble, le bois pourri, la mousse humide, tous les endroits, en un mot, exposés à la chaleur et cependant suffisamment humides.

Le serpent cherche une excavation dans laquelle il pose l'anus, puis relève la queue et laisse alors tomber ses œufs. Un œuf succède immédiatement à un autre, et se trouve relié à celui-ci par une matière gélatineuse, de telle sorte que toute la ponte est attachée comme les grains d'un collier. Dans les conditions normales, trois semaines après la ponte, les œufs sont arrivés à maturité; le petit s'échappe alors par une fente qui se fait dans la coque et commence de suite à mener la vie de ses parents, si un froid prématuré ne le force pas à chercher un abri contre l'intempérie de la saison. Si la température l'empêche de chasser, la provision de matière grasse qu'il a en lui suffit pour le faire attendre jusqu'au printemps.

La Couleuvre à collier fréquente volontiers le bord des eaux dans laquelle elle plonge facilement lorsqu'elle est poursuivie ou qu'elle veut poursuivre une proie. Elle se tient cependant autant que possible émergée, la tête hors de l'eau, les poumons gonflés d'air; elle avance par des mouvements latéraux. Effrayée, elle se laisse parfois prendre plutôt que de plonger; d'autrefois elle coule à pic et rampe alors sur le fond; lorsqu'elle se croit suffisamment en sûreté, elle revient à la surface. D'après les observations de Lenz, cette espèce peut rester des heures entières sous l'eau. « Je possédais, dit ce naturaliste, seize Couleuvres à collier dans un grand baquet à demi rempli d'eau; vers le fond se trouvait une planche sur laquelle elles pouvaient se reposer; cette planche était soutenue par un pieu. J'ai souvent vu que mes animaux demeuraient une demi-heure sous l'eau, et se tenaient, soit sur les planches, soit enroulées autour du pieu. »

Lorsque la Couleuvre à collier veut traverser à la nage un bras de rivière un peu large, elle remplit d'air ses vastes poumons et, ainsi allégée, flotte facilement; elle n'avance, du reste, pas rapidement, mais nage pendant longtemps. Lorsqu'il veut plonger, l'animal laisse échapper quelques bulles d'air; il peut, du reste, rester longtemps avant que de s'enfoncer sous l'eau. C'est ainsi que Struck a vu une Couleuvre nager le long des bords d'une rivière et ne plonger que lorsqu'il avait fait dix-huit cents pas.

La Couleuvre à collier va facilement à l'eau. Schinz a vu, par un temps calme, un individu appartenant à cette espèce, nager rapidement au milieu du lac de Zurich; Irminger trouva une de ces Couleuvres à plus de 22 kilomètres de l'île de Rügen. A Mecklembourg, Struck a vérifié plusieurs fois cette croyance populaire que des Couleuvres à collier vont pêcher dans le lac et se font parfois transporter sur des canards qui acceptent assez volontiers ces étranges cavaliers. Ce fait, qui, paraît-il, est exact, a donné lieu à cette légende que l'union du Canard et de la Couleuvre est féconde.

La nourriture de notre Couleuvre se compose de Poissons et surtout de Batraciens, tels que Grenouilles et Crapauds; elle semble préférer à tout le Crapaud commun et la Grenouille rousse; elle s'empare aussi volontiers des Tritons.

Comme tous ses congénères, la Couleuvre à collier ne tue ni n'enlace sa proie; elle la dévore vivante. Par quelque point qu'une Grenouille ait été saisie à l'aide des dents aiguës de la Couleuvre, que ce soit par une des pattes de devant ou de derrière, la Grenouille est un animal perdu. Le pauvre Batracien se débat, mais en vain; il fait parfois des efforts tels que la Couleuvre est entraînée; il faut que la proie soit bien grosse pour ne pas être déglutie, et c'est réellement un spectacle pénible que de voir la Grenouille, bien vivante, avancer lentement, mais sûrement, dans la gueule de son inexorable ennemi. Lorsqu'elle est effrayée, la Couleuvre vomit sa proie, et nous avons plusieurs fois vu un Crapaud ou une Grenouille tout récemment déglutis sortir pleins de vie et se mettre à courir ou à sauter comme s'il ne leur était rien arrivé de fâcheux.

Linck a bien observé la chasse que la Couleuvre à collier fait aux Grenouilles. « La Grenouille rousse, dit-il, ne tarde pas à s'apercevoir des manœuvres de la Couleuvre qui s'approche d'elle et dans laquelle le plus souvent le souvenir d'un danger passé fait reconnaître le plus implacable ennemi; la vue seule du serpent lui donne aussitôt des jambes; aussi, semblable à tout gibier chassé, hâte-t-elle la marche d'autant plus que la distance qui la sépare de son ennemi diminue davantage; elle précipite ses sauts et ses culbutes. On n'entend pas alors le cri déchirant et plein de désespoir que les Grenouilles poussent parfois et qui entre dans l'oreille comme un gémissement plaintif. » Rarement la poursuite dure longtemps, car la malheureuse Grenouille est presque fatalement condamnée; il s'est à peine passé une minute depuis le moment où la chasse a commencé, que la bête est déjà saisie.

Linck pense qu'il pourrait y avoir quelque chose de vrai sur le pouvoir fascinateur exercé par la Couleuvre; une personne digne de foi lui a raconté, dit-il, qu'une Couleuvre à

Fig. 274. — La Couleuvre à collier (1/3 grand. nat.).

collier ayant saisi une grosse Grenouille, était entourée d'une demi-douzaine de ces animaux qui croassaient à qui mieux mieux, mais ne cherchaient nullement à se soustraire par la fuite au triste sort qui les attendait, si bien qu'une deuxième et une troisième d'entre elles furent saisies et avalées. Lorsqu'on observe avec soin la chasse que la Couleuvre à collier donne aux Grenouilles, on ne voit jamais s'exercer le soi-disant pouvoir fascinateur, de telle sorte que nous persistons dans l'opinion que nous avons émise plus haut. Lorsqu'on met une Grenouille et une Couleuvre ensemble dans une même cage, la Grenouille cherche à se sauver le plus rapidement possible; c'est seulement lorsqu'elle voit que la chose est tout à fait impossible qu'elle se résigne sans résistance à son triste sort.

Ce n'est que tout à fait exceptionnellement que la Couleuvre à collier donne la chasse aux oiseaux et aux petits mammifères; elle lèche cependant avec plaisir le contenu des œufs, lorsque ceux-ci viennent à être cassés. Les individus jeunes mangent parfois des cloportes, des insectes, différents Mollusques.

Captivité. — Grâce à ses mœurs extrêmement douces, la Couleuvre à collier est fréquemment maintenue en captivité. Elle s'apprivoise, en effet, très rapidement et se laisse manier sans jamais chercher à se défendre.

Lacépède raconte, d'après François Cetti, qu'en Sardaigne «les jeunes femmes élèvent des Couleuvres à collier avec beaucoup d'empressement, leur donnent à manger elles-mêmes, prennent le soin de leur mettre dans la gueule la nourriture qu'elles leur ont préparée; et les habitants de la campagne, les regardant comme des animaux du meilleur augure, les laissent entrer librement dans leurs maisons; ils croiraient avoir chassé la fortune elle-même, s'ils avaient fait fuir ces innocentes petites bêtes.»

Légendes, préjugés. — Nous avons dit plus haut que la Couleuvre à collier pond assez fréquemment ses œufs dans le fumier des basses-cours des fermes; cette habitude a donné lieu à une curieuse croyance.

D'après l'intéressant mémoire de M. Viaud-Grand-Marais sur les Serpents de la Vendée, «cette fable se rattache à celle du *Basilic* ou *Regulus*, et est un reflet des croyances de l'Orient répandues dans toute l'Europe par les zingaris ou bohémiens errants, passés maîtres en sciences occultes. Les singuliers corps appelés *cocatris* sont regardés par les paysans comme le produit de l'accouplement d'un Serpent et d'une poule, ou d'un vieux coq et d'une couleuvre. Ils renferment, dit le peuple, un petit serpent fascinateur dont le regard seul cause la mort et qui est tué par son propre

charme, quand on peut le forcer à regarder
dans une glace polie. Le cultivateur du Bocage
qui trouve un *cocatris* dans sa basse-cour se
signe et l'écrase du pied, de peur qu'il ne soit
couvé par un chat, condition indispensable
pour qu'un *Basilic* vienne au monde. Quand
une poule a pondu un de ces œufs hardés, son
instinct semble lui dire qu'elle n'a pas donné
le jour à un être capable de vivre. Son chant,
et ceci n'est plus de la légende, mais de l'histoire, prend un caractère tout particulier et se
rapproche de celui du coq. On dit qu'elle est
jalée et qu'elle chante le *jau* (le mot *jau*, en
patois poitevin, est synonyme de coq). Cette
poule mandite est sacrifiée... Toute la fable
repose sur deux faits : 1° la présence assez
fréquente d'œufs véritables de Couleuvre dans
les poulaillers et leur ressemblance avec les
œufs avortés de poules ; 2° la forme grossière
d'un petit Serpent que présente le ligament
dû à l'union des chalazes, ou membranes qui
maintiennent le jaune suspendu dans les
œufs de poules sans germes. »

Il arrive parfois aussi que les vieux coqs ont
le gloussement de la poule et rendent des amas
mous, comme membraneux, formés de glaire
coagulée et ayant grossièrement l'apparence
d'œufs, d'où l'on a cru, en voyant sortir du
fumier de petits serpenteaux, que les coqs *hardés* pondaient des œufs qu'ils ne couvent pas
et d'où naissent toujours des Serpents.

Un autre préjugé, assez répandu dans les
campagnes, existait déjà du temps des Romains. La Couleuvre à collier, comme toutes
les autres Couleuvres du reste, aimerait beau-
boup le lait et s'introduirait dans les laiteries ;
bien plus, on l'aurait souvent trouvée repliée
autour des jambes des vaches et des chèvres,
pour les traire, les épuisant au point de faire
couler le sang ; chez les animaux traits ainsi
le lait se tarirait et prendrait une teinte bleue
tant que la bête qui le fournit servirait de
nourrice au serpent.

Il n'est point nécessaire de faire remarquer
l'absurdité de cette fable qui a couru le monde;
la conformation de la bouche des Serpents
s'oppose absolument à la succion : « On a
prétendu aussi, dit Lacépède, que le Serpent
à collier entrait quelquefois par la bouche
dans le corps de ceux qui dormaient étendus
sur l'herbe fraîche, et qu'on les faisait sortir
en profitant de ce même goût pour le lait, et en
l'attirant par la vapeur du lait bouilli que l'on
approchait de la bouche de celui dans le corps

duquel il s'était glissé. » Olaüs Magnus, Gesner, Grégoire Horstius, et même Hippocrate,
le père de la médecine, rapportent gravement
des observations de ce genre.

D'après Fischer, la Couleuvre à collier s'introduit fréquemment dans la maison des
paysans russes, qui la supportent, persuadés
qu'ils sont que la mort du Serpent serait ven-
gée et attirerait quelque calamité sur la maison. Le Russe croit, en effet, à un empire de
Couleuvres à la tête duquel se trouve un roi
portant une couronne ornée de pierres précieuses, brillante et resplendissante; toutes
les Couleuvres sont soumises à ce souverain.
Lorsqu'un des sujets est tué, le roi se venge
en envoyant à l'assassin la maladie, en faisant
tomber le feu du ciel sur ses récoltes ou sur
ses animaux.

LA COULEUVRE VIPÉRINE. — *TROPIDONOTUS
VIPERINUS*

Vipernatter.

Caractères. — Le nom de Vipérine a été
donné par Latreille à une Couleuvre dont la
robe, fort variable du reste, ressemble à ce
point à celle de la Vipère, que Constant Duméril, professeur d'herpétologie au muséum de
Paris, a été lui-même victime de cette analogie en saisissant imprudemment une Vipère
berus dans la forêt de Sénart.

Sur la ligne médiane du dos on voit une série de taches brunes ou noirâtres, soit contiguës, soit disposées en zigzag, comme chez
la Vipère ; une autre série de taches brunes
existe sur le milieu des flancs ; une large bande d'un brun jaunâtre parcourt obliquement
la joue, venant se réunir, entre les deux yeux,
avec la bande du côté opposé ; deux bandes
jaunes bordent ces taches brunes, en forme
de Λ renversé, séparées entre elles par des
bandes jaunâtres. Cette disposition se voit bien
sur l'animal qui est représenté au premier
plan de la figure 275.

La coloration n'est point constante du reste,
de telle sorte que, comme le fait observer Lataste, «en faisant varier la teinte fondamentale
du dos, du brun sale au brun jaune ou au brun
rouge, celle du ventre du jaune gris au jaune
pâle ou au jaune rougeâtre ; en rendant les
taches plus ou moins nombreuses, plus ou
moins brillantes, plus ou moins obscures; en
donnant surtout plus d'évidence aux espaces
clairs des taches des flancs, on obtiendra toutes

les variétés de robe que présente cette espèce. Elles sont nombreuses et il y a tant de transitions de l'une à l'autre, depuis la Vipérine d'une teinte boueuse à peu près uniforme, jusqu'à l'Ocellée, que je crois inutile d'en décrire aucune. »

Le dessous du corps est jaune, plus ou moins couvert de taches d'un noir bleuâtre, et disposées en séries plus ou moins régulières.

La tête est presque aussi large que haute ; le cou, peu distinct, se renfle légèrement pour se confondre avec le tronc ; ainsi que l'a bien observé F. Lataste, « lorsque l'animal veut mordre, ou qu'il est irrité, cette tête longue et étroite change subitement de proportions ; les muscles de la joue se contractent et deviennent saillants, les os tympaniques s'écartent fortement à droite et à gauche, et alors elle se présente large en arrière et échancrée en cœur de carte à jouer comme la tête de la Vipère.

Nous ajouterons que les écailles sont fortement imbriquées et très nettement carénées ; ces écailles sont, au tronc, au nombre de dix-neuf rangées longitudinales ; toutes les écailles temporales sont disposées suivant une seule file ; l'on voit sept plaques le long de la mâchoire inférieure, les troisième et quatrième touchant l'œil.

La taille dépasse rarement un mètre ; les mâles ont généralement le corps plus délié, la queue plus longue que les femelles.

Distribution géographique. — La Couleuvre vipérine ne s'avance pas aussi loin vers le nord que la Couleuvre à collier ; elle ne dépasse pas, en effet, l'Europe centrale ; elle habite le midi de l'Allemagne, l'Espagne, l'Italie, l'Algérie, l'Égypte ; elle est très commune dans certaines parties de la France, dans le Sud et le Sud-Ouest principalement.

Mœurs, habitudes, régime. — Bien plus aquatique que la Couleuvre à collier, la Vipérine ne se rencontre que rarement dans les champs, au bord des fossés. Habitant de préférence les mares remplies de nénuphars et d'autres plantes aquatiques, très agile, elle nage avec la plus grande facilité, la tête seule hors de l'eau, prête à plonger à la moindre alerte.

À terre, cette Couleuvre est facilement capturée ; à l'eau c'est autre chose, et nous ne pouvons mieux faire que de citer ici le récit que F. Lataste a donné sur les mœurs de cette espèce. « Une mare dans laquelle vous n'apercevez rien, dit-il, contient parfois de ces Couleuvres en quantité prodigieuse. Par une chaude journée de juin, je m'étais rendu au moulin du Pont, sur la grande route qui va de Barsac à Preignac, dans la Gironde. On m'avait assuré que le remblai de cette route donnait asile à un grand nombre de Vipères. La route, en effet, fort élevée en cet endroit au-dessus d'une plaine marécageuse et souvent inondée, et le mur qui la soutient, exposé au soleil du Midi, paraissaient bien propres à loger pendant l'hiver les divers Serpents qui peuvent habiter dans les environs. Du reste, le temps était orageux et favorable à mes recherches. J'avais vu plusieurs Couleuvres rentrer prestement dans leurs trous à mon aspect, et je n'avais pu en prendre aucune, quand j'eus l'idée de m'arrêter auprès d'une petite mare voisine. Je me cachai derrière un tronc d'arbre et j'attendis immobile. Au bout de quelques instants, la mare m'apparaissait couverte de têtes de Serpents fort éveillés, allant et venant dans tous les sens. Au moindre mouvement de ma part, toutes ces têtes disparaissaient subitement sous l'eau et restaient plus ou moins longtemps à reparaître. Quelquefois une Vipérine, m'apercevant immobile, s'arrêtait, reposait sa tête sur une feuille de nénuphar, et me regardait longtemps ; puis, satisfaite de son examen, elle reprenait sa promenade. Plusieurs vinrent passer à mes pieds. J'étais armé d'une canne ; j'essayais de les frapper tout d'un coup, quand elles étaient bien à portée ; mais leur fuite était si rapide que je n'en pus atteindre qu'une seule.

« Bien souvent, depuis, j'ai vu des Couleuvres de cette espèce plonger à mon approche ; j'en ai vu plusieurs fois ramper au fond de l'eau, et j'en ai même saisi avec la main, quand l'eau était peu profonde, et quand une température moins élevée paralysait un peu leur activité. »

La Vipérine fait la chasse aux grenouilles, aux crapauds, aux poissons, aux vers, aux insectes, tout en ne dédaignant pas les petits mammifères et les jeunes oiseaux qui passent à sa portée. Cette Couleuvre est essentiellement sociable et se trouve toujours en bande ; nous en avons vu de véritables rouleaux sous les pierres qui bordent l'Orbe, une petite rivière du nord du département de l'Hérault.

D'après Fatio, cette espèce pond de quinze à vingt œufs, qu'elle dépose, de la fin de mai au commencement de juillet, dans un endroit

Fig. 275 et 276. — La Couleuvre vipérine et la Couleuvre hydre (2/5ᵉ grand. nat.).

chaud et humide, sous la mousse, entre les pierres ou dans la terre meuble. Les œufs, très semblables à ceux de la Couleuvre à collier, sont un peu moins allongés.

Notre Couleuvre hiverne dans la vase, dans de vieux troncs d'arbres, et il n'est pas rare de trouver des boules composées d'un grand nombre d'individus étroitement enroulés les uns sur les autres.

La Couleuvre vipérine est tout à fait inoffensive, bien que sa malheureuse ressemblance avec la Vipère la fasse partout impitoyablement massacrer. On la distingue assez facilement de la Vipère Aspic, même à une certaine distance, à ses formes un peu plus sveltes, aux grandes plaques qui revêtent la tête, aux taches en damier qui ornent le ventre; de plus, tandis que la Vipère Aspic se tient toujours dans des endroits secs et arides, la Vipérine habite les endroits humides et marécageux.

LA COULEUVRE CHERSOIDE. — *TROPIDONOTUS CHERSOIDES.*

Caractères. — Cette espèce, que beaucoup d'auteurs ne regardent que comme une variété de la Vipérine, a le corps d'un brun verdâtre en dessus; deux larges raies, d'un jaune pâle, séparées entre elles par une bande noire, courent parallèlement le long du dos; la coloration des flancs et du ventre est variable à ce point qu'il faudrait décrire de nombreuses variétés; la couleur de ces parties rappelle beaucoup la Vipérine, de telle sorte que l'espèce se reconnaît essentiellement à la présence des deux bandes longitudinales, ce qui est loin d'être suffisant, quand on voit à quel point varie la robe de la Couleuvre à collier.

Distribution géographique. — La Chersoïde est un peu plus méridionale que la Vipérine;

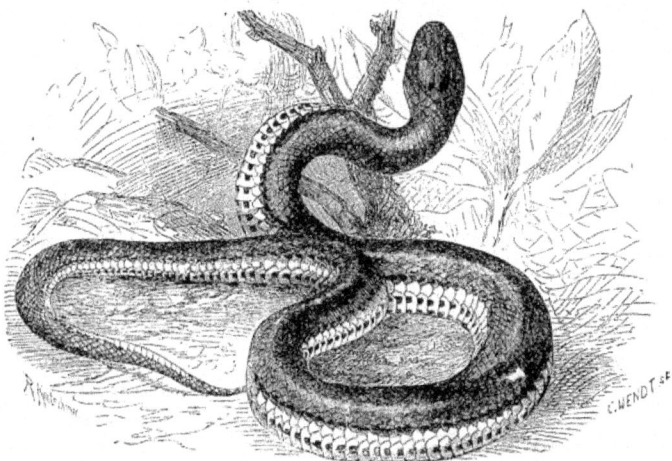

Fig. 277. — L Hélicops caréné (1/3 grand. nat.).

elle se trouve dans la péninsile ibérique, dans quelques localité du sud et du sud-ouest de la France, en Italie, en Carinthie et Hongrie, en Bohême, en Morée, en Algérie.

LA COULEUVRE HYDRE. — *TROPIDONOTUS HYDRUS.*

Würfelnatter.

Caractères. — La Couleuvre Hydre, que nous représentons au second plan de la figure 276, se distingue nettement de la Vipérine par quatre plaques postoculaires, au lieu de deux, trois préoculaires au lieu d'une. Cinq séries de taches noires, le plus souvent quadrilatères, parfois arrondies, s'étendent longitudinalement sur le tronc et alternent entre elles, de telle sorte qu'elles sont disposées comme les cases d'un échiquier. Les taches peuvent varier sous le rapport de leur forme et de leur grandeur ; elles peuvent être remplacées par une étroite ligne noire ; d'autres fois elles sont traversées par des raies d'un gris olivâtre. Chez beaucoup d'individus, on trouve derrière la tête deux bandes obliques, plus ou moins nettes, étroites, de couleur noire, se rencontrant sous un angle aigu dirigé en avant. La face inférieure du corps, qui est tachetée de noir sur un fond jaunâtre, montre souvent un dessin en échiquier.

Parfois, suivant Nordmann, les taches manquent et le dessous du corps apparaît, surtout après la mue du printemps, d'un rouge de sang, plus souvent encore d'un jaune plus ou moins intense, avec des taches noires.

Cette espèce atteint environ 1 mètre de long.

Mœurs, distribution géographique. — La Couleuvre Hydre habite, d'après d'Eichwald, les rivages de la mer Caspienne, le voisinage des fleuves que cette mer reçoit et les îles environnantes ; elle est très commune dans toute la Russie méridionale ; elle se trouve, en outre, aux environs du Caucase, en Asie Mineure, dans une partie de la Perse ; elle s'étend jusqu'aux monts Altaï.

Ses mœurs sont celles de la Vipérine ; d'après Nordmann, l'Hydre poursuit les Gobies sur la plage d'Odessa.

LES HOMALOPSIDÉES — *HOMALOPSIDÆ*

Caractères. — Tandis que Schlegel réunit dans une même famille les Couleuvres nageuses et les Serpents aquatiques, et que Jan suit son exemple, Günther place les derniers dans une famille particulière, celle des Homalopsidées, qui d'ailleurs se distingue des Potamophilidées proprement dites par des caractères assez importants.

Le corps est long, assez souvent comprimé latéralement; la tête est épaisse, large et aplatie, peu distincte du cou; la queue est puissante, assez longue ou très longue, plus ou moins préhensile; les narines sont pourvues d'un rebord cutané qui leur permet de se clore complètement; les plaques sous-caudales sont disposées suivant deux séries.

Mœurs, distribution géographique. — Les Homalopsidées peuvent être considérées comme caractéristiques de la région de l'Inde; elles se trouvent également dans l'Amérique méridionale et centrale, ainsi que dans l'ouest de l'Afrique. Toutes les espèces connues vivent presque exclusivement dans l'eau, et ce n'est qu'accidentellement qu'elles se trouvent sur le rivage. Plusieurs espèces, surtout celles de l'Inde, passent des fleuves dans la mer et nagent à la façon des Serpents de mer avec lesquelles Gray les réunit. La disposition des orifices nasaux permet à ces animaux de respirer en élevant seulement une partie de la tête hors de l'eau. Toutes les espèces nagent très facilement par des mouvements ondulatoires de leur queue, à l'aide de laquelle elles s'enroulent également autour des objets flottants.

La nourriture paraît se composer exclusivement de poissons. Ces animaux sont ovovivipares et font environ une douzaine de petits.

Suivant une observation de Cantor, une femelle tenue captive pendant six mois dans un réservoir en verre rempli d'eau donna naissance à onze petits vivants; pendant ce temps, elle se tenait sur le fond du bassin; l'animal mourut peu de temps après au milieu de phénomènes convulsifs; deux des petits eurent la même fin : ceux qui restaient, longs de 0^m,25, élevaient de temps en temps la tête hors de l'eau pour respirer. Ils ne voulurent prendre aucune nourriture, de telle sorte qu'ils succombèrent près de deux mois après leur naissance.

LES HÉLICOPS — *HELICOPS*

Scheelangenschlangen.

Caractères. — Les Hélicops ont le corps allongé, la queue longue et pointue; les écailles sont carénées; le museau est arrondi; les yeux sont rapprochés, situés au-dessus de la tête;

les narines ont la forme d'une fente étroite qui se prolonge jusqu'au point de jonction de la plaque nasale avec les suslabiales.

Distribution géographique. — Sur onze espèces que comprend le genre, deux habitent les parties les plus chaudes de l'ouest de l'Afrique, la côte d'Or, Sierra-Leone, le Gabon, le Congo; les autres sont du Brésil, du Nicaragua, du Vénézuela; une espèce toutefois est signalée de l'Inde.

L'HÉLICOPS A QUEUE CARÉNÉE. — *HELICOPS CARINICAUDUS.*

Kielfchwanznatter.

Caractères. — Cette espèce, qui arrive à près d'un mètre de long, a les écailles carénées sur le tiers postérieur du corps seulement et sur toute la longueur de la queue où chaque rangée longitudinale offre, par cela même, une saillie très prononcée; les plaques suslabiales sont au nombre de 8, les postoculaires de 2.

D'après Wagler, « la tête, le tronc et la queue, d'un brun noirâtre en dessus, légèrement lavé d'olivâtre, sont sans taches. Les écailles de la dernière rangée longitudinale portent de petites maculatures noires peu apparentes. Une assez large bande jaune s'étend de l'un à l'autre côté du tronc, au niveau de la jonction du flanc et de l'abdomen, depuis la tête jusqu'à l'anus. Toute la région sous-maxillaire est de la même couleur. Les scutelles abdominales et les sous-caudales ont une teinte d'un jaune plus clair que celle des bandes latérales dont il vient d'être question; elles portent chacune des taches un peu arrondies, semblables à des gouttes noires, régulièrement disposées, au nombre de deux sous la queue, et de trois sur la plus grande partie de l'abdomen, où elles forment trois séries longitudinales. La langue est noire, plus claire à sa base; l'iris est d'un brun jaunâtre » (fig. 277).

Mœurs, distribution géographique. — L'Hélicops à queue carénée habite le Brésil et la Guyane. « J'ai trouvé cette espèce, dit le prince Maximilien, assez loin vers le sud du Brésil, dans les grands bois du bord de la rivière d'Itapemirim, mais elle y paraît assez rare, ne l'ayant rencontrée qu'une fois. » Cette espèce, d'après Scomburgk et Hensel, est essentiellement aquatique et se nourrit exclusivement de poissons et de Batraciens d'eau. Lorsqu'on cherche à s'en emparer, elle plonge rapidement et se cache au fond, entre les pierres, mais ne cherche jamais à aborder la rive.

LES HERPÉTONS — *HERPETON*

Caractères. — Lacépède a décrit sous ce nom un fort curieux Serpent qui a la tête plate, le museau tronqué, garni de deux tentacules charnus, ayant l'apparence de lanières entièrement recouvertes d'écailles. La queue est conique, dépourvue d'urostèges. La dent postérieure de la mâchoire inférieure est cannelée.

La seule espèce connue est l'Herpéton tentaculé (*Herpeton tentaculatum*). Le corps, chez l'adulte, est brun pâle, avec une bande brunâtre le long du flanc. D'après F. Bocourt, qui a observé l'animal vivant, chez le jeune « la partie supérieure du corps est d'un gris verdâtre très foncé, ayant, de chaque côté, des taches noires alternées; l'inférieure est plus foncée, et porte des taches jaunes régulièrement placées à sa partie antérieure; le dessus et le dessous de la tête ont une teinte ferrugineuse; l'œil est roussâtre et la pupille cerclée irrégulièrement de jaune avec quatre points de même couleur s'avançant sur l'iris. La ligne verticale est très marquée; toutes les écailles sont carénées et forment des lignes en séries longitudinales; les gastrostèges sont étroites, dicarénées. Lorsque l'animal est vivant, les appendices nasaux sont renversés en dessous ou de chaque côté de la tête. »

Distribution géographique. — L'Herpéton, dont on a ignoré l'habitat jusque dans ces derniers temps, est de Siam, du Cambodge, de la Cochinchine; d'après Morice, son nom est *Con Ran rau* ou *Serpent à barbe*, chez les Annamites, *Pò 'h-traoo* ou *Pò h somélan* chez les Cambodgiens, *Allah ia*, chez les Tiams.

Mœurs, habitudes, régime. — C'est à Morice que nous devons les quelques renseignements que nous possédons sur l'étrange Ophidien dont nous parlons ici.

« L'Herpéton, écrivait-il en 1875, est vivipare. J'ai deux fois observé ce fait : une fois en Cochinchine et une seconde à Toulon, où une femelle pleine mit bas à mon arrivée. Les petits sont au nombre de six par portée et ont une longueur de 0m,28; leur coloration est plus claire, d'une manière générale, que celle de l'adulte. Ce fait rapproche l'Herpéton des Hypsirrhines et des Cerbères, qui habitent les mêmes points de l'Asie et qui sont également des Serpents aquatiques.

« Une seconde lacune qui restait à remplir dans l'histoire de cet Ophidien était de savoir de quels aliments il se nourrit. Günther dit expressément « que leur nature n'est pas connue et que, d'un autre côté, la longueur du tube digestif avait déjà attiré l'attention de plusieurs herpétologistes. »

« Or, grâce à mes observations personnelles, jointes à celles des Annamites eux-mêmes, je crois être en mesure d'éclaircir ce point. L'Herpéton fait usage d'une alimentation mixte; il mange fort bien les poissons de faible taille, comme je l'ai pu constater, mais il mange également une plante aquatique, le *Ráu Guiá* des Annamites, le *Cubospernon palustre* de Louveiro, qui est le *Jussiæa repens* des botanistes modernes. Cette plante est fort commune dans les eaux saumâtres de la Basse-Cochinchine.

« Le fait est hors de doute, quelque singulier qu'il puisse paraître; il est connu de tous les indigènes, et moi-même je m'en suis assuré à plusieurs reprises, en déposant des Herpétons et des *Jussiæa repens* dans un vase à moitié plein d'eau; j'en retirai, au bout de quelques jours, la plante réduite à quelques filaments appendus à la tige.

« Enfin, le microscope et la chimie m'ont donné des résultats analogues. Les matières trouvées dans l'estomac et dans l'intestin présentent des tubes scalariformes, des trachées déroulables, des grains d'amidon. Ce fait par lui seul ne serait certainement pas suffisant, et je sais l'objection très simple qu'on pourrait lui faire; mais, rapproché de l'observation sur le vivant, il me semble qu'il prend une valeur suffisamment affirmative.

« L'estomac est charnu. Un exemple donnera une idée des dimensions du tube digestif; chez ces individus dont le tronc était long de 0m,633 (la longueur totale de l'animal était de 0m,807), la longueur totale du tube digestif est de 0m,788.

« Je ne connais aucun autre Ophidien qui fasse usage d'aliments végétaux, et d'autre part ceci peut jeter quelque lumière sur l'usage des tentacules de l'Herpéton qui, n'ayant qu'une vue très restreinte, peut se servir avantageusement de ces appendices pour trouver dans l'eau ou dans la vase une proie qui ne fuit pas. »

Captivité. — Nous avons pu observer un Herpéton vivant capturé à Tayninh, sur la frontière nord-est de la Cochinchine française, et adressé par Morice à la Ménagerie du Muséum de Paris. L'animal se tenait toujours dans l'eau ou dans un endroit humide, autant que possible à l'abri de la lumière. Lorsqu'il nageait, il se dirigeait au moyen de ses tentacules qui sont certainement des organes de tact et était ainsi averti du contact des corps.

Pris à la main, le Serpent ne cherchait nullement à mordre, ni à se défendre. Ayant refusé toute espèce de nourriture, il est malheureusement mort peu de temps après son arrivée.

LES PSAMMOPHIDÉES — *PSAMMOPHIDÆ*

Wüstenschlangen.

Caractères. — Jan a désigné sous ce nom des Couleuvres dont la tête est creusée entre les yeux d'une profonde fossette. Les écailles qui revêtent le corps ne sont pas carénées et disposées suivant 15 à 19 rangées. Les dernières dents de la mâchoire supérieure sont plus longues que les autres ; la postérieure est sillonnée, de telle sorte que ces animaux font partie de la famille des Opisthoglyphes de Duméril et Bibron.

Distribution géographique. — La famille des Psammophidées ne comprend que trois genres ; les *Psammodynastes* sont de Java, de Sumatra, de Siam ; les *Psammophis* habitent l'Afrique, l'Arabie, l'Asie Mineure ; c'est en Europe, en Algérie, sur le côté ouest de l'Afrique, que se trouvent les *Cœlopeltis*.

LES COELOPELTIS — *COELOPELTIS*

Grubennattern.

Caractères. — Wagler a formé ce genre pour des Couleuvres qui ont la tête haute, nettement concave au devant des yeux ; le museau est relativement court ; il existe deux plaques frénales placées à la suite l'une de l'autre. Les écailles du dos sont petites, finement striées, légèrement concaves chez les adultes.

LA COULEUVRE MAILLÉE. — *COELOPELTIS INSIGNITUS.*

Gidechsennattern.

Caractères. — Outre le caractère tiré de l'écaillure et de la forme de la tête, cette espèce se reconnaît facilement à sa coloration.

Le fond de la couleur est d'un brun olivâtre, qui, sur le dos, tire plus ou moins au brun rougeâtre. Des lignes d'un brun sombre, ornées de jaune, dont la forme et la disposition sont très

irrégulières, ornent la tête. La face supérieure du tronc et de la queue est marquée de petites taches noirâtres, bordées le plus souvent de jaune ; ces taches forment habituellement cinq, plus rarement sept séries longitudinales plus ou moins nettes et disposées de telle sorte que les taches de chaque série alternent avec celles des séries voisines. On voit, en outre, sur les écailles des deux séries longitudinales latérales les plus externes, des taches blanchâtres ou jaunâtres de forme irrégulière, taches qui se disposent parfois en une bande onduleuse presque ininterrompue.

La face inférieure du corps est d'un blanc jaunâtre ou d'un jaune brunâtre ; chez les jeunes sujets, elle est marquée de taches d'un gris noirâtre, disposées en séries longitudinales ; chez les adultes, elle est de teinte uniforme.

La coloration est, du reste, assez variable pour que la Couleuvre maillée ou Couleuvre de Montpellier ait été décrite sous des noms différents.

Une variété, désignée sous le nom de Couleuvre de Neumayer (*Cœlopeltis Neumayeri*) a la face supérieure du corps de teinte uniforme ou ne porte sur la base de la queue que des traces de taches sombres disposées en séries longitudinales. Dans une autre variété, le dos est d'un brun olive profond ou d'un brun noir relevé de quelques traits jaunes, plus nombreux sur les côtés.

La disposition des couleurs qui a fait donner le nom à l'espèce est assez rare. Les individus décrits par Geoffroy Saint-Hilaire avaient, en effet, le dos semé de taches rappelant les *mailles* que présentent les jeunes perdrix.

Nous ajouterons que le museau est un peu comprimé et que les plaques sourcilières sont saillantes, de telle sorte que la tête est nettement excavée entre les yeux (fig. 278).

Fig. 278. — La Couleuvre maillée (1/5e grand. nat.).

Distribution géographique. — La Couleuvre maillée appartient en propre à la zone circumméditerranéenne ; on trouve l'espèce depuis les côtes de l'océan Atlantique et le nord-ouest de l'Afrique jusqu'à la mer Caspienne et l'Arabie occidentale, depuis le 43e degré de latitude nord jusqu'aux déserts brûlants de l'Algérie, de la Tunisie, de la Tripolitaine et de l'Égypte.

En France, la Couleuvre maillée est assez commune aux environs de Montpellier et de Nice.

Mœurs, habitudes, régime. — D'après Erber, l'espèce qui nous occupe n'est pas rare en Dalmatie. « Cette Couleuvre, dit-il, trahit souvent sa présence par un violent sifflement. C'est dans le voisinage même de Zara, près du village de Casino, que je pris un grand individu de cette espèce, qui avait attiré mon attention par un sifflement très fort. Je poursuivis le Serpent de buisson en buisson jusqu'à ce qu'il finît par se réfugier dans un trou ; je pus alors le saisir par la queue. Je ne voulais pas endommager l'animal, mais il m'était impossible de le tirer à moi, car il s'enfonçait autant qu'il le pouvait. Le lâcher pour le déterrer n'était pas pratique, car cette opération dans un terrain rempli de pierres aurait été moins que facile. Je pris patience, et pendant deux heures durant je maintins mon reptile. Celui-ci se dégagea, et son premier soin fut de se retourner sur moi dans l'espoir de me mordre. Soit par colère, soit pour toute autre cause, il vomit alors un merle, quatre souris et deux lézards qu'il avait engloutis peu de temps auparavant. L'animal mourut quelques heures après sa capture. »

Aux environs de Montpellier nous avons plusieurs fois observé le Cœlopeltis dans les terrains arides et rocailleux où poussent les cistes aux fleurs odorantes, les charmantes linaires et les purpurins mélilots ; nous avons également trouvé cette espèce le long des chemins creux exposés en plein soleil.

La couleuvre maillée nous a toujours paru être un animal assez agressif, qui, lorsqu'on fait mine de le saisir, se jette sur vous en faisant entendre un sifflement aigu. Comme toutes les Couleuvres, du reste, elle se hâte de fuir entre les pierres et les buissons lorsqu'on ne l'attrape pas.

Sa nourriture se compose de souris, de mulots, de campagnols, de lézards, et trop fréquemment de petits oiseaux (1).

(1) Voyez Marius Reguis, *la Couleuvre de Montpellier* (*Science et Nature*, 1884, t. II, p. 265).

Captivité. — La Couleuvre maillée supporte mal la captivité, refuse généralement de manger et, dès lors, ne tarde pas à mourrir. Elle perd son caractère agressif en peu de temps, et s'affaiblit rapidement. La morsure n'est, du reste, pas dangereuse. Dugès a vu que cette morsure ne cause aucun mal, « bien que le Serpent possède une dent conique, très pointue, beaucoup plus longue que les autres et pourvue d'une gouttière longitudinale très marquée. »

LES DRYOPHILIDÉES — *DRIOPHILIDÆ*

Peitschenschlangen.

Caractères. — Les Dryophilidées ou Couleuvres d'arbres ont le corps grêle et fort mince, la queue longue, en forme de fouet; la tête est généralement longue et plate, distincte du cou; le museau est proéminent, prolongé parfois en appendice flexible; la mâchoire supérieure est plus longue que l'inférieure; la bouche est largement fendue; beaucoup de ces Serpents sont armés d'une dent venimeuse placée à la partie postérieure de la mâchoire; la pupille est ovale ou linéaire, horizontale, la plupart de ces animaux étant nocturnes ou au moins crépusculaires.

Distribution géographique. — Les Couleuvres arboricoles vivent dans la zone tropicale des deux hémisphères, bien qu'elles soient tout particulièrement abondantes en espèces dans le sud du Mexique, l'Amérique centrale, le nord de l'Amérique du Sud; elles abondent également dans les îles de la Sonde, à Java, à Bornéo, à Sumatra, dans l'Indo-Chine; on les retrouve dans les parties les plus chaudes du continent africain, aussi bien sur la côte ouest que dans la partie orientale; quelques formes sont spéciales à Madagascar; ces animaux vivent également dans le sud de la Chine et le nord-ouest de l'Australie.

Mœurs, habitudes, régime. — Les Dryophilidées sont des Serpents essentiellement arboricoles, ainsi que l'indique la forme de leur corps très long et très grêle, qui ressemble à un frêle rameau. Leur couleur, généralement verdâtre, s'harmonise, du reste, à merveille avec celle des plantes sur lesquelles ils passent leur vie, car ce n'est que fort exceptionnellement que la plupart de ces animaux se tiennent sur le sol.

La beauté et l'élégance de la forme de ces Serpents, la grâce de leurs mouvements, les tons harmonieux de leurs couleurs les ont fait désigner par les Siamois sous le nom poétique de « Rayon-de-Soleil ».

« J'étais toujours enchanté, écrit Wucherer, lorsque je remarquais qu'un Serpent arboricole avait élu domicile dans mon jardin, à Bahia. Lorsque je montais sur un arbre pour examiner un nid d'oiseau dont les petits venaient de s'envoler, je trouvais souvent le nid occupé par un de ces admirables Serpents, qui, long de plus de trois quarts de mètre, s'était enroulé dans un espace à peine grand comme le creux de la main. Toujours et toujours le Serpent arboricole paraît être sur ses gardes; il est constamment en éveil; lorsqu'on l'aperçoit, le jeu rapide de sa langue noire et profondément bifurquée témoigne qu'il vous a vu. Lorsque, par le plus léger mouvement, on manifeste l'intention de s'emparer de l'animal, il prend de suite la fuite en rampant sur les branches et sur les feuilles avec une légèreté telle que celles-ci paraissent à peine plier sous son poids; encore un instant, et on l'a perdu de vue. »

Les Serpents arboricoles se nourrissent d'Oiseaux, de petits Sauriens et de Batraciens menant le même genre d'existence qu'eux. D'après les observations faites par Smith sur une espèce du sud de l'Afrique, les petits oiseaux savent par expérience que ces Serpents sont de cruels ennemis, aussi lorsqu'ils en voient un, s'empressent-ils de s'avertir en poussant des cris perçants. Tous les oiseaux du voisinage se mettent alors à voltiger autour de l'ennemi commun, piaillant à qui mieux mieux, dans l'espérance de l'effrayer et de le faire déguerpir. Il arrive le plus souvent que l'un des imprudents est la victime du Reptile, qui guette la tête haute. Smith parle de l'adresse extraordinaire avec laquelle le Serpent s'empare des oiseaux qui s'approchent de lui effrontément et que leur hardiesse et l'état de trouble dans lequel ils se trouvent en présence de leur ennemi font tomber dans le piège. Pas plus dans ce cas particulier que dans tous les autres, il ne peut être ici question de fascina-nation.

On admet généralement, mais sans preuves bien concluantes, que les Serpents arboricoles sont ovovivipares.

LES HERPÉTODRYAS — *HERPETO-DRYAS*

Natterbaumschlangen.

Caractères. — Boié a désigné sous ce nom des Serpents au corps allongé, dont la moitié environ est formée par la queue, qui se conti-nue directement avec le tronc, et qui est mince, appointie à son extrémité. La tête est petite, assez allongée, étroite, confondue avec le cou, plane en dessus, déprimée; toutes les dents sont d'égale longueur, et la dernière n'est pas sillonnée; les orifices des narines sont placés sur les côtés du museau; les yeux sont grands.

Les écailles du dos sont grandes, toutes sem-blables entre elles. Suivant les espèces, ces écailles sont lisses ou carénées, les carènes existant sur quelques rangées seulement ou sur toutes les écailles. Le nombre des écailles contenu dans une rangée varie de 10 à 18.

Distribution géographique. — Sur 12 es-pèces que comprend le genre, 8 sont des par-ties les plus chaudes de l'Amérique du Sud, des Guyanes, du nord du Brésil, de l'Améri-que centrale, des Antilles; une est de Mada-gascar; les autres se trouvent à Java et à Bornéo.

L'HERPÉTODRYAS CARÉNÉ. — *HERPETODRYAS CARINATUS.*

Sipo.

Caractères. — L'Herpétodryas caréné ou *Sipo* est un Serpent de près de 2 mètres de long, dont la coloration, des plus variables, est de toute beauté sur l'animal vivant.

D'après le prince de Neuwied, la partie su-périeure du corps est d'un beau vert clair tournant parfois à l'olivâtre; le ventre est verdâtre ou jaune clair; la coloration verte passe par toutes les gradations jusqu'au brun métallique brillant. L'animal, du reste, change fréquemment de couleur et devient plus ou moins clair, plus ou moins foncé suivant les moments. Ajoutons que les rangées longitu-dinales du dos sont toujours en nombre pair et que les deux rangées médianes, parfois

aussi les rangées les plus voisines de celles-ci, sont carénées (fig. 279).

Distribution géographique. — D'après de Neuwied, le *Sipo* est, au Brésil, le Serpent le plus commun après le Serpent corail; on le trouve abondamment dans les petits bois des terrains sablonneux des environs de Rio-de-Janeiro, du cap Frio. L'espèce vit également aux Guyanes.

Mœurs, habitudes, régime. — Le *Sipo* se tient de préférence sur les buissons poussant dans les endroits sablonneux situés non loin de la mer. On le trouve aussi aux embouchu-res des rivières et dans les lieux marécageux, là où croissent des joncs, des roseaux et d'au-tres plantes aquatiques. Il grimpe sur les plantes frutescentes, principalement sur les clusiacées ou guttifères aux feuilles larges et raides; ce n'est qu'exceptionnellement qu'on voit cet animal sur le sol. Lorsqu'on s'appro-che de lui, il fuit si rapidement, qu'on peut à peine le suivre; sa course est très rapide sur le gazon, un peu plus lente sur le sol nu.

Hensel, qui a trouvé le *Sipo* assez rarement dans le nord du Brésil, est persuadé que cet animal y est cependant assez commun, mais qu'il se cache dans les haies et dans les arbres dont la couleur s'harmonise à merveille avec sa robe, de telle sorte qu'il passe inaperçu.

La nourriture de l'Herpétodryas caréné se compose d'Oiseaux et de Batraciens.

Au Brésil même ce Serpent passe pour être inoffensif. Ce n'est que dans les cas extrêmes que le *Sipo* se défend contre l'homme, ainsi qu'il ressort du récit suivant de Schomburgk.

« Dans une de mes chasses, dit-il, je vis un Serpent long de 2 mètres se diriger vers moi; j'en étais trop loin pour savoir s'il était ou non venimeux. Les deux canons de mon fusil étaient chargés; je tirai, et l'animal se roula sur le sol dans des mouvements convulsifs. Du bruit dans les branches de l'arbre au-dessous duquel je me trouvai attira mon at-tention; deux beaux perroquets, dont je ne connaissais pas l'espèce, effrayés par la déto-nation de mon arme, vinrent se poser sur l'ex-trémité d'une branche. Le Serpent paraissait blessé à mort; je le vis se diriger péniblement vers un buisson épais dans lequel il disparut. Je le cherchais en vain, lorsque, rapide comme une flèche, il s'élança contre mon épaule et me fit faire un violent saut en arrière. Glacé de terreur et ne sachant pas si j'étais blessé, je vis l'animal se préparer à une nouvelle atta-

Fig. 279. — L'Herp todryas caréné (1/4 grand. nat.).

que; j'abattis alors le Serpent. A un examen plus sérieux, je vis que je n'avais pas été mordu et que mon ennemi était, non un Serpent venimeux, comme je l'avais craint, mais un inoffensif *Sipo.* »

LES PHILODRYAS — *PHILODRYAS*

Caractères. — Les *Philodryas* ou *Dryophylas* ont la tête conique, assez allongée, peu distincte du tronc; la région inférieure est séparée des flancs par une ligne plus ou moins saillante formée par les gastrostèges. La queue est longue, grêle et effilée. La dent postérieure est cannelée.

Les écailles du tronc sont tantôt lisses, tantôt carénées. Le tronc est parfois d'un beau vert uniforme ou relevé, sur le dos, par une raie brune. D'autres fois le corps est brun rougeâtre orné de raies dans toute sa longueur, ou à l'arrière seulement; il existe tantôt des taches noires, carrées, ou des taches jaunes, bordées de noir; chez certaines espèces, le corps est orné de petits points ou de petites lignes.

Distribution géographique. — Sur dix espèces que comprend le genre, une est de la région du Nil Blanc, deux sont de Madagascar; les autres vivent dans les parties chaudes de l'Amérique du Sud.

LA COULEUVRE VERTE. — *PHILODRYAS VIRIDISSIMUS.*

Caractères. — Cette espèce, dont le corps est grêle et fort allongé, est d'un beau vert-

Fig. 280. — L'Oxybèle brillant (1/3 grand. nat.).

pré en dessus et d'un blanc glacé de cette couleur en dessous ; on trouve des individus chez lesquels le tronc est coupé en travers de deux bandes verdâtres sur un fond purpurescent. La queue est longue, grêle, terminée pas une pointe aiguë. Toutes les écailles sont lisses. La taille arrive fréquemment à un mètre.

Distribution géographique. — Le Brésil, les Guyanes sont la patrie de ce Serpent.

Captivité. — Nous devons à Günther d'intéressants renseignements sur les mœurs de la Couleuvre verte en captivité : « Dans le milieu de l'été, dit ce naturaliste, on proposa au jardin zoologique de Regents Park deux Serpents arboricoles venant de l'Amérique du Sud. Malgré la forte chaleur qui régnait à Londres à ce moment, ces animaux se montraient fort paresseux et se tenait raides comme des baguettes. Portés dans une cage, ils se mirent lentement en mouvement et se dirigèrent vers un coin, où ils se blotirent sans faire un mouvement. Malgré l'assertion du gardien qui prétendait que les « Serpents verts » ne vont jamais aux arbres, on plaça deux beaux hortensias dans la cage. A peine nos Serpents eurent-ils vu ces plantes qu'ils parurent les regarder branche par branche, feuilles par feuilles. Soudain l'un d'eux se précipita vers les hortensias, pénétra à travers les rameaux et s'enroula dans un endroit où il reposait complètement sur un lit de verdure. Le mouvement de cet animal fut si rapide, si inopiné, que je ne vis pas comment fit l'autre Serpent pour se placer lui aussi au milieu du feuillage. Les reptiles ne descendirent plus sur le sol ; de temps en temps l'un ou l'autre d'entre eux redressait la partie antérieure de son corps au-dessus du feuillage, ce qui le faisait ressembler à un rameau dépourvu de ses feuilles. On essaya, mais en vain, de nourir les Serpents avec des Grenouilles ; on leur donna alors de petits Lézards. Bien qu'on n'ait pas vu manger les Couleuvres, il est certain cependant qu'elles devaient chasser, car les Lézards diminuaient en nombre, et plusieurs fois on observa que le ventre des Serpents étaient très gonflé. Il est grandement probable que, à l'état de liberté, nos reptiles se nourrissent de petits Lacertiens arboricoles. »

LES DENDROPHIS — *DENDROPHIS*

Glanznattern.

Caractères. — Boié a désigné sous ce nom des Serpents d'arbres qui ont le corps grêle, très allongé, le cou fort mince, très distinct de la tête, qui est longue et élargie en arrière ; la queue est longue et fort effilée. Le museau est mousse ; les yeux sont généralement très grands. Les dents sont toutes de même longueur ; les dents postérieures ne sont pas sillonnées. Toutes les écailles sont lisses, disposées en deux séries latérales, très nettement imbriquées, séparées par des écailles polygonales, occupant la ligne médiane, plus grandes que les autres, non imbriquées.

Distribution géographique. — Six espèces appartiennent à ce genre ; deux habitent les Indes-Orientales ; deux, Mozambique ; deux, l'Australie.

LE DENDROPHIS PEINT. — *DENDROPHIS PICTUS.*

Caractères. — Le *Schocari* des Indiens est un magnifique Serpent arboricole d'environ 1ᵐ,50 de long, à la forme élancée, au corps d'un beau vert de feuillage généralement relevé le long du flanc par une bande jaunâtre bordée en dessus comme en dessous par une bande noire. D'autres fois, la bande inférieure est remplacée par une série longitudinale de points noirs. Dans le jeune âge, les côtés du cou sont souvent ornés d'une série de bandes bleues et noires alternant entre elles et se dirigeant obliquement en arrière.

Distribution géographique. — Cette espèce est commune à Amboine, à Mindanao, à Sumatra, dans l'Indo-Chine et dans l'Inde.

Mœurs, habitudes, régime. — D'après les observations de Cantor, le Dendrophis peint se trouve dans les régions montagneuses ; il chasse les Oiseaux, les Lézards d'arbres et les Batraciens arboricoles ; lorsqu'il est jeune, il se nourrit d'insectes. Les individus adultes semblent être d'une humeur très irascible et se défendent énergiquement lorsque l'on cherche à s'en emparer ; leur morsure est, du reste, assez douloureux. Comme les autres Serpents arboricoles de l'Inde, les *Shocari*, lorsqu'il sont en colère, dilatent la partie antérieure de leur cou, se soulève au-dessus du sol du tiers environ de leur longueur, dardent leur langue avec vivacité et se jettent sur leur adversaire ; la morsure faite, ils se replient, tout prêts à s'élancer de nouveau.

Cantor a trouvé dans le corps d'une femelle 7 œufs cylindriques, à coquille molle, mesurant environ 35 millimètres de long.

LES OXYBÈLES — *OXYBELUS*

Peitschenschlangen.

Caractères. — Sous le nom de Dryophinées, on forme généralement une tribu distincte pour des Serpent dont le corps est très long, très grêle, dont la queue est en forme de fouet, dont la tête est étroite, très appointie en avant, souvent encore prolongée par une appendice parfois mobile. La bouche est fort largement fendue. Les écailles qui revêtent le corps sont étroites et se recouvrent dans une grande partie de leur étendue.

Le genre Oxybèle, qui appartient à ce groupe, fait partie de la famille des Opisthoglyphes de Duméril et Bibron. La tête est fort longue, excessivement étroite et pointue en avant, terminée par un museau prolongé qui dépasse la mâchoire inférieure ; la pupille est généralement horizontale.

Distribution géographique. — Les 5 espèces de ce genre sont de l'Amérique centrale et du nord de l'Amérique du Sud.

Mœurs, habitudes, régime. — C'est avec raison que les Dryophinées sont aussi nommés *Serpents-fouets*, car on peut réellement les comparer à la ficelle d'un fouet, tant leur corps est mince et extraordinairement allongé. En raison de leur forme, ils vivent exclusivement sur les arbres. Autant sur le sol leurs mouvements sont lents et maladroits, autant, au milieu de la verdure, ils sont vifs et gracieux. Avec leur corps si délié, ils posent quelques lacets autour d'une branche et peuvent ainsi se mouvoir dans la direction voulue, soit pour atteindre une proie en projetant au loin leur tête, soit pour s'élancer sur une branche éloignée.

La conformation de leur œil fait croire qu'ils sont essentiellement nocturnes. Ils chassent les Oiseaux, les petits Sauriens d'arbre. D'après les renseignements de Mosley et de Dillwyns, ces Serpents sont très voraces et se précipitent, pour mordre, sur tous les objets qu'on leur présente.

L'OXYBÈLE BRILLANT. — OXYBELUS FULGIDUS.

Glanzfpirschlange.

Caractères. — Cette espèce est des plus grêles, car elle peut atteindre près de 1m,70, le diamètre du tronc, dans la partie la plus large, étant seulement de un centimètre ; la queue égale presque la moitié de la longueur totale ; elle se termine insensiblement en une pointe, de sorte qu'elle a pu être comparée, avec raison, à la mèche d'un fouet de cocher ; de là est venu le nom vulgaire de *coach-whip*, que les Anglais des colonies ont donné aux Oxybèles. Le nez se prolonge en une pointe assez longue (fig. 280) ; chez les jeunes individus, cet appendice est moins prononcé que chez les adultes.

Le corps est vert en dessus, d'un blanc teinté de verdâtre en dessous ; une raie ou ligne étroite, jaunâtre, règne tout le long des flancs. Cette couleur s'harmonise si parfaitement avec celle des arbres au milieu desquels vit l'Oxybèle, qu'il est très difficile de distinguer l'animal. La ménagerie des Reptiles de Paris a possédé un de ces Serpents ; celui-ci se tenait toujours sur un caoutchouc ; or il fallait chercher l'animal avec grande attention pour pouvoir l'apercevoir, tant sa couleur se confondait avec celle de la plante.

Distribution géographique. — L'Oxybèle brillant se trouve aux Guyanes et dans le nord du Brésil.

LES TRAGOPS — *TRAGOPS*

Caractères. — Sous ce nom, Weyler a désigné des Serpents opisthoglyphes chez lesquels la tête se prolonge en un museau pointu et solide ; les narines sont latérales et s'ouvrent dans une petite plaque étroite et allongée ; l'œil est grand, allongé, à pupille fendue horizontalement, souvent rétrécie au milieu et allongée en arrière ; les plaques sous-orbitaires sont doubles ou triples.

Comme chez tous les Serpents appartenant à la même tribu, le corps est excessivement grêle et atteint souvent jusqu'à 1m,60 de longueur, la queue, extrêmement ténue, formant la moitié de cette longueur. Les écailles sont lisses, plus ou moins en forme de losanges allongés ; les plaques du ventre se relèvent un peu sur les flancs qui sont légèrement anguleux ; les plaques qui recouvrent le dessous de la queue sont en grand nombre et disposées suivant deux rangées.

Distribution géographique. — Ces animaux sont des parties les plus chaudes du sud de l'Asie ; ils vivent dans les forêts des Célèbes, de Sumatra, de Java, de l'Inde et de l'Indo-Chine.

LE TRAGOPS VERT. — *TRAGOPS PRASINUS.*

Caractères. — Cette espèce, aux formes des plus élégantes, est d'une belle couleur verte en dessus, se changeant, dans l'alcool, en bleu brillant irisé. Le dessous du corps est orné, dans sa partie moyenne, d'une large bande jaunâtre, bordée, en dehors, de vert de mer ; on voit en outre, de chaque côté, une ligne jaune qui s'étend tout le long des flancs jusqu'à l'origine de la queue, dont la face inférieure est d'une teinte jaune pâle.

D'après Duméril et Bibron, « quelques jeunes individus sont d'une teinte grise ; d'autres semblent porter une sorte de livrée de jeune âge ; ce sont des traits et des chevrons bruns dont les angles saillants sont du côté de la tête et s'étendent dans toute la longueur du dos. »

Ajoutons que l'œil est protégé par un rebord saillant formé par les plaques sourcilières, que la région jugale est excavée en arrière, que les écailles sont, au milieu de la longueur du tronc, au nombre de 15 dans une série, qu'il existe 8 plaques supralabiales et 2 ou 3 plaques frénales.

LES DRYINES — *DRYINUS*

Sippe.

Caractères. — Les Dryines ou Passerites ont le museau prolongé en un appendice pointu et cutané, formé par la plaque rostrale ; la pupille est longitudinale, rétrécie au milieu ; les écailles du ventre s'élèvent un peu sur les flancs, ainsi que les écailles de la queue ou urostèges qui sont disposées suivant deux rangées.

Fig. 281. — Le Nasique (2/3 grand. nat.).

LE NASIQUE. — *DRYINUS NASUTUS.*

Baumschnüffler.

Caractères. — Le Nasique a le corps grêle, très allongé ; la tête est plus large que le cou, oblongue, un peu déprimée en dessus ; le museau se prolonge en une pointe anguleuse qui dépasse notablement la mâchoire inférieure.

Le dos est, le plus souvent, d'un vert brillant, comme irisé, tandis que le ventre est plus pâle et légèrement jaunâtre.

Ainsi que l'ont bien observé Duméril et Bibron, « quand le Serpent est tranquille, les écailles allongées qui le recouvrent se trouvent très rapprochées, mais quand il est excité par la crainte ou par le besoin de saisir sa proie, son corps se gonfle, surtout dans la région antérieure du tronc, et alors l'apparence de l'animal change. Les plaques écailleuses, d'un vert le plus souvent assez foncé, s'écartent les unes des autres et laissent à découvert les interstices de la peau nue, qui est d'une teinte blanche ou jaune ; l'écaillure simule alors une sorte

Fig, 282. — Le Dipsas dendrophile (1/3 grand nat.).

de réseau. Il en est de même des régions du tronc qui se trouvent successivement dilatées par la présence de petits animaux qui ont été avalés tout d'une pièce, et cet écartement des écailles persiste ainsi par places ou par régions diverses jusqu'à ce que la proie ait été complètement ramollie ou digérée. »

Sur un Dryine qui a vécu plus d'un an à la ménagerie des Reptiles du Muséum de Paris, lorsque l'animal était irrité, l'on voyait les écailles s'écarter ; alors apparaissaient des lignes brunâtres ; le volume de l'animal augmentait surtout dans la région du dos.

Distribution géographique. — Le Nasique est particulier aux Indes Orientales; on le trouve dans la péninsule de l'Inde, aux Philippines, aux Célèbes, à Ceylan, à Sumatra, à Java.

Mœurs, habitudes, régime. — Le Muséum de Paris a possédé pendant plus d'un an un Dryine qui se tenait constamment sur un caoutchouc que l'on avait placé dans sa cage. L'animal restait généralement vers le sommet de l'arbuste et redressait la partie antérieure de son corps, dont la couleur se confondait tellement avec celle de la plante, qu'il semblait en être un rameau légèrement agité par la brise. Le Serpent s'entortille de telle sorte, du reste, que l'on ne voit que la partie supérieure du tronc, le dessous restant appliqué contre les branches. La nourriture consiste en oiseaux, en petits Reptiles, en mammifères de faible taille. Lorsqu'il aperçoit une proie, le Dryine se laisse lentement glisser et, arrivé à portée convenable, se détend brusquement et saisit sa proie, comme le mon tre bien la figure 281. L'animal étant saisi, le Reptile s'efforce de le faire cheminer jusqu'au fond de sa bouche ; c'est à ce moment que les dents venimeuses entrent en action ; le venin paralyse les mouvements de la victime qui est alors déglutie avec la plus grande facilité.

LES LANGAHA — *LANGAHA*

Caractères. — Parmi les Serpents les plus étranges de la famille des Oxycéphaliens de Duméril et Bibron, il convient de citer les Langaha ou Xiphorrhynques.

Ces Ophidiens, qui sont des Opisthoglyphes, ont la tête prolongée par un museau flexible et charnu, couvert de petites écailles lisses et ovales.

Chez le Langaha porte-épée (*Langaha ensifera*), cet appendice, d'un tiers environ moins long que la tête, a la forme d'une lame, très pointue à son extrémité libre ; chez le Langaha crête-de-coq (*Langaha crista-galli*), l'appendice est en forme de crête dentelée et a quelque ressemblance avec l'appendice que l'on voit sur la tête du coq (fig. 283).

Fig. 283. — Tête de Langaha crête-de-coq (grand. nat.).

Les écailles qui revêtent le corps sont carénées et en forme de losanges ; les plaques de la queue sont disposées suivant deux rangées. Les narines sont percées dans une seule plaque ; la pupille est ovale, linéaire.

Distribution géographique. — Les deux seules espèces qui rentrent dans le genre sont de Madagascar ; il est possible que ces deux espèces ne soient que des différences de sexe.

LES DIPSADIDÉES — *DIPSADIDÆ*

Nachtbaumschlangen.

Caractères. — Bien que parmi les Serpents arboricoles que nous venons d'étudier, il y ait beaucoup d'animaux nocturnes, ces derniers font plus particulièrement partie de la famille des Dipsadidées.

Celle-ci comprend des Ophidiens au corps assez grêle et très comprimé, à la queue courte, élargie et très distincte du tronc, très atténuée à son extrémité. La tête est grosse, fort distincte du tronc, souvent presque triangulaire ; le museau est court, arrondi ; les yeux sont grands, proéminents, à pupille fendue verticalement. Le cou est très mince. Les dents postérieures sont presque toujours sillonnées. Assez souvent les écailles de la partie moyenne du tronc sont plus grandes que les autres.

Distribution géographique. — La véritable patrie de ces Serpents est le nord de l'Amérique du Sud ; sur 45 espèces que comprend la famille, 20 se trouvent au Brésil, aux Guyanes ; 2 vivent dans l'Amérique centrale ; nous notons 14 espèces dans le sud de la Chine et dans l'Indo-Chine ; 3 espèces sont de la partie occidentale et tropicale du continent africain ; 2 espèces sont signalées à Madagascar ; 2 es-

pèces sont de la zone circumméditerranéenne.

Mœurs, habitudes, régime. — Toutes les espèces vivent sur les arbres et ne descendent que rarement sur le sol. Des reptiles et des batraciens arboricoles semblent être leur nourriture préférée ; quelques espèces chassent cependant plus particulièrement des oiseaux ou de petits mammifères. Günther s'est assuré que certaines espèces pillent les nids, car il a pu retirer de l'estomac d'un de ces Serpents un œuf de perroquet bien reconnaissable.

Le genre de vie de ces Serpents est encore peu connu, ce qui est étonnant, ces animaux n'étant point rares là où ils existent.

D'après les observations de Wucherer, les Dipsadiens qui vivent au Brésil se cachent, pendant le jour, dans des endroits sombres et retirés ; ce n'est que la nuit qu'ils se mettent en chasse ; ils se rapprochent souvent alors des habitations.

LES DIPSAS — *DIPSAS*

Nachtbaumschlangen.

Caractères. — Les Dipsas sont des Serpents arboricoles nocturnes au tronc cylindrique, allongé, assez comprimé ; la tête est triangulaire, très aplatie et bien distincte du tronc ; le museau est court ; les yeux sont saillants ; la dent postérieure de la mâchoire supérieure est sillonnée. Les écailles sont lisses ; les plaques de la partie inférieure de la queue sont disposées suivant deux rangées ; les écailles de la série latérale du dos et les trois latérales sont hexagonales, et généralement plus grandes que les autres.

Distribution géographique. — Sur 20 espèces que renferme le genre, 12 se trouvent dans le sud de l'Asie, dans l'Inde, l'Indo-Chine, le sud de la Chine, Java, Sumatra, les Célèbes ; 3 sont de la côte d'Or et de la partie ouest du continent africain ; les espèces dont on a formé les genres *Eteirodipsas* et *Thamnodynastes* vivent à Madagascar et dans le nord de l'Amérique du Sud.

LE DIPSAS DENDROPHILE. — *DIPSAS DENDRO-PHILUM.*

Ularburong.

Caractères. — L'*Ularburong* des Malais est un Serpent paré des plus belles couleurs. Sur un fond noir, chatoyant, se détachent des bandes annulaires d'un gris clair ; ces bandes, dont le nombre varie de 40 à 120, sont étroites et généralement divisées par une ligne longitudinale, comme le montre bien la figure 282 ; parfois ces bandes sont réduites à des taches. Les plaques des lèvres et de la gorge sont jaunes et bordées de noir. Le ventre est parfois d'un noir uniforme, parfois marbré de jaune.

L'étroitesse et la forme arrondie du museau sont caractéristiques ; celui-ci est fort épais, relativement à sa longueur, principalement en arrière ; on doit noter aussi la forte saillie que fait la partie postérieure de la mâchoire.

La taille arrive à 2 mètres, la longueur de la queue faisant environ un quart.

Distribution géographique. — Cette espèce habite les grandes îles de l'Archipel malais ; on la trouve à Java, à Sumatra, aux Célèbes ; elle existe également à Singapour et à Pinang.

Mœurs, habitudes, régime. — D'humeur batailleuse, comme tous les autres membres de la famille des Dipsadidées, le Dendrophile est toujours sur la défensive. Si l'on s'approche de lui, il aplatit son corps, fait vibrer sa queue, rejette la tête en arrière aussi loin que possible, la fait osciller latéralement, darde la langue, puis, se détendant brusquement, se jette

obliquement sur son ennemi, qu'en pleine lumière il manque fréquemment, aussi à Java personne ne le craint-il.

LES TARBOPHIS — *TARBOPHIS*

Trugnattern.

Caractères. — Le genre Tarbophis ne comprend qu'une seule espèce, le *Tarbophis vivace*, au corps fusiforme relativement court, à la tête bien distincte du cou ; les dents antérieures de la mâchoire inférieure sont beaucoup plus longues et plus recourbées que celles qui suivent ; les quatre ou cinq crochets de l'os sus-maxillaire sont également plus allongés que les autres ; la dent postérieure est cannelée.

LE TARBOPHIS VIVACE. — *TARBOPHIS VIVAX.*

Kaenschlange.

Caractères. — Parmi les Serpents d'Europe, cette espèce est facilement reconnaissable à sa longue plaque jugale et à sa pupille verticale, en forme de fente. La plaque pénale est en contact avec l'œil. Les écailles du dos sont de même largeur que les latérales.

Ainsi qu'on le voit sur la figure 284, sur la couleur générale du fond, d'un gris clair ou d'un gris brunâtre, tout parsemé de petits points noirâtres, se détachent trois rangées longitudinales de taches brunes ou noires, qui s'étendent depuis l'origine du tronc jusqu'à l'extrémité de la queue. La première tache est oblongue et recouvre le cou ; le plus souvent on remarque une bande brune entre l'œil et le coin de la bouche. Le dessous du corps est parfois tout blanc ou d'un jaune pâle, parfois comme saupoudré ou marbré de brun grisâtre.

La longueur atteint à peu près 1 mètre.

Distribution géographique. — Cette espèce se trouve dans une partie de la zone circumméditerranéenne. Elle a été recueillie en Istrie, en Dalmatie, en Albanie, en Turquie, en Morée, en Grèce ; elle est connue de l'Égypte, de la Géorgie, de la Palestine ; elle vit dans les régions montagneuses qui bordent la Caspienne.

Mœurs, habitudes, régime. — Des parois rocheuses, des pentes couvertes de pierres, des coteaux ensoleillés, de vieux murs tout crevassés, sont les stations où l'on a le plus de chance de trouver le Tarbophis. D'après

Fig. 184. — Le Tarbophis vivace (1/2 grand. nat.).

Fleicnmann, cette espèce craint également le froid et les trop grandes chaleurs, aussi pendant les mois les plus chauds de l'année ne sort-elle de sa retraite qu'avant ou après le lever et le coucher du soleil.

Les mouvements de ce Serpent, plus vifs que ceux de la Vipère, sont cependant plus lents que ceux des Couleuvres proprement dites.

Le Tarbophis se nourrit d'Insectes, de Lézards et de petits Mammifères ; Duméril a trouvé dans le tube digestif d'un de ces Serpents les débris d'un Gecko à demi digéré.

D'humeur agressive lorsqu'il est en liberté, le Tarbophis est généralement pourchassé à l'égal de la Vipère, à laquelle il ressemble par sa livrée, de telle sorte qu'en Dalmatie ce Serpent est devenu rare.

Ses allures, d'après Esseldt, rappellent beaucoup celles de la Couleuvre à lacets. Le Tarbophis grimpe avec une extrême agilité et se maintient si facilement sur les branches, qu'on peut à peine lui faire lâcher prise, une fois qu'il s'est enroulé. Il tue sa proie en l'enlaçant.

Erber, qui a observé cette espèce en captivité, note qu'elle s'engourdit en hiver, fait qui mérite d'être mentionné ; car Cantraine a vu encore en décembre un de ces Serpents courir à travers les décombres d'un château en ruines.

LES SCYTALIDÉES — *SCYTALIDÆ*

Caractères. — Les Serpents qui appartiennent à cette famille ont le corps assez allongé, épais, quelquefois légèrement comprimé ; la queue, médiocrement longue, n'est pas distincte du tronc. La tête, élargie par derrière, nettement séparée du cou, est un peu aplatie en dessus. Les narines sont percées d'ordinaire entre deux plaques. La plaque rostrale est parfois un peu développée, mais le plus souvent courte et convexe antérieurement. Chez les *Clœlia* toutes les dents sont lisses ; les dents postérieures sont sillonnées dans les autres genres.

Distribution géographique. — La famille des Scytalidées ne comprend que 5 genres. Les Rhinostomes, les Scytales, les Clœlies, les Oxyrhopes sont de l'Amérique centrale et des parties tropicales et inter-tropicales de l'Amé-

Fig. 285. — Le Scytale couronné (2/5ᵉ grand. nat.).

rique du Sud; sur 4 espèces de Brachyruton, 3 vivent dans les mêmes régions, une vient d'Amboine. On peut dès lors dire que les Scytalidées sont des animaux des parties les plus chaudes du Nouveau-Monde.

LES SCYTALES — *SCYTALE*

Caractères. — Les anciens auteurs, OElien, Dioscoride, Nicander, désignaient sous le nom de Scytale, Σκυτλη, un Serpent venimeux dont l'espèce nous est inconnue. Boié a appliqué ce nom à des Ophidiens opisthoglyphes au corps assez épais, à la tête aplatie, au museau large, épais, fortement arrondi. Seuls parmi les Scytalidés, les Scytales ont les plaques du dessous de la queue disposées suivant une seule rangée.

Distribution géographique. — Deux espèces seulement rentrent dans le genre Scytale. Le Scytale de Guérin (*Scytale Guerini*) est de la partie nord du Brésil, Bahia, Caracas; le Scytale couronné, que nous décrivons plus bas, et sa variété le Scytale de Neuwied (*Scytale Neuwiedi*) sont des mêmes régions; Jan les signale également à Saint-Thomas, dans les petites Antilles.

LE SCYTALE COURONNÉ. — *SCYTALE CORONATA.*
Mondschlange.

Caractères. — Le Scytale couronné atteint environ un mètre de long. Le fond général de la couleur du tronc varie d'une teinte plus ou moins pâle jusqu'au brun foncé; généralement la pointe de chaque écaille est un peu brune.

La couleur varie, du reste, avec l'âge. La teinte fondamentale des individus jeunes est un rouge pâle uniforme sur lequel se détache vivement une tache noire entourée d'un cercle blanc rayonné qui orne le dessous de la tête et simule une couronne; sur le corps se voient plusieurs petites taches d'un brun sombre et de forme irrégulière. La couleur s'assombrit de plus en plus avec les progrès de l'âge jusqu'à devenir noire sur la partie supérieure du corps (fig. 285).

Certains individus sont d'un gris uniforme et n'ont point de tache à l'occiput, d'autres sont tachetés de noir et de blanc sur le dos et le long des flancs.

Mœurs, habitudes, régime. — Le Scytale couronné est connu au Brésil sous le nom vulgaire de *Serpent de lune* (*Cobra de lue*); il vit, d'après de Neuwied, dans les terrains sablon-

BREHM. — V.

neux. « Le Serpent de lune, dit Wucherer, commun dans la province de Bahia, est remarquable en raison du changement qu'il éprouve avec l'âge. Les jeunes sont d'un rouge d'œillet pâle, les vieux sont uniformément colorés en noir sur la face supérieure, en blanc à la face inférieure. Ce Serpent se nourrit de Lézards. Je l'ai pendant longtemps conservé en captivité. C'est un animal demi-nocturne, qui poursuit sa proie au moment du crépuscule. Il n'étouffe pas le Lézard qu'il vient de saisir, à moins que celui-ci ne lui oppose une trop vive résistance. S'il se débat, le Serpent l'enserre rapidement de deux ou trois tours d'anneaux qui l'étranglent. En général, lorsque le Lézard est saisi, c'est à peine s'il se défend, car il est comme paralysé. »

LES LYCODONTIDÉES — *LYCODONTIDÆ*

Caractères. — Duméril et Bibron ont désigné sous ce nom des Serpents dépourvus de crochets venimeux et chez lesquels les dents sont toujours de longueur inégale, les antérieures étant plus longues que celles qui suivent, distribuées en séries nombreuses sur les mâchoires. Le corps est cylindrique, médiocrement long ; la queue est arrondie, et les écailles en sont tantôt doubles, tantôt simples. Les écailles qui revêtent le corps peuvent être lisses ou carénées (fig. 286) ; les écailles de la partie

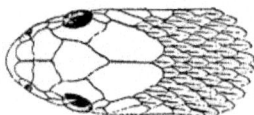

Fig. 286. — Tête de Cercaspis (grand. nat.).

médiane du dos sont parfois plus grandes que les autres. La tête est oblongue, généralement plus large en arrière que le cou.

Distribution géographique. — Cette famille, telle qu'elle a été délimitée par Jan, comprend onze genres et vingt-sept espèces. Quatre genres avec onze espèces, les Heterolepis, les Holuropholis, les Bœodon, les Lycophidias, se cantonnés dans les parties les plus chaudes du continent africain, au Gabon, à Sierra Leone, à la Côte d'Or, à Mozambique, en Abyssinie. Les autres genres, Lycodon, Odontomus, Ophites, Cercaspis, Cyclochorus, se trouvent dans le sud de l'Asie, dans l'Inde, à Ceylan, Java, Amboine, Célèbes, Manille et à la Nouvelle-Guinée. Le genre Diaphorolepis, qui ne comprend, du reste, qu'une seule espèce, représente la famille dans les Andes de l'Équateur.

LES LYCODON — *LYCODON*

Caractères. — Les Lycodons ont la tête déprimée, arrondie ou obtuse en avant. Les dents sus-maxillaires antérieures sont beaucoup plus longues et plus fortes que les autres, suivies d'un espace libre ou d'un intervalle sans dents. Les crochets qui garnissent la mâchoire inférieure sont inégaux et séparés aussi par un espace libre. Les plaques qui garnissent le dessous de la queue sont disposées suivant deux rangées ; les écailles du corps sont lisses, au nombre de dix-sept à dix-neuf dans une série.

LE LYCODON AULIQUE. — *LYCODON AULICUM.*

Caractères. — Sous le nom de Couleuvre aulique, Linné a désigné un Serpent chez lequel le bout du museau est plus ou moins aminci en biseau dans sa portion recouverte par le sommet de la plaque rostrale, en dessous de laquelle l'extrémité de la mâchoire supérieure présente un creux en forme de voûte. La plaque frénale est en contact avec l'internasale ; la nasale est divisée.

La coloration est des plus variables, aussi Duméril et Bibron ont-ils admis sept variétés principales.

« Dans trois des variétés, le dessus du tronc et les flancs sont d'un brun jaune roussâtre ou grisâtre. Cette teinte est uniforme, ou unicolore, dans la première variété. Les deux variétés suivantes portent des bandes blanches en travers sur lesquelles on remarque des taches noirâtres, ou de la couleur du fond qui est brun. Tantôt, comme dans la variété B, ces bandes sont plus ou moins espacées et parfaitement distinctes les unes des autres. Tantôt, comme sur la troisième indiquée sous la lettre C, ces bandes sont rapprochées et s'anastomosent de manière à former une sorte de réseau. Les quatre autres variétés ont généralement le tronc d'un brun noirâtre ou roux, mais varié de blanc.

« Alors, on peut faire cette remarque que cette teinte blanche est tantôt distribuée par de larges bandes transversales, souvent ponctuées de noirâtre, qui règnent sur toute l'étendue du dos et de la queue, mais seulement par petites lignes sur les écailles, les flancs, comme dans la variété D ; tantôt, sur la première moitié du corps seulement, avec un collier blanc, maillé de brun.

« Chez les deux dernières variétés, le blanc est distribué irrégulièrement et par petites taches oblongues, ou par lignes sur le bord des écailles, soit sur la surface entière du tronc, avec un collier blanc, maillé de brun ; soit sur la moitié antérieure du corps seulement, et alors il n'y a pas de collier. »

Duméril et Bibron ajoutent qu'ils connaissent peu d'espèces d'Ophidiens qui présente d'aussi grandes variations individuelles que celle-ci, sous le rapport de la forme du museau, de la longueur du tronc, du nombre des pièces de l'écaillure et du mode de coloration.

Distribution géographique. — Le Lycodon aulique est connu de Timor, d'Amboine, de Luçon, de Java, de Sumatra, du Bengale, de Coromandel, de Malabar, de Ceylan, de Cochinchine, de Siam.

Duméril et Bibron le signalent à l'île Bourbon, mais ils font remarquer que les habitants de cette île prétendent que l'espèce qui y est aujourd'hui commune n'en est pas originaire, mais qu'elle y a été importée de l'Inde, dans des balles de riz.

Mœurs, habitudes, régime. — D'après les mêmes herpétologistes, le Lycodon aulique « semble particulièrement se nourrir de petits mammifères rongeurs et insectivores, ainsi que de Lézards, Sauriens et Geckotiens, car l'estomac de la plupart des individus que nous avons ouverts contenait des corps ou des portions de corps de Musaraignes, de Rats, de Platydactyles, d'Hémidactyles, d'Euprèpes. »

LES RACHIODONTIDÉES — *RACHIODONTIDÆ*

Caractères. — On a formé une famille particulière, celle des Rachiodontidées, pour un Ophidien, le *Rachiodon scaber* ou *Dasypeltes scabra*, qui présente cette particularité remarquable d'avoir des dents pharyngiennes formées par les apophyses épineuses inférieures saillantes des dernières vertèbres cervicales. Ces apophyses percent la paroi œsophagienne, font saillie dans l'intérieur de la première partie du tube digestif et sont recouvertes d'émail. Le nombre des dents est de trente ; il y en a vingt-deux courtes et à extrémité tranchante ; les huit autres, plus grosses, sont en forme de tubercules semblables à la couronne des dents canines ; tous ces tubercules sont dirigés obliquement en avant, à l'inverse des dents qui, chez les Serpents, sont toujours inclinées en arrière.

Tout l'appareil des mâchoires est d'une faiblesse extrême. Les dents sus-maxillaires sont très grêles et en très petit nombre ; elles sont graduellement moins courtes d'arrière en avant, où elles manquent complètement.

LES RACHIODON — *RACHIODON*

Caractères. — Le *Rachiodon scaber*, la seule espèce qui rentre dans la famille, est un Serpent de près de 1 mètre de long, qui a le dessus et les côtés du corps tachetés de noir avec un fond brun roussâtre. La couleur est plus foncée chez les adultes que chez les jeunes sujets. Le bout du museau est marbré de noirâtre ; la tempe est coupée au milieu et obliquement par une bande noire ; sur l'arrière de la tête sont tracés deux chevrons de la même couleur. On voit tout le long du dos et de la queue des taches noires, anguleuses, irrégulières, qui tantôt se trouvent de manière à former une sorte de bande en zigzag, tantôt sont absolument isolées.

Le dessous du tronc et de la queue est d'un blanc sale, parfois orné de taches noires, pointillées de blanc.

Distribution géographique. — Cette espèce est particulière aux parties chaudes de l'Afrique ; on la connaît du Cap, de Mozambique, d'Abyssinie, de la Côte d'Or, des sources du Nil Blanc.

Mœurs, habitudes, régime. — D'après Duméril et Bibron, « ce Serpent se trouve assez communément dans la campagne, aux environs du Cap, et quelquefois même, à ce qu'il paraît, dans l'intérieur des habitations, où l'on assure qu'il s'introduit pour aller dérober, dans les poulaillers et les colombiers, les œufs, qui sont sa principale, si ce n'est son unique nourriture ; de là le nom de *Eyjervreter, Mangeur d'œufs,* par lequel les colons hollandais du Cap désignent ce Serpent, ainsi que nous l'apprend Smith. Schlegel dit avoir reconnu dans l'estomac de ce Serpent des œufs d'Oiseau à demi-digérés.

« On conçoit le rapport qui existe dans cette particularité des dents sus-maxillaires peu développées et des tubercules sous-vertébraux faisant l'office des dents, car on a observé que ces Serpents recherchent spécialement pour leur nourriture les œufs des Oiseaux, même ceux d'un assez grand diamètre ; qu'ils les avalent sans en briser la coque, de manière à les faire pénétrer dans leur large gosier, où, en avançant par l'acte péristaltique de la déglutition, la coquille se trouve comme limée ou usée d'abord par les saillies tranchantes des apophyses sous-vertébrales, qui agissent comme une lame coupante ; puis engagée davantage dans la cavité œsophagienne, les gros tubercules écrasent la partie affaiblie, et d'autres, plus pointus, pénètrent dans l'intérieur de la coquille pour la briser et en faire sortir le contenu, qui est alors digéré. »

LES ACROCHORDIDÉES — *ACROCHORDIDÆ*

Caractères. — Les Acrochordidées sont d'étranges Serpents qui n'ont pas d'écailles proprement dites, mais dont le corps est revêtu de tubercules granuleux, enchâssés ou sertis dans la peau ; le dessus de la tête ne porte pas de plaques, mais des tubercules semblables ; le dessous de la gorge est recouvert de tubercules plus petits.

Le singulier genre Xénoderme a le dessous du ventre couvert de grandes plaques transversales, ainsi qu'on le voit chez la plupart des Serpents ; les tubercules enchâssés dans la peau forment des saillies distribuées par lignes longitudinales, qui rappellent ce que l'ont voit chez beaucoup de Sauriens ; de plus, il a la queue très longue, car elle dépasse de près d'un quart l'étendue du reste du tronc.

Les deux autres genres, les Chersydres et les Acrochordes, ont les régions abdominales et sous-caudales couvertes de tubercules un peu plus petits que ceux du dos et des flancs. Chez eux le corps est légèrement comprimé latéralement ; la queue, préhensile, est très courte ; la tête, petite, se confond avec le cou ; les orifices nasaux, très rapprochés l'un de l'autre, sont placés à l'extrémité du museau.

Tandis que chez les Chersydres, les lèvres sont recouvertes de scutelles, elles sont protégées par des plaques chez les Acrochordes ; chez ces derniers, le ventre est plat, chez les premiers il est caréné ; le corps est plutôt arrondi chez les Acrochordes, comprimé chez les Chersydres.

Distribution géographique. — Les Acrochordiens vivent dans les îles de la Sonde, à Java, à Sumatra, à Bornéo, aux Célèbes ; le Chersydre a été trouvé également aux Philippines, dans le nord de la Nouvelle-Guinée, à Timor, sur la côte de Coromandel.

LES ACROCHORDES — *ACROCHORDUS*

Warzenschlangen.

Caractères. — L'Acrochorde de Java (*Achrocordus javanicus*), la seule espèce du genre, est un Serpent d'environ 2m,50 de long, de couleur brune uniforme, tournant au jaunâtre le long des flancs ; on voit, derrière l'œil, un trait d'un brun foncé qui se dirige obliquement vers l'angle de la bouche. Les individus jeunes sont de couleur brune avec de grandes taches sombres, irrégulières, qui, sur le dos, forment des bandes onduleuses et interrompues, mais qui, avec les progrès de l'âge, deviennent de moins en moins distinctes et finissent par disparaître entièrement.

Nous ajouterons que la tête est plus longue que large, nettement détachée du cou ; le museau est comme tronqué ; les yeux sont petits, entourés de petites granulations ; la queue, beaucoup plus étroite à sa base que le tronc, finit en pointe hérissée de tubercules ; chaque écaille du tronc se relève en une forte carène à trois faces ; la mâchoire supérieure, arrondie, est munie dans son milieu et sur les côtes

Fig. 287. — L'Acrochorde de Java (1/8e grand. nat.).

d'échancrures qui reçoivent des saillies formées par la mâchoire inférieure (fig. 287).

Mœurs, habitudes, régime. — D'après Duméril et Bibron, Hornstedt et Cantor ont eu l'occasion d'observer l'Acrochorde de Java. Hornstedt donne sur cette espèce les détails suivants.

« Pendant mon séjour à Java, en 1783 et 1784 dit ce voyageur, j'eus le plaisir, dans un voyage à Bantam, de découvrir un des plus grands Serpents qui se trouvent dans les Indes et qui, jusqu'ici, s'est dérobé à l'observation des naturalistes attentifs. Il fut trouvé dans une vaste forêt de poivriers, près de Sangasan. Un Chinois de notre compagnie le transportait vivant à Batavia, le tenant par la tête avec une canne de bambou, dont l'extrémité était fendue. Comme il était trop grand pour être con-

servé dans l'esprit de vin, je le fis écorcher; la chair fut taillée en pièces par les Chinois présents, qui la firent bouillir et frire, et qui fut pour eux un mets exquis. La peau fut mise dans l'arak, et elle est déposée dans le cabinet d'histoire naturelle du roi de Suède.

« En ouvrant ce Serpent, on trouva, outre une quantité de fruits non digérés, cinq petits, chacun de 5 pouces de longueur, qui probablement étaient la cause du gros ventre de celui-ci, qui était une femelle. »

Le récit de Cantor complète celui d'Hornstedt. « Une femelle prise sur une grande montagne à Pinang, dit-il, avait de longueur 5 pieds, 5 1/2 pieds anglais, et sa circonférence, dans le point le plus volumineux du corps, 1 pied.

« Malgré le volume du ventre, le Serpent se

déplaçait sans difficulté, mais lentement; il préférait le repos, et ne cherchait à mordre que quand on le touchait; quelquefois, et sous l'influence de la lumière, il manquait son but. Peu de temps après qu'il avait été capturé, on remarqua que les côtés du ventre étaient saillants, que le reste du corps restait immobile, et dans l'espace de 25 minutes environ, il donna successivement naissance à 27 jeunes, et après la sortie de chacun d'eux, il s'échappait du cloaque de la femelle une sérosité sanguinolente. A deux exceptions près, tous les fœtus sortirent la tête la première; ils étaient très actifs et cherchaient déjà à mordre. Leurs dents étaient fort développées et peu de temps après leur naissance, leur épiderme se détacha par grands lambeaux, ce qui arrive aux fœtus de divers Homalopsis.

« Ces jeunes Acrochordes furent placés dans l'eau, ce qui parut leur déplaire, car ils cherchèrent aussitôt à en sortir. Ils avaient presque tous 0m,48 de longueur.

« Les Malais de Pinang assurent que cette espèce est très rare. Durant un séjour de vingt années à Singapoore, le docteur Montgommerie ne l'a observée qu'une seule fois.

« La physionomie de cet Acrochorde est d'une ressemblance frappante avec celle des chiens de race pure des Bouledogues. Le nom malais de cette espèce est *U'lar Karong* ou *U'lar last* (1). »

Nous ajouterons que l'Acrochorde se nourrit surtout de poissons et d'autres animaux aquatiques. Cet animal est essentiellement nocturne, c'est pourquoi sa pupille se contracte à la lumière du jour, et ce n'est que dans une demi-obscurité que l'animal a toute sa vivacité. Il se meut lentement à terre, car il n'abandonne pas l'eau volontiers.

Nous avons pu, à la ménagerie des Reptiles du Muséum de Paris, observer des Acrochordes vivants capturés à Sumatra par de la Savinière. Ces animaux furent placés dans un grand bassin en pierre alimenté par de l'eau courante. Ils ne cherchèrent jamais à sortir de l'eau, mais se blottirent dans l'endroit le plus obscur, au-dessous de pierres formant un rocher artificiel. Les Serpents venaient rarement à la surface pour respirer, et encore ne faisaient-ils sortir que l'extrémité de leur museau, les narines étant situées, ainsi que

(1) Duméril et Bibron, *Erpétologie générale*, t. VII, p. 35 t. 38.

nous l'avons dit, près l'une de l'autre et tout à fait au bout de la face. Bien que nous ayons plusieurs fois saisi ces animaux, ils ne cherchèrent jamais à mordre, pas plus dans l'eau que sur la terre; leurs mouvements sur le sol étaient lents et embarrassés; lorsqu'on les saisissait alors, ils enroulaient leur queue autour de la main qui venait de les prendre. Ces animaux ne vécurent du reste pas longtemps, car ils refusèrent absolument toute nourriture, bien que de nombreux poissons aient été placés avec eux dans le même bassin.

LES CHERSYDRES — *CHERSYDRUS*

Caractères. — Le genre Chersydre, établi par Cuvier, ne comprend qu'une seule espèce, le Chersydre à bandes, *Chersydrus fasciatus*. Chez ce Serpent, le corps est traversé par des bandes brunâtres, transversales, irrégulières ou incomplètes, se bifurquant souvent sur la partie moyenne du dos; les espaces laissés entre ces bandes sont jaunâtres; le dessus de la tête est brun, tacheté et piqueté de jaune.

Nous ajouterons que le poumon est très développé, que le corps est assez comprimé, surtout vers la queue.

Mœurs, habitudes, régime. — Le Chersydre est un animal essentiellement aquatique. Par son mode d'alimentation et par ses habitudes générales, ce Serpent ressemble, d'après Cantor, aux Serpents de mer venimeux. Dans l'eau, il est agile, mais sur la terre et surtout en pleine lumière, cet animal paraît comme aveuglé et ses mouvements sont lents et incertains.

Ce Serpent vit aussi bien dans l'eau douce que dans la mer; on le rencontre parfois à trois et quatre milles marins de distance des côtes. Cantor rapporte qu'il n'est pas rare sur les côtes de Malacca et qu'on le trouve assez souvent parmi les poissons pris dans les filets, assez loin de Pinang.

Cantor dit également que la femelle porte 6 œufs. L'œuf, cylindrique, mou, ou à coque membraneuse blanchâtre, a un pouce et demi de longueur et contient un petit vivant qui a environ 11 pouces.

Nous avons pu nous assurer que le Chersydre ressemble beaucoup, au premier abord, à certains Serpents de mer venimeux, c'est ce qui fait que cette espèce, bien qu'absolument inoffensive, est très redoutée des pêcheurs malais.

LES SERPENTS VENIMEUX —*TOXICOPHIDIÆ*

Caractères généraux. — Duméril, qui consacra toute sa vie à l'étude des Reptiles, dans une excursion qu'il faisait aux environs de Paris, saisit avec la main une Vipère croyant avoir affaire à une Couleuvre vipérine et fut mordu, ce qui mit, pendant plusieurs jours, sa vie en danger. On ne saurait trop rappeler ce fait, car il montre d'une manière frappante que les caractères distinctifs extérieurs entre les Serpents non venimeux et ceux qui le sont le plus ne le sont pas toujours très objectifs et que les naturalistes les plus expérimentés peuvent s'y tromper.

Certains Ophidiens, cependant, tels que les Serpents de mer, les Vipéridées, les Crotalidées, présentent des caractères qui peuvent, le plus souvent, les faire reconnaître comme dangereux.

Dans quelques traités d'Histoire naturelle, les caractères à l'aide desquels on distinguerait les Serpents venimeux de ceux qui ne le sont par, sont réellement indiqués d'une manière par trop légère. Il est vrai que les espèces dangereuses qui mènent une vie nocturne ont habituellement le corps court, à section triangulaire, une queue courte coniforme, un cou très court et une tête triangulaire, très large en arrière; il est vrai aussi qu'ils se distinguent le plus souvent des espèces non venimeuses par la nature de leurs téguments; il est parfaitement exact que leur œil si développé, à fente pupillaire verticale, presque toujours protégé par une plaque sourcilière proéminente, leur donne une expression de méchanceté et de férocité toute particulière. Tous ces caractères, qui conviennent aux Solénoglyphes, ne peuvent être appliqués aux Protéroglyphes, tels que les Élaps, les Najas qui ont tout à fait l'aspect d'inoffensives Couleuvres. Tous les Élaps, par leurs brillantes couleurs, par leur aspect général, ont l'air de Serpents complètement inoffensifs, d'autant plus que certaines espèces revêtent tout à fait la livrée d'animaux qui ne sont nullement dangereux pour l'homme.

Danger des Serpents venimeux. — Lorsqu'on sait le nombre vraiment grand de personnes qui, chaque année, périssent de la morsure des Serpents venimeux, on comprend très bien l'horreur pour ainsi dire instinctive qui, dans les pays chauds surtout, s'empare de toute personne à la vue d'un Serpent; on s'explique bien les contes, les légendes qui, chez les peuples anciens et modernes, ont rapport à ces animaux. Les espèces venimeuses constituent un danger permanent dans les contrées qu'ils habitent, et dans nos régions, heureusement très pauvres en espèces, nous ne pouvons nous faire la moindre idée des ravages qu'occasionnent les Serpents.

Un médecin anglais, Fayrer, a recherché, pendant un séjour de plusieurs années dans l'Inde, à établir le nombre de personnes mordues chaque année par les Serpents venimeux en rapport avec le nombre de personnes tuées par ces animaux. Ces statistiques exécutées avec tout le soin possible, et avec l'aide du gouvernement anglais, sont réellement terrifiantes.

Fayrer a porté ses investigations sur huit présidences seulement, et encore n'obtint-il pas de réponses satisfaisantes de toutes les localités. C'est ainsi que, dans la présidence de Bengale, la statistique ne put être établie que pour neuf divisions et vingt-huit cercles.

Dans cette présidence, en 1869, il ne périt pas moins de 6,219 individus par les morsures de Serpents; sur ce nombre 2,374 appartenaient au sexe masculin, 2,576 au sexe féminin. tous âgés de plus de douze ans; au-dessous de cet âge, on nota 663 garçons et 606 filles, de sorte que, dans cette seule année, il mourut 3,037 hommes et 3,182 femmes de tout âge. Dans ce nombre, on nota 959 morts dues à la morsure du Serpent à lunette ou *Naja tripudians* et 160 occasionnées par le *Krais* ou Bungare; les autres morts sont imputables à des Serpents non reconnus ou non nommés dans l'enquête.

Dans la présidence d'Orissa, Fayrer ne put obtenir de renseignements un peu complets que de trois cercles. Le nombre des morts fut de 350, sur lesquels 137 se rapportant à des hommes, 138 à des femmes, 44 à de jeunes garçons, 31 à de petites filles. Sur ce nombre de morts, 128 furent attribuées au Serpent à lunette, 2 au Bungare, 52 à diverses espèces, 268 à des Serpents non nommés.

Sept cercles adressèrent des renseignements dans la présidence d'Assam. Les Serpents y firent 76 morsures mortelles, dont 50 sur des hommes adultes, 14 sur des femmes,

9 sur des garçons, 3 sur de petites filles.

Dans douze cercles d'Oudras, 1,205 personnes succombèrent, 607 par la morsure du Naja, 105 par celle du Bungare, 475 par celle de diverses espèces non-dénommées ; ces blessures furent faites sur 364 hommes, 558 femmes, 137 jeunes garçons, 146 petites filles. Parmi les personnes mordues se trouvaient des enfants âgés de moins de un mois, un autre qui n'avait qu'un jour.

En collationnant les renseignements parvenus de divers points de l'Inde, Fayrer nota 11,416 cas de morts dans cette seule année 1869, mais il prend bien soin de faire remarquer que ce nombre est malheureusement bien au-dessous de la réalité. Beaucoup de morsures de Serpents ne sont pas déclarées ; les fonctionnaires indigènes sont tellement habitués à ces accidents, qui sont journaliers, qu'ils ne s'en occupent que dans des cas exceptionnels et les Indous se résignent à la triste fatalité avec une soumission et inconscience si grandes qu'ils ne se donnent que rarement la peine de parler de la mort d'un des leurs par le fait d'un Serpent venimeux, tant la chose est commune. C'est pourquoi Fayrer ne croit pas exagérer en croyant pouvoir affirmer que chaque année il périt au moins 20,000 personnes par le fait seul de la morsure des Serpents venimeux, et cela pour les Indes anglaises seulement. Bien que dans la péninsule de l'Inde la population soit très dense et que, pour les provinces qui ont envoyé des renseignements, cette population soit estimée à près de 120,000,000 d'habitants, le fait ne perd rien de son importance et confirme pleinement l'assertion émise autrefois par les Romains que les Serpents comptent au nombre des plus cruels fléaux de l'Inde, et qu'en comparaison d'eux, les Tigres et les Panthères ne sont que des êtres inoffensifs.

« D'après une statistique officielle de 1870, on évaluait à 11,416 le nombre des habitants de l'Inde anglaise qui avaient péri, dans l'année, par la morsure des Serpents.

« On peut affirmer sans crainte que ce chiffre est fort au-dessous de la vérité... et l'on peut dire, sans exagération, que depuis 1870, 150,000 ou 200,000 personnes ont péri aux Indes par la morsure des Serpents.

« Aussi le gouvernement anglais s'est-il préoccupé des mesures qu'il conviendrait de prendre pour détruire les Serpents reconnus venimeux et constater exactement les cas de mort.

« Pour nous en tenir aux documents officiels, nous voyons qu'en 1880, 19,060 personnes ont péri par la morsure des Serpents et 18,610 en 1881. En 1880, on a détruit 212,776 Serpents au prix de 11,663 roupies (la roupie vaut 2 fr. 50). En 1881, on en avait abattu 254,968 et les primes s'élevaient à 11,961 roupies.

« Quant aux mesures adoptées pour la destruction des Serpents, elles ont varié suivant les provinces.

« Au Bengale, tout indigène qui détruit un Serpent peut obtenir des colons désignés spécialement par l'autorité anglaise un certificat qui constate l'espèce de Serpent détruit. Ce certificat donne droit à la prime.

« Dans la province du nord-ouest et de l'ouest, les autorités ont encouragé la formation d'un corps de *Kanjars* ou *hommes de la même caste*, qui se livrent exclusivement à la chasse aux Serpents. Ces hommes reçoivent une paye de 2 roupies par mois et une haute paye de 0 fr. 30 c. par chaque Serpents abattu au-dessus du nombre de 20 par mois. Ce dernier système paraît avoir donné de bons résultats. Dans le Barmah, le commissaire en chef alloue, une fois par an, une prime de 10 à 20 roupies aux villages dont les habitants se sont signalés dans la chasse aux Serpents.

« Enfin, dans certains districts, des lithographies coloriées, représentant les diverses espèces de Serpents, sont envoyées aux agents du service de police et de santé. Ils peuvent ainsi reconnaître facilement l'espèce du Serpent qui leur est présenté et savoir quelle est la prime à payer (1). »

La fréquence des accidents a déterminé le gouvernement anglais à employer tous les moyens en son pouvoir pour la destruction des Serpents venimeux, principalement du plus terrible de tous, le Serpent à lunettes. En 1858, on proposa une rétribution de quatre *annas* soit 0 fr. 30, pour tout Serpent venimeux tué et présenté à l'autorité. Dans un seul cercle, cette première année, on ne paya pas moins de 1,961 roupies, soit 4,628 francs pour la destruction de 15,425 Serpents. On abaissa la rétribution à deux annas (0 fr. 15) et le nombre des Serpents abattus diminua rapidement, au point qu'en 1860 dans ce même cercle il ne fut présenté que 250 Serpents, car personne ne voulait se livrer à la chasse pour une somme

(1) Ramon Uruota, *Recherches anatomo-pathologiques sur l'action du venin des Serpents*, 1881.

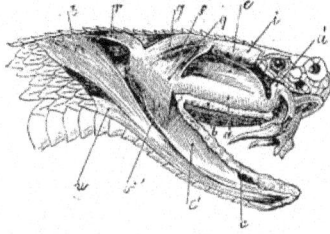

Fig. 288. — Appareil venimeux du Crotale (*).

aussi modique. Ce que voyant, le gouvernement releva les primes à quatre annas; l'effet ne tarda pas à se faire sentir, car on apporta certains jours jusqu'à 120 Serpents venimeux. Le 20 octobre 1862, le fonctionnaire spécialement préposé à la prime constata que depuis le 29 mai on ne lui avait pas présenté moins de 18,423 Serpents, ce qui fait une moyenne de 110 par jour. Du 15 octobre au 17 décembre le butin fut si considérable, qu'on livra 26,029 Serpents, soit 463 par jour. Comme le gouverneur exprimait son étonnement qu'on eût capturé tant de Serpents par un temps froid, on lui répondit que les chasseurs de Serpents devenaient de plus en plus habiles et que certaines personnes faisaient leur métier de cette capture, qui les faisait vivre.

Tous les voyageurs affirment, que dans les régions tropicales du Nouveau-Monde, le danger n'est pas moindre que dans l'Inde. Ramon Urueta rapporte que « les Reptiles venimeux y infestent les forêts et les jardins particuliers ; ces redoutables animaux pénètrent parfois dans les maisons d'habitation et se glissent jusque sous l'oreiller et dans les chaussures du planteur. Pour notre part, nous avons été témoin de la familiarité excessive de ces hôtes dangereux, grands amateurs de musique et de société. Il s'agissait d'un bal champêtre, et nous étions au nombre des invités; tout à coup, entre deux danses, un énorme Reptile, abandonnant le toit de chaume, tombe au milieu de la salle ; c'était un *Mapana*, appartenant au genre Bothrops. Inutile de décrire l'effroi des personnes qui assistèrent à cette scène, mais heureusement il n'y eut aucune victime et cha-

cun put gagner la porte. Pour être si familier, ces Reptiles n'en sont pas moins redoutables, et l'on sait quel chiffre énorme de morts ils causent chaque année. Aux États-Unis de Colombie, au Vénézuala, au Brésil, en Afrique et dans les différents pays à Serpents, la mortalité par la morsure de ces Reptiles atteint des chiffres effrayants. »

Tschudi n'est par moins affirmatif. « On ne peut, dit ce voyageur, d'après ce que je sais des Serpents venimeux, tirer cette conclusion que toute promenade fait courir le danger d'être mordu par un Serpent et que toute excursion dans une forêt vierge amènera la rencontre du *Surucucus* ou du *Scharaaca*. Il est cependant parfaitement exact que les Serpents venimeux ne sont que trop fréquents au Brésil et que chaque année nombre de personnes en sont les victimes. Un de mes amis, dans l'espace de deux ans seulement, a pris dans son jardin jusqu'à 30 Serpents venimeux appartenant à 9 espèces différentes, ainsi que j'ai pu m'en assurer, car ces animaux avaient été conservés dans l'esprit-de-vin. »

Appareil venimeux. — Ainsi que nous l'avons déjà dit, les Serpents que l'on peut regarder comme les Serpents venimeux par excellence, les Solénoglyphes, ont la mâchoire supérieure relativement courte et réduite à un petit osselet chez les espèces à vie nocturne; chez les unes, comme chez les autres, elle est extrêmement mobile, car elle s'appuie en arrière sur une petite tige, le ptérygoïde, qui mis en mouvement par un muscle spécial, permet à la mâchoire de glisser en avant ou en arrière. Chez les Serpents venimeux nocturnes

(*) *a*, glande vénéneuse ; *a'*, son canal excréteur aboutissant aux crochets ; *b*, glande salivaire sus-maxillaire ; *c*, glande salivaire sous-maxillaire ; *e*, muscle temporal antérieur ; *e'*, sa portion mandibulaire ; *f,f'*, muscle temporal

postérieur ; *g*, muscle digastrique ; *i*, muscle temporal moyen ; *q*, ligament articulo-maxillaire ; *m r*, muscle cervico-angulaire ; *t*, muscle vertébro-mandibulaire ; *u*, muscle costo-mandibulaire (d'après Gervais et van Beneden).

la dent est intimement attachée à la mâchoire comme chez les espèces diurnes; chez les uns et les autres, elle est unie à la mâchoire non pas par implantation, mais par des ligaments (fig. 288). A vrai dire, elle n'est pas mobile; si elle se place en arrière, cela a lieu seulement parce que la mâchoire supérieure se retire d'avant en arrière. Cette dernière possède de chaque côté sur sa face inférieure deux fossettes superficielles placées l'une à côté de l'autre, qui reçoivent les racines des dents. En général, une seule dent seulement est développée de chaque côte; mais, comme il existe toujours à chaque mâchoire plusieurs (de une à six) dents supplémentaires arrêtées dans leur évolution, il peut arriver que deux d'entre elles se développent dans chaque fossette d'un côté; et entrent simultanément en fonction. Parmi les dents supplémentaires qui sont lâchement fixées à l'os, celle qui se trouve la plus rapprochée de la dent venimeuse est constamment la plus développée. De chaque côté des dents on remarque une excroissance membraneuse de la gencive formant ainsi une gaine pour recevoir les dents venimeuses quand la mâchoire supérieure se retire.

Les dents venimeuses se distinguent des autres par une dimension toujours plus grande, par une conformation en forme de poinçon, et d'après Strauch sont façonnées sur un seul et même plan. En dehors d'une cavité placée à la racine de la dent et qui sert à la nutrition de celle-ci et se montre chez tous les Serpents, chaque dent venimeuse possède encore un tube dont le trajet suit la longueur de la dent et qui repose toujours sur la face antérieure arquée de la dent et s'ouvre extérieurement par deux ouvertures. L'une de ces ouvertures, qui a toujours une section plus ou moins circulaire, se trouve près de la racine de la dent et permet au venin d'entrer dans celle-ci, en se soulevant sur le conduit excréteur de la glande à venin, pendant l'ouverture de la gueule et le changement de position de la dent occasionné par ce mouvement; par contre, l'ouverture inférieure qui repose à la pointe de la dent et sert à la sortie a plus ou moins l'aspect d'une fente. Chez la plupart des Serpents venimeux les deux ouvertures sont souvent reliées l'une à l'autre par une étroite fente, souvent difficile à apercevoir et le tube à venin en conséquence n'est pas complètement fermé en avant; chez le plus petit nombre au contraire ce tube est complètement fermé et à la place de la fente on trouve tout au plus une ligne très fine.

D'après cela on distingue les dents venimeuses à sillons et les dents venimeuses lisses, les première montrent une fente en avant, chez les secondes, le canal est fermé sur tout son pourtour.

Cependant cette fente a un rôle physiologique difficile à définir, car elle est si étroite que le venin ne peut sortir extérieurement au travers et son existence doit avoir une autre raison. Celle-ci n'est pas difficile à trouver, car il est démontré que le sillon doit être simplement considéré comme un reste de la vie embryonnaire. Tous les observateurs qui ont fait des recherches sur la formation et le développement des dents venimeuses s'accordent sur ce point que la production du tube précède la formation d'un sillon, et que le premier s'établit par la rencontre ou la soudure des bords de ce sillon. D'après les recherches de Schlegel, chaque dent à son premier degré de développement consiste en une large surface dont les bords sont enroulés en dedans, et montre par conséquent un large sillon sur sa face antérieure. Ce dernier disparaît de très bonne heure sur les dents ordinaires, mais persiste sur les dents postérieures à sillon des Serpents non venimeux; il reste un peu plus longtemps ouvert sur les dents lisses à venin, mais se ferme en plus grande partie sitôt que la dent est développée, et persiste pendant la vie sous forme d'une fente étroite extérieure sur les dents venimeuses à sillon.

Les crochets venimeux ont une longueur qui varie généralement avec la taille de l'animal, mais cette longueur n'est cependant pas dans un rapport étroit avec les dimensions de celui-ci : c'est ainsi que tous les Serpents venimeux diurnes possèdent des dents relativement petites, et les Serpents venimeux nocturnes des dents relativement grandes. Chez notre Vipère péliade, les crochets venimeux atteignent de 3 à 4 millimètres, tout au plus 5; chez le Bothrops fer-de-lance, ils atteignent 25 millimètres de long. Ils sont vitreux, durs et cassants, mais extrêmement pointus, aussi transpercent-ils, de même qu'une aiguille acérée, les objets mous, tandis qu'ils glissent ou même se brisent sur les objets durs, lorsque le coup qu'a porté le Serpent est violent. Lorsqu'une de ces dents est brisée, la dent supplémentaire voisine prend sa place; un tel changement paraît cependant survenir sans cause extérieure et avec une certaine régularité, une fois tous les ans, peut-être plus souvent. Leur évolution et leur développement se font d'une manière extrêmement rapide; Lenz trouva que de jeunes Vipères péliades qu'il avait retirées, d'après son calcul, quatre jours, tout au plus six, avant leur sortie du corps d'une femelle grosse, n'avaient encore aucune dent, tandis que celles qui, suivant ses conjectures, seraient venues au monde le jour suivant, possédaient des dents déjà complètement développées. Le remplacement des crochets venimeux perdus ou arrachés violemment ne s'opère pas moins rapidement que leur formation première. Quand une de ces dents est brisée, elle est remplacée souvent après trois jours, au plus tard six semaines après, par une dent supplémentaire, et ce n'est que lorsque, suivant la coutume des charmeurs de Serpents, on sectionne le repli muqueux dans lequel reposent les crochets venimeux, ou qu'on intéresse une partie de la mâchoire, qu'on détruit tous les germes des dents qui ne se remplacent plus.

Chaque glande sécrète une quantité relativement faible de venin: un Serpent à sonnette sain, long de presque 2 mètres, en donne tout au plus vingt gouttes; la quantité fournie par la Vipère de France est d'environ 5 centigrammes; l'Echidnée en donnerait 10 centigrammes; le Cobra aurait jusqu'à 1 gramme cinquante de venin. Mais une quantité infinitésimale de ce venin suffit amplement à altérer en quelques minutes le sang d'un gros Mammifère. La glande venimeuse regorge de venin lorsque le Serpent n'a pas mordu depuis longtemps, et le venin lui-même est plus actif que dans le cas contraire; le remplacement du venin employé a lieu cependant très rapidement, et celui qui a une origine récente est extrêmement actif.

Du venin, son action. — Le venin est comparable à la salive. C'est un liquide limpide comme de l'eau, transparent, coloré assez souvent en jaunâtre ou en verdâtre; il tombe au fond de l'eau avec laquelle il se mélange cependant avec un léger trouble, rougit le papier de tournesol, se comportant ainsi comme un acide. D'après les recherches de Mittchell, il se compose d'une matière analogue au blanc d'œuf, principe actif, qui se coagule dans l'alcool pur, mais non par une température élevée, d'une matière analogue mais complexe qui ne possède aucune action et se coagule à la chaleur aussi bien que dans l'alcool, d'une matière colorante jaune et d'une masse indéterminée, toutes deux solubles dans l'alcool,

dans la graisse et les acides libres et enfin dans les sels, le chlore et le phosphore; il se dessèche facilement sur les objets et paraît alors brillant comme du vernis; d'après les recherches de Mangili, il conserve ses propriétés pendant des années. D'après Armstrong et Brunten, auxquels Fayrer remit le venin du Serpent à lunettes pour l'examiner, ce dernier forme un liquide brunâtre de consistance sirupeuse, qui renferme 43 à 45 centièmes de carbone et 13 à 14 centièmes d'azote. L'addition d'acide azotique, d'alcool, ainsi que la chaleur, coagulent le venin. On ne réussit en aucune manière à retirer de ce dernier une matière cristallisable. La présence d'une matière albumineuse se démontre par différents moyens. Le poison expédié ainsi que les éléments figurés tirés de ce dernier ont démontré, dans les expériences, qu'il conserve dans toutes les circonstances pendant douze et même quinze années inaltérée et non affaiblie la propriété qui lui appartient, d'après les recherches de Taylor, Pavy et Christison.

D'après Schott, le poison du Serpent à lunettes forme un liquide huileux, limpide, jaune clair, semblable au blanc d'œuf et d'une densité de 1046; il se comporte comme un acide, ne renferme pas de mucus, mais de l'albumine; porté sur la langue, il provoque des brûlures, des vésicules et une sensation d'engourdissement au point contaminé. Le mélange avec une solution de potasse le rend constamment inactif, par contre l'emploi externe et interne d'une solution de potasse dans les morsures se montre inefficace.

L'examen du poison à l'aide de verres grossissants fait reconnaître des cellules nageant dans un liquide albumineux. Halford a soutenu la thèse que les ferments pénètrent dans le corps de l'animal mordu avec le venin des Serpents et s'y développant rapidement, forment des cellules qui s'accroissent avec une rapidité excessive, soustraient au sang tout son oxygène et amènent une fin semblable à la mort par suffocation. L'hypothèse n'a pas pu être vérifiée par Fayrer parce que, d'après ses recherches, les altérations de la masse du sang après l'empoisonnement par une morsure de Serpent consistent surtout chez quelques espèces en sa coagulation rapide; en quoi il est à remarquer qu'on a observé juste le contraire chez d'autres Serpents venimeux. Le sang d'un animal empoisonné par le venin, injecté à un autre animal, agit en empoisonnant ce dernier, et d'après les recherches de Fayrer, cette action peut s'obtenir à nouveau trois à quatre fois. La même chose a lieu relativement au lait : un nourrisson dont la mère a été mordue meurt avec les mêmes symptômes que celle qui le nourrit. Au contraire on peut manger la chair des animaux empoisonnés : les poules utilisées par Fayrer dans ses recherches ainsi que d'autres animaux comestibles furent toujours réclamés par ses aides et mangés sans aucun danger.

Il paraît bien établi que l'action du venin est d'autant plus intense que le Serpent est plus grand et la chaleur plus élevée.

On a cru autrefois que le venin pouvait être avalé sans préjudice, mais dans des recherches récentes on a trouvé que, même dilué considérablement avec de l'eau et porté dans l'estomac, il manifeste encore des actions remarquables; il provoque la douleur pendant la déglutition, et l'activité cérébrale est troublée ; en général, il est absorbé par les muqueuses et peut toujours provoquer des accidents dangereux.

D'après les expériences de Fayrer, le venin donne la mort quand il est introduit en quantité suffisante dans l'estomac, sur l'œil ou sur le péritoine. Malgré cela, l'ancien aphorisme reste encore toujours vrai, à savoir que le venin de Serpent ne met sérieusement la vie en danger que lorsqu'il est immédiatement introduit dans le sang.

Plus la circulation sanguine est rapide et complète, plus meurtrière se montre l'action du poison : des animaux à sang chaud meurent après une morsure de Serpent beaucoup plus vite et plus sûrement que des Reptiles, des Batraciens ou des Poissons; les animaux à sang blanc, c'est-à-dire les animaux invertébrés, paraissent moins souffrir. Deux Serpents venimeux d'une seule et même espèce peuvent se faire des morsures réciproques sans qu'il se produise de visibles résultats : la vieille fable sur le fameux serpent en Afrique, « qui mord tout animal sans raison », et prouve sur lui-même la méchanceté de son caractère n'est qu'une fable et une fable bien absurde. Des Serpents mis en fureur se mordent souvent, surtout dans la partie postérieure de leur corps, sans en souffrir.

Les choses se passent autrement quand un gros Serpent venimeux mord un petit Serpent et peut-être aussi quand il mord un Serpent d'une espèce différente : dans ces cas, l'action du poison se fait sentir sur les victimes intéressées aussi bien que sur les autres animaux : ils meurent avec des signes d'empoisonnement. On affirme que le Naja Haje tue et dévore la Vipère arietans, pourvue de dents à sillon ; on raconte que le Serpent à sonnette fait la même chose du Trigonocéphale contortrix venimeux, et ce dernier, d'après les expériences de Effeldt, dévore avidement de petits Serpents venimeux, tels que des Vipères ammodytes, qui se trouvent dans la même cage, après les avoir tuées. C'est ainsi qu'on voit des Trigonocéphales enrouleurs blesser mortellement des Vipères bérus. Nous avons constaté au Muséum de Paris qu'après la blessure faite par un Bothrops fer-de-lance, un Serpent venimeux presque de même taille, qui partageait sa captivité, était mort rapidement. Les espèces voisines, par contre, ne semblent pas éprouver grand mal lorsqu'elles se mordent entre elles ; c'est ce que nous avons pu voir à la ménagerie du Muséum pour les Echidnées du Gabon et Echidnée heurtante, pour le Crotale durisse et le Crotale horrible.

D'après Ramon Urueta, « la diversité des phénomènes produits par le venin des Serpents, les divers genres de morts observés sous l'influence de cet agent nous autorisent à nous demander si la nature du venin est toujours la même chez le même Serpent, et si ce venin est toujours identique dans les diverses espèces d'Ophidiens. Par exemple, nous avons observé des chiens de même poids mordus par des Serpents de même taille, aussi redoutables les uns que les autres ; l'un des chiens tombait pour ainsi dire foudroyé, l'autre résistait plusieurs heures. On répondra, peut-être, que ces morts rapides ou lentes tiennent à ce que l'un des Serpents a complètement vidé sa glande dans les plaies qu'il a faites, tandis que l'autre n'aura inoculé qu'une partie de son venin. Mais, est-il bien prouvé que le Serpent règle à volonté la dose de son venin ? Ce phénomène par lequel les glandes se vident semble, au contraire, démontrer que l'inoculation est le résultat purement mécanique de la contractions des muscles masticateurs? Quoi qu'il en soit, il est bon d'ajouter que certains animaux paraissent offrir une grande résistance au venin des Serpents, tandis que d'autres sont très sensibles aux effets de cet agent.

« Les expériences de Mitchell ont bien établi que les animaux à sang froid résistaient beaucoup plus longtemps que ceux à sang chaud. Parmi ces derniers, il y a encore des susceptibilités différentes. L'âne, par exemple, est un de ceux dont la résistance est la plus faible ; il est bien reconnu, en Amérique, que cet animal succombe toujours à la morsure d'un Crotalide, tandis que le chien guérit bien souvent et que le chat ne meurt presque jamais.

« L'homme, proportionnellement à son poids, paraît résister mieux que les animaux aux effets du venin, et en général, la race blanche a plus de résistance que la race noire. »

Les effets du venin sont, du reste, variables, et les phénomènes de paralysie et d'asphyxie qui sont une conséquence de l'inoculation du venin se produisent d'autant plus rapidement que l'animal blessé est plus petit.

Ainsi qu'il a été démontré par les expériences de Mitchell et de Urueta, les principaux symptômes de l'inoculation du venin sont la paralysie immédiate et les hémorrhagies capillaires. On observe, en effet, une mort brusque et rapide par arrêt immédiat des phénomènes de la respiration, une mort lente et des extravasations sanguines dans divers organes, tels que le poumon, le foie, le cerveau.

Sans entrer ici dans des détails que ne comporte pas notre sujet, nous dirons seulement avec Ramond Urueta que le venin du Serpent contient à la fois un poison du sang et un poison des nerfs. Ce venin renferme un agent quelconque capable de détruire les globules, de produire des extravasations sanguines, des hémorrhagies intestinales ; le sang perd sa coagulabilité. Sous l'influence du venin, et surtout lorsque la mort arrive très rapidement, c'est toujours par l'arrêt brusque et complet des mouvements respiratoires. Lorsque les deux poisons que contient ce venin agissent simultanément sur un animal qui ne périt pas immédiatement, mais offre une certaine résistance à l'action du Serpent, on voit se produire d'abord les phénomènes paralytiques, tels que ralentissement de la respiration, accélération des mouvements du cœur, salivation, cris spasmodiques, paralysie progressive des muscles, dilatation de la pupille ; les phénomènes résultant d'une altération de la masse du sang arrivent ensuite.

Chez l'homme, immédiatement après la morsure qui ne laisse le plus souvent qu'une faible trace à peine visible, le blessé éprouve une sensation toute particulière qui peut, jusqu'à un certain point, se comparer à une secousse électrique ; parfois ce symptôme ne se manifeste pas et le blessé ne ressent qu'une lé-

gère douleur, qui n'offre aucun caractère particulier.

Bientôt cependant arrivent une lassitude extrême, une grande prostration, des vertiges, des syncopes ; des vomissements et des hémorrhagies par le nez et par la bouche se produisent fréquemment ; les troubles du côté des organes des sens se manifestent généralement par de la cécité, de la surdité, une insensibilité presque absolue de la peau ou, au contraire, un état d'irritation tout particulier. Le plus souvent, la somnolence arrive et le blessé meurt dans un état de prostration complète.

D'autres fois, au contraire, le système nerveux est lésé d'une tout autre manière. La victime est torturée par d'horribles douleurs, des tremblements se manifestent ainsi que des crampes ; l'activité sensorielle persiste jusqu'à la terminaison fatale.

La mort est, en général, produite par l'asphyxie ; des expériences ont prouvé, en effet, que l'activité cardiaque persiste pendant un certain temps alors que les poumons ne fonctionnent déjà plus, de telle sorte que l'on a pu, chez des animaux, prolonger la vie pendant un certain temps au moyen de la respiration artificielle.

La marche de l'empoisonnement se modifie parfois, la quantité de venin introduite dans la blessure n'étant pas assez considérable pour occasionner la mort. Généralement, après les premiers symptômes généraux, il se produit un état de langueur avant la guérison définitive ; il arrive malheureusement trop fréquemment que le blessé souffre pendant très longtemps d'une morsure de Serpent ; à la lettre, toute sa vie est empoisonnée par une gouttelette déposée dans ses tissus par le terrible animal.

Moyens de traitement. — Les remèdes préconisés contre les morsures des Serpents ne peuvent plus se compter ; ils sont malheureusement tous aussi inefficaces que nombreux ; ce nombre est si considérable que, suivant l'expression de Ramon Urueta, un volume ne serait pas de trop pour les passer en revue ; cette abondance même indique que parmi tous ces antidotes il n'en est pas un dont l'efficacité réelle et constante se soit manifestée.

Le plus efficace de tous les moyens paraît être l'alcool employé jusqu'à l'apparition des symptômes d'ivresse. Ce moyen a été connu de tout temps.

Marcus Porcius Caton le Censeur, conseille

d'administrer à un homme mordu par un Serpent des nizelles broyées dans du vin; Celse recommande du vin dans lequel on a fait macérer de l'ail et du poivre. Les Dalmates, lorsqu'ils sont mordus par une Vipère, boivent du vin en quantité. Les habitants de l'Inde ne connaissent pas de remède plus efficace contre la morsure du terrible Naja qu'une infusion de chanvre sauvage dans de l'eau-de-vie. Les habitants de Bornéo regardent comme sauvé un blessé qui peut s'enivrer.

Il est un fait qui est confirmé par tous les voyageurs qui ont parcouru les contrées infestées par le Serpent à sonnette. Lorsque l'ivresse arrive rapidement, le blessé doit être considéré comme hors de danger. Dans de semblables conditions, la dose d'alcool qui peut être absorbée est énorme, et suffirait amplement pour tuer un homme dans toute autre circonstance. Les individus qui sont toujours sous l'influence de l'alcool ne ressentent presque pas les terribles effets de la morsure des Serpents, et nous ne pouvons mieux faire que de citer à l'appui de ce dire le récit qui nous a été fait par notre ami Sallé, le naturaliste bien connu.

Notre voyageur se trouvait un jour dans un des cabarets de Mexico, lorsqu'un homme en absolu état d'ivresse entra, ayant un Serpent à sonnette dans son chapeau. Bien que tourmenté de toutes les manières par l'ivrogne, le Crotale ne le mordit qu'au bout d'un certain temps. Le Mexicain impatienté coupa la tête du Serpent avec ses dents, la cracha et n'éprouva aucun effet fâcheux de la morsure qui lui avait été faite.

L'alcool n'agit pas comme contrepoison, en ce sens qu'il ne détruit pas le venin; il relève l'excitabilité nerveuse qui est tout d'abord atteinte par le venin, et cela mieux et plus rapidement que tout autre moyen.

D'après ses nombreuses observations, Fayrer donne, dans la courte instruction suivante, les moyens de traitement à employer sur les personnes mordues par un Serpent venimeux : sitôt après la morsure, on prend une bande quelconque, on l'enroule au-dessus du point mordu, autour du membre blessé, et on la serre aussi fortement que possible, à l'aide d'un garrot si cela est nécessaire. A une certaine distance et au-dessus de la première, on en place une seconde, une troisième, une quatrième autour du membre et l'on procède comme en premier lieu. Ensuite on fait rapidement une incision sur la blessure et on la laisse saigner, on la fait aussi sucer par une personne de bonne volonté, ou on prend un charbon ardent, un fer rouge ou, si on la possède, la pierre infernale ou tout autre caustique pour cautériser la blessure. Si un Serpent, réputé dangereux, a blessé un doigt ou un orteil, on retranche ou on sectionne la partie empoisonnée; si on ne peut pas retrancher la phalange, on retranche au moins le point blessé aussi profondément que l'on peut, sans causer de dégâts. On laisse le malade en repos, et on ne le tourmente pas par toute sorte de pratiques qu'on a coutume parfois d'employer. Si les premiers signes d'empoisonnement se produisent, on administre de l'eau de Luce, de l'ammoniaque ou mieux encore de l'alcool, de l'eau-de-vie ; il vaut mieux donner des médicaments par petites doses fréquemment répétées. Si l'état de prostration se manifeste, on place des sinapismes, des linges chauds.

Les anciens avaient de singuliers moyens curatifs contre le venin des Serpents.

Écoutons ce que nous dit Pline à cet égard :

« Contre les morsures venimeuses, écrit-il, on emploie, en linéamant, des crottes de brebis récentes cuites dans du vin. On applique aussi des rats coupés en deux ; ce dernier animal a des propriétés importantes, surtout à l'époque de l'ascension des astres, vu que le nombre de ses fibres croît et décroît avec la lune.

« De tous les oiseaux, les vautours sont ceux qui donnent le plus de secours contre les Serpents. Les noirs ont moins de force. L'odeur de leurs plumes brulées fait fuir les reptiles. Muni d'un cœur de vautour, on peut braver les rencontres des Serpents et de plus le courroux des bêtes féroces, des brigands et des princes.

« La viande de coq, appliquée encore chaude, neutralise le venin des Serpents. Leur cervelle, avalée dans du vin, produit le même effet. Les Parthes, pour cet usage, se servent de la cervelle du poulet. La chair fraîche de pigeon et d'hirondelle, les pieds de hibou brûlés, sont bons contre les morsures des Serpents.

« A-t-on été mordu par un Serpent ou piqué par quelque animal venimeux, on se guérit aussi avec du poisson salé et du vin, qu'on prend de temps en temps, de manière à vomir le soir. Ce moyen est principalement bon contre la morsure des Chalcis, du Céraste, du Seps, de l'Élops, de la Dipsade ».

Opinion des anciens sur l'action du venin.

— Les anciens étaient persuadés que l'action du venin des Serpents variait complètement suivant l'espèce à laquelle on avait affaire. C'est ce qui ressort très clairement d'une relation faite par Lucain, ayant trait à une marche entreprise par Caton après la bataille de Pharsale, à travers les déserts africains.

Après avoir rappelé la fable de la production du venin des Serpents, et avoir décrit de la façon la plus poétique comment ces horribles animaux naquirent des gouttes de sang qui tombèrent sur la terre de la tête décapitée de la Méduse, Lucain s'exprime ainsi :

« Le Reptile qui le premier souleva la tête, éclos de cette fange putride, ce fut l'Aspic qu'on vit soudain enfler son cou, prêt à donner la mort. Un sang plus abondant, un plus épais poison s'épancha pour lui ; nul Serpent n'en sentit davantage se coaguler dans ses veines. La chaleur est son élément, aussi ne passe-t-il pas volontiers dans les régions froides ; le Nil l'enferme dans les sables du désert.

Aussitôt l'Hémorrhoïs, ce Reptile qui ne doit laisser aux malheureux aucune goutte de leur sang, surgit tout couvert d'écailles et déployant ses anneaux immenses. A son tour, se lève le Chersydre, que son instinct envoie aux rives incertaines des Scythes, et le Chélydre, qui répand de la fumée sur ses traces ; puis le Cenchris, qui glisse toujours droit devant lui ; sur son dos se gravent des milliers et plus de petites taches qu'on n'en voit peintes sur l'Ophite, ce bloc sorti des mines de Thèbes ; et l'Hammodyte, dont l'écaillure, au reflet ardent, se confond avec les sables qui l'entourent ; et le Céraste, qui va incessamment se repliant sur son dos ; et le Scytale, qui seul, avant tous les autres, s'apprête à dépouiller sa parure d'hiver ; et le brûlant Dipsas, et le redoutable Amphisbène, qui court dressant ses deux têtes ; et le Natrix, qui souille les ondes ; et l'ailé Jaculus, et le Paréas, qui se borne à sillonner la terre de sa queue ; et l'avide Prester, qui entr'ouvre sa gueule écumante ; et le Seps, dont le poison corrupteur fait dissoudre et le corps et les os ; et le monstre dont le cri épouvante tous les autres, le Basilic, qui tue avant même l'emploi de son venin ; écartant loin de lui la foule des Reptiles, il règne en maître dans la solitude des sables.

« Et vous qui recevez nos pieux hommages, qui n'êtes redoutables nulle part dans l'univers, Dragons brillants d'écailles d'or, seule la Libye vous rend venimeux sous son ciel ardent.

On vous voit sillonner de vos ailes les hautes régions de l'air et, suivant de l'œil les troupeaux de nos étables, vous fondez sur les Taureaux, les embrassant, les étouffant dans les plis de votre queue. L'Éléphant lui-même n'est pas garanti par sa masse énorme. Tout périt sous vos coups, vous n'avez nul besoin du poison pour donner la mort.

« C'est par cet aride chemin, tout semé de ces Reptiles venimeux, que Caton mène ses soldats endurcis aux fatigues ; chaque jour il les voit périr misérablement, frappés d'une mort inouïe, atteints d'une imperceptible blessure. Un porte-enseigne, le jeune Aulus, du sang des Tyrrhéniens, foule un Dipsas qui le mord soudain, en renversant la tête en arrière. A peine a-t-il senti pénétrer sa dent subtile : rien n'annonce ou lui fait craindre la mort. Mais le poison glisse en secret ; de son feu dévorant il brûle, il consume les entrailles ; il absorbe l'humeur qui s'épanche dans ses intestins. Sa langue s'enflamme dans son gosier desséché ; aucune sueur ne se répand sur ses membres épuisés ; les larmes même tarissent dans l'orbite de ses yeux. Ni l'honneur de nos drapeaux, ni la voix de Caton qui s'afflige des ardeurs qui le consument, rien ne peut le retenir ; il jette son enseigne, il court furieux, çà et là, cherchant partout une eau qui éteigne le poison qui dévore son cœur. On le plongerait dans le Tanaïs, dans le Rhône, dans le Pô ou dans les flots débordés du Nil, qu'il brûlerait encore. Les ardeurs de la Libye ajoutent aux tourments de sa mort, et ce surcroît de chaleur du climat fait que le renom du Dipsas reste au-dessous de ses mérites. Le malheureux fouille au sein des sables arides, ou il court vers les Syrtes s'abreuver aux flots de la mer ; ces flots charment son ardeur, mais ne peuvent suffire à l'éteindre. Il ne sent pas de quel genre de mort il va mourir, quel poison le consume ; tout ce qu'il sait, c'est qu'il est dévoré de la soif ; de son glaive il va jusqu'à s'ouvrir les veines, et s'abreuve de son sang.

« Caton ordonne aussitôt qu'on lève les étendards : il ne veut pas que ses soldats voient de leurs yeux à quels excès peut pousser la soif. Mais un objet plus douloureux encore se présente à lui ; un Seps, au corps effilé, a mordu à la cuisse l'infortuné Sabellus. Celui-ci l'arrache aussitôt de la plaie où sa dent reste attachée, et du fer de son javelot il le fixe sur le sable.

« Bien que le plus petit, le Seps est le plus

terrible de tous les Reptiles. Autour de la plaie qu'il a faite, on voit fuir les chairs que le venin dévore et qui laissent les os pâles et dépouillés. Bientôt elle s'étend, et ce n'est plus qu'une vive blessure qui fait disparaître le corps. Les membres se couvrent de sang corrompu; les jambes, les genoux, se dépouillent; les nerfs des cuisses se relâchent, tombés en pourriture; des flancs suintent de noires humeurs; le ventre s'écoule ainsi que les viscères que ne retiennent plus aucune membrane. Mais tout le corps, comme on le devrait croire, ne s'est point répandu en fluide sur la terre. Le poison de son action cruelle consume ces membres; la mort réduit tout en quelques débris corrompus. Les ressorts des nerfs, les jointures des flancs se détendent; le mal pénètre jusqu'au cœur, jusqu'aux fibres qui s'attachent aux sources de la vie; l'homme tout entier s'ouvre aux ravages du fléau corrupteur. Tout ce que la nature lui donne de mortel est atteint par la mort; ses bras, ses vigoureuses épaules se dissolvent; son cou, sa tête, se réduisent en fusion.

« La neige ne fond pas plus vite au souffle brûlant de l'Auster, ou la cire aux feux du soleil. Il y a plus; à voir avec quelle puissance le virus consume le corps, on dirait la flamme qui le dévore. Eh! quel bûcher anéantit complètement les os? Le virus, lui, les réduit à néant; consumés presque aussitôt que la moelle qu'ils contiennent, il ne laisse aucune trace du rapide destin qui les moissonne. Seps cruel, tu deviens, entre tous les fléaux de la Libye, le fléau le plus funeste; ils tuent leur victime; toi, tu lui ravis jusqu'à son cadavre.

« Un spectacle de mort, tout différent, succède bientôt. Un soldat marse, du nom de Nasidius, reçoit la brûlante atteinte du Prester. Un rouge de feu colore son visage; sa peau s'enfle, ses traits se défigurent, tout son corps s'ensevelit dans une masse monstrueuse; et, telle qu'il n'en fut jamais, on voit autour des membres suinter une affreuse corruption qu'étend au loin l'action du poison. Il disparaît lui-même sous l'obésité qui l'accable; sa cuirasse ne peut suffire à le contenir. L'onde bouillonne sous un moindre volume dans l'airain brûlant; la voile se déploie moins spacieuse, au souffle du Corus. Mais bientôt ses membres, qui ne cessent d'enfler, font déborder de toutes parts la masse informe de ce tronc hideux où ne se révèle plus rien d'humain. Il reste exposé à la voracité des oiseaux qui n'osent y toucher, des bêtes féroces qui paieront cher d'en avoir fait leur proie. Et ses compagnons, qui tremblent de le livrer au bûcher, fuient loin de ce cadavre qu'ils voient s'enfler toujours.

« Nouveau et plus terrible spectacle encore! L'Hémorrhoïs blesse de sa dent cruelle Tullus, ce noble jeune homme, l'admirateur des vertus de Caton. Et de même que, sur nos théâtres, jaillit sous la pression du siphon et de tous les pores des statues à la fois, l'odorante rosée du safran de Corycium, ainsi de tous ses membres s'échappe en même temps un poison vermeil qui a pris la place de son sang; c'est du sang encore que ses larmes. De toutes les issue qui s'ouvrent aux humeurs, il coule à flots abondants; il vomit de sa bouche et de ses larges narines. Il le couvre d'une sueur de sang, qui s'épanche par toutes ses veines; tout son corps n'est qu'une plaie.

« Pour toi, malheureux Levus, c'est l'Aspic qui fait glisser un froid mortel jusqu'à ton cœur; sans qu'aucune douleur te révèle sa morsure, soudain tes yeux se ferment à la clarté du jour, et le sommeil de la mort t'envoie rejoindre tes compagnons au sombre séjour. Moins actif est ce mortel breuvage où se dissout le poison dont la tige cruelle devient l'image mensongère de la tige du fruit d'Arabie, et que recueille l'astrologue sabéen, dans sa maturité.

« Soudain, du tronc stérile d'un chêne s'élance de loin, en serpentant dans les airs, un affreux reptile; l'Africain le nomme Juculus. Il vient fondre sur la tête de Paullus, et fuit en traversant les tempes. Le poison n'est pas ce qui le tue; il meurt sur le coup. On le voit : moins rapide est la pierre que brandit la fronde et la flèche du Scythe qui sillonne les airs.

« Que sert à l'infortuné Murrus d'avoir percé le Basilic du fer de sa lance? Le subtil poison court le long du trait et pénètre dans sa main. Lui de son glaive aussitôt il frappe et ampute son bras tout entier. A cette triste image de la mort qui lui fut réservée, il s'applaudit de vivre quand il voit périr cette portion de lui-même. Qui croirait, à voir le Scorpion, qu'il porte avec lui l'arrêt du destin, qu'il a la puissance de donner une mort aussi prompte? Armé de ses nœuds, du dard redoutable de sa queue, il rend le ciel témoin de sa glorieuse victoire sur Orion.

« Qui craindrait de fouler le sable où tu te dérobes, imperceptible Salpuya? Les filles du

Fig. 289.　　　　Fig. 290.　　　　Fig. 291.　　　　Fig. 292.

Fig. 289. — Mâchoire supérieure de Naja (dentition protéroglyphe.
Fig. 290. — Mâchoire supérieure de Couleuvre à collier; dentition aglyphe.

Fig. 291. — Mâchoire supérieure de Xenodon; dentition aglyphe.
Fig. 292. — Mâchoire supérieure de Vipère; dentition solénoglyphe.

Styx, cependant, t'ont donné des droits sur la trame des jours comptés aux mortels (1). »

Il est évident que cette narration de Lucain est fantaisiste et qu'il faut grandement tenir compte de l'exagération du poète ; elle n'en montre pas moins que certains symptômes ont été bien observés.

Ennemis des Serpents venimeux. — Certains animaux font la chasse aux Serpents venimeux. C'est ainsi que Ramon Urueta rapporte qu'il connaît « deux Oiseaux, le *Culebrero* et le *Guacabo*, espèces de Pélicans qui se nourrissent spécialement de Serpents dans les forêts de la Colombie. Malheureusement ils ne sont pas nombreux, et on ne fait rien pour les multiplier. Bien mieux, comme ce sont des Oiseaux d'une forme peu commune et que leur plumage a des couleurs très vives, les amateurs les tuent volontiers.

« Un fait généralement connu dans les pays à Serpents, c'est que le porc est réputé grand destructeur de ces animaux, dont il est très friand, et il aurait même le privilège de les attaquer sans danger pour sa vie. Nous ne pensons pas que cet animal jouisse d'aucune immunité ; mais il est pourvu d'une couche fort épaisse de tissu graisseux qui l'enveloppe et le préserve par suite du peu d'activité de la circulation à travers cette région.

« Voici, du reste, ce que rapporte Mitchell à ce sujet : « On dit que le porc n'est pas susceptible de mourir par la morsure du Crotale, et

« il est bien connu que cet animal attaque les « Serpents avec vigueur et succès. Cette immunité apparente peut probablement être « due à ce fait que la peau du porc est très « épaisse et très dure, et que la forte couche « du tissu adipeux est peu nourrie par les « vaisseaux capillaires.

« Quoi qu'il en soit, Mitchell s'est assuré qu'un porc maigre mordu dans les parties vasculaires ne jouit d'aucune immunité contre le venin des Serpents.

« On peut ajouter le Chat à la liste des animaux destructeurs de Serpents, et, à cette occasion, nous rapporterons le fait suivant :

« Lorsque nous étions encore en Colombie, nous avons pu constater que fréquemment un chat de la maison s'attaquait aux Serpents et leur mangeait la tête et la queue. Les cadavres de ses victimes étaient laissés par lui bien en évidence sur une espèce de fourche en bois plantée dans le jardin. Après avoir sorti longtemps sain et sauf de ces luttes journalières, il fut un jour mordu à une patte et eut une plaie qui suppura pendant longtemps ; mais il ne succomba pas à sa blessure et finit par guérir complètement. »

Les Serpents de mer ont pour ennemis redoutables les aigles de mer et surtout les requins. Peron a trouvé assez fréquemment dans l'estomac de ces derniers animaux des débris d'Hydrophidées.

Les violents orages qui règnent si fréquemment dans l'extrême Orient projettent fréquemment les Serpents de mer par masses sur

(1) M. A. Lucain, *La Pharsale*; traduction Courtaud-Divernéresse, t. II, livre IX.

le rivage ; ils sont alors perdus si quelque onde favorable ne les ramène vers la haute mer. .

L'ennemi le plus redoutable des Serpents venimeux doit être l'homme, et c'est agir sage-ment que de donner des primes pour la destruction de ces animaux. Le défrichement bien entendu, les progrès de l'agriculture aideront sans doute beaucoup à l'extinction de la race maudite.

LES PROTÉROGLYPHES — *APISTOPHIDIÆ*

Caractères généraux. — Ainsi que nous l'avons déjà dit, les Serpents venimeux se divisent en deux grands groupes, les *Protéroglyphes* et les *Solénoglyphes*.

Les *Protéroglyphes* ou *Apistophidiens* ont l'apparence d'inoffensives Couleuvres, ce qui les rend d'autant plus dangereux. Le dessous de leur tête est presque toujours couvert de grandes plaques ; ils manquent d'écailles frénales. La partie postérieure de la tête n'est jamais élargie, ni suivie par un rétrécissement très marqué, ainsi qu'on le voit chez les Vipères.

Au point de vue de la dentition, les Protéroglyphes (fig. 289) font la transition entre les Colubriformes (fig. 290, 291) et les Solénoglyphes (fig. 292). Les os sus-maxillaires se prolongent plus ou moins en arrière sous la lèvre supérieure, qu'ils supportent ; le devant de la mâchoire supérieure est armé de dents venimeuses, cannelées, et non perforée dans leur base, dents derrière lesquelles se trouvent en nombre plus ou moins considérable des crochets lisses, non sillonnés. Les os de la mâchoire supérieure sont solidement articulés en arrière avec les os transverses du ptérygomaxillaire. Les os palatins et ptérygoïdiens sont armés, comme la mâchoire inférieure, de dents à crochet.

Classification. — Parmi les Protéroglyphes, on peut distinguer deux groupes. L'un comprend les Serpents qui vivent habituellement sur terre ; ils ont la queue conique et arrondie, ce sont les *Conocerques* de Duméril et Bibron ; tels sont les Najas, les Elaps, les Bungares. Les espèces qui rentrent dans le second groupe sont essentiellement aquatiques, aussi chez elles la queue est-elle transformée en rame ; ce second groupe, qui comprend les Serpents de mer, a été désigné par Duméril et Bibron sous le nom de *Platycerques*.

LES SERPENTS DE MER — *HYDROPHIDÆ*

Seechlangen.

Caractères. — Autant nous avons eu de peine à établir des divisions bien nettes parmi les Colubriformes, autant il est facile de distinguer les Hydrophidées de tous les autres Ophidiens. Le milieu dans lequel vivent ces Serpents a imprimé, en effet, à leur physionomie un cachet tout spécial, de telle sorte qu'ils constituent un groupe très naturel, distinct par ses mœurs et ses habitudes. Ils ressemblent, au premier abord, plutôt à des Anguilles qu'à des Serpents.

Chez eux la tête est petite, à peine distincte du tronc, recouverte de grandes plaques le plus souvent au nombre de 9 ; les Acalyptes cependant ont le dessus de la tête protégé par des écailles.

Le tronc est toujours court, presque cylindrique dans sa partie antérieure, latéralement comprimé en arrière ; la queue verticale, très comprimée de droite à gauche, est comparable à une rame.

Les orifices des narines s'ouvrent sur la face supérieure du museau dans les grandes plaques ; les yeux sont petits et la pupille est arrondie.

Tous les Serpents de mer sont venimeux et font partie du groupe des Protéroglyphes de Duméril et Bibron ; la dent antérieure est sillonnée.

Distribution géographique. — A la conformation si particulière du corps correspond chez les Hydrophidées un genre de vie spécial. Tous ces animaux vivent exclusivement dans la mer et ne vont jamais à terre. L'océan Indien et l'océan Pacifique, depuis les côtes de Madagascar jusqu'à l'isthme de Panama, mais plus particulièrement les rivages du sud de la Chine et le nord du continent australien, sont la patrie de ces animaux.

Mœurs, habitudes, régime. — « Quoique moins nombreux que les Serpents de terre, ceux qui habitent la mer sont, dit Cantor, beaucoup plus abondants; ils offrent cette différence avec les précédents, qu'on les rencontre toujours en troupes considérables. Cette circonstance est même, pour les marins, l'avertissement que l'on approche des côtes. Il est remarquable, en outre, que tous les Serpents de mer soient venimeux, tandis que le plus grand nombre des espèces terrestres est privé de dents à venin.

« Contrairement à l'opinion de Schlegel, qui regarde les Platycerques comme les moins redoutables des Serpents venimeux, Cantor affirme, d'après sa propre expérience, qu'il n'en est rien, et que, sur terre ou dans l'eau, ils sont, au contraire, d'un naturel très féroce. Quand ils sont dans leur milieu habituel, ils cherchent à mordre les objets les plus voisins et même, ainsi que les Najas et les Bungares, ils tournent en rond comme pour se poursuivre eux-mêmes et se font des blessures.

« Quand on les sort de la mer, ils sont, en quelque sorte, aveuglés, tant est considérable la contraction de la pupille, ce qui, joint à la difficulté qu'ils éprouvent à soutenir sur le sol leur corps à ventre caréné, les rend alors aussi incertains et maladroits dans leurs mouvements, qu'ils sont au contraire lestes et agiles pendant la natation.

« Comme Russel, Cantor a toujours vu mourir les Platycerques deux ou trois jours après leur sortie de la mer et alors même qu'on les plaçait dans l'eau salée.

« L'examen des matières contenues dans le tube digestif prouve que les jeunes ne mangent que de petits crustacés, tandis que les adultes recherchent les poissons, et Cantor cite, parmi les espèces dont on a ainsi retrouvé les débris, des Polynèmes, des Sciènes, des Muges, puis des Bagres et des Pimélodes, qui paraissent être leur nourriture favorite, quoique ces dernières espèces, comme tous les autres Siluroïdes, occupent de préférence les eaux profondes.

« De même que Péron, le zoologiste anglais a constaté que l'ennemi le plus acharné des Serpents de mer est l'aigle pêcheur.

« Les mues de ces espèces maritimes sont fréquentes, mais généralement l'épiderme se déchire. Ainsi que les espèces terrestres, elles sont recherchées par des êtres vivants qui se fixent sur elles, mais, tandis que les Serpents ordinaires fournissent à l'alimentation des Ixodes qui s'attachent à leurs téguments, les Platycerques ne subissent aucune attaque semblable et servent uniquement de support aux animaux errants, à la manière de tout corps solide, flottant au milieu des eaux. Tels sont les Anatites entre autres que Cantor a fait figurer et dont il a trouvé de nombreux individus sur un même Hydrophide. L'adhérence n'allant pas au delà de l'épiderme, la chute de cette enveloppe débarrasse les Serpents (1). »

Ainsi que nous l'avons déjà dit, la nourriture des Serpents de mer consiste, cela va de soi, en poissons et en crustacés; les animaux adultes s'emparent des premiers, les jeunes des seconds. Günther a trouvé dans l'estomac de différentes espèces d'Hydrophidées des débris de petits poissons appartenant aux différents groupes qui habitent les mêmes mers, aussi bien les espèces inoffensives que celles qui sont armées de puissants aiguillons; ces Serpents de mer tuent, en effet, leur proie en l'empoisonnant.

Le plus habituellement, les Hydrophidées chassent près de la surface de la mer; ils s'enfoncent cependant à d'assez grandes profondeurs par les temps orageux.

On a observé sur des animaux maintenus en captivité que la pupille est susceptible d'une contraction et d'une dilatation considérable, de telle sorte que l'œil peut remplir ses fonctions à des profondeurs très diverses; le plein jour, c'est-à-dire celui qui n'est pas tamisé par une couche d'eau, agit si énergiquement sur l'appareil oculaire que la pupille devient punctiforme et que les Serpents sont alors réellement aveugles.

Plusieurs espèces se rassemblent en grand nombre et nagent en troupes. Elles fendent les flots avec rapidité, la tête hors de l'eau; le poumon, très spacieux du reste, peut contenir une provision d'air considérable, de telle sorte que ces animaux peuvent, sans danger, rester longtemps sous l'eau. Assez souvent la queue sert d'organe de préhension et se transforme en ancre lorsque ces Serpents veulent se reposer au milieu des bancs de polypiers.

Lorsque la mer est calme, les Serpents de mer, absolument immobiles, se laissent douce-

(1) Duméril et Bibron, *Erpétologie générale*, t. VII, p. 1314.

Fig. 293. — Le Plature à bandes (1/4 grand. nat.).

ment bercer au gré des flots. Il arrive souvent qu'un vaisseau traversant leurs troupes flottantes les trouble à peine ; parfois, au contraire, ils se montrent inquiets, et vidant leurs poumons de l'air qu'il contient, se laissent couler à pic ; des bulles d'air venant crever à la surface indiquent l'endroit où les animaux viennent de plonger. L'examen de l'estomac de ces Serpents montre bien qu'ils peuvent plonger à de grandes profondeurs et rester longtemps sous l'eau.

D'après les observations de Cantor, les Hydrophis (il doit en être de même des autres Serpents marins), les Hydrophis mettent au monde leurs petits vivants. Vers février ou mars, les adultes voguent pendant assez longtemps sur les ondes.

Du venin, son action. — C'est à bon droit que les pêcheurs malais et océaniens redoutent les Serpents de mer qu'ils ramènent trop souvent dans leurs filets ; bien que les crochets dont ces animaux sont armés soient faibles relativement à leur taille, ils ne sont pas moins pourvus d'un redoutable poison, comme le prouvent des observations et des expériences faites à différentes époques.

En 1837, le vaisseau de guerre « Algérine » était en rade de Madras ; un Serpent de mer d'environ 2 mètres de long fut pris par un homme de l'équipage qui le mania jusqu'à ce qu'il fut mordu à l'index de la main droite. La blessure fut si peu douloureuse que notre homme ne s'en préoccupa nullement, d'autant plus qu'il croyait se rappeler avoir déjà été mordu par un Serpent, mais sans en avoir ressenti aucune suite fâcheuse. Une demi-heure s'était écoulée depuis la blessure, et le marin, après avoir déjeuné, se rendit sur le pont pour prendre son service. Il fut pris subitement de vomissements ; le pouls tomba, devint intermittent ; les pupilles se dilataient et se contractaient subitement ; une sueur froide et visqueuse inonda le corps ; le visage se mit à exprimer la plus profonde anxiété. L'état général ne tarda pas cependant à empirer ; la partie mordue se mit à enfler, et peu à peu l'enflure s'étendit à tout le membre droit ; le cou et le visage prirent une couleur grisâtre et se marbrèrent de taches pourprées. Le médecin du bord, après avoir prescrit, mais en vain, divers remèdes, conseilla un bain chaud qui procura quelque soulagement

Fig. 204. — Le Pelamis bicolore (2/3e grand. nat.).

au blessé, mais bientôt les accidents spasmodiques redoublèrent d'intensité, la respiration devint anxieuse, la perte de sentiment se produisit et la mort arriva environ quatre heures après la morsure.

Nous pouvons rapprocher du cas précédent le fait d'un capitaine de navire mordu en mai 1869 sur les côtes de Birmanie. Le malheureux marin avait été piqué à la jambe en se baignant ; la blessure était si peu douloureuse qu'il croyait avoir été pincé par un petit crabe. Le capitaine ne ressentit qu'un peu de chaleur se répandant dans tout le corps, chaleur accompagnée d'une sensation plutôt agréable que pénible. Trois heures environ après la piqûre, notre capitaine retourna à bord de son navire et les accidents commencèrent seulement alors à se déclarer. La parole devint embarrassée, et une raideur à peine perceptible au début s'accentua de plus en plus. Le blessé avala une rasade d'eau-de-vie et envoya chercher le médecin qui prescrivit divers remèdes; les deux piqûres, qui furent alors examinées, étaient à peine visibles et se trouvaient le long du tendon d'Achille, près du cou-de-pied. Tous les soins furent inutiles,

et le malheureux expira soixante et onze heures après la piqûre.

Les expériences faites par Cantor démontrent que les effets du venin sont tout aussi terribles et plus prompts encore sur les animaux. Nous ne pouvons mieux faire que d'emprunter à Duméril et à Bibron le résumé qu'ils ont donné des observations faites en 1837 par le savant naturaliste anglais.

« Un Hydrophide schisteux long de 4 pieds 2 pouces, mesure anglaise, pique un oiseau, qui tombe immédiatement et fait d'inutiles efforts pour se relever. Au bout de quatre minutes, il survient une selle liquide et de légers spasmes de tout le corps. Les yeux sont fermés, la pupille est immobile et dilatée. Il s'écoule de la bouche une salive abondante, et huit minutes après l'introduction du venin dans les tissus, l'animal expire au milieu de violentes convulsions.

« Un autre oiseau, également piqué à la cuisse et par le même animal, immédiatement après, expire au milieu de semblables symptômes en moins de dix minutes.

« Par une dissection faite une demi-heure après la mort, on trouve, chez les deux oiseaux une légère extravasation sanguine dans le lieu de la blessure et un peu de lymphe sanguinolente sous la peau ; mais rien d'autre ne peut être constaté.

« Un oiseau blessé dans les mêmes points que les précédents, et par un Hydrophide d'espèce différente (*Hydrophis nigro cincta*), long de 2 pieds 3 pouces, éprouve de violentes convulsions et meurt en sept minutes.

« De deux autres oiseaux successivement piqués à la cuisse comme les premiers par un *Hydrophide strié*, de 3 pieds 1 pouce, l'un succombe en huit et l'autre en quatre minutes, après avoir éprouvé des accidents analogues.

« Cantor ne s'est pas borné à ces essais ; il a soumis aux effets du venin des Reptiles et des Poissons. Voici les détails principaux de ces expérimentations :

« Un *Hydrophide schisteux*, de 2 pieds 7 pouces, blesse à la lèvre une Tortue trionyx du Gange (*Trionyx gangetica*). Cinq minutes après, elle commence à frotter avec une de ses pattes le point où la dent a pénétré et continue ainsi pendant quelques instants ; mais au bout de seize minutes, les membres sont paralysés et immobiles et les yeux restent fermés. En écartant les paupières, on voit la pupille immobile et dilatée. Il s'écoule vingt-cinq minutes seulement jusqu'à l'instant de la mort de cet animal. A part les petits changements survenus dans les parties blessées, on ne trouve rien d'anormal. Il en est de même pour une seconde Tortue mordue par un autre Serpent de la même espèce et la mort arrive en quarante-six minutes.

« Une *Couleuvre caténulaire* de Daudin, longue de 3 pieds et demi environ, est blessée à la région inférieure, un peu au-devant du cœur, par un Hydrophide strié, de même taille et dont les crochets restent implantés dans les tissus pendant 30 secondes environ. Trois minutes se sont à peine écoulées, que le Dipsade commence à ressentir les effets du poison, car il se roule tantôt d'un côté, et tantôt de l'autre, puis bientôt la partie postérieure du tronc et la queue sont frappées de paralysie. Au bout de seize minutes, le Serpent ouvre convulsivement la bouche et les mâchoires restent écartées ; enfin l'animal succombe en une demi-heure.

« Un Tétraodon d'assez grande taille, le *Tetraodon potoca*, Hamilton, est piqué à la lèvre par un *Hydrophide schisteux* long de 4 pieds. La victime, rendue à la liberté dans

une cuve pleine d'eau de mer, y nage avec rapidité et comme à l'ordinaire sur le dos, l'abdomen étant distendu, mais au bout de trois minutes, malgré les efforts de l'animal, cette distension cesse, et puis à la suite de quelques mouvements violents de queue, il meurt, dix minutes s'étant écoulées depuis le moment de la blessure (1). »

Classification. — La classification adoptée pour les Serpents de mer est encore celle de Duméril et Bibron. « Nous avons remarqué d'abord, disent ces savants naturalistes, qu'un certain nombre d'espèces présentaient tous les caractères physiques et anatomiques propres à cette famille. Telle est la présence des crochets cannelés dans la partie des os susmaxillaires, puis des plaques qui garnissent le sommet de la tête et surtout la brièveté, l'aplatissement et la largeur de la queue.

« Ces Serpents ont en outre le dessous du tronc protégé par des plaques, tantôt plus petites que chez beaucoup d'autres, car ces lames que nous nommons des gastrostèges ont quelquefois à peine le double de la largeur des autres écailles qui couvrent le dos et les flancs ; tantôt, au contraire, elles sont grandes et très distinctes. De là une première coupe facile à établir à la simple inspection, abstraction faite des autres caractères distinctifs.

« Trois genres ont des gastrostèges ordinaires. Chez l'un, ces plaques ventrales, quoique bien distinctes, sont cependant assez étroites et portent sur leur convexité deux lignes saillantes ou des carènes doubles, semblables à la saillie médiane qu'on remarque sur les autres écailles du corps ; tels sont les *Disteires*, qui ont reçu leur nom de cette particularité. Dans les deux autres genres, les gastrostèges sont tellement larges, qu'elles ressemblent à celles de la plupart des Couleuvres ; mais tantôt elles sont arrondies et lisses, comme dans les *Platures*, tantôt elles sont pliées au milieu, de sorte que le ventre paraît comme tranchant, ainsi qu'on le voit chez les *Aipysures* de Lacépède.

« Dans les trois derniers genres, les plaques ventrales sont presque aussi petites que les écailles des flancs. Parmi les espèces qui sont dans ce cas, il en est dont les écailles sont en recouvrement ; elles offrent, en outre, cette anomalie dans les plaques du vertex par l'ab-

(1) *Erpétologie générale*, t. VII, p. 1316.

sence de l'écusson et des pariétales, ce qui nous les a fait nommer *Acalyptes* ou *non coiffées*. Dans les deux autres genres, les écailles, au contraire, sont en pavé, et il y a des particularités dans la forme des mâchoires et dans le nombre des dents. Les espèces qui ont les écailles lisses sont rangées dans le genre *Pélamyde*, et celles qui les ont tuberculeuses dans celui des *Hydrophides* (1). »

Nous faisons l'histoire des principaux de ces genres dans les pages qui vont suivre.

LES PLATURES — *PLATURUS*

Blattschwängen.

Caractères. — Les Platures ont le corps presque cylindrique, légèrement convexe vers le dos; les écailles sont lisses et imbriquées, les gastrostèges lisses, nombreuses, étroites, rapprochées. Les narines et les yeux sont latéralement situés. Les os maxillaires sont courts, bombés et ressemblent à ce que l'on voit chez les Vipériens, qui sont des Solénoglyphes ; ces os portent une dent venimeuse très courte, peu courbée, cannelée.

LE PLATURE A BANDES. — *PLATURUS FASCIATUS.*

Zeilenschlange.

Caractères. — Ainsi que l'indique son nom, cette espèce a le corps orné de 25 à 50 anneaux noirs se détachant sur le fond qui est gris bleuâtre ou gris verdâtre: la couleur du ventre varie du blanc jaunâtre au jaune gomme-gutte. La figure 293 montre bien que sur la tempe se trouve une tache noire qui va rejoindre une tache de même couleur se trouvant sur l'occiput et une bande qui passe sous le menton ; ces bandes tranchent nettement sur la couleur jaune vif de la tête.

Ajoutons qu'il existe trois plaques préfrontales et de 23 à 25 écailles dans une série, ce qui distingue cette espèce du Plature de Fischer qui n'a que deux préfrontales et 19 écailles.

Distribution géographique. — Le Plature à bandes se trouve depuis le golfe de Bengale jusque dans les mers de Chine et la Nouvelle-Zélande. Cantor signale cette espèce près de Pondichéry, aux Nicobar, aux Moluques, à Timor, aux Célèbes, à la Nouvelle-Guinée; le Plature de Fischer est plus particulièrement

(1) Duméril et Bibron, *Erpétologie générale*, t. VII, p. 1311.

abondant le long des côtes de la Nouvelle-Calédonie.

LES PÉLAMYDES — *PELAMYS*

Pelamyden.

Caractères. — On sépare généralement des Hydrophis, sous le nom de Pélamydes, des Serpents de mer chez lesquels le corps est très comprimé, le dos épais, en carène, le ventre mince et tranchant, les écailles petites, lisses, de forme horizontale, disposées en pavé et toutes semblables entre elles. La tête est large; le museau est allongé en forme de spatule ; le crâne est plat; les narines s'ouvrent, dans une seule plaque, sur la face supérieure du museau. En arrière des crochets venimeux se trouvent de nombreuses dents.

LE PÉLAMYDE BICOLORE. — *PELAMYS BICOLOR*

Blättchenschlange.

Caractères. — Cette espèce, la seule que renferme le genre, a le corps noir en dessus, d'un jaune d'ocre ou blanchâtre en dessous, les deux couleurs tranchant nettement, ainsi que le montre la figure 294; des taches noires, arrondies, flexueuses, se voient sur la queue. Parfois le dessus du corps est partagé par des bandes irrégulières, noires, formant des demi-anneaux généralement plus larges sur le dos ; chez quelques individus le dos est orné d'un grand nombre de taches brunes, rhomboïdales, prolongées en pointe sur les flancs, qui sont irrégulièrement tachetés de brun.

Distribution géographique. — Le Pélamyde paraît être excessivement abondant sur certaines côtes, sur celles de Bengale, de Malabar, de Sumatra, de Java, de Célèbes; on le trouve depuis Otahiti jusque vers les Indes, de Madagascar à Panama; il n'est point rare dans la rade de Port-Jackson; on le pêche en abondance vers les îles de la Société, où, d'après Duméril et Bibron, les indigènes le recherchent comme une sorte de poisson analogue aux anguilles et s'en nourrissent.

LES HYDROPHIDES — *HYDROPHIS*

Ruderschlangen.

Caractères. — Daudin a désigné sous ce nom des Serpents de mer au corps très comprimé, surtout dans sa partie moyenne; la queue est large. La tête est large, à peu près

Fig. 295. — L'Hydrophisde strié (2/5e grand. nat.).

de même grosseur que le cou. Le ventre est mince, comprimé en forme de couteau ; les plaques en sont à peine distinctes. Les écailles sont en pavé, carénées ou tuberculées. Les narines sont grandes.

L'HYDROPHIDE STRIÉ. — *HYDROPHIS STRIATUS.*

Streifenruderschlange.

Caractères. — Parmi les nombreuses espèces que renferme le genre, nous pouvons citer l'Hydrophide strié que nous représentons ici (fig. 295).

Ce Serpent, qui peut atteindre deux mètres, a le corps allongé, à peu près d'égale grosseur, quoique légèrement comprimé, sur-tout du côté du ventre. Les écailles sont faiblement carénées.

La couleur fondamentale de la partie supérieure est un vert olivâtre, celle de la face inférieure un jaune verdâtre. Le corps est orné de taches en rhombes plus ou moins distinctes, variant de 15 à 70 ; ces bandes sont noires. Chez les individus jeunes, elles forment des anneaux ou sont reliées entre elles par des lignes qui courent le long du ventre ; chez les adultes les bandes disparaissent et sont peu à peu remplacées par des taches.

Distribution géographique. — Cette espèce se trouve depuis Ceylan jusque sur les côtes du Japon ; on la trouve fréquemment sur les côtes est de la péninsule de l'Inde.

LE SERPENT À LUNETTES

Fig. 206. — L'Élaps corallin (2/3 grand. nat.).

LES ÉLAPIDÉES — *ELAPIDÆ*

Caractères généraux. — Les Élapidées renferment les Serpents protéroglyphes terrestres ; ils ont les caractères généraux du groupe, tels que nous les avons indiqués plus haut. La plupart de ces animaux sont parés de brillantes couleurs et ressemblent, à s'y méprendre, à des Couleuvres, ce qui les rend d'autant plus redoutables.

Les écailles qui revêtent le corps sont tantôt toutes égales entre elles (Élaps, Furine, etc.), tantôt inégales (Bungares) ; les urostèges peuvent être disposées suivant deux séries ou suivant une seule série sur toute la queue ou sur une partie de la queue seulement, ainsi qu'on le voit chez les Triméresures. Les écailles sont lisses ou carénées.

Distribution géographique. — Les Élapidées se trouvent dans toutes les parties chaudes du globe et manquent complètement en Europe. Sur 70 espèces que mentionne le catalogue de Jan, 13 sont du continent africain, 12 du sud

de l'Asie, 17 des parties les plus chaudes du Nouveau-Monde ; toutes les autres espèces vivent en Australie.

Dix genres composent la famille des Élapidées : les genres *Atrastaspis*, *Polemon*, *Microsome*, *Aspidelaps*, avec 9 espèces, sont cantonnés dans le continent africain ; le genre *Bungare*, avec 3 espèces, est spécial au sud de l'Asie ; les *Pseudelops*, *Alecto*, avec 25 espèces, sont cantonnés en Australie ; sur 26 espèces d'*Élaps*, on en compte 1 au Cap, 1 en Australie, 7 dans le sud de l'Asie, 17 dans les parties tropicales de l'Amérique ; les *Najas* vivent dans le sud de l'Asie et en Afrique, les *Triméresures* dans l'Inde et en Australie.

LES ÉLAPS — *ELAPS*

Bruntottern.

Caractères. — Les Élaps ont le corps cylindrique, allongé, à peu près de même grosseur jusqu'à la queue. La tête est petite, arrondie, convexe en dessus (fig. 297); la bouche est petite, peu fendue; la mâchoire supérieure ne porte que la dent venimeuse, comme chez les Serpents Solénoglyphes. Les os ptérygo-palatins sont, par contre, fournis de nombreux

Fig. 297. — Crâne d'Élaps, vu en dessus.

crochets; le cou n'est pas dilatable. Les écailles du dos et des flancs sont lisses, entaillées, rhomboïdales, toutes égales; le nombre des écailles varie de 13 à 15; les plaques de la queue sont disposées suivant une double rangée.

Les Élaps peuvent prendre place parmi les Ophidiens le plus brillamment colorés; le corps est le plus souvent d'un beau rouge corail ou écarlate, parfois jaune ou vert, orné d'anneaux noirs différemment disposés suivant les espèces. Certains d'entre eux ont le corps annelé en travers, d'autres sont striés en long; le museau peut être noir, rouge, blanchâtre, jaunâtre; parfois le ventre est d'un rouge uniforme; il est d'autres fois annelé de noir, les bandes étant continues ou interrompues sur les flancs par de gros points noirs; on voit parfois des taches jaunes et des taches noires sur le dessous du corps; les bandes peuvent être isolées, rapprochées par deux, par trois, de couleur uniforme, lisérées de jaune; on constate, en un mot, de nombreuses variétés dans la coloration.

L'ÉLAPS CORALLIN. — *ELAPS CORALLINUS.*

Corallenotter.

Caractères. — Un des plus beaux représentants du genre est l'Élaps corallin, dont le corps est d'un rouge cinabre très éclatant, un peu terne sous le ventre. Sur cette couleur se détachent de 25 à 27 anneaux noirs bordés d'une étroite ligne d'un blanc bleuâtre. La partie antérieure de la tête est d'un noir bleuâtre; à l'occiput commence une bande d'un beau bleu verdâtre qui descend en arrière de

l'œil, couvre la mâchoire inférieure. Le plus souvent la queue est noirâtre, ornée de huit anneaux d'un blanc jaunâtre; la pointe de la queue est blanchâtre. La coloration paraît être très constante (fig. 296).

Distribution géographique. — Le Serpent corail se trouve dans le nord du Brésil et le sud du Mexique; on le connaît également en Colombie.

Mœurs, habitudes, régime. — D'après de Neuwied, cette espèce habite les grandes forêts et les buissons; elle est rare dans les endroits découverts et se trouve de préférence dans les endroits au sol sablonneux, là où les feuilles tombées lui donnent une facile retraite : « Le chasseur, rapporte le voyageur que nous venons de citer, le chasseur qui s'aventure dans les grandes forêts brésiliennes au sol couvert de plantes touffues est surpris d'étonnement en voyant briller à travers la verdure les anneaux noirs et rouges du beau Serpent corail; l'incertitude dans laquelle il se trouve pour savoir si l'animal est dangereux l'empêche seule de s'en saisir. Ainsi que nous nous en sommes assurés, il n'y a cependant aucun danger à manier l'animal, qui ne cherche pas à mordre. J'ai très souvent trouvé le Corail dans mes excursions de chasse, plus fréquemment cependant dans la saison chaude que dans la saison froide. Le Corail n'est pas des plus lestes et il n'est pas bien difficile de s'en emparer. Les formes du Serpent sont trop lourdes pour qu'il puisse grimper sur les arbres ou se réfugier dans les buissons. Sa nourriture consiste en petits animaux. »

LES CALLOPHIS — *CALLOPHIS*

Schmudottern.

Caractères. — Le nom de Callophis, qui signifie beaux serpents, a été plus particulièrement donné aux Élaps du sud de l'Asie. Le corps est allongé, cylindrique; la tête est à peine distincte du cou; la queue est courte; l'orifice nasal est percé entre deux plaques; l'œil est petit; les plaques temporales sont disposées suivant une seule rangée.

D'après Meyer, la position des glandes venimeuses ne s'écarte généralement pas de ce que l'on voit chez les autres genres qui composent la famille des Élapidées, tandis que chez d'autres Callophis, ressemblant beaucoup extérieurement aux autres, ces glandes débordent à ce point dans la cavité abdominale, qu'elles remplissent parfois plus du tiers de la cavité viscérale et qu'elles refoulent le cœur en arrière.

Mœurs, habitudes, régime. — Les Callophis ressemblent beaucoup, par leurs traits généraux, aux Calamaridées ; ils se nourrissent, du reste, de ces derniers Serpents et manquent toujours là où celles-ci font défaut, comme à Ceylan, par exemple.

Les Callophis sont, dans la force du terme, des Serpents essentiellement terrestres qui habitent sous les racines des arbres, parmi les pierres, entre les fentes des rochers. Bien que leur corps soit svelte et élancé, ce sont des animaux paresseux ; ils ne s'enroulent jamais sur eux-mêmes, mais se tiennent habituellement plusieurs fois repliés, comme le montre la figure 298 qui représente le Callophis de Maccelland. Leur pupille est extrêmement étroite, de telle sorte qu'ils doivent être plutôt crépusculaires que diurnes. Leur vue paraît faible, car on peut s'approcher d'eux sans qu'ils cherchent à fuir. Vient-on à les toucher avec une baguette, ils font de violents efforts pour s'enfuir, mais restent bientôt sans mouvements ; ils ne cherchent, du reste, jamais à se défendre ni à mordre. Cantor, qui a souvent eu l'occasion d'observer ces animaux, n'a vu qu'une seule fois un d'eux soulever légèrement la tête au-dessus du corps, comme s'il se préparait à l'attaque.

Les Callophis n'ont jamais pu être observés en captivité ; ils refusent, en effet, tous les aliments qui leur sont offerts et meurent rapidement.

Cantor n'a trouvé dans l'estomac de ces animaux que des débris de petits Ophidiens ; Schlegel a constaté que leur principale nourriture se compose de Calamariens.

La bouche est si étroite chez les Callophis que leur morsure doit être peu dangereuse pour des animaux de grande taille et qu'elle peut être inoffensive pour l'homme. Ce n'est pas à dire, cependant, que ces Serpents ne soient pas pourvus d'un actif venin ; ce venin doit être particulièrement puissant chez les espèces qui ont les glandes très développées.

Après diverses tentatives restées infructueuses pour faire mordre un de ces Serpents, Cantor pressa les crochets venimeux de l'un d'eux sur l'œil d'une poule. Une vingtaine de minutes après la morsure apparurent les premiers symptômes de l'inoculation du poison. L'oiseau tomba sur le sol et chercha, en vain,

à se relever ; les symptômes convulsifs ne tardèrent pas à se manifester, la pupille se contracta, et la poule mourut empoisonnée avant que l'heure ne s'écoulât.

LE CALLOPHIS DE MACCELLAND. — *CALLOPHIS MACCELLANDII.*

Mastenschmudotter.

Caractères. — Une des plus belles espèces du genre est le Callophis de Maccelland (*Callophis Maccellandii, personatus, univirgatus*), qui est représenté au premier plan de la figure 298. C'est un Serpent d'environ 0m,70 de long, au corps grêle et effilé, à la queue pointue.

Chez cet animal, la coloration est assez variable. Le plus ordinairement, la tête et le cou sont noirs ; une bande transversale, d'un beau jaune, se voit en arrière des yeux. Le corps et la queue, d'un brun rougeâtre, sont parcourus par une ligne noire qui part de la nuque ; le dessous du ventre est jaune, orné de taches quadrilatères de forme allongée, ou parcouru par d'étroites lignes transversalement placées.

Chez certains individus, le dessous du corps porte des bandes transversales noires interrompues qui s'étendent jusque sur les flancs, de manière à former une série de taches noires allongées. Parfois les bandes entourent complètement le tronc.

Distribution géographique. — Cette espèce habite le Népaul, le Dardjiling et l'Assam.

LE CALLOPHIS ANNELÉ. — *CALLOPHIS ANNULARIS.*

Ringschmudotter.

Caractères. — Chez cette espèce, on voit, en arrière de l'œil, une large bande transversale de couleur jaune ; le corps est brun rougeâtre, orné d'une quarantaine d'anneaux étroits et de couleur noire, placés à égale distance les uns des autres et bordés de blanc ; chaque anneau occupe exactement la largeur d'une plaque abdominale. Le ventre est jaune, coloré en noir à l'union avec les flancs, les anneaux du dos s'étendant jusqu'à ce niveau plan. Cette espèce est représentée au second plan de la figure 299.

LES BUNGARES — *BUNGARUS*

Bungare.

Caractères. — Les Indous désignent sous le nom de *Bungarum panah* un Serpent du Bengale dont Daudin a fait le type du genre *Bungare* et qui se reconnaît aux caractères suivants :

Le corps est très long, cylindrique ; le dos, qui est comprimé en carène, est couvert d'écailles hexagonales, plus grandes que les autres. La queue est relativement courte. La tête est ovalaire, déprimée, à museau court, obtus ; les orifices des narines sont larges, dirigés en arrière. Les plaques qui garnissent le dessous de la queue sont disposées suivant une seule rangée. En arrière des dents venimeuses se trouvent des crochets simples.

Distribution géographique. — Les trois espèces que renferme le genre habitent Java et la péninsule de l'Inde.

Mœurs, habitudes, régime. — Cantor, qui a bien observé ces animaux, rapporte que, bien que leur papille soit arrondie, ils paraissent avoir des habitudes nocturnes ; ils se cachent généralement pendant le jour, évitent soigneusement le soleil et recherchent l'ombre lorsqu'ils sortent avant le crépuscule. Leurs mouvements en pleine lumière sont incertains, et souvent ils agitent avec rapidité la tête ou la queue, sans que rien puisse motiver ces mouvements.

Lorsqu'il n'est pas excité, l'animal fuit généralement devant l'homme, mais lorsqu'il est excité, il se met hardiment sur la défensive. Si on le touche ou qu'on le presse, sa rage est excitée, il cherche à mordre et sort de sa retraite ; ses mouvements, généralement assez lents, deviennent alors très rapides. Lorsque la bête se prépare à l'attaque, elle redresse la tête en arrière, de même que nos vipères, puis, se détendant brusquement, projette toute la partie antérieure du corps.

Action du venin. — Bien que les crochets venimeux ne soient pas très longs, les expériences de Russel, de Cantor, de Fayrer et d'autres observateurs ont pleinement démontré que la morsure du Bungare est des plus dangereuses.

Un oiseau, mordu à la cuisse par un Bungare annelé, tombe sur le côté, reste d'abord immobile, puis est pris de spasmes et la mort arrive en 43 minutes. Un autre oiseau piqué par le même Serpent, après sept heures d'intervalle, meurt au bout de 28 minutes seulement. Plusieurs oiseaux ont péri dans un intervalle de temps ayant varié de 20 à 45 minutes. Il en a été de même pour des oiseaux mordus par le Bungare bleu ou *Gedi paragoodoo*.

Un gros chien mordu à la cuisse par un Bungare pousse au moment de la blessure des cris perçants, bien que la piqûre soit à peine visible ; 10 minutes après, il se couche, se met à aboyer, puis se relève ; les mouvements semblent être pénibles ; 25 minutes après la blessure le train de derrière est paralysé. Au bout d'une heure, l'animal est pris de vomissements et meurt. Sur le membre blessé on ne remarque qu'un peu d'enflure. Une chienne, mordue à l'aine, succombe au bout d'une heure au milieu de violentes convulsions. Ces expériences sont dues à Russel.

Les nombreuses expériences de Fayrer concordent avec celles de Russel. Des chiens mordus par des Bungares ont, au bout de 23 à 25 minutes, la respiration anxieuse, précipitée ; au bout de 45 minutes, des vomissements se produisent, l'animal est inquiet, somnolent, paresseux ; la mort arrive dans un laps de temps ayant varié entre 30 et 35 heures.

Des chats, aussitôt après la piqûre, se montraient irrités, et expiraient à peu près dans le même espace de temps. Un jeune chat mordu à la cuisse fut malade pendant trois jours, mais ne mourut pas.

Des hérons furent pris de symptômes d'empoisonnement au bout de 3 minutes seulement ; leur respiration était anxieuse ; l'animal, inquiet, cherchait à s'envoler ; 20 minutes après, les plumes se hérissèrent ; les animaux tombèrent sur le flanc, les pattes se crispèrent, la peau du cou fut agitée de mouvements fibrillaires ; la mort arriva 80 minutes après la piqûre. Le membre blessé était très enflé, tellement gonflé par les gaz que, par la pression, ceux-ci s'échappaient avec bruit.

Il ressort de ces expériences que le venin du Bungare n'agit pas avec autant de rapidité ni autant de violence que celui du Naja, ce qui est dû à la brièveté relative des crochets venimeux, qui ne font parfois qu'effleurer la peau.

Il est difficile de déterminer dans quelle proportion les Bungares occasionnent des cas de mort aux Indes orientales. On peut considérer ces Serpents comme les plus dangereux de ces régions, après le Serpent à coiffe. L'aspect inoffensif de ces animaux, la richesse de leur coloration peuvent faire que les personnes ignorantes cherchent à s'en emparer et sont, par suite, mordues. Il n'est point dès lors surprenant que les cas de mort par ces animaux ne soient très fréquents, car ils sont extrêmement communs dans toutes les parties de l'Inde. On les trouve, en effet, le long des chemins, et ils pénètrent trop fréquemment dans les habitations; ils se glissent souvent dans les chambres à coucher, s'installent dans les meubles, se pelotonnent dans les couchettes, et deviennent ainsi les anges de la mort. On rapporte qu'une dame après une nuit de voyage quittait son palanquin; elle trouva dans ses coussins un Bungare, qui, pendant tout le temps, avait été son terrible compagnon de route!

D'après Fayrer le *Krair* a occasionné, au Bengale, pendant l'année 1869, une mortalité de 369 sur 10,810 occasionnée par les Serpents. On a constaté que la morsure de cet animal occasionne d'abondantes hémorrhagies.

LE BUNGARE ANNELÉ. — *BUNGARUS FASCIATUS.*

Pamah.

Caractères. — Le *Pamah, Raisomp, Sankri* ou *Kokliatrait* des Indous atteint près de deux mètres. La tête est blanc noirâtre avec une large bande jaune qui s'avance entre les yeux, le corps est orné de larges bandes alternativement jaunes et noires à peu près d'égale largeur, ainsi que le montre la figure 300.

Distribution géographique. — Cette espèce habite les Indes orientales et certaines îles de la Sonde, telles que Java et Sumatra.

Mœurs, habitudes, régime. — D'après Cantor, le *Pamah* se tient de préférence dans les endroits secs; sa nourriture se compose de petits Mammifères, de Reptiles, de Batraciens. Cet animal se choisit toujours un lieu de retraite dont il ne s'écarte pas beaucoup.

LES TRIMÉRESURES — *TRIMERESURUS*

Trugottern.

Caractères. — Lacépède a donné le nom de Triméresure à des Serpents qui ont le corps long et cylindrique, recouvert sur le dos d'écailles lisses, entuilées, rhomboïdales, toutes semblables entre elles, la tête couverte de grandes plaques; la mâchoire supérieure est garnie de crochets simples en arrière de la dent venimeuse; les écailles qui revêtent le dessous de la queue sont en double rangée à la base de celle-ci, puis simple et enfin de nouveau en double rangée.

LE TRIMÉRESURE PORPHYRÉ. — *TRIMERESURUS PORPHYREUS.*

Schwargotter.

Caractères. — Cette espèce a le corps allongé, la queue relativement longue et effilée; la tête petite, peu distincte du cou, est recouverte de grandes plaques; les écailles du corps sont lisses, quadrangulaires, disposées suivant 17 séries. La taille, d'après Bennet, peut arriver à 2m,50.

Le dessus du corps est d'un beau noir violacé, à reflets bleuâtres; le ventre est d'un beau rouge pâle; les côtés sont d'un rouge carmin vif, les gastrostèges étant bordées de noir sur leur portion libre; cette teinte rose va peu à peu en se fondant en couleur rose, d'où Shaw avait désigné l'espèce sous le nom de Serpent à flancs cramoisis, *Crimson-sided.*

Distribution géographique. — De l'avis de tous les voyageurs et de tous les naturalistes, il n'est pas de pays qui produise relativement autant de Serpents venimeux que l'Australie. Les deux tiers, au moins, des Serpents qui ont été recueillis dans ce continent sont venimeux, et plusieurs d'entre eux appartiennent aux espèces les plus dangereuses de l'ordre. « En quelque endroit qu'on puisse se trouver, assure Buchmann, que ce soit dans la forêt profonde, au milieu d'épaisses broussailles, dans les landes ou dans les marécages, au bord des rivières, des étangs ou des flaques d'eau, on peut être certain de trouver la Vipère noire. Cet animal abhorré pénètre jusque sous la tente ou dans la cabane du colon; elle s'enroule dans sa couchette; nulle part on n'est à l'abri de sa présence et il est vraiment étonnant qu'elle n'occasionne pas plus d'accidents. »

Mœurs, habitudes, régime. — D'après le même auteur, tous les Serpents australiens s'adonnent au sommeil hivernal depuis la fin de mars jusque vers les premiers jours de septembre. Ils reparaissent à cette époque; la chaleur tarissant peu à peu les cours d'eau, ils sont forcés d'émigrer pour pouvoir trouver leur nourriture, et de se transporter d'un marais ou d'un étang vers un autre.

Les mouvements de la Vipère noire sont plus rapides que ceux de la plupart des Serpents venimeux; on prétend qu'elle va à l'eau et qu'elle peut grimper sur les buissons et même sur les arbres peu élevés. « En été, rapporte Buchmann, la Vipère noire s'approche de l'eau, et lorsque je chassais au canard, j'ai souvent vu ce Serpent au bord des rivières. Un jour je tirai sur une paire de canards dont l'un tomba sur la rive opposée à celle à laquelle je me trouvais. Comme je n'avais pas de chien avec moi, je me mis à la nage pour m'emparer du résultat de ma chasse. En nageant, j'aperçus un objet que je pris tout d'abord pour un bâton, mais en m'approchant d'un peu plus près, je reconnus une grosse Vipère noire qui flottait sur l'eau, sans faire aucun mouvement. Bien que je me fusse approché à quelques pieds seulement de l'animal, il ne fit cependant aucun mouvement. »

Le Triméresure porphyré fait principalement sa nourriture de petits Mammifères et d'Oiseaux ; il ne dédaigne pas à l'occasion les Reptiles et les Batraciens.

Les Serpents venimeux de l'Australie causent beaucoup de dégâts, aussi les craint-on beaucoup et leur fait-on une guerre acharnée. Les moutons succombent souvent aux morsures de ces animaux, bien qu'ils les tuent le plus généralement en les piétinant.

Les Australiens redoutent énormément la Vipère noire, mais sont cependant rarement mordus par elle ; ils ne s'avancent, en effet, qu'avec la plus grande circonspection, et ne s'aventurent jamais dans un endroit qu'ils ne peuvent pas explorer du regard.

La Vipère noire prend généralement la fuite devant l'homme, mais si elle se trouve acculée ou si on la poursuit pendant un certain temps, elle fait face à l'ennemi et charge hardiment son agresseur ; aussi a-t-elle reçu des colons le nom de « Serpent sauteur ». Au moment de l'attaque, elle se redresse à moitié, puis se détendant brusquement, se lance en avant de toute sa longueur.

Beaucoup de chiens australiens font une guerre acharnée à la Vipère noire et la tuent ; il arrive cependant trop souvent qu'ils sont eux-mêmes victimes de leur courage et de leur témérité. Lorsque le Serpent n'est pas en rase campagne, beaucoup de chiens le tiennent en arrêt et aboient jusqu'à l'arrivée du chasseur.

Les indigènes de la Nouvelle-Hollande affirment que la morsure de la Vipère noire est rarement mortelle pour l'homme, et Bennet a vu plusieurs cas dans lesquels la guérison arriva sans l'emploi d'aucun remède ; la morsure n'en a pas moins, presque toujours, les conséquences les plus fâcheuses. « Un colon

des bords de la rivière Clarence, rapporte le naturaliste que nous venons de citer, avait trouvé une Vipère noire dans son habitation. Armé d'un bâton, il s'apprêtait à la tuer, lorsqu'il fut mordu au pied. Le blessé tomba sur-le-champ dans un état de torpeur étrange. On employa l'ammoniaque à l'extérieur et à l'intérieur ; la blessure fut largement incisée et une bande roulée étroitement au-dessus du point piqué. Le malade manifestait la plus forte propension au sommeil ; on aurait dit qu'il avait été empoisonné par l'opium ; cet état dura pendant plusieurs heures, mais notre colon recouvra peu à peu la santé.

« Les Indigènes, après avoir sucé la plaie, forcent le blessé à courir pour l'empêcher de succomber au sommeil et dans le but de favoriser l'élimination du venin ; ils cautérisent ou incisent le point blessé et favorisent l'écoulement du sang. »

Les guérisons qui se produisent ne prouvent nullement, du reste, contre la force du venin, car les expériences démontrent absolument le contraire. Smeathman fit mordre par une Vipère noire un Dingo de forte taille, animal dont la force de résistance est proverbiale. Vingt-cinq minutes après la piqûre, le membre blessé était complètement paralysé ; au bout de quarante-cinq minutes, l'animal s'abattit sur le côté ; la langue pendait hors de la bouche, la salive coulait abondamment, puis des convulsions agitèrent peu à peu l'animal ; un peu plus de une heure et demie après la morsure, le Dingo était mort.

Parmi les ennemis naturels de la Vipère noire, il faut mentionner un gros Saurien sur lequel les indigènes racontent des choses tout à fait merveilleuses. Ils prétendent que cet animal connaît des plantes qu'il mange lorsqu'il a été piqué.

Le feu que l'on allume chaque année dans les pâturages pour brûler le gazon desséché et le transformer ainsi en cendres fertilisantes agit d'une manière autrement efficace que le Saurien en question pour la destruction de la Vipère noire. Des milliers de Serpents sont alors brûlés ; ceux-ci doivent, du reste, peu à peu reculer devant les défrichements et une culture conduite rationnellement.

LES SÉPEDONS — *SEPEDON*

Caractères. — Le nom de Sépedon a été donné par Merrem à des Serpents venimeux qui ont les os maxillaires allongés, non garnis de crochets en arrière de la dent canaliculée. Toutes les écailles sont carénées, entuilées et disposées par lignes obliques ; les plaques qui garnissent le dessous de la queue sont en double rangée.

L'HŒMACHATE. — *SEPEDON HOEMACHATES.*

Caractères. — La seule espèce du genre est un Serpent pouvant atteindre près d'un mètre de longueur ; la tête est à peine plus large que le cou ; les narines sont grandes, les yeux sont enfoncés.

D'après Smith, la tête est bordée par une certaine quantité de peau qui semble inutile et produit de chaque côté un pli, lorsque l'animal est tranquille et non excité. Dans le cas contraire, le pli s'étend latéralement de manière à former à droite et à gauche un large bord, constituant ce que, dans les vrais Najas, on nomme une coiffe.

Le fond de la couleur des parties latérales ou supérieures est un brun bleuâtre ou grisâtre, orné d'un grand nombre de bandes transversales, étroites, ondulées et dentelées, et dont la teinte varie depuis le jaune d'ocre jusqu'au blanc jaunâtre clair. La région sous-maxillaire et la gorge sont d'un noir pâle ou d'un rouge brun foncé. Le reste des parties inférieures est d'un noir grisâtre, comme plombé. On voit, en avant, deux ou trois larges bandes transversales jaunes ou d'un blanc plus ou moins nuancé de rouille et, sur les côtés, de taches blanches irrégulières. En dessus, la couleur foncée est la plus abondante sur les régions antérieures, mais, sur la queue, il y a autant de jaune que de noir. Les yeux sont d'un brun sombre.

« Dans une variété, le fond de la couleur est un brun noirâtre traversé par de nombreuses bandes étroites, et d'un bleuâtre foncé qui ne sont visibles que si la peau a été débarrassée par un lavage de tout ce qui peut la salir. Si on néglige cette précaution, tout le serpent semble être d'un noir brunâtre foncé et uniforme.

Distribution géographique.—L'Hœmachate se trouve dans toute la partie sud de l'Afrique.

Mœurs, habitudes, régime. — D'après A. Smith, le Serpent dont nous nous occupons semble préférer les localités où le sol est mou, sablonneux et garni de broussailles ; aussi peut-on se le procurer facilement dans les plaines couvertes de sable qui sont voisines de la ville du Cap et des côtes de la colonie. C'est un des Ophidiens les plus vigilants pour sa propre défense, et, quand on veut le saisir, il est très rare qu'on puisse le surprendre. On le trouve toujours menaçant et prêt à se défendre. Quand il s'enfuit, il cherche habituellement quelque retraite souterraine, et il lui est facile d'en trouver une, puisqu'il vit dans les lieux où abondent les trous de rats, de taupes ou d'autres petits quadrupèdes.

« Les naturels du pays, de même que les colons, regardent ce Serpent comme le plus courageux de tous ceux qui vivent en Afrique, et ils craignent beaucoup la funeste énergie de son poison.

« Quand il est en captivité, si l'on vient à l'irriter, il montre une grande férocité. Il ouvre la bouche, comme pour saisir l'objet qui s'approche de lui, et l'on voit alors des gouttes de venin sortir des crochets qui sont toujours relevés et placés dans la position la plus convenable pour remplir leur fonction. Durant cette période d'excitation, il rejette souvent hors de la bouche un peu de venin, et même dans le pays, on affirme qu'il peut le lancer à une distance de plusieurs pieds, et en s'efforçant de l'envoyer dans les yeux de l'homme et des animaux. »

Les observations que nous avons pu faire à la ménagerie du Muséum de Paris confirment pleinement la relation de Smith. De même que le Naja, le Sépedon est un animal essentiellement irritable, qui, à l'approche de l'homme, gonfle le cou et se précipite avec fureur contre les vitres de sa cage, aussi ne peut-on le conserver longtemps en captivité.

Que l'on s'approche, en effet, d'un Sépedon, on le voit immédiatement se retourner ; il se redresse verticalement dans le quart ou le cinquième environ de la longueur de son corps, la tête haute, un peu renversée en arrière, la gueule entr'ouverte, les crochets saillants, dans la meilleure position, en un mot, pour frapper son ennemi ; le cou se dilate alors et la collerette apparaît en noir profond, les bords étant jaunâtres et mouchetés de brun. L'animal est ainsi sur la défensive et suit tous les mouvements ; on le voit s'élancer en rabattant la tête et la partie du corps qui était dressée, de telle sorte que, par cela même, les crochets à venin doivent frapper plus sûrement la victime ; le Serpent fait entendre en même temps un sifflement aigu et se place immé-

Fig. 298 et 299. — Le Callophis de Maccelland et le Callophis annelé (1/2 grand. nat.).

diatement sur la défensive, prêt à frapper de nouveau.

LES OPHIOPHAGES — *OPHIO-PHAGUS*

Caractères. — Les Ophiophages sont des Triméresures qui peuvent dilater le cou à la manière des Najas ; en arrière de la dent venimeuse se trouve un crochet ; les plaques occipitales sont entourées de trois paires de très grandes plaques dont les deux antérieures peuvent être regardées comme des plaques temporales.

LE SERPENTIVORE. — *OPHIOPHAGUS ELAPS.*

Königshutschlange.

Caractères. — L'*Ophiophagus elaps* (*Trimeresurus bungarus, Hamadryas ophiophagus, Naja elaps*) est le géant des Serpents venimeux, car il peut atteindre jusqu'à 4 mètres.

Sa coloration, très variable, est généralement vert olivâtre à la face supérieure, vert pâle sous le ventre ; toutes les plaques de la tête, ainsi que les écailles du cou, de la partie postérieure du corps et de la queue sont bordées de noir ; la partie supérieure du corps est traversée par de nombreuses bandes alternativement noires et blanches, obliquement disposées ; les plaques du cou sont marbrées de noir. C'est dans la presqu'île Malaise, au Bengale et dans le sud de l'Inde, que se trouvent principalement les animaux présentant cette coloration (fig. 301).

Ceux qui vivent aux Philippines ont la partie antérieure du tronc colorée en brun olivâtre ; les écailles de la partie postérieure sont colorées et bordées de noir et celles de la queue sont ornées de taches d'ocelles blanches bordées de noir.

Les animaux capturés à Bornéo sont généralement d'un jaune-brun uniforme à la face supérieure, jaunes sous la gorge, le ventre et le dessous de la queue étant noirs.

Chez les individus jeunes la coloration est encore plus variable que chez les adultes. Quelques-uns ont de nombreuses bandes blanches, étroites, sinueuses, se détachant agréablement sur le fond, qui est noir ; la tête porte quatre bandes blanches transversalement disposées. Certains animaux ont le ventre noir, tandis que chez d'autres il est orné de taches blanchâtres. D'après Beddone, quelques jeunes Ophiophages ressemblent, à s'y méprendre, à d'inoffensifs Serpents d'arbre.

Distribution géographique. — L'Ophiophage se trouve sur toute l'étendue du continent Indien, sur une grande partie de l'Indo-

Fig. 300. — Le Bungare annelé (1/4 grand. nat.).

Chine et dans la plupart des îles environnantes. Cet animal a été observé aux îles Andaman, à Java, Sumatra, Bornéo, aux Philippines et même, dit-on, dans le nord de la Nouvelle-Guinée. Il est assez abondant au Sikun, dans l'Assam, dans le Burma. Dans le Darjilling on le trouve jusqu'à l'altitude de 2,000 mètres.

Les habitants d'Assam nomment cet animal *Dabi-serp*, les Koutchaie *Garomgasim;* au Bengale, on le désigne sous le nom de *Sunkechor*, ce qui veut dire *Casse-tête*.

Mœurs, habitudes, régime. — L'Ophiophage habite de préférence les clairières des forêts; il grimpe parfaitement aux arbres et ne craint pas de se mettre à l'eau, ce que Fayrer a plusieurs fois constaté.

Bien que l'Ophiophage ne dédaigne pas les mammifères de faible taille et les oiseaux, sa nourriture de prédilection semble être les Serpents. Les Hindous racontent que cet animal est le roi des Serpents et que ceux-ci qu'il ne craint pas, du reste, de croquer, en bon prince qu'il est, lui rendent des honneurs particuliers.

Un Hindou très intelligent raconta à Torrens

comment il avait vu la manière dont l'Ophiophage se procure les Serpents dont il fait sa nourriture. L'Indou en question, étant alors âgé de quatorze ans, se trouvait sur le toit plat de son habitation lorsqu'un Ophiophage de petite taille se montra dans le voisinage immédiat de la hutte. Le Serpent se redressa en partie, distendit son cou et fit entendre un sifflement aigu. Immédiatement alors une douzaine de Serpents vinrent, en rampant, des points les plus divers, et se rassemblèrent autour de l'Ophiophage. Celui-ci se précipita sur l'un d'eux et s'empressa de le dévorer.

D'après les observations de Cantor, il est certain que l'Ophiophage dévore des Serpents. « On jetait régulièrement à un de ces Najas que je tenais captif, raconte ce naturaliste, un Ophidien, qu'il fût ou non venimeux. Sitôt qu'il apercevait l'animal, l'Hamadryas sifflait très fort, élargissait son cou, redressait toute la partie antérieure de son corps et restait, pendant quelques instants, dans cette attitude, comme s'il eût voulu viser plus sûrement sa victime. Il se précipitait alors sur lui, l'empoisonnait et le dévorait ; après quoi il restait comme engourdi pendant près de douze heures. »

Des Ophiophages que Fayer tint en captivité avaient eu leurs crochets venimeux arrachés par des charmeurs de Serpents. Ils avaient complètement perdu leur vivacité, après cette mutilation. Deux fois, en présence de Fayrer, ces Serpents dévorèrent d'autres Serpents qui avaient été tués par des Cobras ; ils mangèrent également des Serpents d'arbre.

L'Hamadryas est justement redouté, car non seulement il fait face à son adversaire et se jette intrépidement sur lui, mais encore le poursuit, ce que ne fait aucun autre Ophidien. Cantor, en effet, rapporte que dans l'Assam un officier rencontra plusieurs jeunes Ophiophages qui étaient surveillés par leur mère. Celle-ci se retourna vers l'ennemi, qui prit la fuite à toute vitesse, poursuivi qu'il était par le terrible reptile ; l'homme, ayant rencontré un cours d'eau sur sa route, n'hésita pas à se jeter dans les flots pour gagner l'autre rive à la nage, espérant mettre ainsi une barrière entre lui et le Serpent. Ce fut en vain. Le Serpent le poursuivit encore, et l'Anglais ne dut son salut que grâce à un stratagème. Il jeta sa coiffure sur le sol. Le Serpent se précipita dessus et la mordit plusieurs fois avec rage, ce qui donna à l'homme le temps de se mettre à l'abri.

D'après les expériences de Cantor, le venin de l'Hamadryas est extrêmement actif. Un chien meurt généralement un quart d'heure après la morsure, et cela pendant la saison froide, période pendant laquelle le venin de tous les Serpents a cependant moins d'activité que pendant les grandes chaleurs. Nicholson rapporte avoir vu mourir en trois heures un éléphant mordu par un Hamadryas.

LES SERPENTS A COIFFE — NAJA

Schildottern.

Caractères. — Lorsqu'ils pénétrèrent dans les Indes orientales, les Portugais désignèrent sous le nom de Cobra di Capello, ce qui veut dire Serpent-chapeau, un étrange Ophidien dont la particularité la plus remarquable consiste à pouvoir dilater le cou, de manière à former un large bouclier à l'extrémité duquel se trouve la tête ; vu par derrière, ce disque est concave et figure une sorte de chapeau, d'où est venu le nom de l'animal.

Les habitants de Ceylan qui, de tout temps,

avaient pu reconnaître ce curieux Serpent, malheureusement trop commun dans leurs épaisses forêts, le connaissaient sous le nom de Naja, de Naga.

C'est ce nom, légèrement altéré, qui depuis Laurenti est employé pour désigner des Serpents qui présentent la singulière particularité signalée plus haut.

Les Noja ou plutôt Naja, comme on les désigne aujourd'hui, sont des Serpents au corps allongé, arrondi, un peu plus gros vers le milieu du ventre, revêtu d'écailles inégales, celles de la région du dos n'étant pas plus grandes que les autres ; les plaques qui revêtent le dessous de la queue, ou urostèges, sont doubles, c'est-à-dire distribuées deux par deux et par paires. La tête est petite, semblable à celle des Couleuvres, revêtue, en dessus, de grandes plaques, avec un écusson central. L'ouverture de la bouche est large ; il existe à la mâchoire supérieure des dents cannelées très développées et, en arrière, deux ou trois petits crochets lisses. La queue est conique, longue et pointue.

Lorsque les Najas sont effrayés ou excités, ils redressent toute la partie antérieure de leur corps et dilatent leur cou. Cette dilatation se fait par le jeu des côtes, qui sont longues et mues par des muscles puissants. Les écailles de la nuque sont grandes et se touchent lorsque l'animal est au repos ; lorsque les téguments viennent à se dilater, les écailles s'écartent les unes des autres, formant ainsi comme les mailles d'un réseau, et se rangent par lignes obliques et en quinconce.

Distribution géographique. — Le genre Naja se compose de 4 espèces, dont 3 sont du continent africain ; l'autre espèce habite les Indes orientales.

LE SERPENT A LUNETTES. — NAJA TRIPUDIANS.

Brillenschlange.

Caractères. — Le Cobra di Capello ou Tschinta-Negu des Indiens (Naja tripudians, lutescens, larvata, atra) est un serpent de 1m,10 à 1m,80 de long, dont le cou est très dilatable.

Le plus souvent, le dessus du corps est d'une teinte jaunâtre tournant vers le fauve ou d'un brun clair ; les écailles ont un reflet bleuâtre cendré, suivant l'incidence de la lumière ; le jaune bleuté domine sur la nuque, et la couleur sombre y forme seulement un pointillé. Le ventre est toujours plus pâle que le dos il présente des traces de coloration plombée, roussâtre ou grisâtre.

Ainsi que l'ont bien vu Duméril et Bibron, « quand ce Serpent est en repos ou lorsqu'il rampe à l'aide de sinuosités, son cou est de la même grosseur que la tête ; mais dès qu'il est excité, la partie antérieure du tronc se redresse verticalement et l'on voit le cou se dilater considérablement, à l'aide des côtes de cette région qui distendent la peau en une sorte de disque plat, arrondi sur les bords et légèrement échancré en avant et au milieu, de manière à couvrir complètement la tête, qui semble disparaître. Par ce mouvement, les écailles s'étalent et paraissent se séparer les unes des autres, et c'est alors que, dans un grand nombre d'individus, on voit s'évaser, se développer et s'étaler un dessin représentant des lunettes, de manière à ce que les disques blancs, à centre noir, restent dirigés en avant, et que la portion de cercle qui les réunit présente sa convexité en arrière.

« Le plus ordinairement, après cette sorte d'image, les téguments du dos, ou du moins les écailles qui les recouvrent, sont plus foncés ; chez les individus qui en manquent, mais qui peuvent également dilater le cou, on voit des marques diverses entre les écailles. Chez les uns, la peau paraît blanche et les écailles sont brunes ; il en résulte une sorte de réseau ou l'apparence d'un filet dont les mailles seraient remplies par de petites plaques ovales, régulières, qui tournent sur elles-mêmes. »

Le Naja présente de nombreuses variétés de coloration qui ont été décrites par Russel. Pour ce naturaliste, le type le plus fréquent, celui qu'il a désigné sous le nom de *Chinta nagoo*, a les lunettes blanches très marquées, entourées d'un cercle noir incomplet ; les disques sont noirs et l'on voit une tache ovalaire, de même couleur, sur les branches qui réunissent les disques (fig. 302).

Une variété, que l'on trouve principalement sur la côte de Coromandel, a les lunettes grises au pourtour, noires dans le centre, avec deux taches noires ovalaires sous le cou ; c'est le *Arego nagoo* de Russel.

Le *Coodum nagoo*, du même auteur, qui se trouve dans la même région que le précédent, est de couleur sombre ; sur le disque se voit une sorte de V dont les deux branches sont comme évidées par une large ligne blanche.

Chez le *Mogla nagoo*, on voit des taches d'un gris pâle sur les écailles cervicales.

La variété figurée sous le nom de *Santoo-nagoo* manque de dessins caractéristiques de l'espèce, tandis que le *Nalle-nagoo* a sous le ventre des barres noirâtres qui le font ressembler aux Najas africains.

Le *Jonna-nagoo* a la peau du cou d'un jaune orangé ; la partie antérieure du ventre est tachetée de gris. Suivant Russel, le nom de la variété vient de la ressemblance que les Indiens ont cru trouver entre ces taches et la forme de certaines graines qu'on donne aux chevaux et qu'on nomme *Jonnas*.

Les individus dont la portion dilatée du cou forme une sorte de coiffe noire et dont le dessous du cou est sombre portent le nom de *Nella ta pam*.

Parmi les Najas qui ne portent pas la marque des lunettes, certains sont d'un brun roux foncé en dessus, plus pâle en dessous ; d'autres sont noirs avec le dessous de la gorge blanc ; d'autres ont le ventre de couleur plombée. Certains individus enfin portent sur le cou et sur la tête de larges bandes jaunes, suivies de taches brunes allongées.

Distribution géographique. — Le Serpent à lunette se trouve dans les parties les plus chaudes et les îles de la mer des Indes ; il manque aux Moluques, à Timor, aux Célèbes.

Mœurs, habitudes, régime. — Les monticules abandonnés et formés par les termites, de vieux murs, des amas de pierre ou de bois, d'épais taillis dans lesquels se trouvent des crevasses, sont les endroits que semble plus particulièrement rechercher le Serpent à coiffe.

D'après Tennant, cet animal est, avec le Coryphodon de Blumenbach, le seul Serpent qui ne redoute pas le voisinage de l'homme et qui semble même se rapprocher de lui, attiré qu'il est sans doute par les rongeurs et les divers animaux domestiques. Dans les moments de sécheresse, le Naja se tient de préférence dans le voisinage des cours d'eau.

Bien que diurne, le Cobra ne chasse que rarement pendant la grande chaleur ; c'est alors que le soleil est moins brûlant qu'il quitte plus généralement son repaire.

Les mouvements du Naja sont beaucoup plus rapides qu'on ne le suppose ; cet animal peut nager et grimper. C'est ainsi qu'on rapporte qu'un Cobra qui était tombé dans un fossé de remparts, et qui ne pouvait remonter sur les parois escarpées, nagea pendant plusieurs heures portant sa tête et son cou dilatés hors de l'eau. On voit même des Najas aller à la mer.

Lorsqu'un vaisseau de guerre anglais, le *Wellington*, était à l'ancre dans la baie de Kudremele, à un quart de mille environ de la terre, on vit, une heure environ avant le coucher du soleil, un Naja qui nageait vers le vaisseau, dont il s'approcha jusqu'à la distance d'environ 12 mètres ; les matelots jetèrent des morceaux de bois à l'animal et le forcèrent ainsi à regagner la terre. Plus tard, on tua à bord du même navire un Cobra qui n'avait pu arriver à bord qu'en grimpant à l'aide de la chaîne de l'ancre. Il n'est pas rare de trouver des Najas sur le toit des huttes, et Tennant rapporte qu'il en a vu sur la cime de cocotiers, en train de donner la chasse aux oiseaux.

Outre les oiseaux, le Cobra recherche les petits mammifères, certains reptiles et batraciens. Ce Serpent boit généralement beaucoup, mais, d'après des observations faites sur des sujets tenus en captivité, peut supporter la soif pendant très longtemps.

D'après Fayrer, le Naja pond une vingtaine d'œufs de couleur blanche, de forme allongée, à coquille molle et dont la grosseur égale celle des œufs de pigeon domestique.

Les Indiens rapportent que le mâle et la femelle ont un certain attachement l'un pour l'autre et qu'ils vivent pour ainsi dire dans le même voisinage. Tennant rapporte que, par deux fois, il a été à même de faire des observations qui semblent confirmer ce dire. Un Cobra adulte fut tué à Columbo dans les bains d'une des maisons, et le jour suivant on trouva une femelle à la même place. Une autre observation faite par le voyageur dont nous parlons peut sans doute également s'expliquer par une circonstance fortuite.

Les Singalais affirment que les petits Najas ne sont pas venimeux avant le treizième jour, époque à laquelle a lieu la première mue.

Idées superstitieuses. — Nous avons dit que le Naja peut maintenir presque verticalement la partie antérieure de son corps, l'autre partie posant sur le sol ; l'animal avance alors, ayant la tête élevée et horizontalement étendue sur le cou.

Ainsi que le remarquent Duméril et Bibron, « il n'est pas étonnant que cette allure si bizarre, cette sorte de fierté apparente et présomptueuse, jointe à l'élégance de ce cou plat et élargi, au-dessus duquel apparaît une tête très mobile, comme supportée par de larges épaules, ait de tout temps fixé l'attention des peuples. D'ailleurs, ces Serpents, reconnus armés d'un poison subtil, très actif, ont dû inspirer des craintes salutaires. C'est pour cela même que leur existence paraît avoir été trop souvent épargnée en raison d'un respect aveugle et fanatique porté jusqu'à la vénération, parmi les hommes crédules et peu éclairés au milieu desquels la nature semble avoir confiné ces espèces si pernicieuses. »

De nos jours comme autrefois, le Serpent à lunettes est un objet de vénération pour beaucoup d'Indous, et il joue un rôle important dans les croyances de ce peuple. Nous pouvons, à ce sujet, rapporter la fable suivante. Alors que Bouddha, descendu sur la terre, dormait en plein midi, un Naja se posa devant le dieu, et, dilatant son large cou, lui procura une ombre bienfaisante. Pour le récompenser du service qu'il en avait reçu, Bouddha donna au Naja les dessins qu'il porte sur le cou, destinés à effrayer les milans, ennemis acharnés de ce Serpent.

Une autre légende rapporte qu'une pierre précieuse appelée *Nege-Menik-kya*, que l'on trouve parfois dans l'estomac du Naja, a un éclat incomparable qui peut attirer comme les rayons d'une éblouissante lumière.

Tandis que Dellon séjournait à Curamer, au milieu du dix-septième siècle, un secrétaire intime du prince de la contrée fut mordu par un Cobra. On rapporta à la ville le blessé et le Serpent fut mis dans un vase bien fermé. Le prince, fort affecté de l'accident, fit venir des brahmines qui représentèrent respectueusement au Serpent que la vie du secrétaire était d'un haut prix pour le souverain ; on expliqua du reste au Serpent qu'il serait brûlé sur le même bûcher que le blessé si celui-ci devait mourir de sa morsure. Le Reptile ne se laissa pas toucher et le secrétaire mourut. Une profonde tristesse s'empara du prince ; mais il lui vint à l'esprit que le mort avait pu s'attirer le courroux céleste par quelque crime demeuré caché et que le Naja n'avait été en pareille circonstance que l'exécuteur des volontés divines. Bien loin de faire périr le Naja ainsi qu'on l'en avait menacé, on le porta devant l'habitation du mort et on lui donna la liberté, après lui avoir fait amende honorable pour les injures qui lui avaient été adressées et après l'avoir profondément salué.

Lorsqu'un habitant de Malabar trouve un Naja dans sa demeure, il le prie amicalement de sortir ; si c'est peine perdue, il lui présente de la nourriture, pour l'attirer dehors; si le Serpent ne bouge pas, l'Indou va chercher les pieux serviteurs d'une de ces divinités qui, moyennant une rétribution ou plutôt une offrande, adressent les suppliques les plus touchantes au Serpent.

D'après les documents recueillis par Fayrer, les idées superstitieuses des Indous de presque toutes les castes n'ont pas changé. Lorsqu'ils trouvent dans leur demeure un Naja, beaucoup d'Indous cherchent à l'apaiser en lui offrant de la nourriture; si l'animal devient par trop agressif, l'Indou cherche à s'en emparer, mais le traite avec toutes sortes d'égards, et le porte dans un endroit inhabité et lui rend alors la liberté.

Charmeurs de Serpents. — Avec un tel peuple, les prêtres et les imposteurs ont un rôle facile à jouer, cela se comprend. La masse aveugle considère leurs tours d'adresse comme de la magie, et les brahmines l'entretiennent dans cette utile croyance. On ne peut nier, du reste, que les jongleurs ne fassent un commerce du dangereux Naja d'une manière qui est bien propre à forcer les Européens incrédules à prêter une grande attention à leurs exercices; tout leur savoir repose, en effet, sur la connaissance exacte qu'ils possèdent du caractère et des mœurs du Cobra.

« Une curiosité respectueuse et fanatique entraîne les gens du peuple à s'assembler et à former des cercles nombreux autour de certains jongleurs, qui s'annoncent comme doués d'un pouvoir surnaturel, de facultés transmises héréditairement ou comme possesseurs de certains procédés à l'aide desquels ils sont parvenus à apprivoiser et à faire obéir les Serpents à leur volonté. Dans l'espoir et même avec la certitude de recevoir des rémunérations dont ils déterminent d'avance la quotité, ils font sortir de leurs cages ou des paniers dans lesquels ces Reptiles se trouvent placés, et suivant un ordre déterminé, un assez grand nombre de ces Serpents. Ces hommes semblent exercer sur ces animaux une sorte d'enchantement, en donnant à leur corps et aux mouvements des membres certaines inflexions, soit au moyen de la voix modulée, ou à l'aide de sifflets ou de petites flûtes dont ils tirent des sons monotones et traînants auxquels paraissent obéir ces animaux en se dressant et baissant ou en relevant le cou en cadence. D'autres, au moment où ils sont le plus animés, entrent à l'aide de certains attou-chements dans un état de léthargie ou de mort apparente. A certains ordres, ils se raidissent et alors deviennent inflexibles comme des baguettes, ou bien, à certains signes, ils reprennent leur flexibilité et s'enroulent sur un bâton, comme une corde sur sa poulie.

« Quant à l'apprivoisement ou à l'éducation des Najas, on prétend que les Psylles commencent par leur arracher ou par leur briser les dents venimeuses, ce qui n'est pas difficile, puisqu'elles n'occupent qu'une place déterminée en avant de la mâchoire inférieure. Ce premier procédé les préserve de toute morsure ou piqûre dangereuse, et alors, en exerçant sur la nuque ou sur la queue un certain degré de compression, ils peuvent, dit-on, dans le premier cas, faire tomber l'animal dans une sorte de sommeil accompagné de raideur instantanée des muscles de l'échine. Voilà, du moins, quelques-uns des détails rapportés d'Égypte par Geoffroy père, qui a raconté d'une façon fort piquante une tentative heureuse qu'il fit, en présence d'un Psylle très effrayé de sa hardiesse, pour imiter ses manœuvres.

« Kämpfer a fourni dans les *Aménités exotiques* des renseignements fort positifs sur les moyens employés par les bateleurs aux Indes orientales. Il s'est assuré que c'est principalement par la crainte des coups, que les hommes qui font leur métier de ces spectacles forains parviennent à dompter les irritations auxquelles les Najas sont constamment et naturellement disposés, et voici quelques détails sur leurs procédés.

« La plupart commencent par présenter à l'animal qu'ils ont excité un morceau de drap ou d'une autre étoffe molle et élastique dans laquelle les dents venimeuses se fixent et qu'ils retirent rapidement, avec violence, afin d'arracher ainsi les dents venimeuses qui y ont pénétré; puis ils répètent cette opération à certains intervalles. Ils peuvent alors les irriter impunément; mais pour les accoutumer à produire les mouvements cadencés qu'ils semblent leur donner l'ordre d'exécuter, les bateleurs, dont une des mains est introduite dans un pot de terre, frappent l'animal avec une baguette; puis, profitant du moment où il s'élance afin de mordre, ils lui opposent le poing armé du vase sur lequel le Serpent se jette avec assez de violence pour se blesser ou se meurtrir le museau. Les gestes du Psylle, que le Naja finit par craindre, deviennent le

principal moyen à l'aide duquel le Serpent arrive à montrer une sorte d'obéissance (1). »

Il peut certes bien se faire que des jongleurs
cassent les dents venimeuses aux Najas, mais
des observations faites particulièrement par
Davy il ressort que presque toujours le Cobra
est en possession de ces crochets venimeux ;
aussi plus d'un charmeur a-t-il perdu la vie en
faisant des jongleries. C'est par une extrême
adresse, par une grande habileté, par la connaissance parfaite de l'animal, que le Psylle
peut manier le Serpent. « Le charmeur, rapporte Davy, excite le Cobra par des coups ou
par des mouvements rapides et menaçants de
la main, et le tranquillise de nouveau par la
voix, par des gestes ou par de douces caresses.
Si l'animal devient méchant et fait mine de
vouloir mordre, le jongleur évite adroitement
ses attaques et ne joue avec lui que lorsqu'il
est redevenu calme ; il porte alors la tête de
l'animal à son front et la passe sur son visage.
Le peuple croit que le jongleur possède réellement un charme grâce auquel il peut manier
le Serpent sans danger ; l'Européen, au contraire, sourit de la chose et soupçonne le
Psylle d'imposture et croit qu'il a arraché les
dents venimeuses ; mais il se trompe et l'Indien a raison. J'ai examiné des Najas et trouvé
leurs crochets parfaitement intacts. Les jongleurs possèdent réellement un charme, qui
n'a du reste rien de surnaturel, celui de la
confiance et de la hardiesse. Ils connaissent
les mœurs et le naturel du Serpent, ils savent
que ce n'est qu'à la dernière limite qu'il se
sert de ses armes meurtrières et qu'il ne mord
que lorsqu'il est fortement excité. Celui qui
possède l'assurance et la vivacité des mouvements de ces hommes peut faire comme eux et
je l'ai fait moi-même plus d'une fois. Les jongleurs peuvent exécuter leurs tours avec n'importe quel Serpent à coiffe, qu'il soit capturé
depuis peu ou qu'il ait été tenu prisonnier
pendant longtemps, mais ils ne s'aventurent
jamais à répéter ces exercices avec aucun autre Serpent venimeux. »

D'après Duméril et Bibron, « Kämpfer
a vu des Najas rester près d'un quart d'heure
dressés et la tête tournée constamment du
côté où se portait le maître du Serpent en
suivant les mouvements de son poing de
droite à gauche et réciproquement de haut
en bas. Quand le chant cessait, l'animal

(1) Duméril et Bibron, *Erpétologie générale*, t. VII,
p. 1284.

se mettait à ramper. C'est alors que le bateleur faisait sa collecte après avoir montré au
Serpent une racine qu'il annonçait et cherchait à vendre comme douée de la propriété de le faire fuir, et surtout comme
propre à neutraliser les effets du poison
pourvu qu'on puisse appliquer cette écorce
râpée sur la morsure. Cette écorce, qu'on débite écorcée et découpée en petits fragments,
n'est pas reconnaissable. Kaëmpfer dit qu'elle
ressemble à celle de la salsepareille, mais
qu'elle est un peu plus grosse. C'est probablement celle que l'on désigne sous le nom d'*O-
phiorhiza mungos*, de la famille des Rubiacées ;
mais il y a de l'incertitude parmi les botanistes. Gärtner adopte cependant l'opinion de
Kämpfer. Au reste, la propriété si vantée de
cette racine paraît être imaginaire. On dit
qu'on la désigne aux Indes, et particulièrement à Amboine, sous le nom de *Raiz de
Cobra*. »

Aux détails qui précèdent, il est intéressant
de joindre le récit fort curieux fait par Natalis
Rondot en date de Trincomalie, île de Ceylan.
« Vers six heures du soir, dit-il, un jongleur
hindou vient à bord. Il est pauvrement vêtu,
coiffé d'un turban orné de trois plumes de
paon, et porte plusieurs colliers de ces sachets
avec amulettes, que l'on appelle au Sénégal
des *grisgris*. Il a un *Cabra capello* à lunettes
dans une corbeille plate.

« Cet homme s'installe sur le pont ; nous
nous mettons sur le banc de quart ; les matelots font cercle.

« La corbeille est posée sur le pont et découverte. Le Capel est tapi au fond. Le jongleur
s'accroupit à quelques pas de distance et se
met à jouer un air lent, plaintif, monotone,
avec une espèce de petite clarinette, dont les
sons rappellent ceux du biniou breton. Le
Serpent se remue peu à peu, s'allonge, puis
se dresse. Il ne quitte pas la corbeille. Il commence par se montrer inquiet, il cherche à
reconnaître le milieu où il est placé, il devient
agité, il déploie et tend ses ailerons, s'irrite,
souffle fortement plutôt qu'il ne siffle, darde
souvent et vivement sa langue effilée et fourchue ; il s'élance violemment plusieurs fois
comme pour atteindre le jongleur ; il tressaille
fréquemment ou plutôt fait de brusques soubresauts. Tantôt il agite ses ailerons, tantôt il
les raidit. Le jongleur a les yeux toujours fixés
sur le Capel et le regarde avec une fixité singulière. Au bout de quelque temps, 10 à 12 mi-

nutes environ, le Capel devient moins animé,
il se calme, puis se balance comme s'il était
sensible à la cadence lente et monotone du
musicien ; il darde sans cesse sa langue avec
une vivacité extrême ; peu à peu il est amené
à un certain état de somnolence. Les yeux,
qui d'abord guettaient le jongleur comme pour
le surprendre, sont en quelque sorte immobi-
lisés et fascinés par le regard de celui-ci.
L'Hindou profite de ce moment de stupéfaction
du Serpent pour s'approcher lentement de lui
sans cesser de jouer, et sur la tête du Capel
pose une première fois le nez et une seconde
fois la langue. Bien que cela ne dure qu'un
instant, le Capel, à cet instant, se réveille en
sursaut et le jongleur a à peine le temps de se
rejeter en arrière pour n'être pas atteint par
le Serpent, qui s'élance sur lui avec fureur.

« Comme le jongleur finissait, en essayant
d'apaiser le Capel, un des officiers de la cor-
vette arrive. Il désire voir l'Hindou poser ses
lèvres sur la tête écailleuse de l'animal ; le
pauvre diable recommence à jouer son air
monotone et à regarder le Capel avec sa fixité
étrange. Ses efforts sont vains. Le Serpent est
dans un état d'agitation extrême, et rien n'agit
sur lui. Il veut s'échapper de la corbeille ; il
faut en baisser le couvercle.

« Nous doutons que le Capel ait encore
ses crochets et que pour cet Hindou il y ait
danger réel à l'approcher. Nous promettons à
notre homme une piastre d'Espagne s'il fait
mordre deux poules par le Serpent. On
prend une poule noire, qui se débat très
vivement et on la présente au Capel. Celui-
ci se dresse à demi, regarde la poule un instant, la mord et la lâche. La poule est laissée
libre ; elle s'échappe effarée. Six minutes après,
montre en main, elle vomit, raidit les pattes et
meurt. Une seconde poule est mise en face du
Serpent ; il la mordille deux fois ; elle meurt
en huit minutes.

« Notre jongleur termine en faisant différents tours ; escamotage de roupies, de boules,
de fleurs, etc. Il avale un gros biscaïen, il joue
de la clarinette pendant 7 à 8 minutes, puis il
rejette le biscaïen. Il fait entrer de l'eau par
une narine et la fait ressortir par l'autre. »

Karl von Görtz décrit d'une manière un peu
différente la manière dont s'y prend le charmeur, d'après ce qu'il a vu à Madras. Les Najas
étaient contenus dans des corbeilles en osier.
Le chef de la troupe prit les animaux les uns
après les autres, en les tenant par la tête, et les
posa sur le sol ; il commença par tirer des sons
déchirants d'une sorte de clarinette, à l'extrémité de laquelle était appendue une petite ci-
trouille. Les Najas se dressèrent alors et se
mirent à dilater fortement leur cou. Le charmeur leur présenta le poing fermé ; il saisit l'un
d'eux et l'enroula autour de son cou (voir
pl. XIII). Les Serpents n'exécutèrent aucune
espèce de danse et se montrèrent absolument
méchants. Le voyageur s'assura, du reste, qu'ils
n'étaient nullement dangereux, car les crochets avaient été arrachés.

Le docteur Shaw eut l'occasion de voir un
assez grand nombre de Serpents qui observaient
la mesure avec les derviches dans leurs danses circulaires ; les reptiles couraient sur la tête
et les bras des prêtres, tournaient quand ceux-
ci tournaient, et s'arrêtaient quand ils s'arrêtaient.

D'après le capitaine Percival, les Cobras,
même quand ils viennent d'être pris récemment, semblent écouter, avec un extrême plaisir, les notes que rend un instrument quelconque.

Les jongleurs profitent de cette inclination
naturelle du Serpent ; il y en a qui se donnent
la peine d'apprivoiser les Cobras, qui leur apprennent à marquer la mesure et à accompagner, par un mouvement de tête, les airs qu'ils
jouent sur le flageolet.

D'après ce que racontent certains voyageurs,
les reptiles charmés prennent des attitudes en
harmonie avec le sentiment gai ou triste, léger
ou grave, de la musique.

Durant mon séjour aux Indes, rapporte Franklin, j'ai vu prendre dans mon jardin le Cobra
di capello, ou Serpent à chaperon de l'Inde. Le
charmeur de serpents, un turban de plumes
sur la tête, se tenait assis devant un trou sous
une haie de poiriers épineux, jouant d'un grossier instrument de musique fait avec une gourde
et devant lequel était un morceau de glace
cassée. La tête du Cobra se montra bientôt
comme pour écouter ces bruits sauvages : les
yeux de l'animal étaient en même temps attirés par le miroitement du verre ; un camarade
du charmeur se tenait prêt à saisir le Serpent
derrière le cou ; puis, sans se donner la peine
d'extraire les dents venimeuses, il le glissait
dans une corbeille couverte. Le lendemain, le
charmeur revenait, plaçait sa corbeille sur le
sol, se couchait à côté d'elle sur la hanche, et
jouait de son instrument à vent ; le couvercle
se levait et le Serpent apparaissait, à moitié

Fig. 301. — Le Serpentivore (1/1ᵉ grand. nat.).

pressé et enroulé sur lui-même ; il remuait la tête au son de la musique comme font nos dilettanti au balcon de l'Opéra italien. De temps à autre le Serpent déployait son chaperon ou sifflait lorsque le charmeur approchait la main. Le camarade se tenait derrière le musicien, et saisissait alors l'animal par la queue ; ainsi tenu, le Serpent ne pouvait lui faire de mal ; mais, si on lui jetait une Poule, la pauvre bête était morte en un moment.

Johnson rapporte qu'un Indou fit danser devant une nombreuse société un Cobra di Capello. Son fils, jeune homme de seize ans, mit l'animal en fureur, fut mordu et mourut une heure après. Le père était stupéfait de l'accident et affirmait que la mort n'avait pu être occasionnée par la blessure, lui-même ayant été mordu maintes fois, le Serpent n'ayant plus de crochets venimeux. A l'examen du

reptile, on trouva cependant que ces crochets avaient repoussé.

Capture du Naja. — D'après des renseignements recueillis par Fayrer, il y a au Bengale quatre classes différentes d'individus qui capturent le Naja et font des tours avec lui. La première classe, de beaucoup la plus expérimentée, est celle dite *Mal*, caste hindoue d'ordre inférieur qui prend et vend des Serpents, mais ne pratique jamais la jonglerie, l'enchantement, les maléfices ou la médecine. Les *Mal* sont des gens pauvres, tout à fait dignes de pitié, en général très honnêtes. Dans le nord-ouest du Bengale, ils sont remplacés par les *Modaris* dont quelques-uns viennent parfois jusqu'à Calcutta. Les *Bohémiens* sont jongleurs, montreurs d'ours et de singes, marchands de simples et vendent des remèdes merveilleux contre toutes sortes de maladies ; ils passent

Fig. 302. — Naja de l'Inde.

pour habiles dans l'art de la magie et de la sorcellerie ; ils font travailler leurs femmes avec eux, ce que ne font jamais les vrais Indous ; ils passent, et à bon droit, pour des voleurs incorrigibles ; ils n'ont aucune renommée comme charmeurs de Serpents.

Les vrais charmeurs sont les Sangis, nommés *Tubriwallahs* au Bengale ; ils sont vraisemblablement originaires du nord-ouest de la région ; ils portent un habit jaune et un large turban et se servent de la flûte pour dompter les Serpents venimeux et les attirer hors de leur repaire. Ces Sangis sont de véritables vagabonds, qui emportent trop souvent tout ce qui est à leur convenance ; ils traversent tout le pays, et on peut les voir aussi bien dans le Nord-Ouest de l'Inde que vers le Sud. Les plus anciens écrivains sanscrits les mentionnent et il est vraisemblable que leur art remonte à la plus haute antiquité. La flûte dont ils se servent pour charmer les Serpents est pour eux caractéristique, car elle ne se trouve ni chez le Mal, ni chez les Modaris, ni chez les Bediyas ou bohémiens.

Ces charmeurs ont une adresse réellement merveilleuse et une sûreté de coup d'œil incroyable. L'habileté dont ils font preuve en enlevant du sol avec la main nue un Naja courant sur un épais gazon, et cela sans être blessés, est vraiment digne d'admiration. Les charmeurs de Serpents connaissent bien le danger auquel ils s'exposent et savent parfaitement qu'aucun remède ne pourrait les sauver de la mort s'ils venaient à être mordus, bien qu'ils vendent au public de soi-disant antidotes. Outre les Serpents venimeux, ils montrent aussi des Serpents non venimeux, mais sans jouer de la flûte.

D'après Johnson, les charmeurs de Serpents savent très bien s'emparer de ceux-ci. Ils connaissent les repaires dans lesquels se

tiennent ces animaux, l'entrée de la retraite étant toujours lisse, frottée qu'elle est par les mouvements du corps. Ils fouillent le sol avec prudence jusqu'à ce qu'ils tombent sur l'animal ; ils le saisissent alors de la main gauche par la queue, le prennent plus haut avec la main droite, puis, glissant très rapidement le long du corps, cherchent à saisir la nuque entre le pouce et l'index. Les charmeurs de Serpents ne se livrent jamais seuls à cette chasse, et ils emportent toujours avec eux les instruments et les remèdes nécessaires en cas de morsure. L'un d'eux porte habituellement un réchaud et un petit instrument en fer de la dimension d'une dent de fourchette. Si l'un des chasseurs est par hasard mordu, la plaie est immédiatement cicatrisée, après que, par la pression et par la succion, on a fait sortir le venin ; la partie blessée est fortement liée. Certains chasseurs se contentent d'appliquer sur la partie blessée une pierre particulière dont nous parlerons plus bas. La médication interne consiste dans l'emploi d'esprit de bézoard avec du chanvre sauvage ou du tabac ; cette infusion, connue sous le nom de *gongea* réussit souvent, d'après Johnson.

D'après Reyne, les chasseurs de Najas emploient souvent la musique pour attirer le Serpent hors de son repaire. « Un charmeur de Serpent vint me voir en 1854, rapporte ce voyageur, et me demanda de lui permettre de faire danser un Cobra devant moi. Comme j'avais souvent assisté à pareil exercice, je lui répondis que j'étais tout disposé à lui donner une roupie s'il voulait m'accompagner vers la jungle et prendre un Serpent à lunettes dont l'habitation m'était connue. L'Hindou me fit comprendre que le marché était conclu. Je comptai le nombre des Serpents que l'Hindou avait amenés et mis un gardien près d'eux ; je m'assurai, du reste, que mon charmeur n'avait aucun Serpent sur lui. Lorsque nous fûmes arrivés à l'endroit déterminé, l'Hindou tira une petite flûte, dont il se mit à jouer; au bout de quelque temps un gros Serpent à lunettes se mit à sortir lentement de son repaire, qui était un nid à Termites abandonné, ainsi que je le savais. A la vue de l'homme, le reptile chercha à fuir, mais le charmeur le saisit par la queue, en le faisant continuellement tournoyer, de manière à ce qu'il ne pût mordre, et le porta ainsi jusqu'à mon bungalo, où il le fit danser. »

Nous avons rapporté plus haut les renseignements fournis par Kämpfer sur les moyens employés par les bateleurs pour faire l'éducation du Naja. Il est probable que le voyageur n'a pas vu par lui-même les faits dont il parle et qu'il s'est contenté de relater les dires des indigènes. L'on raconte, du reste, dans l'Inde, des choses absolument merveilleuses sur le Naja. « Avez-vous jamais entendu parler, écrit Skinner à Tennens, de Serpents à lunettes apprivoisés qui font partie de la domesticité de la maison, entrent et sortent lorsqu'ils le veulent et ne font de mal qu'aux étrangers? Un homme riche qui possède toujours chez lui des sommes d'or considérables a un Cobra à la place d'un chien comme gardien de ses trésors. Ce fait n'est pas le seul dont on m'ait parlé; j'en ai appris un autre, il y a quelques jours, d'un homme absolument digne de foi. Les Najas se promènent en toute liberté dans la maison, ce qui est une épouvante pour les voleurs, mais jamais ils n'ont cherché à blesser les légitimes propriétaires. » Il est plus que probable, pour ne pas dire certain, que toutes ces histoires ne sont que des contes que l'on fait croire au bas peuple afin de l'empêcher d'entrer dans les demeures.

Action du venin. — Russel, Johnson, Breton, Fayrer, ont fait de nombreuses observations et institué un grand nombre d'expériences qui montrent surabondamment le danger de la morsure du Cobra. De ces expériences il résulte que des pigeons meurent en trois ou quatre minutes, la poule en cinq ou six minutes; les chiens résistent de vingt minutes à plusieurs heures.

Comme pour les autres Serpents, le venin est d'autant moins dangereux que l'animal a déjà mordu plusieurs fois de suite. C'est ce que démontrent les expériences de Breton. Cet observateur fit mordre à la queue un Serpent aquatique par le Naja. Une heure et demie après la morsure, le Serpent ne pouvait plus se servir de la partie blessée; il mourut deux heures après, sans qu'il se fût montré d'autre symptôme qu'un besoin continuel de respirer. Un Lapin, qui avait été mordu immédiatement après à la cuisse par le même Serpent, montra de la paralysie, puis des convulsions et mourut au bout de onze minutes. Un pigeon piqué ensuite mit vingt-sept minutes à mourir; un deuxième pigeon une heure et onze minutes; un troisième, trois heures et vingt-deux minutes; un quatrième et un cinquième ne présentèrent aucun symptôme d'empoisonnement.

D'après les expériences de Russel, les Chiens empoisonnés se comportent d'une manière très différente. Plusieurs étaient relativement tranquilles, étiraient seulement le membre mordu, se couchaient, étaient pris de vomissements, faisaient de vains efforts pour se soulever et mouraient; d'autres hurlaient et tremblaient de tous leurs membres avant de tomber dans l'engourdissement; d'autres encore poussaient d'abord des cris plaintifs, cherchaient à s'enfuir, se montraient excessivement inquiets, aboyaient avec fureur et étaient peu à peu pris de paralysie.

Bellanger, directeur du jardin des plantes de Pondichéry, dit que le venin porté sur certaines surfaces du corps agit comme s'il avait été inoculé; c'est ainsi qu'il a vu le venin du Naja introduit dans l'oreille donner la mort; le venin déposé à la surface de l'œil ou sur le larynx produit des accidents très graves, souvent même mortels.

Pendant trois années consécutives, Fayrer a fait de nombreuses observations sur l'action du venin du Cobra. Il a expérimenté sur des Chiens, des Chevaux, des Bœufs, des Chèvres, des Cochons, des Chats, des Lapins, des Rats, des Cerfs, des Poules, des Milans, des Lézards, des Couleuvres, des Serpents venimeux, des Grenouilles, des Poissons, des Limaces. De toutes ces expériences, il ressort que le venin du Cobra agit sur tous les animaux et que son action, excessivement violente, se manifeste généralement avec une extrême rapidité; il ressort, en outre, que les morsures qui pénètrent dans les vaisseaux sanguins d'un certain diamètre sont fatalement mortelles, quel que soit le remède employé. Fayrer, en outre, établit que, contrairement à l'opinion généralement adoptée, le venin des Serpents, celui du Cobra en particulier, ne manifeste pas seulement son action lorsqu'il est directement introduit dans la masse du sang, mais qu'il agit encore lorsqu'il est déposé à la surface d'une muqueuse, même celle de l'estomac; l'action est plus lente à se produire, voilà tout.

D'observations récentes il résulte que, par la blessure du Naja, les accidents locaux sont presque nuls; l'action du poison porte principalement sur la respiration; il se manifeste rapidement des troubles paralytiques; des convulsions peuvent d'ailleurs se produire sous l'action de ce venin.

Action sur l'homme. — Dans l'Inde des milliers de personnes sont malheureusement mordues chaque année par le Naja, de telle sorte que nous possédons de nombreuses observations sur la marche et les symptômes de l'empoisonnement. Nous pouvons ici consigner quelques cas qui ne se sont pas terminés par la mort, et qui n'en sont pas moins instructifs.

Une femme mordue au pied par un Cobra fut visitée par Duffin dix heures seulement après la blessure. Elle avait perdu la vue et la sensibilité; la constriction du pharynx était telle, que la déglutition était absolument impossible. Dès l'instant de la blessure, la malheureuse était tombée dans un état de prostration extrême; on aurait pu la croire sous l'influence des narcotiques. A la suite d'un traitement approprié, un mieux sensible se produisit. Dix-huit heures après les premiers accidents, la sensibilité revint et la vue fut recouvrée. Huit jours après, la faiblesse disparut et la blessée se rétablit lentement.

Un Indien, qui avait été mordu à la cheville, eut, un quart d'heure après, la mâchoire fortement contractée et semblait être mort. On lui fit prendre de force deux bouteilles de madère chaud et on appliqua sur la plaie, largement incisée, de l'eau de Luce, c'est-à-dire un mélange d'ammoniaque liquide, d'alcool, d'huile de succin, de savon blanc et de baume de la Mecque. Le blessé respirait à peine; il resta près de deux jours dans un état de profonde prostration.

Les indigènes de l'Inde, surtout les charmeurs de Serpents, emploient de nombreux remèdes qu'ils tiennent toujours secrets.

Un de ces alexipharmaques est la pierre à Serpent nommée à Ceylan *Pembu Kelu;* l'emploi de cette substance a dû être appris aux Singalais par les charmeurs venus de la côte de Coromandel.

« Plus d'un cas de l'efficacité de ce remède, rapporte Tennant, m'a été certifié par des té-moins oculaires. Un de mes amis traversant, en mars 1854, la jungle au voisinage de Bin-tenne, vit un Tamoul qui tenait des deux mains un Cobra qu'il avait saisi par la tête et la queue. Notre homme, en voulant placer le Serpent dans une corbeille, le mania si maladroitement qu'il fut mordu au doigt. Le reptile maintint pendant environ deux secondes ses crochets dans la plaie. Le sang coula et le blessé ressentit de suite une assez vive douleur. Un des hommes qui accompagnaient le blessé ouvrit sa ceinture et en tira deux pierres à Serpent, chacune de la grosseur d'une petite amande, de couleur noire sombre, finement polies à la surface, et en plaça une sur la plaie. La pierre adhéra fortement, absorbant tout le sang; pendant ce temps le compagnon du Tamoul frictionnait et massait le membre blessé depuis l'épaule jusque vers les doigts; les pierres tombèrent d'elles-mêmes et la douleur se calma. Le blessé parut absolument soulagé et s'apprêta à partir. Pendant ce temps, un autre Tamoul tira de son sac un petit morceau de bois et le porta, avec précaution, dans le voisinage de la tête du Naja, qui se mit à s'aplatir contre le sol; l'Indou saisit alors le Serpent sans aucune crainte et le plaça au fond d'une corbeille en osier. »

Un fait semblable fut observé en 1852 et communiqué à Tennant par Lavallière. Ce dernier, à cette époque, magistrat de l'arrondissement dans lequel le fait se passa, vit un jour un charmeur de Serpents mordu à la cuisse par un Cobra; le sang coula en abondance; l'Indou appliqua immédiatement sur la blessure une pierre particulière et se frictionna le membre avec une racine, jusqu'à ce que la pierre tombât. Le blessé affirma alors à Lavallière qu'il n'avait plus rien à craindre; Lavallière le rencontra, en effet, assez longtemps après en parfaite santé.

Barrow et Hardy nous ont fait connaître la composition de la pierre à Serpent; les recherches de Tennant ont confirmé les observations antérieures. Il y a longtemps que Kolbe indique qu'au cap de Bonne-Espérance certaines personnes se servent de cette pierre qu'elles font venir de l'Inde, et qu'elle a des propriétés vraiment merveilleuses. Thunberg, qui visita le Cap après Kolbe, indique que la pierre à Serpent authentique doit adhérer fortement au palais, lorsqu'on la place dans la bouche, et que de petites bulles d'air doivent monter à la surface lorsqu'on la jette dans l'eau. Lorsqu'on la pose sur un point mordu, dit notre voyageur, la pierre s'y applique, tire dehors le venin et tombe d'elle-même lorsqu'elle est suffisamment imbibée. A ce qu'assure Johnson, le secret de la préparation de la pierre à Serpent est encore aujourd'hui entre les mains des brahmines et leur rapporte des sommes considérables. Nous savons que cette pierre est composée d'os grillés, de chaux et d'une résine préparée d'une certaine façon; cette substance peut évidemment aspirer dans ses pores un liquide tel que le sang mélangé du venin; il est probable que la succion produirait le même effet, mais pourrait peut-être n'être pas sans quelque danger.

Le voyageur Hardy nous apprend comment la pierre à Serpent est préparée au Mexique, où on l'emploie de même que dans l'Inde.

« On prend, dit-il, un morceau de bois de cerf de grosseur voulue, on l'enveloppe d'herbe, on l'enferme dans une enveloppe de cuivre et on place le tout sur un feu de charbon jusqu'à ce que la corne soit suffisamment calcinée. La substance refroidie forme une masse cohérente bien que celluleuse, dont la couleur est noire. »

Tennant a eu l'occasion d'examiner la racine dont se servent les Indous; il croit pouvoir la rapporter à une Aristoloche. Les différentes espèces appartenant à ce genre sont assez généralement employées contre la morsure des Serpents venimeux; c'est ainsi qu'au Brésil et dans l'Amérique centrale, on se sert du *Bejuco Carare*, du *Zaragaza*, du *Gallitos*.

On prétend avoir obtenu dans l'Inde de réels succès avec l'Aristoloche. « Une femme Indoue, mordue par un Serpent à lunettes, rapporte Lowther, me fut apportée sur un brancard. Elle était presque complètement inanimée, à ce point que je jugeai tout d'abord mes secours inutiles. La blessée était froide comme du marbre; son aspect était celui d'un cadavre. Le mari manifesta le plus profond découragement du refus que je fis de soigner la blessée et me supplia tellement que je tentai un effort que je croyais complètement inutile; je ne me cachai du reste pas pour dire que je considérais la blessée comme perdue. J'ouvris cependant de force ses mâchoires fortement contractées et lui fis prendre mon remède composé de trois feuilles d'aristoloche et de dix grains de poivre broyés avec de l'eau. Une dizaine de minutes après l'administration du médicament, j'aperçus un

léger battement de la lèvre inférieure. Au bout de quelques instants, et après avoir, à différentes reprises, fait remuer la blessée par les hommes qui l'accompagnaient, je vis se produire une large inspiration; la blessée poussa alors ce cri : « un feu me brûle et me consume. » Je fis prendre alors une once d'eau dans laquelle avait été broyée une feuille d'aristoloche. La malade recouvra le sentiment et put m'indiquer elle-même l'endroit précis où elle avait été mordue. Je la fis frictionner en ce point avec des feuilles d'aristoloche, dont l'effet fut tel que ma malade fut bientôt en état de se mettre sur pieds. Je lui ordonnai de se donner le plus de mouvements possible au moins pendant deux heures. Au bout de ce temps la malade était complètement guérie et put partir. »

Lowther rapporte des faits semblables et assure avoir vu au moins vingt cas dans lesquels l'emploi de l'aristoloche a été couronné du plus entier succès. Les expériences faites sur des chiens par cet observateur n'ont pas cependant confirmé les résultats auxquels il était arrivé sur l'homme.

La vieille réputation de l'aristoloche est certainement surfaite. « Je regrette de dire, écrit Fayrer, que dans tous les cas où j'ai employé cette plante, j'ai eu un succès incomplet; je dois, du reste, avouer que je ne connais réellement pas un remède capable de combattre la terrible action du Serpent à lunettes adulte. »

L'HAJE. — *NAJA HAJE*.

Uräuschlange.

Caractères. — L'haje ou le Serpent à lunettes égyptien (*Naja haje*, *niveus*, *regalis*, *candidissimus*, *Vipera melanura*, *Echidna flava*, *Cerastes candidus*) a le cou moins dilatable que le Cobra, à cause de la plus forte courbure des côtes qui en relèvent les téguments; il est généralement plus grand que son congénère d'Asie, l'animal adulte arrivant facilement à la taille de 2 mètres.

Cette espèce ne porte jamais de lunettes sur le bouclier; sa coloration est très variable. Généralement le corps est de couleur jaune paille, la face inférieure étant moins foncée; ainsi qu'on le remarque sur la figure 303, on voit dans la région cervicale plusieurs bandes de couleur sombre. Chez certains individus ces bandes sont rouges ou brunâtres; d'autres fois le corps est d'une couleur presque uni-

L'HAYE.

formément noire ; parfois l'animal est noir, avec des parties jaunes entremêlées.

Distribution géographique. — L'Haje se trouve sur presque toute l'étendue du continent africain ; il est commun dans tout le bassin du Nil et dans les régions du Cap ; il a été signalé sur la côte occidentale, aussi bien que

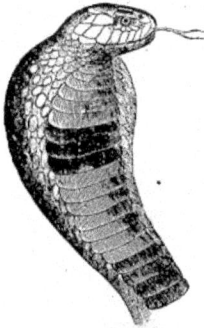

Fig. 303. — L'Haje.

sur la côte orientale d'Afrique ; Livingstone a plus d'une fois vu cet animal dans l'Afrique centrale.

Mœurs, habitudes, régime. — En Égypte, on trouve le Naja dans les champs et dans les endroits un peu déserts, principalement dans le voisinage des monuments en ruines. Dans le Soudan et au cap de Bonne-Espérance, on le rencontre principalement dans les endroits ombragés, où il vit entre les racines des arbres ; il trouve un abri sous de gros blocs de pierre ou au milieu d'épaisses broussailles. Bien qu'il ne soit rare nulle part, on ne peut dire cependant qu'il soit commun.

Geoffroy Saint-Hilaire assure que les femmes fellahs ne sont guère troublées lorsqu'elles aperçoivent un Naja dans leurs champs, parce qu'elles savent, par expérience, que cet animal n'attaque pas si on se trouve à quelque distance de lui et qu'il se contente de suivre du regard tous les mouvements que l'on fait près de lui.

L'Haje est cependant redouté, et pour cause, de tous les Égyptiens, qui le tuent chaque fois qu'ils le peuvent. Bien que farouche, ce Serpent, lorsqu'il est poursuivi, se retourne bravement et fait face à l'adversaire, se dressant sur sa queue, gonflant son cou et sifflant violemment. S'il est serré de trop près, l'Haje

se jette sur l'homme et cherche à le mordre. « Un de mes amis, raconte Anderson, échappa à grand'peine à l'un de ces Serpents. Un jour qu'il était en train d'herboriser, un Naja passa tout près de lui. Mon ami prit la fuite à reculons, aussi vite que possible. Le Naja le poursuivit et allait l'atteindre, lorsque l'homme trébucha contre une fourmilière et tomba à la renverse. Effrayé sans doute, le Serpent fila, rapide comme une flèche. » Waller rapporte un fait du même ordre. « Une jeune fille, dit-il, trouva la mort d'une façon vraiment dramatique. Elle marchait à la suite de porteurs dans un étroit chemin, lorsque tout à coup un Aspic sortit d'un épais buisson, se jeta sur elle et la mordit à la cuisse ; en dépit de tous les moyens employés, la malheureuse expira en moins de dix minutes. Ce fait, absolument authentique, prouve la véracité des relations de plusieurs voyageurs. Les indigènes assurent qu'un Haje adulte poursuit toujours l'homme ou un animal, quelle que soit sa taille, lorsqu'ils viennent à passer à sa portée (voyez la planche XIV). Chose digne de remarque : un Arabe raconta aux porteurs dont nous venons de parler que, quelque temps après l'accident dont il vient d'être question, il avait passé par le même chemin et que l'un de ses hommes avait été attaqué par un Naja ; l'issue avait été également funeste. »

Les Najas africains sont souvent désignés sous le nom de *cracheurs*. Les colons du cap de Bonne-Espérance, ainsi que les nègres des côtes occidentales, assurent que ces animaux peuvent lancer à plusieurs pieds leur salive mêlée de venin, surtout si le vent souffle du côté de la projection. Gordon Cumming assure avoir vu le fait se produire et raconte avoir été victime d'une agression semblable.

« Les Serpents aspics, écrit Reichenow, sont, avec la Vipère arietans, très communs dans la Côte d'Or. Ils habitent les steppes et évitent les forêts épaisses. Dans le milieu de la journée, ils rampent volontiers le long des chemins pour se chauffer au soleil. Si quelqu'un passe près d'eux, ils se redressent, sifflent, gonflent leur cou et lancent à près d'un mètre, et surtout dans la direction des yeux, un liquide principalement composé de salive. D'après les assertions des missionnaires de la région et le dire des indigènes, cette bave produit la cécité si elle arrive jusqu'au globe oculaire. » Falkenstein rapporte les mêmes faits et ajoute que lorsqu'un nègre a reçu de cette salive, il s'empresse de laver l'endroit souillé avec du lait, qui passe pour un remède infaillible.

De même que le Serpent à lunettes, l'Haje est extrêmement agile : il grimpe aux arbres avec une grande facilité et sait parfaitement nager; dans ce dernier cas il tient la tête largement relevée au-dessus de l'eau et gonfle sa collerette.

L'Haje se nourrit de petits Mammifères, surtout de Gerbilles, de Campagnols ; il fait une chasse active aux Oiseaux, aux Reptiles et aux Batraciens, et ne dédaigne pas les œufs, qu'il va chercher dans les nids.

Charmeurs de Serpents en Égypte. — « Aujourd'hui, d'après les rapports des voyageurs, dans presque toutes les contrées de l'Asie, de la Perse et de l'Égypte, une curiosité respectueuse et fanatique entraîne les gens du peuple à s'assembler, à former des cercles nombreux autour de certains jongleurs, qui s'annoncent comme doués d'un pouvoir surnaturel, de facultés transmises héréditairement, ou comme possesseurs de certains procédés à l'aide desquels ils sont parvenus à apprivoiser et à faire obéir des Serpents à leur volonté. Dans l'espoir, et même avec la certitude de recevoir des rémunérations dont ils déterminent d'avance la quotité, ils font sortir de leurs cages ou des paniers dans lesquels ces Reptiles se trouvent placés et suivant un ordre déterminé, un assez grand nombre de ces Serpents. Ces hommes semblent exercer sur ces animaux une sorte d'enchantement, en donnant à leur corps et aux mouvements des membres certaines inflexions, soit au moyen de la voix modulée, soit à l'aide de sifflets et de petites flûtes dont ils tirent des sons monotones et traînants auxquels paraissent obéir ces animaux en se dressant ou en relevant le cou en cadence. D'autres, au moment où ils sont le plus animés, entrent à l'aide de certains attouchements dans une sorte de léthargie ou de mort apparente. A certains ordres, ils se raidissent alors et deviennent inflexibles comme des baguettes, ou bien, à quelques signes, ils reprennent leur flexibilité et s'enroulent sur un bâton, comme une corde sur sa poulie.

« Kæmpfer, Forskal, Olivier et Geoffroy Saint-Hilaire, ont donné sur ce sujet des détails fort intéressants dont nous venons d'indiquer les principaux. Ils nous ont appris de plus que, pour fixer encore davantage l'atten-

tion, ces jongleurs présentent parfois au public réuni dans les places et sur les marchés, des Vipères et sous l'apparence de Vipères cornues ou Cérastes, de gros Eryx, sur la tête desquels on avait implanté des ongles d'oiseaux qui ont continué de croître. C'est le résultat d'une greffe animale, analogue à celle qui se pratique dans certaines fermes quand on enlève à de jeunes coqs l'éperon qui devait armer leurs jambes, pour le fixer et le faire pénétrer dans la chair vive à la place qu'occupait la crête. On sait, en effet, qu'à la suite de cette implantation, cette matière cornée continue de croître et de se développer (1). »

Ainsi s'expriment Duméril et Bibron ; depuis l'époque à laquelle écrivaient ces auteurs, nous avons à donner des détails complémentaires dont nous consignerons ici les principaux.

Nous sommes, un jour de fête, sur une des places publiques du Caire ; des sons discordants, mais retentissants, tirés d'une grande coquille, se font entendre et annoncent qu'il va être donné une de ces représentations si chères aux fils et aux filles de la « capitale victorieuse et de la mère du monde ». Bientôt le cercle s'est formé autour du « Haui » et la représentation commence. Un jeune homme tout dépenaillé remplit le rôle de paillasse et débite une série de plaisanteries lourdes, grossières et triviales qui charment la foule et excitent le rire de tous les assistants. Un singe babouin à manteau fait force grimaces, tandis que l'impresario ramasse les menues pièces de cuivre qu'on lui jette. Pendant ce temps le paillasse et le singe se trémoussent à qui mieux mieux et font assaut de sottises.

Lorsque la foule est convenablement préparée, le chef de la troupe jette au milieu du cercle un sac en cuir, l'ouvre, en tire un instrument qui a certainement dû être inventé par quelque démon, ennemi juré de la musique, met de côté la coquille dont il tirait auparavant des sons moins désagréables peut-être que ceux qu'il va faire sortir de sa *sumara*. Il fait entendre une série de bruits, nous n'oserions dire de sons monotones. On voit s'agiter quelque chose dans le sac ; bientôt une petite tête apparaît à l'ouverture ; c'est celle de l'Haje ; l'animal sort peu à peu du sac ; il se soulève sur la partie postérieure de son corps, rampe lentement, en étalant son large cou. Le Serpent darde ses yeux étincelants sur le

(1) *Erpétologie générale*, t. VII, p. 1284.

dompteur, et semble suivre tous ses mouvements. A ce moment, une épouvante générale s'empare de tous les assistants, car chacun sait qu'il a devant lui le terrible Haje, dont la blessure est mortelle. Le charmeur, lui, rit du danger, car il a auparavant arraché les crochets de l'animal venimeux ; aussi le prend-il sans crainte, le retourne-t-il en tous sens pour bien montrer sa docilité ; il le saisit par le cou, crache dessus, puis, ce que ne voient pas les spectateurs, lui comprime tout à coup un point déterminé de la nuque ; le Serpent s'étend alors et devient raide comme une baguette.

Récits des anciens. — C'est en pressant ainsi la partie antérieure du corps des Najas hajes, et en faisant tomber l'animal dans une sorte de torpeur accompagnée de tétanos des muscles de l'échine, que les magiciens du roi d'Égypte opérèrent la prétendue transformation des verges en Serpents. Nous lisons, en effet : « Aaron jeta son bâton devant Pharaon et ses serviteurs et ce bâton fut changé en Serpent. Pharaon ayant fait venir les sages d'Égypte et les magiciens, ils firent la même chose par les enchantements et les secrets de leur art. Chacun d'eux ayant donc jeté son bâton, celui-ci fut changé en Serpent ; mais le bâton d'Aaron dévora les autres. »

Le Serpent avec lequel Moïse et Aaron jonglèrent devant le Pharaon, comme le fait aujourd'hui le Haui, c'est le fameux Aspic des Grecs et des Romains, l'*Ara* ou le Serpent sacré des anciens Égyptiens, le symbole de la puissance et de la grandeur, dont on voit l'image sculptée dans les temples des deux côtés de la sphère terrestre (fig. 305) ; c'est l'animal dont le roi portait au front une représentation, comme l'insigne de sa hauteur et de sa souveraineté ; c'est lui que l'on voit sur le diadème du dieu Horus, le radieux fils d'Isis et d'Osiris, le gracieux symbole du soleil printanier ; c'est lui, que, sous le nom d'*Uraüs*, adoraient les peuples qui fleurirent pendant tant de siècles sur les bords du Nil. Les champs cultivés étaient placés sous sa garde tutélaire ; aussi son image était-elle suspendue à la porte des temples, aussi ses dépouilles étaient-elles embaumées et à tout jamais préservées.

Tous les auteurs anciens qui ont écrit sur l'Égypte parlent de l'Aspic. « On trouve, dit Ælien, des Aspics longs de cinq coudées. La plupart sont noirs ou d'un gris cendré, quelques-uns seulement couleur de feu. » « Représente-toi, s'écrie Nicandre, l'Aspic sanglant avec ses couleurs sinistres. Lorsqu'il entend un bruit, il s'enroule en cercle et élève au milieu sa tête redoutable. Sa nuque alors se gonfle ; il siffle avec rage et menace de la mort quiconque se trouve sur son passage. » « Cet horrible animal, ajoute Pline, montre, sous de certains rapports, des sentiments délicats ; il vit dans une véritable union, et la mort seule peut séparer les époux. Si on tue un Aspic, une incroyable soif de vengeance s'empare de l'autre ; il poursuit le meurtrier, même au milieu des foules les plus compactes ; il surmonte toutes les difficultés, ne tient compte d'aucune distance et on ne peut se sauver que par une fuite rapide au delà des rivières. La nature a donné à ce Serpent de malheur des yeux craintifs qui ne peuvent regarder en face, mais seulement de côté, aussi lui arrive-t-il de ne voir son ennemi que lorsqu'il est à côté de lui. »

« Chez les Égyptiens, ajoute Ælien, les Aspics sont élevés avec grand honneur, aussi sont-ils rapidement dociles et sociables. On ne leur fait aucun mal. Ils sont habitués à sortir de leur repaire lorsque l'on bat des mains, car on ne les appelle pas avec des paroles. Lorsque les Égyptiens ont terminé leur repas, ils trempent du pain dans du vin et dans du miel et frappent des mains comme lorsqu'on veut avertir un hôte. Les Serpents sortent à ce signal bien connu d'eux, se placent autour de la table, la tête haute, et font leur repas. Lorsqu'à la nuit sombre, un Égyptien entre dans sa demeure, il frappe sur les mains ; les Aspics se retirent et ne peuvent dès lors plus être foulés aux pieds. L'espèce d'Aspic que l'on nomme *Thermuthis* est vénéré comme sacré et placé, comme un diadème, sur la tête d'Isis. Les Égyptiens affirment que ces animaux ne causent jamais aucun préjudice aux hommes justes et n'attaquent que les criminels, ce que nous avons peine à croire. Les Égyptiens ne comptent pas moins de seize espèces d'Aspics différents, mais ils assurent que le *Thermuthis* seul est immortel. Dans chaque coin des temples, ils construisent une demeure particulière pour ces animaux, qu'ils nourrissent de la graisse de jeunes veaux. »

Philarque, rapporte Pline, raconte qu'un Aspic se montrait régulièrement à l'heure du repas et se nourrissait des dessertes ; ce Serpent mit au monde plusieurs petits, dont un mordit le fils de son hôte et le fit ainsi périr.

L'animal, ayant appris le malheur qui était arrivé, tua sa progéniture et quitta la maison à tout jamais.

Toute personne mordue par un Aspic, rapporte Ælien, est fatalement condamnée, aussi les rois d'Égypte portent-ils l'image de l'Aspic dans leur diadème pour marquer leur puissance invincible. Lorsque l'Aspic gonfle son cou, il enlève la vue à celui qui s'expose à son haleine. Les dents venimeuses sont entourées d'une mince membrane ; quand l'Aspic mord, la membrane est refoulée et le poison se répand alors dans la plaie ; ce venin se répand très rapidement dans le corps, de telle sorte qu'il n'en reste que de faibles traces à la surface de la morsure.

Lorsque quelqu'un est mordu par un Aspic, écrit Dioscoride, c'est à peine si l'on voit deux petites piqûres ; il en sort un peu de sang noir ; le plus souvent la mort arrive avant que le tiers du jour ne soit passé. Celui qui a été mordu par un Aspic, rapporte Pline, tombe dans un état de somnolence invincible ; de tous les Serpents, c'est l'Aspic qui tue le plus rapidement. Porté dans le sang ou sur une plaie récente, le venin tue instantanément ; l'action est moins prompte si ce venin est déposé sur une plaie ancienne ; on peut d'ailleurs le boire sans rien ressentir et même manger de la chair des animaux qui ont succombé aux morsures de ce Reptile. Avec la salive de l'Aspic, rapporte Aristote, on prépare un poison putréfiant contre lequel il n'y a aucun remède. Lorsqu'à Alexandrie quelqu'un était condamné à mort et devait succomber d'une manière douce, on le faisait mordre par un Aspic, d'après Galien.

Silius Italicus rapporte que les Serpents d'Afrique sont domptés et engourdis par les Psylles, grâce aux mouvements de la main et aux chants monotones. Nous voyons encore aujourd'hui se produire les mêmes effets.

D'après Lucain « un seul peuple, parmi ceux qui errent dans l'Afrique, reste affranchi de la morsure des Serpents ; ce sont les Psylles, qui se mêlent aux Marmorides. Ils joignent à la vertu des herbes la puissance des enchantements ; leur sang même, à part les enchantements, reste incorruptible à leur venin. Chaque jour en contact avec ces Reptiles, la nature, grâce à leurs habitudes, les a rendus invulnérables ; ils font un pacte avec la mort. Telle est la confiance qu'ils placent dans leur sang, qu'aussitôt que leurs enfants viennent au monde, s'ils craignent quelque mélange adultère, ils éprouvent la pureté douteuse de ce sang par la morsure empoisonnée de l'Aspic.

« Ainsi, l'oiseau de Jupiter, dès qu'il a fait éclore de l'œuf ses petits, avant qu'ils se couvrent de duvet, les présente au soleil levant. Ceux qui de leur regard peuvent soutenir ses rayons, fixer les clartés du jour, sont réservés pour l'empire des cieux ; ceux qui baissent les yeux sont abandonnés.

« Telle est l'épreuve que le Psylle fait subir au fils de sa race ; n'a-t-il point horreur de manier les Serpents, se plait-il à jouer avec les reptiles : voilà son vrai sang. »

Et plus loin, « si quelqu'un pendant le jour reçoit l'atteinte mortelle des Reptiles venimeux, c'est alors que le Psylle fait éclater les

Fig. 304. — Têtes de Haje, d'après Mariette (temple de Denderah).

prodiges de son art, que dans la lutte qui s'engage, il triomphe du poison qu'il arrête dans les veines. De sa salive d'abord il trace l'endroit où s'enfermera le venin corrupteur ; il l'enchaine dans l'orifice de la plaie. Puis, sa langue, avec une incessante volubilité, murmure des formules magiques, qu'accompagnent des flots d'écume. L'électrique effet du poison ne lui donne pas le temps de respirer ; un seul instant de relâche et le malheureux cesse d'exister.

« Souvent le venin, qui a déjà injecté les entrailles, fuit au premier appel des enchantements. Mais s'il est sourd à la voix qui l'évoque, s'il refuse de sortir quand il en a reçu l'ordre, alors, se couchant sur sa victime, il applique sa bouche sur la plaie livide, il presse le venin entre ses lèvres, l'exprime avec les dents ; puis, exhumant la mort de ce corps glacé, il le rend mêlé à des flots de salive, et reconnaît au goût quel est le reptile qui fit sentir ses atteintes victorieuses (1). »

Capture de l'Haje. — Chaque jongleur égyptien prend lui-même les Aspics dont il a besoin pour ses spectacles, et cela d'une manière très simple. Armé d'un long et fort bâton

(1) Lucain, La Pharsale, trad. Courtaud-Divernereasse, livre IX.

Fig. 305. — Figure symbolique représentant le disque ailé accompagné de deux Araüs (d'après Mariette).

fait généralement de bois d'une mimosée appelée *Nabut*, le jongleur explore tous les endroits dans lesquels il pense trouver le Serpent. A l'extrémité du bâton est attaché un paquet de chiffons, qu'il présente au Naja ; celui-ci se dresse menaçant et, de la défensive, passe rapidement à l'offensive. Dans sa rage, le Serpent mord furieusement l'étofle ; c'est alors que le charmeur retire rapidement le bâton, de manière à arracher les crochets au Serpent. Le charmeur ne se contente pas de cette première tentative ; il fait mordre le Naja plusieurs fois, de manière à être bien certain que les crochets sont cassés et que l'animal est épuisé. Le jongleur presse alors la tête du Serpent contre le sol, saisit l'animal avec précaution par le cou, le comprime en un point de la nuque déterminé, produisant ainsi un état de contracture, pendant lequel le Reptile est peu à craindre ; c'est ce moment que le chasseur choisit pour examiner la bouche de l'Haje et s'assurer que les crochets à venin sont réellement arrachés. Le charmeur sait, du reste, parfaitement que les crochets repoussent et sont remplacés, aussi a-t-il grand soin de répéter le même manège de temps en temps.

Lors de son séjour dans le Fayoum, vers le lac Mœris, Brehm rapporte qu'un Haui se montra un jour dans son habitation et lui donna l'assurance qu'il n'était venu que pour chasser les Serpents qui y avaient élu domicile. Le voyageur lui expliqua qu'il avait déjà eu soin de chasser les Serpents, mais qu'il

était cependant disposé à lui permettre de donner une représentation. Le Haui ouvrit aussitôt le sac à Serpents et fit danser devant lui six ou sept Najas. « Je l'invitai alors à m'en apporter quelques-uns qui fussent encore en possession de leurs dents venimeuses, car je savais parfaitement que ceux qui étaient devant nous étaient inoffensifs. Le chasseur protesta, jusqu'à ce que nous nous présentâmes à lui comme des charmeurs venus de Frangistan, la patrie des Européens. Notre Haui cligna des yeux d'une manière expressive, et proféra quelques paroles d'usage sur « ce qu'il faut « voir et laisser voir, sur la dureté des temps, « la difficulté de gagner honorablement son « pain, sur le peuple stupide, fils, petit-fils et « arrière-petit-fils d'une postérité d'ânes », parmi lesquels il comprenait certainement ses fort honorables spectateurs. Déterminé enfin, probablement plutôt plus par la promesse d'une bonne récompense que par la considération résultant de la confraternité, le Haui nous promit, à moi « le charmeur de Serpents », et à mon ami « le célèbre médecin » de nous apporter un Haje adulte avec ses dents à venin intactes. Le Haui reparut le jour suivant, le sac en cuir sur l'épaule, l'ouvrit avec beaucoup de précautions et sans aucune sorte de jonglerie, prit son bâton et attendit que la bête sortît. Lorsque l'animal se fut un peu avancé, et avant que l'Haje se changeât en « *Ara* », l'Haui l'avait pressé sur le sol à l'aide de son bâton, saisi à la nuque avec la main droite, enveloppé du sac en cuir à l'aide de la main gauche, et lorsque la gueule s'ouvrit, les crochets à venin apparurent absolument intacts. « Ainsi, frère, dit le charmeur, ma parole est la vérité, et mon dire sans mensonge. J'ai pris le dangereux animal sans le blesser. Dieu, le Très-Haut est grand, et Mahommed est son prophète. »

Remèdes contre la morsure. — Malgré toute la prudence que le Haui met à s'emparer du Naja, il arrive parfois cependant qu'il est mordu et qu'il meurt, car il ne paraît employer aucun remède contre la blessure. Au Cap, au contraire, les remèdes auxquels on attribue une vertu curative sont communs. Les Anglais emploient l'eau de Luce, l'ammoniaque, etc.

Les paysans hollandais, à ce que raconte Anderson, fendent la poitrine à une poule vivante et l'appliquent sur le point blessé. On voit alors les signes d'empoisonnement se manifester sur la poule, qui laisse tomber la tête et meurt. On prend alors une seconde poule, puis une troisième, une quatrième même si cela est nécessaire, jusqu'à ce qu'on n'observe plus sur elles aucun signe d'empoisonnement ; on croit alors que le blessé est hors de danger, car le venin est retiré de la blessure. Certains pensent que les grenouilles employées de la même manière rendent un service semblable.

On emploie également au Cap une fève blanche qui pousse dans différents points de la colonie et qu'on nomme la *fève monsieur ;* elle passe pour un remède contre les morsures de Serpents et d'autres animaux venimeux. On la coupe, on la place sur la plaie à laquelle elle adhère si intimement qu'on ne peut l'en arracher que par force ; la fève tombe d'elle-même lorsqu'elle a aspiré tout le venin. Autrefois le sang de Tortue passait pour un remède très énergique contre les morsures des Serpents ; les indigènes en emportaient toujours avec eux dans leurs voyages. Il n'est certes pas besoin de dire la confiance qu'il faut avoir dans de semblables remèdes.

Captivité. — L'Haje arrive assez souvent en Europe, mais presque toujours avec les crochets arrachés, de telle sorte qu'il vit peu de temps en captivité. Mutilé ou non, l'animal est au commencement de la captivité d'humeur intraitable, et l'on ne peut s'approcher de sa cage sans qu'il se dresse, enfle le cou et se jette contre les vitres ; il reste ainsi souvent dressé pendant des heures entières. Plus tard son irritabilité diminue et il devient moins farouche, bien que, de même que tous les Serpents venimeux, il ne s'apprivoise jamais.

Des Aspics, que Effeld tenait en captivité, mangèrent au bout de peu de temps, bien que privés de leurs crochets ; ils prirent d'abord des oiseaux et de petits rats vivants, plus tard morts ; ils préféraient les Mammifères aux Oiseaux et dédaignaient absolument les Lézards et les Batraciens ; bien plus, ils semblaient avoir de la répugnance et de l'aversion pour ces animaux et se retiraient dans un coin de leur cage lorsque ces bêtes se trouvaient en leur compagnie.

L'eau paraît être absolument indispensable aux Hajes ; ils se baignent très régulièrement et restent souvent plusieurs heures dans leur bassin. D'après les observations d'Effeld, les crochets avaient repoussé près d'un an après leur enlèvement, de telle sorte que les Serpents ne pouvaient plus être maniés qu'avec les plus grandes précautions, car ces animaux attaquent d'une manière imprévue et avec la plus grande rapidité, projetant leur tête en haut et en avant à une distance vraiment incroyable.

Albert Günther nous a donné d'intéressants détails d'après les observations faites au jardin de la Société zoologique de Londres. « Deux magnifiques spécimens de la variété noire des dangereux Hajes, les voisins des Vipères aquatiques, forment, avec celles-ci, un contraste des plus frappants. En raison de leur vivacité et de leur taille, il leur faut un assez grand espace. Les vitres de leur cage ont été rendues opaques jusqu'à un tiers environ de la hauteur, soit pour donner plus de repos aux Serpents qui sans cela seraient, à cause de leur grande irritabilité, dans un état de colère continuelle, soit pour les forcer à se dresser en hauteur et à regarder au-dessus de la partie sombre du verre. C'est du reste ce que les Serpents font à la moindre occasion. Lorsqu'on introduit une proie dans la cage, il arrive fréquemment que les Najas se battent ; ils se tournent l'un contre l'autre, dilatent leur cou, et c'est à celui d'entre eux qui se dressera le plus haut. Il est réellement étonnant que ces animaux ne se blessent pas. Lorsque l'on introduisit un troisième Aspic dans la cage où étaient déjà les deux autres, une véritable bataille s'engagea ; l'intrus fut mordu de telle sorte que le jour suivant on le trouva mort. Nos Najas tuent tous les animaux qu'on met avec eux, même lorsqu'ils ne s'en nourrissent pas. Le mouvement qu'ils font pour mordre est extraordinairement rapide; cette action est si prompte qui si on ne voyait pas la victime tomber et succomber, on ne saurait même pas qu'elle a été mordue. Au moment de la morsure, la bouche du Serpent est peu ouverte, à l'inverse de ce qui se passe chez les Serpents venimeux, et la blessure paraît être causée plutôt par une égratignure que par une piqûre réelle, absolument comme lorsqu'on effleure le flanc d'un animal avec une aiguille tenue verticalement, au lieu de l'enfoncer dans le corps. Nos Najas se tiennent fréquemment et pendant longtemps dans l'eau ; en hiver ils se retirent volontiers sous le tapis qui garnit le plancher de leur cage. »

Représentation de l'Haje. — « Il est avéré que les anciens Égyptiens adoraient les Najas, auxquels ils attribuaient, dit-on, la conservation des grains. Ils les laissaient vivre et se reproduire au milieu des champs cultivés qu'ils semblaient confier à leur garde tutélaire, ayant reconnu que ces Reptiles les débarrassaient des Rats, animaux rongeurs et voraces, dont le nombre immense produisait d'ailleurs d'effrayants ravages et même des disettes absolues. C'était donc par reconnaissance qu'ils avaient voué à ces Serpents cette sorte de culte; que leur image était suspendue dans les temples; qu'ils embaumaient leurs dépouilles; que leur effigie, si facile à reconnaître et à reproduire grossièrement (fig. 304), était gravée ou sculptée sur la pierre de leurs monuments, où elle se retrouve encore fréquemment. C'est ainsi qu'on s'explique comment des peintures, des dessins très reconnaissables sont souvent reproduits dans les hiéroglyphes et même sur les sarcophages des Egyptiens (1). »

L'Haje ou Araüs est le symbole de la puissance et du commandement chez les anciens Égyptiens. Nous n'avons qu'à parcourir les planches que Mariette-Pacha a consacrées aux temples de Dendérah et d'Abydos pour voir à chaque instant l'image du Serpent sacré.

Voici, d'après Mariette, les représentations d'une sculpture se trouvant dans le grand temple de Dendérah. L'inscription qui l'accompagne se rapporte au culte de la déesse et de ses parèdes. Le temple y est figuré par la montagne solaire ; le disque ailé symbolise la force protectrice de la divinité, qui s'étend sur l'édifice sacré; deux Araüs sont de chaque côté du disque ailé (fig. 305).

(1) Duméril et Bibron, *Erpétologie générale*, t. VII, p. 1233.

Voici encore la déesse Ramen, le symbole de l'abondance, dont la tête représente un Haje (fig. 306) et le dieu à tête de Serpent, Neb-Ir.

Fig. 306. — La déesse Ramen (d'après une peinture du temple de Dendérah).

cité au rituel parmi les quarante-deux juges (fig. 307).

Dans le monument de Dendérah, le roi figure comme le fils d'Horus qui a triomphé de ses ennemis, sous la forme d'hippopotames, de crocodiles, de varans qu'il perce de sa lance ; sur sa coiffure se trouve l'Araüs (fig. 208, p. 244).

On voit fréquemment les représentations de ce même Serpent sur la tête d'Horus Hut, le dieu fils, le vainqueur des animaux typhoniens, amis des ténèbres et de la mort, d'Hathor, la déesse dispensatrice de l'existence, d'Horus, à la tête d'épervier, de Nekheb Sekher, le grand soleil femelle, de Mout, la grande vache

qui a enfanté le soleil, créé les hommes et produit les dieux, des huit Hathor-Osiris, qui ont
la tête ornée du diadème divin, de Mehem,
dont la beauté illumine les deux Égyptes : on

Fig. 307. — Le Dieu Reh-Ir (d'après une peinture du
temple de Dendérah).

retrouve la même image sur la tête d'Anoukis,
de Bast, de Saosis, d'Isis, d'Osiris et d'autres
dieux encore.

Dans une des cryptes du grand temple de
Dendérah, on voit le roi sous les traits du fils
d'Horus faisant des offrandes à une vache sacrée dont le corps est représenté par un Naja
(fig. 308), et à un Serpent qui n'est autre que

Fig. 308. — La vache sacrée au corps de Naja (d'après
Mariette).

l'Haje (fig. 309) et qui symbolise Hathor. Ces
figures sont accompagnées de celles des Serpents protecteurs du temple. L'un de ces Reptiles est le Serpent génie Sa-Hathor, qui se manifeste au premier Pachons. Au-dessus de lui
on lit : « Uræus est son nom ; il est le Serpent
de la maîtresse de Dendérah. » Ce Serpent
est suivi de trois autres qui sont couchés et
dont le nom du premier est Sop, le nom du
second Schra-am, le troisième portant le nom
de l'étoile Keb-Kab ; ces Serpents sont des Couleuvres dont il est impossible de déterminer
l'espèce.

Le Naja était le dieu tutélaire des temples
et devait en interdire l'entrée aux profanes.
C'est ainsi que dans une des cryptes de Dendérah se trouvent représentés les Serpents
génies dont la tête a la forme d'un Naja supporté par un corps d'homme dont les mains
sont armées de larges coutelas.

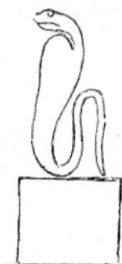

Fig. 309. — L'Haje (d'après Mariette ; temple de
Dendérah).

D'après Mariette, le nom de Serpents sacrés
ou Serpents génies est inscrit plusieurs fois dans
le temple de Dendérah. On y nourrissait probablement, comme dans les temples d'Égypte,
un Serpent qui passait pour le bon génie du
lieu. Le Serpent génie de Dendérah s'appelait Sa-Hathor ou Sop? On trouve en outre
Kheser-hor-em-her, Am-tau-sa-es-ma, Am-mu,
Kher-her-ha-nefer, Rame-nefer-t ou le Bon-
Serpent.

« Les Serpents qui ne font jamais de mataux
hommes, dont parlent Hérodote et Ælien et
qu'on nourrissait à Thèbes selon le premier de
ces auteurs, devaient être des Agathodæmons ;
la tradition des Agathodæmons a existé chez
plusieurs peuples de l'antiquité, aussi bien chez
les Phéniciens que chez les Grecs. A l'entrée
de la grotte de Trophonius, en Grèce, on
voyait le temple du Bon Génie, où ce Serpent
était adoré. Deux particuliers se disputent, un
Serpent intervient et un des adversaires s'écrie
que c'est le Bon Génie ou l'Agathodæmon. Il
serait facile de multiplier les citations. La tradition du Serpent Ἀλεξίκακος n'est pas encore perdue en Égypte. Pour se rendre leur voyage favorable, les mariniers du Nil, en passant à
Schreikl-el-Harid, vont invoquer un soi-disant
Serpent qui se cache dans la montagne (1). »

Non seulement le Naja, mais encore les autres

(1) Mariette-Bey, Denderrah, p. 91, 1875.

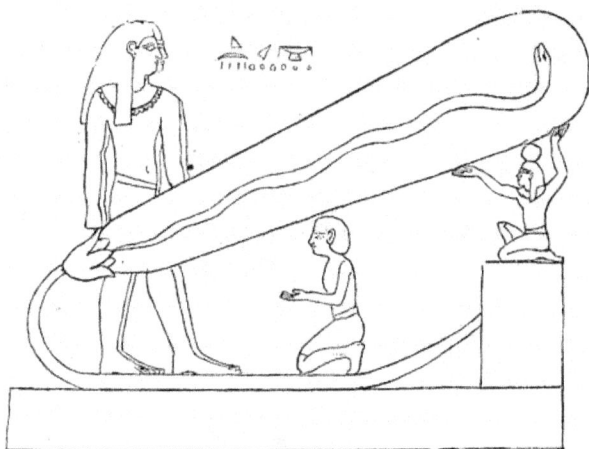

Fig. 310. — Le Serpent sacré sortant de la fleur de lotus (d'après Mariette ; temple de Dendérah).

Serpents, ont du reste été fréquemment représentés par les anciens Égyptiens. Nous avons déjà donné, d'après Mariette, la figure de Serpents, du Scarabée sacré et des fleurs de lotus (fig. 251, p. 305). D'après le même auteur, à Dendérah, Hac-san-ta-ui est représenté sortant du lotus comme âme vivante (fig. 310).

LES ALECTO — *ALECTO*

Caractères. — Le nom d'Alecto a été donné par Wagler à des Protéroglyphes chez lesquels les écailles du dos sont semblables à celles des flancs ; les plaques qui garnissent le dessous de la queue sont disposées suivant une seule rangée.

L'apparence extérieure est celle des vraies Vipères, avec lesquelles les Alecto ont été à tort confondues par plusieurs naturalistes. Les os sus-maxillaires sont garnis en arrière de crochets sur leur portion labiale prolongée. La tête est en forme de quadrilatère, irrégulière et aplatie en dessus ; la queue est courte et épaisse comme celle des Vipères.

Distribution géographique. — Les 14 espèces d'Alecto connues sont toutes d'Australie. La Nouvelle-Hollande est, du reste, la véritable patrie des Serpents venimeux protéroglyphes. Sur 67 espèces de Protéroglyphes conocerques

que Jan cataloguait en 1863, 27 sont du continent australien.

L'ALECTO COURTAUDE. — *ALECTO CURTA.*

Caractères. — Une des espèces australiennes les plus communes est l'Alecto courtaude, qui se distingue à son corps d'un brun grisâtre uniforme en dessus, au ventre de couleur jaunâtre tacheté de noir. Nous ajouterons que les écailles sont au nombre de 19 dans une série, que ces écailles sont lisses et arrondies, les écailles des flancs étant plus grandes que les autres (fig. 312). La taille arrive à 1^m,50.

Mœurs, habitudes, régime. — Cet Alecto est très abondant dans certains points de l'Australie et des régions voisines. Pendant le court séjour qu'il fit en Tasmanie, Verreaux n'en a pas recueilli moins de 40 individus.

D'après Bennett, ce Serpent est très redouté, car sa morsure passe pour être des plus dangereuses. Bennett rapporte, en effet, qu'au mois d'octobre 1858, un jeune homme fut mordu par un de ces Serpents et que ses parents, au lieu d'employer de suite les remèdes appropriés, l'envoyèrent chez le médecin le plus proche demeurant à deux milles de là. Lorsque le blessé arriva, il était déjà dans un état fort grave ; il était somnolent et avait la vue considérablement affaiblie. On incisa le point blessé, on administra de l'alcool et de l'ammoniaque et par des moyens appropriés on chercha à combattre la somnolence. Peines perdues, le malheureux fut pris de crampes et mourut huit heures après la morsure.

LES ACANTHOPHIDES — *ACAN-THOPHIS*

Caractères. — Daudin a donné ce nom à un Serpent d'Australie chez lequel la tête est plus large que le cou, couverte de grandes plaques dans sa moitié antérieure ; les narines sont latéralement placées ; la queue est couverte par des écailles hérissées, entuilées, épineuses, terminée par une épine cornée, pointue, légèrement recourbée comme un aiguillon.

L'ACANTHOPHIDE CÉRASTIN. — *ACANTHOPHIS CERASTINUS.*

Caractères. — Le Serpent probablement le plus dangereux d'Australie, écrit Bennett, est celui qui a été appelé par les colons *Vipère de la mort* et par les indigènes *Vipère épineuse*. C'est un reptile horrible, de formes lourdes relativement à sa longueur ; l'œil est jaune, la pupille verticale. La couleur est difficile à décrire et consiste dans l'association de tons sombres et de bandes noires étroites ; cette couleur passe au rouge jaune clair sous le ventre. La longueur peut atteindre un mètre et la circonférence du corps environ 0^m,12.

Nous ajouterons que ce Serpent, qui est représenté au premier plan de la figure 311, a l'aspect lourd et trapu des Vipères. Le dessus du corps est couvert d'écailles régulièrement entuilées, légèrement carénées, arrondies sur leurs bords libres. Les plaques du ventre sont lisses et larges. Les dernières scutelles de la queue sont petites, serrées, imbriquées lâchement, comme hérissées, épineuses.

D'après Duméril et Bibron, la coloration varie ; le dessus du corps est généralement jaunâtre avec des taches noires, principalement sous la mâchoire inférieure, la gorge et les côtés de la tête. Le dos paraît gris sale ou jaunâtre, avec des bandes transversales souvent d'un rouge terne ou d'un rouge de brique.

Mœurs, habitudes, régime. — « La Vipère de la mort, rapporte Bennett, est un Serpent très commun dans la Nouvelle-Galles du sud, même au voisinage immédiat de Sydney. On la trouve dans les endroits secs, sablonneux, souvent le long des routes et des sentiers où elle reste, enroulée pendant tout le jour, ce qui la rend d'autant plus dangereuse. Son corps, court, épais, d'une couleur triste, sa large tête, son œil méchant à pupille étroite et verticalement fendue, préviennent immédiatement ceux qui ne la connaissent pas et les engagent à se méfier, car l'expression de sa physionomie est presque aussi repoussante que celle de la Vipère heurtante. Sa nourriture se compose d'Oiseaux et de petits Mammifères.

« Les indigènes assurent que la morsure de ce Serpent n'est que très rarement mortelle et qu'après avoir éprouvé de la somnolence, on se guérit assez rapidement. Les Européens, au contraire, craignent beaucoup le Cérastin, et à bon droit. Cunningham rapporte qu'un chien de chasse fut un jour mordu à la tête par une Vipère de la mort ; il succomba rapidement, au milieu de convulsions terribles. »

LES SOLÉNOGLYPHES — *THANATOPHIDIA*

Caractères généraux. — Ce qui distingue essentiellement les *Solénoglyphes* de tous les autres Serpents, c'est que le maxillaire supérieur, très réduit, ne porte pas d'autres dents que des dents venimeuses ; celles-ci sont sillonnées et percées d'un canal dans toute leur longueur ; on trouve, en outre, de petites dents en crochets sur le palais et la mâchoire inférieure.

Tous les animaux qui font partie de ce sous-ordre ont généralement le corps trapu, la queue courte, la tête large, triangulaire, aplatie en dessus, nettement distincte du cou.

Les Solénoglyphes sont les Serpents venimeux par excellence ; ils n'arrivent jamais à une grande taille et toute leur force réside dans leurs terribles armes venimeuses ; ils n'enroulent que rarement leur proie, mais la lâchent le plus souvent, après l'avoir mordue, et attendent les fatals effets du venin avant que de l'engloutir.

Classification. — On divise généralement

les Solénoglyphes en deux familles, les *Vipé-ridées* et les *Crotalidées;* chez ces dernières, les fossettes lacrymales sont distinctes, tandis qu'elles n'existent pas chez les Vipériens.

LES VIPÉRIDÉES — *VIPERIDÆ*

Caractères. — Les Vipéridées ont la tête large, très distincte, dépourvue de fossettes entre le nez et les yeux. Tantôt les plaques de la queue sont disposées suivant une seule rangée, ainsi qu'on le voit chez les Vipères proprement dites, tantôt suivant deux rangées comme chez les Echis.

Distribution géographique. — Les Vipéridées sont propres à l'ancien monde et sont particulièrement abondantes dans le continent africain.

Mœurs, habitudes, régime. — Les animaux que nous étudions ont le corps lourd, massif, trapu et sont essentiellement terrestres. Le plus souvent ils attendent patiemment qu'une proie passe à leur portée, pour s'élancer sur elle et la frapper de leur dent redoutable; ils replient alors leur tête et attendent l'effet certain du poison qui vient d'être inoculé dans le sang de la victime; il est rare qu'ils s'emparent de vive force ou à la course d'animaux vivants. Les Vipéridés sont vivipares et mettent au monde leurs petits vivants.

LES VIPÈRES — *VIPERA*

Caractères. — Les Vipères sont des Serpents venimeux chez lesquels le corps est lourd et trapu, la queue très courte, la tête large, déprimée, nettement séparée du tronc.

Chez les Vipères proprement dites le dessus de la tête est entièrement recouvert d'écailles semblables à celles du corps, mais plus petites; les narines, situées en devant et au-dessous des yeux, sont latérales (fig. 313).

Duméril et Bibron avaient admis un genre Péliade pour une espèce chez laquelle la tête est couverte, sur la partie antérieure, de petits écussons plats ou très légèrement concaves, dont un central plus grand que les autres (fig. 314). L'écaillure de la partie supérieure de la tête est si variable chez cette espèce, que l'on a toutes les transitions entre les Vipères proprement dites et les Péliades, aussi ce dernier genre est-il généralement abandonné aujourd'hui.

Les Echidnées sont des Vipères remarquables par les positions qu'occupent les narines, dont l'ouverture occupe la région supérieure de la tête, en avant et entre les yeux.

Les Cérastes enfin ont la tête concave entre les yeux, qui sont surmontés d'écailles dressées, plus ou moins longues (fig. 315); le vertex est couvert d'écailles tuberculeuses; la gorge et les lèvres sont garnies de grandes plaques, dont deux sont plus larges que les autres et séparées entre elles par le sillon gulaire.

Nous devons ajouter que toutes les Vipères ont les plaques de la queue disposées suivant deux rangées.

Distribution géographique. — Le genre Vipère, compris ainsi que l'a fait Jan, c'est-à-dire, réunissant aux Vipères proprement dites les Péliades, les Echidnées, les Cérastes, comprend 14 espèces, toutes de l'ancien monde. Les Péliades sont d'Europe et du centre de l'Asie; les Vipères proprement dites, au nombre de 2 espèces, se trouvent dans les mêmes régions; sur 7 espèces d'Echidnées, 2 sont de la partie méditerranéenne de l'Afrique, 1 habite le sud de l'Asie, les autres vivent dans les parties les plus chaudes du continent africain.

Les 4 espèces de Cérastes se trouvent en Afrique et dans la partie circumméditerranéenne de l'Asie.

Mœurs, habitudes, régime. — On peut dire des Vipères que ce sont des animaux attachés au sol, lents et lourds, essentiellement nocturnes, qui ne chassent guère qu'après le coucher du soleil.

« Dans nos climats, toutes les Vipères semblent lentes et peu actives dans leurs habitudes; elles restent constamment immobiles dans une sorte de torpeur, au moins pendant la journée. Elles sont comme engourdies dans quelque coin, sous la mousse et sur les branches sèches, où leur corps s'entortille en se fixant solidement pour se reposer et dormir. Quels que soient la durée de l'abstinence et le besoin présumé de la faim, que des Serpents peuvent du reste supporter pendant des mois et même pendant des années, il est rare qu'ils aillent au-devant de leur proie. Ils l'attendent patiemment. Ils paraissent même éviter de faire le

Fig. 311 et 312. — L'Acanthophis antarctique et l'Alecto courtaude (1/4 grand. nat.).

moindre mouvement qui pourrait trahir leur présence ; mais quand la victime est à une proximité telle que la distance réciproque semble avoir été précisément déterminée, on voit tout à coup le Serpent s'élancer par un mouvement rapide, prompt comme l'éclair. Cependant il a pu redresser les courbures du tronc pour en projeter la partie antérieure.

« Dans cet intervalle de temps comme indivisible, la bouche s'est ouverte, les mâchoires se sont subitement séparées, la supérieure s'est relevée à angle droit avec le crâne sur l'échine ; par une admirable, mais simple disposition de la structure des pièces osseuses, les crochets venimeux se sont redressés, la pointe acérée qui les termine a été dirigée en avant, afin de pouvoir percer la peau et pénétrer dans une partie quelconque des chairs molles, où ces

aiguilles s'enfoncent comme le ferait une flèche lancée avec force et vélocité.

« Le but est atteint ; quelquefois, il est vrai, la dent se casse, ou elle peut rester dans la plaie ; mais la nature a pourvu à son remplacement. Le plus ordinairement, ces crochets se détachent ou se dégagent avec la même rapidité qu'ils ont pénétré, et le Serpent redevient immobile. Il attend le résultat du poison qu'il a inoculé. En effet, au bout de quelques minutes, dans l'intervalle même de quelques secondes, l'animal blessé tombe et s'affaisse. Il éprouve de violents mouvements convulsifs, et il ne tarde pas à succomber. C'est alors que le Serpent s'en approche, le retourne, le développe, l'étend pour le saisir de façon qu'il lui soit plus facile de le faire entrer dans la bouche ; rarement il essaie de l'écraser et de le

LA VIPÈRE PÉLIADE.

Fig. 313. — Tête de Vipère aspic, vue en dessus.

Fig. 314. — Tête de Péliade berus, vue en dessus.

Fig. 315. — Tête de Céraste cornu, vue de côté.

comprimer, en l'enveloppant de ses replis. Le plus souvent, c'est par la tête que la proie est saisie, pour être avalée par un mécanisme semblable à celui qui s'exécute chez presque tous les Serpents, c'est-à-dire par l'action alternative des deux mâchoires garnies de dents crochues qui peuvent avancer ou reculer alternativement en sens contraire et successivement (1). »

Ainsi que l'indique leur nom, les Vipères mettent leurs petits au monde vivants ; les œufs restent, en effet, dans le corps de la femelle pour y subir une sorte d'incubation, jusqu'au moment où les Vipéreaux peuvent, en raison de leur état de développement, subvenir à leur propre existence.

LA PÉLIADE OU VIPÈRE BERUS. — *VIPERA BERUS*.

Spiebottern.

Caractères. — La Vipère berus, type du genre Péliade, a la tête assez allongée, moins séparée du cou que chez les Vipères proprement dites. La tête est assez aplatie, doucement arrondie en avant ; le cou est un peu comprimé latéralement, sa section étant ovalaire. Le corps est épaissi dans la région du cou, très aminci dans le dernier tiers ; la queue est courte. A partir du cou, le corps s'épaissit peu à peu jusque vers son milieu, puis diminue progressivement de grosseur, de manière à se continuer directement avec la queue.

Chez le mâle, le corps est généralement plus court, plus effilé, la queue relativement plus longue et plus épaisse vers la base. La longueur du mâle atteint rarement plus de 0m,65 ; la longueur de la femelle peut arriver à 0m,75. On peut poser en règle générale que la tête atteint

(1) Duméril et Bibron, *Erpétologie générale*, t. VII, p. 1378.

environ la vingtième partie, la queue chez le mâle la sixième partie, la queue chez la femelle la huitième partie de la longueur totale du corps.

On ne voit qu'une seule rangée de plaques entre l'œil et les sus-oculaires (fig. 316). Nous

Fig. 316. — Tête de Péliade, vue de côté.

avons déjà dit que le dessus de la tête est généralement recouvert de grandes plaques, comme chez les Couleuvres (fig. 349). Les écailles du dos sont allongées et rétrécies, celles

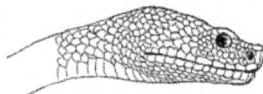

Fig. 317. — Tête de Vipère aspic, vue de côté.

des flancs et de la queue étant plus larges. Toutes les écailles portent une carène plus ou moins nette, carène qui n'est cependant qu'indiquée sur les séries contiguës aux plaques

Fig. 318. — Tête de Vipère ammodyte, vue de côté.

abdominales. Le nombre des plaques ventrales varie dans de si grandes limites qu'il est inutile d'en donner le nombre, qui ne pourrait fournir aucun caractère utile.

Il est peu de Serpents dont la coloration varie autant que la Péliade, de telle sorte que le seul caractère à peu près constant est la présence d'une ligne noire ou brune flexueuse sur le dos (fig. 322). Cette bande longitudinale flexueuse est parfois interrompue de distance en distance, de manière à former des taches le plus souvent irrégulières, ayant quelquefois la

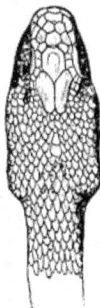

Fig. 319. — Tête de Péliade, vue en dessus.

forme d'un carré ou d'un rhombe. Ces taches sont parfois tout à fait distinctes, parfois réunies entre elles par une ligne mince. La teinte générale du corps varie depuis le gris pâle jusqu'au noir, le tout mélangé de brunâtre, de roussâtre, de rougeâtre, de grisâtre.

On peut dire cependant que le mâle est plus clair, la femelle de couleur plus foncée. Chez le premier on voit dominer le blanchâtre, le gris d'argent, le gris cendré clair, le verdâtre,

Fig. 320. — Tête de Vipère aspic, vue en dessus.

le jaunâtre, le brun-clair, chez la seconde le gris brun, le brun rouge ou le vert olive, le brun noirâtre.

Quelle que soit la couleur, la ligne en zig zag du dos se trouve un peu voilée cependant chez

les femelles à coloration très sombre. Cette bande, signe de réprobation et de malédiction, ainsi que l'appelle Linke, se poursuit généralement sans interruption jusqu'à la queue; elle est accompagnée, de chaque côté, par une série longitudinale de taches sombres. Non seulement la largeur de cette bande, mais encore la disposition des taches qui l'accompagnent, varie énormément. D'après Strauch, la couleur de la bande est en relation avec la couleur fondamentale de l'animal de la manière suivante : chez les Vipères péliades de couleur brun-jaunâtre clair ou couleur de sable, les bandes et les taches sont d'un brun-châtain clair ; chez celles qui sont plus sombres, elles ressortent en brun ; cette bande et ces taches sont entièrement noires chez les animaux de couleur sombre.

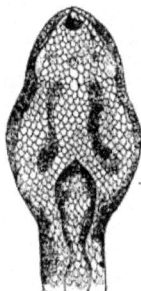

Fig. 321. — Tête de Vipère ammodyte, vue en dessus.

La tête est assez régulièrement tachetée d'une manière constante. Deux lignes longitudinales, entourées de taches et de raies, ornent le dessus de la tête ; elles commencent sur la plaque oculaire, se prolongent sur le milieu du pariétal, sont souvent reliées entre elles par une tache de même couleur et s'écartent l'une de l'autre en arrière en formant un triangle bien marqué dont l'angle est dirigé en avant.

La face inférieure du corps est le plus souvent d'un gris sombre, parfois même noirâtre. Sur chaque plaque se voient habituellement des taches jaunes, de forme extrêmement irrégulière, isolées ou confluentes. Les Péliades de couleur très claire sur le dos ont le ventre souvent d'un jaune-brunâtre, avec de petites taches isolées de couleur noirâtre.

Link, ayant une fois capturé 10 Péliades, les examina et put voir à quel point varie la coloration chez des animaux provenant de la même localité. Chez un mâle, la couleur fondamentale était bleu d'argent, la ligne du dos noir de charbon; un autre mâle avait le corps blanc verdâtre et les taches de couleur bistre; un troisième mâle, d'un blanc doré, avait la ligne en zig zag d'un beau noir brillant; chez un quatrième la couleur du corps était brun-blanchâtre et le dessin rouge-noirâtre. Une femelle montrait sur le fond de couleur gris-brunâtre une bande d'un noir-gris; une autre femelle avait le corps brun-clair mêlé de verdâtre et les dessins d'un gris sale; une troisième femelle, sur un fond gris-brunâtre, largement mêlé de gris olivâtre, avait la bande du dos noir grisâtre; cette bande se détachait en brun sombre sur un animal dont la couleur était brun sale; la cinquième, d'un vert sale sombre, présentait une bande en zig zag d'un noir terne; chez un sixième individu, enfin, le corps était de couleur si sombre que la bande se distinguait à peine du fond.

L'œil est grand, arrondi, protégé par une plaque sourcilière qui surplombe. La pupille est fendue verticalement, ce qui contribue à donner à l'animal, comme à toutes les Vipères, du reste, une expression de méchanceté et de férocité toute particulière et tout à fait caractéristique. En plein jour, la pupille se resserre au point d'être à peine visible, ce qui indique bien les habitudes essentiellement nocturnes de l'animal; cette pupille s'élargit considérablement dans l'obscurité. La couleur de l'iris est habituellement un rouge peu ardent; chez certaines femelles de couleur sombre elle est d'un brun rouge clair.

Distribution géographique. — Le cercle de distribution de la Péliade berus est extrêmement considérable. D'après Strauch, cette espèce se trouve, en effet, en Europe, depuis le Portugal à l'ouest, jusqu'à l'Oural, vers l'orient; elle franchit le cercle polaire et se trouve d'un autre côté jusque vers la frontière nord de la Perse.

En Allemagne, la Péliade ne paraît manquer nulle part, bien que rare dans le Nassau, les pays du Rhin et le Palatinat bavarois; elle est commune dans la Forêt-Noire, dans tout le pays de Bade, le Wurtenberg, où on la trouve principalement dans les Alpes souabes; elle existe en Bavière; dans tout le nord de l'Allemagne, elle est excessivement commune dans quelques contrées où les landes sont abondantes; on la trouve trop fréquemment dans

la Thuringe, la Saxe, la Silésie, la Poméranie, le Posen, la Prusse orientale et la Prusse occidentale.

La Berus se rencontre en Autriche, surtout dans les deux archiduchés, au-dessus et au-dessous de l'Ems, dans toute la Bohême, la Moravie, l'Autriche-Silésie, la Carinthie, la Carniole, le Tyrol, la Hongrie, la Gallicie, la Bukowine, la Transylvanie et les confins militaires; elle se trouve aussi dans la Croatie et l'Istrie; en Dalmatie elle est mélangée à une espèce que nous ferons connaître plus loin sous le nom de Vipère ammodyte.

On trouve la Péliade dans l'Italie jusqu'aux Abruzzes. L'espèce remonte assez haut vers le nord de l'Europe. En France, elle est plus particulièrement abondante dans la région de l'Ouest; elle est, en effet, commune en Normandie et dans une grande partie de la Vendée.

De même qu'on trouve la Vipère berus sur le continent européen, de même on la rencontre dans les îles qui géographiquement en dépendent, à l'exception toutefois des îles du nord, telles que l'Irlande, la Grande-Bretagne et les îles danoises. Vers le nord, l'espèce s'étend dans la péninsule scandinave jusqu'au 67e degré; elle habite, en outre, toute la Russie, depuis la Pologne jusqu'à l'Oural, depuis la mer Blanche jusqu'à la mer Noire; l'espèce franchit l'Oural et le Caucase et se trouve dans les steppes de la Sibérie méridionale et centrale et dans le nord du Turkestan. D'après certaines observations, la Péliade est peut-être aussi commune en Mongolie que le Trigonocéphale halys qui habite avec elle; il est probable qu'elle ne manque nulle part entre l'Amour et l'Obi. Il ressort de cela que la zone de distribution de la Vipère berus s'étend depuis le 9e jusqu'au 160e degré de longitude pris au méridien passant par l'île de Fer et du 38e jusqu'au 67e degré de latitude nord.

Habitat. — Au milieu de cette zone immense, la Vipère berus manque çà et là en quelques endroits généralement circonscrits. L'espèce habite cependant des localités très diverses et se trouve dans les landes et les forêts aussi bien que dans les vignobles, les prairies, les champs, les marais et même les steppes. Dans les Alpes, d'après les données de Schinz et de Tschudi, elle monte jusqu'à l'altitude de 2,000 mètres au-dessus de la mer; on la rencontre même au-dessus de la zone des arbres, dans des endroits où elle n'est guère en activité plus de trois mois de l'année; elle hiverne également pendant très longtemps au-dessus du cercle polaire et dans certaines steppes de la Sibérie.

Les pentes pierreuses, les parois de rochers recouverts de broussailles, les landes, les bois dans lesquels se trouvent des endroits accessibles aux rayons du soleil, mais surtout les contrées marécageuses offrent à la Vipère berus des conditions toutes particulières pour son développement. Dans certaines localités on la trouve en nombre vraiment incroyable. Dans la forêt de Brenner, par exemple, et dans celle de Lunebourg on tua, il y a quelques années, une trentaine de Vipères sur quelques hectares seulement. Certaines parties des landes de l'Allemagne du Nord sont absolument infestées de Péliades berus; aux environs de Berlin existent des endroits où ces Serpents sont si communs que les femmes qui fauchent l'herbe ne peuvent le faire que chaussées de hautes et fortes bottes. Dans certaines steppes de la Sibérie orientale et du Turkestan, les Berus sont en nombre vraiment incroyable et vivent de concert avec le seul Crotalidé que nous ayons dans l'ancien continent, nous parlons du Trigonocéphale halys.

On ne rencontre guère la Vipère berus dans les hautes futaies, et si l'on vient à défricher quelque coin de forêt, on peut être à peu près certain de la voir émigrer. Dans la forêt de Thuringe, cette Vipère était en grande abondance, car elle y trouvait les conditions les plus favorables à son accroissement. Là où les arbres avaient été abattus ou étaient tombés on massait la terre en grosses mottes et dans ces endroits privilégiés on vit apparaître les lézards, les souris des champs et bientôt les Péliades. Plus tard l'administration des forêts décida de planter dans les endroits défrichés de jeunes arbres venant des pépinières, et bientôt les Vipères, ne trouvant plus d'abris suffisants, diminuèrent d'une manière extrêmement sensible.

La Vipère berus préfère par dessus tout des cavités se trouvant sous des arbres déracinés, des amas de pierres, des trous de taupes ou de souris abandonnés, un terrier de lapin, des fentes de rochers, des endroits aux environs desquels existe une petite clairière bien exposée aux rayons de soleil auxquels se chauffe fort volontiers l'animal. On trouve cette Vipère pendant le jour, constamment aux environs de son repaire; elle y retourne et s'y cache au moindre danger. Lenz a observé que, par les temps orageux, notre Serpent s'écarte un peu plus de sa demeure.

Mœurs, habitudes, régime. — Lenz, qui a si bien observé les Serpents d'Allemagne, considérait la Vipère berus comme un animal essentiellement diurne, « car, dit-il, aucun Ophidien ne prend autant de plaisir que lui à s'exposer aux rayons du soleil. » Le même naturaliste ajoute que « il ne doute pas que la Vipère, pendant une nuit tiède ou orageuse, ne se cache sous la mousse. J'ai observé, dit-il, des Péliades que je tenais en captivité et trouvé qu'elles se tiennent tout à fait tranquilles pendant la nuit. Une fois, et pendant un beau clair de lune, j'ai visité seul, et sans faire aucun bruit, des localités que je savais être habitées par des Vipères berus; je n'en ai cependant observé aucune. Il est certain que dans nos pays on trouve rarement les Serpents après le coucher du soleil dans des endroits découverts; ils se cachent de préférence sous la mousse et dans les bruyères. »

Si Lenz avait chassé ses Vipères à l'aide de la lumière ou s'il avait allumé du feu dans les clairières où il ne trouvait pas ces animaux, il est probable qu'il aurait modifié sa manière de voir. De ce fait que la Péliade aime beaucoup à se chauffer aux rayons du soleil, on ne peut en induire que ce Serpent soit diurne, car tous les Ophidiens recherchent par-dessus tout la chaleur. Le fait que l'œil est protégé par l'espèce d'auvent que forme la plaque sourcilière, la paresse remarquable que montre la Vipère berus lorsqu'elle se chauffe au soleil, l'indifférence extrême qu'elle témoigne pour tout ce qui ne l'intéresse pas directement, montrent bien que l'animal est pendant le jour dans un état de demi-sommeil. Tous les Ophidiens nocturnes, sans exception, aiment la chaleur du soleil, bien qu'ils redoutent et évitent la lumière; les chats et les hiboux qui se chauffent au soleil sont une preuve convaincante de ce que nous venons d'avancer. Pour une Vipère, animal à sang froid ou plutôt, ainsi que nous l'avons déjà expliqué, à température variable, c'est un besoin absolument impérieux de se réchauffer de temps en temps aux tièdes rayons du soleil. Cet animal n'en est pas, pour cela, un reptile diurne. Ce n'est pas en vain que sa pupille peut se dilater et se rétrécir considérablement, que l'œil est protégé par une production cutanée qui peut être comparée aux poils tactiles des Mammifères carnassiers nocturnes.

Fig. 322. — La Vipère berus ou Péliade, mâle (1/3 grand. nat.).

Ce n'est réellement qu'avec le crépuscule que commence toute l'activité de la Péliade berus ; c'est alors seulement qu'elle chasse. Quiconque possède de ces animaux en captivité et dispose leur cage de manière à pouvoir bien les observer, quiconque a fait la chasse de ces Serpents pendant la nuit et à l'aide de la lumière, s'est assuré de la réalité du fait que nous avançons. Le feu attire les Vipères ; c'est là une observation qui a été faite par tous les voyageurs en Afrique et dans les steppes du Turkestan. Les chasseurs de Vipère savent bien également qu'ils trouvent souvent pendant la nuit de ces animaux, et cela en allumant des feux, dans des endroits où, pendant le jour, ils n'avaient aperçu aucun de ces Serpents.

Lorsqu'on n'a observé la Vipère berus que pendant le jour, on se fait une idée absolument fausse des mœurs et des habitudes de cet animal. Pendant le jour, en effet, il est lourd, paresseux, nonchalant. Il est certain que la Péliade ne peut rivaliser en activité et en souplesse avec la rapide Coronelle, avec la svelte Couleuvre, mais pendant la nuit ce n'en est pas moins un animal alerte ; il avance assez rapidement sur un sol même uni ; il ne peut, il est vrai, grimper aux arbres, mais

s'enroule volontiers sur les troncs placés obliquement ; bien que n'allant pas à l'eau volontairement, il sait très bien nager et regagner la rive.

De même que les autres Serpents venimeux, la Vipère péliade a le caractère excessivement ombrageux et ne cesse jamais de fondre sur l'ennemi. « Pendant une heure entière, dit Lenz, j'ai agacé une de ces Vipères ; elle ne cessait de se jeter sur moi et de mordre la baguette que je lui présentais. Dans sa rage aveugle ce Serpent mord à vide lorsqu'on éloigne l'objet avec lequel on l'exaltait ; lorsqu'il fait du soleil, on le voit dans sa fureur mordre après sa propre image ; la Vipère tient alors le corps enroulé et le cou retiré dans le milieu du sorte de cône ainsi formé, pour de là pouvoir se détendre subitement ; elle se précipite d'une distance qui peut atteindre 0ᵐ,15 et même 0ᵐ,30. Lorsqu'une Vipère retire son cou en arrière, c'est un signe certain qu'elle est sur la défensive et toute prête à mordre ; l'animal ne mord jamais sans y être préparé, et, après avoir mordu une première fois, se remet de suite en position. Même lorsqu'on présente un objet de la grosseur d'une souris, il lui arrive souvent de mal viser et de manquer le but. Lorsque cette Vipère est en fureur, elle retire la tête en arrière, puis, si elle en a le temps et si l'ennemi n'est pas trop près d'elle, elle projette la langue souvent et rapidement, à peu près de la longueur de la tête ; au même moment ses yeux brillent ; rarement l'animal se sert de sa langue pour toucher la proie avant de la mordre, manœuvre qu'emploient souvent les Couleuvres. Si la Péliade est surprise par l'ennemi et qu'elle se jette subitement sur lui, elle ne siffle pas avant de mordre. Plus il se passe de temps entre le moment où la Vipère se met sur l'offensive et l'instant où elle fond sur sa proie ou sur son ennemi, plus la colère de l'animal est grande. Le sifflement a généralement lieu la bouche étant close ; l'animal le produit en inspirant et en expirant plus bruyamment que d'habitude ; ce sifflement consiste en deux bruits qui se ressemblent, qui alternent à peu près dans le même espace de temps qu'un homme met à inspirer et à expirer. Lors de l'expiration, le bruit ou sifflement est fort et profond, il est plus faible et plus élevé dans l'inspiration. Je tins devant le museau d'une Vipère, qui sifflait constamment avec violence, une plume attachée à l'extrémité d'une baguette ; je trouvai ainsi que le mouvement de l'air est réellement très faible. En général, la Vipère péliade se gonfle fortement aussitôt qu'elle est irritée ; de telle sorte que même lorsqu'elle est amaigrie elle paraît être grasse et replète, ce que l'on voit surtout nettement lorsqu'on jette l'animal dans l'eau. L'animal gonfle alors ses poumons de manière à se rendre plus léger et à pouvoir surnager. La Berus est toujours sur ses gardes et également prête pour la défense et pour l'attaque ; aussi ne la trouve-t-on jamais, même lorsqu'elle n'est pas agacée, sans qu'elle ne dresse obliquement sa petite tête. Bien que voyant peu pendant le plein jour, elle distingue cependant très bien les animaux qui s'approchent d'elle et mord de préférence les animaux à sang chaud et surtout les petits rongeurs des champs. Lorsqu'on place l'animal dans une cloche transparente, on voit nettement qu'il se dirige beaucoup plus volontiers sur la main nue qu'on approche du vase que lorsqu'on lui présente une baguette, par exemple.

« En captivité, lorsqu'elle est dans une cage spacieuse, la Berus n'attaque guère les animaux qui vivent avec elle, à part les petits rongeurs. J'ai souvent vu des lézards, des grenouilles et même des oiseaux faire très bon ménage avec le Serpent et venir se percher sur son dos pour mieux se chauffer aux rayons du soleil ; j'ai vu également des lézards tranquillement portés sur le dos des Vipères en liberté. J'ai une fois été témoin d'une scène fort intéressante. Dans la cage dans laquelle j'avais enfermé une Péliade, le soleil ne donnait que sur un tout petit espace, et la Vipère s'en était emparée pour se réchauffer. Un lézard qui lui aussi convoitait ce coin privilégié, n'ayant pu se placer, s'approcha de ma Berus et la mordit doucement comme pour l'engager à partager avec lui la place ensoleillée, ce dont la Vipère ne se soucia nullement, de telle sorte que le lézard fut réduit à aller se placer à l'ombre. Des Orvets prirent place à côté de la Vipère, dessus et dessous elle, sans manifester aucune crainte. Lorsque, ce qui arrive assez souvent, de gros insectes courent sur le dos de nos Péliades elles n'y font pas attention, mais si ces insectes se posent sur leur tête, elles se secouent pour les faire partir, sans cependant se fâcher davantage.

« On dit assez généralement que la Vipère berus peut sauter et poursuivre l'homme qui l'attaque ou qui passe à sa portée. Ni moi, ni d'autres observateurs consciencieux n'avons jamais rien vu de semblable. J'ai souvent tenté de faire sauter les Vipères en liberté, sans pouvoir jamais y réussir. Il arrive parfois cependant que lorsque l'animal est brusquement surpris et qu'il n'a pas le temps de se lover, il rétracte la tête et le cou en arrière, les lance par un rapide mouvement et précipite alors le reste de son corps à une courte distance par ce mouvement de projection.

« Lorsque la Vipère péliade est cachée dans la mousse et dans le gazon et qu'on vient à passer tout près d'elle, elle fait entendre un sifflement aigu et mord de suite, de telle sorte que souvent on ne soupçonne sa présence que par la morsure reçue. Parfois le reptile fuit après une première attaque et se dérobe au juste châtiment qu'il a bien mérité. »

La nourriture, avons-nous déjà dit, se compose exclusivement d'animaux à sang chaud, surtout de petits rongeurs ; la Péliade préfère à tout les musaraignes et les campagnols ; ceux-ci cependant, toujours actifs et rusés, sont moins souvent capturés que les lentes et douces souris des champs ; les taupes sont également en butte aux attaques de notre Vipère. Celle-ci s'attaque non seulement aux animaux qui courent sur le sol, mais encore à ceux qui sont encore dans le nid ou qui se cachent dans la terre ; on trouve, en effet, assez fréquemment dans le tube digestif des Péliades de jeunes souris tout à fait nues ou de très jeunes musaraignes qui ne peuvent avoir été prises que dans les nids placés au-dessous du sol. De jeunes oiseaux, appartenant principalement aux espèces qui nichent sur terre ou à une faible distance du sol, sont très fréquemment les victimes de la Bérus ; les oiseaux âgés craignent beaucoup ce Serpent et poussent des cris aigus, battent vivement des ailes sitôt qu'ils l'aperçoivent. Ce n'est que poussée par la faim, que la Vipère berus s'empare des grenouilles ; elle ne dévore qu'assez rarement les lézards, et surtout lorsqu'elle est jeune.

Ainsi que la plupart des Serpents, la Péliade peut jeûner pendant longtemps; lorsqu'elle en trouve l'occasion, elle fait, par contre, de plantureux repas, et l'on trouve parfois trois et même quatre souris l'une derrière l'autre dans l'œsophage.

Dans le centre de l'Europe la Vipère berus n'apparaît guère qu'en avril, bien que dans les années favorables on la voie parfois quitter ses quartiers d'hiver dès le milieu de mars ; certains animaux se montrent même en plein hiver. « Le 19 janvier 1875, rapporte Grimm, j'étais assis, vers trois heures de l'après-midi, sur la lisière sud-ouest d'un vieux bois de chênes, dont beaucoup avaient leur racine toute vermoulue. Le temps était doux pour la saison, et bien que la campagne fût toute couverte de neige, je remarquai cependant un coin du bois, incliné en pente douce, sur lequel le soleil avait donné et qui était déjà tout sec. Près du pied d'un gros chêne, je vis une Péliade qui paraissait inanimée. Lorsque cependant je la touchai avec ma canne, elle chercha à gagner en rampant les racines de l'arbre près duquel elle se trouvait. Tandis que je m'efforçais de la maintenir avec mon bâton, un pâtre qui survint sur ces entrefaites tua la Vipère. »

Dans ses quartiers d'hiver la Péliade berus s'associe, en général, à d'autres animaux de son espèce. « En 1816, écrivait à Lenz le pasteur Treise, plusieurs bûcherons travaillaient par un temps doux à la réparation d'un chemin, le long duquel se trouvait un mur tout fissuré. Dans une des crevasses on mit à découvert dix Péliades ; les animaux étaient enroulés les uns dans les autres et dans un état

de mort apparente, car ils étaient absolument insensibles. »

Wagner rapporte les mêmes faits. D'après ce naturaliste, pendant l'hiver de 1829 à 1830, on trouva dans le cercle de Schweidnitzer, près de la ville de Schlicher, neuf Vipères qui s'étaient réfugiées sur un tronc d'arbre flottant à la surface de l'eau ; elles étaient étroitement enlacées et ne manifestaient pour ainsi dire aucun signe de vie.

Alexandre de Homeyer s'exprime dans le même sens. « La Péliade, dit-il, hiverne en société. On trouve parfois jusqu'à quinze et même vingt-cinq individus rassemblés entre les racines de genévriers ou des bouleaux à demi vermoulus ; ces animaux hivernent jusqu'au commencement du printemps. Le plus habituellement les bûcherons tombent sur ces repaires lorsqu'ils abattent les vieux arbres et ils ne manquent pas heureusement alors de détruire toute la nichée. Le Putois paraît être l'ennemi déclaré des Vipères, aussi en hiver se met-il à leur recherche pour s'en repaître. Mon frère a trouvé dans le terrier d'un Putois plusieurs Grenouilles et trois Vipères ; l'animal avait eu la précaution de leur donner le coup de grâce en leur brisant la colonne vertébrale immédiatement derrière la tête. Le sommeil hivernal de la Vipère n'est pas très profond ; pour peu que l'animal soit troublé dans son repos, il redresse la tête, rampe lentement, darde sa langue et cherche à mordre. »

Le plus habituellement la Péliade pond en août et en septembre. Il arrive très fréquemment que plusieurs couples se pelotonnent et forment alors un tas ; c'est ce fait qui a probablement donné naissance à la fable de la tête de la Gorgone.

« En avril 1837, rapporte Effeldt, je me rendais au village de Johannisthal, à dix kilomètres environ de Berlin, dans l'intention de faire la chasse aux Vipères. Un bois formé d'aulnes entremêlées de ronces s'étendait jusqu'à quelques pas du village, et ce bois était, à cette époque, tellement infesté de Vipères qu'il ne se passait pour ainsi dire pas une année sans que quelqu'un fût mordu. Vers la tombée de la nuit je faisais route avec le garde forestier lorsqu'un bûcheron me dit que si je voulais prendre des Vipères je venais bien à propos, car on en avait vu d'enroulées en tas. A la demande que je fis de m'indiquer l'endroit précis, mon homme s'écria que pour tout l'or du monde il ne s'approcherait d'un amas de

Vipères, qu'il ne s'aviserait même pas de les attaquer, car ces maudites bêtes ont l'habitude de vous poursuivre pendant fort longtemps. Après une longue recherche, je découvris les animaux en question. A côté d'un tronc d'aulne reverdi par de jeunes pousses, tout près du sentier, je vis six à huit Vipères entrelacées l'une dans l'autre de la manière la plus curieuse. Lorsque je m'approchai, toutes les têtes se dressèrent à la fois et menaçantes, dardant la langue et sifflant ; tous les animaux restèrent à la même place, sans chercher ni à s'enfuir, ni à avancer contre moi ; bien plus, elles ne se dérangèrent même pas lorsque je les touchai avec une baguette et que je les excitai. Le jour baissait, de telle sorte que je dus remettre ma chasse au lendemain. Le jour suivant, et de grand matin, je me rendis au même endroit, moins dans l'espérance de trouver mes Vipères, que pour rencontrer quelques autres Reptiles. Quel ne fut pas mon profond étonnement lorsque je trouvai que le tas vu la veille s'était encore augmenté de quelques autres Vipères. Mes animaux étaient en plein soleil et absolument indifférents à tout, aussi pus-je m'en emparer au moyen d'un engin approprié. Je me mis en route vers Berlin, tout soucieux de ce qui allait arriver, car j'avais pris tout le tas ensemble. A mon arrivée, les bêtes s'étaient déroulées. »

Lenz, qui a si bien observé les Serpents de l'Europe centrale, a trouvé que le nombre de petits que met au monde une Vipère berus dépend de l'âge de la mère ; les individus jeunes encore ont de cinq à six petits, les adultes de douze à quatorze.

Nous devons au même naturaliste des détails sur la parturition. « Lorsque, dit-il, la Vipère fait ses petits, elle s'étend tout de son long et relève obliquement la queue, souvent en forme d'arc. Aussitôt le premier œuf pondu, on voit nettement le second s'avancer à la suite ; chaque fois le corps de la femelle se rétracte pour faire avancer cet œuf et l'expulser. Il s'écoule entre l'apparition des œufs un temps qui peut varier entre dix minutes et une heure entière ; pendant ce temps la Vipère paraît être absolument inoffensive et ne cherche pas à mordre. A peine l'œuf est-il pondu, que le petit déchire la coquille et sort en rampant. A ce moment le sac vitellin est encore attaché à son corps, mais il tombe bientôt, car l'animal déchire les vaisseaux ombilicaux dans ses mouvements de reptation ; la bête vit alors de sa propre vie et n'a plus rien à attendre de ses parents.

« Je dois faire remarquer que la Vipère péliade naît méchante, car à peine au sortir de l'œuf elle siffle et cherche à mordre tout autour d'elle ; elle redresse la tête, enfle le cou, montre ses crochets et se fait aussi terrible que possible.

« Les Vipères péliades sont, à la naissance, généralement longues de 23 centimètres, et le corps a 1 centimètre d'épaisseur maximum. La tête, les écailles, les dents venimeuses sont absolument semblables à celles que l'on voit chez les adultes ; la peau est toutefois comme voilée par une très fine membrane transparente au travers de laquelle apparaissent les couleurs. Peu de temps après la naissance a lieu la première mue. J'ai toujours remarqué qu'il naît beaucoup plus de femelles que de mâles, et cependant à l'état adulte les deux sexes se trouvent à peu près dans la même proportion.

« Aussitôt venue au monde, la jeune Vipère a une vie absolument indépendante et ne se soucie pas plus de sa mère que celle-ci ne se soucie d'elle.

« Voulant savoir à quel moment apparaît le venin, je fis plusieurs expériences. Ayant tué une Vipère cinq jours environ avant la parturition, je pris un Vipéreau et lui traversai plusieurs fois la tête avec une aiguille dans l'endroit précis où devaient se trouver les glandes à venin ; je piquai alors un Bec-Croisé sans obtenir aucun résultat sensible. Une autre fois, je plaçai une jeune souris dans une caisse contenant seize Péliades âgées d'environ six jours et nées chez moi. La souris paraissait absolument sans crainte, mais ayant voulu flairer les Reptiles qui se trouvaient en sa compagnie, ceux-ci se mirent à siffler, se disposèrent pour l'offensive, de telle sorte que la bête infortunée reçut coup sur coup une dizaine de blessures, dont beaucoup portèrent dans le museau et dans une des pattes de derrière ; une des Vipères la mordit si fort, qu'elle fut traînée pendant assez longtemps. J'enlevai la souris ; elle boitait, se frottait fréquemment la patte et le museau ; elle mourut une heure environ après. » Kirsch s'est également assuré que des Vipères retirées du corps de la mère quelques instants avant l'éclosion peuvent tuer les animaux qu'ils blessent.

Captivité. — Même en captivité, la Vipère berus, de même que tous les Serpents venimeux du reste, ne perd jamais son naturel

Fig. 323. — Un charmeur de Vipères, d'après Matthiole (1558).

méchant et ne peut s'apprivoiser; aussi l'animal ne peut-il être manié qu'avec la plus extrême prudence. Il est difficile de garder ce Reptile en cage, à moins de soins tout particuliers, surtout pendant l'hiver, car il refuse souvent la nourriture qui lui est présentée et semble avoir une préférence toute marquée pour certains animaux que l'on se procure généralement avec assez de difficultés.

Action du venin. — La Vipère péliade aurait, d'après certains observateurs, environ 10 centigrammes de venin dans ses deux glandes, tandis que la Vipère aspic, plus redoutable, sécréterait près de 15 centigrammes de venin; c'est cette faible quantité qui, versée dans le sang, peut suffire pour tuer un enfant, un homme même, pour occasionner, en tous cas, de graves accidents.

Sur l'action de ce venin nous possédons deux observations très détaillées, d'autant plus précieuses qu'elles sont dues à deux médecins qui en ont éprouvé les effets sur eux-mêmes.

La première observation est due à Constant Duméril, professeur au Muséum d'histoire naturelle de Paris. Se promenant dans la forêt de Sénart, ce savant herpétologiste fut mordu par une Péliade qu'il saisit avec la main, croyant avoir affaire à une Couleuvre vipérine. Peu de temps après la piqûre, il fut pris de vomissements de bile, d'étourdissements, de faiblesse et tomba en syncope. Les accidents, très légers du reste, cessèrent complètement le surlendemain de l'accident : « La petite quantité de

venin qui m'avait été inoculée, dit Duméril, a déterminé chez moi, vieillard actif et vigoureux, âgé de près de soixante-dix-huit ans, des accidents assez graves et surtout une sorte d'insensibilité momentanée assez grave pour donner à penser qu'une personne plus faible, plus jeune, et surtout un enfant, aurait pu succomber à ces accidents. »

Une autre observation moins connue est due à Heinzel, aussi la rapporterons-nous avec quelques détails. Le 28 juin, à une heure de l'après-midi, ce médecin fut mordu au pouce de la main droite par une Péliade qu'il maniait imprudemment. L'animal était vigoureux, de forte taille, et n'avait pas mangé depuis au moins trois jours; la morsure fut profonde; l'effusion de sang fut relativement assez considérable. Le blessé éprouva aussitôt une sensation tout à fait comparable à une secousse électrique et il se mit à trembler; la douleur irradia du point blessé jusque dans le coude et remonta jusqu'à l'épaule. « Je liai, dit-il, le membre au-dessous de la piqûre, mais ne fis ni succion ni cautérisation, parce que je crus toutes ces précautions complètement inutiles. Peu de temps après la blessure je me trouvai comme étourdi; cinq ou six minutes plus tard j'eus des éblouissements et un commencement de défaillance que je combattis en m'asseyant. Vers 2 heures je fus encore pris de défaillances. Les piqûres s'étaient colorées en gris bleuté; le pouce était gonflé et douloureux. A 3 heures la main tout entière enfla, puis peu à peu le bras jusqu'à l'aisselle, de telle sorte que je ne pouvais plus soulever le membre. Je perdis presque entièrement la voix, de telle sorte qu'on ne pouvait que difficilement me comprendre; en même temps l'estomac commença à être gonflé douloureusement par des gaz ; j'eus à ce moment des vomissements et des évacuations; puis survinrent des contractions assez pénibles dans les muscles de la paroi antérieure du ventre et des douleurs de la vessie. J'étais extrêmement abattu, à ce point que je fus plusieurs fois obligé de m'étendre sur le plancher, pour ne pas tomber; je voyais et j'entendais mal, je ressentais une soif ardente et j'éprouvais constamment un froid engourdissant dans tout le corps. Des ecchymoses se produisirent sur le membre blessé. Du reste les fonctions respiratoires et circulatoires n'étaient nullement troublées et je n'éprouvai aucun mal de tête. Les personnes de mon entourage me dirent que l'altération de mes traits était telle que j'étais absolument méconnaissable. J'ai dû souvent délirer, mais lorsque j'étais sous l'influence de l'état syncopal j'avais mon entière connaissance.

« Vers 6 heures du soir, cinq heures par conséquent après la blessure, les faiblesses, les crampes, les vomissements cessèrent ainsi que les douleurs d'estomac. Je pris un peu de teinture d'opium et je passai la nuit, sans sommeil il est vrai, mais tranquille et je n'éprouvai plus d'autre souffrance que celle que m'occasionnaient les piqûres; le gonflement du membre blessé persistait et était fort pénible. Lorsque, vers 7 heures du soir, j'examinai mon bras, il était gonflé; les points mordus étaient noirs et de là partaient des traînées rougeâtres qui s'étendaient par la surface interne du poignet et la face latérale du coude, jusque sous l'aisselle. Le creux axillaire était également tuméfié, mais il n'y avait pas d'engorgement des ganglions lymphatiques. »

Dans le courant de la nuit qui suivit l'accident, le bras gonfla encore davantage et devint rouge, marbré de bleuâtre. Cette enflure diminua par un traitement approprié, mais le blessé resta faible et chaque fois qu'il voulait se soulever de sa couche, il éprouvait des vertiges, avec tendances à la syncope; cet état vertigineux continua, du reste, jusqu'au 30 juin. Une sueur assez abondante s'établit plusieurs fois et chaque fois le malade éprouvait un mieux très sensible.

Le 30 juin l'enflure et les ecchymoses s'étendirent jusqu'aux hanches. Après une sudation prolongée, le malade se trouva beaucoup mieux et put se lever pendant plusieurs heures. Certains accidents persistèrent cependant pendant longtemps. « Aujourd'hui, 10 août, écrit notre blessé, six semaines après la morsure, il se produit encore un léger gonflement sur la main droite, principalement le soir. La peau de toute la main est encore un peu violacée et fort sensible à la pression. Le bras droit est resté faible et souvent douloureux aux moindres changements de temps. J'ai beaucoup maigri, je suis souvent sans force et l'altération des traits a persisté. Je suis absolument convaincu qu'une morsure qui se produit dans une grosse veine doit presque fatalement entraîner la mort et que tout traitement reste sans effet. »

D'après les observations de Rollinger, la mort par la morsure de la Vipère péliade arrive dans un espace de temps qui varie entre une heure et trois semaines ; sur six cent dix personnes mordues, Rollinger constata cinquante-neuf morts, soit environ 10 pour 100.

Lenz rapporte une observation qui prouve bien que la faible quantité de venin que la Vipère herus peut déposer dans le sang suffit parfois à empoisonner une existence tout entière. Martha-Elisabeth Jäger, de Waltershausen, âgée de dix-neuf ans, traversait la bruyère pieds nus, lorsqu'elle fut mordue par une Péliade. Tout d'abord elle n'y fit aucune attention, mais cependant le pied commença à enfler; l'enflure et la douleur se propagèrent rapidement jusqu'au tronc, si bien que la jeune fille ne put continuer sa route. Aussitôt qu'elle fut transportée chez elle, on appela le médecin qui prescrivit plusieurs remèdes. La malade se rétablit peu à peu, mais jusqu'à l'âge de quarante ans, le membre s'enflait de temps en temps et se couvrait de taches tantôt jaunes, tantôt bleuâtres, taches qui étaient douloureuses. Les voisins et les amis prescrivaient plusieurs remèdes plus ou moins empiriquement. La jambe dégonfla soudain et le mal se porta alors sur les yeux, de telle sorte que la malheureuse fut atteinte de cécité complète et resta deux ans aveugle. La cécité disparut à son tour progressivement et fit place à de la surdité; des douleurs parfois assez vives se manifestaient fréquemment dans divers points du corps, surtout dans les membres. A l'époque à laquelle Lenz connut Marthe Waltershausen elle avait soixante ans et depuis plus de quarante ans continuait à souffrir de la blessure reçue si longtemps auparavant.

Le venin de la Vipère, comme celui des autres Serpents venimeux, conserve longtemps ses propriétés toxiques, bien que desséché; cette activité du venin à l'état sec a permis de l'employer comme un moyen de rendre les armes plus dangereuses. D'après Celse, nos pères les Gaulois connaissaient l'art d'empoisonner leurs flèches avec des venins; suivant Pline, les Scythes avaient une semblable recette, et voici ce que dit ce naturaliste: « *Scythæ sagittas tingunt viperina sanie et humano sanguine; irremediabile id scelus; mortem illico levi tractu affert* (1). » La légende des armes d'Hercule trempées dans le sang de l'hydre de Lerne montre combien est vieille cette méthode d'utiliser pour la chasse et pour la guerre le terrible venin des Ophidiens. L'on sait que Philoctète, l'héritier de l'arc et des flèches du grand Achille, se blessa au pied avec l'une d'elles pendant qu'il montrait aux Grecs l'endroit où il les avait cachées. Redi a fait remarquer avec raison que les symptômes éprouvés par Philoctète, tels que les décrit Homère, sont ceux d'une blessure occasionnée par la morsure de la Vipère.

Traitement des accidents. — La première chose à faire en cas de morsure, aussi bien par la Péliade que par la Vipère aspic, est d'élargir de suite la plaie, de la sucer, d'appliquer une étroite ligature au-dessus du point mordu et de cautériser la plaie avec le fer rouge, la pierre infernale, avec une mixture à parties égales d'alcool et d'acide phénique; ces premiers soins donnés, il est toujours prudent d'appeler un médecin aussitôt que possible.

Le meilleur médicament à prendre à l'intérieur est l'alcool, sous forme d'arak, de rhum, de cognac, d'eau-de-vie donnés à forte dose; c'est jusqu'à présent le plus efficace de tous les remèdes connus; il est également précieux en ce qu'il se trouve partout, à la portée de tous. Les montagnards de la haute Bavière, souvent exposés à être mordus par la Péliade, n'emploient jamais d'autre médication et s'en trouvent très bien. On constate, ce que nous avons déjà dit, qu'après une morsure par les

Vipères, l'ivresse n'arrive pas, même après l'emploi d'une forte dose d'alcool.

Nous ne pouvons ne pas parler ici des charmeurs qui, même en France, passent pour jeter des sorts ou les détourner, savent la composition des philtres et possèdent le don du mauvais œil; presque tous ont des formules magiques grâce auxquelles ils rejettent le maléfice sur la Vipère ou prétendent guérir rapidement sa morsure. Matthiole (1) nous apprend que de son temps, au seizième siècle, la formule suivante était en grand honneur: « *Caro caruge, sanum reduce, reputa sanum, Emmanuel Paracletus;* » grâce à cette formule magique, l'initié pouvait manier sans danger les Serpents venimeux, et une curieuse gravure de la première édition publiée à Venise en 1558 montre un charmeur attirant les Vipères (fig. 323).

En Vendée, on croit encore à l'efficacité de certaines formules magiques, et le docteur Viaud-Grand-Marais raconte la curieuse anecdote suivante qui montre bien à quel point la superstition est encore enracinée dans certaines campagnes. « Auguste, domestique, se rendait un soir, à la fin de juillet 1854, au bourg avec son maître; chemin faisant, il aperçut une Vipère étendue sur la route. Auguste s'était vanté quelques jours auparavant de *conjurer* tellement bien les Reptiles, qu'il pouvait les prendre sans aucun danger... Auguste fit trois signes de croix sur le Reptile, en prononçant à chacun de ces signes l'une des trois paroles: *ozi, oza, ozoa*. La Vipère se laissa prendre; Auguste la garda quelque temps dans ses mains, la faisant glisser de l'une dans l'autre, puis la lança avec violence contre la terre. La Vipère prit sans colère le chemin du buisson voisin... Auguste étendit de nouveau la main vers la Vipère, en renouvelant ses manœuvres cabalistiques et l'arrêta sur-le-champ, puis il la plaça dans sa main gauche comme la première fois. Mais ici la scène changea; l'animal s'élança sur la main qui le tenait, et la mordit à la naissance des doigts... Malgré tout ce qu'on put lui dire, Auguste préféra les soins des empiriques à ceux d'un homme de l'art, et leur attribua sa guérison, qui survint quelques jours après. »

(1) « Les Scythes trempent leurs flèches dans le venin de Vipère et du sang humain; l'action de ce poison est terrible; la mort arrive de suite par la plus légère blessure. »

(1) Matthiole, *Commentaires sur Dioscoride.*

Viper.

Caractères. — La Vipère aspic se distingue de la Bérus en ce que le dessus de la tête est couvert de petites écailles (fig. 324). La tête est plate, fortement élargie en arrière, en forme de cœur de carte à jouer ; le cou est dès lors nettement arrêté. La forme de la tête peut, du reste, un peu varier suivant l'état de relâchement ou de contraction des muscles faisant mouvoir les os si mobiles qui composent la face ; elle peut être alors plus ou moins elliptique, plus ou moins pyriforme. Le museau, carrément tronqué, avance sur la mâchoire inférieure et se retrousse, sans néanmoins se prolonger en pointe. L'œil est petit, enfoncé, à pupille verticale ; la narine est latéralement placée et percée dans une écaille creusée en entonnoir (fig. 317). D'après les recherches de Strauch, le caractère le plus constant pour séparer l'Aspic de la Péliade consiste dans le nombre d'écailles qui séparent l'œil des plaques labiales supérieures placées en dessous ; chez la Vipère berus ces plaques ne sont disposées que suivant une seule série, tandis qu'on compte deux séries chez la Vipère aspic. Disons, en outre, que la plaque supra-oculaire est distincte.

Les formes du corps sont lourdes et ramassées, la queue est courte, conique, décroissant rapidement. Les écailles sont à six pans, oblongues, entuilées et carénées ; l'extrémité de la queue est emboîtée par une écaille comme dans une sorte de cornet.

La Vipère aspic atteint, en général, une taille un peu supérieure à celle de la Péliade bérus et arrive assez souvent à 0^m,70.

Indiquer toutes les variétés de coloration ne serait pas possible, deux individus n'étant guère semblables à eux sous ce rapport ; aussi les espèces nominales décrites par plusieurs auteurs sont-elles nombreuses (*Coluber aspis, Coluber chersea, Vipera Redii, Charasii, Hugii, ocellata, atra, communis, Mathioli,* etc.). L'on peut dire, d'une manière générale, que le corps est lavé de brun, de roux, d'olivâtre, la teinte rousse prédominant ; parfois aussi la coloration varie du verdâtre, du noirâtre ou du gris cendré au jaunâtre, au fauve, au rouge brique, teintes sur lesquelles des taches tranchent par leurs tons plus foncés. Sur la tête se voit une ligne transversale brune, un peu concave antérieurement, quelquefois interrompue au milieu, qui joint les bords antérieurs des deux yeux ; sur le vertex se trouvent des points généralement au nombre de quatre ou de cinq ; puis, plus en arrière, et au sommet de la tête, deux traits bruns obliquement placés, convergeant et faisant un Λ renversé. Tout à fait sur la nuque existe une grosse tache noire commençant la série des taches du dos, qui forment, le plus souvent, une ligne sinueuse. Sur les flancs se trouvent des taches qui correspondent à chacun des angles rentrants de la ligne brisée du dos. Le bord des lèvres est blanc, grisâtre ou rosé ; les teintes du ventre varient presque autant que celles des parties supérieures, les plus communes étant le gris d'acier et le noir. Nous dirons également que les chasseurs et les paysans de certaines parties de la France distinguent, en général, trois variétés de Vipères, la grise, la rouge et la noire, ces deux dernières passant, à tort ou à raison, pour les plus dangereuses.

D'après Lenz, les individus vivant en Allemagne ont, pendant la vie, « le dos revêtu de quatre bandes noires longitudinales ou de taches d'un brun noirâtre ; les deux séries médianes forment des taches de forme sensiblement quadrangulaire, mais ne se disposent jamais en zigzag, bien qu'elles se réunissent souvent entre elles et soient rattachées par une ligne étroite qui court sur toute la longueur du dos. Les taches latérales sont plus petites ; le ventre est noirâtre, tacheté de blanc ou de rouge et rosé. » C'est une variété présentant cette coloration qui est représentée à la figure 324.

En Italie, d'après les recherches de Charles Bonaparte, on trouve des variétés de coloration bien distinctes, qui ont été désignées sous des noms particuliers. Telle est la *Vipère ocellée,* de Latreille et de Daudin, qui est d'un gris roussâtre, avec des bandes arrondies, isolées, bordées de noir ; le ventre est noir, largement marbré de jaunâtre. La *Vipère de Redi* a le tronc marqué de lignes brunâtres, formant quatre séries longitudinales, dont les deux du milieu se réunissent de manière à former une raie dorsale. La couleur est d'un rouge brun foncé chez la *Vipère aspic,* relevé de taches noires ; on ne voit pas de ligne sinueuse sur le dos. Sur la tête de la *Vipère chersea* se voient deux lignes divergentes qui se réunissent de manière à figurer un γ ; les lèvres sont blanchâtres ; le fond de la couleur du corps est rouge de rouille ou gris roussâtre.

Fig. 324. — La Vipère aspic (grandeur naturelle).

Assez souvent les mâles sont d'une autre teinte que les femelles. Les premiers sont roux ou rougeâtres, avec une ligne dorsale étroite à laquelle viennent se rendre alternativement, et à des intervalles à peu près égaux, des lignes transversales plus grandes. Les femelles, au contraire, sont grises ou noirâtres, avec la ligne flexueuse du dos bien marquée ; elles sont également plus grosses, plus longues que les mâles ; leur queue est plus brusquement rétrécie à la base et un peu moins triangulaire.

Distribution géographique. — « Pendant que la Vipère péliade, fait remarquer Strauch, habite les parties centrale et septentrionale du continent européo-asiatique et appartient par une faible partie de sa distribution à la région méditerranéenne, on trouve la Vipère aspic exclusivement dans cette dernière région. Sa zone d'habitation s'étend à peu près du 9ᵉ au 24ᵉ degré de longitude est de l'île de Fer et atteint, vers le nord, à peu près le 49ᵉ degré; vers le sud elle s'avance jusque vers le 37ᵉ degré de latitude nord.

L'Aspic existe en Espagne et en Portugal, où elle est représentée par une race particulière, se trouve dans la plus grande partie de la France, bien que rare vers le Nord et le Nord-Ouest, abonde dans certaines parties de la Lorraine et se rencontre dans toutes les régions montagneuses de la Suisse, surtout dans le Jura et dans quelques points du canton de Vaud et du Valais. En Italie, l'Aspic est commune dans toute la péninsule; elle manque, ainsi que la Péliade, en Sardaigne et dans quelques petites îles du Sud. L'espèce est rare en Grèce et en Dalmatie, et vit dans les parties septentrionales de l'Algérie. En Allemagne, l'Aspic ne se trouve guère que dans le Palatinat et la Bavière méridionale; dans les autres parties, elle est remplacée par la Vipère bérus. D'après Credler, l'Aspic est commune dans le massif central des Alpes, particulièrement dans le Tyrol; on la trouve encore dans la Carniole et dans l'Istrie. Suivant Sching, cette espèce ne s'élèverait pas très haut en altitude; Gredler a cependant recueilli une Vipère aspic dans les montagnes de Tiersen à l'altitude absolue de 2,000 mètres.

Mœurs, habitudes, régime. — L'Aspic habite, d'après Schrinz, principalement les coteaux secs et rocailleux, inclinés vers le midi et couverts de ronces et de taillis; c'est là surtout que se rencontre la demeure de la Vipère, bien que, pendant les chaudes journées, ce Reptile puisse venir jusque dans les champs à la recherche des cailles et des autres oiseaux qui déposent leur nichée sur le sol. A l'approche de la mauvaise saison, beaucoup d'individus quittent la montagne pour se rapprocher davantage des endroits habités. On les trouve assez généralement dans les localités arides, exposées au soleil, moins dans les grands bois que le long des haies et au voisinage des tas de pierres et des roches; c'est ainsi qu'aux environs de Paris, dans la forêt de Fontainebleau, on a surtout chance de voir des Vipères dans les gorges d'Apremont, aux grands rochers si pittoresques et si bizarrement découpés, au milieu des genévriers rabougris et des fougères odorantes,

dans les endroits où le sol est recouvert de fragments de grès et d'aiguilles de pin.

L'Aspic craint la pluie et le froid et ne chasse guère par le mauvais temps, si ce n'est parfois avant l'orage, alors qu'elle est particulièrement irascible. Dès que le soleil reparaît, on la voit sortir de son repaire et ramper avec rapidité. On l'aperçoit souvent mollement étendue sous les branches d'un buisson, ou enroulée immobile en plein soleil; peu matineuse, elle ne se montre au printemps et à l'automne qu'après la disparition de la rosée. Bien que la forme de la pupille puisse faire croire à des habitudes essentiellement nocturnes, la Vipère ne sort guère cependant la nuit que pendant l'été; lorsque la chaleur devient excessive, elle se cache dans les fourrés et descendrait même, d'après plusieurs observateurs, dans les prés humides et sur le bord de l'eau; les formes lourdes et trapues de la Vipère aspic en font cependant un bien mauvais nageur.

Au printemps, il est commun de trouver les Aspics par couples, mâle et femelle.

L'Aspic s'engourdit vers le commencement de la mauvaise saison. Dès la fin d'octobre ou dans les premiers jours du mois de novembre, Vipères et Vipéreaux se retirent dans quelque galerie souterraine, sous la mousse, dans un creux d'arbre ou dans un vieux mur, pour y attendre, souvent roulés en paquets et entrelacés entre eux, que les beaux jours viennent les rendre à la vie; l'hivernation cesse en général au milieu de mars, et c'est alors que ces animaux se recherchent.

Vers le commencement d'avril, les Vipères mettent au monde des petits vivants qui entraînent avec eux les débris des œufs dans lesquels ils étaient renfermés; la portée est généralement de six à quinze Vipéreaux mesurant chacun de 15 à 18 centimètres de long. D'après Viaud-Grand-Marais, les anciens attribuaient aux Serpents venimeux des mœurs de famille dignes des Atrides; entre autres griefs, ils reprochaient aux Vipères de dévorer leurs petits. Des Vipéreaux ont, en effet, été trouvés dans le tube digestif de leur mère; mais il y a erreur dans l'observation de ce fait singulier. Les femelles d'Aspic et de Péliade veillent sur leurs petits jusqu'à ce que leurs crochets soient soudés aux os qui les supportent; elles les défendent avec courage en exposant leur propre vie pour les sauver; à la moindre alerte elles les reçoivent dans leur gueule et fuient avec eux; ainsi fait un Serpent, proche parent des

Vipères, le *Fer de lance* de la Martinique. »

D'après Duméril et Bibron, la « vie des Vipères persiste longtemps. On cite l'histoire d'une de ces Vipères qui fut étranglée et suspendue par le cou pendant vingt-quatre heures et qui, paraissant tout à fait morte, avait été le lendemain posée et arrangée sur du plâtre liquide, après qu'on l'eut huilée convenablement, dans l'intention d'en obtenir un moule. On la recouvrit d'une autre couche de plâtre et elle y fut laissée jusqu'à parfaite consolidation. Le lendemain, par conséquent quarante-huit heures après la mort apparente, lorsqu'on enleva la calotte de plâtre à creux perdu, le Serpent sortit plein de vie et chercha à échapper par la fuite. On a vu des Vipères survivre à la submersion pendant plusieurs heures dans l'eau, dans l'huile et même dans l'eau-de-vie et résister aux blessures les plus graves. Des têtes cherchaient à mordre après les avoir séparées du tronc dans le but de préparer des bouillons auxquels on attribuait de grandes vertus en médecine.»

D'après Schwintz, les mouvements de la Vipère sont lents et embarrassés ; l'animal cherche à fuir lorsqu'on s'approche de lui et c'est seulement lorsqu'il ne peut le faire, lorsqu'on cherche à s'en emparer, ou qu'on marche sur lui, qu'il se défend et mord.

Les Vipères ne se nourrissent que de proies vivantes et font surtout la chasse aux Mulots, aux Campagnols, aux Musaraignes ; elles mangent aussi, d'après quelques observateurs, des Orvets, des Lézards, des Batraciens, tandis que, d'après d'autres naturalistes, elles dédaigneraient absolument ces proies ; jeune, elle vit surtout de Vers et d'Insectes ; friande de jeunes couvées nouvellement écloses, la Vipère s'attaque aux oiseaux dont le nid est près du sol.

En liberté, la Vipère est toujours sur ses gardes ; rien n'égale son extrême prudence ; elle supplée par la ruse à son défaut d'agilité. «Un animal vient-il troubler l'affût, dit Viaud-Grand-Marais, la Vipère montre de l'inquiétude ; cependant elle ne quitte son poste que lorsqu'elle est sur le point d'être attaquée. Ses sens lui ont-ils signalé l'approche d'un être faible, pas un mouvement ne trahit sa joie ; elle attend avec patience que sa victime soit à portée, puis fond sur elle comme un trait. Si la proie est un animal à sang froid, le Serpent se met immédiatement à la dévorer, mais s'il s'agit d'un oiseau ou d'un petit mammifère, elle le blesse d'un premier jet, puis se replie sur

elle-même pour ne revenir qu'au moment où, sous l'influence du venin, les dernières convulsions ont cessé ; elle engouffre alors l'animal tout d'une pièce, l'inonde de bave et le dévore lentement »

Pour la Vipère, plus encore que pour les Couleuvres, on prétend que le Reptile exerce par son regard un pouvoir magnétique sur les petits animaux, qu'il les charme, qu'il les fascine. Nous avons dit plus haut ce qu'il faut penser de ce prétendu pouvoir de fascination attribué aux Serpents, et nous n'y reviendrons pas ici. Ce qui est certain, c'est que le Serpent se jette sur sa proie avec la rapidité d'une flèche, avec la force d'un ressort qui se détend, de telle sorte que la victime semble courir au-devant de l'ennemi et se précipiter dans sa gueule. Il peut parfois arriver, nous l'avouons, que des animaux effrayés tombent d'eux-mêmes dans le péril en voulant l'éviter ; tel un enfant effrayé perd la tête et se jette sous les roues d'une voiture. Bien loin d'être fascinés, les animaux qui ne peuvent fuir attaquent souvent résolument leur ennemi. Viaud-Grand-Marais rapporte à ce propos qu'une Souris fut placée dans une cloche en verre où se trouvait déjà un Aspic ; la courageuse petite bête se jeta intrépidement dix à douze fois sur le Reptile et le mordit de toutes ses forces ; la Vipère déconcertée ne cherchait qu'à fuir. Nous nous rappelons d'avoir mis un soir un Campagnol dans une cage contenant une Vipère ; en ouvrant le lendemain, nous vîmes, non sans étonnement, que la Vipère avait la tête à moitié dévorée.

Captivité. — En captivité, l'Aspic se comporte comme le Berus, il ne s'apprivoise jamais, reste toujours farouche et ne se décide que difficilement à manger. De même que la Péliade, l'Aspic qui vient de faire un repas vomit presque aussitôt qu'elle est capturée. L'Aspic vit généralement en bonne intelligence avec les animaux qui partagent sa captivité, si ce n'est cependant avec les Souris et surtout avec les Mulots et les Campagnols, à qui elle fait une guerre acharnée.

«Un hiver, raconte Wyder, j'avais cinq Vipères de moyenne taille dans une cage en verre. Un beau jour j'introduisis un rat, persuadé qu'il serait bientôt mordu et tué. Il n'en fut rien et toutes les bêtes vécurent en meilleure intelligence pendant plusieurs semaines. »

Ennemis de la Vipère. — Plusieurs animaux sont les alliés naturels de l'homme, en étant les ennemis de la Vipère. Les rapaces à serre puissante font souvent la guerre aux Serpents ; tels sont l'Aigle botté, le Jean-le-blanc, les Buses, les Busards, le Milan ; d'autres oiseaux, la Cigogne et les Corbeaux, nous rendraient encore service. Le Hérisson passe pour être l'ennemi naturel de la Vipère, et des expériences du professeur Lenz il semblerait résulter que le Hérisson ne craindrait nullement la morsure de son redoutable adversaire ; bien que l'utilité du Hérisson soit problématique pour la destruction du Reptile, il est cependant rationnel de chercher à l'introduire là où les Vipères abondent ; le Hérisson est d'ailleurs beaucoup plus utile que nuisible, et la chasse active qu'il fait aux insectes et aux limaces devrait le faire protéger.

Le plus grand destructeur de la Vipère doit être l'homme ; il faut qu'il mette partout à prix la tête du dangereux Reptile, trop commun encore dans certaines parties de la France. C'est ainsi que le docteur Viaud-Grand-Marais rapporte qu'une chasseresse de Vipères de la Vendée tuait, en moyenne, 2062 de ces animaux, ce qui lui faisait une petite rente de 515 francs, bon an mal an. La Côte-d'Or et le Poitou sont également infestés de Vipères ; en 1865, le conseil général de Dijon a alloué un crédit de 7848 fr. 30 pour la destruction de 26,161 Vipères à raison de 0 fr. 30 pour chaque animal. Dans les Deux-Sèvres, une somme de 13,965 fr. 50 aurait été allouée en prime de 0 fr. 25 pendant les années 1864 à 1868, ce qui représenterait le chiffre énorme de 55,462 Vipères détruites en cinq ans dans ce seul département !

Action du venin. — La Vipère est le Serpent venimeux sur lequel ont été instituées des expériences à bon droit restées célèbres.

A la cour du grand-duc de Toscane Ferdinand II, au dix-septième siècle, vivait un médecin érudit, Redi, qui chercha à voir ce qu'il y avait de vrai dans les assertions des anciens relativement au poison de la Vipère. Quelques expérimentateurs prétendaient que le venin de ce Reptile a son siège dans les dents ; d'autres soutenaient que les dents ne sont pas venimeuses par elles-mêmes, mais que le poison venait de la vésicule du fiel, parce que le fiel de la Vipère agit comme un poison redoutable ; d'autres encore pensaient que la salive était empoisonnée, tandis que le plus grand nombre, se rattachant aux idées des anciens, plaçaient dans la queue le siège du venin, et c'est de cette opinion qu'est venu le dicton « le ve-

nin est dans la queue, *in caudâ venenum* ».

Galien, Pline, Avicenne, Haly Abbas, Albucasis, Guillaume de Plaisance, saint Arduin, le cardinal de Saint-Pancrace, Bertruccius Bononiensis, Cæsalpinus, Baldus, Angelus Abbatius, Cardanus, Jules Cæsar Claudin et beaucoup d'autres auteurs, prétendaient que la bile était le véritable venin de la Vipère. « Tous ces auteurs, dit Lenz, d'après Redi, soutenaient cette opinion, et les savants de la cour du duc de Toscane étaient du même avis. Jacob Sozzi, un chasseur de Vipère, assistait dans un coin à la docte conférence et souriait ; il s'avança alors en riant, prit du fiel de Vipère, le mélangea à de l'eau et l'avala, s'offrant de recommencer l'expérience si on le désirait. Les savants furent unanimes à penser que le téméraire avait eu soin de prendre auparavant un contre-poison, de telle sorte qu'ils ne furent nullement convaincus. Ils administrèrent du fiel de Vipère aux animaux les plus divers ; ceux-ci aussi ne ressentirent aucun fâcheux effet ; un Chat même, après avoir avalé le terrible poison, se pourléchait le museau avec délice, car il trouvait la chose excellente. On blessa nombre de bêtes et on leur inocula du fiel de Vipère, mais en vain. Les partisans de la vénénosité de la bile furent vaincus.

« Sozzi alla plus loin. Il prit une grosse Vipère, lui lava la gueule avec de l'eau qu'il avala intrépidement ; il renouvela l'expérience avec trois autres Aspics. Un bouc et un canard à qui on fit avaler le même breuvage n'en ressentirent aucun effet fâcheux ; il n'en fut pas de même lorsqu'on versa dans une plaie qu'on leur avait faite la salive du Serpent, car ils moururent promptement, de telle sorte qu'il fut bien avéré que le venin résidait dans la gueule du Reptile. »

Redi entreprit alors les expériences les plus diverses. Il fit l'essai des plantes nombreuses qui passaient pour un antidote assuré contre le venin et s'assura qu'elles n'avaient aucune action ; il en fut de même pour la chair et les os pilés de l'Aspic. Aristote, Nicandre, Galien, Pline, Paul d'Egine, Sérapion, Avicenne, Lucrèce et plus tard beaucoup d'écrivains célèbres, avaient soutenu que la salive humaine est un poison mortel pour les Serpents venimeux. Redi, pendant quinze jours de suite, fit boire de cette salive à des Vipères sans qu'elles en fussent nullement incommodées. Pline rapporte que l'odeur du frêne fait fuir les Serpents, la Vipère en particulier. Redi

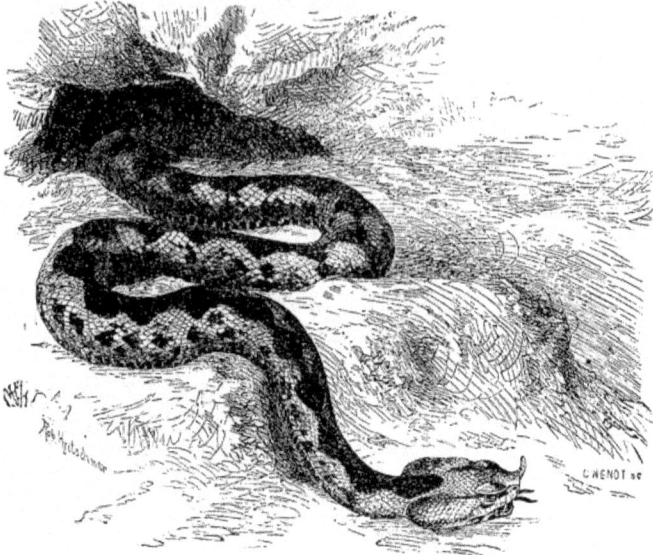

Fig. 325. — La Vipère ammodyte (2/3 grand. nat.).

mit cette plante dans la cage où il tenait des Vipères et vit que celles-ci, bien loin de se sauver, se cachaient sous les feuilles.

A la fin du siècle dernier, Fontana reprit et compléta les recherches de Rédi. D'après Duméril et Bibron, qui ont analysé le consciencieux mémoire de Rédi, ce savant expérimentateur « a d'abord admis que le venin n'a aucune action sur le corps de certains animaux comme sur sa propre espèce, sur les orvets, les limaçons, les sangsues. Il a vu qu'elle n'est ni acide ni alcaline, quoique sa saveur difficile à déterminer ait pu donner l'idée d'une substance astringente et légèrement narcotique, d'une consistance comme gommeuse, qui, en se desséchant, jaunit un peu et se concréfie; que sous cet état, on la retrouve dans la cavité de la dent, longtemps après la mort de l'animal.

« Un milligramme, ou un centième de grain de ce venin introduit dans un muscle chez une fauvette ou un serin, suffit pour tuer ces petits oiseaux presque instantanément, tandis qu'il en faut au moins six fois davantage pour faire périr un pigeon; et l'habile expérimentateur

a vu tout celui qu'il avait pu exprimer d'une Vipère fort active, ne produire en quelque sorte aucun effet sur un corbeau, quoique la totalité de cette humeur s'élevât à la quantité de 10 centigrammes ou 2 grains. D'après ce calcul, Fontana conclut qu'il en faudrait au moins 15 centigrammes pour produire la mort chez un homme et 60 centigrammes pour faire périr un bœuf.

« Au reste, il est probable que, selon l'organe blessé, il peut y avoir de grandes différences dans la nature, la promptitude et la gravité des symptômes. Les piqûres faites au cou, par exemple, sont, dit-on, plus périlleuses que celles des membres, en raison du voisinage du larynx, du pharynx et des nerfs pneumo-gastiques et surtout de la multitude des veines et des ganglions lymphatiques absorbants qui se rencontrent dans cette région, et de leurs rapports avec les organes digestifs et respiratoires. »

De ces expériences, Fontana a conclu que la puissance du venin s'accroît avec l'activité de l'animal et son état de colère, que plus longtemps la Vipère maintient ses crochets dans la

BREHM. — V.

plaie, plus sûrement elle empoisonne. D'après lui, le sang des animaux mordus se coagule, le sérum se sépare des globules et se répand dans le tissu cellulaire, ce qui anéantit la circulation et amène la mort. Des grenouilles peuvent résister longtemps à l'action du venin, parce que chez elles les actes de la circulation et de la respiration peuvent être suspendus pendant un certain temps sans que les animaux succombent.

Médicaments tirés de la Vipère. — Une singulière interprétation du dicton populaire qui prétend que la nature a toujours placé le remède à côté du mal a fait employer contre le venin de la Vipère certaines parties de la Vipère elle-même, telles que le sang, la chair, le foie, les cendres ; la poudre, préparée avec le foie et le cœur de cet animal, passait pour très active ; le fiel était employé comme sudorifique à la dose de deux gouttes ; dans le célèbre emplâtre de Vigo extrait de la graisse de Vipère mêlée à des grenouilles et à des vers de terre cuits vivants, condition fort essentielle. La thériaque, chaos informe dans lequel toutes les drogues de l'ancienne pharmacopée venaient se confondre, devait sa réputation aux Vipères qui entraient dans sa composition, et il s'en exportait une quantité réellement considérable jusqu'à Venise, un des lieux principaux de fabrication du célèbre électuaire. Il est inutile, sans doute, de faire remarquer que la Vipère a disparu de l'officine, allant rejoindre dans un juste oubli ces étranges médicaments, aussi dénués d'efficacité que dégoûtants, tels que la mousse recueillie sur le crâne d'un pendu, remède contre l'épilepsie. Si la thériaque a une action, bien faible en réalité, elle le doit à l'opium, dont elle contient un peu plus du centième de son poids.

La chair de Vipère était mangée fraîche, rôtie sur le gril, employée en infusion dans le vin, en sirop, en gelée, en bouillon, en poudre obtenue après la dessiccation.

On a employé le venin de la Vipère contre certaines maladies, la fièvre jaune, le choléra, les maladies de cœur, la rage, la lèpre ; un médecin a même été jusqu'à proposer la morsure de la Vipère contre l'hydropisie. Le venin des Serpents n'a été jusqu'à présent d'aucune utilité dans l'art de guérir, et comme le dit si justement A. Viaud-Grand-Marais « nul profit thérapeutique n'a encore été tiré du venin des Serpents, et l'homme n'a utilisé jusqu'ici ces agents puissants que comme instruments de destruction et de mort. »

Chasse. — D'après M. Lataste, « quand on désirera se procurer des Vipères, il faudra s'informer auprès des gens de la campagne des localités qui passent pour en être infectées, et s'y rendre, la jambe et le pied protégés par une bonne paire de bottes ou de guêtres qui empêcheront les crochets à venin d'atteindre la chair, ou du moins arrêteront le venin au passage. On s'armera d'une canne, d'un flacon d'alcali et d'une lancette en cas d'accident, et l'on emportera un sac en cuir ou tout autre ustensile destiné à recevoir le produit de la chasse. Quand on apercevra une Vipère, on mettra le pied dessus et on la saisira par l'extrémité de la queue ; ou bien, appuyant la canne sur son corps, on la fera rouler jusque sur la nuque, et l'on pourra prendre sans danger le Reptile par le cou, près de la tête. Cette dernière méthode est préférable, car, quoique la Vipère suspendue par la queue ne puisse remonter jusqu'à la main qui la supporte, un faux mouvement pourrait la remonter du corps. On pourra aussi saisir l'animal avec de grandes pinces plutôt qu'avec les doigts. Il sera plus facile avec celles-ci de le faire entrer dans le sac ou dans le vase qui devra le contenir (1). »

L'AMMODYTE. — *VIPERA AMMODYTES.*

Sandotter.

Caractères. — Les formes de l'Ammodyte sont celles de la Vipère aspic ; le museau est relevé en une pointe molle, couverte de petites écailles (fig. 318) ; le dessus de la tête, qui est aplati, est protégé par des écailles (fig. 321). Les écailles du tronc sont disposées suivant vingt et une ou vingt-trois séries.

De même que pour les deux autres espèces précédemment décrites, la coloration est variable. Le corps est le plus souvent d'un jaune brunâtre, parfois relevé de rouge ou de brunâtre ; certains individus sont d'un rouge rosé vraiment éclatant. Le dos, ainsi qu'on le voit sur la Vipère, est orné d'une bande disposée en zig zag qui commence à la nuque et se continue jusque sur la queue ; cette bande est formée de losanges allongés qui se disposent en série, chaque angle rejoignant l'angle du losange

(1) *Essai d'une faune erpétologique de la Gironde,* p. 172, 1874.

suivant (fig. 325). Des lignes sombres entourent les losanges et les font d'autant plus vivement ressortir. Le ventre est jaunâtre, tacheté et ponctué de brun ou de noir.

Distribution géographique. — L'Ammodyte est surtout une espèce du sud-est de l'Europe; on la trouve en Carinthie, dans le Tyrol, la Hongrie, l'Istrie, la Dalmatie, l'Herzégovine, la Grèce, le sud de l'Italie, la Turquie, le nord de l'Afrique et probablement aussi dans une partie de l'Asie Mineure; elle est également signalée de la péninsule ibérique.

En Carinthie, d'après Gallenstein, c'est le plus commun des Serpents venimeux; il en est de même en Istrie et dans la Carniole. D'après Gredler, elle est, dans le Tyrol, fort limitée et ne se trouve que dans une zone très restreinte, principalement aux environs de Bozen. L'espèce se trouve abondamment dans l'Istrie, la Dalmatie et la Hongrie. Elle a été recueillie par Erhard dans les Cyclades et par Bory Saint-Vincent dans le sud de la Grèce. L'Ammodyte est beaucoup plus répandue en Italie qu'on ne le croit généralement, et se trouve mélangée à la Vipère aspic. D'après certains collectionneurs, l'espèce aurait, en France, été trouvée dans le Dauphiné, mais ce dire mérite confirmation. En Espagne et en Portugal, on la rencontre partout, au voisinage des villes et des villages; elle pénètre même dans le quartier juif de Séville, dans les jardins de Madrid et dans les cloîtres de l'Escurial. Plusieurs naturalistes ont recueilli l'Ammodyte dans le sud et l'est de la Turquie, dans le nord de l'Algérie, en Syrie, dans les contrées transcaucasiennes, de telle sorte que l'aire de distribution de cette espèce s'étend du 9° au 65° degré de longitude orientale de l'île de Fer et du 34° au 48° degré de latitude nord.

Mœurs, habitudes, régime. — L'Ammodyte aime les lieux montueux, arides et pierreux, bien exposés au soleil. Il paraît qu'en été, lorsque la chaleur devient trop forte, ce Reptile descend dans les pâturages, cherchant la fraîcheur dans les herbes les plus hautes et les plus touffues. Effeld a trouvé cette espèce sous les pierres, dans des trous creusés par d'autres animaux et abandonnés, dans les broussailles; elle affectionnerait surtout les coteaux plantés en vignes.

D'après Gredler, l'Ammodyte se montrerait, dans le Tyrol, dès le mois de mars, et se trouverait encore tard en automne. Dans les Cyclades et dans le sud de l'Espagne c'est à peine

si, çà et là, elle hiverne. Effeld ne l'a jamais trouvée en plein midi, mais seulement de bon matin et tard vers le soir; cet observateur n'a souvent rencontré l'Ammodyte qu'à la nuit tombante, et cela dans des endroits où il l'avait vainement cherchée pendant la journée; un paysan hongrois lui ayant raconté que l'on ne trouve jamais de Vipères pendant le jour, mais que pendant la nuit, il suffit d'allumer du feu pour voir ces animaux venir en foule, Effeld suivit ce conseil et put ainsi recueillir jusqu'à vingt et un Ammodytes dans une seule nuit.

La nourriture de l'Ammodyte se compose de petits quadrupèdes, de lézards et d'oiseaux; il recherche les nids pour s'emparer de leur progéniture. Ce Serpent est, d'après Erber, très adroit pour s'emparer des oiseaux; il les mord et attend ensuite patiemment; l'animal s'élève en poussant des piaillements plaintifs, bat de l'aile plusieurs fois, puis retombe inanimé sur le sol; il est alors la proie du Reptile.

Les petits naissent en août et en septembre. En septembre, une femelle tenue en captivité par Erber mit au monde deux petits qui malheureusement étaient morts; ils n'étaient probablement pas à terme.

Ennemis. — Daudin rapporte que l'Ammodyte est souvent la proie de plusieurs oiseaux carnivores, tels que les Vautours et les grandes Chouettes, qui s'en emparent avec beaucoup d'adresse, de manière à éviter les morsures.

Captivité. — Les premières Ammodytes qui parvinrent à Erber lui furent envoyées avec cette mention que jamais ces animaux ne mangent en captivité. L'observation donna un démenti formel à cette anecdote, car des Ammodytes tenues en cage par Erber, non seulement mangeaient avec avidité les souris qu'on leur donnait, mais encore enlevaient la nourriture à des Vipères d'autres espèces renfermées dans la même cage; elles arrachaient de la gueule de Vipères aspics plus faibles des souris saisies par ces dernières, et cela avec des sifflements de colère. Les Ammodytes étaient, du reste, si voraces qu'elles prenaient indifféremment des souris mortes ou des souris vivantes.

Erber rapporte que ces Ammodytes étaient si paresseuses, que très souvent elles négligeaient de se servir de leurs armes; il raconte à ce propos le fait suivant dont il a été témoin. Cet observateur jeta un jour une souris étourdie par un coup dans la cage occupée par des Ammodytes. La souris fut immédiatement saisie par un des Serpents; le petit rongeur sortit alors de son étourdissement et chercha à s'enfuir, en s'appuyant de toutes ses forces sur ses pattes de devant, car il avait été en partie avalé par le train postérieur. Au bout d'un certain temps le Serpent laissa échapper sa victime, toute couverte de bave, mais vivant encore. La souris mourut quelques instants après; il en fut de même du Reptile.

D'après Effeld, l'Ammodyte vit en bonne intelligence avec les Serpents qui partagent sa captivité, qu'ils soient venimeux ou non; elle est moins irascible que la Péliade bérus et s'apprivoise jusqu'à un certain point; elle n'en reste pas moins toujours dangereuse et, comme toutes ses apparentées, ne doit être maniée qu'avec les plus grandes précautions.

« En septembre 1857, raconte Erber, je reçus de Dalmatie deux Ammodytes et, au commencement de décembre, on m'adressa un troisième exemplaire; je possédais déjà, du reste, deux jeunes animaux de la même espèce. Mes Reptiles n'hivernèrent pas, bien que je les eusse placés dans un endroit frais; ils mangeaient régulièrement chacun une souris par semaine. Lorsque les souris étaient mordues à la tête, elles poussaient un cri plaintif et étaient tuées presque instantanément; elles vivaient jusqu'à cinq minutes si la morsure avait porté sur un autre endroit du corps. Il arrivait qu'une Vipère tenait sa proie, puis la laissait là, pour ne la manger que le lendemain, souvent lorsque l'animal était devenu tout raide. Mes animaux ne mangeaient que pendant la nuit; l'Ammodyte est, du reste, à ce moment toujours plus active que pendant le jour. Mes Serpents boivent assez souvent. La présence de l'homme ne les excite pas, tandis qu'elles se mettent de suite en colère à l'aspect seul du chien, sifflent et se redressent. L'Ammodyte est, du reste, un animal prudent qui se met rapidement sur la défensive.

« En décembre 1857, raconte le même observateur, on m'apporta un rat adulte qui s'était fait prendre par une des pattes de derrière dans une trappe; le rongeur était très vif et cherchait à se débarrasser par tous les moyens possibles. J'enlevai alors un mâle de Vipère ammodyte de sa cage, je le plaçai sur le plancher de la chambre et je mis le rat devant lui. Aussitôt la Vipère se mit sur la défensive et mordit le rat. Je remis alors l'Ammodyte dans sa cage et laissai libre le rat. Celui-ci chercha tout d'abord à se cacher et se réfugia sous un meuble; bientôt après il sortit de sa cachette, examina curieusement tout autour de lui, puis but un peu d'eau que je lui versai. Quelques instants après, le rat devint inquiet, ses poils se hérissèrent, il mordit tout autour de lui, s'étendit et mourut en poussant des cris plaintifs avant qu'un quart d'heure ne se fût écoulé depuis le moment de la blessure. »

Action du venin. — Le même observateur a fait de nombreuses expériences sur l'action du venin de l'Ammodyte, et voici le résumé des principaux résultats constatés par Erber. « Je n'ai obtenu, dit-il, aucun effet en faisant mordre la Couleuvre à collier, la Couleuvre à anneau et la Couleuvre d'Esculape; chez les Lézards, bien au contraire, la piqûre amenait presque instantanément de la paralysie, puis la mort. Des Crapauds furent malades quelques jours, puis finirent par se rétablir. Des Tritons, replacés dans l'eau après avoir été mordus ne manifestèrent d'autre symptôme que de venir respirer à la surface de l'eau toutes les deux ou trois minutes, tandis qu'à l'état normal ils ne le font que toutes les huit ou dix minutes. La Salamandre terrestre, aussitôt après la morsure, se couvre d'une bave blanche abondante et meurt. Les Batraciens empoisonnés deviennent raides peu de temps après leur mort.

« Pour ce qui concerne l'action du venin sur l'homme, je ne puis rapporter qu'un seul fait qui malheureusement s'applique à ma femme à qui je laisse raconter l'accident. « Pendant l'absence de mon mari, j'avais la charge de prendre soin des Reptiles, de leur donner à manger et de nettoyer leurs cages. Pour donner de l'eau fraîche aux Vipères ammodytes, je plaçai trois récipients sur une table, puis j'ouvris la cage et je mis le réservoir au moyen d'une longue pince. Pendant ce temps on sonna à la porte et, dans ma précipitation, j'oubliai de refermer la porte de la cage. Lorsque j'entrai de nouveau dans la chambre, je vis, à ma grande frayeur, une Vipère sortir la moitié de son corps de la cage. Effrayée, je ne savais que faire; je n'avais pas assez de sang-froid pour penser à ramener le dangereux Reptile au moyen de la pince, mais je le pris imprudemment avec la main et le lançai dans la cage. Tout cela fut l'affaire d'un instant, mais lorsque je voulus refermer la cage, la Vipère fortement irritée se jeta sur

Fig. 126. — La Vipère élégante (1/5ᵉ grand. nat.).

moi du fond de la cage et me mordit au bras gauche. Je fus tellement effrayée de l'attaque soudaine du Serpent, que je ne pensai pas tout d'abord à ma blessure. Celle-ci avait l'apparence d'une toute petite égratignure qui ne me faisait aucun mal; cela ne dura cependant qu'un instant. J'éprouvai tout à coup des vertiges si violents que je dus m'asseoir; en même temps le point piqué devint verdâtre et j'y ressentis des douleurs lancinantes. Je n'hésitai pas alors à prendre une plaque d'acier qui, par bonheur, se trouvait dans le feu, et à l'appliquer contre la piqûre. Il se produisit une grande vésicule de couleur sombre, et dans le voisinage de la blessure apparurent plusieurs petites vésicules rouges. La tension de la peau devint bientôt insupportable et je sectionnai la vésicule; il s'en écoula un liquide sale coloré

en noir, que j'exprimai le plus possible, malgré la violence de la douleur. Je bandai la blessure avec soin et au bout de huit jours celle-ci, à ma grande satisfaction, était complètement guérie. »

D'après Erhard, la morsure n'a pas toujours une terminaison aussi favorable. « La Vipère ammodyte, dit-il, est trop fréquemment funeste aux vignerons, mais surtout aux enfants. Elle possède un venin beaucoup plus actif que celui de la Vipère italienne, de telle sorte qu'il y a grand danger de mort lorsque la blessure porte pendant la saison chaude sur un individu jeune ou affaibli. Il est heureux que l'Ammodyte soit un animal lent et paresseux dont la présence se révèle par une odeur d'ail vraiment insupportable. Comme cette Vipère n'attaque pas et qu'elle ne mord que si on veut la saisir ou qu'on marche sur elle, elle serait réellement peu à craindre, si la négligence des Grecs n'était réellement excessive, de telle sorte qu'ils ne prennent aucune espèce de précaution. Je connais le cas d'un berger qui, mordu à la joue par une Vipère ammodyte, fut atteint d'un sorte de molluscum qui s'étendit sur la langue et sur la voûte palatine, jusqu'au voile du palais; chose curieuse, chaque année, à la date précise où il avait été mordu, le malheureux berger voyait les mêmes accidents se reproduire. »

LA VIPÈRE ÉLÉGANTE. — *VIPERA ELEGANS.*

Rettenviper.

Caractères. — La Vipère élégante de Merrem et de Daudin (*Vipera* et *Echidna Russellii, triseriatus, pulchella, daboia, trinoculus*), la *Daboya* et le *Tikpalonga* des Singalais, le *Jessour* et le *Oulou Bora* des Bengalais, le *Kourouada-Byrian* ou Vipère vitrée, le *Koutouri-Pambou* ou Serpent à pinces, le *Katouka, Ratoula-Poda* des Indous, le *Cobra-Manil* des colons Portugais, est une des plus grandes et des plus belles Vipères; elle peut atteindre, en effet, jusqu'à 2^m,10.

Cette espèce fait partie du sous-genre Echidnée, de telle sorte que les narines, qui sont larges et latéralement placées, sont entourées de trois plaques et d'une peau molle et lisse. La tête est relativement longue et très haute, peu élargie en arrière; le museau est fort épais en avant et arrondi; la plaque rostrale est haute, étroite, hexagonale. Le tronc est épais, mais la queue est remarquablement svelte. Des écailles petites et carénées recouvrent la partie supérieure de la tête; le tronc est revêtu d'écailles semblables, mais longues, disposées suivant vingt-sept à trente et une rangées.

La coloration, d'une grande beauté, présente un certain nombre de variétés suivant l'âge et probablement aussi suivant le sexe des individus.

Généralement, la face supérieure du corps est d'un jaune brunâtre, d'un gris brunâtre, d'un brun rougeâtre ou d'un brun jaunâtre, sur lequel se détachent, avec beaucoup d'élégance, de grandes taches ovalaires, plus ou moins allongées, régulières, d'un brun noir, bordées d'un large liséré jaune ou blanchâtre. Entre ces taches s'en trouvent d'autres plus petites. Les taches de la partie médiane forment trois séries longitudinales assez régulièrement espacées, de manière à ce que les latérales correspondent à l'intervalle que laissent entre eux les ovales médians; vers la partie postérieure du corps les taches médianes s'allongent (fig. 326).

Sur le devant du museau se voit un chevron de couleur blanche bordée de noir, qui s'élargit et s'arrête au-dessus de la lèvre; ce chevron est formé de cinq taches noires dont les deux postérieures, très grandes, sont bordées de noir avec un liséré blanc.

Sous le corps existent des bandes transversales formées de petites taches triangulaires du plus beau noir, cerclées de blanc.

Cette espèce, avons-nous déjà dit, varie dans sa coloration, aussi les Singalais distinguent-ils de nombreuses variétés, telles que le *Nidi*, le *Petta*, le *Lay*, le *Alou*, le *Nil*, le *Koulou*, le *Galla-Polonga*, etc.

Cette espèce est le type du sous-genre *Daboia*.

Distribution géographique. — Le cercle de distribution de cette Vipère s'étend sur toutes les Indes orientales, depuis Bombay jusqu'au Bengale, y compris Ceylan; on la trouve également à Siam, à Java, à Sumatra; elle est très commune dans certaines régions, par exemple au voisinage de Rangoun, dans les environs de Chingleput, dans les montagnes de Schewarog et dans l'Himalaya, où elle remonte jusqu'à la hauteur de 1 600 mètres. Elle est si abondante dans le cercle de Trincomanie que, d'après Tennent, le directeur de ce cercle a dû abandonner sa demeure.

Mœurs, habitudes, régime. — La Vipère élégante recherche de préférence les figuiers épineux qui forment d'épais fourrés; elle pénètre très fréquemment dans les endroits habités, et elle a plusieurs fois été trouvée dans le Jardin des plantes de Calcutta. Dans les endroits où il n'y a pas de buissons, cette espèce se cache sous les pierres ou dans les fentes des rochers. Pendant le jour, de même que toutes les autres Vipères, elle reste cachée ou se tient à proximité de son lieu de refuge; vient-elle à être troublée dans son repos, elle siffle d'une manière terrible; elle ne mord cependant que lorsqu'elle est attaquée ou agacée.

Les proies que la Vipère élégante ou Vipère à chaîne poursuit habituellement consistent en petits vertébrés, tels que souris, rats, oiseaux, grenouilles et crapauds. Schortt trouva dans l'estomac d'un de ces Serpents un rat des champs et dans un autre un énorme crapaud.

On a rapporté à Fayrer que cette Vipère va à l'eau; il est cependant probable qu'elle est presque exclusivement terrestre.

Schortt eut l'occasion d'observer une Vipère élégante en état de défense. Une personne tenant un enfant sur le bras rentrait chez elle vers le sior; elle avait presque atteint sa demeure, lorsqu'un boule-dogue qui l'accompagnait se mit à aboyer furieusement. Bien que la dame ne vît rien, elle eut cependant peur et appela au secours. Schortt était non loin de là et arriva; il vit une Vipère élégante couchée en travers du chemin par lequel la femme devait passer. L'animal avait le cou replié; la tête tenue horizontalement; ses yeux ardents suivaient tous les mouvements du chien, aux aboiements duquel il répondait par des sifflements stridents; il n'attendait que l'occasion de mordre mortellement. Schortt rappela le chien, et aussitôt le Serpent disparut avec la rapidité d'une flèche dans les hautes herbes du voisinage. Le jour suivant, le Serpent fut tué au même endroit.

Comme beaucoup d'autres Serpents venimeux de l'Inde, la Vipère élégante s'introduit assez fréquemment dans les habitations, attirée sans doute par les rongeurs qui y pullulent. C'est ainsi qu'un des amis de Tennent ayant soulevé le couvercle d'une boîte dans laquelle il devait prendre divers objets, la trouva occupée par un *Tik-polonga* qui s'était pelotonné.

Les Singalais affirment que la Vipère à chaîne et le Serpent à lunettes vivent dans une cruelle inimitié, mais que la première attaque toujours. Ce dire, probablement inexact, a donné lieu dans le pays au dicton populaire: « Ils se haïssent comme Serpent à lunettes et *Tik-polonga*. »

A Ceylan on explique cette inimitié de la manière suivante. Un jour, raconte-t-on, un jeune enfant, en l'absence de sa mère, jouait à côté d'une mare d'eau. Un *Cobra de Capello*, tourmenté par une soif ardente, apparut pour boire, et l'enfant, ignorant du danger, essaya de le repousser de la main. Le Serpent but cependant et continua ensuite son chemin, sans faire de mal à l'enfant. Avant que d'arriver à son repaire, le Cobra rencontra un *Tik-polonga* qui le questionna au sujet de l'eau qu'il avait bue. Le Cobra, qui connaissait la basse méchanceté de la Vipère, refusa d'abord

de répondre, car il craignait que celle-ci ne touchât à l'innocent qu'il avait épargné; il se laissa cependant aller à donner le renseignement demandé, mais avec la promesse expresse que le *Tik-polonga* ne ferait aucun mal à l'enfant. La Vipère promit tout ce qu'on voulut, mais à peine fut-elle arrivée près de la mare qu'elle se précipita sur l'enfant et lui donna la mort.

Du venin; son action. — Russel et Fayrer ont institué de nombreuses expériences sur l'action de la Vipère élégante, action qui ne le cède en rien à celle des Serpents les plus justement redoutés.

D'après Russel, une poule mordue sous l'aile mourut en moins de une demi-minute. Un chien de forte taille manifesta des signes d'empoisonnement après cinq minutes; au bout de dix minutes, les mouvements du membre blessé étaient difficiles, et au bout d'un quart d'heure absolument impossibles; le chien se coucha, tout en poussant des cris déchirants, se mit à respirer difficilement et bruyamment, fut pris de contractures dans les mâchoires, de crampes, et mourut dans d'atroces souffrances avant qu'une demi-heure fût écoulée depuis le moment de la blessure. Un lapin fut piqué par une Vipère élégante qui avait déjà mordu quatre autres animaux et mourut au bout d'une heure; un deuxième lapin succomba après six minutes seulement, bien que la Vipère eût déjà mordu cinq autres bêtes auparavant. Un cheval qui fut piqué aux naseaux ne se rétablit que le cinquième jour.

Fayrer a vu que des poules mouraient dans un espace de temps variant entre vingt secondes et deux minutes, que le chien résistait parfois pendant plusieurs heures, que le chat périssait souvent au bout de soixante-quinze minutes; un cheval mourut après une demi-heure, un autre après onze heures.

Trois chiens appartenant au nommé Daly, planteur de café aux Indes orientales, attaquèrent une Vipère à chaîne, et avant que leur maître pût tuer le Serpent, les trois chiens furent mordus l'un après l'autre; le premier mourut aussitôt, le second deux heures plus tard, le troisième fut malade pendant plusieurs mois, mais finit par se rétablir.

La mort arrive aussi fatalement qu'après la morsure par le Cobra capello; on cite cependant quelques cas de guérison après des morsures chez l'homme.

Bien que, dans l'Inde, la plus faible partie

peut-être des malheurs causés par les morsures de Serpents soit imputée à la Vipère élégante, cette espèce est cependant plus redoutée des Indiens que le Naja à lunettes; son genre de vie essentiellement nocturne la fait sans doute paraître plus perfide qu'elle ne l'est réellement. Il peut cependant se faire que ce Serpent figure pour une assez large part parmi les Serpents non dénommés qui, ainsi que nous l'avons vu plus haut, occasionnent chaque année tant de morts dans les Indes.

LA VIPÈRE HEURTANTE. — *VIPERA ARIETANS.*

Bussotter.

Caractères. — La Vipère heurtante (*Vipera arietans, inflata, Coluber clotho, intumescens, bitis, lachesis, Clotho arietans*) peut arriver à 1ᵐ,60 de long. Le corps est épais, la queue courte. La tête est large, fort distincte du cou, presque triangulaire ou pour mieux dire irrégulièrement quadrilatère, obtusément arrondie au museau. Le corps qui, à partir du cou, augmente rapidement de circonférence, s'épaissit bientôt hors de toute proportion, car sa section représente un large triangle arrondi vers les angles, dont le côté le plus large, la surface de base, forme l'abdomen (fig. 327). La forme est telle que cette espèce a été regardée comme une des plus horribles parmi les Serpents, aussi Günther écrit-il « que celui qui a comparé les Vipères à des crapauds est dans le vrai lorsqu'il applique cette expression à la Vipère heurtante. »

La tête et le corps sont recouverts d'écailles, dont celles du corps sont les plus grandes; ces écailles forment sur le tronc de trente-trois à trente et une séries.

Les narines, très largement ouvertes, sont complètement bordées par une peau lisse; elles s'ouvrent très près du museau, tout à fait sur sa face supérieure et sont séparées l'une de l'autre par deux paires de plaques ou d'écailles carénées.

La couleur que l'on voit surtout bien chez les animaux qui viennent de subir la mue est un jaune de sable qui s'assombrit peu à peu jusqu'à devenir brun-grisâtre sale. Une bande jaunâtre, largement bordée de noir, se voit entre les yeux; de l'œil à la partie la plus large de la tête se trouve une bande noirâtre; un trait de même couleur part du bord postérieur de l'orbite; le dessus de la tête est parsemé de petites taches sombres.

Le dos est orné de chevrons obliques, à angles tournés en avant, dont la série partage en espaces à peu près égaux toute la longueur du tronc. Les angles de ces chevrons sont en général plus vivement colorés en jaune clair que les bandes elles-mêmes; entre les chevrons des taches de forme très variable sont intercalées; la forme et la nuance de ces taches peuvent beaucoup varier; le fond de la coloration n'en reste pas moins très caractéristique pour l'espèce.

Distribution géographique. — La Vipère heurtante habite toute l'Afrique depuis le 47ᵉ degré de latitude nord jusqu'au cap de Bonne-Espérance; elle est particulièrement commune le long des côtes sud-ouest de ce continent, principalement vers le Gabon, et devient plus rare vers l'extrême sud de l'Afrique.

Mœurs, habitudes, régime. — Aussitôt qu'elle est inquiétée ou courroucée, ce dont nous avons pu nous rendre compte à la ménagerie des Reptiles du Muséum de Paris, la Vipère heurtante se gonfle de telle sorte que le corps peut atteindre près du double de sa circonférence. L'animal replie alors en S la tête retirée en arrière, fait entendre un sifflement fort et prolongé; sifflement que l'on peut comparer au passage rapide de l'air dans un conduit court et à surface inégale; ce bruit est dû en effet au frottement rapide de l'air expulsé à travers la glotte. Avant de mordre, l'animal dont nous nous occupons donne toujours comme un coup de bélier avec sa tête, ce qui justifie bien le nom de Vipère heurtante qui lui a été donné par Merrem en 1820.

Ries assure que lorsque l'animal est violemment excité, sa tête paraît être plus large que d'habitude et qu'elle se colore tantôt en bleuâtre, tantôt en rouge-bleuâtre. Nous n'avons rien observé de semblable sur les animaux en captivité que nous avons été à même d'étudier.

On connaît peu de chose sur les mœurs de la Vipère heurtante en liberté. « Dans le sud de l'Afrique, écrit Fritsch, cette espèce est rare aux environs mêmes du Cap, mais elle est fréquente dans les provinces orientales et très commune dans les États libres. Elle est de sa nature paresseuse, se meut très lentement, bien qu'elle se précipite sur sa proie avec la rapidité de l'éclair. Les indigènes prétendent qu'elle peut sauter assez haut pour atteindre un cavalier sur son cheval. Pendant le jour

Fig. 327. — La Vipère heurtante (1/5° grand. nat.).

elle est habituellement tapie au milieu des buissons ou cachée parmi les touffles d'herbe. C'est la nuit qu'elle se met en chasse ; elle arrive souvent jusque dans le voisinage des habitations, attirée qu'elle est par les rats et les souris.

« Un de mes amis me raconta qu'ayant un jour été se promener dans la forêt, il aperçut à son grand étonnement un gros campagnol qui restait au beau milieu du chemin sans faire aucun mouvement. Lorsque mon ami voulut s'assurer pourquoi le rongeur ne songeait pas à fuir devant lui, il aperçut tout près une énorme Vipère heurtante qui ne quittait pas de vue le campagnol. A la vue de l'homme, le Serpent sauta sur sa proie, la saisit et disparut promptement avec elle dans un trou situé tout près de là. La Vipère heurtante, d'ordinaire si paresseuse, alléchée par la perspective d'un bon repas, venait d'exécuter les mouvements les plus rapides.

« Il est rare, du reste, que notre Vipère soit aussi agile et aussi prévoyante. Il m'arriva un jour dans le pays de Betschuan de m'étendre sur le sol ; j'étais à la même place

depuis plus d'une demi-heure, lorsque, me soulevant pour éviter le soleil devenu trop ardent, je m'aperçus que je m'étais couché tout contre une Vipère heurtante qui s'était enroulée dans l'herbe. A cette vue, je saisis mon bâton, m'approchai du Reptile sans qu'il songeât à fuir et le tuai. »

Ce que nous savons par les autres voyageurs s'accorde avec cette relation. Anderson rapporte en effet avoir vu plusieurs fois des bœufs presque marcher sur des Vipères heurtantes, sans que celles-ci se dérangeassent ; il raconte également que la femme d'un de ses serviteurs trouva un jour une de ces Vipères dans son tablier de cuir.

De même que les autres Vipères, l'espèce dont nous nous occupons se nourrit surtout de petits mammifères, tels que rats, campagnols, souris, écureuils ; elle capture parfois des oiseaux ; il est peu probable, d'après ce que nous savons des animaux tenus en captivité, qu'elle mange d'autres reptiles ou des batraciens.

On raconte que les Hottentots font la chasse à la Vipère heurtante pour se procurer le venin nécessaire pour empoisonner leurs flèches. Ils montrent dans la capture de cet animal autant de courage que d'adresse, s'approchent avec précaution du Serpent lorsqu'il est en repos, lui posent brusquement le pied sur la nuque qu'ils pressent solidement contre le sol, tranchent la tête, puis, exprimant le contenu des glandes à venin, le mêlent au suc de certaines plantes. Il est difficile de savoir ce qu'il y a de vrai dans ce dire.

Drayson fait remarquer avec raison que dans l'Afrique du sud, pays cependant infesté de Serpents venimeux, on entend rarement parler de morts survenues par le fait de ces animaux. Il est vrai de dire que, au contraire des Hindous, les Cafres et les Hottentots sont très circonspects. Pendant le jour la Vipère heurtante est trop lente et trop paresseuse pour attaquer l'homme qui ne cherche pas à s'en emparer. Lorsque l'on voyage la nuit, on a toujours soin d'entourer le campement d'un cercle de feu qui attire bien les Serpents, mais ceux-ci, lorsqu'ils se sont approchés trop près de la flamme, ne cherchent jamais à franchir le cercle et se hâtent de rebrousser chemin.

Ce n'est pas à dire qu'il n'arrive parfois quelques accidents. Fritsch rapporte qu'une femme du Transwaal, en quittant sa maison le soir, marcha par hasard sur une Vipère heurtante qui était couchée devant sa porte ; elle fut mordue et mourut le lendemain matin.

Ce Serpent est particulièrement dangereux pour le petit bétail et pour les chiens de chasse.

Des expériences faites par Ramon Urueta à la ménagerie du Muséum de Paris, il résulte que le venin de la Vipère heurtante est fort actif, même avec les animaux tenus en captivité. Un chien vigoureux, pesant 10 kilogrammes, est mordu à 10 heures 40 minutes du matin. Dix minutes après la blessure, l'animal est étendu tout de son long, anéanti, agonisant ; à 11 heures et 55 minutes, il est mort.

Captivité. — La Vipère heurtante supporte généralement bien la captivité ; il lui faut avant tout une cage suffisamment chauffée, avec un abri un peu obscur dans un des coins. Brehm rapporte qu'il a possédé pendant plusieurs années deux de ces animaux et qu'il a pu les observer tout à son aise. Ces animaux, dit-il, n'étaient nullement apprivoisés. Lorsque l'on s'approchait de leur cage, ils manifestaient toute leur colère en se gon-

flant et en soufflant fort bruyamment ; ils ne se lançaient cependant pas contre l'homme lorsqu'on n'approchait pas trop près. Pendant le jour ces deux serpents étaient extraordinairement lents et paresseux. Cette Vipère s'étend le matin à une place et y reste toute la journée, absolument immobile et en apparence indifférente à tout ce qui se passe autour d'elle ; vient-elle, par une cause quelconque, à être dérangée, elle manifeste alors une violente colère. Les observations que nous avons pu faire à Paris confirment absolument ce dire.

Günther rapporte qu'il arriva un jour au Jardin de la Société zoologique à Londres deux caisses contenant des Serpents venimeux. Une de ces caisses contenait un Aspic ; elle dut être refermée aussitôt, car l'animal cherchait à s'échapper. L'autre caisse, dans laquelle se trouvaient cependant une vingtaine de Vipères heurtantes, put être laissée ouverte, car ces Serpents étaient tranquillement couchés sur le fond et purent être maintenus avec un bâton, jusqu'à ce qu'on eut le temps de les installer dans leur cage.

Brehm assure que de tous les Serpents venimeux qu'il a été à même d'observer, il n'en a jamais vu de plus paresseux que la Vipère dont nous parlons. Cet animal ne bouge pendant le jour qu'à la dernière nécessité, encore le fait-il avec une répugnance des plus marquées. La nuit, au contraire, il rampe dans sa cage. Il ne se soucie pas plus des Serpents placés dans les cages voisines que de l'approche de l'homme et de divers animaux, tandis que le Serpent à sonnette, même gardé pendant longtemps en captivité, est facilement irritable et fait de suite entendre le retentissant et strident bruit de ses grelots, et que le Naja se précipite contre celui qui vient troubler son repos. Cette Vipère ne justifie nullement le dicton appliqué aux Serpents d'Afrique qui passent pour mordre sans cause et pour mordre ; notre animal ne tue guère la proie qu'on lui présente que lorsqu'il est réellement affamé. S'il est rassasié, on peut mettre un animal en sa compagnie, car il n'y touchera pas. La Vipère heurtante peut jeûner pendant longtemps, car il se passe souvent plusieurs semaines sans qu'elle cherche à manger.

La paresseuse Vipère ne se jette jamais ou presque jamais subitement sur sa proie, du moins en captivité, ce qui fait qu'on a tout le temps de bien se rendre compte de l'attaque. Que l'on vienne à introduire un jeune lapin dans une cage où se trouve une Vipère heurtante, maître Jeannot s'approche consciencieusement du Serpent et, bien loin d'être fasciné, le flaire, souvent même le lèche. Le Reptile surpris élève sa tête triangulaire, recourbe le cou et se dispose pour l'attaque. Le lapin ne se doute de rien et s'approche de la tête du Serpent; la Vipère darde sa langue et frappe le lapin de la tête; elle manifeste cependant bientôt les signes d'une grande colère et respire bruyamment, de telle sorte que son corps se soulève et s'abaisse, s'élargit et se rétrécit alternativement. Le Serpent prend bientôt une autre position d'attaque et glisse lentement; le lapin, tout étonné, saute par côté, regarde curieusement le singulier et monstrueux animal, dresse les oreilles, flaire, puis se calme de nouveau. Une fois encore le Serpent se met en colère et recommence le même jeu que tout à l'heure. Le lapin paraît cependant se plaire dans la cage, il va boire à l'eau du bassin, s'étend sur le sable chaud ou court en tous sens. Le Serpent cependant, irrité de l'effronterie du rongeur, souffle avec rage. Ce jeu dure parfois pendant longtemps, jusqu'à ce que le Serpent, dont tous les sens sont mis en jeu par la présence du rongeur, se décide à attaquer franchement. Le Reptile dresse alors la tête, la retire en arrière, puis avec la rapidité de l'éclair se précipite sur sa victime; la gueule s'ouvre largement et l'on voit saillir deux longs crochets qui pénètrent profondément dans le corps du lapin. Un cri se fait entendre; le coup mortel est frappé. Le Serpent se recule aussi rapidement qu'il s'était avancé, pose tranquillement la tête sur le sol et regarde celui qu'il vient de frapper à mort; un léger mouvement de l'extrémité de la queue trahit seul sa surexcitation. Après avoir poussé un cri, le lapin cependant fait un ou plusieurs bonds, puis se couche tranquillement sur le sol; les oreilles deviennent pendantes, les yeux se ferment et le lapin secoue la tête. Puis bientôt, lentement il se penche sur le côté et reste ainsi pendant 10, 20, tout au plus 100 secondes; soudain il sursaute convulsivement et un cadavre retombe sur le sol; la gouttelette de venin vient de produire ses terribles effets.

LA VIPÈRE DU GABON. — *VIPERA GABONICA.*

Caractères. — La Vipère du Gabon ou Vipère rhinoceros a la tête volumineuse, déprimée, fort large en arrière, très distincte du tronc. Le museau est élargi et obtus, coupé presque carrément, saillant à la partie moyenne entre les narines, qui sont très rapprochées l'une de l'autre; près des narines se voient deux grandes écailles fortement carénées et comme épineuses; les yeux sont obliquement dirigés en haut, la pupille étant oblongue de haut en bas; derrière l'œil se voit un enfoncement considérable qui se prolonge jusque vers les plaques sus-labiales.

Le tronc est volumineux relativement à sa largeur; la queue est robuste, terminée par un aiguillon. Les écailles du tronc sont faiblement carénées et fortement imbriquées, disposées suivant quarante et une rangées longitudinales.

Lorsque l'animal vient de muer, cette espèce est d'une richesse de coloration dont on ne peut se faire la moindre idée d'après les individus conservés dans les collections, ainsi que le montre la description suivante que nous empruntons à Duméril et Bibron.

« La teinte générale est un brun rougeâtre velouté, formant sur les flancs de grandes taches presque ovalaires ou plutôt losangiques à angles arrondis et dont le diamètre le plus long est vertical. Elles sont entourées par une teinte d'un brun légèrement verdâtre qui, se plaçant entre les espaces que laissent entre elles du haut en bas les taches dont il vient d'être question, forme d'autres taches angulaires unies par leurs sommets. Celles de ces dernières qui sont inférieures sont bordées dans leur pourtour supérieur par une ligne sinueuse blanche très fine. Sur la surface même des supérieures, on remarque un large chevron d'une teinte violacée, parcouru par une ligne sinueuse blanche; ce chevron atteint par son sommet la ligne médiane et touche à celui du côté opposé.

« Sur la ligne médiane du dos il y a une série de longues taches en parallélogramme allongé très régulier; elles sont de la teinte rougeâtre des taches losangiques...; elles forment une sorte de sablier d'autant plus apparent, que la teinte en est d'un brun verdâtre, bordé par la ligne qui termine supérieurement chaque large chevron.

« Toute la tempe est couverte par une vaste tache brune triangulaire dont la base ne dépasse pas l'œil et se termine en arrière, au niveau de l'angle de la mâchoire rejeté fort en dehors. Tout le dessus de la tête est d'un rouge brique, dont la teinte ressort d'autant mieux qu'elle est bordée en dehors par cette tache triangulaire que nous venons de mentionner et en arrière par la même teinte sombre. Depuis le bout du museau jusqu'à l'occiput, il y a une raie noire longitudinale et très fine. De chaque côté, et en arrière, vers l'angle de la mâchoire, on voit une double tache noire et une marque un peu plus grande, d'une nuance plus claire que le fond.

« Le dessous du corps est d'un gris blanchâtre, avec quelques marques noires aux extrémités des gastrostèges. »

Distribution géographique et mœurs. — L'espèce dont nous parlons paraît être exclusivement cantonnée au Gabon et dans les parties voisines. D'après ce que nous savons sur les animaux maintenus en captivité, elle n'est pas aussi lente et aussi paresseuse que la Vipère heurtante, qui se trouve dans les mêmes régions. Elle se précipite avec la plus grande rapidité sur sa proie, qu'elle lâche généralement après l'avoir mortellement frappée ; nous avons vu cependant l'animal garder sa victime dans sa gueule et la déglutir ensuite. Pendant le jour, le Serpent se tient généralement tapi dans un coin de sa cage, la tête appliquée contre le plancher, la pupille fortement contractée et presque linéaire. Au Muséum de Paris, la Vipère du Gabon habite la même cage que la Vipère heurtante et vit en parfaite intelligence avec cette dernière.

LA VIPÈRE MAURITANIQUE. — *VIPERA MAURITANICA.*

Caractères. — La Vipère ou l'Échidnée mauritanique a les formes générales de la Vipère heurtante ; elle est cependant moins trapue et la tête n'est ni aussi large en arrière ni aussi déprimée. Les narines, qui sont circulaires, sont percées latéralement. Les écailles sont carénées et de forme ovale.

Le corps est brun, avec des taches séparées par des sinuosités d'un jaune pâle ; des taches brunes et ovalaires se voient sur ses flancs ; les taches se réunissent souvent entre elles. Sur la tête existent deux raies longitudinales, de couleur noire, qui vont de l'œil à la nuque, et sont plus larges vers leur partie inférieure. Le dessous du tronc est d'une teinte grisâtre, avec de petits points bruns.

Les crochets sont très développés (fig. 328).

Distribution géographique. — Cette espèce habite l'Algérie ; elle a été également trouvée dans l'île de Chypre.

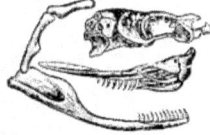

Fig. 328. — Crâne de Vipère mauritanique.

Mœurs, habitudes, régime. — La Vipère mauritanique se tient habituellement dans les endroits secs et arides et se nourrit principalement de petits rongeurs ; elle passe pour être très venimeuse et peut atteindre jusqu'à un mètre de longueur.

LA VIPÈRE A QUEUE NOIRE. — *VIPERA AVICENNÆ.*

Caractères. — La tête est arrondie en arrière, déprimée, distincte du tronc. La queue est très courte, fort grêle. Les écailles qui protègent le dessous du corps sont larges et présentent une saillie à chacune de leurs extrémités dont l'ensemble constitue une double carène latérale. Les écailles sont disposées suivant trente-cinq rangées longitudinales.

La tête et le dessus du tronc sont de couleur brun foncé, marquée de grandes taches plus sombres distribuées alternativement en trois rangées, dont l'inférieure est composée de gros points arrondis ; la queue est en général toute noire, si ce n'est à sa base.

La longueur ne paraît pas dépasser 0m,40.

Distribution géographique. — Cette espèce habite l'Algérie, principalement dans les déserts de l'ouest. Ses mœurs sont absolument celles du Céraste, dont il nous reste à parler pour terminer l'histoire des Vipères.

LE CÉRASTE. — *VIPERA CERASTES.*

Hornviper.

Caractères. — Ainsi que nous l'avons dit, Wagler a séparé des Vipères proprement dites les Vipériens qui ont le dessus de la tête couvert d'écailles tuberculeuses, de grandes plaques sous la gorge séparées entre elles par le sillon gulaire, les orifices nasaux petits, semi-

Fig. 329. — Le Céraste.

lunaires, situés à la pointe du museau. Le nom de Cérastes peut être appliqué, comme sous-genre, à ces Serpents.

L'espèce la mieux et la plus anciennement connue est la Vipère à cornes, le Céraste ou Vipère d'Égypte (*Vipera cerastes, Cerastes Ægyptiacus, Hasselquistii, Vipera cornuta*), qui atteint tout au plus 0m,70 de long et se reconnaît facilement à sa tête excavée, angulaire, recouverte de petites écailles arrondies et comme tuberculeuses, et surtout à la présence d'une corne anguleuse, triangulaire, cannelée, située au-dessous du sourcil (fig. 329) ; ces cornes sont formées, non par des protubérances osseuses, mais par des écailles singulièrement développées.

Ce Serpent porte bien la livrée d'un animal du désert. Sa couleur fondamentale est un jaune plus ou moins vif, passant parfois au bleuâtre ; l'ornementation se compose de taches sombres, de couleur brune ou rouge brun, transversalement placées, de forme presque triangulaire ou arrondie, parfois nettes, parfois confuses, comme effacées chez certains individus. Ces taches, disposées suivant six séries longitudinales, diminuent de grandeur depuis le milieu du dos jusque sur les flancs. Sous l'œil se voit une ligne d'un brun jaune clair, qui se réunit, sur les côtés du cou, à une autre ligne qui part du menton. Les écailles qui entourent la bouche paraissent d'un jaune de sable. Le dessous du corps est de la même couleur.

Certains individus ont le corps d'un gris sale, le dessus de la tête étant d'un brun foncé.

Le Céraste était connu dès la plus haute antiquité. On trouve, en effet, fréquemment son image si facile à reconnaître sur beaucoup de monuments égyptiens. Son nom originel *Fi* a été plus tard employé pour désigner la lettre F. Hérodote, mentionnant cette espèce, dit qu'elle se trouve dans la contrée de Thèbes, qu'elle n'est pas dangereuse pour l'homme et que c'est un animal sacré.

Les anciens écrivains, Ætius, Dioscoride, Pline, Lucain, emploient également ce nom de Céraste, Κεράστης, pour désigner un Serpent à cornes.

Distribution géographique. — Le Céraste se trouve dans tout le nord-est de l'Afrique, dans l'Arabie Pétrée et dans l'Arabie Heureuse. On le trouve dans les steppes du Soudan oriental et dans le Cordofan.

Mœurs, habitudes, régime. — « L'Afrique, dit Gessner, est pleine de Cérastes. Ils se trouvent principalement en Libye, dans les solitudes et dans les déserts ; c'est dans les lieux stériles que vivent surtout les Serpents pourvus de cornes. On dit que ces Serpents étaient autrefois très abondants en Égypte. Ces Reptiles se tiennent dans le sable ou se placent dans les fossés, à côté des routes, et de là se jettent sur les personnes qui passent ou peuvent les poursuivre. Bien que les Vipères à cornes soient d'espèce vénéneuse et de caractère emporté, il n'est pas de Serpents qui puissent rester aussi longtemps sans boire. Semblables aux Couleuvres des haies, elles enfantent des petits vivants, et dès lors la distinction admise entre cette Couleuvre et les autres Serpents, à savoir que celle-ci seule fait des petits vivants, n'est pas justifiée. Les Serpents pourvus de cornes rampent en se retournant et en se recourbant beaucoup ; aussi, à cause de cette flexibilité, beaucoup pensent-ils que cette bête n'a pas d'épine dorsale ; elle rampe du reste en faisant un grand bruit et en poussant de violents sifflements, comme lorsqu'un navire est chassé par les vents et qu'il est repoussé avec tumulte par les vagues. Les animaux dont nous parlons se tiennent insidieusement près des oiseaux, cachent leur corps tout entier dans le sable, attirent les animaux avec leurs cornes qu'ils laissent dépasser, puis les saisissent et les dévorent. Les Serpents à cornes ne témoignent aucune affection envers les habitants de la Libye, mais ils leur sont odieux et funestes. Par contre les Psylles n'ont rien à redouter de leur venin, et s'ils sont mordus, ils ne ressentent aucun mal ; de plus, pour éprouver la fidélité de leurs épouses, ils présentent leurs enfants aux Serpents, tout comme on éprouve la vertu de l'or par le feu. »

Pline s'exprime ainsi : « Le nombre des cornes du Céraste est de quatre ; par le mouvement de ses cornes il attire les oiseaux en se cachant le reste du corps. »

La première partie de la relation du vieux Gessner est exacte, dans ses traits essentiels. La Vipère à cornes est commune en Égypte, elle vit dans les déserts, constamment cachée pendant le jour dans des endroits où elle ne peut trouver d'eau, et lorsqu'elle rampe, elle

fait entendre un bruit parfaitement sensible, dû au froissement des écailles placées en séries obliques.

Bruce dit également que le Céraste est commun dans la Cyrénaïque et que ce doit être un animal nocturne, car il est attiré par les feux entretenus autour des campements pendant la nuit.

Dans ses voyages à travers les déserts égyptiens, Brehm a pu s'assurer de l'exactitude de ce fait. « Dans toutes mes chasses, dit-il, je n'ai jamais trouvé pendant le jour un seul Céraste, car l'œil exercé du chasseur de Serpents me faisait défaut ; par contre les Vipères à cornes m'ont souvent tourmenté et rempli de colère pendant la nuit. Il faut savoir ce que c'est que d'avoir derrière soi toute une longue journée de voyage à travers la steppe ou le désert pour comprendre combien on aspire le soir à se reposer. De grand matin jusqu'à midi et de trois heures du soir jusqu'au coucher du soleil on est resté assis sur le dos d'un chameau, perpétuellement ballotté, les lèvres et la gorge desséchées, à peine rafraîchi par l'eau tiède et empuantée des outres, l'estomac creux à peine apaisé par un peu de riz. On a supporté la chaleur et le poids du jour, et l'on aspire après un repos bien gagné. La place du campement est enfin choisie ; les bagages sont déchargés ; on creuse une excavation dans le sable, on y étend les tapis ; pendant qu'un bon feu flamboie, on allume sa pipe. Une réelle bonne humeur s'empare de tous ; le cuisinier lui-même, qui commence à préparer un maigre repas, fredonne quelque rapsodie sur un air éternellement le même.

« Celui-ci se tait cependant tout à coup. — « Quelle nouvelle, garçon ? — O Dieu, maudis- « les, eux, leur père et toute leur race ! plonge- « les au fond de l'enfer ! Un Serpent ! il rôtit « déjà dans le feu. »

« Tout le camp se réveille alors ; chacun grimpe sur une caisse ou sur un ballot et attend. Des Vipères cornues arrivent par douzaines ; on ne sait vraiment pas d'où elles sortent. Avec grande précaution, l'un ou l'autre saisit le Reptile avec une pince en fer et jette dans le feu flamboyant le fils maudit de l'enfer. »

« En présence des Scorpions qui accouraient en nombre autour de mon lieu de campement, écrit Dümichen, je n'avais aucune crainte, mais les *Fï* m'ont souvent glacé d'effroi, moi et mes serviteurs. Pendant des mois j'étais au milieu des ruines, dessinant, creusant, fouillant, cherchant, sans jamais voir un seul Céraste ; la nuit était-elle venue, le feu était-il allumé, que ces horribles bêtes venaient de tous côtés, rampant et dardant leur langue. »

Comme le montre bien la figure 329, les Cérastes s'enterrent presque entièrement dans le sable, ne laissant passer que la tête.

On ne sait pas encore exactement quel est le mode de reproduction des Cérastes. Duméril dit que la ponte d'œufs qui a eu lieu à plusieurs reprises dans la ménagerie des Reptiles du Muséum, œufs qui ne sont jamais développés, peut faire penser que ces Serpents ne sont pas ovo-vivipares, contrairement à ce que quelques naturalistes ont dit. Les chasseurs de Serpents en Égypte prétendent, au contraire, que, comme les autres Vipères, le Céraste met au monde des petits vivants.

Captivité. — On a observé que le Céraste peut jeûner pendant longtemps en captivité. Schaw affirme avoir vu à Venise chez un amateur deux Vipères à cornes qui n'avaient rien mangé depuis près de cinq ans ; elles muaient régulièrement et étaient aussi vives que le jour où elles étaient arrivées. Un jeûne rigoureux de six mois est parfaitement supporté par les Cérastes.

Beaucoup de ces animaux venant d'Égypte n'ont plus leurs dents venimeuses, qui ont été arrachées ; dans ces conditions ils ne mangent pas. Les Serpents qui sont restés armés se nourrissent, en général, parfaitement et sont surtout avides de souris.

Lorsque cela lui est possible, le Céraste s'enterre entièrement dans le sable, ne laissant passer que les yeux, les deux cornes et parfois quelques parties du dos. L'animal s'enfouit par des mouvements particuliers de latéralité de ses côtes ; à ce moment, il élargit tantôt le corps, tantôt le rétracte et dans chaque dilatation il pousse le sable de côté ; tous ses mouvements se succèdent si rapidement que la bête est cachée dans l'espace de 10, tout au plus de 20 secondes. Lorsque le Céraste n'est pas entièrement enterré, il est presque entièrement caché aux regards, tellement sa couleur s'harmonise à merveille avec celle du milieu dans lequel il se trouve. Dans une cage de 4 mètres carrés, recouverte de sable fin, il faut chercher pendant longtemps avant de découvrir le Serpent, et si on en détourne les regards, on ne tarde pas à le perdre de vue à nouveau. Cela peut

parfaitement expliquer l'assertion de Pline et de quelques autres anciens naturalistes : il peut se faire qu'un petit oiseau, ne voyant apparaître dans le sable grisâtre que les deux cornes qui surmontent la tête du Céraste, les prenne pour un insecte ou une larve quelconque, s'approche et paye de sa vie son imprudence. Ces petites cornes servent, du reste, d'organe de tact à l'animal, surtout pendant le jour, aveugle qu'il est par l'intense lumière des déserts d'Orient.

Le Céraste passe pour être très venimeux. Entièrement invisible, il doit être fort dangereux pour des gens qui marchent presque toujours pieds nus ou chaussés seulement de sandales.

LES ÉCHIDES — *ECHIS*

Rauhottern.

Caractères. — Les Échis sont des Vipères qui ont les urostèges ou plaques du dessous de la queue disposées suivant une seule rangée ; tous les autres caractères sont ceux des Vipères.

Distribution géographique. — On ne connaît que trois espèces rentrant dans le genre Échis ; deux se trouvent en Égypte, une vit dans la partie ouest tropicale du continent africain.

L'ÉCHIDE CARÉNÉE. — *ECHIS CARINATA.*

Efa.

Caractères. — Avec le Céraste se trouve fréquemment en Égypte une autre Vipère, l'*Efa* ou *Vipère des Pyramides* (*Pseudo-boa armata, Vipera echis, Echis carinata, frœnata, arenicola, pavo*).

l'*Efa* est un Serpent de faible taille, aux formes bien proportionnées, atteignant tout au plus 0m,60 de long. Les carènes de chacune des écailles correspondent parfaitement à celles qui les suivent, de telle sorte que, le long du dos, se trouvent des lignes saillantes qui laissent entre elles des sillons rectilignes.

Le corps est de couleur de sable plus ou moins foncé et orné de raies, de taches, de points d'un noir brunâtre. Le dos est marqué de lignes ondulées, d'un blanc jaunâtre, qui, se rapprochant sur la région médiane, forment une série de lignes brisées assez semblables à des x couchés en dehors. De chaque côté des flancs se trouvent des taches assez régulièrement ovalaires, de couleur claire, bordées, ainsi que la ligne brisée du dos, de noir ; on trouve encore sur les flancs des taches et des points de couleur foncée. On voit sur le dessus de la tête une tache jaunâtre entourée de brun sombre ; les taches noires qui bordent cette tache ont généralement, par leur ensemble, assez bien l'apparence d'une croix (fig. 330). Sous la queue se trouvent souvent des points de forme arrondie.

Distribution géographique. — Certains auteurs confondent sous un même nom l'Échide carénée et l'Échide à frein, la Vipère rude ou *Kupper* de l'Inde et l'*Efa* d'Égypte.

Günther avait cru trouver dans le nombre de plaques du dessous du corps une différence entre les deux espèces ; l'*Efa* en aurait au moins 163, tandis qu'on n'en compterait pas plus de 153 chez l'*Afaë* ou *Kupper*. Anderson a depuis trouvé des Échis provenant des Indes chez lesquels il existe plus de 160 plaques, de telle sorte qu'on doit réunir les deux espèces. Le caractère invoqué par Duméril et Bibron, et consistant dans la longueur plus ou moins grande du sillon gulaire, n'a également pas d'importance.

Si on réunit les deux espèces en une seule, on verra que l'Échide carénée a une aire de distribution très étendue, ne le cédant en rien à celle de la Vipère d'Europe. L'espèce habiterait le nord et le centre de l'Afrique jusqu'au Cordofan et l'Abyssinie, se retrouverait en Palestine, en Arabie, en Perse, dans les steppes de la région aralo-caspienne et irait jusque dans l'Inde.

Mœurs, habitudes, régime. — L'*Efa* est abondante dans toute l'Égypte ; elle ne se trouve pas seulement dans les endroits déserts et sablonneux, mais elle pénètre jusque dans les villages ; il n'est même pas rare que des personnes soient, chaque année, mordues par ce Serpent jusque dans les rues du Caire. Lorsque l'on pénètre dans une habitation qui n'a pas été habitée depuis un certain temps, il est toujours prudent de bien prendre ses précautions, car on a grande chance d'y trouver un de ces Serpents venimeux. Brehm rapporte que plus d'une fois il a trouvé l'*Efa* dans son habitation à Khartoum et que plusieurs fois, en enlevant le tapis sur lequel il avait passé la nuit, il a vu une de ces Vipères qui s'était introduite sous la couverture ; le voyageur trouva une fois deux *Efa* jusque sous le coussin du divan ; une autre fois, en se levant

pendant la nuit, il mit le pied sur un de ces animaux et ne fut pas mordu, le Reptile étant justement et fort heureusement en train de dévorer un oiseau domestique dont il s'était emparé, on ne sait trop comment.

Tous les voyageurs en Égypte s'accordent à dire qu'ils redoutent beaucoup plus cette petite Vipère que le Serpent à coiffe, car elle s'insinue partout et se retrouve, dans les vêtements aussi bien que sur les meubles.

Presque jamais l'Égyptien ne se décide à exterminer lui-même l'*Efa*, dont il a la plus grande frayeur. S'il trouve, ce qui arrive souvent, un de ces animaux dans son habitation, il s'adresse au Hani afin que, par son art magique, il expulse l'hôte dangereux. De cette coutume le jongleur retire évidemment le plus grand avantage, car, comme de juste, il ne fait pas ce métier pour rien. Il arrive même très souvent que l'Hani lâche un Serpent dans une habitation et va dire ensuite au propriétaire qu'il sait qu'un reptile est caché dans sa demeure et que, moyennant un prix convenu, il l'en débarrassera.

De curieuses anecdotes ont été à ce propos racontées par Geoffroy-Saint-Hilaire. Voulant savoir si les charmeurs de Serpents étaient oui ou non des imposteurs, Bonaparte ordonna à l'un d'eux d'attirer par son art un Serpent qu'on savait caché dans les parties basses du palais qu'habitait le général en chef. Geoffroy reçut l'ordre de surveiller étroitement le charmeur ; il le fit déshabiller afin de s'assurer qu'il n'avait aucun Serpent caché sur lui ; l'homme ne se sentait évidemment pas à l'aise, car à deux reprises différentes, il s'écria : « Mais s'il n'y a pas de Serpents, que dois-je faire ici ?» Il lui fut répondu qu'on lui demandait seulement de faire sortir le Reptile ; on le tranquillisa, du reste, par le don d'une somme d'argent. Le charmeur se mit alors à l'œuvre et commença par inspecter tous les endroits humides, sifflant tantôt fort et haut, comme le fait le mâle de la Vipère des Pyramides, tantôt bas et doux, ainsi que le fait la femelle. Après deux heures de vaines recherches, un Serpent se montra. Le Hani, qui jusque-là était anxieux et semblait avoir perdu tout espoir, redressa fièrement la tête en poussant un cri de joie et regarda les assistants comme pour leur faire admirer son habileté.

Bien que de petite taille, l'*Efa* est fort dangereuse, car elle est excessivement prompte à s'irriter. Dans quelques provinces de l'Inde,

Fig. 330. — L'Échide des sables (1/5ᵉ grand. nat.).

notamment dans le Sind, on attribue à l'*Afaé*
la plupart des cas de mort occasionnés par les
Serpents venimeux ; les cultivateurs sont tout
particulièrement exposés aux morsures du
dangereux Reptile. Pour sa grosseur, l'*Efa* est
en effet singulièrement hargneuse et paraît
être toujours disposée à mordre, l'adversaire
fût-il beaucoup plus fort qu'elle. Aussitôt
qu'elle se croit menacée, cette Vipère s'enroule, non comme le font les autres Vipères,
mais en courbant son corps deux fois en croissant et dans le milieu de ce croissant elle place
la tête, toute prête à mordre. Elle ne reste pas
alors un seul instant en repos, se pousse à
droite, à gauche et par le frottement des écailles fait entendre un bruit sec et strident semblable à celui que produit le Céraste. Tant
qu'un homme ou qu'un animal se tient dans
son voisinage, elle garde cette attitude agressive, mord tout ce qu'on lui présente et peut se
projeter à une distance à peu près égale à sa
longueur.

Fayrer considère l'Échis comme le Serpent
venimeux ayant les mouvements les plus vifs.
Tous les observateurs sont unanimes sur ce
point.

BREHM. — V.

L'action du venin de l'*Efa* est très rapide,
malgré la faible taille de l'animal ; c'est ainsi
qu'une poule meurt généralement en deux
minutes et qu'un chien succombe en quatre
heures.

**Emploi de l'Efa dans les promenades des
califes.** — Lorsque la procession des pèle-
rins se prépare à marcher vers la ville du Salut et que le Calife choisi ou le chef des pèle-
rins fait sa promenade solennelle au Caire, il
se trouve généralement des milliers d'individus qui l'accompagnent et le conduisent jusque devant la porte de « la mère du monde ».
Une cérémonie toute particulière a lieu
alors. Le Calife, assis sur un magnifique et
noble coursier, passe à cheval devant tout le
peuple, non pas sur le sol, mais sur une route
littéralement pavée d'hommes. Conduit par
deux piqueurs richement vêtus, qui marchent
également sur le pont humain, l'intelligent
coursier s'avance avec précaution ; malgré
cela, il arrive assez souvent que plusieurs de
ces insensés sont blessés par le sabot du cheval, preuve éclatante que le blessé n'est pas
encore affermi dans sa foi ; car le vrai croyant
n'a rien à craindre.

Pendant que s'accomplit le *Tus-el-Chalife*, (ainsi est nommée cette pieuse cérémonie), les charmeurs de Serpents prouvent au peuple qu'aujourd'hui encore rien n'est impossible pour Allah.

Un morceau de drap grossier noué autour des reins pour tout vêtement, dansant et sautant, écumant, se démenant comme des possédés, ces charmeurs trottent devant le défilé, le plus souvent sur le pont vivant, frappant du pied les vrais croyants au côté droit. Pendant cette course furibonde, ils saisissent tantôt avec une main, tantôt avec une autre, le sac en cuir placé sur leurs épaules, en tirent des Serpents à poignée, les jettent à droite, à gauche, devant eux, se laissent enlacer les bras ou le cou, posent ces animaux sur leur poitrine, se font mordre ; parfois encore, specta-cle horrible, un des jongleurs coupe un morceau de Serpent avec ses dents et le mâche ou lui écrase la tête ; toutes ces jongleries sont accompagnées de grands cris au milieu desquels retentit le *Allah hou akbar* (Dieu est grand). La bouche des malheureux ne tarde pas à se remplir d'un odieux mélange de sang et de bave, le tout pour la plus grande gloire de Dieu et du Prophète !

Les Serpents qui servent le plus ordinairement dans ce pieux spectacle sont des Najas et des Vipères Efa dont on a eu grand soin d'arracher les crochets. Le peuple croit sincèrement que c'est par la puissance du Hani que les Reptiles ne font pas de mal, aussi jette-t-il aux jongleurs beaucoup de menue monnaie ; c'est pour la récolte de la recette que le charmeur se montre réellement fort habile.

LES CROTALIDÉES — *CROTALIDÆ*

Lochottern.

Caractères. — Les Crotalidées se distinguent des Vipéridées par la présence d'une profonde fossette, située entre l'œil et l'orifice de la narine. Ces Reptiles, comparés aux autres Solénoglyphes, ont, en outre, des formes beaucoup plus sveltes, la queue plus longue. La tête est toujours large, triangulaire, nettement distincte du cou. Les yeux sont grands, la pupille est étroite, verticale.

La fossette lacrymale doit donner aux Crotalidées des sensations probablement en rapport avec la sensibilité, car sur sa paroi se distribuent des filets de la cinquième paire de nerfs ou nerf trijumeau qui, on le sait, innerve les muscles et la peau de la tête chez tous les animaux vertébrés. Ces cavités sont de véritables sinus, se rétrécissant en un canal étroit qui se prolonge obliquement sur la peau de la lèvre et venant se terminer en dessous de l'orbite, dans un cul-de-sac revêtu d'une membrane muqueuse.

Classification. — On admet généralement cinq genres de Crotalidées. Seuls les Crotales ont la queue terminée par un appendice particulier, dit sonnette. La tête est recouverte de plaques chez les Trigonocéphales, tandis qu'on ne voit que des écailles chez les animaux qui composent les genres qu'il nous reste à indiquer.

Les Lachesis ont le dessous de la queue recouvert d'écailles semblables à celles de la partie supérieure. Les écailles du ventre sont carénées chez les Tropidolènes. Les Atropos se distinguent des Botrops en ce que les plaques sourcilières n'existent pas.

Distribution géographique. — Les Crotalidées, dont on connaît environ une quarantaine d'espèces, sont largement représentées dans le sud de l'Asie et dans les deux Amériques, surtout dans la partie sud de l'Amérique du Nord ; le groupe manque totalement en Afrique et en Océanie ; on n'en connaît que deux espèces dans le nord de l'ancien monde.

De cette distribution, Wallace pense pouvoir tirer la conclusion que les Crotalidées ont pris naissance dans l'Indo-Chine et dans les îles qui géographiquement en dépendent, puis se sont propagées dans le nord de l'Amérique par le nord-est et de là dans l'Amérique du Sud. L'introduction de ces animaux dans cette dernière partie ayant été relativement récente, ces animaux n'ont pas encore eu le temps d'atteindre tout leur développement, si favorables qu'y soient cependant les conditions pour la vie des reptiles.

Mœurs, habitudes, régime. — Le genre de vie des Crotalidées s'éloigne peu de celui des Vipéridées ; ce sont des animaux essentiellement nocturnes, qui pendant le jour restent cachés dans leurs retraites ou se chauffent paresseusement au soleil. Quelques espèces, dont la livrée indique clairement qu'elles doivent vivre au milieu du feuillage, peuvent grimper sur les arbres, ou sont au moins sur les buissons et se tiennent sur les branches basses; d'autres, telles que le Trigonocéphale piscivore, nagent presque aussi bien que les Couleuvres aquatiques et se nourrissent principalement de poissons; la plupart des Crotalidées ne quittent cependant pas le sol et s'y livrent à la chasse des petits mammifères et des oiseaux.

De même que les Vipères, les Crotalidées font leurs petits vivants, ceux-ci brisant l'œuf dans lequel ils sont enfermés, immédiatement après la ponte.

Les Crotalidées sont les Serpents venimeux par excellence, et certains d'entre eux exercent de terribles ravages; tel est le Fer-de-lance qui, à la Martinique, a été pour beaucoup dans le non-développement de la culture.

LES SERPENTS A SONNETTE —
CROTALUS

Klapperschlangen.

Caractères. — Les Crotales ou Serpents à sonnette se distinguent essentiellement de tous les autres Ophidiens en ce que l'extrémité de

Fig. 331. — Appendice caudal du crotale.

leur queue est garnie de grelots ou étuis cornés, retenus les uns dans les autres (fig. 331); ces grelots sont mis en mouvement à la volonté de l'animal et font entendre un bruit strident.

Les Serpents à sonnette sont des animaux robustes, aux formes trapues; il atteignent parfois plus de deux mètres de long. La tête est plate, très volumineuse, surtout en arrière,

où elle est fort large; elle se termine en avant par un museau court et tronqué, les os de la face étant très courts.

Le dessus de la tête est tantôt recouvert de petites écailles, ainsi qu'on le voit chez les Crotales proprement dits, que Laurenti a désignés sous le nom de *Caudisona*, tantôt protégé par des plaques, comme chez les *Crotalophores;* ces derniers sont aux Crotales ce que les Péliades sont aux Vipères.

Les os sus-maxillaires sont fort courts, très ramassés. Les crochets venimeux dont ils sont armés sont très longs, très aigus, et le canal qui les perfore dans toute leur longueur offre un assez large diamètre.

La glande venimeuse est grande; elle est logée dans une cavité qui occupe toute l'étendue de la lèvre supérieure; on trouve là, en effet, un espace vide, par suite de l'absence de prolongement postérieur de l'os sus-maxillaire, cet os, de même que chez tous les Solénoglyphes, n'étant représenté que par un tubercule osseux dont le rôle physiologique est de porter les dents cannelées.

Lorsque la bouche est fermée, ces dents sont comme cachées par une membrane lâche qui recouvre également l'os maxillaire. Cette membrane se renverse et met à nu les crochets, lorsque le museau est entraîné par le mouvement des os de la mâchoire supérieure.

Grelot. — L'appareil caudal du Crotale est formé par une série de cônes creux emboîtés les uns dans les autres. Ces pièces sont marquées de trois saillies; leur pointe est dirigée du côté de la queue; chaque pièce est assujettie à deux bossettes se trouvant dans le cône qui suit; elle est lâchement attachée à la pièce suivante et à la pièce précédente.

Cette crécerelle est évidemment une production épidermique et doit être considérée comme formée par une série d'écailles modifiées; elle est soutenue par des vertèbres caudales réunies entre elles par coalescence. D'après Duméril et Bibron, ces vertèbres soudées sont au nombre de trois; chacune d'elles est aplatie, élargie, bombée.

L'ensemble de l'appareil porte en dessous, le long de la ligne médiane, une profonde rainure. D'une disposition particulière dans l'articulation de cette pièce osseuse avec le reste de la colonne vertébrale, il résulte que le mouvement s'exerce plutôt latéralement, à gauche ou à droite, que de haut en bas, comme dans les autres vertèbres.

Dans l'Amérique du Nord, où les Crotales abondent dans certaines régions, on juge l'âge d'un Serpent à sonnette par le nombre des anneaux de la queue et l'on prétend que chaque année il s'ajoute un nouvel anneau ; il est possible que cette idée soit exacte, mais en tout cas elle ne correspond pas à ce que l'on voit dans les ménageries. Le Crotale vit parfois longtemps en captivité ; or, on le voit bien grossir et grandir, sans que pour cela il s'ajoute un seul grelot à la queue. On a également prétendu qu'à l'époque de chaque mue il se produit une nouvelle pièce ; mais à ce moment, la peau qui recouvre la partie inférieure de la queue, au-devant des grelots, se retrousse, mais ne se détache pas ; si l'hypothèse que nous venons de rapporter était, du reste, véritable, le Crotale devrait chaque année ajouter trois ou quatre anneaux à sa queue, ce qui n'est pas, la mue n'ayant aucune influence avec l'accroissement du grelot, ainsi qu'on peut s'en assurer en observant pendant plusieurs années des Crotales captifs. Il est grandement probable qu'il se passe plusieurs années avant qu'il se forme un seul grelot. Il est très rare de trouver des Crotales de 15 à 18 anneaux à la queue, et il est probable que ce nombre est absolument le maximum, malgré ce que pourraient nous faire croire d'anciennes gravures ; quelques auteurs ont prétendu que ce nombre pouvait s'élever à 40.

D'après Duméril et Bibron « des observations faites avec soin sur deux Crotales reçus très jeunes à la ménagerie du Muséum, qui y vivent depuis quelques années et se sont développés d'une façon très remarquable, donnent la preuve que non seulement il y a plus de grelots que d'années, mais que le nombre de ces pièces cornées ne correspond pas à celui des mues.

« Aussi peut-on dire avec Holbrook : il est possible qu'il se forme et qu'il se perde plus d'un grelot par année, leur nombre étant sans doute en rapport avec l'état de la santé et l'abondance du régime ; puis la captivité doit également exercer son influence. Il a vu, dit-il, l'appareil sonore s'augmenter de deux grelots dans le courant d'une année, et le docteur Bachman en a vu paraître quatre nouveaux dans le même espace de temps. Peale, du Muséum de Philadelphie, a gardé vivante pendant quatorze ans une femelle de Crotale. Elle avait, au moment où il la reçut, 11 grelots. Chaque année elle en perdait, qui étaient remplacés par d'autres. A l'époque de la mort, après une captivité de quatorze années, il y en avait encore précisément 11, quoique l'animal se soit allongé de quatre pouces.

« Il est évident, d'après cela, que le développement de la sonnette est irrégulier, et que le nombre de pièces dont elle se compose ne peut servir à la détermination de l'âge. »

« Lorsque, écrit Geyer, on considère la sonnette du Crotale comme un prolongement de la colonne vertébrale, l'accroissement de celle-ci paraît uniquement dépendre de la nourriture et de l'état de santé de l'animal ; son accroissement peut être interrompu dans certaines circonstances ou au contraire accéléré dans d'autres, mais il est impossible de fixer un temps précis pour cela. Des Serpents à sonnette que je supposais, à leur taille, être âgés d'environ 5 à 6 ans, n'avaient encore qu'une seule pièce caudale et ne pouvaient produire aucun bruit. A en juger par cette observation, un Crotale long de 2 mètres et muni de 11 pièces caudales devrait être âgé de 60 à 70 ans. »

Il est un fait certain, c'est qu'aujourd'hui encore nous ne sommes pas plus renseignés sur l'usage de la sonnette du Crotale que sur les circonstances qui hâtent ou retardent son développement.

Distribution géographique. — D'après les recherches de Cope, les Serpents à sonnette comprendraient 17 espèces, 14 faisant partie du genre *Caudisona* (Crotale proprement dit) et 3 du genre *Crotalus* (Crotalophore) ; Jan n'admet que 6 espèces, nombre notablement différent, on le voit.

Quoi qu'il en soit, les Crotales sont exclusivement américains ; si on admet la manière de voir de Cope, on remarquera que le sud des États-Unis, la Caroline du Sud, Texas, le sud de la Californie, le Nouveau-Mexique, le Nébraska, l'Orégon sont la véritable patrie des Crotales, car on y trouve jusqu'à 12 espèces ; 2 espèces sont cantonnées au Mexique, 1 dans l'Amérique centrale, tandis que le *Boiquia* est plus méridional encore, et vit dans le nord du Brésil et aux Guyanes. En comparant entre elles les espèces, telles que Jan les comprend, nous arriverions aux mêmes conclusions générales, à savoir que les Serpents à sonnette sont particulièrement abondants dans la partie sud des États-Unis.

Mœurs, habitudes, régime. — Les Crotales habitent de préférence les endroits arides, sablonneux ou pierreux, surtout ceux qui sont couverts de broussailles basses ; ils se tiennent le plus souvent non loin de l'eau, enroulés sur eux-mêmes ; ils sont lents et ne mordent guère que lorsqu'on les attaque ; nous ferons plus amplement connaître leurs habitudes, en décrivant les principales espèces.

LE DURISSE. — *CROTALUS DURISSUS.*

Klapperschlange.

Caractères. — Le Crotale durisse (*Caudisona durissa, Crotalus durissus, concolor, melanurus, mexicanus, triseriatus, lucifer, Uracrotalus durissus, Uropsophis triseriatus*) fait partie du genre Crotale proprement dit, c'est-à-dire que le dessus de la tête est recouvert d'écailles carénées, sans écusson central ; on ne voit qu'une seule paire de lames sur le devant du museau : les plaques latérales supérieures, qui sont larges, forment une double rangée.

Quant à la coloration, il est difficile de l'indiquer d'une manière générale, car elle varie à ce point que la plupart des individus pourraient donner lieu à une description séparée. Le plus ordinairement cependant la couleur fondamentale de la face supérieure du corps est d'un gris terreux ou d'un brun gris sombre, relevé par des bandes transversales irrégulières de couleur jaunâtre, brunâtre ou noirâtre ; ces bandes sont le plus souvent obliques et se réunissent en angle pour former des chevrons.

Chez beaucoup d'individus la queue est noirâtre. Le ventre est d'un blanc jaunâtre avec de petits points noirs, ou de couleur jaune paille avec des taches brunâtres de forme irrégulière. Très souvent une bande noire part de l'angle de l'œil et se dirige sur le côté du cou.

La longueur parvient rarement à 1m,80, les individus de 1m,20 de long sont déjà une rareté. La femelle paraît arriver à une plus grande taille que le mâle.

Distribution géographique. — Le Crotale durisse est de tous les Serpents à sonnette celui dont la zone d'habitation est la plus étendue ; elle s'étend en effet depuis le golfe du Mexique jusque vers le 46e degré. Kalm a vu cette espèce dans les environs du lac Champlain, et Holbrook en a reçu des exemplaires venant de la rivière Rouge ; elle a été trouvée près du Mississipi au 40e degré de latitude ; d'après des exemplaires conservés à Pise, Jan la signale dans la Nouvelle-Angleterre.

« On peut dire, écrit Geyer, que le Durisse n'est pas chez lui là où cesse la culture du maïs, car alors les gelées sont trop fréquentes. Dans les dix premières années de ce siècle, cet animal était si commun dans toutes les régions non cultivées que deux hommes, qui faisaient leur métier de chasser le Serpent à sonnette pour en retirer la graisse, purent, dans l'espace de trois jours, en tuer 1104. On attribue l'heureuse et constante diminution de ces reptiles à l'extension de la culture et à l'augmentation des porcs. »

Mœurs, habitudes, régime. — « L'habitat favori du Durisse, continue Geyer, sont les endroits où les collines rocheuses, incultes et bien exposées au soleil, sont coupées par des vallées fertiles, gazonnées, dans lesquelles coulent des cours d'eau ou se trouvent des sources. Cet animal se rencontre là où une rosée abondante et tombant régulièrement rafraîchit les larges plateaux, et non ailleurs. Le Durisse est un animal très impressionné par les moindres variations de température, les moindres modifications atmosphériques, et il change de place pendant le jour pour ainsi dire d'heure en heure. Dans une belle et claire matinée d'une chaude journée on le voit se baigner dans la rosée, puis, le long d'un sentier ou sur un large rocher, choisir une place bien exposée aux chauds rayons du soleil ; il se sèche et se chauffe avec plaisir. Plus tard dans la journée, alors que la chaleur est plus forte, il se choisit un endroit ombragé et gazonné, mais il ne s'écarte cependant jamais beaucoup des places ensoleillées. Si pendant plusieurs nuits il n'est pas tombé de rosée, on peut être certain de trouver le Crotale au bord des flaques d'eau, près des sources, dans le voisinage des rivières ; il ne va cependant à l'eau que pour chasser. Cet animal est fort sensible à la pluie.

« Son repaire varie, suivant qu'il habite une contrée sauvage ou une région cultivée. Ici il habite des terriers abandonnés, là des cavités dont il a su s'emparer de vive force ; c'est ainsi qu'il s'introduit dans les cavités creusées par les chiens de prairie, les écureuils terrestres, les rats, les souris et parfois les hirondelles de rivage et certains oiseaux nocturnes. Le Durisse sait parfaitement se creuser un repaire dans le sable ou dans la terre molle, à l'aide de sa tête revêtue d'écailles dures, surtout lorsqu'il n'a qu'à élargir un trou déjà fait. Sur une pente légèrement ombragée et formée de grès tendre, le long de la rivière

Morne, dans l'État actuel d'Iowa, nous vîmes des quantités de Crotales qui s'étaient logés dans des trous d'hirondelles, trous qu'ils avaient élargis.

« Au voisinage des habitations, le Durisse ne se trouve jamais ou presque jamais en masse, si ce n'est parfois vers la fin d'avril ou au commencement de mai. Le reptile se tient de préférence dans les fentes ou les fissures des rochers, dans les vieux murs, dans les creux d'arbres et sous les ramilles ; on en a même rencontré sous des planches, dans des trous de rats.

« Dans le nord des États-Unis, on voit, pendant les beaux jours, sortir le Crotale de sa retraite encore au mois d'octobre. Bientôt cependant le reptile est saisi par le froid et cherche alors à se garantir des rigueurs de l'hiver ; pour cela il se retire dans son terrier, ayant eu bien soin auparavant de se remplir l'estomac. »

Holbrook donne également sur les mœurs du Serpent à sonnette des détails intéressants. D'après ce naturaliste, le Crotale se nourrit de jeunes lapins, d'écureuils, de rats et d'autres petits mammifères. C'est un animal remarquablement lent et paresseux, qui attend patiemment qu'une proie se trouve à sa portée et qui n'attaque jamais que quand il est pressé par la faim, à moins cependant qu'il ne soit inquiété par des animaux passant tout près de lui. Le Crotale est un reptile essentiellement irritable, qui est presque toujours sur ses gardes ; il rapproche alors ses plis, se *love*, ainsi qu'on le dit en terme de marine, tient sa queue toute droite au milieu du cône formé et agite violemment ses grelots en signe de colère ; la tête est en même temps repliée, ainsi que le montre fort bien la figure 332.

Il est remarquable que l'animal en question n'attaque jamais si d'avance il n'est enroulé sur lui-même, aussi peut-il être approché sans danger quand il a quitté cette position ; c'est, du reste, avec une grande rapidité que le Crotale se remet sur la défensive.

Audubon, qui a décrit avec tant de détails et d'une manière si charmante les animaux des États-Unis, écrit ce qui suit : « Je me trouvais une fois avec plusieurs de mes amis en train de chasser le canard pendant l'hiver. Pour préparer notre repas de midi nous nous installâmes sur le bord d'un lac ; un de nous alluma le feu, tandis qu'un autre plumait un des oiseaux tués le matin. Un de nos compagnons, ayant besoin d'une pierre, fit rouler un bloc de rocher et découvrit dessous un gros Serpent à sonnette enroulé et engourdi ; il était raide comme un bâton, aussi, voulant le rapporter, le fis-je mettre dans l'étui de carabine que je portais sur le dos. Tandis que notre canard, fixé sur une fourche en bois, était en train de rôtir devant le feu, je sentis que quelque chose bougeait derrière moi. Je pensai alors au dangereux animal que j'avais capturé et priai un de mes camarades de voir s'il en était ainsi ; celui-ci jeta rapidement l'étui loin de nous. A la chaleur du foyer, le Serpent s'était réveillé ; il sortit en rampant, se prépara à l'attaque et agita sa sonnette. Comme le reptile se trouvait loin du feu, je pensai que le froid le rendrait bientôt plus calme ; c'est, en effet, ce qui arriva, car notre canard n'était pas encore rôti, que le Crotale cessa de sonner et chercha un abri ; quelques instants après il était tout aussi engourdi qu'auparavant. Nous emportâmes le Serpent à la maison et le réveillâmes plusieurs fois de son engourdissement en le plaçant près du feu. »

Palissot de Beauvois raconte un fait semblable. « Le Serpent à sonnette, dit-il, prend de préférence ses quartiers d'hiver dans le voisinage des sources. Nous fouillâmes plusieurs retraites situées au bord de la rivière Maurice : un trajet tortueux courait vers une espèce de chambre qui se trouvait à une distance de deux ou trois mètres de l'entrée ; là reposaient à côté les uns des autres plusieurs Serpents, sans faire le moindre mouvement. Notre guide nous mena vers un marais qui était recouvert par environ trente centimètres de sphaignes ; la surface de la mousse était endurcie par la gelée, mais sous cette surface nous trouvâmes plusieurs Serpents à sonnette qui rampaient lentement sur le fond non congelé et humide. Les Crotales se cachent après avoir mué, un peu avant l'équinoxe d'automne, et ne reparaissent que vers l'équinoxe de printemps. »

Le Crotale vit en société, et voici à ce propos ce que rapporte Geyer : « Au retour d'un voyage entrepris dans le but de faire des collections d'histoire naturelle, j'arrivai, le 22 août, au pied d'une haute montagne arrosée par le Spokan aux eaux mugissantes. Je me décidai à passer la nuit dans une prairie entourée de broussailles. J'allai immédiatement à la rivière pour me désaltérer et fus attaqué par un gros Serpent à sonnette que je tuai immédiatement. Lorsque plus tard je soupai, j'entendis un grand tumulte ; un mulet que j'avais attaché pour la nuit dans notre voisinage était excessivement inquiet ; je n'abandonnai cependant pas mon repas et pris seulement mon verre pour puiser de l'eau à la rivière qui était tout proche.

« Le tumulte que j'avais entendu se rapprochait et pouvait se comparer au bruit qui se produit lorsque l'on traîne sur le sol une perche ou un bâton. Sitôt que j'eus traversé la prairie et que je fus sur la rive élevée d'environ un mètre au-dessus de la surface du gravier, j'aperçus une quantité innombrable de Serpents à sonnette, rampant sur la surface caillouteuse. Il faisait clair de lune et je voyais parfaitement comment ils rampaient les uns au-dessus des autres, se coupant dans tous les sens, principalement au voisinage de gros blocs de granit qui gisaient çà et là et autour desquels ils faisaient entendre un bruit de crécelle continuel ; le tumulte était encore augmenté par le bruit que faisait le corps de ces animaux frottant contre le gravier caillouteux ; le vacarme était insupportable. Saisi de crainte, je revins vers mon campement, avivai mon feu et m'enveloppai dans ma couverture de laine ; je craignais qu'il ne prît fantaisie à mes dangereux voisins de venir vers le feu et de m'attaquer. Le bruit dura jusque vers dix heures et cessa peu à peu. Je me couchai et m'endormis. Aussitôt que le jour eut paru, je sellai mon mulet et me dirigeai vers la rive où la veille au soir j'avais vu tant de Serpents. La place était absolument vide. Pensant alors que les animaux avaient pu se cacher sous les blocs de granit, je me fis un levier et levai ces blocs ; ce fut en vain, aucun d'eux n'abritait de Serpent. Quelques jours après cette aventure, j'eus le plaisir de rencontrer Macdonald au fort Colville. Lorsque je lui parlai de ce qui m'était arrivé, il m'assura, à mon grand étonnement, que le 21 août, c'est-à-dire un jour avant moi, il avait été témoin du même fait sur la rive de la Colombie. »

La plupart des voyageurs décrivent le Durisse comme un animal lent et paresseux, qui n'est dangereux que si on l'irrite. « Jamais, dit Beauvois, ce Serpent n'attaque de son plein gré des animaux dont il n'a pas besoin pour se nourrir ; il ne mord jamais que s'il est excité ou que si on veut s'en emparer. J'ai souvent passé très près de l'un d'eux, sans que jamais il ait ma-

nifesté la moindre intention de me mordre ; l'animal, grâce au bruit de sa queue, vous avertit, du reste, toujours à temps, et tandis que je m'éloignais sans précipitation, il ne bougeait pas, me laissant tout le temps de couper un bâton pour le tuer. »

Il est possible que les choses se passent ainsi dans certaines saisons ou dans certaines circonstances ; des observateurs également dignes de foi affirment cependant le contraire. « Le Serpent à sonnette, dit Geyer, est rapide dans son mouvement de progression et peut se courber sans faire beaucoup d'efforts. C'est dans cette dernière action que ses mouvements paraissent être lents, mais si l'on considère le chemin qu'il parcourt dans l'espace d'une seconde, on voit qu'il se meut rapidement ; lorsqu'il est en chasse, il se précipite sur sa proie avec une vitesse surprenante. C'est ainsi qu'un jour, au Missouri, je vis un Serpent à sonnette se précipiter d'un buisson sur une jeune poule et la prenant par l'aile l'emporter, rapide comme l'éclair, vers un rocher ; sa course était telle que je pouvais à peine suivre l'animal. Une pierre lancée à point arrêta le reptile, qui enlaça la poule et ouvrit la gueule, comme tout prêt à la défense. Ayant cessé de bouger, le Crotale mordit la poule à la tête. Je jetai une seconde pierre ; le Serpent lâcha de nouveau sa victime qui se débattait, et s'enroula sur lui-même ; je le tuai alors. Une autre fois, dans le Mississipi, je fus témoin d'une chasse faite à l'écureuil terrestre et j'admirai, dans cette circonstance, la rapidité avec laquelle peut se mouvoir le Serpent à sonnette. »

Audubon s'exprime dans des termes identiques : « Le Serpent à sonnette, dit ce consciencieux observateur, chasse les écureuils gris qui fréquentent nos forêts et les prend sans aucune peine ; il m'est arrivé d'avoir le plaisir d'assister à cette chasse. Dans le but d'observer un oiseau que je ne connaissais pas, je m'étais un jour assis dans la forêt ; mon attention fut bientôt attirée par un bruit aigu se faisant entendre tout près de moi. Un écureuil gris sortait d'un taillis et, par d'énormes sauts, fuyait devant un Serpent à sonnette qui se trouvait encore à près de six mètres derrière lui. Le Serpent glissait si rapidement sur le sol, que la distance qui le séparait du rongeur diminuait peu à peu. L'écureuil, ayant rencontré un arbre sur sa route, grimpa rapidement jusqu'à la cime. Le Serpent suivit l'écureuil et, bien que moins agile que lui, n'en avança pas moins sûrement. Lorsque le Serpent ne fut plus éloigné que de quelques mètres de l'écureuil, celui-ci sauta sur une autre branche. Le Serpent le suivit en s'accrochant avec la partie postérieure de son corps. L'écureuil sautait avec une agilité extraordinaire de branche en branche ; il se glissa plusieurs fois dans des trous dont l'arbre était creusé, mais en sortit bientôt, comme devinant que le reptile saurait bien l'atteindre dans sa retraite. La pauvre bête, dans le but d'échapper à son cruel ennemi, sauta prestement sur le sol. Au même instant, le Serpent se laissa tomber tout près de l'endroit où l'écureuil lui-même avait touché terre. La chasse recommença plus acharnée que jamais et, avant que l'écureuil ait pu grimper sur un autre arbre, il était saisi par la tête ; le Serpent l'enroula à ce point, que j'entendis l'écureuil crier de douleur. Le Serpent était si acharné qu'il ne parut pas me voir, bien que je me fusse approché de lui. Après quelques instants, il relâcha ses plis, éleva sa tête à quelques centimètres au-dessus du sol, flaira l'animal comme pour bien s'assurer qu'il n'était plus en vie ; il se mit alors à avaler l'écureuil, en commençant par le train de derrière. »

Quelque confiance que l'on doive avoir dans les récits du savant observateur américain, nous ne pouvons nous empêcher de faire remarquer qu'Audubon, dans cette circonstance, a dû prendre pour un Crotale une Couleuvre noire (*Coryphodon constrictor*). Tous les voyageurs, tous les observateurs sont unanimes pour refuser aux Serpents à sonnette la faculté de grimper aux arbres ; aucun Serpent venimeux n'étouffe sa proie ; n'a-t-il pas, en effet, dans son appareil venimeux, un merveilleux et terrible moyen de défense et d'attaque ?

Bien que le Serpent à sonnette ne soit pas un animal aquatique, il ne craint cependant pas l'eau ; Kalm l'a vu plusieurs fois franchir de petites rivières à la nage. « Le Serpent se gonfle alors, dit cet observateur, et flotte comme une vessie ; il ne fait pas bon de l'attaquer alors, car il peut parfaitement sauter dans l'embarcation. »

La nourriture du Serpent à sonnette consiste en petits mammifères, en oiseaux et en batraciens, surtout des grenouilles. Kalm affirme qu'on a même trouvé le vison dans son estomac, mais il ajoute que le Serpent n'avale qu'une partie des gros animaux dont il vient de s'emparer, comme les lièvres et les écureuils, et que, couché, il attend que le morceau avalé soit digéré pour déglutir le reste. Cette assertion n'a pas besoin d'être réfutée.

Lorsqu'il s'agit d'un animal d'une certaine taille et qui pourrait fuir, le Crotale fait usage de son arme redoutable, mais lorsqu'il a affaire à une petite proie, il ne se donne pas toujours la peine de l'empoisonner ; il l'avale de suite, comme les Couleuvres, par exemple, le font pour les grenouilles.

Après un repas copieux, le Crotale exhale une odeur infecte, d'après, du moins, ce que prétendent plusieurs observateurs ; d'autres, au contraire, nient absolument la chose. Lacépède dit que l'haleine empestée du Serpent trouble quelquefois les petits animaux dont il veut se saisir, pour les empêcher ainsi de s'échapper. Powell raconte qu'un jour il s'est approché d'une fosse dans laquelle au moins une centaine de Serpents à sonnette s'étaient réfugiés et qu'au bout de cinq minutes à peine, lui et ses compagnons se sentirent incommodés par la puanteur extrême que répandaient les Serpents ; il se trouva très indisposé, eut des envies de vomir et n'échappa qu'à grand'peine au danger qui le menaçait. Ceci est certainement exagéré, mais il y a cependant quelque chose de vrai dans ce récit, car beaucoup d'animaux sentent en forêt le Serpent à sonnette et le montrent par des signes non équivoques. Les chevaux, entre autres, s'effarouchent subitement, se mettent à hennir et à sauter de côté lorsqu'ils passent à plusieurs mètres d'un Crotale, qu'ils ne voient probablement pas. « Si certains auteurs, écrit Geyer, ont pu nier que les Serpents à sonnette exhalent une odeur repoussante, je puis, quant à moi, affirmer le contraire, bien que je n'aie pas l'odorat très délicat. L'odeur répandue par ces animaux dépend de ce qu'ils ont mangé. Si un Crotale a, par exemple, dévoré un écureuil, l'odeur répandue est infecte ; il en est de même lorsque le Serpent a avalé un oiseau mort, car il mange aussi bien une proie morte que vivante. » On doit avouer que sur des Crotales tenus en liberté, on ne sent pas cette odeur repoussante dont parlent beaucoup d'observateurs, de même que pour la plupart des Serpents, on perçoit seulement et assez souvent une odeur ammoniacale.

Beaucoup d'animaux craignent le Serpent à sonnette. Les chevaux et les bêtes à cornes

Fig. 332. — Le Durisse (1/4 grand. nat.).

s'effrayent à sa vue et s'enfuient dès qu'ils l'aperçoivent. Les chiens mettent le Reptile en arrêt, mais se tiennent toujours, et prudemment, à une distance respectueuse. Les oiseaux poussent des cris d'anxiété à la vue du Crotale. « A une distance d'environ vingt pas de ma maison, rapporte Duden, je vis un Serpent à sonnette d'environ un mètre de long, qui s'était enroulé au pied d'un noyer et qui avait pris une attitude agressive contre mes chiens. Sa queue était constamment en mouvement et produisait un bruit semblable à celui que fait entendre un rémouleur, tandis qu'il dirigeait contre mes deux chiens sa gueule largement ouverte et toute prête à mordre. Mes chiens regardaient l'animal menaçant avec une extrême surprise et n'osaient s'en approcher, quoiqu'ils fussent braves et qu'ils ne craignissent pas de se mesurer avec des loups. Deux chats assistaient au spectacle ; ils étaient également surpris d'étonnement. Je m'approchai pour défendre mes bêtes, mais le Serpent prit la fuite et continua son chemin. Les chiens le poursuivirent de loin pendant un instant, puis rentrèrent dans l'habitation. Je déchargeai un coup de fusil contre le Serpent et l'achevai à coups de bâton. Mes chiens et mes chats ne

voulurent pas plus s'approcher du cadavre du Reptile qu'ils n'avaient voulu l'attaquer lorsqu'il était vivant. »

Plusieurs observateurs ont bien affirmé que le Crotale a toujours l'habitude de sonner avant que de mordre ; ceci n'est pas absolument exact. « Lorsque le Crotale, dit Geyer, rampe lentement, il traîne sa queue contre le sol ; mais s'il est en fuite, il la relève tout en faisant entendre un bruit strident ; lorsqu'il poursuit une proie, il ne fait généralement entendre aucun bruit. Le bruit que fait entendre le grelot n'est pas celui d'une sonnette, mais bien plutôt celui d'une crecelle ; dans les prairies du haut Missouri vivent de petites sauterelles qui, par leur vol, produisent un bruit semblable. Le Serpent à sonnette n'avertit pas toujours, mais seulement lorsqu'il est effrayé ou attaqué. »

Les Peaux-Rouges, d'après Kalm, prétendent que le Crotale ne sonne que s'il médite de faire quelque méchanceté. Autant que nous pouvons en juger, le bruit de crecelle est le signe d'une violente colère chez le Crotale ; plusieurs autres Serpents manifestent, du reste, leur irritation par de violents mouvements de la queue.

BREHM. — V.

Le Serpent à sonnette, en captivité aussi bien qu'en liberté, est un animal excessivement irritable ; le bruit du vent à travers les feuilles, la vue même lointaine de l'homme ou d'un animal suffisent pour l'irriter. Il se roule alors en spirale ; dans l'intérieur du disque ainsi formé on distingue, et au centre, la tête et la queue, dans un état d'immobilité absolue. Bientôt l'animal relève la tête à 20, à 30 centimètres au-dessus du sol, courbe le cou en forme d'S, soulève verticalement la queue, et c'est alors que l'on entend le bruit strident causé par le grelot ; on a peine à distinguer les mouvements que le Crotale communique à sa queue tellement les mouvements continus en sont rapides. Tant que le Crotale se croit menacé, il reste dans la position que nous venons d'indiquer et continue à sonner. S'éloigne-t-on du Serpent irrité, le bruit cesse peu à peu et s'affaiblit, pour reprendre avec plus de force lorsqu'on s'approche de nouveau.

« Au commencement du printemps, dit Audubon, les Serpents à sonnette, ayant mué, se montrent parés des plus brillantes couleurs et l'œil en feu. Le mâle et la femelle errent dans les places ensoleillées des grands bois, et s'enlacent lorsqu'ils se rencontrent ; ils se réunissent les uns aux autres par vingt, par trente et davantage en une hideuse pelote. Alors toutes les têtes sont tournées dans toutes les directions, les gueules sont ouvertes et sifflent violemment, tandis que les grelots font entendre leur sinistre bruit. Ces animaux restent pendant plusieurs jours couchés à la même place et sans faire de mouvements. On s'exposerait aux plus grands dangers, si l'on s'approchait du groupe, car aussitôt qu'ils aperçoivent un ennemi, ces Serpents se détachent rapidement les uns des autres, et se jettent hardiment sur l'adversaire. »

Les œufs sont pondus au mois d'août, et les petits brisent l'enveloppe sous laquelle ils étaient enfermés, quelques minutes après l'éclosion, et cela sans que la mère s'en soucie nullement.

Quelques voyageurs prétendent que les Crotales avaleraient leur progéniture. D'après Palisot de Beauvais, ces reptiles recevraient bien leurs petits dans leur bouche, mais pour les protéger en cas de danger. « Ayant aperçu de loin, dans un sentier, rapporte-t-il, un Boï-quira ou Serpent à sonnette, je m'approchai le plus doucement possible, mais quelle ne

fut pas ma surprise quand, au moment où j'avais levé le bras pour le frapper, je le vis s'agiter en faisant résonner ses grelots, au même moment ouvrir une large bouche et y recevoir cinq petits Serpents de la grosseur à peu près d'un tuyau de plume ? Surpris de ce spectacle inattendu, je me retirai de quelques pas et je me cachai derrière un arbre. Au bout de quelques minutes, l'animal se croyant, ainsi que sa progéniture, à l'abri de tout danger, ouvrit de nouveau sa bouche et en laissa sortir les petits qui s'y étaient cachés. Je me montrai de nouveau ; les petits rentrèrent dans leur retraite et la mère, emportant son précieux trésor, s'échappa à la faveur des herbes dans lesquelles elle se cacha. Depuis, le voyageur Guillemard a observé le même fait ; son observation est vraie ; on peut dire contre ce fait ce que l'on voudra. » Ce fait aurait cependant grand besoin d'être confirmé par de sérieuses observations, car il serait vraiment singulier que, seul parmi tous les Serpents, le Crotale eut des mœurs semblables.

L'observation faite par Geyer paraît être beaucoup plus sérieuse que celle de Beauvais. « Une seule fois, rapporte-t-il, j'ai eu l'occasion d'observer l'éclosion de jeunes Serpents à sonnette ; c'était pendant le mois d'août, dans une habitation abandonnée de Mormons, au Missouri. La mère se chauffait au soleil devant l'entrée de la hutte, et se campa sur le seuil à mon approche ; j'aperçus alors un petit Serpent à sonnette long d'environ 0m,15. Je frappai avec mon bâton sur le seuil et aussitôt la mère fit entendre son bruit de crécelle ; au même moment je vis plusieurs petits, et après avoir détaché du seuil une grosse poutre je trouvai dessous une quarantaine d'œufs, dont presque tous étaient éclos. Les œufs avaient à peu près la grosseur d'un œuf de pigeon ; leur couleur était cendrée. Les individus nouvellement éclos se mettaient déjà sur la défensive, et cherchaient à mordre. »

Certains voyageurs ont prétendu que le terrible Crotale se laisse charmer par la musique, et nous ne pouvons mieux faire que de transcrire ici ce que dit Chateaubriand :

« Au mois de juin 1796, dit l'illustre écrivain, nous voyagions dans le haut Canada avec quelques familles sauvages de la nation des Onontagués.

« Un jour que nous étions arrêtés dans une grande plaine, au bord de la rivière de Jénésie, un Serpent à sonnette entra dans notre camp. Il y avait parmi nous un Canadien qui jouait de la flûte ; il voulut nous divertir et s'avança contre ce Serpent avec son arme d'une nouvelle espèce. A l'approche de son ennemi, le superbe Reptile se forme en spirale, aplatit sa tête, enfle ses joues, contracte ses lèvres, découvre ses dents empoisonnées et sa gueule sanglante ; sa double langue brandit comme deux flammes, ses yeux sont deux charbons, son corps gonflé de rage s'abaisse et se soulève comme les soufflets d'une forge, sa peau dilatée devient terne et écailleuse, et sa queue, dont il sort un bruit sinistre, oscille avec tant de rapidité, qu'elle ressemble à une légère vapeur.

« Alors le Canadien commence à jouer sur sa flûte. Le Serpent fait un mouvement de surprise et retire sa tête en arrière. A mesure qu'il est frappé de l'effet magique, ses yeux perdent leur âpreté, les vibrations de sa queue se ralentissent, et le bruit qu'elle fait entendre s'affaiblit et meurt peu à peu. Moins perpendiculaires sur leur ligne spirale, les orbes du Serpent charmé par degrés s'élargissent et viennent tour à tour se poser sur la terre en cercles concentriques. Les nuances d'azur, de vert, de blanc et d'or reprennent leur éclat sur sa peau frémissante ; et, tournant légèrement la tête, il demeure immobile dans l'attitude de l'attention et du plaisir.

« Dans ce moment, le Canadien marche quelques pas en tirant de sa flûte des sons doux et monotones ; le Reptile baisse son cou nuancé, entr'ouvre avec sa tête les herbes fines, et se met à ramper sur les traces du musicien qui l'entraîne, s'arrêtant lorsqu'il s'arrête, et recommençant à le suivre lorsqu'il commence à s'éloigner.

« Il fut ainsi conduit hors de notre camp, au milieu d'une foule de spectateurs tant sauvages qu'Européens, qui en croyaient à peine leurs yeux à cette merveille de la mélodie : il n'y eut qu'une seule voix dans l'assemblée pour qu'on laissât le merveilleux Serpent s'échapper. »

Ennemis du Crotale. — Le plus terrible ennemi du Crotale, c'est un hiver prolongé et rigoureux, surtout lorsqu'il est précoce et subit ; les inondations prolongées, au printemps, ainsi que les fréquents et violents incendies qui désolent souvent les forêts, détruisent aussi chaque année un grand nombre de ces animaux.

On dit généralement que les porcs seuls ne craignent pas le Serpent à sonnette, et que lorsqu'ils peuvent se rendre maître de ces reptiles ils leur brisent la colonne vertébrale et les dévorent.

De nombreuses observations ont confirmé l'utilité des porcs pour la destruction du Serpent à sonnette. « Aussitôt que le Crotale, dit Kalm, voit un porc, il prend aussitôt la fuite. Les cochons cherchent après les Serpents à sonnette, suivent la trace de ces animaux, et sitôt qu'ils en aperçoivent un, ils fondent sur lui, le saisissent, le secouent de toutes leurs forces et le dévorent, en ayant soin de laisser la tête à terre. Lorsqu'on veut défricher une contrée, on a la précaution de faire auparavant nettoyer la place par un troupeau de porcs : on peut être assuré d'être débarrassé des Serpents. Il arrive parfois que le cochon est mordu, mais le plus ordinairement il n'en éprouve aucun dommage. »

Des observations récentes ont confirmé le récit de Kalm.

« Aucune partie de l'Orégon, écrit Brown, n'était autrefois aussi infestée de Serpents à sonnette que les vallées de la rivière de Colombie ; ces animaux étaient abondants à ce point qu'ils étaient une véritable plaie pour les premiers colons ; ils entraient même dans les habitations et rampaient sous les couchettes. Tous les efforts pour se débarrasser de ces dangereux voisins furent absolument inutiles jusqu'à ce que les colons eurent de nombreux troupeaux de porcs. Ces animaux furent laissés dans une demi-liberté au milieu des bois. Dès ce moment même le nombre des Serpents à sonnette commença à diminuer d'une manière très sensible. Aujourd'hui les Serpents à sonnette sont si rares dans le pays, que moi-même je ne me rappelle pas en avoir vu un seul pendant quinze jours que je parcourus à pied, et dans toutes les directions, un espace d'environ 6 à 7 milles anglais, à la recherche d'objets d'histoire naturelle.

« Je ne commençai à voir de Serpents à sonnette que là où les troupeaux de porcs étaient peu nombreux ; les Reptiles étaient d'autant plus abondants que les cochons étaient rares. Il paraît régner une antipathie naturelle entre le cochon et le Serpent à sonnette. Aussitôt qu'un porc voit un de ces Serpents, il se précipite sur lui en grognant, et avant même que le Serpent n'ait eu le temps de mordre, le cochon lui met une patte sur la nuque, le maintient, le déchire avec les dents et le dévore tout tranquillement. Les Indiens connaissent à merveille cette inimitié qui règne entre le cochon et le Serpent à sonnette.

« J'ai vu plus d'une fois de jeunes Indiennes venir demander à des colons un morceau de lard frais ; elles voulaient, disaient-elles, se l'attacher autour des chevilles, pour se préserver de la morsure des Serpents à sonnette. Dans le sud de l'Orégon, on croit assez généralement que la viande de porc protège contre la piqûre de Crotale ; on va même jusqu'à soutenir que cette viande est un remède contre cette piqûre. Ce qui peut être certain, c'est que l'épaisse couche de graisse qui revêt le corps du cochon doit empêcher la pénétration du venin. »

Brehm s'exprime dans le même sens. « Les Serpents à sonnette étaient loin d'être rares autrefois, écrit-il, dans le comté de Milwaukee, mais ils ont aujourd'hui presque entièrement disparu, grâce à la guerre acharnée qui leur a été faite par les hommes et par les cochons. Bien que l'on ait trouvé quelques Crotales à Neukolm, je n'ai jamais pu réussir à rencontrer un seul de ces animaux, bien que pendant cinq années j'aie parcouru le comté dans tous les sens, à travers bois, champs et marais. »

Le cochon n'est pas le seul animal redoutable pour le Serpent à sonnette ; il faut encore citer la belette et surtout le blaireau noir des forêts. On prétend que le busard attaque également le Crotale ; certains faucons paraissent détruire les jeunes Serpents.

Le plus grand destructeur du Crotale est certainement l'homme, qui partout lui fait une guerre acharnée, surtout dans les contrées en défrichement. Castelnau assure qu'en un seul jour on tua jusqu'à quatre cents Serpents à sonnette dans les parages du lac Georges.

Geyer rapporte que les Crotales morts d'une manière quelconque ne sont la proie d'aucun animal de forte taille, et que seul un coléoptère de couleur cendrée se nourrit de son cadavre.

« L'habitant primitif de l'Amérique du Sud, continue Geyer, craint beaucoup plus que l'homme blanc le Serpent à sonnette. On voit souvent des blancs qui saisissent avec la main ce terrible animal, et cela sans crainte d'être mordus. Un des fils du célèbre général Clak, qui faisait partie de notre caravane, dans les montagnes Rocheuses, avait la poche toute remplie de grelots de Crotale. Aussitôt qu'il apercevait un de ces animaux, il courait après lui, lui mettait le pied gauche sur la tête, lui arrachait la sonnette de la main droite, et laissait le Serpent mutilé poursuivre son chemin ; il ne fut jamais mordu.

« Les Sioux, les Dakotahs ou les Nadoweissiou ne tuent jamais le Serpent à sonnette ; bien au contraire, ils regardent comme un présage favorable sa rencontre. En raison de cet hommage qu'ils rendent aux Serpents, les Dakotahs ont reçu de leurs ennemis le surnom de *Nadoweissiou*, ce qui signifie *Serpent à sonnette*. Le nom de Sioux n'est que l'abrégé du même nom. Aucune autre tribu indienne ne respecte le Crotale, pas même les Indiens Serpents ou Schaschonies. »

Morsure du Crotale, action du venin. — La morsure du Serpent à sonnette est toujours très dangereuse, les crochets étant grands, fort acérés et pouvant percer même un épais vêtement. « Ce Serpent, dit Geyer, mord avec une force qu'on n'attendrait pas de lui. Après m'être assuré que le Crotale ne peut pas sauter, je me suis donné la satisfaction de le faire mordre. J'ai vu que les crochets ne se brisent pas aussi facilement qu'on le dit communément ; j'ai pu faire mordre des Serpents à sonnette dans un morceau de bois et les soulever ainsi ; si l'animal lâche prise, alors il s'empresse de mordre de nouveau. Un grand Serpent à sonnette de près de 2 mètres de long, pourvu de 12 grelots à la queue, mordit jusqu'à trente fois un bâton de 3 centimètres d'épaisseur que je lui présentai ; au point mordu il arracha l'écorce jusqu'à l'aubier ; plus on l'excitait à mordre et plus le Serpent devenait furieux ; il mordait d'une manière continue jusqu'à ce que, épuisé, il finit par s'enfuir, la crainte ayant fait place à la rage.

« Une autre fois j'étais dans les prairies du Missouri ; un taureau en fureur s'avançait sur moi ; au moment où la bête fondait, je détournai de côté la tête de mon cheval et le lançai au petit galop. Le taureau glissa tout près de moi et tomba dans des broussailles basses ; lorsqu'il se releva je vis qu'il avait un gros Serpent à sonnette suspendu en arrière des mâchoires. Je poursuivis alors le taureau. Celui-ci décrivit un grand arc et pénétra dans un enclos de pommiers, et se mêla au reste du troupeau. Au bout de quelques minutes, ayant mis pied à terre pour voir ce qui allait se passer, je vis que le taureau penchait la tête du côté opposé à la blessure et qu'il tremblait depuis le genou jusqu'au paturon. Le Serpent avait quitté sa victime ; le point mordu avait enflé jusqu'à l'oreille. Tout ce que je viens de raconter se passait entre 9 et 10 heures du matin. Le lendemain, je revins vers 4 heures de l'après-midi ; je trouvai la bête à cornes encore au même endroit, la bouche ouverte, sèche, la langue enflée, pendante, couverte de terre, car l'animal avait fourré le mufle dans un trou assez profond creusé près de lui. La blessure suppurait et était couverte de mouches. Comme il n'y avait aucune habitation dans le voisinage, je ne pouvais rien faire pour la pauvre bête ; je coupai cependant une brassée d'herbes, que je plongeai dans l'eau et que je lui mis devant la bouche.

« L'activité du venin se manifeste très différemment suivant que le Serpent est plus ou moins excité. La morsure est moins redoutable par un temps humide et frais ; elle est surtout terrible pendant les grandes chaleurs du mois d'août et alors que le Reptile vient de quitter ses quartiers d'hiver. En plein été le Serpent à sonnette est tout particulièrement dangereux ; il est alors dans sa plus grande activité et, batailleur, s'avance contre vous souvent pendant l'espace de plusieurs pas, en faisant retentir ses grelots. Chez les Spokans, un jeune Indien avait été mordu par un Crotale pendant cette saison. Tous les remèdes que connaissent les Indiens avaient inutilement été administrés ; ce fut en vain. Le pauvre garçon était horrible à voir ; la gangrène avait mis à nu les os du membre mordu et on le vit littéralement tomber en pourriture. Les blessures exhalaient une odeur si infecte que c'est à peine si on pouvait s'approcher. Six semaines après la morsure, le malheureux était mort.

« Les Indiens ne possèdent aucun remède certain contre la terrible morsure du Serpent à sonnette ; ils administrent cependant les racines de quelques plantes, telles que l'Aristoloche serpentante, le Prexanthes serpentant, les Échinacées pourprée, sérotine, à feuilles étroites, l'Éryngie aquatique. Les Indiens, s'ils sont mordus, mâchent les racines de ces plantes. Les chasseurs brûlent de la poudre de chasse légèrement humide sur la blessure et font prendre au patient un breuvage dans lequel se trouve une bonne charge de poudre. »

Dans tous les États-Unis on fait prendre aujourd'hui de l'eau-de-vie à haute dose aux blessés. « En septembre 1820, raconte Mayrand, j'entendis un soir un cri perçant poussé par une femme ; je fus appelé quelques instants après et informé que l'esclave Esser avait été mordu par un Serpent à sonnette et se mourait. Je trouvai le malheureux inanimé, les dents serrées, le pouls irrégulier et à peine perceptible. J'avais entendu parler du bon effet produit en pareil cas par les boissons alcooliques et me déterminai à faire usage des excitants les plus énergiques que j'avais sous la main. Je mélangeai une cuillerée à café de poivre espagnol finement moulu avec un verre d'eau-de-vie et versai le tout dans la bouche du blessé. Les quatre premières doses de ce mélange furent rejetées ; la cinquième fut cependant gardée. Après l'administration de quatre à cinq verres d'eau-de-vie poivrée, le pouls se releva, mais il retombait cependant rapidement aussitôt que l'on cessait le médicament. Bien que je craignisse que la dose que je donnais pût avoir de graves conséquences, je dus cependant continuer, car le pouls retombait aussitôt que je cessais les excitants. Après avoir pris près d'un litre d'eau-de-vie poivrée, le blessé recouvra l'usage de la parole ; deux heures après son état s'était à ce point amélioré que je pus le quitter. Le lendemain matin, les forces n'étaient pas encore revenues. Je continuai à lui faire prendre d'heure en heure de l'esprit de corne de cerf à dose modérée et conseillai une nourriture substantielle. Le blessé prit en vingt-quatre heures encore près de deux litres d'eau-de-vie. Le point blessé se gangrena. La guérison se produisit cependant ; je faisais laver la blessure avec une décoction d'écorce de rouvre et fis mettre des compresses imbibées de la même décoction.

« Un an plus tard, je fus appelé la nuit pour soigner un nègre qui avait été mordu par un Serpent à sonnette. Il ressentait une grande douleur dans la poitrine et était pris de vomissements bilieux. On lui donna de l'eau-de-vie dans laquelle avait macéré du poivre vert, jusqu'à ce que le pouls se relevât. Le blessé se trouva sensiblement mieux après avoir avalé six verres du mélange ; douze heures après le commencement du traitement il pouvait être considéré comme hors de danger. Le blessé avait à peu près ingurgité un litre d'eau-de-vie poivrée.

« Un de mes amis m'a raconté qu'un individu en état absolu d'ivresse, étant sorti de chez lui, était tombé à terre et avait été mordu par un Serpent à sonnette ; on le reporta comme mort chez lui ; il ne ressentit aucun effet de la blessure reçue ; l'alcool avait sans doute empêché l'action du venin de se produire. »

Le venin du Serpent à sonnette tue presque instantanément les petits animaux. Hall a vu un poulet mordu mourir en 8 minutes, un autre en 7 ; d'autres, blessés par des Serpents venant de mordre, n'ont succombé qu'au bout de plusieurs heures. D'après Weir Mitchell la mort survient chez le lapin au bout de 3 à 15 minutes ; certains individus ont résisté jusqu'à deux jours. Les chiens vivent plus longtemps, et plusieurs de ceux qui avaient été mordus ne sont pas morts ; les autres ont succombé dans l'espace de 3, de 5, de 20 heures ; d'autres tombent, pour ne plus se relever, quelques minutes après la blessure. Les bœufs et les chevaux, malgré leur volume, sont assez rapidement tués. Sur seize cas de morsures sur l'homme, Weir Mitchell a vu la mort survenir quatre fois, malgré un traitement approprié.

Halm a fait les observations suivantes : un Crotale long de 4 pieds fut attaché à un pieu et on lui fit mordre successivement plusieurs animaux. Un premier chien blessé périt après 15 minutes ; un second après 2 heures et un troisième au bout de 3 heures. Après quatre jours de repos, le même Serpent piqua successivement un premier chien, qui ne vécut que 30 secondes, puis un autre qui succomba au bout de 4 minutes seulement. Trois jours après on lui fit mordre une grenouille qui périt au bout de 2 secondes, un poulet qui ne survécut à sa blessure que pendant 8 minutes, un amphisbène qui mourut après 8 minutes. Halm ajoute que le Serpent surexcité se mordit lui-même et ne vécut plus que 12 minutes.

Captivité. — Les Serpents à sonnette se font assez rapidement à la captivité, surtout si leur cage est suffisamment grande.

Parfois cependant ces animaux refusent toute nourriture pendant longtemps ; c'est ainsi qu'un Crotale conservé à la ménagerie du Muséum de Paris resta vingt-deux mois dans un état d'abstinence absolu ; Duméril, qui relate le fait, ajoute que « l'on ignorait depuis combien de temps il avait été privé d'aliments, étant en captivité et non transporté en France ; mais on savait positivement qu'il était resté trois mois sans manger entre les mains du vendeur. C'était un Crotale durisse. Il avait été introduit dans la ménagerie des Reptiles le 28 août 1839 ; il est resté depuis cette époque jusqu'au 30 mai 1841, sans vouloir se jeter sur la nourriture qu'on lui offrait, mais depuis

cette époque jusqu'au mois d'août 1843, il a mangé six ou huit fois par mois, ce qui l'a fait beaucoup grossir. Il a vécu jusque vers la fin de l'année 1851, c'est-à-dire pendant douze ans. D'autres individus n'ont pris leur nourriture que dix à vingt-deux fois et même souvent moins dans le courant d'une année. »

Brehm raconte également avoir conservé pendant sept mois un Serpent à sonnette sans que celui-ci prît aucune nourriture ; il tuait cependant, en les empoisonnant, tous les animaux qu'on lui présentait. Pendant ce temps de jeûne, le Serpent but fréquemment, mais plusieurs fois et après chaque mue il se montrait plus irrité et plus prêt à mordre qu'auparavant. Dès le moment où il se décida à manger, il le fit régulièrement, de telle sorte qu'au bout de deux mois il avait repris son embonpoint normal. « J'ai vu, dit Brehm, dans cette circonstance comme dans plusieurs autres, combien est paresseux le Serpent à sonnette. Je mis dans la cage de mes Serpents des rats que je faisais nourrir jusqu'à ce qu'ils fussent tués par les Crotales. Le bruit de crécelle du Serpent excitait vivement la curiosité de mes rats, mais n'avait pas l'air de les effrayer le moins du monde. Les rats couraient sur les Serpents, sautaient sur leur dos et ne redoutaient nullement la colère des Reptiles, colère qui parfois était poussée si loin qu'ils sonnaient pendant des heures entières, tout prêts à fondre sur l'ennemi ; suivant que le rat était plus ou moins rapproché, le Serpent sonnait plus ou moins fort. Comme un matin je m'approchai de la cage, un des Serpents, qui saluait régulièrement mon arrivée par un bruit strident, ne bougeait plus ; il était étendu tout de son long contre le plancher de la cage ; vers midi le Serpent était noir, et on remarqua qu'il avait succombé à une large et profonde morsure ; un rat avait tout simplement attaqué et mis à mort le terrible Reptile. Effeld, qui avait vu souvent la même chose se produire, avait cependant bien eu le soin de me prévenir et de me conseiller de ne donner à des Serpents à sonnette des rats je pleine santé, car ceux-ci attaquent et tuent fréquemment les Reptiles. »

Au commencement de la captivité, les Crotales sont irritables au plus haut point ; on ne peut faire de bruit près d'eux, on ne peut s'approcher de leur cage, sans qu'ils se mettent sur la défensive et sonnent avec rage. Le mieux en pareil cas, si on veut les conserver, est de les exciter le moins possible et de blanchir les carreaux de la cage jusqu'à une certaine hauteur pour qu'ils ne puissent voir le public. Peu à peu la méchanceté du Crotale diminue ; dès qu'il a commencé à se nourrir, il devient généralement moins féroce et se jette moins contre son gardien.

Les Crotales, même d'espèce différente, ne montrent jamais entre eux le moindre signe d'inimitié. « Trente-six Serpents à sonnette, dit Mitchell, que je mis dans une même cage, vécurent en paix parfaite, même lorsqu'on jetait au milieu d'eux un animal de leur espèce ; si l'on plaçait dans la cage un lapin, un pigeon, ils étaient tous surexcités au même instant et se mettaient tous à sonner. Par un temps chaud, alors qu'ils ont toute leur activité, ils sont enroulés en pelotons, pêle-mêle ; ils ne sont ainsi engourdis qu'en apparence, car c'est avec une extrême rapidité qu'ils se lancent, tout prêts à mordre. »

Un certain Néale, qui avait gardé pendant longtemps des Serpents à sonnette, arriva à penser qu'ils pouvaient être apprivoisés ; il affirmait que la musique possède une action sur ces animaux et assurait que, par de douces caresses, on parvenait à tranquilliser les plus furibonds. Cet homme aurait osé exposer des Serpents à sonnette réellement apprivoisés. « Leur docilité est si grande, dit un témoin, que Néale, après avoir parlé aux Serpents et les avoir caressés avec la main, les manipulait comme s'ils eussent été des cordes. Il prend un de ces Serpents, le laisse grimper sur lui, s'enrouler autour de son cou, l'embrasse, puis en prend un second. Les terribles animaux paraissen avoir un réel attachement pour leur maître. Celui-ci ouvre la gueule des Serpents et montre que les crochets venimeux sont très développés. Néale manie ses Serpents avec d'autant moins de crainte qu'il sait posséder un moyen efficace contre leur morsure ; il ne fait, du reste, aucun secret de ce moyen. On doit, assure-t-il, se laver tout d'abord la bouche avec de l'huile chaude, puis sucer la blessure, et boire une infusion de racine de serpentaire jusqu'à ce que les vomissements se produisent abondamment ; on n'a alors plus rien à redouter. »

Il n'est point impossible que par des soins appropriés et avec beaucoup de patience on parvienne à rendre moins féroces les Serpents à sonnette ; il n'en est pas moins vrai que ce

sont toujours des animaux extrêmement dangereux dont il faut constamment se défier.

LE RHOMBIFÈRE. — *CROTALUS ADAMANTEUS.*
Demantlapperschlange.

Caractères. — Le Crotale rhombifère ou Crotale diamantin est l'espèce de Crotale qui atteint la plus grande taille, car les femelles de 2m,30 de long ne sont pas des raretés dans les collections. Cette espèce se distingue du Crotale durisse par sa tête très grande et allongée, par trois rangées de plaques au museau, au lieu de deux, et par la coloration.

La tête est triangulaire, mais arrondie en avant, revêtue de plaques dans sa partie antérieure, puis écailleuse sur le vertex. La plaque rostrale est petite, de forme triangulaire. Le cou est remarquablement mincé et contracté. Le corps est allongé, très épais, ainsi que la queue. Les écailles qui revêtent le tronc sont fortement carénées.

La couleur est de toute beauté au moment où l'animal vient de muer. Le dos est d'un beau vert brunâtre tournant au vert doré chez certains individus. Sur ce fond se détachent, ainsi qu'on le voit sur l'exemplaire représenté au second plan de la figure 334, une série de losanges d'un brun sombre, se reliant entre eux, de manière à former une ligne continue ; les bords de ces grandes taches sont rehaussés par une bordure jaune d'or. Une bande de même couleur s'étend de l'extrémité du museau à l'angle de la bouche. Sur le dessus de la tête se voient de larges marbrures brunes ou noires.

Distribution géographique. — Le Crotale diamantin habite principalement le sud-est des États-Unis et abonde à l'est de la Floride, dans la Caroline du Sud et aux environs de Mexico. Jan, qui rapporte à cette espèce les *Crotalus atrox*, *sonoriensis*, *lucifer* et *confluentus*, la signale dans la Sonora, le Nouveau-Mexique, le Texas, le Kansas, le Nébraska.

LE CASCAVELLA. — *CROTALUS HORRIDUS.*
Schauertlapperschlange.

Caractères. — Le Crotale horrible, Boïquira ou Cascavella, ressemble en beaucoup de points à l'espèce précédemment décrite, mais s'en distingue par la coloration, ainsi que l'ont bien vu Holbrook, Duméril et Bibron.

« Ainsi, disent ces derniers auteurs, l'Horrible a une bande transversale noire sur le devant de la tête, couvrant l'extrémité antérieure des plaques sus-orbitaires; derrière cette bande, on en voit une autre également transversale, blanchâtre, s'étendant jusque sur la partie moyenne de ces plaques. Depuis l'œil, et à partir de l'extrémité postérieure de ces sus-oculaires, on voit commencer une ligne noire qui se prolonge sur l'occiput, sur le cou et sur le dos, dans une étendue égale environ au cinquième de la longueur totale du Serpent. Ces raies occupent à peu près la largeur de deux écailles et demie. Une autre raie plus étroite, de la même longueur et également noire, longe en dehors, et en dessous d'un espace clair, chacune de celles dont il vient d'être question, et elle surmonte elle-même une ligne interrompue et ponctuée qui lui est parallèle et inférieure.

« Le Crotale adamantin ou rhombifère n'a d'autres marques sur la tête qu'une teinte noirâtre générale des plaques de l'extrémité antérieure. De plus, ses taches rhomboïdales, au lieu de commencer seulement au delà du premier cinquième du tronc, sont visibles dès l'occiput.

« Outre ces différences, qui sont déjà bien importantes, car elles sont constantes, il y en a dans les plaques du museau, qui sont de formes différentes, et en particulier les nasales de l'Horrible sont plus petites. Toutes les écailles de la tête, des tempes, des lèvres, sont, chez ce dernier, plus bombées, plus saillantes que chez le Rhombifère, dont les écailles antérieures du museau sont à peine carénées.

« Ajoutez enfin que les rhombes de l'Horrible sont plutôt indiqués par de larges bandes noires disposées de façon à former un périmètre losangique circonscrivant un espace plus clair de la couleur du fond, qu'ils n'ont point, comme chez le Crotale rhombifère, de grandes taches noires de forme rhomboïdale (1). »

Distribution géographique et habitat. — Le Cascavella est une espèce beaucoup plus méridionale que celles que nous venons de décrire. « Ce Crotale, dit de Neuwied, se trouve sur la plus grande partie du nord de l'Amérique du Sud; on le rencontre dans Minas Geraës, et au nord jusqu'aux Guyanes et au Maranôn. » Azara, Burmeister et Hensel

nous apprennent que l'espèce se trouve dans la Plata; Schomburgk nous dit qu'elle se trouve également aux Guyanes et au Brésil.

« Le Cascavella, ajoute de Neuwied, se tient de préférence dans les contrées sèches et pierreuses du Sertoug, sur les chemins rocailleux, dans les terres incultes, au milieu des broussailles épineuses. » Tschudi rapporte qu'au Pérou on trouve surtout ce Crotale dans la région froide du Campos, plutôt que dans les forêts torrides. D'après Hensel, le Cascavella est dans Rio Grande del Sur, plus rare que deux autres espèces, le *Surukuku* et le *Schararaka*; il est cependant abondant au voisinage de la colonie de Santa-Cruz et se tient de préférence dans les endroits découverts, gazonnés, entourés de haies ou de rochers. Dans les Guyanes, il vit dans les savanes et les broussailles basses; il remonte jusqu'à 2,000 mètres au-dessus de la mer et, comme au Brésil, fait défaut dans les forêts qui bordent les côtes.

Mœurs, habitudes, régime. — Pendant le jour on rencontre le Cascavella à l'état de repos; il est enroulé sur lui-même paresseusement et ne mord que si l'on s'approche tout près de lui; il ne fait pas entendre un bruit à beaucoup près aussi strident que le Crotale durisse, aussi peut-il passer pour plus dangereux, car on est averti de sa présence moins longtemps à l'avance.

« Souvent, écrit Schomburgk, je me suis approché du *Cascavella* ou *Marako* jusqu'à une distance de 2 mètres, et j'ai bien pu l'observer au repos. Le Serpent pendant tout ce temps ne me perdait pas de vue, bien qu'il ne manifestât aucune intention hostile à mon égard. Cependant la moindre excitation, l'approche brusque, mettent l'animal en fureur. Se roulant en spirale, soulevant la tête et le cou, ouvrant largement la gueule et poussant un sifflement tout à fait particulier, il regarde tout autour de lui, attendant le bon moment pour mordre; il manque rarement son but, et ses dents venimeuses sont si acérées qu'elles percent les vêtements les plus épais et les bottes les plus fortes. Le bruit que l'animal fait avec sa queue est peu retentissant et s'entend à peine. »

Certains voyageurs ont dit que le *Cascavella* sonne trois fois pour avertir avant de se jeter sur son ennemi; ceci est de pure fantaisie; le Serpent ne sonne pas toujours avant de mordre. Ce Crotale, comme ses congénères, se nourrit

(1) Duméril et Bibron, *Erpétologie générale*, t. VII, p. 1475.

Fig. 333 et 334. — Le Cascavella et le Rhombifère (1/10e grand. nat.).

de petits mammifères et d'oiseaux, chaque fois qu'il peut s'emparer de ceux-ci.

Gardner nous apprend que, sur la côte ouest de Rio-de-Janeiro, il entendit une fois, en traversant une forêt, un bruit étrange. Son guide lui dit que ce bruit provenait de Serpents à sonnette. Tous deux montèrent sur un arbre et virent une vingtaine de ces Reptiles entortillés en pelote et enchevêtrés les uns dans les autres; ils sifflaient et agitaient leurs grelots. Avec sa carabine à deux coups, Gardner tua treize de ces animaux et en blessa ensuite grièvement plusieurs à coups de bâton.

Morsure, action du venin. — Nous devons à Schomburgk des renseignements précis sur la morsure du *Cascavella*. « Le soleil approchait de l'horizon, dit ce voyageur, et un de mes hommes, Essetamaipu, n'était pas encore revenu; nous n'en avions pas plutôt fait la remarque, que nous vîmes un autre Indien accourir vers nous. Ceci était le signe certain qu'il avait à nous communiquer une nouvelle des plus importantes, car, dans ces régions, l'Indien ne marche jamais vers un village qu'à pas comptés. Nous ne nous trompions pas dans nos prévisions. L'Indien avait trouvé Essetamaipu couché inanimé dans la savane; il avait

BREHM. — V.

été mordu par un Serpent à sonnette. Nous courûmes de suite à l'endroit où gisait le malheureux, que nous trouvâmes sans connaissance. L'Indien avait bandé sa blessure avec des lanières provenant de son haut-de-chausses et largement incisé la plaie avec son couteau; cette blessure était située au-dessus de la cheville. Le membre était fort tuméfié; les spasmes les plus violents agitaient tout le corps du blessé, dont les traits étaient contractés à ce point qu'il était réellement méconnaissable. Lorsque le pauvre Essetamaipu avait traversé la savane, il avait marché par mégarde sur un *Cascavella;* après avoir tué le Serpent, le malheureux avait élargi sa blessure et l'avait pansée avec ce sang-froid particulier aux Indiens. Comme l'accident était arrivé dans la haute savane, il s'était traîné avec peine près du sentier, espérant qu'on l'y trouverait, puis était tombé sans connaissance. Lorsque les habitants de Pirara nous virent accourir, près de la moitié de la population du village, qui avait déjà appris le malheur, nous avait suivis; tous s'accroupirent silencieux à quelque distance du blessé, pendant que sa femme et ses enfants faisaient entendre des cris déchirants. A en juger par le sang qui s'était écoulé

REPTILES. — 63

de la plaie et qui s'était coagulé, l'accident devait remonter à plusieurs heures ; sucer ou cautériser la plaie dans de pareilles conditions était absolument inutile ; nous nous contentâmes de laver la blessure avec de l'ammoniaque ; nous fîmes également boire de l'eau ammoniacale au malheureux, toujours inanimé. Sous l'action de ce médicament, la syncope cessa et notre Indien revint à lui ; il se plaignait de violentes douleurs dans la poitrine, dans l'aisselle, ainsi que de tiraillements dans le dos et dans les membres. Essetamaipu fut placé dans un hamac et porté à Pirara. Le membre resta enflé pendant plusieurs jours, il formait une masse informe ; le blessé éprouvait des douleurs intolérables par le plus léger mouvement. L'enflure et les douleurs cessèrent peu à peu par l'application de pains de tapioca chaud et ramolli. Cinq semaines après la blessure, celle-ci se ferma et l'Indien put recommencer à se servir du membre. »

Tschudi, dans ses *Voyages dans l'Amérique du Sud*, parus en 1867, rapporte une aventure qui fit grand bruit à Rio-de-Janeiro, aventure arrivée quelques années auparavant. Un nommé Mariano José Machado, atteint d'éléphantiasis depuis des années, après être inutilement resté quatre années dans les hôpitaux de la capitale, se décida à employer n'importe quelle médication pour se débarrasser de sa terrible et hideuse maladie. Dans certaines parties du Brésil, la croyance populaire attribue à la morsure des serpents venimeux le pouvoir de guérir radicalement la lèpre. Machado ayant su qu'un Serpent à sonnette vivant se trouvait dans Rio-de-Janeiro, manifesta sa ferme volonté de se faire mordre par le Reptile. En vain ses parents et plusieurs médecins cherchèrent-ils à détourner le malheureux de ce projet téméraire. Dégoûté de la vie, il resta insensible à toutes les remontrances, à toutes les prières qui lui furent faites. Accompagné de plusieurs personnes, parmi lesquelles se trouvaient des médecins, Machado se rendit à la maison où se trouvait le Crotale ; il signa et fit signer par tous les témoins un acte dans lequel il déclarait solennellement que c'était de son plein gré qu'il voulait se faire mordre, que personne ne l'avait poussé à cet acte, dont il assumait seul toutes les conséquences, quelles qu'elles fussent.

Machado était un homme de moyenne taille, âgé d'environ cinquante ans. Tout son corps était couvert de points d'éléphantiasisme des plus caractérisés ; sur les membres se trouvaient des tubercules agglomérés en masses, d'où l'épiderme se détachait avec la plus grande facilité ; le visage du malheureux était informe et tout défiguré.

Après avoir signé l'acte dont nous venons de parler, Machado mit sans hésiter la main dans la cage du terrible Serpent. L'animal se recula craintivement. Le malade le prit alors entre les mains, mais le Serpent dardait seulement sa langue ; c'est seulement après avoir été excité et tourmenté par le malheureux, qu'il se décida à mordre à la racine du petit doigt. Machado ne sentit pas la blessure. Ceci se passait à 11 heures 50 minutes du matin.

On remarqua de suite une légère enflure au point mordu ; cinq minutes après, la main se mit à enfler et le blessé ressentit dans le membre une sensation de froid toute particulière. Vers midi 20 minutes, l'enflure avait déjà gagné l'aisselle. Le blessé avait de fréquentes convulsions. A 1 heure 20 minutes, on remarqua que tout le corps tremblait ; 26 minutes après, les lèvres bougeaient à peine, et Machado avait une envie irrésistible de dormir. A 2 heures 5 minutes, la déglutition était devenue difficile, la parole indistincte ; le blessé se plaignait d'une sensation d'angoisse indicible, une sueur abondante l'inondait. Trente minutes plus tard, l'inquiétude avait atteint un degré extrême ; des vertiges se produisirent ; des saignements par le nez eurent lieu ; les douleurs dans le bras étaient devenues si violentes, que Machado poussait des cris involontaires. A 3 heures 35 minutes, apparut sur tout le corps une coloration ictérique et il se produisit des pustules qui bientôt saignèrent. Le malade était tourmenté par la soif, aussi but-il de l'eau et du vin. Le pouls qui, à 2 heures, battait 98 pulsations, s'éleva alors à 104 par minute. Vers 7 heures, le blessé se plaignit de violentes douleurs dans la poitrine, de constriction de la gorge. Le malheureux consentit seulement alors à être soigné ; aussi, vers 10 heures du soir, prit-il trois cuillerées d'infusion de huaco (*Mikania huaco*), dose qui fut répétée une heure après. Douze heures après, le malheureux était tombé dans la plus profonde prostration ; il était agité de violents mouvements convulsifs. A 10 heures 30 minutes, c'est-à-dire après un peu moins de vingt-quatre heures, Machado expirait.

Sigaud rapporte également l'histoire d'un

lépreux qui succomba après s'être fait mordre par un Crotale. Saffray parle aussi d'un individu qui faillit mourir du remède, mais ne fut nullement guéri de sa lèpre.

« Si l'on conjure, par des moyens appropriés, l'action du venin, dit Scomburgk, le blessé n'en ressent pas moins pendant toute sa vie les effets du venin ; il y succombe souvent plusieurs années après.

« Outre l'élargissement de la plaie, la succion, l'emploi du suc frais de la canne à sucre, chaque tribu possède certains moyens contre la morsure des Serpents à sonnette. C'est ainsi que chez certaines tribus, si l'on veut sauver le blessé, ni les enfants, ni les parents, ni les personnes qui habitent avec lui ne doivent boire de l'eau, ni s'approcher même de l'eau tant qu'il n'est pas rétabli ; la chose est seulement permise à sa femme ; on ne peut calmer sa soif qu'avec le jus de citrouilles ; le blessé ne peut prendre que des fruits de bane rôtis. D'autres tribus emploient le suc exprimé des feuilles de *Dracuntium dubium ;* d'autres, la *Byrsonia crassifolia,* la *Moureila,* la *Quebitea guianensis.* Il est rare cependant que les blessés réchappent, pour peu qu'ils soient affaiblis. »

Tschudi ne doute nullement que les Indiens, qui sont si exposés à être mordus dans leurs courses à travers la forêt, ne possèdent des antidotes certains contre la morsure du terrible Crotale. « Il est notoire, dit-il, que les Indiens de la Colombie et du Pérou possèdent dans la plante grimpante bejuco de huaco (*Mikania huaco*) un remède contre la morsure des Serpents venimeux. »

Le prince Maximilien de Neuwied fait remarquer que les Brésiliens connaissent certainement quelques plantes qui, dans le cas de morsure, sont appliquées à l'extérieur et administrées à l'intérieur ; dans ce cas, elles amènent de larges sudations. Telles sont une sorte d'aristoloche et une bigonia, le jaborandi.

Ce voyageur cite plusieurs cas de guérison à la suite de l'emploi des plantes. « Un jeune Puri, dit-il, ayant été mordu, on cautérisa la plaie avec de la poudre de chasse et on lui fit prendre de l'eau-de-vie. L'endroit mordu était fort enflé. Un montagnard qui avait assisté à l'accident apporta deux racines dans l'emploi desquelles il avait pleine confiance. L'une de ces racines était spongieuse et sans goût particulier, aussi fut-elle rejetée. On prépara une forte infusion avec l'autre racine, qui était très amère et qui semblait être une racine d'aris-

toloche. Le pied et la jambe avaient fortement enflé ; toutes ces parties étaient tellement sensibles que l'Indien criait et pleurait au moindre attouchement. Le sang coulait de la blessure, qui fut saupoudrée avec de la racine de *Plumeria obovata* et pansée avec les feuilles de cette même plante.

« Dans les environs de Rio-de-Janeiro, Sellow trouva un jour un nègre qui avait été mordu par un Serpent ; son visage était enflé ; il respirait avec peine et avait eu des hémorrhagies par le nez, la bouche et les oreilles. Le traitement consista dans l'ingurgitation de la graisse d'un gros téju (le sauvegarde) et d'une infusion de *Verbena,* qui amena une abondante transpiration. »

Les Indiens et les noirs affirment que la morsure du Serpent à sonnette est extrêmement dangereuse lorsque la femelle est pleine, que le temps est à l'orage ou que la lune va changer ; ils racontent également que le Reptile crache son venin avant de boire, qu'un individu mordu doit par-dessus tout éviter de rencontrer les regards d'une femme, et autres choses pareilles.

Ils prétendent également que le venin du Crotale conserve longtemps, pour ainsi dire infiniment, son action. On connaît l'histoire d'un homme qui fut mordu à la jambe par un Crotale et mourut ; sa veuve se remaria peu de temps après, et le nouvel époux, ayant trouvé une superbe paire de bottes dans la garde-robe du défunt, s'empressa de la mettre ; dès le lendemain il laissait une veuve inconsolable, qui convola en troisièmes noces. Le troisième mari étant mort à son tour, on constata alors que la dent du Crotale s'était cassée et était restée implantée dans les tiges de la botte ; les deux malheureux qui avaient hérité de la défroque du premier défunt s'étaient successivement piqués à ce crochet, qui faisait saillie à l'intérieur. Cette histoire doit sans doute être considérée comme apocryphe.

L'action prolongée de l'alcool semble neutraliser l'action du venin, pour les pièces qui se trouvent dans les collections. Duvernoy ayant pris avec une lancette un peu de venin d'un Crotale conservé dans l'alcool et l'ayant introduit sous la peau de l'oreille d'un lapin, il n'en résulta aucun accident. Paul Gervais a piqué avec une tête desséchée de Crotale un jeune chien, sans produire aucun phénomène toxique. On ne saurait trop conseiller cependant aux personnes qui manient de pareilles pièces de ne le faire qu'avec la plus grande précaution.

Viaud Grand-Marais assure « qu'il est de croyance générale dans une grande partie de l'Amérique du Sud, que l'on peut se préserver des morsures des Serpents par une inoculation spéciale. Cette inoculation varie dans ses procédés.

« Les *Curados de Colubras* de la côte orientale du Mexique la font, raconte Jacolot, à l'aide d'un crochet de Crotalien, qui leur sert plusieurs années de suite, et administrent à leur patient des infusions alcooliques de *Dorstenia*, en aussi grande abondance que le permet la tolérance de son estomac. A la Guyane, les inoculistes n'emploient pas nécessairement de crochet et se bornent souvent à des incisions superficielles, qu'ils frottent avec le suc de certaines plantes. Ils font prendre en même temps ce suc dans du tafia. L'effet moral est excellent, et les inoculés redoutent moins le travail dans les champs de cannes et les bois. S'il y a une préservation réelle, elle ne peut être due qu'aux plantes et non au venin, car les inoculations ne sont venimeuses que de nom.

« A la Colombie, on inocule le suc de *Mikania guaco*. Les incisions longues et superficielles sont faites aux mains et à la poitrine et frottées avec du Guaco frais, et l'on prend d'autre part une cuillerée de jus de cette plante trois matins de suite. Ceux auxquels répugne ce moyen radical se bornent à avaler ce liquide à la dose de 15 grammes chaque matin, avant d'aller aux champs. »

Usages. — Dans l'Amérique du Sud, personne, pas même l'Indien, ne mange le Crotale ; lorsque par hasard on peut se procurer la sonnette de l'un de ces animaux, on la garde précieusement, parce que, d'après de Neuwied, elle est regardée comme un spécifique contre toutes sortes de maux.

Les nègres de l'Amérique du Sud conservent souvent des Serpents venimeux. « L'art d'apprivoiser ces animaux, dit Schomburgk, paraît avoir été apporté d'Afrique. Les nègres savent dresser ces dangereux Reptiles, de telle sorte qu'ils peuvent les enlacer sans danger autour de leurs bras. »

LES LACHESIS — *LACHESIS*

Lachesischlangen.

Caractères. — *Lachesis* était le nom de l'une des Parques, filles de la Nuit ; c'était elle qui plaçait le fil sur le fuseau et de laquelle dépendait le sort des humains (1).

Ce nom a été appliqué par Daudin à des animaux qui présentent tous les caractères essentiels des Crotales ; au lieu de la sonnette, ils portent à la queue dix ou douze rangées d'écailles épineuses et un peu recourbées en crochet à leur sommet.

L'os transverse ou os ptérygoïdien externe est énorme, plat et très solide. Le maxillaire supérieur est fort réduit.

Les plaques du ventre sont, en partie, disposées suivant un seul rang.

LE SURUCUCU. — *LACHESIS MUTUS.*

Buschmeister.

Caractères. — Cette espèce, une des plus redoutables de la famille des Crotalidées, dépasse souvent 2m,10 de long. Spix dit, en effet, en avoir vu des individus qui avaient 7, 9 et même 10 pieds, plus de 3 mètres, et dont le pourtour du ventre était de plus d'un pied, soit 0m,33.

Le Lachésis muet, qui a été décrit sous différents noms, tels que *Crotalus mutus, Scytale ammodites, catenata, Cophias surucucu, crotalinus, Lachesis rhombeatus, Trigonocephalus rhombifer*, a la partie supérieure du corps d'un beau jaune rougeâtre sur lequel se détachent de grands losanges d'un brun noir ; la coloration est plus sombre sur le cou ; le dessus de la tête porte des taches irrégulières et d'un brun noirâtre. Ainsi que le montre la figure 335, une bande noire ou brune part de l'œil et se dirige vers la partie supérieure de la tête. Le ventre est d'un blanc jaune pâle et comme porcelaine.

La tête est aplatie, élargie en arrière, nettement séparée du cou. Les glandes venimeuses sont très développées ; les crochets, chez un animal adulte, ont au moins un centimètre de long.

Distribution géographique. — Le *Surucucu* est particulier à l'Amérique du Sud. « Au Brésil, dit de Neuwied, on le trouve partout ; mes chasseurs l'ont tué dans les forêts près de la rivière Iritiba, à Itapemirim, à Rio Doce, à Peruhype et plus au nord encore. » Marcgrave signale l'espèce à Pernambuco, Wacherer à Bahia, Tschudi depuis la province de São Paulo

(1) Le fil des destinées, Λαχή, le sort, le destin.

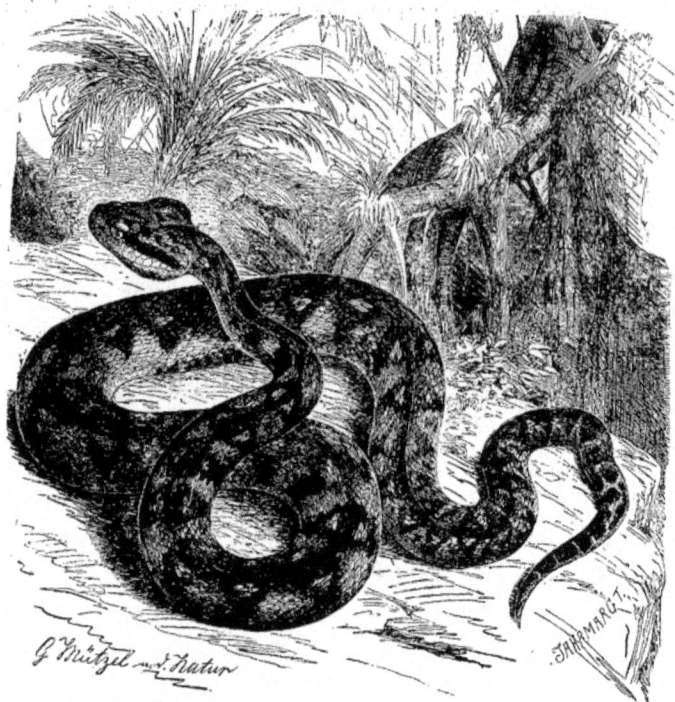

Fig. 335. — Le Surucucu (1/6ᵉ grand. nat.).

jusque dans tout le bassin de l'Amazone, à Cuyaba, à Mattogrosso ; Schomburgk et d'autres voyageurs l'ont trouvé dans les Guyanes.

Mœurs, habitudes, régime. — De Neuwied, qui nous a laissé de si précieux renseignements sur les animaux du Brésil, nous apprend que le Lachésis muet « est un grand Serpent, aux couleurs élégantes qui, dit-on, peut atteindre le volume de la cuisse ; il se trouve le plus ordinairement dans les forêts fraîches, ombreuses ; il se tient d'habitude enroulé sur le sol et ne grimpe jamais aux arbres. Sa manière de vivre et ses mœurs paraissent ressembler beaucoup à celles du Serpent à sonnette. On affirme que la nuit il rampe autour des feux des campements ; aussi les Brésiliens n'allument-ils jamais de feu lorsqu'ils campent dans une forêt. On dit en outre que le Serpent crache son venin lorsqu'il veut boire, et d'autres

choses encore. Quelques Portugais croient aussi que le *Surucucu* blesse avec l'épine qui termine sa queue ; les sauvages et les nègres que je consultai à ce sujet me dirent nettement que le terrible Serpent blesse avec ses crochets venimeux. Il paraît que l'époque de la mue chez cet animal coïncide avec le changement de plumage chez les oiseaux, car j'ai trouvé dans la forêt vierge de Morro d'Araca, au mois de mars, une peau fraîchement dépouillée.

« Nous ne savons encore que peu de chose sur la manière dont se nourrit ce beau Serpent et sur sa reproduction. Il est probable que sous ces rapports il se comporte comme le Serpent à sonnette. La force et la grandeur de ses crochets doit faire penser qu'il s'attaque à des animaux d'assez grande taille.

« Les Indiens et les nègres mangent parfois

le *Surukuku*, après lui avoir tranché la tête.
Chaque fois qu'on rencontre cet animal, on ne
ui fait jamais grâce de la vie, car tous redoutent et exècrent ce terrible Serpent. »

Schomburgk nous apprend que, d'après le
dire général des Indiens, le *Surukuku* ne fuit
pas devant l'homme, comme le font presque
tous les autres Serpents, mais que, lové, il
attend tranquillement qu'on s'approche de
lui pour se précipiter ensuite sur son ennemi
avec la rapidité de la flèche. Il est en tout cas
certain, ajoute ce voyageur, que ce Serpent
est le plus venimeux et le plus dangereux de
tous les Serpents de l'Amérique du Sud.

Spix rapporte que le Lachésis habite de
préférence les bois sombres et qu'il se nourrit
de petits mammifères, d'oiseaux et de différentes sortes de Reptiles.

Venin, son action. — Le *Surucucu*, le plus
grand, le plus fort, le plus audacieux des Serpents à crochets, rend les chasses et les voyages très périlleux dans les forêts du Brésil.

« Très heureusement, rapporte un planteur
hollandais, ce Serpent n'est pas, aux Guyanes,
très fréquent au voisinage immédiat des habitations, car il se tient surtout dans les forêts
et la haute futaie. Comme il se trouve dans
ces derniers endroits des scieries et que beaucoup de bûcherons y sont employés, il arrive
trop fréquemment des accidents.

« Un planteur, nommé Moll, avait loué un
Indien Arrowacken comme chasseur. Étant
en forêt avec son chien, le chasseur entendit
aboyer furieusement, signe certain de la présence d'un Serpent; l'Indien accourut, son fusil
à la main, à la défense de son chien, mais
avant qu'il ait pu tirer, le *Surucucu*, c'était
ce Serpent, s'était jeté sur lui et l'avait profondément mordu au bras, au-dessus du coude.
L'Indien poursuivit le Serpent qui l'avait blessé,
le tua, lui ouvrit le ventre et frictionna de
suite la blessure avec la bile, qui passe pour
un contre-poison efficace. Cela fait, l'Indien,
tenant son trophée à la main, se dirigea vers
la demeure de son maître, encore très éloignée
de l'endroit où il se trouvait. A moitié chemin,
l'Indien fut tout à coup pris d'abattement, de
froid, se mit à trembler de tous ses membres
et tomba inanimé sur le sol. Le chien, voyant
son maître dans cet état, accourut à la maison
et fit un tel tapage que l'on comprit facilement
qu'il était arrivé un malheur au chasseur. Moll
prit un de ses hommes et suivit le chien qui
gambadait devant eux. Une demi-heure après,

on trouva l'Indien comme paralysé, mais
ayant toute sa connaissance. On transporta le
malheureux à l'habitation ; tous les remèdes
employés restèrent sans effet, et l'Indien ne
tarda pas à succomber. »

« On peut, ajoute de Neuwied, employer
comme remède contre la morsure du lait mélangé à de l'huile d'olive, la canne à sucre,
l'orange amère. On incise la blessure et on
applique dessus des feuilles de tabac mélangées
d'un chardon commun au Brésil, le tout fortement arrosé de teinture de benjoin et saupoudré de camphre; on renouvelle l'application
de ce mélange tous les quarts d'heure, et on y
ajoute du laudanum lorsque la blessure devient noire sur les bords. On administre à l'intérieur un purgatif et un vomitif puissants. »

Schomburgk rapporte que le venin peut agir
lorsque l'on suce la plaie. « Lorsque je séjour-
nai à Bartika-Grove, dit-il, j'y rencontrai un
homme de couleur dont le fils, quelques semaines avant mon arrivée, avait été mordu
à la joue par un Lachésis. Le père trouva son
fils sans connaissance et s'empressa de sucer
la blessure. Un quart d'heure après le père
ressentit d'atroces douleurs dans la tête, qui
enfla démesurément ; il présenta tous les
symptômes d'un violent empoisonnement, le
venin ayant pénétré dans le sang par une dent
cariée. Le fils, malgré le dévouement pater-
nel, mourut, et le père fut maladif pendant
longtemps. »

D'observations sérieuses, il résulte que la
morsure du *Surucucu* amène d'abondantes hémorrhagies. Ce venin est, du reste, si actif
qu'il fait périr les plus gros animaux et qu'il
peut tuer une vache en deux heures.

Emploi du venin. — Le terrible venin du
Lachésis muet a été préconisé dans certaines
maladies, telles que le choléra et autres maladies infectieuses ; nous ne pouvons mieux faire
que de rapporter ici ce que dit Héring, le
promoteur de cette singulière et dangereuse
médication :

« Si nous songeons aux remèdes populaires
anciennement employés, écrit Héring, nous
verrons que beaucoup de poisons sont en
même temps des remèdes et que les Reptiles et
les Amphibies ont été souvent utilisés. Ces
horribles et repoussants animaux auraient la
puissance de triompher des maladies les plus
affreuses. Si nous examinons les vieilles légendes qui subsistent encore, nous verrons que
les crapauds rôtis, les lézards mis en poudre,

la graisse des serpents, le sang des tortues, mais par dessus tout la bile de ces animaux, sont renommés contre les éruptions et les ulcères les plus rebelles. Mais parmi tous les poisons animaux, il n'en est certes pas de plus puissant que celui des serpents venimeux. On n'a point osé cependant l'utiliser comme médicament, car on a songé à ce que des personnes mordues avaient conservé des infirmités et des malaises pendant toute leur vie. Si on ajoute que de grandes quantités de venin peuvent tuer aussi rapidement que la foudre, que de faibles quantités provoquent l'enflure et de la gangrène, qu'une très petite dose suffit pour provoquer des accidents graves, on comprend qu'il faille atténuer la force du venin de manière à ce qu'il ne puisse plus déterminer d'accidents appréciables.

« Je rappellerai seulement ici que Galien rapporte qu'un lépreux fut guéri pour avoir bu du vin dans lequel on avait noyé un Serpent. On m'a fait connaître à Paramaribo comme un grand secret que la tête rôtie d'un Serpent venimeux, réduite en poudre, est la base d'une préparation qui, frottée sur la peau, met à l'abri de la morsure et en conjure les funestes effets. J'ai vu un lépreux qui fut guéri de sa maladie par l'emploi de cette poudre dont je parle. On ne doit pas mépriser les remèdes populaires ; ils ont pendant longtemps constitué à eux seuls toute la médecine ; nous apprenons encore beaucoup par eux. Souvent l'instinct a enseigné à l'homme l'usage de certains remèdes qui n'ont été soumis au contrôle de la science que des siècles après leur emploi populaire. J'étais donc fort désireux de posséder un grand Serpent venimeux vivant pour expérimenter son venin. »

Après cette pompeuse introduction, Héring raconte très en détail comment, en l'an de grâce 1828, il put enfin se procurer un Lachésis muet, dont il prit le venin. Il mit, rapporte-t-il, 10 gouttes de ce venin dans 100 grains de sucre de lait et broya le tout pendant une heure ; il prit 10 grains de cette dernière préparation qu'il mêla à 100 autres.

Par bonheur pour l'humanité souffrante, Héring expérimenta le premier l'action de son fameux médicament.

« En broyant le mélange de venin et de sucre de lait, dit-il, je remarquai que je respirai cette poudre. Il se produisit tout d'abord dans l'arrière-gorge une sensation toute particulière, comme si j'avais eu une plaie ; une

heure après j'éprouvai une douleur profondément située au côté droit du pharynx ; puis, au bout de quelques heures j'étais inquiet, comme sous le coup d'une mauvaise nouvelle. Vers le soir j'étais par moment las et somnolent, par d'autres doué d'une loquacité toute particulière et enclin à dire mille choses absurdes ; j'avais soif et une inappétence complète, sensation interne désagréable, douleurs de cou. Sommeillant, je me mis au lit, je tardai à m'endormir et fis des rêves bizarres, extravagants ; je me réveillai plusieurs fois en transpiration. »

La dose du venin qui a pu être ainsi absorbée était certainement extrêmement faible ; elle n'en a pas moins occasionné plusieurs effets graves, tels que frissons, changement de caractère, manque de mémoire subit et persistant, douleurs dans différentes parties du corps. On voit donc qu'il faut renoncer complètement à l'emploi médical de substances aussi peu maniables et d'un effet aussi terrible.

LES TRIGONOCÉPHALES — *TRIGO-NOCEPHALUS*

Caractères. — Les Trigonocéphales ont l'apparence générale des Crotales ; la queue, qui est pointue à son extrémité, manque de grelots ; la tête est large, nettement séparée du cou, pourvue d'un grand écusson sur le vertex ; les écailles du dos et de la tête sont carénées.

Distribution géographique. — Le genre Trigonocéphale comprend six espèces. Deux espèces sont de la partie sud des États-Unis, deux du Japon, une espèce se trouve en Tartarie. Le *T. rhodostoma*, à écailles lisses et dont on a fait le genre *Tisiphone*, vit à Java.

L'HALYS. — *TRIGONOCEPHALUS HALYS.*

Halysschlange.

Caractères. — L'Halys (*Trigonocephalus halys, caraganus, Halys Pallasii, Vipera halys*) n'est guère plus grand que notre Vipère péliade et ne dépasse que rarement 0ᵐ,70.

La tête, de forme triangulaire, est très déprimée, légèrement excavée même entre les yeux. Le vertex est recouvert de grandes plaques, au nombre de neuf ; les deux premières plaques, ou sus-rostrales, sont très petites ; toutes les plaques de la tête se recouvrent comme les tuiles d'un toit. Le museau est

Fig. 336. — Le Trigonocéphale halys (1/2 grand. nat.).

bombé en forme de bourrelet ou mieux encore de selle.

Le cou est légèrement comprimé et aminci. Le tronc, assez allongé, est presque cylindrique au milieu, un peu épaissi vers la queue ; cette dernière est courte et terminée par une pointe cornée, légèrement recourbée (fig. 336).

La coloration de la face supérieure est un gris jaune brunâtre qui va en se fonçant sur le dos ; d'après Eichwald, cette partie est verdâtre avec des lignes croisées et transverses blanches ou jaunes. Le dessus de la tête est orné d'une grande tache de forme irrégulièrement quadrangulaire, d'une large bande transversale interrompue dans son milieu qui va d'une plaque sourcilière à l'autre, et d'une très large bande qui part de l'angle postérieur de l'œil et se dirige vers les côtés du cou ; toutes ces bandes sont nettement bordées de jaune. Les plaques labiales sont finement ponctuées de noir. Tout le long du dos se trouvent de nombreuses bandes jaunes ou jaunâtres, bordées de noir, dentelées sur leurs bords, souvent interrompues ; la première

tache, celle qui couvre la nuque, a la forme d'un fer à cheval. Le dessous du corps est blanc jaunâtre, plus ou moins pur, finement ponctué de noir.

Distribution géographique. — L'Halys a été découvert par Pallas vers le haut Jeniséi et retrouvé plus tard au voisinage des bouches du Volga. Cette espèce s'étend depuis le Volga vers l'est jusqu'au Jeniséi, et depuis le 51° degré de latitude nord jusqu'à une limite sud qui n'est pas encore bien fixée. L'Halys, le seul Crotalidé que nous ayons en Europe, habite les steppes voisins du Volga et du fleuve Oural ; sa véritable patrie est le sud de la Sibérie, ainsi que le nord du Turkestan et la Mongolie. Dans les steppes des Kirghis, notamment dans la partie sud-est, c'est le plus commun de tous les Serpents, après la Péliade bérus ; l'espèce est également très abondante dans le domaine impérial de l'Altaï, principalement aux alentours de la ville de Schlangenberg qui tire précisément son nom de l'abondance des Serpents qui existaient autrefois sur l'emplacement qu'elle occupe ; aujourd'hui encore

Fig. 337. — Le Mocassin (2/5e grand. nat.).

l'Halys et la Vipère berus sont on ne peut plus communs dans toutes les parties montagneuses au milieu desquelles se trouve située Schlangenberg.

Mœurs, habitudes, régime. — Pendant le jour, l'Halys ne cherche pas à se tapir dans quelque cachette spéciale, mais reste légèrement contourné sur lui-même au milieu des herbes des steppes. Brehm rapporte que lorsqu'il voyageait avec son escorte kirghiz à travers les steppes du gouvernement des Sept Rivières, et plus tard dans celles de la large vallée d'Émidle, on voyait tout à coup un Kirghiz descendre de cheval, tirer un large et long coutelas et frapper à coup sûr, soit une Péliade, soit un Halys. Ces deux Serpents venimeux sont extrêmement abondants dans les steppes et font périr beaucoup d'agneaux et de chèvres, bien que ces animaux domestiques évitent généralement les Reptiles.

Il est probable que, de même que la Vipère péliade, l'Halys se nourrit de souris, de petits oiseaux et de sauriens très communs dans les steppes. Les Kirghiz rapportent que l'Halys est un animal essentiellement nocturne, qui se cache pendant les grandes chaleurs, et se met à l'ombre sous les buissons ou sous les pierres.

Les Kirghiz redoutent extrêmement la morsure de l'Halys. Lorsqu'un individu a été mordu par un de ces animaux, on commence par élargir la blessure que l'on suce ; on administre quelques gouttes d'une préparation d'opium, puis on tient le membre blessé dans l'eau jusqu'à ce que l'enflure disparaisse ; on frotte alors avec de la graisse de Serpent. Pendant toute la durée du traitement, les assistants récitent des versets du Coran ; mais comme le plus généralement les Kirghiz ne savent que le premier chapitre, le Fabeha de ce livre, on le dit jusqu'à satiété. Les personnes mordues et guéries souffrent souvent pendant longtemps, pendant des mois et même pendant des années.

Les Russes des environs de Schlangenberg ne partagent pas les craintes des Kirghiz et manient l'Halys et la Péliade avec une négligence vraiment par trop grande. Ils s'emparent de ces animaux à l'aide d'une sorte de pince très adroitement faite avec des branches flexibles ; ils incisent la branche jusque vers la moitié de sa longueur et la fendent par le milieu, puis ils la courbent, de telle sorte que les deux surfaces de section se tirent en sens contraire et représentent, en quelque sorte,

les mors d'une pince. Entre ces mors ils prennent le cou du Serpent et le rendent ainsi si
bien immobile qu'il lui est impossible de
mordre.

LE MOCASSIN. — *TRIGONOCEPHALUS CON-TORTRIX.*

Mocassinschlange.

Caractères. — Une des espèces les plus
connues du genre Trigonocéphale est le Mocassin, appelé encore Tête cuivrée, Vipère
rouge (*Trigonocephalus contortrix, cenchris, Cenchris mok son, Scytalus cupreus*).

La longueur de cette espèce dépasse rarement un mètre. Le corps est épais, la queue
courte, terminée par une plaque cornée et
pointue, en forme d'ongles. La tête a la
forme d'un triangle allongé ; elle est bien distincte du cou, un peu aplatie sur le dessous ;
la fossette qui existe comme chez tous les Crotaliens n'est pas très profonde ; la bouche est
largement fendue.

Ajoutons que le nombre des plaques qui
garnissent la face supérieure de la tête est de
neuf ; les pariétales sont courtes, irrégulièrement quadrangulaires et derrière ces plaques
se voient des écailles à peine plus grandes que
celles de la nuque ; la plaque rostrale a une
forme triangulaire. Les écailles du corps sont
nettement carénées, et disposées suivant vingt
et une à vingt-cinq séries longitudinales.

Un beau rouge de cuivre qui s'éclaircit
vers les flancs forme la couleur fondamentale
de la face supérieure du corps. Sur ce fond se
détachent de grandes taches d'un brun foncé,
se disposant suivant des bandes transversales ;
ce sont ces bandes qui ont valu au Serpent le
nom qu'il porte, car elles ont été comparées
à un mocassin ou chaussure de cuir dont se
servent les Indiens. Entre les taches s'en
trouvent d'autres plus petites et de même
couleur. Le ventre est d'un rouge de cuivre
pâle, avec des taches noires quadrilatères
également espacées. La tête est généralement
de couleur moins foncée que le reste du
corps ; elle est ornée d'une bande claire qui
part de l'extrémité du museau, traverse l'œil
et se dirige vers les côtés du cou.

Distribution géographique. — Le cercle de
distribution du Mocassin s'étend depuis le
45e degré de latitude nord jusqu'à la partie la
plus méridionale des États-Unis ; on trouve ce
Serpent depuis les parties occidentales de la

Nouvelle-Angleterre jusqu'au milieu de la Floride et des bords de l'Atlantique jusqu'au pied
des monts Alléghany.

Mœurs, habitudes, régime. — Le Mocassin choisit généralement pour sa résidence des
endroits obscurs et ombragés, surtout lorsqu'ils sont marécageux ; on le rencontre également au milieu des grandes herbes. Sa nourriture habituelle consiste en oiseaux, en souris,
en musaraignes, en campagnols.

Les Américains redoutent beaucoup plus la
Tête cuivrée, *Copperhead*, que le Serpent à
sonnette, car il est bien plus agile, et par
cela même beaucoup plus dangereux. A l'approche de l'homme il prend généralement
l'attitude agressive que représente bien la
figure 337, élève sa tête triangulaire, replie
le cou, darde constamment la langue et frappe
généralement le sol avec l'extrémité de sa
queue.

Le Mocassin est extrêmement redouté des
nègres qui travaillent dans les rizières et dans
les champs de canne à sucre.

« J'ai placé dans une cage, avec le Mocassin
d'eau, plusieurs de nos Couleuvres américaines, dit Holbrook. Toutes ont montré la plus
grande frayeur, se réfugiant vers les parois de
la cage et s'efforçant par tous les moyens possibles d'échapper à leur ennemi qui les pour-
suivait. Deux autres Mocassins furent alors
mis dans cette cage, et le premier qui y
avait été renfermé parut aussitôt comprendre
ce qu'il pouvait avoir à craindre lui-même de
ces nouveaux compagnons de captivité et il
devint parfaitement tranquille. »

LE TRIGONOCÉPHALE PISCIVORE. — *TRIGONO-CEPHALUS PISCIVORUS.*

Wasserotter.

Caractères. — Le Trigonocéphale piscivore, qu'on appelle aussi Mocassin d'eau (*Trigonocephalus piscivorus, Crotalus, Scytalus,
Cenchris piscivorus, Toxicophis pugnax, piscivorus, leucostomus*), est un Serpent qui peut atteindre 1m,50 de long, à la tête lourde, aux
formes trapues. La saillie que forme la ligne
de jonction de la face inférieure du vertex
avec les faces latérales, qui sont comme perpendiculaires, donne une physionomie toute
particulière à cet animal, ainsi que la forte
saillie que forme la plaque oculaire au-dessus
de l'œil.

Ajoutons que la face inférieure de la tête

est absolument plane et couverte de onze plaques; les deux plaques postérieures ou occipitales sont plus grandes que les autres écailles de la nuque; la plaque rostrale est verticale et ne se replie pas sur le museau. La plaque frénale fait défaut. Les écailles du corps sont carénées; les plaques qui recouvrent le ventre sont très larges.

La plupart des exemplaires sont d'un gris verdâtre brillant, avec des bandes sombres plus ou moins régulières et plus ou moins apparentes, presque effacées lorsque l'animal n'a pas mué depuis un certain temps; chez d'autres le corps est d'une teinte sombre sur laquelle se détachent à peine des bandes transversales plus claires; chez d'autres la couleur est uniformément noire ou d'un brun très foncé. Dans certaines variétés, un beau brun domine, passant par la teinte olive sombre; cette dernière coloration est surtout la livrée du jeune âge; certains animaux la conservent cependant pendant l'âge adulte.

Distribution géographique. — Cette espèce, propre à la partie méridionale des États-Unis, a comme limite septentrionale, d'après Holbrook, le Pédec, petite rivière de la Caroline du nord; on la trouve jusqu'aux Montagnes-Rocheuses; elle a été signalée au nord de l'Illinois, du Texas.

Mœurs, habitudes, régime. — Ce Trigonocéphale se trouve dans les endroits ombragés, humides et marécageux, même dans l'eau, dont il ne s'éloigne pas, car on ne le rencontre jamais dans un terrain sec. Pendant les chaleurs, on voit souvent ces Serpents enlacés en grand nombre au-dessus des eaux dans lesquelles ils plongent à la moindre alerte; cette position est représentée à la figure 338.

Catesby pense que le Trigonocéphale se poste ainsi pour guetter sa proie; mais il est plus probable que c'est plutôt pour se chauffer au soleil, car dans les localités où il n'y a pas d'arbres, comme dans les fossés qui coupent les champs de riz, ce Serpent se place sur les endroits élevés pour recevoir les rayons du soleil.

Le Piscivore se nourrit de poissons et de batraciens; il ne dédaigne pas cependant les oiseaux et les petits mammifères dont il peut s'emparer.

Action du venin. — Effeld fit mordre différents animaux par le Trigonocéphale piscivore. Un rat, à peine piqué par un de ces Serpents, avait le train de derrière paralysé quelques

minutes après et mourut au bout de quarante minutes. Des rats, mordus à la tête, périrent dans un espace de temps variant entre deux et dix minutes. Un rat fut mordu à la patte par un Trigonocéphale âgé seulement de deux mois; cinq minutes après, le membre blessé était enflé et paralysé; l'animal ne mourut pas, la blessure ayant cependant suppuré. Des grenouilles sont immédiatement prises de convulsions et ne tardent pas à succomber.

Lorsqu'un Serpent venimeux est mordu par le Trigonocéphale, il ne tarde pas à présenter des symptômes d'empoisonnement. C'est ce qu'a vu Effeld. Ayant mis des Vipères ammodytes dans la même cage que des Piscivores, il nota que les Vipères disparaissaient peu à à peu et vit un jour une de celles-ci mordue. L'Ammodyte, presque immédiatement après la morsure, fut comme paralysée. Le Trigonocéphale s'approcha d'elle alors, la saisit et se mit à l'avaler par la tête.

Captivité. — Effeld a eu plusieurs fois l'occasion d'observer pendant assez longtemps des Trigonocéphales piscivores en captivité, et de s'assurer que ces animaux vivent parfaitement en cage.

Plus que les autres Serpents venimeux, le Piscivore semble s'apprivoiser, car au bout d'un certain temps, il ne se jette plus follement sur son gardien et vient prendre tranquillement les animaux ou les poissons qu'on lui présente à l'extrémité d'une pince. Effeld raconte, en effet, que lorsqu'il donnait à manger à ces Reptiles, il ne prenait que peu de précautions et qu'il laissait la cage toute grande ouverte, de telle sorte qu'il arrivait fréquemment que les Trigonocéphales venaient jusqu'à l'entrée de leur cage. Un des amis de l'observateur dont nous venons de citer le nom, assistant un jour au repas des Trigonocéphales, sentit quelque chose lui effleurer la main; c'était un des Trigonocéphales qui le flairait avec sa langue et ne songeait nullement à mordre.

Effeld a pu assister à l'éclosion des petits. La longueur de ces animaux atteignait à leur naissance environ 0^m,26 et leur épaisseur 15 millimètres. La couleur, différente de celle des parents, était chair pâle, avec la tête un peu plus rouge; le dos était orné de bandes disposées en zigzag. Ces jeunes animaux muèrent quatorze jours après leur naissance; la couleur du tronc était alors brun rougeâtre;

Fig. 338. — Le Trigonocéphale piscivore (5/8ᵉ grand. nat.).

après la seconde mue, cinq semaines plus tard, la couleur tourna au brun cuivré ; la tête était encore vivement colorée. La livrée du jeune âge persiste jusqu'à la deuxième année, époque à laquelle la robe s'assombrit de plus en plus.

Pendant les quatorze premiers jours qui suivirent leur naissance, les jeunes Trigonocéphales ne goûtèrent pas la nourriture qu'on leur offrait ; ils mangèrent ensuite de jeunes grenouilles, mais dédaignèrent absolument les poissons. Deux mois après l'éclosion, les Serpents avaient déjà atteint une longueur de 0ᵐ,34 ; leur tête était plus grosse que celle d'une Péliade berus adulte, aussi pouvaient-ils

avaler des grenouilles à moitié de leur croissance.

« Sitôt après la naissance, écrit Effeld, j'avais enlevé les petits Serpents de la cage de leurs parents, dans la crainte qu'il ne leur arrivât malheur. Je les replaçai huit jours après et m'aperçus qu'ils se plaçaient sur le corps de leur père qui les tâtait de la langue, comme s'il eût voulu les caresser.

Lorsqu'on place dans la cage des Piscivores un bassin assez grand, on voit que ces animaux restent presque tout le temps dans l'eau, enchevêtrés les uns dans les autres. Il arrive parfois que la guerre éclate, lorsque l'espace dans lequel ils aiment à se baigner

Fig. 339. — Le Bothrops vert (1/2 grand. nat.).

n'est pas suffisant. Bien qu'ils se mordent alors au sang, on ne remarque jamais de phénomènes d'intoxication.

LES BOTHROPS — *BOTHROPS*

Lochottern.

Caractères. — Les Bothrops, qui ont été pendant longtemps réunis aux Trigonocéphales, en ont été séparés par Wagler. Ils n'ont pas, en effet, de grandes plaques sur la tête, mais de petites écailles. Les plaques supra-oculaires sont au nombre de deux seulement. Les plaques sous-caudales sont disposées suivant deux rangées. Les formes sont sveltes pour des Ophidiens appartenant au groupe des Solénoglyphes; la queue est assez longue, souvent préhensile.

Distribution géographique. — Le genre comprend seize espèces; sur ce nombre, dix habitent le Mexique, l'Amérique centrale, le Brésil, le Pérou; quatre se trouvent dans les îles de la Sonde et à Ceylan; une espèce est spéciale à certaines îles des Antilles; la patrie

de la dernière espèce n'est pas exactement connue.

LE BOTHROPS VERT. — *BOTHROPS VIRIDIS.*

Baumotter.

Caractères. — Le Bothrops vert ou *Budru-Pam* des Malais (*Bothrops viridis, erythrurus, Trigonocephalus gramineus, viridis, albolabris*) est une espèce aux formes élancées qui peut arriver à la taille de 0m,85. Ainsi que le montre la figure 339, la tête, de forme triangulaire, est nettement distincte du cou; le corps est comprimé; la queue, très longue et pointue, commence après un rétrécissement notable du tronc. La face supérieure du corps est d'un beau vert doré, s'affaiblissant légèrement vers les flancs; le ventre est coloré en blanc verdâtre. Une ligne de même couleur va de la lèvre supérieure, qui est blanchâtre, à l'œil et se continue parfois jusqu'à l'occiput. Entre les plaques du ventre et les carènes des flancs se voient ordinairement de petits points blancs ou jaunâtres; ce caractère ne se trouve pas chez les femelles adultes, d'après Günther. Certains individus ont le dos et la queue d'un ton roussâtre bronzé. '

Distribution géographique. — Le Bothrops vert se trouve aux Indes orientales. Cette espèce a été signalée dans le delta du Gange, dans la région de Mulmein, à Siam, dans le sud de la Chine, à Java, à Timor, à Penang; elle se trouve probablement aussi aux Nicobar.

Mœurs, habitudes, régime. — D'après les observations de Stoliczka, le Bothrops vert vit exclusivement sur les arbres; c'est un des rares Solénoglyphes essentiellement arboricoles; sa couleur ressemble tellement à celle des plantes au milieu desquelles il se trouve, qu'on a peine à l'en distinguer, ce qui le rend d'autant plus dangereux. Cantor a vu que ces Serpents grimpent avec la plus grande agilité. Leur queue, préhensile, s'entortille autour d'une branche, d'où l'animal se laisse pendre; parfois le corps repose à plat sur la branche ou le long du tronc; d'autres fois le Serpent s'enroule sur de larges feuilles et semble faire partie de la plante elle-même.

Cette espèce est essentiellement paresseuse, au moins pendant le jour; on peut s'approcher d'elle sans qu'elle cherche à mordre, lorsqu'elle n'a pas faim; mais, par contre, si on l'irrite, elle se met promptement sur la défensive, comme tous les Serpents venimeux; elle ouvre alors si largement la gueule que la mâchoire supérieure et la mâchoire inférieure semblent être situées dans un même plan; avec ces longs crochets venimeux sortant des gencives d'un rouge rosé, l'animal présente alors un aspect vraiment effrayant; il mord avec tant de force dans le bâton qu'on lui présente, que presque toujours il se brise les dents.

D'après les voyageurs, le Bothrops vert serait aussi agile, aussi alerte la nuit qu'il est lent pendant le jour. C'est la nuit qu'il se met en chasse; il se nourrit d'oiseaux, de petits mammifères, de rainettes et, suivant Stoliczka, d'insectes dont il est particulièrement friand.

Action du venin. — Bien que le Bothrops vert attaque rarement l'homme, un certain nombre de morts par les Serpents venimeux lui sont imputables aux Grandes-Indes. « La morsure de ce Serpent, écrit Hansel, est si dangereuse que j'ai vu une femme mourir en moins d'une demi-heure. Pour cueillir des fruits, cette femme était montée sur un arbre et avait mis la main à côté d'un Serpent qu'elle ne voyait pas et qui la mordit au bras. Fortement effrayée, elle redescendit immédiatement de l'arbre et s'affaissa presque de suite sur le sol, comme si elle avait été ivre. »

D'autres cas cités par des voyageurs n'ont heureusement pas eu une terminaison aussi funeste, les blessés ayant guéri.

Russel a institué une série d'expériences sur l'action du venin du Bothrops vert, expériences dont nous allons rapporter quelques-unes.

Une poule fut mordue à la patte; deux minutes après elle ne pouvait plus se tenir debout; ayant été prise de convulsions, elle mourut au bout de huit minutes.

Un cochon, piqué le même jour par le même Serpent, manifesta un profond abattement au bout de sept minutes; après un quart d'heure, il était dans un état de stupeur profonde. Cet état dura pendant deux heures; l'animal ne pouvait se soulever et poussait des grognements plaintifs lorsqu'on le touchait; sept heures après la morsure il était guéri.

Une poule, qui fut mordue une demi-heure après le cochon, succomba dans l'espace de vingt-cinq minutes.

On fit mordre un chien à la cuisse par un *Budru*. Au bout de seize minutes l'animal se mit à trembler de tous ses membres; quelques instants après, le chien se coucha, profondément abattu; il était parfois agité de soubresauts; la guérison arriva au bout de trois heures. Deux jours plus tard on fit mordre le même chien aux cuisses par le même Serpent qui, dans cet intervalle de temps, avait blessé deux poules; le chien fut pris des symptômes que nous venons d'indiquer et guérit encore.

Cantor a également expérimenté le venin du Bothrops vert; tantôt des poules guérirent, après avoir présenté des phénomènes de paralysie, tantôt elles succombèrent.

LE FER-DE-LANCE. — *BOTHROPS LANCEOLATUS.*

Lanzenschlange.

Caractères. — L'un des Serpents les plus venimeux, l'un des plus tristement célèbre, est le terrible Fer-de-Lance ou Trigonocéphale des Antilles.

Cette espèce est une des plus grandes du genre, car on connaît des individus longs de 2 mètres; le corps, dans sa partie moyenne, a parfois jusqu'à 0^m,10 ou même 0^m,12 de circonférence.

La tête est large, très distincte du corps, aplatie supérieurement et presque triangulaire; le museau, aplati en dessus, est coupé carrément. Les yeux sont placés sur les parties latérales et supérieures ; l'iris est orangé ; la pupille, qui se dilate dans l'obscurité, ne se présente que sous forme d'une fente linéaire en plein soleil. La bouche est grande et peut fort largement s'ouvrir ; les crochets sont longs et très acérés. Nous ajouterons que la ligne du vertex est saillante et que les écailles de la queue sont disposées suivant deux séries (fig. 340).

Bien que ce Serpent soit le plus ordinairement de couleur jaune, cette teinte varie beaucoup, même dans son intensité, étant parfois légèrement aurore, d'autres fois d'un soufre pâle.

D'après Blot la couleur de cette espèce est assez variable ; « il y a des individus d'un jaune aurore, d'un jaune orpin maculé de brun-jaune ; on envoit de bruns, de noirâtres, de noirs et de tigrés ; enfin on en trouve qui sont maculés régulièrement de toutes ces nuances, et dont les flancs sont teints d'un rouge-vif et brillant ; on remarque souvent, mais non pas toujours, un trait noir depuis l'œil jusque vers la partie postérieure de la tête. Cette diversité de couleurs a fait naître l'idée qu'il existait plusieurs Serpents venimeux à la Martinique ; mais ce ne sont que des variétés, et un fait qui le prouve, c'est qu'en ouvrant le corps des Vipères on y trouve souvent des Vipéreaux de différentes couleurs. »

Distribution géographique. — Le Fer-de-Lance se trouve à la Martinique et à l'île Sainte-Lucie, ainsi que dans la petite île de Bequia, près Saint-Vincent ; il manque à la Guadeloupe qui en est voisine.

Mœurs, habitudes, régime. — « Le Serpent, écrit le Dr Rufz, règne en nombre infini dans les haies et les forêts de ces îles ; il règne même là où l'homme a bâti sa demeure et cultive la terre ; personne ne peut sans souci, à cause de lui, se reposer à l'ombre d'un arbre, personne ne peut sans danger traverser la campagne, personne ne peut se promener dans les bois ou se livrer au plaisir de la chasse. La nuit on a des rêves effrayants, parce que toute la journée on entend raconter des histoires épouvantables avec ce Serpent. »

Dans un intéressant mémoire paru en 1823, le Dr Blot nous donne de nombreux renseignements sur le Fer-de-Lance, qu'il a pu souvent étudier. « D'une agilité remarquable, dit-il, la Vipère Fer-de-Lance n'est engourdie que lorsqu'elle a dévoré une proie qui demande une longue et difficile digestion. Toujours dans une position offensive, elle est prête à se jeter sur les passants, et se place pour cela de manière à s'élancer par un mouvement rapide, qu'elle exécute, en effet, avec tant de vitesse, qu'on perd l'animal de vue dans cet instant-là. Il débande avec effort toute la longueur de son corps roulé en spirale, et formant quatre cercles égaux appuyés sur sa queue, tandis que sa tête est retirée en arrière par une espèce de crochet des vertèbres cervicales. On exprime dans le pays, par le verbe *lover*, l'action par laquelle la Vipère prend la position que nous venons d'indiquer.

« Quoiqu'on trouve ces Serpents depuis le sommet des montagnes jusque dans les rivières, cependant ils se rencontrent le plus ordinairement autour des vieux arbres tombés de vétusté et entourés de plantes parasites, dans les nids d'oiseaux, où ils restent tapis après en avoir dévoré les œufs ou les petits ; dans les volières, dans les poulaillers, sur le bord des ruisseaux ; dans les trous faits par les rats et par les crabes, sous le toit des cases à bagasses, ainsi que sous celui des ajoupas (sorte de cabane de feuillage dont se servent dans les Indes orientales le chasseur, le botaniste et le berger) ; il est rare qu'ils viennent jusque dans les villes, à moins qu'ils n'y aient été apportés ; au contraire, il n'est pas rare dans les campagnes de les voir pénétrer jusque dans l'intérieur des maisons. C'est surtout dans les cultures que les Vipères Fer-de-Lance sont établies, sur les coteaux et dans le fond des vallées. »

D'après Moreau de Jonnès, le Fer-de-lance habite les champs cultivés, les endroits marécageux, les forts, le bord des rivières ; il se trouve en réalité partout à la Martinique, depuis le niveau de la mer jusqu'au sommet des montagnes les plus élevées ; on le voit nager dans les rivières, se balancer aux branches des arbres, ramper même sur le bord des cratères embrasés ; l'horrible animal se rapproche des villes et pénètre plus d'une fois dans l'intérieur des habitations, surtout lorsque celles-ci sont entourées de bosquets et de hautes herbes.

D'après Rufz de Lavizon, le lieu de prédilection du Fer-de-lance est la montagne de Saint-Pierre qui, s'élevant à 1,500 mètres de hauteur, est coupée d'affreux précipices qui ont jusqu'à 400 mètres de profondeur. La montagne est couverte d'une épaisse et luxuriante végétation ; sous les bois se trouvent des milliers de plantes grimpantes qui relient les arbres les uns aux autres comme pourraient le faire d'énormes câbles ; le sous-sol est caché sous un épais limon qui s'est peu à peu formé des détritus des plantes qui se pourrissent chaque année. Sous les dômes de feuillage poussent mille et mille charmantes plantes aux couleurs les plus éclatantes, et cependant sous l'épaisse forêt on sent courir plutôt l'haleine de la mort que le souffle de la vie. Dans ces forêts on n'entend que de temps en temps le cri d'un oiseau. L'homme n'ose pas s'aventurer dans ces forêts désertes et sauvages, si belles qu'elles soient. L'horrible Fer-de-lance les habite seul en quantités innombrables, et nul être vivant n'ose lui en disputer l'empire.

Aux environs des habitations, le terrible Serpent se retire volontiers dans les plantations de canne à sucre ; on le trouve trop communément aussi dans les épais buissons qui lui offrent un asile assuré ; un tronc creux, un rocher, quelque trou lui servent de retraite ; pendant la nuit il fait souvent de lointaines excursions et s'aventure le long des chemins fréquentés.

Pendant le jour, le Fer-de-lance ne chasse pas ; il n'en est pas moins aux aguets, toujours prêt à mordre ; enroulé sur lui-même, lové, ainsi que nous l'avons dit. Le Serpent fond, la gueule béante, les crochets en avant, avec la rapidité de l'éclair, et se lance ainsi de plus de la moitié de la longueur de son corps ; a-t-il mordu ou au contraire a-t-il manqué son but, il se replie de suite, se love à nouveau, tout prêt encore à l'attaque. Tourne-t-on autour de lui, à une certaine distance, il suit tous vos mouvements et vous présente toujours la gueule ouverte, de quelque côté qu'on se place. En rampant, ce Serpent porte toujours la tête haute, de telle sorte que son port est fier et élégant ; il progresse sur le sol avec une légèreté telle, qu'on n'entend aucun bruit, qu'on ne voit aucun mouvement.

Le Bothrops nage parfaitement. « Moi-même, dit Rufz à qui nous empruntons les détails que nous venons de donner, moi-même j'ai jeté un Fer-de-lance dans la mer, hors de mon bateau, à une distance d'environ une portée de carabine de la rive, en vue de la ville de Saint-Pierre. Le Serpent nageait rapidement vers la rive ; sitôt que nous fûmes près de lui, il s'arrêta, s'enroula au milieu des flots avec autant de facilité qu'il aurait pu le faire sur la terre ferme, et souleva sa tête contre nous. »

Il est singulier que le Fer-de-lance n'ait pas usé de la facilité qu'il a de nager, pour passer dans les îles et dans les îlots, dont plusieurs sont fort rapprochés de la Martinique.

La ponte a lieu au mois de juillet. Les petits sortent en brisant la coquille de l'œuf, immédiatement après la ponte. Beaucoup de ces animaux périssent dans les premiers temps qui suivent leur naisssance, car ils ne sont pas protégés par les parents, et deviennent souvent la proie d'animaux même faibles, tels que la poule par exemple. La ponte est cependant si abondante, que toutes ces pertes sont malheureusement largement compensées. D'après Moreau de Jonnès, on ne trouve pas moins de 50 à 60 œufs dans le corps de la femelle ; Bonodet a compté de 25 à 60 œufs suivant les individus ; suivant Rufz, ce nombre varie de 30 à 47.

Ces œufs renferment chacun un Vipéreau qui est enroulé sur lui-même ; ils sont disposés suivant deux rangées dans le corps de la femelle ; l'œuf, peu consistant, est moins fort qu'un œuf de poule ordinaire. Rufz a constaté sur des femelles tuées au moment de la ponte que les œufs ont tous la même dimension, et que les Vipéreaux ont un égal développement, de telle sorte que la parturition doit avoir lieu presque sans discontinuité.

D'après Mongili, les jeunes Bothrops ne pourraient pas faire de morsure pendant les quinze premiers jours qui suivent leur naissance. Les petits mesurent alors de 0^m,20 à 0^m,25.

Lorsqu'il est jeune, le Fer-de-lance se nourrit de Lézards, plus tard de petits oiseaux. Adulte, il fait principalement la chasse aux rats, qui, introduits dans l'île dans les navires venant d'Europe, se sont multipliés au delà de toute expression ; il poursuit aussi les oiseaux de basse-cour, même les poules et les jeunes dindons.

La plupart des animaux ont peur du Bothrops lancéolé ; à son aspect le cheval se cabre, le bœuf s'enfuit ; le chat et le chien n'osent l'affronter.

Moreau rapporte que le Bothrops est si commun dans certaines parties de l'île, qu'on a trouvé à la fois, à l'époque de la récolte de la canne à sucre, jusqu'à 80 individus réunis.

D'après Guyon, en trois ans, de 1818 à 1821, on tua, aux environs de Fort Bourbon, seulement 370 Bothrops ; de 1822 à 1825 le nombre s'éleva à 2,026 ; on livra, pendant onze ans,

Fig. 340. — Le Fer-de-Lance (1/6e grand. nat.).

2,396 de ces animaux. A peu près à la même époque le Fer-de-lance était si commun aux environs du fort, qu'on accorda un demi-franc pour chaque tête de Serpent abattu; dans l'espace d'un trimestre on n'apporta pas moins de 700 de ces animaux. D'après Lalaurette, on tua dans une année 600 Fer-de-lance dans une plantations dépendant du domaine de Becoul, 300 l'année suivante. On voit par ces chiffres à quel point est commun, même dans les endroits défrichés et fréquentés, le plus terrible peut-être de tous les Serpents venimeux, avec le *Jararaca*, le *Boiquira*, et le *Surucucu*.

Venin. Son action. — Les crochets à venin du Bothrops sont très développés, et atteignent souvent 15 millimètres de long; outre les dents en exercice se trouvent, derrière elles, des crochets d'attente et des crochets de réserve; ces derniers sont des dents en germe, qui peuvent tour à tour remplacer les crochets fixés sur l'os maxillaire.

D'après Rufz, le Bothrops attaque lorsqu'on s'approche de lui, mais il est rare que le Ser-

pent se lance de loin, et poursuive l'homme.

Guyon a donné de nombreux et intéressants détails sur les accidents produits par la morsure du Fer-de-lance; en voici le résumé.

« Habituellement la partie mordue enfle, se tuméfie et prend une teinte livide, en même temps que sa température baisse et que sa sensibilité s'émousse ou s'éteint même complètement. Toutefois les effets du venin peuvent se borner à des accidents locaux, mais il est loin d'en être toujours ainsi, et, dans le plus grand nombre des cas, le malade accuse bientôt un malaise général, et une sorte de pesanteur ou de lassitude à laquelle viennent se joindre de fréquents éblouissements; ensuite ses idées s'embarrassent et se troublent, et il tombe dans une somnolence qui peut aller jusqu'au coma, et dont la mort est parfois une conséquence. L'état comateux est accompagné par un ralentissement du pouls et de la respiration, ainsi que par une teinte plus ou moins bleuâtre de la surface cutanée. Dans ces conditions, les paralysies sont fréquentes; tantôt elles se dissipent avec la convalescence,

tantôt, au contraire, elles persistent toute la
vie ; certains malades accusent une chaleur
interne parfois fort vive. C'est surtout alors
qu'on observe une soif ardente ; mais bien souvent celle-ci est moins le produit du mal lui-
même que celui du traitement suivi par les
panseurs, nègres ignorants auxquels on laisse
souvent le soin de traiter les blessés, et qui le
font d'une manière tout à fait empirique.

« Aux phénomènes dont nous venons de
parler succède ordinairement une congestion
des organes pulmonaires, laquelle est assez souvent suivie d'une expectoration sanguine plus
ou moins abondante. Telle est même sa fréquence, dit Guyon, qu'il est reçu, parmi les
habitants de la Martinique, que la morsure a
toujours pour résultat une fluxion de poitrine.
« Nous l'avons, dit ce médecin, observée trois
« fois : une fois le premier jour, et les deux
« autres le cinquième ; sur quoi je remarque
« que les *panseurs* ne fixent l'époque de son
« apparition que du huitième ou neuvième,
« ce qui tient à ce qu'elle n'existe, pour eux,
« que lorsqu'ils voient apparaître des crachats
« sanguinolents. » On peut ajouter que cette
sorte de pneumonie est sans doute consécu-
tive à l'altération profonde du sang, que le
venin des Vipères jaunes détermine avec une
intensité plus grande que celui de nos Vipères
d'Europe. Un état semblable des poumons a
été observé chez des mammifères de petite
taille, des lapins, par exemple, qu'on avait
exposés à la piqûre des Vipères européennes.

« Dans certains cas, heureusement plus
rares, le venin des Vipères Fer-de-Lance détermine tout à coup les accidents les plus alar-
mants, et cela sans qu'aucun phénomène local
se soit encore manifesté. Le malade accuse
alors un embarras dans la région du cœur, un
engourdissement général, des suffocations,
des défaillances et des syncopes, dans l'une
desquelles on le voit expirer. « Le venin, écri-
« vait Dutertre, en 1667, gagne le cœur du
« blessé ; les syncopes le prennent, et il tombe
« pour ne jamais se relever. »

« C'est en travaillant aux plantations que
l'on est surtout exposé à être mordu par les
Vipères jaunes ; et comme les gens de couleur
sont plus particulièrement employés à ce
genre de travail, ils sont aussi, plus souvent
que les autres, atteints par la piqûre des Fer-
de-Lance. Les soldats qui viennent tenir gar-
nison dans l'île sont aussi, dans beaucoup de
cas, victimes des mêmes Serpents, et Guyon eut,

pendant son séjour à la Martinique, l'occasion
d'en observer plusieurs cas. On cite aussi plusieurs cas de mort survenus chez des nègres et
des négresses ; dans l'un d'eux la mort eut lieu
trois heures après l'accident ; dans un autre,
dix-huit heures, et dans un troisième dix-huit
jours.

« La morsure des Vipères Fer-de-Lance peut
tuer de gros mammifères, même des bœufs.
D'après Guyon, elle serait inoffensive pour le
Serpent seulement (1). »

Blot rapporte trois cas où des individus ont
succombé, pour ainsi dire, dans l'instant même
de leur blessure ; celui d'un nègre, d'une négresse et d'un mulâtre.

« En 1816, dit-il, une négresse aperçoit une
énorme Vipère en sarclant des caféiers sur
l'habitation de son maître. Saisie d'épouvante,
elle fait précipitamment un pas en arrière
pour l'éviter ; mais le Reptile s'élance aussitôt
sur cette femme, et l'atteint au côté droit de
la poitrine. La malheureuse profère un seul
cri en tombant ; des nègres s'empressent de la
transporter à la maison, distante seulement
d'une vingtaine de pas ; elle expire dans le
trajet. »

Les symptômes, pour se développer tardivement, n'en sont pas moins trop souvent des
plus graves, ainsi que le prouve l'observation
suivante due également à Blot.

« Le 12 février, écrit-il, un soldat est mordu
à la main droite en cueillant un corossol (fruit
de l'*Anona muricata*) par une jeune Vipère qui
se tenait cachée sous le feuillage de l'arbre
qui porte ce fruit. Ce militaire, souffrant peu
de sa blessure, n'en est nullement affecté. « Je
« viens d'être mordu, dit-il gaiement à un offi-
« cier qu'il rencontre en se rendant à l'hôpital
« de Fort Royal, par un Serpent qui a failli
« m'emporter le pouce. Le malheureux mourait le 14, dans des douleurs atroces. »

Les accidents locaux offrent souvent une
gravité exceptionnelle, car il se produit des
abcès et des phlegmons diffus ; la suppuration
arrive fréquemment. On cite des cas de paralysie et de cécité qui parfois ne durent qu'un
certain temps, qui, d'autres fois, ont persisté
pendant toute la vie du malheureux blessé.

D'après A. Laboulbène, il « paraît prouvé
que la piqûre du Bothrops est d'autant plus
dangereuse que l'animal est plus irrité. Le
danger est d'autant plus à craindre que l'ani-

(1) Gervais et van Beneden, *Zoologie médica'e*, t. I,
p. 164.

mal est plus reposé et qu'il y a plus longtemps qu'il n'a piqué ; ce fait est hors de doute, et les nègres preneurs de Serpents ont soin avant de saisir l'animal derrière le cou, de le faire mordre plusieurs fois sur un objet qu'ils lui présentent ; le Serpent se décharge ainsi de la majeure partie de son venin.

« Dans des expériences faites avec le Fer-de-Lance, Roques a vu quatre rats jetés successivement à un Bothrops mourir presque instantanément, un cinquième piqué à plusieurs reprises put se défendre et parvint à s'échapper. Lacépède a rapporté des faits analogues au sujet de l'épuisement du venin de Bothrops, à la suite de piqûres répétées. Mais il est prouvé par des expériences que si le venin s'épuise par des piqûres, l'appareil venimeux ne vide pas son contenu dans une inoculation, aussi deux morsures sont-elles bien plus graves qu'une seule. De plus, quand les crocs traversent les vêtements, ils ne s'essuyent pas à la manière des dents du chien enragé ; la dent cannelée du Serpent inocule fatalement le venin dès qu'elle a pénétré dans un tissu au-dessus de l'orifice inférieur de la dent.

« Guyon s'est assuré que les gros animaux succombent rapidement aux morsures de la Vipère Fer-de-Lance ; une vache mordue à la patte mourut treize heures après ; Paulet et Rufz ont vu des chevaux piqués à la tête succomber en vingt-deux heures ; Guyon, qui a fait des expériences sur les bœufs, les chevaux, les porcs, les chiens, les oiseaux et les reptiles, a conclu que le venin du Bothrops lancéolé est mortel pour tous les animaux. »

Captivité. — Le Fer-de-Lance, lorsqu'il est convenablement soigné, qu'on lui donne de la chaleur et une nourriture assez abondante, peut vivre longtemps en captivité ; on le voit même grossir assez rapidement.

D'après ce que nous avons pu observer sur des animaux de la ménagerie des Reptiles du Muséum d'histoire naturelle de Paris, le Bothrops lancéolé se tient habituellement pendant le jour enroulé sur une souche qui se trouve dans sa cage, ou mieux encore sous cette souche, plongé dès lors dans une demi obscurité. L'animal est toujours sur la défensive et au moindre bruit que l'on fait, surtout lorsqu'on s'approche un peu brusquement de lui ; il est alors *lové*, la tête haute, tout prêt à frapper ; lorsque l'animal s'élance, il se débande brusquement comme un ressort, ne perdant pas le sol ; la queue reste appuyée et sert de point d'appui et de retour ; le Serpent se *relove* avec une rapidité extrêmement grande ; on cherche vainement à le tourner, car il ne perd aucun des mouvements de l'observateur et lui présente toujours ses redoutables crochets.

Lorsqu'il s'élance sur une proie ou contre l'homme, le Fer-de-Lance renverse sa tête en arrière, ouvre largement la gueule, les crochets redressés ; il enfonce ses crochets venimeux comme s'il frappait avec un marteau et se retire vivement ; lorsqu'il est très excité, il lui arrive de revenir sur lui-même et de frapper de nouveau.

La nourriture se compose de souris, de rats blancs, d'oiseaux.

Le Fer-de-Lance ne s'apprivoise nullement ; après plusieurs années de captivité, il est encore aussi féroce que le premier jour. C'est toujours un animal très dangereux, à cause de la rapidité vraiment incroyable avec laquelle il se lance pour mordre.

LE JARARACA. — *BOTHROPS BRASILIENSIS.*

Schrarata.

Caractères. — Le *Jararaca*, *Jararacussa* ou Vipère brésilienne (*Bothrops jararaca*, *brasiliensis*, *ambiguus*, *megœra*, *turia*, *leucostigma*) arrive à la taille de 1m,80 centimètres. La tête est large, triangulaire, nettement détachée du cou ; elle se rétrécit un peu au-devant des yeux ; le museau est comme tronqué. Le tronc est élancé ; le dos se relève en légère carène ; la queue est courte, non préhensile, mince et appointie à l'extrémité. On voit sur le museau une ligne saillante peu marquée, ne se prolongeant pas jusqu'à l'orbite ; les écailles qui revêtent la partie antérieure du vertex sont beaucoup plus grandes que celles qui les suivent. Les plaques qui couvrent le dessous de la queue sont disposées suivant deux séries. Le nombre des séries longitudinales du tronc s'élève à 27.

Cette espèce varie beaucoup pour la coloration, aussi a-t-elle été décrite sous différents noms. D'après de Neuwied, le *Jararaca* a la tête d'un brun gris, rayé et ponctué de sombre dans la région frontale ; le dos est coloré en gris brunâtre uniforme, un peu bleuâtre ; orné de chaque côté de grandes taches triangulaires d'un gris sombre ou d'un brun noirâtre, ces taches s'élargissent vers le ventre et se rétrécissent vers le dos ; elles sont en partie réunies par leurs extrémités et souvent entre elles se trouvent de plus petites taches d'un gris brun ; ces taches, par leur ensemble, forment des bandes très nettes sur le dos, à peine distinctes sur le cou. Le ventre est d'un blanc jaunâtre ; sur chaque plaque se voient deux taches marbrées grisâtres. Chez les individus jeunes, la pointe de la queue est blanche.

Distribution géographique. — Le *Jararaca* se trouve au Brésil, où l'espèce est très commune d'après de Neuwied.

Mœurs, habitudes, régime. — Ce voyageur rapporte que le Bothrops dont nous parlons se nourrit de petits Mammifères, tels que rats et écureuils, et d'oiseaux qu'il recherche surtout pendant la nuit, ayant comme tous les Solénoglyphes la pupille linéaire et dilatable.

Spix a observé à Bahia que ce Serpent est souvent la proie du faucon rieur et de plusieurs autres oiseaux de proie.

L'ATROCE — *BOTHROPS ATROX*.

Labaria.

Caractères. — Fort voisine de l'espèce précédemment décrite, celle-ci s'en distingue surtout en ce que la ligne du vertex est très saillante, tandis qu'elle est presque effacée chez le *Jararaca* ; cette ligne est formée de chaque côté par trois plaques ou écailles plus grandes que les autres, allongées et allant rejoindre la sus-oculaire ; la surface du vertex est couverte de petites écailles régulières et carénées. De même que le *Jararaca*, l'*Atrox* est une espèce essentiellement terrestre, aussi les formes sont-elles assez lourdes et la queue n'est-elle pas prenante.

Distribution géographique. — Tandis que le *Jararaca* est exclusivement cantonné au Brésil, l'*Atrox* se retrouve également dans les Guyanes. D'après Jan, la variété *Dirus* a été recueillie au Mexique, principalement à Orizaba, et à Buenos-Ayres ; cette espèce aurait, dès lors, une large distribution géographique.

Mœurs, habitudes, régime. — Ce que nous dirons de l'*Atrox* pourra s'appliquer traits pour traits au *Jararaca*, les deux espèces ayant mêmes mœurs et même genre de vie.

Ces deux espèces habitent les broussailles grillées par le soleil ; elles sont aussi communes le long des côtes que dans les forêts vierges de l'intérieur ; on les rencontre également dans les savanes, bien qu'elles paraissent préférer les forêts aux steppes.

Pendant le jour on voit ordinairement le *Labaria* rester enroulé sur le sol et ne se disposer à attaquer que lorsqu'on s'approche de lui de trop près. A ce moment ses mouvements sont lents et lourds, mais lorsqu'il attaque il jette en avant la partie antérieure de son corps avec la rapidité de l'éclair. Ni de Neuwied, ni Schomburgh n'ont jamais remarqué que ce Serpent grimpât aux arbres ; ce dernier naturaliste a vu le *Labaria* pêcher, ainsi que le lui avait assuré une vieille Indienne. « Dans une de mes excursions à la rivière Haiama, dit-il, je vis un de ces Serpents qui courait dans l'eau après sa proie ; bientôt il plongea avec une extrême rapidité et ne reparut plus à la surface ; il rampait sur le fond, tantôt lentement, tantôt rapidement, traversant en tous sens le lit de la rivière ; il sortit enfin de l'eau et je le tuai. Le Serpent que j'avais vu était réellement le *Labaria*, et le dire de l'Indienne était vrai ; en ouvrant mon Reptile je trouvai deux petits poissons dans son estomac. On sait que tous ou presque tous les Serpents sont d'excellents nageurs, mais je n'avais jamais vu de Serpent venimeux à l'eau. »

Venin. Son action. — Le *Jararaca* et le *Labaria* sont extrêmement redoutés dans l'Amérique méridionale ; ce sont, en effet, des animaux très dangereux. « Les Indiens et même les chasseurs Portugais, écrit de Neuwied, vont généralement à la chasse les pieds complètement nus ; des souliers et des bas sont au Brésil des objets rares et chers dont on ne se sert guère que les jours de fête. Il résulte de cela que ces individus sont beaucoup plus exposés que d'autres à être mordus par des Serpents qui se trouvent cachés sous des feuilles sèches ou dans la mousse ; la chose arrive cependant plus rarement qu'on ne le croirait tout d'abord.

« J'avais une fois tiré sur un Tapir et l'ayant blessé je suivais ses traces accompagné d'un Indien. Ce dernier cria tout à coup au secours ; il s'était approché trop près d'un *Chararaca* long d'environ 1m,50 et ne pouvait s'échapper assez rapidement dans les broussailles enchevêtrées. Par bonheur pour l'Indien je vis de suite le danger, car l'animal menaçant avait déjà largement ouvert la gueule et allait se jeter sur le malheureux à peine éloigné de lui de deux pas ; au moment où le Serpent fondait sur l'Indien, un coup de fusil l'étendit raide mort. L'Indien était tellement paralysé par la frayeur qu'il resta pendant quelque temps à la même place; cela me prouva à quel degré doivent être effrayés les petits animaux lorsqu'ils se trouvent brusquement en présence des terribles Serpents venimeux du sud de l'Amérique. Le Serpent tué fut placé dans notre canot; à notre retour il excita la répulsion de tous les Indiens présents qui ne pouvaient comprendre pourquoi j'avais rapporté un aussi horrible animal.

« On ne saurait trop recommander à ceux qui voyagent ou qui chassent dans les forêts tropicales du Nouveau-Monde de porter des bottes fortes et épaisses et d'amples pantalons, pour se garantir de la morsure des Serpents venimeux qui y abondent. »

La morsure des deux Serpents dont nous parlons n'entraîne pas fatalement la mort, mais si l'on n'emploie pas de suite les remèdes appropriés elle occasionne cependant des accidents des plus graves. Tschudi estime que si la médication n'est pas énergique, les deux tiers environ des personnes mordues succombent. On cite assez souvent des cas de guérison, car dans l'Amérique du Sud on confond à chaque instant avec le terrible *Jararaca* ou le dangereux *Labaria* une grande Couleuvre qui a la même livrée et qui, fort hargneuse, se jette et mord à tous propos. Il est dès lors probable que les morsures occasionnées par les vrais venimeux sont toujours extrêmement graves.

Schomburgk rapporte qu'il connut un Indien qui au bout de sept années souffrait encore d'une morsure de *Labaria;* au moindre changement atmosphérique il ressentait de violentes douleurs dans le membre blessé, et la blessure se rouvrait.

« Après avoir traversé le Murre, raconte le même naturaliste, nous marchâmes plus au nord-ouest à travers une savane à travers laquelle coulait une rivière d'environ trois mètres de large qui nous barrait le passage et coupait le sentier. Au milieu du lit de la rivière était un bloc de grès qui nous aida à passer le cours d'eau. J'étais le seizième à passer; immédiatement derrière moi venait la jeune Indienne Kate, qui avait obtenu l'autorisation de suivre son mari à cause de son caractère gai et plaisant; elle était le boute-en-train et la chérie de toute la société.

« Au moment de passer le cours d'eau, quelques petites fleurs attirèrent mon attention, et ne me rappelant pas si je les avais dans mon herbier, je m'arrêtai quelque temps pour les examiner. Kate m'invita alors à sauter sur la pierre; je pris un point d'appui et je le fis en riant. A ce moment même un cri d'horreur poussé par Kate me terrifia, et les Indiens qui nous suivaient firent retentir le cri de terreur : « *Akuy ! Akuy !* » (Un Serpent venimeux!) Je me retournai pâle comme la mort vers Kate qui se tenait à côté de moi sur le même bloc de pierre et lui demandai si elle avait été mordue. La malheureuse se mit à pleurer, et je remarquai plusieurs gouttelettes de sang à la jambe droite, dans la région du genou. Seul un Serpent venimeux avait pu faire une semblable blessure, seuls les soins les plus prompts et les plus énergiques avaient quelque chance de sauver notre enfant gâtée. Par malheur le Dr Fryer et mon frère se trouvait à l'autre extrémité de la caravane, tandis que l'Indien qui portait la pharmacie et la trousse contenant les lancettes avait déjà traversé la rivière et se trouvait bien en avant. A défaut d'autre chose je défis sans retard mes bretelles et liai avec elles le membre aussi fortement que je le pus, pendant que je faisais sucer les plaies par les Indiens de la suite. Je crois que la pauvre femme n'avait pas senti qu'elle avait été blessé, bien qu'elle eût été mordue deux fois, d'abord au-dessus d'un bracelet de perles qui entourait le membre au-dessous du genou, puis un peu en dessous de ce même collier. Nos allées et venues attirèrent l'attention des gens qui composaient notre caravane; le mari de Kate arriva. En apprenant la terrible nouvelle, il ne laissa paraître aucune émotion, bien qu'il fût en réalité très épouvanté. Pâle comme un mort, il se précipita à côté de sa femme chérie et se mit à sucer encore les plaies. Pendant ce temps, Fryer, mon frère et l'Indien arrivaient avec la pharmacie. Fryer incisa largement les blessures qui furent sucées par les Indiens. Le cercle formée par ces hommes au regard impassible, les lèvres teintes de sang, avait quelque chose d'horrible.

« Bien que des soins eussent été donnés pour ainsi dire immédiatement, bien que nous ayons employé l'ammoniaque à l'extérieur comme à l'intérieur, tous nos efforts furent vains. Trois minutes après la morsure, les signes de l'empoisonnement étaient déjà évidents; la malheureuse se mit à trembler de tous les membres, tandis que le visage devenait de plus en plus pâle et prenait un aspect cadavérique; le corps se couvrit d'une sueur froide, tandis que la pauvre femme se plaignait de violentes douleurs dans tout le membre blessé, dans la région du cœur et dans le dos. Le membre blessé était comme paralysé. Il survint bientôt des vomissements qui furent suivis d'hémathémèse ; le sang se fit bientôt jour par le nez et par les oreilles ; le pouls battait alors cent vingt fois à la minute. Huit minutes après on ne pouvait plus reconnaître la pauvre Kate tellement elle était changée : elle venait de perdre connaissance.

« Le Serpent qui avait occasionné ce malheur avait été trouvé couché à quelques centimètres du chemin et les Indiens l'avaient tué. J'avais probablement touché l'animal au moment où je m'élançai pour sauter et il s'était alors tournée vers Kate qui me suivait et l'avait mordue. Lorsque les Indiens découvrirent le Reptile il s'était déjà levé, sa tête était relevée, sa gueule ouverte et il se préparait à mordre de nouveau. Quinze personnes avaient passé tout contre lui ; la pauvre Kate en fut la victime.

« La pauvre femme, toujours sans connaissance, fut placée dans un hamac et reportée vers le village que le matin elle avait quitté si gaie et si rieuse. Accompagnés de Fryer et du mari de la malheureuse nous nous mîmes en route. Nous étions désespérés, car nous ne savions que trop que tout espoir était perdu et que le regard que Kate nous avait adressé il n'y avait qu'un instant était fatalement le dernier ! »

LES ICHTHYOSAURIENS — *ICHTHYOSAURIA*

Historique. — A l'époque à laquelle Georges Cuvier commençait ses immortelles recherches sur les animaux disparus, la classe des Reptiles, dont on n'avait encore trouvé que des débris peu importants dans les terrains sédimentaires, s'enrichit des types des plus extraordinaires, dont la connaissance ouvrit un champ nouveau à la paléontologie et à l'anatomie comparée. On venait de trouver en effet, dans la partie inférieure des terrains jurassiques d'Angleterre, des ossements indiquant d'étranges créatures dont rien, dans la nature actuelle, ne pourrait nous donner la moindre idée. Ces animaux avaient des vertèbres rappelant celles des Poissons, des dents assez semblables aux dents des Crocodiles, un tronc analogue à celui des Lézards, et des pattes conformées, d'une manière générale, comme celles des Cétacés.

C'est en 1814 que sir Everard Home publia ses premiers travaux sur les ossements récemment découverts dans le Lias des environs de Lyme-Régis, sur la côte de Dorset; on avait retiré ces débris d'un rocher situé à 30 ou 40 pieds au-dessus du niveau de la mer.

Home s'aperçut bien que l'épaule de l'animal qui venait si heureusement d'être exhumé avait quelques rapports avec ce que l'on voit chez les Crocodiles; mais la position des narines, la présence de pièces osseuses entourant la sclérotique, la forme des vertèbres, qui sont plates et fortement biconcaves, lui parurent devoir faire rapprocher ces débris des Poissons. Aussi King donna-t-il à l'animal le nom d'*Ichthyosaure* (1).

En 1816 et en 1818, de nouvelles pièces, provenant de l'endroit même où avaient été faites les premières découvertes, firent connaître le

(1) Delχθὺc, poisson; σαὐρος, lézard.

sternum, la clavicule et différents autres os de l'épaule, de telle sorte que sir Everard Home abandonna ce premier rapprochement. Peu de temps après, en 1819, de magnifiques morceaux, entre autres un squelette entier, permirent au savant paléontologiste de s'assurer que l'Ichthyosaure avait quatre pieds. Les narines, dont on croyait avoir bien déterminé la place dans les premiers exemplaires trouvés, s'étant trouvées méconnaissables dans le nouvel échantillon trouvé, on crut s'être trompé, et Home, par suite de la ressemblance qu'offrent les faces articulaires des vertèbres avec celles des Protées, de la Sirène et de l'Axolotl, proposa de nommer son animal le *Protéosaure*.

Peu de temps après, en 1821 et en 1823, deux autres savants anglais, de la Bèche et Conybeare, ayant repris l'étude de cet étrange Reptile, montrèrent que l'anneau de pièces osseuses entourant le sclérotique n'est pas un caractère de Poisson, mais bien de Lézard; ils entrèrent dans de nouveaux et intéressants détails sur les vertèbres et sur l'articulation des côtes, rétablirent la véritable position des narines, firent connaître les rapports et les différences que présente la tête avec celle des Lézards, et, d'après les caractères tirés des dents et de la forme du museau, établirent quatre espèces : l'*Ichthyosaurus communis*, la plus grande de toutes, qui a les dents en forme de couronne conique, peu aiguës et profondément espacées et profondément striées; l'*Ichthyosaurus platyodon*, chez lequel les dents sont à couronne comprimée, avec des arêtes tranchantes; l'*Ichthyosaurus tenuirostris*, qui a le museau long et mince, armé de dents grêles et affilées; l'*Ichthyosaurus intermedius*, qui ressemble à la première espèce, mais a les dents plus aiguës et moins profondément striées.

Avec la sûreté du coup d'œil qui était un des traits caractéristiques de son génie, Cuvier vit de suite les caractères essentiels des Ichthyosaures, de telle sorte qu'après le mémoire qu'il publia en 1824, il laissa peu à faire à ses successeurs.

Il restait cependant à élucider encore certains points et à mieux caractériser les différentes espèces. C'est ce que nous ont appris les travaux de Richard Owen, d'Huxley, de Hulke, de Phillips, de Seeley, d'Hawkins, de Buckland, de Sedgwick, de Chaning Pearce, de Quenstedt, de Jæger, de Kiprijanoff.

Caractères généraux. — Toutes ces recherches ont permis de saisir les traits généraux qui à la fois relient les Ichthyosauriens aux Reptiles et les éloignent de ceux-ci.

De forme lourde et ramassée, les Ichthyosauriens rappellent, par leur allure, bien plutôt nos Cétacés actuels que les Reptiles. La tête est énorme et se continue presque directement avec le tronc, le cou étant très court. Le corps, d'abord fort épais au niveau du membre antérieur, s'amincit graduellement vers l'arrière; les membres sont au nombre de quatre; les membres de devant, insérés non loin derrière la tête, sont plus développés que les pattes postérieures.

Fig. 341. — Coupe longitudinale de vertèbres d'Ichthyosaure.

Ces caractères généraux posés, nous allons faire connaître un peu plus en détail la singulière organisation des Ichthyosauriens.

On ne peut guère distinguer dans la colonne vertébrale que deux régions, une région précaudale et une région caudale; il n'existe pas, en effet, de sacrum, et toutes les vertèbres, depuis la tête, portent des côtes; à la région caudale la face inférieure est munie d'os en chevrons.

Ces vertèbres présentent des caractères particuliers qui les éloignent de ce que l'on voit chez tous les autres animaux vertébrés. Elles sont plates, semblables à des dames à jouer et fortement biconcaves (fig. 341), comme celles des Poissons et de certains Batraciens disparus que l'on connaît sous le nom de Labyrinthodons. Au lieu d'apophyses transverses, elles n'ont de chaque côté qu'un ou deux tubercules, suivant la région examinée. Les côtes s'attachaient par des ligaments à ces deux tubercules, comme le montre la figure 342. L'apophyse supérieure de la vertèbre elle-même ou arc neural est un os fourchu à sa base qui venait s'articuler au corps vertébral, laissant entre ses deux branches un canal pour le passage de la moelle épinière (fig. 342). Le

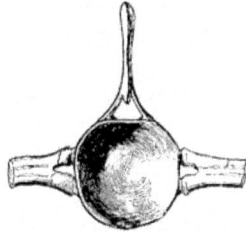

Fig. 342. — Vertèbre d'Ichthyosaure.

sternum n'existant pas, ainsi que nous l'avons déjà dit, la partie inférieure du corps est protégée par une série de plaques en recouvrement ou d'ossifications ventrales (fig. 343).

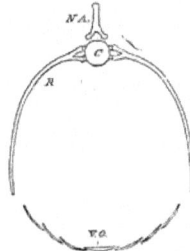

Fig. 343. — Appareil vertébral et costal de l'Ichthyosaure (*).

Dans la partie que l'on peut appeler le cou, chaque face latérale de la vertèbre porte deux tubercules distincts, dont le plus élevé est contigu à la portion annulaire; ces tubercules sont plus rapprochés du bord postérieur de la vertèbre que de son bord antérieur. Cette disposition se voit jusque vers la vingtième vertèbre, puis le tubercule supérieur cesse d'être contigu à la portion annulaire et se rapproche plus du

(*) C, centrum; NA, apophyse épineuse; R, côte VO, plaques ventrales (d'après Huxley).

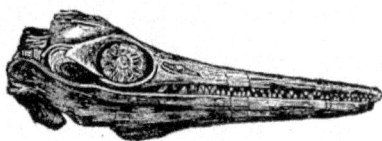

Fig. 344. — Tête d'Ichthyosaure.

tubercule inférieur. Après le bassin, les vertèbres n'ont plus de chaque côté qu'un seul tubercule placé tout près de la face inférieure du centrum ou corps vertébral.

Le nombre des vertèbres est fort grand ; d'après Cuvier, il s'élevait au moins à 95.

Les côtes, relativement grêles, sont assez larges pour pouvoir embrasser le tronc dans presque toute sa demi-circonférence ; nous avons dit que leur extrémité interne présente deux têtes articulaires ; les côtes sont comprimées et comme cannelées, de telle sorte que leur section est triangulaire.

La tête est avant tout remarquable par sa force, sa grandeur et par l'allongement du museau (fig. 344) dû principalement au développement des prémaxillaires.

D'après Cuvier, « telle est en général la composition de la tête de l'Ichthyosaure : les maxillaires relégués aux côtés de sa base, les naseaux à la face supérieure de cette base ; les narines percées entre les naseaux, les inter-maxillaires et les frontaux antérieurs ; le frontal, le pariétal, l'occipital, les rochers, le sphénoïde, les ptérygoïdiens, à peu de chose près comme dans les Lézards, et surtout dans les Iguanes ; mais des caractères plus particuliers dans la région de l'oreille et de la tempe, savoir :

« Une orbite entourée par le frontal antérieur, le postérieur et le jugal ; le trou de la tempe cerné par le temporal et le mastoïdien ; le temporal se joignant au tympanique, placé à la face interne pour fournir l'articulation à la mâchoire inférieure ; la région du crâne où devraient être des concavités pour la caisse de l'oreille, lisse et même un peu concave ; probablement point d'autre osselet de l'œil que la platine de l'étrier.

« Ce qui est le plus frappant dans cette tête, c'est l'énormité de son œil, et le cercle de

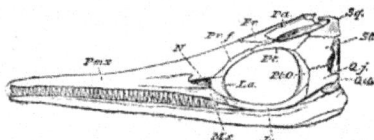

Fig. 345. — Tête d'Ichthyosaure (*).

pièces osseuses qui en renforce les sclérotiques en avant. Ces pièces forment, comme on sait, un caractère commun aux Oiseaux, aux Tortues et aux Lézards, à l'exclusion des Crocodiles et des Poissons. En effet, dans les Crocodiles, la sclérotique est simplement cartilagineuse ; dans les Poissons, elle est souvent osseuse, en tout ou en partie, mais jamais elle n'y est formée en avant d'un anneau de

pièces osseuses comme dans les Oiseaux. Ce seul caractère, qui avait déterminé d'abord, on ne peut deviner pourquoi, à rapprocher cet animal des Poissons, aurait dû le faire, dès les premiers moments, rapprocher des Lézards (1). »

Nous ajouterons, avec Huxley, que les os maxillaires sont très réduits, de même que chez les Oiseaux, que les vomers sont allongés et que les narines ne consistent qu'en étroites ouvertures situées contre les orbites ; ces ouvertures sont bordées par le nasal, le lacrymal, les prémaxillaires. De chaque côté du

(*) *Pmx*, prémaxillaire ; *N*, nasal ; *Prf*, préfrontal ; *Fr*, frontal ; *Pa*, pariétal ; *Pt*, frontal postérieur ; *La*, lacrymal ; *Pt.O*, post-orbitaire ; *Sq*, squamosal ; *Qj*, quadrato-jugal ; *St*, temporal ; *Ju*, jugal ; *Mx*, maxillaire supérieur (d'après Huxley).

(1) *Recherches sur les ossements fossiles*, t. V, p. 161.

frontal se trouve un large préfrontal. Entre le préfrontal et le jugal, le bord postérieur de l'orbite est formé par un os long et incurvé qui est le postorbitaire (fig. 345, *Pt,O*). La partie inférieure et postérieure de la fosse sous-temporale est formée par le quadrato-jugal, *Qj*, qui est large, aplati, et passe entre le jugal et l'os carré ; l'espace laissé libre entre le quadrato-jugal, le postorbitaire, le post-frontal et le squamosal est rempli par un os que Cuvier désigne sous le nom de temporal, *St*, mais qui ne paraît pas avoir d'analogue dans la tête de tous les Reptiles connus.

La mâchoire inférieure se compose de deux branches qui sont unies antérieurement par une très longue symphyse. Chaque branche se compose de six pièces ; la pièce spléniale est remarquablement longue.

Les dents sont coniques ; leur couronne est émaillée et striée longitudinalement ; elle est plus ou moins aiguë, plus ou moins renflée,

Fig. 346. — Dent d'Ichthyosaure.

plus ou moins comprimée, suivant les espèces. La racine est plus grosse que la couronne et non émaillée (fig. 346).

Ces dents ne sont point enchâssées dans des alvéoles distincts, elles sont simplement rangées dans un profond sillon de l'os maxillaire, dont le fond seul est creusé de fosses répondant à chaque dent.

Chez l'Ichthyosaure, la dent de remplacement pénètre dans l'intérieur de la dent ancienne ; la cavité que cette dent présente augmente à mesure que la dent nouvelle grossit. La couronne de la dent garde encore dans son intérieur une cavité, longtemps après que la racine est ossifiée ; du reste, la dent nouvelle commence à s'ossifier avant même que la dent ancienne soit tombée.

Le nombre de ces dents est considérable ; sir

Everard Home n'en compte pas moins, en effet, de 45 à chaque côté de chaque mâchoire, ce qui ferait 180 dents.

L'arc pectoral consiste, suivant Huxley, en trois pièces paires et une pièce impaire (fig. 347).

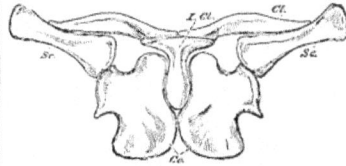

Fig. 347. — Épaule de l'Ichthyosaure (*).

Le *scapulum*, *Sc*, est court et placé comme chez les Sauriens ; le *coracoïde*, *Co*, est large ; l'*interclavicule I,Cl*, est en forme de T ; sa branche verticale est reçue entre les deux coracoïdes, tandis que la branche horizontale est entièrement unie à la partie interne de deux clavicules, *Cl*, épaisses et courbées. Cette disposition est intermédiaire entre ce que l'on voit ordinairement chez les Sauriens, et ce qui existe chez le Nothosaure, qui est un Plésiosaurien.

D'après Seeley, les Ichthyosaures typiques ont les deux clavicules soudées, ainsi qu'on le voit chez les Oiseaux ; chez d'autres, ces os sont séparés ; dans un troisième type, on voit les clavicules réunissant, par un cartilage, les deux extrémités de l'épisternum, tandis que dans certaines espèces cette union se fait par une longue pièce cartilagineuse ; dans un dernier type enfin provenant des terrains oxfordiens d'Angleterre, et désignés sous le nom d'*Ophthalmosaure*, les deux clavicules sont réunies par une pièce solide qui a la même forme qu'elles et les continue.

Dans la fosse que le coracoïde et le scapulum forment par leur réunion, s'articule un humérus gros et court, renflé et arrondi à sa tête supérieure, un peu plus mince dans son milieu et enfin aplati et dilaté pour porter les os de l'avant-bras (fig. 348).

Ces derniers, qui s'articulent aux deux facettes de l'humérus, sont larges et plats et représentent le radius et le cubitus. Ils n'entrent pas dans la composition de la nageoire, mais sont suivis d'abord de trois ou de quatre os, puis de deux rangées composées chacune de

(*) *Sc*, scapulum ; *Co*, coracoïde ; *I,Cl*, interclavicule ; *Cl*, clavicule (d'après Huxley).

quatre os ; ces os sont le carpe. Le reste de la nageoire est composé d'osselets, nombreux et serrés, formant de six à sept séries ; tous ces os sont plats ; suivant l'expression de Cuvier, « leurs angles s'ajustent en manière de pasvé,

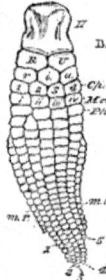

Fig. 348. — Bras de l'Ichthyosaure (*).

de façon qu'ils devaient former, comme dans les Cétacés, une nageoire dont les parties auraient très peu de mouvement les unes sur les autres et n'offriraient nulle division visible à l'extérieur ».

Le bassin paraît n'avoir été attaché à la colonne vertébrale que par des ligaments et des muscles ; aussi est-il presque toujours perdu ou mutilé. Comme d'habitude, cette partie se compose de trois os : l'*ischium* (fig. 349, *Is*),

Fig. 349. — Bassin de l'Ichthyosaure (**).

l'*ilium*, *Il*, et le *pubis*, *Pb*, réunis les uns aux autres pour former une cavité destinée à la réception de la tête du fémur ; le pubis et l'ischium ne se soudent pas aux os similaires de côté opposé ; l'ischium est étroit, tandis que le pubis est dilaté vers son extrémité interne.

Le membre postérieur répète exactement le membre antérieur, bien que moins développé ; on en jugera facilement en comparant les figures 348 et 350. Le fémur est plus grêle et plus allongé que l'humérus.

Distribution géologique. — Les Ichthyosau-

(*) *H*, humérus ; *R*, radius ; *U*, cubitus ; *Cp*, carpe ; *Mc*, métacarpe ; *Ph*, phalanges (d'après Huxley).

(**) *Pb*, pubis ; *Is*, ischions ; *Il*, iléons (d'après Huxley).

riens n'ont vécu que pendant les temps secondaires ; ils paraissent naître vers le commencement des terrains liasiques dans des couches que l'on désigne généralement sous le nom de Rhétien, et disparaissent à tout jamais un peu après le milieu de la période crétacée. D'après certaines trouvailles, ces animaux seraient un peu plus anciens et auraient apparu vers le haut des terrains triasiques. Ils paraissent avoir été particulièrement abondants à l'époque pendant laquelle se déposaient les couches du Lias.

Mœurs, habitudes, régime. — Nous commençons à connaître si bien le squelette des Ichthyosaures, dont certains individus ont été trouvés entiers, avec tous les os en position, qu'il n'est peut-être pas téméraire d'essayer d'indiquer quelles étaient les habitudes probables de ces animaux.

Dès 1822, Cuvier écrivait ceci : « Ainsi, nous possédons le squelette de l'Ichthyosaure dans toutes ses parties, et si l'on excepte la forme

Fig. 350. — Membre postérieur de l'Ichthyosaure intermédiaire (*).

de ses écailles et la nuance de ses couleurs, rien ne nous empêche de nous représenter cet animal.

« C'était un Reptile à queue médiocre et à long museau pointu, armé de dents aiguës ; deux yeux d'une grandeur énorme devaient donner à sa tête un aspect tout à fait extraordinaire, et lui faciliter la vision pendant la nuit. Il n'avait probablement aucune oreille externe, et la peau passait sur le tympanique, comme dans le Caméléon, la Salamandre et le Pipa, sans même s'y amincir.

« Il respirait l'air en nature, et non pas l'eau comme les Poissons ; ainsi il devait venir souvent à la surface de l'eau. Néanmoins ses membres courts, plats, non divisés, ne lui permettaient que de nager, et il y a grande appa-

(*) *F*, fémur ; *T*, tibia ; *Fb*, péroné ; *t,i,j*, osselets tibial, intercalaire, péronéen ; *Ts*, tarsien ; *Mt*, métatarsiens ; *Ph*, phalanges ; *m,t,b*, osselets du bord tibial (d'après Huxley).

rence qu'il ne pouvait pas même ramper sur le rivage, autant que les Phoques ; mais s'il avait le malheur d'y échouer, il y demeurait comme les Baleines et les Dauphins. Il vivait dans une mer où habitaient avec lui les Mollusques qui nous ont laissé les Cornes d'Ammon, et qui, selon toutes les apparences, étaient des espèces de Seiches ou de Poulpes ; des Térébratules, diverses espèces d'Huitres abondaient aussi dans cette mer, et plusieurs sortes de Crocodiles en fréquentaient les rivages, si même ils ne l'habitaient, conjointement avec les Ichthyosaures. »

Nous n'avons que peu de chose à ajouter au judicieux aperçu qui vient d'être tracé par le grand naturaliste français, et c'est d'après ses données si exactes qu'a été tracée la restauration de l'Ichthyosaure telle qu'elle se trouve au second plan de la figure 361.

Certains Ichthyosaures arrivaient à une taille vraiment gigantesque et depassaient certainement 12 mètres de long.

Il est probable que la queue était surmontée d'une membrane formant nageoire et augmentant la surface de natation ; ce qui a fait croire à l'existence de cette nageoire c'est que, sur certains exemplaires bien conservés, on peut voir, au-dessus de la ligne probable du corps, des traces assez distinctement indiquées. En outre, on trouve presque toujours la colonne vertébrale brisée et retournée sens dessus dessous à partir de l'origine de la région caudale, comme si une membrane molle et d'un assez grand poids s'était affaissée après la mort de l'animal et avait, en basculant, disloqué cette partie du corps.

D'observations faites récemment il semble résulter que l'Ichthyosaure était vivipare ; on a plusieurs fois trouvé, en effet, sur des exemplaires provenant des terrains liasiques d'Angleterre et de Würtemberg, des animaux présentant les caractères du jeune âge et se trouvant renfermés dans la cavité abdominale d'individus adultes. Ces animaux, présentant toujours la tête tournée en arrière, n'avaient certainement pas été avalés par leurs parents ; ils se trouvent constamment au niveau du bassin.

LES SAUROPTÉRYGIENS — *SAUROPTERYGIA*

Historique. — C'est en 1821 que Conybeare et de la Bèche firent connaître des débris de Reptiles qui avaient été trouvés mêlés à des ossements de Crocodile et d'Ichthyosaure dans le Lias d'Angleterre ; ces débris indiquaient un animal de type absolument étrange, les côtes rappelant, par certains points, celles des Caméléons, les membres ce que l'on voit chez les Baleines.

Cependant la tête de l'animal que les savants anglais désignaient sous le nom de *Plésiosaure* manquait encore, lorsqu'en janvier 1824, la découverte d'un squelette presque entier fit connaître une particularité singulière, à savoir, que le cou de ce Reptile, d'une longueur démesurée, était composé d'un plus grand nombre de vertèbres, même que chez les Oiseaux, qui sont cependant, parmi les Vertébrés, les animaux qui ont le plus de ces pièces osseuses dans la région cervicale.

Conybeare distinguait deux espèces ; celle qui avait été trouvée dans les terrains liasiques portait le nom de Plésiosaure à long cou (*Plesiosaurus dolichodeirus*) ; l'espèce provenant de la partie supérieure des terrains jurassiques était le Plésiosaure plus récent (*Plesiosaurus recentior*).

G. Cuvier fit connaître d'autres espèces et étudia avec soin l'ostéologie du Plésiosaure ; il en fut de même de Buckland.

En 1839, Richard Owen découvrit un Reptile non moins gigantesque que le Plésiosaure ; loin d'avoir le cou allongé de ce dernier, le Pliosaure, tel est le nom du nouveau Reptile, a, au contraire, le cou très court et rentré dans les épaules, comme chez les Ichthyosaures ; les vertèbres cervicales sont, en effet, extrêmement remarquables et très courtes, si on les compare à leur largeur et à leur hauteur ; malgré cette forme, ces vertèbres n'en appar-

tiennent pas moins au type Plésiosaure.

Vers la même époque, Hermann de Meyer, en Allemagne, faisait connaître des Reptiles provenant de la partie inférieure des terrains secondaires et trouvés dans les couches triasiques. Ces animaux, désignés sous les noms de Nothosaure, de Pistosaure, de Simosaure, bien que différents des Plésiosauriens proprement dits, présentaient cependant avec ceux-ci de nombreux rapports.

Dans ces dernières années, de remarquables travaux dus à R. Owen, à Ed. Cope, à Phillips, à Seeley, à Hulke, nous ont fait mieux connaître les Plésiosauriens et nous ont montré que ces Reptiles pourraient être partagés en un certain nombre de genres et de familles bien distincts.

Classification. — Les rapports que l'on peut établir entre les deux types Plésiosaure et Ichthyosaure ont engagé beaucoup de zoologistes à réunir ces animaux dans un groupe commun, sous le nom d'*Énaliosauriens*, groupe absolument distinct des autres ordres entre lesquels on peut partager la classe des Reptiles.

Pour Ed. Cope, au contraire, les Ichthyosauriens forment un groupe absolument séparé, tandis que les Plésiosauriens sont, par contre, rapprochés des Crocodiles et forment avec ceux-ci, les Dicynodontiens et les Dinosauriens, une sous-classe que Cope nomme *Archosauria ;* ce groupe comprend quatre ordres.

Clauss partage la classe des Reptiles en trois sous-classes, les Tortues ou Chéloniens, les Plagiotrèmes, comprenant les Serpents ou Ophidien, et les Lézards ou Sauriens. La sous-classe intermédiaire est désignée sous le nom d'Hydrosauriens ; elle se compose des Crocodiliens et des Énaliosauriens.

Pour Clauss, les Hydrosauriens sont des

Reptiles aquatiques de taille considérable, à dents implantées dans des alvéoles, à téguments coriaces ou cuirassés, munis de nageoires ou de pattes puissantes, dont les doigts sont réunis par une membrane natatoire.

Les Énaliosauriens se caractérisent par la peau nue, coriace, leurs vertèbres bi-concaves; ils sont munis de nageoires et ont vécu exclusivement pendant l'époque secondaire. Leur corps présente un museau aplati, en général allongé, avec de nombreuses dents préhensiles coniques, un tronc très long et mobile et des membres transformés en nageoires, comme chez les Cétacés. D'après la conformation du corps, d'après la forme de la tête et la dentition, on distingue trois familles, qui sont les *Nothosauriens*, les *Plésiosauriens* et les *Ichthyosauriens*.

Il est impossible aujourd'hui, d'après ce que nous savons de l'anatomie de ces animaux, de réunir dans un même groupe les trois types que nous venons de citer; il faut former une sous-classe pour les Ichthyosauriens, comme l'a proposé Richard Owen, qui désigne ces animaux sous le nom d'*Ichthyoptérygiens;* on doit réunir, par contre, les Plésiosauriens et les Nothosauriens en un groupe que l'on peut, avec Owen, nommer les *Sauroptégygiens.*

Dans cette sous-classe nous admettrons deux ordres, les *Nothosauriens* et les *Plésiosauriens*.

Caractères généraux. — Les Sauroptérygiens sont, d'après Cope, caractérisés par des membres sans articulations flexibles, destinés à la natation; il n'existe ni sacrum ni trochanter fémoral; les côtes n'ont qu'une seule extrémité capitulaire; la narine externe est placée loin derrière l'extrémité du museau; le pubis sont transversalement placés, unis entre eux et prennent part à la composition de la cavité cotyloïde ou cavité de réception de la partie supérieure du fémur.

LES PLÉSIOSAURIENS — *PLESIOSAURIA*

Caractères généraux. — Chez certains Plésiosauriens, tels que le Plésiosaure à long cou, le nombre des vertèbres est considérable; il peut être, en effet, de quarante cervicales. Ces vertè-

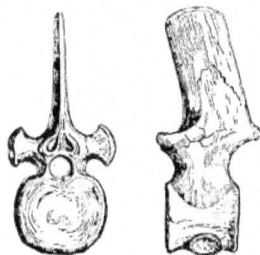

Fig. 351, 352. — Vertèbre dorsale de Plésiosaure.

bres présentent deux fossettes peu profondes, rapprochées l'une de l'autre, placées assez bas, fossettes qui donnaient insertion aux tubercules d'une petite côte cervicale (fig. 351, 352). Contre ces fossettes, et à la face supérieure, se trouvent deux trous qui, suivant l'expression de Cuvier, caractérisent toutes les vertèbres de Plésiosaures, les cervicales comme les autres. « A mesure qu'on se porte à des vertè-

bres situées plus en arrière, on voit ces fossettes se rapprocher, se confondre, les parties de la vertèbre où elles sont creusées devenir un peu saillantes, prendre une figure verticalement plus oblongue, et remonter, par degrés, de manière à appartenir en partie à la portion annulaire de la vertèbre, et non pas seulement au corps. La proéminence latérale se change ainsi, petit à petit, en une véritable apophyse transverse.

« Dans les vertèbres qui suivent, cette apophyse est assez grande, obliquement dirigée vers le haut, et elle appartient entièrement à la partie annulaire, en sorte que quand cette partie est tombée, il ne reste plus sur le corps de la vertèbre aucune trace d'apophyse.

« Les vertèbres de la queue se distinguent, comme à l'ordinaire, par les petites facettes qu'elles ont en dessous pour les os en chevron. Ces os, dans le Plésiosaure, comme dans le Crocodile, sont articulés sous la jointure de deux vertèbres, de façon qu'il y a deux facettes pour chacune de leurs branches, et que chaque vertèbre a elle-même quatre facettes, deux à son bord antérieur et deux au postérieur.

« Ces vertèbres caudales ont aussi deux apophyses transverses, lesquelles, comme dans les jeunes Crocodiles, s'attachent par une suture dont l'empreinte reste visible au corps de la vertèbre, au-dessous de la suture qui y joint la partie annulaire.

« Plus on se porte en arrière sur la queue, plus ces apophyses diminuent de longueur et de grosseur, et les marques laissées par leurs sutures diminuent à proportion (1). »

Les recherches de Seeley permettent d'ajouter quelques faits à la description que donne G. Cuvier.

Nous ferons remarquer tout d'abord que les os en chevrons peuvent faire défaut, ainsi qu'on le voit dans le genre Érethmosaure. Les Pliosaures et les Plésiosaures proprement dits ont la facette d'articulation pour la côte divisée, tandis que dans d'autres genres il n'existe qu'une seule surface articulaire. Chez les Murénosaures, les os en chevron s'attachent à la base du corps de la vertèbre, et non au bord inférieur de la face articulaire de deux centrums, ainsi qu'on le remarque chez les Plésiosaures vrais.

Les vertèbres cervicales des Pliosaures se distinguent des vertèbres similaires des Plésiosaures par la brièveté du centrum, dont les faces articulaires sont généralement planes, souvent même élevées en leur milieu; cette disposition est en rapport avec la force de la tête et le peu de longueur du cou, tandis que chez les Plésiosaures la tête est grêle et le cou très allongé. Les Polycotyles ont les vertèbres très courtes et concaves comme celles des Ichthyosaures. Les vertèbres cervicales des Élasmosaures sont plus nombreuses, plus petites en avant que chez les autres animaux faisant partie de la même famille; ces vertèbres sont remarquablement comprimées; les côtes de la région antérieure s'articulent directement avec la surface ovalaire du corps de la vertèbre et forment une série continue avec les autres côtes qui s'insèrent par une tête simple.

Les deux premières vertèbres, l'atlas et l'axis, sont souvent soudées ensemble.

Les côtes cervicales ressemblent beaucoup à celles des Crocodiles. Dans la partie postérieure du cou et dans la portion antérieure de la région dorsale, les côtes deviennent plus longues, perdent leur processus antérieur, s'arrondissent et prennent la forme de côtes ordinaires.

Il n'existe pas de sternum, mais on voit une série de plaques osseuses sous le ventre

(fig. 353). D'après Cuvier, les Caméléons, les Marbrés et les Anolis ont aussi le ventre entouré par des cercles complets, ce qui pourrait nous faire conjecturer que les poumons du Plésiosaure, comme ceux de ces trois genres, étaient fort étendus.

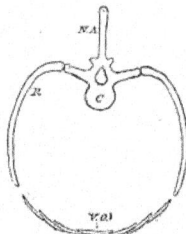

Fig. 353. — Appareil vertébral et costal du Plésiosaure (*).

Dans certaines espèces, telles que le Plésiosaure à long cou (fig. 354), la tête est fort petite et ne fait guère que la douzième ou la treizième partie de la longueur du corps; le cou est déjà plus court chez le Plésiosaure à grosse tête (fig. 355); il devient tout à fait ramassé chez les Pliosaures qui, par ce caractère, ressemblent aux Ichthyosaures.

Le museau est déprimé; l'ouverture externe des narines est située juste au devant des orbites qui sont grands; les prémaxillaires sont très développés et constituent la plus grande partie du museau (fig. 356); la fosse sous-temporale est large; il existe une fontanelle à l'union des pariétaux et des frontaux.

Dans son ensemble, le crâne rappelle celui du Lézard, avec quelques caractères de Crocodile et d'Ichthyosaure; il n'existe pas de cercle osseux autour de la sclérotique.

Les dents des Plésiosaures sont grêles, pointues, un peu arquées et cannelées longitudinalement; elles sont inégales. Les antérieures d'en bas et les postérieures d'en haut sont plus grosses et plus longues que les autres.

Chez les Pliosaures les dents sont de taille vraiment gigantesque, et, chez le Pliosaure grand, de la partie supérieure des terrains jurassiques, elles peuvent atteindre jusqu'à un pied de long! La couronne forme environ le tiers de la longueur totale; elle est fortement striée; le reste de la dent est constitué par la

(1) *Recherches sur les ossements fossiles*, t. V, 2e part., p. 478.

(*) *C*, centre de la vertèbre; *Na*, apophyse épineuse; *R*, côte; *Vo*, plaques ventrales (d'après Huxley).

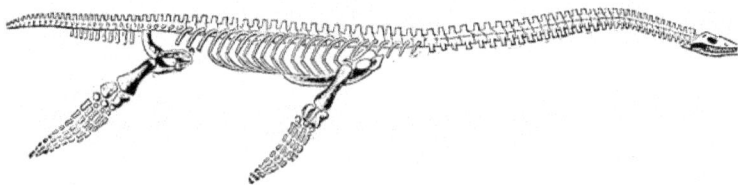

Fig. 354. — Squelette restauré de Plésiosaure à long cou.

racine, recouverte d'une couche de cément. La coupe de la dent figure une sorte de triangle. La base de la racine présente une cavité destinée à la pulpe. De même que chez les Caïmans, il existe une barre à la mâchoire supérieure, barre séparant les dents incisives des dents maxillaires.

Chez tous les Sauroptérygiens, les dents s'insèrent dans des alvéoles distincts.

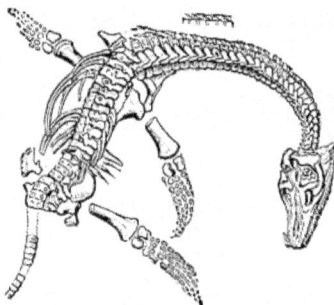

Fig. 355. — Plésiosaure à grosse tête.

La forme et la composition de la ceinture scapulaire ou arc pectoral (fig. 357) est une des particularités les plus remarquables de l'anatomie des Plésiosauriens.

Chez les Plésiosaures typiques, tels que le Plésiosaure à long cou, les os coracoïdes, plus longs que larges, sont placés derrière l'articulation de l'humérus, mais s'étendent au devant de cet os; les coracoïdiens sont unis avec les scapulaires, qui sont très étroits et convergent antérieurement; l'interclavicule est large.

Les animaux que Seeley a groupés sous le nom d'*Élasmosauriens* n'ont pas d'interclavicule séparée; chez les Murénosaures, par exemple, les scapulaires convergent en avant et forment ainsi un large processus bien différent de ce que l'on voit chez les autres Plésio-

sauriens, cette disposition rappelle ce qui existe chez certains Batraciens.

Les membres rappellent ceux des Ichthyosaures, en ce sens qu'ils sont transformés en organes de natation; les extrémités des Plésiosauriens sont cependant plus a'longées que

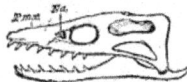

Fig. 356. — Tête de Plésiosaure (*).

celles de l'Ichthyosaure et ses mains et ses pieds forment des nageoires plus pointues.

Chez les Plésiosaures, l'humérus est un os beaucoup moins massif que celui de l'Ichthyosaure, de forme d'abord cylindrique, terminé dans le haut par une tête convexe, sans col ni tubérosité, a platiet élargi dans le bas; le bord

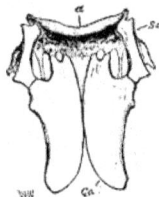

Fig. 357. — Épaule de Plésiosaure (**).

antérieur est presque droit ou légèrement convexe, tandis que le bord postérieur est concave.

L'os du bras présente une forme toute particulière chez les Polycotyles; il est allongé, percé de nombreux trous vasculaires; sa partie médiane est arrondie, cylindrique; l'extrémité supérieure est pourvue d'une tête articulaire

(*) *Pmx*, prémaxillaire; *Na*, nasal (d'après Huxley).
(**) *a*, interclavicule et clavicule; *Sc*, scapulaire; *Co*, coracoïdien (d'après Huxley).

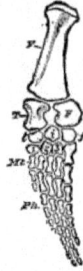

Fig. 358. — Membre antérieur   Fig. 359. — Bassin de Plésiosaure (**).   Fig. 360. — Membre postérieur
de Plésiosaure (*).   de Plésiosaure (***).

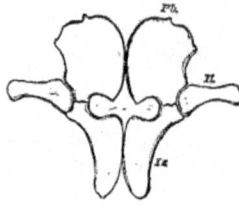

arrondie, tandis que l'extrémité inférieure est aplatie, un peu élargie.

A la face inférieure de l'humérus se trouvent deux facettes pour l'articulation du radius et du cubitus. Chez les Plésiosaures (fig. 358) les deux os de l'avant-bras sont courts et larges ; le cubitus diffère du radius en ce qu'il est convexe postérieurement et concave antérieurement. Chez les Pliosaures, il semble y avoir absence des os de l'avant-bras, qui ont complètement les dimensions et l'aspect des os du carpe.

Celui-ci se compose de six os disposés suivant deux rangées. Tout le reste de la nageoire est formé par les métacarpiens et les phalanges disposées suivant cinq séries longitudinales qui représentent les cinq doigts ; mais les phalanges, comme chez les Baleines, y sont en bien plus grand nombre qu'à l'ordinaire ; le doigt le plus court est le pouce, qui n'a que trois ou quatre phalanges ; les doigts du milieu sont les plus longs et, par contre, ceux auxquels on compte le plus grand nombre de pièces osseuses.

Tous ces petits os se joignent entre eux comme chez les Cétacés, plutôt que par des articulations à mouvements tout à fait libres ; ils sont un peu aplatis, tronqués et dilatés aux extrémités, rétrécis au milieu, les derniers sont en pointe obtuse.

Le bassin (fig. 359) est beaucoup plus grand que l'épaule et bien plus large. L'ilium est un os allongé. Les pubis se joignent l'un à l'autre, comme chez les Tortues de terre ; ces os sont larges et ont une forme quadrangulaire. Les ischions se réunissent également sur leur partie médiane par une suture. Entre les ischions et les pubis se trouve un large espace vide.

Le fémur ressemble beaucoup à l'humérus ; il est cependant plus massif et les deux bords sont moins excavés ; c'est ainsi, par exemple, que chez certains pliosaures de la partie supérieure des terrains jurassiques, les deux bords sont presque droits.

Le tibia et le péroné ont la plus grande ressemblance avec les os similaires de l'avant-bras. Le membre postérieur ressemble, du reste, beaucoup au membre antérieur, ainsi qu'on peut s'en convaincre en comparant les figures 358 et 360. Chez les Polycotyles cependant le tibia est particulièrement épais et rappelle celui de l'Ichthyosaure.

Distribution géologique et géographique. — Pris dans leur ensemble, les Plésiosauriens ont vécu dans les mers jurassiques et crétacées. Précédés à l'époque du Trias par les Simosauriens, ils sont apparus dans les mers sous lesquelles se sont formées les couches de l'étage rhétien, c'est-à-dire dès le commencement de l'époque jurassique ; ils disparaissent vers la partie moyenne de l'époque crétacée.

Ces étranges Reptiles ont vécu, non-seulement dans les mers anciennes de l'Europe, mais encore dans celles de l'Amérique, de la Nouvelle-Zélande et de l'Australie.

Owen a décrit, en effet, deux espèces de

(*) H, humérus ; R, radius ; U, cubitus ; r, i, u, osselets radial, intercalaire, orbital de la rangée antérieure des os du carpe ; 1, 2, 3, os carpiens postérieurs ; Mc, métacarpe ; Ph, phalanges (d'après Huxley).

(**) Pb, pubis ; Il, iléons ; Is, ischions (d'après Huxley).

(***) F, Fémur ; T, tibia ; P, péroné ; t,j,i, osselets tibial, intercalaire et péronéen de la rangée antérieure des os du tarse ; 1, 2, 3, os tarsiens postérieurs ; Mt, métatarse ; Ph, phalanges (d'après Huxley).

Plésiosaures provenant des couches de Waipara, en Australie. Hector et Hutton ont fait connaître des ossements trouvés à la Nouvelle-Zélande, ossements qui indiquent certainement un Plésiosaurien.

Gervais a reconnu pour appartenir à un animal du même groupe des débris provenant du Chili.

Pendant l'époque crétacée, les Plésiosauriens et les Elasmosauriens étaient représentés dans l'Amérique du Nord par plusieurs types tels que les Piratosaures, les Polycotyles, les Elasmosaures, les Cimaliosaures.

En Europe, les Plésiosauriens ont été trouvés en Angleterre, en France, en Allemagne, en Russie.

D'après Whidborne, le nombre des espèces actuellement connues en Angleterre est de 73, dont 24 dans les terrains crétacées. Nous avons, en France, 14 espèces rien que dans la partie supérieure des terrains jurassiques; ces espèces ont été principalement trouvées au Havre et à Boulogne-sur-Mer.

Mœurs, habitudes, régime. — De même que les Ichthyosauriens, les Plésiosauriens étaient essentiellement des animaux de haute mer; la forme et la disposition de leurs dents indiquent un régime exclusivement carnivore; il est probable que les espèces qui, comme le *Plesiosaurus dolichodeirus*, avaient le cou très allongé, pouvaient saisir leur proie à une grande distance, soit à la surface de l'eau, soit dans les bas-fonds où le Reptile n'aurait guère pu aborder, dans la crainte d'échouer. Des Mollusques de toute sorte devaient être la pâture des espèces faiblement armées, tandis que les Pliosaures, au cou court, à la tête trapue, aux dents longues et fortes, donnaient la chasse aux Poissons, cependant puissamment cuirassés, aux Crustacés qui pullulaient dans les mers jurassiques et aux nombreuses Ammonites qui flottaient à la surface de l'eau.

L'habile crayon de Jobin nous permet de donner ici une vue idéale de la mer au commencement de l'époque jurassique. On voit au premier plan un Plésiosaure échoué sur un rocher sur lequel sont fixées des encrines; une Ammonite est non loin de là. La vague va re-jeter près de la côte un énorme Ichthyosaure; nous apercevons au large un gigantesque Pliosaure (fig. 361 à 363).

Ainsi que nous l'avons déjà dit plus haut, les Plésiosauriens respiraient l'air en nature; leurs poumons étaient très vastes, de telle sorte que l'animal pouvait certainement plonger pendant assez longtemps et rester un certain temps sous l'eau, avant que de venir à la surface.

La peau était absolument nue; elle devait probablement être épaisse.

Les Plésiosaures proprement dits étaient généralement des animaux de grande taille; Cuvier estime à 3 mètres la longueur du Plésiosaure du lias d'Angleterre qu'il a été à même de décrire.

Ce sont les Pliosaures qui eux arrivent à une taille vraiment gigantesque.

D'après Richard Owen, la mâchoire du *Pliosaurus grandis* n'avait pas moins de 5 pieds 8 pouces anglais; le crâne avait 4 pieds 9 pouces, sa largeur la plus grande étant de 2 pieds et 1 pouce; certaines dents ont jusqu'à $0^m,30$ de longueur, et nous connaissons des mâchoires qui ont au moins 2 mètres de long, ce qui doit faire supposer une taille vraiment colossale.

Tout géant que soit le *Pliosaurus grandis*, il existait à l'époque jurassique supérieure des espèces plus grandes encore. Le fémur du *Pliosaurus trochanterius* avait $0^m,55$ de haut, ce qui fait supposer une patte longue d'environ $1^m,40$; nous avons la même dimension pour le *Pliosaurus brachyderius*. Si la longueur de la patte est dans les mêmes proportions, ce membre aurait eu $1^m,60$ chez le *Pliosaurus æqualis*, $1^m,78$ chez le *Pliosaurus brachydeirus*, $2^m,20$ chez le *Pliosaurus macromerus*, et chez une espèce signalée par P. Gervais dans le terrain kiméridjien du Havre. Chez cette dernière espèce, le fémur mesure, en effet, plus de $0^m,85$ de longueur! Ainsi que nous l'avons déjà dit, nos Reptiles actuels sont des pygmées si on les compare à ces animaux des anciens âges; qu'ils sont faibles et chétifs si on les met en parallèle avec ces gigantesques Enaliosauriens, certainement grands comme des Baleines!

Fig. 361 à 362. — Restauration du Plésiosaure, de l'Ichthyosaure, du Pliosaure.

LES NOTHOSAURIENS — *NOTHOSAURIA*

Caractères généraux. — Les Nothosauriens, dont nous devons surtout la connaissance aux travaux d'Hermann von Meyer, ressemblent par plus d'un point aux Plésiosauriens que nous venons d'étudier.

Chez eux, les os de la mâchoire supérieure sont très allongés et s'étendent jusqu'à l'extrémité du museau ; la paroi postérieure des orbites fait défaut, ainsi que les os temporaux supérieurs ; la fosse supratemporale est fort grande ; les narines sont très reculées. Les dents sont coniques, les dents antérieures de la mâchoire supérieure se faisant remarquer par leur taille.

D'après Huxley, l'arc pectoral présente une intéressante modification de celui des Plésiosauriens. Les coracoïdiens sont très élargis et se touchent par leur bord interne, de telle sorte que la partie rhomboïdale du sternum paraît avoir manqué ; les scapulaires ont un prolongement horizontal ; de ce que le prolongement d'un côté se réunit par suture avec celui du côté opposé, il en résulte une pièce osseuse massive, incurvée, située transversalement, composée de trois parties, une petite et médiane, les deux autres grandes et latérales ; ces pièces sont fortement réunies ensemble par des sutures. Cette barre osseuse correspond à l'interclavicule et à la clavicule des Sauriens et des Ichthyosauriens.

Distribution géologique. — Les Nothosauriens ont précédé les Plésiosauriens. On ne les connaît jusqu'à présent que du Trias ; ils ont été trouvés en Allemagne, en France, en Angleterre.

LES BATRACIENS — *BATRACHIA*

CONSIDÉRATIONS GÉNÉRALES. — ORGANISATION.

Caractères généraux. — Les Batraciens ou Amphibiens ont formé pendant longtemps avec les Amphibiens écailleux la deuxième classe des Vertébrés, celle des Reptiles. Ainsi que nous l'avons établi dès le commencement de ce volume, en divisant ces animaux en deux groupes parfaitement distincts, on a exprimé les véritables rapports qu'ils présentent avec les autres êtres. En effet, les Batraciens, par leur développement et tous leurs caractères anatomiques, se rapprochent des Poissons, auxquels les rattachent intimement les Dipnoïques, tels que le Protoptère et le Lépidosiren ; les Reptiles, au contraire, par l'ensemble de leur organisation, forment le premier terme de la série des animaux supérieurs et se rapprochent principalement des Oiseaux.

Un hiatus des plus considérables sépare, en effet, les animaux que nous venons d'étudier de ceux qu'il nous reste à faire connaître. Les premiers, ou les Reptiles, à toutes les périodes de leur existence respirent exclusivement l'air en nature, au moyen de poumons ; les seconds, ou les Batraciens respirent l'air dissous dans l'eau, au moyen de branchies, au moins pendant les premiers temps de leur vie. Les Batraciens présentent, en outre, constamment des métamorphoses ; de même que les Poissons, ils sont *anallantoïdiens*, c'est-à-dire que les embryons sont dépourvus de membrane allantoïde.

Pour développer cette idée, nous devons dire que chez les Batraciens il existe des métamorphoses analogues à celles qui sont si générales chez les Invertébrés ; au moment où ils quittent l'œuf, les Batraciens n'ont pas encore achevé leur complet développement, et ne possèdent pas l'organisation de leurs parents ; ils l'acquièrent seulement plus tard, alors qu'ils passent de l'état larvaire à l'état adulte.

Pendant le jeune âge, l'existence des Batraciens est celle des Poissons ; ils sont essentiellement et exclusivement aquatiques. Leur conformation subit des modifications considérables. « Tantôt, écrit Carl Vogt, les membres font entièrement défaut ;

tantôt la forme du corps se rapproche de celle d'un disque, elle est aplatie et élargie par des organes de locomotion très développés. Chez les Céciliés, qui vivent à terre et qui sont dénués de membres, le corps ressemble entièrement à celui d'un ver de terre. Les Amphiumes qui, au contraire, se tiennent toujours dans l'eau, ont la queue comprimée latéralement, très allongée, souvent pourvue d'un repli de la queue qui, de même qu'une nageoire, permet les mouvements de natation. Les pattes présentent tous les degrés de développement ; d'abord incapables de soutenir le corps, elles se garnissent ensuite d'ongles qui sont presque atrophiés. Parfois les membres antérieurs existent seuls, et sont alors détachés de chaque côté du cou sous forme de petits moignons ; d'autres fois ce sont les membres postérieurs qui seuls sont visibles. Chez les Anoures, la queue s'atrophie et disparaît complètement chez l'animal adulte ; on trouve alors l'extrémité postérieure du tube digestif, ou anus, situé à l'extrémité du corps, qui est court et ramassé. Les membres postérieurs, chez ces derniers animaux, acquièrent une prépondérance considérable sur les membres antérieurs. »

Nous ajouterons, avec Clauss, que « la conformation extérieure des Amphibiens ou Batraciens prouve qu'ils sont organisés pour vivre alternativement dans l'eau et dans l'air, mais montre cependant des variations de forme très considérables conduisant à celle des animaux terrestres disposés pour ramper, grimper et sauter. D'une manière générale, le corps est allongé, cylindrique ou comprimé et se termine fréquemment par une région caudale très considérable et aplatie ; plus rarement il porte sur le dos un repli cutané vertical. Les membres peuvent encore faire complètement défaut ; dans d'autres cas on ne rencontre que des membres antérieurs courts, comme chez les Sirens, ou bien des rudiments de membres antérieurs ou postérieurs, munis d'un nombre restreint de doigts incapables de soutenir le corps, qui se meut en rampant. Chez les espèces mêmes où les deux paires de membres acquièrent une grande taille et sont pourvus de quatre ou cinq doigts, ils agissent plutôt en poussant en avant le tronc allongé et flexible. Les Batraciens proprement dits, les Anoures seuls, dont le tronc court et ramassé est dépourvu à l'état adulte d'appendice caudal, possèdent deux paires de membres bien développés et qui leur permettent de courir et de sauter et même de grimper. »

Squelette. — Par certains points, le squelette se rapproche de celui des Poissons, mais montre cependant un degré supérieur de perfectionnement. D'après Clauss, « bien que la corde dorsale puisse persister, en général il n'en subsiste que des restes ; cependant, toujours il se développe des vertèbres osseuses, à l'origine biconcaves, qui sont séparées, ce qu'on ne voit jamais dans la colonne vertébrale des Poissons, par des cartilages intervertébraux. Dans le cas le plus simple, Cécilien et Protée, les vertèbres ont la forme d'un double cône osseux dont la cavité centrale est remplie par la corde dorsale très développée et continue.

« Chez les Tritons et les Salamandres, le cartilage intervertébral, en se développant, refoule progressivement la corde dont le reste devient cartilagineux, et produit par différenciation ultérieure une tête articulaire, ainsi qu'une cavité cotyloïde correspondante, qui ne sont cependant complètement séparées que chez les Batraciens pourvus de corps vertébraux à concavité antérieure ou procèles. Chez eux, en effet, la portion de la corde située dans le corps vertébral primordial persiste seule sans se transformer en cartilage, soit pendant un temps plus ou moins long, soit pendant toute la vie. »

Tous les Batraciens inférieurs, tels que les Sirénidés, les Protéidés, les Amphiumidés, ont les vertèbres biconcaves comme les Poissons. Chez certains Anoures, la disposition des vertèbres est la même, tandis que chez d'autres les vertèbres sont convexes en avant, concaves en arrière. La plupart des Batraciens anoures ont les vertèbres procéliennes, c'est-à-dire qu'elles présentent une concavité en avant, une convexité en arrière ; chez les Pipa et les Bombinators cependant ces vertèbres sont opisthocéliennes comme chez la plupart des Anoures. Les Archégosaures, singuliers Amphibiens fossiles, ont les vertèbres biconcaves, comme chez les Ichthyosaures.

La première vertèbre, ou atlas, présente toujours deux cavités pour l'articulation avec les deux condyles de la base du crâne.

Le processus transverse peut être simple, ou, chez les Salamandres, être pourvu de deux têtes articulaires. Le processus des vertèbres sacrées est cylindrique chez les Grenouilles proprement dites et chez certaines Rainettes connues sous le nom de Cystignathes ; il est dilaté chez les Crapauds et chez les vraies Rainettes.

Les côtes manquent chez la plupart des Batraciens anoures ; chez les Discoglosses toutefois on voit de courtes côtes attachées aux diapophyses antérieures.

Le nombre des vertèbres est, en général, en rapport avec la forme du corps ; c'est ainsi que l'on compte 45 vertèbres chez la Sirène lacertine et 57 chez le Protée. Chez les Batraciens anoures, au contraire, qui ont le corps court et ramassé, le nombre des vertèbres ne dépasse pas 10 ; 8 vertèbres appartiennent à la région présacrée, 1 vertèbre représente le sacrum et le coccyx est composé d'une vertèbre ou de plusieurs vertèbres modifiées.

Les Batraciens se distinguent des Vertébrés supérieurs en ce qu'à la tête, le crâne primordial persiste pendant toute la vie, de telle sorte que ce crâne se compose d'un mélange de pièces appartenant au système osseux et au système cartilagineux. Le crâne primordial est, du reste, refoulé par des masses osseuses qui, tantôt sont produites par l'ossification de la capsule cartilagineuse, tels sont les occipitaux latéraux, la capsule auditive, l'os en ceinture, l'os carré, tantôt sont des os de revêtement dérivant du cartilage primitif, comme les pariétaux, les frontaux, les nasaux, le vomer (fig. 364 à 368).

Tous les degrés d'ossification se voient, du reste, chez ces animaux. Les Batraciens qui conservent des branchies pendant toute leur vie ont les faces latérales du crâne presque complètement cartilagineuses, tandis que chez les Grenouilles, par exemple, l'ossification atteint les rochers aussi bien que les ailes de sphénoïde, tout en laissant entre ces deux os un large espace membraneux.

Le crâne est constamment large et aplati ; la cloison interorbitaire fait toujours défaut ; les cavités orbitaires sont d'habitude fort grandes et percent le crâne proprement dit, de telle sorte qu'en le regardant d'en haut les mâchoires figurent un demi-cercle traversé dans son milieu par une capsule allongée. Pour ce qui est des os en particulier, le sphénoïde forme tantôt un plateau allongé, tantôt une plaque cruciforme ; comme chez les Poissons osseux et chez les Ganoïdes, le parasphénoïde est grand et s'étend de l'occipital à la région de l'ethmoïde. A la voûte crânienne, les frontaux et les pariétaux peuvent se fusionner en un seul os, ainsi qu'on le voit chez les Batraciens anoures. Un os s'étend de la partie postérieure et latérale du crâne à la tête articulaire de la mandibule ; cet os occupe la place du tympanique des Vertébrés supérieurs.

Les deux prémaxillaires sont toujours visibles. Les os maxillaires existent le plus souvent et sont, chez la plupart des Batraciens anoures, reliés par une pièce osseuse au suspenseur de la mâchoire. Cette pièce osseuse peut être représentée chez les Urodèles par un ligament fibreux.

A la voûte palatine, tous les os sont reliés au crâne, de telle sorte que l'os intermaxillaire et le

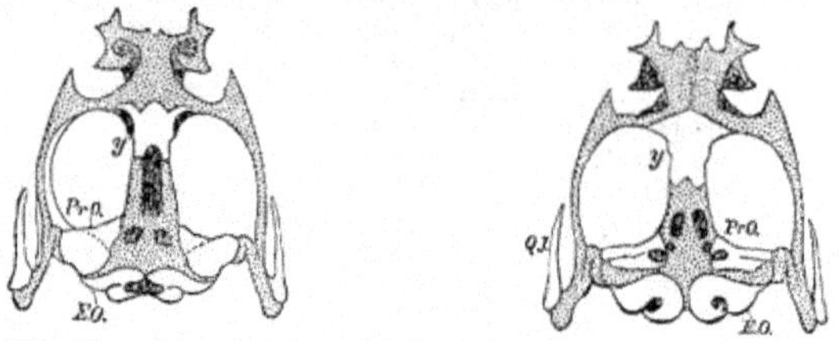

Fig. 364 et 365. — Crâne cartilagineux de la Grenouille verte vu en dessus et en dessous (*).

maxillaire forment, l'un derrière l'autre, le rebord de la bouche. Les ptérygoïdiens sont bien développés ; presque toujours il existe des palatins distincts. D'après Huxley, le suspenseur de la mâchoire, qui est incliné en bas et en avant chez les Urodèles de type inférieur, se dirige directement en bas chez les Urodèles supérieurs et, chez les Batraciens anoures, se porte en arrière ; une semblable modification s'observe lorsque les Anoures passent de l'état larvaire à l'état parfait.

Suivant Clauss, « les Amphibies pourvus de branchies persistantes, ou Pérennibranches, possèdent un grand nombre d'arcs viscéraux tous semblables, tandis que chez les autres formes les organes n'existent que transitoirement pendant la période larvaire. Chez tous, ils sont au nombre de quatre ou cinq paires, dont l'antérieur représente l'hyoïde et le plus souvent constitue une pièce unique. Les deux derniers arcs sont deux simples stylets cartilagineux qui se réunissent à la pièce basilaire de

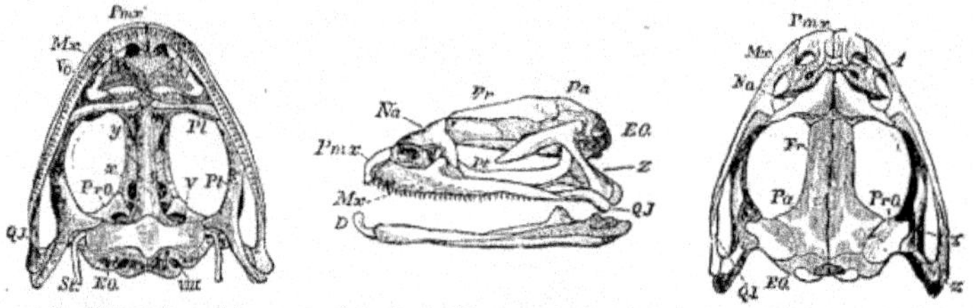

Fig. 366 à 368. — Crâne osseux de la Grenouille verte en dessus, en dessous et latéralement (**).

l'arc situé au-devant d'eux. Les os pharyngiens supérieurs font partout défaut. Chez les Salamandrines, outre l'os hyoïde, subsistent encore les restes de deux arcs branchiaux ; mais chez les Batraciens anoures à l'état adulte on ne retrouve plus qu'une seule paire d'arcs articulée au bord postérieur du corps de l'os hyoïde et serrant l'appareil suspenseur au larynx.

« Les membres présentent toujours une ceinture scapulaire et pelvienne, et l'on peut arriver à reconnaître bien plus sûrement les parties qui les constituent que pour les membres, transformés en nageoires des Poissons. Dans l'épaule, on distingue facilement trois os ; l'omoplate du scapulaire, le précoracoïde ou le coracoïde, auxquels vient s'ajouter un supra-coracoïde cartilagineux. Chez les

Ambibiens urodèles, la ceinture scapulaire est interrompue en dessous ; chez les Batraciens ou Anoures, elle est, au contraire, continue, car les deux moitiés latérales se réunissent sur la ligne médiane par l'intermédiaire d'une lame cartilagineuse, ou sternum, à laquelle s'ajoute en avant un épisternum. Dans le bassin, la forme allongée des os iliaques est caractéristique ; ces os fixés aux apophyses transverses d'une vertèbre se soudent à leur extrémité postérieure avec le pubis et l'ilion (1). »

Les derniers des Batraciens, ceux que l'on connaît sous le nom de Cécilies, ont absolument l'apparence de vers de terre et manquent complètement de membres. Les Siren et les Pseudobranches n'ont que des pattes en avant ; les doigts sont au nombre de quatre chez les premiers, de trois chez les derniers.

Tous les autres genres ont quatre membres, qui

(*) y, l'os en ceinture de Cuvier (d'après Huxley).

(**) Pmx, prémaxillaire ; Mx, maxillaire ; Na, nasal ; Fr, frontal ; Pa, pariétal ; Vo, vomer ; Pl, palatins ; D, dentaire ; Qj, rocher ; Eo, occipitaux latéraux ; Z, temporo-maxillaire ; x, parasphénoïde ; Pt, ptérygoïdiens (d'après Huxley).

(1) Clauss, Traité de zoologie, trad. Moquin-Tandon, p. 863.

chez les Urodèles sont destinés à pousser l'animal en avant, en le faisant réellement ramper. Chez les Amphiumes il existe tantôt deux, tantôt trois doigts à chaque membre; les Protées ont trois doigts aux pattes de devant, deux à celles de derrière; les Ménobranches ont quatre doigts à chaque membre, ainsi que les Salamandrelles; on compte quatre doigts aux pattes antérieures et cinq aux pattes de derrière chez les Ménopomes et chez la Grande Salamandre du Japon; les autres Batraciens urodèles ont cinq doigts à chaque membre.

Ce n'est que chez quelques animaux, tels que les Onychodactyles, que l'on voit apparaître de petits ongles cornés dans lesquels s'enfoncent les extrémités des doigts comme dans un dé à coudre; chez la plupart des Batraciens les doigts sont complètement nus.

Système musculaire. — Les muscles chez les Batraciens correspondent à la forme du corps. Chez les animaux qui sont essentiellement aquatiques, ce sont les masses qui composent la queue, transformée en rame, qui l'emportent; chez les Grenouilles, au contraire, destinées à sauter, ce sont les muscles du train de derrière qui ont la prédominance. Ces muscles ont une couleur blancrosée et sont plus pâles que ceux des Reptiles; leur excitabilité est très grande, ainsi que l'ont établi de nombreuses recherches.

Centres nerveux. — Bien que fort simple, le système nerveux central est cependant supérieur à celui des Poissons.

Le cerveau est toujours petit, surtout relativement à la moelle épinière, car il est court et étroit; c'est ainsi que, chez une Salamandre, le poids des centres nerveux est 3, comparé à la masse totale du corps, 380, l'encéphale n'étant représenté que par 1.

Les ganglions qui composent le cerveau sont placés les uns derrière les autres; les hémisphères sont cependant plus développés que ceux des Poissons, et la différenciation des diverses parties qui les composent est plus accentuée. La moelle allongée circonscrit un large sinus de forme rhomboïdale, ou quatrième ventricule (fig. 369); en avant de ce sinus se voit une étroite bandelette qui représente le cervelet; nous distinguons ensuite les lobes optiques, au nombre de deux, les hémisphères cérébraux dans l'écartement postérieur desquels se trouve la glande pinéale; les lobes olfactifs sont développés. Chez le Protée cependant, le cerveau moyen est à peine distinct.

La surface de l'encéphale est lisse, sans circonvolutions apparentes en dessus. Inférieurement se trouve un sillon longitudinal et moyen, le long duquel rampent les principaux vaisseaux artériels.

De même que chez les Poissons les nerfs crâniens sont réduits et plusieurs d'entre eux sont suppléés par d'autres nerfs (fig. 370). Les nerfs optiques se réunissent et forment ce que l'on nomme un *chiasma*.

Organes des sens. — L'œil ne manque jamais, bien qu'il puisse être fort réduit et caché sous la peau, ainsi qu'on le voit chez le Protée et chez les Céciliés. Les Batraciens urodèles, que l'on connaît sous le nom de Pérennibranches, n'ont pas de pau-

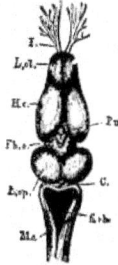

Fig. 369. — Cerveau de la Grenouille verte, vu en dessus et grossi quatre fois (*).

pières, tandis que les Salamandres ont deux paupières très développées. A l'exception du Pipa, tous les Batraciens anoures possèdent, outre la paupière supérieure, une membrane spéciale dite nictitante; chez les Crapauds seulement, cette dernière est accompagnée d'une paupière inférieure. Les Batraciens anoures présentent une autre particularité, c'est l'existence d'un muscle spécial grâce auquel l'œil peut rentrer dans l'orbite.

D'après les recherches de Deiters et de Hasse, la structure de l'organe de l'ouïe se rapproche de ce que l'on observe chez les Poissons. Sauf chez les Batraciens anoures, cet appareil se trouve réduit au labyrinthe et aux trois canaux demi-circulaires. Les Anoures possèdent, en outre, une caisse du tympan qui communique avec l'arrière-bouche par une large trompe d'Eustache; le limaçon est rudimentaire. Il existe une fenêtre ovale avec un osselet, soit cartilagineux, soit osseux. Dans beaucoup de Batraciens se voit une fenêtre ronde. Les Batraciens urodèles et les Pélobatidés, parmi les Batraciens anoures, n'ont pas de cavité tympanique. Lorsque cette cavité vient à manquer, les diverses pièces de l'oreille sont directement recouvertes par les muscles et par la peau. Chez les Batraciens aglosses ou privés de langue, tels que les Dactylèthres, les Pipa, les deux cavités tympaniques communiquent avec la bouche par une seule ouverture commune aux deux trompes d'Eustache.

(*) *I*, nerfs olfactifs; *Lol*, rhinencéphale ou lobe olfactif; *Hc*, hémisphères cérébraux; *Pn*, glande pinéale; *Fho*, cerveau moyen ou thalamencéphale; *Lop*, lobes optiques; *C*, cervelet; *Sch*, quatrième ventricule; *Mo*, moelle allongée (d'après Huxley).

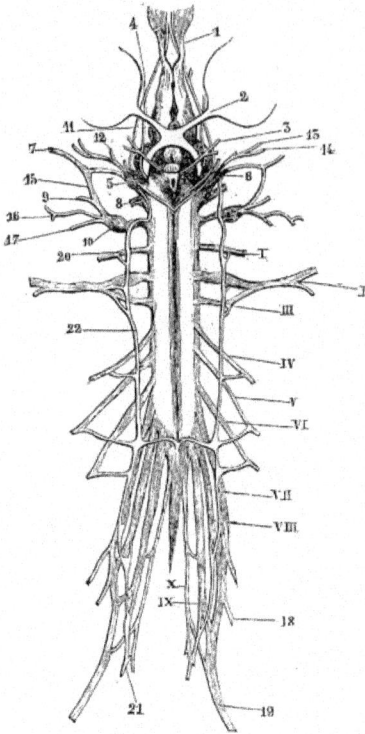

Fig. 370. — Système nerveux de la Grenouille grossi
en partie d'après Ecker) (*).

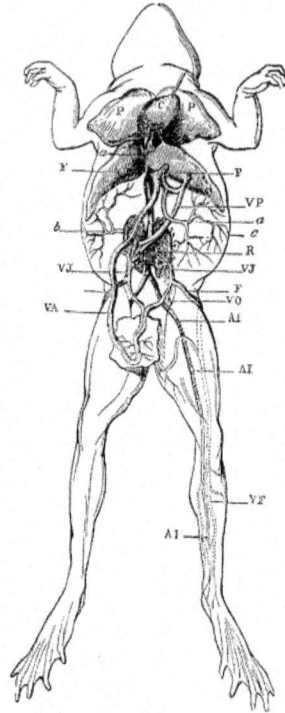

Fig. 371. — Système vasculaire de la Grenouille
(Cl. Bernard) (*).

Les organes de l'odorat sont très peu développés chez les Batraciens. Les fosses nasales sont toujours au nombre de deux; l'orifice externe des narines est garni d'un petit appareil cartilagineux et de muscles spéciaux, d'après les recherches de Dugès. L'orifice interne des fosses nasales s'ouvre chez la plupart des Batraciens entre la mâchoire

supérieure et les palatins; chez la Sirène cependant et chez le Protée, qui vivent habituellement sous l'eau et qui ont les mœurs des Poissons, les narines consistent en deux petits culs-de-sac creusés dans la lèvre; elles ne livrent pas passage à l'air et ne communiquent plus avec la bouche.

La langue doit plutôt être regardée comme organe de préhension que comme organe de gustation; elle manque complètement chez le Pipa et le Dactylèthre. Sa forme varie beaucoup et fournit d'excellents caractères pour la classification des genres et des espèces; c'est ainsi qu'elle est entière

(*) 1, nerf olfactif; 2, nerf optique; 3, moteur oculaire commun; 4. pathétique; 5, trijumeau et ganglion de Gasser; 7 , moteur oculaire externe; 7, facial, formé par la réunion de l'anastomose du nerf tympanique avec le rameau communiquant du pneumogastrique, 13; 8, auditif; 9, glosso-pharyngien naissant du pneumo-gastrique; 10, pneumo-gastrique et son ganglion; 11, branche ophthalmique du trijumeau; 12, nerf palatin; 13, nerf maxillaire supérieur; 14, nerf maxillaire inférieur; 15, rameau communiquant du pneumo-gastrique anastomosé avec le trijumeau; 16, nerf pour l'estomac et les intestins; 17, branche cutanée du pneumo-gastrique; 18, nerf crural; 19, nerf ischiatique; 20, premier ganglion du sympathique; 21, dernier ganglion du sympathique; 22, cordon du sympathique; 1 à X, nerfs rachidiens.

BREHM. — V.

(*) a, veine allant de la veine cave au cœur en traversant le péricarde; PP, poumons; C, cœur; FF, foie; VP, veine porte; bc, veines épiploïques; R, reins; VJ, veines de Jacobson; F, veine crurale; AI, artère iliaque et crurale; VA, veines abdominales allant se rendre au foie; VF, veine fémorale.

chez les Oxylosses, cordiforme chez la plupart des Ranidées, échancrée chez les Grenouilles proprement dites, en forme de champignon chez les Bolitoglosses. La langue peut être complètement libre en arrière et dès lors pouvoir se renverser en avant, ou être complètement fixée au plancher de la bouche, les bords latéraux seuls n'étant pas attachés.

Il existe des papilles gustatives sur la langue des Batraciens, de telle sorte que cet organe sert également au goûter.

Lorsque l'on regardait les Reptiles et les Batraciens comme appartenant à une seule et même classe, on caractérisait ces derniers en disant que ce sont des *Reptiles nus*, par opposition aux autres dits *Reptiles écailleux*.

En terme général, la peau des Batraciens, qui joue un si grand rôle, non seulement comme appareil de sécrétion, mais encore comme appareil respiratoire, est lisse et visqueuse. Chez certains Anoures, cependant, tels que le Ceratophrys, les Brachycéphales, le dos est protégé par un petit bouclier osseux qui s'unit aux parties élargies de plusieurs vertèbres. Les étranges animaux connus sous le nom de Labyrinthodontiens avaient un endosquelette fort développé à la surface ventrale; les Archégosaures des terrains anciens étaient encore plus cuirassés. Les Batraciens que l'on connaît sous le nom d'Apodes, tels que les Cécilies, ont la peau partagée en une série d'anneaux dans l'épaisseur desquels se trouvent de petites écailles qui offrent des lignes concentriques et rayonnantes rappelant jusqu'à un certain point les écailles de certains Poissons.

Les Apodes et les Urodèles ont la peau intimement collée ou adhérente aux organes subjacents, tandis que chez les Anoures il existe entre les téguments et les muscles des espaces libres, formant des sortes de sacs, ce qui donne à ces animaux la faculté de gonfler considérablement leur enveloppe cutanée. Cette disposition avait été depuis longtemps observée.

Rugosam inflavit pellem (1),

nous dit Phèdre (2):

    Envieuse, s'étend et s'enfle et se travailla.
. . . .
        La chétive pécore
      S'enfla si bien, qu'elle creva,

nous apprend l'immortel fabuliste (3).

L'organe des sens connu sous le nom de *ligne latérale* se trouve chez tous les Batraciens à l'état larvaire; on le rencontre aussi chez les animaux essentiellement aquatiques, tels que les Urodèles.

(1) *Elle enfla sa peau rugueuse.*
(2) Phèdre, *Rana et Bos* (Lib. I, fab. xxm).
(3) La Fontaine, *Fables*, liv. I, fab. m.

D'après Clauss, « la peau renferme généralement des glandes qui sont tantôt des cellules simples en forme de bouteilles dont la sécrétion joue probablement un rôle dans le mécanisme de la mue, en séparant les couches cellulaires superficielles qui doivent être rejetées des couches profondes, ou bien des glandes en forme de sac sécrétant du mucus qui lubréfie la surface du corps et la maintient visqueuse lorsque les animaux vivent sur la terre. ou des liquides caustiques, à odeur forte, qui peuvent agir comme des poisons sur les petits animaux. Ces dernières glandes sont particulièrement développées en certains points; parfois elles constituent par leur agglomération des masses considérables, par exemple, dans la région parotidienne chez les Salamandres et les Crapauds, et fréquemment aussi chez ces derniers sur les côtés du corps et sur les membres postérieurs. Les nuances diverses de la peau sont tantôt causées par des amas de granulations pigmentaires dans les cellules de l'épiderme, tantôt par la présence de grandes cellules pigmentaires ramifiées du derme, qui déterminent, chez les Grenouilles, par la variation de leurs formes, le phénomène, depuis longtemps connu, du changement de couleur.

« Chez quelques Urodèles, la peau est le siège de productions périodiques remarquables, telles que la crête cutanée qui se montre sur le dos des Tritons à l'époque des amours, ainsi que les franges des doigts. L'épiderme se renouvelle aussi constamment et tombe chez les Batraciens anoures par grandes lames. »

Nous ajouterons que chez certains Anoures, tels que le Pipa, on remarque des espaces alvéolaires dans lesquels les œufs peuvent accomplir leur évolution; ces cellules ne sont autre chose que des glandes transformées qui se développent seulement à l'époque de la reproduction.

Outre la crête des Tritons, il convient de mentionner, parmi les productions de l'épiderme, les appendices, en forme de corne, qui se voient au-dessus de l'œil chez les Cératophrys, les Édalorhines et certains Crapauds tels que le Crapaud cératophrys; ce dernier a, en effet, des productions en forme de piquants de chaque côté des flancs.

La coloration varie à l'infini chez les Batraciens; elle est parfois très vive et des plus brillantes. Certaines espèces sont entièrement noires, d'autres sont marbrées de noir et de blanc, de noir et de rouge. On trouve aussi le bleu et le vert, le rouge, le jaune, le violet, l'aurore, l'orangé et pour ainsi dire toutes les dégradations et tous les mélanges possibles dans la gamme des couleurs.

Suivant la remarque faite par Duméril et Bibron, « une circonstance importante à noter, c'est que, dans certaines espèces, dans la Rainette des arbres, par exemple ou dans le Triton marbré, on trouve des variétés qui prennent constamment les mêmes teintes; pour la première, par exemple, de la nuance

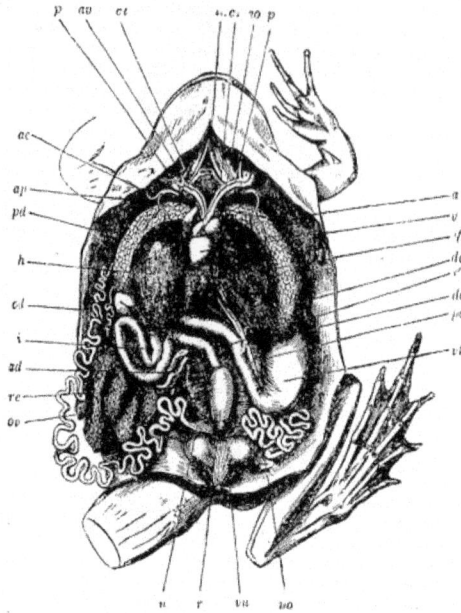

Fig. 372. — Anatomie de la Grenouille (*).

violette ou vert très pâle ou d'un vert d'herbe foncé et brillant, et pour le Triton, la singulière variété que l'on trouve presque toujours réunie par couples sur la mousse ou dans le creux des arbres, dont le corps est vert céladon, avec une crête, ou plutôt une ligne dorsale d'un beau rouge carmin ou vermillon. »

Appareil digestif et sécrétions. — Si à l'état larvaire les Batraciens paraissent surtout rechercher les substances végétales, à l'état adulte ces animaux sont essentiellement carnassiers et se nourrissent exclusivement de proies vivantes. Ce sont de petits Mammifères, de jeunes Oiseaux, mais surtout des Mollusques, des Insectes, de petits Crustacés, des Annélides, qui sont recherchés par les Batraciens.

L'ouverture de la bouche est généralement grande chez les Anoures ; elle peut être énorme chez les

Cératophrys, les Calyptocéphales, ou, au contraire, petite chez les Bréviceps et les Engystomes. Les Apodes, les Protées et plusieurs autres Urodèles ont l'orifice buccal très rétréci, par suite du peu de largeur de la tête.

La manière dont la proie est saisie varie suivant les animaux. C'est ainsi que chez les Grenouilles, les Rainettes, les Crapauds, la langue est susceptible d'être projetée au dehors ; ainsi que nous l'avons déjà dit, cette langue est attachée à la mâchoire en avant, libre en arrière ; elle est enduite d'une mucosité visqueuse qui fait que tout ce qu'elle touche s'y colle et se trouve, dès lors, entraîné dans la bouche. Chez les animaux dont la langue n'est pas extensible, la préhension des aliments a lieu directement à l'aide des mâchoires, et comme chez les Lézards, la proie, fortement serrée, est amenée dans la cavité buccale.

Suivant Duméril et Bibron, « les lèvres et les gencives sont intimement adhérentes aux os des mâchoires, et semblent, chez le plus grand nombre, leur servir de périoste. Dans quelques espèces cependant, comme chez la Sirène, le Protée, et surtout chez l'Amphiume, on voit autour du museau, en dessus et latéralement, une sorte de renfle-

(*) a, oreillette ; v, ventricule ; ta, bulbe artériel ; ao, crosse de l'aorte ; cl, carotides ; p, troncs pulmonaires ; ac, branche tégumentaire ; ap, artère pulmonaire ; pd, poumon droit ; h, foie ; vf, vésicule du fiel ; dc, canal hépatique ; pa, pancréas ; s, rate ; vl, estomac, i, intestin grêle ; r, rectum ; re, rein ; ad, corps adipeux ; vu, vessie urinaire ; ov, ovaire ; od, oviducte ; u, dilatation de ce conduit en forme d'uterus.

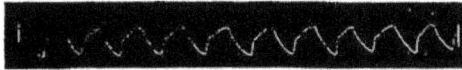

Fig. 373. — Mouvements du cœur chez la Grenouille.

ment charnu, qui cache la mâchoire inférieure.

« Dans les Pipas, la lèvre supérieure se prolonge en une petite trompe ou museau en groin ; mais, en général, il existe une rainure à la mâchoire supérieure correspondant à la courbure de l'inférieure, qui y est reçue et s'y adapte très exactement, comme la gorge d'une tabatière dans son couvercle. »

Les Batraciens ont généralement des dents sur le vomer, les prémaxillaires, les pièces dentaires des maxillaires, plus rarement sur les os palatins et ptérygoïdiens. Les Sirens et les Ménobranches possèdent des dents ptérygoïdiennes. Les dents qui arment la voûte palatine peuvent présenter des dispositions très diverses qui ont fourni de bons caractères pour la délimitation des tribus et des genres.

Les intermaxillaires et la mandibule ne portent pas de dents chez les Protéidés ; les maxillaires manquent chez les Sirénidés. Les Crapauds n'ont pas de dents aux mâchoires, les Grenouilles et les Rainettes ont la mâchoire supérieure seule armée ; chez les Hémiphractes les deux mâchoires sont garnies de dents. Les Apodes, les derniers des Batraciens, se rapprochent des Poissons en ce sens que souvent on trouve les dents disposées suivant plusieurs rangées aux mâchoires ; telles sont les Cécilies connues sous le nom d'*Uræotyphlus* ; les Siphonops n'ont cependant qu'une seule rangée de dents à la mandibule.

Ces dents sont toujours grêles, peu développées ; généralement ces dents sont petites, aiguës, serrées les unes contre les autres, peu saillantes, et font

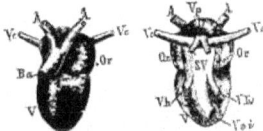

Fig. 314, 375. — Cœur de Grenouille (*).

l'office d'une râpe ou d'une corde destinée à retenir la proie plutôt qu'à la diviser et à la mâcher.

Dans l'état larvaire, les Anoures ont les mâchoires revêtues d'un bec, qui rappelle celui des Tortues et des Oiseaux.

Les dents sont généralement soudées aux os qui les supportent ; leur structure est simple, tandis

(*) Face antérieure à gauche ; face postérieure à droite. — AA, aortes ; Vc, veines caves supérieures ; Or, oreillettes ; V, ventricule ; Ba, bulbe aortique ; SV, sinus veineux ; Vci, veine cave inférieure ; VA, veines hépatiques ; Vp, veines pulmonaires.

qu'elle est fort compliquée chez certains Batraciens fossiles que l'on connaît, à cause de cela, sous le nom de Labyrinthodons.

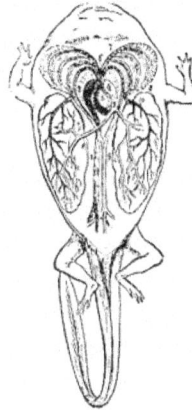

Fig. 376. — Branchies internes et poumons d'une larve de Grenouille (*).

Le tube digestif est court chez les animaux adultes, tandis qu'il est beaucoup plus long chez les larves,

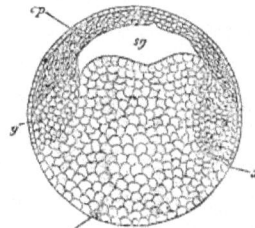

Fig. 377. — Coupe d'un œuf de Grenouille à la fin de la segmentation (d'après Balfour) (**).

dont le régime est herbivore. Chez la plupart des Batraciens l'œsophage est susceptible d'une grande

(*) 1, veine cave ; 2, oreillette droite ; 3, veines pulmonaires ; 4, oreillette gauche ; 5, ventricule ; 6, bulbe artériel ; 7, artères branchiales ; 8, veines branchiales ; 9, aorte ; 10, artère pulmonaire venant des 4 arcs branchiaux.

(**) sg, cavité de segmentation ; ll, grosses cellules remplies de vitellus nutritif ; ep, petites cellules du pôle formatif (épiblaste).

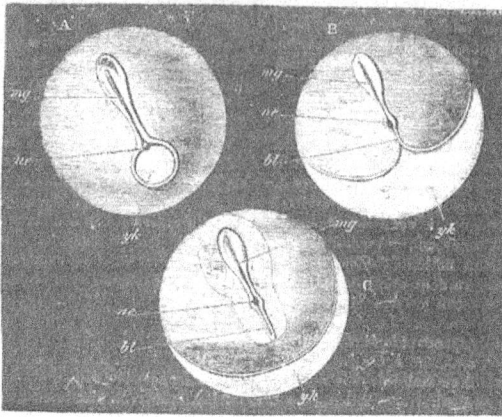

Fig. 378 à 380.　　Diagrammes montrant la position du blastopore et les relations de l'embryon et du vitellus dans divers types d'œufs mésoblastiques des Vertébrés (*).

dilatation ; l'estomac est lui-même très vaste. La terminaison du tube intestinal est une sorte de réservoir dans lequel aboutissent l'extrémité proprement dite du tube digestif, les orifices des organes mâle et femelle, ceux des uretères qui y versent l'urine, plusieurs pores qui aboutissent à la vessie urinaire. L'ouverture du cloaque commun s'ouvre à l'extérieur par une fente arrondie chez les Anoures, allongée, garnie de bourrelets pouvant se gonfler, chez les Urodèles.

Le foie est toujours volumineux ; la vésicule du fiel est constamment distincte.

Entre le foie et le pylore on le premier rétrécissement qui se voit après l'estomac, se trouve une série de petits grains agglomérés qui représentent le pylore.

La rate est généralement arrondie chez les Anoures, allongée chez les Urodèles.

A l'inverse de ce qui existe chez les Reptiles, les reins correspondent aux reins primitifs et proviennent de la partie inférieure des corps de Wolff. Les canaux vecteurs de l'urine aboutissent au sommet de papilles situées sur la paroi postérieure du cloaque, et n'ont pas de communication directe avec la vessie urinaire, qui est formée par un enfoncement de la paroi antérieure du cloaque ; cette vessie est grande (fig. 372).

(*) A, type de la Grenouille ; B, type des Élasmobranches ; C, vertébrés aminotés.

mg, plaque médullaire ; nc, canal neurentérique ; bl, portion du blastopore qui s'achève au canal neurentérique. En B cette partie du blastopore est fermée par les bords du blastoderme se rejoignant et formant une bande blanche en arrière de l'embryon, et en C elle constitue la formation appelée la ligne primitive ; yk, portion du vitellus non encore recouverte par le blastoderme (d'après Balfour).

Respiration. — « Les organes de la respiration des Amphibies tous offrent essentiellement la répétition de ce qu'on observe chez les Dipnoïques, qui sont des Poissons, de telle sorte que ces animaux forment le trait d'union entre les Vertébrés aquatiques, qui respirent avec des branchies, et les Vertébrés supérieurs, qui vivent dans l'air et respirent par des poumons. Tous les Amphibies sont pourvus de deux grands sacs pulmonaires ; ils ont, en outre, soit pendant le jeune âge seulement, soit à l'état adulte, trois ou quatre paires de branchies, qui tantôt sont renfermées dans une cavité recouverte par la peau du cou, et ouverte extérieurement par une fente, tantôt sont externes et constituent des appendices cutanés rameux ou pennés. A la présence des branchies correspond toujours celle de fentes pratiquées dans la paroi du pharynx entre les arcs branchiaux. Les poumons consistent en deux sacs assez grands, symétriques, offrant des plis saillants anastomosés entre eux, constituant des cavités celluleuses dont les parois contiennent dans leur épaisseur des capillaires. Le développement peu considérable de la surface de ces organes répond à des besoins restreints et indique une respiration incomplète, ainsi que le prouvent aussi les mouvements respiratoires peu étendus, qui ne permettent que d'une manière très imparfaite le renouvellement de l'air. Il n'existe point de thorax, et ces mouvements sont produits d'une part par les muscles de l'os hyoïde, et de l'autre par les muscles abdominaux. Le canal impair qui donne accès dans les deux poumons ressemble tantôt à une trachée, tantôt à un larynx, par sa largeur et sa brièveté ; chez les Anoures seulement, il constitue un organe vocal qui produit des sons, et qui est souvent renforcé chez les mâles par un appareil résonnateur formé par un ou deux sacs communiquant avec l'arrière-bouche.

Circulation. — « La formation et le développement du système vasculaire est en rapport intime avec les organes respiratoires. A l'époque où la respiration branchiale existe seule, la structure du cœur et la disposition des grands troncs artériels sont tout à fait analogues à ceux des Poissons. Plus tard, lorsque la respiration pulmonaire se développe, la circulation devient double, et une cloison divise le cœur en deux oreillettes droite et gauche ; la première reçoit les veines du corps, la seconde les veines pulmonaires qui charrient le sang artériel (fig. 374, 375). Cependant le ventricule reste simple, et, par suite, renferme nécessairement du sang mêlé ; il se continue avec un cône aortique musculeux, animé de contractions rythmiques, et avec l'aorte descendante qui se dirige dans les arcs vasculaires déjà plus ou moins réduits (fig. 371).

« Chez l'embryon, et pendant la période de larve, on trouve quatre paires d'arcs vasculaires qui entourent l'œsophage sans former de capillaires, et qui se réunissent, au-dessous de la colonne vertébrale, aux deux racines de l'aorte descendante. Lorsque les branchies apparaissent, les trois paires antérieures d'arcs émettent des anses vasculaires qui constituent le système des capillaires branchiaux, et se réunissent à leur partie supérieure pour former les racines de l'aorte descendante. Le quatrième arc qui, du reste, est souvent un rameau du troisième (Grenouille), ou a une origine commune avec lui dans le bulbe, n'a aucun rapport avec la respiration branchiale et aboutit directement dans la racine de l'aorte. C'est cet arc vasculaire inférieur qui envoie un rameau aux poumons en voie de développement : telle est l'origine de l'artère pulmonaire (fig. 376).

« Tandis que ces dispositions persistent pendant toute la vie chez les Pérennibranches, on observe chez les Salamandrines et les Batraciens anoures des modifications très grandes qui accompagnent l'atrophie des branchies et conduisent au mode de distribution des vaisseaux chez les Vertébrés supérieurs. Lorsque le système capillaire des branchies vient à disparaître, la connexion du bulbe de l'aorte et de l'artère descendante est établie par de simples arcs, qui ne sont pas également développés, mais qui s'atrophient en partie de manière à constituer des canaux de communication étroits et plus ou moins oblitérés (*canal de Botal*).

« Chez les Batraciens anoures qui, par suite de la disparition des deux arcs branchiaux inférieurs, ne possèdent que trois arcs vasculaires, la racine de l'aorte est le prolongement de l'arc moyen de chaque côté. L'arc inférieur donne naissance à l'artère pulmonaire et à un gros tronc qui se rend à la peau du dos.

« Chez les Céciles, l'appareil des arcs vasculaires se simplifie considérablement : deux troncs partent du bulbe de l'aorte en dehors de l'artère pulmonaire, fournissent derrière le crâne l'artère céphalique et forment ensuite la racine de l'aorte.

« Les *vaisseaux lymphatiques* des Amphibies sont bien développés et accompagnent les vaisseaux sanguins, constituant tantôt des réseaux, tantôt de larges canaux. Le canal thoracique se divise dans sa partie antérieure en deux branches, et déverse le chyle et la lymphe dans les troncs veineux antérieurs. Il existe aussi des communications entre les canaux lymphatiques et la veine iliaque. Dans certains points, des réservoirs lymphatiques sont animés de contractions rythmiques et constituent alors des cœurs lymphatiques ; c'est ainsi qu'il y a chez les Salamandres et les Grenouilles deux de ces cœurs sous la peau du dos dans la région scapulaire et deux autres immédiatement en arrière des os iliaques (1). »

Développement. — Tous les Batraciens émanent d'œufs, et tous subissent des métamorphoses plus ou moins grandes ; on peut dire que ces métamorphoses sont toujours extérieures ; chez quelques animaux cependant, tels que l'Hylode de la Martinique, les métamorphoses ont lieu dans l'intérieur de l'œuf, de telle sorte que les petits arrivent au monde à l'état parfait. Les changements sont beaucoup plus importants chez les Anoures que chez les Urodèles, et surtout que chez les Apodes, chez lesquels ils n'ont que peu d'importance.

« Les œufs, écrit Clauss, sont relativement petits ; ils subissent après la fécondation une segmentation totale, qui a été bien étudiée principalement sur l'œuf de la Grenouille (fig. 377). Quand la segmentation est terminée, apparaît la première ébauche de l'embryon sous forme d'un large écusson, sur lequel se développe le sillon primitif, et de chaque côté les lames dorsales. Jamais à aucune époque de leur développement il n'existe chez les Amphibies, et c'est là un caractère qu'ils présentent en commun avec les Poissons, d'*amnios* ni d'*allantoïde* (fig. 378 et 379), enveloppes embryonnaires qui sont si importantes pour les Vertébrés supérieurs (fig. 380). Les embryons ne présentent pas non plus de sac vitellin externe séparé de leur corps, car le vitellus est de bonne heure entouré par les lames ventrales et détermine le renflement plus ou moins globuleux et prononcé du ventre. Le rôle d'organe de nutrition et de respiration que l'allantoïde joue chez les Vertébrés supérieurs est ici rempli par un appareil respiratoire qui apparaît sur les arcs branchiaux, et qui n'atteint son complet développement que pendant la période larvaire. Comme la période de

(1) C. Clauss *Traité de zoologie*, trad. Moquin-Tandon, p. 865.

l'évolution embryonnaire est très courte, les jeunes abandonnent de fort bonne heure les enveloppes de l'œuf, et subissent alors une métamorphose plus ou moins marquée, au début de laquelle la respiration est exclusivement branchiale. Cette métamorphose a pour effet de faire passer la larve, rappelant à son origine par son aspect et son mode de locomotion le type Poisson, par une série de degrés intermédiaires qui correspondent en partie à des formes persistantes, et dont le dernier terme représente la conformation de l'animal adaptée à la vie terrestre et disposée pour ramper et pour sauter.

« La larve, après qu'elle vient d'éclore, a, comme le Poisson, une queue comprimée latéralement et des branchies externes ; elle est encore dépourvue de membres, qui ne se montrent que beaucoup plus tard. Au moment de leur apparition, les sacs pulmonaires qui se sont développés sur la paroi du pharynx commencent à fonctionner parfois (Batra-

ciens anoures) après que les appendices branchiaux externes ont été remplacés par des lamelles branchiales externes recouvertes par la peau, et qu'il s'est formé latéralement sur le cou une fente branchiale pour permettre l'expulsion de l'eau. Enfin la respiration branchiale cesse complètement par suite de l'atrophie des branchies et de leurs vaisseaux ; la queue se raccourcit de plus en plus et disparaît entièrement, du moins chez les Anoures. Dans les autres groupes, le développement s'arrête à une phase plus ou moins avancée, qui représente alors l'organisation définitive de l'animal adulte. Ainsi chez les *Salamandrines*, la queue persiste, chez les *Pérennibranches* la queue et les branchies, du moins les fentes branchiales externes, les extrémités sont rudimentaires, ou même la paire extérieure seule se développe. De la sorte, la classification de ces animaux présente des rapports remarquables, une sorte de parallélisme avec leur embryologie. »

MŒURS ET HABITAT.

On peut dire de la grande majorité des Batraciens que ce sont des animaux aquatiques, mais autant ils recherchent les eaux douces, autant ils s'éloignent, en général, des eaux salées ou même saumâtres. Ils sont destinés à vivre dans l'eau, au moins pendant une partie de leur existence. La respiration cutanée, si active chez eux, nécessite pour tous une atmosphère humide ; là où le désert établit son empire, on peut être certain de ne pas trouver de Batraciens. Ces animaux n'existent qu'aux endroits où se trouve de l'eau, soit d'une manière permanente, soit temporairement. Lorsque les flaques dans lesquelles ils vivent viennent à se dessécher, les Batraciens s'enfouissent profondément dans la vase et y dorment d'un profond sommeil qui ressemble à la mort, pour ne se réveiller qu'avec l'apparition de l'humidité. Dans toutes les régions tropicales où des pluies périodiques divisent l'année en deux périodes bien marquées, on voit les Batraciens disparaître complètement avec le début de la saison sèche et reparaître avec les premières pluies ; aussi est-il parfois surprenant de voir ces animaux en foule dans des localités où quelques jours auparavant ils n'existaient pas.

De même que pour les Reptiles, les Batraciens prospèrent avant tout sous un climat chaud et humide, ce qui fait qu'ils sont particulièrement abondants dans les parties tropicales et intertropicales du nouveau monde. Dans les forêts vierges, les Batraciens trouvent pendant toute l'année l'humidité et la chaleur si nécessaires à leur développement. Les immenses forêts de l'Amérique du Sud et de l'Asie méridionale servent de repaire à des quantités innombrables de Batraciens ; dans ces forêts, l'eau déposée dans les creux des arbres,

sur les feuilles, dans la mousse qui partout tapisse le sol, est essentiellement favorable à l'éclosion de leurs œufs, au développement de leurs larves. Bien au contraire, les forêts relativement sèches de l'Afrique tropicale renferment beaucoup moins de Batraciens.

La vie des Batraciens nous paraît être encore plus uniforme que celle des Reptiles. A l'exception des Apodes, qui forment un groupe complètement à part, ce sont tous d'excellents nageurs, non seulement lorsqu'ils sont à l'état de larve, mais encore pendant l'âge adulte ; peu importe, en effet, que la queue ou les pattes constituent le principal moyen de locomotion. Larves, les Batraciens nagent au moyen des mouvements latéraux de leur queue, à la manière des Poissons ; adultes, quelques-uns progressent de même, les Urodèles, par exemple ; les Anoures, au contraire, nagent par l'extension brusque de leurs pattes de derrière souvent largement palmées. Les Apodes ou Ophidio-Batraciens se conduisent dans l'eau, cela ne fait aucun doute, car tout animal vermiforme peut progresser dans un liquide par les mouvements de reptation ; on ne peut nier cependant que les Apodes ne soient, sous le rapport de la natation, très inférieurs aux autres animaux de la classe, car ils sont plus essentiellement terrestres.

Sur la terre ferme, les Urodèles progressent lentement, et en laissant traîner leur ventre ; autant leurs mouvements sont rapides dans l'eau, autant sur le sol ils sont lents, lourds et embarrassés. Les Anoures, au contraire, se meuvent généralement par bonds plus ou moins étendus. Tous les Anoures que l'on connaît sous le nom de Rainettes grimpent parfaitement aux arbres, mais chez eux l'ac-

Fig. 381. — La Rainette verte (grand. nat.). Type de Batracien Anoure.

tion de grimper diffère totalement de ce que l'on voit chez tous les autres Vertébrés ; elle consiste en une série de sauts plus ou moins rapprochés.

Tandis qu'un petit nombre de Reptiles possèdent une voix proprement dite, les Batraciens anoures, par exemple, peuvent émettre des sons parfois très sonores et ayant une modulation quasi-musicale ; chaque espèce, on peut le dire, a son chant particulier et très distinct. Pendant la nuit, le chant de ces animaux se fait entendre dans la forêt vierge et couvre parfois tous les autres bruits, tellement il est strident. Ce sont essentiellement les Anoures adultes qui sont à ce point bruyants ; à l'état de Têtards, ils sont complètement silencieux. Les Apodes n'ont pas de voix et parmi les Urodèles quelques-uns seulement font entendre de faibles bruits.

On peut dire des Batraciens que ce sont des animaux essentiellement nocturnes ou tout au moins crépusculaires. Le fait est certain pour les Apodes que l'on peut observer dans les ménageries et qui ne sortent de terre que pendant la nuit. Les Urodèles et les Anoures se cachent souvent pendant le jour, surtout au moment de la grande chaleur ; d'autres, au contraire, se chauffent au soleil, plongés dans un demi-sommeil ; ils n'en sont pas moins toujours sur leurs gardes et se dérobent au moindre danger.

Les Batraciens sont essentiellement carnassiers, mais la proie qu'ils poursuivent varie avec l'âge. D'après les recherches de Leydig, les larves se nourrissent, pendant les premiers temps, d'ani-

maux de toute sorte, ingurgitent de la vase, dès lors des Infusoires, des Rotifères, des Diatomées. Les larves peuvent, du reste, se nourrir pendant assez longtemps de substances végétales ; mais au moment de leur métamorphose, il leur faut essentiellement des aliments tirés du règne animal. La métamorphose accomplie, tous les Batraciens se précipitent sur les proies vivantes à leur portée, depuis les plus petits vers de terre et les insectes jusqu'à des Vertébrés d'une certaine taille.

L'époque de la ponte varie beaucoup suivant les animaux, même chez des espèces fort voisines ; c'est ainsi, par exemple, que dans le nord de la France, on trouve le frai de la Grenouille rousse dans des fossés dont la surface est encore en partie glacée, tandis que la Grenouille verte ne pond guère que cinq ou six semaines après ; le Crapaud commun pond généralement au mois d'avril, le Crapaud calamite frayant plus tard. Après la ponte les Batraciens anoures quittent l'eau ; les Batraciens urodèles perdent leur parure de noce et revêtent bientôt une livrée terne, toute spéciale, dite livrée de terre.

Le développement est lent chez les Batraciens. Les Grenouilles ne sont adultes que vers l'âge de cinq ans, et ce n'est souvent que vers dix ans qu'elles cessent de grandir ; la Salamandre géante du Japon n'atteindrait sa taille que vers trente ans.

Vitalité. — La vitalité chez les Batraciens dépasse ce que l'on voit chez tous les autres Vertébrés ; ils peuvent continuer à vivre pendant fort

Fig. 382. — La Salamandre tachetée (grand. nat.). Type de Batracien Urodèle.

longtemps après qu'on leur a retranché des organes importants, et reproduire les parties de leur corps qu'ils ont perdues.

Chez quelques Reptiles, tels que les Lézards et les Geckos, la queue, par exemple, peut repousser, mais elle est bien différente de la queue primitive en ce qu'elle n'a pas de vertèbres. Chez beaucoup de Batraciens, au contraire, les membres mutilés se reproduisent avec de nouveaux os et de nouvelles articulations, à condition toutefois, comme l'ont montré les expériences de Philippeaux, que l'on n'enlève pas le segment supérieur du membre. Des lésions auxquelles succomberaient certainement les autres Vertébrés paraissent à peine incommoder les Batraciens. Chez certains d'entre eux, on peut couper la tête, enlever une partie de la colonne vertébrale, sans que l'animal périsse de suite; bien plus, le cœur d'un Crapaud et d'une Grenouille, détaché de la cavité thoracique, continue à battre pendant longtemps, pourvu qu'il soit maintenu dans un lieu suffisamment humide.

Facultés psychiques. — La vie étant chez les Batraciens généralement peu active, leurs facultés psychiques doivent être presque nulles. Certains Batraciens cependant se laissent apprivoiser, jusqu'à un certain point.

Quelques Anoures donnent des soins tout particuliers à leur progéniture; tel est, entre autres, l'Alyte.

VENIN DES BATRACIENS.

Tous les anciens naturalistes, d'accord en cela avec les préjugés populaires, regardaient les Batraciens, les Crapauds et la Salamandre terrestre surtout, comme des animaux des plus dangereux et pensaient que leur venin était un terrible poison. Cette opinion est évidemment exagérée; loin d'être inoffensifs cependant, la plupart des Batraciens sont pourvus de glandes qui donnent un liquide qui, véritable venin, n'est pas sans sérieuse influence sur les animaux, sur ceux de faible taille principalement. L'action de ce venin étant presque identique, qu'il provienne de la Salamandre, des Tritons, du Crapaud, il nous semble préférable de faire ici une étude d'ensemble.

Des pores qui criblent les téguments, des glandes parotides surtout, s'écoule, lorsque l'on irrite l'animal, un liquide visqueux et blanchâtre, d'odeur nauséeuse, qui produit ses effets toxiques, tout aussi bien lorsqu'il est absorbé par les voies digestives que lorsqu'il pénètre directement dans le sang par le torrent circulatoire.

Nous devons ajouter à ce sujet que beaucoup d'animaux paraissent cependant être absolument réfractaires à l'action du poison lorsqu'il est absorbé par l'estomac. C'est ainsi que l'on voit, à la ménagerie des Reptiles du Muséum de Paris, la Couleuvre à collier, le Sauvegarde, la grande Salamandre du Japon avaler avec une égale indifférence des Grenouilles ou des Crapauds couverts de bave. Ce n'est pas dire pour cela que tous les animaux à sang froid soient insensibles à l'action du venin, ainsi que nous le verrons plus loin.

Gratiolet et Cloëz, et après eux Vulpian, ont montré que le liquide contenu dans les pustules cutanées du Crapaud et de la Salamandre terrestre constitue un subtil venin qui peut rapidement tuer des animaux d'assez grande taille. Nous ne pouvons mieux donner une idée de la rapidité avec laquelle agit le venin qu'en citant en son entier une expérience faite par Vulpian et analysée dans les comptes rendus de la Société de Biologie pour 1854.

« Chez un Chien à qui l'on fait une plaie à la face interne de la cuisse droite, on introduit sous la peau le venin retiré des deux groupes pustuleux parotidiens du Crapaud commun. Le Chien est mis dans une chambre où on lui laisse une liberté complète. Pendant dix minutes à peu près, il paraît éprouver une douleur assez vive dans le membre postérieur droit ; il le tient levé quand il marche et pousse à chaque moment des cris plaintifs. Il semble agité et ne peut rester en place. Au bout de ces dix minutes, il se calme un peu et se couche dans un coin ; mais bientôt aiguillonné par une nouvelle douleur, il jette quelques cris, se relève brusquement et va se coucher ailleurs pendant deux ou trois minutes. Une demi-heure après le commencement de l'expérience, le Chien est pris de vomituritions, puis de véritables vomissements ; après des efforts considérables, il rejette des mucosités spumeuses très abondantes : il vomit ainsi une dizaine de fois en vingt minutes ; puis les vomissements deviennent plus fréquents et sont précédés d'efforts encore plus violents et qui paraissent très douloureux. Une heure environ après l'introduction du venin sous la peau, le Chien commence à chanceler sur ses pattes comme s'il était ivre ; il fait quelques pas, tombe sur le flanc, étend convulsivement ses pattes, allonge le cou, hurle deux ou trois fois et meurt aussitôt. »

Chez les Cochons d'Inde, Vulpian a observé des convulsions plus ou moins fortes revenant d'abord par accès, puis continues ; l'animal pousse comme des cris de terreur et tout le corps, la tête surtout, est agité de mouvements spasmodiques.

En résumé, ainsi que le dit Vulpian, « les phénomènes observés chez les Chiens et chez les Cochons d'Inde présentent plusieurs périodes : 1° une période d'excitation ; 2° une période d'affaissement ; 3° une période pendant laquelle se manifestent les vomissements ou les efforts de vomissements ; 4° chez les Cochons d'Inde une période assez longue caractérisée par des convulsions et se terminant par la mort. Chez les Chiens il n'y a pas de convulsions et par conséquent cette période manque, mais la mort est précédée d'une espèce d'ivresse qui dure environ deux minutes.

L'action est sensiblement la même chez les oiseaux, ainsi qu'il résulte des expériences faites par E. Sauvage. » Que l'on introduise, ainsi que nous l'avons fait, le venin recueilli soit sur les glandes parotides, soit le long de la queue d'une Salamandre terrestre, que l'on introduise, disons-nous, ce venin dans une petite plaie faite sous l'aile d'un Moineau, on observera que l'animal paraît comme inquiet au bout de quelques minutes. Il ne voltige plus avec autant de facilité et, loin de sautiller d'un juchoir à l'autre, il reste presque immobile et va bientôt se blottir dans le fond de sa cage. Son regard devient vague, et bien que percevant parfaitement les impressions lumineuses, bien que fermant instinctivement l'œil à l'approche d'un corps étranger, il semble être indifférent à ce qui l'entoure. Des piaulements de douleur ne tardent pas à se faire entendre ; un sentiment de véritable terreur s'empare du malheureux oiseau ; les plumes de la tête se hérissent par instant ; d'inutiles efforts de vomissement ont lieu et le bec se remplit d'une écume souvent sanguinolente. Un calme relatif s'établit et l'animal cherche à fuir comme un prochain danger, mais c'est en vain ; les mouvements sont déjà désordonnés et cela par la paralysie partielle de l'un des côtés du corps, de telle sorte que le vol ou le saut sont des plus incertains ; la paralysie s'accentue et l'oiseau s'affaisse sur lui-même, les pattes à demi repliées, le ventre traînant à terre, le corps penché tantôt du côté droit, tantôt du côté gauche, des cris plaintifs se font entendre de temps en temps. Puis la période de convulsions arrive ; l'animal tombe et se met à tourner sur lui-même, en poussant de fréquents et douloureux piaulements ; toutes les plumes se hérissent ; la respiration est des plus difficiles, l'anxiété est extrême, le bec s'entr'ouvre comme si l'animal voulait réagir contre l'asphyxie qui le tue, les deux branches du bec claquent l'une contre l'autre. Le coma arrive, l'œil devient hagard et l'animal meurt dans une dernière convulsion. La mort peut arriver parfois bien lentement et nous avons vu des moineaux ne périr que plus de six heures après l'inoculation du venin ; les phénomènes d'empoisonnement ne revenaient que par intervalle, l'animal se remettant presque complètement pendant un certain temps, puis étant brusquement repris des phénomènes toxiques ; nous avons également observé que des oiseaux chez lesquels ces phénomènes s'étaient manifestés avec une extrême violence se remettaient complètement, tandis que d'autres, légèrement atteints, mouraient brusquement quelques heures après la disparition des effets du venin (1). »

Si l'on introduit du venin de Salamandre ou de Crapaud sous la peau d'une Grenouille, l'on constate au bout de quelques instants que la respiration devient anxieuse ; il se produit des spasmes, surtout lorsque l'on touche la tête ou le dos de l'animal ; les muscles se contractent convulsivement ; la bête est prise souvent d'une sorte de danse folle ; puis les membres se raidissent et elle meurt dans un véritable accès de tétanos.

(1) H. E. Sauvage, *Les Batraciens de France* ; le venin (*La Nature*, 4 octobre 1879).

Tous ceux qui ont récolté des Batraciens savent combien est active l'action du venin du Crapaud sur les Grenouilles; si l'on place, en effet, dans un même sac des Crapauds et des Grenouilles, on constate qu'au bout de peu de temps toutes ces dernières sont mortes, empoisonnées par l'absorption du venin des Crapauds.

Ce venin agit, avons-nous déjà dit, sur les voies digestives. Lataste rapporte qu'ayant fait mordre une seule fois la parotide d'un Crapaud à un Lézard vert fort vivace, l'animal fut pris à la septième minute après la blessure de mouvements épileptiformes et qu'à la neuvième il expira. Suivant Vulpian, si l'on fait mordre un Crapaud par un Chien, il le lâche aussitôt avec dégoût, se met à tousser en secouant la tête, et la gueule se remplit de salive écumeuse qu'il essaye de rejeter; quelques instants après commencent des efforts de vomissements. Vulpian est parvenu à tuer les Grenouilles en leur faisant absorber par l'estomac du venin de Crapaud ou de Salamandre.

Le venin des Tritons est laiteux, assez épais; au contact de l'air, il devient rapidement visqueux; il exhale une odeur forte, pénétrante, vireuse, désagréable. Ce venin agit avec énergie, ainsi que le prouve l'expérience suivante que nous choisissons, parmi celles que Vulpian a relatées dans un second mémoire communiqué en 1856 à la Société de biologie.

« A neuf heures du matin, dit-il, on fait une incision à la région supérieure du cou chez un Chien de forte taille...; dans cette plaie on verse le venin retiré de quatre Tritons, après l'avoir délayé dans l'eau...; au moment de l'introduction du venin, douleur manifeste qui s'apaise bientôt; mais au bout de quelques minutes, le Chien pousse des cris tout particuliers, hurlements modulés qui paraissent accuser une vive souffrance. Les hurlements durent pendant plus d'un quart d'heure. A neuf heures un quart, le Chien est couché sur le ventre, il est fort agité, fait à chaque moment des efforts pour se relever, puis retombe dans la même position; il n'a plus la force de se tenir sur ses quatre membres. Il pousse encore de temps en temps des cris. La respiration est très lente. A onze heures moins le quart, il est couché sur le flanc; sa respiration est très lente; il ne crie plus depuis longtemps; il est presque insensible; je lui marche sur une patte, la patte se retire comme par action réflexe sans que le reste du corps se meuve. Résolution complète. Il n'y a d'ailleurs eu aucun mouvement convulsif, à moins cependant que l'on ne comprenne sous ce nom quelques tiraillements dans les membres au début de l'empoisonnement. A midi moins le quart, il meurt dans le même endroit et dans la même position où je l'avais laissé une heure auparavant. »

Chez les Cochons d'Inde, d'après Vulpian, l'effet du venin se manifeste par quelques convulsions, un pressant besoin de changer de place, quelques grincements de dents; la respiration est pénible. L'animal se refroidit et les battements du cœur s'affaiblissent peu à peu.

L'on constate chez les Grenouilles que la respiration est moins fréquente, la faiblesse grande; on trouve à l'autopsie que l'irritabilité musculaire est complètement anéantie sur le cœur et qu'elle se détruit très rapidement dans les muscles des membres.

Vulpian conclut de ses expériences que le venin de Triton, moins énergique que celui du Crapaud, a, comme celui-ci, une action très puissante sur le cœur dont il arrête les mouvements; « l'arrêt du cœur a pour cause l'affaissement de l'irritabilité musculaire de ses parois. Le venin de Triton a même une influence plus prononcée que celui du Crapaud sur l'irritabilité des parois cardiaques; il l'abolit complètement ou presque complètement.

« D'autres différences très tranchées distinguent le venin du Triton de celui du Crapaud. Celui-ci produit exactement une période d'excitation, souvent des convulsions, et dans tous les cas, des efforts de vomissement ou de véritables vomissements. Le venin de Triton semble plutôt stupéfiant qu'excitant; il ne détermine ni nausées, ni vomissements. » Le venin de la Salamandre terrestre est un poison convulsif très énergique et les phénomènes qu'il détermine indiquent qu'il a une action spéciale sur la moelle épinière, tandis que dans l'empoisonnement par le venin de Crapaud et de Triton les troubles du côté du cœur sont surtout les phénomènes prédominants.

Les diverses espèces dont nous avons parlé peuvent s'empoisonner l'une l'autre; le venin de Crapaud empoisonne les Tritons, tandis que le venin de Triton tue les Crapauds; le venin de la Salamandre terrestre, les Crapauds et les Tritons. Contrairement à l'opinion préalablement admise, Claude Bernard a prouvé que ces animaux pouvaient être empoisonnés par leur propre venin; il en faut toutefois une quantité beaucoup plus considérable pour les tuer que pour faire périr une autre espèce.

Nous connaissons à peine l'action du venin chez les Batraciens exotiques, mais à en juger par la grandeur de certains de ces animaux, par les dimensions qu'atteignent les parotides chez le Crapaud à oreilles noires ou le Crapaud agua, par exemple, cette action doit être des plus actives, si on en juge par les Batraciens de faible taille de nos pays. On a cru pendant longtemps que le venin de Crapauds entrait pour une large part dans la composition du terrible poison amazonien, le curare. Il n'en est rien; l'on sait, par les récentes observations faites par le docteur Jobert, lors de son voyage au Brésil, que le curare est composé du suc de certaines plantes, de pipéracées et de strychnées.

DISTRIBUTION GÉOGRAPHIQUE.

Le nombre des Batraciens actuellement connus s'élève à environ 900 espèces, soit 760 Anoures, 107 Urodèles, 33 Apodes.

Lorsque l'on étudie la répartition géographique de ces animaux, on peut admettre deux zones, une *zone nord*, caractérisée par l'abondance des Anoures et l'absence des Apodes, une zone sud-équatoriale, caractérisée par la présence des Apodes et l'absence des Urodèles.

Ces deux zones peuvent être subdivisées en un certain nombre de régions, ainsi qu'il ressort des recherches de Boulenger que nous allons rapidement analyser (1).

La région européo-asiatique ou paléarctique est limitée au sud-ouest par le Sahara ; l'Égypte présente un intéressant mélange de formes propres à cette région et à la région africaine. La Syrie, le nord-est de la Perse appartiennent à la région paléarctique. Le 30ᵉ degré de latitude nord peut être considéré comme la ligne de séparation entre cette région et les régions africaine et indienne.

Dans la région paléarctique, Boulenger admet deux sous-régions, la région européenne et la région asiatique, séparées par l'Oural et les steppes aralo-caspiennes.

La sous-région européenne est caractérisée par la présence des Pélobatidées, des Discoglossidées parmi les Anoures, des Protéidées parmi les Urodèles. Dans la sous-région asiatique se trouvent plusieurs espèces d'Europe, telles que le Crapaud commun, la Rainette, la Grenouille rousse ; plusieurs Urodèles appartiennent à des genres particuliers ; 94 espèces sont spéciales à l'Europe, 20 à l'Asie ; 7 sont communes aux deux continents.

Il est difficile de tracer une ligne de démarcation entre la région nord-américaine et la région tropicale-américaine ; une large bande, s'étendant du Rio Grande del Norte à l'isthme de Téhuantepec, possède, en effet, une faune nord-américaine sur ses plateaux élevés, tandis que la faune est tropicale dans les basses-terres, de telle sorte qu'à la limite il y a mélange absolu entre les deux faunes.

La région nord-américaine peut se caractériser par la grande abondance des Urodèles et la famille des Sirénidées et des Amphiumidées. Parmi les Anoures, les Rainettes sont nombreuses.

Boulenger admet deux grandes divisions dans la zone sud-équatoriale. Dans la première division, qui comprend le sud de l'Afrique, les Batraciens anoures ont presque tous les os de l'épaule ou des coracoïdiens réunis par un simple cartilage épicoracoïdien ; ces *Firmisternia* prédominent à ce

point qu'ils comprennent 200 espèces sur 300.

La région africaine comprend tout le continent africain, à l'exception du nord qui fait partie de la zone circumméditerranéenne, le sud de l'Arabie, Madagascar, les Seychelles, le groupe des îles Mascareignes. A Madagascar on constate un singulier mélange de formes africaines, indiennes et américaines tropicales. A Madagascar on constate un singulier mélange de formes africaines, indiennes et américaines tropicales ; la faune de cette île est du reste tout à fait étrange et sa composition est absolument inexplicable aujourd'hui. Madagascar et le continent australien sont les deux seules parties du monde où manquent absolument les Urodèles ; mais tandis que les Anoures ont tous les os coracoïdiens réunis par un simple cartilage à Madagascar, en Australie tous les Batraciens sans exception ont des os soutenus par une pièce spéciale, l'épicoracoïde.

Ainsi que nous l'avons dit, le 30ᵉ degré de latitude nord limite, en Asie, la région indienne ; la limite ouest est le golfe Persique, la limite est les Moluques et Banka ; en ce point la faune passe à celle de l'Australie. Par ses traits généraux, cette région ressemble à l'Afrique tropicale, mais se distingue davantage de la faune australienne. Aucune famille n'est particulière à la région, dans laquelle nous trouvons des Apodes, de même qu'en Afrique.

Nous avons signalé dans la région australienne le remplacement des Anoures appartenant à la section *Firmisternia* par les *Arcifera*. Les Apodes et le genre Crapaud, pour les Anoures, font défaut en Australie.

Boulenger partage la région australienne, qui comprend, outre l'Australie, la Tasmanie, la Nouvelle-Zélande, la Nouvelle-Guinée, et les îles du Pacifique, en trois sous-régions, la région austromalaise, avec la Nouvelle-Guinée, les îles environnantes, le cap York et les îles du Pacifique ; la sous-région australienne proprement dite renfermant le continent australien et la Tasmanie ; la Nouvelle-Zélande compose la troisième sous-région.

La première sous-division présente, ainsi qu'on devait s'y attendre, des mélanges avec la région indienne. Les Batraciens sont rares dans les îles du Pacifique ; on n'en a pas encore signalé à la Nouvelle-Calédonie.

La région tropicale américaine se compose de toute l'Amérique du Sud, de l'Amérique centrale et des îles de la mer des Antilles. C'est dans cette région que les Batraciens présentent leur maximum de développement ; ces animaux y pullulent à ce point, qu'on y trouve environ les quatre neuvièmes de la totalité des Bratraciens actuellement connus. Les Batraciens anoures de la section

(1) *Catalogue of the Batrachia gradientia and Batrachia apoda in the collection of the British Museum*, 1882.

Fig. 383. — Cécilie lubricoïde (grand. nat.). Type de Batracien Apode

Arcifera sont en majorité, 24 sur 37. On doit signaler la présence des genres Pipa et Hémiphracte ; les familles des Dendrophryniscidées, des Amphignathodontidées sont spéciales à la région, dans laquelle abondent également les Bufonidées et les Engystomatidées. Les Urodèles sont en fort petit nombre et quelques Spélerpes seulement habitent les hautes régions de l'Amérique centrale. Les Apodes sont représentés par 21 espèces comprises dans 6 genres dont 5 sont spéciaux à la région.

En résumé, nous pouvons dire avec Boulenger que la région tropicale américaine renferme 375 espèces contenues dans 58 genres, dont 48 particuliers à la région. Dans la région indienne on trouve 168 espèces, avec 28 genres, dont 19 sont spéciaux. La région africaine, sur 26 genres contenant 141 espèces, en a fourni 19 de particuliers. Nous notons 108 espèces et 23 genres dans la région nord-américaine, avec 14 cantonnés dans cette zone. On connaît 75 espèces dans la région australienne, et 17 genres sur 23 sont particuliers. La région européo-asiatique est celle qui a fourni le moins de Batraciens, 60 espèces ; 22 genres sur 114 sont cantonnés dans cette région.

CLASSIFICATION DES BATRACIENS.

Lorsque l'on voit l'ensemble des Batraciens, on distingue chez ces animaux trois formes très distinctes correspondant à des mœurs et à des habitats complètement différents. Les uns, les plus élevés de tous dans la série, sont, à l'état adulte, dépourvus de queue ; la progression se fait principalement par le saut, et ces animaux ne vont généralement à l'eau qu'au moment de la ponte ; tels sont les *Anoures* (fig. 381), parmi lesquels nous citerons la Grenouille, la Rainette, le Crapaud. D'autres ne subissent que des métamorphoses beaucoup moins complètes ; ils sont essentiellement conformés pour une vie aquatique, aussi conservent-ils leur queue à toutes les périodes de leur existence ; ce sont les *Urodèles* (fig. 382), comme la Salamandre terrestre, le Triton ou Salamandre d'eau, l'Axolotl. Les plus inférieurs de tous, enfin, par certains traits de leur organisation interne, se rapprochent des Poissons ; les métamorphoses sont chez eux peu importantes ; ces animaux sont surtout conformés pour vivre sous la surface du sol, à la manière des vers de terre, aussi leur corps est-il allongé, vermiforme, dépourvu de membres ; ces animaux forment l'ordre des Apodes ou *Péroméles* (fig. 383) ; nous mentionnerons les Cécilies, les Siphonops, les Épicrium ; les Péroméles ressemblent si peu à des Batraciens, ce mot étant pris dans le sens qu'on lui donne ordinairement, qu'il a fallu d'habiles recherches anatomiques pour les réunir aux autres animaux qui composent la classe à laquelle ils appartiennent réellement.

LES ANOURES — *ANOURA*

Fröschlurche.

Caractères. — Les Anoures, sans contredit les plus élevés des Batraciens par leur organisation, ont tous le tronc large, court, déprimé, comme tronqué en arrière, la queue manquant constamment chez l'animal arrivé à l'état parfait ; les membres sont au nombre de deux paires, les postérieurs étant constamment plus développés que les antérieurs. La peau est nue. L'orifice du cloaque est terminal et de forme arrondie.

Nous nous étendrons peu sur les détails de l'organisation des Anoures et ne mentionnerons que les particularités qui les distinguent de tous les autres Batraciens ; nous avons, en effet, donné leurs caractères généraux dans les pages qui servent d'introduction à l'histoire de ces animaux.

Squelette. — Tout chez les Anoures, et les Grenouilles en sont un exemple, est disposé pour le saut ou pour la natation, aussi le squelette présente-t-il chez ces animaux une disposition toute spéciale (fig. 384 à 386). La colonne vertébrale, remarquablement courte, se compose seulement de 9 vertèbres, savoir, une cervicale, 7 dorsales et une sacrée (fig. 383). Chez le têtard les vertèbres ont leurs deux faces concaves, comme chez les Poissons ; chez l'adulte, les vertèbres sont presque toujours procéliennes, c'est-à-dire qu'elles sont concaves en avant et convexes en arrière. Les Mégalophrys, les Hémiphractes, les divers genres qui rentrent dans le groupe des Aglosses et dans la famille des Discoglossidées ont cependant les vertèbres opisthocéliennes ou à cavité articulaire tournée en arrière.

La dernière vertèbre a de larges et grandes apophyses transverses auxquelles se suspendent les os des iles, et, en arrière, deux tubercules qui s'articulent avec les deux facettes d'un os conique et allongé qui a été regardé comme une seconde vertèbre sacrée ou comme un coccyx ; cet os, ou urostyle, qui correspond à la soudure d'un certain nombre de vertèbres, se termine en une pointe cartilagineuse ; il présente le long de sa face dorsale une crête à la base de laquelle s'engage le canal vertébral. Par exception, les Bréviceps ont cet os soudé au sacrum.

Les côtes manquent en général, par contre les apophyses transverses des vertèbres dorsales sont très longues. Les apophyses des vertèbres sacrées sont tantôt cylindriques, comme chez les Grenouilles, tantôt dilatées, ainsi qu'on le voit chez les Rainettes, les Crapauds.

La tête osseuse des Anoures est remarquable par son aplatissement, sa largeur et la dispersion au pourtour du crâne, et à une assez grande distance, des os qui composent la mâchoire supérieure et de ceux auxquels est suspendue la mâchoire inférieure. Le cartilage primitif n'est pas entièrement envahi, en effet, par l'ossification, de telle sorte qu'il reste de larges vides non comblés. Le crâne proprement dit consiste en une partie axiale, contenant le cerveau et continuant la colonne vertébrale ; il est complété en avant par les capsules olfactives et en arrière par les capsules auditives ; les mâchoires et l'appareil hyoïdien lui sont suspendus ; cet appareil hyoïdien est réduit, si on le compare à celui des Urodèles.

L'arc mandibulaire se compose de deux longs os réunis par un cartilage à leur partie médiane et dépourvus de dents chez tous les Anoures, à l'exception de l'Hémiphracte, des Cératohyles, de l'Amphodus, animaux qui habitent les parties les plus chaudes de l'Amérique du Sud.

Les membres, d'abord cartilagineux, sont peu

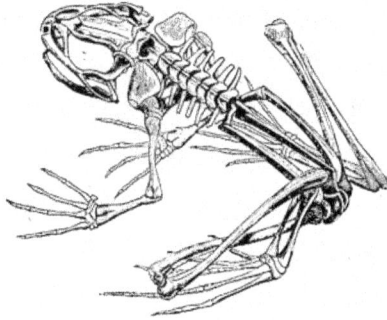

Fig. 384. — Squelette de Grenouille, vu latéralement.

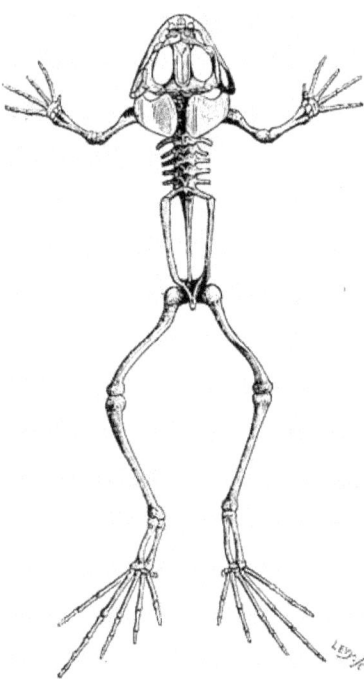

Fig. 385. — Squelette de Grenouille; face dorsale.

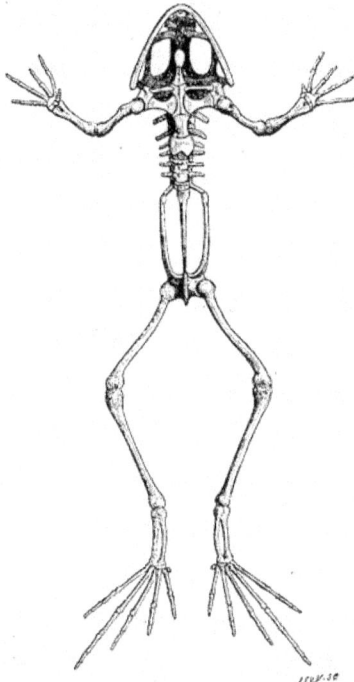

Fig. 386. — Squelette de Grenouille; face ventrale.

à peu remplacés par des os cartilagineux; les os développés en dehors des cartilages sont rares.

L'arc pectoral consiste en un demi-cercle qui s'attache en haut à la colonne vertébrale par des muscles et par des ligaments et qui, en bas, se réunit au sternum ; cet arc présente une cavité pour l'articulation du bras ; ce qui est au-dessus de cette cavité est la portion scapulaire, ce qui se trouve en dessous est la portion coracoïdienne. La partie scapulaire se compose de deux os, le suprascapulaire et le scapulaire ; la partie coracoïdienne se décompose elle-même en deux, une antérieure constituée par le précoracoïde et la clavicule, une postérieure formée par le coracoïde ; entre ces deux os se trouve une large ouverture (fig. 387).

L'humérus est robuste, plus tordu chez les Crapauds que chez les Grenouilles. L'avant-bras se compose d'un os unique, fusion du radius et du cubitus, élargi à sa partie inférieure où se voit la séparation entre les deux os. Le carpe consiste en six os disposés suivant deux rangées. Il existe quatre doigts à la main, et une saillie osseuse qui représente le pouce.

Le bassin présente une forme des plus singulières : il se compose d'un disque vertical formé de la réunion du pubis et des ischions, le pubis n'étant représenté que par un cartilage ; ce disque se bifurque pour s'unir avec les os des îles qui, sous forme de deux longues lames osseuses, vont s'appuyer sur la partie dilatée que présente le sacrum.

Le fémur est un os cylindrique, plus long chez les animaux sauteurs, comme la Grenouille, que chez les animaux coureurs tels que le Crapaud, le Pélobate, le Sonneur. La jambe se compose de la soudure du tibia et du péroné ; cet os unique est creusé d'un double canal médullaire. A cet os font suite deux os grêles, allongés, soudés ensemble par leur extrémité, et laissant entre eux un large espace vide. Le tarse ne consiste, outre ces deux os qui sont l'astragale et le calcanéum, qu'en deux petits os auxquels font suite cinq métatarsiens allongés.

Muscles et mobilité. — Les muscles chez les Anoures sont si nombreux (Dugès n'en compte pas moins de 221 chez la Grenouille) que nous ne pourrons même pas les énumérer et que nous nous contenterons de renvoyer à l'examen des figures 388 et 389. Nous dirons que la colonne vertébrale, ou l'axe auquel aboutissent tous les mouvements, est à peine flexible, que la tête et le petit nombre de vertèbres qui lui font suite sont tellement unis que par suite de la brièveté du tronc, tous les mouvements imprimés au corps, soit dans le saut, soit dans le nager, se reportent en entier sur cette colonne pour ainsi dire rigide et ne sont pas dé-

BREHM. — V.

composés dans leur transmission directe. Ainsi que le fait remarquer Duméril, c'est surtout par la mobilité des os des hanches et par l'adossement si particulier de leurs cavités de réception, transportées sur la ligne médiane, que sont favorisés les mouvements produits par les muscles des pattes postérieures, dont le développement est si grand.

La disposition du bassin permet de comprendre comment les muscles qui proviennent de la colonne vertébrale, et même des parois du ventre, agissent sur ce levier pour porter son action en avant. Lorsqu'une Grenouille, par exemple, veut sauter, son corps est accroupi de telle sorte que par derrière les cuisses, qui sont fort longues, dépassent à peine

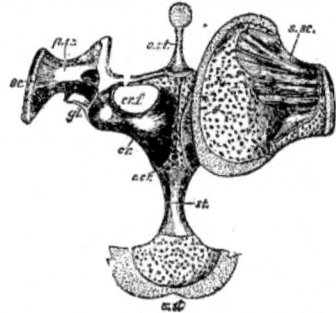

Fig. 387. — Épaule et arc sternal de Grenouille (*).

le tronc et sont repliées, tandis que les membres antérieurs, bien plus courts, sont soulevés. Les diverses articulations du bassin, de la cuisse, de la jambe et du tarse, forment alors quatre leviers qui, en se débandant tous à la fois, viennent porter tous leurs efforts sur les doigts de la patte qui, trouvant sur le sol une résistance suffisante, reportent presque tout l'effort imprimé sur le corps qui est projeté brusquement en avant.

Le nager de la Grenouille se produit suivant le même mécanisme ; il résulte d'une série de sauts horizontaux, le corps étant soutenu par l'eau.

Certains Anoures peuvent s'élancer à une distance relativement considérable ; c'est ainsi

(*) Sc, scapulum ; Ssc, supra-scapulum ; psc, processus préscapulaire ; cr, coracoïdien ; ecr, épicoracoïdien ; crf, fontanelle coracoïdienne ; ost, omosternum ; st, sternum ; xst, xiphisternum. Le supra-scapulaire gauche est enlevé (d'après Huxley).

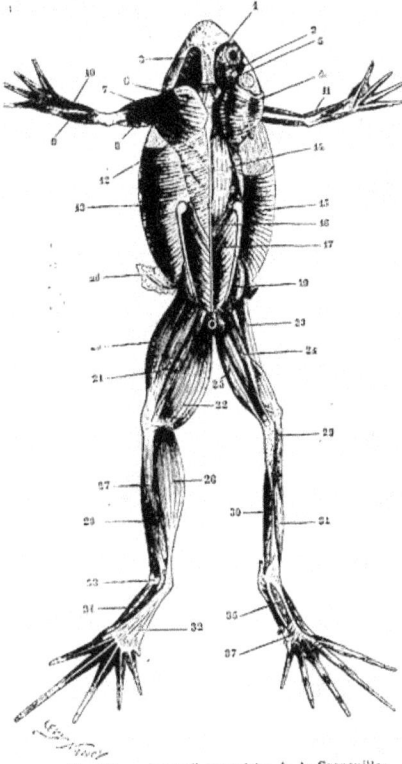

Fig. 388. — Appareil musculaire de la Grenouille;
face dorsale (*).

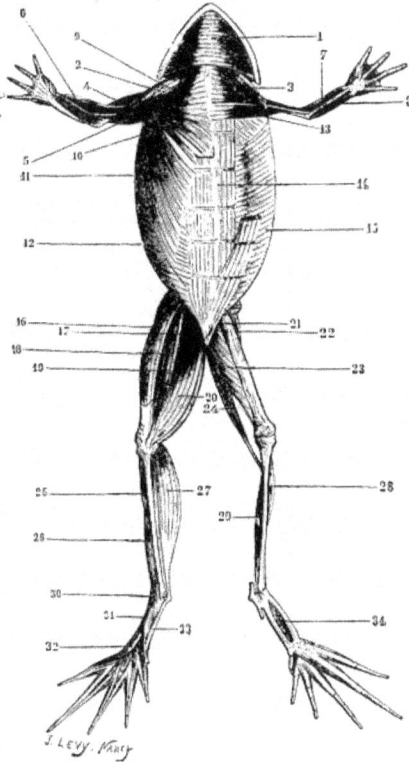

Fig. 389. — Appareil musculaire de la Grenouille.
face ventrale (*).

que Kuff affirme qu'une Hyla d'Australie, ou Litorcia, que ce naturaliste nomme à cause de ce fait le Kangourou des Batraciens, peut sauter à hauteur d'homme. On ne peut se faire une idée, si on ne l'a vu, de la distance à laquelle s'élance notre petite Rainette d'arbre.

(*) 1, droit supérieur ; 2, temporal ; 3, releveur du bulbe oculaire ; 4, sous-épineux ; 5, trapèze (angulaire de Cuvier) ; 6, dépresseur de la mâchoire inférieure ; 7, deltoïde ; 8, triceps ; 9, extenseur de l'avant-bras ; 10, extenseur commun des doigts ; 11, huméro-radial ; 12, grand dorsal ; 13, grand oblique ; 14, long du dos ; 15, petit oblique ; 16, sacro-coccygien ; 17, iléo-coccygien ; 18, faisceau cutané ; 19, grand fessier ; 20, triceps ; 21, biceps ; 22, demi-membraneux ; 23, psoas et iliaque ; 24, biceps ; 25, demi-tendineux ; 26, gastro-cnémien ; 27, péronier ; 28, tibial antérieur ; 29, court extenseur de la jambe ; 30, tibial postérieur ; 31, fléchisseur antérieur du tarse ; 32, long extenseur du 5e doigt ; 34, long fléchisseur des doigts ; 35, long adducteur du 1er doigt ; 37, transverse plantaire.

(*) 1, mylo-hyoïdien ; 2, 3, 4, deltoïde ; 5, triceps ; 6, huméro-radial ; 7, fléchisseur radial du carpe ; 8, fléchisseur des doigts ; 9, sterno-radial ; 10, portion sternale du grand pectoral ; 11, portion abdominale du grand pectoral ; 12, grand oblique ; 13, coraco-huméral ; 14, grand droit de l'abdomen ; 15, grand oblique ; 16, vaste interne ; 17, grand adducteur ; 18, long adducteur ; 19, couturier ; 20, droit interne ; 21, court adducteur ; 22, pectiné ; 23, grand adducteur ; 24, demi-tendineux ; 25, extenseur de la jambe ; 26, tibial antérieur ; 27, gastro-cnémien ; 28, extenseur de la jambe ; 29, tibial postérieur ; 30, péronier ; 31, fléchisseur postérieur du tarse ; 32, long extenseur du 5e doigt ; 33, extenseur du tarse ; 34, long adducteur du 1er doigt.

Grâce aux membranes extrêmement développées qui garnissent leurs pattes, certains Rhacophores volent pour ainsi dire de branche en branche.

Système nerveux et organes des sens. — Nous n'avons rien à ajouter pour le système nerveux central à ce que nous avons dit plus haut.

Le système sympathique consiste en un cordon situé de chaque côté de la colonne vertébrale et reçoit des branches des sept premières paires spirales; en ce point se trouve un gonflement ganglionnaire.

La peau, qui est nue et richement parcourue par des nerfs et des vaisseaux, joue un rôle des plus importants concurremment avec les poumons dans les phénomènes de la respiration, de telle sorte que les Anoures ont absolument besoin d'entretenir leur corps constamment humide, et cela sous peine de mort assez rapide. La peau absorbe l'humidité et la rejette sans cesse par la perspiration.

Townson, à la suite de nombreuses expériences, a, le premier, bien établi le fait. Une Grenouille maintenue dans un espace desséché maigrit, s'affaiblit, et périt au bout de quelques jours. La quantité d'eau qu'une Grenouille peut absorber par la peau est considérable. Si l'on pèse une Grenouille desséchée et qu'on l'enveloppe ensuite d'un linge mouillé, on ne tarde pas à constater une augmentation de poids; Townson a vu une Rainette commune gagner ainsi rapidement 67 grains, alors que sèche elle ne pesait que 95 grains. Dans une boîte close, à la température de 10 à 12 degrés, mais à atmosphère suffisamment humide, des Grenouilles peuvent vivre de 20 à 40 jours, grâce à la seule activité de leur peau, même alors qu'on a supprimé toute communication entre l'air et les poumons. L'évaporation cutanée est presque aussi grande que la faculté d'absorption que possède cet organe. Le poids d'un Batracien que l'on expose à une chaleur sèche diminue très vite et d'autant plus rapidement que la chaleur est plus grande. Dans le vide, cette évaporation est considérable. Si cependant l'évaporation est supprimée par l'application d'un vernis mis sur la peau, les Batraciens résistent pendant un certain temps, car ils trouvent dans leur vessie urinaire l'eau qui leur est nécessaire.

Le pannicule graisseux faisant presque absolument défaut chez les Batraciens anoures, il existe un isolement réciproque des muscles et de la peau. Le vide ainsi laissé est divisé en poches nombreuses par de fines cloisons membraneuses; chez la Grenouille, par exemple, ces portes sont au nombre de 22.

Appareil digestif. — L'œsophage, qui est court, s'ouvre dans un large estomac, auquel fait suite un intestin grêle assez long et replié, débouchant dans un gros intestin qui est court et droit (fig. 372, p. 599).

Circulation et respiration. — Le cœur, qui repose sur la portion la plus élevée du foie, se compose, en apparence, chez la plupart des Batraciens Anoures, d'une seule oreillette et d'un ventricule unique; l'oreillette est, en réalité, divisée intérieurement par une cloison perforée (fig. 390).

Les Grenouilles manquant de côtes, l'air pénètre dans les voies respiratoires au moyen d'une série de mouvements de déglutition; la respiration cutanée vient singulièrement en aide à la respiration pulmonaire, le renouvellement de l'air dans les poumons n'étant que lent et fort incomplet.

Les poumons sont grands et présentent sur leurs parois des saillies ou trabécules plus ou moins prononcés sur lesquels rampent les vaisseaux respiratoires. La trachée proprement dite n'existe pas, les sacs pulmonaires étant directement accolés à l'extrémité du larynx; chez les Aglosses, tels que le Pipa, on trouve des bronches.

Certains Anoures font entendre des bruits extrêmement éclatants et très variés, qui changent d'une espèce à l'autre; depuis des rugissements sonores jusqu'à de petits cris, on peut entendre tous les accents possibles. Les uns coassent d'une voix rauque, les autres poussent des cris éclatants; ceux-ci font entendre des cris stridents qui rappellent ceux de la sauterelle, les autres mugissent comme le bœuf; certains ne poussent qu'une seule note, toujours la même; d'autres ont un véritable chant se composant de diverses notes composant toute une phrase musicale. Les cris d'un Anoure qui vit dans les steppes de l'Asie occidentale rappellent ceux de l'oiseau; les coassements d'un gros Batracien de l'intérieur de l'Afrique résonnent comme des coups frappés sur une cymbale. Dans cette même région, on trouve une Grenouille dont les accents sont graves comme ceux d'une corde de basse; les cris que pousse une autre ressemblent, à s'y méprendre, aux sourds aboiements d'un chien; les coassements d'une troisième rappellent les sons d'une cornemuse. D'après Hensel, il

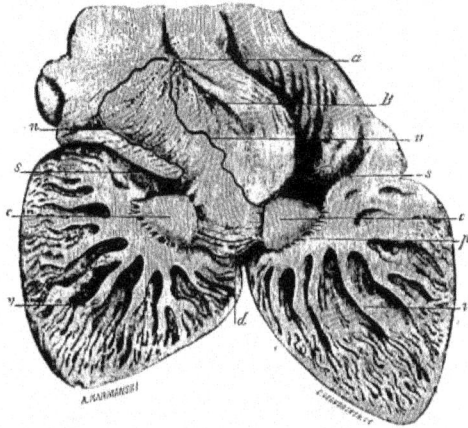

Fig. 390. — Cœur de la Grenouille verte, fixé par l'injection d'un mélange d'alcool et d'acide osmique (*).

existe dans l'Amérique du Sud une Grenouille dont le chant ressemble, à s'y méprendre, à celui du grillon ; le cri d'une autre espèce rappelle les plaintes lointaines de jeunes enfants ; la voix d'une troisième est un glouglou clair comme celui que produit l'écoulement de l'eau qui sort d'une bouteille par un étroit goulot ; le chant d'un Crapaud ressemble à un trille de contre-basse ; celui d'une Rainette résonne comme une clochette ; un autre Batracien produit le même bruit qu'un coup de marteau donné sur une plaque de tôle. Chacun, en un mot, chante à sa façon.

Développement. — Lorsqu'on ouvre le ventre d'une Grenouille femelle au moment du printemps, on voit que la presque totalité de l'abdomen est remplie par des corps jaunâtres parsemés de petits points noirs ; ces points sont des œufs arrivés à leur état de maturité. Ils vont s'engager dans un conduit dont l'ouverture supérieure est située très haut, au niveau du cœur, puis qui devient flexueuse, se pelotonne sur elle-même, de telle sorte que,

sur une Grenouille ordinaire, ils ont jusqu'à 5 décimètres de longueur. Dans ces conduits, les œufs s'entourent d'une humeur muqueuse très abondante ; ils sont ensuite expulsés en dehors. La ponte a presque toujours lieu dans l'eau ; les œufs sont agglutinés en masses informes, souvent très volumineuses, ou en cordons.

La masse muqueuse, qui peut énormément se distendre par l'humidité, paraît surtout jouer le rôle d'enveloppe protectrice. L'œuf proprement dit présente, sur une de ses moitiés, celle qui est tournée en haut, une couleur sombre due à la présence d'un pigment foncé (fig. 403 et 404) ; c'est par ce point que débute le développement. Le vitellus se divise en deux moitiés, puis en quatre, puis en huit et ainsi de suite (fig. 391 à 400). Toute la couche superficielle de ce vitellus prend part au développement du germe et renferme dans son intérieur la masse vitelline qui est soulevée peu à peu. Le premier développement se poursuit rapidement, de telle sorte qu'au bout de quelques jours seulement, la sphère vitelline est changée en larve (fig. 401, 402).

Celle-ci offre alors une tête plate, déprimée ; l'abdomen, qui lui fait suite immédiatement, est en forme de sac, terminé par une queue aplatie, entourée par une nageoire verticale formée par un large rebord cutané ; cette queue montre la disposition en zigzag des faisceaux

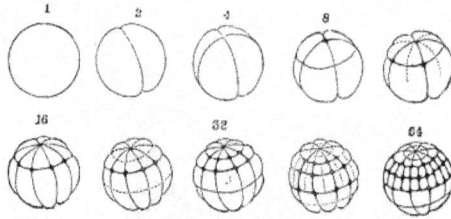

Fig. 391 à 400. — Segmentation de l'œuf de la Grenouille (emprunté à Ecker). Les numéros placés au-dessus des figures indiquent le nombre des segments au stade figuré (d'après Balfour, *Traité d'embryologie et d'organogénie comparées*. Paris, 1885).

musculaires, ainsi qu'on l'observe chez les Poissons. On voit bourgeonner les branchies sous forme d'arbrisseaux verruqueux (fig. 407 et 408). Ces branchies externes disparaissent bientôt chez les Anoures, mais persistent pendant assez longtemps chez les Urodèles. L'animal a encore une forme de Poisson et tout son corps, à part la tête, est enveloppé d'une membrane à l'aide de laquelle se fait la natation (fig. 409, 410). La forme allongée se modifie peu à peu et progressivement le corps devient plus globuleux. Les membres postérieurs apparaissent les premiers (fig. 411), puis les antérieurs (fig. 412, 413); la queue s'atrophie peu à peu (fig. 414), et l'animal revêt sa forme définitive (fig. 415).

Ce n'est pas seulement cette série de transformations qui s'opère; il se fait, à l'intérieur, d'importants changements à chaque phase de développement. C'est ainsi que les Têtards sont conformés pour se nourrir de végétaux, tandis que les animaux adultes sont essentiellement carnassiers, d'où il résulte de profondes modifications dans le tube digestif : d'aquatique et de branchiale, la respiration devient aérienne et pulmonaire ; la circulation est elle-même entièrement modifiée (fig. 416).

Ces modifications peuvent mettre trois, quatre, cinq et même six mois à s'accomplir, après quoi les petits ressemblent entièrement à leurs parents, abandonnent l'eau et mènent une vie aérienne.

Les Anoures se conduisent d'une manière très variée sous le rapport du choix des eaux dans lesquelles doit avoir lieu la ponte. Beaucoup d'entre eux ne déposent leurs œufs que dans des mares ou des étangs qui n'assécheront pas pendant toute la période de développement ; d'autres, au contraire, se contentent

de la faible quantité d'eau amassée entre les feuilles ou dans les cavités des arbres ; quelques-uns, comme nous le dirons plus loin, se développent complètement en dehors de l'eau.

D'après l'observation du prince de Neuwied, on entend, pendant toute la journée et toute la nuit, dans les épaisses broussailles qui bordent les rivages sablonneux, au Brésil, le cri

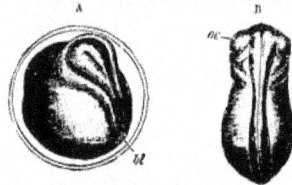

Fig. 401 et 402. — Embryon de la Grenouille commune, d'après Remak (*).

bruyant et extrêmement retentissant, rauque et interrompu d'une Grenouille appelée *Sapo*. Ce Batracien se tient entre les feuilles des Broméliacées, dans lesquelles l'eau s'accumule, même pendant les plus grandes sécheresses, sous forme d'un liquide impur et noirâtre. « C'est dans cette eau, dit notre voyageur, que la *Sapo* dépose ses œufs, ainsi que nous avons pu nous en assurer à notre profond étonnement, alors qu'en janvier, pendant la chaleur et la sécheresse, nous cherchions de l'eau à boire. Les petits Batraciens, déjà éclos, ne

(*) A, jeune stade représenté enfermé dans la membrane ovulaire. La plaque médullaire est distinctement formée, mais aucune partie du canal médullaire n'est close ; *bl*, blastopore.

B, embryon plus âgé après la fermeture du canal médullaire ; *oc*, vésicule optique. En arrière de la vésicule optique, on voit deux arcs viscéraux.

nous empêchèrent pas de boire de cette eau, après qu'elle eut été passée sur une toile serrée et additionnée de sucre et de jus de citron, car nous étions complètement épuisés par la chaleur. On peut retourner une Broméliacée auprès de laquelle on a entendu coasser la *Sapo*, de manière à chasser les insectes et les crabes qui y trouvent un refuge. La *Sapo* se retire, dans ce cas, toujours si profondément entre les feuilles, qu'on est obligé de les arracher les unes après les autres pour pouvoir trouver l'animal. Le creux d'un arbre dans lequel l'eau s'accumule suffit à certains Batraciens du Brésil pour servir d'abri à ces animaux et à toute leur progéniture. »

« Des beuglements analogues à ceux de la vache, raconte Schomburgk, qui se renouve. laient à des intervalles courts et réguliers, m'avaient, aux Guyanes, plusieurs fois réveillé ; je cherchai quel pouvait être l'auteur de bruits aussi étranges. Lorsque j'interrogeai sur l'auteur de ces beuglements, les gens du pays me répondirent : « C'est une Grenouille. » Je crus d'abord qu'ils voulaient se moquer de moi. Témoins de mes doutes, les Caraïbes insistèrent et m'affirmèrent que c'était le *Kanobo-arou*, qui habite une espèce d'arbre dont les branches sont creuses et remplies d'eau, ce dont ils voulaient me convaincre. Nous nous dirigeâmes de suite et rapidement vers une forêt voisine de la vallée, et bientôt nous nous trouvâmes en présence d'une haute Tiliacée pourvue de larges feuilles. Cet arbre ne s'était encore nulle part présenté à moi, et un examen plus approfondi me le fit reconnaître comme appartenant à un genre nouveau, le genre *Bodelschwingia;* le caractère particulier de cet arbre est d'avoir son tronc creusé de cavités sitôt qu'il a atteint une certaine force. Un des Indiens de ma suite monta sur l'arbre pour boucher le trou d'une branche qui se trouvait à près de 12 mètres de haut ; les autres Indiens renversèrent l'arbre, en appuyant de toutes leurs forces contre le tronc. La branche excavée était remplie d'eau en quantité considérable, dans laquelle nous trouvâmes des Têtards. Nous recherchâmes, mais sans succès, le père et la mère, et nous dûmes attendre jusqu'à la nuit, moment auquel, d'après l'assurance qui me fut donnée par mes compagnons, je trouverais les animaux que j'avais entendu mugir. Je dois avouer que, depuis longtemps, je n'avais attendu la nuit avec autant de curiosité. Il était environ neuf heures lorsque le profond silence de la forêt fut tout à coup troublé par le bruit que j'avais déjà entendu. Muni de lumière et accompagné de quelques Caraïbes, je me dirigeai vers l'arbre. Je vis alors l'animal, qui, sans doute ébloui, put être facilement saisi. C'était une grande et belle Rainette veinée. »

Les circonstances dans lesquelles se produisent les métamorphoses d'une Rainette de l'ouest de l'Afrique sont encore plus étonnantes. Dans les derniers jours du mois de juin, Buchholz vit, dans les forêts de Caméron, sur les feuilles d'un arbre rabougri à moitié plongé dans l'eau, quelques amas assez gros d'une matière blanche, comme spongieuse, qui paraissait se coaguler à l'air. Le voyageur s'attendait à y trouver un insecte, mais quel ne fut pas son étonnement d'y découvrir de toutes jeunes larves de Grenouilles qui venaient de sortir de l'œuf et étaient au milieu de cette masse ressemblant à du blanc d'œuf ; une grande quantité d'œufs était également disséminée dans la masse encore pâteuse. Pour observer la marche ultérieure du développement, Buchholz emporta chez lui cette masse écumeuse et vit qu'au bout de deux ou trois jours les œufs vinrent à éclore, comme si cette masse avait pondu. Les petits subirent toutes les transformations que l'on observe en général chez les Batraciens anoures. La masse écumeuse correspondait évidemment à l'enveloppe glaireuse dont est enveloppé, dans l'eau, le frai des Grenouilles ; elle n'aurait certainement pas pu suffire pour nourrir les animaux au delà de quelques jours. Buchholz admet que les jeunes larves doivent recevoir l'eau qui se concentre sur les feuilles. Pendant tout le mois de juillet, cet observateur remarqua plusieurs amas de matière spongieuse semblables sur différents arbres du bord de l'étang ; certains se trouvaient à plus de 3 mètres de hauteur ; parfois les feuilles étaient agglutinées par ces masses. Un Batracien de couleur brune, le *Chiromantis Guineensis*, qui vivait sur les mêmes arbres, semblait être l'auteur de ces amas de frai. Comme la ponte avait toujours lieu la nuit, il était difficile à Buchholz de s'assurer du fait, lorsqu'il eut le bonheur, un matin, de trouver la Grenouille auprès du frai; la masse avait approximativement la grosseur de la mère ; elle était demi-fluide, d'un aspect visqueux, et se coagula dans le courant de la journée.

Le plus ordinairement, les parents abandon-

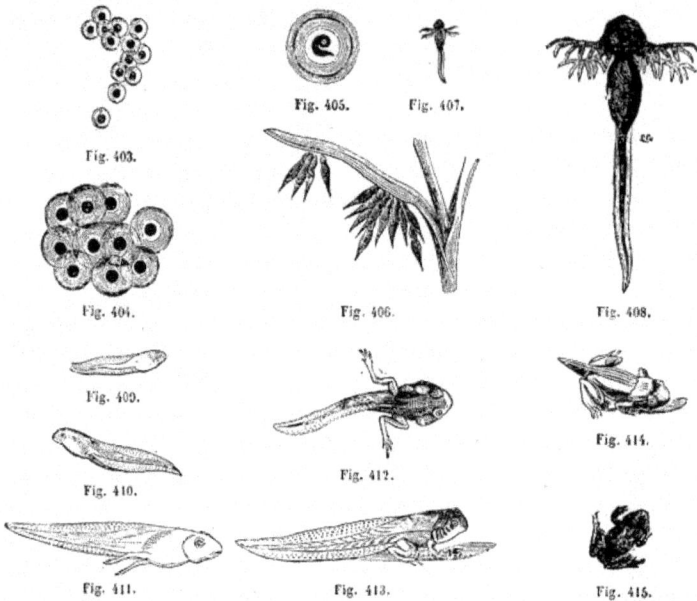

Fig. 403.

Fig. 404.

Fig. 405.

Fig. 407.

Fig. 406.

Fig. 408.

Fig. 409.

Fig. 410.

Fig. 412.

Fig. 411.

Fig. 413.

Fig. 414.

Fig. 415.

Fig. 403 à 415. — Œufs, têtards et jeune de la Grenouille verte (*).

nent l'éclosion des œufs absolument au hasard. Les Alytes, les Pipa, ainsi que les Notodelphis et, suivant Wiegman, quelques espèces de l'Amérique du Sud, donnent cependant des soins à leur progéniture. Chez les Notodelphis de l'Amérique centrale et de l'Amérique du Sud, la femelle présente, dans la partie postérieure du dos, une poche dans laquelle se fait l'incubation des œufs. La femelle des Pipa présente, au moment de la ponte, une série de petites cavités qui se creusent dans les téguments du dos et dans lesquelles se développent les petits.

D'après Spengel, le *Rhinoderma Darwinii* se

(*) Fig. 403, œufs, de grandeur naturelle ; fig. 404, les mêmes œufs, grossis ; fig. 405, œuf grossi montrant la larve ; fig. 406, larves immédiatement après la ponte, double de la grandeur naturelle ; fig. 407, têtard avec branchies externes ; fig. 408, le même, fortement grossi ; fig. 409, 410, stades pendant lesquels les branchies sont recouvertes par la membrane operculaire ; fig. 411, stade pendant lequel apparaissent les membres postérieurs ; fig. 412, 413, stades après la mue, les membres étant visibles ; fig. 414, stade après l'atrophie partielle de la queue ; fig. 415, jeune Grenouille.

comporte comme quelques poissons siluroïdes,

Fig. 416. — Branchies internes d'un Têtard de Grenouille, d'après Th. Williams (**).

en ce que le mâle porte les œufs en voie de

(**) a, réseaux capillaires provenant du vaisseau branchial b c ; c, arc cartilagineux ; d, anse terminale des vaisseaux capillaires branchiaux

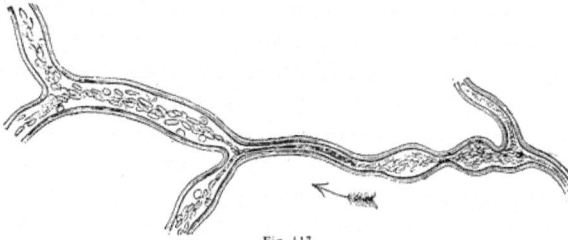

Fig. 417.

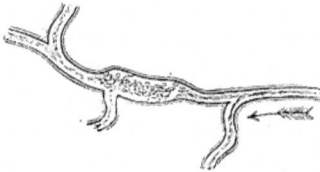

Fig. 418.

Fig. 419.

Fig. 417 et 418. — Contractions des petites artères. — Contractions irrégulières des petits vaisseaux de la membrane natatoire d'une Grenouille. La contraction a été provoquée par une irritation (Wharton Jones). Fig. 419. — Vaisseau capillaire de la membrane natatoire d'une Grenouille (*).

développement dans une poche laryngienne énormément développée.

L'Alyte mâle entoure les œufs autour de ses pattes et se charge de leur éclosion.

L'époque à laquelle a lieu la métamorphose varie beaucoup non seulement avec le climat et les conditions de température, mais encore et surtout avec les espèces. Suivant la remarque de Clauss, « en général, la grosseur relative des larves correspond à cette durée; plus l'évolution est lente, plus la structure des organes est parfaite, plus aussi est grande la taille des larves par rapport à l'animal adulte. Les Crapauds se développent relativement plus vite que les Grenouilles, et leurs larves, qui quittent de très bonne heure les enveloppes de l'œuf, sont petites. Parmi les Batraciens anoures de nos pays, ce sont les Pélobates dont les larves sont les plus grosses, aussi leurs métamorphoses exigent-elles deux fois plus de temps que celle des larves de la Grenouille verte, et quatre fois plus que celle des larves du Crapaud calamite et de l'Alyte. »

Au moment de la ponte, on voit apparaître chez beaucoup d'Anoures des rugosités au pouce, connues sous le nom de brosses.

Mœurs, habitudes, régime. — Les Anoures sont bien moins aquatiques que les Urodèles, et la plupart d'entre eux ne vont à l'eau qu'à l'époque où s'effectue la ponte. Beaucoup d'entre eux, en dehors de ce moment, sont des animaux essentiellement terrestres et affectionnent principalement les endroits obscurs et humides : tels sont les Crapauds ; chez eux les membres postérieurs sont privés de membrane natatoire ou du moins ces membranes sont peu développées. D'autres vivent exclusivement sur les arbres et mènent une vie aérienne; nous citerons les Rainettes dont les extrémités des doigts sont dilatées, ce qui leur permet de grimper avec la plus grande facilité. Les Grenouilles proprement dites sont plus aquatiques, et encore parmi elles s'il est quelques espèces, telles que les Grenouilles vertes, qui ne s'éloignent jamais beaucoup de l'eau, il en est d'autres, comme la Grenouille rousse et la Grenouille agile, qui sont beaucoup plus terrestres.

Les Anoures se nourrissent principalement d'insectes, de vers, de petits animaux aquatiques; ceux qui sont de grande taille ne dé-

(*) r, courant central des globes rouges; lll, couche périphérique du courant sanguin où se meuvent plus lentement les globules blancs (gross. 200). (Kuss et Duval, Cours de physiologie.)

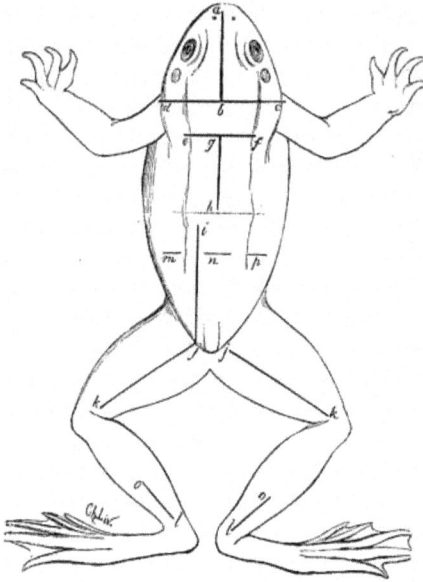

Fig. 420. — Grenouille montrant la direction et la position des incisions dans diverses opérations.

Fig. 421. — Grenouille préparée à la manière de Galvani.

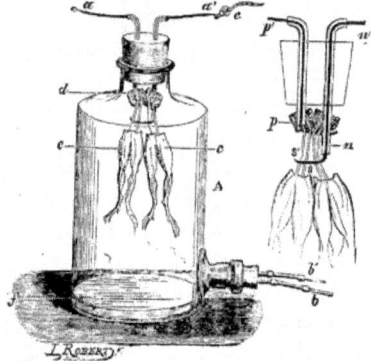

Fig. 422 et 423. — Grenouille préparée pour l'étude de la contraction musculaire.

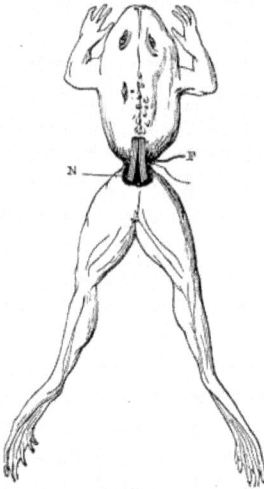

Fig. 424. — Grenouille montrant les effets du curare.

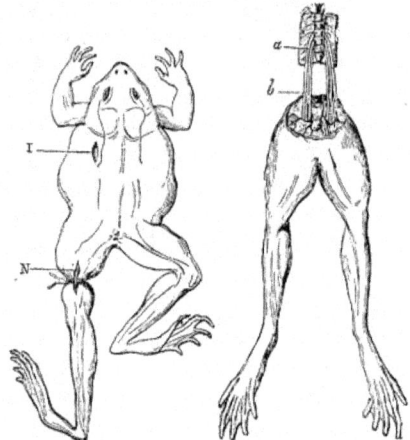

Fig. 425. — Grenouille montrant les effets du curare.

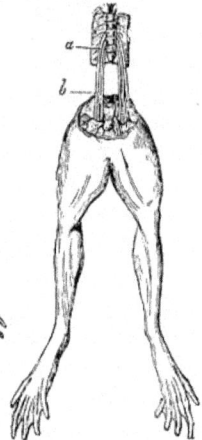

Fig. 426. — Grenouille montrant les effets du curare.

daignent pas les jeunes oiseaux, les petits mammifères et parfois d'autres Batraciens plus faibles. Duméril et Bibron rapportent qu'une espèce, la Tigrine, fréquente de préférence les eaux saumâtres, où elle fait une guerre acharnée aux Crabes. Tous les Batraciens sont fort voraces.

Dans nos pays froids, les Anoures s'engourdissent pendant l'hiver; quelques-uns, comme les Grenouilles, se cachent dans la vase; d'autres se retirent sous de vieilles souches, dans des trous du sol, dans les murs tombant en ruine, dans des caves obscures.

Utilité des Anoures. — Les Batraciens anoures sont des animaux essentiellement utiles, en ce sens qu'ils détruisent une grande quantité d'insectes. Le Crapaud, entre autres, cette pauvre bête si décriée et si calomniée, rend de fort importants services à l'agriculture. Il est vrai que le pauvre hère est accusé de faire parfois la chasse aux abeilles; mais, s'il commet ce crime, le Crapaud le rachète, et au delà, par la guerre acharnée qu'il fait aux limaces, aux vers de terre et à toutes les bêtes malfaisantes qui sont le désespoir des jardiniers. Détruit sans pitié, comme sans discernement dans beaucoup de localités, son utilité a été finalement reconnue et l'on s'efforce dans bien des endroits de l'acclimater de nouveau.

« A l'occasion d'un insecte coléoptère sans ailes, nommé *Otiorhynchus ligustici*, qui cause dans les vignes de très grands ravages, en détruisant pendant la nuit les bourgeons des jeunes plants, Rouget a donné une note contenant des détails précis sur l'efficacité des services rendus par les Batraciens nocturnes. « Le véritable ennemi des insectes aptères, dit-il, le seul peut-être parmi les animaux vertébrés, est le Crapaud, que j'ai plusieurs fois observé le soir, attendant sa proie comme un chasseur à l'affût, et la saisissant, au moyen de l'organisation particulière de sa langue, avec laquelle il produit alors un petit bruit caractéristique. J'ai pu aussi, à la suite de l'ouverture de plusieurs de ces reptiles, me rendre compte de la quantité d'insectes détruits par eux. Ainsi, une heure seulement après celle où leur chasse a commencé, l'estomac de ces animaux contenait déjà 20 ou 30 insectes. Il est facile, d'après ce résultat, de se faire une idée de ce qu'il peut être après la nuit tout entière, et même se rendre approximativement compte de la consommation d'insectes faite par un seul

Crapaud pendant toute la belle saison. A la vérité, tous les insectes détruits ainsi ne sont pas nuisibles, mais ceux-ci néanmoins y entrent dans une notable proportion.

« Si l'on réfléchit que, en tout temps comme en tout lieu, le Crapaud a été la victime d'un préjugé ridicule, il est facile de comprendre de quelle influence a été sa destruction sur la multiplication de certains insectes nuisibles. Épargnez cet animal, laissez-le se reproduire à son aise dans les vignes, les dégâts causés par ces insectes, les espèces aptères surtout, ne tarderont pas à diminuer considérablement, s'ils ne cessent pas tout à fait.

« Les Grenouilles d'arbres ou Rainettes annoncent la pluie par leurs coassements. On peut donc, comme le fait Rœsel, l'auteur d'un très beau livre sur les Batraciens, se faire un hygromètre ou un hygroscope vivant en mettant un de ces animaux dans un vase où l'on a soin de lui donner de l'eau et des insectes pour sa nourriture. Un chirurgien de Breslau, ajoute-t-il, a conservé ainsi une même Rainette pendant sept années consécutives. On a parfois occasion de voir plusieurs de ces animaux conservés dans le but que j'indique et munis dans leur prison de verre d'une petite échelle dont l'ascension par la Rainette donne lieu de supposer que le temps restera sec. Son prochain changement nous est bien souvent annoncé dans la ménagerie par le bruyant coassement de ces animaux à l'approche de l'orage.

« C'est ici le lieu de rappeler quelques paroles prononcées par le maréchal Vaillant devant l'Académie des sciences à l'époque où y fut discuté le projet d'établir de nombreux postes d'observations météorologiques sur toute l'étendue de l'empire et sur nos possessions de l'Afrique septentrionale. Il disait, en insistant sur la nécessité d'observations de ce genre dans notre colonie, alors même qu'elles n'auraient pas une exactitude scientifique absolue : « *La Grenouille du père Bugeaud*, aussi bien que sa *casquette*, égaye encore aujourd'hui les bivouacs de nos soldats en Afrique. Ce grand homme de guerre, qui a tant fait pour l'Algérie, *ense et aratro*, consultait sa Rainette avant de mettre ses troupes en marche pour une expédition (1). »

On fait une assez grande consommation de Grenouilles, dont on mange les cuisses de der-

(1) A. Duméril, *les Reptiles utiles* (*Revue nationale*, 1863).

rière; on en prépare aussi en bouillon. Cette dernière préparation était autrefois très employée, ainsi que nous le voyons par les écrits de Pline et de Dioscoride. « Leur chair, dit Rondelet, en 1558, est blanche, dure. Aucuns médecins conseillent aux phthisiques è hétiques d'en manger au lieu de Tortues, non sans raison, si on les fait cuire avec bouillon de Chapon, pourvu que ce ne soit durant le temps qu'elles frayent, pourvu aussi qu'elles soient prises aux ruisseaux nets et aux rivières, non aux lieux desséchés de grande chaleur. Touchant ce que les Grenouilles servent en médecine, il en faut lire Dioscoride et Pline, qui en ont beaucoup écrit. Jean de Vigo a composé un emplastre où il entre des Grenouilles, pour ce est nommé *Emplastrum de Ranis*, qui est fort bon contre les douleurs. »

Pline raconte que le suc de Grenouilles macéré dans du vin est un antidote contre le venin des Salamandres et des Crapauds. D'après cet auteur, les cachectiques se trouvent bien d'un bouillon d'écrevisse et d'un potage de farine et de Grenouilles bouillies dans du vin; la chair de ces animaux, cuite dans l'huile, a la propriété de guérir les fièvres quartes; l'œil droit de l'animal, arraché de la main droite et suspendu au cou dans un fragment d'étoffe de la couleur de l'animal, préserve de la lippitude, etc.

Nous rappelons enfin en terminant que les animaux de l'ordre des Grenouilles, en raison de leur organisation très particulière, ont fourni aux personnes qui se livrent à l'étude des sciences d'observation les circonstances les plus favorables pour interroger la nature dans un grand nombre de recherches importantes. Les singularités que présente la structure de ces animaux ont produit de merveilleuses découvertes.

Nous montrerons d'abord d'après Livon (1) la face dorsale d'une grenouille pour indiquer la direction et la position des incisions nécessaires dans diverses opérations (fig. 420): *abcd*, incision en T, pour ouvrir le crâne. — *efgh*, incision pour mettre la moelle à nu. — *i*, incision pour découvrir les nerfs lombaires. — *jk*, incisions pour arriver sur le sciatique. — *ol*, incision pour découvrir le tendon d'Achille. — *mup*, points où doit passer le lien pour priver l'arrière-train de circulation en ménageant les nerfs lombaires découverts. La

(1) Livon, *Manuel de vivisections.* Paris, 1882.

ligne pointillée indique la limite inférieure des vertèbres.

« Personne n'ignore aujourd'hui que les Grenouilles ont été la cause, ou du moins ont fourni l'occasion des plus grandes découvertes sur l'électricité et des explications ingénieuses et plausibles sur la manière dont paraissent se transmettre, par l'intermède des nerfs et avec la rapidité de l'éclair, d'une part les perceptions venues du dehors, et de l'autre cette sensibilité qui gouverne et régit, comme une puissance autocratique, tous les rouages si compliqués de la machine animale.

« La ténuité des membranes natatoires étendues entre les doigts des pattes postérieures, la transparence du péritoine, celle des vésicules pulmonaires qui sont larges, amplement développées, qui peuvent être gonflées par l'animal, s'affaisser et se remplir de nouveau, ont permis de suivre le cours du sang et de soumettre les vaisseaux à une pression atmosphérique moindre ou augmentée. C'est alors qu'on a pu admirer à loisir et pendant longtemps la rapidité et la régularité du cours du sang dans les canaux qu'il parcourt; d'un côté dans les veines, où le flux est continu et si constant, qu'il ne saurait être aperçu ou distingué sans les globules colorés que cette humeur charrie et qui se laissent parfaitement voir au milieu de la portion séreuse plus fluide qui les enveloppe; et de même dans les artères par les pulsations et les jets successifs plus ou moins rapprochés ou éloignés, suivant l'impulsion que le cœur leur communique pendant un espace de temps qui peut être fort long (fig. 417, 418 et 419).

« Aucun animal n'est plus propre que la Grenouille à la démonstration de plusieurs faits importants relatifs à l'absorption et à l'exhalation par la peau, ainsi que la résistance à l'action du calorique.

« Faisant des recherches sur la contractilité des muscles, Swammerdam explique pourquoi il a choisi des Grenouilles pour faire ses expériences. Dans ces animaux, dit-il, les nerfs sont très apparents; il est facile de les découvrir et de les mettre à nu; en outre, il est aisé de reproduire les mouvements des muscles en les ressuscitant par l'irritation des nerfs. Il raconte comment il a rendu évidente la contraction d'un muscle séparé de la cuisse d'une Grenouille et de quelle manière il a fait ces expériences, en 1658, devant le grand-duc de Toscane.

Fig. 427. — Grenouille préparée pour l'étude des anesthésiques (*).

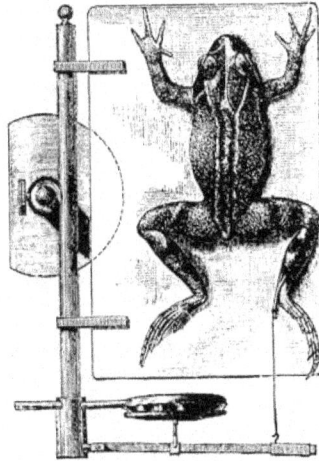

Fig. 428. — Grenouille en expérience sur le myographe de Marey.

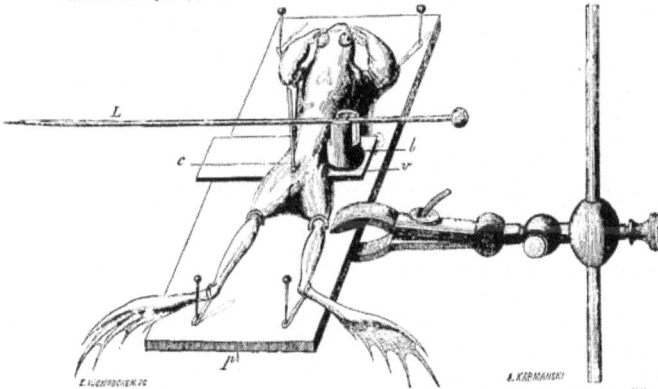

Fig. 429. — Grenouille en expérience sur le cardiographe pour l'étude des cœurs lymphatiques (**).

(*) Ayant une ligature par le milieu du corps pour montrer que l'action des anesthésiques se produit dans les centres nerveux, et frappe de là toute l'étendue des nerfs sensitifs. — AA, nerfs lombaires au-dessus de la ligature B, aorte au-dessous du fil et comprise dans la ligature (Claude Bernard).

(**) c, tête de l'épingle appliquée à travers la peau sur le cœur lymphatique et soulevant le levier L; b, support du levier; v, lame de verre du cardiographe; p, plaque de liège sur laquelle est fixée la Grenouille (Ranvier, Leçons d'anatomie générale. Paris, 1880).

« On connaît assez la circonstance fortuite qui, en 1789, fit découvrir à Galvani l'excitabilité des muscles de la Grenouille lorsqu'il venait à toucher les nerfs qui se distribuent dans ces organes et le mouvement rapide de contractilité qui est produit par l'action réunie de deux métaux hétérogènes (fig. 421). »

Claude Bernard, dans des expériences célèbres, qui ont été dessinées sous ses yeux, mais qui n'ont pas été encore publiées (1), a montré que pendant la contraction musculaire (fig. 422 et 423), provoquée au moyen des électrodes p, p', n, n', il se dégageait de l'acide carbonique. Les trains postérieurs de la grenouille cc étaient plongés dans un flacon A contenant une solution de baryte F : d indique l'origine des nerfs; bb' sont les tubes destinés à permettre l'analyse de l'air du flacon.

C'est aussi sur des Grenouilles que Claude Bernard (2) a étudié les effets du curare (fig. 424 à 426) et des anesthésiques (fig. 427).

Marey (3) a étudié la contraction musculaire sur un appareil à la fois enregistreur et amplificateur appelé *myographe à transmission* (fig. 428), grâce à un levier dont la pointe note sur un cylindre noirci ses moindres excursions; le levier auquel le muscle est relié transmet le mouvement sans altérer aucun de ses caractères, à la membrane d'un petit tambour, *tambour explorateur* qui communique par un tube plein d'air avec un second tambour, *tambour enregistreur;* le moindre tressaillement de la première membrane se transmet à la seconde avec une fidélité scrupuleuse par l'intermédiaire de l'air contenu dans le tube. On a pu étudier ainsi les variations de la pression du sang dans les artères, les mouvements du cœur, les mouvements respiratoires, ceux du vol, etc.

C'est également sur des Grenouilles que M. Ranvier (4) a fait ses belles recherches sur les cœurs lymphatiques (fig. 429).

« J'ai cherché, dit Constant Duméril dans la notice dont nous avons donné les pas-

sages les plus saillants, j'ai cherché à rappeler combien l'étude de l'organisation des Grenouilles avait été utile, et pouvait l'être encore, aux diverses sciences d'observation, à l'anatomie, à la physique, à la chimie et surtout à la physiologie (1). »

Classification. — Duméril et Bibron divisent les Batraciens anoures en Anoures à langue distincte ou *Phaneroglosses* et Anoures privés de langue ou *Phrynaglosses*. Les premiers sont, à leur tour, subdivisés en Phanéroglosses privés de dents à la mâchoire supérieure, ou Crapauds, et Phanéroglosses pourvus de dents. Deux familles sont admises dans cette dernière section, celle des *Hylæformes* ou *Rainettes*, comprennent les animaux dont l'extrémité des doigts est nettement dilatée et les *Raniformes* ou *Grenouilles* qui n'ont pas les doigts dilatés.

Différentes classifications ont depuis été proposées.

A. Günther, accordant plus d'importance à la forme des doigts qu'à la présence ou à l'absence des dents à la mâchoire supérieure, divise les Anoures ayant la langue adhérente en avant, libre en arrière, Anoures qu'il nomme *Opistoglosses*, et qui correspondent, en réalité, aux *Phaneroglosses* de Duméril et Bibron, en deux sections, les *Platydactyles*, chez lesquels les doigts sont dilatés à leur extrémité, et les *Oxydactyles*, qui ont les doigts cylindriques ou terminés en pointe. Cette division réunit ainsi les Grenouilles aux Crapauds et place parmi ces derniers des animaux qui rentraient dans le groupe des Rainettes, tels que le groupe avait été délimité par Cuvier et par Duméril et Bibron.

Ed. Cope n'attache également pas grande importance à la présence ou à l'absence de dents au maxillaire, et réunit les deux tribus des Grenouilles et des Crapauds en une seule qu'il nomme *Raniformia*. Cope avait, du reste, proposé de séparer des Ranoïdes certains Anoures qu'il désigne sous le nom de *Arcifera* et chez lesquels les deux os de l'épaule, les coracoïdiens et les épicoracoïdiens, sont réunis par un arc cartilagineux, par opposition aux Ranoïdes proprement dits, qui ont les axes du coracoïde et de l'épicoracoïde parallèles et séparés par un cartilage articulaire.

F. Lataste, faisant cette intéressante remarque que, chez les Batraciens d'Europe,

---

(1) Nous devons ces renseignements à l'obligeance de M. le Dr d'Arsonval.

(2) Claude Bernard, *Leçons sur les effets des substances toxiques.* Paris, 1883. — *Leçons sur les anesthésiques et sur l'asphyxie.* Paris, 1875. — *La science expérimentale,* 2e édition. Paris, 1878.

(3) Littré, *Dictionnaire de médecine,* 15e édition. Paris, 1884, p. 1045.

(4) Ranvier, *Leçons d'anatomie générale* faites au Collège de France. Paris, 1880-1881.

(1) Duméril et Bibron, *Erpétologie générale,* t. VIII, p. 304.

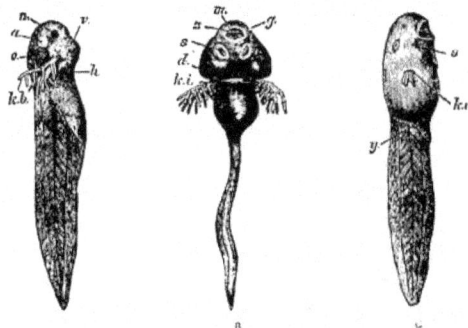

Fig. 430 à 432. — Têtards avec branchies externes (emprunté à Huxley d'après Ecker) (*).

Fig. 433. — Têtard de Bombinator, vu par la face ventrale, les parois abdominales enlevées (d'après Götte) (**).

les espèces qui ont les vertèbres procéliennes, c'est-à-dire à cavité articulaire tournée en avant, ont les têtards pourvus d'un spiraculum ou orifice de sortie de l'eau pour les branchies placé à gauche (fig. 430 à 432), tandis que cet orifice est médian chez les espèces à cavité vertébrale dirigée en arrière (fig. 433), ou Opisthocéliens, a proposé d'admettre deux sous-ordres. Le premier sous-ordre comprend, en haut, les Grenouilles et, en bas, les Pélobates ; la famille des Rainettes et celle des Crapauds se rangent, dans l'intervalle, à une faible distance l'une de l'autre. Le second sous-ordre comprendrait les Discoglosses, les Sonneurs et les Alytes.

Les Aglosses mis à part, Clauss divise les Anoures, qu'il nomme Batraciens, en deux groupes, les Discodactyles ou animaux dont l'extrémité des orteils est munie de pelotes adhésives (Rainettes, Hylodes, Dendrobates) et les Oxydactyles, qui ont les doigts pointus ; ces derniers sont les Grenouilles, les Pélobates, les Crapauds.

La classification proposée par Cope est, en partie, celle qui a été adoptée dans un récent travail publié par G. Boulenger ; c'est cette

(*) A, vue de profil d'un jeune Têtard.
B, vue par la face ventrale d'un Têtard un peu âgé.
k.b, branchies externes ; m, bouche ; n, sac nasal ; e, œil ; o, vésicule auditive ; z, mandibule cornée ; s, ventouse ventrale ; d, repli operculaire.
C, larve plus avancée dans laquelle le repli operculaire a presque entièrement recouvert les branchies.
s, ventouse ventrale ; ks, branchies externes ; y, rudiment du membre postérieur.

classification que nous allons suivre, au moins dans ses traits essentiels, car elle nous parait résumer tout ce que l'on sait de l'organisation des Batraciens Anoures.

Distribution géologique. — Les Anoures paraissent être les plus récents de tous les Batraciens ; on n'en connaît pas de plus anciens, en effet, que ceux qui vivaient vers la partie supérieure des terrains éocènes.

Les Grenouilles proprement dites ont été trouvées dans les couches d'eau douce d'Aix en Provence, dans les terrains sudorènes d'Auvergne et de la Limagne et dans différentes parties de l'Allemagne, à Weisenau, Osnabruck, Halsback, en Bololie, en Bohême, et dans des roches schisteuses situées aux environs de Bombay.

Les *Asphærios* et les *Palæobatrachus* sont des animaux fort voisins des Grenouilles ; ces deux genres proviennent des environs de Laschitz, en Bohême, et des limites des Siebengetirge.

A Æningen, en Suisse, ont été trouvés des *Latonies*, des *Bombinators* et des *Pelophiles*.

Du même gisement, Tschudi signale des *Palæophrynx*, qui diffèrent à peine des Crapauds.

Des débris indiquant ces animaux, ainsi que des Grenouilles, sont signalés dans les couches quaternaires et dans les cavernes à ossements de différentes parties de la France et du nord de l'Italie.

(**) En arrière de la bouche on voit les deux ventouses et en avant de celles-ci les branchies font saillie par les spiraculums.

LES RANIDÉES — *RANIDÆ*

Galttsröschen.

Caractères généraux. — Cette première famille des Anoures comprend, pour Duméril et Bibron, « toutes les espèces dont l'extrémité libre des doigts et des orteils n'est pas dilatée en disque plus ou moins élargi, comme chez les Hylœformes et dont la mâchoire supérieure est armée de dents ; ce qui les distingue éminemment des Bufoniformes, qui en manquent dans cette partie de la bouche, aussi bien qu'à la mâchoire inférieure. »

Telle que la famille des Ranidées a été comprise par Boulenger, elle comprend des animaux qui rentreraient dans les Hylœformes de Duméril et Bibron ; tels sont les Ixales, les Raphia, les Hylambates, les Cornufer, qui ont l'extrémité des doigts plus ou moins dilatée. Boulenger a séparé ces genres des Hylœidées proprement dites, car les os coracoïdiens sont réunis par un simple cartilage épicoracoïdien. Nous ajouterons que ce savant n'admet également parmi les Ranidées que les espèces chez lesquelles les apophyses transverses des vertèbres sacrées sont cylindriques ou tout au plus faiblement dilatées.

Presque toutes les Ranidées ont le palais garni de dents situées plus ou moins en avant ou en arrière sous les ouvertures postérieures des fosses nasales. Les dents sont courtes et en petit nombre ; leur arrangement est assez variable ; tantôt, en effet, elles sont implantées suivant une ligne transversale droite interrompue au milieu ; tantôt elles ne forment que deux petits amas ; d'autres fois, au contraire, les dents sont disposées suivant un chevron à branches plus ou moins ouvertes et plus ou moins divergentes ; toutes ces combinaisons fournissent d'utiles caractères pour la distinction des espèces et parfois même des genres.

Chez quelques Ranidées il n'existe pas de dents au palais ; nous citerons, entre autres, les Oxyglosses.

La forme de la langue est variable ; elle est entière chez les Oxyglosses, cordiforme chez les Eucnémis, plus ou moins échancrée chez les Grenouilles proprement dites, profondément échancrée chez les Ixales. Ainsi que nous l'avons déjà dit, la langue est attachée en avant, libre en arrière et réversible.

La membrane du tympan peut être entièrement cachée sous la peau, comme chez les Oxyglosses ; elle est généralement plus ou moins visible à l'extérieur.

La pupille est le plus habituellement horizontale ; elle est verticale chez les Cassina ; chez les Nyctibatrachus de l'Inde, la forme de la pupille est intermédiaire entre ce que nous voyons chez le Sonneur, où elle est triangulaire, et chez le Pélobate, où elle a une forme elliptique.

La plupart des Raniformes ont de chaque côté du cou des poches vocales ; ces organes, qui n'existent que chez les mâles, se trouvent placés tantôt en dessous du tympan, tantôt sous la gorge ; tantôt elles sont internes, tantôt elles font saillie au dehors au travers d'une fente qui leur livre passage lorsque l'animal s'en sert pour émettre des sons souvent fort éclatants. Ces poches reçoivent l'air par deux fentes ou deux trous ouverts à droite et à gauche de la langue.

Le nombre des doigts est constamment de quatre à la patte de devant, de cinq à la patte de derrière ; les palmures qui réunissent ces derniers doigts sont plus ou moins développées, non seulement suivant les genres, mais encore suivant les espèces. On remarque au bord externe de la patte de derrière un tubercule généralement faible et de consistance molle.

Distribution géographique. — Les Ranidées abondent surtout dans la région indienne et dans la région africaine ; elles sont rares dans la région tropicale ou américaine et manquent dans les sous-régions australienne et néo-zélandaise ; on en trouve cependant une espèce dans la sous-région austro-malaise.

D'après les recherches de Boulenger, le nombre des espèces faisant partie de la famille des Ranidées s'élève à 228 ; sur ce nombre 114 sont de la région indienne, 62 de la région africaine, 15 de la région nord-américaine, 13 de la région paléarctique ou européo asiatique, 11 de la région tropicale américaine.

Mœurs, habitudes, régime. — Telle que Duméril et Bibron avaient compris la famille des Ranidées, cette famille ne comprenait que des animaux essentiellement terrestres ou

Fig. 434. — La Grenouille verte (5/6ᵉ grand. nat.) (p. 571).

aquatiques. « Les espèces qui ont les membres postérieurs fort allongés ne changent guère de place sur le sol, autrement qu'en sautant, et souvent à des distances considérables relativement au volume de leur corps ; celles chez lesquelles les pattes de derrière sont d'une médiocre étendue jouissent également de la faculté de sauter, mais à un moindre degré, et pour elles, la marche n'est plus impossible : sous ce rapport, elles se rapprochent des Crapauds, et leur corps, comme celui de ces derniers, est court, un peu ramassé, trapu. La plupart des Raniformes dont les orteils sont réunis par des membranes natatoires bien développées, telles que la Grenouille verte, la Mugissante, etc., passent la plus grande partie de leur vie dans l'eau. Pourtant il y a de ces espèces palmipèdes qui, de même que celles dont les orteils sont libres, n'y restent que le temps de la ponte, après quoi elles se retirent les unes dans les localités humides des bois, se cachant dans l'herbe.

Fig. 435. — La Grenouille rousse, grand. nat. (p. 573).

sous les feuilles, comme la Grenouille rousse, la Sylvaine (1). »

Nous devons ajouter que telle que, la famille a été comprise par Boulenger, elle comprend des espèces arboricoles ; nous pourrons citer les Rhacophores, les Rappia, les Hylambates.

LES GRENOUILLES — RANA

Caractères. — Les Grenouilles proprement dites ont généralement des formes sveltes et élancées ; la longueur et le degré de palmature des membres postérieurs varient beaucoup suivant les espèces. La bouche est toujours largement fendue. Les dents vomériennes sont tantôt situées exactement entre les arrière-narines, tantôt plus ou moins rapprochées de

(1) Duméril et Bibron, *Erpétologie générale*, t. VIII, p. 323.

celles-ci ; elles forment soit une rangée transversale interrompue au milieu, soit deux petits groupes, soit un chevron ouvert au sommet. Toutes les Grenouilles mâles ont deux vessies vocales, qui, chez la plupart des espèces, n'apparaissent à l'extérieur que lorsqu'elles sont gonflées d'air, tandis que chez d'autres elles se voient au dehors et sortent par une fente située ou sous le tympan, ou vers le milieu du bord externe des branches du sous-maxillaire. Le tympan est généralement visible à l'extérieur ; il peut cependant être caché sous la peau. Les doigts peuvent être entièrement réunis par des palmatures, ou n'être palmés qu'à la base ; ces doigts sont pointus, obtus à leur extrémité, ou dilatés légèrement. Assez souvent il existe des cordons glanduleux le long des flancs ; la peau n'est jamais glandulaire autour des oreilles.

Comme caractères essentiels, nous ajouterons que la langue est grande, oblongue, un peu rétrécie en avant, fourchue en arrière, libre dans le tiers postérieur de sa longueur. La pupille est horizontale.

Distribution géographique. — Les Grenouilles se trouvent dans le monde entier, à l'exception de la partie sud de l'Amérique du Sud et de la Nouvelle-Zélande ; on n'en connaît qu'une espèce en Australie, et encore dans la partie nord de ce continent.

D'après le catalogue de Boulenger, le nombre des espèces est de 117. Sur ce nombre 4 sont spéciales à la sous-région européenne, 5 à la sous-région asiatique et 2 se retrouvent dans ces deux sous-régions. Dans la région nord-américaine le nombre des espèces est de 15. En Afrique, nous notons 23 espèces dans les sous-régions continentales, 10 dans la sous-région de Madagascar, 2 espèces étant communes aux deux sous-régions. La région indienne comprend 48 espèces. Les Grenouilles ne sont qu'au nombre de 5 espèces dans la région tropicale américaine. Dans la région australienne, nous n'avons que 3 espèces cantonnées dans la sous-région austral-malaise.

LA GRENOUILLE VERTE. — *RANA ESCULENTA.*

Teichsrosch.

Caractères. — A l'exemple de Fatio, on peut partager les Grenouilles de nos pays en deux groupes, mettant d'un côté les Grenouilles plus exclusivement terrestres, telles que les Grenouilles rousses, qui ont la livrée généralement roussâtre et dont les sacs vocaux sont internes ou nuls, et d'un autre les Grenouilles vertes, essentiellement aquatiques, chez lesquelles la livrée est généralement verdâtre ou jaunâtre et chez lesquelles les sacs vocaux sont externes.

La Grenouille verte, Grenouille commune, Grenouille mangeable, est une espèce aux formes sveltes et élancées, qui peut atteindre 0m,22 de long, depuis l'extrémité du museau jusqu'au bout des pattes de derrière. La tête est triangulaire, aplatie, aussi large que longue. La membrane du tympan, parfaitement visible, a le même diamètre que l'œil. Le museau est arrondi. Chez le mâle deux vessies vocales peuvent sortir par une fente qui se prolonge presque jusqu'à l'épaule ; ces sacs ont parfois près de la grosseur d'une noisette. Les bras sont un peu plus longs et plus gros chez le mâle que chez la femelle, ainsi que les

membres postérieurs. La palmature entre les orteils est grande, mais varie un peu suivant la saison, l'habitat et les localités. La peau est lisse sous le ventre ou du moins très finement chagrinée ; il existe de chaque côté des flancs une série de verrues disposées suivant une ligne longitudinale (fig. 434).

Nous ajouterons que les dents vomériennes forment une rangée interrompue au milieu et située entre les ouvertures nasales qu'elles ne touchent pas. Au printemps, on voit chez le mâle une pelote de couleur brunâtre située à la base du pouce.

La teinte générale est verdâtre ; quant aux dessins du corps, ils sont des plus variables.

D'après F. Lataste, « les faces supérieures sont lavées de vert, de roux et de brun, l'une ou l'autre de ces teintes l'emportant sur les autres. Trois lignes jaune pâle, orangé, rouge ou bleu, plus ou moins apparentes, plus ou moins effacées, parcourent le milieu du dos et le haut de chaque flanc. On voit des taches foncées, irrégulières par leur forme, leur nombre et leur situation, sur le dos et les membres, affectant sur les membres postérieurs l'aspect de bandes transversales. Ces taches peuvent faire entièrement défaut.

« Les faces inférieures sont plus claires, quelquefois tout à fait blanches, sauf sur le pourtour des mâchoires, où se voient presque toujours de petites taches brunes ; d'autres fois elles sont toutes bigarrées de brun sur un fond jaune ou blanc, rappelant le dessin vulgairement appelé *culotte de Suisse*. Souvent les cuisses et le bas-ventre seuls sont ainsi bigarrés, le reste étant clair. Les flancs réunissent les taches du dos au fond clair du ventre. Il y a souvent une tache temporale brune de forme irrégulière. Une tache brune, allongée, se montre assez constamment sur la face antérieure du bras, à l'angle du bras et de la poitrine.

« En général, les Grenouilles qui habitent les marais sont plus brunes et plus foncées que celles des eaux claires.

« Les jeunes sont semblables à leurs parents, ayant seulement en général les trois raies longitudinales du dos des plus évidentes et la teinte plus claire. Leur taille, au moment de la métamorphose, est variable comme celle des têtards qui leur donnent naissance. »

Les yeux sont de couleur dorée.

Distribution géographique. — La Grenouille verte habite toute l'Europe, depuis ses limites méridionales jusqu'au Danemark au nord. On la trouve aussi en Algérie, dans l'Asie Mineure, la Syrie, la Palestine, la Perse et une grande partie de l'Asie centrale ; elle vit également en Chine et au Japon, où elle est représentée par une race particulière, la *Rana japonica.*

Mœurs, habitudes, régime. — Cette espèce est essentiellement aquatique ; elle ne quitte l'eau, en effet, que pour se chauffer au soleil sur la rive, toujours prête à plonger à la moindre alerte. Au plus léger bruit elle s'élance à l'eau, s'enfonce dans les herbes aquatiques, et au bout de quelques instants revient à la surface, regardant de ses deux gros yeux dorés l'objet de sa frayeur; si elle prend peur à nouveau, elle replonge et va cette fois se cacher dans la vase et s'y enfonce la tête la première.

La Grenouille verte habite indistinctement les eaux courantes et les eaux tranquilles; elle préfère cependant ces dernières. Les petits étangs entourés de buissons, sur le miroir desquels s'étendent les lis d'eau, les marécages où poussent les roseaux et les plantes sur lesquelles elle aime à s'exposer aux rayons ardents du soleil, sont ses lieux de prédilection; on la trouve aussi dans les fossés, les rivières et même dans les simples flaques d'eau.

Cette espèce aime beaucoup la chaleur; elle se tient en général, pendant le jour, la tête hors de l'eau, les pattes de derrière largement étendues ou se pose sur quelque plante aquatique, sur un morceau de bois flottant, sur une pierre qui émerge.

Veut-elle s'emparer d'une proie, la Grenouille verte s'élance dans l'eau, souvent à une grande distance ; elle nage vigoureusement et se dirige vers le fond par des mouvements doux. A moins d'être troublée, elle ne reste jamais longtemps dans l'eau, et après une courte hésitation, elle nage lentement vers la surface, sort la tête hors de l'eau, tourne ses grands yeux dans toutes les directions et cherche à se placer à l'endroit qu'elle occupait auparavant.

Lorsqu'elle est à terre la Grenouille verte s'avance rapidement entre les herbes par des sauts puissants. Elle nage plus rapidement à une certaine profondeur qu'à la surface et peut s'élancer hors de l'eau, soit pour s'emparer de l'insecte qui bourdonne, soit pour atteindre un endroit où elle veut se reposer.

Cette espèce développe un certain degré d'intelligence, car elle règle ses actions suivant les circonstances. Là où elle n'est pas d'habi-

tude pourchassée, elle pousse l'audace jusqu'à s'approcher à la distance d'un pied d'une personne qui ne fait pas de mouvements; si, au contraire, elle est poursuivie, elle s'enfuit au loin par des bonds puissants. Les vieilles Grenouilles sont toujours plus prévoyantes que les jeunes, et comme les Mammifères et les Oiseaux, instruits par l'expérience, surveillent les petits qui sont assez intelligents pour savoir que ce qu'ils ont de mieux à faire c'est d'imiter les actions de leurs parents; aussi se tiennent-elles sur leurs gardes en présence d'animaux qui leur sont nuisibles; dans les étangs que visitent habituellement les cigognes, elles prennent la fuite à l'approche de ces oiseaux aussi rapidement qu'à l'arrivée de l'homme.

La Grenouille verte use souvent de ruse pour s'emparer de sa proie. C'est ainsi que Naumann et Gräfe ont observé qu'une grosse Grenouille d'étang fit preuve d'une véritable intelligence pour s'emparer d'une petite Grenouille rousse. Elle avait saisi par derrière cet animal qui se débattait de telle sorte qu'il ne pouvait être avalé. Notre Grenouille, après un instant de réflexion, trouva évidemment une solution, car elle se précipita tout à coup contre un arbre; après avoir étourdi sa victime, elle finit par pouvoir la déglutir.

Notre espèce est, comme tous les Batraciens, essentiellement carnivore et ne recherche que les animaux vivants ; elle se nourrit d'insectes, de petits mollusques aquatiques, de larves, de vers. Aussitôt qu'elle voit une proie à sa convenance, elle s'élance sur elle, ouvre largement la bouche, projette et ramène sa langue avec une rapidité réellement inconcevable. La Verte semble préférer par-dessus tout, d'après Gredler, les guêpes, les araignées, les limaçons de petite taille; elle rend dès lors de réels services. Roësel, qui a longtemps et patiemment observé les Grenouilles, assure que les individus adultes ne craignent pas de s'attaquer aux jeunes souris et aux moineaux nouvellement nés et qu'il leur arrive trop souvent d'essayer de noyer des poussins de canards. La Verte est parfois très nuisible dans les étangs, car elle s'attaque aux alevins ou au frai de poisson.

Après avoir passé toute la mauvaise saison en léthargie, la Grenouille verte secoue bien plus tard que la Grenouille terrestre l'engourdissement de l'hiver. « Dans les mois d'avril et de mai, dit de l'Isle, elle ne fait que préluder à son chant par quelques coassements timides, et laisse le Calamite et la Rainette troubler de leurs clameurs sonores les premières heures de la nuit. Ce n'est guère qu'au commencement de juin qu'elle le fait éclater au loin par longues salves. C'est aussi à la même époque que la majeure partie de l'espèce se réunit par bandes nombreuses, au milieu des eaux stagnantes des vastes étangs et des marais où elles pullulent, pour y frayer en liberté. Cependant la ponte de cette espèce n'est point brève et simultanée, comme celle de la Rousse, de l'Agile et du Crapaud commun. Un certain nombre, habitant des eaux plus tièdes et plus circonscrites, telles que de petits étangs ou des mares pluviales, pondent un mois, deux mois plus tôt, en mai et en avril, et produisent des têtards qui se métamorphosent dès le commencement d'août. »

« Le coassement de cette espèce, dit Fatio, varie un peu avec les circonstances. C'est quelquefois, chez le mâle, une sorte de ricanement que l'on peut traduire par le mot *brekeke*, ou bien une exclamation sur deux notes exprimant le mot *koaar*; souvent dans les deux sexes, c'est encore un cri rauque, roulé et plus ou moins prolongé, toujours plus puissant chez le mâle, qui, pourvu de sacs, est orné quand il chante d'une vessie blanche grosse comme une noisette de chaque côté de la tête. »

Lataste ajoute que la Grenouille verte est l'espèce dont le chant est le plus compliqué et donnera le plus de mal au musicien qui voudra tenter de le noter.

Les Grenouilles vertes se retirent assez tôt, fin octobre au plus tard, dans la vase au fond des eaux, et même, dit Fatio, dans un trou, sous quelque herbe.

Les œufs très nombreux, et réunis en un gros paquet, sont généralement déposés au fond de l'eau. Le têtard, souvent d'une grande taille, a le dessus du corps lavé de brun, de roux et de jaune, tandis que les flancs présentent parfois des reflets d'un rouge cuivreux; la queue est piquetée, sur un fond roussâtre, de points bruns irrégulièrement semés; le ventre est bleuâtre ou blanchâtre.

Roësel, qui a suivi le développement de cette espèce, a vu que la ponte ayant eu lieu du 12 au 16 juin, les membres postérieurs étaient assez longs au mois d'août, bien que la métamorphose ne fût complète que du 31 octobre au 4 novembre.

Les œufs sont d'un jaune clair d'un côté, d'un jaune foncé de l'autre; ils sont enveloppés d'une matière glaireuse très abondante; ils sont moins gros que ceux de la Grenouille rousse et même que ceux de la Rainette.

Dès le quatrième jour après la ponte, l'embryon commence à se mouvoir; à la fin du cinquième ou sixième jour, l'œuf se rompt, et l'on voit alors un têtard d'un millimètre de long, qui, après s'être fixé un instant à quelque plante ou contre une pierre, se met à nager. Si on l'observe à l'aide d'un verre grossissant, on aperçoit distinctement deux points qui sont les yeux, une bouche et, de chaque côté de la tête, des appendices d'où sortent les branchies. Le développement de la larve avance rapidement. Au treizième ou au quatorzième jour, les branchies s'atrophient. Lorsque le têtard a atteint une longueur de 6 à 7 centimètres, les quatre membres sont complètement développés, mais la queue est encore plus longue que le corps, comprimée latéralement et très étendue en hauteur. Ce n'est que près de quatre mois après la ponte que la transformation est complète.

Usages. — D'après Lataste, on prend la Grenouille verte « des plusieurs façon : à la ligne amorcée d'un objet quelconque, d'un morceau de drap rouge afin qu'il se voie de loin; on trouble l'eau, en raclant la vase dans laquelle elle a piqué une tête à l'approche du chasseur; à l'arbalète, ou même avec une lance, dont on peut approcher la pointe à quelques centimètres de son corps; voyant le pêcheur à une certaine distance, elle a l'intelligence trop obtuse pour se méfier de l'instrument qui doit la transpercer. »

Dans le sud de l'Allemagne, en France et dans quelques autres contrées, on s'empare des Grenouilles, car leurs cuisses donnent un mets agréable, sain et nourrissant, contrairement à ce qu'a écrit Gesner, qui prétend qu'elles constituent « un aliment détestable et malsain, qui rend pâles ceux qui en font usage ».

Dans certaines parties de l'Italie, en Ligurie, par exemple, ce mets est en horreur, tandis qu'il est fort recherché dans le Piémont. En France, en Allemagne on ne mange que les pattes de derrière ; dans le Piémont, au contraire, on sert l'animal entier, après l'avoir préalablement vidé.

Nocivité. — Dans certains étangs, les Grenouilles occasionnent parfois des dégâts considérables en détruisant les œufs et les alevins de Poissons. Elles font souvent aussi périr les poissons adultes en se cramponnant sur eux et par leurs mouvements désordonnés en faisant tomber les écailles.

Nordmann, qui faisait valoir aux environs d'Altembourg un vivier considérable, rapporte, d'après Schlegel, qu'environ 12,000 Carpes se trouvaient dans ce vivier ; elles pesaient en moyenne une demi-livre. Quelques jours avant le moment de la pêche, un paysan raconta au propriétaire qu'il avait vu une grosse Carpe qui malgré tous ses efforts n'avait pas pû se débarrasser d'une Grenouille cramponnée sur son dos. La pêche qui fut faite confirma la vérité de ce récit, au grand étonnement de Nordmann. On vit, en effet, presque sur chaque Carpe une, parfois deux Grenouilles cramponnées avec leurs pattes de derrière sur la tête, sur les branchies ; quelques Grenouilles s'étaient fixées si énergiquement qu'il était difficile de les détacher avec les mains. Les plus belles Carpes étaient écorchées ; une partie de leurs écailles étaient tombées. Près de mille poissons auxquels les Grenouilles avaient crevé les yeux, arraché les branchies, n'avaient plus aucune valeur marchande.

LA GRENOUILLE ROUSSE. — *RANA TEM-PORARIA*.

Märzfrosch.

Caractères. — La Rousse est une espèce plus trapue que la Verte. La face est courte et bombée, les membres postérieurs sont raccourcis, les allures sont assez lourdes. Le mâle manque de sacs vocaux externes. Les dents vomé--riennes forment deux petits amas situés immé-diatement en arrière d'une ligne qui réunirait le bord postérieur des arrière-narines. Le dos est bordé, à droite et à gauche, par un remfle-ment glanduleux qui s'étend depuis l'orbite jusqu'à l'extrémité du tronc. Au moment de la ponte, le pouce chez le mâle se recouvre d'aspérités qui lui donnent l'aspect d'une petite brosse noire.

Ainsi que l'ont bien vu Duméril et Bibron, « un signe distinctif de la Grenouille rousse, c'est d'avoir la région latérale de la tête com-prise entre l'œil et l'épaule, colorée en noir ou en brun foncé, circonstance qui lui a valu la qualification latine de *temporaria* ou marquée à la tempe ; cette grande tache noire ou brune se termine généralement en pointe derrière l'angle de la bouche. Une raie noire, passant par la narine, s'étend du bord antérieur de l'œil au bout du museau ; un trait de la même couleur est marqué en long sur le devant du haut des bras. Les mâchoires sont blanches

ou jaunâtres, bordées ou tachetées de noir ou de brun. Les pattes postérieures sont presque toujours coupées en travers par des bandes d'une couleur foncée. La plupart des individus ont toute la face supérieure du corps d'une teinte rousse uniforme ou tachetée de noirâtre ; puis il y en a de verts, de verdâtres, de gris, de bruns, de noirâtres, de jaunâtres, de blan-châtres et même de colorés en rose avec ou sans taches plus ou moins foncées que le fond sur lequel elles sont semées. Les régions infé-rieures sont souvent d'un blanc jaunâtre, mais elles offrent aussi quelquefois des taches cen-drées, brunes ou roussâtres. La pupille est noire, oblongue, et l'iris de couleur d'or (fig. 435). »

Distribution géographique. — La Gre-nouille rousse se trouve dans toute l'Europe, depuis les parties méridionales jusqu'au Cap Nord ; elle est également représentée en Sibérie.

Certains naturalistes ne considèrent que comme des races locales la *Rana sylvatica* ou *cantabrigensis* et la *Rana arvalis* ou *oxyrhina*. Si cette manière de voir se vérifiait, la Rousse se retrouverait encore dans l'ouest de l'Asie, au Japon et dans une grande partie des États-Unis.

L'espèce monte, en Europe, jusqu'à 2,000 mètres d'altitude et même plus haut, par exemple au Grimsel, près du Spital, ou dans les lacs alpins des zones supérieures, au Saint-Gothard, bien que souvent ces lacs soient encore couverts de glace dans les derniers jours du mois de juillet.

Mœurs, habitudes, régime. — La Gre-nouille rousse est, du reste, l'espèce dont la ponte a lieu le plus tôt dans nos pays. Dès le mois de février, alors que la température est encore rude et que la glace couvre chaque nuit la surface des étangs et des mares, ce Batracien se rend à l'eau pour y déposer son frai.

Les œufs, qui sont plus gros, mais moins nombreux que ceux de la Grenouille verte, tombent au fond de l'eau après la ponte ; les amas sont rapidement gonflés par l'eau et re-montent bientôt à la surface, formant de grosses masses épaisses et mucilagineuses, qui contiennent jusqu'à cent cinquante pe-lotes.

Le développement de ces œufs est d'abord assez lent. Vers le quatorzième jour, on peut apercevoir la larve ; trois ou quatre semaines après, si le temps est favorable, on voit celle-ci quitter l'œuf, sortir en rampant, puis retourner de temps en temps vers le mucilage qu'elle vient de quitter, sans doute pour s'en nourrir. La transformation s'opère alors rapidement, car vers la fin du troisième mois, la métamorphose est complète, et les Grenouilles quittent l'eau parfois en si grand nombre que la vieille légende des pluies de Grenouilles trouve dans ce cas une explication toute naturelle.

Dans les pays de montagnes, la ponte a évidemment lieu plus tard qu'en plaine. Lorsque le froid se produit plus tôt que d'habitude, il peut arriver que l'animal passe l'hiver à l'état de larve non métamorphosée.

La Grenouille rousse, différente en cela de la Grenouille verte, s'éloigne des eaux dès qu'elle a pondu et n'y revient plus que l'année suivante ou bien vers la fin de l'automne pour y passer l'hiver, engourdie dans la vase. Dans l'intervalle de ces époques, elle habite les prairies et les jardins, les champs et les forêts; elle recherche de préférence les endroits un peu humides, aussi peut-on être certain de la trouver au milieu des hautes herbes. Pendant la grande chaleur, elle se cache sous les pierres, entre les racines des arbres, dans les trous du sol, pour ne reparaître que le soir, moment où elle se livre à la chasse.

La nourriture consiste en insectes, en vers, en chenilles, en petits mollusques nus. Sitôt qu'elle aperçoit une proie à sa portée, la Rousse fond rapidement sur elle, projette sa langue et avale l'animal; elle sait parfaitement faire la distinction entre une proie qui lui convient et une qui n'est pas à sa convenance; c'est ainsi, dit-on, qu'elle dévore les abeilles, mais rejette les guêpes.

La Grenouille rousse n'est pas bonne musicienne. Au moment de la ponte seulement, elle fait entendre un coassement sourd et peu prolongé; ce bruit peut se faire entendre sous l'eau. Le printemps passé, la Rousse redevient silencieuse.

Ennemis. — Aucun Batracien peut-être n'a autant d'ennemis que la Grenouille rousse; tous les animaux carnassiers l'attaquent et sur terre et dans l'eau; elle n'est réellement à l'abri des poursuites que lorsqu'elle s'enterre dans la vase pour y passer l'hiver. Beaucoup d'oiseaux, la plupart des Serpents de nos pays la pourchassent; avec le Crapaud, elle est la proie préférée de la Couleuvre à collier; pendant les premiers temps de son existence la Grenouille verte s'en nourrit; les écrevisses recherchent ses larves. Malgré toutes ces cau-

ses de destruction, la Grenouille rousse est si prolifique, qu'un printemps favorable suffit à combler les vides faits par les nombreux ennemis qui pourchassent cette espèce sans trêve ni merci.

LA GRENOUILLE AGILE. — *RANA AGILIS.*

Caractères. — Confondue avec la Grenouille rousse, à laquelle elle ressemble beaucoup pour la coloration, la Grenouille agile en a été séparée en 1855 par Thomas, de Nantes.

La Grenouille agile se distingue, en effet, facilement de ses congénères par sa face allongée et fuyante, le tympan plus grand. Les membres postérieurs sont plus longs et, ramenés en avant le long du corps, le genou arrive au niveau de l'origine du bras; le talon dépasse fortement le museau, tandis que dans l'autre espèce il arrive à peine au niveau de l'œil; l'Agile est, en effet, une espèce plus élancée que la Rousse.

L'adulte ressemble à cette dernière espèce par la tache noire ou brunâtre qui recouvre les tempes. La couleur du corps est d'un roux plus ou moins vif et peut passer au rosé; la coloration est généralement plus claire chez la femelle que chez le mâle. Les membres postérieurs sont rayés de brun. Le ventre est d'un blanc mat, comme poli; la gorge et la poitrine présentent souvent, principalement chez les femelles, une teinte d'un rose tendre, les aines, une nuance vert doré; le dessous des cuisses, une couleur de chair.

Le mâle est toujours de plus petite taille que la femelle.

D'après Lataste, « les jeunes sont assez semblables à leurs parents. La tête est forte, quoique acuminée en avant, le corps effilé, les membres grêles, et marqués de bandes transversales brunes, nombreuses et serrées. Les bandes se voient même chez la larve, sur le membre postérieur, bien avant l'apparition des bras. Les jeunes, après la métamorphose, mesurent de 15 à 20 millimètres, plus ou moins, du museau à l'anus.

« Les dimensions du têtard sont très variables. Le corps est ovale, mais plus court et beaucoup moins déprimé que chez la Grenouille verte; le museau est un peu plus acuminé, la bouche plus petite; la queue, proportionnellement plus courte et plus large, se termine également en pointe aiguë et ne remonte pas sur le dos. Les teintes de cette espèce sont plus claires. Le dos est taché de gris brun sur fond jaunâtre clair ; le ventre est blanc ; une bande obscure le sépare de la gorge qui est d'un blanc moins pur. Mais c'est surtout la coloration de la queue qui diffère. Celle-ci présente bien, comme celle de la Grenouille verte, trois bandes interrompues sur sa partie charnue ; mais sa portion membraneuse et transparente est toute marbrée de taches d'un gris roux, grosses, nombreuses et rapprochées, tandis qu'on ne voit au même endroit, chez la Grenouille verte, que des points petits et éloignés.

Distribution géographique. — « C'est dans la Loire-Inférieure, près de Nantes, que Thomas a découvert l'Agile. Fatio la signale en Suisse et nous apprend qu'elle existe aussi en Italie. A. de l'Isle écrit qu'il l'avait trouvée à Toulouse et dans les Pyrénées, et qu'il l'avait reçue de Morée. En France, elle a encore été trouvée dans le Jura et dans les environs de Paris. Elle existe également dans la Charente-Inférieure ; elle n'y est même pas rare, et y est désignée par les paysans sous le nom de *papegay*. On voit que c'est une espèce méridionale qui, dans les départements plus septentrionaux et sur les Pyrénées, vit côte à côte avec la Rousse, mais qui, dans la Gironde, remplace cette dernière. »

Mœurs, habitudes, régime. — Dès les premiers jours de mars, le mâle de la Grenouille agile s'éveille ; il monte du fond des étangs, dans la vase desquels il vient d'hiverner, et de son gloussement sonore, appelle sa femelle encore cachée sous la feuillée ou dans le creux des rochers. La ponte a lieu bientôt, non dans les petites flaques d'eau, comme le fait la Grenouille rousse, mais dans les eaux profondes. Les œufs, plus petits que ceux de cette dernière espèce, sont attachés aux bois morts ou aux rameaux flottants.

Suivant A. de l'Isle, « comme la Grenouille des bois de l'Amérique du Nord, à laquelle elle ressemble beaucoup, l'Agile est une espèce exclusivement terrestre. Hors l'hivernage et le temps des amours, on ne la trouve jamais à l'eau. Elle recherche les frais vallons au bord des ruisseaux. C'est là, dans les prés, dans l'herbe des taillis ou sous les grands arbres, qu'on la trouve le plus souvent, isolée ou par petites bandes. Elles partent sous les pas par bonds de 4 à 5 pieds, vont tomber dans le ruisseau ou se dérobent dans l'herbe de la prairie.

« Une grande partie hivernent à terre sous la feuillée, les autres dans la vase et dans les masses submergées de plantes aquatiques. » Ajoutons que les mâles s'écartent beaucoup moins des mares ou des ruisseaux que les femelles.

F. Lataste, qui a observé cette espèce avec soin dans la Gironde, où elle est commune, rapporte qu'elle se trouve assez abondamment dans les prairies ou les bois humides, à peu de distance des petits ruisseaux. Elle ne va jamais à l'eau hors du temps de la ponte ; à peine y cherche-t-elle un refuge momentané quand elle part sous vos pas, faisant des bonds de près de 2 mètres. Peu rusée, elle se laisse prendre aisément avec un petit troubleau, soit à terre, soit à l'eau, sur les plantes aquatiques, à la surface desquelles elle s'arrête le plus souvent. Elle vit d'insectes qu'elle saisit adroitement au vol.

« Le cri du mâle, très faible, ne s'entend guère au delà d'une quinzaine de pas. Il se compose d'une seule note, comme parlée à voix basse, vite articulée et rapidement répétée. A. de l'Isle l'exprime fort bien par les cris : *cau, cau, cau, cau, cau, cau, corr, corr, corr, crrro.*

« Ce cri ne peut être confondu avec celui d'aucun autre de nos Anoures. Il ressemble, paraît-il, à celui de la *Rana oxyrhina*, lequel est comparé par de Siebold au bruit produit par l'air qui s'échappe d'une carafe vide que l'on tient sous l'eau pour la remplir, et que Schiff exprime par l'onomatopée : *rouen, rouen, rouen.*

« Il diffère sensiblement du grognement continu de la Grenouille rousse, que A. de l'Isle rend par les mots : *rrouou, grouou, ourrrou, rrououou,* et Schiff par les mots : *ouorrr, ouorrr.*

« La femelle en tout temps, et le mâle hors le temps des amours, sont muets. Cependant quelquefois, quand on les saisit et qu'on les pince, ils crient *i, i, i,* comme une souris. Schiff fait la même remarque à propos de l'Oxyrhine. »

LA GRENOUILLE-TAUREAU. — *RANA MUGIENS.*

Ochsensrosch.

Caractères. — La Grenouille mugissante, Grenouille-Taureau, est la plus grande de toutes les Grenouilles ; toutes nos espèces européennes sont, en effet, des pygmées en comparaison de celle-ci, dont le corps peut arriver à une longueur de 0ᵐ,22 et les membres postérieurs à 0ᵐ,23.

Malgré sa taille, cette Grenouille est lourde de forme (pl. XVI). La tête est déprimée ; les yeux forment deux saillies très prononcées ; le tympan est large, plus grand chez les mâles que chez les femelles ; le museau est arrondi ; les dents vomériennes sont disposées suivant deux amas rapprochés l'un de l'autre.

Les doigts sont forts, un peu pointus, légèrement déprimés ; les orteils sont réunis jusqu'à leur extrémité par une membrane épaisse et élargie. Chez certains individus, la peau du dos est lisse, tandis que chez d'autres elle est couverte de très petites pustules.

Comme chez toutes les Grenouilles, la coloration est assez variable. Les uns ont le dessus du corps uniformément olivâtre, d'autres l'ont jaune, ou roussâtre, marqué de taches de forme irrégulière et d'inégale grandeur ; la plupart offrent des marbrures brunes se détachant nettement sur un fond tantôt de couleur marron, tantôt verdâtre ou plus rarement d'un gris bleuâtre ou ardoisé. Les pattes de devant sont tachées de brun foncé, les membres postérieurs rayés de bandes transversales de la même couleur. Le ventre est d'un blanc jaunâtre, parfois uniforme, parfois tacheté de brun.

Distribution géographique. — La Grenouille-Taureau se trouve dans le nord-est de l'Amérique, depuis la Nouvelle-Orléans jusqu'au Canada ; d'après Audubon, elle est incomparablement plus commune dans les régions du Sud que dans celles du Nord.

Mœurs, habitudes, régime. — Cette espèce ne quitte pas le bord des eaux ; elle affectionne les eaux limpides dans le voisinage desquelles se trouvent d'épaisses broussailles ; elle aime à se chauffer sur la rive et plonge au moindre bruit.

Le coassement de cette Grenouille est si fort qu'il lui a valu le nom de *Bull-Frog* ou de Grenouille-Taureau de la part des habitants des États-Unis ; ce bruit s'entend à des distances considérables et pendant la nuit produit au milieu des bois un tapage réellement assourdissant. Au moment de la ponte, ces animaux se réunissent souvent par centaines. Dans les États du Sud, ils poussent leurs cris pendant toute l'année, mais surtout au printemps et en été.

Lorsque l'on voit jusqu'à quel point peut s'ouvrir la bouche de la Grenouille mugissante,

on n'est pas étonné de sa voracité. Notre Grenouille verte est déjà fort gourmande et, si elle en avait la force, elle s'attaquerait sans nul doute à beaucoup d'animaux ; c'est ce que fait la Grenouille-bœuf. Elle saisit par les pattes les jeunes canards qui nagent dans les endroits qu'elle habite, les attire au fond de l'eau, les noie et les dévore ; les poussins qui s'aventurent sur la rive sont très fréquemment appréhendés. Harlan assure avoir tué une de ces Grenouilles au moment où elle venait de manger un Serpent. Duméril a trouvé dans l'estomac de plusieurs Grenouilles mugissantes des insectes appartenant à différents ordres, des coquilles paludines, des débris de poissons, une portion de squelette de Sirène et des os d'oiseaux. Aux États-Unis, les paysans affirment que cette Grenouille fait plus de ravages que le Vison.

Chasse, usages. — Cette voracité même occasionne la mort de la Grenouille mugissante, car elle se précipite sur l'hameçon qu'on lui tend souvent pour s'en emparer. On prend également cette Grenouille avec des filets, des pièges de différentes sortes. On la chasse parfois au fusil, car un animal qui pèse près de 0ᵏ,300 et dont les cuisses passent pour un mets délicat vaut bien quelques grains de plomb.

Captivité. — Depuis plusieurs années, la Grenouille mugissante est assez souvent apportée vivante en Europe. Nous avons pu pendant assez longtemps observer plusieurs de ces animaux conservés à la Ménagerie des Reptiles du Muséum de Paris et nous devons assurer qu'ils ont à peu près les mœurs de notre Grenouille verte. Ce sont des animaux extrêmement voraces, qui semblent préférer à tout d'autres Grenouilles de petite taille ; l'ouverture de leur bouche est telle qu'ils avalent des Grenouilles rousses presque adultes. Le plus habituellement les Grenouilles-bœufs se tiennent à demi plongées dans l'eau ; malgré la nourriture abondante qui leur est donnée, ces animaux n'ont jamais pondu. Il est cependant probable que, dans un état de demi-liberté, ces Grenouilles pourraient s'acclimater dans nos pays.

C'est en effet ce qui est arrivé. De ces Grenouilles échappées du Jardin d'acclimatation de Paris se sont parfaitement reproduites dans les mares du bois de Boulogne où on en rencontre encore aujourd'hui.

LA GRENOUILLE TAUREAU.

Fig. 436. — Le Rhacophore de Reinwardt (grand. nat.).

LES RHACOPHORES — *RHACO-PHORUS*

Flugfrosch.

Caractères. — Le nom de Rhacophore a été appliqué par Kuhl, et après lui par Duméril et Bibron, à un singulier Batracien chez lequel les doigts sont très aplatis, à disques terminaux fort dilatés, reliés entre eux par des membranes longues et extensibles ; cette palmure se plisse longitudinalement lorsque les doigts et les orteils se rapprochent et peut servir à l'animal de parachute lorsqu'il s'élance de branche en branche. La tête est courte, la langue grande, longue, rétrécie en avant, élargie, fourchue, libre en arrière ; le tympan est visible ; le vomer est armé de dents situées entre les arrière-narines, largement séparées au milieu. Le long des bras se trouve une expansion en forme de crête.

Bien que cet animal ait tout à fait l'aspect extérieur d'une Rainette, et ait été effectivement placé avec ces dernières, par son organisation interne il ne peut être séparé des Grenouilles.

BREHM. — V.

Distribution géographique. — Les Rhacophores habitent l'Inde, les îles de la Sonde et Madagascar.

LE RHACOPHORE DE REINWARDT. — *RHACO-PHORUS REINWARDTII*

Caractères. — Cette espèce, ainsi nommée du nom du voyageur qui l'a découverte, a le dos de couleur verte, parfois tacheté de noir, tandis que le ventre est coloré en jaune-orangé et ponctué de noir. La palmure des mains offre une tache bleue entre le second et le troisième doigt, ainsi qu'entre le troisième et le quatrième ; des taches semblables se voient aux pattes de derrière. Le museau est arrondi ; les yeux sont saillants (fig. 436).

Distribution géographique. — Le Rhacophore de Reinwardt se trouve à Java, à Sumatra, à Bornéo.

Mœurs, habitudes, régime.—« Un des Batraciens les plus rares et les plus dignes d'intérêt, que je vis à Bornéo, rapporte Wallace, était une grande Grenouille d'arbre que m'apporta un ouvrier chinois. Celui-ci me raconta qu'il avait vu l'animal descendre en quelque sorte

REPTILES. — 73

en volant du haut d'un arbre élevé. Lorsque j'examinai le Batracien, je vis qu'il avait les orteils très grands et recouverts par la peau jusqu'à l'extrémité, si bien que déployés ceux-ci offraient une surface plus considérable que celle du corps. Les doigts des membres antérieurs étaient également unis par la peau, et enfin le corps pouvait se gonfler considérablement. Le dos et les membres avaient une couleur d'un vert chatoyant; la face inférieure du corps et l'intérieur des orteils étaient jaunes, la membrane natatoire noire et striée de jaune. La longueur du corps atteignait environ 0m,10, mais la membrane des pattes de derrière, complètement déployée, présentait une surface de 28 centimètres carrés et la surface de tous les pieds réunis couvrait un espace de 81 centimètres carrés. Cet animal présente ce fait que les doigts qui peuvent se conformer pour la nage ou le grimper peuvent également servir à rendre cet animal capable de se diriger à travers l'air à la manière des Sauriens qui volent. »

Le Rhacophore vole, en effet, de branche en branche, ainsi que le montre bien la figure 436.

LES DISCOGLOSSIDÉES — *DISCOGLOSSIDÆ*

Caractères. — La famille des Discoglossidées, constituée aux dépens des familles des Ranidées, des Bombinatoridées et des Alytidées, comprend des animaux qui présentent de tels caractères anatomiques qu'on a dû en former un groupe à part.

Par la présence des côtes, par leurs vertèbres dont la cavité articulaire est tournée en arrière, ces Batraciens se rapprochent par certains points des plus élevés des Urodèles. Chez eux, les têtards ont le spiraculum ou orifice de sortie de l'eau destiné aux branchies situé sur la ligne médiane, tandis que chez les autres Anoures à langue distincte, cet orifice est placé à gauche.

La mâchoire supérieure porte des dents, ce qui fait que les Discoglosses et les genres voisins avaient été placés près des Grenouilles, dont ils ont l'aspect extérieur. Les apophyses des vertèbres sacrées sont dilatées. A l'épaule, les coracoïdes et les précoracoïdes sont réunis par un cartilage spécial, l'épicoracoïde.

Distribution géographique. — Cette famille se compose de 4 genres renfermant 5 espèces. Les Discoglosses se trouvent dans le sud de l'Europe et le nord-ouest de l'Asie; les Bombinator sont signalés de l'Europe, de l'Asie centrale et d'une partie du Céleste Empire; les Alytes vivent en France, en Belgique, en Suisse, dans l'ouest de l'Allemagne; la famille est représentée à la Nouvelle-Zélande par le genre Liopelme.

LES DISCOGLOSSES — *DISCOGLOSSUS*

Caractères. — Le genre Discoglosses ne comprend qu'une seule espèce, le Discoglosse peint (*Discoglossus pictus*).

Ce Batracien, dont l'aspect général est celui d'une Grenouille rousse, se reconnaît cependant au premier abord par l'aplatissement de son crâne et de son museau; le tronc est relativement grand, les membres, surtout les antérieurs, étant courts. Le museau est pointu. La pupille est triangulaire, à bords nettement arrondis. La langue est circulaire, grande, charnue, fixée sur la plus grande partie de son étendue, libre seulement en arrière et un peu sur les côtés. Les dents vomériennes forment deux longues rangées situées en arrière des orifices nasaux. Le tympan est généralement caché, parfois cependant il est apparent, et dans ce cas petit. La palmure des doigts est plus grande chez le mâle que chez la femelle.

D'après Lataste, la peau du Discoglosse vivant est excessivement onctueuse au toucher et cet animal glisse entre les doigts comme une anguille quand on veut le saisir. La peau n'est cependant pas entièrement lisse; elle présente de petites élévations irrégulières; le pli glandulaire des flancs est très marqué.

La coloration est variable. La face supérieure du corps est d'un brun roux ou fauve plus ou moins clair, plus ou moins foncé, de teinte uniforme, mais, le plus souvent, sur le fond se détachent des taches brunâtres, grisâtres, roussâtres, plus ou moins irrégulièrement distribuées. Parfois, ces taches se réunissent en une large bande d'un brun marron foncé commençant derrière l'œil, qui est bordé par un liséré blanchâtre; le milieu du dos est occupé par une large bande d'un jaune clair.

La face supérieure des membres postérieurs est tantôt de couleur presque uniforme, tantôt tachetée de brun, parfois largement barrée ou marbrée de brunâtre ou de noirâtre. Le ventre est le plus souvent d'un jaune clair, comme brillant. L'iris est de couleur d'ôr, sablé de brun.

D'après Lataste, les têtards ont le corps de forme ovalaire assez régulière. Très jeunes, ils sont d'un brun foncé et uniforme en dessus, d'un gris blanchâtre en dessous. Plus âgés, et un peu avant la métamorphose, leur coloration se rapproche de celle des adultes, quatre ou six séries de taches d'un brun foncé se détachant sur le fond plus clair et souvent légèrement roussâtre.

Distribution géographique. — Le Disco- glosse est une espèce du sud de l'Europe et du nord-ouest de l'Afrique; il est connu du sud de l'Espagne, des îles Baléares, de Sar- daigne, du sud de l'Italie, de Sicile, de la Grèce; on le trouve au Maroc, en Algérie, dans la régence de Tunis.

Mœurs, habitudes, régime. — Cetta, le pre- mier naturaliste qui, en 1777, a reconnu l'espèce qui nous occupe et qu'il a nommée Grenouille *acquajualo* (aquatique), dit qu'elle « est abondante dans les eaux de Sardaigne; elle quitte l'eau et va à terre, surtout pen- dant l'été. Les habitants la tiennent pour véné- neuse, et n'en mangeraient pas pour tout l'or du monde; ils racontent même une histoire de soldats qui en auraient été empoisonnés; mais d'autres soldats affirment en avoir mangé et s'en être fort bien trouvés. »

F. Lataste, qui a observé avec soin le Disco- glosse, a constaté que cet animal a un chant très faible; quand on le tourmente, surtout lorsqu'il est jeune, il fait cependant entendre un cri semblable à celui d'un jeune chat; ce cri diffère de celui du Pélobate, lequel rappelle plutôt le miaulement de fureur d'un chat adulte; l'adulte pousse un cri qui rappelle le petit cri de la souris.

Le Discoglosse se nourrit d'insectes, d'arai- gnées, de vers de terre, de petits mollusques terrestres ou fluviatiles. Duméril et Bibron rapportent que cet Anoure vit dans les petites rivières et dans les marais d'eau douce et salée, absolument comme la Grenouille verte, en compagnie de laquelle on le trouve commu- nément en Sicile.

LES SONNEURS. — *BOMBINATOR*

Unie.

Caractères. — Dans son ouvrage sur les Grenouilles de nos pays, Roësel désigne sous le nom de *Crapaud de feu* ou de *Crapaud taché de rouge,* un animal que Daudin et Latreille nommèrent plus tard le *Crapaud sonnant* ou *Crapaud pluvial;* c'est le *Sonneur couleur de feu* ou *igné* de Dugès, de Duméril, Bibron et des herpétologistes modernes.

Cet animal est le type du genre *Bombinator* qui se caractérise, dans la famille des Disco- glossidées, par le tympan caché, la langue. entière, fort mince, de toutes parts adhérente, l'absence de vessie vocale, la pupille de forme triangulaire, quatre doigts libres, les orteils réunis par une membrane, la saillie du premier os cunéiforme tuberculeuse, non tranchante; les apophyses des vertèbres sacrées sont lar- gement dilatées. La mâchoire supérieure est garnie de dents.

Ce genre ne comprend qu'une seule espèce, le *Bombinator igneus* (fig. 437).

Chez cet animal, la peau est excessivement rugueuse, toute couverte de pustules assez grosses, arrondies et confluentes, ce qui le fait ressembler à un Crapaud. Le corps, long, en moyenne, de 4 centimètres, est allongé, arrondi dans tous les sens, un peu plus pincé cependant aux lombes; la tête, plutôt petite que grande, est aplatie; les yeux, saillants, sont fort rapprochés l'un et l'autre; la pupille est triangulaire et paraît comme une étroite ligne dorée. Le dessus du corps est d'un brun terreux, de couleur uniforme, tandis qu'au ventre, sur un fond d'une vive couleur orangée, se voient des taches irrégulières de forme et de nombre, d'un beau bleu noirâtre, dont la partie centrale est d'un gris bleuâtre. Chez les indi- vidus jeunes, le ventre, gris bleuâtre, est semé de points gros et arrondis, de couleur noir bleuâtre, tandis que la paume des mains et la plante des pieds sont orangées.

Les têtards sont d'un gris roussâtre, avec quelques points bruns épars, le dessous du corps étant d'un brun cendré. Le corps est ovalaire, très arrondi, déprimé, la tête se confondant avec le tronc; la queue est courte, arrondie à son extrémité, et la membrane caudale ne remonte pas sur le dos.

Distribution géographique. — Le Sonneur igné habite l'Europe moyenne, depuis l'Italie jusque vers le sud de la Russie ; il se trouve en Danemark, en Suède ; il est commun en France ; d'après Boulenger, il a été recueilli en Chine ; il est dès lors probable qu'il existe dans l'Asie centrale, dont la faune batrachologique a tant de rapports avec celle de l'Europe.

Mœurs, habitudes, régime. — Cette espèce se trouve dans les plaines aussi bien que dans les endroits montagneux jusqu'à l'altitude de 1,500 mètres. L'animal séjourne pendant tout l'été dans les mares, les étangs ; les fossés, les bourbiers ; c'est seulement au commencement de l'automne qu'il parcourt la campagne, sautillant très adroitement à l'aide de ses pattes postérieures relativement longues. Dans l'eau, il se tient à quelque distance de la rive ; il porte la tête élevée au-dessus de la surface, plonge avec une extrême rapidité à la moindre alerte et va se cacher dans la vase. Lorsqu'il croit que tout danger est passé, le Sonneur remonte lentement à la surface et va se placer à l'endroit qu'il occupait auparavant ; il regarde alors tout autour de lui, avant que de recommencer à pousser son chant monotone.

Le Sonneur se meut dans l'eau avec une grande agilité ; bien qu'il ne puisse cependant rivaliser avec la Grenouille verte, il nage très bien et sait parfaitement se cacher dans la vase. Sur le sol, cet animal se meut par bonds précipités, courts, rapides et fréquents. Le trait caractéristique des mœurs des Sonneurs est une extrême poltronnerie. Il ne recherche les eaux courantes qu'à défaut d'autres ; les eaux stagnantes et couvertes de lentilles d'eau lui conviennent à merveille, car il sait parfaitement s'y dérober aux regards. Sur la terre ferme, c'est par la ruse que le Sonneur se soustrait à la poursuite ; il se cache entre les herbes, se blottit contre le sol, et la couleur de son dos est telle que souvent il échappe aux regards. Lorsqu'on l'inquiète, il prend une position des plus singulières, renverse la tête et les pattes sur le dos ; il reste dans cette étrange position jusqu'à ce qu'il s'imagine que tout danger a disparu.

Lataste, qui a bien observé cet animal dans la Gironde, nous apprend « qu'il abonde surtout dans les rigoles et les petites flaques d'eau pluviales. Il fréquente surtout les eaux stagnantes et croupissantes de peu d'étendue, se tenant généralement sur leurs bords, et s'y réfugiant au moment du danger, à moins qu'il ne se tapisse contre la vase, comptant sur sa livrée supérieurement obscure pour le dérober. Il nage fort bien, émergeant très peu, les yeux et les narines seuls élevés au-dessus de l'eau ; mais le peu de profondeur des eaux qu'il habite permettrait de le prendre aisément à l'aide d'un petit troubleau, ou même à la main ; d'ailleurs il est moins méfiant et moins agile que la Grenouille verte. Il doit profiter de la nuit pour voyager d'une mare à l'autre. Il est très impressionnable. « Souvent j'en ai vu, écrit Lataste, qui perdaient la tête, et tournoyaient sur place comme des fous, quand j'étendais la main pour les saisir, dans une flaque où l'eau n'avait que quelques centimètres de hauteur et ne pouvait les cacher. Nous connaissons la bizarre posture qu'il prend à terre, quand on le tourmente, se renversant sur le dos, creusant son échine, relevant les cuisses et se fourrant les poings dans les yeux. Roësel ajoute que si on continue à le tourmenter, il s'échappe de la partie la plus épaisse des cuisses un liquide mousseux comme de l'écume de savon et inodore. » Lacépède dit, au contraire, que cette humeur est fétide ; il est certain que le Bombinator exhale, lorsqu'on l'irrite, une odeur toute particulière et des moins agréables.

Le Sonneur se nourrit d'insectes, de vers, et surtout de petits mollusques terrestres et fluviatiles. Fatio rapporte que souvent il a trouvé des Bombinators dont les doigts étaient mutilés ou pincés entre les deux valves de Cyclades ; ce mollusque ne lâche prise que lorsque la patte a été gangrénée et s'est détachée par suite de l'arrêt de la circulation ; le doigt perdu ne repousse pas, comme cela a lieu chez les Tritons et chez les Salamandres.

D'après Lacépède, le chant du Sonneur consiste en une sorte de coassement sourd et entrecoupé. Suivant Lataste, « le chant de cette espèce, assez faible et très doux, se compose de deux notes plus basses que celles de l'Alyte, la première un peu plus élevée que la deuxième. Ces deux notes sont émises l'une à la suite de l'autre, et répétées sans interruption, lentement d'abord, puis de plus en plus vite. L'onomatopée *houhou, houhou, houhou...* rend assez bien l'effet produit par sa voix. »

Lataste ajoute que « le Sonneur est susceptible de varier un peu cette musique dans certaines circonstances. Un soir, je m'étais approché d'une mare où tout s'était tu à mon approche ; mais après un instant de silence, j'entendis sous mes pieds s'élever une voix

Fig. 437. — Le Sonneur à ventre de feu (grand. nat.).

excessivement faible. C'était un ramage assez varié, une broderie très délicate, comme le gazouillement d'un oiseau qui rêve. La voix sortait bien de la mare ; mais une haie était là, tout près, et j'allais croire ce chant produit par un oiseau endormi, quand, peu à peu, il se renforça, se modifia, et passa avec ménagement aux *houhou* habituels du Sonneur. Je venais d'entendre les prédules de cet artiste. »

Le Sonneur n'est adulte qu'à sa troisième année.

La ponte a lieu depuis le mois d'avril jusqu'en juillet. Chaque pelote d'œufs est isolée, et on en compte 20 à 30. Le frai repose au fond de l'eau et dans la belle saison se développe rapidement. Dès le cinquième jour on aperçoit la larve ; le neuvième jour elle quitte l'œuf ; à la fin de septembre ou au commencement d'octobre, les membres sont développés et la queue disparaît.

Captivité. — Le Crapaud pluvial ne supporte la captivité que difficilement ; en remplissant fréquemment de lentilles d'eau le bassin qu'il occupe, on peut le conserver cependant assez longtemps. Bien peu d'entre eux résistent pendant l'hiver, mais pour peu qu'on les soigne, qu'on les mette dans un aquarium approprié, ils ne périssent pas ; ils ont soin de se cacher dans la vase ou entre les plantes et tombent alors dans un sommeil qui les protège suffisamment contre les dangers de la saison froide.

LES ALYTES — *ALYTES*

Froschtröten.

Caractères. — Le genre Alyte a été établi par Wagler pour une espèce de Batracien anoure de nos pays, que son corps trapu, ses membres courts et épais, sa peau toute couverte de pustules, ont fait longtemps regarder comme un Crapand, dont elle s'éloigne au contraire par des caractères importants. C'est ainsi qu'il existe des dents à la mâchoire supérieure ; de plus, le bord postérieur du vomer est armé de petites dents disposées suivant une rangée transversale, placée presque immédiatement après les arrière-narines.

A ces caractères nous ajouterons que la langue est entière, épaisse, circulaire, adhérente, que le tympan est distinct, que les doigts sont libres, les orteils étant réunis en partie par une épaisse membrane ; le premier os cunéiforme forme une saillie ; les apophyses des vertèbres sacrées sont modérément dilatées.

Distribution géographique. — Ce genre comprend deux espèces : l'Alyte accoucheur habite la France, la Suisse, la Belgique, l'Espagne, le Portugal, l'ouest de l'Allemagne ; l'*Alytes Cisternasi* est spécial à la péninsule ibérique.

LE CRAPAUD ACCOUCHEUR. — *ALYTES OBSTE-TRICANS.*

Geburtshelfertröte.

Caractères. — L'Alyte, dont la taille ne dépasse guère 10 centimètres, les membres postérieurs étendus, a le corps trapu et ramassé et ressemble assez à un jeune Crapaud. Le crâne est fortement courbé d'arrière en avant et en bas ; la tête est grande et parait directement portée sur les épaules, surtout chez le mâle ; la tête de la femelle, un peu plus petite et plus allongée, est légèrement isolée du tronc ; le museau est très convexe ; les yeux sont gros et saillants ; la pupille est verticale, et lorsqu'elle se dilate elle prend une forme elliptique ; le tympan est très rapproché de l'œil (fig. 438). Les membres antérieurs sont un peu plus courts chez le mâle ; il en est de même pour les membres postérieurs.

La peau, assez lâche, est rugueuse, semée de tubercules mousses et arrondis ; derrière l'œil sont les parotides, très peu distinctes, si ce n'est latéralement, où elles font saillie au-dessus du tympan ; elles ne sont formées que par la réunion de quelques tubercules semblables à ceux du dos et des flancs. Le dessous du ventre est chagriné par de petites granulations plus blanches que le fond, qui est d'un blanc sale, finement piqueté d'un blanc plus franc. La teinte générale du corps varie du jaune sale de teinte claire au brun assez foncé, en passant par l'olivâtre ; les jeunes ont souvent une livrée plus sombre que les adultes. Les pustules du dos forment des mouchetures généralement brunes, quelquefois d'un vert assez vif, assez souvent marquées de rouge à leur sommet.

D'après Lataste, le têtard de cette espèce a le corps ovalaire, raccourci ; il est cependant moins arrondi que celui du Sonneur, dont on le distingue aisément à ses yeux plus écartés, à son ventre gris clair et non bleuâtre. La plus grande largeur du corps est très en avant chez les Pélodytes ; elle est tout à fait en arrière chez l'Alyte. La coloration est foncée ; la face supé-

rieure du corps, d'un brun presque noir lorsque l'animal habite des eaux profondes et obscures, est roussâtre avec des points bruns quand il vit dans des mares exposées au soleil.

Distribution géographique. — L'Alyte est très commun en France, particulièrement aux environs de Paris ; il semble préférer le nord au midi ; on le trouve en Suisse, en Belgique, et çà et là dans les provinces rhénanes, dans le Nassau, en Westphalie ; il est signalé dans la péninsule ibérique.

Mœurs, habitudes, régime. — Un médecin français, Demours, en 1741, puis après lui Roësel et Spallanzani, ébauchèrent l'histoire du singulier Batracien auquel Wagler donna le nom d'Alyte, faisant allusion à la curieuse manière dont l'animal porte les œufs que vient de pondre la femelle. Tschudi, Louis Agassiz, Thomas, de Nantes, et d'autres naturalistes, reprirent l'histoire du Crapaud accoucheur ; mais il était réservé à Arthur de l'Isle de nous faire connaître dans tous leurs détails les mœurs vraiment curieuses de l'animal que nous venons de citer.

Contrairement à l'opinion anciennement émise, il n'y a pas deux saisons de frai pour l'Alyte, mais une seule, qui peut se prolonger pendant six mois. La femelle pond de trois à quatre lots d'œufs, qu'elle émet l'un après l'autre à quelques jours d'intervalle, la ponte s'échelonnant et se succédant ainsi pendant près de la moitié d'une année. Les œufs, entourés d'une membrane assez résistante, sont gros, reliés les uns aux autres et forment des cordons d'une longueur variant de 0ᵐ,80 à 0ᵐ,70.

Ces œufs, au moment de la ponte, sont pris par le mâle et entortillés autour des jambes de celui-ci ; l'éclosion des jeunes le regarde seul, la mère abandonnant de suite sa progéniture.

Suivant A. de l'Isle, les mâles, chargés d'œufs, vaguent librement le soir ; ils se hasardent fréquemment hors de leur trou, en quête de nourriture ; la ligature des chevilles diminue la liberté des mouvements, sans les empêcher toutefois de sauter, de courir, de grimper et de nager. Le mâle va fréquemment humecter les œufs ; les progrès du développement varient avec la température ; dans la belle saison, la larve quitte l'œuf entre le dix-huitième et le vingt-deuxième jour ; dans les pays froids le développement est retardé et peut se prolonger jusque pendant sept semaines. Quand les œufs sont mûrs, le moindre contact avec l'eau suffit

Fig. 438. — L'Alyte (grand. nat.).

pour les faire éclore; les têtards sortent, d'un mouvement vif et brusque, par une petite déchirure qui se produit en général à l'une des extrémités de l'œuf. Il est merveilleux de voir avec quelle vivacité nagent ces frêles animaux au moment de leur naissance, fouillant de leur bec corné les débris de matière animalisée qui forment le fond de leur nourriture.

Suivant un auteur qui a étudié avec grand soin les Batraciens de France, Fernand Lataste, l'Alyte « vit en colonie dans les vieilles carrières, dans les talus ou le long des murailles qui bordent les chemins, dans les vieilles constructions et les terrains en démolition. On le voit rarement, à cause de ses habitudes exclusivement terrestres, mais son têtard se rencontre toute l'année à différents états de développement, et sa note s'entend tous les soirs, d'avril à octobre, quand le temps est doux.

« On en ramassera bon nombre en une demi-heure, en le cherchant le soir, avec une lumière, dans les lieux où il chante.

« Il creuse, paraît-il, profondément le sol à l'aide de ses membres antérieurs; pour moi, je l'ai vu surtout habiter les trous qui se trouvent à la base des vieilles constructions. Ils y vivent sans doute plusieurs ensemble, à en juger par le grand nombre d'individus que l'on rencontre autour d'un petit nombre de trous; et les nombreuses générations qui s'y succèdent ont tout le temps d'agrandir et d'approprier leur demeure. Même en plein jour, on peut aisément distinguer les trous fréquentés de ceux qui ne le sont pas, le seuil des premiers étant sans cesse balayé et poli par le passage de nombreux individus.

« L'Alyte est le plus terrestre de nos Batraciens. Il s'accouple à terre et ne va à l'eau qu'un instant pour y apporter ses œufs près d'éclore. Je l'ai toujours vu habiter des terrains secs

« Fatio suppose que le mâle, chargé de son précieux fardeau, se retire aussitôt sur le sol, où il attend, dans le jeûne et la retraite, le moment d'aller porter ses œufs à l'eau. Il n'en est rien. Il continue à sortir tous les soirs de son trou pour faire sa provision d'humidité et de nourriture. J'en ai vu se promenant ainsi avec des œufs à tous les degrés de développement, et ils n'en paraissaient pas fort gênés. Si on les tourmente cependant, ou si on les réduit en captivité, ils s'en débarrassent et les laissent sur le sol pour ne plus les reprendre.

« Cette espèce ne saurait être celle qui fait le plus long stage à l'état larvaire; et ses têtards, à quelques moments qu'ils aient été pondus, me paraissent normalement passer un hiver à l'eau avant de se métamorphoser.

« L'Alyte accoucheur passe l'hiver à terre, dans les trous, où il reste caché tout le jour durant la belle saison.

« Le chant de cette espèce se compose d'une seule note isolée, faible, brève, douce et flûtée. Millet dit que depuis le commencement d'avril jusqu'aux premiers jours de septembre, ces Grenouilles font entendre, surtout lorsque le temps est doux, le son *clock*, qu'elles répètent le soir, ainsi que pendant la nuit, à des intervalles plus ou moins rapprochés. Ils se cantonnent dans les villages, de manière cependant que la distance qui les sépare soit assez peu éloignée pour qu'ils puissent s'appeler et se répondre. Mais tous les individus différant entre eux par l'âge, ainsi que par la grosseur, il en résulte qu'ils ne produisent pas tous la même note ; et on en distingue ordinairement trois : *mi*, *ré*, *ut*, qui, par leur succession diatonique, ainsi que par leur simultanéité, forment une espèce d'harmonie qui ne déplaît point à l'oreille, et qui participe sans doute au bonheur de ces petits Batraciens.

Voici comment M. Offroy a noté l'effet produit sur son oreille par quelques-uns de ces chanteurs (fig. 439), un soir que je l'avais mené les entendre.

Fig. 439. — Chant de l'Alyte (d'après Lataste).

« Ces notes doivent être sifflées doucement, nettement attaquées et brèves (1). »

A. Lataste écrit également ceci : « Dans l'hypothèse transformiste et sauf le cas de rétrogradation dont il ne saurait être question ici, un être est de souche d'autant plus antique que ses caractères anatomiques et embryonnaires le placent à un degré plus bas dans l'échelle zoologique. A ce compte, l'Alyte accoucheur appartiendrait à la plus vieille noblesse des Batraciens ; et nous connaîtrions à peine une quizaine d'espèces, parmi lesquelles le Pipa, mieux titrées que lui. Mais, si *noble* qu'il soit et malgré l'exiguïté relative du territoire qu'il occupe à notre époque, il ne doit certainement pas être rangé parmi les espèces en voie de disparition. Il est trop bien doué dès sa naissance, comme nous venons de le voir. D'ailleurs les espèces qui s'en vont, et, parmi elles, je compte beaucoup de nos Batraciens et de nos Reptiles, ont une aire de distribution géographique

interrompue et criblée de lacunes ; elles sont dispersées par îlots, ceux-ci d'autant plus petits et clairsemés qu'elles disparaissent plus vite ou depuis plus longtemps : tel est, par exemple, le cas de la Cistude d'Europe, de la Couleuvre d'Esculape, des deux Pélobates, etc. ; tel est le cas du Castor, parmi les Mammifères ; mais tel n'est certes pas le cas de l'Alyte. En outre, dans la période actuelle, le grand destructeur des espèces animales, c'est l'homme ; et nous ne voyons guère disparaître que celles dont l'existence n'est pas compatible avec les modifications que nous apportons à la surface du globe. Nous voyons au contraire prospérer celles qui, comme les Rats et les Souris, comme le Moineau, deviennent nos parasites et nos commensales. L'Alyte se reproduit dans nos abreuvoirs, dans nos fossés, dans nos petites pièces d'eau ; il se cache dans nos vieilles carrières, dans les talus ou le long des murailles qui bordent nos chemins, dans nos villages, et, dans certains cas, jusqu'au milieu de nos grandes villes ! A Bordeaux, à peine avait-on transformé la place Dauphine en square avec pièce d'eau, que j'y constatais l'établissement d'une nombreuse colonie d'Alytes. Aux heures et durant la saison favorable, on peut entendre ses chants depuis le cours de l'Intendance, une des rues les plus centrales et les plus fréquentées de la ville (1). »

Venin, son action. — Nous avons dit que la peau de l'Alyte est parsemée de petits tubercules mousses et arrondis et que, derrière l'œil, se trouvent des parotides peu distinctes, formées par la réunion de quelques glandes. De ces tubercules s'échappe, lorsque l'on irrite l'animal, un liquide blanchâtre, très facilement coagulable, d'une odeur forte et vireuse qui, introduit dans le sang, agit comme un véritable venin. E. Sauvage a démontré, en effet, que ce venin a une action des plus nettes au début sur le système nerveux, produit de la paralysie, puis ralentit les mouvements de la respiration et de la circulation ; vient ensuite la perte rapide de l'excitabilité des nerfs et des muscles. Ce venin agit, en un mot, comme celui du Crapaud.

LES CYSTIGNATHIDÉES — *CYSTIGNATHIDÆ*

Caractères. — Les Cystignathidées représentent dans le groupe des *Arcifera* la famille

(1) F. Lataste, *Essai d'une faune herpétologique de la Gironde*, 1876.

des Ranidées qui appartient au groupe des *Firmisternia*, c'est-à-dire que les coracoïdes et les

(1) *Scienc et Nature*, 10 juillet 1881.

Fig. 440. — Le Cystignate orné (grand. nat.).

précoracoïdes sont réunis par un cartilage spécial ou épicoracoïde.

Ajoutons que la mâchoire supérieure porte des dents, et que les apophyses des vertèbres sacrées sont cylindriques ou à peine dilatées.

Cette famille renferme des animaux qui ont le port des Grenouilles; telles sont les Cystignathes; d'autres, comme les Hylodes, les Phyllobates, par leurs doigts dilatés à l'extrémité, rappellent les Rainettes.

Le tympan est le plus souvent distinct. La pupille peut être horizontale, ce qui est le cas le plus général, ou verticale; presque toujours il existe des dents au vomer; ces dents font cependant défaut chez les Phyllobates.

Distribution géographique. — Suivant G. Boulenger, cette famille comprend 16 genres renfermant 160 espèces. Leur véritable patrie est l'Amérique du Sud, dans laquelle on connaît 95 espèces; vient ensuite l'Amérique centrale et le Sud du Mexique avec 30 espèces, puis les Antilles avec 15 espèces.

En Australie et en Tasmanie, on a jusqu'à présent recueilli 20 espèces, appartenant toutes à des genres particuliers, tels que Lymnodynastes, Crinia, Chiroleptes.

Dans les Andes du Pérou, certaines espèces, telles que des Telmotobus, s'élèvent jusqu'à l'altitude de 12,500 pieds.

BREHM. — V.

LES CYSTIGNATHES — *CYSTI-GNATHUS*

Ladenbläser.

Caractères. — Tel que ce genre a été compris par Duméril et Bibron, il comprend des « Raniformes à tête non cuirassée, à tympan plus ou moins visible, à paupière supérieure non prolongée en pointe et à talon sans éperon tranchant, qui ont les orteils tout à fait libres ou seulement réunis à leur racine par une membrane rudimentaire, des dents au palais, une vessie vocale, et chez lesquelles les apophyses transverses de la neuvième vertèbre ne sont pas dilatées en ailes ou en palettes, mais cylindriques, ou à peu près cylindriques, de même que dans les Grenouilles ».

Ajoutons que la langue est grande, ovale ou circulaire, entière ou échancrée à son bord postérieur, mais toujours libre en arrière, et que le tympan est tantôt bien distinct, tantôt à peine visible.

Ce genre comprend des espèces à formes sveltes, élancées et d'autres à corps trapu, à membres courts.

REPTILES. — 74

LE CYSTIGNATHE ORNÉ. — *CYSTIGNATHUS ORNATUS*.

Schmudfrosch.

Caractères. — Le Cystignathe orné, que Boulenger place dans la famille des Hylœidées, sous le nom de *Chlorophilus ornatus*, est un gracieux petit Batracien qui n'atteint guère que 3 centimètres de long. Le dos, d'un rouge brun tendre, est orné de taches allongées, d'un brun foncé, bordées de jaune d'or (fig. 440); le ventre est d'un blanc d'argent et tacheté de gris; les membres sont rayés de brun.

Distribution géographique et mœurs. — Cette charmante espèce se trouve en Georgie et dans la Caroline du Sud; elle se tient constamment sur le sol sec et semble éviter l'eau.

LE CYSTIGNATHE OCELLÉ. — *CYSTIGNATHUS OCELLATUS.*

Pfeiffrosch.

Caractères. — Cette espèce se reconnaît facilement à la présence de renflements glanduleux longitudinaux et de grosses glandes sur les flancs. Les yeux sont saillants; le tympan est bien distinct, la bouche grande; les dents vomériennes sont disposées suivant deux rangées transversales, presque contiguës, immédiatement situées en arrière des narines.

La partie supérieure du corps est d'un brun roussâtre ou olivâtre, relevé par des taches de couleur foncée et de formes régulières; les côtés du museau portent une raie qui s'étend de son extrémité à l'angle de l'œil, en passant par la narine; une tache de même couleur se trouve entre les yeux. Le dessous du corps est blanc, excepté vers les parties postérieures qui sont généralement nuancées de brun ou de grisâtre.

Distribution géographique. — Le Cystignathe ocellé est répandu dans toute l'Amérique méridionale, au Brésil, à Cayenne, à Buenos-Ayres; Duméril et Bibron le signalent aux Antilles.

Mœurs, habitudes, régime. — Au Brésil, de Neuwied a observé cette espèce à une faible distance des côtes. Maladroit et inhabile dans l'eau, ce Cystignathe se meut avec adresse et vivacité sur terre et exécute des bonds vraiment prodigieux, en égard à sa taille. Pendant le jour, il se cache dans les mares, les marais,

les eaux croupissantes, qu'il quitte sitôt le soir arrivé pour se mettre en chasse au milieu des herbes; il fait alors entendre son chant, qui est tout à fait caractéristique et ressemble au sifflement que l'on produit lorsque, par exemple, on veut appeler un chien. Pendant la ponte, qui a lieu dans l'eau, cette espèce fait entendre un son élevé et de peu de durée qui ne ressemble pas à celui dont nous venons de parler.

Suivant Hensel, au contraire, le Cystignathe ocellé ne va pas à l'eau, même au moment de la ponte; il creuse dans le voisinage immédiat de la rive des cavités de la grandeur d'une tasse ordinaire; ces cavités, pratiquées sous des pierres, des troncs d'arbres renversés et pourris, sont toujours placées à un niveau tel qu'elles puissent être inondées lors des grandes pluies. Le Cystignathe ocellé y dépose son frai qui ressemble à s'y méprendre à du blanc d'œuf battu; au milieu de cette masse, les œufs se détachent en couleur jaune pâle.

Les larves, d'abord de cette couleur, deviennent bientôt d'un brun verdâtre, puis blanchâtres.

Lorsque, par suite de grandes sécheresses, les marais se dessèchent, le corps de l'espèce qui nous occupe se couvre d'une sécrétion muqueuse abondante. Les animaux se retirent alors dans leurs abris, au milieu des feuilles sèches, sous les troncs d'arbres et s'y rassemblent en nombre, en attendant le retour de la pluie.

Une autre espèce paraît avoir des mœurs semblables. Au printemps, au moins à Rio Grande de Sul, après le sommeil hivernal, elle ne dépose pas ses œufs directement dans les marais, mais creuse, à l'endroit où la rive est large et vaseuse, des cavités évasées, parfois de 0^m,30 de diamètre, qui, par infiltration, se remplissent d'eau. C'est dans ces cavités que fraye cette espèce; les larves attendent que la crue des eaux soit telle qu'elle réunisse ces petits bassins artificiels aux mares, dans lesquelles les têtards achèvent leur développement. Si les pluies du printemps font défaut, beaucoup d'étangs se dessèchent, et l'alevin périt. Hensel ajoute que l'espèce dont nous parlons fait entendre des bruits que l'on peut comparer à celui de la hache frappant un arbre en cadence.

Chez le *Cystignathus typhonius* ou Cystignathe galonné, Grundlach observa le 4 novembre une masse spongieuse se trouvant dans une cavité semblable à celle dont nous avons parlé plus haut; les œufs avaient une couleur jaune paille; le 25 novembre, on remarquait les premiers vestiges des pattes postérieures; le 3 décembre apparurent les membres de devant; le 7 du même mois, les petits animaux avaient la forme de leurs parents, à l'exception de la queue qui persistait; celle-ci s'atrophia peu de temps après.

LES PSEUDIS — *PSEUDIS*

Caractères. — « On trouve à Surinam, à Cayenne et dans d'autres parties de l'Amérique méridionale une espèce de Grenouille : c'est le *Jackie* (*Rana paradoxa*, *Pseudis* de Wagler), petite espèce qui a le tronc court, les pattes postérieures très longues, la peau lisse. Elle provient d'un têtard dont le volume est énorme et dont l'ensemble est tellement volumineux, comparativement à l'animal qui en provient, lorsqu'il est devenu quadrupède, que les premiers observateurs furent trompés par les récits de gens qui n'avaient pas eu l'occasion de suivre les développements d'un même individu; et avant qu'on connût bien les métamorphoses des Grenouilles, on crut sur leur dire que celle-ci se changeait en poisson (1). »

Le Batracien qui a donné lieu à l'erreur que nous venons de signaler est le type du genre *Pseudis*, qui se caractérise par la langue entière, deux groupes de dents entre les orifices internes des narines, le tympan visible. Les doigts, au nombre de quatre, sont complètement libres, le premier étant opposé aux deux suivants, de telle sorte qu'il existe une sorte de main. Les orteils sont réunis jusqu'à leur pointe par une très large membrane. Sous la gorge du mâle se voit une vessie vocale.

Parmi les espèces que comprend le genre Pseudis, la plus connue est la Grenouille paradoxale, *Pseudis paradoxa*, ou Pseudis de Mérian.

Cet animal atteint à peu près la taille de notre Grenouille verte; il a le museau moins allongé, la tête proportionnellement moins longue, les bras beaucoup plus courts. Tout le dessus du corps est absolument lisse. L'extrémité des doigts est pointue. Le dos offre généralement une couleur d'un gris bleuâtre ardoisé, marbré de brun; parfois les marbrures

(1) Duméril et Bibron, *Erpétologie générale*, t. VIII, p. 216.

sont plus nettes et se détachent sur le fond, qui est roussâtre; les cuisses sont barrées de brun marron; le ventre est de couleur blanchâtre.

Distribution géographique. — Les quatre espèces qui rentrent dans le genre Pseudis sont de l'Amérique du Sud; elles se trouvent aux Guyanes, au Brésil, au Paraguay, dans la République Argentine.

LES CALYPTOCÉPHALES — *CALYPTOCEPHALUS*

Caractères. — Les Calyptocéphales ou Peltocéphales sont des Batraciens chez lesquels le dessus de la tête est protégé par un véritable bouclier rugueux; celui-ci est recouvert par la peau qui y adhère si intimement qu'elle semble faire corps avec lui. Les fosses temporales sont tout à fait cachées sous une voûte, comme chez les Tortues de mer. Le tympan est distinct. La langue est circulaire, entière. Les orteils sont réunis par une membrane plus ou moins étendue. Une vessie vocale interne se voit chez les mâles de chaque côté de la gorge.

Parmi les deux espèces que renferme le genre, la mieux connue est le Calyptocéphale de Gay (*Calyptocephalus Gayi*).

Cette espèce a les formes robustes et trapues, la tête courte, large et faiblement aplatie, le tronc déprimé est enveloppé, comme chez beaucoup de Crapauds, d'une peau molle dans laquelle, suivant l'expression de Duméril, il se trouve contenu comme dans une sorte de sac renfermant aussi une certaine partie des cuisses. Le dos et surtout les flancs sont parsemés de tubercules et de renflements longitudinaux tuberculeux.

Le dessus du corps est tantôt d'un brun fauve ou marron, tantôt d'un brun olivâtre, parsemé de taches plus foncées et irrégulières; les membres sont marqués de raies transversales. Le ventre est le plus souvent blanchâtre; parfois la gorge est tachetée de brun.

Cette espèce arrive à une taille aussi considérable que la Grenouille mugissante.

Distribution géographique. — Le Calyptocéphale de Gay habite le Chili, le Calyptocéphale testudiniceps est de Panama.

Mœurs, habitudes, régime. — D'après l'examen des individus conservés vivants à la ménagerie du Muséum de Paris, nous savons que les mœurs du Calyptocéphale de Gay sont celles de la Grenouille mugissante. Tandis cependant que cette dernière espèce se tient assez fréquemment à terre, à moitié plongée dans l'eau, le Calyptocéphale est plus aquatique. L'ouverture de la bouche est énorme, aussi l'animal déglutit-il des Grenouilles relativement de forte taille. Malgré tous les soins qui leur ont été prodigués, ces animaux ne se sont pas reproduits.

LES CÉRATOPHRYS — *CERA-TOPHRYS*

Hornfrösche.

Caractères. — Les Cératophrys sont de singuliers Batraciens chez lesquels le bord de la paupière supérieure est prolongé en pointe, ce qui leur donne l'air d'avoir des sourcils en forme de corne. La tête est diversement relevée de crêtes et d'aspérités plus ou moins prononcées ; elle est large et grosse. La bouche est énorme, la langue en forme de cœur, le tympan plus ou moins distinct ; il existe deux groupes de dents vomériennes entre les arrière-narines. Les doigts sont complètement libres, les membres étant médiocrement développés.

La surface du corps est hérissée de tubercules variables pour la forme et le nombre ; une espèce présente une sorte de bouclier dorsal formé de la réunion de plusieurs lames osseuses développées dans l'épaisseur de la peau, lames tout à fait indépendantes des pièces du squelette qui se trouvent au-dessous d'elles.

Distribution géographique. — Le genre Cératophrys se compose de dix espèces ; sur ce nombre, huit se trouvent au Brésil et à Cayenne, une dans le nord du Chili, et une à Montévidéo et à Buenos-Ayres.

LE CORNU. — *CERATOPHRYS CORNUTA.*

Itania.

Caractères. — Ce Batracien est une magnifique espèce de près de 0^m,25 de longueur dont la coloration est très vive. Une large bande orangée part du museau et s'étend sur le dos ; elle est semée de taches vertes ; sur la tête et sur les épaules se trouvent des taches et des bandes rouges et brunâtres. Les parties latérales du corps sont d'un gris brun sur lequel ressortent des taches d'un noir verdâtre, bordées de gris rouge pâl ; les jambes, de

couleur verdâtre, sont rayées transversalement de bandes d'un vert pré très vif. Le ventre est jaune blanchâtre au milieu, jaune clair sur les parties latérales, semé de taches et de points d'un beau brun rougeâtre.

La femelle, de plus grande taille encore que le mâle, a le dos d'un gris brunâtre foncé, sur lequel se détache vigoureusement une large bande d'un vert brillant, qui à la tête se sépare en deux. L'œil est entouré d'une bande vert clair ; les joues portent des taches rondes de même couleur ; depuis l'extrémité du museau jusqu'à l'œil s'étend une bande d'un noir brunâtre finement bordée de blanc jaunâtre. Les membres antérieurs sont rayés de deux bandes transversales vertes et de deux bandes rougeâtres ou brunâtres ; une autre bande descend sur le côté externe du membre, qui est longitudinalement rayé de lignes blanches ; les jambes sont d'un beau vert relevé de deux bandes brunes.

Distribution géographique. — Le Cornu se trouve au Brésil et dans les Guyanes.

Mœurs, habitudes, régime. — Le prince de Wied nous apprend que cette espèce se tient de préférence dans les grandes forêts obscures et humides et particulièrement dans les endroits marécageux ; on la rencontre plus rarement dans les endroits cultivés ; elle saute et vers le soir fait entendre un coassement monotone. La nourriture se compose de petits Rongeurs, d'Oiseaux, d'autres Batraciens ; dans l'estomac d'un individu de grande taille, Duméril a trouvé le squelette presque entier d'un Cystignathe ocellé.

LE CÉRATOPHRYS DE BOIÉ. — *CERATOPHRYS BOIEI.*

Buchstabenfrosch.

Caractères. — Cette espèce, de plus faible taille que celle que nous venons de décrire, s'en distingue, ainsi que le montre bien la planche XVIII, par l'espace compris entre les deux sourcils, profondément creusé en gouttière, par le tympan à peine visible et toute la surface du corps couverte de petits tubercules glanduliformes. Parmi ces tubercules ceux qui sont situés le long des flancs forment une sorte de crête de chaque côté du corps.

Le museau, le dessus de la tête, et généralement tout l'espace compris entre les deux crêtes dont nous venons de parler, ont une teinte fauve avec de petites lignes brunâtres ;

Paris, J.-B. Baillière et Fils, édit.   Corbed, Ceulé, imp.

LE CÉRATOPHRYS DE BOYÉ.

le long et en dehors des crêtes se trouve un feston brunâtre. Entre les yeux on voit une tache noire, ainsi que sur le front; une bande brune descend perpendiculairement de l'orbite au coin de la bouche, qui est énormément fendue; d'autres bandes coupent obliquement les tempes. Le dessous des membres est rayé de brun. Le ventre est finement tacheté de noir, sur un fond jaunâtre.

Distribution géographique. — Le Cératophrys de Boié est originaire de l'Amérique du Sud; il se trouve à Cayenne et au Brésil; d'après de Wied on le rencontre dans toute la partie sud du Brésil, depuis Bahia jusqu'à Rio de Janeiro; Azara signale l'espèce au Paraguay.

Mœurs, habitudes, régime. — « Dans l'intérieur des forêts de Sertong, du côté de Bahia, écrit le prince de Wied, j'ai assez souvent observé les Crapauds à cornes. Ils se tiennent surtout dans les marais des forêts vierges; on les voit parfois même sautiller dans les forêts sèches du Catinga. Dans les grandes forêts, sur les routes qui longent la rivière Ilheos, près Barra de Bareda, ou Sertong, par un temps chaud et sec, on ne rencontre pas un seul de ces animaux; mais dès qu'une pluie d'orage vient à tomber, on voit ces animaux sautiller en quantité. Ces bêtes ont la bouche si largement fendue, qu'ils peuvent, assuret-on, engloutir un jeune poulet; elles mangent ordinairement des souris, des grenouilles, des limaçons et autres petits animaux. A Mucuri, dans le silence de la nuit, nous avons souvent entendu leur voix retentir dans les immenses forêts vierges. »

Ce bel animal partage l'exécration que les Brésiliens ont vouée à tous les Crapauds. Par contre, ainsi que le rapporte Dumons, il est adoré par les aborigènes de la Guyane espagnole qui le tiennent fréquemment en captivité. Ils le renferment dans des vases et lui demandent de leur indiquer le temps qu'il fera; ils le battent, s'il ne leur prédit le temps qu'ils désirent avoir.

LES PHYLLOBATES — *PHYLLO-BATES*

Caractères. — Par la conformation de leurs doigts, les Phyllobates rappellent les Rainettes; leur organisation est toutefois celle des Cystignatidées.

Chez les Phyllobates, la langue est grande, rétrécie, à angle aigu en avant, élargie en demi-cercle en arrière, où elle est échancrée. Le tympan est visible; il n'existe pas de dents au palais. Les doigts, complètement libres, sont dilatés à leur extrémité en un disque légèrement renflé et creusé à sa face inférieure d'un petit sillon très distinct.

Distribution géographique. — Les espèces qui composent ce genre sont des parties les plus chaudes de l'Amérique; elles se trouvent à Cuba, à Costa-Rica, au Nicaragua, dans le sud du Mexique, au Pérou et au Brésil.

Venin, son emploi. — Ed. André, qui a été chargé d'une mission scientifique dans l'Amérique du Sud pendant les années 1875 et 1876, raconte, dans un fort curieux article, qu'il a vu préparer le poison des flèches à l'aide du venin d'une espèce de Phyllobate. Nous croyons intéresser nos lecteurs en transcrivant ici les passages les plus saillants du récit de notre voyageur:

« Un jour, dit-il, après avoir fait une excursion d'Anserma-Viejo au chemin de Tatana (Nouvelle-Grenade), un vieux nègre nommé Pédro rapporta une Grenouille d'une espèce particulière, qu'il avait eu grand'peine à capturer. C'était un petit animal de forme un peu grêle, d'un jaune citron vif à la partie inférieure du corps, avec les pattes et l'abdomen noirâtres. Il l'avait rencontré sous bois, en terre tempérée (*tierra templada*), par conséquent vers 1500 à 2000 mètres d'altitude.

« C'est la Grenouille *Neaará*, ainsi nommée par les Indiens de Choco.

« Ce Batracien, en apparence inoffensif, porte un des venins les plus terribles que l'on connaisse. Il sert à empoisonner les flèches, et remplace, pour les Chocoès, le fameux curare des sauvages de l'Orénoque et du Brésil. Les trois tribus qui habitent les immenses forêts de Choco sont les Cunas, les Noanamas et les Chocoès.

« Depuis de longs siècles, la chasse a lieu chez eux au moyen de la sarbacane, *bodequera*, long tube de 3 mètres, fait de deux moitiés de tige de palmiers, fendues, vidées, et ajustées au moyen de fibres enroulées autour comme un ruban et recouvertes d'une gomme noire qui se durcit en séchant. De petites baguettes de bambou, fines et deux fois longues comme une aiguille à tricoter, constituent les flèches. Elles sont aiguisées par une extrémité, entourées de l'autre d'un peu de coton sauvage pour les ajuster à la grosseur du truc et poussées violemment par une forte expiration du chasseur. Ces flèches, contenues dans un petit carquois placé à la ceinture et taillé dans un entre-nœud de bambou, sont rainées à leur extrémité et trempées dans un poison subtil qui n'est autre que le venin de Grenouille dont j'ai à entretenir mes lecteurs.

« Pour préparer leurs flèches, les Chocoès se mettent en quête de la Grenouille *Neaará*, qu'ils trouvent généralement dans le district du Rio-Tatamá, affluent du San Juan. M. Triana me dit également l'avoir rencontrée une fois dans les bois de Tananá, sur le chemin de Cartago à Novita. Il était à ce moment perché sur le dos d'un Indien *carguero*, seul moyen de locomotion dans ces sentiers affreux dont aucun chemin de l'ancien monde ne peut donner l'idée, lorsqu'il vit le sol couvert de citrons tombés d'un arbre. Il s'approcha…, tous les citrons, c'est-à-dire les Grenouilles *Neaará*, se mirent à sauter avec précipitation.

« Pour s'emparer de l'animal sans le mettre en contact avec la peau, les Indiens se garnissent les mains de larges feuilles, et après l'avoir pris, opération que sa viv: cité rend assez malaisée, ils l'enferment dans un morceau de bambou. Arrivés à leur campement, ils allument du feu. Lorsque les tisons sont bien allumés, la Grenouille est saisie avec précaution au moyen d'une fine baguette de bois, pointue, qui lui est passée dans la bouche et à travers les pattes postérieures. Puis on tourne et retourne cette baguette au-dessus des charbons ardents. La peau se boursoufle et éclate bientôt sous l'influence de la chaleur et exsude un liquide jaunâtre, âcre, dans lequel on trempe immédiatement les flèches qui doivent être empoisonnées. On dit, mais cela me semble difficile à croire, que l'animal ne meurt pas toujours de cette exposition au feu et qu'alors il est rendu à sa forêt natale, afin d'être repris et martyrisé quelque jour si le besoin se fait sentir de lui emprunter une nouvelle dose de poison.

« Lorsque les Chocoès veulent préparer une assez grande quantité de venin, ils opèrent sur une plus grande échelle et installent un petit appareil. Trois cannes de bambous, rassemblées à leur sommet, sont placées en pied de marmite au-dessus des tisons enflammés. La pauvre Grenouille est alors suspendue à une ficelle ; lorsque son corps surchauffé se couvre de l'exsudation du fameux venin, une femme le racle avec un petit couteau et le dépose dans un petit pot de terre, *ollita*, où elle est pré-

cieusement conservée et ne tarde pas à prendre la consistance solide du curare. On n'y trempe les flèches qu'avant sa solidification complète, et comme il se conserve quelque temps dans cet état, les hommes le portent à la ceinture à côté de leur carquois de bambou.

« Les effets du venin de la Grenouille du Choco sont semblables à ceux du curare… Lorsqu'on pique un oiseau avec l'un de ces dards, même préparé depuis quelques années, il est pris de halètement et de tremblement, une bave épaisse sort de son bec, et il meurt au bout de trois ou quatre minutes, si la quantité de poison a produit tout son effet. Une seule flèche lancée contre un chevreuil le met hors de combat en moins de dix minutes, et le double de ce temps suffit pour tuer un jaguar adulte. On ne connaît pas de contrepoison au venin de la Grenouille du Choco. Les pauvres Indiens le savent si bien que, si l'un d'eux a le malheur de se blesser avec une flèche empoisonnée, il se couche immédiatement et attend la mort sans rien tenter pour sa guérison (1). »

LES HYLODES — *HYLODES*

Blattfrösche.

Caractères. — Les Hylodes seraient des Rainettes dans l'acception que Duméril et Bibron donnent à ce mot, si les apophyses transverses des vertèbres sacrées étaient dilatées. Comme chez les Rainettes, en effet, les doigts sont dilatés à l'extrémité ; ajoutons que ces doigts sont grêles et complètement libres, que la langue est grande, oblongue, entière ou très faiblement échancrée en arrière, libre dans sa moitié postérieure, qu'il existe des dents sur les palatins, que le tympan est généralement visible.

Chez les mâles il existe un sac vocal, dont les orifices sont situés l'un à droite, l'autre à gauche, assez près de l'articulation des mâchoires.

Distribution géographique. — Les 45 espèces d'Hylodes sont toutes cantonnées dans les parties les plus chaudes du nouveau-monde; elles se trouvent dans le sud du Mexique, dans l'Amérique centrale, Costa Rica, Guatemala, Panama, Colombie, Nicaragua, aux Antilles, aux Guyanes, au Brésil, au Pérou, au Vénézuala, dans le Chili et le nord de la Patagonie.

(1) A. André, *Le poison de Grenouille en Colombie* (*La Nature*, 22 novembre 1879).

L'HYLODE DE LA MARTINIQUE. — *HYLODES MARTINICENSIS.*

Antillenfrosch.

Caractères. — Tschudi a désigné sous ce nom un petit Batracien dont les formes sont assez trapues. Chez lui, l'extrémité du museau est tronquée, la tête plate ; les yeux sont proéminents ; la langue est élargie. La tête, le dos, la poitrine, sont lisses ; mais des glandules couvrent les flancs, le ventre et les cuisses ; les doigts et les orteils sont courts.

Le fond de la partie supérieure du corps est généralement d'un gris blanchâtre, assez souvent piqueté ou tacheté de brun ; sur la partie postérieure de la tête se voit une grande tache noirâtre ; deux bandes blanches limitent à droite et à gauche la région dorsale ; les membres, dont la couleur est variable, sont striés transversalement de bandes d'un brun sale ; les parties inférieures du corps sont blanchâtres. Certains individus sont violacés, avec quelques chevrons brunâtres sur le dos. Tous ont l'extrémité du museau noirâtre et une ligne de même couleur en dessus du tympan.

Distribution géographique. — L'Hylode a été d'abord signalée à la Martinique, d'où est venu son nom spécifique, puis retrouvée à Haïti, Porto Rico, Saint-Vincent, aux Barbades ; dans cette dernière localité elle est connue sous le nom de *Coqui.*

Mœurs, habitudes, régime. — Grâce à une fort curieuse particularité de mœurs, l'Hylode peut se perpétuer à la Martinique, où ne se rencontrent pas d'eaux stagnantes et où on ne connaît aucune autre espèce de Batraciens.

En 1871, le docteur Bello rapporta que les jeunes *Coquis* sortent de l'œuf à l'état parfait et ne subissent dès lors plus aucune métamorphose. « En 1870, dit ce naturaliste, j'observai dans un jardin une Hyloïdée placée sur une feuille de lis sur laquelle une trentaine d'œufs se trouvaient fixés à une matière cotonneuse. La bête se tenait à côté de ces œufs, comme si elle eût voulu les couver. Quelques jours après, je trouvai les petites Rainettes venues au monde, longues de 6 à 7 millimètres, pourvues de quatre pattes parfaitement développées, en tout semblables, en un mot, sauf la taille, aux animaux adultes ; quelques jours après l'éclosion, les petits étaient à leur taille. Le jardin dans lequel je fis cette observation

est entouré d'un mur de 2 mètres de haut et ne contient pas d'eau ; la plante sur laquelle l'éclosion a eu lieu renferme de l'eau à l'aisselle des feuilles, bien qu'elle ne soit pas aquatique. »

Martens, qui rapporte cette observation, exprime l'opinion qu'elle n'est pas exacte et que, entre le moment de la sortie de l'œuf et l'état parfait, l'animal a dû subir quelque transformation, si courte qu'ait été cette période. La chose se passe cependant exactement comme l'indique Bello et comme Bavais l'avait fort bien vu.

Grundlach a confirmé ces observations dans une lettre adressée à Peters. « Le 14 mai 1876, écrit-il, j'entendis un bruit étrange comme celui qui serait produit par un jeune oiseau. et me mis à la recherche de l'animal qui venait de le pousser. Je trouvai trois mâles et une femelle de *Coqui* entre deux larges feuilles d'oranger. Je mis ces animaux dans un verre humide que je recouvris d'un bouchon percé d'un trou. Quelques minutes après, la femelle avait pondu de seize à vingt œufs, de forme arrondie, entourés d'une enveloppe transparente. Je déposai ces œufs dans de la terre humide. Leur masse vitelline était blanchâtre ou d'une couleur de paille claire, et l'on distinguait au travers de l'enveloppe transparente la queue en voie de développement, ainsi que l'ébauche des membres. Je fus obligé de m'absenter pendant quelques jours, et lorsque je revins, le 16 juin, je vis encore les petits œufs ; le jour suivant, les petits vinrent au monde et absolument à l'état parfait.

« Plus tard, je recueillis entre les feuilles d'une grande Amaryllidée vingt œufs groupés à côté des uns des autres et sur lesquels se tenait la mère. Je coupai les feuilles qui portaient les œufs, et la mère se sauva. Je mis le morceau de feuille dans un verre dont le fond était garni de terre humide. Vers le quatrième jour, j'examinai les œufs de grand matin ; les œufs étaient dans le même état que les jours précédents. En revenant le soir vers 9 heures, je constatai que tous les petits étaient sortis de l'œuf et étaient encore pourvus d'un rudiment de queue, qui avait disparu dès l'après-midi. »

D'après les dessins qui ont été donnés par Peters, les œufs forment une vésicule transparente de 4 à 5 millimètres de diamètre, qui adhère, en partie, à une masse opaque floconneuse, analogue à du blanc d'œuf. La vésicule

Fig. 441.   Fig. 442.   Fig. 443.   Fig. 444.

Fig. 445.   Fig. 446.   Fig. 447.

Fig. 441 à 447. — L'Hylode de la Martinique et son développement (*).

est remplie d'un liquide limpide, au travers duquel on voit nettement toutes les parties de l'embryon (fig. 441 à 447). Cet embryon, qui nage dans le liquide, est replié vers la paroi abdominale, de telle sorte que la tête et les membres de derrière sont rapprochés les uns des autres; les membres sont accolés au corps; la queue est rabattue en dessous, infléchie soit à droite, soit à gauche, et recouvre une partie des membres postérieurs. Dans trois œufs, les membres étaient complètement développés et leur extrémité était garnie de disques semblables à ceux que l'on voit chez les adultes; dans un cinquième œuf, les membres ne formaient que des moignons, et l'on pouvait s'assurer que, contrairement à ce qui existe chez les autres Anoures, les membres antérieurs apparaissent en même temps que les membres postérieurs. On ne voit chez ces embryons aucune trace ni de branchies ni de fentes branchiales. La queue est relativement développée; elle est fort richement vascularisée.

En un mot, l'Hylode de la Martinique pond ses œufs à terre, sous des pierres ou des détritus organiques, entre des feuilles. La larve subit dans l'œuf toutes ses métamorphoses, et le petit naît à l'état parfait, ne se distinguant de ses parents que par sa faible taille.

LES HYLÆDIDÉES — *HYLÆDIDÆ*

Baumfrösche.

Caractères. — Telle qu'elle est comprise par Duméril et Bibron, la famille des Hylæidés ou Rainettes comprend les Batraciens anoures, chez lesquels la langue est distincte, qui ont des dents à la mâchoire supérieure et dont les doigts sont dilatés en disques, de telle sorte que ces animaux sont essentiellement arboricoles.

D'après ce que nous savons de l'anatomie des Batraciens, nous avons vu que nous ne devrons comprendre sous ce nom que les Batraciens phanéroglosses qui ont le coracoïde et l'épicoracoïde réunis par un cartilage spécial, l'épicoracoïde, et les apophyses des vertèbres sacrées dilatées.

Distribution géographique. — Ainsi comprise, la famille des Hylæidées se compose de 10 genres comprenant 179 espèces.

Le sud de l'Amérique, dans lequel ont été signalées 91 espèces, est la véritable patrie de cette famille; vient ensuite l'Australie et la Nouvelle-Guinée avec 34 espèces, puis l'Amérique centrale et le sud du Mexique, 30 espèces; aux États-Unis, ont été signalées 20 espèces, dont une, le Chlorophile septentrional, est l'espèce qui s'avance le plus au nord, car elle a été recueillie aux environs du lac du Grand-Ours, par 123 degrés de longitude ouest et 65 de latitude nord; 7 espèces sont spéciale

(*) Fig. 441 à 444. Embryon dans l'œuf; fig. 445 à 447. Animal le premier jour après l'éclosion (3/1° grand. nat.).

Fig. 448. — La Rainette verte (grand. nat.).

aux Antilles ; on ne trouve que 2 espèces dans l'Inde et dans l'Asie centrale ; une espèce est particulière aux parties tempérées de l'Europe, de l'Asie et nord de l'Afrique.

Mœurs, habitudes, régime. — Ainsi que nous venons de le dire, c'est dans l'Amérique du Sud qu'abondent les Rainettes. « Au Brésil, dit de Wied, ces animaux habitent en grand nombre les buissons qui se trouvent au voisinage des habitations, des cours ; ils sont surtout fort communs dans les forêts vierges. C'est là que se trouvent les Batraciens dont la taille, la coloration, le chant, sont des plus variables. Leurs accents, variés à l'infini, forment dans le silence de la nuit, surtout lorsque le temps est chaud et humide, un concert merveilleux et étrange au plus haut point. La plupart des Rainettes élisent leur domicile au sommet des arbres les plus élevés de la forêt et se tiennent surtout parmi les feuilles des Broméliacées ; beaucoup de petites espèces pondent dans l'eau qui s'amasse entre les feuilles de ces plantes ; d'autres, au moment de la ponte, descendent à terre et vont confier leur progéniture aux eaux marécageuses qui se trouvent dans les fouillis inextricables des forêts vierges. »

En dehors du moment de la ponte, en dehors de la saison froide, qui chez nous et dans le nord de l'Amérique oblige les Hylædidées à chercher un abri dans la vase, sous des pierres, sous l'écorce des arbres, ces animaux habitent exclusivement les arbres et mènent une vie aérienne.

Si variée qu'elle puisse être, la coloration rappelle beaucoup celle des plantes au milieu desquelles vivent les Rainettes. Toutes les espèces peuvent, du reste, s'adapter à merveille à la couleur du feuillage qui les environne, car elles changent de coloration tout autant que le Caméléon. Une Rainette qui est verte comme la feuille sur laquelle elle est posée peut, quelque temps après, paraître roussâtre ou grisâtre comme l'écorce de la plante contre laquelle elle va grimper. « Une de ces charmantes créatures, écrit Tennant, placée au pied de ma lampe, avait pris, après quelques minutes, si bien la couleur d'or des objets qui l'environnaient, qu'il était fort difficile de l'en distinguer. » Celui qui a vu des Rainettes tachetées, mouchetées, barrées de brun, de bleu, de rouge, de jaune, toutes couleurs plus brillantes les unes que les autres, a peine à croire ce fait du changement de couleur et de l'accommodation de la coloration au milieu qui entoure l'animal. Tous ceux qui ont parcouru les forêts tropicales savent, au contraire, que la riche coloration de la Rainette n'est qu'un fort pâle reflet de celle des plantes au milieu desquelles elle se trouve, et que ce n'est qu'avec la plus grande attention qu'il est possible de discerner l'animal, qui n'a d'autre moyen de défense que de s'accommoder au milieu qui l'entoure.

LES RAINETTES — *HYLA*

Caractères. — Le nom de *Hyla* ou de Rainettes proprement dites a été donné aux espèces chez lesquelles la langue est elliptique, circulaire, entière ou très faiblement échancrée, adhérente de toutes parts, et plus ou moins libre à son bord postérieur ; le vomer est armé de dents ; le tympan est généralement distinct ; les doigts sont plus ou moins palmés ; la peau de la tête n'est pas adhérente aux os.

Distribution géographique. — La distribution est la même que pour la famille, c'est-à-dire que le genre est particulièrement abondant dans l'Amérique du Sud ; sur cent trente-neuf espèces que comprend le genre nous en trouvons, en effet, quatre-vingt-dix-neuf dans cette région, dans l'Amérique centrale et dans le sud du Mexique.

LA RAINETTE VERTE. — *HYLA ARBOREA*.

Laubfrosch.

Caractères. — La Rainette verte, ou Raine des arbres (fig. 448), est une espèce de faible taille, car elle ne dépasse guère 3 centimètres de long ; la tête est un peu plus longue que large chez la femelle ; la face supérieure est légèrement excavée au centre, convexe sur son pourtour ; les yeux, à pupille arrondie, ne font que peu de saillie ; le tympan est très visible, petit et circulaire. La peau de la face supérieure du corps est complètement lisse ; la face inférieure est finement granuleuse sous la poitrine, sous le ventre, sous les cuisses et sur les flancs ; la paume de la main est couverte de tubercules mous, lisses et arrondis.

Le dessus du corps est, en général, du plus beau vert, avec quelques nuances jaunes sur les pattes de derrière ; une étroite bande jaunâtre, surmontée d'un cordon de couleur brunâtre, s'étend entre l'œil et l'épaule ; les orteils présentent une teinte rosée ; le dessous du corps est blanchâtre, avec quelques reflets bleuâtres ; sur l'iris, de couleur d'or, la pupille se détache en couleur noire.

D'après Lataste, le jeune a une teinte bronzée, à reflets dorés. Le têtard a la face supérieure du corps brunâtre, nuancée de jaune plus ou moins clair ; les flancs sont d'un gris bleuâtre parfois tournant au rougeâtre, le ventre est d'un blanc brillant ; la queue présente sur un fond grisâtre trois cordons longitudinaux ; l'iris est rougeâtre, entouré de brun.

Distribution géographique. — A l'exception des contrées les plus septentrionales et aussi de la Grande-Bretagne, la Rainette verte se trouve dans toute l'Europe ; elle vit également dans le nord de l'Afrique, en Asie Mineure, en Syrie, en Palestine, en Mésopotamie ; elle a été trouvée aux Canaries, à Madrid, à Ténériffe ; Cantor l'a observée dans l'île chinoise de Chusan, Swinhoe à Haïnan ; de même que la Grenouille verte, que le Crapaud commun, elle vit au Japon.

Les individus qui proviennent de cette dernière localité et dont on a fait une variété distincte ont généralement une mince bande noire allant de la narine à l'œil ; des taches irrégulières de même couleur se trouvent sur les flancs ainsi que sur le dos ; les membres sont barrés de brun.

Mœurs, habitudes, régime. — La Raine habite généralement les plaines, bien que dans le Tyrol elle puisse s'élever, d'après Gredler, jusqu'à l'altitude de 1,500 mètres.

Cette espèce est une de celles qui secouent le plus tôt l'engourdissement de l'hiver. Dès le mois de mars, en effet, au plus tard vers le commencement d'avril, ses cris stridents troublent les nuits ; la note est vibrante, brusquement attaquée, plusieurs fois répétée ; l'on dirait, d'après Lacépède, une meute de chiens qui aboient au loin ; les mots *krac, krac, krac* ou *carac, carac, carac...* prononcés rapidement et de la gorge, rendent bien l'effet produit par cette discordante musique, lorsque la Raine s'éveille et se met à pondre au bord de quelque marécage caché par les grands arbres.

C'est le mâle qui chante ainsi ; il possède une vessie vocale qui peut énormément se distendre ; cette poche se dilate à tel point qu'elle ressemble alors à un goître tout aussi gros que la tête (fig. 448).

Les mâles quittent toujours leurs quartiers d'hiver avant les femelles, qui ne se montrent guère que six à huit jours après eux.

La ponte a lieu dans l'eau ; elle ne dure le plus ordinairement que trois ou quatre heures, mais peut, dans certaines conditions, se prolonger jusque pendant quarante heures. Les œufs, qui tombent au fond, forment des paquets comme ceux des Grenouilles, mais beaucoup plus petits et moins nombreux. Douze heures environ après que les œufs ont quitté le corps de la femelle, le mucus qui les environne est extrêmement gonflé par l'eau. Dans son intérieur on distingue alors l'œuf proprement dit, dont le volume égale celui d'un grain de moutarde. Du douzième au quinzième jour, suivant la température, il sort de l'œuf un petit têtard. Deux mois et demi après l'éclosion, la queue du têtard se résorbe et les jeunes Rainettes cherchent à quitter l'eau. L'entier développement de l'animal ne s'effectue, du reste, qu'avec lenteur ; ce n'est que vers l'âge de quatre ans qu'il est en état de perpétuer l'espèce ; jusqu'à cet âge, la bête est presque muette.

Aussitôt la ponte accomplie, les parents se rendent sur les arbres, sur les branches desquels les Rainettes sautent avec la plus grande agilité ; lorsque les beaux jours sont venus, on voit ces animaux se jeter sur les Insectes qui passent à leur portée, les saisissant rapidement au moyen de la langue qui peut se renverser ; les allures de la Rainette ressemblent assez à celles du chat qui guette un oiseau ou une souris ; c'est en sautant quelquefois à près d'un pied de distance qu'elle s'élance sur sa proie. Elle paraît plus stupide que les Grenouilles qui craignent et évitent le danger ; se fiant peut-être à la couleur trompeuse de son corps qui s'harmonise merveilleusement avec la teinte des feuilles qui l'entourent, la Rainette se laisse saisir sans quitter la place où elle est tapie.

La coloration du corps de la Raine varie, en effet, suivant les circonstances, et l'on voit parfois des Rainettes qui, du plus beau vert pré, passent au jaunâtre ; d'autres sont violacées et tournent même au noir. D'après Fatio, la chaleur, la lumière, la sécheresse, tendent à éclaircir les nuances des Batraciens, tandis que le froid, l'obscurité, l'humidité produiraient l'effet inverse.

Nous avons dit que la Rainette est essentiellement arboricole. Lorsque l'on observe avec quelque soin cet animal, on voit bien qu'il se meut sur les branches par une série de sauts et que les ventouses ou épatements en disques dont ses pattes sont pourvues le maintiennent par la pression atmosphérique ;

lorsque l'animal presse cette pelote contre une branche, par exemple, elle s'applique hermétiquement contre l'obstacle sur lequel la bête doit se fixer. L'animal se maintient et grimpe également en appliquant toute la surface inférieure de son corps. Une preuve évidente que la pression atmosphérique, et non un liquide visqueux et collant, maintient la Rainette, est donnée par l'expérience que l'on peut faire à l'aide de la machine pneumatique. Si l'on porte une Rainette sous cet appareil et que l'on vienne à raréfier l'air, il est absolument impossible à l'animal de se maintenir dans une position inclinée. Une Rainette qui sort de l'eau glisse le long de la surface qui n'est pas horizontale et cela parce que le liquide qui adhère encore à ses pattes l'empêche de former un espace vide d'air entre les doigts et la surface sur laquelle ils doivent adhérer.

C'est en se tenant ainsi que notre animal grimpe sur les arbres, saute de feuille en feuille. Les jours de beau temps, la Rainette reste à la surface supérieure de la feuille, mais se cache en dessous aussitôt qu'il pleut.

La nourriture de la Rainette verte se compose exclusivement d'insectes, mouches, petits coléoptères ; elle ne recherche absolument que les proies vivantes et en mouvement et dédaigne complètement les animaux morts. Sa vue perçante et sans doute aussi l'ouïe fort développée l'avertissent de la présence des insectes, principalement des mouches et des moucherous qu'elle semble préférer à tout. Elle observe attentivement ces animaux, s'élance brusquement sur eux, la gueule toute grande ouverte, et se sert de sa langue pour les entraîner au fond de son gosier. C'est vraiment un spectacle fort curieux que de voir la Rainette guetter patiemment une mouche posée sur quelque feuille, s'approcher doucement, presque invisible grâce à la couleur qui la fait confondre avec le feuillage, puis, arrivée à distance convenable, s'élancer parfois à près d'un pied de distance ; il est rare que la Rainette manque sa proie. Gredler et Günther ont observé sur des Rainettes qu'ils nourrissaient avec de grosses mouches, que ces Batraciens s'aidaient de leurs pattes de devant pour porter leur nourriture à la bouche.

Vers la fin de l'automne, la Rainette verte quitte les arbres, descend sur le sol, se rapproche de l'eau et se blottit dans la vase ; d'après Fatio, elle hiverne par petites compagnies.

Fig. 449. — La Rainette patte-d'oie (grand. nat.).

Elle passe l'hiver dans un sommeil léthargique, sans être, en général, atteinte par la gelée. Si le fait se produit, elle n'est pas pour cela irrémédiablement perdue, car sa vitalité, comme celle de tous les Batraciens, du reste, est très grande. Un observateur oublia, dit-il, de mettre à l'abri du froid une Rainette qu'il gardait en captivité. Il s'aperçut que l'animal avait été congelé, les membres étendus, au milieu de la glace qui s'était formée dans la vase. On apporta ce vase dans une chambre chauffée et la glace commença à fondre lentement. Le lendemain matin, la Rainette avait dégelé et se trouvait vivante comme si rien d'anormal ne s'était passé.

Captivité. — La Rainette verte peut se garder parfois toute une année en captivité, et certains amateurs ont ainsi de ces animaux qu'ils croient propres à prédire le temps par leurs cris ou par les positions qu'ils occupent dans leur prison.

Nous venons de dire que cette Rainette supportait fort bien le froid ; elle supporte également la sécheresse, suivant une observation de Gredler. Une Rainette s'étant sauvée de son bassin fut, quelques jours après, trouvée complètement desséchée, aplatie et comme morte. On la remit dans son bassin pour la jeter avec l'eau ; quelques heures après, ayant été oubliée, on s'aperçut qu'elle nageait avec autant d'agilité qu'auparavant.

En captivité, la Rainette verte se nourrit de toutes sortes d'insectes. Il faut pendant l'été lui fournir une nourriture abondante, pour qu'elle puisse passer la saison d'hiver ; on peut alors lui donner des araignées, des vers de farine.

Fig. 450. — La Rainette leucophylle (grand. nat.).

La Rainette s'habitue vite à la captivité, à ce point qu'elle vient chercher sa nourriture entre les doigts de son gardien et qu'elle voit parfaitement si on prend une mouche pour la lui offrir. Brehm rapporte qu'un ami de sa famille avait apprivoisé une Rainette verte à ce point qu'elle connaissait l'heure à laquelle on avait l'habitude de lui donner à manger. Dans la cloche dans laquelle elle se trouvait, on avait suspendu une petite planchette au moyen de quatre fils; la Rainette grimpait dessus et se tenait là jusqu'à ce qu'on lui donnât un ver de farine ou un insecte. Lorsque la cloche était ouverte, la bête la quittait et se promenait dans la chambre, sautant de-ci de-là et venait parfois se poser sur la main de son gardien, attendant sa nourriture, puis, celle-ci obtenue, rentrait d'elle-même dans sa prison.

Glaser a pu observer pendant près de trois ans une Rainette et voir que cet animal faisait preuve d'une sorte d'intelligence. La bête était absolument habituée à son gardien et, lorsque celui-ci s'approchait, se mettait en mesure d'avaler l'insecte qu'on allait lui présenter. Par les jours de beau temps, elle se glissait hors de sa cage, en soulevait le couvercle en papier, se posait sur le rebord du verre et de ce poste semblait explorer tous les environs; parfois elle cherchait à attraper les mouches qui volaient dans son voisinage ou se mettait en chasse à la nuit tombante. Tandis que l'on pouvait facilement la saisir quand elle était dans son vase, elle ne se laissait pas prendre du moment qu'elle se trouvait en liberté. On remarqua un matin qu'elle n'était plus dans sa cage; nulle part dans la chambre on ne put la dénicher; on supposa qu'elle s'était échappée au dehors en se glissant sous la porte. Le lendemain matin, un des enfants constata que la fugitive était revenue dans sa prison; la bête était toute noire et l'on sut ainsi où elle avait passé le jour et la nuit. Elle s'était retirée au-dessus du coude du tuyau de poêle et s'était ainsi soustraite à toutes les recherches. Depuis on vit souvent l'animal suivre la même voie et aller se poster à l'endroit qu'il avait choisi.

Certains observateurs rapportent avoir pu conserver des Rainettes en captivité pendant sept et même dix ans.

LA RAINETTE BLEUE. — HYLA CYANEA.

Caractères. — La Rainette bleue est la géante du groupe, car elle peut atteindre

0ᵐ,20 de long, les pattes de derrière ayant à elles seules 0ᵐ,12. La tête est courte, épaisse, un peu bombée en arrière chez les animaux adultes. La bouche est fort largement fendue; les dents vomériennes sont disposées entre les arrière-narines, au niveau du bord postérieur de celles-ci.

La couleur paraît varier beaucoup suivant les localités et peut-être suivant la provenance. Les premiers animaux observés à la Nouvelle-Galles de Sud étaient d'un bleu foncé, le bord de la mâchoire étant orné d'une ligne blanche, une autre bande de même couleur, bordée en dessous d'un trait noir, s'étendant depuis l'œil jusqu'à l'épaule. On a recueilli depuis des animaux dont le corps était bleu clair ; chez d'autres, une teinte du plus beau violet règne sur le dessus et les côtés de la tête, sur le dos, la face supérieure des membres, tandis que le ventre est jaunâtre, et que le haut des flancs et le dessous des bras et des jambes est de teinte purpurine; d'autres encore ont une bordure blanche le long des pattes postérieures et des taches de même couleur sur les cuisses. Certains individus portent des taches blanches ou pourprées entourées d'une ligne blanchâtre sur les côtés du corps et à l'épaule.

Des animaux que la ménagerie du Muséum de Paris a possédés étaient du plus beau vert pré ; chez eux l'aine avait une couleur bleuâtre, le ventre était gris-jaunâtre, le dessous des pattes de derrière étant rosé, lavé de bleuâtre. Certains d'entre eux avaient la gorge de couleur livide ; derrière l'œil et à l'épaule se voyaient une tache d'un blanc jaunâtre.

Mœurs et distribution géographique. — La Rainette bleue habite l'Australie, la Nouvelle-Guinée, l'île de Timor.

Les mœurs de cette espèce sont essentiellement celles de la Rainette d'Europe. A la ménagerie du Muséum nous avons pu observer cependant que cet animal se tenait de préférence dans les briques creuses qui se trouvaient dans sa cage et ne grimpait que rarement le long des parois; il est vrai de dire que sa cage était fort étroite pour la taille de l'animal.

LA RAINETTE PATTE-D'OIE. — *HYLA PALMATA.*

Kolbenfuss.

Caractères. — La Rainette patte-d'oie (*Hyla palmata, zebra, faber, maxima*) est une de celles qui atteignent la plus grande taille et dont le train de derrière est beaucoup plus allongé,

plus grêle que le train de devant. La tête est grande, aplatie, le museau arrondi, le dessus du corps lisse, tandis que le ventre est parsemé de grosses granulations (fig. 449).

La couleur du dos est généralement jaune ou d'un bleu clair, avec des taches foncées ; une bande noirâtre s'étend du museau au sacrum; les cuisses sont rayées de brun. Certains individus ont la partie supérieure du corps peinte en violet nuancé de bleuâtre ; les flancs et le devant des cuisses portent des raies verticales noirâtres. Chez le mâle la gorge est brunâtre. Le ventre est blanchâtre ou lavé de brun.

Distribution géographique. — Cette belle espèce se trouve au Brésil et aux Guyannes.

Mœurs, habitudes, régime. — Suivant Schomburck, pendant la saison des pluies, ces Batraciens remplissent les marais en troupes innombrables, et l'on entend alors pendant toute la nuit leurs cris qui sont très retentissants. « Les rameurs qui se trouvent dans une barque, dit-il, à chaque coup de rame touchent simultanément le bord de l'embarcation et produisent ainsi un bruit tout particulier. La barque peut contenir six, huit, dix rames, de telle sorte que l'on entend toujours un seul coup rythmique et fréquemment renouvelé. On reconnaît à ce bruit, surtout pendant la nuit, et à une grande distance, l'arrivée d'une barque. La voix que la Rainette palmée fait entendre à des intervalles courts et cadencés ressemble à s'y méprendre à ce bruit. »

D'autres voyageurs ont comparé le bruit que font entendre les Rainettes au son produit par le battement répété d'un marteau sur une enclume.

Au Brésil, de Wied a trouvé l'animal dont nous parlons plus fréquemment près des côtes que dans l'intérieur des terres. La *Patte-d'Oie* se tient, d'après lui, principalement sur les buissons poussant au voisinage de l'eau. Poursuivie, elle se jette à l'eau et, le danger passé, grimpe de nouveau sur ces buissons.

LA RAINETTE LEUCOPHYLLE. — *HYLA LEUCO-PHYLLATA.*

Laubkleber.

Caractères. — Une des plus charmantes espèces du genre Rainette est la Rainette leucophylle ou frontale, dont la taille atteint à peine celle de notre Rainette verte. La face supérieure du corps est colorée en rouge brunâtre; une bande d'un jaune blanchâtre, parfois d'un blanc d'argent, commence près de l'extrémité du museau, gagne l'œil, au-dessus duquel elle passe, court le long des flancs et va se réunir à celle du côté opposé en formant une large tache triangulaire à angle aigu, au-dessus des lombes; la patte postérieure porte une bande de même couleur; le côté interne des cuisses est d'un jaune blanchâtre.

Chez certains animaux le dos est de couleur brun noirâtre ou marron. Tantôt les coudes et les genoux sont marqués d'une petite tache argentée, tantôt ils n'en portent pas. Le dessous du corps est blanchâtre.

Ajoutons que la tête est longue, épaisse, très courte, que les narines sont placées tout à fait à l'extrémité du museau, que les yeux sont grands, très peu proéminents (fig. 450).

Distribution géographique. — Cette belle espèce habite l'Amérique centrale et le nord de l'Amérique du Sud, les Guyanes et le Brésil.

LES ACRIS — *ACRIS*

Heuschrectenfrösche.

Caractères. — Les Acris sont des Batraciens de petite taille chez lesquels la langue est grande, cordiforme, libre en arrière; il existe des dents vomériennes et le tympan est visible. Les doigts sont libres; les pieds sont plus ou moins palmés. Les mâles ont un sac vocal.

Distribution géographique. — Les deux espèces que comprend le genre sont de l'Amérique du Nord.

LA GRENOUILLE GRILLON. — *ACRIS GRILLUS.*

Steppenfrosch.

Caractères. — Cette espèce, par sa forme générale et ses proportions, ressemble à une petite Grenouille verte. La tête est allongée, le museau aigu. Le dessus du corps est parfois lisse, parfois mamelonné; la peau du ventre et de la face inférieure des cuisses offre de petits tubercules très serrés les uns contre les autres (fig. 451).

La face supérieure du corps est d'un brun rougeâtre, avec des taches longitudinales plus sombres et irrégulièrement semées; on voit sur les membres des bandes de même couleur; la face inférieure du corps est jaunâtre ou brunâtre.

D'après Duméril et Bibron, « les parties supérieures sont brunes; roussâtres ou grisâtres; une grande tache triangulaire d'un brun foncé occupe le dessus de la tête entre le front et l'occiput; cette tache est entourée d'un liséré blanc qui est continué sur le milieu du dos par une raie plus ou moins élargie, de la même couleur. Les membres sont coupés transversalement par des bandes noirâtres et d'une teinte plus sombre que celle du fond. La face postérieure des flancs offre tantôt un, tantôt deux rubans blanchâtres, qui les parcourent dans le sens de leur longueur; quelquefois ils y sont remplacés par une bande brune, sur un fond blanchâtre ou jaunâtre. »

Mœurs et distribution géographique. — L'Acris grillon se trouve dans la partie est des États-Unis. Son cri ressemble au bruit que font entendre les Sauterelles, d'où est venu le nom de l'espèce. Elle habite de préférence les eaux au bord desquelles croissent des buissons et se tient généralement sur les plantes aquatiques. Cette espèce se livre à la chasse des mouches et des moucherons et pour sa faible taille peut sauter à de très grandes distances.

LES RAINETTES A BOURSE — *NOTOTREMA*

Taschenfrosch.

Caractères. — La connaissance des Nototrèmes montre jusqu'à quel point peut être varié le mode de développement chez les Anoures. Nous avons vu, chez les Hylodes, les petits subir dans l'œuf toutes leurs métamorphoses; nous avons dit que chez l'Alyte le mâle se chargeait de l'incubation des œufs; nous avons ici, chez le Nototrème, une poche dans laquelle la femelle porte les œufs pendant les premiers temps de leur développement.

A ce caractère important, nous pouvons ajouter que des Nototrèmes ont la langue subcirculaire et faiblement échancrée, que le tympan est visible, que les doigts sont réunis à leur base par une membrane et qu'il existe des dents vomériennes.

Distribution géographique. — Les cinq espèces que renferme le genre Nototrème sont des parties les plus chaudes du nouveau monde; elles habitent l'Amérique centrale, le Pérou et la république de l'Équateur.

Fig. 451. — La Grenouille grillon (grand. nat.).

LE NOTOTRÈME A BOURSE. — *NOTOTREMA MARSUPIATUM.*

Taschenfrosch.

Caractères. — Cette espèce a la tête courte, plate, élargie en arrière; le museau est arrondi. Le dos et les flancs sont couverts de petites glandes qui, ainsi qu'on le voit bien sur la figure 452, forment une série de cordons légèrement flexueux. Le mâle est pourvu d'un sac gulaire extérieur.

La partie supérieure du corps est d'un bleu verdâtre, avec des taches fort irrégulières de couleur vert foncé, bordées de noir, visibles surtout chez le mâle. Les jambes sont rayées de brun, avec des taches et des points de la même couleur. La coloration est, du reste, variable.

Mœurs, habitudes, régime. — Ainsi que nous l'avons dit en donnant la caractéristique du genre, il existe une poche sur le dos de la femelle. Cette poche, dont l'ouverture se trouve à la partie postérieure du corps, se prolonge sous la peau du dos pendant le cours du développement des œufs, ce qui donne alors à l'animal une apparence difforme.

Comme nous ne possédons aucune observation détaillée sur la manière de vivre de l'animal dont nous écrivons l'histoire, nous ne savons pas jusqu'à présent à quelle époque la mère reçoit sa progéniture dans la poche dorsale, si elle va à l'eau pendant le développement des œufs ou si les jeunes accomplissent toutes leurs transformations dans la poche maternelle.

Weinland a donné quelques détails sur la disposition qu'occupent les germes dans cette poche. Une Rainette que ce naturaliste fut à même d'examiner se faisait remarquer par la grosseur de son dos, qui était bossué; ceci était dû à une grande quantité d'œufs, plus gros qu'un pois, qui remplissaient la poche dorsale; le nombre total de ces œufs s'élevait à 50; ils étaient contenus dans deux poches distinctes. Les œufs, qui avaient près de 1 centimètre de diamètre, se trouvaient tous au même degré de développement. Le germe avait près de 1 centimètre et demi de long; les yeux, la queue, les pattes, étaient déjà développés. L'examen anatomique et microscopique de ces germes montra de curieuses particularités dans la respiration de ces animaux.

Il semble probable que les mâles, aussitôt la ponte opérée, introduisent les œufs dans la poche dorsale de la femelle, que ces œufs y subissent tout ou partie de leurs métamorphoses.

Fig. 452. — Le Nototrème à bourse (grand. nat.).

LES DENDROBATIDÉES — *DENDROBATIDÆ*

Caractères. — Les animaux qui composent cette famille ont l'apparence extérieure des Crapauds avec lesquels ils ont été confondus; ils manquent, en effet, de dents à la mâchoire supérieure; chez eux cependant les diapophyses des vertèbres sacrées ne sont pas dilatées, et les os coracoïdiens ne sont réunis que par un simple cartilage.

Distribution géographique. — Deux genres seulement rentrent dans cette famille, les Mantella, avec trois espèces, sont de Madagascar; les sept espèces de Dendrobates sont spéciales aux parties les plus chaudes du nouveau monde; on les trouve dans l'Amérique centrale, aux Guyanes, le long du cours de l'Amazone, à Saint-Domingue.

LES DENDROBATES — *DENDROBATES*

Caractères. — Les Dendrobates ont la lan-

BREHM. — V.

gue entière, oblongue; le palais est dépourvu de dents; il n'existe pas de parotides; les doigts et les orteils sont déprimés, complètement libres et légèrement dilatés à leur extrémité. Il existe un sac gulaire sous-vocal chez le mâle.

LA RAINETTE A TAPIRER. — *DENDROBATES TINCTORIUS.*

Caractères. — La Rainette à tapirer a le corps de couleur généralement noire; la face supérieure de la tête porte une tache blanche de laquelle part une raie de même couleur qui passe sur l'œil et va rejoindre, vers les lombes, la raie qui se trouve de l'autre côté; le ventre est semé de taches d'un noir beaucoup plus sombre que celui du fond. Certains individus sont entièrement noirs; d'autres ont le dos verdâtre, les flancs et le ventre étant noirâtres;

REPTILES. — 76

d'autres encore portent de larges taches noires sur un fond grisâtre.

Usages. — On a attribué au sang de ce Batracien une action toute particulière dont nous devons parler.

On rencontre fréquemment chez les tribus sauvages des bords de l'Amazone et du Marani des Perroquets verts dont une partie du corps offre une couleur jaune ou rouge; ces oiseaux sont dits Perroquets tapirés; on prétend, à tort ou à raison, que l'on obtient cette coloration en frottant les petites plaies qui se forment à la surface du corps de ces Perroquets, lorsque, pris tout jeunes, on leur arrache les plumes, en les frottant, disons-nous, avec le sang de la Raine à tapirer.

LES ENGYSTOMATIDÉES — *ENGYSTOMATIDÆ*

Caractères. — Les Batraciens qui font partie de cette famille se distinguent essentiellement des Dendrobatidées par l'élargissement en palettes des apophyses des vertèbres sacrées; ce sont des Crapauds, en ce sens que leur mâchoire supérieure ne porte pas de dents.

Distribution géographique. — D'après Boulenger, la famille des Engystomatidées comprend dix-huit genres et quarante-six espèces. Ces espèces sont aussi abondantes dans le sud de l'Asie, le sud de la Chine, Inde, Sumatra, Bornéo (16 espèces) que dans les parties chaudes du nouveau monde, sud du Mexique, Nouvelle-Orléans, Guatémala, Guyanes, Brésil (21 espèces); une espèce est signalée en Afrique, une à la Nouvelle-Guinée.

LES KALOULAS — *CALLULA*

Caractères. — Les Kaloulas, Callula ou Plectropus ont la langue oblongue et libre en arrière; ils manquent de dents palatines et de parotides; le tympan est caché. Leur tête est petite et confondue avec le tronc, qui est ovale, court et bombé.

Distribution géographique. — Les sept espèces que comprend ce genre sont de la partie sud de l'Asie; elles se trouvent aux Philippines, à Ceylan, dans l'Inde, dans le sud de la Chine, aux Célèbes, à Java.

LE KALOULA BEAU. — *KALOULA PULCHRA.*

Caractères. — Le corps est trapu, court et bombé, et l'animal, par son aspect général, rappelle assez bien le Pélobate; la tête, courte et petite, paraît comme rentrée entre les épaules. Les yeux sont gros et saillants; la pupille, d'un noir profond, est entourée d'un cercle pailleté d'or. Quelques pustules existent seules sur le dos; la peau est douce, un peu savonneuse. Les membres de derrière sont longs et les doigts réunis à leur base par une membrane peu développée. La longueur de l'animal est de près de 7 centimètres; la patte de derrière étendue, elle atteint 0^m,13.

Chez l'animal vivant que nous avons pu étudier à la ménagerie des reptiles du Muséum de Paris, la couleur est brunâtre, nuancée de rougeâtre et de noirâtre; une mince ligne noire, plus ou moins marquée, s'étend le long du dos. Entre les yeux se voit une bande d'un vert brunâtre, bordée de rougeâtre, bande qui se continue le long des flancs jusqu'à la naissance des membres de derrière; une ligne noire, irrégulière, limite cette bande, qui est onduleuse; une autre bande, d'un jaune grisâtre, s'étend de l'angle de la bouche à la patte de devant. La gorge est noire, toute piquetée de petits points blancs; le dessous du corps est rosé, vergeté de marbrures d'un brun clair; une tache blanchâtre se voit à l'aisselle; les pattes de devant, d'un vert brunâtre, sont ornées de bandes noires de formes irrégulières; les doigts portent des anneaux alternativement noirs et grisâtres.

Distribution géographique. — Cette espèce se trouve dans le sud de l'Inde et de la Chine, dans l'Indo-Chine, à Ceylan et dans le nord de Sumatra.

Mœurs, habitudes, régime. — D'après l'examen d'individus rapportés de cette dernière localité par Brau de Saint-Pol Lias et vivant au Muséum de Paris, nous avons vu que le Kaloula est un animal dont les mœurs sont celles de notre Pélobate de France. Très craintif, il se terre de suite, en creusant le sol au moyen de ses pattes et de son museau; il court assez rapidement à la manière des Crapauds; pressé par la peur, il peut sauter à la longueur d'environ 0^m,10.

F. Bocourt, qui a eu l'occasion d'observer le Kaloula à Siam, rapporte que le « coassement de ce Crapaud, que l'on peut comparer au mugissement du bœuf, n'a lieu que pendant la nuit où la pluie est tombée. Il fait entendre très distinctement les deux syllabes *ung-ang*, la première sur un ton assez élevé et vibrant qui semble sortir d'une caisse ou d'un vase mé-tallique, la seconde sur un ton de basse; ces sons étourdissants et monotones sont très propres à plonger dans un sommeil profond ceux qui se trouvent dans le voisinage de ces étourdissants Batraciens. »

LES BUFONIDÉES — *BUFONIDÆ*

Die Kröten.

Caractères. — Telle que Duméril et Bibron comprenaient la famille des Bufoniformes, elle renfermait tous les Batraciens anoures pourvus d'une langue et manquant de dents à la mâchoire supérieure, caractère négatif qui les séparait des Raniformes et des Hylæiformes. Telle qu'elle est établie aujourd'hui, cette famille se compose d'Anoures à langue distincte, privés de dents à la mâchoire supérieure, chez lesquels les apophyses transverses des vertèbres sacrées sont dilatées et le coracoïde uni au précoracoïde par un cartilage spécial, le précoracoïde. Ajoutons que les vertèbres ont la face articulaire antérieure concave, qu'il n'existe pas de côtes et que le coccyx s'attache par deux condyles.

Les doigts peuvent être absolument libres, ainsi qu'on le voit chez les Pseudophrynes, ou être plus ou moins membraneux, ainsi qu'on le remarque chez les Crapauds proprement dits ; l'extrémité de ces doigts est dilatée, comme chez les Rainettes, chez les Nectophrynes de l'Afrique et des Indes. Le tympan est visible ou caché et cela dans un même genre. Les dents vomériennes n'existent que chez le Notadeus de Bennett, espèce d'Australie. La pupille est horizontale, excepté chez le Myobatrachus de Gould, d'Australie, et le Rhinophryne dorsal, du Mexique; la pupille est verticale chez ces deux espèces.

Distribution géographique. — D'après le catalogue de A.-G. Boulanger, la famille des Bufonidées comprend huit genres et cent cinq espèces. Sur ce nombre, quarante-quatre se trouvent dans l'Amérique tropicale, au Mexique, dans l'Amérique centrale, aux Antilles, aux Guyanes, au Brésil, au Pérou, au Chili; vingt-deux espèces sont des parties sud de l'Asie, du sud de la Chine, de l'Inde, des Célèbes, de Ceylan, de Sumatra, de Java, de Pinang; dix espèces vivent dans l'Afrique tropicale et trois espèces dans le nord du même

continent ; on trouve trois espèces en Europe, quatre espèces en Australie et aux îles Sandwich.

En résumé, les Bufonidées se trouvent dans toutes les régions, à l'exception de Madagascar, de la Nouvelle-Guinée et de la Nouvelle-Zélande.

Mœurs, habitudes, régime. — Les Bufonidées sont des animaux essentiellement terrestres ; les Nectes sont cependant aquatiques et la conformation des pattes des Rhinophrynes et des Nectophrynes semble indiquer des habitudes arboricoles.

Ainsi que l'écrivent Duméril et Bibron, « les Bufoniformes, ou du moins la plupart d'entre eux, ont une manière de vivre, des habitudes qui les éloignent un peu de celles des Phanéglones des deux premières familles, les Raniformes et les Hylæiformes. Il en est peu qui, comme les Grenouilles et les Rainettes, ne redoutent point la lumière du jour, qui osent s'exposer aux rayons du soleil ; presque tous, au contraire, ne quittent leur retraite, ne se mettent à la recherche de leur nourriture, soit à terre, soit dans l'eau, qu'à l'approche de la nuit, et cette nourriture elle-même ne paraît pas être aussi variée, ne semble pas s'étendre pour les Raniformes à un aussi grand nombre d'animaux que pour les Raniformes et les Hylæiformes. Les Anoures de ces deux groupes s'attaquent indistinctement, et suivant leur force et leur grosseur, aux vers, aux mollusques, aux insectes, aux crustacés, aux poissons, aux oiseaux aquatiques, à de petits mammifères ; la voracité des Grenouilles, des Cératophrys et des grandes espèces de Rainettes est telle, que ces Anoures n'épargnent même pas leur propre race; au lieu que les Bufoniformes ne font guère leur proie que des dernières classes du règne animal. C'est au moins ce que nous sommes portés à penser d'après le résultat des observations qui nous ont été fournies par un très grand nombre de sujets de divers genres, dans l'estomac desquels nous n'avons ordinairement trouvé que des débris de mollusques et d'animaux articulés, auxquels étaient souvent mêlées des pierres d'une nature plus ou moins dure, et quelquefois des morceaux de charbon d'un certain volume, relativement à la grosseur des individus qui les contenaient. »

LES CRAPAUDS — *BUFO*

Landkröten.

Caractères. — Les Crapauds proprement dits se reconnaissent à leurs formes lourdes et trapues, aux glandes qui forment deux amas de chaque côté du cou, à leur bouche largement fendue et dépourvue de dents, à leur langue allongée, elliptique, généralement un peu plus large en arrière qu'en avant, entière et libre postérieurement dans une certaine portion de son étendue ; le palais est dépourvu de dents ; la pupille est horizontale.

A ces caractères essentiels nous ajouterons que le tympan peut être visible ou caché suivant les espèces, que le crâne peut être fortement rugueux, qu'il existe parfois sur les côtés de la tête des prolongements cutanés plus ou moins longs.

Distribution géographique. — Le genre Crapaud se trouve dans toutes les parties du monde, à l'exception de l'Océanie ; sur les soixante-dix-sept espèces que mentionne le catalogue de Boulenger, trois sont de la région européo-asiatique ou paléarctique, sept de la région nord-américaine, huit de la région africaine, vingt-trois de la région indienne, trente-six de la région tropicale américaine.

Légendes, préjugés. — Peu d'animaux ont été aussi injustement calomniés que les Crapauds et ont donné lieu à autant de fables. Il est vrai que ces animaux sont lourds et disgracieux, et que leur peau est froide et visqueuse ; ils inspirent la répulsion, et cependant aucune bête n'est aussi inoffensive et aussi utile.

« Le Crapaud, dit Gessner, en parlant d'une de nos espèces d'Europe, a la peau extrêmement froide et humide ; cet animal est très vénéneux, horrible à voir et extrêmement nuisible. Lorsqu'on le touche, il entre en colère, souille l'homme de son urine et l'empoisonne par son haleine délétère. La peau du corps touchée par son urine et par sa bave entre de suite en putréfaction ; son poison,

pris à l'intérieur, est sûrement mortel. A sa vue seule l'homme pâlit et se trouve mal. Le Crapaud empoisonne les herbes sur lesquelles il passe et celles qu'il souille de sa bave.

« En Angleterre, il est d'usage de couvrir le sol de bottes de jonc, pour donner de la fraîcheur dans les appartements. Un jour un moine avait ainsi emporté des joncs dans sa cellule et les avait étendus sur le sol ; il se coucha sur le dos dans l'intention de dormir, sans s'être aperçu qu'un énorme Crapaud se trouvait au milieu des herbes qu'il venait de rapporter. Ce Crapaud sortit alors des joncs et alla se placer sur la bouche du moine, les deux pattes de devant placées en haut, dans la position d'un animal qui va pondre. Enlever la bête, c'était à coup sûr faire périr le dormeur ; la laisser n'était guère moins dangereux. On donna alors le conseil de porter le moine étendu vers la fenêtre où se trouvait une araignée en train de tisser sa toile, ce qui fut fait. Aussitôt que l'araignée vit son ennemi le Crapaud, elle se laissa glisser et le piqua ; le Crapaud enfla aussitôt, mais ne mourut pas de suite ; l'araignée piqua deux fois encore le reptile, ce qui le fit mourir.

« Il arrive parfois que ceux qui boivent de l'eau des mares avalent à leur insu des œufs de Crapauds ou de Grenouilles, ce qui est fort dangereux, car ces œufs éclosent dans le corps de l'homme et il faut alors une médication des plus énergiques pour les expulser. »

Le récit du naturaliste allemand du seizième siècle, tout absurde qu'il soit, ne le cède guère à certains récits, tout aussi apocryphes, racontés dans ces dernières années.

C'était une croyance populaire chez les anciens que par les grandes tempêtes il tombait parfois du ciel des Crapauds, nommés par les Grecs *Dionectes*, c'est-à-dire engendrés de Jupiter. Aristote croit que ces animaux prennent naissance dans les nues. Notre vieil auteur français, Rondelet, qui écrivait en 1558, nous apprend que « d'aucuns pensent que les petits Crapauds d'eau, ou par la vertu des astres, ou par l'impétuosité des vents, sont portés en haut, puis qu'ils retumbent ; le signe de ce estre qu'il n'en tumbe jamais, que l'air estant esmeu é pluuieux. Aucuns pensent qui n'en tumbent point d'en haut, mais que c'est une espèce de Crapaud qui vit caché dans les creux de la terre, lequel dominant la tempeste sort de son trou creux, é lors on croit qu'il tumbe du ciel, parce que devant on n'en voient point. Mais l'expérience montre le contraire avec l'authorité des grands personages. »

De nos jours encore « les journaux et la correspondance des sociétés savantes ont fait de temps en temps mention de pluies de Grenouilles et de Crapauds. Presque toutes les années, en effet, vers la fin du mois d'avril il n'est pas rare, après de grandes sécheresses, s'il survient des pluies d'orage, d'apercevoir tout à coup sur la terre, dans certaines localités, une énorme quantité de petites Grenouilles ou de Crapauds, qui sautillent ou couvrent des espaces considérables. Il ne manque pas alors d'hommes crédules qui affirment, avec des circonstances très détaillées, qu'ils ont eux-mêmes vu tomber ces petits animaux, non seulement sur les feuilles des arbres, sur les toits, sur leurs vêtements et même sur leurs coiffures.

« Les plus instruits avouent qu'ils savent bien que ces Grenouilles ne sont point nées dans l'air, mais ils supposent qu'elles ont été enlevées, emportées des bords de certains marécages par une trombe météorique, par une colonne d'air et d'eau élevée dans l'atmosphère à une grande hauteur; et qu'ainsi transportés de fort loin, à peu près comme les Sauterelles, ces myriades de petits Batraciens ont été abandonnés à eux-mêmes, et que, soumis à leur propre poids, ils sont tombés sur la terre avec la pluie. Même avant qu'on connût bien les métamorphoses de ces animaux, on allait jusqu'à supposer que c'étaient les gouttes d'eau elles-mêmes qui se transformaient en Grenouilles (1). »

Théophraste d'Éphèse, qui vivait 322 ans environ avant notre ère, avait cependant écrit que les petites Grenouilles ne tombent pas avec la pluie, comme beaucoup le pensent, mais paraissent seulement alors, parce que, étant précédemment enfoncées dans la terre, il a fallu que l'eau se fît un chemin pour arriver jusqu'à leurs trous.

On sait aujourd'hui, à n'en point douter, que les pluies de Crapauds, de Grenouilles n'existent pas; par les temps humides et orageux, ces animaux sortent de leur retraite et se montrent en grand nombre sur les points où quelques instants auparavant il n'y en avait aucun. « Je suis tellement éloigné de croire

aux pluies de Grenouilles, nous dit Rœsel en 1758, qu'aujourd'hui j'ai, comme l'illustre Ray, la conviction que, s'il pleut des Grenouilles, il peut pleuvoir des veaux; car si dans l'air une Grenouille peut naître et acquérir le parfait assemblage de ses organes internes et externes, tandis que dans l'ordre naturel il lui faut quatorze semaines pour arriver à l'état parfait, je ne vois pas pourquoi il ne pourrait pas s'y former aussi bien d'autres animaux. »

Depuis plus de deux siècles, une trentaine d'observations plus ou moins exactes, de récits plus ou moins apocryphes, ont donné lieu à cette croyance que les Crapauds pouvaient vivre dans des pierres. L'amour du merveilleux est allé même jusqu'à prétendre que l'on trouve de ces animaux au milieu de roches anciennes, dans des cavités sans aucune espèce de communication avec l'extérieur et que, par suite, les Crapauds, contemporains de la formation de ces rochers, y étaient enfermés depuis des centaines de siècles.

La première observation est due à Agricola, qui, en 1546, nous parle d'un Crapaud trouvé vivant dans une pierre meulière à Toulouse. Une observation semblable est rapportée en 1561 par Melchior Guillandinus; en 1565, Fulgose, dans son *Traité des merveilles*, mentionne qu'un Crapaud a été trouvé vivant par des carriers à Autun. Vers la même époque, Ambroise Paré raconte « qu'estant en une mienne vigne, près du village de Meudon, où je faisois rompre de très grandes é grosses pierres solides, on treuva au milieu de l'une d'icelles un gros Crapaut vif, et n'y avoit aucune apparence d'ouverture, et m'émerueillay comme cet animal avoit peu naistre, croistre é avoir vie. Lors le carrier me dit, qu'il ne s'en falloit esmerueiller, parce que plusieurs fois il auoit treuvé de tels animaux au profond des pierres, sans apparence d'aucune ouverture. »

Nous passons sous silence les faits rapportés par Weinrich, Libavius, Gesner, Nieremberg, Aldrovande, Stengel, Bauschius, Herman, Becanus, Sachs, Nardius, Pallinus, à la fin du seizième et dans le cours du dix-septième siècle; nous rappellerons seulement les trouvailles de Richardson, de Bradley, de Hubert, de Seigné, faites de 1698 à 1756, pour dire quelques mots du Crapaud dont la découverte fit tant de bruit dans le monde scientifique vers le milieu du siècle dernier.

Ce Crapaud provenait d'un mur au Raincy, près Paris, et avait été trouvé dans un massif

(1) Duméril et Bibron, *Erpétologie générale*, t. VIII, p. 223.

de plâtre dans lequel on supposait qu'il avait
dû vivre pendant quarante ou cinquante ans ;
la pièce fut remise par le duc d'Orléans à l'a-
cadémicien Guettard qui, avec son collègue
Hérissant, fit quelques expériences desquelles il
sembla résulter que des Crapauds renfermés
dans des boîtes entourées de plâtre, étaient
encore vivants après dix-huit mois de captivité. Depuis, en 1824, William Edwards a
répété avec succès les expériences de Hérissant.

En novembre 1825, Buckland, à Oxford, fit
creuser dans un gros bloc de calcaire grossier
douze cavités arrondies de 0ᵐ,13 de diamètre
jusqu'à 1 mètre de profondeur. Chacune de
ces cavités était pourvue d'une rainure circulaire dans laquelle pouvait s'ajuster une plaque de verre et au-dessus d'elle une plaque
d'ardoise, le tout luté avec de la terre glaise.
Dans une autre masse de grès dur on creusa
également douze cavités plus petites n'ayant
que 0ᵐ,15 de profondeur et pouvant se fermer
de la même manière. Le 24 novembre, on
plaça dans chacune des vingt-quatre cellules
un Crapaud vivant, on luta les couvercles et
on enterra les blocs à 1 mètre de profondeur ;
ils ne furent déterrés que le 10 décembre de
l'année suivante. Dans les petites cellules, tous
les Crapauds étaient morts et tellement putréfiés qu'il était grandement probable que la
mort remontait à une date éloignée. Au contraire, dans les grandes cavités la plupart des
Crapauds étaient vivants, et tandis que certains d'entre eux étaient fort maigres, d'autres
au contraire avaient augmenté de poids ; seulement comme les disques en verre étaient légèrement fendus, rien ne s'opposait à ce que
des insectes aient pu s'introduire dans les cavités, dans lesquelles, en tous cas, l'air avait
dû pénétrer. Buckland recommença l'expérience en s'arrangeant pour que des insectes
ne pussent pas pénétrer dans les cavités où
étaient enfermés des Crapauds ; on examina
ceux-ci après une année ; ils étaient tous morts
et complètement putréfiés.

Il ressort de ces recherches et d'autres qui
ont été faites depuis, que la vitalité des Crapauds n'est pas aussi grande qu'on le croit
généralement ; ces expériences démontrent que
l'on n'a pas suffisamment étudié les circonstances dans lesquelles ont pu se trouver les animaux qui étaient renfermés dans des silex ou
d'autres pierres ; on doit reléguer au nombre des
fables les prétendues découvertes de Crapauds

littéralement incrustés au milieu de cailloux au
milieu desquels ils auraient été découverts.
Pour ce qui est des découvertes de Crapauds
dans des pierres, il se peut fort bien que ces
animaux aient été scellés, à l'insu des ma-
çons, dans un mur, dans un trou de rocher ;
ces faits prouveraient que les Batraciens peuvent vivre pendant longtemps ; Bonnaterre
raconte, en effet, qu'un Crapaud élevé en Angleterre dans un état voisin de la domesticité
vécut pendant trente-six ans.

LE CRAPAUD VULGAIRE. — *BUFO VULGARIS.*

Erdkröte.

Caractères. — Ainsi qu'on le voit au troisième plan de la planche XIX, le Crapaud commun ou Crapaud vulgaire (*Bufo vulgaris, terres-
tris, cinereus, spinosus, palmatum, alpinus, garga-
rizans, Rœselii, griseus, japonicus*) a la tête large
et courte ; les yeux sont saillants et arrondis,
le museau est très court et arrondi ; de chaque côté de la tête, commençant près de l'œil
et s'étendant sur les côtés de la nuque, sont
des parotides saillantes. La tête, à peine séparée du cou chez les mâles, est bien distincte,
au contraire, chez les femelles. Le tronc est
large, arrondi, surtout lorsque l'animal se
gonfle d'air. Les membres extérieurs sont
courts et robustes, les membres postérieurs un
peu palmés. La peau, très rugueuse et fort
épaisse, est couverte, surtout sur le dos, de
gros tubercules arrondis, rougeâtres à leur
sommet.

Chez les mâles, le dos est d'un roux olivâtre,
pouvant passer au brun, au verdâtre, au rougeâtre, à peine marqué de taches plus claires.
Les femelles sont, au contraire, marbrées de
taches brunes, jaunes ou d'un blanc sale ; le
ventre est jaunâtre chez le mâle, légèrement
maculé de taches grises chez la femelle. Au
moment de leur transformation, les jeunes
Crapauds, longs d'environ 1 centimètre, sont
noirâtres en dessus, gris noirâtres en dessous ;
peu à peu les teintes inférieures deviennent
plus claires, le noirâtre du dos passe au brun,
puis au roux, souvent même au rougeâtre.
Quatre à cinq mois après la naissance, la couleur est rouge ou jaunâtre ; le noir du dos a
passé au brun verdâtre, puis au gris brun, et
la peau devient verruqueuse.

Cette espèce peut arriver à une grande taille ;
le Muséum de Paris possède, en effet, un
exemplaire recueilli en Sicile par Bibron,

exemplaire qui mesure plus de 0^m,30 depuis le bout du museau jusqu'à l'extrémité des membres postérieurs.

Il est à remarquer que le Crapaud commun, le plus grand des Anoures d'Europe, est l'espèce de nos pays dont le têtard est le plus petit. Ce têtard est d'un noir foncé, brunâtre en dessus, grisâtre en dessous.

Distribution géographique. — A l'exception de l'extrême Nord, on trouve le Crapaud commun dans toute l'Europe; il vit également au Japon et dans une grande partie de la Chine, ce qui fait supposer qu'il existe dans toute l'Asie centrale.

Mœurs, habitudes, régime. — L'habitat du Crapaud commun est extrêmement varié; cet animal se trouve dans les forêts, les buissons, les haies, dans les champs, les prairies et les jardins, dans les caves, dans de vieux murs, sous des décombres et des troncs d'arbre, au milieu des feuilles mortes, partout en un mot où il peut trouver un abri. Là où manque un refuge, il se creuse un trou dans le sol, pour s'y enfouir. Partout où cela lui est possible, il choisit des endroits ombragés et marécageux; il se place très souvent sous des plantes dont les larges feuilles forment de l'ombre et recherche particulièrement les plantes à odeur forte et pénétrante, telles que la sauge et la ciguë.

D'après F. Lataste cet animal « ne sort guère que la nuit, si ce n'est par la pluie, et quand la température est douce. Il se creuse quelquefois un trou, prolongé horizontalement sous le sol, à une petite profondeur; mais, paresseux, il préfère le plus souvent s'emparer de la galerie d'un mulot ou d'un rat; il se retire même au besoin sous une pierre, sous une souche, sous un tas de décombres. Il vit en philosophe dans sa retraite, passant de longues heures dans le recueillement. Quand la faim le presse ou que le temps lui paraît favorable, il en sort pour aller à la chasse, marchant plutôt qu'il ne saute. La femelle, d'après Fatio, s'écarterait de son domicile bien plus souvent et plus loin que le mâle; on rencontre, en effet, beaucoup plus de ces dernières dans les champs, quoiqu'elles paraissent moins nombreuses que les mâles, au printemps. Le Crapaud s'établit dans les jardins, dans les champs, dans les bois, partout où il trouve de l'ombre et de l'humidité. »

En véritable animal nocturne qu'il est, le Crapaud se cache pendant le jour, à moins qu'il ne tombe une chaude pluie d'orage ou que le temps ne soit complètement couvert, car alors il se livre à la chasse. Il ne recherche généralement sa nourriture qu'après le coucher du soleil. Maladroit dans ses mouvements, lent et lourd, il ne s'éloigne jamais beaucoup de son terrier, aussi explore-t-il avec d'autant plus de soin le petit domaine qu'il habite. Sa maladresse le fait souvent tomber dans des caves, des puits abandonnés, des grottes, et comme il est trop lourd pour pouvoir remonter, il est obligé de rester dans cette retraite forcée et d'attendre patiemment que quelque insecte vienne se mettre à sa portée; il peut, du reste, se passer de nourriture pendant longtemps, sans trop avoir à en souffrir.

Le Crapaud commun se nourrit de vers, de petits mollusques, d'araignées et de toutes sortes d'insectes; il ne s'empare cependant pas volontiers des papillons, probablement parce que la poussière des ailes de ces animaux s'attache à sa langue si gluante et empêche la déglutition. Malgré sa voracité, il dédaigne absolument toute proie morte. Un observateur voulant s'assurer si la faim ne pousserait pas le Batracien à accepter des insectes morts, enferma un gros Crapaud dans un pot à fleurs dans lequel on avait placé un certain nombre d'abeilles récemment tuées; sept jours après toutes les abeilles y étaient encore; l'animal saisit avec voracité des abeilles vivantes que l'on vint à introduire dans le pot à fleurs.

Lorsque le Crapaud voit une proie à sa portée, il fait rapidement quelques pas en avant, ouvre largement la bouche et avec une rapidité vraiment merveilleuse lance sa langue sur sa victime qui est ainsi engloutie. On peut épier un Crapaud et lui voir facilement prendre sa nourriture; qu'on jette un ver de farine, une petite chenille ou tout autre insecte, immédiatement le Crapaud sort de son état de somnolence et se dirige sur sa proie, avec une vivacité qu'on ne lui supposerait pas; lorsqu'il s'est approché à distance convenable, il s'arrête, fixe sa proie comme un chien devant le gibier, renverse sa langue et engloutit sa victime; lorsque le morceau est trop long, ce qui arrive lorsqu'il s'agit, par exemple, d'un ver de terre, il fait entrer l'animal dans sa gueule d'un rapide coup de patte, ainsi que Sterke l'a observé. Aussitôt la proie avalée, le Crapaud reste immobile comme auparavant et se met de nouveau aux aguets. Lorsque, ce qui arrive parfois, il manque sa proie ou qu'il n'a fait que l'étourdir, il cesse habituellement toute poursuite, mais se livre de nouveau à la chasse dès que l'animal commence à remuer.

Bien que fort vorace, le Crapaud ne s'attaque pas à son semblable, ainsi que le prouve le récit suivant. Pour observer la manière de chasser de cet animal, un observateur enduisit de miel une feuille qu'il plaça devant le repaire du Crapaud. Ce miel attira bientôt une foule de guêpes et de mouches qui furent happées par le Batracien. Un beau jour, un autre Crapaud, attiré par l'aspect du butin, vint s'établir à côté du légitime propriétaire et l'on jeta alors entre les deux animaux une assez grande quantité d'insectes, de manière à les surexciter. Il arrivait que les deux Crapauds couraient après une même proie; celui qui n'attrapait rien ne manifestait cependant aucune colère contre l'autre.

Le Crapaud commun est un des derniers Anoures qui disparaisse à l'approche de la mauvaise saison. Le mâle hiverne plus volontiers dans la vase, au fond des eaux; la femelle, à terre, cachée dans les trous des vieilles murailles ou sous des décombres. C'est généralement vers le commencement du mois d'octobre que cet animal se terre; le plus souvent il hiverne en société et s'abrite contre le froid au moyen d'un petit mur en terre qu'il élève au devant de la cavité qu'il a choisie; il s'engourdit alors jusqu'en mars ou avril.

A cette époque a lieu la ponte. Les œufs sont pondus en deux cordons parallèles; ces cordons, qui ont souvent jusqu'à 3 mètres de long, sont enroulés en écheveaux autour des plantes aquatiques; les pontes de plusieurs femelles sont fréquemment mêlées ensemble.

Deux ou trois jours après la ponte, les œufs ont remarquablement grossi; vers le dix-septième ou dix-huitième jour les larves brisent l'enveloppe dans laquelle elles étaient renfermées. C'est vers la fin du mois de juin que les quatre membres sont développés; les jeunes Crapauds quittent alors l'eau, bien que leur queue ne soit pas complètement atrophiée, et mènent la vie de leurs parents. L'accroissement est lent et l'animal n'est adulte que vers la cinquième année.

Rœsel pense que le Crapaud peut vivre jusqu'à l'âge de quinze ans, mais il est certain que la durée de la vie est plus longue chez cet animal; c'est ainsi que Pennant rapporte qu'un Crapaud vécut trente-six ans en captivité, et mourut parce qu'un accident mit fin à ses jours.

Au moment de la ponte le Crapaud fait entendre nuit et jour, mais surtout vers le soir, son coassement plaintif, *crrraa, crrraa, quera, quera*, qui, suivant A. de l'Isle, rappelle un peu l'aboiement du chien. F. Lataste rapporte que lorsqu'on tourmente fortement cet animal il pousse un grand cri, analogue au bruit que produit le frottement d'un parchemin tendre et humide.

Captivité. — Ainsi que nous venons de le dire, lorsqu'il est convenablement soigné, le Crapaud commun peut vivre en captivité. Bell avait si bien apprivoisé un de ces Batraciens qu'il restait tranquillement sur la main et qu'il prenait tout doucement les insectes qu'on lui présentait.

Fothergill croit que le Crapaud distingue parfaitement la personne qui le soigne et s'attache à elle. Comme il soulevait par hasard un pot à fleurs renversé, il trouva dessous un gros Crapaud et résolut d'observer attentivement cet animal. Pour cela il lui donna des insectes; la bête s'habitua si bien qu'elle venait, sans aucune crainte, chercher la nourriture qu'on lui présentait. Tous ceux qui ont élevé des Crapauds ont pu s'assurer de ce fait. Vers le soir, le Crapaud observé par Fothergill quittait sa retraite pour se livrer à la chasse, et tous les matins il réintégrait son domicile. Le Batracien vécut ainsi pendant plusieurs semaines jusqu'à ce qu'un beau jour il arriva nombreuse société chez Fothergill; à la vue des personnes étrangères, le Crapaud parut inquiet, refusa de manger et le soir même il avait quitté sa retraite habituelle. Ce n'est que l'année suivante qu'il reparut.

LE CALAMITE. — *BUFO CALAMITA.*

Kreuzkröte.

Caractères. — Voisin du Crapaud commun, mais toujours de plus faible taille, le Calamite en diffère par la coloration. Ainsi qu'on le voit sur l'animal représenté au premier plan de la planche XIX, une bande jaunâtre ou rougeâtre s'étend sur le milieu du dos, qui est d'un vert jaunâtre, semé de taches brunes irrégulières et de petits points d'un rouge vif; le ventre est d'un jaune sale semé de petites taches brunes irrégulièrement disposées. Au moment de la ponte, le mâle a la gorge bleuâtre et des plaques cornées rugueuses au pouce et à l'index.

D'après Fatio, les jeunes sont d'un brun verdâtre ou vert en dessus comme les adultes,

Paris, J. B. Baillière et Fils, édit.   Imp. Lemercier et Cie, Paris.

LE CRAPAUD VULGAIRE, LE CRAPAUD VARIABLE, LE CRAPAUD CALAMITE.

Fig. 453. — Le Rhinophryme dorsal (1/2 grand. nat.).

mais souvent avec des taches ou des marbrures plus apparentes sur le tronc et les membres. Sur le dos se voit une raie dorsale et volontiers aussi une ligne latérale sinueuse d'un jaune pâle. Des points jaunâtres ou rougeâtres se trouvent sur le dos. Les taches du ventre sont souvent plus serrées et de teintes plus claires que chez les individus adultes.

D'après Rœsel, les têtards sont d'un brun noir en dessus jusqu'à l'apparition des membres postérieurs; ils ressemblent beaucoup aux têtards du Crapaud commun, si ce n'est que leur teinte est un peu moins uniforme et qu'ils sont un peu plus grands.

Lataste, qui a pu observer ces larves, dit qu'elles sont, sur le dos, d'un brun roussâtre foncé, le dessous étant cendré bleuâtre clair sous la poitrine et le ventre, cendré blanchâtre sous la gorge. La queue a la nuance du dos, et la membrane qui l'entoure est transparente, très légèrement roussâtre avec de très petites et peu serrées ponctuations brunes.

A ces caractères nous ajouterons que les doigts sont palmés à la base, que les parotides sont petites, peu élevées, de forme ovalaire ou subtriangulaire, que le tympan est peu distinct.

Distribution géographique. — Le Calamite se trouve dans toute l'Europe, à l'exception des parties les plus septentrionales.

Mœurs, habitudes, régime. — D'après A. BREHM. — V.

de l'Isle, « le Calamite est presque exclusivement nocturne; malgré son extrême abondance, on le trouve peu le jour dans les eaux pluviales, où on le rencontre en si grand nombre pendant la nuit. Il y revient chaque soir, quand le temps est doux, par bandes de trente, quarante, cinquante, cent mâles qui chantent à l'unisson, se taisent, reprennent tous à la fois, et souvent ces chœurs bruyants comme ceux de la Rainette s'entendent de fort loin, à plus d'une demi-lieue de rayon. Son coassement, *crau*, *crau*, *crrren*, *crrrreau*, *crrrreau*, ressemble par sa monotonie à la stridulation de la Courtilière. Les Rainettes chantent par saccades, par fanfares bruyantes; elles impriment à leur vessie vocale des impressions brusques, courtes, multipliées; le Calamite, qui l'a plus grosse, des vibrations lentes, prolongées, plus rares.

« Le soir, un chœur de Calamites se fait entendre à distance. Ces animaux sont ventriloques; on les croit à 200 mètres lorsqu'ils sont à 1500. Je fus trompé, non sur la direction à suivre, mais sur la portée et le point de départ de leurs voix. Je les crus dans le lavoir du village voisin; le village passé, plus loin dans une mare, près du ponceau de la route. Le pont franchi, ils chantaient, à n'en point douter, dans un fossé que j'entrevoyais à distance; mais de mare en mare, de fossé en fossé, j'arrivai, après une série d'illusions et de désillusions, au bord d'un pré profondément encaissé entre le talus d'un chemin et des vignes. C'était là, dans la mince couche d'eau qui le couvrait par endroits, que se trouvaient disséminés ces animaux au nombre de plus d'un cent, faisant vibrer comme un clairon leur large vessie vocale, et appelant d'une lieue à la ronde les femelles en train de frayer.

« Le Calamite fraye en juin, selon la plupart des auteurs. Cela est exact; mais il fraye aussi, comme je l'ai observé, en mai, en avril, en mars et quelquefois en septembre. En un mot, il offre amplifié le phénomène que nous avons signalé chez la Grenouille verte, d'une ponte échelonnée et successive. »

Le Calamite creuse le sol à l'aide de ses pattes de devant; très commun dans toutes les dunes du littoral du Nord de la France, il s'enfouit rapidement dans le sable; Rœsel a observé qu'il grimpe parfaitement le long des murailles à pic pour gagner le trou qu'il habite, souvent placé à plus d'un mètre de hauteur.

Lorsqu'il est attaqué, le Calamite cherche tout d'abord à s'enfuir aussi rapidement que possible, puis, s'il est sur le point d'être saisi, il contracte sa peau de telle sorte que toutes les glandes se vident et qu'il se recouvre d'une humeur blanchâtre, mousseuse, répandant une odeur insupportable. Rœsel compare cette odeur à celle de la poudre brûlée, Duméril à l'odeur qu'exhalent les pipes dont on a fait un long usage ou à celle que prend l'orpiment que l'on frotte après l'avoir chauffé.

D'après Lataste, la ponte a lieu en deux cordons, comme celle du Crapaud commun, mais les œufs diffèrent de ces derniers en ce que, au lieu d'être disposés en série alterne, ils sont placés à la file les uns des autres.

LE CRAPAUD VERT. — BUFO VIRIDIS.

Wechselkröte.

Caractères. — Ainsi qu'on le voit sur l'animal représenté au second plan de la planche XIX, le Crapaud vert (*Bufo viridis, variabilis, arabicus*) ressemble beaucoup au Crapaud calamite.

Dans la première de ces espèces, les doigts sont plus palmés, le tympan plus grand, les parotides plus développées. Le ventre est blanc, tandis que chez l'autre espèce la poitrine est toujours maculée. D'après Fatio, chez le Vert, l'iris est généralement doré vers le centre et blanchâtre, lavé de vert, de verdâtre ou de

brunâtre sur le pourtour, tandis que chez le Calamite l'iris est parfois grisâtre ou verdâtre, le plus souvent d'un jaune doré et plus ou moins vermiculé de brun, de vert ou de noir. Enfin, d'après Héron-Royer, la forme de la pupille est différente entre les deux espèces: elle est beaucoup plus allongée chez le Calamite que chez le Vert.

Distribution géographique. — Le Crapaud vert a une très large distribution. On le trouve dans tout le Sud et le centre de l'Europe, dans l'Asie Mineure, la Syrie, la Palestine, la Mésopotamie, le Kurdistan, dans une grande partie de la Perse, dans le Béluchistan, en Arabie, en Égypte, en Algérie, au Maroc et jusque dans une partie de la Sibérie.

Mœurs, habitudes, régime. — Héron-Royer a noté que le Calamite et le Vert ont une démarche tout à fait différente.

« Chez le Calamite, dit-il, les jambes sont trop courtes pour lui permettre de sauter, aussi a-t-il pour habitude de courir très vite en s'élevant sur ses quatre membres; le Crapaud vert, un peu mieux favorisé par la longueur de ses membres pelviens, saute avec facilité, il ne court presque jamais, c'est toujours par petits sauts répétés qu'il cherche à fuir. »

LE PANTHÉRIN. — BUFO PANTHERINUS.

Caractères. — Le Panthérin est un animal qui peut dépasser un peu la taille du Crapaud commun. D'après Duméril et Bibron, sa coloration est variable; « elle consiste, dans le plus grand nombre des cas, en une raie jaune et blanchâtre s'étendant en long sur le milieu du dos et de la tête, flanquée des deux côtés d'une série de trois ou quatre grandes taches noires, ovalaires, à bordure étroite ou élargie de la même couleur que la raie dorsale; puis en d'autres taches à peu près semblables à celles-ci ou affectant la forme de bandes transversales, sur la face supérieure des membres. Avec ce dessin les parotides sont lisérées de noir jaunâtre. Il y a des individus chez lesquels ces dernières sont roses, ainsi que le centre des grands cercles noirs qui remplacent sur le dos et le dessus des pattes les taches de la variété précédente. Certains sujets sont entièrement olivâtres à leurs régions supérieures; d'autres présentent la même teinte, mais dans le nombre on en remarque qui sont, les uns irrégulièrement et largement maculés de rose, les autres ornés de taches pareilles à celles de la première variété, avec on sans raie longitudinale. Enfin, il en est qui rappellent exactement les diverses variétés de notre Crapaud vert après la mort. Il est rare que la teinte blanchâtre qui règne sur les régions inférieures de ces Crapauds soit marquée de petites taches noires. »

Distribution géographique. — D'après Boulenger, sous le nom de Crapaud panthérin ont été confondues trois espèces. Le Crapaud mauritanique (*Bufo mauritanicus*) habite tout le nord-ouest de l'Afrique, le Maroc, l'Algérie, la Tunisie ; le *Bufo regularis* est plus méridional et se trouve dans toute l'Égypte, l'Abyssinie ; la Gambie, le Zambèze, le Calabar et l'Arabie ; on trouve le *Bufo angusticeps* dans le sud de l'Afrique, au Cap et dans la Cafrerie.

L'AGUA. — *BUFO MARINUS*.

Aga.

Caractères. — Le géant de la famille des Bufonidées est le Crapaud Agua (*Bufo marinus*, *agua*, *horridus*, *humeralis*, *ictericus*) ; cet animal dépasse comme largeur, en effet, beaucoup de Tortues et peut avoir 0^m,20 et plus de long.

Cette espèce a le port du Crapaud commun. La tête est un peu aplatie dans son ensemble, et le dessus est concave, muni d'une forte arête osseuse, qui, commençant à l'extrémité du museau, se dirige vers l'œil ; le museau est court, tronqué, comme coupé perpendiculairement ; l'œil et le tympan sont grands ; les parotides sont énormes, obliquement placées en travers des épaules. Les membres sont robustes ; le premier doigt est plus long que le second. Le dessus du corps est couvert de grosses pustules, parfois aplaties, parfois coniques.

Suivant Duméril et Bibron, « le mode de coloration du Crapaud agua n'est pas moins variable que celui des autres espèces du même genre. Pourtant la majeure partie des individus conservent assez longtemps la livrée sous laquelle ils naissent, et qui paraît être à peu près la même pour tous. Elle consiste en un nombre plus ou moins grand de taches brunes ou noirâtres disséminées ou rapprochées de chaque côté de la ligne moyenne du corps et de la tête, sur un fond d'un brun clair, relevé d'une raie médio-dorsale blanche ou jaunâtre ; puis en d'autres taches dilatées en bandes transversales sur la face supérieure des membres, qui, du reste, sont de la même teinte

que la région dorsale, où l'on voit quelquefois répandues çà et là des gouttelettes blanchâtres. Quelques individus parviennent à l'état adulte sans abandonner cette livrée que d'autres, également adultes, offrent un peu modifiée ; c'est-à-dire que chez eux la raie blanche ou jaunâtre du dos s'est considérablement élargie et que les taches des parties latérales forment alors deux grandes bandes brunâtres. Certains sujets, plus ou moins âgés, sont tout bruns ; on en rencontre d'entièrement olivâtres ; puis il y en a de gris, de fauves, de roussâtres uniformément ou ayant leurs tubercules dorsaux et fémoraux d'une teinte plus claire ou plus foncée que le reste du corps. Ceux qui sont hérissés de petites épines ont ces épines peintes en noir ou en brun très sombre. Presque tous ont leurs régions inférieures, et particulièrement la poitrine et le ventre, nuagés, tachetés, marbrés ou vermiculés de brun sur un fond blanc. »

Ces pointes cornées se trouvent chez le mâle et manquent chez la femelle.

Distribution géographique. — L'Agua se trouve dans l'Amérique du Sud et dans plusieurs des îles des Antilles. Duméril signale cette espèce à la Guyane, au Brésil, à Buenos-Ayres, à la Martinique ; Boulenger la mentionne à Jamaïque, à la Trinidad, aux Barbades, dans le sud du Mexique, à l'Équateur, au Pérou, dans le Vénézuela, les Guyanes, le Brésil.

Mœurs, habitudes, régime. — De même que les autres Crapauds, l'Agua reste caché pendant le jour, mais sitôt que le soleil est couché ou lorsqu'il pleut, il sort en telle quantité que, suivant l'expression du prince de Wied, « la terre paraît comme couverte de cet animal ». D'après Schomburck, l'Agua est particulièrement abondant à Georgetown, la capitale de la Guyane anglaise, de telle sorte que chaque soir on le trouve en nombre dans les rues mêmes de la ville. Pendant la saison pluvieuse on le rencontre dans l'intérieur des habitations. « A côté des hideux Geckos, écrit Schomburck, on voit de gros Crapauds. Ils se tiennent pendant le jour dans les recoins obscurs des cabanes, cachés parmi les caisses et derrière les meubles ; à l'approche de la nuit ils se mettent en chasse. Lorsqu'on saisit à l'improviste un de ces animaux, il pousse un cri de douleur qui tout d'abord vous surprend. Une chose curieuse est que ces hôtes désagréables établissent très volontiers leur domicile au milieu des bouteilles, des cruches et d'autres vases renfermant de l'eau ; ils semblent fuir l'humidité des savanes. Lorsque nous déplacions un meuble, on voyait des nichées de Crapauds, de Geckos, de Lézards, de Scorpions, de Serpents, de Millepattes, qui s'enfuyaient épouvantés d'avoir été dérangées dans leur agréable sommeil. Une telle quantité d'horribles animaux, fourmillant tous ensemble, nous remplissait d'horreur ; nous nous habituâmes cependant à ce spectacle. »

Malgré sa lourdeur, l'Agua se meut assez rapidement, et, de même que le Crapaud commun, saute assez rapidement. Son cri, qu'il fait entendre surtout à l'entrée de la nuit, ressemble à un aboiement ronflant et retentissant. Wood rapporte qu'on a songé à domestiquer cet animal dans les Antilles anglaises, dans le but de se débarrasser des insectes qui y pullulent ; lorsque l'on transporta les premiers individus de cette espèce à la Jamaïque, ils remplirent d'épouvante, par leurs cris stridents, les colons et les nègres.

C'est au commencement de la saison pluvieuse que l'Agua va à l'eau pour nager. Les têtards, dont la couleur est noirâtre, sont petits relativement à la grandeur que peut atteindre l'animal adulte, car ils ont accompli leurs métamorphoses lorsqu'ils sont arrivés à la taille de 2 centimètres seulement. Les jeunes individus ont sur le dos des taches brunes disposées symétriquement et entourées d'une bande de couleur claire ; entre les yeux se voit une tache de même couleur ; les flancs sont parcourus par des taches entre lesquelles d'autres plus petites sont disséminées.

LE CRAPAUD CRIARD. — *BUFO MUSICUS.*

Caractères. — Le Crapaud criard (*Bufo musicus, lentiginosus, americanus*) est une espèce aux formes trapues, chez laquelle la bouche est extrêmement fendue, la tête très élargie en arrière, concave entre les yeux que borde une grosse arête ; cette crête est d'autant plus développée que l'animal est plus âgé. Les yeux et le tympan sont grands. Les mâles sont pourvus d'un sac vocal. De grosses pustules, entremêlées de plus petites, se voient sur le dos ; des tubercules coniques, pointus, hérissent les épaules, les flancs et le dessus des membres, où ils ont assez souvent l'apparence de petites épines.

Le dos est irrégulièrement marqué de ta-

ches noirâtres se détachant sur le fond, qui est brun olivâtre ; le plus ordinairement on voit une ligne ou une bande jaunâtre ou orangée le long du dos et deux ou trois bandes en chevrons entre les yeux ; un brun jaunâtre se trouve sur la mâchoire supérieure, la mâchoire inférieure étant blanchâtre. La pupille est noire, cerclée de jaune, l'iris étant réticulé de noir et d'or. Le ventre est d'un blanc sale, lavé de jaunâtre ou de roussâtre.

Distribution géographique. — Cette espèce se trouve dans toute l'Amérique du Nord, depuis le lac du Grand-Ours jusqu'à Mexico.

Mœurs, habitudes, régime. — « Le Crapaud criard est timide et a des habitudes extrêmement paisibles ; pendant le jour, il se tient caché dans quelque endroit obscur, d'où il ne s'aventure à sortir qu'à l'approche de la nuit pour se mettre en quête de sa proie, qui consiste en toutes sortes d'insectes. Il paraît qu'il ne les saisit que lorsqu'ils sont en vie, et qu'ils témoignent de cet état par des mouvements quelconques. Catesby prétend qu'il recherche de préférence les fourmis et les vers luisants, et qu'on l'a vu quelquefois, sans doute trompé par l'apparence, se jeter sur de petits charbons ardents et les avaler.

« C'est au mois de mai qu'on peut les voir par centaines dans les étangs et les marais, qu'ils quittent aussitôt après y avoir déposé les œufs, pour rester à terre jusqu'à l'année suivante. Les mâles produisent alors un coassement très bruyant ; mais en tout autre temps ils sont silencieux ; seulement, lorsqu'ils sont inquiétés ou qu'on les prend, ils font entendre un léger cri analogue à celui d'un moineau qui pépie.

« Holbrook, de qui nous empruntons ces détails, rapporte avoir observé un individu vivant qu'on conservait depuis longtemps, et qui était devenu très familier. Pendant les mois d'été, il se retirait en un coin de la chambre, où on l'avait placé, dans une petite habitation qu'il s'était lui-même préparée au milieu d'un petit tas de terre déposé là à son intention ; vers le soir, il allait çà et là dans cette chambre et s'emparait avidement des insectes qu'il rencontrait sur son passage. Un jour chaud de juillet, Holbrook ayant eu l'idée d'exprimer sur la tête de ce petit animal une éponge imbibée d'eau, il le vit revenir le lendemain à la même place avec l'apparent désir qu'on répétât l'ablution de la veille, puisqu'il recommença souvent le même manège pendant tout le temps que durèrent les chaleurs (1). »

LES RHINOPHRYNES — *RHYNO-PHRYNUS*

Sippe.

Caractères. — Duméril et Bibron nous ont fait connaître sous le nom de Rhinophryne à raie dorsale (*Rhinophrynus dorsalis*) un Batracien qui se distingue de tous les autres Anoures par sa langue attachée en arrière, libre en avant.

Cette espèce, dont la longueur atteint à peu près 0^m,18, a la tête très petite, confondue avec le tronc, formant comme un petit boutoir aplati en avant. La peau qui enveloppe le corps est tellement lâche, que l'animal semble être renfermé dans une sorte de sac qui enveloppe non seulement le tronc, mais qui se prolonge sur la plus grande longueur des membres. Ceux-ci sont très courts, très épais, terminés par cinq doigts réunis à leur racine seulement, et par cinq orteils palmés, dont le premier est comprimé et garni d'une enveloppe cornée marquée de stries transversales. On ne voit ni tympan ni parotide, et la peau est lisse, excepté sur les flancs, où elle est légèrement granuleuse (fig. 453).

Le corps est d'un brun verdâtre sur les parties supérieures, tandis qu'une teinte blanchâtre règne sur la région inférieure. Une raie d'un blanc jaunâtre règne sur le dos, depuis l'extrémité du museau jusqu'au coccyx ; sur les côtés du tronc se voient quelques marbrures de la même couleur.

Distribution géographique. — Cette espèce est originaire du Mexique.

LES PÉLOBATIDÉES — *PELOBATIDÆ*

Caractères. — La famille des Pélobatidées se compose de Batraciens qui ont certaines ressemblances avec les Discoglossidées ; ils s'en distinguent cependant par l'absence de côtes.

Chez eux la mâchoire supérieure est garnie de dents, ce qui les a fait rapprocher des Grenouilles par Duméril et Bibron. Les apophyses transverses des vertèbres sacrées sont largement dilatées ; le coracoïde et le précoracoïde sont réunis par l'épicoracoïde ; le sternum est cartilagineux. Les vertèbres ont la cavité articulaire antérieure concave dans la plupart des genres ; ces vertèbres sont cependant opisthocéliennes ou à cavité tournée en arrière chez les Mégalophrys, ainsi qu'on le voit chez les Discoglossidées.

Distribution géographique. — Cette famille comprend huit genres et dix-huit espèces. Les Scaphiopes habitent le nord de l'Amérique et le Mexique ; les Batrachopsis et les Astérophryx sont spéciaux à la Nouvelle-Guinée ; c'est dans l'Inde et les îles qui géographiquement en dépendent, telles que Ceylan, Java, Sumatra, que se trouvent les Megalophryx, les Xénophryx, les Leptobrachiums ; les Pélobates et les Pélodytes sont spéciaux à l'Europe.

LES PÉLOBATES — *PELOBATES*

Krötenfrösche

Caractères. — Sous le nom de Pélobates, Wagler a désigné des Batraciens dont le dessus de la tête est protégé par un bouclier osseux et dont le premier doigt porte, à sa base, un fort ergot aplati et tranchant. Le corps, trapu et ramassé, ressemble beaucoup à celui des Crapauds ; la tête est comme rentrée entre les épaules ; mais ce qui donne à ces animaux une physionomie toute spéciale, c'est la saillie des yeux au-dessus du crâne. Chez le Pélobate cultripède l'orbite est tout à fait fermé en arrière, et la fosse temporale complètement cachée par suite de l'expansion des os fronto-pariétaux et des temporo mastoïdiens, tandis que chez le Pélobate brun le cercle orbitaire n'est pas complet et que la fosse temporale est à découvert.

Ajoutons que la langue est circulaire, libre et à peine échancrée à son bord postérieur, que la pupille est verticale, que le tympan n'est pas visible à l'extérieur, et que les dents vomériennes forment deux petits groupes au niveau de l'orifice des arrière-narines.

(1) Duméril et Bibron, *Erpétologie générale*, t. VIII, p. 693.

LE PÉLOBATE BRUN. — *PELOBATES FUSCUS*.

Knoblauchkröte.

Caractères. — Chez cette espèce le crâne est fortement renflé longitudinalement, rugueux sur le vertex ; les éperons qui arment les pattes de derrière sont jaunâtres. Le dessus du corps est jaune-brunâtre, avec de larges marbrures d'un brun très foncé, que Rœsel compare à une carte géographique coloriée, où l'on verrait les fleuves et les îles, dont les côtes seraient de nuance plus claire (Pl. XIX).

Distribution géographique. — Le Pélobate brun se trouve en France, en Allemagne et dans une partie de l'Italie. Il est assez commun aux environs de Paris, dans les mares situées sur la rive droite du canal, entre Pantin et Bondy.

Mœurs, habitudes, régime. — Les Pélobates sont des animaux essentiellement terrestres et fouisseurs, qui ne vont à l'eau qu'au moment de la ponte ; le jour, ils se retirent dans les cavités qu'ils se creusent dans les berges et ne chassent que pendant la nuit. Lorsqu'il est à l'eau, le Pélobate brun a l'habitude de s'enfoncer dans la vase, qu'il a soin de troubler, et comme il recherche avant tout les endroits des mares dont le fond est couvert de joncs, dont les berges sont excavées, il est fort difficile de le capturer ; il nage, du reste, très rapidement. Lorsqu'il est à l'eau et que rien ne vient le troubler, le Pélobate brun fait entendre son chant monotone ; les notes qui le composent sont basses et espacées ; les mots *crôoc*, *crôoc*, *crôoc*, prononcés lentement et de la gorge, imitent assez bien ce chant. La femelle pousse une sorte de grognement ; mais si on lui pince une patte, ainsi qu'au mâle, ils font entendre, d'après Rœsel, une sorte de cri de douleur aigu et prolongé qui rappelle le miaulement d'un chat ; ils laissent exhaler en même temps une forte odeur d'ail ; cette odeur s'exhale avec d'autant plus de force que l'animal est plus inquiété ou plus excité.

Le Pélobate brun est une de nos espèces indigènes frayant le plus tôt. C'est aux mois de mars et d'avril qu'il faut chercher cet animal ; car à cette époque il se trouve à l'eau. Le mâle et la femelle se tiennent alors à la surface ; car pour mieux flotter ils font entrer une grande quantité d'air dans leurs poumons ; ils ne sortent ordinairement que la tête hors de l'eau.

La femelle pond ses œufs en deux cordons longs d'un mètre environ ; le frai s'attache aux joncs, aux roseaux et aux autres plantes aquatiques. Cinq à six jours après la ponte, les larves éclosent et nagent par groupes. Dès le neuvième jour apparaissent les panaches branchiaux ; c'est vers la neuvième semaine que l'on voit les membres postérieurs ; trois semaines plus tard les pattes de devant ; vers le quatrième mois, les animaux muent et sortent de l'eau.

Venin ; son action. — Chez le Pélobate brun la peau est presque complètement lisse, bien que de petits tubercules se voient sur les côtes du dos. Bien que presque entièrement dépourvu de glandes, cet animal n'en possède pas moins un venin très actif, ainsi que l'ont montré les expériences faites par E. Sauvage.

Si l'on irrite, en effet, un Pélobate brun en imprimant pendant quelques instants une série de mouvements de circumduction aux membres postérieurs, on recueille dans l'aine un liquide blanchâtre, fort visqueux, d'une odeur forte et pénétrante, qui est le venin. Ce venin, inoculé à une souris, la tue en 27 minutes, après avoir produit des efforts de vomissement, de tremblotement des muscles, des convulsions ; il participe à la fois de l'action du venin du Crapaud et de celui de la Salamandre terrestre.

LE PÉLOBATE CULTRIPÈDE. — *PELOBATES CULTRIPES*.

Caractères. — Le Cultripède se distingue facilement de l'espèce que nous venons de décrire par ses éperons de couleur noire, le dessus de la tête entièrement rugueux, le vertex et la région postérieure du crâne présentant une surface plane.

La coloration, qui rappelle beaucoup celle du Pélobate brun, est, en dessus, d'un brun rougeâtre sur lequel se voient des taches d'un brun beaucoup plus foncé ; le dessous est d'un blanc-jaunâtre, piqueté de brun roux, les mouchetures étant surtout nombreuses sous la gorge et le bas-ventre.

La forme générale du têtard, au moment où naissent les membres postérieurs, est celle d'un ovoïde arrondi à ses deux extrémités, surtout à l'antérieure ; la queue est fort large ; les yeux sont très gros, placés latéralement. La pupille est ronde, l'iris brun, avec une fine bordure entourée elle-même d'un cercle de couleur jaune pâle. Le dos est jaune roux,

Imp. J. B. Baillière et Fils, edit. Corbeil. Crété, imp.

LE PÉLOBATE BRUN.

plus ou moins foncé, lavé de brun. Sur les côtés du corps domine une teinte bleuâtre mélangée de roux et de brun. La partie charnue de la queue est roussâtre avec des taches brunes; la partie membraneuse est d'un jaune roussâtre clair, parsemée de très petits points bruns et de taches de même couleur. La gorge est d'un gris bleuâtre, le ventre d'un gris blanchâtre, avec des lignes irrégulières et des points nacrés.

Distribution géographique. — Le Cultripède est plus méridional que le Pélobate brun; il habite le Midi de la France, l'Espagne, le Portugal; on le trouve également dans l'Ouest de la France, aux environs de Nantes, dans la Gironde, le département des Landes.

Mœurs, habitudes, régime. — Suivant A. de l'Isle, « le Pélobate cultripède habite les sables du littoral méditerranéen. Il se nourrit de coléoptères, surtout de très nombreux représentants de la famille des Mélosomes. Il ne sort que la nuit, et, comme il procède par sauts assez étendus, il se trahit lui-même par le bruit qu'il fait en heurtant des *Ephedra*, des *Eryngium maritimum*, et autres plantes coriaces et résistantes. Repu et quand la fraîcheur se fait sentir, il enfle ses énormes poumons à large vésicule, ferme, et en faisant basculer ses os incisifs, les opercules à levier de ses narines, et de ses couteaux tranchants se creuse dans le sable fin et meuble de la dune une retraite assurée; car à mesure qu'il s'y enfonce à reculons, le sable retombe sur lui et le dérobe. A l'aube on aperçoit encore sur le sol une faible dépression, indice accusateur seulement pour un œil exercé; puis la brise de mer souffle; les troupeaux de petite race de *Bos longifrons* passent et repassent sur sa tête et l'animal demeure enseveli tout le jour dans sa prison. »

Le mâle du Pélobate cultripède fait entendre un coassement qui a quelque rapport avec celui de la Grenouille agile, ou mieux avec celui du gloussement de la poule. Lataste décrit ce chant comme composé d'une seule note et d'une seule articulation, plusieurs notes, assez lentement émises, assez élevées et brèves, étant très détachées l'une de l'autre; ce chant peut se rendre par les syllabes *cô, cô, cô, cô, cô,* émises sur un ton plus bas et moins rapidement répétées que ne fait l'*Agile*.

La ponte ne se fait pas en un seul cordon: de l'Isle a observé qu'il y avait toujours deux de ces cordons, émis seulement à certain intervalle de temps l'un après l'autre; ces cordons se trouvent, au printemps, dans les eaux stagnantes, près du bord, parmi les herbes. L'évolution, très rapide, se fait en près de trois mois et demi.

LES PÉLODYTES — *PELODYTES*

Caractères. — Le genre Pélodyte, qui ne comprend qu'une espèce, le Pélodyte ponctué (*Pelodytes punctatus*), a été créé par Fitzinger pour un Batracien de faible taille, chez lequel les dents qui garnissent le palais sont disposées en deux groupes; dont le tympan est distinct, la langue à peine échancrée et libre à son bord postérieur; la pupille est verticale; les doigts ne sont pas dilatés à leur extrémité. Ajoutons que la cavité antérieure des vertèbres est concave, que les apophyses des vertèbres sacrées sont fortement dilatées et qu'il existe deux condyles pour l'articulation avec le coccyx.

Ainsi qu'on le voit par la figure 434, ce qui frappe au premier abord chez cet animal, ce sont ses formes élancées, qui le rapprochent de la Rainette. La tête est un peu plus longue que large chez la femelle, fort aplatie dans son ensemble; le museau fortement arrondi, l'œil gros et saillant; un sac vocal gulaire interne existe chez le mâle. La peau est parsemée de tubercules irrégulièrement disposés.

Le dessus du corps est d'un gris olivâtre, et sur ce fond se détachent des marbrures d'un beau vert; ces taches sont plus grosses et plus nombreuses sur les membres. Le dessous est d'un blanc mat. Chez le mâle, au printemps, cinq plaques brunes et épaisses se remarquent sur les membres postérieurs.

Suivant F. Lataste, le jeune Pélobate a les formes et les contours de l'adulte, seulement sa face supérieure est souvent plus claire, et toute semée de petits points bruns. Les têtards sont gros, de forme ovalaire allongée; le dos est d'un brun roux avec des taches irrégulières d'un brun effacé; le ventre est d'un blanc assez pur, la gorge d'un blanc jaunâtre; la partie charnue de la queue est rousse, avec de très petits points roux ou bruns.

Distribution géographique. — Le Pélodyte se trouve surtout en France; on a signalé cette espèce aux environs de Paris, dans le Jura, dans l'Yonne, dans Maine-et-Loire, dans la Loire-Inférieure, dans la Vienne, dans la Charente, dans la Gironde. Boulenger la mentionne en Espagne et en Portugal.

Fig. 454. — Le Pélodyte ponctué (grand. nat.).

Mœurs, habitudes, régime. — Le Pélodyte est une espèce terrestre qui ne va à l'eau qu'au moment des amours. Duméril indique qu'aux environs de Paris, dans l'ancien parc de Sceaux-Penthièvre, on peut le voir au premier printemps dans de petits étangs, anciens restes de grandes pièces d'eau, et puis en automne au milieu des buissons de ronces qui bordent les murs du parc exposés en plein soleil de midi. Cette espèce nage mal, aussi se contente-t-elle le plus souvent de petites flaques ou reste-t-elle tout près du rivage dans les mares un peu grandes ; elle nage toujours le museau seul hors de l'eau.

Ainsi que la Rainette, le Pélodyte peut grimper le long des parois verticales en faisant le vide à l'aide des tubercules qui revêtent la face inférieure du corps ; Lataste rapporte qu'il a vu cet animal grimper sur les buissons et qu'il a remarqué, en le chassant le soir, qu'il aimait beaucoup à se percher sur les pierres.

D'après le même naturaliste, dans la Gironde, le Pélodyte se tient principalement le long des chemins bordés de vieux parcs. On peut le récolter en le cherchant le soir, par les belles nuits de printemps ou d'été, au pied des murs ou le long des petits ruisseaux. Cette espèce paraît aussi nocturne que l'Alyte, en compagnie duquel on la rencontre souvent et dont elle doit partager la retraite ; elle se cache aussi sous les pierres pendant le jour.

« Le cri, que l'on entend surtout au mois d'avril et de mai, le soir, dans les petites mares, les eaux pluviales, les fossés qui bordent les chemins, n'a pas la puissance de celui de la Rainette, auquel il ressemble beaucoup.

Fig. 455. — Œufs de Pélodyte.

Du reste, cette espèce est beaucoup moins bavarde, et soit à cause de sa plus grande rareté, soit à cause de sa préférence pour les petites flaques d'eau, elle ne se réunit jamais en aussi grand nombre. La note est assez pleine, lente, chevrotante et très grave ; on s'étonne de la voir produite par un si petit animal. Le Pélodyte la répète sept à huit fois, sans se presser ; puis il s'arrête quelque temps pour recommencer ensuite. Quoique assez faible, elle est

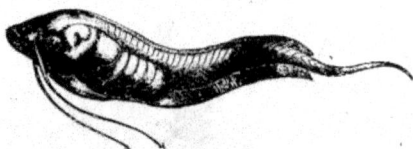

Fig. 456. — Larve de Dactylèthre (d'après Parker).

moins sonore que celle de la Grenouille agile, dont elle diffère entièrement du reste, et s'entend de plus loin. Le Pélodyte est muet hors le temps des amours. »

Cette espèce se reproduit partout en avril et en mai, bien que, suivant Thomas de Nantes, une seconde ponte puisse avoir lieu depuis les derniers jours de septembre jusque vers le milieu d'octobre; ce Batracien attache ses œufs, sous forme de deux ou trois grappes, aux herbes et aux branches de bois mort (fig. 455).

LES AGLOSSES — AGLOSSÆ

Caractères. — Les Aglosses ou Phrynaglosses forment un sous-ordre distinct parmi les Batraciens anoures ; ils sont dépourvus de langue ; les oreilles ne communiquent avec l'intérieur de la bouche que par une seule ouverture située au milieu et à la partie postérieure du palais, au lieu que chez les autres Anoures, ou Phanéroglosses, les trompes d'Eustache ont chacune leur orifice distinct et placé latéralement.

Les vertèbres sont opisthocéliennes ou à cavité articulaire postérieure concave ; les côtes font défaut ; les apophyses transverses des troisième et quatrième vertèbres sont très allongées ; les apophyses des vertèbres sacrées sont fort dilatées et réunies avec le coccyx.

Les larves ont deux spiraculum ou orifices de sortie de l'eau qui sert à la respiration.

Classification. — Ce groupe se sépare en deux familles, les Dactylothridées, chez lesquels la mâchoire supérieure porte des dents, et les Pipidées, qui n'ont pas de dents.

LES DACTYLÈTHRES — DACTYLE-THRA

Caractères. — Les Dactylèthres ou Xénopus ont la tête aplatie, arrondie en avant ; la pupille est arrondie, le palais lisse, le tympan caché ; les parotides sont nulles ; les doigts sont coniques, pointus, entièrement libres ; les orteils sont très largement palmés.

Distribution géographique. — Les trois espèces que renferme le genre sont des parties tropicales de l'Afrique; on les trouve en Abyssinie, à Zanzibar, au Benguela, au Cap, en Cafrerie, dans l'ouest du continent.

LE DACTYLÈTHRE DE CAP. — DACTYLETHRA CAPENSIS.

Caractères. — Ce Batracien est une espèce de moyenne taille, au corps aplati, à la tête peu distincte du tronc, déprimée et fortement arrondie en avant, aux membres antérieurs grêles et faibles, aux membres postérieurs, au contraire, très robustes et fortement palmés.

La peau est lisse; on trouve cependant de petites cryptes le long des flancs et tout autour de l'œil.

Le dos offre tantôt une teinte brune, tantôt une teinte roussâtre, d'autres fois une couleur cendrée; il existe souvent des marbrures brunâtres o¹¹ de petites taches blanchâtres. Le ventre est blanc.

Les femelles se distinguent des mâles par la présence de trois plaques dermiques près de l'anus.

D'après Parker, les larves ont, de chaque côté de la bouche, deux appendices en forme de tentacules (fig. 456).

LES PIPA — PIPA

Pipa.

Caractères. — Le genre Pipa, qui ne com-

BREHM. — V.

prend qu'une seule espèce, le Pipa américain (*Pipa americanus, Pipa dorsigera, Asterodactylus pipa, Leptopus asterodactylus*), se reconnaît à sa tête courte, large, très aplatie, triangulaire.

Le Pipa est un animal vraiment hideux, au corps difforme, fortement aplati. La tête, confondue avec le tronc, est très petite, terminée par deux narines tubuleuses. Les yeux sont d'une petitesse extrême, de telle sorte qu'ils ont à peine la grosseur d'un grain de chènevis chez des animaux de la taille du Crapaud agua. Les paupières sont réduites à un simple rudiment qui laisse le devant du globe oculaire complètement à découvert. D'après Duméril et Bibron, « les membres antérieurs sont grêles, arrondis ; le bras est bien distinct de l'avant-bras, mais celui-ci ne l'est pas du tout de la main, avec laquelle il se confond pour ainsi dire ; autrement dit, il n'y a pas de poignet. Les doigts, qui sont tous droits comme des baguettes, présentent une particularité bien singulière dans les quatre petites pointes cylindriques et bifides qui les terminent, pointes qui sont épanouies ou écartées les unes des autres comme les pétales ou les sépales d'une fleur, ou mieux encore comme les divisions que les enfants pratiquent à l'une des extrémités d'un chalumeau de paille dont ils veulent se servir pour faire des bulles de savon. Les pattes de derrière des Pipas se font remarquer par la brièveté de la cuisse et du tarse, par la grosseur des muscles de la jambe et surtout par le développement considérable de la membrane qui réunit entre eux les orteils, dont l'extrémité terminale n'offre rien de particulier (fig. 457). »

Ajoutons que l'on voit de petits barbillons de chaque côté de la bouche et des lambeaux de peau près des épaules, ce qui achève de donner à cet animal une apparence bizarre.

Le corps est couvert de grains solides, excessivement fins, au milieu desquels se trouvent épars de petits tubercules coniques et cornés ; ces tubercules, en grand nombre sur le dos, sont moins abondants sur les membres.

Le dessus du corps est de couleur uniforme, noirâtre ou brun-olivâtre ; le ventre est grisâtre, tacheté de noir ou de blanchâtre ; on voit parfois une ligne noire sur le milieu du ventre.

Distribution géographique. — Le Pipa se trouve aux Guyanes et au Brésil.

Mœurs, habitudes, régime. — Les premières notions que nous ayons eues sur l'animal singulier à tous les points de vue dont nous nous occupons en ce moment sont dues à mademoiselle Sibylle de Mérian, qui, en 1705, dans son ouvrage sur les insectes de Surinam, nous apprend que ce Crapaud produit ses petits par la peau du dos, qu'il se trouve dans les eaux marécageuses et que les esclaves nègres en mangent la chair.

Philippe Firmin, qui exerçait la médecine à Surinam, nous apprend, en 1762, que la femelle est plus grosse que le mâle, que celui-ci place les œufs sur le dos de la femelle, et que les petits sortent de l'œuf lorsque leurs membres peuvent leur servir, ce qui n'arrive que quatre-vingt-deux jours après que les œufs ont été pondus.

Les récits des voyageurs nous confirment en partie ces données.

Le Pipa habite les marais des forêts obscures, il rampe lentement et maladroitement sur le sol et répand une forte odeur sulfureuse. Le frai est déposé dans l'eau, comme pour les autres Anoures ; le mâle, qui prend soin des œufs, ne les enroule pas autour de ses pattes comme le fait l'Alyte, mais les étend sur le dos de la femelle. Il se forme alors dans la peau du dos une petite cavité pour chaque œuf, cavité qui prend alors la forme hexagonale d'une cellule d'abeille et se referme par une sorte d'opercule. Dans cette cellule, le jeune Pipa achève ses métamorphoses, brise sa prison, et l'on voit alors apparaître ici une patte, là une tête ; les jeunes quittent bientôt le dos maternel.

Firmin, dont nous venons de citer le nom, ajoute que la femelle dépose ses œufs dans le sable, et que le mâle s'empresse alors d'accourir ; celui-ci saisit la masse des œufs avec ses pattes de derrière, si largement palmées, et les porte sur le dos de la femelle. Sitôt qu'il a fait cela, il se retourne et place son dos contre celui de la femelle, fait plusieurs tours, quitte la femelle pour se reposer, revient quelques minutes après et recommence le même manège. Après que l'éclosion des petits a eu lieu, la femelle se débarrasse des restes de cellules en se frottant contre les pierres, contre les plantes ; elle fait ensuite peau neuve.

Fig. 451. — Le Pipa (1/2 grand. nat.).

LES URODÈLES — *URODELA*

Schwanzlurche.

Caractères généraux. — C'est la ressemblance extérieure qui existe entre certains Sauriens et les Salamandres qui a sans doute conduit les anciens naturalistes à regarder les Reptiles et les Batraciens comme faisant partie d'une seule et même classe. On a oublié que les Salamandres n'ont avec les Sauriens pris dans leur ensemble qu'une ressemblance analogue à celle qui existe entre le Canard et l'Ornithorynque, le Pingouin et le Phoque. Sans doute les Salamandres ou, pour prendre un terme plus général, les Urodèles ont un corps allongé, une tête très distincte du tronc, le plus ordinairement quatre membres comme les Sauriens; mais là s'arrêtent les analogies; même en faisant abstraction du développement qui est tout autre chez les animaux des deux groupes, ainsi que nous l'avons nettement posé dès les premières pages dans ce volume, la peau humide, toujours dépourvue d'écailles, suffit à distinguer les Urodèles des Sauriens.

Considérés dans leur ensemble, les Urodèles sont des Batraciens chez lesquels le corps est allongé, le plus souvent arrondi, terminé par une queue qui persiste pendant toute la vie, toujours longue et presque toujours comprimée latéralement. En général, il existe deux paires de membres, courts et éloignés les uns des autres, ne pouvant plus dès lors soutenir l'animal et ne servant qu'à le pousser sur le sol ou dans l'eau; les membres postérieurs peuvent faire exceptionnellement défaut. La peau est nue, gluante, sans écailles. L'orifice du cloaque a généralement la forme d'une fente longitudinale, à bords épais.

De même que nous l'avons fait pour les

Anoures, nous n'indiquerons ici que les particularités qui distinguent essentiellement les *Urodèles* des autres Batraciens.

Squelette. — Nous avons dit que, chez les Anoures, tout était disposé pour le saut; chez les Urodèles le squelette ne présente pas les singularités que nous avons signalées chez ces derniers; ce sont des quadrupèdes plus normaux.

La colonne vertébrale, à l'inverse de ce que nous avons vu chez les Anoures, est longue; c'est ainsi que l'on compte trente-neuf vertèbres chez les Salamandres terrestres (fig. 458), cinquante-huit chez le Protée, quatre-vingt-sept chez la Sirène lacertine.

Chez les Urodèles les plus dégradés, tels que la Sirène et le Protée, les vertèbres sont biconcaves comme celles des Poissons et entourent des vestiges de la corde dorsale; les animaux les plus parfaits, tels que ceux qui font partie du groupe des Salamandres, ont, au contraire, les vertèbres pourvues d'une tête articulaire en avant et d'une cavité en arrière; les vertèbres sont amphicéliennes chez les Amblystomes et chez d'autres animaux du même groupe. Les vertèbres dorsales présentent des apophyses transverses auxquelles sont suspendues des côtes rudimentaires; ces apophyses sont très larges chez la Sirène; on voit dans la portion caudale de la colonne vertébrale des arcs inférieurs qui forment un canal destiné à protéger les vaisseaux.

Le crâne, qui est aplati, n'est pas toujours complètement ossifié; chez les Pérennibranches, par exemple, on retrouve des parties membraneuses et cartilagineuses du crâne primordial; c'est ainsi que l'os quadrato-jugal est, chez beaucoup d'Urodèles, représenté par un tissu fibreux et plus ou moins ligamenteux.

L'épaule des Urodèles les plus élevés en organisation est remarquable par la prompte soudure des os qui la composent en un seul qui porte la fossette d'articulation pour le bras à son bord postérieur, envoie vers la colonne vertébrale un lobe de forme carrée, qui est le scapulum, et, vers la ligne médiane, un disque arrondi, légèrement lobé, divisé en deux parties par une échancrure, le coracoïde et le précoracoïde. La clavicule fait défaut. Il ne reste comme vestige du sternum qu'une lame cartilagineuse qui est reçue entre les deux disques dont nous venons de parler, celui de droite et celui de gauche. Chez le Protée, sauf le col de l'omoplate, tout le reste de l'épaule demeure à l'état cartilagineux.

Le membre antérieur se compose, comme d'habitude, de l'humérus et des deux os de l'avant-bras séparés. Chez la Salamandre le carpe est formé de cinq os et de deux cartilages, soit en tout sept pièces. Les os du carpe restent cartilagineux chez le Protée et chez la Sirène.

Le bassin est tout à fait différent de celui des Anoures. Chez les Salamandres, l'os des iles est cylindrique; le pubis et l'ischion se soudent l'un à l'autre et forment, avec ceux du côté opposé, un grand disque, concave en dessus, plat en dessous. Cuvier a trouvé que, chez le Protée, le bassin est encore moins ossifié, s'il est possible, que l'épaule; à peine trouve-t-on quelque chose de dur dans le cartilage qui répond à l'os des iles et deux petites plaques dans celui qui répond à l'ischion. Le membre postérieur tout entier manque chez la Sirène. Le point auquel le bassin s'attache à la colonne vertébrale paraît être variable chez les Salamandres.

Le membre postérieur se compose du fémur et des deux os de la jambe qui sont séparés; chez la Salamandre terrestre le tarse comprend neuf pièces distinctes (fig. 459) disposées en pavé. Chez le Protée, les os des extrémités sont constamment cartilagineux, petits et grêles.

Le nombre des doigts est généralement de cinq; c'est ce que nous voyons chez les Salamandres, les Tritons, les Chioglosses, les Amblystomes; ces doigts peuvent être parfois très courts, ainsi que nous le notons chez certains Spelerpes, ou pourvus d'ongles, comme chez les Onychodactyles; les Salamandrines, les Salamandrelles, les Batrachoseps ont quatre doigts seulement. On compte quatre doigts en avant, cinq en arrière chez la grande Salamandre du Japon et chez le Ménopome, quatre doigts aux membres de devant et de derrière chez le Ménobranche; trois ou deux doigts à chaque membre chez l'Amphiume; quatre doigts en avant, deux en arrière chez le Protée; la Sirène a quatre doigts au membre antérieur; le Pseudobranche trois doigts au même membre qui seul existe.

Système nerveux et organes des sens. — De même que chez les Anoures, la peau, qui est nue, joue un rôle des plus importants dans la respiration, aussi reste-t-elle constamment humide.

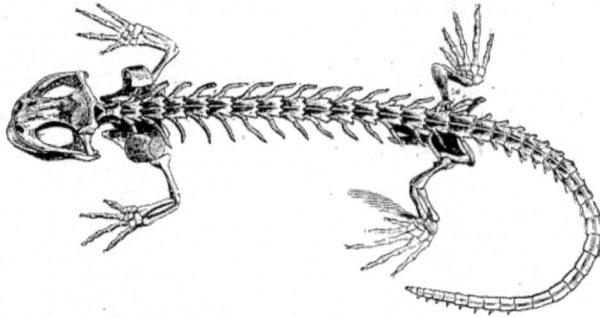

Fig. 458. — Squelette de Salamandre terrestre (grand. nat.).

Ici les téguments sont toujours adhérents aux parties qu'ils recouvrent, ce qui est tout à fait différent de ce qui existe chez les Anoures, aussi ne voyons-nous pas de poches sous-cutanées chez les Urodèles.

La coloration est généralement moins éclatante et moins variée que chez les Anoures; il est cependant certains Spelerpes, quelques Tritons qui sont revêtus de brillantes couleurs, surtout au moment de la ponte, car dans la livrée de terre tous les Urodèles sont de teinte sombre, triste et uniforme.

L'épiderme se détache, en général, tout d'une pièce. La peau est percée de pores nombreux parfois groupés entre eux de manière à former des parotides, ainsi qu'on le voit chez la Salamandre terrestre, par exemple.

Chez quelques espèces, comme le Protée, l'œil est caché sous la peau; il est presque rudimentaire chez la grande Salamandre du Japon chez laquelle il n'apparaît que comme deux petits points au milieu des rugosités qui revêtent le corps. De même que chez les Poissons, il n'existe pas de paupières chez les Amphiumes et chez les Sirènes; les Salamandrides, au contraire, ont des paupières distinctes et des glandes lacrymales; chez ces derniers animaux, la cornée est fort développée.

Ainsi que l'ont bien vu Duméril, et Bibron, « les fosses nasales ont, en général, un trajet très court et pénètrent un peu plus obliquement du bord externe du museau à la partie antérieure et latérale du palais, dans l'espace non osseux qui correspond au plancher de l'orbite par des orifices sur lesquels la langue peut s'appliquer. Leur orifice est muni d'une sorte de soupape membraneuse qui ne se retrouve pas à la sortie; la cavité de ces narines internes est peu développée et sans sinus; c'est un simple tuyau, qui semble même s'oblitérer dans les derniers genres de ce sous-ordre des Urodèles, comme dans les Protées et les Sirènes, qui conservent leurs branchies pendant toute la durée de leur exis-

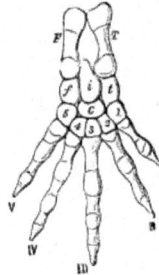

Fig. 459. — Patte postérieure de Salamandre (*).

tence. Il est vraisemblable que les animaux de cet ordre n'avaient pas, en effet, grand besoin du secours du sens de l'odorat; peut-être même leur devenait-il inutile, l'animal restant constamment plongé dans un milieu liquide où les odeurs, étant dissoutes et non gazeuses, ne pouvaient pas être appréciées autrement que par la saveur. D'ailleurs lorsque ces espèces d'Urodèles à branchies persistantes re-

(*) F, péroné; T, tibia; f, os péronéen; i, os intermédiaire; e, os tibial; c, osselet central; 1, 2, 3, 4, 5, osselets carpiaux et tarsiens; I, II, III, IV, V, doigts (d'après Huxley).

cherchent leur nourriture, qui est toujours un petit animal vivant, cette proie est principalement indiquée par ses mouvements, si elle ne s'est pas fait distinguer d'abord par la vue. »

La langue est toujours complètement charnue, molle, le plus souvent visqueuse et recouverte de papilles. Elle est ovalaire, libre sur les côtés, chez les Salamandres, les Tritons, les Amblystomes, libre dans sa partie postérieure chez les Chioglosses, libre latéralement et en arrière chez les Desmognathes, attachée seulement dans sa partie centrale chez les Pléthodons et les Anoïdes. Les Bradybates ont la langue fort petite, fixée de toute part, semblable à une simple papille. La langue forme un disque arrondi, libre dans son pourtour, supportée en dessous et au centre par un pédicule grêle et protractile, simulant une sorte de champignon, chez les Bolitoglosses ou Spélerpes, les Manculus, les Thorius. Chez la grande Salamandre et chez le Ménopome, la langue est tout à fait adhérente et couvre complètement le plancher de la bouche; cet organe est à peine distinct chez l'Amphiume. Le Protée a la langue petite, libre en avant; la langue est large chez le Ménobranche; la Sirène lacertine et le Pseudobranche ont la langue libre en avant, et couvrant le plancher buccal.

L'organe de l'ouïe est toujours dépourvu de membrane du tympan et de caisse tympanique; les trompes manquent chez les Urodèles les plus inférieurs qui vivent constamment dans l'eau.

Appareil digestif. — Il n'existe dans la cavité buccale ni épiglotte, ni voile du palais. Les glandes salivaires sont remplacées par des cryptes nombreuses qui fournissent une sorte de bave visqueuse destinée à engluer la proie pour la faire plus facilement pénétrer dans le tube digestif.

L'armature de la cavité buccale se compose ae dents en crochets, pointues, implantées dans la mandibule suivant une seule rangée et à la mâchoire inférieure suivant deux séries; ces dents sont uniquement destinées à retenir la proie.

Le palais est toujours armé de dents dont la disposition donne de bons caractères pour l'établissement des genres.

Les plus imparfaits des Urodèles, la grande Salamandre du Japon, la Sirène, le Pseudobranche, les Amphiumes ont de nombreuses dents au vomer formant des séries parallèles

à celle des mâchoires; ce caractère de dégradation rappelle ce que l'on voit chez les Poissons.

Le corps des Urodèles étant toujours allongé, tandis que celui des Anoures est court et ramassé, il s'ensuit que tous les organes sont comme étirés.

L'estomac fait pour ainsi dire directement suite à l'œsophage. Le foie est relativement grand et recouvre la plus grande partie de l'estomac; la vésicule biliaire, qui existe toujours, est bien développée, ainsi que le pancréas, irrégulièrement lobé.

Les reins, étroits et fort allongés, possèdent des uretères qui se dirigent vers le cloaque et débouchent en avant du conduit excréteur d'une vessie grande, vasculaire, à parois minces. Pleine, cette vessie remplit près de la moitié de la partie inférieure ou plutôt postérieure du corps; elle ne contient jamais l'urine, mais un liquide clair, sans odeur ni saveur, composé d'eau à peu près pure, qui sert aux besoins de l'animal.

Circulation et respiration. — Comme chez les Anoures, le cœur se compose de deux oreillettes, d'un seul ventricule et d'un bulbe artériel; chez le Protée, la Sirène lacertine, le Ménobranche, la cloison qui sépare les oreillettes est moins complète que chez les autres Urodèles.

Les plus inférieurs de ces derniers, les *Pérennibranches*, tels sont le Protée, la Sirène, le Ménobranche, ont, outre des poumons, trois paires de branchies externes ayant l'aspect de houppes ramifiées et saillantes sur les côtés du cou. D'autres, que Duméril et Bibron ont désignés sous le nom de *Pérobranches* (Amphime, Ménopome), perdent leurs branchies externes à mesure qu'ils se développent, mais conservent pendant toute leur vie une ouverture branchiale externe de chaque côté du cou. Les Salamandrines perdent même ce dernier vestige de la vie larvaire et offrent, dans l'ensemble de leur organisation, le caractère le plus élevé de l'ordre auquel ils appartiennent; chez eux il existe quatre paires de troncs aortiques chez l'adulte, mais la moitié supérieure du premier tronc s'oblitère.

Développement. — Quelques Salamandrines cependant peuvent rester pendant toute leur vie à l'état larvaire : tel est l'Axolotl, qui est la larve de l'Amblystome et qui peut garder toujours ses panaches branchiaux et se reproduire en cet état.

Quelques autres espèces restent accidentellement dans le même état d'infériorité de développement. C'est ainsi que Fillipi a trouvé dans un marais situé près du lac Majeur cinquante Tritons, dont deux seulement avaient les caractères de l'adulte; tous les autres possédaient leurs branchies, bien que par tous les autres caractères ils présentassent tous les attributs de l'animal parfait. Jullien, en 1869, pêcha dans un marais quatre larves femelles de *Triton tæniatus*, dont les œufs étaient mûrs; deux d'entre elles pondirent; quatre mâles recueillis dans le même marais avaient conservé leurs branchies externes.

Lorsque chez des animaux que nous pouvons avoir tous les jours sous les yeux on trouve de semblables faits, on peut se demander si les Urodèles que nous ne connaissons qu'avec des branchies externes ne sont pas en réalité des états larvaires d'animaux parfaits.

« Les Urodèles sont en général ovipares, rarement vivipares (Salamandre). Le développement s'opère par voie de métamorphose plus ou moins complète, suivant que l'animal occupe un degré plus ou moins élevé; il présente quant à la respiration et à la formation du squelette et des membres, des phases diverses qui persistent à l'état d'adulte chez les formes inférieures. A leur sortie de l'œuf, les Salamandrines sont de petites larves, grêles, fusiformes, présentant une peau ciliée, des faisceaux externes de branchies et une queue comprimée latéralement et bien développée, mais pas de membres antérieurs ni postérieurs. Lorsque la croissance est plus avancée, les deux membres antérieurs sortent de la peau à l'état de petits moignons pourvus de doigts à peine distincts; plus tard apparaissent les membres postérieurs, dont les parties se différencient et se séparent peu à peu (fig. 460). Alors les branchies externes tombent et leurs orifices se ferment. Chez les Salamandres terrestres qui subissent cette métamorphose dans l'utérus, soit en partie (*Salamandra maculosa*), soit complètement (*Salamandra atra*), la queue encore comprimée prend définitivement la forme d'une queue cylindrique qui répond mieux aux besoins de l'animal adulte se traînant sur le sol humide. Les phases successives du développement des Salamandres terrestres correspondent à des états permanents chez la Sirène, chez les autres Pérennibranches et chez les Dérotrèmes (Amphiume ménopome) (1). »

(1) Clauss, *Traité de zoologie*; trad. Moquin-Tandon, p. 873.

Reproduction des membres. — On sait depuis les expériences de Spallanzani avec quelle facilité se reproduisent les membres et la queue des Salamandres aquatiques après leur ablation. Flourens a répété ces expériences et a souvent montré dans ses cours des Tritons chez lesquels la queue ou les quatre membres s'étaient régénérés; il a de même plusieurs fois fait voir des exemples de régénération de la mâchoire inférieure, confirmant ainsi un des résultats obtenus par Spallanzani.

Fig. 460. — Larve de Triton (double de grand. nat.).

Ce savant expérimentateur a fait voir que chez les Tritons toutes les parties du corps peuvent se reproduire; il se produit après l'ablation non seulement l'apparence du membre, mais le membre dans son intégrité, avec sa peau, ses muscles, ses tendons, ses nerfs, ses vaisseaux, ses os; une queue coupée repousse complètement et devient en tout semblable à la queue primitive. Dans les membres amputés tous les os se reproduisent. Spallanzani a fait reproduire à des Tritons captifs, et cela dans l'espace de trois mois, jusqu'à 678 nouveaux os. Blumenbach retrancha à un Triton les quatre cinquièmes de l'œil, et dans l'espace de dix mois un nouvel œil complet avait apparu, avec la cornée, l'iris, le cristallin, la rétine, un œil, en un mot, en tout semblable à l'œil primitif, à part ses dimensions qui étaient un peu plus faibles.

Bonnet a confirmé, par de nouvelles observations, les expériences restées classiques de Spallanzani. Ce dernier a vu se reproduire les membres, la queue, un œil chez le Triton qu'il mutilait. L'œil, entièrement arraché de l'orbite, a mis près d'un an à se reproduire. Quand un membre était coupé, on voyait apparaître un bourgeon, qui bourgeonnait lui-même et qui reproduisait peu à peu le membre dans son intégrité primitive, avec la peau, les muscles, les vaisseaux, les nerfs, les os. Parfois cependant les reproductions s'opéraient d'une manière irrégulière et il se formait des monstruosités.

Erber raconte un exemple de la vitalité

extraordinaire du Triton. « Une Couleuvre à collier, dit-il, s'empara d'un de ces animaux et le mangea. Un mois plus tard, en déplaçant une caisse dans ma cuisine, on trouva le Triton complètement desséché qui avait été vomi par le Serpent ; une des pattes manquait. Je n'en pris pas moins le Triton et le plaçai sur un pot à fleur ; comme plus tard j'arrosai mes plantes, le Triton se trouva mouillé et donna à un moment quelques signes de vitalité. Je mis alors l'animal dans l'eau fraîche et lui donnai de la nourriture. Au bout de trois jours seulement le Triton était déjà plus alerte ; vers la fin de la troisième semaine, il poussa un bourgeon à la place de la patte qui avait été arrachée ; quatre mois après celle-ci avait repoussé. Le Triton était apprivoisé au point de venir prendre sa nourriture au bout des doigts. Une belle nuit d'hiver, il fit si froid que l'eau dans laquelle se trouvait mon animal se congela et que le vase se brisa ; le Triton lui aussi était gelé. Je le plaçai avec la glace devant un bon feu et l'animal revint peu à peu à la vie. Le Triton vécut encore près d'une année après sa seconde aventure. »

C. Duméril raconte qu'ayant enlevé avec les ciseaux une grande partie de la tête d'un Triton, il se fit un travail de cicatrisation et de reproduction sur la plaie. Malheureusement, l'animal, affaibli par la perte de sang, et ne pouvant plus se nourrir, mourut au bout de trois mois.

Les Anoures ne régénèrent pas les membres qu'on leur enlève ; il n'en est pas de même de leurs Têtards. C'est ainsi que Vulpian a même vu une queue, séparée d'un très jeune Têtard, vivre pendant dix-huit jours, conservant le mouvement et bourgeonnant sur la tranche de section.

Fatio rapporte que, « si l'on a appliqué l'une contre l'autre les surfaces de section de deux tronçons de queue de très jeunes Têtards, on voit souvent ces parties se souder ensemble lors du bourgeonnement, et continuer à vivre ainsi assez longtemps d'une existence commune, en se mouvant et se déplaçant dans le liquide. »

J. Philippeaux, ayant repris les expériences de Spallanzani, a démontré que les membres, chez les Urodèles, ne se régénèrent qu'à la condition qu'on en laisse au moins sur place la partie basilaire.

Distribution géographique. — Ainsi que nous l'avons déjà dit, les Urodèles sont spéciaux à la zone nord ; ils font défaut dans la zone sud ; on trouve cependant dans la région indienne deux Urodèles à la limite des deux zones ; il en est de même pour la zone tropicale américaine. Nous ne connaissons d'Urodèles ni en Afrique ni dans la zone australienne.

D'après Strauch, les Urodèles se trouvent dans toutes les régions chaudes, tempérées et même froides de l'hémisphère nord, tant dans l'ancien que dans le nouveau monde. La limite nord qu'atteignent ces animaux ne peut pas être déterminée d'une manière précise par les recherches actuelles. La limite sud est, par contre, assez bien connue par endroits ; c'est ainsi que pour les Salamandridées le point le plus méridional où on ait trouvé de ces animaux est la Nouvelle-Grenade, à peu près vers le 5e degré de latitude nord, tandis qu'à l'est, le nord de l'Afrique, vers le 36e degré de latitude nord, forme la limite méridionale de ces animaux.

La zone de distribution des Urodèles ne comprend que deux des régions qui zoologiquement peuvent être reconnues, la région paléarctique et la région nord-américaine. Le nombre des espèces est approximativement le même dans ces deux régions. Dans la sous-région européenne nous avons 9 genres et 34 espèces spéciales ; dans la sous-région asiatique 8 genres et 20 espèces sur lesquelles 5 genres renfermant 7 espèces sont communs aux deux contrées. Dans la région nord-américaine nous connaissons 15 genres et 56 espèces, d'après G. Boulenger.

Pour l'Europe on observe que le nombre des espèces augmente d'une manière frappante en allant du nord au sud. Tandis que le nord n'est habité que par 5 espèces, le nombre des espèces s'élève à 8 dans l'Europe centrale et monte à 15 dans le sud.

On observe également une augmentation semblable en allant de l'est à l'ouest. Dans la Russie septentrionale et même orientale vivent 2 espèces, dans la presqu'île scandinave 3, dans la Grande-Bretagne 4, dans l'Europe centrale 6, en France 9, enfin dans la presqu'île Ibérique 15, dont 3 ou 4 sont exclusivement propres à cette contrée. Il résulte de cela que certaines espèces ont une vaste distribution géographique, tandis que d'autres doivent être beaucoup plus limitées.

La sous-région asiatique qui comprend la Sibérie méridionale, le sud du Kamtchatka, le Japon et une partie de la Chine, est encore très insuffisamment connue. Pour cette région ce-

Fig. 461. — La Salamandre terrestre (grand, nat.)

pendant, on peut voir, de même que pour l'Europe, que le nombre des espèces augmente si l'on va du nord au sud.

Mœurs, habitudes, régime. — La plupart des Urodèles sont aquatiques, soit d'une manière permanente, soit au moins pendant la plus grande partie de l'année ; quelques-uns seulement sont exclusivement terrestres, le moment de la ponte passé. Certains d'entre eux n'habitent que des marécages ou des trous boueux et peu profonds ; d'autres recherchent les lacs souterrains ou les grandes étendues d'eau ; on peut dire d'eux que ce sont, en général, des animaux qui fréquentent les eaux stagnantes ou du moins au cours peu rapide. Tous sont des animaux essentiellement nocturnes qui, pendant le jour, restent au fond de l'eau.

Les espèces que l'on pourrait appeler campagnardes affectionnent les endroits sombres et humides, peu exposés aux rayons du soleil, comme les vallées étroites ou des forêts et se cachent sous des pierres, des troncs d'arbres pourris ou dans des trous. Une Salamandridée qui se trouve dans l'Amérique du Nord, vit sous la terre comme une taupe et se creuse des galeries superficielles avec une très grande rapidité. Les Tritons ne quittent l'eau que rarement, et lorsqu'ils se trouvent à terre, se hâtent de se réfugier sous quelque abri en attendant qu'ils puissent retourner à l'eau. Les espèces aquatiques, dépourvues de branchies, telles que les Tritons, les Pleurodèles, doivent re-

BREHM. — V.

monter de temps en temps à la surface pour respirer l'air en nature.

Dans les pays froids ou sur les hautes altitudes, les Urodèles s'engourdissent au commencement de l'hiver et passent la mauvaise saison enterrés dans la vase. Leur vitalité est telle que la vase peut se durcir et se congeler sans que l'animal périsse. Lataste a vu des Urodèles congelés, devenus rigides et sonores comme du bois, et revenant ensuite à la vie sous l'influence d'une élévation graduelle de la température.

Chez les Urodèles un séjour forcé dans l'eau, à certaines époques, peut entraîner la mort bien que ces animaux soient essentiellement aquatiques.

Le faible développement des membres, et surtout des membres postérieurs, de même longueur que les membres antérieurs, ne permet pas à ces animaux de sauter. Par terre, les mouvements sont généralement lents et embarrassés ; les animaux rampent et, leurs membres les soutenant à peine, le ventre traîne contre le sol ; péniblement soulevés sur leurs pattes, ils tortillent leur tronc alternativement à droite et à gauche comme pour augmenter l'amplitude de leurs pas. Autant cependant ils sont gauches à terre, autant ils sont agiles dans l'eau ; ils nagent rapidement à l'aide des mouvements de leur queue qui constitue une rame puissante ; la plupart d'entre eux collent alors leurs membres contre le corps.

Aucun Urodèle ne peut grimper. Lataste

rapporte cependant qu'il « leur arrive quelquefois de s'échapper des vases en verre où on les tient prisonniers, et voici comment, dit-il, ils s'y prennent. Une patte est soulevée hors de l'eau et appliquée contre la paroi ; quand la demi-dessiccation du mucus qui le lubréfie fait suffisamment adhérer ce membre, l'animal prend sur lui un point d'appui et agit de même avec la patte opposée. Puis il prend son point d'appui sur celle-ci pour déplacer la première, et continue de la sorte, rampant sur le ventre, jusqu'à l'émergence du train postérieur et du corps entier. Il finit par atteindre le rebord supérieur du vase, et là se repose d'habitude avant de prendre la clef des champs, car cette manœuvre lui a coûté de longs et pénibles efforts, et il lui est souvent arrivé de retomber à l'eau après s'être plus ou moins rapproché des portes de sa prison ; sans se décourager, il s'est vingt fois remis à l'œuvre, et sa patience a fini par triompher des obstacles. »

De même que les Anoures, les Urodèles vivent de proie vivante ; leur nourriture consiste en petits mollusques, en vers, en araignées, en insectes ; les plus gros d'entre eux font la guerre aux Batraciens, aux Anoures, aux Poissons. Très voraces, ils dévorent assez fréquemment leur progéniture et se mangent même entre eux. Ils peuvent avaler de grandes quantités de nourriture et jeûner très facilement pendant longtemps.

La voix est tout à fait rudimentaire et pour ainsi dire nulle chez les Urodèles. Fatio dit cependant « qu'il a entendu souvent diverses espèces de ces animaux, et tout particulièrement le Triton alpestre, émettre un petit cri sec et guttural, quelquefois au moment où on les saisit, d'autres fois lorsqu'on vient de les sortir de l'eau, ou encore quand ils sont tranquilles et retirés sous quelque abri. » Lataste a noté le même fait pour le Triton palmé. Gachet dit également du Triton marbré que « cette espèce semble douée d'une sorte de voix. Il arrive fréquemment, lorsqu'on le prend avec les mains et qu'on le sort de l'eau, qu'il fait entendre un son qui, comme chez le Triton palmipède, paraît être le résultat de l'expulsion forcée de l'air pendant les mouvements de l'animal, mais qui cependant chez celui-ci ressemble beaucoup plus à une voix. »

La mue paraît être très fréquente, du moins pendant le séjour de ces animaux à l'eau ; elle se fait d'une manière irrégulière.

Classification. — Ainsi que nous l'avons dit, lorsque l'on étudie le développement des Urodèles, on voit que certains d'entre eux restent, pour ainsi dire, à l'état larvaire pendant toute leur vie et gardent des branchies extérieures.

S'appuyant sur la considération tirée de la présence ou de l'absence de ces branchies, Duméril et Bibron divisent les Urodèles en trois groupes. Chez les plus parfaits de ces Batraciens, le cou n'est pas troué, et les branchies disparaissent chez l'adulte, normalement du moins ; ce sont les *Atrétodères* comprenant la famille des *Salamandrides*.

D'autres ont le cou percé de trous ; tels sont les *Trématodères*. Chez ces derniers, les branchies sont nulles ou cachées ; tels sont les *Pérobranches* avec la famille des *Amphiumides* ; d'autres fois les branchies sont visibles à l'extérieur, comme on le voit chez les *Phanérobranches*, qui comprennent la famille des *Protéides*.

Clauss divise l'ordre des Urodèles en deux sous-ordres, les *Ichthyodes* et les *Salamandrines*.

Ces derniers sont des Urodèles sans branchies ni orifice branchial, munis de paupières horizontales et ayant des vertèbres à cavité articulaire tournée en arrière.

Les Ichthyodes ont un orifice branchial persistant, et leurs vertèbres sont biconcaves, comme celles des Poissons. On les divise en deux groupes, les *Pérennibranches*, qui ont les branchies persistantes (Sirène, Protée, Ménobranches) et les *Dérotrèmes*, qui n'ont pas de branchies, mais une ouverture branchiale externe de chaque côté du cou (Amphiume, Ménopome, grande Salamandre du Japon).

Dans un travail récemment paru, G. Boulenger divise les Urodèles qu'il nomme *Caudata* en quatre groupes, les *Salamandridées*, les *Amphiumidées*, les *Protéidées*, les *Sirénidées*. Le premier de ces groupes est divisé en un certain nombre de sous-familles.

Distribution géologique. — Les Urodèles, moins parfaits en organisation que les Anoures, paraissent être beaucoup plus anciens que ceux-ci. C'est ainsi qu'Albert Gaudry a fait connaître des terrains primaires de l'est de la France, aux environs d'Autun, deux petits Batraciens ; le Protriton (*P. petrolei*) a l'apparence d'une jeune Salamandre dont la queue serait très courte ; le *Pleuronoura Pellati* a la queue proportionnellement plus longue ; ces animaux ont dû vivre pendant une période de temps considérable.

On a également trouvé dans les schistes bitumineux du Permien de la Bohême et de la Saxe de nombreux petits Batraciens qui rappellent ceux trouvés dans l'est de la France; l'une de ces espèces notamment, décrite sous le nom de *Branchiosaure*, ressemble au *Pleuronoura;* le *Melanerpeton* en paraît être aussi très voisin; ce genre a été, depuis, retrouvé en Irlande. A Lehach ont été recueillis des *Apateon*, qui sont des Urodèles d'une extrême petitesse, puisque leur taille ne dépase guère 25 à 40 millimètres, queue comprise. Le *Raniceps* a été signalé dans les terrains primaires des États-Unis.

Nous ne connaissons pas encore d'Urodèles dans les terrains secondaires.

Dans les terrains tertiaires d'Allemagne et de Suisse ont été trouvés des Tritons, des Salamandres et un genre particulier, celui des *Orthophya*, caractérisé par le corps allongé, le crâne petit et étroit, des dents nombreuses, petites et coniques, des vertèbres biconcaves. D'Œningen, en Suisse, vient le fameux fossile sur lequel nous devons donner quelques détails.

Il était naturel que ceux qui attribuaient toutes les pétrifications au déluge, s'étonnassent de ne jamais rencontrer, parmi tant de débris d'animaux de toutes les classes, des ossements humains reconnaissables.

« Scheutzer, qui a soutenu cette théorie avec plus de détails et de suite qu'aucun autre, était aussi plus intéressé à trouver des restes de notre espèce; aussi accueillit-il avec une sorte de transport un schiste d'Œningen, qui lui sembla offrir l'empreinte du squelette d'un homme; il décrivit ce morceau en abrégé en 1726. Il en fit l'objet d'une dissertation particulière, intitulée *L'homme témoin du déluge :* il reproduisit dans sa *Physique sacrée* « qu'il est indubitable et qu'il contient une moitié, ou peu s'en faut, du squelette d'un homme; que la substance même des os, et qui plus est, des chairs et des parties encore plus molles que les chairs, y sont incorporées dans la pierre; en un mot, que c'est une des reliques les plus rares que nous ayons de cette race maudite qui fut ensevelie dans les eaux. »

« Il fallait tout l'entêtement de l'esprit de système pour qu'un homme tel que Scheutzer, qui était médecin et qui devait avoir vu des squelettes humains, pût se tromper aussi grossièrement, car cette imagination, qu'il a reproduite si opiniâtrément et que l'on a si longtemps répétée sur sa parole, ne peut supporter le plus léger examen. »

Ainsi s'exprime l'illustre Cuvier, qui a parfaitement établi que le prétendu homme fossile n'était qu'une « Salamandre aquatique d'une taille gigantesque dans son genre. »

Depuis l'époque à laquelle Cuvier écrivait ces lignes, on a découvert au Japon un étrange Urodèle dégradé que nous décrirons plus loin sous le nom de Grande Salamandre. C'est de cet animal que se rapproche le plus l'homme fossile de Scheutzer.

LES SALAMANDRIDÉES — *SALAMANDRIDÆ*

Caractères. — Les Salamandridées, qui correspondent aux *Atretodères* de Duméril et Bibron, ont le corps plus ou moins semblable à celui d'un Saurien, c'est-à-dire que la tête, le tronc, la queue, les membres, sont bien distincts et que le corps n'est pas très allongé. Il existe toujours deux paires de membres; la tête est grosse, large, plus ou moins comprimée horizontalement, terminée en avant par un museau obtus. Les yeux, toujours bien développés, sont protégés par des paupières; les narines sont petites, ouvertes à l'extrémité du museau. On voit constamment quatre orteils en avant, le plus généralement cinq en arrière, exceptionnellement quatre; les doigts sont le plus habituellement libres, parfois cependant réunis par une palmure.

La peau est humide, visqueuse, couverte de glandes qui s'accumulent sur les côtés de la tête, comme chez les Crapauds. Beaucoup de ces animaux peuvent changer de couleur.

LES SALAMANDRES — *SALAMANDRA*

Die Molche.

Caractères. — Les Salamandres ont le corps lourd et trapu, terminé par une queue cylindrique, les doigts postérieurs au nombre de cinq, la langue large, ovalaire, libre sur ses bords, soudée dans le reste de son étendue au plancher de la bouche, le palais garni, sur sa ligne médiane, de deux séries longitudinales de dents plus ou moins arquées; il n'existe pas d'arcade entre l'os frontal et le squamosal; les parotides sont distinctes.

LA SALAMANDRE TERRESTRE. — *SALAMANDRA MACULOSA*.

Salamander.

Caractères. — La Salamandre terrestre rappelle, au premier abord, un Lézard dont la peau serait nue; aussi Linné avait-il placé cet animal dans son genre *Lacerta*.

La tête est bien détachée du tronc, grâce à la largeur des parotides, qui sont fort saillantes; le museau est large et plat; les yeux sont assez gros; le corps est plus allongé et plus grêle chez la femelle que chez le mâle; les pattes ont presque la même longueur, les membres postérieurs étant toutefois plus gros que les membres antérieurs (fig. 461).

La peau paraît lisse et brillante sur le dos. Une double série de pores arrondis s'étend depuis la nuque sur le dos et la queue, à droite et à gauche de la ligne médiane. Les flancs et les côtés de la queue sont chagrinés. Les parotides sont percées de grands pores par où s'échappe, lorsqu'on irrite l'animal, un liquide blanchâtre et visqueux. La queue présente une série de cryptes glandulaires.

Les dents palatines forment deux séries longitudinales fortement courbées en S, divergentes en arrière.

Le corps est généralement d'une couleur noire foncée, avec des taches d'or jaune vif, irrégulièrement distribuées; ces taches varient beaucoup pour la forme, l'étendue l'intensité et le mode de répartition; il n'y a rien de constant dans l'arrangement réciproque de deux couleurs noire et jaune, qui varie suivant les époques de l'année et suivant les diverses localités. Dans certaines variétés, les taches jaunes se touchent et forment deux bandes longitudinales; tantôt les taches sont d'une teinte de soufre pâle, tantôt d'une nuance jaune d'or; l'animal est, en général, d'un noir profond et lustré; deux bandes, d'un beau jaune, à bords un peu sinueux, mais nettement découpés et plus ou moins interrompus, s'étendent sur les parotides et les côtés du corps, se rejoignent au-dessus de l'origine de la queue et se continuent sur celle-ci par une bande sinueuse irrégulièrement disposée. Cette bande est parfois représentée par une série de taches irrégulières et irrégulièrement marquées.

Distribution géographique. — La patrie de la Salamandre terrestre s'étend sur toute l'Europe, du sud de la Suède jusqu'en Espagne, en Italie, en Grèce, et se prolonge jusque dans le nord-ouest de l'Afrique; on retrouve l'animal dans le Liban; il monte dans le Taurus jusqu'à l'altitude de 4000 pieds. L'espèce est très commune en France, où toutes les faunes locales en font mention.

Mœurs, habitudes, régime. — La Salamandre est un animal essentiellement terrestre, qui ne va guère à l'eau qu'au moment de la ponte. Les endroits sombres et humides, les vallées encaissées ou les épaisses forêts sont les endroits où on la trouve de préférence; elle s'abrite pendant le jour entre les racines, au-dessous des pierres. Son peu d'activité pendant le jour la dérobe habituellement aux regards, car elle se cache dans les vieilles carrières, à proximité des bois, et dans les haies. Pendant la journée on ne rencontre cet animal qu'accidentellement, surtout par un temps doux et pluvieux.

Sa nourriture se compose d'insectes, de petits mollusques, de vers de terre. Ce Batracien peut supporter l'abstinence pendant des mois entiers, lorsqu'il se trouve dans des endroits humides. On le rencontre engourdi pendant l'hiver dans les souterrains, dans les caves, dans les citernes des maisons de campagne. L'engourdissement hivernal doit être fort peu profond, et cet animal s'enfouit assez tard; en toute saison un séjour forcé dans l'eau le fait rapidement périr.

« On a trouvé, dit Duméril, des Salamandres gelées au milieu de glaçons solides; leur corps était dur et inflexible, mais déposés avec soin dans la neige qu'on a fait fondre lentement, on s'est assuré que ces animaux pouvaient continuer de vivre, de sorte que c'est un fait curieux que ce même animal, cette Salamandre, qu'on avait supposé pouvoir vivre dans le feu, jouissait, au contraire, de la faculté de résister, plus que tout autre, aux effets de la congélation. »

La ponte se fait un peu partout, suivant Lataste dans la première flaque d'eau que rencontre la femelle; on trouve des têtards de cette espèce dans des réservoirs d'eau pluviale, dans des fontaines, dans des ornières situées le long des routes.

Comme toutes les Salamandres, la Salamandre de terre est ovo-vivipare, de telle sorte que les petits arrivent vivants au monde, ou plutôt qu'ils brisent leur coquille presque de suite.

La ponte a été observée par Noll sur une femelle tenue en captivité. Celle-ci, contenue dans un vase plein d'eau, se plaça dans une position telle que la partie postérieure de son corps plongeait dans le liquide, tandis que le reste émergeait; dans cette situation, l'animal pondit pendant la nuit d'abord 42, puis 60 œufs. Il peut arriver, d'après les observations de Erber, que la femelle ponde simultanément des œufs et des larves. Les œufs sont isolés les uns des autres et tellement transparents que l'on peut voir dans leur intérieur les petits complètement développés, la queue étant rabattue sur la tête. Aussitôt que l'œuf est pondu et qu'il a absorbé de l'eau, la larve déchire l'enveloppe et se met de suite à nager dans le milieu ambiant. La mère recherche de préférence, pour effectuer sa ponte, les eaux froides. Fatio fixe à cinq mois la durée du développement interne du têtard, et à quatre ou cinq mois celle de son développement externe. La croissance du jeune paraît être assez lente.

D'après Lataste, les petits, à leur naissance, ont 30 millimètres de long; leur tête est grosse, de forme ovalaire; la queue, fortement comprimée, est entourée d'une mince membrane qui se prolonge assez loin sur le dos; les membres sont très grêles; les branchies, courtes et très ramifiées, ont l'aspect d'une houppe épaisse qui flotte derrière et sur les côtés de la tête. Le dessus du corps est grisâtre ou gris roussâtre, avec des taches brunes irrégulièrement distribuées; le ventre est blanchâtre.

Au moment de la métamorphose, les larves ont environ 35 millimètres de long; la tête est grosse, très distincte du tronc; la membrane de la queue a disparu; la couleur se rapproche beaucoup de celle de l'adulte. La peau devient alors rugueuse et se couvre de verrucosités. Habituellement les branchies s'atrophient en août ou au commencement de septembre.

On a observé que les Salamandres tenues en captivité achèvent leur métamorphose beaucoup plus rapidement que les animaux à l'état de liberté et qu'au bout d'environ trois semaines elles ont revêtu la livrée de l'adulte.

Légendes, préjugés. — Les anciens ont fait de la Salamandre le plus funeste de tous les animaux et l'ont considéré comme celui dont le poison était le plus dangereux.

« La Salamandre, animal semblable aux Lézards par sa forme, est marquée d'espèces d'étoiles; il ne se laisse voir que par le temps de pluie et est absolument invisible pendant la sécheresse. Cet animal est si froid, qu'il éteint le feu par son seul contact, comme le ferait un morceau de glace. Le mucus qui s'écoule de sa bouche, et qui ressemble à du lait, ronge les poils de l'homme; l'endroit humecté perd sa couleur, qui revient plus tard. De tous les animaux venimeux, la Salamandre est le plus terrible. Quelques-uns des animaux dangereux peuvent blesser l'homme sans le tuer fatalement et après l'avoir mordu ne se relèvent plus de terre; la Salamandre, au contraire, pourrait anéantir des peuples entiers, en empoisonnant les plantes d'une vaste contrée. Quand la Salamandre rampe le long d'un arbre, tous les fruits sont empoisonnés, et ceux qui mangent de ces fruits meurent aussi sûrement que s'ils prenaient de l'aconit. Bien plus, si le pain est cuit avec du bois qu'a touché l'animal, ce pain est dangereux et peut occasionner de graves accidents. Si le pied nu est souillé de la bave de cette bête la barbe et les cheveux ne tardent pas à tomber. Le remède contre la morsure de la Salamandre est la chair de Lézard et le vin doux; il est également utile d'employer le suc de laitue contre le venin des Salamandres, des Cantharides et des Chenilles du pain. Sextius dit que l'usage d'une Salamandre à laquelle on enlève les entrailles, la tête, les pattes et qu'on conserve dans du miel agit comme excitant, mais il nie que ces animaux puissent éteindre le feu. »

Ainsi s'exprime Pline, et depuis cet écrivain les mêmes idées ont eu généralement cours. D'après la loi de Rome, quiconque faisait manger une partie de Salamandre à une personne, était réputé empoisonneur et condamné à mort.

« *Nutrisco et extinguo* (1) », telle est la devise que l'on peut lire au-dessous des armes de François Ier qui représentent, on le sait, une Salamandre au milieu des flammes. Les anciens, et en cela les auteurs du moyen âge et de la Renaissance les ont suivis, croyaient en effet que la Salamandre devait son existence au plus pur des éléments qui ne pouvait la consumer; ils la nommaient la fille du feu,

(1) *Je m'en nourris et je l'éteins.*

tout en lui donnant un corps de glace, ainsi que nous l'apprend Pline, d'après les traditions transmises par les Mages. Le feu le plus violent était éteint par le contact seul de cet animal, et dans l'antique Rome, tout aussi bien que dans l'Italie et dans la France au moyen âge, des charlatans vendaient l'inoffensive Salamandre qui, jetée dans le plus terrible incendie, devait, affirmaient-ils, en arrêter les désastreux progrès.

Les alchimistes brûlaient la Salamandre et laissaient tomber sur ses cendres du mercure goutte à goutte, pratique qu'ils regardaient comme fort dangereuse. La croyance en la vertu de la Salamandre était telle qu'un certain docteur Scheffers écrivait ceci : « Celui qui tient ces choses pour fables et mensonges a un esprit faible et peu d'intelligence ; il laisse à croire qu'il n'a jamais rien vu et ne s'est jamais trouvé en contact avec des personnes intelligentes, instruites et ayant voyagé. »

L'amour du merveilleux est si grand que jusque dans les temps modernes on a cru à la propriété qu'a la Salamandre d'éteindre les flammes. Voici, en effet, ce qu'on lit dans le Buffon édité par Déterville :

« L'empire du merveilleux a tant d'attraits et de puissance sur certains esprits qu'il n'a pas tenu à de prétendus observateurs de faire revivre, comme une chose réellement existante, la fable justement proscrite de l'incombustibilité de la Salamandre. L'on a imprimé en 1785 dans plusieurs feuilles périodiques, et particulièrement dans la Bibliothèque physico-économique, recueil très répandu, une lettre de M. Pothonier à ce sujet. Cet ancien consul de Rhodes, après s'être plaint avec beaucoup d'amertume de l'incrédulité du siècle, et après avoir fait des reproches aux naturalistes, et à l'illustre de Lacépède, d'avoir rejeté comme absurdes les contes que les anciens ont débités, sans aucun égard pour ceux qui nous les ont transmis, rapporte une anecdote, dont le but est de rétablir la Salamandre dans son privilège de vivre au milieu du feu, même le plus ardent.

« J'étais, dit-il, occupé à écrire dans mon cabinet, à l'île de Rhodes ; j'entendis tout à coup des cris extraordinaires dans la cuisine ; j'y cours, et je trouve le cuisinier tout effrayé, qui me dit, dès qu'il m'aperçut, que le diable était dans le feu ; je regarde, et je vois au milieu d'un feu très ardent un petit animal, la gueule béante et le gosier palpitant. Je l'exa-

mine, et après m'être assuré que ce n'était pas une illusion, je prends les pinces pour le saisir ; à la première tentative que je fais, cet animal, qui avait été immobile jusqu'à cet instant, c'est-à-dire pendant un intervalle de deux ou trois minutes, s'enfuit dans un coin de la cheminée ; je lui coupai le bout de la queue ; il se cacha dans un amas de cendres chaudes ; je l'y poursuivis. Étant parvenu à le découvrir, je l'atteignis d'un second coup sur le milieu du corps, et je le saisis. C'était une espèce de petit Lézard, que j'enfermai pour le conserver dans un bocal rempli d'esprit-de-vin. J'ai fait part, dans le temps, de ce phénomène à M. de Buffon ; je lui ai donné ma Salamandre ; il l'a trouvée différente de toutes celles qu'il avait ; il m'a beaucoup questionné sur ce fait extraordinaire, et m'a dit qu'il ne manquerait pas d'en faire mention ; il m'a demandé la permission de me citer. On me reprochera sans doute de n'avoir pas mis assez d'ordre, assez de méthode dans cette observation ; mais peu accoutumé à en faire de ce genre, je n'ai pas pensé d'abord à l'importance dont elle pouvait être. »

« Il faut, en effet, que l'observateur émerveillé ait mis beaucoup de désordre dans son observation, et que son imagination troublée l'ait trompé et sur le temps que le Reptile a passé dans le feu et sur son entière conservation. Quelque importance que M. Pothonier ait voulu donner à ce qu'il appelle son expérience, en se targuant de l'attention que M. de Buffon a, dit-il, apportée à son récit, je me serais bien gardé d'en faire mention, s'il n'était pas consigné dans des recueils qui se trouvent en beaucoup de mains, et si je n'avais pas été moi-même à peu près témoin de cette prétendue merveille.

« Je passai à Rhodes peu de jours après que M. Pothonier, homme fort estimable mais d'une ignorance complète en tout ce qui a rapport à l'histoire naturelle, eut mis sa Salamandre dans l'esprit-de-vin. Il s'empressa de me la montrer, et il avait encore l'esprit si rempli du prodige qu'il avait cru voir, il en parlait avec tant d'enthousiasme et de prévention, que je ne voulus pas lui donner le chagrin de le détromper et de dissiper son illusion, qui l'empêchait d'apercevoir que les pattes et quelques places sur le corps d'un Reptile incombustible à ses yeux étaient à demi grillées. »

Le préjugé vulgaire provient, comme tous les préjugés d'un fait mal observé, et Duméril nous en donne l'explication. « Placées au milieu de charbon de bois en pleine ignition, nous apprend-il, ces victimes d'une si cruelle curiosité, mises en expérience, ont à l'instant même laissé exsuder, des pores nombreux dont leur peau est criblée, une humeur gluante, assez abondante pour former une couche visqueuse sur la portion du charbon incandescent avec lequel l'animal était en contact, et comme cette surface à l'instant même est redevenue tout à fait noire, n'étant plus en rapport avec l'air, on a cru qu'elle était éteinte ; mais l'animal en a éprouvé des brûlures telles qu'il ne tarde pas à succomber. »

Le nom de Salamandre employé par Aristote a fourni à Wurfbain le sujet d'un chapitre si érudit sur l'origine de ce mot et sur son étymologie que nous croyons devoir reproduire ici ce que Duméril et Bibron en ont écrit, pensant que cette citation serait de nature à intéresser nos lecteurs.

« Cette dénomination de Salamandre est tout à fait grecque. Gesner, Aldrovande disent qu'elle provient des préjugés que cet animal avait la faculté d'éteindre le feu, et d'après l'opinion émise par saint Isidore de Séville, ces auteurs lui donnent pour synonymie celui de *valincendra*, *quod valet in incendia* (*utile pour éteindre le feu*) ; mais Wurfbain se moque, avec ironie, de cette étymologie ; il est porté à adopter plutôt celle qui indiquerait les lieux humides où se trouvent ces Reptiles. Quant à l'homonymie, le même auteur cite beaucoup de passages tirés des écrivains les plus anciens, d'après lesquels il est évident que le nom de Salamandre a été donné par les prétendus philosophes ou par les Alchimistes à un grand nombre de matières simples et composées, qu'on supposait inaltérables par le feu, quoique de nature très diverse, et il y cite vingt exemples qui ne sont maintenant d'aucun intérêt.

« Enfin, dans un article qui a pour titre la synonymie, et qui prouve sa haute érudition, Wurfbain cite toutes les désignations correspondantes au nom de Salamandre dans la plupart des langues (hébraïque, grecque, latine, etc.), avec les passages et les explications ou les motifs qui ont pu faire employer ces dénominations. Il y est de même pour les langues vivantes... Enfin ceux que cet animal porte dans les diverses provinces en France, tels que *Alebren, Arrasade, Sourd, Salamandre, Mouron, Pluvine, Laverne, Blende, Blande, Mirtil.* »

Venin, son action. — Bien que nous ayons plus haut parlé du venin des Urodèles et de son action, il nous semble cependant utile d'entrer ici dans quelques détails sur le venin de la Salamandre terrestre.

Le liquide âcre que sécrètent les glandes cutanées de cet animal le protège contre la plupart de ses ennemis ; ce venin peut tuer, en effet, des bêtes de faible taille ; c'est ainsi que des Lézards, que Laurenti força à mordre dans la parotide d'une Salamandre, furent pris de convulsions et périrent. Par contre, des dindons, des poules à qui on donna des Salamandres coupées en morceaux n'en éprouvèrent aucun mal ; les chiens vomissent souvent une semblable nourriture.

Il y a peu d'années, Albini a fait de nombreuses observations sur la Salamandre ; voici les principales.

« Une fois, dit-il, que l'on a surmonté l'horreur instinctive qu'inspirent des animaux rampants, froids et au regard fixe, on peut s'assurer qu'en posant une Salamandre sur la main elle y reste généralement tout à fait calme ; bien plus la tiède chaleur de la main paraît lui être agréable. Si on prend cependant l'animal d'une main tremblante et avec hésitation, on le comprime involontairement, et alors jaillissent des gouttelettes d'un liquide blanchâtre qui se dessèche rapidement. Cette humeur a une odeur qui rappelle beaucoup celle de l'insecte connu sous le nom de *Cerambyx moschatus*. Si on veut attacher une Salamandre sur une table, elle se débat de toutes ses forces et projette souvent à un pied de distance son humeur dont il ne reste plus alors que quelques gouttelettes dans les pores qui creusent sa peau. Comme j'étais absolument convaincu que l'évacuation de ce venin avait toujours pour condition une excitation musculaire volontaire, j'essayai par l'emploi de l'électricité d'en obtenir une quantité. Pour cela, je lavai avec soin plusieurs de ces animaux que je plaçai l'un après l'autre dans un verre à boire bien propre qui pouvait être fermé par une plaque de verre. Je fis passer par une ouverture ménagée dans cette plaque les fils d'un appareil magnéto-électrique, et l'animal pouvait à volonté être soumis au courant. Par ce procédé, je recueillis le venin, soit sur les parois du vase, soit sur la plaque qui le recouvrait et où le liquide s'était projeté. »

Ce venin fut expérimenté de diverses manières. Albini remarqua qu'il agissait beaucoup plus énergiquement lorsqu'il est introduit dans le bec des oiseaux que lorsqu'il est inoculé. Par contre, des animaux qui mangeaient de la chair des bêtes tuées par le venin n'en éprouvaient aucun mal ; on ne leur donnait, du reste, ni des morceaux avoisinant le point où avait eu lieu l'inoculation, ni le tube digestif dans les cas d'empoisonnement par ingurgitation.

De ces recherches, Albini conclut ce qui suit : le venin agit localement comme un irritant, ainsi que le prouve la forte rougeur des muqueuses buccale et linguale de la Grenouille dans la bouche de laquelle ont été placées quelques gouttes de venin. Lorsque l'on emploie une dose un peu forte on voit survenir la mort au milieu de phénomènes convulsifs ; la respiration et les mouvements du cœur sont plus rapides et plus fréquents qu'à l'état normal. Un oiseau empoisonné ne peut plus se tenir sur ses pattes, qui sont habituellement rétractées et contracturées, ainsi que les orteils. Immédiatement après l'empoisonnement, l'animal pousse des cris de douleur ; il meurt souvent très rapidement. A faible dose, chez les Grenouilles, la respiration et la circulation sont d'abord accélérées ; puis se produit la raideur des membres, suivie de convulsions d'abord de courte durée, puis se succédant sans interruption ; cet état peut durer des jours entiers jusqu'à ce que la mort arrive.

Albini a vu qu'une solution alcoolique du mucus vénéneux était plus active que la solution aqueuse ; au bout de quelque temps se formaient dans le liquide des aiguilles cristallisées qui se rassemblaient peu à peu en masses granuleuses. Ces fines aiguilles, qui se montrèrent au plus haut point vénéneuses, sont solubles dans l'alcool et dans l'éther ; la potasse, la soude, l'ammoniaque attaquent les cristaux dont la réaction est acide.

Captivité. — Avec des soins suffisants, la Salamandre terrestre peut se conserver en captivité pendant plusieurs années. Il lui faut une cage pourvue d'un petit baquet plein d'eau et d'un endroit obscur ; comme nourriture, la bête se contente fort bien de vers de farine, de petits vers de terre, de toutes sortes d'insectes.

Il est curieux que le sel de cuisine soit extrêmement vénéneux pour la Salamandre terrestre ; on n'a qu'à couvrir un de ces animaux de sel pour le faire rapidement périr.

LA SALAMANDRE NOIRE. — *SALAMANDRA ATRA.*

Mohrensalamander.

Caractères. — Ainsi que l'indique son nom, la Salamandre noire a le corps de couleur uniformément noire, sans aucune tache. Le corps est un peu moins trapu, les formes un peu moins lourdes, la taille plus petite ; les parotides sont plus saillantes ; la série des dents palatines est moins courbée que chez l'espèce précédemment décrite.

Distribution géographique. — La Salamandre noire n'a encore été trouvée que dans les Alpes et dans leurs principales ramifications. On la connaît de Suisse, de la Savoie, du Tyrol, de la Styrie, de la Carinthie, de la Haute-Autriche et de quelques parties montagneuses du sud de l'Allemagne, des hautes montagnes de Bukowine et de la Souabe.

Mœurs, habitudes, régime. — La Salamandre noire se trouve dans les hautes régions, depuis 2,500 jusqu'à 10,000 pieds d'altitude ; elle ne vit que dans le voisinage des neiges. Dans le Tyrol, d'après Gredler, elle habite les forêts humides et les ravines arrosées par de petits cours d'eau ; on la trouve presque toujours en société, aussi n'est-il pas rare de rencontrer jusqu'à douze de ces animaux sous des pierres au milieu des broussailles, parmi la mousse ; elle se retire également dans des cavités souterraines et paraît ne rechercher sa nourriture que pendant la nuit.

La Salamandre dont nous parlons ne met au monde jamais plus de deux petits à la fois. Bien que les ovaires de la femelle soient tout aussi développés que ceux de la Salamandre terrestre et que les œufs arrivent dans l'oviducte en aussi grande quantité que chez cette dernière espèce, il ne se forme cependant qu'un seul petit dans chaque oviducte et le germe se développe aux dépens des autres œufs ; ceux-ci, en effet, se confondent en une masse vitelline commune qui renferme le germe jusqu'à ce qu'il puisse briser son enveloppe et se mouvoir librement dans cette masse ; il reste ainsi dans l'oviducte vingt œufs stériles et plus qui constituent pour le germe une masse nutritive ; à l'époque de la naissance des petits, cette réserve alimentaire est épuisée ; chaque germe a alors atteint son complet développement ; il est arrivé à la taille de 45 à 50 millimètres ; son corps est arqué ; le petit se meut avec vivacité ; les branchies,

Fig. 102. — Le Triton crêté, male, femelle et larve (grand. nat.).

qui sont fort développées, disparaissent au moment de la naissance, de telle sorte qu'elles ne sont plus représentées alors que par deux petits moignons. Lorsque l'on tue la mère, les petits n'en continuent pas moins à vivre, souvent pendant plusieurs jours. La Salamandre noire n'a pas besoin d'eau pour sa ponte, et, lorsqu'en captivité on lui fournit de l'eau en abondance, elle a soin cependant de déposer ses petits dans un endroit absolument sec ; les petits restent, en effet, dans le corps de leur mère jusqu'à ce qu'ils aient achevé leur complet développement.

Habituellement les deux petits naissent presque en même temps ; parfois cependant ils se développent inégalement et l'un naît plusieurs semaines après l'autre.

LES TRITONS — *TRITON*

Wassersalamander.

Caractères. — Le nom Tritons de a été donné

par Laurenti à des Batraciens chez lesquels la langue est charnue, papilleuse, arrondie ou ovale, libre seulement sur ses bords ; les dents palatines forment deux séries longitudinales rapprochées et presque parallèles. Le corps est allongé ; la queue est toujours comprimée lorsque l'animal se trouve à l'eau ; le nombre des doigts est de cinq aux membres postérieurs.

Distribution géographique. — Les Tritons appartiennent en propre à la région européo-asiatique ou paléarctique et à la région nord américaine ; on les trouve en Europe, dans l'Asie-Mineure, dans les parties tempérées de la Chine et du Japon, dans l'ouest des États-Unis ; on peut dire de ce genre qu'il est principalement européen.

Mœurs, habitudes, régime. — Sous le rapport des mœurs et des habitudes, tous les Tritons se ressemblent. La plupart d'entre eux restent habituellement dans l'eau ; quelques espèces, après avoir pondu, se retirent sur la terre ferme et perdent alors leur brillante livrée pour devenir de couleur sombre et uniforme ; certaines parties de leur corps se modifient également ; c'est ainsi que disparaît la crête que l'on voit sur le dos des mâles, que les palmatures qui existaient entre les orteils s'atrophient, que la forme de la queue se modifie.

Au moment de la ponte, les Tritons recherchent avant tout les eaux claires, pas trop profondes et tranquilles, dont le fond est, en partie, couvert d'herbes qui leur assurent des retraites et des abris ; ils évitent les ruisseaux et les rivières dont le courant serait trop rapide. Lourds, lents et maladroits sur terre, ces animaux sont, au contraire, très agiles dans l'eau ; ils se meuvent très rapidement à l'aide des mouvements de leur queue disposée en forme de rame et dont la surface est souvent augmentée par une crête ; on les voit fréquemment monter verticalement à la surface de l'eau pour faire une provision nouvelle d'air, puis redescendre vivement tout en laissant échapper quelques bulles d'air. En été ces animaux abandonnent fréquemment les eaux pour chercher un abri, toujours dans leur voisinage immédiat, sous des pierres, entre des racines, dans des excavations quelconques. Les animaux qui se trouvent dans des mares ou dans des étangs dans lesquels se déversent de nombreuses sources y restent souvent pendant la saison froide ; les autres se retirent à terre et on les trouve alors sous les pierres, les écorces des arbres, la mousse, ou dans des lieux souterrains peu profonds, d'où ils sortent sans doute pendant la nuit pour chercher leur nourriture.

D'après les observations de Leydig, les Tritons paraissent pouvoir vivre pendant longtemps hors de l'eau. « J'ai observé plus d'une fois, dit ce naturaliste, que des mares qui servaient d'abri à de nombreux Tritons se desséchaient complètement pendant un été un peu chaud et restaient à sec pendant plusieurs années. Il s'agissait de mares complètement isolées, situées dans des carrières ouvertes sur le sommet de montagnes, ne pouvant communiquer entre elles. Ce ne fut pas sans étonnement que je vis ces mares se remplir d'eau pendant le pluvieux mois de mars, et alors les Tritons se montrer en grand nombre. »

Les Tritons supportent parfaitement un froid rigoureux ; on a trouvé plusieurs fois de ces animaux complètement pris dans la glace et morts en apparence ; ils revenaient à la vie au moment du dégel.

C'est vers la fin du mois de février que l'on voit apparaître les Tritons ; c'est alors qu'ils se recherchent et que peu de temps après a lieu la ponte.

Les Tritons sont essentiellement carnassiers dès leur naissance ; on voit souvent de ces animaux qui avalent des vers de terre dont le diamètre égale presque celui de leur ventre. Pressés par la faim, ils n'épargnent même pas les individus appartenant à leur propre espèce ; Duméril et Bibron rapportent le fait suivant : « Un jour nous avons été attirés par un grand mouvement qui agitait l'eau d'un vaste bocal dans lequel nous avions placé plusieurs Tritons à crête pour les observer et étudier leurs habitudes et leurs mœurs. Nous avons vu alors l'un d'eux, beaucoup plus long que les autres, qui nous représentait un animal à deux queues, avec six pattes portées sur un tronc unique ; c'était l'un des individus qui en avait avalé un autre ; ce dernier ne laissait même plus apercevoir que ses pattes de derrière. Nous le retirâmes alors avec quelques efforts ; il vivait encore ; mais son corps déformé et réduit était tellement comprimé et arrondi qu'il semblait avoir été comme passé à la filière ; cependant il jouissait encore de tous ses mouvements et il vécut ainsi plusieurs jours, mais en restant tellement rétréci en tous sens qu'il était par cela même tout à fait distinct et reconnaissable parmi les autres individus de la même espèce que renfermait le vase où nous les observions pour nos études. »

La proie des Tritons à l'état larvaire se compose de très petits insectes, d'infusoires, de Daphnis et d'autres animaux de faible taille ; à l'état adulte ils font la chasse aux insectes, aux limaces, aux vers de terre, aux jeunes poissons, aux têtards des Batraciens anoures.

Comme presque tous les Batraciens, comme beaucoup de Reptiles, les Tritons ont la faculté de pouvoir changer de couleur. Leydig ayant placé dans un verre un Triton magnifiquement coloré afin de pouvoir le peindre plus commodément, s'aperçut, non sans surprise, que l'animal était devenu tout terne et de couleur presque uniforme ; la bête fut reportée dans le grand bassin qu'elle occupait précédemment et qui était rempli de plantes aquatiques ; dans l'espace de moins d'une demi-heure elle avait repris sa brillante coloration. Leydig crut devoir rapprocher cette observation de celles qu'il avait été à même de faire sur la Rainette; le changement de couleur avait été encore plus tranché chez le Triton que chez la Grenouille. Tous les individus que Leydig maintenait en captivité dans une chambre froide différaient essentiellement par leur coloration claire de ceux qui vivaient dans une chambre plus chaude, et lorsque le naturaliste voulut peindre un Triton remarquable par ses taches d'un jaune-cuir tranchant sur le fond de couleur gris-ardoisé, il s'aperçut que cette coloration avait totalement disparu, l'animal ayant été transporté dans une autre température; le gris ardoisé était devenu d'un bleu sombre; les taches si nettes avaient complètement disparu. La coloration est certainement sous l'influence immédiate du système nerveux; une excitation, une frayeur, une chaleur plus ou moins élevée peuvent déterminer ce changement.

La mue chez les Tritons a lieu au printemps; ce changement de robe, bien que se passant rapidement, paraît influencer beaucoup ces animaux, car à ce moment ils se montrent paresseux. Avant que la mue commence, la peau devient sombre et terne; lorsque le moment est venu pour lui de se dépouiller de son épiderme, l'animal cherche, à l'aide de ses pattes antérieures, à pratiquer une ouverture dans la peau vers le niveau de la mâchoire; il détache alors la peau de la tête, se contracte latéralement tantôt à droite, tantôt à gauche, s'agite fréquemment et sort la tête hors de l'eau peut-être dans le but d'introduire de l'air sous la peau déjà détachée; par des inflexions du corps, et grâce à l'intervention des pattes antérieures, la bête détache lentement l'épiderme, puis une fois la partie antérieure du tronc libre, il saisit la peau avec sa bouche et se dépouille alors complètement de son ancien vêtement. La mue ne demande parfois pas plus d'une heure à s'opérer; d'autres fois, au contraire, il faut plusieurs heures pour qu'elle ait lieu. Il arrive parfois qu'un animal aide un autre à se débarrasser et avale l'épiderme qu'il rejette non digéré. Lorsque la mue a lieu normalement elle ressemble à une toile d'une extrême finesse, qui moule tous les contours de l'animal; seuls les yeux ont laissé deux trous.

Dans les circonstances habituelles, les Tritons n'émettent aucun son, ils ne sont cependant pas absolument aphones. Si on touche un de ces animaux de manière à lui faire mal, il pousse un cri rauque et de courte durée. Glaser dit que le Triton des montagnes fait entendre un son flûté et qu'on l'entend au voisinage des pierres et des fentes de rochers.

Captivité. — Glaser nous a donné de nombreux renseignements sur la vie des Tritons maintenus en captivité.

Ces animaux, lorsqu'on leur donne suffisamment à manger, deviennent bientôt familiers au point de venir prendre leur nourriture au bout des doigts. Dans les premiers temps de leur captivité, ils se montrent craintifs, restent cachés et ne viennent respirer à la surface que rarement, toutes les dix minutes à peu près, puis redescendent rapidement pour se cacher de nouveau. Mais lorsque la faim les pousse ils viennent à la surface en quête de nourriture. En pleine lumière les Tritons sont maladroits pour saisir et pour manger leur proie; ils font alors des mouvements de tête de droite et de gauche, et se dressent sur les pattes de derrière. La voracité de ces animaux est telle que toute nourriture animale leur convient; ils s'emparent parfois même de boulettes de mie de pain.

Les toutes jeunes Salamandres d'eau se cachent généralement à la vue d'individus adultes de leur propre espèce. Glaser vit un jour un très gros Triton cherchant à avaler un de ses compagnons de captivité; celui-ci avait en partie disparu, le corps au niveau des pattes de devant ayant été déglutí. Le vorace animal ayant été harcelé avec une baguette, lâcha sa victime qui était engluée d'une écume blanchâtre; bien qu'à moitié mort, le mangé se remit rapidement et deux jours après mangea comme si rien ne lui était arrivé. Glaser observa également que l'on ne pouvait conserver ensemble certaines espèces de Tritons, les plus gros et les plus forts dévorant les plus faibles et les plus petits.

C'est un spectacle curieux que de jeter un Ver de terre dans un aquarium dans lequel se trouvent des Tritons. Un d'entre eux saisit une des extrémités du lombric, tandis qu'un voisin, s'étant emparé de l'autre bout, s'arc-boute sur ses pattes de devant et tire de toutes ses forces; c'est à qui ne lâchera pas la proie; il arrive souvent qu'un troisième saisit le ver par le milieu, et cherche à son tour à s'emparer de l'animal convoité. Glaser a vu souvent des Tritons chercher à dévorer des Planorbes ou de petites Lymnées en tirant ces Mollusques de toute leur force pour les arracher de leur coquille. Les mouches, les moucherons qui tombent accidentellement à l'eau sont vivement pourchassés par les Tritons ; ces animaux dédaignent presque toujours les Nymphes desséchées de Fourmis que certains Anoures recherchent au contraire.

Sterké donne des détails semblables. « Lorsque je donnai à des Tritons, écrit-il, de grandes quantités de Vers de terre, ils se battaient souvent pendant assez longtemps avant que de toucher à leur nourriture, bien que tous eussent abondamment à manger ; souvent ces animaux s'empoignaient réciproquement à la bouche et se livraient de violents combats ; parfois ils saisissaient par une des extrémités le morceau qu'un camarade venait de saisir. »

LE TRITON CRÊTÉ. — *TRITON CRISTATUS.*

Kammmolch.

Caractères. — Le Triton à crête atteint une longueur de 0m,13 à 0m,16. Chez cette espèce la tête est aplatie et se confond par sa largeur avec le cou ; le ventre s'élargit un peu dans la partie moyenne. La peau est rugueuse, couverte de petites verrues qui, lorsqu'on irrite l'animal, laissent suinter un liquide d'une odeur désagréable et vireuse, véritable venin analogue à celui de la Salamandre terrestre. Chez les mâles, le dos est orné d'une crête bien développée qui, commençant au-dessus de la tête, va en augmentant de hauteur jusque vers la partie moyenne du dos pour s'abaisser ensuite du côté de l'origine de la queue ; le bord libre de cette crête est découpé, festonné, et l'animal peut lui imprimer comme une sorte de frémissement convulsif en la faisant mouvoir partiellement par de fréquentes secousses ; la queue est élargie dans sa partie moyenne (fig. 462). De même que pour les autres Tritons, la femelle ne porte pas de crête ; dans la livrée de terre les deux sexes sont semblables.

La teinte générale est d'un brun verdâtre qui passe au noir chez certains individus ; on voit, surtout sur les flancs, de petits points blancs saillants et des taches noires arrondies et plus ou moins marquées. La partie inférieure du ventre est d'une teinte jaune orangé ou safrané avec des traits noirs irréguliers ; la partie moyenne de la queue est, chez le mâle, d'un blanc très brillant.

Le Triton crêté présente, au reste, quelques variations de couleur suivant les localités. Duméril et Bibron admettent trois races : la première, connue en Normandie et en Bre-

tagne, semble habiter de préférence les grands étangs, tandis que la seconde race, commune aux environs de Paris, se tient surtout dans les mares et dans les ruisseaux où l'eau n'est pas très courante. Dans cette race les mâles sont grisâtres, ornés de taches arrondies d'un brun foncé ou d'un bleu violacé semées régulièrement sur toute la longueur des flancs et de la queue. La troisième race, qui s'observe principalement en Allemagne, se reconnaît en ce que le corps est brun plus ou moins foncé avec des mouchetures noires bien marquées ; le dessous du ventre est d'une couleur jaune pâle ou blanchâtre avec de grandes taches noires arrondies.

D'autres variétés ont été signalées ; c'est ainsi que Reichembach a vu un Triton chez lequel tout le corps était de couleur jaune rougeâtre.

Distribution géographique. — Le Triton à crête se trouve en Angleterre, en France, en Belgique, en Hollande, en Suisse, dans le sud de la Suède, en Danemark, en Allemagne, en Autriche, en Italie, en Grèce, en Turquie ; il est signalé depuis l'est de la Russie, jusque dans le Trans-Caucase. D'après Fatio, cette espèce se trouve en Suisse jusque vers l'altitude de 1200 mètres.

Ponte, développement. — Rusconi, par des observations minutieuses, nous a donné de curieux renseignements sur la ponte et le développement du Triton à crête. Il rapporte que, s'étant procuré des femelles, il les plaça dans un grand vase rempli d'eau. Trois jours après, on trouva sur le fond du réservoir trente œufs qui étaient agglutinés trois par trois ou quatre par quatre, formant ainsi un cordon noueux. Les œufs furent recueillis et placés dans un autre petit bassin. Deux jours après, ces œufs avaient augmenté de volume, et leur surface, qui auparavant était lisse, devint rugueuse ; les œufs ne se développèrent pas.

Sur d'autres animaux, Rusconi observa que les femelles portaient de temps en temps leurs pattes de derrière contre le corps ; elles pondirent en même temps des œufs qui ne tombaient pas immédiatement au fond de l'eau, mais restaient pendant quelques instants accolés au ventre, de sorte que l'on voyait des Tritons nager avec deux ou trois œufs placés dans le voisinage du cloaque. Vers le soir, les captives parurent être inquiètes ; on les vit, dressées sur leurs pattes de derrière, se cramponner avec celles de devant contre les parois

Fig. 463. — Le Triton marbré; mâle (grand. nat.).

de leur prison; elles semblaient agir pour chercher un endroit qui leur permît de tenir la tête hors de l'eau et pour respirer ainsi qu'elles ont l'habitude de le faire en liberté. On mit alors des plantes au fond du réservoir et on les maintint à l'aide d'une pierre; de suite les Tritons se placèrent sur cette pierre, de manière à pouvoir avoir le museau hors de l'eau. Rusconi observa qu'une femelle se dirigea vers les plantes, se glissa au milieu d'elles; elle saisit une feuille entre ses pattes de derrière, resta quelques instants dans cette position et recommença le même manège quelques minutes après; il vit, en outre, que les feuilles restaient repliées et qu'entre les deux côtés de chaque feuille se trouvait un œuf collé contre la feuille. Cela donna à notre observateur l'idée de faire des recherches dans le fossé d'où provenaient les Tritons; il y trouva bon nombre de feuilles garnies d'œufs.

L'œuf récemment pondu est sphérique, d'un blanc jaunâtre; il est entouré d'une masse visqueuse qui ne lui est pas adhérente; si on remue l'œuf avec un pinceau et qu'on le retourne, il se replace aussitôt du côté sur lequel il était d'abord; on remarque alors que l'œuf est blanc dans une de ses parties, brunâtre sur d'autre; cette partie colorée correspond au

vitellus. Au bout de trois jours on peut déjà voir le germe à l'aide d'un verre grossissant. Dès le cinquième jour, l'embryon s'est arqué; on aperçoit alors vers la tête de petites saillies qui sont les premiers vestiges des membres et des branchies qui vont se développer. Le septième jour, ces parties sont nettement distinctes; on remarque un sillon qui sépare le cou de la tête et on reconnaît la colonne vertébrale. Le neuvième jour, l'embryon a changé de position, ce qui permet de voir la partie inférieure de la tête et de l'abdomen; en même temps, on aperçoit la queue sous forme d'appendice délié, ainsi que les vestiges de la bouche et des yeux; on voit que l'embryon se meut et que son cœur se contracte et se dilate alternativement. Les mouvements sont plus fréquents le dixième jour, et en vingt-quatre heures l'embryon change trois ou quatre fois de position, les parties inférieures du corps se recouvrent de taches noires; sur les parties latérales de la tête se voient quatre filaments qui serviront au Têtard à s'accrocher, ainsi que nous le verrons plus loin. Le jour suivant, les branchies prennent l'apparence de petites feuilles et l'on peut suivre le courant circulatoire; le sang est blanchâtre. Le douzième jour les mouvements sont très rapides et très tendus, de telle sorte que les parois de l'œuf sont tendues. C'est le treizième jour que les parois de l'œuf se déchirent ; la larve s'échappe et se suspend à l'aide des filaments dont nous venons de parler aux feuilles, aux brindilles, à tous les corps analogues ; elle reste alors immobile et à la même place pendant des heures entières ; il arrive parfois que, sans raisons apparentes, elle quitte son support, se met à nager au moyen des mouvements de la queue, puis se suspend de nouveau et reste de longues heures encore dans la même position ; souvent la jeune larve tombe au fond de l'eau et y reste comme morte. Les yeux sont à peine formés, la bouche est à peine ouverte ; les pattes antérieures se montrent d'abord sous forme de moignons et les panaches branchiaux se développent. Bientôt le jeune animal commence à se nourrir et donne la chasse aux Infusoires, aux Daphnis, à de très petits insectes d'eau ; sa voracité est telle qu'il s'attaque parfois aux larves de sa propre espèce et leur enlève des fragments de branchies ou des morceaux de la queue. Peu à peu se forment les pattes antérieures, puis plus tard les pattes de derrière. Trois mois après la naissance la métamorphose est achevée.

Leydig a repris les observations de Rusconi sur d'autres espèces que le Triton à crête ; il a également complété les renseignements que nous avons sur cette dernière espèce.

« Le temps que met l'œuf à se changer en germe, dit Leydig en parlant du Triton crêté, dépend de la température plus ou moins élevée. Les Tritons à crête maintenus en captivité fraient au commencement d'avril par 15° Réaumur, tandis que la même espèce en liberté avait déjà pondu à l'ombre par 11° Réaumur. En liberté, la femelle dépose toujours ses œufs sur des objets qui se trouvent dans l'eau, principalement sur des plantes ; cependant elle se contente parfois de brins d'herbe desséchés, de morceaux de bois, de pierres ; en captivité et lorsqu'elle n'est pas absolument tranquille elle pond un grand nombre d'œufs en une seule fois et les laisse tomber au fond du vase sans les attacher à un objet quelconque. L'animal sorti de l'œuf conserve pendant un certain temps la couleur jaune verdâtre que le vitellus possédait, et lorsque le ton jaunâtre disparaît plus ou moins pour faire place à la formation de deux bandes dorso-caudales, l'animal se distingue par un liséré blanchâtre qui entoure la nageoire cau-

dale dont la teinte est claire. Au mois de juillet, les larves ont environ 5 centimètres de long. Les orteils sont relativement longs ; les branchies sont très développées ; la queue se prolonge en un filament délié ; sur la queue se voit un fin réseau de lignes noirâtres et un certain nombre de mouchetures noires et de petits points jaunes ; la couleur du dos est un brun olive sur lequel se détachent des points noirs isolés. Le pédicelle des branchies, les flancs et le ventre sont d'un jaune d'or brillant. Au commencement de septembre l'éclat métallique disparaît ; la couleur fondamentale devient gris olivâtre brillant et des taches noires s'entremêlent aux taches blanchâtres ; le ventre est jaunâtre avec des taches plus sombres et peu accusées ; la partie médiane du dos est parcourue par une bande d'un jaune sale. L'aspect général est déjà celui des animaux adultes ; les branchies s'atrophient peu à peu. »

LE TRITON MARBRÉ. — *TRITON MARMORATUS*.

Caractères. — Le Triton marbré est le plus beau de nos Tritons de France, aussi avait-il été désigné par Lesson sous le nom de Salamandre élégante. La tête se détache nettement du cou. Le mâle est plus ramassé que la femelle ; la queue est fortement comprimée, terminée en dessus et en dessous par une mince membrane. La peau est rugueuse. Sur le dos des mâles, une mince membrane, dont la hauteur peut atteindre 6 millimètres, et même davantage, s'étend de la nuque à la queue et s'abaisse vers l'origine des membres postérieurs pour se continuer avec la membrane de la queue (fig. 463) ; cette crête est comme plissée et son contour supérieur est sinueux. Chez les femelles la crête manque ; elle est remplacée par une légère dépression colorée en un beau rouge orange.

La coloration est des plus brillantes dans l'un et l'autre sexe. Le corps est, en dessus, du plus beau vert ; de larges marbrures brunes, de forme irrégulière, dont le centre est un peu moins foncé que le pourtour, ornent les flancs et les côtés de la queue. Sur le dos finement piqueté de brun se voient de petites taches de couleur brune ; on remarque parfois sur la partie médiane du dos une ligne de couleur rouge carminée ou jaune-orangé.

Chez le mâle paré de tous ses atours, des lignes irrégulières d'un blanc d'argent parcourent les joues ; la crête du dos est coupée de bandes verticales alternativement brunâtres et blanchâtres; le dessous du corps est d'un rouge-brun vineux semé de petits points noirs; la partie inférieure de la queue est rougeâtre. Certains individus ont le ventre roussâtre, orné de points blancs prenant parfois la forme de taches assez irrégulières, et moucheté de noir.

La femelle a le corps d'un vert terne avec des taches sinueuses d'un rouge brun; le dessous de la queue est de couleur orangée.

Suivant F. Lataste, au moment de la métamorphose le têtard est d'un gris roussâtre assez clair, avec de petites mouchetures d'un brun plus foncé, la face inférieure du corps étant blanche; il présente des reflets verdâtres.

Distribution géographique. — Cette espèce se trouve en France, en Égypte, en Portugal; en France, la forêt de Fontainebleau est la limite septentrionale du Triton marbré.

Mœurs, habitudes, régime. — D'après Lataste « c'est surtout au mois de mars que l'on rencontre le Triton marbré dans les fontaines, les fossés et les réservoirs d'eau pluviale, paré de sa plus brillante livrée. Un petit nombre retourne à l'eau en automne; mais durant tout le reste de l'année, on le trouve souvent en compagnie de la Salamandre tachetée dans les lieux humides et obscurs, dans les décombres, sous les pierres et les vieilles souches. Ils vont souvent par paires, deux jeunes ou deux femelles ensemble. Il se nourrit, comme la Salamandre, d'insectes, de limaces, de lombrics, et paraît sortir surtout la nuit. »

LE TRITON DE BLASIUS. — *TRITON BLASII.*

Caractères. — Intermédiaire par ses principaux caractères entre le Triton marbré et le Triton crêté, le Triton de Blasius n'est peut-être qu'un hybride entre ces deux espèces. Ce Triton, que de l'Isle a fait connaître, se distingue du Triton marbré par sa grande taille et la couleur orangée du ventre, du Triton crêté par les marbrures et la couleur verte du corps.

Le Triton de Blasius a le corps grand et robuste, la tête assez allongée, le museau arrondi; la peau est couverte de tubercules serrés et saillants sur le dos et sur les flancs, fins et nombreux sur les membres et sous la gorge. Chez le mâle, la crête du dos est mince, fortement dentelée en dents de scie; cette crête, d'un brun clair, bordée d'un mince

liséré noir, orné de taches oblongues noirâtres, est remplacée, chez la femelle, par une ligne de couleur orangée plus ou moins effacée.

En parure de noces, le mâle est de couleur vert terne en dessous avec des points et des marbrures d'un brun pâle, allongées, à contour mal dessiné, anguleuses, confluentes sur les flancs, serrées et nombreuses sur le dos; les doigts sont jaunâtres, annelés de noir; la queue est d'un brun pâle ou d'un brun légèrement orangé avec de petits points noirs arrondis. Le dessous du corps est jaune orangé, souvent blanchâtre sur les côtés, couvert de taches noires, arrondies, nettement tranchées. La gorge est, chez le mâle, pointillée de blanc et de jaune, toute couverte de mouchetures noirâtres, brune et semée de petits points blancs chez la femelle.

A. de l'Isle a observé deux variétés : l'une, aux nuances tendres et fondues, a le dessous du corps verdâtre, sans taches; dans l'autre variété la femelle est ornée sur le milieu du dos d'une large bande d'un brun noirâtre, à bords irrégulièrement dessinés; d'étroites marbrures de même couleur, confluentes entre elles, forment un dessin réticulé, dont la couleur sombre se détache nettement sur le fond vert du corps.

Distribution géographique. — Le Triton de Blasius n'a encore été trouvé que dans une partie de la Bretagne, principalement aux environs de Nantes.

Mœurs, habitudes, régime. — Aux eaux vives, aux eaux de source, cette espèce préfère les eaux dormantes et se tient, principalement au printemps, dans les étangs, les mares, les fossés, les carrières; les œufs sont le plus souvent déposés sur les feuilles de la Renoncule aquatique. La nourriture se compose d'insectes aquatiques et assez souvent d'un petit mollusque bivalve, le Cyclade.

LE TRITON A BANDES. — *TRITON VITTATUS.*

Caractères. — Cette espèce, qui n'arrive jamais à une grande taille, a le corps brun verdâtre en dessus avec de nombreuses taches noires; la crête dorsale, qui est élevée et festonnée, est ornée de bandes noires verticales, alternativement plus larges et plus étroites (fig. 465); sur les flancs règne une bande d'un blanc d'argent brillant; le ventre est uniforme; la gorge est semée de petits points noirs.

Ajoutons que l'arcade fronto-squamosale

Fig. 464. — Le Triton alpestre (grand. nat.).

est osseuse, que les dents palatines sont disposées suivant deux séries en contact dans leur tiers antérieur, que la tête est un peu plus longue que large, que le corps est à peine granuleux.

Fig. 465. — Le Triton à bandes (grand. nat.).

Distribution géographique. — Le Triton à bandes habite la Syrie et l'Asie Mineure et non l'est de la France comme on l'a cru longtemps à tort.

LE TRITON ALPESTRE. — *TRITON ALPESTRIS.*

Alpensalamander.

Caractères. — Le Triton alpestre (*Triton alpestris, Salamandra aquatica, cincta, ignea, rubriventris, Molge alpestris*) arrive à environ 0ᵐ,10 de long. Le corps est brunâtre, les flancs étant ornés de deux ou de trois séries de gros points noirs, qui sur la queue se disposent souvent en forme de bandes transversales; deux lignes noires règnent depuis l'extrémité du museau jusqu'à la partie postérieure de l'œil; l'espace compris entre ces deux lignes est souvent semé de points noirs. En parure de noces le mâle est orné d'une large bande d'un bleu d'azur bordée d'une ligne de couleur aurore qui, partant de la tête, se prolonge jusqu'à l'extrémité de la queue; le ventre, d'un rouge très vif, porte des points noirs, plus petits et plus nombreux sous la gorge que dans la partie postérieure du corps; les pattes sont tachetées de noir. Chez les mâles se voit une crête peu élevée, de couleur jaunâtre, lisérée de noir (fig. 464).

Nous ajouterons que la peau est plus ou moins tuberculeuse, qu'il existe des pores distincts sur la tête; la queue est aussi longue que le reste du corps.

Distribution géographique. — L'Alpestre se trouve en Allemagne, en Suisse, dans le nord de l'Italie, dans le centre et le nord de la France, en Belgique, dans le sud de la Suède.

Mœurs, habitudes, régime. — Le Triton des Alpes a les mêmes mœurs que les autres espèces qu'il nous reste à faire connaître. Cet animal, conservé en captivité par Leydig, ne pondit que vers la fin d'avril pour recommencer à pondre dans les premiers jours de juin. Les œufs sont d'un gris brunâtre. Les larves, dans les premiers jours, ont une couleur brune, avec deux bandes dorsales sombres; chez les larves arrivées à moitié de leur développement, la coloration de la partie supérieure du corps est un brun olive clair avec des reflets argentés sur les flancs et sous le ventre.

Fig. 466 et 467. — Le Triton palmé et le Triton vulgaire, mâles (grand. nat.).

LE TRITON PALMÉ. — *TRITON PALMATUS*.

Leistenmolche.

Caractères. — Le Triton palmé ou Triton helvétique (*Triton palmatus, helveticus, Molge palmata*) est une espèce de petite taille qui dépasse rarement 8 centimètre. Les formes sont sveltes; la tête est plus courte et plus large chez la femelle que chez le mâle; le museau est court, tronqué; la peau est lisse et il n'existe quelques pores que sur la tête.

En parure de noces, le mâle est tout autrement coloré que la femelle; la tête et le dos sont d'un brun olivâtre; les joues et les côtés de la queue passent au jaune métallique brillant, tandis que le ventre est d'un blanc éclatant sur les côtés et d'un jaune orangé sur la partie médiane; la tête est agréablement marbrée de taches sombres, ainsi que les membres antérieurs; le dos et les flancs sont parsemés de taches nombreuses et de formes irrégulières; sur les côtés de la queue se voient deux bandes longitudinales de couleur brune entre lesquelles s'étendent des bandes bleuâtres chatoyantes. De plus la queue est coupée carrément à son extrémité et se prolonge par un mince filet très flexible, plus ou moins long suivant les individus, ainsi qu'on le voit bien

BREHM. — V.

sur l'animal représenté au premier plan de la figure 466. Les membres postérieurs sont palmés en patte d'oie dans toute leur longueur. Un repli cutané, peu élevé, mais très visible cependant, s'étend le long du dos; deux plis semblables parcourent les flancs qu'ils limitent nettement.

Chez la femelle le milieu du dos est déprimé et d'une coloration qui tire sur l'orangé; le corps est brun olivâtre; sur le haut des flancs se voit une ligne sinueuse brune; les pieds ne sont pas palmés et la queue n'est pas terminée par un filament.

Dans les deux sexes une bande brune part du museau et suit les joues pour se perdre sur les côtés de la poitrine; la queue est, en haut, de couleur foncée, inférieurement d'un blanc argenté; deux séries de points, gros et isolés chez les mâles, petits et réunis en deux lignes chez les femelles, bordent les côtés de la queue.

A terre le mâle ressemble complètement à la femelle, et la coloration est très différente de la parure de noces. Le corps est jaune, passant au roussâtre, avec quelques fines mouchetures noirâtres; une ligne brune s'étend sur les joues et sur les épaules; le ventre est jaune paille avec une large bande de couleur orangé assez vif. Le jeune, à terre, est fauve. La larve est d'un gris roussâtre très pâle ; le ventre est blanchâtre, avec une ligne longitudinale obscure.

Distribution géographique. — Cette espèce est très commune en France, et toutes les faunes locales la mentionnent ; elle se répand de là en Angleterre, en Belgique, en Hollande, en Suisse, dans le Nord de l'Espagne ; en Allemagne elle ne se trouve guère qu'en Souabe et le long du cours moyen du Rhin.

Mœurs, habitudes, régime. — Le Triton palmé préfère les eaux claires et peu souvent renouvelées des fossés et des petits étangs ; toutes les eaux un peu croupissantes en fourmillent au printemps. La larve met quatre mois à se développer ; d'après Fatio, le jeune reste à terre pendant deux ans jusqu'à ce qu'il soit adulte ; on le rencontre souvent sous les pierres, en été, avec ses parents.

LE TRITON VULGAIRE. — *TRITON VULGARIS*

Gartenmolche.

Caractères. — Le Triton vulgaire est d'une taille un peu plus grande que le Triton palmé, que l'on trouve souvent avec lui. La forme du corps est la même que pour l'espèce précédemment décrite ; l'apparence varie, du reste, tellement avec l'âge, le sexe, la taille et l'époque de l'année, que les individus examinés dans ces diverses circonstances ont été regardés comme appartenant à des espèces distinctes et décrits comme tels sous des noms particuliers. (*Triton vulgaris, punctatus, prasinus, tæniatus, palustris, meridionalis, lobatus, Salamanda exigua, Molge vulgaris*.)

Au printemps les mâles se reconnaissent à une large crête membraneuse découpée en festons, et comme dentelée, qui garnit le dos et se continue sur la queue, ainsi qu'on le voit sur l'animal représenté au second plan de la figure 467. Le corps est de couleur brunâtre ; le ventre est d'un jaune pâle safrané, parfois rougeâtre, avec de grandes taches noires arrondies, régulièrement distribuées. Les femelles sont brunes en dessus et portent deux lignes longitudinales plus foncées ; le ventre est moucheté de noir dans les intervalles que laissent les grandes taches noires ; le dessous de la queue est d'un blanc jaunâtre ; certaines femelles sont en dessus d'une teinte cendrée jaune ou blanchâtre, avec des taches plus foncées ; la queue est presque arrondie à sa base ; le dos est plat et ne porte pas de crête. A terre le mâle revêt la livrée de la femelle.

Distribution géographique. — Le Triton vulgaire se trouve dans toute l'Europe, à l'exception du Sud de la France, de l'Espagne et du Portugal ; il se prolonge dans l'Est de l'Europe jusqu'en Grèce et se rencontre dans une partie de l'Asie ; on voit, dès lors, que sa distribution géographique est fort étendue.

LE TRITON A VENTRE ROUGE — *TRITON PYRRHOGASTER.*

Caractères. — Le Triton à ventre rouge ou Triton à petite crête (*Triton subcristatus*) ressemble beaucoup par sa forme au Triton vulgaire ; l'arcade fronto-squammosale est cependant osseuse, tandis qu'elle manque dans cette dernière espèce.

Le corps est arrondi chez les femelles, un peu comprimé sur le dos chez les mâles ; il n'existe pas de crête dorsale ; on voit seulement, chez les animaux des deux sexes, une légère saillie le long du dos produite par le grand développement des processus épineux des vertèbres. La queue est fortement comprimée pendant la saison de la ponte, et porte, principalement chez le mâle, une crête à son bord supérieur et à son bord inférieur. La tête est large, plate en dessus ; le museau est obtus. La peau est généralement verruqueuse ; les parotides sont bien distinctes. Le dessus du corps est d'un brun foncé, ou d'un brun olivâtre ; le ventre est coloré en rouge carmin relevé par des taches noires, ainsi que le dessous des pattes.

Distribution géographique. — Cette charmante petite espèce se trouve au Japon et les monts Kiukiang, en Chine.

Mœurs, habitudes, régime. — D'après Tschudi, le Triton à ventre rouge, ou *Wimari* des Japonais, est commun dans les eaux stagnantes, dans les champs de riz inondés. Geerts rapporte également que cette espèce se trouve presque partout au Japon, dans les sources des montagnes, ou le long des rochers humides, couverts de mousse. L'examen de plusieurs de ces animaux conservés à la ménagerie du Muséum de Paris, nous a montré qu'ils ont absolument les mœurs de notre Triton vulgaire.

D'après Geerts, le Triton à ventre rouge porte au Japon le nom d'*I-mori*, qui veut dire *garde-puits*, la croyance populaire étant que l'eau d'un puits est préservée de l'infection si on y jette un ou deux de ces petits animaux. Son nom scientifique japonais est *Yei-Gen*, ou *Gen-Koku-gyo*, ou *Iya-i*, littéralement médecin des Serpents, le vulgaire attribuant à ce Batracien la vertu de guérir les Serpents blessés ; on prétend que la Salamandre mâche des herbes pour en couvrir leurs blessures.

LES EUPROCTES — *EUPROCTUS*

Caractères. — Les Euproctes, que beaucoup de zoologistes réunissent aux Tritons, ne diffèrent guère de ceux-ci que par la langue fixée en avant seulement, dès lors libre en arrière et sur les côtés.

L'EUPROCTE APRE. — *EUPROCTUS ASPER.*

Caractères. — Chez cette espèce, le corps est plus lourd que chez les Tritons proprement dits ; le dos, plus arrondi, ne présente jamais de crête ; la queue est plus large et moins longue chez les mâles que chez les femelles ; le dessus de la tête est plat, les yeux étant tournés en dessus ; toute la partie supérieure du corps est fort rugueuse, comme parsemée de petits tubercules saillants, coniques, noirâtres, qui rappellent un peu les pustules des Crapauds ; ces tubercules sont plus ou moins nombreux, plus ou moins rapprochés suivant le sexe, l'âge, la saison, l'habitat. Cette espèce varie, du reste, tellement qu'elle a été décrite sous des noms différents (*Molge aspera*, *Euproctus Rusconi*, *pyrenæus*, *Triton asper*, *cinereus*, *rugosus*, *Bibroni*, *repandus*, *punctulatus*).

Lorsqu'il est à l'eau, le Triton des Pyrénées ou Euprocte âpre a le dessous du corps d'une teinte plus ou moins obscure ; le ventre est d'un jaune orangé, parfois très vif. A terre, jeunes et adultes ont le dos armé de grandes marbrures d'un jaune de soufre ; on voit parfois sur le dos une large bande sinueuse de couleur jaunâtre, tandis que sur d'autres individus la ligne dorsale est étroite. Le ventre est de couleur rougeâtre uniforme, ou ornée de gros points de teinte foncée ; il est parfois coloré en gris uniforme avec de petites taches blanchâtres.

Mœurs, habitudes, régime. — Suivant F. Lataste, qui a si bien étudié les Batraciens de nos pays, l'espèce que nous décrivons se rencontre dès les premiers jours de juin, alors même que la neige n'est pas encore fondue, car elle semble se complaire dans les hautes altitudes, jusqu'à 2,500 mètres ; on la trouve sous les pierres plates et parmi les plantes aquatiques au bord des lacs situés dans les hautes régions des Pyrénées.

L'EUPROCTE DE POIRET. — *EUPROCTUS POIRETI.*

Caractères. — L'Euprocte ou Triton de Poiret, qui arrive généralement à la taille de 0ᵐ,20, a le corps de couleur olive-brunâtre en dessus, jaunâtre ou rouge-jaunâtre en dessous, parfois avec des marbrures brunes. Le corps est arrondi, un peu déprimé sur le dos, le long duquel se trouve un faible sillon. La peau est fortement granuleuse, surtout dans la région des parotides. La tête est large, déprimée, le museau arrondi ; les yeux sont petits. La queue est comprimée, plus longue que la tête et le corps réunis. Les dents palatines forment une série recourbée en fer à cheval.

Mœurs, distribution géographique.—Cette espèce, dont les mœurs sont absolument celles de nos petits Tritons de France, n'a encore été trouvée qu'en Algérie.

L'EUPROCTE MONTAGNARD. — *EUPROCTUS MONTANUS.*

Caractères. — Cette espèce se distingue de celle que nous venons de faire connaître en ce que l'arcade fronto-squammosale est ligamenteuse, au lieu d'être ossifiée ; les dents palatines forment, par leur ensemble, un Λ renversé ; la langue, assez grande, de forme circulaire, est protractile. La tête, large, déprimée, est plus longue chez le mâle que chez la femelle ; le corps est arrondi ; la queue, qui est comprimée, est plus courte que la tête et le tronc réunis. La peau est finement granuleuse en dessus, lisse en dessous ; les parotides sont très marquées. La couleur est d'un brun uniforme ou noirâtre avec des marbrures de couleur moins foncée ; certains individus ont une ligne jaunâtre le long du dos. La taille est d'environ 0ᵐ,15.

Distribution géographique. — L'Euprocte montagnard, particulier à la région montagneuse de la Corse, peut s'élever à une grande hauteur ; c'est ainsi qu'il a été trouvé dans le lago d'Argento, au mont Cinto, à 6000 pieds d'altitude.

LES PLEURODÈLES — *PLEU-RODÈLES*

Rippenmolche.

Caractères. — Le genre Pleurodèle, établi par Michahelles en 1830, ne comprend qu'une seule espèce, le Pleurodèle de Watl (*Pleurodeles Watlii*).

Cet animal est svelte, bien que le corps soit assez fort, surtout dans sa partie médiane ; la tête est un peu plus longue que large, déprimée, le museau obtus, surtout chez les femelles ; il n'existe pas de crête dorsale ; la queue est aplatie, plus longue que le corps, émoussée et arrondie à son extrémité avec une crête basse en haut et en bas. La peau est rugueuse ; de chaque côté des flancs se voient une série de grosses tubérosités ; il existe un collier gulaire très marqué (fig. 468).

Michahelles décrit la couleur du Pleurodèle comme étant d'un brun sale, tirant sur le grisâtre, avec des taches peu apparentes sur le dos, le ventre étant d'un jaune d'ocre, sur lequel se détachent des points de couleur grisnoirâtre. D'après Duméril, la face supérieure est gris-verdâtre avec des bandes jaunâtres transversales et longitudinales ; les tubercules des flancs sont entourés d'une auréole rougeâtre ; le ventre est jaunâtre, nuancé de sombre et orné de bandes transversales d'un noir verdâtre ; on voit aussi des taches jaunes sur la tête, qui est colorée en gris sombre.

Schreiber, qui a observé de nombreux Pleurodèles vivants, dit que la couleur générale de la face supérieure est habituellement d'un ocre jaune sale qui, chez les femelles âgées, tourne au grisâtre, chez le mâle au rougeâtre, parfois au noirâtre ou au brun-olivâtre ; la face inférieure est généralement plus pâle que la face supérieure ; elle est ornée de petites taches irrégulières, noirâtres, qui peuvent se réunir de manière à former de grands espaces de couleur foncée. Le bord inférieur de la queue et les extrémités des doigts sont jaunâtres ; le sommet des verrues est noir, brillant, corné. Les animaux jeunes se distinguent des adultes par le dos de nuance plus claire, tirant sur le rouge brique, et par le ventre de couleur uniforme.

Les larves sont de couleur jaune clair, avec des taches nombreuses d'un gris cendré un peu sombre ; le ventre, de couleur blanchâtre,

est moucheté de petits points gris largement disséminés. Des trois panaches branchiaux, le moyen est le plus court, tandis que le postérieur, qui est le plus long, s'étend jusqu'à la racine du membre antérieur. La queue, à peu près de la longueur du corps, très aplatie latéralement, est bordée supérieurement par un large rebord. La peau est presque lisse.

Cette espèce peut atteindre la taille de $0^m,30$. Au moment de la métamorphose, les petits ont $0^m,6$ de long.

A ces caractères nous devons ajouter que l'arcade fronto-squammosale est osseuse, que la langue est petite, presque circulaire, libre dans sa partie postérieure et latéralement ; les dents palatines sont disposées suivant deux rangées allongées, à peine courbées, divergeant seulement un peu en arrière.

Le Pleurodèle de Watl présente plusieurs particularités ostéologiques intéressantes. Les côtes sont apparentes en dehors sur les flancs et percent souvent même la peau, au niveau des gros tubercules dont nous avons parlé. Il existe 56 vertèbres ; les côtes sont au nombre de 14 paires.

Distribution géographique. — Cette espèce, d'abord signalée aux environs de Madrid, a été trouvée en d'autres points de la péninsule ibérique ; elle vit également aux environs de Tanger.

Mœurs, habitudes, régime. — Watl, qui a découvert le Pleurodèle, a recueilli cet animal dans des citernes d'Andalousie ; ces réservoirs ont jusqu'à 6 et même 30 mètres de profondeur. Depuis, l'espèce a été retrouvée dans des marais et dans des étangs.

Les Pleurodèles se reproduisant régulièrement à la Ménagerie des reptiles du Muséum de Paris ; nous avons pu les observer pendant plusieurs années.

Ces animaux habitent un assez vaste aquarium dans lequel se trouve environ $0^m,40$ d'eau. La possibilité d'aller à terre leur a été laissée au moyen de vases à fleurs et de briques creuses posées sur une dalle d'ardoise supportée par des meulières ; ce terre-plein est constamment humide ; des tradescantias y sont plantés et retombent en partie dans l'eau.

En temps ordinaire, beaucoup de Pleurodèles se tiennent à terre, cachés sous le feuillage, dans les endroits un peu obscurs ; d'autres, et c'est souvent le plus grand nombre, se retirent dans les briques creuses ; ils y sont parfois pelotonnés plusieurs ensemble. Certains d'entre

Fig. 468. — Le Pleurodèle de Watl (2/3 grand. nat.).

eux se tiennent au fond de l'aquarium ; on les voit alors monter de temps en temps et lentement vers la surface de l'eau ; les membres sont collés au corps et la progression se fait par les mouvements latéraux de la queue ; pendant un instant très court, l'animal fait sortir l'extrémité de son museau, puis, donnant un coup brusque avec sa queue, il redescend lentement vers le fond, tout en lâchant quelques bulles d'air. Sur le fond de l'aquarium, la progression a lieu à l'aide des membres, et le corps est légèrement soulevé au-dessus du sol.

La nourriture se compose de Vers de vase que les Pleurodèles recherchent avec avidité ; leur manière de prendre leur proie est absolument celle des Tritons.

La ponte a été observée par le professeur Léon Vaillant. Elle a lieu vers la fin de février ou dès les premiers jours de mars. Les œufs sont irrégulièrement groupés, soit sur les meulières qui garnissent une partie du fond de l'aquarium , soit sur les feuilles et les tiges des tradescantias qui se trouvent dans le bassin ; ces œufs sont « libres et rappellent assez, par leur aspect, ceux des Axolotls ; le diamètre de la sphère albumineuse est d'environ 8 à 10 millimètres, l'œuf lui-même en mesurant 2. Il présente, dans l'état le moins avancé où on a pu l'observer, une demi-sphère

blanchâtre, l'autre moitié étant noire avec un point central blanc-jaunâtre. Au bout de quelques jours, toute la masse prend cette dernière teinte. »

Comme chez tous les Tritons, au moment de la ponte le Pleurodèle est exclusivement aquatique ; la queue, chez les mâles, se modifie sensiblement alors, par suite du développement de crêtes membraneuses.

LES CHIOGLOSSES — *CHIOGLOSSA*

Caractères. — Barboza du Bocage a fait connaître, en 1864, sous le nom de Chioglosse lusitanique (*Chioglossa lusitanica*) un animal qui ressemble assez, sauf sa taille, toujours beaucoup plus petite, à une Salamandre terrestre, mais qui en diffère essentiellement parce que la langue, large, de forme ovalaire, supportée par un pédicule médian et protractile, n'est libre que dans une partie du bord postérieur.

Le corps est cylindrique, la tête déprimée, plus longue que large, le museau court, arrondi ; les yeux sont assez grands, proéminents ; la queue, d'abord arrondie, devient progressivement comprimée ; elle est plus longue proportionnellement chez les individus jeunes que chez les adultes. La peau est lisse ; il existe un pli gulaire bien marqué ; on remarque sur les flancs quelques sillons verticaux. La couleur est d'un brun foncé, le ventre étant de nuance plus claire ; les flancs sont ornés de deux bandes d'un jaune rougeâtre qui se continuent sur la queue.

Mœurs, Distribution géographique. — Cette espèce, dont les mœurs sont celles de la Salamandre terrestre, n'a encore été trouvée qu'en Portugal et dans le Nord-Ouest de l'Espagne.

LES SALAMANDRINES — *SALAMANDRINA*

Stummelsalamander.

Caractères. — Le caractère le plus saillant de ce genre, établi par Fitzinger, est de n'avoir que quatre doigts aux pattes de derrière. Ajoutons que la langue est large, entière, libre dans toute son étendue, à l'exception de la partie antérieure, que les dents palatines sont implantées suivant deux séries parallèles en avant et divergentes en arrière ; que l'arcade fronto-squammosale est osseuse ; que le maxillaire et le ptérygoïdien sont séparés.

La seule espèce du genre, la Salamandre à lunettes (*Salamandrina perspicillata*), est un animal de petite taille, 8 centimètres environ, au corps allongé, à la queue longue et terminée en pointe, à la peau peu tuberculeuse, à la tête fort distincte du tronc. Le corps est tout noir en dessus, excepté sur la tête, où se voit une ligne courbe, en fer à cheval, d'un jaune roux dont la pointe est en arrière et les deux branches dirigées vers les yeux ; le dessous du ventre est blanchâtre avec des taches noires ; la gorge est noire avec une tache blanche ; le dessous des pattes et de la queue est d'un beau rouge de sanguine (fig. 469).

Distribution géographique. — L'Italie, les îles qui géographiquement en dépendent et, d'après Grey, la Dalmatie, sont la patrie de la Salamandrine.

Mœurs, habitudes, régime. — C'est en 1863 seulement que nous avons eu quelques renseignements sur cette charmante espèce ; ils sont dus à Ramorino. En 1868, Salvadori nous a également fait connaître quelques particularités sur la Salamandrine.

Cet animal est abondant dans les environs de Gênes, principalement sur les collines qui s'étendent en amphithéâtre de la mer aux environs de cette ville. De ces montagnes descendent des ruisseaux qui, après les pluies d'orage, se changent en torrents, pour se dessécher plus tard et se transformer en petits marécages dans lesquels vivent des myriades d'insectes. C'est au voisinage de ces eaux que se trouvent sous les pierres ou dans la vase humide les Salamandrines. Ces animaux sortent de leur retraite au printemps et en automne pendant les jours pluvieux, pendant l'été au moment des orages ; il n'est pas rare de les trouver, même au mois de janvier, alors que la température est douce. Leur nourriture se compose principalement de Fourmis, d'Araignées, de petits Vers.

Dès les premiers beaux jours, en mars ou en avril, les Salamandrines se rendent à l'eau pour pondre. Les premières femelles arrivées choisissent de préférence les endroits voisins des parois rocheuses qui protègent leurs œufs contre les courants ; les autres femelles pondent sur les feuilles qui se trouvent sur le fond, le long des branches qui pendent dans l'eau. Il arrive très souvent que par une crue subite et torrentueuse du ruisseau, les œufs sont entraînés vers la mer. D'après Lessona, les femelles seules vont à l'eau. Les œufs sont entourés d'une masse glaireuse et ressemblent à ceux des Grenouilles.

A la température de 15 degrés, on voit apparaître après vingt-huit heures le rudiment du sillon dorsal, vingt-quatre heures plus tard, le renflement dorsal. Après le vingtième ou le vingt-deuxième jour, la larve, qui commençait à se mouvoir le dixième ou le douzième jour, se débarrasse de son enveloppe muqueuse et sombre alors au fond de l'eau ; si on vient à la toucher, elle nage avec rapidité, pour se reposer de nouveau ; vers la fin du troisième jour après l'éclosion, on remarque que la larve se maintient au fond à l'aide de deux appendices qui agissent à la façon de disques adhésifs. C'est vers le cinquième jour que l'évolution de la larve est achevée.

Les larves des Salamandrines sont beaucoup plus paresseuses et plus sédentaires que celles des Grenouilles. Pendant longtemps elles restent au fond de l'eau appliquées contre une pierre. D'après les observations de Lessona, ces larves sont essentiellement carnassières ; elles dévorent des larves d'Insectes. Lorenzo Camerano, après avoir vu périr la plupart des Salamandrines qu'il tenait captives, eut l'idée de leur donner de la viande fort avancée ; il la découpait en très minces filets qu'il attachait à l'extrémité d'un fil et qu'il promenait dans l'eau où se trouvaient ces animaux ; les larves s'emparèrent avec avidité de ces morceaux de viande ; vers le cinquante-cinquième jour elles avaient achevé leur métamorphose ; cinq jours auparavant les branchies étaient presque complètement atrophiées.

D'après Duméril, le prince Bonaparte rapporte que les paysans de la Tarantaise craignent beaucoup ce Batracien, auquel ils attribuent l'antique préjugé de faire mourir les bestiaux quand ils l'avalent avec leurs aliments.

LES ONYCHODACTYLES — ONY-CHODACTYLUS

Caractères. — Tschudi a désigné sous ce nom des Urodèles chez lesquels les doigts sont pourvus d'un ongle, ce qui est une exception dans ce groupe de Batraciens. La langue est grande, arrondie, entière, libre seulement sur les bords ; le palais est garni de dents disposées suivant une série sinueuse en forme d'M majuscule.

La seule espèce du genre, l'Onychodactyle japonais (*Onychodactylus japonicus, unguiculatus, Schlegeli*), arrive à la taille de 0,170. Le corps est cylindrique, la tête petite, plus longue que large, le museau arrondi ; la queue est plus longue que le corps et la tête réunis, comprimée dans sa partie postérieure. Les yeux sont grands, proéminents. La peau est lisse, avec des plis plus ou moins saillants ; il existe des parotides peu marquées.

La couleur est d'un brun grisâtre en dessus, avec une large raie d'un jaune rougeâtre ou d'un brun jaunâtre, s'étendant tout le long du dos ; les contours de cette bande sont irrégulièrement festonnés par des taches brunes ; la bande se continue sur la queue, mais sur la tête se bifurque ; le dessus de la tête porte des marbrures noirâtres. Le ventre est brun clair souvent semé de taches de couleur foncée.

Distribution géographique. — Cette espèce spéciale au Japon, se trouve principalement dans les provinces du Centre et du Nord.

Usages. — D'après Geerts, la Salamandre onguiculée est très populaire dans ce pays, car « elle jouit de la réputation d'être un excellent vermifuge pour les enfants. Les herboristes les recueillent dans le Sagami, le Sinano, le Tamba, le Tazima, le Iga, le Tosa, etc., etc., et les dessèchent pour l'usage médical. Au village d'Hakoné, dans la province de Sagami, on les trouve pendues en séries, à de petits bâtons en bambou, dans presque toutes les boutiques. Les nombreux voyageurs qui passent à cet endroit, situé au Tokaïdan, en achètent fréquemment pour en faire emploi.

Mœurs, habitudes, régime. — « J'ai moi-même observé la Salamandre onguiculée dans les montagnes d'Hakoné et de Hata, près des ruisseaux et dans les fentes des rochers humides. Sa nourriture consiste en petits Mollusques, en Insectes et en Vers. Elle sort pendant la nuit de son refuge, et c'est aussi pendant la nuit que les montagnards vont la chasser. »

LES AMBLYSTOMES — AMBLYS-TOMA

Caractères. — Les Amblystomes, qui font partie de la sous-famille des Amblystomatinées, ont la langue ovalaire, marquée de plis rayonnants et libre latéralement ; les dents palatines, chez l'adulte, sont disposées suivant une longue série insérée à la partie postérieure du vomer ; le parasphénoïde ne porte pas de dents ; les doigts sont au nombre de cinq à chaque membre ; les vertèbres sont amphicœliennes, c'est-à-dire que les deux faces articulaires sont concaves, ainsi qu'on le voit chez les Poissons.

Distribution géographique. — D'après Boulenger, ce genre se compose de dix-sept espèces. L'*Amblystoma persimile* a été rapportée de Siam par Mouhot ; cette espèce n'est, du reste, connue que par un seul exemplaire, de telle sorte que son origine réelle reste douteuse. Toutes les autres espèces viennent du Mexique et des États-Unis, Pensylvanie, Floride, Wisconsin, Texas, Ohio, État de New-York, Géorgie, New-Jersey, Californie, Nouveau-Mexique, Orégon, territoire de Washington, îles Vancouver, sud du Canada.

L'AXOLOTL. — AMBLYSTOMA TIGRINUM.

Axolotl.

Historique. — La première notion que nous ayons de l'Axolotl date du commencement du dix-septième siècle. En 1600, Hernandez, dans son *Histoire des animaux de la Nouvelle-Espagne*, parle d'un *Poisson* très commun dans le lac de Mexico, Poisson qu'il désigne sous le nom de *Atolacalt* et qu'il décrit comme une bête ayant une peau molle et quatre pattes comme les Lézards ; le corps est noir, tacheté de brun,

Fig. 469. — La Salamandrine à lunettes (grand. nat.).

Dans son *Histoire des poissons*, publiée en 1767, Johnston nous apprend que l'*Axolotl*, issu de la boue, est un jeu des eaux, *lusus aquarum*, qu'il est couvert d'une peau molle et qu'il a la longueur d'une palme ; la langue est grande et cartilagineuse, la tête déprimée et large à proportion du reste du corps, la bouche fortement fendue et de couleur noire. « L'Axolotl, ajoute Johnston, fournit un aliment sain et agréable, ayant un peu le goût de l'Anguille. On le prépare de plusieurs manières, bouilli, frit, et le plus souvent grillé. Les Espagnols font une sauce avec du vinaigre, du poivre, des clous de girofle, du piment, tandis que les Mexicains se contentent de saupoudrer l'animal d'un peu de poivre, ou le mangent même sans aucun condiment. »

D'après Schneider, une espèce d'Axolotl se trouve aux États-Unis ; cette espèce, provenant du lac Champlain, a été recueillie par les pêcheurs, qui « la craignent comme vénéneuse, quand ils la rencontrent dans leurs filets. »

Cuvier est le premier anatomiste qui se soit occupé de l'animal dont nous faisons en ce moment l'histoire. D'après les notes qui lui ont été remises par de Humboldt, « l'Axolotl est commun dans le lac où est bâtie la ville de Mexico. M. de Humboldt rapporte que c'est un des animaux que l'on trouve le plus haut dans les montagnes et dans les eaux les plus froides. C'est un rapport de plus avec nos Salamandres aquatiques, qui, au premier printemps, se trouvent souvent prises dans les glaçons et y restent gelées pendant plusieurs jours sans en périr. Il est assez singulier, ajoute Cuvier,

comme l'a remarqué Dufay, que les animaux auxquels on attribuait autrefois la propriété fabuleuse de résister aux flammes aient réellement celle de résister à la gelée. »

Après avoir fait connaître l'ostéologie de l'Axolotl, Cuvier, avec le coup d'œil qui le caractérisait, écrivait ceci : « Plus j'ai examiné de ces animaux, et plus je me suis convaincu qu'ils sont les larves de quelque Salamandre inconnue. »

Cuvier avait vu juste, bien que toutes les observations fussent en apparence contre lui ; c'est ainsi qu'à Mexico on n'avait pas trouvé la forme parfaite de l'Axolotl, d'où l'on concluait que cet animal ne se transforme pas.

Tel était l'état de la question, lorsqu'au commencement de l'année 1864, la ménagerie des reptiles du Muséum d'histoire naturelle de Paris, recevait du Jardin d'acclimatation, par les soins de Rufy de Lavizon, des Axolotls arrivés en France depuis quelques mois à peine.

Les animaux envoyés en don au Jardin des Plantes étaient au nombre de six, cinq mâles et une femelle. Pendant plus d'un an ces Axolotls avaient vécu à la façon des autres larves des Urodèles, lorsque, le 4 janvier 1865, la femelle se mit à pondre ; la ponte continua les 19 février, 16 avril, 16 juin et 30 décembre de la même année. Auguste Duméril, alors professeur d'herpétologie, fit mettre soigneusement à part les plantes sur lesquelles les œufs étaient fixés ; trente jours après la ponte, l'éclosion se faisait. Des petits nés de ces œufs proviennent les Axolotls, qui sont si abondamment répandus aujourd'hui dans tous les aquariums.

Fig. 470 et 471. — Axolotl avec ses branchies et Axolotl transformé en Amblystome (d'après A. Duméril).

Certains individus nés des Axolotls importés directement du Mexique ne restèrent pas tous semblables à leurs parents. Sous l'influence de la captivité, sans doute, sous l'empire de conditions de milieu tout autres que celles dans lesquelles vivent ces animaux dans leur patrie d'origine, des monstruosités se produisirent; c'est ainsi que l'on constata la présence de trois doigts au lieu de quatre au membre antérieur, de quatre doigts au lieu de cinq au membre postérieur; que des anomalies par excès eurent lieu, et que l'on vit cinq, six et même huit doigts aux pattes de devant; six, sept et huit doigts aux pattes de derrière.

Ces monstruosités produites par la domesticité n'avaient rien de bien surprenant, eu égard aux profondes perturbations que devaient apporter dans l'économie de ces animaux les changements dus à l'habitat, au climat, au régime, changements en rapport avec l'adaptation à un nouveau milieu.

Mais d'autres modifications plus profondes devaient se produire.

L'un des Axolotls nés en France parut tout à coup malade. Des taches d'un blanc jaunâtre se dessinèrent sur la teinte générale du corps; la crête qui naît de la nuque se continue jusqu'à l'extrémité de la queue s'atrophia peu à peu; puis disparut; la tête s'élargit, les panaches branchiaux se flétrirent. Cet Axolotl était, en un mot, devenu, quant à son aspect extérieur, absolument semblable à des Batraciens que les naturalistes connaissaient depuis longtemps sous le nom d'Amblystomes et qu'ils plaçaient dans un tout autre groupe zoologique. C'est ainsi que pour C. Duméril et Bibron, l'Axolotl ou Sirédon formait le premier genre de la section des Trématodères, à côté du Protée, de la Sirène, de la Salamandre du Japon; tandis que l'Amblystome était regardé comme une Salamandridée ou Atrétodère.

Les observations faites par A. Duméril sont si intéressantes que nous croyons devoir donner ici le résumé des recherches faites par ce savant (1) :

(1) A. Duméril, *Métamorphoses des Axolotls* (*Archives du Muséum* et *Annales des sciences naturelles*, Zool., 5e série, t. VII, p. 229, 1867), et *Expériences faites sur*

Brehm. — V.

« Les Axolotls éclos en janvier et en mars 1865 étaient arrivés, dans les premiers jours de septembre, à ne presque plus différer de leurs parents.

« Un de ces Axolotls, qui n'avait point été, depuis une quinzaine de jours, l'objet d'un examen particulier, frappa l'attention par son aspect qui le rendait tout à fait distinct des autres sujets de même âge. Il n'avait plus de

Fig. 472. — Axolotl non transformé.

houppes branchiales, ou du moins n'en conservait que des traces ; les crêtes membraneuses du dos et de la queue avaient disparu ; la forme de la tête s'était un peu modifiée. Enfin, sur les membres et sur le corps, on voyait de nombreuses petites taches irrégulières d'un blanc jaunâtre qui contrastait avec la teinte noire générale (voyez les figures 470 et 471 qui représentent l'Axolotl avant et après la transformation).

Fig. 473. — Axolotl transformé.

« Le 28 septembre un deuxième individu avait revêtu la même livrée et perdu presque complètement ses branchies, ainsi que les crêtes du dos et de la queue.

« Les deux animaux furent placés dans un bassin particulier pour que l'observation n'offrît pas de difficultés, et depuis ce moment on ne cessa d'exercer une surveillance active sur la population de l'aquarium habité par les animaux nés en février.

les Axolotls, démontrant que la vie aquatique se continue sans trouble apparent après l'ablation des houppes branchiales (Comptes rendus de l'Acad. des sc., 1867, t. LXV, p. 242).

« Le 7 octobre, un troisième cas de transformation se présenta : un de ces Batraciens commençait à se tacheter ; déjà la crête dorsale avait presque complètement disparu, mais elle n'offrait encore aucune diminution sur les bords supérieur et inférieur de la queue ; les branchies avaient perdu un peu de leur longueur. Placé aussitôt dans la même eau que

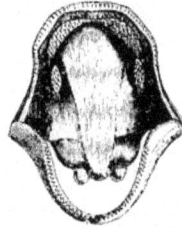

Fig. 474. — Axolotl non transformé.

les deux précédents, il y est soumis à une observation régulière.

« Enfin, le 10 octobre, je pus étudier, dès son origine, le travail de métamorphose dont je me trouvai avoir sous les yeux un quatrième exemple.

« Ce jour-là, quelques points d'un blanc jaunâtre se voyaient sur les membres, et la por-

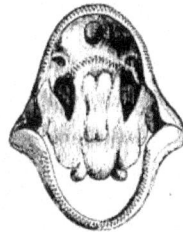

Fig. 475. — Axolotl transformé.

tion de la crête la plus rapprochée de la tête avait disparu.

« Le 12, je constate une réduction plus considérable de la crête, qui manque jusqu'à la région pelvienne ; sous la queue, elle a diminué de hauteur, mais en dessus elle ne présente aucun changement. Les tiges branchiales n'ont rien perdu en longueur ; il n'en est cependant pas ainsi pour leurs petites lamelles qui ont subi un raccourcissement peu prononcé. Les membres sont couverts de très nombreuses maculatures claires, et l'on en voit sur les faces latérales de la queue. L'animal, comme les trois autres dont je viens de parler, ne mange presque plus.

« Le 25 octobre, c'est-à-dire au bout de seize jours, la transformation était entièrement accomplie.

« D'autres Axolotls se sont successivement

Fig. 476. — Triton marbré (têtard).

métamorphosés, et au commencement de 1866, onze de ces animaux avaient revêtu leur forme nouvelle.

« A la fin de 1866 et dans le courant de 1867, cinq transformations ont encore eu lieu.

« Ainsi, jusqu'au moment actuel (10 juillet), on a été seize fois témoin des curieuses modifications que je viens de décrire, et elles sem-

Fig. 477. — Triton marbré (adulte).

blent devoir se produire bientôt chez plusieurs individus.

« Quant aux parents que le Muséum possède depuis janvier 1864, ils n'ont subi d'autre modification qu'un accroissement de taille.

« Aux métamorphoses extérieures correspondent des modifications internes tout à fait comparables à celles qu'on observe sur les Batraciens urodèles, lorsqu'ils passent de l'état de larve à l'état adulte.

« La rareté des sujets soumis à l'observation ne m'a pas permis de suivre, dans leur marche progressive, les changements qu'éprouve l'appareil hyobranchial. Cependant l'étude anatomique de cet appareil, chez le deuxième de nos Axolotls transformés, montre sa simplification. Les trois arcs branchiaux les plus internes ont disparu ; il ne reste que le plus externe ;

Fig. 478. — Euprocte de Poiret (têtard).

il a perdu ses dentelures membraneuses, et, uni à la corne thyroïdienne, il en constitue l'article postérieur. En dehors de cette pièce, on voit, de chaque côté, la branche antérieure de l'hyoïde. Quant à la pièce médiane ou basihyal, elle s'est beaucoup développée, et là, comme dans les autres portions de l'hyoïde, l'ossification est plus avancée qu'elle ne l'était avant la métamorphose (voy. fig. 473).

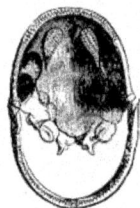

Fig. 479. — Euprocte de Poiret (adulte).

« La face postérieure du corps des vertèbres est légèrement creuse, avant comme après la disparition des branchies ; mais la face antérieure l'est moins chez l'animal transformé qu'elle ne l'était auparavant. Peut-être la différence devient-elle plus manifeste encore avec les progrès de l'âge, mais déjà cette modification démontre la justesse de la supposition de Cuvier (1) sur la possibilité de la disparition

(1) Cuvier, *Ossements fossiles*, t. V, partie II, p. 417.

des concavités des vertèbres par l'ossification du cartilage intervertébral.

« Les dents vomériennes, par suite du développement des os qui les supportent, se sont déplacées. Elles formaient de chaque côté, derrière l'os intermaxillaire, une petite bande un peu obliquement dirigée d'avant en arrière et de dedans en dehors. L'obliquité de l'une et

Fig. 480. — Amblystome ponctué.

l'autre bande ayant augmenté, elles se sont rencontrées sur la ligne médiane, en formant un angle très ouvert, et elles sont disposées maintenant en une rangée presque transversale (voy. les figures 474 et 475).

« Les figures 476 à 479 montrent qu'un changement dans la disposition des dents de la voûte palatine a également lieu chez les autres Batraciens urodèles, comme Dugès l'a indiqué et représenté (1). Nos dessins mon-

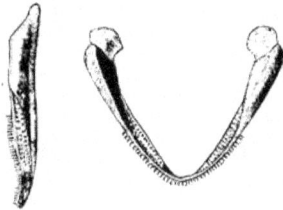

Fig. 481 et 482. — Axolotl non transformé.

trent la tête du Triton marbré (fig. 476 et 477) à l'état de têtard, puis à l'état adulte, et celle de l'Euprocte de Poiret (fig. 478 et 479) aux mêmes époques de la vie que le précédent. Chaque palatin soudé au vomer correspondant, à la suite duquel il est placé, s'est porté en dedans, en se rapprochant de son congénère, et en même temps s'est prolongé en arrière.

(1) Dugès, *Recherches sur la myologie et l'ostéologie des Batraciens à leurs différents âges.* Paris, 1834, p. 173, figures 86 et 89.

Durant cette période du développement, ou bien les petites scabrosités répandues sur la surface de l'os voméro-palatin se sont réduites, selon l'opinion de Dugès, en une bande longitudinale qui garnit tout le bord interne du prolongement postérieur du palatin ; ou bien ces petites dents n'étaient que provisoires et sont tombées pour être remplacées par les dents palatines permanentes.

« La différence qui se remarque entre l'Axolotl transformé et les deux Batraciens urodèles dont les têtes sont également figurées, c'est que chez ces derniers, comme dans presque tous les genres du même ordre, les dents palatines forment deux rangées longitudinales, tandis qu'elles sont en bande transversale chez l'Axolotl transformé et chez les Amblystomes (voy. la figure 480), Tritons de l'Amérique du Nord dont les Axolotls semblent être les têtards.

« A la mâchoire inférieure des Axolotls, il y a, derrière la rangée marginale, de très petites dents (fig. 481, 482), montrant la mâchoire très fortement abaissée, et l'une de ses moitiés vue par sa face interne. Elles sont réunies, de chaque côté, en un groupe oblong prolongé en avant jusque vers la ligne médiane, et n'atteignant pas l'extrémité postérieure de l'arc maxillaire. »

Nous donnons ici (fig. 470 et 471) la représentation de l'Axolotl et de l'Amblystome tels que ces animaux ont été dessinés pour illustrer le mémoire d'Auguste Duméril sur l'Amblystome.

Objectant que les Axolotls s'étaient reproduits, certains zoologistes en avaient conclu que les Axolotls étaient des animaux à l'état parfait et que les Amblystomes n'étaient que des êtres dégradés, anormaux, malades en un mot ; tandis que d'autres naturalistes croyaient que les Axolotls n'étaient que des Têtards d'une espèce plus élevée en organisation. De nombreuses années devaient s'écouler avant que la question, si longtemps débattue, fût définitivement tranchée dans un sens ou dans l'autre.

Depuis la ponte du mois de janvier 1865 jusqu'en juillet 1867, seize transformations eurent lieu ; elles ne se reproduisirent plus jusque dans ces dernières années ; il était tout au moins singulier que sur un aussi grand nombre d'animaux nés à la ménagerie du Muséum et tous soumis aux mêmes conditions de milieu, un si petit nombre se seraient changés en

Amblystomes ; il était, du reste, à remarquer que les Axolotls venus directement du Mexique n'avaient subi aucune modification que celle que l'âge apporte chez tous les animaux ; ils ont vieilli, ils ne se sont pas transformés.

Auguste Duméril voyant que, d'aquatique, la respiration devenait plus aérienne chez l'animal transformé, remarquant que l'Amblystome avait des habitudes plus terrestres, essaya plusieurs fois de forcer l'Axolotl de venir respirer l'air en nature, et pour cela coupa les branchies chez un certain nombre de ces animaux ; ce fut en vain, la respiration cutanée suppléa à la respiration par les branchies et la métamorphose ne s'opéra pas.

Les expériences d'Auguste Duméril ont un tel intérêt que nous croyons devoir les rapporter ici telles que le savant professeur les a publiées.

« L'atrophie des houppes branchiales, puis leur disparition, étant un des premiers signes de la métamorphose qui va se produire, je me suis efforcé, par diverses tentatives, d'amener un changement dans le mode de respiration, en obligeant les animaux à se servir de leurs organes pulmonaires.

« Quelques Axolotls ont été placés dans un aquarium dont on a graduellement abaissé le niveau d'eau. Peu à peu on est arrivé à laisser les animaux sur une couche de sable mouillé et le corps n'était plus immergé ; mais leur état de dépérissement m'a prouvé l'impossibilité d'arriver à aucun résultat si l'on continuait à procéder ainsi.

« Si j'avais attendu, pour faire cette expérience, que les branchies eussent déjà subi un commencement d'atrophie, j'aurais peut-être hâté la transformation. C'est ainsi que M. V. Fatio, dans ses ingénieuses recherches sur le mode de reproduction du Triton alpestre (1), a pu laisser à sec des têtards avant la disparition complète des houppes branchiales ; mais alors j'aurais eu de l'incertitude relativement à l'influence exercée par l'expérimentation sur la métamorphose qui, peut-être, se serait accomplie dans les conditions ordinaires.

(1) *Les Rept. et les Batr. de la haute Engadine,* dans *Arch. sc. phys. et nat. de la Bibl. univers. de Genève,* 1864, p. 48 du tirage à part.

Le résultat de ses observations est que, probablement, par suite des conditions particulières où se trouve placé le Triton alpestre quand il vit sur les grandes hauteurs des Alpes, loin des eaux, il y a, chez cette espèce, ovoviviparité.

« Je dus par conséquent recourir à un autre moyen de continuer l'expérience.

« On établit alors, à l'un des bouts d'un aquarium, un plan incliné formé par du sable très humide au milieu d'un cadre de bois dont le bord antérieur était au niveau de la surface de l'eau que contenait l'autre portion de l'aquarium. Les Axolotls pouvaient donc, sans difficulté, sortir à leur gré de l'eau, et se trouver encore dans de bonnes conditions d'existence. Si, à l'état de liberté, la métamorphose est précédée de certains changements dans les habitudes, ou si ces derniers accompagnent la transformation, on était en droit de supposer qu'ils se produiraient sous les yeux de l'observateur. Jamais cependant on n'a vu les Axolotls soumis à cette sorte d'expérimentation quitter l'eau pour monter sur le plan incliné. A tous les moments de la journée, ou dans la soirée, ou bien encore de grand matin et quelquefois même au milieu de la nuit, une surveillance a été exercée, et l'on n'a pas une seule fois vu les habitants de l'aquarium se poser sur le refuge.

« Une autre expérience restait à faire pour parvenir à modifier la fonction de la respiration. Elle consistait à détruire les branchies, afin de constater si, devenus forcément animaux à respiration pulmonaire, les Axolotls subiraient l'ensemble des modifications décrites plus haut.

« En conséquence, le 4 juillet 1866, je pratiquai l'ablation complète des trois tiges branchiales du côté gauche sur deux Axolotls et de celles du côté droit sur un troisième ; puis du 14 au 28, je coupai, de semaine en semaine, une des tiges branchiales du côté opposé. A cette dernière date, les Axolotls auraient été complètement privés de leurs branchies extérieures, si, durant les vingt-quatre jours écoulés depuis le moment de la première opération, la force étonnante de régénération, dont les Batraciens urodèles sont doués, n'avait déterminé un commencement de reproduction des organes enlevés. Aussi, pour maintenir les Axolotls dans l'état où je voulais les placer, afin qu'il me fût possible d'apprécier les résultats de l'expérience, j'excisai successivement, tantôt d'un côté, tantôt de l'autre, les tiges branchiales nouvelles aussitôt qu'elles commençaient à faire une saillie suffisante pour pouvoir être emportées par le tranchant des ciseaux. C'est ainsi que, depuis le 28 juillet 1866 jusqu'au 24 mai 1867, c'est-à-dire dans une période de dix mois, je fus obligé de pratiquer l'opération chez les trois Axolotls, portant sur mon registre d'expériences :

A droite.

Le n° 1 . . . . 4 fois (10 août, 28 septembre, 5 avril, 24 mai).

Le n° 2 . . . . 4 fois (31 août, 7 décembre, 5 avril, 4 mai).

Le n° 3 . . . . 3 fois (10 août, 28 septembre, 5 avril).

A gauche.

Le n° 1 . . . . 3 fois (2 et 31 août, 24 mai).

Le n° 2 . . . . 5 fois (24 août, 28 septembre, 7 décembre, 5 avril, 24 mai).

Le n° 3 . . . . 2 fois (24 août, 5 avril).

« Ce tableau indique la lenteur avec laquelle le travail de reproduction s'est fait surtout pendant l'hiver, bien que la température de l'eau où les animaux vivent ne soit jamais descendue au-dessous de + 12° ou 13° centigrades, et que les animaux aient toujours été abondamment nourris.

« Une autre série d'expériences a été poursuivie parallèlement à la précédente. Elle a porté sur six Axolotls dont les branchies nouvelles, soit d'un côté, soit de l'autre, ont toujours été amputées simultanément chez tous.

« Le 10 août 1866, je coupai, sur chacun, les trois tiges branchiales droites, et voulant exercer une action plus générale et plus prompte, j'enlevai, le 17 août, également d'un seul coup, les trois branchies du côté gauche. Comme chez les autres Axolotls, il n'y eut, en quelque sorte, pas d'hémorrhagie ; aucun accident ne survint ; la cicatrisation fut prompte, et la force de reproduction ne tarda pas à se manifester. Les sections suivantes ont été faites sur les six Axolotls à la fois :

« A droite, le 21 septembre, et à gauche, le 28 du même mois.

« Les branchies, à partir de l'époque de la seconde ablation, se sont à peine développées, et plusieurs des opérés ont commencé à prendre un nouvel aspect par suite de l'apparition de quelques taches jaunes sur les téguments. Deux de ces individus se sont de plus en plus tachetés, ont perdu leur crête, et enfin sont devenus semblables aux Axolotls précédemment transformés. Leur métamorphose étant complète en décembre et en janvier, on les a placés dans une cage contenant de la terre humide avec un bassin et destiné à devenir la demeure des Axolotls qui ont subi leurs modifications à la fin de 1866 ou en 1867.

« Les quatre autres Axolotls de la série dont il s'agit, et deux en particulier, présentent, comme les précédents, quelques taches, sans aucune autre trace de métamorphose; les branchies d'ailleurs, ayant pris un peu de développement, on en pratique l'amputation à gauche le 8 mars, et à droite, le 5 avril.

« Un seul de ces quatre Axolotls reste bien tacheté, mais sans autre changement marqué, si ce n'est que la régénération des branchies est presque nulle. Chez les trois autres, elle est un peu plus évidente, et le 24 mai j'en fais l'excision de chaque côté, puis, le 22 juin ; de petits bourgeons s'étaient développés.

« Le résultat des expériences qui précèdent est donc le suivant : sur six Axolotls privés de leurs branchies et chez lesquels on a eu soin de s'opposer à la restauration des parties perdues, deux de ces animaux se sont métamorphosés complètement dans l'espace de quatre à cinq mois, et un troisième, au bout de dix mois, semble devoir éprouver les mêmes changements, tandis que les trois autres, après le même laps de temps, sont dans un état qui laisse l'observateur encore incertain sur le résultat définitif de l'expérimentation. Il semble même probable que, comme les trois Axolotls de la première série, ils ne se transformeront pas, et que, par conséquent, trois Axolotls seulement, sur neuf privés de leurs branchies, auront passé de l'état de larve à l'état parfait.

« Une semblable proportion est infiniment plus forte que celle qui se remarque parmi les individus chez lesquels aucun trouble n'a été apporté par une lésion traumatique.

« Je constate ces faits, mais sans vouloir cependant en tirer la conclusion que la perte des houppes branchiales est une condition très favorable pour l'accomplissement de la métamorphose. Elle s'est produite, à la vérité, chez un individu qui avait subi une très grave mutilation des deux pattes antérieures et pendant le travail de régénération des parties détruites par les morsures des Axolotls avec lesquels il vivait. De plus, je dois l'ajouter, deux ou trois Axolotls qui ont été blessés par leurs compagnons de captivité, semblent devoir, dans un temps plus ou moins rapproché, changer complètement d'aspect. Les lésions traumatiques exerceraient-elles donc quelque influence?

« Il ne faut cependant pas, en cherchant les causes des faits dont je viens de présenter

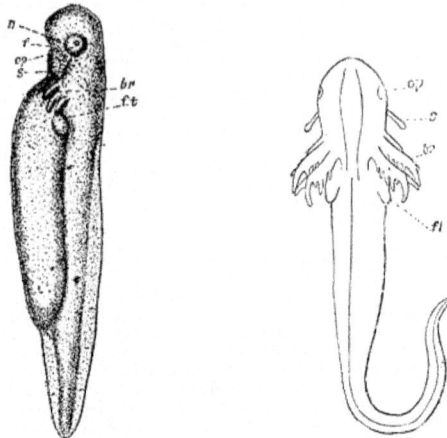

Fig. 483 et 484. — Larves d'Amblystome ponctué (*).

l'exposé, perdre de vue que les onze premières transformations survenues en 1865, à partir du mois de septembre et au commencement de 1866, n'avaient été précédées par aucun désordre fonctionnel résultant de blessures. En décembre 1866, on a vu également, au milieu d'un aquarium peuplé par vingt-cinq Axolotls bien nourris et non blessés, une métamorphose se produire.

« J'insiste sur ces détails, parce qu'il paraît singulier que, sur un très grand nombre d'animaux nés à la ménagerie, il y en ait eu si peu de transformés quand ils sont arrivés à l'âge de dix, douze ou quinze mois, c'est-à-dire à l'époque de la vie où l'on a vu, chez quelques-uns, les premiers changements se manifester.

« En même temps j'appelle l'attention sur le très grand intérêt que présentent au physiologiste les mutilations dont il s'agit. Voici, en effet, des animaux qui, privés presque subitement, c'est-à-dire dans l'espace d'une semaine, de leurs organes de respiration aquatique, semblent, quelques-uns du moins (6 sur 9), n'éprouver aucun trouble et continuent à vivre comme si les houppes branchiales n'avaient point été enlevées. Ne venant pas plus souvent

(*) n, fossette nasale ; f, invagination buccale ; op, œil ; s, balanciers ; fl, membres antérieurs ; br, branchies, d'après Balfour, Traité d'embryologie et d'organogénie. Paris, 1885.

que les Axolotls non opérés prendre de l'air à la surface de l'eau, ils n'ont offert. dans leurs allures et dans leur genre de vie, aucune modification apparente, la respiration cutanée remplaçant la respiration branchiale.

« Une résection que l'on supposerait devoir être si grave peut être plus prompte encore. Le 7 juin 1867, j'ai enlevé, chez huit Axolotls, les branchies des deux côtés, et rien de particulier n'a été observé depuis ce moment ; de plus, les 22 juin et 6 juillet, j'ai pratiqué l'ablation de tous les bourgeons de formation nouvelle. »

Weismann s'était également demandé si on ne pourrait pas forcer les Axolotls à se métamorphoser en les plaçant dans des conditions particulières leur rendant difficile l'usage de leurs poumons, en les forçant à vivre en partie à terre ; de même que Duméril il avait échoué.

Mademoiselle de Chauvin, de Fribourg en Brisgau, déjà connue par ses observations sur les insectes, reprit ses tentatives sur six larves d'Axolotl, à peu près âgées de huit jours, qui lui restaient sur douze qu'elle venait de se procurer.

Les Axolotls furent placés dans un vase de 0ᵐ,30 de diamètre, contenant de l'eau à température à peu près constante ; dès les premiers temps on leur donna des Daphnides,

Fig. 484. — L'Axolotl (grand. nat.).

puis des perles plus grosses, de telle sorte qu'ils se développèrent rapidement. À la fin de juin, les pattes antérieures commencèrent à apparaître (fig. 483 et 484), puis, le 9 juillet, les pattes postérieures. Au commencement de septembre, l'observateur vit un de ces animaux se maintenir constamment à la surface de l'eau, ce qui lui fit croire que cet Axolotl allait se métamorphoser. L'individu en question fut séparé des autres et placé dans un vase en verre à large fond, disposé de telle sorte que l'animal n'avait assez d'eau pour être complètement submergé qu'en un seul point. On diminua encore et peu à peu la quantité d'eau et les premiers symptômes de la métamorphose ne tardèrent pas à se manifester. Les branchies commencèrent à s'atrophier. Le 4 novembre l'animal quitta l'eau et se rendit, en rampant, sur un point où se trouvait de la mousse humide, séparée de l'eau par une couche de sable. L'animal étant à terre, une mue eut lieu et en quatre jours, du 1er au 4 novembre, d'importantes modifications se produisirent ; toutes les houppes des branchies disparurent, la crête dorsale s'effaça, la queue prit une forme arrondie, de comprimée qu'elle était auparavant ; en un mot, l'Axolotl était devenu un Amblystome.

À la fin du mois de novembre, trois autres larves ayant manifesté de la tendance à sortir de l'eau, elles furent soumises au même traitement. L'une d'entre elles se métamorphosa exactement dans le même espace de temps et dans les mêmes conditions que la première ; chez les deux autres larves la transformation demanda plus de temps. Le dernier des Axolotls enfin se transforma lui aussi, et la métamorphose demanda quatorze jours à s'accomplir ; lorsque cet animal était resté trop longtemps exposé à l'air, sa couleur devenait plus pâle et il exhalait une odeur spéciale tout à fait semblable à celle que répand la Salamandre terrestre lorsqu'elle est irritée ou inquiétée ; si on replaçait l'animal à l'eau, il plongeait de suite et se remettait peu à peu ; à la longue cependant, et comme nous venons de le dire, l'animal se métamorphosa.

De ces observations, mademoiselle de Chauvin tira la conclusion suivante : la plupart des Axolotls, sinon tous, peuvent accomplir leurs transformations lorsqu'ils sont en bonne santé et suffisamment nourris et surtout lorsqu'on

Fig. 486. — L'Amblystome (grand. nat.).

s'arrange de manière à les obliger de venir respirer l'air en nature.

Weismann pense que l'Axolotl n'est pas une forme en voie de progrès, mais une forme rétrogradée; pour lui, ces animaux qui peuplent aujourd'hui les lacs de Mexico étaient des Salamandres parfaites à une époque antérieure; les modifications qui se sont produites dans leurs conditions d'existence les ont ramenés au degré primitif des Ichthyoïdes; cette rétrogradation a été causée par l'impossibilité où s'est trouvé l'Axolotl de pouvoir se rendre à terre; il ne s'est plus métamorphosé, obligé qu'il était de rester constamment à l'eau. Humboldt nous a appris que le niveau des lacs de Mexico se trouvait, à une époque relativement récente, plus élevé qu'aujourd'hui; le plateau était, en outre, couvert d'épaisses forêts détruites de nos jours.

« On peut admettre, dit Weismann, qu'à l'époque diluvienne les forêts s'étendaient jusqu'au bord du lac alors profond, à bords abruptes; les conditions de milieu étaient à cette époque tout à fait différentes de ce qu'elles sont maintenant. On peut admettre avec une certaine certitude qu'au commencement de cette époque les forêts qui bordaient les rives du lac de Mexico étaient peuplées d'Amblystomes. Les conditions ayant été changées, ceux-ci auraient

disparu fatalement, s'ils n'avaient rétrogradé vers la forme ichthyoïde. »

Raphaël Blanchard [1] a analysé les récentes recherches faites par les Américains sur l'Axolotl et en particulier les intéressantes études de M. José Velasco [2] sur les mœurs de cet animal.

« Weismann avait émis l'opinion que, au Mexique, l'Axolotl ne se transforme jamais en Amblystome et que l'on ne l'y connaît que sous la forme larvaire d'Axolotl. Velasco a pu constater au contraire, en 1878, la transformation complète de l'espèce qu'il a désignée sous le nom de *Siredon tigrina :* cette observation fut faite sur des individus provenant du lac de Santa Isabel, situé à une lieue et demie environ au nord de Mexico. De plus, il a présenté à la Sociedad mexicana de historia Natural des *Siredon Humboldii*, transformés, qui provenaient des lacs de Xochimilco, Chalco et Zumpango ; ce dernier est situé à seize lieues au nord de Mexico.

« En outre, les Axolotls transformés sont bien connus du vulgaire dans toutes les localités situées sur les bords de ces lacs, et ils y sont désignés communément sous les noms

(1) Raphaël Blanchard, *Revue scientifique*, 13 mai 1882.
(2) José Velasco, *La Naturaleza*, journal que publie la Société mexicaine d'histoire naturelle, t. V, 1880-1881.

BREHM. — V.

d'*ajolotes pelones* (Axolotls pelés) *ajolotes mu-
chos* (Axolotls tondus) *ajolotes sin arietes* (Axolotls sans cornes de bélier): ces dénominations
diverses s'appliquent à l'Axolotl dépourvu de
branchies. Sur les bords du lac de Xochimilco
et de Chalco, on connaît l'Amblystome sous
les noms de *Tlalajolotl*, c'est-à-dire Axolotl
terrestre, le mot aztèque *Tlal* désignant la
terre. Enfin, il est fréquent de le trouver caché
sous les pierres ou dans les lieux humides,
dans les montagnes qui s'étendent au sud de
Mexico : on lui donne alors le nom de *ajolote de
cerra* (Axolotl de colline).

« Le lac de Santa Isabel se dessèche tous
les ans. Que le dessèchement se fasse naturellement ou qu'on l'active artificiellement,
tous les Axolotls que renferme ce lac se trans-
forment dès que le niveau des eaux commence
à baisser. Ces animaux ne suivent pas le courant dérivateur qui entraîne les eaux en dehors
du lac; ils ne meurent point non plus par suite
du manque d'eau, mais ils gagnent la terre et
continuent d'y vivre.

« Le lac de Zumpango se dessèche quelquefois quand les pluies sont peu abondantes ; les
lacs de Xochimilco et de Chalco ne se dessèchent jamais.

« Dans ces derniers, les Axolotls se transfor-
ment tout aussi bien que dans le lac de Santa
Isabel, bien que l'eau, qui est d'excellente
qualité et qui renferme une abondante végétation, semble réunir les meilleures conditions
pour que les Axolotls y puissent demeurer à
l'état larvaire.

« Ces observations de Velasco montrent
bien la fausseté de l'opinion qui a cours
actuellement en Europe et dont Weismann
s'était récemment fait le champion : l'Axolotl
se transforme en Amblystome au Mexique
tout aussi bien qu'en Europe, que les conditions
dans lesquelles il se trouve soient d'ailleurs
favorables ou non à la conservation de son état
larvaire. »

La question posée plus haut, à savoir, si l'Amblystome est bien réellement l'état parfait de
l'Axolotl est aujourd'hui résolue définitivement.

Au mois de mars 1876, les Amblystomes ont
enfin pondu au Muséum de Paris.

La constatation de ce fait a une telle importance que nous croyons devoir donner ici le
résultat des observations faites par le professeur Léon Vaillant :

« Nos Amblystomes, dit-il, dont aucun n'est
âgé de moins de trois ou quatre ans (l'exis-

tence de plusieurs d'entre eux remonte même
aux premières observations de Duméril), avaient
déjà, l'année dernière, montré quelques tendances à se reproduire, ce que témoignait le
développement de l'abdomen chez les femelles.
Ces symptômes disparurent sans qu'on pût
constater aucun résultat ; aussi, vers le 10 mars
dernier, ayant reconnu les mêmes modifications, c'est sans grand espoir de succès que je
recommandai la plus grande surveillance.
Cependant, le 19, on put constater que des
œufs avaient été fixés à des tiges de *Trades-
cantia*, qui baignaient dans l'eau de l'aquarium. La ponte remontait à quelques jours de
là à en juger par les modifications du vitellus ;
mais les animaux ayant d'abord attaché leurs
œufs aux parties des plantes cachées par les
pierres, ceux-ci n'avaient pu être découverts
dès le début.

« L'aquarium où ces observations ont été
faites ne renferme que des Axolotls transformés, cinq mâles, dont un individu albinos, et
trois femelles ; il est donc hors de doute que
les œufs proviennent de ces animaux qui
présentent les caractères des vrais Amblystomes: absence des branchies et fermeture
des orifices respiratoires correspondants, tête
obtuse, œil saillant, queue subarrondie,
perte de la nageoire dorsale. Les œufs, de
plus, ont été fécondés, car il est facile de constater sur la plupart d'entre eux les premiers
phénomènes du développement et la formation des embryons ; ils ne présentent d'ailleurs
aucune particularité permettant de les distinguer des œufs d'Axolotls non transformés.

« Ce résultat, si longtemps attendu, doit
certainement être attribué aux changements
apportés dans l'aménagement de la ménagerie
et à l'excellente installation des aquariums
construits, il y a deux ans, d'après les indica-
tions de M. le professeur Blanchard. Les dimensions de ces réservoirs ont permis d'établir
un terre-plein, non seulement laissant aux
animaux la faculté de sortir de l'eau ou d'y
rentrer suivant leurs besoins et de s'y creuser
des réduits, mais encore permettant à la végétation de se développer et favorisant la multiplication de certains animaux, les vers de
terre, par exemple, qui ont pu fournir aux
Amblystomes une nourriture plus en rapport
avec leurs habitudes semi-terrestres.

« Si la température, devenant plus douce d'ici
l'éclosion, permettait le développement des
animalcules dont ces Batraciens, au sortir de

l'œuf, doivent faire leur proie, on peut espérer suivre les métamorphoses de cette espèce, dont nous retrouverons peut-être aujourd'hui seulement le cycle normal. »

L'expérience est complète aujourd'hui ; les Amblystomes ont donné naissance à des Axolotls ; parmi ces nouveau-nés plusieurs n'ont pas tardé à se transformer en Amblystomes ; le cycle est maintenant complet : l'Amblystome est bien l'état parfait de l'Axolotl qui, comme d'autres Batraciens, peut se reproduire à l'état larvaire.

Le fait si intéressant de la ponte de l'Amblystome et de la transformation de celui-ci en Axolotl a été observé au Muséum par le professeur L. Vaillant, aidé de l'habile commis à la ménagerie des Reptiles, Desguez.

Albinisme. — Sous l'influence, sans doute, de la captivité, certains Axolotls deviennent albinos. C'est également à Auguste Duméril qu'est due la constatation de ce fait intéressant. Voici, en effet, ce qu'en 1870 nous apprend ce savant observateur :

« A la fin de novembre 1868, la ménagerie a reçu de M. Méhédin un Axolotl complètement blanc, à l'exception d'un point du dos qui porte une tache noire grande comme une lentille. Ce sujet très remarquable, qui est un mâle, semble constituer simplement une variété albine.

« Désireux de savoir s'il pourrait, avec des femelles de coloration habituelle, créer une race blanche, je lui fis consacrer un aquarium particulier, où furent placées en même temps quelques-unes de ces femelles. Dans le courant des années 1867 et 1868, plusieurs fécondations eurent lieu, et un assez grand nombre de nouveau-nés se montrèrent, dès les premiers instants qui suivirent l'éclosion, revêtus d'une robe beaucoup moins sombre qu'à l'ordinaire. Cette modification de couleurs persista chez la plupart d'une façon très notable. Aussi, pour continuer l'expérience, les femelles provenant de cette première génération, et dont les teintes étaient les plus pâles, furent-elles introduites dans l'aquarium où leur père, resté seul après les pontes dont je viens de parler, ne tarda pas à féconder les œufs abandonnés par les nouvelles venues.

« Les embryons étaient encore enfermés dans leurs enveloppes, que déjà sur beaucoup l'albinisme commençait à se manifester. Il s'est prononcé de plus en plus, à mesure que le développement s'est effectué, et il est presque complet aujourd'hui. On ne peut donc pas douter que les jeunes qui proviendront des femelles de cette seconde génération, dont les œufs seront fécondés par le sujet blanc d'origine mexicaine, ne soient parfaitement semblables à ce dernier. Dans quelques mois seulement, les albinos auront atteint l'époque où la reproduction peut s'accomplir, mais il est facile de prévoir, dès maintenant, qu'une abondante population blanche garnira les bassins de la ménagerie en 1871. »

Les prévisions de A. Duméril se sont accomplies et la ménagerie du Muséum de Paris possède aujourd'hui une race parfaitement fixée d'Axolotls blancs, se reproduisant entre eux ; certains individus, il est vrai, sont parfois piquetés de noir ou de brunâtre et semblent vouloir retourner au type primitif. La création de cette race albinos n'en est pas moins fort intéressante à tous égards.

Caractères — L'Axolotl est un animal qui peut arriver à la taille de 0^m,20 ; le corps est lourd, bien qu'allongé ; la tête est déprimée, le museau obtus, arrondi ; la queue est longue, comprimée latéralement, se terminant en une pointe mousse, bordée, en dessus et en dessous, d'une crête assez élevée ; la peau est finement granuleuse et sa coloration est le plus généralement un noir foncé (fig. 485).

L'Amblystome (fig. 486) a tout à fait les caractères d'un animal terrestre ; la queue est sensiblement arrondie et la crête n'existe plus ; les branchies ont complètement disparu. Les modifications ne sont pas seulement extérieures, elles portent sur la structure même de l'animal.

De quatre os, supports des branchies qui, chez l'Axolotl flottent en dehors, trois sont résorbés chez l'animal transformé ; la face antérieure des vertèbres est de même moins concave.

Les dents qui chez l'Axolotl garnissent les mâchoires derrière la rangée marginale, ont disparu ; les dents du vomer se sont déplacées, et de longitudinalement situées sont devenues transversales.

La peau est parsemée de taches d'un blanc jaunâtre ou d'un gris clair, plus ou moins grandes, plus ou moins nombreuses, parfois réunies en bandes.

Distribution géographique. — L'Axolotl est particulièrement abondant dans le lac de Mexico et dans le lac Chalco, aux environs de cette ville ; la forme parfaite a été trouvée sur le volcan d'Orizaba et dans certains points des États-Unis, au Kansas, au New-Jersey.

Il est un fait intéressant à noter, c'est que, tandis que les Axolotls sont communs au Mexique, tandis que dans ce pays il paraît y avoir peu d'Amblystomes, l'inverse a lieu pour l'Amérique du nord; d'après ce que l'on sait, les Amblystomes y sont nombreux et les Axolotls, par contre, très rares.

Mœurs, habitudes, régime. — Quoique pourvus à la fois de branchies et de poumons, les Axolotls ont cependant des habitudes essentiellement aquatiques. Ces animaux, pendant le jour, restent presque toujours sur le sol de leur aquarium ou nagent à une certaine distance de la surface. Le plus souvent l'Axolotl se tient au fond de l'eau, dans les parties les plus sombres de l'aquarium; on ne lui voit exécuter d'autre mouvement que celui qui a pour but d'abaisser et de relever les panaches branchiaux qui, de chaque côté, garnissent le cou.

Parfois, cependant, l'animal monte perpendiculairement vers la surface; l'extrémité de son museau vient faire saillie; un peu d'air pénètre par les narines dans les organes respiratoires; puis il plonge, et quelques bulles de gaz s'échappent de la bouche.

Pendant la nuit, les Axolotls se suspendent à quelque plante située au voisinage de la surface de l'eau.

L'Axolotl est fort vorace, aussi, lorsqu'un certain nombre de ces animaux sont enfermés dans un même aquarium, n'est-il pas rare de les voir se mutiler réciproquement; ils se dévorent une partie des panaches branchiaux, souvent même des morceaux de la crête caudale.

Leur nourriture se compose de vers de terre, de vers de vase, de puces d'eau, de larves de grenouilles.

Cuvier a trouvé une Écrevisse entière dans les intestins d'un des individus qui lui avaient été apportés par A. de Humboldt. D'après la conformation de la bouche de l'Axolotl, on peut supposer qu'il saisit sa proie en la happant, ainsi que font les Tritons.

Vienne le moment de la ponte, la femelle s'accroche soit aux pierres, soit aux tiges ou aux feuilles des plantes aquatiques; tantôt elle s'applique à plat sur les corps flottants, tantôt elle s'y suspend par ses pattes de derrière, ou bien, se plaçant de côté, se rapproche le plus possible de l'endroit où elle veut déposer ses œufs. Toutes ces manœuvres, pendant lesquelles elle va fréquemment respirer à la surface, ou se laisse descendre avec lenteur vers le fond de l'aquarium, ont pour but de lui permettre de se débarrasser de ses œufs.

Les pontes n'ont point lieu au hasard, et, de même que chez les Tritons de nos petits cours d'eau, la femelle de l'Axolotl choisit les endroits les plus favorables à l'éclosion; elle prend de grandes précautions pour assurer le succès de son œuvre et ne s'arrête que là où les œufs, à l'aide de la matière gélatineuse qui les entoure, peuvent contracter une adhérence suffisante avec les corps sur lesquels elle les a déposés; à l'aide de ses pattes de derrière, la femelle ramène, du reste, en un même point les œufs qu'elle vient de pondre.

Ces œufs apparaissent comme un globe tremblotant et transparent dans lequel on remarque un petit point noir; ce point est le futur embryon.

Peu de temps après la ponte, ce point s'allonge, puis se recourbe en arc de cercle; deux petites taches noires sont l'emplacement des yeux; une tête et une queue apparaissent; l'animal est dès lors formé.

Des mouvements rapides, en quelque sorte convulsifs, l'agitent fréquemment, et vingt jours environ après la ponte, le petit, rompant l'enveloppe, se met à nager librement, déjà en quête d'une proie proportionnée à sa taille. Il n'a alors que 14 à 16 millimètres de longueur; sa couleur est d'un vert clair avec de fines mouchetures noirâtres, plus serrées en arrière qu'en avant.

Si la nourriture est abondante, les pattes ne tardent pas à apparaître, le petit être grossit rapidement et au bout de quelques mois il est presque impossible de le distinguer de ses parents.

Captivité. — Ainsi que nous l'avons déjà dit, les Amblystomes ont une vie beaucoup plus aquatique que terrestre.

Au Muséum de Paris, ces animaux habitent un vaste aquarium dont une partie seulement est remplie d'eau sur une hauteur d'environ 0^{m}20; le reste de l'aquarium est occupé par une plage un peu boueuse et par endroits cailouteuse, plantée de Cypéracées.

Les Amblystomes, hors le moment de la ponte, sont presque toujours à terre.

Leur nourriture se compose principalement de vers de vase et de têtards de Pélodyte qu'ils vont chercher dans l'eau.

Régénération des membres. — Comme

chez les autres Urodèles, les membres peuvent se régénérer chez l'Axolotl.

Ainsi que l'a fait observer le professeur Vulpian, il arrive souvent que lorsque l'on garde un certain nombre d'Axolotls dans un même aquarium, ils se font entre eux des morsures sur diverses parties du corps.

« Lorsque ces morsures portent sur les extrémités des membres, on voit parfois, comme l'a indiqué Auguste Duméril, se produire des difformités remarquables.

« Sur les moignons des extrémités des membres, suivant la direction et la profondeur des morsures, il peut se développer alors, au moment de la régénération, un nombre de doigts supérieur au nombre normal. C'est ainsi qu'on voit de jeunes Axolotls présenter un des membres antérieurs terminé par cinq ou six doigts au lieu de quatre, nombre normal; c'est ainsi également qu'un des membres postérieurs peut se terminer par six ou sept doigts au lieu de cinq, nombre normal.

« Sur un Axolotl qui offrait ainsi cinq doigts à l'un des membres antérieurs, on a amputé ce membre. La régénération s'est faite d'une façon assez rapide et très régulière, et les doigts régénérés ont repris le caractère numérique du type normal, c'est-à-dire que le membre reproduit était terminé par quatre doigts.

« Comme on pouvait s'y attendre, il résulte donc de cette expérience que les difformités acquises accidentellement dont il s'agit sont pour ainsi dire tout à fait superficielles, et ne se reproduisent pas dans le cas de régénération du membre qui les présente. »

Emploi, usages. — L'Axolotl a été très anciennement indiqué par les auteurs des premières descriptions du Mexique. Hernandez, qui, d'après Cuvier, paraît en avoir donné le premier une assez bonne description, l'appelle *Lusus aquarum* (jeu des eaux) *Piscis ludicrus*

(poisson folâtre) et *Gyrinus edulis* (Têtard comestible).

On peut en conclure qu'il était recherché par les Mexicains comme aliment.

LES · GEOTRITON — *GEOTRITON*

Caractères. — Gené a désigné sous le nom de Géotriton brun (*Geotriton fuscus, Spelerpes fuscus*) un petit Batracien d'environ 0m,10 de long, qui présente cette particularité que la langue, en champignon, forme un disque libre dans tout son pourtour et supporté au centre et en dessous par un pédicule grêle et protractile; ce disque est reçu dans une concavité que présente le plancher de la bouche; les dents palatines forment deux séries étendues en travers et en arrière des orifices internes des narines, suivies elles-mêmes de deux autres séries longitudinales de dents.

Le corps est assez peu allongé, la tête plus longue que large, le museau tronqué; les yeux sont grands, proéminents; chez les individus jeunes l'ouverture de la narine est très large. La queue a une forme cylindrique; elle est plus courte que le tronc et la tête réunis. La peau est lisse; il n'existe pas de parotides. Tous les doigts et les orteils sont légèrement palmés à leur base.

La coloration est brune, avec des lignes rougeâtres peu marquées; le ventre est de couleur cendrée, avec de petits points blancs ou noirs.

Distribution géographique. — Cette espèce a été trouvée en Italie dans les Apennins et en Sardaigne; elle est signalée aux environs de Gênes et vers la frontière française.

Mœurs, habitudes, régime. — Genée nous apprend que le Géotriton se trouve fréquemment, l'hiver, sous les pierres, au bas des montagnes, mais qu'il ne va pas habituellement à l'eau.

LES AMPHIUMIDÉES — *AMPHIUMIDÆ*

Caractères. — Wagler a, le premier, réuni dans un groupe spécial, sous le nom d'*Ichthyoïdes*, les Batraciens qui, étant pourvus d'une queue, présentent un ou plusieurs trous branchiaux sur les côtés du cou.

Duméril et Bibron ont donné à ce groupe le nom de *Trématodères* et l'ont élevé au rang de sous-ordre.

Pour Claus, le groupe des *Dérotrèmes* se composent des Pérennibranches dépourvus de branchies externes, mais chez lesquels il existe une ouverture branchiale de chaque côté du cou; ce groupe se sépare en deux familles:

Les *Amphiumides*, qui ont le corps allongé, anguilliforme, des pattes courtes, très éloignées l'une de l'autre, avec trois orteils rudimentaires

Et la famille des *Ménopomides*, composée d'animaux aux formes de Salamandres, avec quatre orteils aux pattes antérieures et cinq aux pattes postérieures.

Les deux familles sont réunies par G.-A. Boulenger en une famille unique, qu'il nomme les *Amphiumidées*.

LES ANDRIAS — *ANDRIAS*

Historique. — « A côté du témoignage infaillible de la parole de Dieu, nous avons bien d'autres témoins de ce déluge universel et effroyable, tels que nous en fournissent les pays, les villes, les villages, les montagnes, les vallées, les éboulements de pierre, les glaisières. On en trouve des témoins innombrables dans les plantes, les poissons, les quadrupèdes, les insectes, les mollusques ; mais des hommes qui périrent alors on a trouvé bien peu de traces ; ils surnagèrent morts à la surface des eaux, et entrèrent en putréfaction, de telle sorte que les ossements que l'on trouve çà et là ne doivent pas toujours être attribués à l'homme. La figure que nous donnons et que nous soumettons aux méditations des gens savants et curieux représente un des restes les plus certains et les plus indubitables du déluge. On n'y trouve pas seulement quelques traits d'après lesquels l'imagination féconde peut reconstituer quelque chose de semblable à l'homme, mais encore une coïncidence réelle, une ressemblance parfaite avec les parties de squelette humain, dans ces os trouvés dans une roche venant des carrières de pierre d'Œningen (Suisse) ; les parties molles elles-mêmes ont laissé leur empreinte et se distinguent facilement de la pierre. Cet homme, dont l'antiquité laisse loin derrière elle tous les monuments romains, grecs, égyptiens et orientaux, se présente de face. »

Le passage que nous venons de transcrire sert d'explication à une figure que Johann Jacob Scheuchzer, docteur en médecine, à la fois naturaliste et théologien, et membre de plusieurs sociétés savantes, ajouta à une dissertation parue en 1726 et intitulée *Homo diluvii testis* (1).

Il le représentait comme une des plus rares reliques de la race maudite engloutie par le

déluge, et dans son religieux enthousiasme, à son aspect, il s'écrie :

> D'un vieux damné déplorable charpente,
> Qu'à ton aspect le pécheur se repente.

Dans ce fragment de squelette, le savant suisse prétendait retrouver des vestiges du frontal, des débris du cerveau et un fragment notable de l'os maxillaire et de la racine du nez ; la tête était prise pour les os des hanches.

Pendant longtemps encore on crut avoir découvert dans les schistes des carrières d'Œningen, les restes d'un homme d'une haute antiquité.

Gesner (1) cite ce squelette fameux comme un Anthropolithe ; mais ayant pu, dans la suite, se procurer un exemplaire semblable, des doutes s'élevèrent dans son esprit, et il le considéra comme ayant appartenu à un Silure.

L'autorité de Camper (2) et celle de Cuvier (3) ont renversé tout cet échafaudage : ils n'ont eu qu'à gratter un peu la pierre pour mettre les pattes à nu.

Cuvier démontra que le fossile décrit par Scheuchzer, estimé au poids de l'or et vénéré comme une sainte relique, n'était pas un homme.

Étant en 1811, à Harlem, Cuvier avait pu étudier en effet, grâce à l'obligeance de Van Marrum, l'exemplaire figuré par Scheuchzer ; le grand naturaliste, ayant fait découvrir des os engagés encore dans la gangue, vit apparaître successivement le système dentaire, les omoplates, les os des extrémités et s'assura que le prétendu Anthropolithe n'était qu'un Batracien urodèle, qu'une Salamandre, de taille extraordinaire.

Cette Salamandre fut nommée Andrias par Tschudi (4), et l'espèce reçut le nom d'*Andrias Scheuzeri*.

En 1833, Schlegel faisait connaître sous le nom de *Salamandra maxima*, une Salamandre de fort grande taille provenant du Japon.

Les anatomistes qui s'occupèrent de cet animal étrange à tous les points de vue recon-

---

(1) Scheuchzer, *Philos. trans.*, 1726, t. XXXIV, p. 38, et *L'Homme témoin du déluge*, in *Physica sacra, iconibus æneis illustrata*, Aug. Vindel., 1731.

(1) Gesner, *De petrificationum differentiis*, Tiguri, 1752 ; *De petrificatis*, Lug. Bat., 1758.

(2) Camper, *Verhandl. Wetens. Harlem*, 1790, t. VIII.

(3) Cuvier, *Recherches sur les ossements fossiles*, 4ᵉ édition, Paris, 1834-36, t. X, p. 360.

(4) Tschudi, *Mém. Soc. hist. naturelle de Neuchatel*, 1839, t. II, p. 22. Voyez aussi Pictet, *Traité de Paléontologie ou Histoire naturelle des animaux fossiles*, 2ᵉ édition, Paris, 1853, t. I, p. 565.

LA SALAMANDRE DU JAPON.

nurent les nombreux points de ressemblance qu'il offre avec le prétendu homme fossile de Scheuchzer.

Caractères. — Ainsi qu'on le voit par l'examen de la figure 487, l'Andrias avait le corps allongé et la tête relativement petite; les orbites sont grandes; la tête s'articule avec la colonne vertébrale par un double condyle, comme chez tous les Batraciens; le nombre des vertèbres présacrés est de 19; en arrière du bassin on voit encore 15 vertèbres. Tous les caractères tirés des os des membres sont ceux des Batraciens urodèles, de type inférieur; ils rappellent par leurs points principaux ce que l'on voit chez la grande Salamandre du Japon.

La taille devait un peu dépasser 3 pieds.

Distribution géologique. — L'Andrias n'a encore été trouvée qu'à OEningen, en Suisse, dans des schistes appartenant à l'époque tertiaire moyenne ou miocène.

Au même endroit ont été découverts de nombreux poissons, dont beaucoup servaient certainement de nourriture au singulier animal dont nous avons à grands traits esquissé les traits principaux.

La *Salamandrops giganteus* ou *Protonopsis giganteus*, animal fossile de l'Amérique du Nord, doit être également rapprochée de la Salamandre géante du Japon.

LES SIEBOLDIES — *SIEBOLDIA*

Riesensalamander.

Caractères. — Le genre *Sieboldia, Megalobratrachus* ou *Tritomegas* est caractérisé par la présence de quatre doigts aux membres antérieurs, et l'absence de fente branchiale sur les côtés du cou.

Il ne comprend qu'une seule espèce, la grande Salamandre du Japon (*Sieboldia maxima, Tritomegas Sieboldii*).

Cet animal a le corps très lourd. La tête est grande, très déprimée, large en arrière et s'arrondit en avant, de telle sorte que le museau est obtus. Le cou est court, légèrement étranglé. Le tronc est déprimé dans son ensemble, arrondi latéralement et bordé de chaque côté par un épais bourrelet longitudinal; la queue, qui forme environ le tiers de la longueur du corps, est comprimée latéralement, de manière à former une large nageoire. Les pattes sont lourdes et robustes; les doigts sont courts, déprimés; les doigts postérieurs et les jambes

sont bordés par une lâche membrane. Les narines sont placées en avant du museau, très rapprochées l'une de l'autre. Les yeux, très réduits, n'apparaissent que comme deux fort petits points placés au milieu des verrues qui garnissent la tête.

Tout le corps est parsemé de verrues, plus grosses sur la tête (Pl. XX).

La coloration de la face supérieure du corps est un gris brun clair, de couleur terne, nuancé plutôt que tacheté par des parties plus sombres. D'après Rein et Roretz, les jeunes Salamandres géantes se distinguent par la peau lisse, dépourvue de verrues, par la coloration d'un brun de cannelle relevée de taches plus sombres; plus l'animal grandit, plus la peau devient rugueuse, et plus les taches sont apparentes.

A ces caractères externes, nous ajouterons que la langue couvre tout le plancher de la bouche et qu'elle est adhérente de toutes parts; de fort petites dents garnissent les mâchoires; entre les ouvertures postérieures des fosses nasales se trouvent de fortes dents qui sont insérées suivant une série parallèle à celle de la mâchoire supérieure.

La tête osseuse a beaucoup de rapports, pour la forme, avec celle de la plupart des Urodèles, mais elle présente plusieurs particularités intéressantes dans la configuration et dans la disposition des os qui la composent. C'est ainsi que les os mastoïdiens et les ailes du sphénoïde sont horizontaux, ce qui donne à la tête sa grande largeur en arrière; les os de la face sont fort déprimés; la mâchoire inférieure est très étendue.

Le bassin se suspend à la vingt-et-unième vertèbre; les apophyses transverses sont bien développées.

Il existe 24 vertèbres à la queue; ces vertèbres sont creusées en avant et en arrière par une cavité de forme conique, remplie d'une substance fibro-cartilagineuse comme chez les Poissons; les vertèbres de la queue sont comprimées et diminuent successivement de volume vers l'extrémité du corps.

La taille dépasse souvent 1 mètre.

Distribution géographique. — La grande Salamandre est spéciale à certaines parties du Japon. D'après Geerts, elle se trouve uniquement dans quelques provinces du centre situées entre 34° et 36° de latitude septentrionale. Dans l'île de Kiousiou, aussi bien que dans les provinces du Nord, même dans les environs de Tôkyan, cet animal est inconnu.

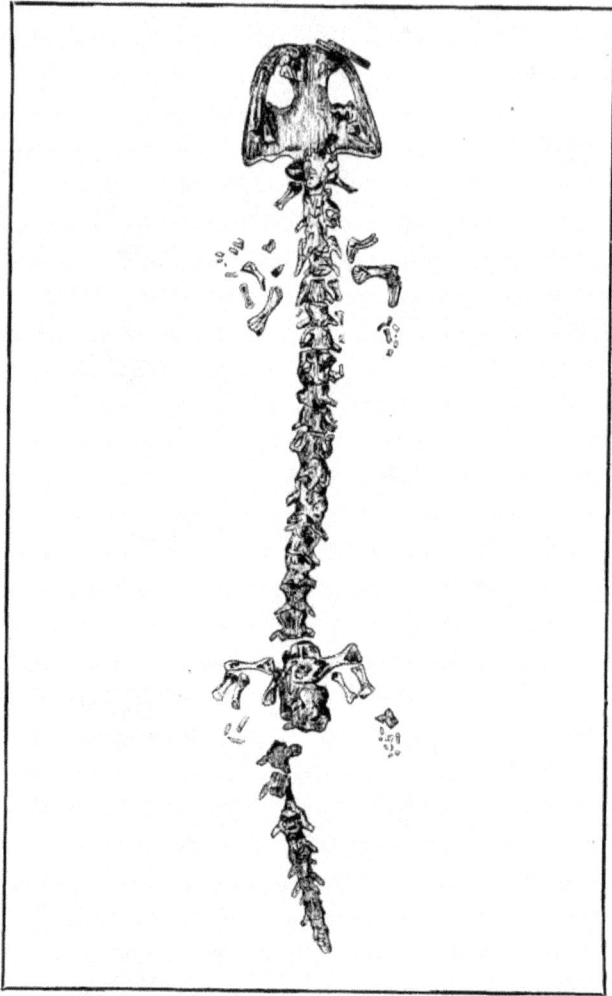

Fig. 487. — La grande Salamandre d'OEningen. (Voy. p. 662.)

Le cercle de dispersion de la Salamandre géante du Japon est remarquablement restreint et, vu sa rareté comparative, on est porté à croire que cet animal, comme son précurseur en Europe, la grande Salamandre fossile, est en voie de disparaître bientôt de notre globe.

« L'eau courante des montagnes, les ruisseaux et les sources dans les lieux ombragés et situés à une hauteur d'environ 200 à 800 mètres au-dessus du niveau de la mer, sont les endroits d'habitation de cet animal.

« On le rencontre encore quoique toujours

Fig. 488. — La grande Salamandre de Japon, d'après la planche publiée par le Musée national de Tokio (*).

en petit nombre, sur les points suivants : les sources et les ruisseaux de la rivière Kisu-

gawa, provinces d'Iga, de Yamato, d'Isé, dans la rivière Roka-gawa, sur les frontières des provinces Hida et Mino, dans la rivière Toyaka-gawa, province de Tamiza, dans les rivières Migada-gawa et Iti-gawa, province de Tamba,

(*) Cette planche est la reproduction de la figure qui accompagne le mémoire de M. Geerts.

BREHM. — V.

dans la rivière Osaki-gawa, provinces de Mi-
nasaka et de Harima.

« M. de Siebold affirme à tort que la grande
Salamandre séjourne dans les bassins et dans
les lacs formés par les eaux pluviales au milieu
des cratères des volcans éteints, à une hauteur
de 4 à 5000 pieds au-dessus du niveau de la
mer. Elle ne monte jamais à une telle hauteur. »

Geerts, qui a longtemps résidé au Japon et
qui a dernièrement publié un intéressant mémoire sur la grande Salamandre (1), nous apprend que cette bête a pour nom local *Gei-gyo*,
ce qui veut dire *Poisson enfant* ; un conte populaire attribue, en effet, à cet animal la faculté
de pouvoir crier ou pleurer comme un enfant.
Le grognement sourd que nous avons parfois
observé, quand il laisse échapper l'air de ses
poumons, n'a cependant rien de semblable aux
cris d'un enfant. Quant aux noms populaires,
plusieurs livres japonais donnent à cette Salamandre le nom de *San-seô-uwo*. C'est le cas,
par exemple, pour la planche publiée par le
musée national de Tokyo et que nous repro-
duisons (fig. 488).

« Le caractère *uwo*, poisson, toujours ajouté
au nom sinico-japonais, fait voir qu'au Japon
ainsi qu'en Chine, la Salamandre géante est
regardée comme une espèce de *poisson*. Aussi
trouve-t-on la description de la Salamandre
dans la grande histoire naturelle *Hon-zau-
kaumoku* (en chinois *Pen-tsao-kang-mouk*) sous
la rubrique des *Poissons sans écailles*. »

D'après Siebold, la Salamandre géante vit
dans la partie méridionale de la grande île de
Nippon. On la connaît dans l'Apa sous le nom
de *Hase-koï* ; dans Mimisaka, elle s'appelle
Hanzaki, à Iwonni, *Homzake*, à Tamba, *Ha-
dakuzu*.

La même espèce a été trouvée en Chine par
le père A. David.

Mœurs, habitudes, régime. — Le naturaliste Siebold, dans un voyage qu'il fit à Ise, Iga
et Yamato, eut la joie de rencontrer une contrée montagneuse où la Salamandre géante
était parfaitement connue des indigènes sous
le nom de *Hase-koï*. Sous la conduite d'un
chasseur expérimenté, notre voyageur put
capturer un de ces animaux et faire les observations suivantes :

La Salamandre géante se trouve dans dif-

férents points de la ligne de partage des eaux
entre la région des côtes de San-ju-dound, San-
yo-do, dans les eaux montagneuses de la province Hida et le long de toute la ligne de partage
des eaux qui sépare les rivières se rendant
d'Ise à la mer de celles qui appartiennent au
bassin de Yôdogama. L'animal vit à la limite
des provinces d'Ise et d'Iga, dans la partie supérieure de tous les ruisseaux, principalement
dans le Kitzu-gawa. Cette ligne de partage des
eaux consiste en un granit riche en quartz,
s'effritant par places et parsemé d'îlots de
roches schisteuses ; dans l'Ise, à l'ouest d'Iga,
les ruisseaux coulent dans des grès tertiaires
renfermant des lits d'argile ; la ligne de faîte
est située au-dessous de 1000 mètres d'altitude.

On trouve toujours la Salamandre géante
dans des eaux froides, limpides et courantes.
Dans le Hida, cet animal vit dans des eaux peu
profondes que coupent les pentes gazonnées des
montagnes ; le gazon qui a poussé de chaque
côté de ces ruisseaux les recouvre presque
complètement ; en aval les ruisseaux sont riches en poissons ; l'eau recouverte en partie
par les broussailles, arrose en murmurant les
blocs de pierre qui garnissent son lit. C'est
sous ces blocs, en général sous les rives qui
surplombent, que vivent les Salamandres adultes, tandis que les jeunes individus se trouvent
plus fréquemment dans les petits fossés.

D'après le dire des habitants, les Salamandres
ne quittent que pendant la nuit leurs retraites
et ne vont jamais à terre.

Elles se nourrissent de vers, d'insectes, de
grenouilles, de poissons.

Geerts, qui a très bien étudié l'animal qui
nous occupe, nous a donné sur lui d'intéressants détails et voici ce que dit cet habile
observateur :

« La grande Salamandre est inerte et stupide,
lourde et laide ; ses mouvements sont lents,
sans aucune grâce. Elle se tient habituellement tranquille au milieu de l'eau courante,
dans les coins ombragés. Elle est aquatique,
et la nature l'a munie d'une queue assez haute,
très comprimée, en forme de large aviron.
Cependant elle peut marcher sur la terre et
monter sur une pierre ou un arbuste quelconque. Une Salamandre que nous avions prise
s'est échappée le 15 juillet de son bassin et
s'est promenée dans les herbes au-dessous des
arbres, à une distance d'environ 25 mètres,
quand nous l'avons rattrapée et enfermée de
nouveau. Son élément favori est cependant

---

(1) Geerts, *Notice sur la Grande Salamandre du Japon
Nouvelles Archives du Museum*, t. V, 2ᵉ série).

l'eau; mais non de grande profondeur, car elle préfère rester sur le sol et n'avoir qu'une couche d'eau juste suffisante pour la couvrir entièrement. Dans les eaux plus profondes, elle peut nager, les franges cutanées assez larges de ses deux flancs l'aidant beaucoup pour cela.

« De temps en temps l'animal vient à la surface pour respirer l'air, ce qui se fait d'abord par les narines, ensuite par la bouche ; il met alors le museau hors de l'eau et se retire ensuite lentement pour reprendre sa position accoutumée.

« Dans certains cas, il fait entendre ces grognements sourds que produit l'air chassé par les narines et quelquefois par la bouche. Cet acte d'inspiration est ordinairement répété toutes les dix minutes environ, mais l'animal peut rester beaucoup plus longtemps, une demi-heure et plus, au fond de l'eau, avant de renouveler l'air contenu dans les poumons.

« Les mœurs de l'animal, dans son état naturel, sont assez douces tant qu'il n'éprouve pas de choses désagréables, comme la faim, le manque d'eau ou les rayons de soleil et une trop forte lumière.

« Quand il se trouve en captivité, avec une nourriture et de l'eau fraîche abondante, il conserve un naturel assez doux et ne mord jamais la personne qui le prend à la main. Mais quand il est souvent irrité, il se défend en mordant lorsqu'on l'inquiète, mais ne se fâche qu'après des provocations réitérées. Il se défend en se dirigeant lentement vers l'objet qu'il veut attraper, puis, s'élançant tout d'un coup, la tête hors de l'eau, il cherche à mordre.

« Le Sieboldia maxima se nourrit, à l'état naturel, de petits poissons, de batraciens, de vers, et, comme il est glouton, ainsi que la plupart des reptiles, il mange beaucoup à la fois quand il peut le faire, et reste assez à jeun pendant un grand nombre de jours ; il peut alors supporter des abstinences de dix à douze jours.

« Pour prendre sa nourriture, il s'approche lentement de sa proie, qu'il saisit avec les dents en faisant un mouvement latéral très rapide de la tête ; la tenant ordinairement pendant quelque temps dans la gueule. Son second mouvement est celui d'avaler sa proie.

« D'ordinaire, il attend patiemment jusqu'à ce que le hasard fasse passer près de lui les petits poissons qui, ne se doutant pas de la présence de l'ennemi, choisissent souvent un lieu de refuge sous le ventre même de la Salamandre.

« L'épiderme se renouvelle continuellement, l'ancienne peau se détachant par lambeaux. Quand la Salamandre se trouve hors de l'eau, et surtout quand on l'irrite dans cet état, la peau devient sèche et laisse suinter par les pores un liquide visqueux, fétide, peu abondant. A l'état de nature, elle se cache pendant l'hiver dans un trou quelconque, au-dessous de feuilles mortes ou d'herbes de montagne, afin d'échapper aux rigueurs du climat, cependant l'animal peut assez bien supporter un froid de zéro (1). »

Schlegel donne les mêmes renseignements ; il dit qu'il « est arrivé plusieurs fois, à Leyde, que l'eau du bassin où se trouve la Salamandre s'est revêtue de glace pendant les nuits excessivement froides du mois de janvier 1838 ; l'animal ne paraissait pas en souffrir le moins du monde. »

Cet animal mange beaucoup moins en hiver qu'en été.

Lorsqu'il a faim et n'a pas de nourriture en suffisante quantité, il lui arrive même de ne pas épargner les animaux de sa propre espèce.

Schlegel nous apprend, en effet « qu'une Salamandre avait tué et dévoré une grande Salamandre femelle, compagne de son voyage, pendant le trajet du Japon en Europe. »

Un fait semblable s'est produit à la ménagerie des reptiles du Muséum de Paris.

Deux Salamandres, sensiblement de même taille, se trouvaient depuis longtemps ensemble dans un même et vaste bassin ; bien qu'abondamment nourris, ces deux animaux se combattirent un soir, de telle sorte que l'un d'eux fut tué.

La force de reproduction est assez considérable chez la Salamandre du Japon. Schlegel dit « qu'il est arrivé plusieurs fois, à Leyde, que les doigts ou la pointe de la queue s'étant usés ou se trouvant totalement détruits par des accidents, ces parties se sont reproduites en peu de temps. »

Geerts rapporte que « les Japonais racontent même qu'on peut couper à cet animal de temps en temps un membre quelconque, qui ne tardera pas à se reproduire, de telle sorte que l'on pourrait avoir un animal tout nouveau après quelque temps ; » l'excellent observateur ajoute

(1) Geerts, *Notice sur la Grande Salamandre du Japon* (*Nouvelles Archives du Museum*, t. V, 2e série).

Fig. 489. — Le Cryptobranche (1/3 grand. nat.).

« qu'il laisse aux Japonais la responsabilité de ce conte populaire. »

Böttcher a établi que les jeunes Salamandres sont pourvues de fentes branchiales externes. Celles-ci consistent, sur un animal de 0m,16 de long, en fentes allongées de 2,5 millimètres ; ces fentes sont longitudinales et se dirigent de l'angle de la bouche à l'origine d'attache des membres antérieurs ; elles sont entourées par un rebord saillant, particulièrement épais en avant.

Capture, usages. — On capture la Salamandre en détournant les cours d'eau qu'elle habite, et alors la bête sort de dessous les pierres, ou en se servant d'hameçon.

Ce dernier consiste en un croc attaché à une mince cordelette ; l'extrémité libre des hameçons est fixée à l'extrémité d'un bambou de 1m,50 de long ; la corde est enroulée plusieurs fois autour de ce bambou. L'appareil ainsi disposé est lentement promené devant les trous dans lesquels on suppose que doit se cacher la Salamandre ; lorsque l'animal happe l'appât, l'hameçon se détache et s'enfonce dans son gosier.

Cette Salamandre est parfois capturée comme aliment.

La chair, disent les Japonais, est de couleur blanche, pure et de bon goût ; on la mange rôtie.

L'animal passe également pour avoir des vertus thérapeutiques actives, aussi bien en Chine qu'au Japon. La peau rapportée de Chine par le père David avait été trouvée par lui dans l'officine d'un apothicaire.

Cet animal a fourni de tout temps aux médecins japonais, selon l'école chinoise, des remèdes ou plutôt des préservatifs contre les maladies contagieuses.

Au Japon, l'animal se paye un prix assez élevé ; c'est ainsi que Geerts rapporte que « les montagnards qui rapportent des exemplaires vivants vendent à présent sur place les individus de grande taille environ 60 à 80 francs la pièce. »

On expédie ces animaux, comme des Anguilles, dans des paniers couverts de feuilles qu'on humecte de temps en temps.

Captivité. — C'est en 1829 que Siebold apporta en Europe la première Salamandre géante. A son arrivée à Leyde, cet animal fut placé dans un bassin rempli d'eau douce, et on lui donna de petits Poissons comme nourriture. La bête avait alors 0m,30 de long ; six ans plus tard la taille atteignait 1 mètre.

Fig. 490. — L'Amphiume à trois doigts (1/2 grand. nat.).

Weinland rapporte les faits suivants : « Ayant reçu, dit-il, une Salamandre géante, je lui offris un long Ver de terre. La bête happa vivement l'animal qui frétillait de la façon la plus séduisante au-devant de son museau ; du premier coup, le tiers environ de la longueur du Ver disparut ; une seconde bouchée fit disparaître une autre partie du pauvre animal ; ce ne fut que par un sixième mouvement que celui-ci fut dégluti en son entier ; on vit ensuite l'os hyoïde exécuter quelques mouvements évidemment pour faire passer la proie au travers de la gorge.

« Le même soir, notre Salamandre avala encore un Ver de terre.

« Le soir suivant, son repas se composa de six Vers.

« Le quatrième jour nous pensâmes qu'il serait bon de donner à notre Batracien une nourriture plus substantielle. Un poisson blanc d'environ 0^m,15 de long fut mis dans le bassin où nous tenions la captive, car nous avions remarqué que l'animal ne touchait qu'aux proies qui étaient à portée de son museau et qu'il pouvait voir avec ses petits yeux ; aussitôt que le poisson passa à portée de la monstrueuse bête, celle-ci lança latéralement sa tête par un mouvement rapide comme la flèche, mouvement tout à fait inattendu de la part d'un

être aussi lourd et aussi apathique que la Salamandre du Japon ; au moment même la bouche s'ouvrit au moins de 2 centimètres, absolument comme le fait le Requin lorsqu'il happe sa proie de côté. Mais le poisson s'échappa, bien que la Salamandre, après l'avoir manqué, mordît par deux fois à l'endroit où l'animal s'était trouvé.

Nous introduisîmes alors dans le bassin une Grenouille presque adulte. La Salamandre se précipita sur le Batracien, mais l'ayant saisi maladroitement par les pattes de devant, la Grenouille put s'échapper et se réfugier dans un des coins du bassin. La Salamandre le saisit en cet endroit et l'ayant habilement pris par la tête, la déglutit, bien que fort péniblement. La déglutition fut difficile ; non seulement la Salamandre s'arc-bouta solidement avec ses pattes antérieures contre le fond du bassin, mais encore y appuya fortement la queue, comme pour avoir un point d'appui.

« La Salamandre géante est extrêmement paresseuse et ne bouge que pour happer sa nourriture. Elle repose toujours tranquillement sur le fond de son bassin et se tient dans le coin le plus obscur ; si la lumière arrive au point où elle se trouve, elle se hâte de partir et d'aller se placer en un point moins vivement éclairé.

« De temps en temps, à peu près toutes les dix minutes, l'animal allonge son museau hors de l'eau pour respirer, puis replonge tranquillement.

« On voit parfois la bête décrire des oscillations latérales, régulières, faire avec le tronc des mouvements de balancements en avant et en arrière, comme on l'observe chez les éléphants, les ours en captivité. »

D'après Geerts, « quoique la Salamandre puisse résister à un froid assez rigoureux, 0° centigrade, et à la chaleur de l'été, de 30° à 36° centigrades, elle préfère cependant une température plus douce. En hiver, il lui faut un bassin dans une chambre chauffée, de telle sorte que l'eau ne puisse geler ; en été, on doit éviter les rayons directs de soleil. En hiver, une température d'environ 13° à 15° centigrades suffit. Un petit vivier de 5 à 6 mètres carrés de surface, dont la moitié aura peu de profondeur, environ 14 à 15 centimètres, et l'autre moitié, 25 à 30 centimètres, est ce qu'il y a de plus convenable, surtout quand on peut y amener l'eau courante et disposer une petite fontaine avec quelques pierres plates, couvertes de mousses et environnées de plantes aquatiques. Mais si l'eau courante fait défaut, on pourra aussi la garder dans un réservoir rempli d'eau de puits, à la condition de renouveler l'eau de temps en temps. La hauteur de l'eau dans le vivier ou dans le réservoir sera, dans la partie profonde, d'environ 10 à 12 centimètres, de telle sorte que l'animal se trouve, à l'état de repos, tout à fait immergé, mais qu'il n'ait besoin que de lever un peu la tête pour mettre son museau hors de l'eau et respirer. La partie plus profonde du vivier lui permettra de nager de temps en temps.

« Quand on renouvelle l'eau, il faut avoir soin de laver le fond du bassin, afin d'enlever les excréments liquides et semi-liquides, ainsi que les matières muqueuses de la peau qui s'y trouvent.

« On ne retrouve jamais les os des poissons avalés, ce qui prouve que la Salamandre doit avoir une digestion active. »

A ces observations nous pouvons ajouter celles que nous avons été à même de faire pendant plusieurs années sur deux Salamandres géantes conservées au Muséum d'histoire naturelle de Paris.

L'un de ces animaux a été donné, le 11 novembre 1859, par P. Van Meerderwoort ; il est encore actuellement vivant en 1885. La taille est de 1m,17, le poids de 14 kilogrammes ; lorsque l'animal est arrivé à Paris, il était long de 6m,79 ; A. Duméril note que le 6 novembre 1857, la taille était de 8m,85 ; on voit que la Salamandre du Japon a proportionnellement grandi plus vite dans les premiers temps de sa captivité.

La bête est conservée dans un vaste bassin en verre de forme rectangulaire, de 3m,25 de long, de 1m,45 de large ; l'eau, qui est constamment courante, forme une couche de 0m,22 à 0m,25 ; la température, en hiver, est, en moyenne de 5 degrés. Une partie du bassin est convertie en terre-plein, sur lequel peut se rendre l'animal ; une retraite bien obscure lui est du reste ménagée.

C'est sous cet abri que se tient presque constamment la Salamandre ; elle ne sort guère que pour manger.

La nourriture se compose de Grenouilles, de Poissons tant marins que d'eau douce que l'animal vient prendre lorsqu'on les lui présente à l'extrémité d'une longue pince. La bête se jette avec vivacité sur la nourriture, qu'elle soit morte ou vivante, la saisit, laisse échapper quelques bulles d'air, fait entrer la proie dans sa bouche par deux ou trois mouvements brusques et saccadés, et la déglutit.

Après avoir suffisamment mangé, la Salamandre gagne, le plus souvent, de suite sa retraite et ne se soucie plus, souvent pendant assez longtemps, des poissons ou des Grenouilles qui peuvent se trouver dans le même bassin qu'elle.

Parfois la Salamandre abandonne son réduit pour venir respirer ; elle ne sort alors hors de l'eau que l'extrémité du museau.

Si on irrite l'animal, il se jette et cherche à mordre.

Une jeune Salamandre donnée, le 23 mars 1882, par Geerts, pèse 2 kil., 740 ; sa taille est de 0m,64.

L'animal est très méchant ; si légèrement touché qu'il soit, il cherche à mordre et se couvre d'un mucus fort abondant.

La Salamandre géante, comme tous les autres Urodèles, est un animal très vivace.

Brehm rapporte qu'un de ces animaux qu'il conservait en captivité rampa un jour sur le bord de son bassin et tomba d'une hauteur de près d'un mètre et demi ; la bête resta étendue sans mouvement pendant un assez long temps, mais se rétablit après qu'elle eut été replacée dans l'eau.

Le bassin dans lequel un de ces animaux était conservé au jardin zoologique d'Amsterdam a pu geler, sans que la Salamandre en éprouvât aucun mal.

Brehm raconte également qu'il perdit deux de ces animaux, leur peau s'étant couverte d'un champignon qui finit par recouvrir les Salamandres, de telle sorte que celles-ci semblaient être parsemées de givre.

LES CRYPTOBRANCHES — *CRYPTO-BRANCHUS*

Schlammteufel.

Caractères. — Selon que l'on accorde plus ou moins d'importance à la persistance ou à la disparition des fentes branchiales, on réunit dans un même genre la grande Salamandre du Japon avec l'animal que nous allons faire connaître, ou on l'en sépare.

Chez le Cryptobranche des monts Alléghanis (*Cryptobranchus alleghanensis, Menopoma alleghanensis, Protonopsis horrida, Molge gigantea, Salamandrops giganteus*) il existe, en effet, une fente allongée sur les parties latérales et au-dessous du pli saillant du cou, au moins du côté gauche.

Le corps est allongé, d'apparence lourde, comme chez la Salamandre du Japon, bien que la taille, toujours plus petite, ne dépasse généralement pas 0m,20. La tête est grosse, large en arrière, fort aplatie; le museau est obtus, arrondi; les narines sont très petites, situées sur le bout du museau, près du bord latéral; les yeux sont petits. La queue est comprimée, du tiers à peu près de la longueur du corps. Sur les flancs se voit un repli cutané assez épais. La peau est rugueuse, avec des pores nombreux. Les pattes sont trapues; les membres antérieurs portent quatre doigts; les membres postérieurs ont cinq doigts plus courts, élargis et membraneux (fig. 489).

La couleur fondamentale de la peau est brunâtre ou d'un gris ardoisé sombre avec des taches noires fondues et une bande sombre le long des flancs; l'extrémité des doigts est jaunâtre. D'après Holbrook, certains individus ont le dos d'un beau rouge.

Distribution géographique. — Cette espèce, essentiellement aquatique, vit dans les rivières tributaires du Mississipi.

Mœurs, habitudes, régime. — D'après Barton, qui décrivit en 1842 l'animal qui nous

occupe sous le nom de Salamandre géante (*Salamandra gigantea*), le Cryptobranche vit le plus habituellement dans l'eau.

Fort vorace, il se nourrit de Vers, de Crustacés, de petits Poissons et mord souvent l'hameçon.

Beaucoup de pêcheurs américains le craignent et pensent que sa morsure est venimeuse.

Captivité. — Pendant plusieurs années nous avons pu observer un de ces animaux dans la ménagerie du Muséum de Paris et nous assurer que ses mœurs sont celles de la Grande Salamandre du Japon.

L'animal redoute avant tout la lumière et se tient presque constamment caché dans le coin le plus obscur de l'aquarium, au-dessous d'une planchette entourée de pierres meulières, de manière à former une petite grotte artificielle.

Il peut rester pendant un long temps sans respirer.

Sa nourriture se compose essentiellement de Vers et de Têtards, surtout de Têtards de Pélodyte.

Lorsqu'il a faim et que l'on introduit dans l'aquarium qu'il habite sa nourriture vivante, il sort de sa retraite, s'empare, d'un brusque et rapide mouvement de tête, de la proie qu'il convoite, ouvre largement la bouche et par deux ou trois mouvements successifs la fait entrer dans sa bouche; le repas terminé, il se hâte de gagner sa retraite favorite.

S'il nage, c'est à la manière des Tritons, par les mouvements de latéralité de la queue disposée en forme de rame.

LES AMPHIUMES — *AMPHIUMA*

Aalmolche.

Le genre Amphiume, établi par Garden, ne comprend que deux espèces, l'Amphiume à trois doigts (*Amphiume tridactyla, Murœnopsis tridactyla*) et l'Amphiume means (*Amphiuma means*).

L'AMPHIUME A TROIS DOIGTS. — *AMPHIUMA TRIDACTYLA, MURÆNOPSIS TRIDACTYLA.*

Caractères. — A l'inverse du Cryptobranche ou Ménonome, l'Amphiume est un animal au corps très allongé, cylindrique, vingt fois à peu près aussi long que large, semblable à celui d'une Anguille.

La tête est petite, le museau allongé, obtus

à son extrémité ; les ouvertures externes des narines, qui sont petites, sont situées près du sommet du museau, tout contre le rebord labial ; sur les côtés et en avant de la commissure des lèvres, on aperçoit un point noir qui est l'œil, fort petit et recouvert par la peau. La bouche occupe à peu près le milieu de la longueur de la tête ; la mâchoire supérieure est plus longue que l'inférieure. La queue est courte, comprimée, tranchante, terminée en pointe. Les membres, au nombre de quatre, sont très courts, fort distants l'un de l'autre, par suite de l'allongement du tronc ; les doigts sont peu développés ; on en compte trois à chaque membre (fig. 490). La peau est lisse, de couleur brun noirâtre, souvent plus pâle sous le ventre.

La taille peut atteindre 0ᵐ,90.

A ces caractères extérieurs nous ajouterons que le cou est percé de chaque côté, en arrière de la tête, d'un trou ovale un peu obliquement placé ; au fond de cette fente on aperçoit deux lèvres qui peuvent s'écarter ou se rapprocher et dont les bords libres sont un peu dentelés. Les gencives sont garnies d'une rangée de petites dents coniques, contiguës, légèrement arquées en arrière, un peu plus nombreuses à la mâchoire supérieure qu'à l'inférieure ; on voit sur le palais de fortes dents qui forment une rangée sensiblement parallèle à celles que décrivent les dents des mâchoires. La langue est indistincte, adhérente de toutes parts au plancher de la bouche, avec laquelle elle se confond. Il existe quatre arcs branchiaux. Le nombre des vertèbres est de 99.

D'après les recherches de Cuvier, « le cœur et toute la circulation paraissent semblables à ce que l'on observe chez les Grenouilles, les Salamandres et la Sirène ; l'aorte se dirige en avant et se bifurque ; ses branches se rendent vers l'arceau qui fournit le bord antérieur de l'orifice ; elles le suivent, et contournent ensuite l'œsophage pour se réunir et former l'aorte descendante ; ce qui semble tout à fait annoncer qu'à une époque quelconque il y a eu une circulation plus ou moins analogue à celle des Poissons. Du reste, les poumons sont très considérables et fort vasculeux. Nés immédiatement de la glotte, sans trachée et sans bronches, ils s'étendent en forme de cylindres allongés dans presque toute la longueur de l'abdomen, se renflant cependant un peu vers leur extrémité postérieure. Le foie, la rate, l'estomac sont, comme tous les autres viscè-

res, et comme la forme du corps l'exigeait, de forme longue et étroite. »

On a prétendu que l'Amphiume était l'état parfait de la Sirène lacertine ; les recherches de Harlan et surtout celles de Cuvier ont démontré que ces deux Batraciens ne peuvent aucunement être des âges différents l'un de l'autre.

Distribution géographique. — L'Amphiume habite les marais et les étangs de la Nouvelle-Orléans, de la Floride, de la Géorgie et de la Caroline du Sud.

Mœurs, habitudes, régime. — L'animal nage à la manière des Anguilles, par des mouvements de reptation.

Il se tient cependant le plus habituellement caché dans la vase, surtout pendant l'hiver, à la profondeur de 2 et même 3 pieds.

La bête peut vivre hors de l'eau ; Cuvier rapporte, en effet, qu'un individu s'étant échappé du vase dans lequel on le tenait enfermé pour l'observer, fut retrouvé plein de santé sur le sol quelques jours après, de telle sorte, écrit-il, « que l'on pourrait dire, comme on voit, que l'Amphiume est, en quelque sorte, plus qu'un Amphibie, puisqu'il peut vivre dans l'air, dans l'eau et sous la terre ; et toutefois ce n'est probablement que par le moyen de l'air qu'il respire, car il n'a d'autres organes de respiration que les poumons. »

Cuvier ajoute que les nègres du pays appellent cet animal, on ne sait trop pourquoi, *Serpent du Congo*, qu'ils l'ont en horreur, le craignent beaucoup et le regardent comme venimeux, ce qui est un préjugé.

Usages et emploi. — D'après Cuvier, le grand volume qu'atteignent les Amphiumes les rend intéressants, « et peut-être finira-t-on par reconnaître qu'ils peuvent servir d'aliments. On ne voit pas, si leur goût est agréable, pourquoi on les rejetterait plutôt que les Grenouilles et les Anguilles. »

L'AMPHIUME A DEUX DOIGTS. — *AMPHIUMA MEANS.*

Caractères. — Une autre espèce, l'*Amphiuma means* ou *Amphiume à deux doigts*, ne se distingue de la précédente que par le nombre des doigts.

Le nombre des vertèbres, d'après Cuvier, est de 112.

Distribution géographique. — Cet animal se trouve dans l'Amérique du Nord, depuis la Caroline du Nord jusqu'au Mississipi.

Fig. 491. — Le Ménobranche (1/4 grand. nat.).

LES PROTÉIDÉES — *PROTEIDÆ*

Avec les Protéidées commence l'histoire des plus inférieurs des Batraciens Urodèles ; nous voulons parler des Phanérobranches , tels que Duméril et Bibron définissaient ce groupe. Ainsi que l'indiquent leur nom, ces animaux ont les branchies persistantes et présentent de manifestes caractères d'infériorité qui les rapprochent des Poissons.

Duméril et Bibron partagent cette famille en quatre genres, les Protées, les Ménobranches, les Sirènes, les Siredons ou Axolotls.

Ainsi que nous l'avons dit plus haut, ces derniers ne sont que l'état larvaire d'animaux plus parfaits, les Amblystomes , et doivent prendre prendre place, dès lors, dans un autre groupe zoologique.

Les Sirènes forment une famille particulière.

De telle sorte que la famille des Protéidées, telle qu'elle est comprise par Boulenger, ne se compose que des deux genres Protée et Ménobranche.

Caractères. — Ces deux genres ont pour caractère commun la présence de branchies externes, l'absence de maxillaires, la présence de dents sur les intermaxillaires et sur la mandibule ; les vertèbres ont leurs cavités articulaires concaves ; il n'existe pas de paupières.

LES MÉNOBRANCHES — *MENO-BRANCHUS*

Furchenmolche.

Caractères. — Le genre Ménobranche ou Necturus ne comprend qu'une seule espèce, le Ménobranche latéral (*Menobranchus lateralis, Necturus maculatus, Phanerobranchus tetradactylus*).

Cette espèce, qui peut arriver à la taille de 0^m,60, a le corps allongé, quoique lourd et épais, arrondi sur le dos. La tête est appointie en avant, arrondie en arrière, nettement détachée du tronc. La queue est courte, fortement comprimée et tranchante, arrondie à son extrémité. Les membres sont courts, bien qu'assez robustes : les doigts sont libres, au nombre de quatre (fig. 491).

La peau est lisse ; il existe un pli gulaire bien marqué.

La coloration est, en général, d'un gris brunâtre çà et là tacheté de noir et marbré de taches sombres ; la face supérieure du corps est parsemée de taches irrégulières sur un fond brun ; une bande de couleur noire se voit le plus ordinairement le long des flancs ; le ventre est couleur de chair pâle.

La langue est presque entièrement soudée au plancher de la bouche, libre cependant dans sa partie antérieure. Les dents voméro-palatines sont disposées suivant une longue série. Les yeux, quoique petits, sont bien visibles. Les branchies externes sont très développées.

Distribution géographique. — Cette espèce a été recueillie dans les grands lacs situés à l'est des États-Unis, tels que l'Érié, le Champlain, le Sénéca ; on l'a trouvée dans l'Ohio et dans différents points du Canada, aux environs de Montréal.

Mœurs, habitudes, régime. — Le Ménobranche paraît être rarement capturé, car on ne sait pour ainsi dire rien de ses mœurs. Mitchell dit que l'on prend parfois à l'hameçon cet animal et qu'on a l'habitude de le montrer comme une rareté.

Gibbes rapporte que les nègres ont une crainte effroyable du Ménobranche, qu'ils tiennent pour excessivement venimeux. Le baquet de bois dans lequel on avait placé cet animal fut même brisé par eux, de manière à ce qu'il ne pût servir.

Plus tard, Gibbes réussit à conserver vivants plusieurs Ménobranches.

Lorsque ces animaux sont tranquilles, ils déploient leurs magnifiques bouquets de branchies, du plus beau rouge ; mais à la moindre alerte, ils les replient le long du cou.

Les Ménobranches montent lentement vers la surface de l'eau, prennent un peu d'air et plongent, tout en laissant échapper quelques bulles de gaz.

Captivité. — Nous avons remarqué au Muséum de Paris que, de même que le Ménopome, le Ménobranche est un animal essentiellement nocturne ; il est toujours dans le coin le plus obscur de l'aquarium qu'il habite, coin rendu plus sombre encore par la construction d'une retraite dont l'ouverture est placée à contre-jour.

On ne voit que très rarement l'animal, car il attend, en général, que les animaux dont il fait sa nourriture passent à sa portée ; il s'empare de sa proie et la déglutit absolument comme le Ménopome.

L'animal tient ses panaches branchiaux écartés à une certaine distance du cou, puis, de temps en temps, les ramène contre le corps, pour les écarter de nouveau, et ainsi de suite.

LES PROTÉES — *PROTEUS*

Der Olm.

Historique. — Il y a environ deux cents ans que Valvasor a fait connaître les animaux que Laurenti a nommés des Protées. Les habitants de la Carniole avaient parié à Valvasor d'un Serpent qui sortait parfois des cavernes et occasionnait des dégâts. Notre auteur se mit à la recherche du Reptile et trouva que le prétendu Serpent « était un petit animal, long d'un empan, semblable à un Saurien et fort commun en certains endroits. »

Plus tard, en 1786, Steinberg nous apprend que lors d'une inondation qui eut lieu en 1751, le pêcheur Sicherl trouva dans la rivière de l'Unz des Poissons d'une espèce absolument inconnue, longs d'une tête, blancs comme neige et pourvus de pieds. D'après Steinberg, Scopoli apprit l'existence du Protée par les habitants de Sittich en Basse-Carniole ; par son intermédiaire, le chanoine de Gurk, Siegmund de Hochenwarth, reçut un de ces animaux qui fut communiqué à Laurenti.

Depuis cette époque, le Protée a fait l'objet de nombreuses recherches, tant anatomiques, que zoologiques.

Sir Humphry Davy [1] nous a laissé une pittoresque description du Protée et des cavernes dans lesquelles on le rencontre. Voici ce que dit le savant naturaliste :

« La grotte de la Maddalena, à Adelsberg [2], nous demanda plus d'attention que le lac souterrain de Zirknitz. Nous la visitâmes maintes fois et en détail comme le mérite son caractère géologique et les conséquences biologiques de sa situation souterraine pour les êtres qui l'habitent. Plusieurs fois, nous nous entre-

[1] Humphry Davy, *Les Derniers jours d'un Philosophe*, 5ᵉ édition. Paris, 1877, p. 240.
[2] Adelsberg est en Istrie, à peu de distance de Trieste.

tînmes, dans cette caverne, des phases curieuses de l'histoire de la nature.

« Je me souviens, entre autres, d'une conversation instructive que nous eûmes là sur le Protée et les métamorphoses des êtres. Je crois utile et intéressant de les faire connaître en la reproduisant aussi fidèlement que ma mémoire me le permettra.

EUBATHÈS. — « On doit être ici de plusieurs centaines de pieds au-dessous de la surface; cependant la température de cette caverne est bien agréable.

L'INCONNU. — « Cette caverne a la température moyenne de l'atmosphère, ce qui est la condition générale de toutes les cavités souterraines situées hors de l'influence solaire. Au mois d'août, par un temps de chaleur comme aujourd'hui, je ne connais pas de manière plus salutaire ni plus agréable de prendre un bain froid que de descendre à des profondeurs établies à l'abri de l'action des températures élevées.

EUBATHÈS. — « Avez-vous déjà visité ce pays dans vos nombreuses pérégrinations scientifiques?

L'INCONNU. — « Voilà le troisième été que j'en fais l'objet d'une visite annuelle. Indépendamment des beautés naturelles de ces régions charmantes de l'Illyrie et des sources variées d'agrément que l'amateur des curiosités de l'histoire naturelle peut y trouver, il a eu pour moi un objet d'intérêt tout particulier dans les animaux si extraordinaires qui se trouvent au fond de ces cavités souterraines. Je fais allusion au *Proteus anguinus*, lequel est incontestablement plus merveilleux à lui seul que toutes les autres curiosités zoologiques de la Carniole, dont le baron Valvasor a entretenu la Société royale, il y a un siècle et demi, avec un enthousiasme un peu romanesque pour un savant.

PHILALÈTHÈS. — « En voyageant dans ce pays j'ai déjà vu ces animaux; je serais désireux cependant de mieux connaître leur histoire naturelle.

L'INCONNU. — « Nous allons entrer tout à l'heure dans les solitudes de la grotte où ils se tiennent. Je vous ferai part volontiers du peu que j'ai pu apprendre sur leur caractère et sur leurs mœurs.

EUBATHÈS. — « A mesure que nous avançons dans cette vaste et silencieuse caverne, je sens mon âme plus impressionnée devant des constructions géologiques si longtemps cachées au regard de l'homme. Ces piliers naturels, ces voûtes qui se soutiennent d'elles-mêmes prennent maintenant — voyez — des proportions gigantesques. Je n'ai vu aucune caverne souterraine réunissant de pareils traits de beauté et de magnificence. L'irrégularité de sa surface, la grandeur des masses brisées en morceaux dont elle est tapissée, et qui paraissent avoir été arrachées au sein de la montagne par quelque grande convulsion de la nature, leurs couleurs sombres, aux teintes variées, forment un contraste singulier avec l'ordre et la grâce des blanches concrétions de stalactites suspendues à ses voûtes. La flamme de nos flambeaux, en rejaillissant sur ces bijoux calcaires qui brillent et étincellent, crée une scène merveilleuse qui paraît appartenir au monde de l'enchantement.

PHILALÈTHÈS. — « Si les déchirures sinistres de ces immenses rochers noirs qui nous entourent nous paraissent l'œuvre de démons échappés du centre de la terre, cette voûte naturelle fait songer, dans sa parure et dans sa splendeur, à ces temples féeriques dont on parle dans les *Mille et une Nuits*.

L'INCONNU. — « Certainement un poète pourrait à juste titre placer ici le palais d'un roi des gnomes, et trouver des témoignages de sa puissance créatrice dans ce petit lac qui s'étend devant nous, sur lequel se refléchit la flamme de mon flambeau, car c'est là que je pense trouver l'animal singulier qui, depuis longtemps, a été pour moi un objet de recherches persévérantes.

EUBATHÈS. — « J'aperçois trois ou quatre êtres vivants, semblables à de sveltes poissons qui se remuent dans la vase à quelques pieds au-dessous de l'eau.

L'INCONNU. — « Les voilà précisément! ce sont bien des Protées... Essayons d'en prendre quelques-uns avec nos filets.

« Tenez, en voici tout un choix.

« Le sort nous a favorisés, et nous pourrons les examiner maintenant tout à notre aise.

« Au premier abord, on peut supposer que cet animal est un Lézard, mais ses mouvements sont semblables à ceux du Poisson. La tête, la partie inférieure du corps et de la queue ressemblent beaucoup à celles de l'Anguille, sans nageoires cependant.

« J'ajouterai que ses branchies, fort curieuses, ne sont pas analogues aux ouïes des Poissons: elles forment une structure vasculaire bien singulière autour de la gorge, presque comme une crête que l'on peut couper sans occasionner la mort de l'animal, lequel est également muni de poumons. Grâce à ce double appareil par lequel l'air pénètre jusqu'au sang, cet être singulier peut vivre au-dessous comme au-dessus de la surface de l'eau avec la même facilité.

« Les pattes de devant sont pareilles à des mains, mais elles ne sont garnies que de trois griffes ou doigts, qui sont trop faibles pour lui servir à se cramponner ou à porter son propre poids ; les pattes de derrière n'ont que deux griffes ou orteils, qui, dans les espèces plus grandes, sont tellement imparfaites que c'est à peine si on peut les discerner.

« Là où les yeux doivent exister, il n'y a que deux petits points, comme pour conserver l'analogie de la nature.

« Dans son état naturel, le Protée est d'une blancheur de chair transparente ; mais lorsqu'elle est exposée au jour, la peau devient graduellement plus foncée jusqu'à ce qu'elle prenne un teint olivâtre.

« Les organes de l'odorat sont généralement assez développés chez lui, et ses mâchoires jouissent d'une denture magnifique.

« On peut en conclure que c'est une bête de proie ; cependant, dans toutes les expériences qu'on a faites sur les conditions de son existence, lors même qu'on l'a gardé plusieurs années en renouvelant l'eau du vase dans lequel on le renfermait, jamais on ne l'a vu manger.

EUBATUÈS. — « Est-ce que ces animaux n'existent pas en d'autres endroits de la Carniole ?

L'INCONNU. — « C'est ici que le baron Zoïs en fit la découverte, mais, depuis lors, on les a trouvés, quoique rarement, à Sittich, à quelques lieues de distance d'ici, rejetés par l'eau d'une cavité souterraine.

« J'ai également entendu dire qu'on a reconnu les mêmes espèces dans les couches calcaires de Sicile.

EUBATUÈS. — « Ce lac, où nous avons trouvé ces animaux, est très petit ; supposez-vous qu'ils aient pu être engendrés ici ?

L'INCONNU. — « Nullement. Dans les saisons de sécheresse ils ne paraissent ici que rarement ; mais après les grandes pluies, ils sont en assez grand nombre. Pour moi, je crois que l'on ne peut douter que leur demeure naturelle ne soit dans quelque lac souterrain très étendu, et d'une grande profondeur, d'où,

au moment des inondations, le flux liquide les fait jaillir des fissures du sol et les amène jusqu'ici.

« Aussi, quand on considère la nature particulière du pays où nous sommes, il ne me semble pas impossible que la même cavité, étant sans doute d'une vaste étendue, puisse envoyer à la fois à Adelsberg et à Sittich ces êtres si singuliers.

EUBATUÈS. — « C'est une manière assez bizarre d'envisager le sujet. Ne croyez-vous pas qu'il soit possible que cet être soit une larve de quelque grand animal inconnu habitant ces cavernes souterraines ? Ses pattes ne sont pas en harmonie avec le reste de son organisation, et en les enlevant, il possède la forme caractéristique du Poisson.

L'INCONNU. — « Je ne puis supposer que ce soient là des larves. Je ne crois pas qu'il y ait dans la nature un seul exemple d'une transformation analogue à cette espèce de métamorphose d'un animal parfait en un animal imparfait. Le Têtard ressemble au Poisson avant de se transformer en Grenouille ; la Chenille et le Ver ne reçoivent pas seulement des organes de locomotion plus parfaits, mais acquièrent encore ceux qui leur sont nécessaires pour habiter un autre élément.

« Il est probable que cet animal, dans son lieu naturel et dans son état parfait, est beaucoup plus grand que nous le voyons ici, mais l'examen de son anatomie comparée s'oppose entièrement à l'idée qu'il puisse être dans un état de transition. On en a trouvé de grandeurs bien variées, depuis la grosseur d'un tuyau de plume jusqu'à celle du pouce, sans qu'ils présentent cependant la moindre différence dans la forme des organes. Mon avis est que c'est très probablement un animal parfait d'une espèce particulière.

« Ceci nous est encore un exemple de plus de la manière merveilleuse dont la vie se produit et se répète en chaque coin de notre globe, même dans les endroits les moins appropriés aux existences organisées.

« Aussi découvre-t-on que la même sagesse et la même puissance infinie, dont on reconnaît les manifestations particulières, là dans l'organisation du Chameau et de l'Autruche créés pour les déserts d'Afrique, plus loin, dans l'Hirondelle apte à cacher son nid sous les cavernes de l'île de Java, plus loin encore dans la Baleine des mers polaires, dans le Morse et l'Ours blanc des glaciers arctiques,

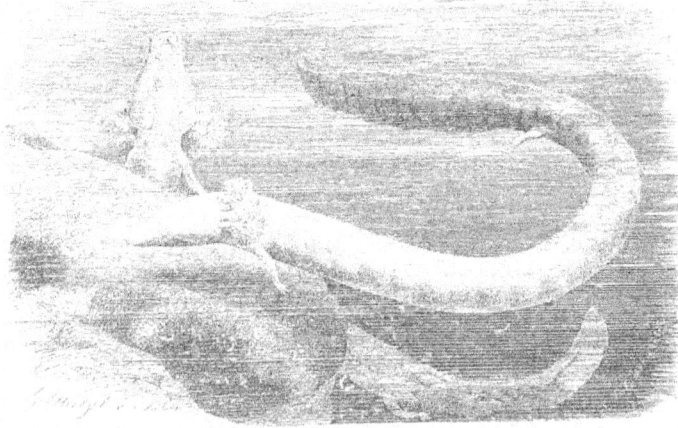

Fig. 192. — Le Protée (2/3 grand. nat.).

se montre également dans le Protée créé
pour les lacs profonds et souterrains de l'Illyrie.

« J'admets, de plus encore, que la présence
de la lumière ne lui soit pas nécessaire, que
l'eau ou l'eau de la surface d'un rocher ou les
profondeurs savantes lui offrent, les unes
comme les autres, autant de conditions diverses
d'existence.

PLEITSCHNER. — « Il y a dix ans, depuis nos
premières visites à cet endroit, je fus extrêmement désireux de voir le Protée, et je vins ici
avec mon guide, le soir du jour même où j'arrivai à Adelsberg; mais malgré un examen
rigoureux du fond de la caverne, on n'en
trouva pas un seul.

« Le lendemain matin, nous recommençâmes
nos recherches avec un meilleur succès, car
nous en découvrîmes cinq tout près du rivage,
dans la vase qui s'étendait au fond du lac. La
vase n'avait été remuée d'aucune façon, et
l'eau était parfaitement limpide.

« Leur arrivée pendant la nuit me parut être
un fait si remarquable que je ne pus m'empêcher de voir en eux des créations nouvelles,
des générations spontanées. Je ne pus découvrir aucune fissure par laquelle ils eussent pu
entrer, et la léthargie du lac m'aidant dans
mes idées.

« Ces observations m'entraînaient à des ré-

flexions rétrospectives sur l'histoire de la vie à
la surface de notre globe.

« Je me laissai emporter sur les ailes de l'i-
magination vers l'état primitif de la terre, au
temps où les grands animaux de l'espèce sau-
rienne furent créés sous la pression d'une
lourde atmosphère.

« Et mes pensées sur ce sujet furent corro-
borées, lorsque j'appris d'un anatomiste célèbre — à qui j'avais envoyé les Protées pê-
chés par moi, — que l'organisation de l'épine
dorsale du Protée était analogue à celle d'un
animal du genre saurien, dont les restes
gisent dans les plus anciennes couches secondaires.

« On disait alors qu'aucun physiologiste n'a-
vait jamais pu découvrir d'organes de reproduction chez le Protée, ce qui ajoutait un
certain poids à mon opinion sur la possibilité
de leur génération spontanée, — idée que sans
doute vous considérez comme entièrement
visionnaire et indigne d'un homme qui a consacré sa vie aux sciences positives.

ERASMUS. — « Le ton sur lequel vous venez
de prononcer vos dernières paroles semblerait
indiquer que vous ne croyez pas vous-même à
cette génération spontanée. Pour moi, je n'y
crois pas du tout. Par la même raison apparente, on pourrait regarder les Anguilles comme
des créations nouvelles, car on n'a jamais vu

de leurs ovaires en maturité ; et elles montent de la mer aux rivières par un procédé si spécial qu'il est très difficile de tracer leur route.

L'Inconnu. — « Le problème de la reproduction du Protée, comme celui de l'Anguille commune, est encore à résoudre. Cependant, les ovaires ont été découverts dans les animaux des deux espèces, et, dans ce cas comme dans tout autre appartenant à l'ordre existant des chiffres, on a pu faire l'application du principe de Harvey : *Omne vivum ex ovo*.

Eubathès. — « Vous disiez tout à l'heure que cet animal avait été depuis longtemps, pour vous, un objet de recherches. L'avez-vous étudié en qualité d'anatomiste cherchant par l'anatomie comparée à résoudre le problème de sa procréation ?

L'Inconnu. — « Non. Cette recherche a été faite par des savants beaucoup plus capables de la faire que moi : entre autres par Schreibers (1) et Configliachi (2) ; mes recherches ont eu plutôt pour but son mode de respiration et les changements occasionnés dans l'eau par ses branchies.

Eubathès. — « J'espère que vos études ont eu pour vous des résultats satisfaisants ?

L'Inconnu. — « Au moins ai-je obtenu la preuve que non seulement l'oxygène était dissous dans l'eau, mais encore qu'une partie de l'azote était absorbée dans la respiration de l'animal.

Eubathès. — « De sorte que vos recherches vous font partager les opinions d'Alexandre de Humboldt et des savants français, savoir, que, dans la respiration des animaux qui séparent l'air de l'eau, les deux principes de l'air sont absorbés.

Philalèthès. — « J'ai entendu tant d'opinions variées sur la nature de la fonction de la respiration, soit pendant mes années d'études, soit depuis, que je serais charmé moi-même de savoir quelle est la doctrine définitive sur ce sujet. Je ne puis, sur ce point, m'en rapporter à une autorité meilleure que la vôtre, et c'est une raison pour moi de désirer obtenir quelques *nouveaux éclaircissements* à cet égard ; d'autant plus que je me suis trouvé,

(1) Karl Schreibers, *A historical and anatomical description of a doubtful amphibious animal of Germany, called by Laurenti Proteus anguinus* (*Philos. trans.*, 1801, p. 241-264) et *Sur le Protée* (*Isis*, 1820).

(2) P. Configliachi et M. Rusconi, *Del proteo anguino* (*Isis*, 1820) et *Observations on the natural history and structure of the Proteus anguinus* (*Edinb. phil. Journ.*, 1821, t. IV, p. 398 et t. V).

comme vous le savez, personnellement soumis à cette expérience, à laquelle j'aurais assurément succombé sans votre bon et effectif secours.

L'Inconnu. — « Je vous transmettrai avec le plus grand plaisir ce que je sais ; malheureusement, c'est bien peu de chose. Dans la science de la matière inanimée, dans la physique et la chimie, nous possédons un certain nombre de faits, et de plus quelques principes, quelques lois déjà déterminées ; mais là où il s'agit des fonctions de la vie, quoique les faits soient nombreux, à peine avons-nous, même à notre époque, le commencement de la connaissance des lois générales. De sorte que dans la vraie science, on finit par où l'on commence, c'est-à-dire en déclarant son ignorance complète.

Eubathès. — « Je ne veux pas admettre que cette ignorance soit complète. On ne peut douter qu'il y ait déjà quelque chose de gagné par la science, sur la circulation du sang et son aérage dans les poumons. Si ce ne sont pas là des lois, du moins ce sont des principes fondamentaux.

L'Inconnu. — « Je ne parle des fonctions que dans leur rapport avec la vie. On ignore encore la source de la chaleur animale, bien qu'il y ait un siècle et demi déjà que les chimistes aient cru prouver qu'elle est due à une espèce de combustion carbonique du sang. »

LE PROTÉE. — *PROTEUS ANGUINEUS.*

Le genre Protée ne comprend qu'une seule espèce, le Protée anguillard (*Proteus anguinus, xanthostictus, Siren anguina, Hypochton anguinus, Freyeri, Schreibersii, Phanerobranchus platyrrhynchus*).

Caractères. — Cet animal atteint un peu plus d'un pied de longueur.

Le corps est grêle, allongé ; la queue est courte, très comprimée, arrondie à son extrémité.

Les membres sont très écartés l'un de l'autre ; les doigts sont petits et grêles, au nombre de trois à la patte antérieure, de deux à la patte postérieure.

Le museau est long, aplati (fig. 492). Les yeux, très réduits, sont cachés sous la peau.

« L'ouverture buccale, dit Wagler, est assez petite ; la lèvre qui garnit la mâchoire supérieure, épaisse, recouvre dans toute son étendue le bord de la mâchoire inférieure. Les cavités nasales sont deux fentes allongées, parallèles au bord de la mâchoire supérieure.

« De chaque côté du cou s'insèrent trois bouquets de courtes branchies.

« La queue, comparée à la longueur du tronc, est courte, entourée d'une nageoire adipeuse.

« Le squelette ressemble à celui de la Salamandre, si on en excepte la tête, le nombre plus considérable des vertèbres et leur forme, le faible nombre des appendices costaux.

« La tête a une conformation particulière et étrange ; un des caractères les plus remarqua-

Fig. 403. — Appareil circulatoire, respiratoire et digestif du Protée (*).

bles consiste dans l'absence totale de maxillaire supérieur et par suite dans l'élargissement et l'allongement de l'os intermaxillaire, qui forme presque tout le rebord de la mâchoire supérieure. Les os palatins font également défaut. Les narines s'ouvrent dans la cavité buccale entre l'intermaxillaire et le vomer. On trouve de nombreuses petites dents, semblables entre elles, coniques, un peu recourbées, sur le bord

de l'os intermaxillaire et du maxillaire inférieur ; sur le bord externe des vomers existe une série longitudinale de dents. A l'extrémité postérieure du vomer s'attache un ptérygoïdien étroit qui s'articule au bord postérieur de l'os tympanique, mais qui laisse à la base du crâne un petit espace libre. L'os sphénoïde est aplati ; le tympanique est assez long, un peu épaissi à ses deux extrémités, et descend obliquement vers la mandibule.

« L'estomac est une simple dilatation ; l'œsophage est plissé intérieurement. Le larynx proprement dit fait défaut, et à sa place il existe seulement une cavité membraneuse, semi-lunaire, qui s'ouvre par une petite fente dans le larynx. »

Nous ajouterons que la cloison qui sépare les oreillettes est moins complète que chez les autres Urodèles (fig. 493) ; il en est de même chez le Ménobranche et la Sirène.

La couleur du Protée est, le plus souvent, blanc jaunâtre ou rose de chair clair ; on voit sur la peau quelques pores qui simulent des taches grisâtres, surtout lorsque l'animal a été pendant quelque temps exposé.à l'action de la lumière ; on voit alors des taches d'un rouge brun, parfois d'un noir bleuâtre ; il existe des variétés chez lesquelles on trouve des taches jaune d'or sur un fond noirâtre.

Les globules sanguins du Protée ont quatre dix-huitièmes de millimètre dans leur grand diamètre (1).

D'après Schreibers, la couleur varie depuis le blanc jaunâtre pur ou salé ou blanc rosâtre ou rouge de chair jusqu'au violet, en passant par tous les intermédiaires possibles. Très souvent on trouve sur cette teinte fondamentale des taches ou des points plus ou moins nets, petits ou grands, réguliers ou irréguliers, d'une couleur jaunâtre, grisâtre ou rougeâtre ; ces taches se confondent parfois, de manière à former des taches nuageuses.

Lorsque le Protée est resté longtemps dans l'eau et dans la plus complète obscurité, les houppes branchiales sont du plus beau rouge carmin ; ces houppes se flétrissent et pâlissent lorsque l'animal est resté quelque temps à l'air.

Les houppes sont au nombre de trois de chaque côté, frangées, subdivisées chacune en

(*) 1, veines pulmonaires ; 2, oreillette gauche ; 3, veine cave ; 4, veine hépatique ; 5, sinus veineux ; 6, oreillette droite ; 7, ventricule commun ; 8, bulbe artériel ; 9. artères branchiales ; 10, veines branchiales ; 11, aorte descendante ; 12, reins ; 13, testicules ; 14, poumons ; 15, estomac ; 16, intestins ; 17, veine porte hépatique.

(1) Mandl, Dimensions des globules du sang chez le Proteus (Comptes rendus de l'Acad. des sciences, t. IX, 1839, p. 739 et Ann. des sc. nat., 2e série, Zool., t. XII, 1839, p. 289).

quatre, cinq ou six branches supportées par un pédicule commun ; les lames s'attachent sur le bord inférieur des arcs ou cornes de l'os hyoïde.

Franklin nous a laissé de curieux détails que nous pouvons ici transcrire (1) :

« Le Protée européen (*Proteus anguinus*) ressemble à une Anguille avec de petites pattes minces et effilées. C'est, dans la chaîne des êtres vivants, un des anneaux les plus intéressants de la nature, et qui lie les Reptiles aux Poissons.

« Les lacs souterrains de l'Autriche, noirs et profonds, sont les seuls endroits dans lesquels cette singulière créature ait encore été découverte. Une des plus romantiques et des plus splendides cavernes de l'Europe est près d'Adelsberg, dans le duché de la Carniole. Toute cette région consiste en rochers hardis et escarpés, en montagnes de formation calcaire, percées de vastes cavernes qui s'entre-croisent. Dans ces sinistres retraites, dorment les eaux paresseuses d'immense lacs souterrains, d'où plusieurs rivières tirent leur origine. Dans ces lugubres réservoirs, à la surface desquels n'a jamais joué un rayon de lumière — si ce n'est peut-être la lueur passagère d'une torche entre les mains du voyageur curieux, — on trouve beaucoup de Protées, qui nagent à travers l'eau ou qui vivent dans la boue précipitée par la masse de ces ondes ténébreuses et stagnantes.

« Les observations dirigées sur l'animal vivant, aussi bien que l'étude anatomique, ont établi un fait certain : c'est que le Protée est un être dans une condition achevée, et non, comme on l'avait supposé d'abord, la larve ou le Têtard de quelque grand Triton ou de quelque Salamandre inconnue, habitant ces retraites tartaréennes.

« On a trouvé des Protées de différentes tailles, depuis la grosseur d'une plume jusqu'à celle du pouce humain ; mais la forme de l'organe respiratoire s'est toujours montrée la même.

« Toute son anatomie comparée s'élève contre cette conclusion, que la forme sous laquelle il se présente à notre point de vue soit celle d'une créature à l'état de transition organique.

« Le professeur Wagner, qui a eu le bonheur de disséquer un mâle et une femelle de Protée, immédiatement après la mort, a fait connaître son opinion dans des notes communiquées, en 1837, à la Société zoologique (1). Il ne doute pas que les sacs pulmonaires, ou les vésicules, ne jouent réellement chez cet animal le rôle des poumons. Chaque poumon contient une grande artère et une veine plus grande encore, qui se joignent ensemble par le moyen de nombreux vaisseaux. Il a trouvé, chez la femelle, des œufs très bien développés ; la forme de ces œufs aussi bien que celle de l'ovaire, correspondait parfaitement à celle des autres amphibies nus, notamment les Tritons.

« Le Protée est, en somme, un animal merveilleusement calculé pour élever nos vues et nos hommages vers la grandeur de Dieu, lequel sait produire et conserver la vie — sans aucun doute, avec les jouissances qui y sont attachées — dans les milieux qui semblent appartenir au néant. Qui n'aurait cru, à priori, les lacs souterrains et les cavernes dans lesquels s'accomplit l'existence de cet animal étrange, incapables de favoriser, un seul instant, les conditions de la nature organisée ?

« La découverte du Protée fait naître plus d'une réflexion : je soupçonne qu'il peut exister dans les entrailles de la terre des merveilles dont l'homme n'a aujourd'hui aucune connaissance. »

Distribution géographique. — Jusqu'à présent on n'a trouvé le Protée que dans les eaux souterraines de la Carniole et de la Dalmatie, surtout dans les grottes de la chaîne de Karst à Adelsberg, dans la grotte de la Madeleine à Oberalden, dans les marais d'Haasberg, à Lase, près de l'endroit où la rivière de l'Unz se précipite dans les profondeurs souterraines desquelles elle sort à Oberlaibach ; on le rencontre également dans les « fenêtres du lac » de Leibach et dans les fossés d'irrigation qui dépendent de la rivière de Leibach, à Altenmark, Rupa, Vir, Dol, Sagratz, Leitsch, Gradish, Seifenburg, Schiza, Joshetovajana, Kerlovza, Petanskajana, dans des grottes à Kermpolje, à Strug, à Sign en Dalmatie, et dans d'autres points encore.

Mœurs, habitudes, régime. — Les habitants de ces contrées qui connaissent très bien le Protée, parce que sa capture est pour eux une source de profits, nomment cet animal le « *Petit poisson homme*, » et le « *Fouisseur aquatique dans l'obscurité* ». Ils racontent que l'on trouve généralement le Protée dans les

(1) Franklin, *La vie des animaux : Reptiles*, p. 240.

(1) Wagner, *Note on Proteus anguinus* in *Proceedings zool. Soc. London*, 1837, t. V, p. 107.

Fig. 494. — La Siren lacertine (1/2 grand. nat.) (p. 685).

endroits les plus obscurs des grottes, d'où, par suite des crues des eaux souterraines, il est entraîné dans les ruisseaux et les rivières qui viennent de la profondeur à la surface.

Humphry Davy croyait que tous les Protées habitent dans un grand lac souterrain et que c'est de là qu'ils se répandent dans les cours d'eaux qui doivent communiquer entre eux.

Quoique le Protée se tienne essentiellement dans l'eau, au dire des guides des grottes, cet animal, à l'approche d'un orage, sort de son milieu favori et rampe sur les rives, dans la vase humide, avec des mouvements semblables à ceux de l'Anguille.

Nous avons dit que l'œil, tout à fait rudimentaire, est caché sous la peau. Vient-on cependant à jeter une proie quelconque dans le bassin qu'occupe un Protée, on voit celui ci se diriger de suite vers elle et s'en emparer avec une sûreté infaillible, si bien que l'on est porté à croire à un grand développement des organes de tact et de l'olfaction.

L'histoire de la reproduction du Protée est encore des plus obscures.

Un jour, paraît-il, un paysan observa qu'un de

ses Protées captifs mettait au monde des petits vivants; il raconta qu'un de ces animaux, beaucoup plus gros que tous ceux qu'il avait encore eu l'occasion d'observer, s'agitait vivement et fréquemment; vers le soir, l'animal étant inquiet, se courba avec la tête vers le fond du vase dans lequel il était renfermé, releva le dos, de manière à former un cercle. On remarqua à l'ouverture du cloaque une petite tumeur de la grosseur d'un pois, puis il sortit trois petites vésicules d'un rouge vermillon pâle reliées entre elles par un fil; aussitôt après il parut un Protée attaché également à un fil, complètement semblable à la mère, sauf la taille, qui était de 4 centimètres; le jeune tomba au fond du vase avec son enveloppe et y resta sans faire de mouvements. La mère chercha avec ses pattes à débarrasser le petit de ses enveloppes.

Bientôt après il vint encore au monde un deuxième Protée qui fut délivré comme le premier.

Jusqu'au matin, il naquit encore un animal. La mère cherchait à retenir ses petits entre ses pattes de devant.

Dans l'après-midi, l'eau parut toute trouble;

eu y regardant de plus près, on remarqua une grande quantité de pellicules qui remplissaient presque tout l'espace et qui formaient un réseau gélatineux de plus de cent petites sphères transparentes ayant la grosseur d'un grain de mil et reliées entre elles par un fil. La mère parut beaucoup s'occuper de ces petits délicats et presque sans vie.

Tout cela fut jeté par les femmes de la maison, à l'insu de l'homme qui raconte cette histoire.

Malgré le caractère de vraisemblance attaché à ce récit, le fait indiqué par le paysan en question est certainement erroné.

D'habiles observateurs ont, par la dissection, découvert des ovaires dans le ventre des femelles, mais n'ont pas trouvé d'œufs réellement mûrs.

Prelessnig, guide dans la grotte inférieure de la Carniole, a observé que le Protée pond des œufs, et voici ce que, le 9 mai 1875, il écrivait à Brehm :

« Je prends, dit-il, la liberté de vous transmettre quelques observations.

« Il y a environ trois semaines j'ai capturé deux Protées dans la grotte de la Madeleine à Adelsberg.

« Vendredi dernier, pendant la nuit, quelques visiteurs de la grotte ayant manifesté le désir de voir mes animaux, je les sortis de leur réservoir. A mon grand étonnement je trouvai quarante œufs. Je ne sus pas d'abord ce que c'était, parce que ces œufs ressemblaient à des grains d'orge.

« Je sortis les deux Protées de leur vase pour les placer dans un autre récipient ; pendant la nuit suivante, douze nouveaux œufs avaient été pondus.

« Le jour suivant je portai ces œufs avec l'eau qui les contenait, et mes deux Protées dans le bassin qui renfermait la première ponte. Il se forma autour des œufs de petits réseaux semblables à une toile d'araignée, et entre les œufs et ces réseaux quelque chose qui ressemblait à du blanc d'œuf ordinaire.

« Chaque jour, je renouvelai en partie l'eau du bassin, tout en me gardant de toucher ni aux œufs ni aux animaux ; on enlève l'eau avec beaucoup de précaution, puis on en ajoute d'autre. »

Onze jours plus tard, Prelessnig observa que quatre œufs avaient encore été pondus, puis le 19 mai, deux autres, en tout 58.

Plusieurs de ses œufs furent envoyés à Vienne ; ils ne se développèrent pas et entrèrent en putréfaction.

Capture, Captivité. — Les paysans qui habitent le voisinage des grottes à Protées recherchent ces animaux, après les pluies d'orage, dans certaines mares qui se remplissent par le fond ou aux points de sortie des eaux souterraines.

D'autres, munis de torches, pénètrent dans les grottes et pêchent à la main les Protées qui se trouvent dans des eaux généralement peu profondes.

Les captifs sont enfermés dans des bocaux à large ouverture à moitié remplis d'eau et recouverts d'un filet à mailles serrées.

Beaucoup d'amateurs, de nombreux naturalistes ont conservé pendant plusieurs années des Protées en captivité, car ces animaux vivent bien dans de simples bassins, voire même dans des vases en verre.

Habituellement les animaux restent au fond du vase, étendus au même endroit et se traînent parfois pour avancer. Pendant le jour, les Protées sont presque immobiles, pourvu toutefois qu'ils se trouvent dans un endroit obscur, car toute lumière un peu vive agite ces animaux et leur est particulièrement pénible.

Dans un bassin dont l'eau est rarement changée, on voit le Protée monter à la surface pour respirer ; il prend alors de l'air, tandis que des bulles d'air s'échappent avec un bruit de glou-glou.

Dans des eaux suffisamment profondes et souvent renouvelées, les branchies trouvent la quantité d'oxygène nécessaire, de telle sorte que les animaux ne montent pas à la surface.

Si on sort un Protée de l'eau, il périt infailliblement dans l'espace de deux à quatre heures.

Lorsqu'à l'exemple de Schreibers on conserve des Protées sous une couche d'eau peu épaisse, on voit les poumons augmenter de volume ; si ces animaux sont, au contraire, conservés dans un bac profond, les branchies se développent.

De même que les Axolotls se sont transformés en Amblystomes, de même on a pensé que les Protées pouvaient se métamorphoser en d'autres animaux plus essentiellement terrestres ; pour cela on a coupé ou lié les branchies, sans arriver à aucun résultat, les animaux périssant très rapidement.

En captivité le Protée se nourrit de Vers, d'insectes aquatiques, de poux d'eau ; au Mu-

séum de Paris ce Batracien a recherché avidement les Vers de vase. Le Protée habite un
vaste aquarium placé à contre-jour et dans
lequel on a eu soin de ménager une sorte de
grotte artificielle faite de rocailles. Les Protées sont tout le temps cachés dans la partie
la plus obscure de leur retraite ; vient-on cependant à jeter des Vers de vase devant l'ouverture de leur grotte, on les voit se jeter sur
la proie qui frétille dans le sable qui garnit le
fond de l'aquarium, la saisir d'un mouvement
rapide, puis se retirer précipitamment dans
leur cachette.

« Le Protée, dit Franklin (1), a été plus
d'une fois apporté vivant en Angleterre.

« Les expériences qui ont été faites sur l'animal prouvent une grande sensibilité relativement à la présence de la lumière. Le st mulus
de ce fluide, qui réjouit et qui anime tous les
êtres répandus à la surface de la terre, semble
lui être pénible.

« Toutes les fois, d'après Martin, qu'on ouvrait le couvercle pour les observer, les Protées
captifs se réfugiaient dans la partie la plus
obscure du vase où ils étaient placés.

« Quand on les exposait en plein à la lumière
du jour, ils trahissaient par toutes leurs actions une sorte de malaise.

« On les voyait alors ramper autour des
côtés du vase, ou sous l'abri d'un corps opaque, qui jetât sur l'eau une ombre quelconque. Quoique ces animaux aient vécu plusieurs
mois dans un état sain et vigoureux, ils ne
prenaient aucune nourriture. Nous ne savons
donc point aux dépens de quelles substances
ils s'alimentent; mais nous avons quelques
raisons de les croire carnivores, à cause de la
forme des dents.

« En juin 1847, un Protée vivant fut montré,
devant la Société linéenne, par un savant qui
l'avait en sa possession depuis dix-huit mois.
On ne le vit jamais manger.

« Les exemplaires vivants de Protées qui
ont été conservés dans des vases étaient d'abord
couleur de chair pâle, avec des touffes branchiales roses ; mais, comme nous l'avons vu,
après un certain temps, la teinte générale du
corps devenait olive, et la touffe tournait au
cramoisi. »

Auguste Duméril rapporte qu'un Protée a
vécu pendant sept années à la ménagerie des
Reptiles du Muséum.

(1) Franklin, *Vie des Animaux, Reptiles.*

« On l'avait placé, dit-il, dans un vase en
zinc, où l'on renouvelait régulièrement l'eau
dans laquelle il vivait.

« Il se nourrissait avec assez d'avidité de Vers
de terre.

« Mon père, avant la fondation de la Ménagerie, avait conservé un Protée durant trois années environ.

« Il était curieux d'observer l'influence remarquable de la pureté de l'eau dans laquelle
ce Reptile était plongé sur l'appareil vasculaire des branchies extérieures, qui reprenaient rapidement leur belle couleur rouge
rutilante, dès qu'elles étaient en contact avec
une eau bien aérée. A mesure que l'oxygène
de l'air contenu dans cette eau s'épuisait par
suite de la prolongation du séjour qu'y faisait
l'animal, on voyait les branchies se décolorer
et perdre en partie leur apparence d'organes
essentiellement vasculaires.

« Une autre particularité intéressante de
l'aspect extérieur de ces animaux consiste dans
leur étiolement, qui est d'autant plus évident
que l'obscurité de leur séjour est plus complète.
D'après leur teinte blafarde et d'un gris jaunâtre, on croirait voir des animaux décolorés. »

« Il y a dans l'histoire naturelle du Protée,
dit en terminant le docteur J. Franklin, une
source de réflexions pour le naturaliste.

« Voilà donc un être vivant pour lequel le
soleil est un ennemi ; un être que la lumière
— cette âme de toute la nature — incommode
et irrite.

« Il s'est trouvé des botanistes pour étudier
l'influence du soleil et des ténèbres sur la vie
des plantes ; mais l'influence du soleil et des
ténèbres sur la vie animale, quel sujet nouveau
de considérations physiologiques !

« O savant, tu crois avoir embrassé toute la
nature, quand tu as observé tant bien que
mal et décrit les formes innombrables qui s'a-
gitent à la surface de notre planète ; regarde
sous tes pieds! La vie dans la nuit, la vie sous
terre : voilà l'abîme où il te faut maintenant
regarder.

« Je me contenterai d'indiquer ici quelques
rapports généraux entre les plantes et les animaux nocturnes. Il sera facile d'en déduire
quelques-unes des lois qui régissent la création
au sein de l'obscurité. »

« Les végétaux qui se développent dans
l'obscurité complète, dit Raspail (1), croissent

(1) Raspail, *Nouveau système de Physiologie végétale.*
Paris, 1837.

incolores. La lumière suspend leur développement ou les désorganise, et cette coloration nouvelle, qui prend souvent la nuance purpurine, violette, orangée, ne revêt, en général, qu'une portion de la surface des organes. »

« Nous avons vu qu'il en était de même des Protées, ces amants de la nuit.

« Les végétaux nocturnes sont grêles dans leurs formes, étiolés, rampants, comme le sin-

gulier animal que nous venons de décrire. Les uns et les autres ne se passent point impunément de la lumière : l'ensemble de leurs formes et de leurs mœurs (pourquoi ne dirait-on pas les mœurs des plantes?) se trouve modifié profondément par cette vie souterraine, mystérieuse, qui fait, pour ainsi dire, de ces pâles végétaux et de ces pâles animaux, les fantômes de la création. »

LES SIRÉNIDÉES — *SIRENIDÆ*

Historique. — « La découverte ou l'indication première de l'animal, la Sirène, qui fait le sujet de cet article, doit être attribuée au docteur Garden, de Charlestown, en Caroline, qui envoya au grand naturaliste Linné quelques individus de cet être singulier, avec une description zoologique et anatomique dans laquelle il introduisit, malheureusement, quelques graves erreurs qui se sont longtemps répétées.

« Ainsi on a regardé d'abord la Sirène comme un Poisson voisin des Anguilles ; mais bientôt on lui reconnut des poumons et des narines qui s'ouvraient évidemment dans la bouche ; Linné dut le ranger dans la classe des Amphibies.

« A cette occasion, il regarda comme nécessaire d'établir un ordre nouveau, en restant cependant dans une sorte de doute ; car il avait conçu l'idée que cet animal pouvait être la larve de quelque Salamandre aquatique, destinée à rester dans cet état d'imperfection, ainsi que certaines espèces d'insectes, tels que les punaises de lit et beaucoup d'autres, qui ne prennent jamais d'ailes (1).

« Il en fit cependant un genre à part qu'il caractérisa par ces mots : *animal amphibie bipède*, car c'était à cette époque le seul Reptile à deux pattes que l'on avait observé ; on ne connaissait alors ni les Chirotes, ni les Pygopes, ni les Histéropes.

« Pour le désigner, il emprunta à la mythologie ce nom de *Sirène*, voulant indiquer un être à deux mains, avec une queue de poisson, produisant, comme on le lui avait annoncé, une sorte de voix ou de chant.

« Il associa au nom générique l'épithète de

Lacertina, pour faire connaître son analogie avec les Salamandres qu'il plaçait aussi alors dans son genre *Lacerta* ou *Lézard* (1). »

Depuis, la Sirène a été l'objet de nombreux travaux, tant anatomiques que zoologiques, parmi lesquels nous citerons ceux d'Ellis (2), Galles, Beauvois (3), Cuvier (4), Daudin, Wagler, Gratiolet, Owen, Duméril et Bibron, Gray, Vaillant.

Cuvier, adoptant à cet égard les idées de Linné, a reconnu que les Sirènes forment un genre particulier de Batraciens, qu'elles restent bipèdes pendant toute leur vie et que leurs branchies sont persistantes ; elles ont ainsi une double respiration, pulmonaire et branchiale.

D'après le savant naturaliste, le squelette de la Sirène diffère essentiellement de celui des Salamandres ; il a moins de côtes et plus de vertèbres.

La Sirène a toujours été vue avec des branchies et sans membres postérieurs, même à l'époque de sa reproduction. C'est donc un batracien complet et n'éprouvant aucune métamorphose.

D'après les recherches de Richard Owen analysées par Duméril, chez la Sirène « le cœur, très volumineux, est enveloppé dans une poche fibreuse qui est fixée aux parties voisines, et logé dans un véritable péricarde. L'oreillette est en apparence unique, à parois charnues et frangées ; mais la veine pulmonaire

(1) Voyez Brehm, *Les Insectes*. Édition française par Künkel d'Herculais. Paris, 1882, t. II.

(1) Duméril et Bibron, *Erpétologie générale*, t. IX, p. 192.

(2) John Ellis, *An account of an Amphibious bipes* (*Philos. trans.* Vol. LVI, 1766, p. 189).

(3) De Beauvois, *Memoir on a new species of siren* (*Transac. amer. Phil. Soc.* Vol. IV, 1799, p. 277).

(4) Cuvier, *Sur la Siren lacertina* (*Bull. des Sciences, Soc. philom.* II, an VIII, p. 106).

qui contient le sang artérialisé aboutit dans une petite oreillette. Du ventricule unique, allongé, part l'aorte formant d'abord un bulbe allongé, mais analogue à celui qui se voit dans les Poissons. Il y a deux valvules à la naissance de cette artère et deux autres à l'entrée du bulbe ; il provient de cette artère six branches principales ; trois de chaque côté pour les branchies et la dernière de celles-ci, qui est la grosse, fournit deux grands rameaux aux sacs pulmonaires. Une des particularités de cette organisation est que le sang veineux, en beaucoup plus grande quantité que celui qui a été artérialisé, séjourne et semble s'épancher dans de grands sinus veineux avant d'aboutir à la grande oreillette qui en prend successivement une portion pour ainsi dire calibrée, qui pénètre dans le ventricule. »

Les globules du sang sont, avec ceux du Protée, les plus volumineux qu'on ait encore reconnus chez les Vertébrés.

D'après Vaillant, on trouve que le système musculaire est, comme il était facile de le supposer, intermédiaire entre ce que l'on voit chez les Batraciens élevés en organisation et les Poissons, identique avec ces derniers par sa portion caudale, se rapprochant, au contraire, des premiers quant aux muscles qui meuvent les membres antérieurs.

Le système nerveux présente, comme chez d'autres Urodèles voisins, une soudure complète des lobes optiques en une seule masse, le véritable cervelet est réduit à une mince bande nerveuse, rappelant absolument ce que l'on voit chez les Batraciens anoures.

Caractères. — La famille des Sirénidés, que beaucoup de zoologistes réunissent à celle des Protéidés, est essentiellement caractérisée par l'absence des dents à la mandibule et à l'intermaxillaire ; comme chez les Protéidés, le maxillaire supérieur fait défaut ; les vertèbres sont biconcaves.

Le corps est allongé, anguilliforme.

La tête déprimée, les oreilles cachées, les yeux petits, ronds et dépourvus de paupières.

Le museau obtus, la bouche peu fendue, la mâchoire supérieure privée de dents.

Les membres antérieurs assez courts, complets, terminés par trois ou quatre doigts bien distincts ; pas de bassin ni de membres postérieurs.

La queue comprimée en nageoire.

Ces batraciens ont, comme les Protées, les deux modes de respiration, aérienne et aquatique ; leurs poumons, très développés, reçoivent l'air extérieur par l'intermédiaire de la trachée-artère et du larynx ; ils ont aussi, de chaque côté du cou, trois houppes branchiales qui persistent durant toute leur vie.

Cette famille ne se compose que des deux genres Siren et Pseudobranche.

LES SIREN — *SIREN*

Armmolche.

Le genre Sirène ne comprend qu'une seule espèce, la Sirène lacertine (*Siren lacertina, intermedia, Phanerobranchus dipus*).

LA SIRÈNE LACERTINE. — *SIREN LACERTINA.*

Caractères. — C'est un animal qui peut arriver à plus d'un demi-mètre de longueur ; il ressemble à une grosse Anguille, le corps étant allongé, arrondi, nu, gluant, à anneaux ou sillons transverses peu marqués ; la queue est comprimée, amincie en une nageoire verticale ; la tête est petite, arrondie, confondue avec le tronc ; le museau est obtus ; il n'existe qu'une seule paire de pattes située en avant, ayant quatre doigts distincts, isolés, inégaux en longueur, le second étant le plus allongé ; ces membres sont grêles (fig. 494).

Les yeux sont petits, sans paupières, recouverts d'une peau transparente. L'ouverture des narines est étroite, placée près du bord de la lèvre supérieure ; elle s'ouvre dans la bouche, en perçant le palais. La langue est adhérente par sa base, charnue, libre sur ses bords et à son extrémité antérieure. Une lame cornée recouvre en avant les gencives. Le palais est garni de deux plaques osseuses hérissées de petites dents crochues, distribuées en quinconces sur plusieurs rangées.

Les branchies sont au nombre de trois paires ; elles sont pédiculées, frangées, flottantes et fixées sur le bord supérieur de trois fentes allongées.

D'après Cuvier, l'os hyoïde est un os hyoïde de larve de Salamandre ou d'Axolotl, mais ossifié complètement dans plusieurs de ses parties. Les os du carpe restent cartilagineux.

Le nombre des vertèbres est de 43 au tronc, de 44 à la queue ; ces vertèbres, bien ossifiées, ont leurs deux faces articulaires creuses et réunies par un cartilage en forme de double cône comme chez les Poissons ; les apophyses articulaires sont horizontales et les postérieures d'une vertèbre reposent sur les antérieures de l'autre; les apophyses transverses sont très larges. Il n'y a que huit vestiges des côtes de chaque côté.

Mœurs et distribution géographique. — Garden, qui en 1765, découvrit la Sirène dans la Caroline du Sud, apprit à Ellis que cet animal vit dans des endroits marécageux, surtout sous les vieux troncs d'arbre qui plongent dans l'eau, qu'il grimpe parfois sur ces troncs et que lorsque, pendant l'été, les marécages se dessèchent, il piaule comme le Caneton, d'une voix plus claire et plus aiguë.

D'après Duméril et Bibron, « la Sirène habite les marais fangeux de l'Amérique du Nord, de la Caroline et surtout les fossés pleins d'eau des tèrrains où l'on cultive le riz; elle s'enfonce dans la vase à plus d'un mètre de profondeur. On dit que sa nourriture principale consiste en Insectes, en Mollusques et en Annélides; car c'est certainement par erreur qu'on croit dans le pays que la Sirène avale des Serpents.

« C'est aussi par préjugé très probablement qu'on l'accuse d'être venimeuse. Serait-il vrai qu'elle crie et que sa voix ressemble à celle d'un jeune canard? Ce serait un fait curieux à constater, car la plupart des Urodèles ne font entendre qu'une sorte de gargouillement quand ils expulsent rapidement l'air contenu dans leurs poumons. D'ailleurs Barton nie positivement ce fait avancé par le Dr Garden dans sa lettre à Linné.

Linné a prétendu que la Sirène peut sortir de l'eau et marcher sur terre dans les temps secs; il lui indique quatre branchies externes, tandis que les individus observés jusqu'à présent en avaient seulement trois de chaque côté.

Daudin (1) soupçonne qu'on rencontre aussi la Sirène lacertine dans les marais de Surinam et que ce singulier reptile y est nommé Warappa par les habitants.

Voici même ce que le capitaine Stedman rapporte au sujet de cet animal qu'il regarde à tort comme un Poisson:

« Comme nous manquions presque entièrement de provisions de bouche, nous y suppléâmes heureusement par une grande quantité de poissons parmi lesquels était la Jackie,

qui se change en Grenouille. Il y avait aussi du *Warappa*, qui est de la même forme et aussi bon; tous les deux ont beaucoup de chair et sont très gras. Ces Poissons se trouvaient si abondamment dans les marécages où les laissait la retraite des eaux, que les nègres les prenaient à la main, mais plus généralement en frappant dans la boue, au hasard, avec leurs serpes ou leurs sabres; ils ramassaient ensuite les tronçons et nous les apportaient. »

Captivité. — En juin 1825, une Sirène lacertine vivante longue d'un demi-mètre arriva en Angleterre et fut remise à Neill (1), qui put l'observer pendant près de six ans.

On plaça tout d'abord l'animal dans un baquet rempli d'eau et de sable, et disposé de telle sorte que la bête pouvait sortir de l'eau. On ne tarda pas à s'assurer cependant que l'animal préférait avant tout un abri. aussi mit-on dans son bassin des plantes aquatiques sous lesquelles il aimait à se cacher.

La Sirène mangeait des Vers de terre, de petits Poissons, des larves de Tritons; l'animal ne prenait pas d'aliments pendant la saison froide.

Venait-on à le toucher, il expulsait des bulles d'air et progressait lentement sur le fond de son bassin.

Le 13 mai 1826, après avoir mangé, la bête rampa hors de son baquet et tomba sur le sol, à près d'un mètre de hauteur; le lendemain matin on la trouva sur un sentier hors de l'habitation; elle s'était sauvée par une fissure existant dans le mur. Engourdi par le froid du matin, l'animal donnait à peine signe de vie; il se rétablit cependant après avoir passé quelques heures dans l'eau.

En 1827, la Sirène ayant été placée dans une cage flottante, la bête se mit à faire entendre des sons analogues à ceux que poussent les Grenouilles.

Pendant l'été de cette année elle se nourrit principalement de petits Vers de terre; aussitôt qu'elle apercevait un de ces animaux elle s'approchait prudemment; puis, parvenue à bonne distance, fondait rapidement sur sa proie; elle ne mangeait guère qu'une fois tous les huit ou dix jours.

Habituellement la Sirène restait des heures entières sans rejeter des bulles d'air.

---

(1) Daudin, *Histoire des Reptiles*, Paris, an XI, t. VIII, p. 274.

(1) Patrick Neill, *Some account of the habits of a specimen of Siren lacertina kept alive of Canonmills* (Edinb. new Phil. Journals. 1828, t. IV, p. 346, et t. XII, 1832, p. 298).

Pendant six ans que Neill put garder l'animal, il avait gagné 0ᵐ,10 en longueur.

« Nous avons conservé pendant sept années dans l'un des bassins de la ménagerie des Reptiles, disent Dumeril et Bibron, un individu vivant qui s'y est beaucoup développé.

« Il est très vorace et il a mangé souvent des Tritons et surtout de petits Poissons qui se trouvaient en quantité dans le bassin où il se tient habituellement caché en partie sous des pierres qu'on y a placées afin qu'il puisse s'y retirer.

« Il fuit la lumière ; souvent même il s'enfonce si complètement dans la vase qu'on n'aperçoit que sa tête et surtout les panaches de ses branchies. »

Auguste Duméril a pu observer une Sirène lacertine à la Ménagerie des Reptiles.

L'animal provenait de la Caroline du Sud ; il se cachait presque constamment dans le bassin qui lui servait d'habitation, au milieu de la vase ou sous des pierres disposées de façon à lui ménager une retraite.

« Cette Sirène, en raison de sa taille plus considérable que celle des Protées, qui ont une longueur de 0ᵐ,20 à 0ᵐ,25, tandis qu'elle avait près d'un demi-mètre, se montrait plus vorace ; elle mangeait souvent des Tritons et de petits Poissons qu'elle saisissait au moment où ils s'approchaient d'elle.

« Il me semble important de noter, ajoute Duméril, qu'elle s'est beaucoup développée pendant son séjour au Muséum. Sa taille et son volume se sont augmentés, et aucun changement n'est survenu dans sa conformation générale.

« Tout contribue donc à faire rejeter la supposition d'une métamorphose ultérieure, comme Cuvier (1) l'a démontré dans ses beaux mémoires sur les Reptiles douteux et sur l'Amphiume. »

L. Vaillant, qui a observé une Sirène lacertine, a remarqué que cet animal venait fréquemment à la surface aspirer l'air par la bouche, et le faisait immédiatement sortir par les fentes branchiales, comme s'il eût voulu mettre ses branchies directement en contact avec le fluide atmosphérique.

LES PSEUDOBRANCHES — *PSEU-DOBRANCHUS*

Caractères. — Gray a séparé du genre Sirène un animal qui lui ressemble beaucoup extérieurement, mais chez lequel les doigts ne sont qu'au nombre de trois ; au lieu de trois fentes branchiales, on ne constate qu'une seule ouverture sur les côtés du cou.

La peau est granuleuse, au lieu d'être lisse. La couleur est brune ; il existe deux bandes jaunâtres le long des flancs, la supérieure étant généralement la plus large.

La taille arrive à 0ᵐ,18.

Distribution géographique. — La seule espèce qui rentre dans le genre Pseudobranche, (*Pseudobranchus striatus*), n'a encore été trouvée que dans les marais de la Géorgie, aux États-Unis.

(1) Cuvier, *Recherches anatomiques sur les Reptiles regardés encore comme douteux par les naturalistes.* Paris, 1807.

Fig. 495. — La Cécilie lombricoïde (grand. nat.).

LES APODES — *APODA*

Historique. — « On trouve dans l'Amérique du nord un singulier animal, vermiforme, cylindrique, à peine atténué à ses deux extrémités, presque également obtuses, qu'au premier abord on pourrait prendre pour un Ver de terre, à cause de cette similitude des deux extrémités. La peau est nue et visqueuse, la tête plus petite que le corps, la bouche très peu fendue et retirée en dessous.

« Avant Linné, cet animal était indiqué dans les récits de quelques voyageurs dans l'Amérique méridionale et, entre autres, dans celui de Margrave, au Brésil, publié par Pison; il était même figuré et signalé par l'iconographe Séba; mais aucun méthodiste, si je ne me trompe, ne l'avait introduit dans le système zoologique.

« Linné est donc le premier qui (1) donna la description et la figure d'une espèce de Serpent de ce genre, auquel il donna le nom de *Cécilie*.

« Mais le célèbre naturaliste ne se borna pas à la description de l'espèce et à la caractéristique du genre; il en fait une comparaison d'abord avec les Poissons et surtout avec les Anguilles, parmi lesquelles on croirait, dit-il, facilement devoir le placer, quoique à tort,

(1) Thèse soutenue sous la présidence de Linné par un de ses élèves, Pierre Sund, en 1748, sur un certain nombre d'animaux de Surinam, que lui avait offerts Cl. Grill.

Brehm. — V.

ajoute-t-il, parce que la Cécilie manque de nageoires, caractère essentiel de tous les Poissons, ainsi que d'ouvertures branchiales, étant au contraire pourvue de poumons et de narines; et ensuite avec les Serpents, dont elle diffère principalement parce qu'elle manque de queue, l'anus extrêmement petit étant très voisin de l'extrémité du corps, disposition qui n'a jamais été observée chez les Serpents, et parce qu'elle est dépourvue d'écailles et même d'anneaux conformés comme en ont les Amphisbènes, son corps étant entièrement nu. Enfin, la forme particulière de la lèvre supérieure débordant l'inférieure, comme dans les Poissons cartilagineux, et l'existence de deux barbillons vers le bout du museau, à la manière des Limaces, semble à Linné exiger l'établissement d'un nouveau genre de Serpents, qu'il caractérise suivant ses principes d'une manière nette et précise, ainsi que l'espèce.

« Depuis Linné jusqu'à Schneider, en 1801, c'est-à-dire pendant plus de cinquante ans, on peut assurer que la connaissance de la Cécilie n'avança en aucune manière, tous les auteurs particuliers ou généraux de zoologie qui eurent à parler de cet animal s'étant bornés à abréger, ou mieux à tronquer ce que le premier en avait dit, en plaçant ce genre ou à la tête de l'ordre, comme Linné le fit d'abord, ou à la fin des Serpents, par lesquels, à cette époque, tous les zoologistes systématiques terminaient le groupe d'animaux désignés aujourd'hui sous le nom de Reptiles, et, par conséquent, immédiatement en contact avec la classe des Poissons, qu'ils commençaient par les Lamproies.

« J. Hermann (1) allait encore plus loin, puisque la Cécilie, pour lui, était un genre intermédiaire aux Serpents et aux Vers, à la tête desquels on mettait alors, il est vrai, le genre Myxine, rapporté par Bloch à la classe des Poissons, vers 1780.

« Ce fut donc Schneider, auquel l'erpétologie doit une partie de ses progrès, à la fin du dix-huitième siècle, qui commença, plus de trente ans après le mémoire de Linné, à faire connaître les singularités de l'organisation intérieure de la Cécilie, comme celui-ci l'avait fait pour l'extérieure. Ayant en effet pu étudier le squelette d'un individu qu'on lui avait donné desséché, il reconnut très bien la forme des vertèbres dont le corps est excavé aux deux extrémités, les petites côtes qui s'y articulent la structure si remarquable du crâne et des mâchoires, et même celle de la langue, d'après un nommé Seutzen, qu'il cite, et dont je ne connais pas le travail. »

Ainsi s'exprime de Blainville dans un intéressant mémoire qu'il publia en 1839 (2).

Sans vouloir entrer ici dans tous les détails que donne l'auteur sur la classification des singuliers animaux qui sont l'objet de ce chapitre, nous dirons que c'est incontestablement à de Blainville que l'on doit d'avoir assigné à la Cécilie la véritable place qu'elle doit occuper dans la série zoologique ; ce savant a nettement établi le premier que la Cécilie, malgré son apparence étrange, n'est ni un Serpent ni un Lézard, mais bien un Batracien, singulièrement dégradé il est vrai, mais présentant cependant tous les caractères anatomiques fondamentaux qui caractérisent les Batraciens.

Ainsi que l'ont bien montré de Blainville et Constant Duméril, certains caractères extérieurs eux-mêmes séparent la Cécilie des Ser-

(1) Hermann, *Tabula affinitatum animalium*. Argentorati, 1783, p. 171.

(2) Blainville, *Notice historique sur la place assignée aux Céciliés dans la série zoologique* (*Compte Rendu de l'Acad. des sciences*. Paris, 1839).

pents. C'est ainsi que chez ceux-ci le cloaque se termine par une ouverture transversale, tandis que chez la Cécilie, cette ouverture est circulaire, parfois plissée d'une manière plus ou moins régulière, comme chez les Anoures, qui ont toujours des pattes.

« Chez les Serpents, l'os de l'occiput présente au-dessous du tronc vertébral une seule éminence articulaire, arrondie, en condyle unique, tandis que chez les Céciles, comme chez les Batraciens, la partie supérieure du crâne porte deux saillies articulaires, semblables à celles qui, chez les Mammifères, s'articulent avec l'atlas ou avec la première vertèbre.

« Les mâchoires, dans la généralité des Ophidiens, ont une disposition toute particulière, que nous devons rappeler. La supérieure est composée de pièces mobiles qui peuvent s'écarter et dont quelques-unes même sont susceptibles d'être portées en avant. L'inférieure est constamment formée de deux branches principales qui, à cause de leur longueur excessive en arrière, dépassent le grand trou occipital. Ces branches maxillaires ne sont pas soudées entre elles par l'extrémité qui correspondrait au menton, elles sont retenues là par un ligament élastique, de sorte qu'elles peuvent s'éloigner l'une de l'autre ou s'écarter transversalement de manière à élargir considérablement l'ouverture de la bouche. Dans les Batraciens que nous étudions, la mandibule supérieure fait partie continue de la tête à cause de la solidité des sutures qui unissent les os de la face entre eux et avec le crâne. Les pièces osseuses ne sont susceptibles d'aucun mouvement partiel, et la mâchoire inférieure, qui est généralement très courte, ne forme véritablement dans l'état adulte qu'un seul os, parce que, dans la partie antérieure arrondie, les deux branches qui la constituent se pénètrent et se confondent à peu près comme chez tous les Sauriens. Il résulte de cette disposition que l'articulation de cette petite mâchoire, qui ressemblerait assez à celle d'une Chauve-Souris, a lieu bien en avant du trou occipital. Cette soudure des branches de la mâchoire et leur brièveté diminuent considérablement en hauteur et en largeur l'ouverture de la bouche, qui se trouve ainsi réduite à un fort petit diamètre.

« Enfin, et ce dernier caractère est fort remarquable, dans tous les Serpents la mâchoire inférieure ne s'articule pas directement avec les temporaux. Il y a entre le crâne et la cavité condylienne de la bouche, en arrière, un petit os mobile qui joue un très grand rôle dans la communication de mouvement que les muscles opèrent sur les os de la bouche ; c'est ce qu'on appelle l'os carré ou intra-articulaire. C'est d'ailleurs la même disposition de structure qui se retrouve dans tous les Oiseaux et chez tous les Sauriens, à l'exception des Crocodiles. Dans les Céciloïdes, il n'y a pas de pièce mobile intermédiaire libre. Cet os, s'il existe, est soudé au crâne, qui présente ainsi de chaque côté une sorte de condyle saillant, comme dans les Tortues et dans tous les autres Batraciens, de sorte que la mâchoire inférieure ne peut ni reculer ni se porter en avant ; elle ne se meut qu'en s'élevant pour fermer la bouche, ou en s'abaissant pour l'ouvrir (1). »

Duméril forme pour les Cécilies et les autres animaux qui lui sont apparentés le sous-ordre des *Péromèles*, ou animaux privés de pattes ; on adopte généralement aujourd'hui le terme d'*Apodes*.

Caractères généraux. — « S'il existe, écrit Wagler, des Batraciens qui méritent de former un ordre à part, ce sont certainement les Gymnophiona ou Apodes. Quoique leur aspect extérieur rappelle les Serpents ou les vrais Fouisseurs, par leur organisation interne, ce sont cependant de véritable Batraciens. Ils ressemblent beaucoup aux Amphisbénidées, mais s'en distinguent essentiellement en ce que leur corps est nu, qu'ils n'ont pas de queue, et que l'anus, qui est arrondi, est placé à l'extrémité du corps qui, également épais dans toutes ses parties, ressemble à un cylindre émoussé à ses deux extrémités ; le corps est pourvu de sillons annulaires plus ou moins serrés, ou bien il est complètement lisse et recouvert d'un mucus épais.

« Tous les Gymnophiones ont des dents semblables entre elles, creuses, toutes coniques et implantées au côté interne de la mâchoire, leur pointe étant un peu recourbée en arrière. La langue s'insère par toute sa surface au menton, de telle sorte qu'elle n'est pas protractile. Il existe aussi des dents au palais, et ces dents, par leur ensemble, forment un fer à cheval. L'os hyoïde est extrêmement remarquable en ce qu'il consiste en trois paires d'arcs qui embrassent les branchies dans les premiers temps

(1) Duméril et Bibron, *Erpétologie générale*, t. VIII, p 261.

de la vie de l'animal. Les ouvertures nasales externes sont placées sur les côtés, ou à la pointe du museau, et s'ouvrent intérieurement au palais. Les yeux manquent complètement, ou sont tellement recouverts par la peau qu'ils ne peuvent servir à la vision. Au voisinage de la narine on remarque une petite fossette avec un appendice rétractile et protractile. L'appareil auditif, comme chez les Urodèles, est absolument noyé dans les chairs ; il consiste en une petite plaque cartilagineuse qui repose sur la fenêtre ovale.

« Rien n'est plus curieusement conformé que la tête. En effet, le maxillaire supérieur, les frontaux et les temporaux sont assemblés de telle sorte que la tête ressemble à une masse osseuse scutiforme composée d'une seule pièce. La cavité oculaire consiste en une cavité allongée située à l'extrémité supérieure de l'os maxillaire. L'os tympanique est encastré entre les os du crâne. Les branches de la mâchoire inférieure sont réunies par un cartilage à leur extrémité. Le condyle occipital est divisé longitudinalement dans sa partie médiane en deux parties, comme chez les Grenouilles.

« Les vertèbres ne se meuvent pas l'une sur l'autre au moyen d'une arthrodie, mais leurs deux extrémités sont creusées et reliées avec les extrémités voisines, au moyen d'une plaque cartilagineuse intercalée entre deux vertèbres. Les côtes sont rudimentaires, le sternum, le bassin et les membres manquent complètement. »

Les caractères donnés par Wagler, qui a bien limité le groupe, sont vrais dans leurs traits généraux. De récentes recherches nous permettront cependant d'ajouter quelques détails sur l'anatomie des singuliers Batraciens dont nous parlons ici.

Assez souvent le corps est absolument nu, ainsi qu'on le voit chez les Siphonops, les Typhlonectes.

D'autres fois, comme chez les Gymnophis, les Epicrium, les Cæcilies, on trouve dans l'épaisseur de la peau de petites écailles arrondies, imbriquées, qui, vues à un grossissement suffisant, présentent une série de cercles concentriques, et ressemblent assez aux écailles de certains Poissons, des Anguilles par exemple ; ces écailles se trouvent tout au moins le long des anneaux qui divisent l'animal en une série de segments, ainsi qu'on le remarque chez les Vers de terre, auxquels cortains de ces Batraciens dégradés ressemblent certainement beaucoup par l'aspect extérieur.

Les yeux sont parfois distincts, bien que très petits (Siphonops, Typhlonectes), mais le plus souvent ils sont recouverts par la peau ou cachés sous les os crâniens. Les narines sont placées sur les côtés du museau, et dans beaucoup de genres il existe une petite fossette ; ces fausses narines, qui rappellent les fossettes que nous avons vues exister chez les Crotales ou Serpents à sonnette, aboutissent à des canaux dont la structure est très compliquée, et qui ont été regardés comme devant donner à l'animal des sensations spéciales. On trouve un tentacule dont la position est variable, ainsi que la forme ; c'est ainsi qu'il peut être globuleux, conique, aplati en baguette, qu'il est situé entre l'œil et la narine, près de la lèvre, en dessous de la narine, derrière la narine, contre l'œil, près de l'angle de la bouche. La membrane du tympan et la caisse tympanique font défaut, de sorte que l'appareil auditif est tout à fait rudimentaire.

Les vertèbres sont biconcaves ; leur nombre, toujours considérable, peut s'élever à 250 ; la corde dorsale est persistante. Le crâne osseux, pourvu d'une double apophyse articulaire, comme chez tous les Batraciens du reste, est solidement uni aux os de la face, de telle sorte que la mandibule inférieure fait partie continue de la tête. D'après Leydig, l'os hyoïde indique, par son développement et par le nombre presque complet des paires d'arcs qui persistent, une respiration branchiale pendant la période larvaire. Sur toute la longueur de la colonne vertébrale, excepté sur la première et la dernière vertèbre, on trouve de petites côtes rudimentaires. Les membres, ainsi que l'épaule et le bassin, manquent complètement.

Les animaux adultes n'ont jamais de branchies, mais respirent toujours l'air en nature. Comme chez les Serpents venimeux, le poumon droit est beaucoup plus développé que le poumon gauche, plus ou moins atrophié.

Développement. — On ne sait que peu de chose sur le développement des Apodes.

Les jeunes ne subissent que des métamorphoses très incomplètes, ce qui ne nous surprendra pas, sachant que ces animaux sont les plus inférieurs et les moins normaux des Batraciens. Les métamorphoses sont, en effet, d'autant plus considérables que nous prenons des Batraciens plus élevés en organisation, tels que les Anoures.

Suivant Müller, la Cécilie ou Epicrium glutineux possède, pendant l'état larvaire, une ouverture branchiale située de chaque côté du cou et communiquant avec des branchies internes. D'après G. Boulenger, la larve de cette espèce a une tête semblable à celle d'un Poisson, et ressemble à celle de l'Amphiume, mais avec des lobes labiaux plus développés ; la langue est libre en avant, comme chez les Salamandres. Le tentacule manque ou est caché par l'œil, qui est beaucoup plus développé que chez l'adulte. On ne trouve pas de branchies externes, mais de larges fentes. La queue est beaucoup plus distincte que chez l'adulte, très comprimée et pourvue d'un repli simulant une nageoire. Les anneaux circulaires sont bien marqués. L'anus se présente sous la forme d'une fente longitudinale.

Une autre espèce, la Cécilie à queue comprimée, ne présente pas trace d'ouvertures branchiales pendant le jeune âge, d'après Paul Gervais ; Peters a cependant observé chez des larves enfermées dans l'utérus de la mère deux vésicules allongées, qu'il regarde comme des branchies.

« D'après Paul Gervais (1), une observation de J. Müller montre que les jeunes Cécilies du genre Epicrium ont des branchies. Il a, en effet, observé la trace des trous branchiaux sur un de ces animaux que l'on conserve au musée de Leyde.

« Toutefois il ne paraît pas en être ainsi pour toutes les espèces du même ordre.

« En effet, une femelle de la Cécilie ordinaire de Cayenne (*Cæcilia compressicauda*), qui a été recueillie par Leprieur, a mis bas dans un bocal où ce naturaliste la retenait, six petits vivants chez lesquels on ne distingue, ainsi que nous nous en sommes assuré, aucune trace de branchies ni de trou branchial.

« L'examen du crâne des jeunes Cécilies permet de reconnaître comme erronée une opinion de G. Cuvier et de Stannius, qui pourrait fournir une objection sérieuse contre la théorie actuelle de la formation du crâne, si elle était réellement fondée.

« Le célèbre auteur des *Leçons d'anatomie comparée* ainsi que du *Règne animal*, qui a repoussé, comme l'on sait, la plupart des idées d'anatomie philosophique émises de son temps, a écrit, dans le second de ses ouvrages, que

(1) Paul Gervais et Van Beneden, *Zoologie médicale*. Paris, 1859.

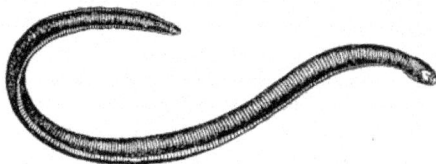

Fig. 496. — L'Épicrium glutineux (1/4 grand. nat.).

chez la Cécilie « les maxillaires recouvrent l'orbite et sont percés d'un petit trou pour l'œil », et, dans le premier, que les mêmes os sont « seulement percés d'un petit trou dans lequel l'œil est enchâssé. »

« D'autre part, de Siebold et Stannius (1) disent que, chez les Cécilies, « les jugaux sont tellement larges qu'ils forment des plaques qui recouvrent les orbites et les fosses temporales ; un petit trou dont ils sont percés tient lieu d'orbite.

« En examinant des Cécilies jeunes, et même chez des Cécilies adultes, lorsqu'on apporte à cette étude une plus grande attention, on ne tarde pas à reconnaître que l'os dans lequel est percé l'orbite n'est point un os unique, mais le résultat de la fusion de plusieurs pièces distinctes, qui sont absolument les mêmes que celles dont l'orbite est formé ailleurs. »

Distribution géographique. — Les parties les plus chaudes de l'Amérique du Sud et de l'Amérique centrale sont la véritable patrie des Apodes ; sur trente-deux espèces que renferme cet ordre, nous en trouvons vingt en Amérique ; en Afrique nous notons sept espèces ; on connaît cinq espèces dans le sud de l'Asie, et dans les îles qui géographiquement en dépendent.

LES CÉCILIES — *CÆCILIA*

Wurmwühle.

Caractères. — Tel que ce genre a été compris par Duméril et Bibron, il renferme des animaux chez lesquels la tête est cylindrique, le museau saillant ; les dents sont fortes, courtes, coniques, un peu recourbées. La langue est fort épaisse, entière, arrondie en avant,

(1) Siebold et Stannius, *Nouveau manuel d'anatomie comparée.* Paris, 1849.

garnie de papilles qui, le plus souvent, lui donnent une apparence veloutée ; presque toujours on « voit deux petites élévations hémisphériques qui, lorsque la bouche est fermée, se trouvent logées dans les orifices internes des narines, qu'elles doivent, sans doute, fermer très hermétiquement, car leur diamètre et leur hauteur correspondent parfaitement à la largeur et à la profondeur de ces cavités nasales ». Les yeux peuvent être distincts ou cachés sous la peau. On voit une fossette en dessous de chaque narine.

Le genre Cécilie a été partagé en un certain nombre de genres, tels que *Uræotyphlus*, *Cæcilia*, *Hypogeophis*, *Typhlonectes*, d'après la considération de l'écaillure, de la forme du tentacule nasal et de sa position par rapport à la narine et à l'œil.

Distribution géographique. — Sans entrer dans la discussion de ces genres, ce que ne comporterait pas la nature de ce recueil, nous dirons seulement que les Typhlonectes, qui manquent d'écailles, doivent être séparées des Cécilies.

Les Cécilies proprement dites, au nombre de six espèces, sont de l'Amérique du Sud, Équateur, Cayenne, Colombie, Panama ; les *Uræotyphlus* vivent dans l'Inde et dans l'ouest de l'Afrique ; c'est dans le même continent et dans les îles environnantes, telles que les Seychelles, que se trouvent les *Hypogeophis*.

Mœurs, habitudes, régime. — Les Cécilies se plaisent dans les lieux sombres et humides et parmi les marécages. Là, elles creusent des trous qui atteignent jusqu'à 3 pieds de profondeur.

Ces animaux semblent se nourrir de substances végétales, puis d'Insectes divers, et l'on trouve dans leurs intestins, en les disséquant, de l'humus et du sable.

Wurmwühle.

Caractères. — La Cécilie lombricoïde (*Cæcilia lumbricoidea, gracilis*) est l'espèce la plus
longue et la plus grêle, car elle a, en longueur,
plus de 90 fois la largeur du corps, celui-ci
pris dans sa partie moyenne. Un animal long
de 0^m,50 a tout au plus la grosseur d'une
plume d'oie ; le corps est cylindrique et peut
arriver à la taille de 0^m,75 (fig. 495).

La tête est large, le museau étroit, arrondi,
très proéminent ; les yeux sont très souvent
cachés, parfois visibles ; le tentacule se trouve
à la partie inférieure du museau, en dessous
de la narine ; les dents sont assez longues et
aiguës.

La peau est marquée de nombreux plis circulaires, au nombre de 210 à 260, n'entourant
pas entièrement le corps. La couleur est uniformément brune ou olivâtre.

Distribution géographique. — Cette espèce
habite les Guyanes et l'Équateur.

Mœurs, habitudes, régime. — On connaît
peu de chose sur les mœurs de ce singulier
animal ; on sait seulement qu'il vit sous la
terre, à la manière des Lombrics, et qu'il peut
fouir avec une rapidité et une force vraiment
considérables, eu égard à sa faible taille. Suivant
de Wied, les Cécilies accumulent la terre au-
dessus de leurs galeries, comme pourraient le
faire les Lombrics ; le nom de ces animaux est
celui qu'on donne aux Typhlops et qui signifie
« serpent à deux têtes ».

« Je n'ai pas réussi, écrit Schomburgk, à savoir autre chose des indigènes et des gens de
couleur, si ce n'est que les Cécilies vivent dans
la terre et surtout dans les fourmilières. J'ai
observé plus tard que cela a lieu réellement,
et Collins assure que lorsqu'on cherche à se
débarrasser de ces animaux incommodes, les
Fourmis, en les entourant d'un fossé, il a souvent trouvé ce Batracien au milieu d'elles. Il
est probable que la Cécilie recherche les Fourmilières à cause de la facilité qu'elle a de s'y
creuser des galeries. Bref, les fourmis supportent ce Batracien, de telle sorte que ces animaux vivent ensemble dans une union frater-
nelle. »

D'après Tschudi, les Cécilies se trouvent dans
le sol, généralement de 0^m,30 à 0^m,60 de profondeur ; on les rencontre le plus souvent

lorsque l'on exécute des travaux de terrasse-
ment.

Les indigènes redoutent ces animaux autant
que les Amphisbènes, qui sont cependant des
bêtes inoffensives sous tous les rapports.

LES ÉPICRIUM — *EPICRIUM*

Caractères. — D'après Duméril et Bibron,
Wagler a désigné sous le nom d'Épicrium, des
Anoures qui « se reconnaissent, au premier
aspect, à la dépression et à la longueur de la
tête, au rétrécissement que présente leur
corps à ses deux extrémités, et aux nombreuses impressions circulaires qui règnent sous la
peau, depuis la naissance du cou jusqu'à la
naissance de la peau, impressions qui semblent
être traversées, sous le ventre, par une sorte
de suture ou de raphé qui s'étend tout le
long de celui-ci. La forme de la tête des Épi-
criums rappelle un tant soit peu celle du commun des Ophidiens, aux dents desquels les
leurs ressemblent aussi beaucoup, car elles
sont effilées, pointues et très couchées en arrière. »

Nous ajouterons que le corps est revêtu d'é-
cailles arrondies, petites, nombreuses, transparentes ; ces écailles, qui sont noyées dans la
peau, ont leur face externe ornée de lignes
figurant, par leur ensemble, un réseau à mailles
quadrilatères. L'os squamosal est en contact
avec le pariétal. Les tentacules sont coniques,
situés entre l'œil et la narine ; au-dessous d'eux
se trouve une fossette.

Caractères. — La seule espèce du genre,
l'Épicrium glutineux (*Epicrium glutinosum,
Ichthyophis glutinosum, Rhinatrema bivittatum,
Cæcilia bivittata*) est un animal de 0^m,40 de
long, au corps assez allongé, le diamètre du
tronc étant le vingt-troisième environ de la
longueur totale. Le museau est arrondi ; les
yeux sont bien visibles. La queue est très courte,
pointue.

On compte sur le corps de 240 à 400 plis,
tous assez régulièrement rapprochés les uns
des autres (fig. 496). D'après Duméril, « les
plis qui occupent les deux premiers tiers de la
longueur du tronc ne l'entourent pas complètement, c'est-à-dire qu'ils ne descendent pas
jusque sous le ventre, qui est lisse, uni, dans
toute l'étendue dont nous venons de parler.

Fig. 407. — Le Siphonops annelé (grand. nat.).

Ces mêmes plis des deux premiers tiers de la longueur du tronc se font encore remarquer en ce qu'ils se brisent sur un point de leur circonférence, de manière à former chacun un chevron très ouvert, dont le sommet, dirigé en avant, se trouve placé positivement sur la ligne médio-longitudinale du dos. Les autres plis du corps, c'est-à-dire ceux qui en entourent le dernier tiers, forment des anneaux complets. »

L'animal est de teinte ardoisée, bleu foncé ou noirâtre ; une bande jaunâtre s'étend tout le long du corps, depuis l'extrémité du museau jusqu'au niveau du cloaque.

Distribution géographique. — L'Épicrium habite Java, Ceylan, Siam et une partie de la péninsule de l'Inde.

Mœurs, habitudes, régime. — Un Épicrium, que nous avons pu observer à la Ménagerie des Reptiles du Muséum de Paris, avait absolu-

ment les mêmes mœurs qu'une Amphisbène qui partageait sa captivité. Les deux animaux, placés dans une caisse renfermant une épaisse couche de terre et de sable, ne tardèrent pas, chacun, à se creuser de profondes galeries. On plaça une certaine quantité de Vers de terre dans la caisse et on constata qu'une partie de ceux-ci disparaissaient. L'Épicrium ne se montra à la surface que peu de temps avant sa mort.

LES SIPHONOPS — *SIPHONOPS*

Lochwühlen.

Caractères. — Pour Duméril et Bibron, les Siphonops sont des Batraciens « qui ont généralement le museau plus court que les Cécilies, ce qui fait que la bouche a moins l'air de s'ouvrir sous la tête. Ce qui les caractérise plus particulièrement, c'est d'avoir les fossettes ou fausses narines placées, non sous le museau, mais sous les yeux, un peu plus ou un peu moins en avant. La peau qui recouvre l'œil des Siphonops est assez transparente pour qu'on puisse apercevoir cet organe à travers. »

Nous ajouterons que les Siphonops proprement dits ont l'os squamosal en contact avec le pariétal; il n'existe qu'une seule série de dents à la machoire inférieure; le tentacule est en forme de languette; la peau ne porte pas d'écailles. Les Dermophis ont, au contraire, des écailles; on voit deux séries de dents à la mandibule; le tentacule est globulaire; la fossette circulaire, placée juste au-devant de l'œil.

Distribution géographique. — Les Siphonops proprement dits sont de l'Amérique tropicale, Guyanes, Brésil, Équateur, Pérou; c'est dans l'ouest de l'Afrique et dans les parties les plus chaudes du continent américain, sud du Mexique, Guatémala, Panama, Équateur, nord du Brésil, Costa-Rica, qu'on trouve les Dermophis.

LE SIPHONOPS ANNELÉ. — *SIPHONOPS ANNULATUS.*

Ringelwühle.

Caractères. — Le Siphonops annelé est un animal vermiforme, au corps assez épais, cylindrique, entouré de 85 à 95 anneaux tous complets, cessant un peu avant l'anus, de telle sorte que la peau de l'extrémité terminale du corps, qui est arrondie, n'est pas ridée. Le museau est très court, arrondi, fort épais, à peine plus étroit que la partie postérieure de la tête. Les narines viennent s'ouvrir sur les côtés du museau, tout à fait à l'extrémité et un peu en haut (fig. 497).

Certains individus sont de couleur olivâtre, d'autres d'une teinte cendrée; tous les plis circulaires de la peau offrent une coloration blanchâtre.

La longueur est d'environ 0^m,60.

Distribution géographique. — Cette espèce se trouve dans le nord du Brésil, aux Guyanes à l'Équateur, au Pérou.

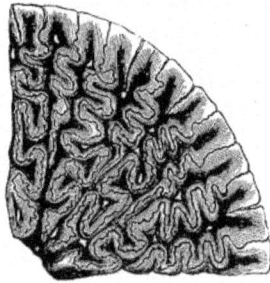

Fig. 498. — Fragment grossi d'une section transversale de dent de Labyrinthodonte.

LES LABYRINTHODONTES — *LABYRINTHODONTIA*

Caractères généraux. — Les paléontologistes ont désigné sous le nom de Labyrinthodontes d'étranges animaux qui, par certains traits de leur organisation, semblent faire le passage entre les Reptiles, les Batraciens Urodèles et certains Poissons à corps cuirassé que l'on connait sous le nom de Ganoïdes.

Par l'ensemble de leurs caractères, ces animaux, bien que n'ayant vécu qu'à une époque fort lointaine, paraissent avoir été de beaucoup supérieurs aux Batraciens de la nature actuelle; ils ont constitué un groupe dont rien aujourd'hui ne peut nous donner la moindre idée.

Les particularités les plus curieuses que présentent les Labyrinthodontes pris dans leur ensemble est la structure compliquée de leurs dents.

Ces dents sont généralement coniques, assez fortes, et logées dans des alvéoles, ainsi qu'on le voit chez les Reptiles; à une certaine distance du sommet, les faces de la dent sont longitudinalement cannelées et chaque côté est également plissé, de telle sorte que la matrice osseuse présente les circonvolutions et les enchevêtrements les plus bizarres que l'on voit surtout bien par une coupe transversale (fig. 498). Cette structure rappelle ce que l'on voit dans les dents de certains poissons Ganoïdes.

On a noté, de plus, que chez beaucoup de Labyrinthodontes, les deux dents antérieures prennent la forme de canines et sont reçues dans des cavités creusées dans la mâchoire supérieure, ainsi qu'on le voit chez les Crocodiles.

Tels sont, par exemple, les Trimérorhachis, les Éryops, les Acheloma des terrains Permiens des États-Unis.

Chez certains animaux que l'on peut cependant rapprocher des Labyrinthodontiens, les dents ne présentent pas de circonvolutions.

Tel est l'Actinodon, si bien étudié par le professeur Albert Gaudry ; l'Actinodon qui vivait en France pendant l'époque Permienne, c'est-à-dire vers la fin des temps primaires, a des dents pointues sur les mandibules, les inter-maxillaires, les maxillaires, les os palatins; le vomer, outre deux grandes dents, est couvert de dents en carde, comme chez beaucoup de Poissons.

Chez les Labyrinthodontiens les vertèbres sont amphicéliennes ou bi-concaves.

La colonne vertébrale, souvent cartilagineuse, a presque toujours disparu ; c'est ainsi que, chez les Cricotus américains, la corde dorsale est persistante et perce le centre de chaque vertèbre. Certains de ces Batraciens ont cependant la colonne vertébrale ossifiée.

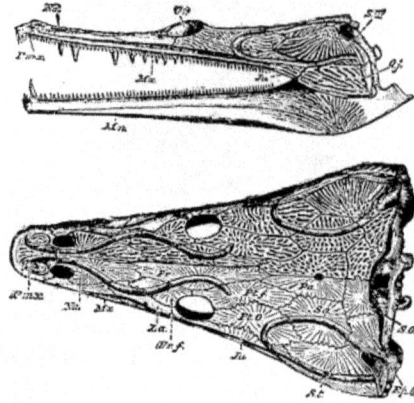

Fig. 499 et 500. — Crâne de Trématosaure.

La composition de ces vertèbres est des plus intéressantes pour l'anatomiste, car les pièces en sont presque toujours distinctes les unes des autres, ainsi que l'ont bien montré les travaux de Cope (1) et de Albert Gaudry (2).

De même que chez les Urodèles, le nombre des vertèbres est considérable et la queue est généralement longue ; les vertèbres caudales sont cependant peu nombreuses chez les Éryops.

Les côtes peuvent être longues ou courtes ; il y a deux surfaces d'articulation avec la vertèbre.

Chez les Labyrinthodontiens les plus anciens le crâne est complètement cuirassé ; aussi ces animaux ont-ils été désignés sous le nom de Ganocéphales par Richard Owen ; la surface externe du crâne est généralement couverte de vermiculations souvent très prononcées qui rappellent ce que l'on voit chez les Crocodiles de l'époque actuelle.

Ce crâne est tantôt allongé, ainsi qu'on le voit chez le Cricotus, le Trématosaure (fig. 499, 500), l'Archégosaure (fig. 501) ; tantôt plus trapu, plus raccourci, comme dans le genre américain Éryops et dans les genres européens Actinodon et Mastodontosaure (fig. 502, 503).

(1) Cope, *Proceedings of the american philosophical Society*, vol. XVII, p. 515, 1878.

(2) Albert Gaudry, *Les enchaînements du monde animal dans les temps géologiques (Fossiles primaires)*, Paris, 1883.

Chez le Trématosaure, le crâne, par sa forme, rappelle celui du Crocodile, tandis que chez Cricotus des terrains permiens du Texas et de l'Illinois, le museau, bien distinct du crâne, est long et rétréci.

La partie postérieure du crâne, pourvue de deux condyles articulaires, est bien d'un Batracien, tandis que plus en avant certains os ont pris le développement que l'on voit chez les Poissons Ganoïdes.

Les os temporaux sont ceux des Batraciens.

Chez beaucoup d'espèces, les différentes pièces qui composent la mâchoire inférieure sont complètement ossifiées.

Les orifices nasaux sont généralement placés près de l'extrémité du museau ; ils sont parfois assez grands.

La position des orbites varie beaucoup suivant les genres examinés ; c'est ainsi que les orbites sont reculées chez les Éryops, les Cricotus, tandis qu'elles sont avancées chez les Trématosaures.

Les yeux occupent une position intermédiaire chez les Actinodons.

Les membres sont faibles en comparaison de la taille.

Dans les genres Archégosaure, Keraterpeton, Lepterpeton, les doigts sont au nombre de cinq à chaque patte, les tarses et le carpe restant à l'état cartilagineux.

Chez l'Archégosaure, par exemple, les deux

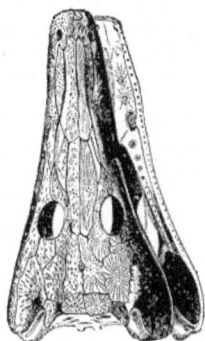

Fig. 501. — Tête d'Archégosaure.

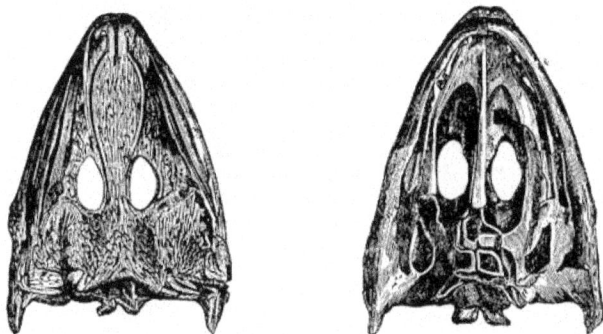

Fig. 502 et 503. — Tête de Mastodontosaure de Jæger, vue en dessus et en dessous.

paires de membres, sensiblement de même grandeur, sont dirigées en arrière et devaient servir à la natation; suivant Gaudry, « ces os avaient leurs extrémités cartilagineuses; ils étaient d'une grande simplicité; les éléments osseux envahissaient imparfaitement leurs cartilages, de sorte que leur tissu était peu dense et facile à comprimer; c'est pour cette raison qu'en passant à l'état fossile ils se sont souvent déformés. »

Cette disposition annonce une grande infériorité d'organisation, car c'est principalement à l'extrémité des os que les muscles et les ligaments s'insèrent chez les animaux supérieurs; elle paraît indiquer des membres qui n'avaient que des mouvements généraux.

Gaudry a fait connaître, sous le nom d'Euchirosaure, quelques débris provenant des environs de Igornay, dans Saône-et-Loire; l'Euchirosaure est à un état d'évolution plus avancé que les autres Batraciens de la même époque; l'os du bras, entre autres, bien ossifié, semble indiquer un animal fouisseur.

Une particularité curieuse de l'organisation des Labyrinthodontes est le cuirassement d'une partie de la poitrine.

Beaucoup de ces animaux ont un plastron composé en apparence de trois pièces : une médiane et deux latérales; la pièce médiane a une forme rhomboïdale, les pièces latérales sont triangulaires.

Ces plaques ont généralement leur surface externe sculptée, avec des lignes saillantes rayonnant du centre vers les bords sur la plaque médiane et des angles externes pour les plaques latérales.

La composition de ces plaques est plus complexe qu'on ne l'a cru d'abord.

D'après Gaudry, chez l'Archégosaure, par exemple, la grande pièce médiane représente l'entosternon des Lézards et des Tortues, les pièces latérales, les clavicules, les sous-clavicules et une partie de l'omoplate; certaines de ces plaques ont leurs homologues chez les Tortues et chez les Poissons.

Cette disposition est très nette chez l'Actinodon; il existe trois pièces de chaque côté de la ceinture thoracique; le nombre de ces pièces est de quatre chez un autre animal du même niveau géologique, l'Euchirosaure.

Un Labyrinthodon de faible taille, trouvé en Afrique, le Microphis, avait la gorge couverte de petites plaques osseuses.

D'après Th. Huxley (1), chez les Archégosaures, les Pholidogaster, les Urocordyles, les Kératerpéton, les Ophiderpéton, les Ichthyerpéton, les téguments compris entre les plaques du thorax et le bassin présentent des rangées régulières de petites épines ossifiées qui, pour la plupart, se dirigent en avant et en dedans de la ligne médiane; on ne voit pas trace de ces épines ni sur la queue, ni sur aucune partie du dos et des membres.

Chez les Cricotus américains, le ventre est protégé par des épines longues et plates qui forment des chevrons imbriqués.

D'après Gaudry, le ventre, chez l'Actinodon, était hérissé entre les membres de devant et ceux de derrière d'écailles dont quelques-unes sont fort pointues et qui varient suivant la place qu'elles occupent; ces épines sont placées par rangées disposées par chevrons; elles sont très longues, minces et étroites, et leur pointe acérée s'enfonçait dans la peau.

L'Euchirosaure avait également des écailles pointues, mais elles étaient moins acérées et plus larges.

L'Archégosaure a le ventre couvert de petites écailles minces et aciculées, disposées en rangées formant des chevrons.

Ce groupe des Labyrinthodons, établi par Owen, a été tantôt rapproché des Batraciens, tantôt des Reptiles proprement dits.

Les caractères qui rapprochent ces curieux animaux des Batraciens sont la présence de deux condyles supportés par des os occipitaux

(1) Huxley, *Éléments d'anatomie comparée des animaux vertébrés*. Trad. de l'anglais. Paris, 1875.

latéraux distincts, l'absence d'os lacrymal; il existe souvent des dents sur le vomer et sur les palatins; les os temporaux sont semblables à ceux des Batraciens.

Quelques particularités dans la structure du crâne et le mode d'implantation des dents ressemblent, par contre, à ce que l'on trouve chez les Reptiles.

Nous avons, en un mot, dans les Labyrinthodontes un de ces groupes de passage comme on en connaît déjà tant dans les temps anciens.

Ainsi que nous venons de le voir, les Labyrinthodontes comprennent un assez grand nombre de types distincts.

Parmi les genres européens les mieux étudiés nous pouvons citer les Mastodontosaures, les Capitosaures, les Metopias, les Trématosaures, les Zygosaures, les Archégosaures, les Rhinosaures.

Les Mastodontosaures ont la tête courte, plate, large et de forme parabolique; les orbites, placées l'une près de l'autre, sont situées dans la moitié postérieure du crâne; les narines sont terminales; les dents petites et nombreuses.

Dans le Mastodontosaure de Jæger (fig. 511), dont le crâne a 27 pouces de longueur, les dents de la mâchoire supérieure sont au nombre de deux rangées et l'on compte plus de 100 dents à la rangée externe.

Les Capitosaures, du même niveau géologique, c'est-à-dire du Trias, diffèrent des Mastodontosaures par leurs cavités orbitaires beaucoup plus petites et situées bien plus en arrière.

Chez les Metopias, les orbites sont ouverts dans la moitié antérieure de la tête; les dents de la mâchoire supérieure sont très nombreuses.

Dans le Grès bigarré, qui appartient à l'époque du Trias, on trouve les Trématosaures, à la tête allongée, de forme triangulaire; les orbites sont situées au milieu de la longueur du crâne; on compte 58 dents à la mâchoire supérieure dans la rangée externe et 36 dans la rangée interne.

Les Zygosaures, de l'étage Permien, ont la tête parabolique, les orbites grandes, un très large trou sur le sommet de la tête, de grandes fosses temporales; les os zygomatiques sont développés; les dents petites, de forme conique, sont soudées aux mâchoires. On voit au palais de grosses dents au devant

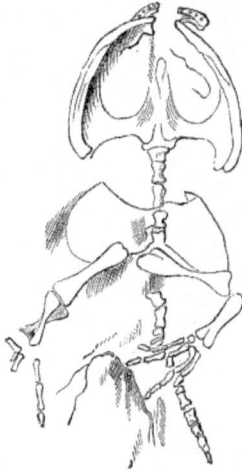

Fig. 504. — Raniceps de Lyell.

desquelles se trouvent des dents beaucoup plus petites, disposées comme les dents d'un peigne.

Nous avons déjà dit plus haut que chez les Archégosaures, du terrain carbonifère, les dents sont striées de profondes lignes longitudinales; des lames de cément pénètrent dans l'intérieur de la dent, en rayonnant également vers la cavité de la pulpe.

Les Labyrinthodontiens les plus récents sont les Rhinosaures.

Une espèce, le Rhinosaure de Jaeykow, a été trouvée à Simbirsck, au confluent du Volga et de la Sviaga, dans des couches qui ont été rapportées à la base du Lias. Chez cet animal, la tête, plus élevée que chez les vrais Labyrinthodontes, est couverte de plaques osseuses qui forment une armure sillonnée; les orbites sont grands, dirigés latéralement; les narines s'ouvrent près de l'extrémité du museau; les dents sont fines, un peu comprimées, très pointues, les inférieures étant plus petites que celles qui garnissent la mâchoire supérieure.

Distribution géologique. — Dans l'état actuel de nos connaissances, les Batraciens paraissent dater d'une époque extrêmement reculée.

« Pendant plus de 34 ans, dit sir Charles Lyell (1), ce fut un axiome reçu en paléontologie qu'il n'avait pas existé de reptiles avant la période permienne, avant le calcaire magnésien; mais à la fin de 1844, cette barrière préconçue fut renversée, et des reptiles carbonifères, terrestres et aquatiques de plusieurs genres virent le jour. On discute même encore en ce moment la question de savoir si certains restes d'un *Enaliosaurus* (c'était peut-être un grand *Labyrinthodon*) n'ont pas été découverts dans le terrain houiller de la Nouvelle-Écosse, et si certains grès des environs d'Elgin, en Écosse, contenant des os de Lacertiens, de Crocodiliens et de Rhynchosauriens, ne devraient pas se rapporter au grès rouge, c'est-à-dire au groupe dévonien. Néanmoins, aucun vestige de cette classe n'a encore été découvert dans des roches aussi anciennes que celles dans lesquelles on a trouvé les premiers poissons. »

Cope a découvert dans les couches à charbon de l'Ohio un Urodèle, l'Ichthyacanthe, dont la taille était à peu près celle du Ménopome.

D'après Gaudry, l'Ichthyacanthe n'était pas le seul Batracien ayant vécu à cette lointaine époque, et nous ne pouvons mieux faire que

(1) Lyell, *l'Ancienneté de l'Homme prouvée par la géologie*, trad. par M. Chaper, 2e édition, revue par E. T. Hamy. Paris, 1870, p. 446.

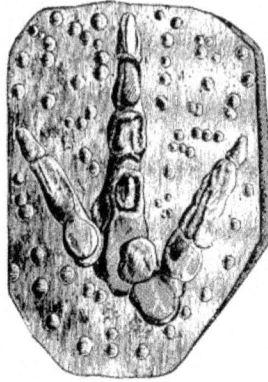

Fig. 505. — Empreinte de pas d'Oiseau et de gouttes de pluie sur le grès du Trias des États-Unis.

de transcrire ici ce que dit le savant professeur :

« Dès 1863, Dawson (1) a fait connaître plusieurs Reptiles, notamment une petite bête, appelée *Kylonomus*, à vertèbres bien ossifiées, qui aurait été capable de respirer hors de l'eau, de grimper et de sauter dans les arbres.

Huxley a signalé, dans le Houiller de la Grande-Bretagne, divers Reptiles, parmi lesquels on peut citer l'Anthracosaure, animal long de 2 mètres, trouvé dans une houillère du bassin de Glascow.

« En 1844, le docteur King a vu dans le houiller de Greensburg, en Pennsylvanie, des empreintes d'un énorme animal, le *Batrachopus;* les traces des pas de derrière mesuraient près d'un pied de long, et par conséquent dépassaient en grandeur celle des Labyrinthodontes triasiques. Ces empreintes indiquaient une bête qui avait une respiration aérienne, car, d'après leur mode de fossilisation, il est évident qu'elles ont été faites par un quadrupède marchant sur l'argile molle d'un rivage, que cette argile s'est desséchée au soleil et s'est crevassée. Ensuite du sable a dû recouvrir l'argile et enfin le sable se sera changé en grès.

« Des empreintes de pas de Reptiles encore plus anciens ont été observées par lui dans la Pennsylvanie, à 520 mètres plus bas que celles

de Greensburg; on a pensé qu'elles pourraient appartenir au Devonien. »

Nous ajouterons que dans le terrain carbonifère, avec des Batraciens qui rappellent un peu ceux qui vivent aujourd'hui, tels sont les *Itaniceps* (fig. 504), les *Parabatrachus*, avec des Sauriens tels que le *Dendrepeton*, l'*Hylerpeton*, vivaient des Labyrinthodontiens proprement dits.

Dans le terrain Permien qui, géologiquement, fait directement suite au terrain Carbonifère, les Reptiles et les Batraciens sont plus nombreux, tant en Europe que dans l'Amérique du Sud.

C'est ainsi que Cope a découvert dans le Permien du Texas et de l'Illinois jusqu'à quatorze genres et vingt-huit espèces de Reptiles, six genres et sept espèces de Batraciens Stégocéphales ou Labyrinthodontiens.

En Europe la faune n'est pas moins riche.

Parmi les Reptiles, nous pourrons citer les Palæosaures, les Protérosaures, les Thecodontosaures et d'autres genres encore.

Paul Gervais a décrit l'Aphelosaure provenant du Permien de Lodève et trouvé par M. de Rouville en 1867.

Gaudry a appelé en 1875 l'attention sur les petits Batraciens Urodèles trouvés dans les couches à pétrole des environs d'Autun, le Protriton et le Pleuronoura (1); ce savant a fait

(1) Dawson, *The air breathers of the coal period*. 1863.

(1) Gaudry, *Sur la découverte de batraciens propre-*

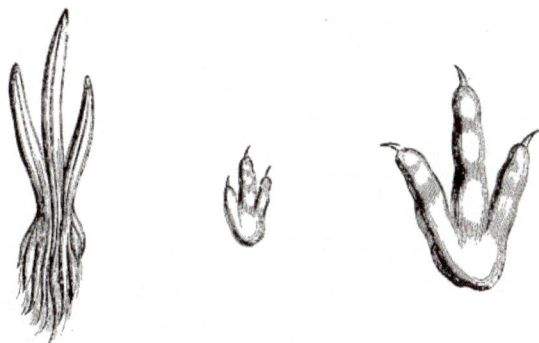

Fig. 506 à 508. — Empreintes de pas d'Oiseaux (Ornitichnites) sur le grès du Trias des États-Unis.

connaître, comme provenant des mêmes localités, deux vrais Labyrinthodontes, l'Actinodon de Frossard trouvé à Muse, près d'Autun, et l'Euchirosaure de Roche trouvé à Dracy-Saint-Loup, et un curieux animal, le Stéréorachis, qui était probablement un Batracien de forme étrange.

Du Permien de Lébach, dans la Prusse Rhénane, Goldfuss et Hermann de Meyer ont décrit l'Archégosaure.

D'autres découvertes ont été faites en Russie, en Allemagne, en Angleterre.

A l'époque Permienne succède le Trias; la faune indique à ce moment une transition entre l'époque paléozoïque et l'époque mésosoïque.

C'est alors qu'apparaissent les premiers types qui caractérisent la faune secondaire.

Les Labyrinthodontiens atteignent leur maximum, puis disparaissent à tout jamais; ils n'ont pas laissé de descendants. C'est à cette époque qu'ils arrivent à la plus grande taille; ils coexistaient avec les singuliers Dicynodontiens, avec les étranges Ptérodactyliens, avec les gigantesques Enaliosauriens dont nous avons parlé.

Des empreintes de pas, attribuées à des Reptiles, ont été signalées en grand nombre, principalement en Amérique où l'on a pu en distinguer de cinquante-cinq espèces différentes dans les grès du Connecticut.

Quelques-unes ont eu jusqu'à 0ᵐ,40 de longueur.

ment dits dans le terrain primaire (Comptes rendus de l'Acad. des Sciences. 15 fév. 1875 et Bull. de la Soc. géologique de France. 3ᵉ série, t. III, 29 mars 1875).

Plusieurs sont tridactyles et montrent une disposition des phalanges analogue à celle des Oiseaux.

Mais comme les Iguanodons ont le pied conformé de la même manière, on ne sait si ces empreintes appartiennent à des Reptiles ou à des Oiseaux. Cette dernière classe paraît cependant représentée par d'autres empreintes à trois doigts, observées dans les grès du Massachussets et du Connecticut, et connue sous le nom d'*Ornitichnites* (fig. 507 à 509).

« Hitchcock en a distingué une trentaine d'espèces, dont l'une indique un animal de près de 4 mètres de hauteur, qui faisait des enjambées de plus de 2 mètres.

« A une époque plus récente, Deane (1) a fait connaître d'autres traces de pas, dont quelques-unes étaient distinctement palmées; et d'un autre côté la forte teneur en urée des coprolithes recueillies par Hitchcock près des empreintes tridactyles semble indiquer qu'elles appartiennent à des Oiseaux, les unes et les autres. On ne peut se refuser à enregistrer la classe importante des *Oiseaux* au nombre de celles qui font leur apparition à l'époque du Trias (fig. 505 à 508) (2). »

On peut voir, sur la figure 506, des empreintes arrondies qui ont été faites par la pluie.

(1) Deane, *On the discovery of fossil footmarks* (Silliman *Amer. Journ.*, vol. XLVII, 1844. p. 381). — *Illustrations of fossil footmarks* (Boston *Journ. Nat. Hist.*, t. V, p. 2, 1845). — *Description of fossil footprints* (Silliman *Amer. Journ.*, vol. XLVIII, 1845, p. 158, et 1847, t. III, p. 74).

(2) Contejean, *Éléments de géologie et de paléontologie*, p. 613, 1874.

Fig. 509. — Empreintes de pas de Reptiles (Chirothérium).

Des empreintes semblables ont été étudiées par de savants observateurs tels qu'Alcide d'Orbigny, Cunningham, Lyell, Hitchcock.

Cunningham principalement, qui a décrit les empreintes de pluie que l'on trouve dans les carrières de Storton Hill (1), explique nettement leur formation par ce que l'on voit aujourd'hui.

« Les effets produits par une pluie tombant sur les cendres très fines du Vésuve se font remarquer par la formation de globules ar-

Fig. 510. — Coprolithe de Reptile.

rondis, semblables à ceux que forme l'eau d'un arrosoir sur un parquet couvert de poussière.

« Même phénomène a été observé sur les grès de Storton Quarry.

« En certains cas, les globules sont petits et

(1) Cunningham, On some footmarks and other impressions in the New Red Sandstone quarries at Storton near Liverpool (Quart. Journ. geol. Soc. London., vol. II, 1816, p. 401).

circulaires, comme s'ils eussent été produits par une pluie légère; en d'autres, ils sont plus gros, de forme moins régulière, indiquant une pluie plus violente. »

Nous devons faire remarquer que les empreintes de gouttes de pluie *fossiles* ne sont pas les seules empreintes physiques que nous connaissions.

Sur les grès du Portlandien inférieur de Boulogne, par exemple, on trouve des traces de vagues; en certains points même le vent qui a soulevé le sable de la plage a laissé des traces de sa violence.

Mœurs, habitudes, régime. — Bien que nous connaissions encore peu les Labyrinthodontiens, les découvertes faites dans ces dernières années nous permettront cependant d'indiquer à larges traits les mœurs probables de ces étranges créatures.

Le corps devait être lourd et massif.

Comme chez tous les Urodèles, les membres, surtout les membres postérieurs, étaient trop faibles pour soutenir le corps, de telle sorte que le ventre traînait à terre.

Les Labyrinthodontiens étaient, du reste, des animaux qui devaient passer la plus grande partie de leur existence dans les marais qui découpaient si largement le sol aux époques du Carbonifère, du Permien et du Trias.

De même que nos Urodèles actuels, ils se traînaient parfois sur l'argile molle du rivage, qui a, dans certains cas, conservé l'empreinte

Fig. 511. — Le Mastodontosaure de Jaeger dans un paysage de l'époque du Trias.

de leurs pas, et la trace laissée sur la vase par la queue.

C'est ainsi qu'en France des empreintes de Cheirothérium (fig. 509) ont été reconnues à Saint-Valbert (Meurthe), dans une carrière où l'on exploite le grès vert, à la limite même de minces couches de grès et d'argile qui alternent entre elles au-dessous de gros blocs rouges.

Des empreintes du même animal ont été recueillies dans les grès bigarrés de Lodève (Hérault).

Le Muséum en possède de très beaux échantillons.

Nous avons déjà dit que certains Labyrin-

thodontes devaient atteindre une taille vraiment extraordinaire.

Dans les formations triasiques ont été trouvés des crânes mesurant jusqu'à 1m,50 de longueur, ce qui fait supposer des animaux de plus de 6 mètres de long !

Nous avons dit également qu'on avait vu dans le terrain houiller de Pensylvanie des traces de pas mesurant près d'un pied de long, indiquant dès lors des animaux tout aussi gigantesques.

Les Labyrinthodontiens des terrains permiens de l'Ohio et de l'Illinois étaient moins grands.

Chez les Parioxys, par exemple, le crâne n'aurait que 0m,160.

Fig. 512. — Le Pterophyllum de Jæger.　　Fig. 513. — Voltzia heterophylla.

Chez le Cricotus hétéroclite il atteignait 0^m,180.

L'Eryops mégacéphale était de plus grande taille, le crâne ayant jusqu'à 0^m,900.

En Europe, à la même époque, l'Archégosaure atteignait environ 0^m,40 de longueur totale.

Le crâne de l'Actinodon de Frossard a 0^m,185 de long, ce qui doit faire supposer un animal d'environ 0^m,90.

La respiration était certainement pulmonaire.

D'après Huxley, les Archégosaures avaient une respiration branchiale dans le jeune âge.

Il est probable qu'il en était de même chez les autres Labyrinthodontiens.

Le régime de ces animaux était carnassier, ainsi que l'indique leur dentition, admirablement disposée pour saisir et maintenir une proie, et non pour la broyer.

De l'examen de produits de déjection trouvés en même temps que ces animaux on a vu qu'ils se nourrissaient surtout de Poissons (fig. 510).

Bien que puissamment cuirassés et protégés par des écailles solides et en partie osseuses, les Paléoniscus n'échappaient pas cependant à la dent meurtrière de nos étranges Batraciens.

De même que chez les Requins de nos jours et les Ichthyosaures des temps secondaires, ceux-ci avaient dans l'intestin une valvule spirale, ce qui devait singulièrement augmenter la surface d'absorption.

Avec une grande habileté, Jobin nous a représenté un Labyrinthodonte, le *Mastodontosaurus Jaegri*; un de ces animaux est vu de dos; l'autre, à demi plongé dans l'eau, nous montre les plaques qui garnissent la poitrine (fig. 511).

Dans ce paysage de l'époque Triasique, se trouve à droite un groupe de Fougères, appartenant aux genres *Caulopteris*, *Anomopteris*, *Pecopteris* et *Tæniopteris*, avec quelques Cycadées du genre *Pterophyllum* (fig. 512).

L'animal représenté à gauche de la figure est entouré de tiges d'*Equisetum columnare*, reconnaissables à leur sommet non ramifié et

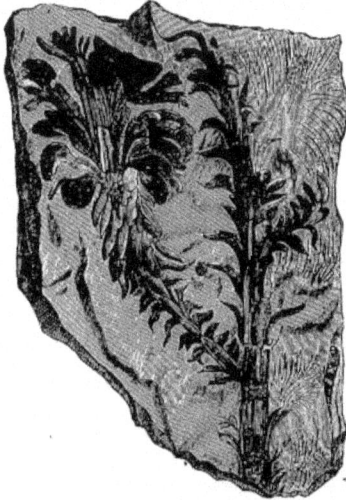

Fig. 514. — Branche et tige de Voltzia hétérophylle.

parfois fructifié; cette plante est voisine, sauf la taille beaucoup plus grande, de nos Prêles actuels.

A côté se voient des Calamites qui se distinguent par la disposition verticillée en parasol de leur sommet; les rameaux de ces plantes sont connus sous le nom d'*Antcro-phyllites Meriani*.

A l'arrière-plan, enfin, se trouvent les essences forestières, constituées par les Conifères des genres *Voltzia* (fig. 513 et 514), *Alber-tia* et *Widdingtonia*.

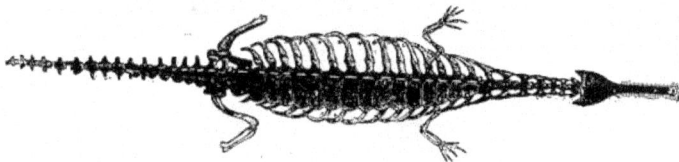

Fig. 515. — Restauration du Téléosaure de Caen, d'après E. Deslongchamps.

CONCLUSIONS

Après avoir fait, dans ce volume, l'histoire rapide des formes principales que renferment les Reptiles et les Batraciens, tant vivants que fossiles, il n'est peut-être pas inutile de jeter un coup d'œil d'ensemble sur la marche qu'ont suivie ces animaux à travers le temps.

L'époque actuelle, si on la compare aux époques anciennes, est pauvre en Reptiles et en Batraciens ; ces animaux sont en décroissance très marquée, et certains groupes présentent de telles lacunes qu'il est certain que nous n'avons plus aujourd'hui que des rameaux isolés d'un arbre dont les racines se trouvent dans les terrains les plus anciens, que des rejetons dont l'origine se perd dans la nuit des temps.

Il n'existe du reste, aujourd'hui, aucun grand groupe qui n'ait vécu autrefois.

Les Tortues, par exemple, les plus élevés en organisation de nos Reptiles, existaient certainement dès les premiers temps de l'ère secondaire et n'ont pas varié depuis cette lointaine époque ; c'est ainsi qu'on trouve dans les terrains jurassiques des Tortues qui rentrent toutes dans les divisions qui ont été formées pour recevoir les animaux actuels.

Les vrais Crocodiliens datent de la base de l'époque crétacée ; les Téléosauriens jurassiques (fig. 515) qui ont vécu avant eux leur sont évidemment inférieurs en organisation ; il en est de même pour les Crocodiliens triasiques, de telle sorte que cet ordre est aujourd'hui représenté par les animaux les plus parfaits.

Le grand groupe des Sauriens apparaît dès l'époque devonienne ; son antiquité est, on le voit, des plus reculées.

Nous savons aujourd'hui que les Ophidiens ou Serpents existaient dès le milieu de l'époque crétacée. Les Ophidiens que nous connaissons à l'époque tertiaire appartiennent aux principaux types, Serpents inoffensifs et Serpents venimeux, Serpents fouisseurs, Serpents d'eau, Serpents d'arbre, Serpents enrouleurs.

Parmi les Batraciens, les Urodèles, qui sont les plus inférieurs, datent certainement des temps primaires ; on les retrouve dans les terrains permiens. Les Anoures, d'après le peu que nous en savons, paraissent être beaucoup plus récents.

En un mot, tous nos grands groupes actuels étaient représentés aux époques anciennes.

Mais que de groupes disparus ! Les Dinosauriens (fig. 516), si élevés en organisation qu'ils se rapprochent des Mammifères dont ils semblent avoir joué le rôle et que ce ne sont plus des Reptiles au sens propre du mot, les singuliers Ptérodactyliens ou Ptérosauriens (fig. 517), qui, par certains traits, nous rappellent les Oiseaux, ont apparu avec les temps secondaires et se sont éteints avec les temps secondaires. Les gigantesques Enaliosauriens, dont rien dans la nature actuelle ne peut nous donner la moindre idée, ont eu le même sort. Les Labyrinthodontiens n'ont vécu que de l'époque carbonifère à la fin de l'époque triasique.

On peut dire que si l'ère primaire a vu le règne des Poissons, l'ère tertiaire le règne des Mammifères, c'est pendant l'ère secondaire que les Reptiles sont arrivés au summum de leur développement. Jamais, à aucune époque de la vie du globe, ces animaux n'ont présenté autant de formes différentes et autant de formes aussi parfaites ; c'est à cette époque qu'ils ont atteint le maximum de leur taille ; tous ceux qui ont apparu depuis ne sont que des pygmées en comparaison.

Il y a donc, on le voit, de grandes inégalités dans le développement des animaux ; certains se sont éteints à tout jamais après être arrivés au dernier degré de la perfection qu'ils pouvaient atteindre, tandis que d'autres n'ont pas changé. C'est ce qu'a fait parfaitement ressortir Albert Gaudry dans son beau livre sur les enchaînements du monde animal dans les temps géologiques ; aussi ne croyons-nous mieux faire que de donner ici les conclusions auxquelles est arrivé le savant paléontologiste, après avoir étudié les animaux de l'époque primaire :

« Si insuffisantes que soient nos études sur les Reptiles fossiles, elles offrent quelques enseignements pour l'histoire de l'évolution. Quand on voit les vertèbres incomplètement formées dans l'*Archegosaurus* et même dans l'*Actinodon* et l'*Euchirorasus*, qui, à certains égards, sont des êtres assez perfectionnés, on ne peut se défendre de l'idée que l'on surprend le type vertébré en voie de formation, au moment où va s'achever l'ossification de la colonne vertébrale. Et, lorsque l'on considère les os des membres de l'*Archegosaurus* et de l'*Actinodon*, avec leurs extrémités creuses, autrefois remplies par des cartilages, ne pouvant exécuter que des mouvements généraux, il est naturel de croire qu'ils indiquent des animaux dont l'évolution n'était pas terminée. M. Dawson, en faisant les découvertes de Reptiles dont nous avons parlé, a été frappé de l'état imparfaitement ossifié de leurs os ; voilà ce qu'il dit de l'*Hylonomus* : « Rien n'est plus remarquable dans le squelette de cette créature que le contraste entre les formes principales parfaites et belles de ses os et leur condition imparfaitement ossifiée, circonstance qui soulève la question de savoir si ces spécimens ne représentent pas les jeunes de quelques Reptiles de plus grande taille. »

« Comme le savant paléontologiste du Canada, je crois que ces os représentent un état de jeunesse ; seulement je suppose qu'il faut distinguer dans les animaux fossiles deux sortes de jeunesse : la jeunesse des individus et la jeunesse de la classe à laquelle ils appartiennent. A l'époque primaire, la classe des Reptiles était jeune, plusieurs de ses types étaient peu avancés en évolution ; c'est pour cela que,

même dans les individus adultes, quelques-uns de leurs caractères peuvent refléter ceux des Reptiles actuels à l'état jeune ou même à l'état embryonnaire ; ce sont là des applications des idées qui ont été mises en avant par Louis Agassiz sur les rapports de l'embryogénie et de la paléontologie.

« L'examen des Reptiles primaires permet encore de faire une remarque sur la question de l'archétype. La persistance de la notocorde, le faible développement des cerveaux, l'imperfection des membres portent à croire que l'*Archegosaurus* et l'*Actinodon* se rapprochaient des êtres que l'on peut supposer avoir été les prototypes reptiliens. S'il en est ainsi, les prototypes reptiliens ont-ils réalisé l'idée qu'on s'est faite de l'archétype ? Comme pour les Poissons, je réponds : les Reptiles primaires n'ont pas réalisé l'idée de l'archétype ; car l'archétype du Reptile devait avoir pour axe une colonne vertébrale, et la paléontologie nous apprend que plusieurs des anciens Reptiles, de même que les anciens Poissons, ont eu les centrums de leurs vertèbres incomplètement ossifiés. Dans l'archétype du Reptile, les membres auraient dû procéder des vertèbres ; or, il est vraisemblable que les membres des Reptiles ont été formés avant les vertèbres, puisqu'ils sont très perfectionnés chez l'*Euchirosaurus* dont les vertèbres sont encore incomplètement ossifiées. Dans l'archétype reptilien, les côtes devraient être une dépendance des vertèbres ; mais, s'il en est ainsi, comment se fait-il qu'elles aient dans l'*Euchirosaurus* un grand développement, alors que les vertèbres sont incomplètement formées. Dans l'archétype reptilien, les mandibules devraient s'attacher à la vertèbre frontale, et, au contraire, chez l'*Actinodon* et l'*Archegosaurus*, elles s'attachent tout en arrière du crâne. Dans l'archétype reptilien, le crâne devrait être composé de vertèbres encore peu modifiées et très reconnaissables ; or, dans l'*Actinodon* et l'*Euchirosaurus*, quoiqu'il y ait des condyles occipitaux, on ne peut pas dire qu'il y ait une vertèbre occipitale. En vérité, rien ne ressemble moins à une réunion de vertèbres que le crâne d'un *Archegosaurus* ou d'un *Actinodon* ; quand d'une part je vois l'occipital, le pariétal, les frontaux, les temporaux si complètement développés, si solides, si brillants, qu'ils ont fait imaginer le nom de Ganocéphales, quand d'autre part je constate l'état rudimentaire des vertèbres, je ne puis croire que le crâne des premiers Reptiles ait été le

Fig. 516. — Les Dinosauriens des Montagnes Rocheuses à l'époque jurassique.

résultat d'une simple extension des vertèbres. Chez les Reptiles des époques plus récentes, on trouve un peu plus de tendance vers la forme que l'on a attribuée à l'archétype ; par exemple, dans le Varan, le basilaire forme le centrum d'une vertèbre crânienne très reconnaissable, et même le sphénoïde peut être considéré comme le centrum d'une seconde vertèbre crânienne. Il est probable que les vertèbres du crâne se sont formées tardivement dans les temps géologiques, lorsque le cerveau des animaux ayant pris plus de développement a eu besoin d'être mieux protégé.

« Ceux même des Reptiles primaires où l'on observe des caractères d'infériorité n'établissent pas de liens entre la classe des Reptiles (allantoïdiens ou anallantoïdiens) et celle des Poissons... Ce sont là des faits d'une importance considérable. »

« Les inégalités, ajoute le savant paléontologiste, ne confirment pas l'idée d'une lutte pour la vie, dans laquelle la victoire serait restée aux plus forts, aux mieux doués. La paléontologie nous montre que le contraire a pu avoir lieu. Plusieurs êtres ont été comme des rois de passage ; ils sont devenus des personnalités saillantes qui ont donné à leur époque une physionomie propre ; de même qu'on dit le siècle de Charlemagne, le siècle de Louis XIV, on peut dire l'âge des *Paradoxites*, l'âge du *Stimmus*, l'âge du *Pterichthys* et du *Coccostens*, l'âge du *Megalichthys*, l'âge de l'*Eurhicosaurus*. Ce sont quel-

Fig. 517. — Restauration du Rhamphorhynque (d'après Marsch).

quefois les êtres qui ont été les plus spécialisés et les plus parfaits dans leur genre qui se sont éteints le plus vite. *Paradoxides* du Cambrien, *Slimonia* du Silurien, *Pterichthys* du Dévonien ont marqué le summum de divergence auquel leur type devait atteindre. Ils ne pouvaient donc plus produire de formes nouvelles, et comme le propre de la plupart des créatures est de changer ou de mourir, ils sont morts.

« A côté de ces êtres de passage offrant les formes extrêmes, il y en a eu d'autres dont la personnalité était moins accusée, créatures mixtes, représentant dans le monde animal le juste milieu ; parmi ceux-là, on trouve les types qui ont persisté davantage. De même qu'il y a de nos jours des formes cosmopolites qu'on rencontre dans tous les pays du monde, il y a eu des formes qu'on pourrait appeler panchroniques, car elles ont été de toutes les époques. Elles ont constitué comme un réservoir permanent duquel sont sortis, à chaque instant des temps géologiques, des êtres destinés à prendre une place plus ou moins élevée.

« Il se pourrait que la moindre longévité des genres qui dans leur classe présentent le plus grand perfectionnement, ait eu quelquefois sa cause dans ce perfectionnement même. Plus les organismes sont compliqués, plus il y a de chance pour qu'une de leurs parties se modifie ; par conséquent ils doivent ressentir davantage les changements de milieu, et marquer l'heure avec plus de délicatesse au grand calendrier des temps géologiques. La force de

longévité des êtres inférieurs réside en partie dans leur faiblesse ; ils nous rappellent la fable du chêne et du roseau. Comme le roseau, ces chétives créatures des temps géologiques se sont pliées devant les bouleversements du globe, et ainsi se sont conservées pendant que tombaient les puissants du monde organique.

« Il faut, du reste, convenir que nous ne pouvons expliquer que bien imparfaitement la cause de l'inégalité dans les évolutions des animaux, car nous voyons dans une même classe et dans une même époque des êtres qui sont à des états différents de développement, par exemple, dans le terrain permien d'Igornay on rencontre à la fois l'*Actinodon*, dont les vertèbres ont encore les pièces de leur centrum distinctes, et le *Stereorachis*, où les centrums sont en un seul morceau.

« La difficulté que nous avons à comprendre les causes de telles inégalités dans les évolutions des anciens êtres n'est pas une raison pour nier ces évolutions, car les métamorphoses embryogéniques dont nous sommes les témoins chaque jour ne sont pas moins inégales que les évolutions paléontologiques ; les Coléoptères changent peu, pendant que les Papillons passent par de grandes métamorphoses ; les Crapauds et les Grenouilles commencent sous la forme de Têtards tandis que les Salamandres, en venant au monde, diffèrent peu des Salamandres adultes ; beaucoup de Gastéropodes marins (Prosobranches) subissent des modifications considérables, au lieu que les

Fig. 518. — Restauration d'un Ptérodactyle.

jeunes Colimaçons, dès leurs premiers déve-loppements, sont Colimaçons.

« Si toutes les créatures avaient changé éga-lement vite dans les temps géologiques, celles qui nous ont été transmises par les âges passés seraient toutes aujourd'hui des êtres élevés; il y aurait ainsi plus d'animaux supérieurs que d'animaux inférieurs, plus de mangeurs que de bêtes à manger; l'harmonie du monde orga-nique serait depuis longtemps rompue. En outre, l'inégalité dans l'évolution est une des causes de la variété des spectacles que pré-sente l'histoire du monde; à toutes les épo-ques, sauf sans doute au début, il y a eu des êtres au premier stade de leur évolution, d'autres qui ont atteint au second stade, d'au-tres au troisième, d'autres à des stades plus élevés; c'est de ces inégalités que résulte en partie la merveilleuse beauté de la nature dans tous les temps géologiques. »

TABLEAU DICHOTOMIQUE

DES REPTILES ET BATRACIENS DE FRANCE

Nous avons donné avec tout le soin possible l'histoire générale et particulière des Reptiles et des Batraciens ; nous avons insisté sur les caractères et les particularités biologiques ; mais il se peut que celui qui débute dans l'étude de ces animaux ait besoin de connaître d'un premier coup l'animal qu'il rencontre dans ses promenades à travers les bois, sur le bord des étangs, etc. C'est pour lui que nous avons cru utile de résumer sous forme d'un tableau dichotomique dressé à la manière des botanistes les caractères qui lui permettront de savoir à quelle espèce il a affaire (1).

(1) Les chiffres gras renvoient à l'ordre numérique des caractères du tableau dichotomique ; les chiffres maigres renvoient aux pages de l'ouvrage.

(1) Cette espèce ressemble tellement à la Vipère, bien qu'elle soit inoffensive, qu'on ne devra jamais se hasarder à la capturer, si l'on n'est pas très familiarisé avec l'étude des Reptiles.

(1) Chez la femelle on voit une série de taches le long de la queue.

Fig. 519. — La Tortue bordée.

TABLE DES MATIÈRES

Fig. 520. — Le Psammodrome hispanique (grandeur naturelle).

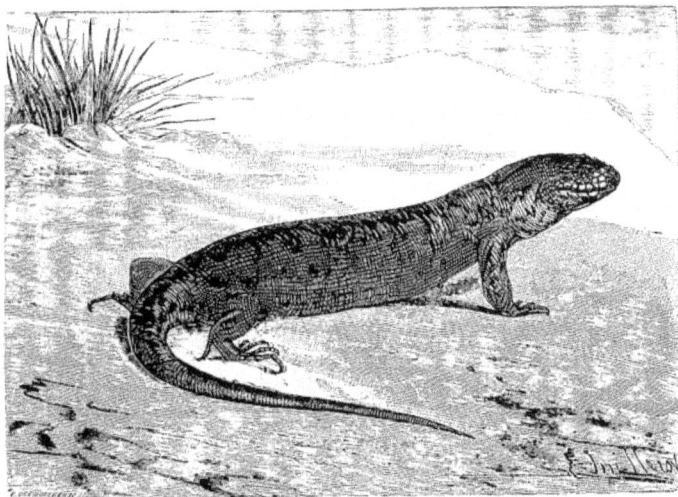

Fig. 521. — Le Macroscinque de Cocteau (1/4 grandeur naturelle).

Fig. 522. — La Couleuvre maillée (1/5ᵉ grandeur naturelle).

Fig. 523. — La Vipère berus ou Péliade, mâle (1/3 grandeur naturelle).

Fig. 524. — Le Pélodyte ponctué (grandeur naturelle).

FIN DE LA TABLE DES MATIÈRES.

139-87. — CORBEIL. Typ. et stér. CRÉTÉ.

PHILOSOPHIE SCIENTIFIQUE

LA SCIENCE EXPÉRIMENTALE

Par Claude BERNARD

Membre de l'Institut (Académie française et Académie des sciences)

Deuxième édition

1 vol. in-18 jésus avec figures.................. 4 fr.

LEÇONS SUR LES PHÉNOMÈNES DE LA VIE

COMMUNS AUX ANIMAUX ET AUX VÉGÉTAUX

Par Claude BERNARD

Membre de l'Institut (Académie française et Académie des sciences)

2 vol. in-8, avec 4 planches coloriées et figures.. 15 fr.

LA VIE ET SES ATTRIBUTS

dans leurs rapports

avec la philosophie et la médecine

Par E. BOUCHUT

Deuxième édition

1 vol. in-18 jésus........................... 4 fr. 50

COURS DE PHILOSOPHIE POSITIVE

PAR AUGUSTE COMTE

Quatrième édition

Augmentée de la Préface d'un disciple et d'une Étude sur les

progrès du Positivisme, par E. LITTRÉ

et d'une Table alphabétique des matières

6 vol. in-8................................. 48 fr.

LA PHILOSOPHIE POSITIVE

Par Auguste COMTE

RÉSUMÉ PAR JULES RIG

1 vol. in-8 de 500 pages...................... 10 fr.

PRINCIPES DE PHILOSOPHIE POSITIVE

Par Auguste COMTE

1 vol. in-18 jésus........................... 2 fr. 50

BOUILLET. — **Précis de l'histoire de la médecine**, avec introduction par le docteur A. LABOULBÈNE. 1 vol. in-8 de XVI-366 pages.................. 6 fr.

CABANIS. — **Rapports du physique et du moral de l'homme**, par P.-J.-G. CABANIS, 8ᵉ *édition*. 1 vol. in-8.................................. 6 fr.

CHAUFFARD. — **La vie**, études et problèmes de biologie générale, par P.-E. CHAUFFARD, professeur à la Faculté de médecine de Paris. 1 vol. in-8... 7 fr. 50

DAREMBERG (Ch.). — **Histoire des sciences médicales**, comprenant l'anatomie, la physiologie, la médecine, la chirurgie et les doctrines de pathologie générale. 2 vol. in-8........................ 20 fr.

FEUCHTERSLEBEN. — **Hygiène de l'âme**, par E. DE FEUCHTERSLEBEN, 3ᵉ *édition*. 1 vol. in-18 jésus. 2 fr. 50

GUARDIA (J.-M.). — **La médecine à travers les siècles**. Histoire et philosophie, par J.-M. GUARDIA, docteur en médecine et docteur ès lettres. 1 vol. in-8 de 800 p................................ 10 fr.

JOLLY. — **Hygiène morale**, par le docteur JOLLY. 1 vol. in-18 jésus.......................... 2 fr.

LÉLUT. — **Du démon de Socrate**. Spécimen d'une application de la science psychologique à celle de l'histoire, par F.-L. LÉLUT, membre de l'Institut. Nouvelle édition. 1 vol. in-18 jésus de 318 pages..... 3 fr. 50

— **L'amulette de Pascal**, pour servir à l'histoire des hallucinations. 1 vol. in-8.............. 6 fr.

LITTRÉ. — **Étude sur les progrès du positivisme**, par E. LITTRÉ. In-8......................... 1 fr.

MONIN. — **Le bréviaire du médecin**, précis de médecine rurale, d'économie et de philosophie médicales, par le docteur MONIN, 2ᵉ *édition*. 1 vol. in-18 jésus.................................... 3 fr. 50

PARISET. — **Histoire des membres de l'Académie de médecine**, par E. PARISET, secrétaire perpétuel de l'Académie de médecine. 2 volumes in-18 jésus....................................

PATIN (Gui). — **Lettres**. Nouvelle édition augmentée de lettres inédites, accompagnée de remarques scientifiques, historiques, philosophiques et littéraires, par RÉVEILLÉ-PARISE. 3 vol. in-8.............. 12 fr.

PEISSE. — **La médecine et les médecins**, philosophie, doctrines, institutions, critiques, mœurs et biographies médicales, par Louis PEISSE, membre de l'Académie des Sciences morales et politiques. 2 vol. in-18 jésus............................... 7 fr.

SALVERTE. — **Des sciences occultes**, ou Essai sur la magie, les prodiges et les miracles, 3ᵉ *édition*, précédée d'une introduction par Émile LITTRÉ. 1 vol. gr. in-8 de 550 pages, avec un portrait.............. 7 fr. 50

LIBRAIRIE J.-B. BAILLIÈRE et FILS

19, Rue Hautefeuille, près du boulevard Saint-Germain, Paris.

SCIENCE ET NATURE

REVUE INTERNATIONALE ILLUSTRÉE

DES

PROGRÈS DE LA SCIENCE ET DE L'INDUSTRIE

COMITÉ DE RÉDACTION :

MM. ANGOT, chef de service au Bureau central météorologique.

DENIKER, membre de la Société d'anthropologie.

HAMY, directeur du Musée d'ethnographie au Palais du Trocadéro.

HENNINGER, professeur agrégé à la Faculté de médecine.

KUNCKEL D'HERCULAÏS, aide-naturaliste au Muséum d'histoire naturelle.

MANGIN (Louis), agrégé ès sciences naturelles.

NAPOLI, directeur du laboratoire des Essais de la Cie des chemins de fer de l'Est.

NIVOIT, professeur à l'École des Ponts et Chaussées, ingénieur des Mines.

Secrétaire de la Rédaction : M. CHESNEL, Secrétaire de l'Institut agronomique.

Science et Nature, imprimée par Motteroz, sur papier teinté des papeteries d'Essonnes, paraît tous les Samedis par Numéros de 16 pages grand in-8 à deux colonnes, avec de nombreuses illustrations, et forme chaque année deux beaux volumes.

Le premier numéro a paru le 1er Décembre 1883.

PRIX DE L'ABONNEMENT ANNUEL :

Les abonnements partent du 1er de chaque mois

PARIS.	20 fr.
DÉPARTEMENTS.	24 fr.
UNION POSTALE.	25 fr.
AUTRES PAYS.	32 fr.

Trois mois		*Six mois*	
PARIS.	5 fr. »	PARIS.	10 fr. »
DÉPARTEMENTS.	6 fr. »	DÉPARTEMENTS.	12 fr. »
UNION POSTALE.	6 fr. 25	UNION POSTALE.	12 fr. 50
AUTRES PAYS.	8 fr. »	AUTRES PAYS.	16 fr. »

Prix du numéro avec couverture imprimée. . . . . 50 c.